디딤돌수학 개념기본 대수

펴낸날 [초판 1쇄] 2024년 7월 5일
펴낸이 이기열
펴낸곳 (주)디딤돌 교육
주소 (03972) 서울특별시 마포구 월드컵북로 122 청원선와이즈타워
대표전화 02-3142-9000
구입문의 02-322-8451
내용문의 02-336-7918
팩시밀리 02-335-6038
홈페이지 www.didimdol.co.kr
등록번호 제10-718호
구입한 후에는 철회되지 않으며 잘못 인쇄된 책은 바꾸어 드립니다.
이 책에 실린 모든 삽화 및 편집 형태에 대한 저작권은
(주)디딤돌 교육에 있으므로 무단으로 복사 복제할 수 없습니다.
Copyright ⓒ Didimdol Co. [2404170]

수학은 개념이다!

디딤돌수학

개념기본

대수

- 👁 눈으로
- ✋ 손으로 개념이 발견되는 디딤돌 개념기본
- 🧠 머리로

디딤돌

이미지로 이해하고 문제를 풀다 보면
개념이 저절로 발견되는 디딤돌수학 개념기본

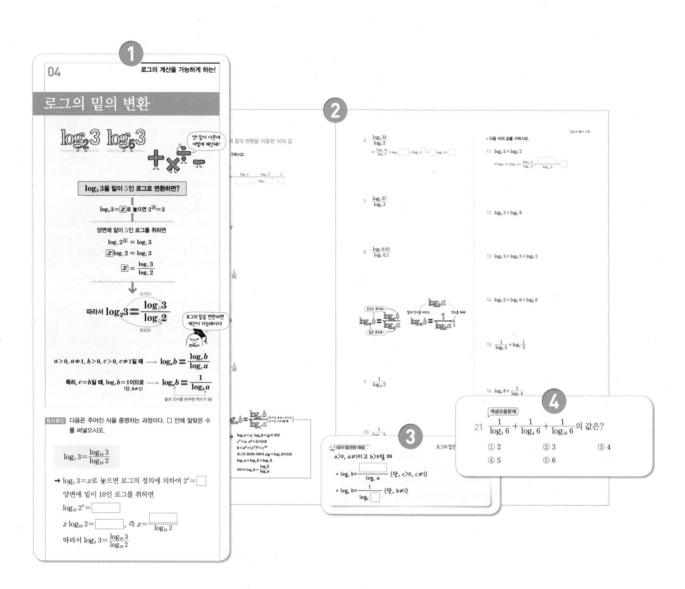

1 이미지로 개념 이해

핵심이 되는 개념을 이미지로
먼저 이해한 후 개념과 정의를
읽어보면 딱딱한 설명도 이해가 쏙!
원리확인 문제로 개념을
바로 적용하면서 개념을 확인!

2 단계별·충분한 문항

문제를 풀기만 하면
저절로 실력이 높아지도록
구성된 단계별 문항!
개념이 자신의 것이 되도록
구성된 충분한 문항!

3 내가 발견한 개념

문제 속에 숨겨져 있는
실전 개념들을 발견해 보자!
숨겨진 보물을 찾듯이
놓치기 쉬운 실전 개념들을
발견하면 흥미와 재미는 덤!
실력은 쑥!

4 개념모음문제

문제를 통해 이해한 개념들은
개념모음문제로 한 번에 정리!
개념의 활용과 응용력을 높이자!

1 눈으로 이해되는 개념

디딤돌수학 개념기본은 보는 즐거움이 있습니다.
핵심 개념과 문제 속 개념, 수학적 개념이
이미지로 쉽게 이해되고, 오래 기억됩니다.

● **핵심 개념의 이미지화**
핵심 개념이 이미지로 빠르고
쉽게 이해됩니다.

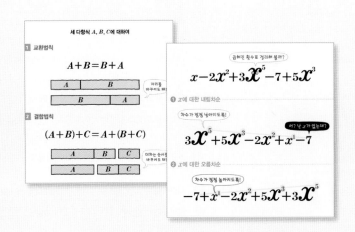

● **문제 속 개념의 이미지화**
문제 속에 숨어있던 개념들을
이미지로 드러내 보여줍니다.

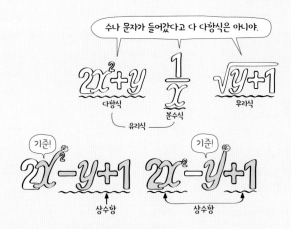

● **수학 개념의 이미지화**
개념의 수학적 의미가 간단한
이미지로 쉽게 이해됩니다.

2 손으로 익히는 개념

디딤돌수학 개념기본은 문제를 푸는 즐거움이 있습니다.
학생들에게 가장 필요한 개념을 충분한 문항과 촘촘한 단계별 구성으로
자연스럽게 이해하고 적용할 수 있게 합니다.

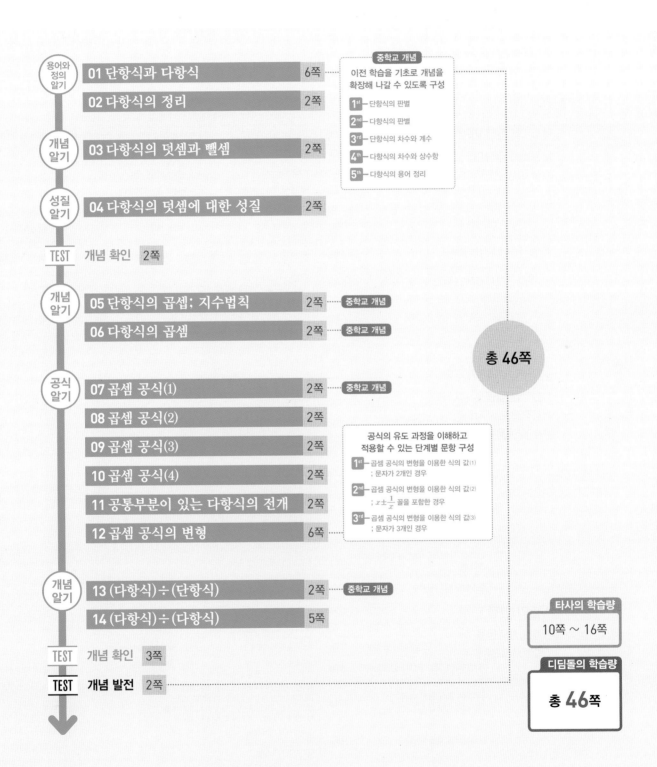

중학교 개념

이전 학습을 기초로 개념을
확장해 나갈 수 있도록 구성

1st — 단항식의 판별

2nd — 다항식의 판별

3rd — 단항식의 차수와 계수

4th — 다항식의 차수와 상수항

5th — 다항식의 용어 정리

총 46쪽

공식의 유도 과정을 이해하고
적용할 수 있는 단계별 문항 구성

1st — 곱셈 공식의 변형을 이용한 식의 값(1)
; 문자가 2개인 경우

2nd — 곱셈 공식의 변형을 이용한 식의 값(2)
; $x \pm \dfrac{1}{x}$ 꼴을 포함한 경우

3rd — 곱셈 공식의 변형을 이용한 식의 값(3)
; 문자가 3개인 경우

타사의 학습량
10쪽 ~ 16쪽

디딤돌의 학습량
총 46쪽

3 머리로 발견하는 개념

디딤돌수학 개념기본은 개념을 발견하는 즐거움이 있습니다.
생각을 자극하는 질문들과 추론을 통해 개념을 발견하고
연결하여 통합적 사고를 할 수 있게 합니다.

우와!
문제 속에 개념이?!!!

내가 발견한 개념
문제를 풀다보면 실전 개념이
저절로 발견됩니다.

> **내가 발견한 개념**
> 다항식 $x^a + y^n + x^{n-1}y^{m-1}$에 대하여
> • x만 문자로 보면 x에 대한 ☐ 차식
> • y만 문자로 보면 y에 대한 (☐☐☐)차식
> • x, y를 모두 문자로 보면 x, y에 대한 (☐+☐)차식

> **내가 발견한 개념** 문자에 따라 달라지는 단항식의 차수
> 단항식 $a^2b^3c^4$에 대하여
> • a에 대한 ☐차식이고, a^2의 계수는 ☐ 이다.
> • b에 대한 ☐차식이고, b^3의 계수는 ☐ 이다.
> • c에 대한 ☐차식이고, c^4의 계수는 ☐ 이다.
> • a, b, c에 대한 (☐+☐+☐)차식이고,
> $a^2b^3c^4$의 계수는 ☐ 이다.
> 지금 원하는 거야? 변화를 다룰 준비!

문제 속 실전 개념
실전 개념들을 간결하고
시각적으로 제시하며
문제에 응용할 수 있게 합니다.

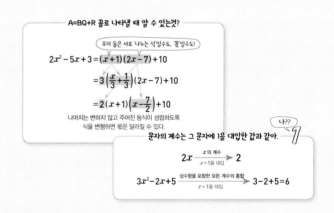

개념의 연결
나열된 개념들을 서로 연결하여
통합적 사고를 할 수 있게 합니다.

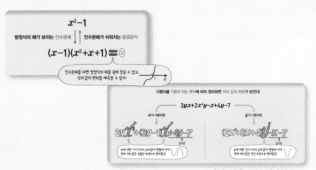

학습 내용 간의 개념연결 ▲

I. 지수함수와 로그함수

발견된 개념들을 연결하여
통합적 사고를 할 수 있는 디딤돌수학 개념기본

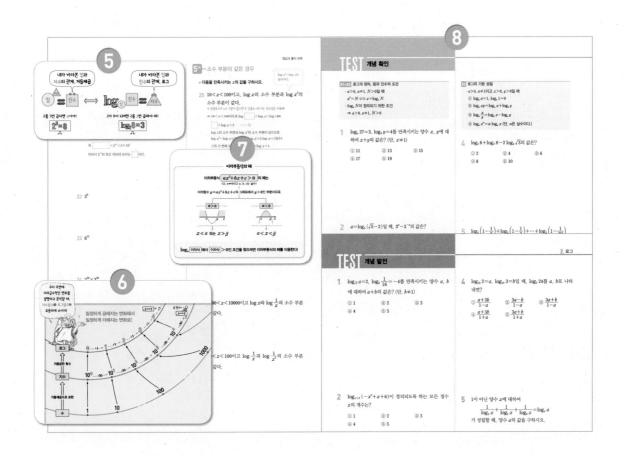

그림으로 보는 개념

문제 속에 숨어있던 개념을
적절한 이미지를 통해 눈으로 확인!
개념이 쉽게 확인되고 오래 기억되며
개념의 의미는 더 또렷이 저장!

개념 간의 연계

개념의 단원 안에서의 연계와
다른 단원과의 연계,
초·중·고 간의 연계를 통해
통합적 사고를 얻게 되면
흥미와 동기부여는 저절로 쭈욱~!

실전 개념

문제를 풀면서 알게되는
원리나 응용 개념들을 간결하고
시각적인 이미지로 확인!
문제와 개념을 다양한 각도로
연결 해주어 문제 해결 능력이 향상!

개념을 확인하는 TEST

소 주제별로 개념의 이해를
확인하는 '개념 확인'
중단원별로 개념과 실력을
확인하는 '개념 발전'

가속하는 변화! ————————————————————————————————

지수함수와 로그함수

1

매우 크거나 작은 수의 표현!
지수

늘어놓지 말고 간단히~

거듭제곱하여 어떤 수가 되는 수!

n제곱하여 a가 되는 어떤 수를 찾습니다.

$$x^n = a$$

나를 찾으면 지수를 확장시킬 수 있어!

죄: 거듭제곱의 밑에 숨어 있던 죄

$$x = \begin{pmatrix} \text{실수 } a\text{의} \\ n\text{제곱근 중} \\ \text{실수인 것} \end{pmatrix} = \begin{pmatrix} \text{방정식 } x^n = a\text{의} \\ \text{실근} \end{pmatrix} = \begin{pmatrix} \text{함수 } y = x^n\text{의} \\ \text{그래프와 직선 } y = a\text{의} \\ \text{교점의 } x\text{좌표} \end{pmatrix}$$

지수가 홀수인 경우 a의 값이 어떠하든 실근이 한 개씩 존재한다.

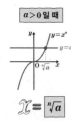
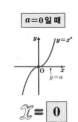
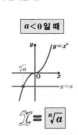

| $a > 0$일 때 | $a = 0$일 때 | $a < 0$일 때 |

$$x = \boxed{\sqrt[n]{a}} \qquad x = \boxed{0} \qquad x = \boxed{\sqrt[n]{a}}$$

지수가 짝수인 경우 a의 값에 따라 실근의 개수가 달라진다.

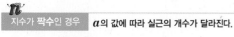

| $a > 0$일 때 | $a = 0$일 때 | $a < 0$일 때 |

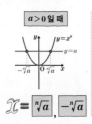
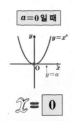
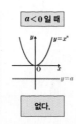

$$x = \boxed{\sqrt[n]{a}}, \boxed{-\sqrt[n]{a}} \qquad x = \boxed{0} \qquad \boxed{\text{없다.}}$$

거듭제곱과 거듭제곱근

어떤 수 a를 여러 번 곱한 a, a^2, a^3, …을 통틀어 a의 거듭제곱이라 해. 또 실수 a와 2 이상의 자연수 n에 대하여 n제곱하여 a가 되는 수, 즉 방정식 $x^n = a$를 만족시키는 x를 a의 n제곱근이라 하지. 이때 a의 제곱근, 세제곱근, 네제곱근, …을 통틀어 a의 거듭제곱근이라 해. 거듭제곱과 거듭제곱근의 의미를 배우고 거듭제곱근의 연산에 대한 성질에 대해 배우게 될 거야.

지수가 정수→유리수→실수로!

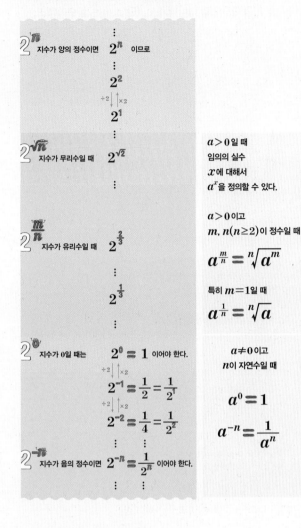

지수가 자연수일 때 성립하는 지수법칙이 지수가 0 또는 음의 정수일 때도 성립하도록 지수의 범위를 정수까지 확장해 보자. 더 나아가서 지수의 범위를 유리수, 실수까지 확장하게 될 거야. 이때 지수의 범위를 정수로 확장함에 따라 밑에 대한 조건이 생기고 유리수와 실수로 확장할 때마다 밑에 대한 조건이 달라짐에 유의해야 해!

2^n 지수가 양의 정수이면 2^n 이므로

2^2

$\div 2 \downarrow \times 2$

2^1

$2^{\sqrt{n}}$ 지수가 무리수일 때 $2^{\sqrt{2}}$

$a > 0$일 때 임의의 실수 x에 대해서 a^x을 정의할 수 있다.

$2^{\frac{m}{n}}$ 지수가 유리수일 때 $2^{\frac{2}{3}}$

$2^{\frac{1}{3}}$

$a > 0$이고 $m, n(n \geq 2)$이 정수일 때

$$a^{\frac{m}{n}} = \sqrt[n]{a^m}$$

특히 $m = 1$일 때

$$a^{\frac{1}{n}} = \sqrt[n]{a}$$

2^0 지수가 0일 때는 $2^0 \equiv 1$ 이어야 한다.

$\div 2 \downarrow \times 2$

$2^{-1} \equiv \dfrac{1}{2} = \dfrac{1}{2^1}$

$\div 2 \downarrow \times 2$

$2^{-2} \equiv \dfrac{1}{4} = \dfrac{1}{2^2}$

$a \neq 0$이고 n이 자연수일 때

$$a^0 \equiv 1$$

$$a^{-n} = \dfrac{1}{a^n}$$

2^{-n} 지수가 음의 정수이면 $2^{-n} \equiv \dfrac{1}{2^n}$ 이어야 한다.

지수의 확장으로 가능해진!

곱셈 공식과 곱셈 공식의 변형을 통해 지수식의 계산을 해볼 거야. 지수가 유리수여서 복잡해 보이겠지만 문자로 생각하면 간단해. 또 조건식의 값이 주어진 경우에는 주어진 조건식의 양변을 제곱 또는 세제곱하여 구하는 식의 꼴로 변형하면 돼. a^x의 값이 주어진 경우에는 구하는 식을 a^x만을 포함하는 꼴로 변형해야 해. 주어진 조건식의 밑이 서로 다를 때는 조건식을 변형하여 밑을 통일해야 해.

• 곱셈 공식을 이용한 식의 계산

$$\left(a^{\frac{1}{2}} + b^{\frac{1}{2}}\right)\left(a^{\frac{1}{2}} - b^{\frac{1}{2}}\right)$$

곱셈 공식 $(A+B)(A-B) = A^2 - B^2$

$$= \left(a^{\frac{1}{2}}\right)^2 - \left(b^{\frac{1}{2}}\right)^2$$

$$= a - b$$

• $a^x = k$의 조건이 주어진 경우

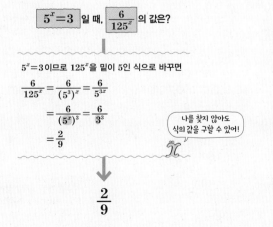

$5^x = 3$ 일 때, $\dfrac{6}{125^x}$의 값은?

$5^x = 3$이므로 125^x을 밑이 5인 식으로 바꾸면

$$\dfrac{6}{125^x} = \dfrac{6}{(5^3)^x} = \dfrac{6}{5^{3x}}$$

$$= \dfrac{6}{(5^x)^3} = \dfrac{6}{3^3}$$

$$= \dfrac{2}{9}$$

나를 찾지 않아도 식의 값을 구할 수 있어!

$$\dfrac{2}{9}$$

거듭제곱과 지수법칙

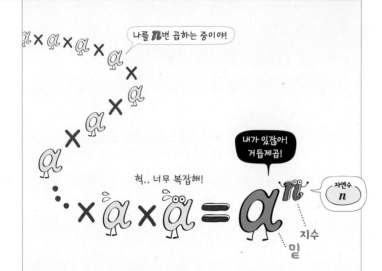

나를 n번 곱하는 중이야!

헉.. 너무 복잡해!

내가 있잖아! 거듭제곱!

자연수 n

a^n

지수

밑

지수가 자연수일 때,

2^n

$\vdots$

2^2

$\div 2 \updownarrow \times 2$

2^1

실수 a와 자연수 n에 대하여 a를 n번 곱한 것을 a의 n제곱이라 하고 a^n으로 나타낸다.

a, b가 실수이고 m, n이 자연수일 때, 지수법칙

❶ $a^m a^n = a^{m+n}$

❷ $(a^m)^n = a^{m \times n}$

❸ $(ab)^m = a^m b^m$

❹ $\left(\dfrac{a}{b}\right)^m = \dfrac{a^m}{b^m}$ (단, $b \neq 0$)

❺ $a^m \div a^n = \begin{cases} m > n이면 \ a^{m-n} \\ m = n이면 \ 1 \\ m < n이면 \ \dfrac{1}{a^{n-m}} \end{cases}$ (단, $a \neq 0$)

참고 a가 실수이고 m이 자연수일 때

① $\underbrace{a^m + a^m + a^m + \cdots + a^m}_{n개} = a^m \times n$

② $\underbrace{a^m \times a^m \times a^m \times \cdots \times a^m}_{n개} = a^{mn}$

● 다음을 거듭제곱으로 나타내시오. (단 a, b는 실수이다.)

1 $a \times a \times a \times a$

2 $3 \times 3 \times 3 \times 3 \times 3 \times 3$

3 $a \times a \times b \times b \times b \times b$

4 $2 \times 2 \times 2 \times 3 \times 3 \times 5 \times 5$

5 $\dfrac{1}{7} \times \dfrac{1}{7} \times \dfrac{1}{7} \times \dfrac{1}{7} \times \dfrac{1}{7}$

원자핵의 크기
0.000000000000001m

지수를 이용하면

$1.0 \times \left(\dfrac{1}{10}\right)^{15}$m

관측 가능한 우주의 크기
88000000000000000000000000000m

지수를 이용하면

8.8×10^{26}m

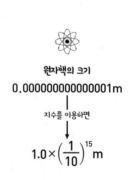

지수는 매우 크거나 작은 수를 간단히 나타내는데 유용한 도구이지!

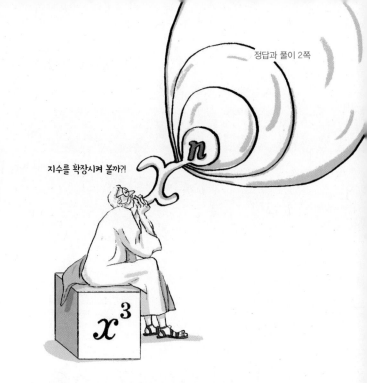

지수를 확장시켜 볼까?!

2ⁿᵈ — 지수법칙의 이용

● 다음 식을 간단히 하시오. (단, $a \neq 0$, $b \neq 0$)

6 $a^5 \times a^2$

7 $(a^4)^6$

8 $(a^3)^5 \div a^7$

9 $(ab^2)^4$

10 $a^2 b \times a^4 b^2$ 밑이 같은 것끼리 지수법칙을 적용해!

$\rightarrow a^2 b \times a^4 b^2 = a^2 \times b \times a^4 \times b^2$
$= a^{2+\square} b^{1+\square} = a^{\square} b^{\square}$

11 $a \times ab^4 \times b^2$

12 $a^2 b^4 \div a^3 b^2$

13 $(ab^2)^3 \times (a^3 b)^2$ 괄호의 거듭제곱을 먼저 계산해!

$\rightarrow (ab^2)^3 \times (a^3 b)^2 = a^3 b^{2 \times \square} \times a^{3 \times \square} b^2$
$= a^3 b^{\square} \times a^{\square} b^2$
$= a^{3+\square} b^{\square +2} = a^{\square} b^{\square}$

14 $\left(\dfrac{b}{a}\right)^4 \div \left(\dfrac{b}{a^2}\right)^3$

[개념모음문제]
15 a, b가 0이 아닌 실수일 때, $a^4 b \times ab^3 \div \dfrac{b^2}{a^3}$을 간단히 하면?

① $a^2 b^6$　　② $a^4 b^4$　　③ $a^5 b^3$
④ $a^6 b^2$　　⑤ $a^8 b^2$

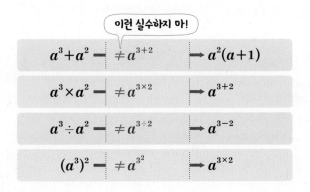

이런 실수하지 마!

$a^3 + a^2 \not\equiv a^{3+2} \rightarrow a^2(a+1)$

$a^3 \times a^2 \not\equiv a^{3 \times 2} \rightarrow a^{3+2}$

$a^3 \div a^2 \not\equiv a^{3 \div 2} \rightarrow a^{3-2}$

$(a^3)^2 \not\equiv a^{3^2} \rightarrow a^{3 \times 2}$

02

거듭제곱근

거듭제곱하여 어떤 수가 되는 수!

n제곱하여 a가 되는 어떤 수를 찾습니다.

나를 찾으면 지수를 확장시킬 수 있어!

죄: 거듭제곱의 밑에 숨어 있던 죄

실수 a와 2 이상의 정수 n에 대하여 n제곱하여 a가 되는 수, 즉 방정식 $x^n=a$를 만족시키는 x를 a의 n제곱근이라 한다.
이때 a의 제곱근, 세제곱근, 네제곱근, …을 통틀어 a의 거듭제곱근이라 한다.

복소수의 범위에서 n차방정식의 근은 n개!
하지만 여기에서는 실수인 근만 다룰 거야!

$$x = \begin{pmatrix}실수\ a의\\n제곱근\ 중\\실수인\ 것\end{pmatrix} = \begin{pmatrix}방정식\ x^n=a의\\실근\end{pmatrix} = \begin{pmatrix}함수\ y=x^n의\\그래프와\ 직선\ y=a의\\교점의\ x좌표\end{pmatrix}$$

지수가 홀수인 경우 a의 값이 어떠하든 실근이 한 개씩 존재한다.

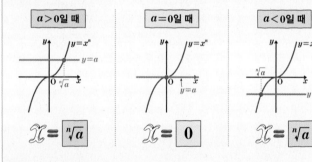

$a>0$일 때 | $a=0$일 때 | $a<0$일 때

$x = \sqrt[n]{a}$ $x = 0$ $x = \sqrt[n]{a}$

지수가 짝수인 경우 a의 값에 따라 실근의 개수가 달라진다.

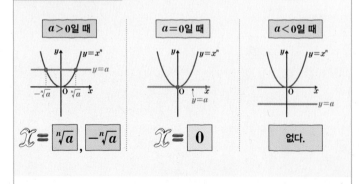

$a>0$일 때 | $a=0$일 때 | $a<0$일 때

$x = \sqrt[n]{a},\ -\sqrt[n]{a}$ $x = 0$ 없다.

> **참고** ① $\sqrt[n]{a}$는 'n제곱근 a'로 읽는다. 이때 $\sqrt[n]{0}=0$
> ② $\sqrt[2]{a}$는 간단히 $\sqrt{a}$로 나타낸다.
> ③ 실수 a의 n제곱근은 복소수의 범위에서 n개가 있다.

1st ― 거듭제곱근

● 다음을 구하시오.

1 36의 제곱근

2 1의 세제곱근

→ 1의 세제곱근을 x라 하면 $x^3=1$, $x^3-1=0$

$(x-1)(\boxed{})=0$

즉 $x=\boxed{}$ 또는 $x=\dfrac{-1\pm\boxed{}}{2}$

따라서 1의 세제곱근은 $\boxed{}$, $\boxed{}$, $\boxed{}$ 이다.

3 -125의 세제곱근

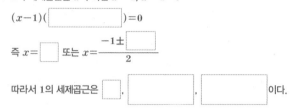

난 x의 n제곱!

$$x^n = a$$

난 a의 n제곱근!

4 81의 네제곱근

5 625의 네제곱근

😊 **내가 발견한 개념** a의 n제곱근의 의미는?

• a의 n제곱근

→ n제곱하여 $\boxed{}$가 되는 수

→ $x^n=a$를 만족시키는 $\boxed{}$

2nd — 실수인 거듭제곱근

● 다음 거듭제곱근 중 실수인 것을 구하시오.

6 25의 제곱근

7 −4의 제곱근

8 27의 세제곱근

9 −8의 세제곱근

10 16의 네제곱근

11 49의 네제곱근

12 −256의 네제곱근

● 다음 값을 구하시오.

13 $\sqrt{49}$

$\sqrt[2]{a}$는 2를 생각하여 $\sqrt{a}$로 표현해!

→ $\sqrt{49}=\sqrt{\boxed{}^2}=\boxed{}$

14 $\sqrt{169}$

15 $\sqrt[3]{8}$

16 $\sqrt[3]{-27}$

17 $-\sqrt[4]{16}$

18 $\sqrt[4]{0.0001}$

19 $\sqrt[5]{243}$

20 $-\sqrt[6]{64}$

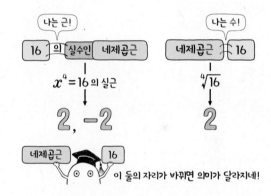

이 둘의 자리가 바뀌면 의미가 달라지네!

개념모음문제

21 다음 **보기**에서 옳은 것의 개수는?

┌ 보기 ┐

ㄱ. −64의 세제곱근 중 실수인 것은 1개이다.

ㄴ. −27의 세제곱근은 −3이다.

ㄷ. 0의 세제곱근 중 실수인 것은 없다.

ㄹ. −15의 네제곱근은 4개이다.

ㅁ. 1의 네제곱근 중 실수인 것은 2개이다.

① 1   ② 2   ③ 3

④ 4   ⑤ 5

거듭제곱하여 어떤 수가 되는 수!

거듭제곱근의 성질

$a>0,\ b>0$ 이고 $m,\ n$이 2이상의 자연수일 때

n 제곱근의 n제곱

$$(\sqrt[n]{a})^n = a$$

$\sqrt[3]{2}$는 '세제곱하여 2가 되는 수'이므로 $(\sqrt[3]{2})^3=2$

거듭제곱근의 곱셈

$$\sqrt[n]{a}\times\sqrt[n]{b} = \sqrt[n]{a\times b}$$

$(\sqrt[3]{2}\times\sqrt[3]{3})^3=(\sqrt[3]{2})^3\times(\sqrt[3]{3})^3=2\times3=6$

따라서 $\sqrt[3]{2}\times\sqrt[3]{3}$은 '세제곱하여 6이 되는 수'이므로

$\sqrt[3]{2}\times\sqrt[3]{3}=\sqrt[3]{6}=\sqrt[3]{2\times3}$

거듭제곱근의 나눗셈

$$\frac{\sqrt[n]{a}}{\sqrt[n]{b}} = \sqrt[n]{\frac{a}{b}}$$

$\left(\dfrac{\sqrt[3]{2}}{\sqrt[3]{3}}\right)^3=\dfrac{(\sqrt[3]{2})^3}{(\sqrt[3]{3})^3}=\dfrac{2}{3}$

따라서 $\dfrac{\sqrt[3]{2}}{\sqrt[3]{3}}$는 '세제곱하여 $\dfrac{2}{3}$가 되는 수'이므로 $\dfrac{\sqrt[3]{2}}{\sqrt[3]{3}}=\sqrt[3]{\dfrac{2}{3}}$

n제곱근의 m제곱

$$(\sqrt[n]{a})^m = \sqrt[n]{a^m}$$

$\{(\sqrt[3]{2})^4\}^3=(\sqrt[3]{2})^{4\times3}=\{(\sqrt[3]{2})^3\}^4=2^4$

따라서 $(\sqrt[3]{2})^4$은 '세제곱하여 2^4이 되는 수'이므로 $(\sqrt[3]{2})^4=\sqrt[3]{2^4}$

거듭제곱근의 거듭제곱근

$$\sqrt[m]{\sqrt[n]{a}} = \sqrt[m\times n]{a} = \sqrt[n]{\sqrt[m]{a}}$$

$(\sqrt[4]{\sqrt[3]{2}})^{12}=\{(\sqrt[4]{\sqrt[3]{2}})^4\}^3=(\sqrt[3]{2})^3=2$

따라서 $\sqrt[4]{\sqrt[3]{2}}$는 '12제곱하여 2가 되는 수'이므로 $\sqrt[4]{\sqrt[3]{2}}=\sqrt[12]{2}=\sqrt[4\times3]{2}$

mp제곱의 np제곱근

$$\sqrt[np]{a^{mp}} = \sqrt[n]{a^m}\ \text{(단, }p\text{는 자연수)}$$

$(\sqrt[4\times2]{2^{3\times2}})^4=(\sqrt[4]{\sqrt[2]{2^{3\times2}}})^4=\sqrt[2]{2^{3\times2}}=(\sqrt[2]{2^3})^2=2^3$

따라서 $\sqrt[4\times2]{2^{3\times2}}$는 '4제곱하여 2^3가 되는 수'이므로 $\sqrt[4\times2]{2^{3\times2}}=\sqrt[4]{2^3}$

● 다음 값을 구하시오.

1 $(\sqrt[5]{2})^5$

2 $(\sqrt[4]{7})^4$

3 $\sqrt[4]{(-6)^4}$

$\rightarrow \sqrt[4]{(-6)^4}=\sqrt[4]{(-1)^4\times6^{\square}}$

$=\sqrt[4]{6^{\square}}=\square$

4 $\sqrt[6]{(-13)^6}$

5 $\sqrt[3]{6}\times\sqrt[3]{36}$

$\rightarrow \sqrt[3]{6}=\sqrt[3]{6\times6^{\square}}$

$=\sqrt[3]{\boxed{}}$

$=\sqrt[3]{6^{\square}}=\square$

6 $\sqrt[4]{5}\times\sqrt[4]{125}$

7 $\sqrt[5]{64}\times\sqrt[5]{16}$

8 $\sqrt[6]{\dfrac{1}{16}}\times\sqrt[6]{\dfrac{1}{4}}$

9 $\dfrac{\sqrt[3]{16}}{\sqrt[3]{2}}$

$\rightarrow \dfrac{\sqrt[3]{16}}{\sqrt[3]{2}}=\sqrt[3]{\dfrac{16}{\square}}$

$=\sqrt[3]{\boxed{}}$

$=\sqrt[3]{2^{\square}}=\square$

10 $\dfrac{\sqrt[5]{3}}{\sqrt[5]{96}}$

11 $\dfrac{\sqrt[4]{405}}{\sqrt[4]{5}}$

12 $\dfrac{\sqrt[6]{0.000005}}{\sqrt[6]{5}}$

13 $(\sqrt[6]{125})^2$

→ $(\sqrt[6]{125})^2 = \sqrt[6]{125^{\square}}$
$= \sqrt[6]{(5^{\square})^{\square}}$
$= \sqrt[6]{5^{\square}} = \square$

14 $\left(\sqrt[18]{\dfrac{1}{27}}\right)^6$

15 $(\sqrt[8]{81})^2$

16 $\left(\sqrt[10]{\dfrac{1}{32}}\right)^2$

17 $\sqrt{\sqrt{16}}$

→ $\sqrt{\sqrt{16}} = \sqrt[\square\times\square]{16}$
$= \sqrt[\square]{2^{\square}}$
$= \square$

18 $\sqrt{\sqrt[3]{729}}$

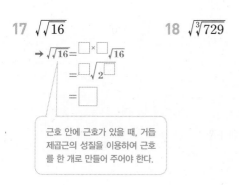

> 근호 안에 근호가 있을 때, 거듭제곱근의 성질을 이용하여 근호를 한 개로 만들어 주어야 한다.

19 $\sqrt[9]{8^6}$

→ $\sqrt[9]{8^6} = \sqrt[\square\times 3]{8^{\square\times 3}}$
$= \sqrt[\square]{8^{\square}}$
$= \sqrt[\square]{(2^3)^{\square}}$
$= \sqrt[\square]{(2^{\square})^3} = \square$

20 $\sqrt[10]{\left(\dfrac{1}{32}\right)^4}$

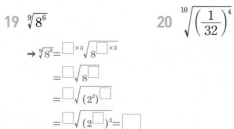

2nd — 복잡한 거듭제곱근의 계산

● 다음 식을 간단히 하시오.

21 $\sqrt[5]{a^4} \times \sqrt{\sqrt[5]{a^2}}$ (단, $a>0$)

→ $\sqrt[5]{a^4} \times \sqrt{\sqrt[5]{a^2}} = \sqrt[5]{a^4} \times \sqrt[10]{a^2}$
$= \sqrt[10]{a^{\square}} \times \sqrt[10]{a^2}$
$= \sqrt[10]{a^{\square}} = \square$

22 $3\sqrt[4]{\sqrt{16}} - \sqrt[3]{216} \div \sqrt{18}$

23 $\sqrt[3]{25} \times \sqrt[3]{5} \div \sqrt{\sqrt{625}}$

24 $\dfrac{\sqrt[4]{32}}{\sqrt[4]{2}} + \sqrt[3]{-125} - \sqrt[3]{\sqrt{64}}$

개념모음문제

25 $a>0$, $b>0$일 때,

$$\sqrt[8]{a^4 b^7} \div \sqrt{ab^3} \times \sqrt[4]{a^3 b^5} = \sqrt[n]{a^p b^q}$$

이다. 자연수 n, p, q에 대하여 $n+p-q$의 값은?

(단, p와 q는 서로소이다.)

① 9   ② 12   ③ 15

④ 18   ⑤ 21

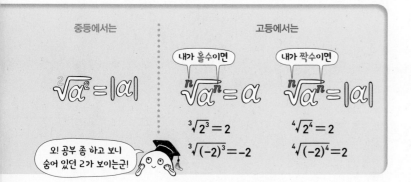

01 거듭제곱과 지수법칙

• a, b가 실수이고 m, n이 자연수일 때

① $a^m a^n = a^{m+n}$ ② $(a^m)^n = a^{m \times n}$

③ $a^m \div a^n = \begin{cases} m > n \text{이면 } a^{m-n} \\ m = n \text{이면 } 1 \qquad (\text{단, } a \neq 0) \\ m < n \text{이면 } \dfrac{1}{a^{n-m}} \end{cases}$

④ $(ab)^n = a^n b^n$ ⑤ $\left(\dfrac{a}{b}\right)^n = \dfrac{a^n}{b^n}$ (단, $b \neq 0$)

1 다음 중 옳지 <u>않은</u> 것은? (단, $a \neq 0$, $b \neq 0$)

① $a^2 \times a^3 = a^5$

② $(-2a^2)^5 = -32a^{10}$

③ $\left(\dfrac{3b}{a^2}\right)^3 = \dfrac{27b^3}{a^2}$

④ $\left(-\dfrac{1}{a}\right)^6 = \dfrac{1}{a^6}$

⑤ $(a^6 b^3)^2 \div (a^3 b)^5 = \dfrac{b}{a^3}$

2 다음을 만족시키는 자연수 x, y의 값을 구하시오.

(단, $a \neq 0$, $b \neq 0$)

$$\left(\dfrac{a^3}{b}\right)^2 = \dfrac{a^x}{b^2}, \quad \left(\dfrac{b^x}{a^5}\right)^3 = \dfrac{b^y}{a^{15}}$$

3 $\left(\dfrac{2x^a}{y}\right)^3 = \dfrac{bx^9}{y^c}$일 때, 자연수 a, b, c에 대하여 $a+b+c$의 값은? (단, $x \neq 0$, $y \neq 0$)

① 14   ② 15   ③ 16

④ 17   ⑤ 18

02 거듭제곱근

• a의 실수인 n제곱근: a가 실수이고 n이 2 이상의 자연수일 때

	$a > 0$	$a = 0$	$a < 0$
n이 홀수	$\sqrt[n]{a}$	0	$\sqrt[n]{a}$
n이 짝수	$\sqrt[n]{a}$, $-\sqrt[n]{a}$	0	없다.

• 실수 a의 n제곱근은 복소수의 범위에서 n개가 있다.

4 -1의 세제곱근과 $\sqrt[3]{-1}$의 총합은?

① -3 ② -1 ③ 0

④ 1   ⑤ 3

5 다음 **보기**에서 옳은 것만을 있는 대로 고른 것은?

보기

ㄱ. $\sqrt[3]{(-6)^3} = \sqrt{(-6)^2}$

ㄴ. 81의 네제곱근 중에서 실수인 것은 -3, 3이다.

ㄷ. 세제곱근 125는 5이다.

ㄹ. $\sqrt[4]{-8}$은 실수이다.

① ㄱ, ㄴ   ② ㄱ, ㄷ   ③ ㄱ, ㄹ

④ ㄴ, ㄷ   ⑤ ㄷ, ㄹ

6 다음 중 216의 세제곱근인 것은? (단, $i = \sqrt{-1}$)

① -6 ② $-3 + 3\sqrt{3}i$ ③ $6i$

④ $-6i$ ⑤ $3 - 3\sqrt{3}i$

7 64의 세제곱근 중에서 실수인 것을 a라 하자. a의 네 제곱근 중에서 실수인 것을 각각 m, n이라 할 때, m^2+n^2의 값은?

① 2   ② 3   ③ 4

④ 5   ⑤ 6

---

03 거듭제곱근의 성질

• $a>0$, $b>0$이고 m, n이 2 이상의 자연수일 때

① $(\sqrt[n]{a})^n=a$ ② $\sqrt[n]{a}\,\sqrt[n]{b}=\sqrt[n]{ab}$

③ $\dfrac{\sqrt[n]{a}}{\sqrt[n]{b}}=\sqrt[n]{\dfrac{a}{b}}$ ④ $(\sqrt[n]{a})^m=\sqrt[n]{a^m}$

⑤ $\sqrt[m]{\sqrt[n]{a}}=\sqrt[mn]{a}$ ⑥ $\sqrt[np]{a^{mp}}=\sqrt[n]{a^m}$ (단, p는 자연수)

---

8 다음 중 옳지 <u>않은</u> 것은?

① $\sqrt[3]{9}\times\sqrt[3]{3}=3$ ② $\sqrt[3]{\sqrt{8}}=\sqrt{2}$

③ $\dfrac{\sqrt[5]{128}}{\sqrt[5]{4}}=2$ ④ $\sqrt{5}\times\sqrt[3]{5}=\sqrt[5]{5^2}$

⑤ $(\sqrt[3]{7})^6=49$

9 $\sqrt{(-3)^2}+\sqrt[3]{(-5)^3}+\sqrt[4]{(-6)^4}+\sqrt[5]{(-2)^5}$의 값을 구하시오.

---

10 $\sqrt{\sqrt[3]{a^k}}=\sqrt[3]{\sqrt{a^5}}$일 때, 상수 k의 값은? (단, $a>0$, $a\neq1$)

① 2   ② 4   ③ 6

④ 8   ⑤ 10

11 $\sqrt[4]{\dfrac{81}{16}}\times\dfrac{1}{\sqrt{3}}\times\sqrt{20}=\sqrt{a}$일 때, 상수 a의 값은?

(단, $a>0$)

① 11   ② 13   ③ 15

④ 17   ⑤ 19

12 $x>0$일 때, 다음 식을 간단히 하면?

$$\sqrt[3]{\dfrac{\sqrt[4]{x}}{\sqrt{x}}}\times\sqrt{\dfrac{\sqrt[3]{x}}{\sqrt[8]{x}}}\times\sqrt[4]{\dfrac{\sqrt[4]{x}}{\sqrt[3]{x}}}$$

① 1   ② $\sqrt[4]{x}$ ③ $\sqrt{x}$

④ x ⑤ x^3

04

지수가 정수일 때의 지수법칙

지수가 정수일 때도 지수법칙이 성립한다고 가정하면?

지수가 양의 정수이면 2^n 이므로

$$2^2$$

$\div 2 \downarrow \uparrow \times 2$

$$2^1$$

지수를 정수로 확장함에 따라 밑에 대한 조건이 생겼어!

$a \neq 0$ 이고 n이 자연수일 때

지수가 0일 때는 $2^0 = 1$ 이어야 한다.

$\div 2 \downarrow \uparrow \times 2$

$$2^{-1} = \frac{1}{2} = \frac{1}{2^1}$$

$\div 2 \downarrow \uparrow \times 2$

$$2^{-2} = \frac{1}{4} = \frac{1}{2^2}$$

$$a^0 = 1$$

$$a^{-n} = \frac{1}{a^n}$$

지수가 음의 정수이면 $2^{-n} = \frac{1}{2^n}$ 이어야 한다.

분모는 0이 될 수 없으므로 $a \neq 0$ 이어야만 한다.

$a \neq 0$, $b \neq 0$이고 m, n이 정수일 때, 지수법칙

❶ $a^m a^n = a^{m+n}$

❷ $(a^m)^n = a^{m \times n}$

❸ $(ab)^n = a^n b^n$

❹ $\left(\dfrac{a}{b}\right)^n = \dfrac{a^n}{b^n}$

❺ $a^m \div a^n = a^{m-n}$

1st — 지수가 0 또는 음의 정수인 경우

● 다음 값을 구하시오.

1 4^0

2 $(-2)^0$

3 $\left(-\dfrac{1}{3}\right)^0$

4 2^{-3}

$\rightarrow 2^{-3} = \dfrac{1}{2^{\square}} = \boxed{}$

지수가 음의 정수이면

$$a^{-n} = \frac{1}{a^n}$$

분수 꼴로!

5 $(-5)^{-2}$

6 $\left(\dfrac{1}{2}\right)^{-4}$

7 $\left(-\dfrac{1}{5}\right)^{-3}$

8 $\left(\dfrac{7}{4}\right)^{-2}$

9 $\left(-\dfrac{3}{2}\right)^{-3}$

☺ **내가 발견한 개념**　　　　　지수가 **0** 또는 음의 정수인 경우는?

a≠0이고 n이 자연수일 때

• $a^0 = \boxed{}$　　　　• $a^{-n} = \boxed{}$

2nd ─ 지수가 정수일 때의 지수법칙

● 다음 식을 간단히 하시오. (단, $a \neq 0$, $b \neq 0$)

10 $3^{-5} \times 3^3$

　→ $3^{-5} \times 3^3 = 3^{-5}\bigcirc^3 = 3^{\boxed{}} = \boxed{}$

11 $(-5)^2 \div (-5)^{-2}$

밑이 음수이어도 지수가 정수인 경우는 지수법칙이 성립해!

---

12 $2^2 \div 2^5 \times 2^6$

13 $(a^2)^{-3} \times a^4 \div a^{-5}$

14 $(a^{-2})^3 \div (a^5)^2$

지수법칙 $a^m \div a^n = a^{m-n}$은 m, n의 대소 관계에 관계없이 성립해!

15 $(a^6)^4 \div a^5 \times (a^{-3})^3$

16 $(a^3 b^{-2})^{-3} \times (a^5 b)^2$

개념모음문제

17 $2^{-6} \div (2^{-3} \div 4^{-4})^{-2}$을 간단히 하면?

① 2^4　　　② 2^7　　　③ 2^{10}

④ 2^{13}　　　⑤ 2^{16}

그거 알아? 지수가 정수인 경우를
이미 사용하고 있다구!

다항식의 내림차순 정리	부분집합의 개수
내가 있었던 거야!	원소 n개의 집합 ⟶ 2^n
$x^3 + 2x^2 + 3x^1 + 7x^0$	공집합 ⟶ $2^0 = 1$

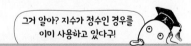

지수의 확장!

지수가 유리수일 때의 지수법칙

유리수
정수
자연수
n

지수가 유리수일 때도 지수법칙이 성립한다고 가정하면?

$$\left(2^{\frac{2}{3}}\right)^3 = 2^2$$

$2^{\frac{2}{3}}$은 2^2의 세제곱근이므로

$$2^{\frac{2}{3}} = \sqrt[3]{2^2} \text{ 과 같다.}$$

세제곱근 　 세제곱

2　$\frac{m}{n}$
지수가 유리수일 때

2^2

$\vdots$

$2^{\frac{2}{3}}$

$\vdots$

$2^{\frac{1}{3}}$

$\vdots$

2^0

$\vdots$

2^{-n}

$\vdots$

왜?

$a > 0$이고
$m, n\,(n \geq 2)$이 정수일 때

$$a^{\frac{m}{n}} = \sqrt[n]{a^m}$$

특히 $m = 1$일 때

$$a^{\frac{1}{n}} = \sqrt[n]{a}$$

지수가 유리수로 확장되니 밑에 대한 조건이 또 달라졌어!

a^n

$a > 0$, $b > 0$이고 r, s가 유리수일 때, 지수법칙

❶ $a^r a^s = a^{r+s}$　　❷ $(a^r)^s = a^{r \times s}$

❸ $(ab)^r = a^r b^r$　　❹ $\left(\dfrac{a}{b}\right)^r = \dfrac{a^r}{b^r}$

❺ $a^r \div a^s = a^{r-s}$

지수가 유리수일 때, 밑이 0보다 큰 이유는?
　　　　　　　　　　　　$(a > 0)$

$\boxed{x^n = a^m}$ 을 만족시키는 실근 $\boxed{a^{\frac{m}{n}}}$ 이 존재하려면

함수 $y = x^n$의 그래프와
직선 $y = a^m$의 교점이 존재해야 한다.

$a < 0$일 때 n이 짝수, m이 홀수이면

$x^n = a^m$을 만족시키는 실근이 존재지 않으므로 정의되지 않는다.

또 $a = 0$이면 지수가 정수인 범위에서 정의되지 않으므로 — 지수가 정수일때의 정의에 의하여

지수가 유리수일 때, $a > 0$이어야 한다.

n이 짝수
$y = x^n$
$y = a^m\,(a > 0)$
$y = a^m\,(a = 0)$
$y = a^m\,(a < 0)$

● 다음 수를 지수를 이용하여 나타내시오.

1 $\sqrt{2}$　　　　　　**2** $\sqrt[3]{5^2}$

3 $\sqrt[4]{3^7}$　　　　　**4** $\sqrt[5]{7^{-3}}$

5 $\sqrt[9]{3^{-2}}$　　　　**6** $\dfrac{1}{\sqrt[7]{2^5}}$

● 다음 수를 근호를 사용하여 나타내시오.

7 $3^{\frac{1}{6}}$　　　　　　**8** $5^{\frac{2}{3}}$

9 $4^{0.6}$　　　　　　**10** $3^{0.3}$

11 $9^{-\frac{2}{3}}$　　　　　**12** $\left(\dfrac{1}{25}\right)^{-\frac{1}{5}}$

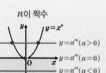 $a^{-\frac{m}{n}}$에서 m은 정수, n은 2 이상의 자연수임을 기억해!

2nd — 지수가 유리수일 때의 지수법칙

● 다음 식을 간단히 하시오. (단, $a>0$, $b>0$)

13 $2^{\frac{1}{2}} \times 2^{-\frac{1}{4}}$

$\rightarrow 2^{\frac{1}{2}} \times 2^{-\frac{1}{4}} = 2^{\frac{1}{2}\bigcirc\left(-\frac{1}{4}\right)} = 2^{\boxed{}}$

14 $\{(-3)^6\}^{\frac{2}{3}}$

15 $\left(a^{\frac{1}{3}}b^{-\frac{1}{4}}\right)^{12}$

지수가 유리수이면

$$a^{\frac{m}{n}} = \sqrt[n]{a^m}$$

거듭제곱근 꼴!

16 $3^{\frac{5}{2}} \times 9^{\frac{2}{5}} \div 27^{\frac{1}{3}}$

밑을 통일한 다음 지수법칙을 이용해 봐!

17 $\sqrt[3]{a^2} \times \sqrt[6]{a^5} \div \sqrt{a}$

각 항을 a^r(r는 유리수) 꼴로 고쳐 봐!

18 $\sqrt{a^2 b} \div \sqrt[3]{a^4 b^3} \times \sqrt[6]{ab^4}$

● 다음 식을 a^r 꼴로 나타내시오. (단, $a>0$이고 r는 유리수이다.)

19 $\sqrt{a\sqrt[3]{a\sqrt[4]{a}}}$

$\rightarrow \sqrt{a\sqrt[3]{a\sqrt[4]{a}}} = \sqrt{a} \times \sqrt[6]{a} \times \boxed{}\sqrt{a}$

$= a^{\frac{1}{2}} \times a^{\frac{1}{6}} \times a^{\boxed{}}$

$= a^{\frac{1}{2}+\frac{1}{6}+\boxed{}}$

$= a^{\boxed{}}$

20 $\sqrt[5]{\sqrt{a} \times \sqrt[3]{a^2}}$

21 $\sqrt{a^3\sqrt{a^2\sqrt{a}}}$

22 $\sqrt[3]{\sqrt{a} \times \dfrac{a}{\sqrt[4]{a}}}$

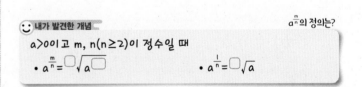

😊 내가 발견한 개념 　　　　　　　$a^{\frac{m}{n}}$의 정의는?

$a>0$이고 m, $n(n\geq 2)$이 정수일 때

・$a^{\frac{m}{n}} = \bigcirc\sqrt{a\bigcirc}$　　　　・$a^{\frac{1}{n}} = \bigcirc\sqrt{a}$

개념모음문제

23 $\sqrt[6]{9\sqrt{3^k}} = \sqrt[4]{27}$ 을 만족시키는 자연수 k의 값은?

① 2　　　　② 3　　　　③ 4

④ 5　　　　⑤ 6

지수가 실수일 때의 지수법칙

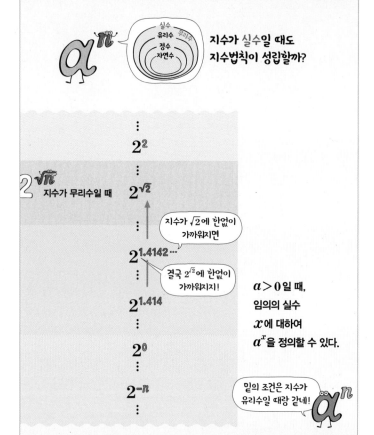

지수가 실수일 때도 지수법칙이 성립할까?

지수가 무리수일 때

2^2

$2^{\sqrt{2}}$

지수가 $\sqrt{2}$에 한없이 가까워지면

$2^{1.4142\cdots}$

결국 $2^{\sqrt{2}}$에 한없이 가까워지지!

$2^{1.414}$

2^0

2^{-n}

$a>0$일 때, 임의의 실수 x에 대하여 a^x을 정의할 수 있다.

밑의 조건은 지수가 유리수일 때랑 같네!

$a>0$, $b>0$이고 x, y가 실수일 때, 지수법칙

❶ $a^x a^y = a^{x+y}$

❷ $(a^x)^y = a^{x \times y}$

❸ $(ab)^x = a^x b^x$

❹ $\left(\dfrac{a}{b}\right)^x = \dfrac{a^x}{b^x}$

❺ $a^x \div a^y = a^{x-y}$

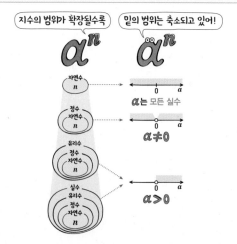

지수의 범위가 확장될수록 밑의 범위는 축소되고 있어!

자연수 n → a는 모든 실수

정수 자연수 n → $a \neq 0$

유리수 정수 자연수 n → $a > 0$

실수 유리수 정수 자연수 n

1ˢᵗ **— 지수가 실수일 때의 지수법칙**

● 다음 식을 간단히 하시오. (단, $a>0$, $b>0$)

1 $4^{2-\sqrt{6}} \times 4^{\sqrt{6}}$

→ $4^{2-\sqrt{6}} \times 4^{\sqrt{6}} = 4^{(2-\sqrt{6}) \bigcirc \sqrt{6}} = 4^{\square} = \boxed{}$

2 $7^{\sqrt{12}} \div 7^{\sqrt{3}}$

3 $\left(3^{-\sqrt{18}}\right)^{\frac{1}{\sqrt{2}}}$

4 $\left(9^{2-\sqrt{2}}\right)^{2+\sqrt{2}}$

5 $\left(a^{2\sqrt{5}} b^{\sqrt{10}}\right)^{\sqrt{5}}$

6 $\left(2^{2\sqrt{2}} \times 5^{\sqrt{2}}\right)^{\sqrt{2}}$

● $2^3 = a$, $3^4 = b$라 할 때, 다음을 a, b를 사용하여 나타내시오.

7 6^8

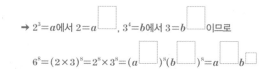

→ $2^3 = a$에서 $2 = a^{\square}$, $3^4 = b$에서 $3 = b^{\square}$이므로

$6^8 = (2 \times 3)^8 = 2^8 \times 3^8 = (a^{\square})^8 (b^{\square})^8 = a^{\square} b^{\square}$

8 12^5

9 18^9

2ⁿᵈ — 거듭제곱근의 대소 비교

● 다음 두 수의 대소를 비교하시오.

10 $\sqrt{3}$, $\sqrt[3]{4}$

→ $\sqrt{3}$, $\sqrt[3]{4}$를 지수가 유리수인 꼴로 나타내면

$\sqrt{3}=3^{\frac{1}{2}}$, $\sqrt[3]{4}=4^{\frac{1}{3}}$

지수의 분모인 2, 3의 최소공배수가 6이므로

$3^{\frac{1}{2}}=3^{\frac{3}{6}}=(3^3)^{\frac{1}{6}}=27^{\frac{1}{6}}$

$4^{\frac{1}{3}}=4^{\frac{\boxed{}}{6}}=(4^{\boxed{}})^{\frac{1}{6}}=\boxed{}^{\frac{1}{6}}$

이때 $\boxed{} < \boxed{}$ 이므로 $\boxed{}^{\frac{1}{6}} < \boxed{}^{\frac{1}{6}}$

따라서 $\sqrt{3}$ ◯ $\sqrt[3]{4}$

11 $\sqrt[3]{4}$, $\sqrt[4]{5}$

12 $\sqrt{\sqrt{8}}$, $\sqrt[3]{\sqrt{27}}$

● 다음 세 수의 대소를 비교하시오.

13 $\sqrt{2}$, $\sqrt[4]{3}$, $\sqrt[8]{7}$

→ $\sqrt{2}$, $\sqrt[4]{3}$, $\sqrt[8]{7}$을 지수가 유리수인 꼴로 나타내면

$\sqrt{2}=2^{\frac{1}{2}}$, $\sqrt[4]{3}=3^{\frac{1}{4}}$, $\sqrt[8]{7}=7^{\frac{1}{8}}$

지수의 분모인 2, 4, 8의 최소공배수가 8이므로

$2^{\frac{1}{2}}=2^{\frac{4}{8}}=(2^4)^{\frac{1}{8}}=16^{\frac{1}{8}}$

$3^{\frac{1}{4}}=3^{\frac{\boxed{}}{8}}=(3^{\boxed{}})^{\frac{1}{8}}=\boxed{}^{\frac{1}{8}}$

이때 $\boxed{} < \boxed{} < \boxed{}$ 이므로 $\boxed{}^{\frac{1}{8}} < \boxed{}^{\frac{1}{8}} < \boxed{}^{\frac{1}{8}}$

따라서 $\boxed{} < \boxed{} < \boxed{}$

14 $\sqrt{2}$, $\sqrt[3]{4}$, $\sqrt[4]{8}$

15 $\sqrt[6]{3}$, $\sqrt[3]{\sqrt[3]{5}}$, $\sqrt[9]{\sqrt{10}}$

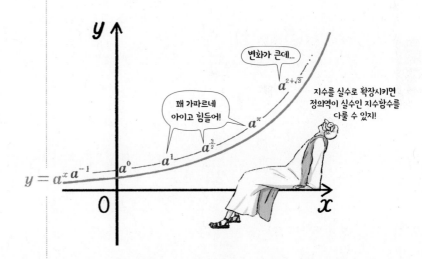

개념모음문제

16 세 수 $\sqrt[3]{2}$, $\sqrt[4]{6}$, $\sqrt[6]{8}$ 중에서 가장 큰 수를 k라 할 때, k^8의 값은?

① 16 ② 36 ③ 64

④ 128 ⑤ 216

지수법칙과 곱셈 공식을 이용한 식의 계산

❶ 곱셈 공식을 이용한 식의 계산

$$\left(a^{\frac{1}{2}}+b^{\frac{1}{2}}\right)\left(a^{\frac{1}{2}}-b^{\frac{1}{2}}\right)$$

$$=\left(a^{\frac{1}{2}}\right)^2-\left(b^{\frac{1}{2}}\right)^2$$

곱셈 공식
$(A+B)(A-B)=A^2-B^2$

$$=a-b$$

❷ a^x+a^{-x} 꼴의 식의 값

$a>0$이고 $\boxed{a^{\frac{1}{2}}+a^{-\frac{1}{2}}=5}$ 일 때,

$\boxed{a+a^{-1}}$ 의 값은?

$a^{\frac{1}{2}}=\boxed{A}$, $a^{-\frac{1}{2}}=\boxed{B}$ 라 하면

$\boxed{A}+\boxed{B}=5$일 때, $\boxed{A}^2+\boxed{B}^2$의 값을 구하는 것과 같다.

$a+a^{-1}=\left(a^{\frac{1}{2}}\right)^2+\left(a^{-\frac{1}{2}}\right)^2$

곱셈 공식의 변형
$A^2+B^2=(A+B)^2-2AB$

$\qquad\quad =\left(a^{\frac{1}{2}}+a^{-\frac{1}{2}}\right)^2-2a^{\frac{1}{2}}a^{-\frac{1}{2}}$

$\qquad\quad =5^2-2$

$\qquad\quad =23$

23

1st 지수법칙과 곱셈 공식의 이용

● 다음 식을 간단히 하시오. (단, $a>0$, $b>0$)

1 $\left(a^{\frac{1}{8}}-b^{\frac{1}{8}}\right)\left(a^{\frac{1}{8}}+b^{\frac{1}{8}}\right)\left(a^{\frac{1}{4}}+b^{\frac{1}{4}}\right)$

$\rightarrow \left(a^{\frac{1}{8}}-b^{\frac{1}{8}}\right)\left(a^{\frac{1}{8}}+b^{\frac{1}{8}}\right)\left(a^{\frac{1}{4}}+b^{\frac{1}{4}}\right)$

$= \left\{\left(a^{\frac{1}{8}}\right)^{\boxed{}}-\left(b^{\frac{1}{8}}\right)^{\boxed{}}\right\}\left(a^{\frac{1}{4}}+b^{\frac{1}{4}}\right)$

$= \left(a^{\boxed{}}-b^{\boxed{}}\right)\left(a^{\frac{1}{4}}+b^{\frac{1}{4}}\right)$

$= \boxed{}$

> 지수가 유리수로 주어진 식은 지수법칙과 곱셈 공식을 이용하여 간단히 한다.

2 $\left(a^{\frac{1}{2}}+a^{-\frac{1}{2}}\right)^2$

3 $\left(a^{\frac{1}{3}}-b^{\frac{1}{3}}\right)\left(a^{\frac{2}{3}}+a^{\frac{1}{3}}b^{\frac{1}{3}}+b^{\frac{2}{3}}\right)$

● 다음 식의 값을 구하시오.

4 $\left(3^{\frac{1}{2}}+1\right)\left(3^{\frac{1}{2}}-1\right)$

$\rightarrow \left(3^{\frac{1}{2}}+1\right)\left(3^{\frac{1}{2}}-1\right)=\left(3^{\frac{1}{2}}\right)^{\boxed{}}-1$

$\qquad\qquad\qquad\qquad =\boxed{}-1$

$\qquad\qquad\qquad\qquad =\boxed{}$

5 $\left(7^{\frac{1}{2}}-7^{-\frac{1}{2}}\right)^2$

6 $\left(3^{\frac{1}{3}}+2^{\frac{1}{3}}\right)\left(3^{\frac{2}{3}}-3^{\frac{1}{3}}\times 2^{\frac{1}{3}}+2^{\frac{2}{3}}\right)$

곱셈 공식

❶ $(a+b)^2=a^2+2ab+b^2$ ❷ $(a+b)(a-b)=a^2-b^2$
$\quad (a-b)^2=a^2-2ab+b^2$

❸ $(a+b)(a^2-ab+b^2)=a^3+b^3$
$\quad (a-b)(a^2+ab+b^2)=a^3-b^3$

2nd — $a^x + a^{-x}$ 꼴로 주어진 식의 값

● 주어진 조건에 대한 식의 값을 구하시오. (단, $a > 0$)

7 $a^{\frac{1}{2}} + a^{-\frac{1}{2}} = 4$

(1) $a + a^{-1}$

➡ $a + a^{-1} = (a^{\frac{1}{2}} + a^{-\frac{1}{2}})^{\square} - \square \times a^{\frac{1}{2}} a^{-\frac{1}{2}}$

       $= 4^{\square} - \square$

       $= \square$

> 조건으로 주어진 식의 양변을 제곱 또는 세제곱하여 구하는 식의 꼴로 변형한다.

(2) $\left(a^{\frac{1}{2}} - a^{-\frac{1}{2}}\right)^2$

(3) $a^{\frac{3}{2}} + a^{-\frac{3}{2}}$

8 $a^2 + a^{-2} = 6$

(1) $a^4 + a^{-4}$

➡ $a^4 + a^{-4} = (a^2 + a^{-2})^{\square} - \square \times a^2 a^{-2}$

       $= 6^{\square} - \square$

       $= \square$

(2) $a + a^{-1}$

곱셈 공식의 변형

❶ $a^2 + b^2 = (a+b)^2 - 2ab$
      $= (a-b)^2 + 2ab$

❷ $(a+b)^2 = (a-b)^2 + 4ab$
      $(a-b)^2 = (a+b)^2 - 4ab$

❸ $a^3 + b^3 = (a+b)^3 - 3ab(a+b)$
      $a^3 - b^3 = (a-b)^3 + 3ab(a-b)$

3rd — 분수 꼴의 식의 계산

● 주어진 조건에 대한 식의 값을 구하시오. (단, $a > 0$)

9 $a^{2x} = 2$

(1) $\dfrac{a^x + a^{-x}}{a^x - a^{-x}}$

➡ $\dfrac{a^x + a^{-x}}{a^x - a^{-x}}$ 의 분모, 분자에 $\square$ 을 곱하면

$\dfrac{a^x + a^{-x}}{a^x - a^{-x}} = \dfrac{a^x(a^x + a^{-x})}{a^x(a^x - a^{-x})} = \dfrac{a^{\square} + 1}{a^{\square} - 1} = \square$

(2) $\dfrac{a^{4x} - a^{-4x}}{a^{4x} + a^{-4x}}$

(3) $\dfrac{a^{3x} + a^{-3x}}{a^x + a^{-x}}$

10 $4^x = 3$

(1) $\dfrac{2^x + 2^{-x}}{2^x - 2^{-x}}$

➡ $\dfrac{2^x + 2^{-x}}{2^x - 2^{-x}}$ 의 분모, 분자에 $\square$ 을 곱하면

$\dfrac{2^x + 2^{-x}}{2^x - 2^{-x}} = \dfrac{\square(2^x + 2^{-x})}{\square(2^x - 2^{-x})} = \dfrac{2^{\square} + 1}{2^{\square} - 1}$

       $= \dfrac{4^{\square} + 1}{4^{\square} - 1} = \square$

(2) $\dfrac{2^x - 2^{-x}}{8^x - 8^{-x}}$

개념모음문제

11 $a = 2$일 때, $\left(a^{\frac{1}{3}} - a^{-\frac{1}{3}}\right)\left(a^{\frac{2}{3}} + a^{-\frac{2}{3}} + 1\right)$의 값은?

   ① 1   ② $\dfrac{3}{2}$ ③ 2

   ④ $\dfrac{5}{2}$ ⑤ 3

밑이 같아야 계산이 가능해!

지수로 나타낸 식의 변형

❶ $a^x=k$의 조건이 주어진 경우

$5^x=3$ 일 때, $\dfrac{6}{125^x}$ 의 값은?

$5^x=3$이므로 125^x을 밑이 5인 식으로 바꾸면

$$\frac{6}{125^x}=\frac{6}{(5^3)^x}=\frac{6}{5^{3x}}$$
$$=\frac{6}{(5^x)^3}=\frac{6}{3^3}$$
$$=\frac{2}{9}$$

나를 찾지 않아도 식의 값을 구할 수 있어!

$\downarrow$

$$\dfrac{2}{9}$$

❷ $a^x=k$, $b^y=l$의 조건이 주어진 경우

$5^x=3$, $45^y=9$ 일 때, $\dfrac{1}{x}-\dfrac{2}{y}$ 의 값은?

$\dfrac{1}{x}-\dfrac{2}{y}$ 가 나오도록 식을 변형한다.

$$5=3^{\frac{1}{x}} \quad \cdots\cdots ㉠$$
$$45=9^{\frac{1}{y}}=(3^2)^{\frac{1}{y}}=3^{\frac{2}{y}} \quad \cdots\cdots ㉡$$

밑을 3으로 통일

㉠과 ㉡에서 $\dfrac{1}{x}-\dfrac{2}{y}$ 는 지수끼리의 뺄셈이므로

지수법칙 $a^{x-y}=a^x \div a^y$에 의하여

㉠$\div$㉡을 하면 $\dfrac{5}{45}=3^{\frac{1}{x}-\frac{2}{y}}$

$\dfrac{1}{9}=3^{\frac{1}{x}-\frac{2}{y}}$, $3^{-2}=3^{\frac{1}{x}-\frac{2}{y}}$

여전히 우리를 찾지 않고도 식의 값을 구해 내는군……

따라서 $\dfrac{1}{x}-\dfrac{2}{y}=-2$

$\downarrow$

$$-2$$

1st — $a^x=k$의 조건이 주어진 식의 값

● 다음을 구하시오.

1 $3^x=5$일 때, $\left(\dfrac{1}{9}\right)^x$의 값

$\rightarrow \left(\dfrac{1}{9}\right)^x=(3^{\boxed{}})^x=3^{\boxed{}}$

$=(3^x)^{\boxed{}}=5^{\boxed{}}$

$=\boxed{}$

2 $4^x=10$일 때, $\left(\dfrac{1}{64}\right)^{-\frac{x}{3}}$의 값

3 $2^{x+2}=12$일 때, 16^x의 값

4 $3^{x+1}=2$일 때, $\left(\dfrac{1}{27}\right)^x$의 값

5 $6^x=4$일 때, $16^{\frac{1}{x}}$의 값

$\rightarrow 6^x=4$에서 $6=4^{\boxed{}}$

$16^{\frac{1}{x}}=(4^2)^{\frac{1}{x}}=4^{\boxed{}}$

$=(4^{\boxed{}})^2=\boxed{}^2$

$=\boxed{}$

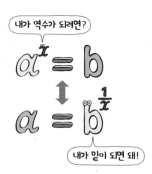

내가 역수가 되려면?

$a^x=b$

$\updownarrow$

$a=b^{\frac{1}{x}}$

내가 밑이 되면 돼!

6 $25^x=3$일 때, $9^{\frac{1}{4x}}$의 값

7 $2^x=125$, $50^y=25$일 때, $\dfrac{3}{x}-\dfrac{2}{y}$의 값

→ $2^x=125$에서 $2=125^{\frac{1}{x}}=(5^3)^{\frac{1}{x}}=5^{\boxed{}}$ ...... ㉠

$50^y=25$에서 $50=25^{\frac{1}{y}}=(5^2)^{\frac{1}{y}}=5^{\boxed{}}$ ...... ㉡

㉠÷㉡을 하면

$\dfrac{1}{25}=5^{\boxed{}-\boxed{}}$, $5^{-2}=5^{\boxed{}-\boxed{}}$

따라서 $\dfrac{3}{x}-\dfrac{2}{y}=\boxed{}$

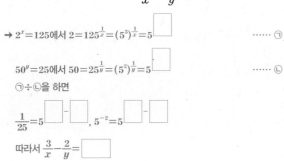

$a^{\frac{1}{x}}$ 과 $a^{\frac{1}{y}}$ 에서

지수끼리의 뺄셈은? 나눗셈으로!

$\dfrac{1}{x}-\dfrac{1}{y} \rightarrow a^{\frac{1}{x}-\frac{1}{y}}\equiv a^{\frac{1}{x}}\div a^{\frac{1}{y}}$

지수끼리의 덧셈은? 곱셈으로!

$\dfrac{1}{x}+\dfrac{1}{y} \rightarrow a^{\frac{1}{x}+\frac{1}{y}}\equiv a^{\frac{1}{x}}\times a^{\frac{1}{y}}$

8 $3^x=2$, $6^{2y}=8$일 때, $\dfrac{3}{2y}-\dfrac{1}{x}$의 값

9 $12^x=216$, $3^y=6$일 때, $\dfrac{3}{x}+\dfrac{1}{y}$의 값

10 $5^x=9$, $45^y=243$일 때, $\dfrac{2}{x}-\dfrac{5}{y}$의 값

2nd — $a^x=b^y$의 조건이 주어진 식의 값

● 다음을 구하시오.

11 $2^x=8^y=9^z=12$일 때, $\dfrac{1}{x}+\dfrac{1}{y}+\dfrac{1}{z}$의 값

→ $2^x=12$에서 $2=12^{\frac{1}{x}}$ ...... ㉠

$8^y=12$에서 $8=12^{\frac{1}{y}}$ ...... ㉡

$9^z=12$에서 $9=12^{\frac{1}{z}}$ ...... ㉢

㉠×㉡×㉢을 하면

$144=12^{\frac{1}{x}\bigcirc\frac{1}{y}\bigcirc\frac{1}{z}}$, $12^{\boxed{}}=12^{\frac{1}{x}\bigcirc\frac{1}{y}\bigcirc\frac{1}{z}}$

따라서 $\dfrac{1}{x}+\dfrac{1}{y}+\dfrac{1}{z}=\boxed{}$

12 $3^x=4^y=27^z=18$일 때, $\dfrac{1}{x}+\dfrac{1}{y}+\dfrac{1}{z}$의 값

13 $10^x=15^y=18^z=3$일 때, $\dfrac{1}{y}+\dfrac{1}{z}-\dfrac{1}{x}$의 값

14 $3^x=9^y=12^z=4$일 때, $\dfrac{1}{x}-\dfrac{1}{y}+\dfrac{1}{z}$의 값

고생이군! 이걸로 쉽게 가자!

$x=\log_2 12$

04~06 지수의 확장

- 지수가 0 또는 음의 정수인 경우

  $a \neq 0$이고 n이 자연수일 때

  ① $a^0 = 1$　　　　　② $a^{-n} = \dfrac{1}{a^n}$

- 지수가 유리수인 경우

  $a > 0$이고 m, $n(n \geq 2)$이 정수일 때

  ① $a^{\frac{m}{n}} = \sqrt[n]{a^m}$　　　　② $a^{\frac{1}{n}} = \sqrt[n]{a}$

1 $a = 3^{x-1}$일 때, 9^x을 a의 식으로 나타내면?

① a^2　　　② $3a^2$　　　③ $6a^2$

④ $9a^2$　　　⑤ $12a^2$

2 $5 \times 16^{\frac{1}{4}}$의 값은?

① 8　　　② 9　　　③ 10

④ 11　　　⑤ 12

3 $\sqrt{a\sqrt{a\sqrt{a\sqrt{a}}}}$ 를 a^r 꼴로 나타낼 때, r의 값은?

　　　　　　(단, $a > 0$이고 r는 유리수이다.)

① $\dfrac{11}{16}$　　　② $\dfrac{3}{4}$　　　③ $\dfrac{13}{16}$

④ $\dfrac{7}{8}$　　　⑤ $\dfrac{15}{16}$

4 $a = \sqrt[3]{3}$, $b = \sqrt[5]{5}$일 때, $\sqrt[15]{15}$를 a, b의 식으로 나타내면?

① $a^{\frac{1}{3}}b^{\frac{1}{3}}$　　　② $a^{\frac{1}{3}}b^{\frac{1}{5}}$　　　③ $a^{\frac{1}{5}}b^{\frac{1}{3}}$

④ $a^{\frac{1}{5}}b^{\frac{1}{5}}$　　　⑤ $a^{\frac{1}{15}}b^{\frac{1}{15}}$

5 $5\sqrt[4]{\sqrt{16^2}} - \sqrt[3]{8^4} \div \sqrt{2^4}$의 값은?

① 4　　　② 6　　　③ 8

④ 10　　　⑤ 12

6 세 수 $A = \sqrt{2}$, $B = \sqrt[5]{5}$, $C = \sqrt[10]{10}$의 대소 관계를 바르게 나타낸 것은?

① $A < B < C$　　　② $A < C < B$

③ $B < A < C$　　　④ $B < C < A$

⑤ $C < B < A$

07 지수법칙과 곱셈 공식을 이용한 식의 계산

• 지수가 유리수로 주어진 식의 계산

→ 지수가 유리수로 주어진 식은 지수법칙과 곱셈 공식을 이용하여 간단히 한다.

• $a^x + a^{-x}$ 꼴의 식의 계산

→ 조건으로 주어진 식의 양변을 제곱 또는 세제곱하여 구하는 식의 꼴로 변형한다.

7 $a > 0$이고 $a^{\frac{1}{2}} + a^{-\frac{1}{2}} = 2$일 때, $a^{\frac{3}{2}} + a^{-\frac{3}{2}}$의 값은?

① 2 ② 3 ③ 4
④ 5 ⑤ 6

8 $a = 16$일 때, $(a^{\frac{1}{4}} + a^{-\frac{1}{4}})^2 + (a^{\frac{1}{4}} - a^{-\frac{1}{4}})^2$의 값은?

① $\dfrac{13}{2}$ ② 7 ③ $\dfrac{15}{2}$
④ 8 ⑤ $\dfrac{17}{2}$

9 실수 a가 $\dfrac{3^a + 3^{-a}}{3^a - 3^{-a}} = -3$을 만족시킬 때, $9^a + 9^{-a}$의 값은?

① 1 ② $\dfrac{3}{2}$ ③ 2
④ $\dfrac{5}{2}$ ⑤ 3

08 지수로 나타낸 식의 변형

• $a^x = k$의 조건이 주어질 때, 식의 값 구하기

(i) 밑이 다르면 지수법칙을 이용하여 밑을 통일한다.

(ii) 지수법칙을 이용하여 식의 값을 구한다.

10 $5^a = 7$일 때, $\left(\dfrac{1}{25}\right)^{\frac{a}{4}}$의 값은?

① $\dfrac{1}{\sqrt{7}}$ ② $\dfrac{1}{\sqrt{5}}$ ③ $\dfrac{\sqrt{7}}{5}$
④ $\sqrt{5}$ ⑤ $\sqrt{7}$

11 $3^x = 16$, $12^y = 2$일 때, $\dfrac{4}{x} - \dfrac{1}{y}$의 값을 구하시오.

12 세 양수 a, b, c가 $abc = 9$, $a^x = b^y = c^z = 27$을 만족시킬 때, $\dfrac{1}{x} + \dfrac{1}{y} + \dfrac{1}{z}$의 값은?

① $\dfrac{1}{3}$ ② $\dfrac{2}{3}$ ③ 1
④ $\dfrac{4}{3}$ ⑤ $\dfrac{5}{3}$

TEST 개념 발전

1 다음 중 옳은 것은?

① $(-3)^2$의 제곱근은 3이다.

② 8의 세제곱근은 2이다.

③ n이 짝수일 때, 실수 a에 대하여 $\sqrt[n]{a^n}=a$이다.

④ $\sqrt[3]{-5}$의 네제곱근 중 실수인 것은 없다.

⑤ $\sqrt[3]{(-5)^3}=\sqrt{(-5)^2}$

2 다음 식의 값은?

$$\sqrt[3]{-216}+\sqrt[5]{25}\times\sqrt[5]{125}+\sqrt{\sqrt[3]{64}}$$

① -1 ② 0 ③ 1

④ 2 ⑤ 3

3 $a=3^{x+2}$일 때, 27^x을 a의 식으로 나타내면?

① $\dfrac{a^3}{3^3}$ ② $\dfrac{a^3}{3^4}$ ③ $\dfrac{a^3}{3^5}$

④ $\dfrac{a^3}{3^6}$ ⑤ $\dfrac{a^3}{3^7}$

4 정수 x, y에 대하여 $\dfrac{2^x}{32}=\dfrac{7^y}{49}$이 성립할 때, $x-y$의 값은?

① 1 ② 3 ③ 5

④ 7 ⑤ 9

5 $3\times4^{\frac{3}{2}}$의 값은?

① 12 ② 15 ③ 18

④ 21 ⑤ 24

6 등식 $\dfrac{\sqrt{2\sqrt{2\sqrt{2}}}}{\sqrt[6]{8\sqrt[6]{8}}}=2^k$을 만족시키는 상수 k의 값은?

① $\dfrac{1}{8}$ ② $\dfrac{1}{6}$ ③ $\dfrac{5}{24}$

④ $\dfrac{1}{4}$ ⑤ $\dfrac{7}{24}$

7 $\sqrt[3]{3\sqrt{3}}$보다 큰 자연수 중에서 가장 작은 것은?

① 1 ② 2 ③ 3

④ 4 ⑤ 5

8 $\left(\dfrac{1}{32}\right)^{\frac{1}{n}}$이 자연수가 되도록 하는 정수 n의 값을 모두 구하시오.

9 세 수 $A=\sqrt[3]{\sqrt{18}}$, $B=\sqrt[3]{4}$, $C=\sqrt{\sqrt[3]{21}}$의 대소 관계를 바르게 나타낸 것은?

① $A<B<C$ ② $A<C<B$

③ $B<A<C$ ④ $B<C<A$

⑤ $C<A<B$

10 실수 a, b, c에 대하여

$$a^2+b^2+c^2=7,\ a+b+c=3$$

일 때, $3^{a(b+c)}\times 3^{b(c+a)}\times 3^{c(a+b)}$의 값은?

① 1   ② 3   ③ 5

④ 7   ⑤ 9

11 세 실수 x, y, z에 대하여 $\dfrac{a^x+a^{-x}}{a^x-a^{-x}}=\dfrac{3}{2}$일 때, a^{3x}의 값은? (단, $a>0$)

① $\sqrt{2}$ ② $\sqrt{3}$ ③ $\sqrt{5}$

④ $3\sqrt{3}$ ⑤ $5\sqrt{5}$

12 양수 k에 대하여 등식 $3^{2x}=7^y=21^z=k$가 성립할 때, 다음 중 실수 x, y, z 사이의 관계로 옳은 것은?

(단, $k\neq 1$)

① $\dfrac{1}{x}+\dfrac{1}{y}=\dfrac{1}{z}$ ② $\dfrac{1}{x}+\dfrac{1}{y}=\dfrac{2}{z}$ ③ $\dfrac{1}{2x}+\dfrac{1}{y}=\dfrac{1}{z}$

④ $\dfrac{1}{x}+\dfrac{1}{2y}=\dfrac{1}{z}$ ⑤ $\dfrac{1}{x}+\dfrac{1}{y}=\dfrac{1}{2z}$

13 어떤 복사기로 확대 복사하여 출력된 복사본을 같은 배율로 확대 복사하여 복사본을 또 만든다. 이와 같은 작업을 반복하였더니 7회째 복사본의 도형의 넓이는 처음 도형의 넓이의 2배가 되었다. 10회째 복사본의 도형의 넓이는 8회째 복사본의 도형의 넓이의 몇 배인지 구하시오.

14 두 실수 a, b가 $2^{a-2}=3$, $12^b=7$을 만족시킬 때, $7^{\frac{3}{ab}}$의 값은?

① 2   ② 4   ③ 6

④ 8   ⑤ 10

15 $36\leq a\leq 100$, $20\leq b\leq 32$일 때, $\sqrt[3]{a}+\sqrt{b}$의 값이 자연수가 되도록 하는 두 자연수 a, b에 대하여 $a+b$의 값은?

① 89   ② 90   ③ 91

④ 92   ⑤ 93

2

매우 크거나 작은 수의 계산!
로그

거듭제곱한 횟수!

2를 곱한 횟수를 찾습니다.

나는 오직 하나!

$$2^x = 5$$

죄: 반복한 횟수를 감춘 죄!

곱한 횟수가 무리수?

$$x = 2.3219280948873 \cdots$$

놀라지 마! 횟수의 범위는 실수야!

로그로 표현하면 간단해져!

네이피어

$a > 0$, $a \neq 1$, $N > 0$일 때
$$a^x = N \longleftrightarrow x = \log_a N$$
x는 a를 밑으로 하는 N의 로그라 하고
N은 $\log_a N$의 진수라 한다.

$$x = \log_a N$$
진수 / 밑

모든 양수는 1이 아닌 양수의 거듭제곱으로 표현할 수 있어. a의 x제곱이 N일 때, x를 $\log_a N$으로 나타내. 이때 a는 1이 아닌 양수, N은 양수여야 하지. 이 단원에서는 로그의 뜻을 알고, 밑과 진수가 어떤 조건을 만족하는지 배우게 될 거야.

로그의 계산을 가능하게 하는!

- 로그의 기본 성질 $\quad a>0,\ a\neq1,\ M>0,\ N>0$이고 k가 실수일 때

$$\log_a 1 = 0$$

$$\log_a a = 1$$

$$\log_a MN = \log_a M + \log_a N$$

$$\log_a \frac{M}{N} = \log_a M - \log_a N$$

$$\log_a M^k = k\log_a M$$

- 로그의 밑의 변환

$a>0,\ a\neq1,\ b>0,\ c>0,\ c\neq1$일 때 $\longrightarrow \log_a b = \dfrac{\log_c b}{\log_c a}$

특히, $c=b$일 때, $\log_c b=1$이므로 $\longrightarrow \log_a b = \dfrac{1}{\log_b a}$
(단, $b\neq1$)

밑과 진수를 바꾸면 역수가 돼!

- 로그의 여러 가지 성질 $\quad a>0,\ a\neq1,\ b>0,\ b\neq1,\ c>0,\ c\neq1$일 때

$$\log_a b \times \log_b a = 1$$

$$\log_{a^m} b^n = \frac{n}{m}\log_a b \qquad (\text{단, } m\neq0)$$

$$a^{\log_a b} = b$$

$$a^{\log_b c} = c^{\log_b a}$$

일상적으로 사용하는 로그!

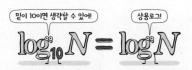

밑이 10이면 생략할 수 있어!   상용로그!

$$\log_{10} N = \log N$$

10을 밑으로 하는 로그를 상용로그라 하고,
상용로그 $\log_{10} N$은 보통 밑 10을 생략하여 $\log N$과 같이 나타낸다.
0.01 간격으로 1.00부터 9.99까지의 수에 대한 상용로그의 값을
반올림하여 소수점 아래 넷째 자리까지 나타낸 표를 상용로그표라 한다.

수	0	1	2	3
1.0	.0000	.0043	.0086	.0128
1.1	.0414	.0453	.0492	.0531
1.2	.0792	.0828	.0864	.0899
1.3	.1139	.1173	.1206	.1239

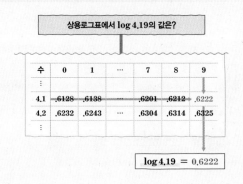

상용로그표에서 log 4.19의 값은?

수	0	1	⋯	7	8	9
⋮						
4.1	.6128	.6138	⋯	.6201	.6212	.6222
4.2	.6232	.6243	⋯	.6304	.6314	.6325
⋮						

$$\log 4.19 = 0.6222$$

로그도 실수이기 때문에 사칙연산이 가능해. 진수의 곱셈은 밑이 같은 로그의 덧셈으로, 진수의 나눗셈은 밑이 같은 로그의 뺄셈으로 표현할 수 있어. 로그의 성질은 지수법칙과 관련지어 생각하면 쉽게 기억할 수 있어. 로그의 성질을 활용하면 로그의 밑을 변환할 수도 있지. 기본 성질부터 차근차근 연습해 보자.

로그를 이용해 큰 수를 계산하기 위해 밑을 10으로 통일할 거야. 밑이 10일 때, 밑을 생략해서 표현하고 상용로그라 불러. 상용로그표를 이용하면 0.00부터 9.99까지의 수에 대한 상용로그 값을 찾을 수 있지. 또 상용로그의 값을 보면 진수의 자릿수와 숫자의 배열도 알 수 있어.

거듭제곱한 횟수!

로그의 정의

2를 곱한 횟수를 찾습니다.

나는 오직 하나!

$2^x = 5$

죄: 반복한 횟수를 감춘 죄!

곱한 횟수가 무리수?

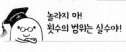
$x = 2.321928094887\overline{3}\overline{6}\cdots$

놀라지 마!
횟수의 범위는 실수야!

로그로 표현하면 간단해져!

$\log_2 5$

네이피어

$a > 0$, $a \neq 1$, $N > 0$일 때
$$a^x = N \longleftrightarrow x = \log_a N$$
x는 a를 밑으로 하는 N의 로그라 하고
N은 $\log_a N$의 진수라 한다.

$$x = \log_a \overset{\text{진수}}{N}$$
밑

참고 log는 logarithm의 약자이다.

1st 로그의 뜻과 표현

● 다음 로그의 밑과 진수를 구하시오.

1 $\log_2 9$

2 $\log_{10} \dfrac{1}{3}$

3 $\log_{\frac{1}{2}} 4$

4 $\log_{\sqrt{7}} 49$

● 다음 등식을 $x = \log_a N$ 꼴로 나타내시오.

5 $2^3 = 8$

→ $\boxed{} = \log_2 \boxed{}$

6 $4^{\frac{1}{2}} = 2$

7 $(0.5)^2 = 0.25$

8 $5^{-1} = \dfrac{1}{5}$

9 $\left(\dfrac{1}{3}\right)^{-3} = 27$

10 $(\sqrt{2})^3 = 2\sqrt{2}$

이 큰 수들을 또 곱해야 하다니! 늘어 죽을 때까지 계산만 하다 끝나겠어!

$16384 \times 65536 = ?$

$2^{14} \times 2^{16} = 2^{30}$

$1 = 2^0$	$0 = \log_2 1$
$2 = 2^1$	$1 = \log_2 2$
$3 = 2^{1.584\cdots}$	$1.584 \fallingdotseq \log_2 3$
$4 \fallingdotseq 2^2$	$2 = \log_2 4$

복잡한 수들을 거듭제곱으로 바꿔! 아예, 모든 수를 밑이 같은 거듭제곱으로 바꿔서 로그를 이용, 간단하게 정리한 로그표를 만들어 줄까?

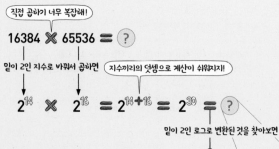

어떻게 쓰는 거야?

직접 곱하기 너무 복잡해!

$16384 \times 65536 = ?$

밑이 2인 지수로 바꿔서 곱하면 ｜ 지수끼리의 덧셈으로 계산이 쉬워지지!

$2^{14} \times 2^{16} = 2^{14+16} = 2^{30} = ?$

밑이 2인 로그로 변환된 것을 찾아보면

$30 = \log_2 1073741824$

로그의 진수가 답이지!

나는 큰 수의 계산을 쉽게 할 수 있게 해! 수학사에서 매우 위대한 존재야!

log

$16384 \times 65536 = 1073741824$

● 다음 등식을 $a^x=N$ 꼴로 나타내시오.

11 $\log_2 16=4$

→ $\log_2 16=4 \iff 2^{\boxed{}}=16$

12 $\log_9 3=\dfrac{1}{2}$

13 $\log_{\frac{1}{3}} 27=-3$

지수와 로그는 관점의 차이!

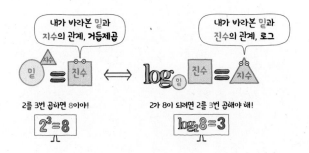

14 $\log_{10} 0.01=-2$

15 $\log_2 \dfrac{1}{8}=-3$

16 $\log_{\sqrt{5}} 25=4$

😊 **내가 발견한 개념**   지수의 식과 로그의 식의 관계는?

・$a>0$, $a\neq1$, $N>0$일 때 $a^x=N \iff \boxed{}=\log_a \boxed{}$

2nd ― 로그의 값과 로그를 이용한 미지수의 값

● 다음 값을 구하시오.

17 $\log_2 32$

→ $\log_2 32=x$로 놓으면 로그의 정의에 의하여

$2^x=\boxed{}$, $2^x=2^{\boxed{}}$, 즉 $x=\boxed{}$

따라서 $\log_2 32=\boxed{}$

18 $\log_3 \dfrac{1}{81}$

19 $\log_{\sqrt{3}} 9$

● 다음 등식을 만족시키는 실수 x의 값을 구하시오.

20 $\log_3 x=3$

→ $\log_3 x=3$에서 로그의 정의에 의하여

$3^{\boxed{}}=x$이므로 $x=\boxed{}$

21 $\log_{\frac{1}{2}} x=-1$

22 $\log_x 8=3$

거듭제곱한 횟수!

로그의 밑과 진수의 조건

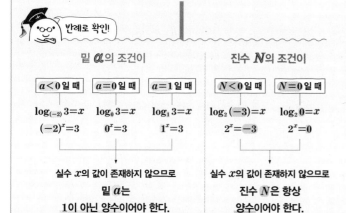

내가 오직 하나의 실수이려면?

$$a^x = N$$

지수를 실수 범위까지 확장할 때 배웠지?

임의의 실수 x에 대하여 a^x을 정의하려면 $a>0$ 이어야 한다. 이때 $a=1$이면 $1^x=1$이므로 이를 만족시키는 실수 x는 무수히 많으므로 $a \neq 1$ 이어야 한다.

$a>0$, $a \neq 1$인 범위 $\xrightarrow[0 \quad 1 \quad a]{}$ 에서 a^x은 양수이므로

$$N>0$$

$a^x = N$에서 $\boxed{a>0}$, $\boxed{a \neq 1}$, $\boxed{N>0}$일 때,

x는 오직 하나의 실수, $x = \log_a N$으로 정의된다.

반례로 확인!

밑 a의 조건이			진수 N의 조건이	
$\boxed{a<0일 때}$	$\boxed{a=0일 때}$	$\boxed{a=1일 때}$	$\boxed{N<0일 때}$	$\boxed{N=0일 때}$
$\log_{(-2)} 3 = x$	$\log_0 3 = x$	$\log_1 3 = x$	$\log_2 (-3) = x$	$\log_2 0 = x$
$(-2)^x = 3$	$0^x = 3$	$1^x = 3$	$2^x = -3$	$2^x = 0$

실수 x의 값이 존재하지 않으므로 밑 a는 1이 아닌 양수이어야 한다.

실수 x의 값이 존재하지 않으므로 진수 N은 항상 양수이어야 한다.

$$a^x = N \iff x = \log_a N \text{으로 정의되려면}$$

$$\boxed{a>0}, \boxed{a \neq 1}, \boxed{N>0} \text{이어야 한다.}$$

참고 앞으로 특별한 언급없이 $\log_a N$으로 쓸 때는 밑 a와 진수 N이 $a>0$, $a \neq 1$, $N>0$을 모두 만족시키는 것으로 본다.

1st 로그의 밑의 조건

● 다음이 정의되기 위한 실수 x의 값의 범위를 구하시오.

1 $\log_{x-2} 2$

→ 밑의 조건에서 $x-2>0$, $x-2 \bigcirc 1$이므로

$x > \boxed{}$, $x \bigcirc 3$

따라서 $\boxed{} < x < 3$ 또는 $x > \boxed{}$

2 $\log_{x+3} \dfrac{1}{10}$

3 $\log_{2x-3} 5$

4 $\log_{|x-1|} 9$

5 $\log_{x^2+2x+1} 2$

소곤소곤   비아야양

실제 무게 차이가 10배인데 2배로 느끼고
소리의 크기 차이가 100배인데 2배로 느끼는 건…!
내 몸은 이미 로그의 세계에 살고 있다는 거?

2ⁿᵈ—로그의 진수의 조건

● 다음이 정의되기 위한 실수 x의 값의 범위를 구하시오.

6 $\log_3 (x+1)$

→ 진수의 조건에서 $x+1 \bigcirc 0$

따라서 $x > \boxed{}$

7 $\log_2 (x-5)$

8 $\log_7 (3x+5)$

9 $\log_{\frac{3}{2}} (\sqrt{3}x-1)$

10 $\log_2 (x^2-2x-15)$

이차부등식의 해

이차부등식 $\boxed{ax^2+bx+c>0}$ 의 해는

(단, $a \neq 0$이고 a, b, c는 실수)

이차함수 $y=ax^2+bx+c$의 그래프에서 $y>0$인 부분이므로

| $\boxed{a>0}$ | $\boxed{a<0}$ |

↓ ↓

$x < \alpha$ 또는 $x > \beta$ 　　 $\alpha < x < \beta$

$\log_a \boxed{\text{이차식}}$ 에서 $\boxed{\text{이차식}} > 0$인 조건을 찾으려면 이차부등식의 해를 이용한다!

3ʳᵈ—로그의 밑과 진수의 조건

● 다음이 정의되기 위한 실수 x의 값의 범위를 구하시오.

11 $\log_{x-1} (-x+3)$

→ 밑의 조건에서 $x-1 \bigcirc 0$, $x-1 \neq \boxed{}$ 이므로

$x>1$, $x \neq \boxed{}$, 즉 $1<x<\boxed{}$ 또는 $x>\boxed{}$ $\quad$ …… ㉠

진수의 조건에서 $-x+3>\boxed{}$, 즉 $x<\boxed{}$ $\quad$ …… ㉡

㉠, ㉡에 의하여 $1<x<2$ 또는 $2<x<\boxed{}$

12 $\log_{x+2} (-x+5)$

13 $\log_{x-2} (-x^2+4x+5)$

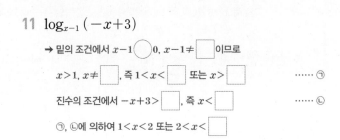

😊 **내가 발견한 개념** 　　　　　　$\log_a N$이 정의되기 위한 조건은?

$\log_a N$이 정의되려면

• 밑 a → $a \bigcirc 0$, $a \bigcirc 1$ 　　 • 진수 N → $N \bigcirc 0$

개념모음문제

14 $\log_{x-1} (-x^2+7x-10)$이 정의되도록 하는 자연수 x의 개수는?

① 1 　　　　② 2 　　　　③ 3

④ 4 　　　　⑤ 5

03

지수법칙을 이용한!

로그의 기본 성질

어이~ 거기 실수들! 계산 좀 해 볼까?

$a>0$, $a\neq1$, $M>0$, $N>0$이고 k가 실수일 때

진수가 1이면

$$\log_a 1 = 0$$

$2^0=1 \rightarrow \log_2 1=0$
$3^0=1 \rightarrow \log_3 1=0$

(밑)=(진수)이면

$$\log_a a = 1$$

$2^1=2 \rightarrow \log_2 2=1$
$3^1=3 \rightarrow \log_3 3=1$

진수가 곱의 형태이면 밑이 같은 덧셈으로!

$$\log_a MN = \log_a M + \log_a N$$

$\log_2 15=\log_2(3\times5)$에서
$\log_2 3=m$, $\log_2 5=n$이라 하면
$3=2^m$, $5=2^n$이므로 $3\times5=2^{m+n}$
따라서 $m+n=\log_2(3\times5)=\log_2 3+\log_2 5$

진수가 몫의 형태이면 밑이 같은 뺄셈으로!

$$\log_a \frac{M}{N} = \log_a M - \log_a N$$

$\log_2 \frac{3}{5}$에서
$\log_2 3=m$, $\log_2 5=n$이라 하면
$3=2^m$, $5=2^n$이므로 $\frac{3}{5}=2^{m-n}$
따라서 $m-n=\log_2 \frac{3}{5}=\log_2 3-\log_2 5$

진수가 거듭제곱의 형태이면

$$\log_a M^k = k\log_a M$$

$\log_2 3^k$에서 $\log_2 3=m$이라 하면 $m\times k=k\log_2 3$이고
$3=2^m$이므로 $3^k=(2^m)^k=2^{m\times k}$
따라서 $m\times k=\log_2 3^k=k\log_2 3$

원리확인 다음은 주어진 식을 증명하는 과정이다. □ 안에 알맞은 것을 써넣으시오.

❶
$$\log_5(2\times3)=\log_5 2+\log_5 3$$

➔ $\log_5 2=m$, $\log_5 3=n$으로 놓으면 로그의 정의에 의하여
$2=5^{\square}$, $3=5^{\square}$
지수법칙에 의하여
$2\times3=5^{\boxed{}}$
로그의 정의에 의하여
$\boxed{}=\log_5(2\times3)$
따라서 $\log_5(2\times3)=\log_5 2+\log_5 3$

❷
$$\log_5 \frac{2}{3}=\log_5 2-\log_5 3$$

➔ $\log_5 2=m$, $\log_5 3=n$으로 놓으면 로그의 정의에 의하여
$2=5^{\square}$, $3=5^{\square}$
지수법칙에 의하여
$\frac{2}{3}=5^{\boxed{}}$
로그의 정의에 의하여
$\boxed{}=\log_5 \frac{2}{3}$
따라서 $\log_5 \frac{2}{3}=\log_5 2-\log_5 3$

1st — 로그의 기본 성질

● 다음 값을 구하시오.

1 $\log_3 1$

2 $\log_{\frac{1}{4}} 1$

3 $\log_{50} 50$

4 $\log_{\sqrt{3}} \sqrt{3}$

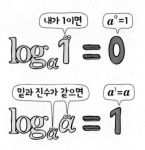

5 $\log_{20} 20 + \log_9 1$

6 $\log_{\frac{1}{2}} \frac{1}{2} - \log_{0.2} 1$

7 $\log_2 16$

$\rightarrow \log_2 16 = \log_2 2^{\square}$

$= \square \log_2 2$

$= \square$

8 $\log_5 125$

9 $\log_3 \dfrac{1}{27}$

10 $\log_{0.1} 0.01$

11 $\log_{\sqrt{2}} 2\sqrt{2}$

내가 발견한 개념

로그의 기본 성질은?

$a > 0$, $a \neq 1$이고 $x > 0$일 때

• $\log_a a = \square$, $\log_a 1 = \square$

• $\log_a x^n = \square \log_a \square$ (단, n은 실수이다.)

● 다음 식의 값을 구하시오.

12 $\log_6 18 + \log_6 2$

로그의 성질을 이용하여 로그를 하나로 합쳐 봐!

→ $\log_6 18 + \log_6 2 = \log_6 (18 \bigcirc 2) = \log_6 \boxed{}$

$= \log_6 6^{\boxed{}} = \boxed{} \log_6 6 = \boxed{}$

13 $\log_5 10 + \log_5 \dfrac{1}{2}$

14 $\log_3 \sqrt{18} + \log_3 \dfrac{1}{\sqrt{2}}$

로그의 덧셈은 / 진수의 곱셈!

$$\log_a M + \log_a N = \log_a (M \times N)$$

15 $\log_5 45 + 2\log_5 \dfrac{5}{3}$

16 $\log_2 \dfrac{16}{3} + 2\log_2 \sqrt{3}$

17 $\log_3 36 - \log_3 4$

→ $\log_3 36 - \log_3 4 = \log_3 \dfrac{\boxed{}}{4} = \log_3 \boxed{}$

$= \log_3 3^{\boxed{}} = \boxed{} \log_3 3 = \boxed{}$

18 $\log_3 18 - \log_3 \dfrac{2}{3}$

19 $\log_5 \sqrt{15} - \log_5 \sqrt{3}$

로그의 뺄셈은 / 진수의 나눗셈!

$$\log_a M - \log_a N = \log_a \dfrac{M}{N}$$

20 $\log_3 12 - \log_3 \dfrac{4}{\sqrt{3}}$

21 $\log_2 \sqrt{6} - \dfrac{1}{2}\log_2 24$

22 $\log_2 4 - \log_2 3 + \log_2 12$

$\rightarrow \log_2 4 - \log_2 3 + \log_2 12 = \log_2 \dfrac{4 \times \boxed{}}{3}$

$= \log_2 \boxed{} = \log_2 2^{\boxed{}}$

$= \boxed{} \log_2 2 = \boxed{}$

23 $2 \log_6 \dfrac{3}{2} - \log_6 27 + \log_6 \dfrac{1}{3}$

24 $\log_2 \dfrac{3}{4} + \log_2 \sqrt{8} - \dfrac{1}{2} \log_2 18$

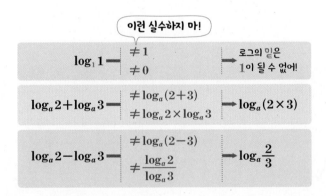

이런 실수하지 마!

$\log_1 1$	$\neq 1$ $\neq 0$	로그의 밑은 1이 될 수 없어!
$\log_a 2 + \log_a 3$	$\neq \log_a(2+3)$ $\neq \log_a 2 \times \log_a 3$	$\log_a(2 \times 3)$
$\log_a 2 - \log_a 3$	$\neq \log_a(2-3)$ $\neq \dfrac{\log_a 2}{\log_a 3}$	$\log_a \dfrac{2}{3}$

😊 **내가 발견한 개념**   로그의 기본 성질은?

$a>0,\ a\neq1$이고 $x>0,\ y>0$일 때

• $\log_a xy = \log_a x \bigcirc \log_a y$

• $\log_a \dfrac{x}{y} = \log_a x \bigcirc \log_a y$

3rd — 로그의 성질을 이용한 문자 표현

● 주어진 조건을 이용하여 다음을 a, b로 나타내시오.

25
$$\log_{10} 2 = a,\ \log_{10} 3 = b$$

(1) $\log_{10} 12$

$\rightarrow \log_{10} 12 = \log_{10}(2^{\boxed{}} \times 3)$

$= \log_{10} 2 + \boxed{}$

$= 2 \log_{10} 2 + \boxed{}$

$= 2a + \boxed{}$

(2) $\log_{10} \dfrac{4}{27}$

(3) $\log_{10} \sqrt{18}$

26
$$\log_5 2 = a,\ \log_5 3 = b$$

(1) $\log_5 18$

$\rightarrow \log_5 18 = \log_5(2 \times 3^{\boxed{}})$

$= \log_5 2 + 2 \boxed{}$

$= a + 2 \boxed{}$

(2) $\log_5 \dfrac{9}{8}$

(3) $\log_5 \sqrt{48}$

04

로그의 계산을 가능하게 하는!

로그의 밑의 변환

앗! 밑이 다른데 어떻게 계산해?

$\log_2 3$을 밑이 5인 로그로 변환하면?

$\log_2 3 = \boxed{x}$로 놓으면 $2^{\boxed{x}} = 3$

양변에 밑이 5인 로그를 취하면

$$\log_5 2^{\boxed{x}} = \log_5 3$$

$$\boxed{x} \log_5 2 = \log_5 3$$

$$\boxed{x} = \frac{\log_5 3}{\log_5 2}$$

분자로!

따라서 $\log_2 3 = \dfrac{\log_5 3}{\log_5 2}$

분모로!

로그의 밑을 변환하면 계산이 가능해지지!

$a>0,\ a\neq 1,\ b>0,\ c>0,\ c\neq 1$일 때 $\longrightarrow$ $\log_a b = \dfrac{\log_c b}{\log_c a}$

특히, $c=b$일 때, $\log_c b=1$이므로 $\longrightarrow$ $\log_a b = \dfrac{1}{\log_b a}$
(단, $b\neq 1$)

밑과 진수를 바꾸면 역수가 돼!

원리확인 다음은 주어진 식을 증명하는 과정이다. □ 안에 알맞은 수를 써넣으시오.

$$\log_2 3 = \frac{\log_{10} 3}{\log_{10} 2}$$

→ $\log_2 3 = x$로 놓으면 로그의 정의에 의하여 $2^x = \boxed{}$

양변에 밑이 10인 로그를 취하면

$$\log_{10} 2^x = \boxed{}$$

$$x\log_{10} 2 = \boxed{},\ \ \text{즉}\ x = \frac{\boxed{}}{\log_{10} 2}$$

따라서 $\log_2 3 = \dfrac{\log_{10} 3}{\log_{10} 2}$

1ˢᵗ ─ 로그의 밑의 변환을 이용한 식의 값

● 다음 값을 구하시오.

1 $\log_8 4$

$\rightarrow \log_8 4 = \dfrac{\log_2 4}{\boxed{}} = \dfrac{\log_2 2^2}{\log_2 \boxed{}^3} = \dfrac{2}{\boxed{}}$

2 $\log_9 27$

3 $\log_{125} \dfrac{1}{25}$

4 $\log_{32} 8$

5 $\log_{100} \dfrac{1}{10}$

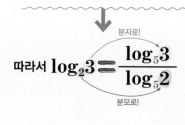 $(a>0,\ a\neq 1,\ b>0,\ c>0,\ c\neq 1$일 때$)$

증명 $\log_c a = x,\ \log_a b = y$라 하면

$c^x = a,\ a^y = b$이므로

$b = a^y = (c^x)^y = c^{xy}$

로그의 정의에 의하여 $xy = \log_c b$이므로

$\log_c a \times \log_a b = \log_c b$

따라서 $\log_a b = \dfrac{\log_c b}{\log_c a}$

6
$$\frac{\log_3 32}{\log_3 2}$$

→ $\dfrac{\log_3 32}{\log_3 2} = \log_2 \boxed{} = \log_2 2^{\boxed{}} = \boxed{}\, \log_2 2 = \boxed{}$

7
$$\frac{\log_5 27}{\log_5 3}$$

8
$$\frac{\log_7 0.01}{\log_7 0.1}$$

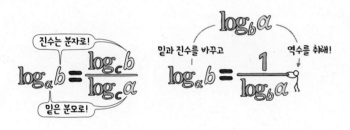

9
$$\frac{1}{\log_{16} 2}$$

10
$$\frac{1}{\log_{27} 3}$$

● 다음 식의 값을 구하시오.

11 $\log_2 5 \times \log_5 2$

→ $\log_2 5 \times \log_5 2 = \dfrac{\log_{10} 5}{\log_{10} 2} \times \dfrac{\boxed{}}{\log_{10} 5} = \boxed{}$

12 $\log_3 2 \times \log_2 9$

13 $\log_2 3 \times \log_3 5 \times \log_5 2$

14 $\log_2 5 \times \log_5 6 \times \log_6 8$

15 $\dfrac{1}{\log_6 3} + \log_3 \dfrac{1}{2}$

16 $\log_4 8 + \dfrac{1}{\log_2 4}$

17 $\log_2 40 - \dfrac{1}{\log_5 2}$

18 $\log_3 2(\log_5 9 \times \log_2 5 + \log_2 3)$

$\rightarrow \log_3 2(\log_5 9 \times \log_2 5 + \log_2 3)$

$= \log_3 2 \left(\dfrac{\boxed{}}{\log_3 5} \times \dfrac{\log_3 5}{\log_3 2} + \dfrac{1}{\log_3 2} \right)$

$= \log_3 2 \left(\dfrac{\boxed{}}{\log_3 2} + \dfrac{1}{\log_3 2} \right)$

$= \boxed{} + 1$

$= \log_3 3^{\boxed{}} + 1 = \boxed{} + 1 = \boxed{}$

19 $\dfrac{1}{\log_{12} 2} - \log_4 3 - \log_2 \sqrt{3}$

20 $\dfrac{\log_3 4 \times \log_4 5 \times \log_5 12}{\log_3 2 + \log_3 6}$

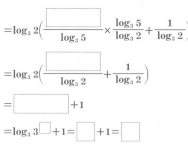

내가 발견한 개념　　　　　　　　　로그의 밑은 어떻게 변환하나?

$a>0,\ a\neq 1$이고 $b>0$일 때

• $\log_a b = \dfrac{\boxed{}}{\log_c a}$ (단, $c>0,\ c\neq 1$)

• $\log_a b = \dfrac{1}{\log_b \boxed{}}$ (단, $b\neq 1$)

개념모음문제

21 $\dfrac{1}{\log_3 6} + \dfrac{1}{\log_4 6} + \dfrac{1}{\log_{18} 6}$ 의 값은?

① 2　　　　　② 3　　　　　③ 4

④ 5　　　　　⑤ 6

2ⁿᵈ — 로그의 밑의 변환을 이용한 표현

● 주어진 조건을 이용하여 다음을 a, b로 나타내시오.

22 $\boxed{\log_{10} 2 = a,\ \log_{10} 3 = b}$

(1) $\log_2 6$

$\rightarrow \log_2 6 = \dfrac{\log_{10} \boxed{}}{\log_{10} 2} = \dfrac{\log_{10}(2 \times \boxed{})}{\log_{10} 2}$

$= \dfrac{\log_{10} 2 + \boxed{}}{\log_{10} 2} = \dfrac{a + \boxed{}}{a}$

(2) $\log_6 12$

(3) $\log_9 6$

(4) $\log_3 5$

$\rightarrow \log_3 5 = \dfrac{\log_{10} 5}{\log_{10} 3} = \dfrac{\log_{10} \frac{10}{2}}{\log_{10} 3}$

$= \dfrac{\log_{10} 10 - \boxed{}}{\log_{10} 3} = \dfrac{\boxed{}}{b}$

(5) $\log_5 18$

23 $\log_6 2=a,\ \log_6 5=b$

(1) $\log_5 8$

(2) $\log_4 50$

(3) $\log_3 5$

→ $\log_3 5=\dfrac{\log_6 5}{\log_6 3}=\dfrac{\log_6 5}{\log_6 \frac{6}{2}}$

$=\dfrac{\log_6 5}{\log_6 6-\boxed{}}=\dfrac{b}{\boxed{}}$

(4) $\log_{20} 9$

(5) $\log_{12} 25$

24 $\log_2 3=a,\ \log_3 5=b$

(1) $\log_6 10$

→ $\log_2 3=a$에서 $\log_3 2=\dfrac{1}{a}$이므로

$\log_6 10=\dfrac{\log_3 10}{\log_3 6}=\dfrac{\log_3 (2\times\boxed{})}{\log_3 (2\times\boxed{})}$

$=\dfrac{\log_3 2+\log_3 \boxed{}}{\log_3 2+\log_3 \boxed{}}=\dfrac{\boxed{}+b}{\boxed{}+1}$

$=\dfrac{\boxed{}+1}{a+1}$

(2) $\log_8 5$

(3) $\log_{18} 25$

(4) $\log_{12} \sqrt{45}$

😊 **내가 발견한 개념** 　　　　　로그의 밑은 변환 공식의 응용!

• $\log_{10} 2=a$일 때

→ $\log_{10} 5=\log_{10}\dfrac{10}{2}=\log_{10}10-\log_{10}2=\boxed{}$

• $\log_{10} 5=b$일 때

→ $\log_{10} 2=\log_{10}\dfrac{10}{5}=\log_{10}10-\log_{10}5=\boxed{}$

05

로그의 계산을 가능하게 하는!

로그의 여러 가지 성질

$a>0,\ a\neq1,\ b>0,\ b\neq1,\ c>0,\ c\neq1$일 때

$$\log_a b \times \log_b a \equiv 1$$

$$\log_2 3 \times \log_3 2 = \log_2 3 \times \frac{1}{\log_2 3} = 1$$

밑을 2로 변환해!

$$\log_{a^m} b^n \equiv \frac{n}{m}\log_a b \quad \text{(단, } m\neq0)$$

$\log_{2^3} 3^2$의 밑을 2로 변환하면

분자로!

$$\log_{2^3} 3^2 = \frac{\log_2 3^2}{\log_2 2^3} = \frac{2\log_2 3}{3\log_2 2} = \frac{2}{3}\log_2 3$$

분모로!

$$a^{\log_a b} \equiv b$$

$2^{\log_2 3}$에 2를 밑으로 하는 로그를 취하면

$$\log_2 2^{\log_2 3} = (\log_2 3) \times (\underbrace{\log_2 2}_{=1}) = \log_2 3$$

즉 $2^{\log_2 3} = 3$

$$a^{\log_b c} \equiv c^{\log_b a}$$

$2^{\log_5 3}$에 5를 밑으로 하는 로그를 취하면

$$\log_5 2^{\log_5 3} = (\log_5 3) \times (\log_5 2) = (\log_5 2) \times (\log_5 3) = \log_5 3^{\log_5 2}$$

따라서 $2^{\log_5 3} = 3^{\log_5 2}$

참고 $a>0,\ a\neq1,\ b>0,\ b\neq1,\ c>0$일 때
$$\log_a b \times \log_b c = \log_a c$$

1st — 로그의 여러 가지 성질

● 다음 식의 값을 구하시오.

1 $\log_2 3 \times \log_3 4$

→ $\log_2 3 \times \log_3 4 = \log_2 3 \times \log_3 2^{\square}$

$\quad = \log_2 3 \times \boxed{} \log_3 2$

$\quad = \boxed{} \log_2 3 \times \log_3 2 = \boxed{}$

2 $\log_3 5 \times \log_5 27$

3 $\log_2 3\sqrt{3} \times \log_3 2\sqrt{2}$

4 $\log_2 \dfrac{1}{25} \times \log_5 3 \times \log_3 4$

5 $\log_2 9 \times \log_3 \sqrt{5} \times \log_5 2$

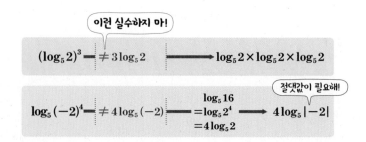

이런 실수하지 마!

$(\log_5 2)^3 \neq 3\log_5 2 \longrightarrow \log_5 2 \times \log_5 2 \times \log_5 2$

절댓값이 필요해!

$\log_5 (-2)^4 \neq 4\log_5(-2) \longrightarrow \begin{aligned}\log_5 16 \\ =\log_5 2^4 \\ =4\log_5 2\end{aligned} \longrightarrow 4\log_5|-2|$

6 $6^{\log_6 3+\log_6 5}$

→ $6^{\log_6 3+\log_6 5}=6^{\log_6 (3\times \square)}=6^{\log_6 \square}$
   $=\square^{\log_6 \square}=\square$

7 $5^{\log_5 18-\log_5 2}$

8 $5^{\log_5 3}+9^{\log_3 2}$

9 $2^{\log_2 6}-25^{\log_5 \sqrt{2}}$

10 $27^{\log_3 2}\times 2^{\log_2 5}$

11 $(\log_3 4+\log_9 2)(\log_2 27+\log_{32} 9)$

12 $(\log_2 27-\log_8 3)(\log_3 4-\log_{81} 32)$

13 $\left(3^{\log_3 6-1}\right)^{\log_2 7}$

14 $\left(5^{\log_5 2+\log_5 3}\right)^{\log_6 5}$

15 $\log_4 5\times\log_2 a=\log_2 5$일 때, 양수 a의 값은?

① 1   ② 2   ③ 3
④ 4   ⑤ 5

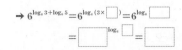
내가 발견한 개념   로그의 여러 가지 성질은?

$a>0$, $a\neq 1$이고 $b>0$일 때

• $\log_a b\times\log_b a=\boxed{}$ (단, $b\neq 1$)

• $\log_{a^m} b^n=\dfrac{\boxed{}}{\boxed{}}\log_a b$ (단, $m\neq 0$, m, n은 실수이다.)

• $a^{\log_a b}=\boxed{}$

• $a^{\log_b c}=c^{\log_b a}$ (단, $b\neq 1$, $c>0$)

06

로그의 계산을 가능하게 하는!

로그의 성질의 활용

$a>0$, $a \neq 1$, $b>0$, $b \neq 1$, $M>0$, $N>0$일 때

$$\log_a 1 = 0$$

$$\log_a a = 1$$

$$\log_a MN = \log_a M + \log_a N$$

$$\log_a \frac{M}{N} = \log_a M - \log_a N$$

$$\log_a M^k = k \log_a M \quad \text{(단, } k\text{는 실수)}$$

$$\log_a b \times \log_b a = 1 \quad \left\{ \log_a b = \frac{1}{\log_b a} \right.$$

$$\log_{a^m} b^n = \frac{n}{m} \log_a b \quad \text{(단, } m \neq 0)$$

$$a^{\log_a b} = b$$

$$a^{\log_c b} = b^{\log_c a} \quad \text{(단, } c>0, c \neq 1)$$

1st ─ 로그의 성질의 활용

1 $\log_5 2 = a$, $\log_5 3 = b$일 때, 다음을 a, b로 나타내시오.

(1) $\log_{25} 24$

→ $\log_{25} 24 = \log_5 \boxed{} (2^{\boxed{}} \times 3) = \log_5 \boxed{} 2^{\boxed{}} + \log_5 \boxed{} 3$

$= \dfrac{\boxed{}}{2} \log_5 2 + \dfrac{1}{\boxed{}} \log_5 3$

$= \boxed{}$

(2) $\log_{18} 25$

(3) $\log_9 100$

(4) $6^{\log_5 7}$

(5) $30^{\log_5 11}$

2 $2^x = a$, $2^y = b$, $2^z = c$일 때, 다음을 x, y, z로 나타내시오. (단, $a>0$, $a \neq 1$, $b>0$, $c>0$, $c \neq 1$)

(1) $\log_2 a^3 b^2 c$

→ $2^x = a$에서 $x = \boxed{}$

$2^y = b$에서 $y = \log_2 b$,

$2^z = c$에서 $z = \log_2 c$

따라서

$\log_2 a^3 b^2 c = \log_2 a^3 + \boxed{} + \log_2 c$

$= 3 \log_2 a + 2 \boxed{} + \log_2 c$

$= 3x + \boxed{} + z$

(2) $\log_2 \dfrac{ab^2}{c}$

(3) $\log_2 a\sqrt[3]{b^2 c}$

(4) $\log_a b^2 c$

(5) $\log_{ac} \sqrt{b}$

4 $14^x=16$, $7^y=64$일 때, $\dfrac{4}{x}-\dfrac{6}{y}$의 값

5 $3^a=4$, $6^b=8$일 때, $\dfrac{2}{a}-\dfrac{3}{b}$의 값

6 $2^x=3^y=24$일 때, $(x-3)(y-1)$의 값

2nd ── 조건이 주어질 때 식의 값 ──

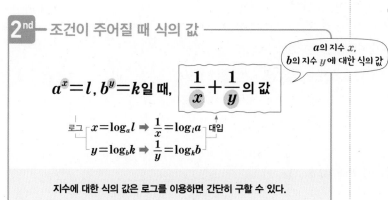

$a^x=l$, $b^y=k$일 때, $\boxed{\dfrac{1}{x}+\dfrac{1}{y}}$의 값

a의 지수 x, b의 지수 y에 대한 식의 값

로그 $\quad x=\log_a l \;\Rightarrow\; \dfrac{1}{x}=\log_l a \quad$ 대입

$\qquad\quad y=\log_b k \;\Rightarrow\; \dfrac{1}{y}=\log_k b$

지수에 대한 식의 값은 로그를 이용하면 간단히 구할 수 있다.

● 다음 식의 값을 구하시오.

3 $5^x=3$, $45^y=9$일 때, $\dfrac{1}{x}-\dfrac{2}{y}$의 값

$\rightarrow$ $5^x=3$에서 $x=\log_5 3$, 즉 $\dfrac{1}{x}=$ $\boxed{}$

$45^y=9$에서 $y=\log_{45} 9=\log_{45} 3^2=2\log_{45} 3$

즉 $\dfrac{1}{y}=\dfrac{1}{2}\log_3 45$이므로 $\dfrac{2}{y}=\log_3 45$

따라서 $\dfrac{1}{x}-\dfrac{2}{y}=$ $\boxed{}$ $-\log_3 45=\log_3 \dfrac{\boxed{}}{45}$

$=\log_3 \dfrac{1}{9}=\log_3 3^{\boxed{}}$

$=$ $\boxed{}$

26쪽 개념에 같은 문제가 있어! 지수를 이용한 풀이가 쉬워? 로그를 이용한 풀이가 쉬워?

7 1이 아닌 두 양수 a, b에 대하여 $a^4 b^5=1$일 때, $\log_a a^3 b^6$의 값

$\rightarrow$ $a^4 b^5=1$의 양변에 밑이 $\boxed{}$인 로그를 취하면

$\log_a a^4 b^5=\log_a 1$이므로 $\log_a a^4+\log_a b^5=$ $\boxed{}$

$\boxed{}$ $+5\log_a b=0$, 즉 $\log_a b=$ $\boxed{}$

따라서

$\log_a a^3 b^6=\log_a a^3+\log_a b^6=3+6\log_a b$

$=$ $\boxed{}$ $+6\times\left(\boxed{}\right)=$ $\boxed{}$

8 1이 아닌 두 양수 a, b에 대하여 $a^3 b^2=1$일 때, $\log_a a^2 b^5$의 값

9 $\log_a x = 1$, $\log_b x = 2$일 때, $\log_{ab} x$의 값

→ $\log_a x = 1$에서 $\log_x a = \boxed{}$

$\log_b x = 2$에서 $\log_x b = \dfrac{1}{\boxed{}}$

따라서

$\log_{ab} x = \dfrac{1}{\log_x \boxed{}} = \dfrac{1}{\log_x a + \log_x \boxed{}}$

$= \dfrac{1}{1 + \dfrac{1}{\boxed{}}} = \boxed{}$

10 $\log_a x = \dfrac{1}{2}$, $\log_b x = \dfrac{1}{3}$일 때, $\log_{ab} x$의 값

11 $\log_a x = \dfrac{3}{4}$, $\log_b x = 3$, $\log_c x = \dfrac{1}{4}$일 때,

$\log_{abc} x$의 값

3rd — 로그의 정수 부분과 소수 부분

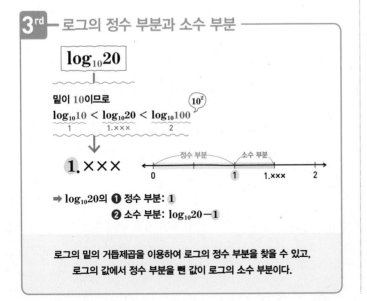

→ $\log_{10} 20$의 ❶ 정수 부분: **1**

❷ 소수 부분: $\log_{10} 20 - 1$

**로그의 밑의 거듭제곱을 이용하여 로그의 정수 부분을 찾을 수 있고,
로그의 값에서 정수 부분을 뺀 값이 로그의 소수 부분이다.**

● 다음 로그의 정수 부분과 소수 부분을 구하시오.

12 $\log_2 5$

밑과 진수를 보면 정수 부분을 알 수 있어!

→ $4 < 5 < 8$이므로 각 변에 밑이 2인 로그를 취하면

$\log_2 4 < \log_2 5 < \boxed{}$

$2 < \log_2 5 < \boxed{}$

따라서 $\log_2 5$의 정수 부분은 $\boxed{}$,

$\log_2 5$의 소수 부분은

$\boxed{} - 2 = \boxed{} - \log_2 2^2 = \boxed{}$

13 $\log_3 7$

14 $\log_3 18$

15 $\log_2 20$

16 $\log_3 54$

20 이차방정식 $x^2-3x+1=0$의 두 근이 $\log_3 a$, $\log_3 b$
    일 때, ab의 값을 구하시오.

😃 **내가 발견한 개념**　　　　　　　　로그의 정수 부분과 소수 부분은?

$a>0$, $a\neq1$이고 양수 N과 정수 n에 대하여
$n\leq\log_a N<n+1$일 때 $\log_a N$의
• 정수 부분: ☐　　　• 소수 부분: ☐ $-n$

21 이차방정식 $x^2-4x+2=0$의 두 근이 $\log_2 a$,
    $\log_2 b$일 때, $\log_a b+\log_b a$의 값을 구하시오.

[개념모음문제]

17 $\log_3 8$의 정수 부분을 a, 소수 부분을 b라 할 때,
    3^a+3^b의 값은?

① $\dfrac{11}{3}$　　　② $\dfrac{13}{3}$　　　③ 5

④ $\dfrac{17}{3}$　　　⑤ $\dfrac{19}{3}$

이차방정식의 근과 계수의 관계

이차방정식 $ax^2+bx+c=0$의 두 근이 $\boxed{\alpha}$, $\boxed{\beta}$일 때

(두 근의 합)$=\boxed{\alpha}+\boxed{\beta}=-\dfrac{b}{a}$

(두 근의 곱)$=\boxed{\alpha}\times\boxed{\beta}=\dfrac{c}{a}$

'이차방정식의 두 근'이 나오면 이차방정식의 근과 계수의 관계를 기억한다!

4th ─ 이차방정식과 로그

18 이차방정식 $x^2-5x+3=0$의 두 근을 α, β라 할 때,
    $\log_3(\alpha+1)+\log_3(\beta+1)$의 값을 구하시오.

→ 이차방정식의 근과 계수의 관계에 의하여

$\alpha+\beta=\boxed{}$, $\alpha\beta=\boxed{}$

따라서

$\log_3(\alpha+1)+\log_3(\beta+1)=\log_3(\alpha+1)(\boxed{})$

$=\log_3(\alpha\beta+\boxed{}+1)$

$=\log_3(\boxed{}+5+1)$

$=\log_3\boxed{}=\log_3\boxed{}^2=\boxed{}$

22 이차방정식 $x^2-6x+2=0$의 두 근이 $\log_{10}\alpha$,
    $\log_{10}\beta$라 할 때, $\log_\alpha\beta+\log_\beta\alpha$의 값을 구하시오.

[개념모음문제]

23 이차방정식 $x^2-2x\log_3 2-1=0$의 두 근이 α, β일
    때, $3^{\alpha+\beta+\alpha\beta}$의 값은?

① $\dfrac{1}{3}$　　　② $\dfrac{2}{3}$　　　③ 1

④ $\dfrac{4}{3}$　　　⑤ $\dfrac{5}{3}$

19 이차방정식 $x^2-4x+2=0$의 두 근을 α, β라 할 때,
    $\log_2(\alpha+\beta)+2\log_2\alpha\beta$의 값을 구하시오.

01~02 로그의 정의, 밑과 진수의 조건

- $a>0$, $a\neq1$, $N>0$일 때

  $a^x=N \Longleftrightarrow x=\log_a N$

- $\log_a N$이 정의되기 위한 조건

  → $a>0$, $a\neq1$, $N>0$

1 $\log_x 27=3$, $\log_2 y=4$를 만족시키는 양수 x, y에 대하여 $x+y$의 값은? (단, $x\neq1$)

① 11   ② 13   ③ 15

④ 17   ⑤ 19

2 $a=\log_3 (\sqrt{5}-2)$일 때, 3^a-3^{-a}의 값은?

① -2 ② -3 ③ -4

④ -5 ⑤ -6

3 $\log_{x-2} (-x^2+8x-7)$이 정의되도록 하는 모든 자연수 x의 개수는?

① 2   ② 3   ③ 4

④ 5   ⑤ 6

03 로그의 기본 성질

- $a>0$, $a\neq1$이고 $x>0$, $y>0$일 때

  ① $\log_a a=1$, $\log_a 1=0$

  ② $\log_a xy=\log_a x+\log_a y$

  ③ $\log_a \dfrac{x}{y}=\log_a x-\log_a y$

  ④ $\log_a x^n=n \log_a x$ (단, n은 실수이다.)

4 $\log_2 6+\log_2 8-2 \log_2 \sqrt{3}$의 값은?

① 2   ② 4   ③ 6

④ 8   ⑤ 10

5 $\log_2 \left(1-\dfrac{1}{2}\right)+\log_2 \left(1-\dfrac{1}{3}\right)+\cdots+\log_2 \left(1-\dfrac{1}{32}\right)$

의 값을 구하시오.

6 $\log_5 2=a$, $\log_5 3=b$일 때, $\log_5 108$을 a, b로 나타내면?

① $-2a+3b$ ② $2a-3b$ ③ $2a+3b$

④ $3a-2b$ ⑤ $3a+2b$

04 로그의 밑의 변환

- $a>0$, $a\neq1$이고 $b>0$일 때

① $\log_a b = \dfrac{\log_c b}{\log_c a}$ (단, $c>0$, $c\neq1$)

② $\log_a b = \dfrac{1}{\log_b a}$ (단, $b\neq1$)

7 $\log_2 81 \times \log_3 5 \times \log_5 16$의 값은?

① 2   ② 4   ③ 8

④ 16   ⑤ 32

8 $\dfrac{1}{\log_3 2} + \dfrac{1}{\log_4 2} + \dfrac{1}{\log_5 2} = \log_2 a$일 때, 양수 a의 값은?

① 60   ② 50   ③ 40

④ 30   ⑤ 20

05~06 로그의 여러 가지 성질과 활용

- $a>0$ $a\neq1$이고 $b>0$일 때

① $\log_a b \times \log_b a = 1$ (단, $b\neq1$)

② $\log_{a^m} b^n = \dfrac{n}{m} \log_a b$ (단, $m\neq0$, m, n은 실수이다.)

③ $a^{\log_a b} = b$

④ $a^{\log_b c} = c^{\log_b a}$ (단, $b\neq1$, $c>0$)

9 $\log_2 12 + \log_4 \sqrt[3]{9} - \dfrac{2}{3} \log_{\sqrt{2}} 3$의 값은?

① $\dfrac{1}{2}$ ② 1   ③ $\dfrac{3}{2}$

④ 2   ⑤ $\dfrac{5}{2}$

10 1이 아닌 양수 a, b, c와 양수 x에 대하여 $\log_a x = \dfrac{1}{2}$, $\log_b x = \dfrac{1}{5}$, $\log_c x = \dfrac{1}{3}$일 때, $\log_{abc} x$의 값을 구하시오.

11 $\log_4 9$의 정수 부분을 a, 소수 부분을 b라 할 때, $a + 2^b$의 값을 구하시오.

12 이차방정식 $x^2 - 5x + 5 = 0$의 두 근이 $\log_3 a$, $\log_3 b$일 때, $\log_a b + \log_b a$의 값은?

① $\dfrac{9}{5}$ ② $\dfrac{11}{5}$ ③ $\dfrac{13}{5}$

④ 3   ⑤ $\dfrac{17}{5}$

07

일상적으로 사용하는 로그!

상용로그와 상용로그표

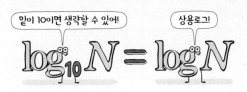

10을 밑으로 하는 로그를 상용로그라 하고,
상용로그 $\log_{10} N$은 보통 밑 10을 생략하여 $\log N$과 같이 나타낸다.
0.01 간격으로 1.00부터 9.99까지의 수에 대한
상용로그의 값을 반올림하여 소수점 아래 넷째
자리까지 나타낸 표를 상용로그표라 한다.

수	0	1	2	3
1.0	.0000	.0043	.0086	.0128
1.1	.0414	.0453	.0492	.0531
1.2	.0792	.0828	.0864	.0899
1.3	.1139	.1173	.1206	.1239

상용로그표에서 $\log 4.19$의 값은?

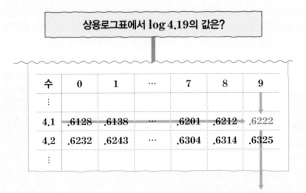

수	0	1	⋯	7	8	9
⋮						
4.1	.6128	.6138	⋯	.6201	.6212	.6222
4.2	.6232	.6243	⋯	.6304	.6314	.6325
⋮						

$\log 4.19 = 0.6222$

상용로그표에 있는 값을 통해
상용로그표에 나와 있지 않은 더 큰 수나
작은 수의 상용로그 값을 구할 수 있어!

$\log 4.19$의 값을 이용하여

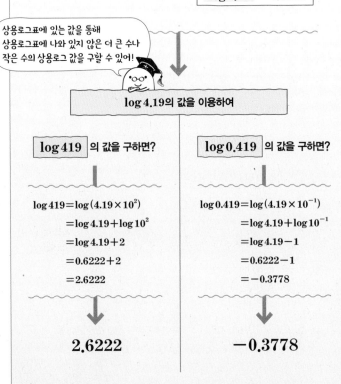

$\boxed{\log 419}$ 의 값을 구하면?

$$\begin{aligned}\log 419 &= \log(4.19 \times 10^2) \\ &= \log 4.19 + \log 10^2 \\ &= \log 4.19 + 2 \\ &= 0.6222 + 2 \\ &= 2.6222\end{aligned}$$

2.6222

$\boxed{\log 0.419}$ 의 값을 구하면?

$$\begin{aligned}\log 0.419 &= \log(4.19 \times 10^{-1}) \\ &= \log 4.19 + \log 10^{-1} \\ &= \log 4.19 - 1 \\ &= 0.6222 - 1 \\ &= -0.3778\end{aligned}$$

-0.3778

1st 상용로그의 값

● 다음 값을 구하시오.

1 $\log 100$

→ $\log 100 = \log 10^{\boxed{}} = \boxed{} \log 10 = \boxed{}$

2 $\log 1000$

3 $\log \dfrac{1}{100}$

4 $\log 10 + \log 10000$

5 $\log \dfrac{1}{10} + \log \dfrac{1}{1000}$

6 $\log \sqrt{10} - \log \sqrt{100}$

왜 밑이 10일 때를 상용로그로 정했을까?

일상 생활에서 보통 매우 큰 수나 작은 수를
10의 거듭제곱꼴로 표현하기 때문에 밑이 10인 상용로그를 이용하면
숫자 0의 개수로 상용로그의 값을 쉽게 찾을 수 있다.

$$\begin{array}{ll}\log 10^1 = 1 & \log 10^{-1} = -1 \\ \log 10^2 = 2 & \log 10^{-2} = -2 \\ \vdots & \vdots \\ \log 10^{97} = 97 & \log 10^{-97} = -97 \\ \vdots & \vdots\end{array}$$

일반적으로 n이 실수일 때

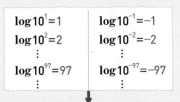

$$\boxed{\log 10^n} = \log_{10} 10^n = n\log_{10} 10 = \boxed{n}$$

2nd — 상용로그표를 이용한 상용로그의 값

● 아래 상용로그표를 이용하여 다음 상용로그의 값을 구하시오.

수	0	1	2	3	4
6.0	.7782	.7789	.7796	.7803	.7810
6.1	.7853	.7860	.7868	.7875	.7882
6.2	.7924	.7931	.7938	.7945	.7952
6.3	.7993	.8000	.8007	.8014	.8021
6.4	.8062	.8069	.8075	.8082	.8089

> 상용로그표에서 .8069는 0.8069를 의미한다.
> 상용로그표에 있는 상용로그의 값은 어림한 값이지만 편의
> 상 등호를 사용하여 log 6.41＝0.8069와 같이 나타낸다.

7 log 6.01

➔ log 6.01의 값은 [   ]의 가로줄과 1의 세로줄이 만나는 곳의 수인

[   ]이다.

8 log 6.24

9 log 613

진수를 $a \times 10^n$ ($1 \leq a < 10$, n은 자연수)꼴로 변형해!

➔ log 6.13의 값은 [   ]의 가로줄과 [   ]의 세로줄이 만나는 곳의 수

인 [   ]이므로

$\log 613 = \log(6.13 \times 10^2)$

$= \log 6.13 + \log 10^2$

$= $ [   ] $+$ [   ]

$= $ [   ]

10 log 6420

● 아래 상용로그표를 이용하여 다음 상용로그의 값을 구하시오.

수	3	4	5	6
3.1	.4955	.4969	.4983	.4997
3.2	.5092	.5105	.5119	.5132
3.3	.5224	.5237	.5250	.5263
3.4	.5353	.5366	.5378	.5391

11 log 0.324

➔ log 3.24의 값은 [   ]의 가로줄과 [   ]의 세로줄이 만나는 곳의 수

인 [   ]이므로

$\log 0.324 = \log(3.24 \times 10^{[\ ]})$

$= \log 3.24 + \log 10^{[\ ]}$

$= $ [   ] $+($ [   ] $) = $ [   ]

12 log 0.0335

13 $\log \sqrt{3.33}$

➔ log 3.33의 값은 [   ]의 가로줄과 [   ]의 세로줄이 만나는 곳의 수

인 [   ]이므로

$\log \sqrt{3.33} = $ [   ] $\times \log 3.33$

$= $ [   ] $\times$ [   ] $= $ [   ]

14 $\log \sqrt{345}$

자연 현상의 변화를 해석하는 도구, 로그

일반적으로 비가 오는 소리의
보통 크기는 40dB(데시벨)이다.

규모 4.0의 지진이면 자던 사람이
대부분 눈을 뜨고 집이 심하게 흔들린다.

6등급 별이 전구 1개이면
1등급 별은 전구 100개이다.

마실 수 있는 물의 산성도는
PH6.3±5.6 이다.

헉! 저게 로그라고??

08

일상적으로 사용하는 로그!

상용로그의 활용

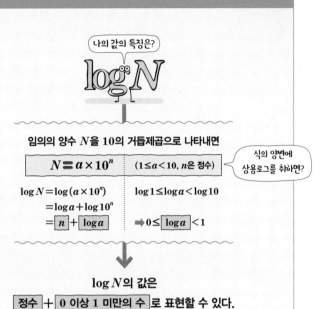

나의 값의 특징은?

임의의 양수 N을 10의 거듭제곱으로 나타내면

$$N = a \times 10^n \quad (1 \le a < 10,\ n은\ 정수)$$

식의 양변에 상용로그를 취하면?

$$\log N = \log(a \times 10^n) \qquad \log 1 \le \log a < \log 10$$
$$= \log a + \log 10^n$$
$$= \boxed{n} + \boxed{\log a} \qquad \Rightarrow 0 \le \boxed{\log a} < 1$$

$\log N$의 값은

$$\boxed{정수} + \boxed{0\ 이상\ 1\ 미만의\ 수}\ \text{로 표현할 수 있다.}$$
$$\underset{n}{} \qquad \underset{\log a}{}$$

$\log N$의 정수 부분은 n, 소수 부분은 $\log a$이다.

$$\log N = n + \log a \quad (단,\ 0 \le \log a < 1,\ n은\ 정수이다.)$$

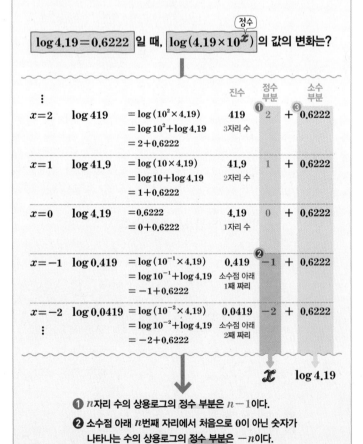

$$\boxed{\log 4.19 = 0.6222}\ 일\ 때,\ \boxed{\log(4.19 \times 10^{\overset{정수}{x}})}\ 의\ 값의\ 변화는?$$

			진수	정수 부분	소수 부분
⋮					
$x=2$	$\log 419$	$= \log(10^2 \times 4.19)$ $= \log 10^2 + \log 4.19$ $= 2 + 0.6222$	419 3자리 수	❶ 2	+ ❸ 0.6222
$x=1$	$\log 41.9$	$= \log(10 \times 4.19)$ $= \log 10 + \log 4.19$ $= 1 + 0.6222$	41.9 2자리 수	1	+ 0.6222
$x=0$	$\log 4.19$	$= 0.6222$ $= 0 + 0.6222$	4.19 1자리 수	0	+ 0.6222
$x=-1$	$\log 0.419$	$= \log(10^{-1} \times 4.19)$ $= \log 10^{-1} + \log 4.19$ $= -1 + 0.6222$	0.419 소수점 아래 1째 짜리	❷ -1	+ 0.6222
$x=-2$	$\log 0.0419$	$= \log(10^{-2} \times 4.19)$ $= \log 10^{-2} + \log 4.19$ $= -2 + 0.6222$	0.0419 소수점 아래 2째 짜리	-2	+ 0.6222
⋮				x	$\log 4.19$

❶ n자리 수의 상용로그의 정수 부분은 $n-1$이다.

❷ 소수점 아래 n번째 자리에서 처음으로 0이 아닌 숫자가 나타나는 수의 상용로그의 정수 부분은 $-n$이다.

❸ 진수가 숫자의 배열이 같고 소수점의 위치만 다르면 상용로그의 소수 부분은 모두 같다.

1st — 상용로그를 이용해 구하는 로그의 값

● $\log 2 = 0.3010$, $\log 3 = 0.4771$일 때, 다음 식의 값을 구하시오.

1 $\log 6$

$$\to \log 6 = \log(2 \times 3) = \boxed{} + \log 3$$
$$= \boxed{} + 0.4771 = \boxed{}$$

2 $\log 12$

3 $\log 1.5$

4 $\log 4 + \log 9$

5 $\log 0.3 - \log 8$

상용로그의 값이 음수일 때의 정수 부분과 소수 부분 찾기

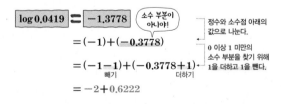

$$\boxed{\log 0.0419} = -1.3778 \quad \text{(소수 부분이 아니야!)}$$

정수와 소수점 아래의 값으로 나눈다.

$$= (-1) + (-0.3778)$$

0 이상 1 미만의 소수 부분을 찾기 위해 1을 더하고 1을 뺀다.

$$= (-1-1) + (-0.3778+1)$$
$$\underset{빼기}{} \qquad \underset{더하기}{}$$
$$= -2 + 0.6222$$

$\log 0.0419$의 정수 부분은 -2이고, 소수 부분은 0.6222이다.

2nd — 상용로그의 정수 부분과 소수 부분

● 주어진 상용로그의 값을 이용하여 다음 상용로그의 정수 부분과 소수 부분을 구하시오.

6 $\log 3.14 = 0.4969$

(1) $\log 31.4$

→ $\log 31.4 = \log(3.14 \times 10) = \log 3.14 + \log 10$

$= 0.4969 + \boxed{} = \boxed{}$

따라서 정수 부분은 $\boxed{}$, 소수 부분은 0.4969이다.

(2) $\log 3140$

(3) $\log 0.0314$

7 $\log 1.56 = 0.1931$

(1) $\log 156$

(2) $\log 0.156$

(3) $\log 0.00156$

● 주어진 상용로그의 값을 이용하여 다음을 만족시키는 양수 N의 값을 구하시오.

8 $\log 6.34 = 0.8021$

(1) $\log N = 1.8021$

→ $\log N = 1.8021 = \boxed{} + 0.8021$

$= \log 10^{\boxed{}} + \log \boxed{}$

$= \log(10^{\boxed{}} \times \boxed{}) = \log \boxed{}$

따라서 $N = \boxed{}$

(2) $\log N = 3.8021$

9 $\log 4.17 = 0.6201$

(1) $\log N = -0.3799$

→ $\log N = -0.3799 = \boxed{} + 0.6201$

$= \log 10^{\boxed{}} + \log \boxed{}$

$= \log(10^{\boxed{}} \times \boxed{}) = \log \boxed{}$

따라서 $N = \boxed{}$

(2) $\log N = -2.3799$

10 $\log 1.73 = 0.2380$

(1) $\log N = 2.2380$

(2) $\log N = -1.7620$

● log 2＝0.3010, log 3＝0.4771일 때, 다음 수는 몇 자리의 정수 인지 구하시오.

11 6^8

→ $\log 6^8＝8 \log (2\times \boxed{})＝8(\log 2+\boxed{})$

$＝8\times(0.3010+\boxed{})＝6.2248$

따라서 $\log 6^8$의 정수 부분이 $\boxed{}$이므로 6^8은 $\boxed{}$ 자리의 정수이다.

12 5^{24}

13 12^{12}

14 18^{20}

15 $2^{30}\times 3^{20}$

개념모음문제

16 13^{100}이 114자리의 정수일 때, 13^{20}은 몇 자리의 정 수인가?

① 21자리　　　② 22자리　　　③ 23자리

④ 24자리　　　⑤ 25자리

● log 2＝0.3010, log 3＝0.4771일 때, 다음 수는 소수점 아래 몇 째 자리에서 처음으로 0이 아닌 숫자가 나타나는지 구하시오.

17 $\left(\dfrac{2}{3}\right)^{10}$

→ $\log \left(\dfrac{2}{3}\right)^{10}＝10(\boxed{}-\log 3)$

$＝10\times(\boxed{}-0.4771)$

$＝10\times(-0.1761)$

$＝-1.761＝\boxed{}+0.239$

따라서 $\log \left(\dfrac{2}{3}\right)^{10}$의 정수 부분이 $\boxed{}$이므로 $\left(\dfrac{2}{3}\right)^{10}$은 소수점 아래

$\boxed{}$째 자리에서 처음으로 0이 아닌 숫자가 나타난다.

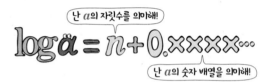

난 a의 자릿수를 의미해!

$\log a = n + 0.xxxx\cdots$

난 a의 숫자 배열을 의미해!

18 $\left(\dfrac{3}{4}\right)^{20}$

19 $\left(\dfrac{1}{6}\right)^{50}$

20 $\left(\dfrac{3}{5}\right)^{12}$

4th — a^n의 최고 자리 숫자

● $\log 2 = 0.3010$, $\log 3 = 0.4771$일 때, 다음 수의 최고 자리의 숫자를 구하시오.

21 2^{18}

→ $\log 2^{18} = 18 \boxed{} = 18 \times \boxed{} = 5.418$

이때 $\log 2 < 0.418 < \boxed{}$이므로

$\boxed{} + \log 2 < 5.418 < \boxed{} + \log 3$

$\log (\boxed{}) < \log 2^{18} < \log (3 \times 10^5)$

즉 $\boxed{} < 2^{18} < 3 \times 10^5$

따라서 2^{18}의 최고 자리의 숫자는 $\boxed{}$이다.

22 3^9

23 6^{11}

24 $2^{10} \times 3^{20}$

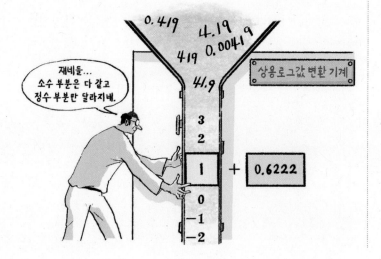

5th — 소수 부분이 같은 경우

$\log x^3 - \log x$는 정수이다.

● 다음을 만족시키는 x의 값을 구하시오.

25 $10 < x < 100$이고, $\log x$의 소수 부분과 $\log x^3$의 소수 부분이 같다.

두 상용로그의 소수 부분이 같으면 두 상용로그의 차는 정수임을 이용해!

→ $10 < x < 100$이므로 $\log \boxed{} < \log x < \log 100$

$\boxed{} < \log x < 2$ …… ㉠

$\log x$의 소수 부분과 $\log x^3$의 소수 부분이 같으므로

$\log x^3 - \log x = 3 \log x - \log x = 2 \log x = (정수)$

㉠의 각 변에 2를 곱하면 $\boxed{} < 2 \log x < 4$

따라서 $2 \log x = \boxed{}$이므로 $\log x = \dfrac{\boxed{}}{2}$, 즉 $x = \boxed{}$

26 $100 < x < 1000$이고 $\log x^2$의 소수 부분과 $\log \sqrt{x}$의 소수 부분이 같다.

27 $100 < x < 1000$이고 $\log x^2$과 $\log x^4$의 소수 부분이 같다.

28 $1000 < x < 10000$이고 $\log x$와 $\log \dfrac{1}{x}$의 소수 부분이 같다.

29 $10 < x < 100$이고 $\log \dfrac{1}{x}$과 $\log \dfrac{1}{x^3}$의 소수 부분이 같다.

30 $10 < x < 100$이고 $\log x^2$의 소수 부분과 $\log \sqrt[3]{x}$의 소수 부분의 합이 1이다.

> 두 상용로그의 소수 부분의 합이 1이면 두 상용로그의 합이 정수임을 이용한다.
> → $\log x^2 + \log \sqrt[3]{x}$ 는 정수이다.

→ $10 < x < 100$이므로 $\log \boxed{} < \log x < \log 100$

$\boxed{} < \log x < 2$ ...... ㉠

$\log x^2$의 소수 부분과 $\log \sqrt[3]{x}$의 소수 부분의 합이 1이므로

$\log x^2 + \log \sqrt[3]{x} = 2\log x + \dfrac{1}{3}\log x = \dfrac{7}{3}\log x = ($정수$)$

㉠의 각 변에 $\dfrac{7}{3}$을 곱하면 $\boxed{} < \dfrac{7}{3}\log x < \dfrac{14}{3}$

$\dfrac{7}{3}\log x = \boxed{}$ 또는 $\dfrac{7}{3}\log x = \boxed{}$

$\log x = \boxed{}$ 또는 $\log x = \dfrac{12}{7}$

따라서 $x = \boxed{}$ 또는 $x = \boxed{}$

31 $100 < x < 1000$이고 $\log \sqrt{x}$의 소수 부분과 $\log \sqrt[4]{x^3}$의 소수 부분의 합이 1이다.

32 $100 < x < 1000$이고 $\log x$의 소수 부분과 $\log \sqrt[3]{x}$의 소수 부분의 합이 1이다.

33 $1000 < x < 10000$이고 $\log x^2$의 소수 부분과 $\log \dfrac{1}{\sqrt[3]{x}}$의 소수 부분의 합이 1이다.

6th — **상용로그와 이차방정식**

● 다음을 만족시키는 상수 k의 값을 구하시오.

34 $\log A$의 정수 부분과 소수 부분이 이차방정식 $2x^2 + 3x + k = 0$의 두 근이다.

→ $\log A = n + \alpha$ (n은 정수, $0 \le \alpha < 1$)라 하면 이차방정식의 근과 계수의 관계에 의하여

$n + \alpha = -\dfrac{3}{2}$ ...... ㉠

$n\alpha = \boxed{}$ ...... ㉡

n은 정수이고, $0 \le \alpha < 1$이므로 ㉠에서

$n + \alpha = -\dfrac{3}{2} = \boxed{} + \dfrac{1}{2}$

즉 $n = \boxed{}$, $\alpha = \dfrac{1}{2}$

이것을 ㉡에 대입하면 $\boxed{} \times \dfrac{1}{2} = \dfrac{k}{2}$, 즉 $k = \boxed{}$

35 $\log A$의 정수 부분과 소수 부분이 이차방정식 $6x^2 + 5x + k = 0$의 두 근이다.

36 $\log A$의 정수 부분과 소수 부분이 이차방정식 $3x^2 + 5x + k = 0$의 두 근이다.

개념모음문제
37 $\log 3000$의 정수 부분과 소수 부분이 이차방정식 $x^2 - ax + b = 0$의 두 근일 때, 상수 a, b에 대하여 $3a - b$의 값은?

① 1 ② 3 ③ 5
④ 7 ⑤ 9

07 상용로그와 상용로그표

- **상용로그**: 10을 밑으로 하는 로그
- $\log_{10} N$ ➡ $\log N$
- **상용로그표**: 0.01의 간격으로 1.00에서 9.99까지의 수에 대한 상용로그의 값을 반올림하여 소수점 아래 넷째 자리까지 나타낸 표

1 다음 상용로그표를 이용하여 $\log 1.14 + \log \sqrt{1.32}$의 값을 구하시오.

수	0	1	2	3	4
1.0	.0000	.0043	.0086	.0128	.0170
1.1	.0414	.0453	.0492	.0531	.0569
1.2	.0792	.0828	.0864	.0899	.0934
1.3	.1139	.1173	.1206	.1239	.1271

2 다음 상용로그표를 이용하여 $\log x = 2.9410$을 만족시키는 양수 x의 값을 구하면?

수	0	1	2	3	4
8.5	.9294	.9299	.9304	.9309	.9315
8.6	.9345	.9350	.9355	.9360	.9365
8.7	.9395	.9400	.9405	.9410	.9415
8.8	.9445	.9450	.9455	.9460	.9465

① 853   ② 862   ③ 863
④ 872   ⑤ 873

08 상용로그의 활용

- **상용로그의 정수 부분과 소수 부분의 성질**
  ① $\log N$의 정수 부분이 n ➡ N은 $(n+1)$자리의 정수
  ② $\log N$의 정수 부분이 $-n$ ➡ N은 소수점 아래 n째 자리에서 처음으로 0이 아닌 숫자가 나타난다.
  ③ $\log A$와 $\log B$의 소수 부분이 같다.
   ➡ $\log A - \log B = $ (정수) (단, $A > 0$, $B > 0$)
  ④ $\log A$와 $\log B$의 소수 부분의 합이 1이다.
   ➡ $\log A + \log B = $ (정수) (단, $A > 0$, $B > 0$)

3 $\log 2 = 0.3010$, $\log 3 = 0.4771$일 때, $\log 36$의 값은?

① 0.1761   ② 0.5562   ③ 0.7781
④ 1.5562   ⑤ 2.5562

4 6^{10}은 m자리의 정수이고 $\left(\dfrac{3}{4}\right)^{10}$은 소수점 아래 n째 자리에서 처음으로 0이 아닌 숫자가 나타난다고 할 때, $m+n$의 값을 구하시오.
(단, $\log 2 = 0.3010$, $\log 3 = 0.4771$로 계산한다.)

5 $\log 2 = 0.3010$, $\log 3 = 0.4771$일 때, 6^{12}의 최고 자리의 숫자는?

① 2   ② 3   ③ 4
④ 5   ⑤ 6

6 $100 < x < 10000$이고 $\log x$의 소수 부분과 $\log \sqrt{x}$의 소수 부분의 합이 1일 때, 모든 x의 값의 곱은?

① 10^2 ② 10^3 ③ 10^4
④ 10^5 ⑤ 10^6

TEST 개념 발전

1 $\log_{\sqrt{2}} a = 2$, $\log_b \dfrac{1}{16} = -4$를 만족시키는 양수 a, b에 대하여 $a+b$의 값은? (단, $b \ne 1$)

① 1   ② 2   ③ 3

④ 4   ⑤ 5

2 $\log_{x+2}(-x^2+x+6)$이 정의되도록 하는 모든 정수 x의 개수는?

① 1   ② 2   ③ 3

④ 4   ⑤ 5

3 $\log_2 5 - \log_2 10 + 4\log_2 \sqrt{2}$의 값은?

① 1   ② 3   ③ 5

④ 7   ⑤ 9

4 $\log_{10} 2 = a$, $\log_{10} 3 = b$일 때, $\log_5 24$를 a, b로 나타내면?

① $\dfrac{a+3b}{1-a}$ ② $\dfrac{3a-b}{1-a}$ ③ $\dfrac{3a+b}{1-a}$

④ $\dfrac{a+3b}{1+a}$ ⑤ $\dfrac{3a+b}{1+a}$

5 1이 아닌 양수 x에 대하여
$$\frac{1}{\log_2 x} + \frac{1}{\log_5 x} + \frac{1}{\log_8 x} = \log_x a$$
가 성립할 때, 양수 a의 값을 구하시오.

6 $\log_3(\log_4 5) + \log_3(\log_5 9) + \log_3(\log_9 64)$의 값은?

① 1   ② 2   ③ 3

④ 4   ⑤ 5

7 다음 상용로그표를 이용하여 $\log 2630 - \log 0.0288$ 의 값을 구하시오.

수	0	1	2	3	⋯	8	9
2.6	.4150	.4166	.4183	.4200	⋯	.4281	.4298
2.7	.4314	.4330	.4346	.4362	⋯	.4440	.4456
2.8	.4472	.4487	.4502	.4518	⋯	.4594	.4609

8 3^{30}은 a자리의 정수이고 최고 자리의 숫자는 b일 때, $a+b$의 값은?

(단, $\log 2 = 0.30$, $\log 3 = 0.48$로 계산한다.)

① 16   ② 17   ③ 18

④ 19   ⑤ 20

9 $100 \leq x < 1000$이고 $\log \sqrt{x}$의 소수 부분과 $\log \sqrt[4]{x}$의 소수 부분의 합이 1일 때, x의 값은 $10^{\frac{n}{m}}$이다. $m+n$의 값은? (단, m과 n은 서로소인 자연수이다.)

① 7   ② 9   ③ 11

④ 13   ⑤ 15

10 모든 실수 x에 대하여 $\log_a (ax^2 - ax + 2)$가 정의되도록 하는 모든 자연수 a의 개수는?

① 2   ② 4   ③ 6

④ 8   ⑤ 10

11 $1 < a < b$인 두 실수 a, b에 대하여

$$\frac{3a}{2 \log_a b} = \frac{b}{3 \log_b a} = \frac{3a+b}{5}$$

가 성립할 때, $\log_a b$의 값은?

① 1   ② $\frac{3}{2}$ ③ 2

④ $\frac{5}{2}$ ⑤ 3

12 다음 조건을 만족시키는 x의 값을 α, β, γ라 할 때, $\log \alpha + \log \beta + \log \gamma$의 값은?

> (개) $\log x$의 정수 부분은 4이다.
>
> (내) $\log x^2$의 소수 부분과 $\log \frac{1}{x}$의 소수 부분이 같다.

① 11   ② 13   ③ 15

④ 17   ⑤ 19

3

점점 빨라지는 변화의 이해!
지수함수

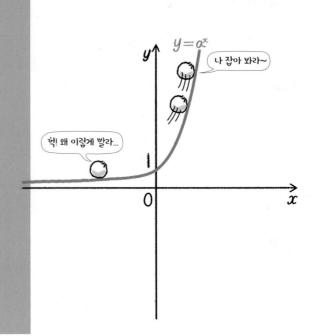

지수에 따라 변화가 급격한!

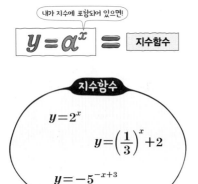

내가 지수에 포함되어 있으면!

$$y = a^x \equiv \text{지수함수}$$

지수함수

$$y = 2^x$$
$$y = \left(\frac{1}{3}\right)^x + 2$$
$$y = -5^{-x+3}$$

실수 전체의 집합을 정의역으로 하는
함수 $y = a^x (a > 0, a \neq 1)$을 a를 밑으로 하는 지수함수라 한다.

• 지수함수의 그래프

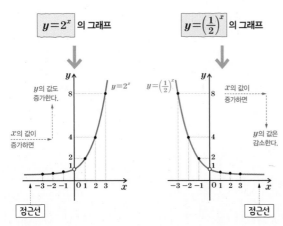

$y = 2^x$ 의 그래프

$y의 값도 증가한다.$

$x의 값이 증가하면$

정근선

$y = \left(\frac{1}{2}\right)^x$ 의 그래프

$x의 값이 증가하면$

$y의 값은 감소한다.$

정근선

지수함수와 그 그래프

일반적으로 a가 1이 아닌 양수일 때, 임의의 실수 x에 a^x을 대응시키면 x의 값에 따라 a^x의 값은 단 하나로 정해지므로 $y = a^x (a > 0, a \neq 1)$은 함수가 돼! 이 함수를 a를 밑으로 하는 지수함수라 하지.
지수함수 $y = a^x (a > 0, a \neq 1)$의 그래프를 이해하고 그 성질을 배워보자.
또 지수함수 $y = a^x (a > 0, a \neq 1)$의 그래프를 평행이동한 그래프를 이해하고, 대칭이동한 그래프도 이해해 볼 거야.

밑의 범위에 따라 달라지는!

· 지수함수를 이용한 수의 대소 비교

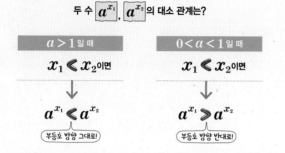

두 수 a^{x_1}, a^{x_2}의 대소 관계는?

$a>1$일 때	$0<a<1$일 때
$x_1<x_2$이면	$x_1<x_2$이면
↓	↓
$a^{x_1}<a^{x_2}$	$a^{x_1}>a^{x_2}$
부등호 방향 그대로!	부등호 방향 반대로!

· 지수함수의 최대, 최소

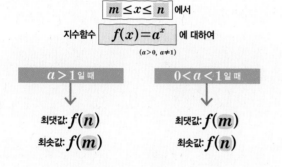

$m\leq x\leq n$ 에서

지수함수 $f(x)=a^x$ 에 대하여
$(a>0,\ a\neq1)$

$a>1$일 때	$0<a<1$일 때
↓	↓
최댓값: $f(n)$	최댓값: $f(m)$
최솟값: $f(m)$	최솟값: $f(n)$

미지수가 지수에 있는!

· 지수방정식

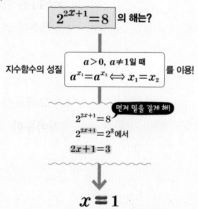

$2^{2x+1}=8$ 의 해는?

지수함수의 성질 $a>0$, $a\neq1$일 때 를 이용!
$a^{x_1}=a^{x_2}\Longleftrightarrow x_1=x_2$

먼저 밑을 같게 해!

$2^{2x+1}=8$
$2^{2x+1}=2^3$에서
$2x+1=3$

$x=1$

· 지수부등식

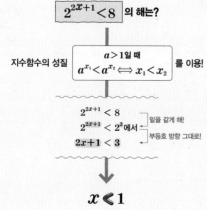

$2^{2x+1}<8$ 의 해는?

지수함수의 성질 $a>1$일 때 를 이용!
$a^{x_1}<a^{x_2}\Longleftrightarrow x_1<x_2$

$2^{2x+1}<8$
$2^{2x+1}<2^3$에서 — 밑을 같게 해!
$2x+1<3$ — 부등호 방향 그대로!

$x<1$

지수함수의 최대, 최소

지수함수를 이용하여 두 수 a^{x_1}, a^{x_2}의 대소 관계를
알 수 있어. 이때 지수함수의 그래프를 이용하면
$a>1$일 때 $x_1<x_2$이면 $a^{x_1}<a^{x_2}$이고,
$0<a<1$일 때 $x_1<x_2$이면 $a^{x_1}>a^{x_2}$임을
알 수 있어!
또 지수함수의 최댓값과 최솟값을 각각 구하는
연습을 하게 될 거야. 지수함수의 최댓값과 최솟값을
구할 때도 지수함수의 그래프에 대한 이해가
필요함을 기억해!

지수함수의 활용

지수에 미지수가 있는 방정식을
지수방정식이라 하고, 지수에 미지수가 있는
부등식을 지수부등식이라 해.
지수방정식과 지수부등식은
지수함수 $y=a^x$ $(a>0,\ a\neq1)$의 다음과 같은 성질을
이용하여 해결할 수 있지.
① $a^{x_1}=a^{x_2}\Longleftrightarrow x_1=x_2$
② $a>1$일 때, $a^{x_1}<a^{x_2}\Longleftrightarrow x_1<x_2$
　$0<a<1$일 때, $a^{x_1}<a^{x_2}\Longleftrightarrow x_1>x_2$
지수방정식과 지수부등식의 풀이를 이해하고
실생활에의 활용까지 해보자!

01

지수에 따라 변하는!

지수함수

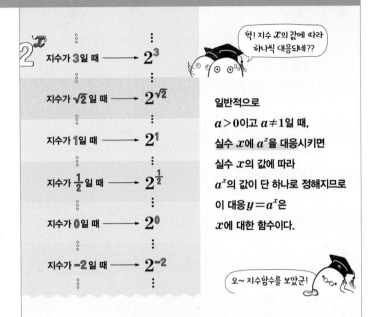

헉! 지수 x의 값에 따라 하나씩 대응되네??

일반적으로
$a>0$이고 $a≠1$일 때,
실수 x에 a^x을 대응시키면
실수 x의 값에 따라
a^x의 값이 단 하나로 정해지므로
이 대응 $y=a^x$은
x에 대한 함수이다.

오~ 지수함수를 보았군!

내가 지수에 포함되어 있으면!

$y=a^x \equiv$ 지수함수

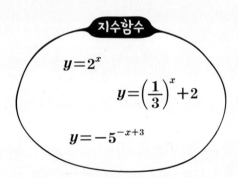

지수함수

$y=2^x$

$y=\left(\dfrac{1}{3}\right)^x+2$

$y=-5^{-x+3}$

실수 전체의 집합을 정의역으로 하는
함수 $y=a^x\,(a>0,\ a≠1)$을 a를 밑으로 하는 지수함수라 한다.

밑이 1이 아닌 양수인 이유는?

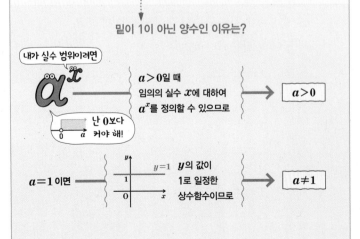

내가 실수 범위이려면

a^x

$a>0$일 때
임의의 실수 x에 대하여
a^x를 정의할 수 있으므로 → $a>0$

난 0보다 커야 해!

$a=1$이면 → y의 값이 1로 일정한 상수함수이므로 → $a≠1$

1st ― 지수함수의 뜻

● 다음 중 지수함수인 것은 ○를, 지수함수가 아닌 것은 ×를 ( ) 안에 써넣으시오.

1 $y=3^x$ ( )

2 $y=5x^2$ ( )

3 $y=0.2^x$ ( )

지수에 내가 있으면 지수함수!

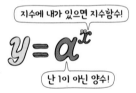

$y=a^x$

난 1이 아닌 양수!

4 $y=\left(\dfrac{1}{7}\right)^x$ ( )

5 $y=\left(\dfrac{1}{x}\right)^2$ ( )

6 $y=(-4)^x$ ( )

2nd — 지수함수의 함숫값

● 주어진 지수함수에 대하여 다음 값을 구하시오.

7

$$f(x)=2^x$$

(1) $f(4)$

→ $f(4)=2^{\square}=\boxed{}$

(2) $f(-2)$

(3) $f\left(\dfrac{1}{2}\right)$

(4) $f(1)f(2)$

(5) $\dfrac{f(7)}{f(5)}$

(6) $\dfrac{f(3)}{f(-3)}$

8

$$f(x)=\left(\dfrac{1}{3}\right)^x$$

(1) $f(3)$

→ $f(3)=\left(\dfrac{1}{3}\right)^{\square}=\boxed{}$

(2) $\dfrac{f(4)}{f(5)}$

(3) $\left\{f\left(\dfrac{1}{2}\right)\right\}^4$

(4) $f(-7)f(4)$

☺ 내가 발견한 개념
지수함수의 함숫값의 특징은?

• $a>0$, $a\neq1$일 때, 모든 실수 x에 대하여 $a^x \bigcirc 0$이므로

$f(x)=a^x$의 함숫값은 항상 $\boxed{}$이다.

지수법칙이 적용된 지수함수의 성질

지수함수 $f(x)=a^x(a>0,\ a\neq1)$에 대하여

지수법칙

$f(x) \times f(y) \equiv a^x \times a^y = a^{x+y} \equiv f(x+y)$		
$\dfrac{f(x)}{f(y)} \equiv \dfrac{a^x}{a^y} = a^{x-y} \equiv f(x-y)$		
$\dfrac{1}{f(x)} \equiv \dfrac{1}{a^x} = a^{-x} \equiv f(-x)$		
$\{f(x)\}^n \equiv (a^x)^n = a^{nx} \equiv f(nx)$ (자연수)		

덕분에 계산이 편해졌군!

02

지수에 따라 변화가 급격한!

지수함수의 그래프와 성질

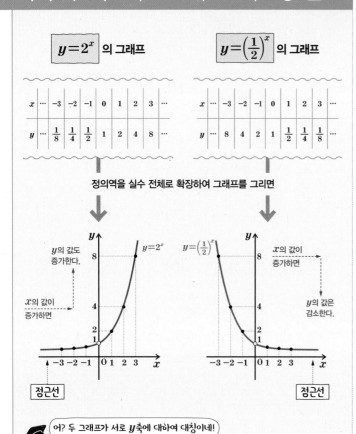

$y=2^x$ 의 그래프

x	$\cdots$	-3	-2	-1	0	1	2	3	$\cdots$
y	$\cdots$	$\frac{1}{8}$	$\frac{1}{4}$	$\frac{1}{2}$	1	2	4	8	$\cdots$

$y=\left(\frac{1}{2}\right)^x$ 의 그래프

x	$\cdots$	-3	-2	-1	0	1	2	3	$\cdots$
y	$\cdots$	8	4	2	1	$\frac{1}{2}$	$\frac{1}{4}$	$\frac{1}{8}$	$\cdots$

정의역을 실수 전체로 확장하여 그래프를 그리면

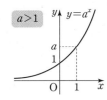

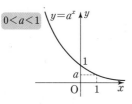

어? 두 그래프가 서로 y축에 대하여 대칭이네!

• **지수함수의 그래프**

일반적으로 지수함수 $y=a^x$ $(a>0,\ a\neq1)$의 그래프는 a의 값의 범위에 따라 다음과 같다.

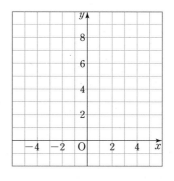

• **지수함수 $y=a^x$의 그래프의 성질**

지수함수 $y=a^x$ $(a>0,\ a\neq1)$에 대하여

① 정의역은 실수 전체의 집합이고, 치역은 양의 실수 전체의 집합이다.

② $a>1$일 때, x의 값이 증가하면 y의 값도 증가한다.

　$0<a<1$일 때, x의 값이 증가하면 y의 값은 감소한다.

③ 그래프는 항상 점 $(0,\ 1)$을 지나고, 점근선은 x축이다.

④ 일대일함수이다.

원리확인 지수함수 $y=3^x$에 대하여 다음 물음에 답하고 □ 안에 알맞은 것을 써넣으시오.

❶ 아래 표를 완성하시오.

x	-3	-2	-1	0	1	2	3
y	$\frac{1}{27}$						

❷ ❶의 표를 이용하여 지수함수 $y=3^x$의 그래프를 그리시오.

❸ 정의역은 　□　 전체의 집합이고, 치역은　□　전체의 집합이다.

❹ x의 값이 증가하면 y의 값은 　□　한다.

❺ 그래프는 점 $(0,\ \square)$을 지난다.

❻ x의 값이 감소하면 그래프가 　□　축에 한없이 가까워지므로 점근선은 　□　축이다.

함수의 정의역, 치역, 공역	함수의 그래프의 점근선	일대일함수
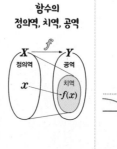	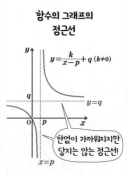	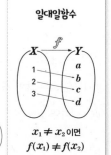

1st ― 지수함수의 그래프

● 다음 지수함수의 그래프를 그리시오.

1 $y=4^x$

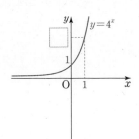

2 $y=\left(\dfrac{1}{4}\right)^x$

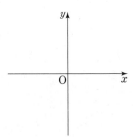

3 $y=5^x$

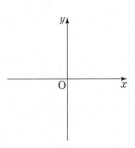

4 $y=\left(\dfrac{1}{5}\right)^x$

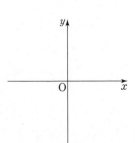

:) **내가 발견한 개념**　　　　　$y=a^x$의 그래프의 특징은?

$y=a^x$의 그래프는

• 항상 두 점 $(0,\ \boxed{\ })$, $(1,\ \boxed{\ })$를 지난다.

• $a>1$이면 x의 값이 증가할 때 y의 값도 $\boxed{\ }$하고,

　$0<a<1$이면 x의 값이 증가할 때 y의 값은 $\boxed{\ }$한다.

• $y=a^x$과 $y=\left(\dfrac{1}{a}\right)^x$의 그래프는 $\boxed{\ }$축에 대하여 대칭이다.

2nd ― 지수함수의 그래프의 성질

● 다음 중 지수함수의 그래프에 대한 설명으로 옳은 것은 ○를, 옳지 않은 것은 ✕를 ( ) 안에 써넣으시오.

5　$f(x)=4^x$

(1) 그래프는 점 $(0,1)$을 지난다.　　　(　)

(2) 임의의 실수 x에 대하여 $f(x)\geq1$이다.

　　　　　　　　　　　　　　　　(　)

(3) x의 값이 증가하면 y의 값도 증가한다. (　)

(4) 임의의 실수 x_1, x_2에 대하여 $x_1\neq x_2$이면
　　$f(x_1)\neq f(x_2)$이다.　　　　　(　)
　　일대일함수인지 물어보는 거야!

(5) 그래프의 점근선의 방정식은 $y=0$이다.

　　　　　　　　　　　　　　　　(　)

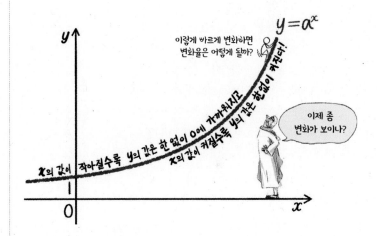

6　$f(x)=\left(\dfrac{1}{3}\right)^x$

(1) 그래프는 원점을 지난다.　　　　(　)

(2) 치역은 실수 전체의 집합이다.

　　　　　　　　　　　　　　　　(　)

(3) 임의의 실수 x_1, x_2에 대하여 $x_1<x_2$이면
　　$f(x_1)>f(x_2)$이다.　　　　　(　)
　　감소하는지 물어보는 거야!

(4) 그래프는 $y=3^x$의 그래프와 y축에 대하여 대칭이다.　　　　　　　　　　　　(　)

(5) 그래프의 점근선의 방정식은 $x=0$이다.

　　　　　　　　　　　　　　　　(　)

지수에 따라 변하는!

지수함수의 그래프의 평행이동

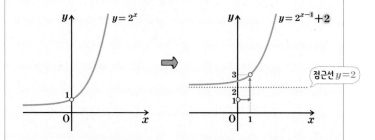

$$y=2^x \xrightarrow[\substack{y\text{축의 방향으로}\\2\text{만큼 평행이동}}]{\substack{x\text{축의 방향으로}\\1\text{만큼 평행이동}}} y=2^{x-1}+2$$

정근선 $y=2$

• 지수함수의 그래프를 평행이동한 그래프의 성질

지수함수 $y=a^x$ ($a>0$, $a\neq1$)의 그래프를 x축의 방향으로 m만큼, y축의 방향으로 n만큼 평행이동한 그래프의 식은 $y=a^{x-m}+n$이고, 다음과 같은 성질을 가진다.

① 정의역은 실수 전체의 집합이다.
② 치역은 $\{y|y>n\}$이다.
③ 그래프의 점근선의 방정식은 $y=n$이다.

어? 놀라지 마, 놀라지 마!
나 지수함수도 너희들과 똑같은 방법으로 평행이동하니까 말이야.

지수함수

	x축의 방향으로 m만큼 평행이동	y축의 방향으로 n만큼 평행이동	x축의 방향으로 m만큼 y축의 방향으로 n만큼 평행이동
이차함수 $y=x^2$	$y=(x-m)^2$	$y-n=x^2$ $\Rightarrow y=x^2+n$	$y=(x-m)^2+n$
유리함수 $y=\dfrac{k}{x}$	$y=\dfrac{k}{x-m}$	$y-n=\dfrac{k}{x}$ $\Rightarrow y=\dfrac{k}{x}+n$	$y=\dfrac{k}{x-m}+n$
무리함수 $y=\sqrt{ax}$	$y=\sqrt{a(x-m)}$	$y-n=\sqrt{ax}$ $\Rightarrow y=\sqrt{ax}+n$	$y=\sqrt{a(x-m)}+n$
지수함수 $y=a^x$	$y=a^{x-m}$	$y-n=a^x$ $\Rightarrow y=a^x+n$	$y=a^{x-m}+n$

유리함수

유리함수

다항함수

1st ― 지수함수의 그래프의 평행이동

● 다음 함수의 그래프를 x축의 방향으로 m만큼, y축의 방향으로 n만큼 평행이동한 그래프의 식을 구하시오.

1 $y=3^x$ $[m=2,\ n=1]$

→ $y=3^x$의 그래프를 x축의 방향으로 2만큼, y축의 방향으로 1만큼 평행이동한 그래프의 식은 $y=3^x$에 x 대신 $\boxed{}$, y 대신 $\boxed{}$을 대입한 것과 같으므로

$y-\boxed{}=3^{x-\boxed{}}$

따라서 구하는 그래프의 식은 $y=3^{x-\boxed{}}+\boxed{}$

2 $y=\left(\dfrac{1}{5}\right)^x$ $[m=-3,\ n=5]$

3 $y=-7^x$ $[m=-1,\ n=-4]$

2nd ― 평행이동한 지수함수의 그래프의 이해

● 주어진 지수함수에 대하여 다음을 구하시오.

4 $y=2^{x-3}+1$

(1) 함수 $y=2^x$의 그래프를 이용하여 그래프를 그리시오.

→ $y=2^{x-3}+1$의 그래프는 $y=2^x$의 그래프를 x축의 방향으로 $\boxed{}$만큼, y축의 방향으로 $\boxed{}$만큼 평행이동한 것이다.

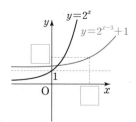

(2) 정의역 → $\boxed{}$ 전체의 집합

(3) 치역 → $\{y|y>\boxed{}\}$

(4) 점근선의 방정식 → $y=\boxed{}$

5 $y=3^{x+2}-5$

(1) 함수 $y=3^x$의 그래프를 이용하여 그래프를 그리시오.

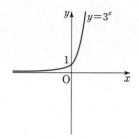

(2) 정의역

(3) 치역

(4) 점근선의 방정식

6 $y=\left(\dfrac{1}{2}\right)^{x+1}+3$

(1) 함수 $y=\left(\dfrac{1}{2}\right)^x$의 그래프를 이용하여 그래프를 그리시오.

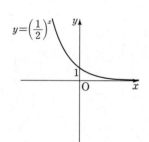

(2) 정의역

(3) 치역

(4) 점근선의 방정식

3rd ― 평행이동한 지수함수의 그래프의 성질

7 다음 중 지수함수 $y=2^{x-5}-3$의 그래프에 대한 설명으로 옳은 것은 ○를, 옳지 않은 것은 ×를 (   ) 안에 써넣으시오.

(1) 함수 $y=2^x$의 그래프를 x축의 방향으로 5만큼, y축의 방향으로 3만큼 평행이동한 것이다.

(   )

(2) x의 값이 증가하면 y의 값도 증가한다. (   )

(3) 치역은 $\{y\,|\,y>-1\}$이다.   (   )

(4) 제1, 3, 4사분면을 지난다.   (   )

(5) 그래프는 점 $(6,\ -1)$을 지난다.   (   )

☺ 내가 발견한 개념　　　지수함수의 그래프의 평행이동은?

• 지수함수 $y=a^x (a>0,\ a\neq1)$의 그래프를 x축의 방향으로 m만큼, y축의 방향으로 n만큼 평행이동한 그래프의 식

→ $y-\Box=a^{x-\Box}$, 즉 $y=a^{x-\Box}+\Box$

개념모음문제

8 함수 $y=\left(\dfrac{1}{3}\right)^x$의 그래프를 x축의 방향으로 m만큼, y축의 방향으로 n만큼 평행이동하였더니 함수 $y=27\times\left(\dfrac{1}{3}\right)^x-8$의 그래프와 겹쳐졌다. $m+n$의 값은?

① -11 ② -8 ③ -5
④ 5   ⑤ 11

04

지수에 따라 변하는!

지수함수의 그래프의 대칭이동

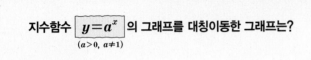

지수함수 $y=a^x$ 의 그래프를 대칭이동한 그래프는?
$(a>0,\ a\neq1)$

x축에 대한 대칭이동

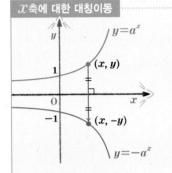

$y=a^x$
|
y 대신 $-y$를 대입
|
$-y=a^x$
↓
$y=-a^x$

y축에 대한 대칭이동

$y=a^x$
|
x 대신 $-x$를 대입
|
$y=a^{-x}$
↓
$y=\left(\dfrac{1}{a}\right)^x$

밑이 서로 역수이면 y축에 대하여 대칭!

원점에 대한 대칭이동

$y=a^x$
|
x 대신 $-x$,
y 대신 $-y$를 대입
|
$-y=a^{-x}$
↓
$y=-\left(\dfrac{1}{a}\right)^x$

1st — 지수함수의 그래프의 대칭이동

● 다음 함수의 그래프를 [ ]에 대하여 대칭이동한 그래프의 식을 구하시오.

1 $y=\left(\dfrac{1}{5}\right)^x$ [x축]

→ $y=\left(\dfrac{1}{5}\right)^x$의 그래프를 x축에 대하여 대칭이동한 그래프의 식은

$y=\left(\dfrac{1}{5}\right)^x$에 y 대신 ☐ 를 대입한 것과 같으므로

☐$=\left(\dfrac{1}{5}\right)^x$, 즉 $y=$ ☐

2 $y=3^x$ [y축]

3 $y=7^x$ [원점]

2nd — 대칭이동한 지수함수의 그래프의 이해

● 주어진 지수함수에 대하여 다음을 구하시오.

4 $y=-2^x$

(1) 함수 $y=2^x$의 그래프를 이용하여 그래프를 그리시오.

→ $y=-2^x$의 그래프는 $y=2^x$의 그래프를 ☐ 축에 대하여 대칭이동한 것이다.

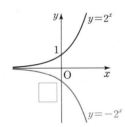

(2) 정의역 → ☐ 전체의 집합

(3) 치역 → $\{y\,|\,y\bigcirc0\}$

(4) 점근선의 방정식 → $y=$ ☐

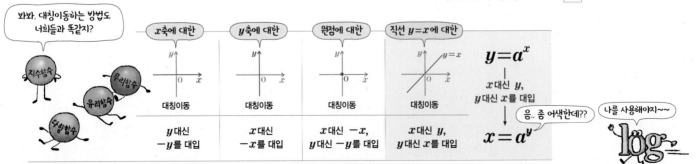

5 $\boxed{y=-5^{-x}}$

(1) 함수 $y=5^x$의 그래프를 이용하여 그래프를 그리시오.

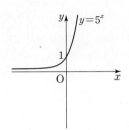

(2) 정의역

(3) 치역

(4) 점근선의 방정식

6 $\boxed{y=\left(\dfrac{1}{4}\right)^{-x}}$

(1) 함수 $y=\left(\dfrac{1}{4}\right)^x$의 그래프를 이용하여 그래프를 그리시오.

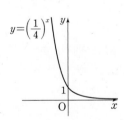

(2) 정의역

(3) 치역

(4) 점근선의 방정식

3rd — 대칭이동한 지수함수의 그래프의 성질

7 다음 중 지수함수 $y=-\left(\dfrac{1}{2}\right)^x$의 그래프에 대한 설명으로 옳은 것은 ○를, 옳지 않은 것은 ×를 ( ) 안에 써넣으시오.

(1) 함수 $y=\left(\dfrac{1}{2}\right)^x$의 그래프를 x축에 대하여 대칭이동한 것이다. ( )

(2) 함수 $y=2^x$의 그래프를 원점에 대하여 대칭이동한 것이다. ( )

(3) 제1, 2사분면을 지난다. ( )

(4) 치역은 $\{y\,|\,y>0\}$이다. ( )

(5) 점근선은 x축이다. ( )

😊 **내가 발견한 개념** 　　　지수함수의 그래프의 대칭이동은?

지수함수 $y=a^x$ $(a>0,\ a\neq1)$의 그래프를

• x축에 대하여 대칭이동: $\boxed{}=a^x \rightarrow y=\boxed{}$

• y축에 대하여 대칭이동: $y=a^{\boxed{}} \rightarrow y=\left(\dfrac{1}{a}\right)^{\boxed{}}$

• 원점에 대하여 대칭이동:

$\boxed{}=a^{\boxed{}} \rightarrow y=\boxed{}$

개념모음문제

8 함수 $y=4^x$의 그래프를 y축에 대하여 대칭이동한 그래프가 점 $(2,\ k)$를 지날 때, k의 값은?

① $\dfrac{1}{16}$ 　　② $\dfrac{1}{4}$ 　　③ 1

④ 4 　　⑤ 16

● 함수 $y=2^x$의 그래프를 이용하여 다음 함수의 그래프를 그리시오.

9 $y=2^{-x+1}+3$

→ $y=2^{-x+1}+3=2^{-(x-\boxed{})}+3$

이 함수의 그래프는 $y=2^x$의 그래프를 $\boxed{}$축에 대하여 대칭이동한 후 x축의 방향으로 $\boxed{}$만큼, y축의 방향으로 $\boxed{}$만큼 평행이동한 것이다.

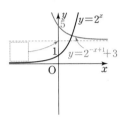

10 $y=-2^x+1$

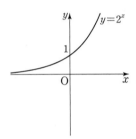

11 $y=-2^{-x-2}+1$

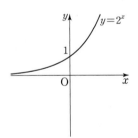

12 $y=2^{-x+3}-2$

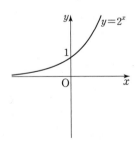

● 함수 $y=\left(\dfrac{1}{3}\right)^x$의 그래프를 이용하여 다음 함수의 그래프를 그리시오.

13 $y=-\left(\dfrac{1}{3}\right)^{x-2}-1$

→ 이 함수의 그래프는 $y=\left(\dfrac{1}{3}\right)^x$의 그래프를 $\boxed{}$축에 대하여 대칭이동한 후 x축의 방향으로 $\boxed{}$만큼, y축의 방향으로 $\boxed{}$만큼 평행이동한 것이다.

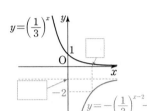

14 $y=\left(\dfrac{1}{3}\right)^{-x+3}$

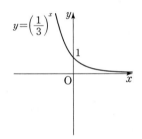

15 $y=-\left(\dfrac{1}{3}\right)^{-x}+2$

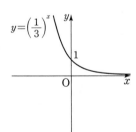

16 $y=-\left(\dfrac{1}{3}\right)^{-x+2}+1$

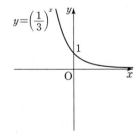

● 다음 함수의 그래프를 그리고, 치역과 점근선의 방정식을 구하시오.

17 $y=3^{-x-3}-1$

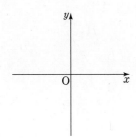

18 $y=-2^{x+2}$

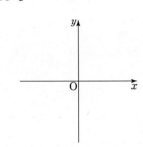

19 $y=-\left(\dfrac{1}{4}\right)^{x+3}+2$

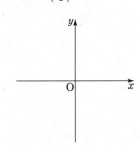

20 $y=\left(\dfrac{1}{5}\right)^{-x}+3$

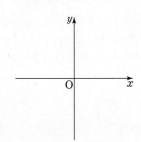

21 $y=5^{-x+2}-3$

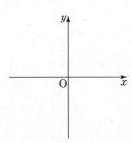

22 $y=-\left(\dfrac{1}{2}\right)^{-x+4}+4$

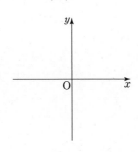

23 $y=-4^{-x-3}+2$

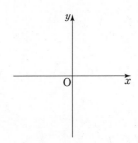

개념모음문제

24 함수 $y=3^{x-a}+b$의 그래프가 오른쪽 그림과 같을 때, 상수 a, b에 대하여 $a+b$의 값은?

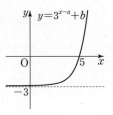

① -7 ② -1

③ 1 ④ 2

⑤ 7

- 실수 전체의 집합을 정의역으로 하는 함수 $y=a^x$ ($a>0$, $a\neq1$)
을 a를 밑으로 하는 지수함수라 한다.

1 지수함수인 것만을 **보기**에서 있는 대로 고른 것은?

> **보기**
>
> ㄱ. $y=8^x$ ㄴ. $y=\dfrac{1}{x^3}$
>
> ㄷ. $y=(-2)^x$ ㄹ. $y=\left(\dfrac{1}{5}\right)^{3x}$

① ㄱ, ㄷ ② ㄱ, ㄹ ③ ㄷ, ㄹ
④ ㄱ, ㄴ, ㄹ ⑤ ㄱ, ㄷ, ㄹ

2 함수 $f(x)=5^x$, $g(x)=\left(\dfrac{1}{3}\right)^x$에 대하여
$f(3)f(-1)+g(-2)$의 값은?

① 30 ② 32 ③ 34
④ 35 ⑤ 39

3 함수 $f(x)=7^x$에 대하여 $f(k)=\dfrac{f(5)}{f(-3)}$를 만족시
키는 상수 k의 값은?

① -8 ② -2 ③ 1
④ 2 ⑤ 8

- **지수함수** $y=a^x$ ($a>0$, $a\neq1$)**의 그래프**

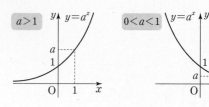

4 임의의 실수 x_1, x_2에 대하여 $x_1<x_2$일 때, 다음 중
$f(x_1)>f(x_2)$를 만족시키는 함수는?

① $f(x)=\left(\dfrac{1}{3}\right)^{-x}$ ② $f(x)=0.2^{-x}$

③ $f(x)=\left(\dfrac{8}{5}\right)^x$ ④ $f(x)=5^{-x}$

⑤ $f(x)=10^x$

5 함수 $y=(a^2-7a+13)^x$에서 x의 값이 증가할 때 y의
값도 증가하도록 하는 실수 a의 값의 범위를 구하시
오. (단, $a\neq3$, $a\neq4$)

6 다음 중 지수함수 $y=a^x$의 그래프에 대한 설명으로
옳지 <u>않은</u> 것은?

① 그래프는 항상 점 $(0, 1)$을 지난다.
② $0<a<1$일 때, x의 값이 증가하면 y의 값은 감소한
다.
③ 임의의 실수 x에 대하여 $f(x)\geq1$이다.
④ 임의의 실수 x_1, x_2에 대하여 $x_1\neq x_2$이면
$f(x_1)\neq f(x_2)$이다.
⑤ 그래프의 점근선은 x축이다.

---

03 지수함수의 그래프의 평행이동

• 지수함수 $y=a^x$ $(a>0, a\neq1)$의 그래프를 x축의 방향으로 m만큼, y축의 방향으로 n만큼 평행이동

→ $y=a^{x-m}+n$

7 함수 $y=\left(\dfrac{1}{2}\right)^x$의 그래프를 x축의 방향으로 5만큼, y축의 방향으로 -7만큼 평행이동한 그래프가 점 $(2, k)$를 지날 때, k의 값은?

① 1   ② 2   ③ 3

④ 4   ⑤ 5

8 함수 $y=a^x$의 그래프를 x축의 방향으로 -2만큼, y축의 방향으로 1만큼 평행이동한 그래프가 점 $(-1, 6)$을 지날 때, 양수 a의 값을 구하시오.

9 함수 $y=3^{x-4}+6$의 그래프에 대한 다음 설명 중 옳지 <u>않은</u> 것을 모두 고르면? (정답 2개)

① 점 $(4, 6)$을 지난다.
② 치역은 $\{y|y>6\}$이다.
③ 점근선의 방정식은 $y=6$이다.
④ x의 값이 증가하면 y의 값도 증가한다.
⑤ $y=3^x$의 그래프를 x축의 방향으로 -4만큼, y축의 방향으로 6만큼 평행이동한 것이다.

---

04 지수함수의 그래프의 대칭이동

• 지수함수 $y=a^x$ $(a>0, a\neq1)$의 그래프를
① x축에 대하여 대칭이동: $y=-a^x$
② y축에 대하여 대칭이동: $y=a^{-x}$
③ 원점에 대하여 대칭이동: $y=-a^{-x}$

10 함수 $y=\left(\dfrac{1}{5}\right)^x$의 그래프를 y축에 대하여 대칭이동한 그래프가 점 $(k, 125)$를 지날 때, k의 값은?

① -3 ② -1 ③ 0

④ 1   ⑤ 3

11 함수 $y=2^x$의 그래프를 x축에 대하여 대칭이동한 후 x축의 방향으로 m만큼, y축의 방향으로 6만큼 평행이동하면 함수 $y=-32\times2^x+n$의 그래프와 일치한다. 상수 m, n에 대하여 $2m+n$의 값은?

① -16 ② -4 ③ 4

④ 7   ⑤ 16

12 함수 $y=3^x$의 그래프를 평행이동 또는 대칭이동하여 겹쳐질 수 있는 그래프의 식인 것만을 **보기**에서 있는 대로 고르시오.

┌─ **보기** ─────────────────────┐
ㄱ. $y=\sqrt{3^x}$ ㄴ. $y=-\sqrt{3}\times3^x$

ㄷ. $y=\dfrac{1}{9^x}$ ㄹ. $y=81\times3^x$
└────────────────────────────┘

05

밑의 범위에 따라 달라지는!

지수함수를 이용한
수의 대소 비교

두 수 a^{x_1}, a^{x_2}의 대소 관계는?

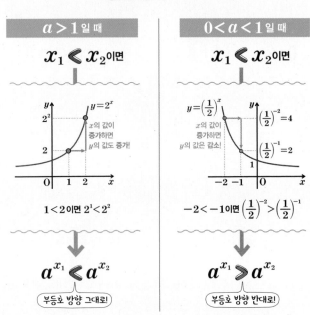

$a > 1$일 때	$0 < a < 1$일 때
$x_1 < x_2$이면	$x_1 < x_2$이면

$1 < 2$이면 $2^1 < 2^2$ $-2 < -1$이면 $\left(\dfrac{1}{2}\right)^{-2} > \left(\dfrac{1}{2}\right)^{-1}$

$a^{x_1} < a^{x_2}$ $a^{x_1} > a^{x_2}$

부등호 방향 그대로!   부등호 방향 반대로!

• **지수를 포함한 수의 대소 비교**

밑을 먼저 같게 한 후, 밑의 범위에 따른 지수함수의 증가와 감소를 이용하여 수의 대소를 비교한다.

원리확인 다음은 지수함수의 그래프를 이용하여 주어진 두 수의 크기를 비교하는 과정이다. 빈칸에 알맞은 것을 써넣으시오.

2^{-3}, 2^2

→ $y = 2^x$의 그래프는 다음 그림과 같이 x의 값이 증가할 때, y의 값도 □한다.

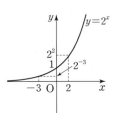

따라서 $2^{-3} \bigcirc 2^2$

● 지수함수의 성질을 이용하여 다음 ○ 안에 부등호 >, < 중 알맞은 것을 써넣으시오.

1 $\left(\dfrac{1}{3}\right)^{-5} \bigcirc \left(\dfrac{1}{3}\right)^{-1}$

→ 함수 $y = \left(\dfrac{1}{3}\right)^x$은 x의 값이 증가하면 y의 값은 □ 한다.

이때 $-5 \bigcirc -1$이므로
$\left(\dfrac{1}{3}\right)^{-5} \bigcirc \left(\dfrac{1}{3}\right)^{-1}$ 밑이 1보다 작으므로 부등호 방향이 바뀌어!

2 $6^6 \bigcirc 6^{11}$

3 $\left(\dfrac{1}{7}\right)^4 \bigcirc \left(\dfrac{1}{7}\right)^9$

4 $25^4 \bigcirc 125^2$

지수를 포함한 수의 대소 비교는 $a^{■}$, $a^{▲}$ 꼴, 즉 지수의 밑을 같게 나타낸 후 비교해!

→ 25^4, 125^2을 밑이 5인 거듭제곱의 꼴로 나타내면

$25^4 = (5^{□})^4 = 5^{□}$, $125^2 = (5^{□})^2 = 5^{□}$

이때 $8 > 6$이고 함수 $y = 5^x$은 x의 값이 증가하면 y의 값도 □ 하므로 $5^8 \bigcirc 5^6$

따라서 $25^4 \bigcirc 125^2$

5 $\left(\dfrac{1}{9}\right)^4 \bigcirc \left(\dfrac{1}{27}\right)^3$

6 $\sqrt{2} \bigcirc \sqrt[4]{32}$

2ⁿᵈ — 지수함수를 이용한 세 수의 대소 비교

● 지수함수의 성질을 이용하여 다음 세 수의 대소를 비교하시오.

7 $9^{\frac{1}{3}}$, $27^{\frac{1}{4}}$, $243^{\frac{1}{2}}$

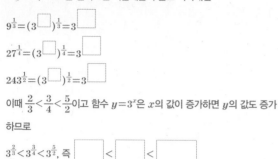

→ $9^{\frac{1}{3}}$, $27^{\frac{1}{4}}$, $243^{\frac{1}{2}}$을 밑이 3인 거듭제곱의 꼴로 나타내면

$9^{\frac{1}{3}}=(3^{\square})^{\frac{1}{3}}=3^{\square}$

$27^{\frac{1}{4}}=(3^{\square})^{\frac{1}{4}}=3^{\square}$

$243^{\frac{1}{2}}=(3^{\square})^{\frac{1}{2}}=3^{\square}$

이때 $\frac{2}{3}<\frac{3}{4}<\frac{5}{2}$이고 함수 $y=3^x$은 x의 값이 증가하면 y의 값도 증가

하므로

$3^{\frac{2}{3}}<3^{\frac{3}{4}}<3^{\frac{5}{2}}$, 즉 $\boxed{}<\boxed{}<\boxed{}$

8 $\sqrt[3]{\dfrac{1}{5}}$, $\sqrt[4]{\dfrac{1}{125}}$, $\sqrt[5]{\dfrac{1}{625}}$

9 $\sqrt[4]{7}$, 1, $\sqrt{49}$

1은 7^0이야

10 $\sqrt[5]{8}$, $0.5^{\frac{5}{7}}$, $\sqrt[3]{2}$

11 $27^{\frac{3}{4}}$, $\dfrac{1}{81}$, $\sqrt[6]{9}$

12 $\sqrt{0.3}$, $\sqrt[3]{0.09}$, 1

13 $\sqrt[3]{0.1}$, $\sqrt[5]{0.01}$, $\sqrt{0.001}$

😊 **내가 발견한 개념**   지수함수를 이용한 수의 대소 비교는?

지수함수 $y=a^x (a>0, a\neq1)$에서

• $a>1$일 때, $x_1<x_2$이면 $a^{x_1} \bigcirc a^{x_2}$

• $0<a<1$일 때, $x_1<x_2$이면 $a^{x_1} \bigcirc a^{x_2}$

개념모음문제

14 세 수 $A=16^{\frac{1}{3}}$, $B=\left(\dfrac{1}{1024}\right)^{-2}$, $C=\sqrt[9]{256}$의 대소

관계는?

① $A<B<C$ ② $A<C<B$
③ $B<C<A$ ④ $C<A<B$
⑤ $C<B<A$

이 반죽을 0.1mm로 펴서 42번 접으면 지구와 달을 연결할 수 있어요!

오오오! 제자 덕에 달나라 함 가보자! 밀가루 반죽이 눌리면 꽝이야!

06

밑의 범위에 따라 달라지는!

지수함수의 최대, 최소

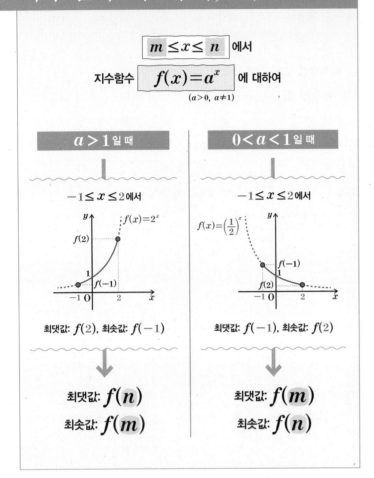

$m \leq x \leq n$ 에서

지수함수 $f(x) = a^x$ 에 대하여
$(a > 0, a \neq 1)$

$a > 1$일 때

$-1 \leq x \leq 2$에서

$f(x) = 2^x$

최댓값: $f(2)$, 최솟값: $f(-1)$

↓

최댓값: $f(n)$
최솟값: $f(m)$

$0 < a < 1$일 때

$-1 \leq x \leq 2$에서

$f(x) = \left(\frac{1}{2}\right)^x$

최댓값: $f(-1)$, 최솟값: $f(2)$

↓

최댓값: $f(m)$
최솟값: $f(n)$

1st ― 지수함수의 최대, 최소

● 주어진 x의 값의 범위에서 다음 함수의 최댓값과 최솟값을 구하시오.

1 $y = 5^x$ $[-2 \leq x \leq 3]$

밑과 1의 크기를 비교해 봐!

→ 함수 $y = 5^x$에서 밑이 1보다 크므로
x의 값이 증가하면 y의 값도 증가한다.

따라서 $x = 3$일 때 최대이고 최댓값은 $5^3 = \boxed{}$,

$x = -2$일 때 최소이고 최솟값은 $5^{-2} = \boxed{}$

2 $y = \left(\frac{1}{2}\right)^x$ $[-4 \leq x \leq -1]$

3 $y = 10^{-x}$ $[-3 \leq x \leq 0]$

4 $y = 2^{x-2} + 5$ $[3 \leq x \leq 8]$

→ $y = 2^{x-2} + 5$에서 밑이 1보다 크므로 x의 값이 증가하면 y의 값도 증가한다.

따라서 $x = 8$일 때 최대이고 최댓값은 $2^{8-2} + 5 = \boxed{}$,

$x = 3$일 때 최소이고 최솟값은 $2^{3-2} + 5 = \boxed{}$

5 $y = \left(\frac{1}{3}\right)^{x+1} + 2$ $[-3 \leq x \leq 0]$

6 $y = \left(\frac{1}{7}\right)^{-x-2} - 10$ $[-2 \leq x \leq 1]$

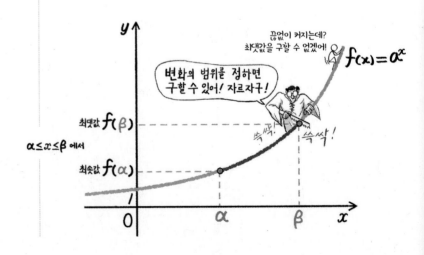

끝없이 커지는데?
최댓값을 구할 수 없겠어!

$f(x) = a^x$

변화의 범위를 정하면 구할 수 있어! 자르자구!

최댓값 $f(\beta)$

$\alpha \leq x \leq \beta$ 에서

최솟값 $f(\alpha)$

7 $y=7^x \times 5^{-x}$ $[-1 \leq x \leq 1]$

→ $y=7^x \times 5^{-x}=7^x \times \left(\frac{1}{5}\right)^x=\left(\frac{7}{5}\right)^x$

함수 $y=\left(\frac{7}{5}\right)^x$ 에서 밑이 1보다 크므로 x의 값이 증가하면 y의 값도 증가한다.

따라서 $x=1$일 때 최대이고 최댓값은 $\left(\frac{7}{5}\right)^1=$ ⬜ ,

$x=-1$일 때 최소이고 최솟값은 $\left(\frac{7}{5}\right)^{-1}=$ ⬜

8 $y=3^{-2x} \times 5^x$ $[-2 \leq x \leq 1]$

☺ **내가 발견한 개념**　　　　　$y=a^{f(x)}$의 최대, 최소는?

함수 $y=a^{f(x)}$에서

• $a>1$이면

→ $f(x)$가 최대일 때, y는 ⬜ 이다.

→ $f(x)$가 최소일 때, y는 ⬜ 이다.

$y=a^{f(x)}(a>1)$

• $0<a<1$이면

→ $f(x)$가 최대일 때, y는 ⬜ 이다.

→ $f(x)$가 최소일 때, y는 ⬜ 이다.

$y=a^{f(x)}(0<a<1)$

개념모음문제

9 정의역이 $\{x \mid -2 \leq x \leq 3\}$인 함수 $y=2^{-2x} \times 6^x$의 치역이 $\{y \mid a \leq y \leq b\}$일 때, ab의 값은?

① $\frac{4}{9}$　　　② $\frac{2}{3}$　　　③ $\frac{3}{2}$

④ $\frac{9}{4}$　　　⑤ $\frac{243}{32}$

2ⁿᵈ ― 지수가 이차식일 때의 최대, 최소

● 주어진 x의 값의 범위에서 다음 함수의 최댓값과 최솟값을 구하시오.

10 $y=2^{x^2+2x+3}$ $[-3 \leq x \leq 0]$

지수가 이차식인 경우 지수인 이차식의 최대, 최소를 구해!

→ $f(x)=x^2+2x+3$으로 놓으면 $f(x)=(x+1)^2+$ ⬜

이때 $f(-3)=6$, $f(-1)=$ ⬜ , $f(0)=3$이므로

$-3 \leq x \leq 0$에서 ⬜ $\leq f(x) \leq 6$

$y=2^{x^2+2x+3}=2^{f(x)}$에서 밑이 1보다 크므로

$f(x)=$ ⬜ 일 때 최대이고 최댓값은 $2^⬜=$ ⬜ ,

$f(x)=$ ⬜ 일 때 최소이고 최솟값은 $2^⬜=$ ⬜

11 $y=3^{-x^2+6x-8}$ $[2 \leq x \leq 5]$

12 $y=\left(\frac{1}{2}\right)^{x^2-4x+1}$ $[1 \leq x \leq 4]$

13 $y=\left(\frac{1}{4}\right)^{-x^2+2x+2}$ $[0 \leq x \leq 3]$

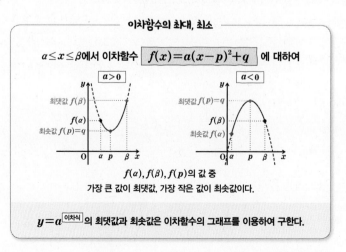

이차함수의 최대, 최소

$\alpha \leq x \leq \beta$에서 이차함수 $f(x)=a(x-p)^2+q$ 에 대하여

$a>0$

최댓값 $f(\beta)$
$f(\alpha)$
최솟값 $f(p)=q$

$a<0$

최댓값 $f(p)=q$
$f(\beta)$
최솟값 $f(\alpha)$

$f(\alpha), f(\beta), f(p)$의 값 중
가장 큰 값이 최댓값, 가장 작은 값이 최솟값이다.

$y=a^{\text{이차식}}$의 최댓값과 최솟값은 이차함수의 그래프를 이용하여 구한다.

3rd — a^x 꼴이 반복되는 함수의 최대, 최소

● 주어진 x의 값의 범위에서 다음 함수의 최댓값과 최솟값을 구하시오.

14 $y=4^x-2^{x+2}+5$ $[-2\leq x\leq 3]$

a^x 꼴이 반복되는 경우 $a^x=t\,(t>0)$로 치환하여 t의 값의 범위 내에서 최대, 최소를 구해!

→ $y=4^x-2^{x+2}+5$

$\quad =(2^x)^2-4\times 2^x+5$

$\quad 2^x=t\,(t>0)$로 치환하면

$\quad y=t^2-4t+5=(t-2)^2+\boxed{}$

$2^x>0$이므로 $t>0$임에 주의한다.

이때 $-2\leq x\leq 3$이므로

$2^{-2}\leq 2^x\leq 2^3$, 즉 $\dfrac{1}{4}\leq t\leq 8$

밑이 1보다 크므로 부등호 방향 그대로!

따라서 $\dfrac{1}{4}\leq t\leq 8$에서 함수 $y=(t-2)^2+\boxed{}$은

$t=\boxed{}$일 때 최대이고

최댓값은 $(\boxed{}-2)^2+\boxed{}=\boxed{}$

$t=\boxed{}$일 때 최소이고

최솟값은 $(\boxed{}-2)^2+\boxed{}=\boxed{}$

$y=2^x\,(\alpha\leq x\leq\beta)$

치환하면 정의역이 달라져!

$t\,(2^\alpha\leq t\leq 2^\beta)$

나의 범위는 x와 달라!

15 $y=\left(\dfrac{1}{3}\right)^{2x}-6\times\left(\dfrac{1}{3}\right)^x+9$ $[-2\leq x\leq 0]$

16 $y=9^x-2\times 3^{x+1}$ $[-1\leq x\leq 1]$

17 $y=\left(\dfrac{1}{25}\right)^x-10\times\left(\dfrac{1}{5}\right)^x+30$ $[-2\leq x\leq -1]$

18 $y=4^{x+1}-16^x$ $[-1\leq x\leq 2]$

19 $y=-3\times\left(\dfrac{1}{4}\right)^x+6\times\left(\dfrac{1}{2}\right)^x-5$ $[-1\leq x\leq 2]$

20 $y=\left(\dfrac{1}{2}\right)^{-2x}+\left(\dfrac{1}{2}\right)^{-x-1}-1$ $[0\leq x\leq 3]$

개념모음문제
21 함수 $y=25^x-10\times 5^x+10$이 $x=a$에서 최솟값 b를 가질 때, $a-b$의 값은?

① -16 ② -8 ③ 0

④ 8 ⑤ 16

4th ─ 산술평균과 기하평균의 관계를 이용한 최대, 최소

● $x>0$, $y>0$에 대하여 다음 식의 최솟값을 구하시오.

22 $x+y=4$일 때, 3^x+3^y

→ $3^x>0$, $3^y>0$이므로 산술평균과 기하평균의 관계에 의하여

$$3^x+3^y \geq 2\sqrt{3^x \times 3^y} = 2\sqrt{3^{x+\boxed{}}} = \boxed{}$$

（단, 등호는 $3^x=3^y$, 즉 $x=y$일 때 성립한다.)

따라서 3^x+3^y의 최솟값은 $\boxed{}$이다.

23 $x+y=2$일 때, 5^x+5^y

24 $2x+y=6$일 때, 4^x+2^y

25 $3x+2y=8$일 때, 27^x+9^y

● 다음 함수의 최솟값을 구하시오.

26 $y=2^{3+x}+2^{3-x}$

a^x+a^{-x} 꼴이 있는 함수의 최솟값을 구할 때는 산술평균과 기하평균의 관계를 이용해!

→ $2^{3+x}>0$, $2^{3-x}>0$이므로 산술평균과 기하평균의 관계에 의하여

$$2^{3+x}+2^{3-x} \geq 2\sqrt{2^{3+x} \times 2^{3-x}} = \boxed{}$$

（단, 등호는 $2^{3+x}=2^{3-x}$, 즉 $x=0$일 때 성립한다.)

따라서 함수 $y=2^{3+x}+2^{3-x}$의 최솟값은 $\boxed{}$이다.

27 $y=3^{2+x}+3^{2-x}$

28 $y=5^{3+x}+5^{1-x}$

29 $y=7^{1+x}+7^{1-x}$

개념모음문제

30 함수 $f(x)=\left(\dfrac{1}{2}\right)^{-x}+\left(\dfrac{1}{2}\right)^{x+2}$이 $x=a$에서 최솟값 b를 가질 때, ab의 값은?

① -2 　 ② -1 　 ③ 0

④ 1 　 ⑤ 2

$a>0$, $b>0$일 때

산술평균　　　　　　　　기하평균

$$\dfrac{a+b}{2} \geq \sqrt{ab}$$

양수 조건과 최대, 최소가 함께 나오면 산술평균과 기하평균의 관계를 떠올린다.

지수방정식

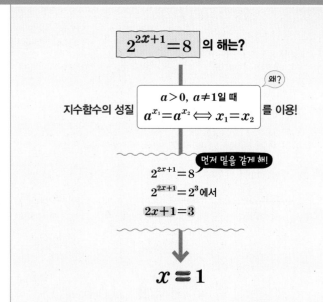

$2^{2x+1}=8$ 의 해는?

왜?

지수함수의 성질 $a>0,\ a\neq1$일 때
$a^{x_1}=a^{x_2}\Longleftrightarrow x_1=x_2$ 를 이용!

먼저 밑을 같게 해!

$2^{2x+1}=8$
$2^{2x+1}=2^3$에서
$2x+1=3$

$x=1$

지수함수 $y=a^x$은 일대일함수이므로
그래프는 x축에 평행한 직선 $y=a^{x_1}$과
오직 한 점에서 만난다.
즉 $x_1\neq x_2$이면 $a^{x_1}\neq a^{x_2}$이므로
$a^{x_1}=a^{x_2}$이면 $x_1=x_2$

오직 한 점에서 만나!

$y=a^x$

$y=a^{x_1}(=a^{x_2})$

$x_1(=x_2)$

• **지수방정식**: 지수에 미지수가 있는 방정식

● 다음 방정식을 푸시오.

1 $2^{x+1}=\dfrac{1}{32}$

밑이 같도록 식을 정리해!

> $a^{f(x)}=a^{g(x)}$ 꼴에서 밑이 1이 아니면서 서로 같으면 지수도 같아야 한다.
> 즉 $f(x)=g(x)$

→ $2^{x+1}=\dfrac{1}{32}$에서 밑을 2로 같게 하면

$2^{x+1}=2^{\boxed{}}$이므로 $x+1=\boxed{}$

따라서 $x=\boxed{}$

2 $3^x=243$

3 $5^{-x}=\dfrac{1}{625}$

4 $2^{9-x}=8^{x-1}$

5 $\left(\dfrac{1}{3}\right)^{x+2}=3\sqrt{3}$

6 $3^{x^2+3}=81^x$

7 $4^{x^2-6}=2^{2x}$

8 $3^{x^2+2x}=\left(\dfrac{1}{3}\right)^{x+2}$

9 $(\sqrt{2})^{2x^2+6x}=16$

10 $\left(\dfrac{2}{3}\right)^{x^2-2x+4}=\left(\dfrac{3}{2}\right)^{-3x+2}$

2nd─ 지수방정식; 밑에 미지수가 있는 경우

● 다음 방정식을 푸시오.

11 $x^{x-3}=x^{13-x}\ (x>0)$

> 밑이 1이면 지수의 값이 달라도 두 식의 값은 같아질 수 있다.

→ $x^{x-3}=x^{13-x}$에서

　(ⅰ) 밑이 같으므로 $x-3=13-x$

　　$2x=\boxed{}$

　　$x=\boxed{}$

　(ⅱ) 밑 $x=1$이면 주어진 방정식은 $1^{-2}=1^{12}=1$로 등식이 성립한다.

　(ⅰ), (ⅱ)에서 $x=1$ 또는 $x=\boxed{}$

12 $x^{3x+1}=x^{11-2x}\ (x>0)$

13 $x^{4x-5}=x^{25-2x}\ (x>0)$

14 $x^{2x}=x^{3(x-1)}\ (x>0)$

15 $(x^x)^3=x^x\times x^{24}\ (x>0)$

16 $(x+1)^{3x-2}=(x+1)^{x+10}$ $(x>-1)$

→ $(x+1)^{3x-2}=(x+1)^{x+10}$에서

(i) 밑이 같으므로 $3x-2=x+10$

$2x=\boxed{}$

$x=\boxed{}$

(ii) 밑 $x+1=1$, 즉 $x=\boxed{}$이면 주어진 방정식은

$1^{-2}=1^{10}=1$로 등식이 성립한다.

(i), (ii)에서 $x=0$ 또는 $x=\boxed{}$

17 $(x-5)^{-x+23}=(x-5)^{5x-19}$ $(x>5)$

18 $(x-1)^{4x+5}=(x-1)^{x^2}$ $(x>1)$

19 $(x+2)^{-3(x+2)}=(x+2)^{2x-26}$ $(x>-2)$

3rd — 지수방정식; 지수가 같은 경우

● 다음 방정식을 푸시오.

20 $3^{3x+12}=11^{3x+12}$

→ $3^{3x+12}=11^{3x+12}$에서 밑은 다르고, 지수는 같으므로

$3x+12=\boxed{}$, $3x=\boxed{}$

따라서 $x=\boxed{}$

지수 부분이 0이면 밑이 달라도 식의 값은 1로 같다.

21 $5^{-x+7}=\left(\dfrac{1}{2}\right)^{x-7}$

22 $2^{2x+6}=9^{x+3}$

23 $12^{3x-6}=\left(\dfrac{1}{13}\right)^{-3x+6}$

24 $(\sqrt{2})^{2x-10}=7^{x-5}$

😊 **내가 발견한 개념**　　밑에 미지수가 있고 밑이 같은 지수방정식의 풀이?

• $x^{f(x)}=x^{g(x)}$ $(x>0)$이면 $f(x)=g(x)$ 또는 $x=\boxed{}$

25 $(x+5)^x=6^x$ $(x>-5)$

지수가 x로 같다고 해서 밑만 비교하면 안 돼. 지수가 0인 경우도 잊지 마!

→ $(x+5)^x=6^x$에서

　(i) 지수가 같으므로 $x+5=\boxed{}$

　　$x=\boxed{}$

　(ii) 지수 $x=0$이면 주어진 방정식은 $5^0=6^0=1$로 등식이 성립한다.

　(i), (ii)에서 $x=\boxed{}$ 또는 $x=\boxed{}$

26 $(x-1)^{x-5}=2^{x-5}$ $(x>1)$

27 $(3x-2)^{2-x}=10^{2-x}$ $\left(x>\dfrac{2}{3}\right)$

28 $(x+1)^x=5^x$ $(x>-1)$

29 $(x-3)^{2x-7}=12^{2x-7}$ $(x>3)$

4th ― 지수방정식; a^x 꼴이 반복되는 경우

● 다음 방정식을 푸시오.

> a^x 꼴이 반복되는 경우
> $a^x=t$로 치환한다.
> 이때 $t>0$임에 주의한다.

30 $4^x+5\times2^x-6=0$

→ $4^x+5\times2^x-6=0$에서 $(2^x)^2+5\times2^x-6=0$

$2^x=t$ $(t>0)$로 치환하면

$t^2+\boxed{}\,t-\boxed{}=0$, $(t+6)(t-\boxed{})=0$

이때 $t>0$이므로 $t=\boxed{}$

따라서 $2^x=\boxed{}$이므로 $x=\boxed{}$

식이 복잡하고 반복될 때는
치환해 봐!
대신 범위를 잊지 마!
$a^x=t\ (t>0)$

31 $3^{2x}-28\times3^x+27=0$

32 $49^x-2\times7^{x+1}+49=0$

33 $5^{2x}=120\times5^x+5^{x+1}$

34 $\left(\dfrac{1}{4}\right)^x-3\times\left(\dfrac{1}{2}\right)^{x-2}+32=0$

35 $2^x+2^{3-x}=6$

→ $2^x+2^{3-x}=6$에서 $2^x+\dfrac{8}{2^x}=6$

$2^x=t\ (t>0)$로 치환하면 $t+\dfrac{8}{t}=6$

양변에 t를 곱하면

$t^2-\boxed{}t+8=0$

$(t-2)(t-\boxed{})=0$

$t=2$ 또는 $t=\boxed{}$

따라서 $2^x=2$ 또는 $2^x=2^2$이므로

$x=1$ 또는 $x=\boxed{}$

36 $5^x+5^{-x+2}=10$

37 $3^x-5\times3^{2-x}=4$

38 $5^{x+1}-5^{-x}=-4$

개념모음문제

39 방정식 $7^{x+1}+7^{-x}=8$의 두 근을 $\alpha,\ \beta\ (\alpha<\beta)$라 할 때, $\alpha-\beta$의 값은?

① -1 ② -2 ③ -3

④ -4 ⑤ -5

5th — 지수방정식의 응용

● 다음 연립방정식을 푸시오.

40 $\begin{cases}2^x-3^{y+1}=-7\\2^{x+2}-3^y=5\end{cases}$

→ $2^x=X\ (X>0)$, $3^y=Y\ (Y>0)$로 놓으면 주어진 연립방정식은

$\begin{cases}X-\boxed{}\times Y=-7 &\cdots\cdots\ \text{㉠}\\\boxed{}\times X-Y=5 &\cdots\cdots\ \text{㉡}\end{cases}$

㉠, ㉡을 연립하여 풀면 $X=\boxed{}$, $Y=3$

즉 $2^x=\boxed{}$, $3^y=3$이므로 $x=\boxed{}$, $y=1$

41 $\begin{cases}3^{x+1}-2^{y+1}=1\\5\times3^x-3\times2^y=3\end{cases}$

42 $\begin{cases}2^{x+1}-3\times2^y=2\\2^x-2^{y+2}=-4\end{cases}$

43 $\begin{cases}2^x+2^y=10\\3\times2^{x+1}-2^y=4\end{cases}$

개념모음문제

44 연립방정식 $\begin{cases}2^{x+1}+2^y=8\\3\times2^x+2^{y-1}=8\end{cases}$의 근을 $x=\alpha,\ y=\beta$라 할 때, $\alpha+\beta$의 값은?

① 1   ② 2   ③ 3

④ 4   ⑤ 5

● 주어진 방정식의 두 근을 α, β라 할 때, k의 값을 구하시오.

45 $4^x-7\times2^x+8=0$, $k=\alpha+\beta$

→ $4^x-7\times2^x+8=0$에서 $(2^x)^2-7\times2^x+8=0$

$2^x=t$ $(t>0)$로 치환하면 $t^2-7t+\boxed{}=0$ ······ ㉠

방정식 $4^x-7\times2^x+8=0$의 두 근이 α, β이므로

㉠의 두 근은 2^α, $\boxed{}$이다. ── $x=\alpha$ 또는 $x=\beta$
                                        └ $t=2^x$
이차방정식의 근과 계수의 관계에 의하여

$2^\alpha\times2^\beta=\boxed{}$, 즉 $2^{\alpha+\beta}=\boxed{}$

따라서 $k=\alpha+\beta=\boxed{}$

46 $9^x-3^{x+2}+3=0$, $k=\alpha+\beta$

47 $16^x-10\times4^x+16=0$, $k=5^{\alpha+\beta}$

48 $3\times25^x-4\times5^{x+1}+15=0$, $k=2^{\alpha+\beta}$

● 다음 방정식이 서로 다른 두 실근을 갖도록 하는 실수 k의 값의 범위를 구하시오.

49 $4^x-k\times2^x+4=0$

→ $4^x-k\times2^x+4=0$에서 $(2^x)^2-k\times2^x+4=0$

$2^x=t$ $(t>0)$로 치환하면 $t^2-kt+4=0$

이 방정식이 서로 다른 두 양의 실근을 가져야 하므로

└ 2^α, 2^β은 모두 양수이므로 t에 대한 이차방정식이
서로 다른 두 양의 실근을 가져야 해!

(ⅰ) 이차방정식의 판별식을 D라 하면

$D=k^2-16>0$, $(k+4)(k-\boxed{})>0$

따라서 $k<-4$ 또는 $k>\boxed{}$

(ⅱ) 이차방정식의 근과 계수의 관계에 의하여

(두 근의 합)$=\boxed{}>0$

(두 근의 곱)$=4>0$

(ⅰ), (ⅱ)에서 $k>\boxed{}$

50 $25^x+2k\times5^x+25=0$

51 $9^x-2(k-1)\times3^x+k-1=0$

이차방정식의 근과 계수의 관계

이차방정식 $ax^2+bx+c=0$의 두 근이 $\boxed{\alpha}$, $\boxed{\beta}$일 때
(단, $a\neq0$, a, b, c는 실수)

(두 근의 합)$=\boxed{\alpha}+\boxed{\beta}=-\dfrac{b}{a}$

(두 근의 곱)$=\boxed{\alpha}\times\boxed{\beta}=\dfrac{c}{a}$

이차방정식의 '두 근'이 나오면 이차방정식의 근과 계수의 관계를 기억한다!

이차방정식의 실근의 부호의 판별

이차방정식 $ax^2+bx+c=0$의 두 근이 α, β이고 판별식을 D라 하면
(단, $a\neq0$, a, b, c는 실수)

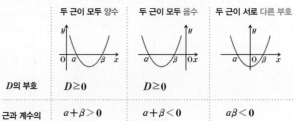

	두 근이 모두 양수	두 근이 모두 음수	두 근이 서로 다른 부호
D의 부호	$D\geq0$	$D\geq0$	
근과 계수의 관계	$\alpha+\beta>0$ $\alpha\beta>0$	$\alpha+\beta<0$ $\alpha\beta>0$	$\alpha\beta<0$

이차방정식의 '근의 부호'는 판별식과 근과 계수의 관계로 알 수 있다!

08

미지수가 지수에 있는!

지수부등식

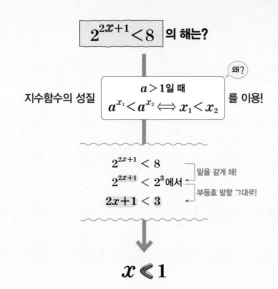

$2^{2x+1} < 8$ 의 해는?

지수함수의 성질 $a > 1$일 때
$a^{x_1} < a^{x_2} \Longleftrightarrow x_1 < x_2$ 를 이용! 왜?

$2^{2x+1} < 8$
$2^{2x+1} < 2^3$에서 ── 밑을 같게 해!
$2x+1 < 3$ ── 부등호 방향 그대로!

$x < 1$

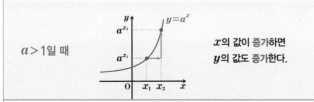

$a > 1$일 때

x의 값이 증가하면
y의 값도 증가한다.

$\left(\dfrac{1}{2}\right)^{2x+1} < \dfrac{1}{8}$ 의 해는?

지수함수의 성질 $0 < a < 1$일 때
$a^{x_1} < a^{x_2} \Longleftrightarrow x_1 > x_2$ 를 이용! 왜?

$\left(\dfrac{1}{2}\right)^{2x+1} < \dfrac{1}{8}$
$\left(\dfrac{1}{2}\right)^{2x+1} < \left(\dfrac{1}{2}\right)^3$에서 ── 밑을 같게 해!
$2x+1 > 3$ ── 부등호 방향 반대로!

$x > 1$

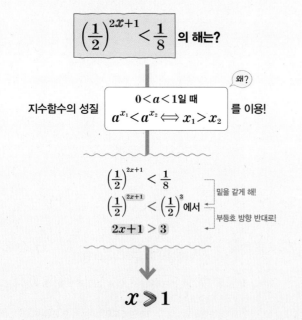

$0 < a < 1$일 때

x의 값이 감소하면
y의 값은 증가한다.

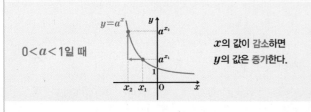

• **지수부등식**: 지수에 미지수가 있는 부등식

1st ─ 지수부등식; 밑을 같게 할 수 있는 경우

● 다음 부등식을 푸시오.

> (i) $a^{f(x)} < a^{g(x)}$ 꼴로 변형한다.
> (ii) $a > 1$이면 $f(x) < g(x)$를, $0 < a < 1$이면 $f(x) > g(x)$ 를 푼다.

1 $16^x > 2^{2x+1}$

→ $16^x > 2^{2x+1}$에서 $2^{4x} > 2^{2x+1}$

밑이 1보다 크므로 $4x \bigcirc 2x+1$

따라서 $x \bigcirc \dfrac{1}{2}$

2 $\left(\dfrac{1}{3}\right)^{2x} > \left(\dfrac{1}{3}\right)^{6-x}$

3 $3^{x+2} \leq 3^{5x} \leq 81 \times 9^x$

→ $3^{x+2} \leq 3^{5x} \leq 81 \times 9^x$에서

$3^{x+2} \leq 3^{5x} \leq 3^{\boxed{}}$

밑이 $\boxed{}$ 보다 크므로 $x+2 \leq 5x \leq \boxed{}$

(i) $x+2 \leq 5x$에서 $x \geq \boxed{}$

(ii) $5x \leq \boxed{}$ 에서 $x \leq \boxed{}$

(i), (ii)에서

$\boxed{} \leq x \leq \boxed{}$

4 $2^{x+2} < \left(\dfrac{1}{2}\right)^{2x+1} < \left(\dfrac{1}{4}\right)^{3x}$

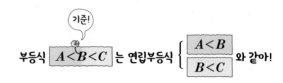

기준!

부등식 $\boxed{A < B < C}$ 는 연립부등식 $\begin{cases} A < B \\ B < C \end{cases}$ 와 같아!

😊 **내가 발견한 개념**　　　지수부등식에서 지수의 부등호의 방향은?

• $a > 1$일 때, $a^{f(x)} < a^{g(x)} \Longleftrightarrow f(x) \bigcirc g(x)$

• $0 < a < 1$일 때, $a^{f(x)} < a^{g(x)} \Longleftrightarrow f(x) \bigcirc g(x)$

2nd — 지수부등식; 밑에 미지수가 있는 경우

● 다음 부등식을 푸시오.

> 밑에 미지수가 있는 경우
> ➡ (밑)>1, 0<(밑)<1, (밑)=1인 경우로 나누어 푼다.

5 $x^{x+2} < x^{2x-1}$

➡ (i) $x>1$일 때
　　└ 부등호의 방향이 그대로!

$x+2 \bigcirc 2x-1$, $x \bigcirc 3$

이때 $x>1$이므로 $x \bigcirc 3$

(ii) $0<x<1$일 때
　　└ 부등호의 방향이 바뀌어!

$x+2 \bigcirc 2x-1$, $x \bigcirc 3$

이때 $0<x<1$이므로 $0<x< \boxed{}$

(iii) $x=1$일 때, $1^3 < 1^1$이므로 주어진 부등식이 성립하지 않는다.

(i), (ii), (iii)에서

$0<x< \boxed{}$ 또는 $x \bigcirc 3$

6 $x^{2x-3} \le x^{x+5}$

7 $x^{3x} > x^{x+8}$

8 $x^{x^2-3x} \ge x^{2x-6}$

3rd — 지수부등식; a^x 꼴이 반복되는 경우

● 다음 부등식을 푸시오.

> a^x 꼴이 반복되는 경우
> $a^x=t$로 치환한다.
> 이때 $t>0$임에 주의한다.

9 $4^x - 12 \times 2^x + 32 \le 0$

➡ $4^x - 12 \times 2^x + 32 \le 0$에서

$(2^x)^2 - 12 \times 2^x + 32 \le 0$

$2^x = t \ (t>0)$로 치환하면

$t^2 - 12t + \boxed{} \le 0$

$(t-4)(t-\boxed{}) \le 0$, $4 \le t \le \boxed{}$

따라서 $2^2 \le 2^x \le 2^{\boxed{}}$이므로

$2 \le x \le \boxed{}$
　└ 밑이 1보다 크므로 부등호 방향이 그대로!

10 $3^{2x} - 25 \times 3^x - 54 \ge 0$

11 $\left(\dfrac{1}{25}\right)^x - 24 \times 5^{-x} - 25 < 0$

12 $2 \times \left(\dfrac{1}{4}\right)^{x-2} - 3 \times \left(\dfrac{1}{2}\right)^{x-2} + 1 \le 0$

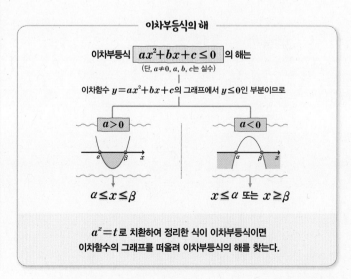

이차부등식의 해

이차부등식 $\boxed{ax^2 + bx + c \le 0}$ 의 해는
(단, $a \ne 0$, a, b, c는 실수)

이차함수 $y = ax^2 + bx + c$의 그래프에서 $y \le 0$인 부분이므로

$a>0$	$a<0$
$\alpha \le x \le \beta$	$x \le \alpha$ 또는 $x \ge \beta$

$a^x = t$로 치환하여 정리한 식이 이차부등식이면
이차함수의 그래프를 떠올려 이차부등식의 해를 찾는다.

13 $3^{x+2}+3^{-x+1}\leq 28$

→ $3^{x+2}+3^{-x+1}\leq 28$에서 $\boxed{}\times 3^x+\dfrac{3}{3^x}\leq 28$

$3^x=t\ (t>0)$로 치환하면 $\boxed{}t+\dfrac{3}{t}\leq 28$

$t>0$이므로 양변에 t를 곱하면

$\boxed{}t^2-28t+3\leq 0$

$(\boxed{}t-1)(t-\boxed{})\leq 0,\ \boxed{}\leq t\leq \boxed{}$

따라서 $3^{\boxed{}}\leq 3^x\leq 3^{\boxed{}}$이므로

$\boxed{}\leq x\leq \boxed{}$

14 $2^x-5\geq 3\times 2^{-x+3}$

15 $3^x-3^{1-x}>2$

16 $5^x-26+5^{2-x}<0$

개념모음문제

17 부등식 $2^x+2^{3-x}>6$의 해가 $x<\alpha$ 또는 $x>\beta$일 때, $\alpha+4^\beta$의 값은?

① 16   ② 17   ③ 18

④ 19   ⑤ 20

● 모든 실수 x에 대하여 다음 부등식이 성립하도록 하는 실수 k의 값의 범위를 구하시오.

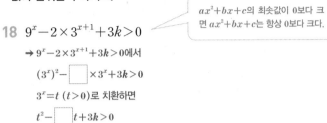
ax^2+bx+c의 최솟값이 0보다 크면 ax^2+bx+c는 항상 0보다 크다.

18 $9^x-2\times 3^{x+1}+3k>0$

→ $9^x-2\times 3^{x+1}+3k>0$에서

$(3^x)^2-\boxed{}\times 3^x+3k>0$

$3^x=t\ (t>0)$로 치환하면

$t^2-\boxed{}t+3k>0$

즉 $(t-3)^2+3k-\boxed{}>0$

위 부등식이 $t>0$인 모든 실수 t에 대하여 성립하려면

$y=(t-3)^2+3k-\boxed{}$의 그래프가 오른쪽 그림과 같으므로

$3k-\boxed{}>0$

따라서 $k>\boxed{}$

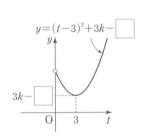

$y=(t-3)^2+3k-\boxed{}$

$3k-\boxed{}$

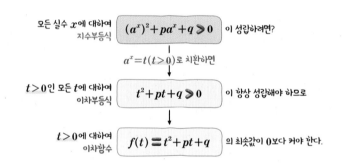

모든 실수 x에 대하여 지수부등식 $(a^x)^2+pa^x+q>0$ 이 성립하려면?

$a^x=t\,(t>0)$로 치환하면

$t>0$인 모든 t에 대하여 이차부등식 $t^2+pt+q>0$ 이 항상 성립해야 하므로

$t>0$에 대하여 이차함수 $f(t)=t^2+pt+q$ 의 최솟값이 0보다 커야 한다.

19 $25^x-4\times 5^x-k>0$

20 $2^{2x}-2^{x+2}+2k\geq 0$

5th ― 지수방정식과 지수부등식의 실생활에 활용

21 다음은 어떤 방사성 물질이 일정한 비율로 붕괴되어 20년 후에 처음 양의 $\frac{1}{2}$이 된다고 할 때, 이 방사성 물질이 처음 양의 $\frac{1}{128}$이 되는 데 몇 년이 걸리는지 구하는 과정이다. □ 안에 알맞은 수를 써넣으시오.

20년 후에 처음 양의 $\frac{1}{2}$이 되므로 $20n$년 후의

방사성 물질의 양은 처음 양의 $\left(\frac{1}{2}\right)^n$이 된다.

이때 $\frac{1}{128}=\left(\frac{1}{2}\right)^{\square}$이므로 $20n$년 후의 방사성

물질의 양이 처음 양의 $\frac{1}{128}$이 된다고 하면

$\left(\frac{1}{2}\right)^n=\left(\frac{1}{2}\right)^{\square}$, $n=\square$

따라서 방사성 물질이 처음 양의 $\frac{1}{128}$이 되는 데

$20\times\boxed{}=\boxed{}$(년)이 걸린다.

---

22 어떤 방사성 물질은 일정한 비율로 붕괴되어 $5n$일 후의 방사성 물질의 양은 처음의 $\left(\frac{1}{4}\right)^n$이다. 이 방사성 물질이 처음 양의 $\frac{1}{1024}$이 되는 데 며칠이 걸리는지 구하시오.

23 다음은 n시간 후 A박테리아는 1마리가 2^n마리로, B박테리아는 1마리가 4^n마리로 증가할 때, 두 배양기에 각각 A박테리아를 2마리, B박테리아를 1마리씩 넣고 시간이 경과한 후 열어 보았더니 두 배양기의 박테리아의 수의 합이 80마리 이상이었다면 최소 몇 시간이 경과한 것인지 구하는 과정이다. □ 안에 알맞은 것을 써넣으시오.

---

x시간이 경과한 후 A박테리아의 수는

$2\times\boxed{}$(마리)

x시간이 경과한 후 B박테리아의 수는

$1\times\boxed{}$(마리)

두 배양기의 박테리아의 수의 합이 80마리 이상이므로

$2\times\boxed{}+\boxed{}\geq80$

$2^x=t$ $(t>0)$로 치환하면

$t^2+\boxed{}t-80\geq0$, $(t+10)(t-\boxed{})\geq0$

이때 $t>0$이므로 $t\geq\boxed{}$

즉 $2^x\geq2^{\square}$이므로 $x\geq\boxed{}$

따라서 최소 $\boxed{}$시간이 경과한 것이다.

---

24 어떤 박테리아 1마리는 x시간 후에 3^x마리로 늘어난다고 한다. 현재 20마리였던 박테리아가 4860마리 이상이 되는 것은 지금으로부터 몇 시간 후인지 구하시오.

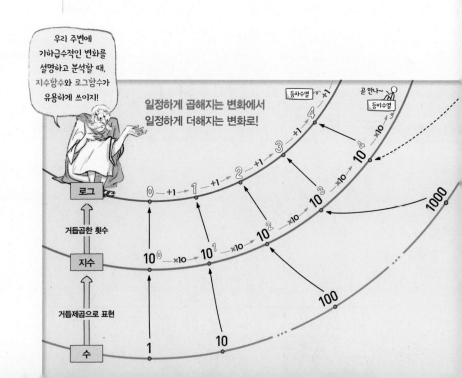

05 지수함수를 이용한 수의 대소 비교

• $a>1$일 때, $x_1<x_2$이면 $a^{x_1}<a^{x_2}$

• $0<a<1$일 때, $x_1<x_2$이면 $a^{x_1}>a^{x_2}$

1 다음 중 ◯ 안에 들어갈 부등호 방향이 나머지 넷과 <u>다른</u> 하나는?

① $\left(\dfrac{1}{3}\right)^{-2} \bigcirc \left(\dfrac{1}{3}\right)^{-1}$ ② $\sqrt[5]{5^3} \bigcirc \sqrt{5}$

③ $7^{0.3} \bigcirc \sqrt[3]{7}$ ④ $\left(\dfrac{1}{2}\right)^{-1} \bigcirc \sqrt{\dfrac{1}{2}}$

⑤ $\sqrt[4]{\dfrac{1}{6}} \bigcirc \sqrt{\dfrac{1}{6}}$

2 세 수 $A=\sqrt[4]{27}$, $B=\left(\dfrac{1}{9}\right)^{-2}$, $C=81^{\frac{1}{3}}$의 대소 관계는?

① $A<B<C$ ② $A<C<B$
③ $B<C<A$ ④ $C<A<B$
⑤ $C<B<A$

3 $0<x<1$일 때, 세 수 $\left(\dfrac{6}{5}\right)^{x}$, $\left(\dfrac{6}{5}\right)^{x^2}$, $\left(\dfrac{6}{5}\right)^{x^3}$ 중 가장 큰 수를 구하시오.

06 지수함수의 최대, 최소

• 정의역이 $\{x\,|\,m\leq x\leq n\}$인 지수함수 $y=a^x(a>0,\,a\neq1)$은

① $a>1$이면 ➔ 최댓값: a^n, 최솟값: a^m

② $0<a<1$이면 ➔ 최댓값: a^m, 최솟값: a^n

4 정의역이 $\{x\,|\,-3\leq x\leq-1\}$인 함수 $y=5^{x+3}-3$의 최댓값을 M, 최솟값을 m이라 할 때, $M+2m$의 값은?

① 18 ② 20 ③ 22
④ 24 ⑤ 26

5 함수 $y=\left(\dfrac{1}{2}\right)^{x^2-6x+5}$이 $x=a$에서 최댓값 b를 가질 때, $a+b$의 값은?

① 13 ② 16 ③ 19
④ 22 ⑤ 25

6 함수 $y=9^x-2\times3^{x+2}+90$이 $x=a$에서 최솟값 b를 가질 때, $b-a$의 값은?

① -7 ② -3 ③ 0
④ 3 ⑤ 7

07 지수방정식

- 밑을 같게 할 수 있는 경우

  $a^{f(x)}=a^{g(x)}$ 꼴로 변형한 후 방정식 $f(x)=g(x)$를 푼다.

- 밑에 미지수가 있는 경우

  ① $x^{f(x)}=x^{g(x)}(x>0) \Longleftrightarrow f(x)=g(x)$ 또는 $x=1$

  ② $\{f(x)\}^x=\{g(x)\}^x(f(x)>0, g(x)>0)$

  $\qquad \Longleftrightarrow f(x)=g(x)$ 또는 $x=0$

- a^x 꼴이 반복되는 경우: $a^x=t \ (t>0)$로 치환한다.

7 방정식 $\left(\dfrac{4}{3}\right)^{x^2+x-4}=\left(\dfrac{9}{16}\right)^x$의 두 근을 α, $\beta \ (\alpha<\beta)$ 라 할 때, $\alpha+2\beta$의 값은?

① -3 ② -2 ③ -1

④ 1 ⑤ 2

8 방정식 $(x+1)^{3x}=(x+1)^{x+2} \ (x>-1)$의 모든 근의 합을 a, 방정식 $(x+5)^{3-x}=4^{3-x} \ (x>-5)$의 모든 근의 곱을 b라 할 때, ab의 값은?

① -6 ② -3 ③ 0

④ 3 ⑤ 6

9 방정식 $4^x-11\times2^x+25=0$의 두 실근을 α, β라 할 때, $(\sqrt{2})^{\alpha+\beta}$의 값은?

① 5 ② $5\sqrt{2}$ ③ 6

④ $6\sqrt{2}$ ⑤ 11

08 지수부등식

- 밑을 같게 할 수 있는 경우

  ① $a>1$일 때, $a^{f(x)}<a^{g(x)} \Longleftrightarrow f(x)<g(x)$

  ② $0<a<1$일 때, $a^{f(x)}<a^{g(x)} \Longleftrightarrow f(x)>g(x)$

- 밑에 미지수가 있는 경우

  $x^{f(x)}<x^{g(x)}(x>0)$ 꼴

  ➔ $x>1$, $0<x<1$, $x=1$인 경우로 나누어 푼다.

- a^x 꼴이 반복되는 경우: $a^x=t \ (t>0)$로 치환한다.

10 부등식 $\left(\dfrac{1}{9}\right)^{x^2+2x-6}\geq\left(\dfrac{1}{3}\right)^{x^2}$을 만족시키는 정수 x의 개수는?

① 7 ② 8 ③ 9

④ 10 ⑤ 11

11 부등식 $x^{3x+10}>x^{x^2-x-2}$의 해가 $\alpha<x<\beta$일 때, $\alpha+\beta$의 값은? (단, $x>1$)

① 4 ② 5 ③ 6

④ 7 ⑤ 8

12 부등식 $4^{-x}-3\times2^{-x+1}-16\leq0$을 만족시키는 정수 x의 최솟값을 구하시오.

TEST 개념 발전

1 다음 중 지수함수가 <u>아닌</u> 것을 모두 고르면?

(정답 2개)

① $y=3^{2x}$ ② $y=5^{-x}$ ③ $y=(-7)^{x}$

④ $y=\left(\dfrac{1}{x}\right)^{2}$ ⑤ $y=\left(\dfrac{1}{10}\right)^{x}$

2 함수 $y=\left(\dfrac{1}{3}\right)^{x}$의 그래프가 오른쪽 그림과 같을 때, $2a+b$의 값은?

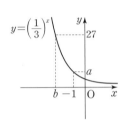

① -6 ② -3

③ 0 ④ 3

⑤ 6

3 지수함수 $y=\left(\dfrac{1}{5}\right)^{x}$에 대한 설명으로 옳은 것만을 **보기**에서 있는 대로 고른 것은?

┌─**보기**─────────────────────────┐
ㄱ. 치역은 실수 전체의 집합이다.
ㄴ. 그래프는 점 $(0, 1)$을 지난다.
ㄷ. x의 값이 증가하면 y의 값은 감소한다.
ㄹ. 그래프가 $y=5^{x}$의 그래프와 x축에 대하여 대칭이다.
└──────────────────────────────┘

① ㄱ, ㄴ   ② ㄴ, ㄷ   ③ ㄴ, ㄹ

④ ㄱ, ㄴ, ㄷ   ⑤ ㄴ, ㄷ, ㄹ

4 지수함수 $y=2^{x}$의 그래프를 x축의 방향으로 -2만큼, y축의 방향으로 3만큼 평행이동하였더니 함수 $y=a\times2^{x}+b$의 그래프와 일치하였다. 상수 a, b에 대하여 a^{b}의 값은?

① 1   ② 4   ③ 16

④ 64   ⑤ 128

5 함수 $y=2^{x-a}+b$의 그래프가 오른쪽 그림과 같을 때, 상수 a, b에 대하여 $a+b$의 값은?

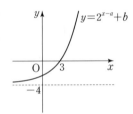

① -7 ② -5

③ -3 ④ 3

⑤ 5

6 다음 중 함수 $y=3^{x+3}-5$에 대한 설명으로 옳은 것은?

① 치역은 $\{y|y>1\}$이다.
② 그래프는 제 1, 2, 4사분면을 지난다.
③ x의 값이 커질수록 y의 값은 작아진다.
④ 그래프의 점근선은 $y=-5$이다.
⑤ 그래프는 함수 $y=3^{x}$의 그래프를 x축의 방향으로 3만큼, y축의 방향으로 -5만큼 평행이동한 것이다.

7 정의역이 $\{x\,|\,-1\leq x\leq 4\}$인 함수 $y=3^{2-x}+k$의 최댓값이 6일 때, 상수 k의 값은?

① -21 ② -3 ③ -1

④ $\dfrac{53}{9}$ ⑤ $\dfrac{55}{9}$

8 정의역이 $\{x\,|\,0\leq x\leq 3\}$인 함수 $y=2^{2x}-2^{x+2}+7$의 최댓값과 최솟값의 합은?

① 36   ② 38   ③ 40

④ 42   ⑤ 44

9 함수 $f(x)=\left(\dfrac{1}{3}\right)^x+\left(\dfrac{1}{3}\right)^{-x+6}$은 $x=a$일 때, 최솟값은 b이다. a^3b의 값은?

① $\dfrac{1}{3}$ ② 1   ③ 2

④ 3   ⑤ 4

10 방정식 $27^{x^2}=\left(\dfrac{1}{3}\right)^{-2x+a}$의 한 근이 2일 때, 상수 a의 값은?

① -8 ② -4 ③ -2

④ $-\dfrac{1}{2}$ ⑤ $-\dfrac{1}{4}$

11 방정식 $x^{11}\times x^x-(x^2)^x=0$의 모든 근의 합은?

(단, $x>0$)

① 10   ② 11   ③ 12

④ 13   ⑤ 14

12 방정식 $(2x+1)^{4x-1}=25^{4x-1}$의 모든 근의 곱은?

$\left(\text{단, } x>-\dfrac{1}{2}\right)$

① $\dfrac{1}{48}$ ② $\dfrac{1}{12}$ ③ 3

④ 12   ⑤ 48

13 방정식 $5 \times 9^x - 32 \times 3^x + 45 = 0$의 두 근을 α, β라 할 때, $\alpha + \beta$의 값은?

① 2   ② 3   ③ 5

④ 7   ⑤ 9

14 두 부등식 $\left(\dfrac{1}{5}\right)^{-2} \times \left(\dfrac{1}{5}\right)^{\frac{x}{3}} < \left(\dfrac{1}{5}\right)^{\frac{x}{2}}$, $3^{\frac{x}{4}} \geq 3^2 \times 3^x$을 만족시키는 정수 x의 최댓값을 각각 a, b라 할 때, $a+b$의 값은?

① -12 ② -13 ③ -14

④ -15 ⑤ -16

15 부등식 $2^{2x+3} - 33 \times 2^x + 4 < 0$을 만족시키는 모든 정수 x의 값의 합은?

① -3 ② -2 ③ -1

④ 0   ⑤ 1

16 부등식 $(x-2)^{5x-1} \leq (x-2)^{x+23}$을 만족시키는 자연수 x의 개수는? (단, $x > 2$)

① 1   ② 2   ③ 3

④ 4   ⑤ 5

17 모든 실수 x에 대하여 부등식
$49^x - 2 \times 7^{x+1} - 5k - 1 > 0$이 성립하도록 하는 정수 k의 최댓값은?

① -11 ② -10 ③ -9

④ -8 ⑤ -7

18 두께가 $0.5\,\mathrm{mm}$인 종이를 반으로 접고, 다시 이것을 반으로 접는 것을 반복하여 k번 접었을 때, 전체의 두께를 $f(k)$라 하면
$$f(k) = 0.5 \times 2^k$$
이 성립한다. 이 종이의 전체의 두께가 $64\,\mathrm{mm}$ 이상이 되려면 최소한 몇 번 접어야 하는가?

① 6번   ② 7번   ③ 8번

④ 9번   ⑤ 10번

19 함수 $f(x)=3^{-x}$에 대하여

$$f(-2a)f(b)=81, \quad f(b-a)=3$$

일 때, 상수 a, b에 대하여 $a+b$의 값은?

① 2   ② 5   ③ 8

④ 11   ⑤ 14

20 오른쪽 그림과 같이 두 함수 $y=2^x$, $y=2^x+3$의 그래프와 y축, 직선 $x=2$로 둘러싸인 도형을 A라 할 때, 도형 A의 넓이는?

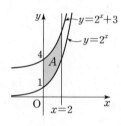

① 4   ② 5   ③ 6

④ 7   ⑤ 8

21 함수 $y=4^x+4^{-x}-4(2^x+2^{-x})$의 최솟값은?

① -10 ② -8 ③ -6

④ 8   ⑤ 10

22 부등식 $\left(\dfrac{1}{4}\right)^x-a\times\left(\dfrac{1}{2}\right)^x+b<0$의 해가 $-2<x<4$일 때, 상수 a, b에 대하여 $16(a+b)$의 값은?

① 61   ② 63   ③ 65

④ 67   ⑤ 69

23 부등식 $4^x-2k\times 2^x+9>0$이 모든 실수 x에 대하여 성립하도록 하는 실수 k의 값의 범위는?

① $k<3$ ② $k<1$ ③ $k\geq 1$

④ $k\geq 2$ ⑤ $k\geq 3$

24 방사성 탄소 동위 원소 ^{14}C는 5730년마다 그 양이 반으로 줄어든다고 한다. 즉 처음 ^{14}C의 양이 a mg이었을 때 x년 후에 남아 있는 양을 $f(x)$ mg이라 하면

$$f(x)=a\times\left(\frac{1}{2}\right)^{\frac{x}{5730}}$$

이 성립한다고 한다. 어떤 유물을 발굴하여 조사하였더니 ^{14}C가 25 mg 남아 있었다. 처음 ^{14}C의 양이 100 mg이었다면 이 유물은 몇 년 전의 것이라 할 수 있는지 구하시오.

4

점점 빨라지는 변화를 쉽게!
로그함수

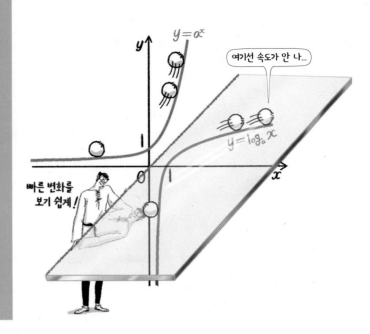

a가 1이 아닌 양수일 때, 임의의 양수 x에 대해 $\log_a x$의 값이 하나로 정해지므로 $y=\log_a x \,(a>0, \, a\neq1)$는 x에 대한 함수가 돼! 이렇게 로그의 진수에 x가 포함되어 있는 함수를 로그함수라 하지.
로그함수 $y=\log_a x \,(a>0, \, a\neq1)$의 그래프를 이해하고 그 성질을 배워보자.
또 로그함수 $y=\log_a x \,(a>0, \, a\neq1)$의 그래프를 평행이동한 그래프와 대칭이동한 그래프도 그려보고 그 성질을 이해해 볼 거야.

진수에 따라 변화가 완만한!

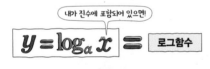

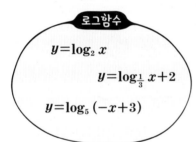

양의 실수 전체의 집합을 정의역으로 하는
함수 $y=\log_a x \,(a>0, \, a\neq1)$를 a를 밑으로 하는 로그함수라 한다.

· 로그함수의 그래프

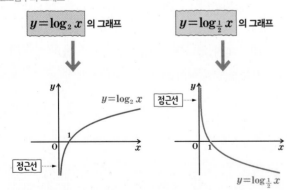

• 로그함수를 이용한 수의 대소 비교

두 수 $\log_a x_1$, $\log_a x_2$ 의 대소 관계는?
(단, $x_1>0$, $x_2>0$)

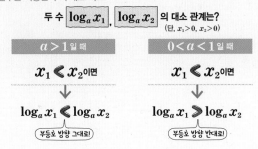

$a>1$일 때	$0<a<1$일 때
$x_1 < x_2$이면	$x_1 < x_2$이면
↓	↓
$\log_a x_1 < \log_a x_2$	$\log_a x_1 > \log_a x_2$
부등호 방향 그대로!	부등호 방향 반대로!

• 로그함수의 최대, 최소

$m \leq x \leq n$ 에서

로그함수 $f(x)=\log_a x$ 에 대하여

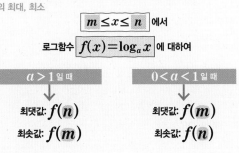

$a>1$일 때	$0<a<1$일 때
↓	↓
최댓값: $f(n)$	최댓값: $f(m)$
최솟값: $f(m)$	최솟값: $f(n)$

• 로그방정식

$\log_2 (2x-1)=\log_2 (x+1)$ 의 해는?

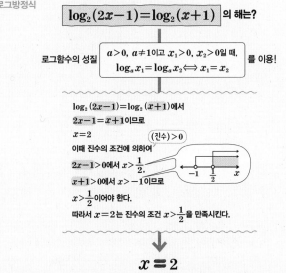

로그함수의 성질 $a>0$, $a\neq1$이고 $x_1>0$, $x_2>0$일 때, $\log_a x_1=\log_a x_2 \Longleftrightarrow x_1=x_2$ 를 이용!

$\log_2 (2x-1)=\log_2 (x+1)$에서
$2x-1=x+1$이므로
$x=2$ (진수)>0
이때 진수의 조건에 의하여
$2x-1>0$에서 $x>\dfrac{1}{2}$,
$x+1>0$에서 $x>-1$이므로
$x>\dfrac{1}{2}$이어야 한다.
따라서 $x=2$는 진수의 조건 $x>\dfrac{1}{2}$을 만족시킨다.

↓

$x=2$

• 로그부등식

$\log_2 (2x-1)<\log_2 (x+1)$ 의 해는?

로그함수의 성질 $a>0$, $a\neq1$이고 $x_1>0$, $x_2>0$일 때, $a>1$이면 $\log_a x_1<\log_a x_2 \Longleftrightarrow x_1<x_2$ 를 이용!

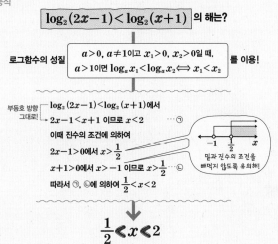

부등호 방향 그대로! $\log_2 (2x-1)<\log_2 (x+1)$에서
$2x-1<x+1$ 이므로 $x<2$ ······ ㉠
이때 진수의 조건에 의하여
$2x-1>0$에서 $x>\dfrac{1}{2}$
$x+1>0$에서 $x>-1$ 이므로 $x>\dfrac{1}{2}$ ······ ㉡
밑과 진수의 조건을 빼먹지 않도록 유의해!
따라서 ㉠, ㉡에 의하여 $\dfrac{1}{2}<x<2$

↓

$\dfrac{1}{2}<x<2$

로그함수의 최대, 최소

로그함수를 이용하면 두 수 $\log_a x_1$, $\log_a x_2$의 대소 관계를 알 수 있어. 로그함수의 그래프를 그려보면 $a>1$일 때는 $0<x_1<x_2$이면 $\log_a x_1<\log_a x_2$이고, $0<a<1$일 때는 $0<x_1<x_2$이면 $\log_a x_1>\log_a x_2$임을 알 수 있지.
또 로그함수의 최댓값과 최솟값을 구하는 연습을 하게 될 거야. 로그함수의 최댓값과 최솟값을 구할 때도 로그함수의 그래프를 이용해야 해!

로그함수의 활용

로그의 진수 또는 밑에 미지수가 있는 방정식을 로그방정식이라 하고, 로그의 진수 또는 밑에 미지수가 있는 부등식을 로그부등식이라 해.
로그방정식과 로그부등식은 로그함수 $y=\log_a x$ $(a>0$, $a\neq1)$의 다음과 같은 성질을 이용하여 해결할 수 있지.
① $\log_a x_1=\log_a x_2 \Longleftrightarrow x_1=x_2$
② $a>1$일 때, $\log_a x_1<\log_a x_2 \Longleftrightarrow x_1<x_2$
   $0<a<1$일 때, $\log_a x_1<\log_a x_2 \Longleftrightarrow x_1>x_2$
로그방정식과 로그부등식의 풀이를 이해하고 실생활에의 활용까지 해보자!

진수에 따라 변하는!

로그함수

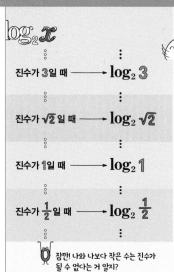

오! 진수 x의 값에 따라 $\log_2 x$의 값이 하나씩 대응되니 이것도 함수?

진수가 3일 때 ⟶ $\log_2 3$

진수가 $\sqrt{2}$일 때 ⟶ $\log_2 \sqrt{2}$

진수가 1일 때 ⟶ $\log_2 1$

진수가 $\frac{1}{2}$일 때 ⟶ $\log_2 \frac{1}{2}$

일반적으로
$a>0$이고 $a\neq1$일 때,
양의 실수 x에 $\log_a x$를 대응시키면
양의 실수 x의 값에 따라
$\log_a x$의 값이 단 하나로 정해지므로
이 대응 $y=\log_a x$는
x에 대한 함수이다.

잠깐! 나와 나보다 작은 수는 진수가 될 수 없다는 거 알지?

내가 진수에 포함되어 있으면!

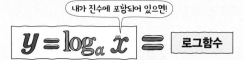

$$y=\log_a x \;=\; \boxed{\text{로그함수}}$$

로그함수

$$y=\log_2 x$$

$$y=\log_{\frac{1}{3}} x+2$$

$$y=\log_5(-x+3)$$

양의 실수 전체의 집합을 정의역으로 하는
함수 $y=\log_a x\,(a>0,\,a\neq1)$를 a를 밑으로 하는 로그함수라 한다.

● 다음 중 로그함수인 것은 ○를, 로그함수가 아닌 것은 ×를 ( ) 안에 써넣으시오.

1 $y=\log_{10} 7$ ( )

2 $y=\log_3 x$ ( )

3 $y=x\log_{10} 5$ ( )

4 $y=\log_{\frac{1}{2}} x$ ( )

진수에 내가 있으면 로그함수!

난 1이 아닌 양수!

5 $y=\log_5 x+2$ ( )

6 $y=\log_3 2^x$ ( )

➜ $y=\log_3 2^x$

   $=\boxed{}\log_3 2$

지수함수와 로그함수는 역함수 관계이다.

지수함수 $\boxed{y=a^x}\,(a>0,\,a\neq1)$은
실수 전체의 집합에서 양의 실수 전체의 집합으로의
일대일대응이므로 역함수가 존재한다.

이때 로그의 정의에 따라 $\boxed{y=a^x \iff x=\log_a y}$이므로
$x=\log_a y$에서 x와 y를 서로 바꾸면
지수함수 $y=a^x$의 역함수는 $\boxed{y=\log_a x}\,(a>0,\,a\neq1)$이다.

즉 로그함수 $y=\log_a x$는 지수함수 $y=a^x$의 역함수이다.

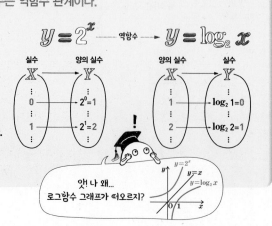

앗! 나 왜... 로그함수 그래프가 떠오르지?

2nd — 로그함수의 함숫값

● 주어진 로그함수에 대하여 다음 값을 구하시오.

7 $\quad f(x)=\log_2 x$

(1) $f(1)$

→ $f(1)=\log_{\square}\square=\square$

(2) $f(\sqrt{2})$

(3) $f\left(\dfrac{2}{3}\right)+f(6)$

로그의 기본 성질이 적용된 로그함수의 성질

로그함수 $f(x)=\log_a x\,(a>0,\ a\neq1)$ 에 대하여

···· 로그의 기본 성질 ····

$f(x)+f(y)$	$=\log_a x+\log_a y=\log_a(x\times y)$		$=f(x\times y)$
$f(x)-f(y)$	$=\log_a x-\log_a y=$	$\log_a \dfrac{x}{y}$	$=f\left(\dfrac{x}{y}\right)$
$-f(x)$	$=$	$-\log_a x\ =\ \log_a \dfrac{1}{x}$	$=f\left(\dfrac{1}{x}\right)$
$kf(x)$	$=$	$k\log_a x\ =\ \log_a x^k$	$=f(x^k)$

8 $\quad f(x)=\log_{\frac{1}{3}} x$

(1) $f(\sqrt{3})$

(2) $f\left(\dfrac{1}{9}\right)$

(3) $f(12)-f\left(\dfrac{4}{9}\right)$

3rd — 지수함수와 로그함수의 관계

● 다음 함수의 역함수를 구하시오.

9 $\quad y=3^x$

→ 주어진 함수는 집합 $\{x\,|\,x$는 실수$\}$에서

집합 $\{y\,|\,y>\square\}$으로의 $\boxed{}$이다.

$y=\square^x$에서 $x=\log_{\square} y$

x와 y를 서로 바꾸면 구하는 역함수는

$y=\log_{\square}\square\ (x>\square)$

10 $\quad y=\left(\dfrac{1}{3}\right)^x$

11 $\quad y=2^x+1$

12 $\quad y=\log_2 x$

→ 주어진 함수는 집합 $\{x\,|\,x>0\}$에서

집합 $\{y\,|\,y$는 실수$\}$로의 $\boxed{}$이다.

$y=\log_2 x$에서 $x=\square^y$

x와 y를 서로 바꾸면 구하는 역함수는 $y=\boxed{}$

13 $\quad y=\log_{\frac{1}{5}} x-1$

역함수가 존재할 조건

함수 f의 역함수 f^{-1}가 존재하려면 f가 일대일대응이어야 한다.

❶ 정의역의 임의의 두 원소 $x_1,\ x_2$에 대하여 $x_1\neq x_2$이면 $f(x_1)\neq f(x_2)$ 일대일함수

❷ 치역과 공역이 서로 같다.

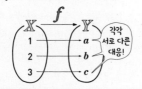

역함수는 정의역과 치역이 서로 바뀌어도 함수가 되어야 하므로 일대일대응일 때만 역함수가 존재한다.

02

진수에 따라 변화가 완만한!

로그함수의 그래프와 성질

$\boxed{y = \log_2 x}$ 의 그래프

↓

$y = 2^x$의 역함수의
그래프이므로

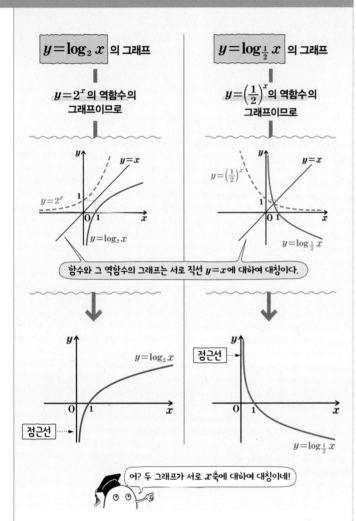

함수와 그 역함수의 그래프는 서로 직선 $y=x$에 대하여 대칭이다.

↓

$y = \log_2 x$

정근선

$\boxed{y = \log_{\frac{1}{2}} x}$ 의 그래프

↓

$y = \left(\frac{1}{2}\right)^x$의 역함수의
그래프이므로

정근선

$y = \log_{\frac{1}{2}} x$

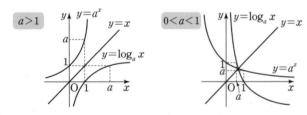

어? 두 그래프가 서로 x축에 대하여 대칭이네!

• **로그함수 $y = \log_a x$의 그래프**

일반적으로 로그함수 $y = \log_a x \ (a > 0, \ a \neq 1)$의 그래프는 그 역함수인 지수함수 $y = a^x$의 그래프와 직선 $y=x$에 대하여 대칭이므로 a의 값의 범위에 따라 다음과 같다.

$a > 1$

$0 < a < 1$

• **로그함수 $y = \log_a x$의 그래프의 성질**

로그함수 $y = \log_a x \ (a > 0, \ a \neq 1)$에 대하여

① 정의역은 양의 실수 전체의 집합이고, 치역은 실수 전체의 집합이다.

② $a > 1$일 때, x의 값이 증가하면 y의 값도 증가한다.

   $0 < a < 1$일 때, x의 값이 증가하면 y의 값은 감소한다.

③ 그래프는 점 $(1, 0)$을 지나고, 점근선은 y축이다.

④ 일대일함수이다.

⑤ 그래프는 지수함수 $y = a^x$의 그래프와 직선 $y=x$에 대하여 대칭이다.

원리확인 로그함수 $y = \log_2 x$에 대하여 다음 물음에 답하고 □ 안에 알맞은 것을 써넣으시오.

❶ $y = 2^x$의 그래프를 이용하여 $y = \log_2 x$의 그래프를 그리시오.

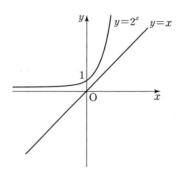

❷ 정의역은 □□□□□□ 전체의 집합이고, 치역은 □□ 전체의 집합이다.

❸ 그래프는 제□, □사분면을 지난다.

❹ x의 값이 증가하면 y의 값은 □□한다.

❺ 그래프는 점 (□, 0)을 지난다.

❻ x의 값이 작아지면 그래프가 □축에 한없이 가까워지므로 점근선은 □축이다.

1ˢᵗ ― 로그함수의 그래프

● 다음 로그함수의 그래프를 그리시오.

1 $y=\log_3 x$

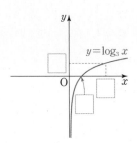

2 $y=\log_{\frac{1}{2}} x$

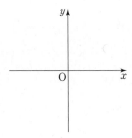

3 $y=\log_{\frac{1}{5}} x$

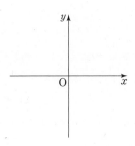

4 $y=\log_5 x$

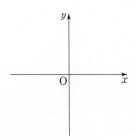

:) **내가 발견한 개념**   y=logₐ x의 그래프의 특징은?

로그함수 $y=\log_a x$의 그래프는

• 점 (☐ , 0)을 지난다.

• a>1이면 x의 값이 증가할 때 y의 값도 ☐ 하고,

  0<a<1이면 x의 값이 증가할 때 y의 값은 ☐ 한다.

• $y=\log_a x$와 $y=\log_{\frac{1}{a}} x$의 그래프는 ☐ 축에 대하여 대칭이다.

2ⁿᵈ ― 로그함수의 그래프의 성질

● 다음 로그함수에 대한 설명으로 옳은 것은 ○를, 옳지 않은 것은 ×를 ( ) 안에 써넣으시오.

5 $y=\log_3 x$

(1) 정의역은 실수 전체의 집합이다.   (   )

(2) 그래프는 원점을 지난다.   (   )

(3) 그래프는 $y=3^x$의 그래프를 직선 $y=x$에 대하여 대칭이동한 것이다.   (   )

(4) 일대일함수이다.   (   )

(5) 그래프의 점근선의 방정식은 $y=0$이다.
                                    (   )

여기는 완만해 지고 있어!

$y=\log_a x$

x의 값이 커질수록 y의 값은 한없이 커진다!

x의 값이 0에 가까워 질수록 y의 값은 한없이 작아 지고

변화를 잘 찾아가고 있군!

6 $y=\log_{\frac{1}{3}} x$

(1) 치역은 실수 전체의 집합이다.   (   )

(2) 그래프는 점 (0, 1)을 지난다.   (   )

(3) 그래프의 점근선의 방정식은 $x=0$이다.
                                    (   )

(4) 임의의 양수 x_1, x_2에 대하여 $x_1 \neq x_2$이면 $f(x_1) \neq f(x_2)$이다.   (   )
   일대일함수인지를 물어보는 거야!

(5) $y=3^x$과 역수 관계이다.   (   )

03

진수에 따라 변하는!

로그함수의 그래프의 평행이동

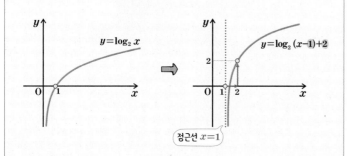

$$y=\log_2 x \xrightarrow[\substack{y\text{축의 방향으로}\\2\text{만큼 평행이동}}]{\substack{x\text{축의 방향으로}\\1\text{만큼 평행이동}}} y=\log_2 (x-1)+2$$

- **로그함수의 그래프를 평행이동한 그래프의 성질**

  로그함수 $y=\log_a x \,(a>0,\ a\neq1)$의 그래프를 x축의 방향으로 m만큼, y축의 방향으로 n만큼 평행이동한 그래프의 식은
  $y=\log_a (x-m)+n$이고, 다음과 같은 성질을 가진다.
  ① 정의역은 $\{x\,|\,x>m\}$이다.
  ② 치역은 실수 전체의 집합이다.
  ③ 그래프의 점근선은 직선 $x=m$이다.

로그함수도 똑같아!

로그함수	x축의 방향으로	y축의 방향으로	x축의 방향으로 y축의 방향으로	
	m만큼 평행이동	n만큼 평행이동	m만큼 평행이동	n만큼 평행이동
$y=\log_a x$	$y=\log_a (x-m)$	$y-n=\log_a x$ $\Rightarrow y=\log_a x+n$	$y=\log_a (x-m)+n$	

1st — 로그함수의 그래프의 평행이동

● 다음 함수의 그래프를 x축의 방향으로 p만큼, y축의 방향으로 q만큼 평행이동한 그래프의 식을 구하시오.

1 $y=\log_6 x \quad [\,p=3,\ q=2\,]$

→ x축의 방향으로 $\boxed{}$ 만큼, y축의 방향으로 $\boxed{}$ 만큼 평행이동하므로

$y=\log_6 (x-\boxed{})+\boxed{}$

2 $y=\log_3 x \quad [\,p=1,\ q=-1\,]$

3 $y=\log_{\frac{1}{2}} x \quad [\,p=-6,\ q=9\,]$

2nd — 평행이동한 로그함수의 그래프의 이해

● 주어진 로그함수에 대하여 다음을 구하시오.

4 $y=\log_2 (x+1)$

(1) 함수 $y=\log_2 x$의 그래프를 이용하여 그래프를 그리시오.

→ $y=\log_2 (x+1)$의 그래프는 $y=\log_2 x$의 그래프를 x축의 방향으로 $\boxed{}$ 만큼 평행이동한 것이다.

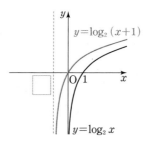

(2) 점근선의 방정식 → $x=\boxed{}$

(3) 정의역 → $\{x\,|\,x>\boxed{}\}$

(4) 치역 → $\boxed{}$ 전체의 집합

5 $y=\log_2 x-2$

(1) 함수 $y=\log_2 x$의 그래프를 이용하여 그래프를 그리시오.

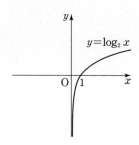

(2) 점근선의 방정식

(3) 정의역

(4) 치역

6 $y=\log_2 (x-5)+3$

(1) 함수 $y=\log_2 x$의 그래프를 이용하여 그래프를 그리시오.

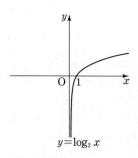

(2) 점근선의 방정식

(3) 정의역

(4) 치역

3rd ― 평행이동한 로그함수의 그래프의 성질

7 로그함수 $y=\log_{\frac{1}{3}} (x-4)+5$의 그래프에 대한 설명으로 옳은 것은 ○를, 옳지 않은 것은 ×를 (   ) 안에 써넣으시오.

(1) 함수 $y=\log_{\frac{1}{3}} x$의 그래프를 x축의 방향으로 4만큼, y축의 방향으로 5만큼 평행이동한 것이다.　　　　　(　　)

(2) x이 값이 증가하면 y의 값은 감소한다. (　　)

(3) 정의역은 양의 실수 전체의 집합이다. (　　)

(4) 그래프의 점근선의 방정식은 $x=5$이다.
　　　　　　　　　　　　　(　　)

(5) 그래프는 점 $(5, 5)$를 지난다. (　　)

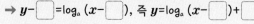
☺ 내가 발견한 개념　　　　로그함수의 그래프의 평행이동은?

• 로그함수 $y=\log_a x$ $(a>0, a\neq1)$의 그래프를 x축의 방향으로 m만큼, y축의 방향으로 n만큼 평행이동한 그래프의 식

→ $y-\boxed{}=\log_a (x-\boxed{})$, 즉 $y=\log_a (x-\boxed{})+\boxed{}$

개념모음문제

8 오른쪽 그림은 함수 $y=\log_{\frac{1}{3}} x$의 그래프를 평행이동한 것이다. 다음 중 이 그래프의 식으로 옳은 것은?

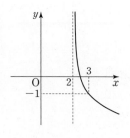

① $y=\log_{\frac{1}{3}} (x-2)-2$

② $y=\log_{\frac{1}{3}} (x-2)-1$

③ $y=\log_{\frac{1}{3}} (x+1)+2$

④ $y=\log_{\frac{1}{3}} (x+2)-1$

⑤ $y=\log_{\frac{1}{3}} (x+2)+1$

04

진수에 따라 변하는!

로그함수의 그래프의 대칭이동

로그함수 $y=\log_a x$ **의 그래프를 대칭이동하면?**
$(a>0, a\neq1)$

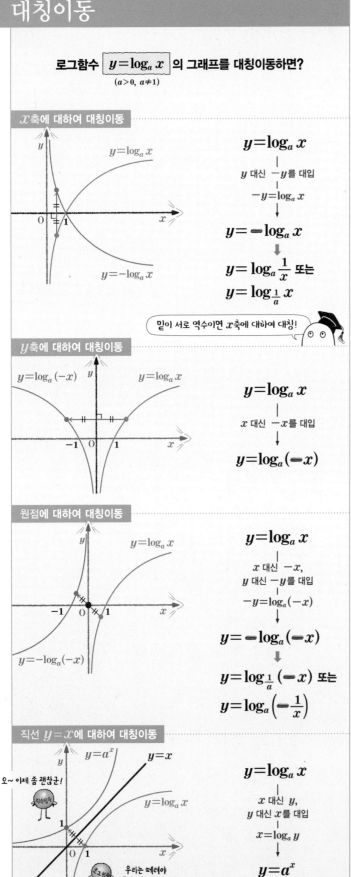

x축에 대하여 대칭이동

$y=\log_a x$

y 대신 $-y$를 대입

$-y=\log_a x$

$y=-\log_a x$

$y=\log_a \dfrac{1}{x}$ 또는

$y=\log_{\frac{1}{a}} x$

밑이 서로 역수이면 x축에 대하여 대칭!

y축에 대하여 대칭이동

$y=\log_a x$

x 대신 $-x$를 대입

$y=\log_a(-x)$

원점에 대하여 대칭이동

$y=\log_a x$

x 대신 $-x$,
y 대신 $-y$를 대입

$-y=\log_a(-x)$

$y=-\log_a(-x)$

$y=\log_{\frac{1}{a}}(-x)$ 또는

$y=\log_a\left(-\dfrac{1}{x}\right)$

직선 $y=x$에 대하여 대칭이동

오~ 이제 좀 괜찮군!

$y=\log_a x$

x 대신 y,
y 대신 x를 대입

$x=\log_a y$

$y=a^x$

우리는 때려야 뗄 수 없는 사이지!

1st ― 로그함수의 그래프의 대칭이동

● 다음 함수의 그래프를 [ ]에 대하여 대칭이동한 그래프의 식을 구하시오.

1 $\quad y=\log_3 x$

(1) [x축] → y 대신 $\boxed{}$를 대입하면

$\boxed{}=\log_3 x$이므로 $y=\bigcirc\log_3 x$

(2) [y축]

2 $\quad y=\log_{\frac{1}{3}} x$

(1) [원점] → x 대신 $\boxed{}$, y 대신 $-y$를 대입하면

$\boxed{}=\log_{\frac{1}{3}}(\boxed{})$이므로

$y=\bigcirc\log_{\frac{1}{3}}(\boxed{})$

(2) [직선 $y=x$]

2nd ― 대칭이동한 로그함수의 그래프의 이해

● 주어진 로그함수에 대하여 다음을 구하시오.

3 $\quad y=\log_6(-x)$

(1) 함수 $y=\log_6 x$의 그래프를 이용하여 그래프를 그리시오.

→ $y=\log_6(-x)$의 그래프는 $y=\log_6 x$의 그래프를 $\boxed{}$축에 대하여 대칭이동한 것이다.

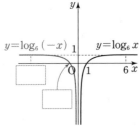

$y=\log_6(-x) \qquad y=\log_6 x$

(2) 점근선의 방정식 → $x=\boxed{}$

(3) 정의역 → $\{x \,|\, x<\boxed{}\}$

(4) 치역 → $\boxed{}$ 전체의 집합

4 $y=-\log_6 x$

(1) 함수 $y=\log_6 x$의 그래프를 이용하여 그래프를 그리시오.

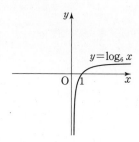

(2) 점근선의 방정식

(3) 정의역

(4) 치역

5 $y=-\log_6 (-x)$

(1) 함수 $y=\log_6 x$의 그래프를 이용하여 그래프를 그리시오.

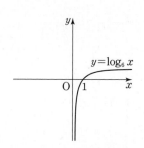

(2) 점근선의 방정식

(3) 정의역

(4) 치역

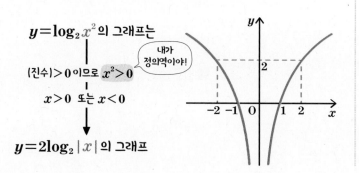

$y=\log_2 x^2$의 그래프는

(진수)>0이므로 $x^2>0$ 내가 정의역이야!

$x>0$ 또는 $x<0$

↓

$y=2\log_2 |x|$의 그래프

3rd — 대칭이동한 로그함수의 그래프의 성질

6 로그함수 $y=-\log_3 (-x)$의 그래프에 대한 설명으로 옳은 것은 ◯를, 옳지 않은 것은 ×를 (   ) 안에 써넣으시오.

(1) 함수 $y=\log_3 x$의 그래프를 x축에 대하여 대칭이동한 것이다.   (   )

(2) 함수 $y=\log_3 x$의 그래프를 y축에 대하여 대칭이동한 것이다.   (   )

(3) 함수 $y=\log_3 x$의 그래프를 원점에 대하여 대칭이동한 것이다.   (   )

(4) 함수 $y=\log_{\frac{1}{3}} x$의 그래프를 x축에 대하여 대칭이동한 것이다.   (   )

(5) 함수 $y=-\left(\frac{1}{3}\right)^x$의 그래프를 직선 $y=x$에 대하여 대칭이동한 것이다.   (   )

☺ 내가 발견한 개념   로그함수의 그래프의 대칭이동은?

로그함수 $y=\log_a x$ $(a>0, a\neq 1)$의 그래프를

• x축에 대하여 대칭이동: $-y=\log_a x \Rightarrow y=\bigcirc \log_a x$

• y축에 대하여 대칭이동: $y=\log_a (\bigcirc x)$

• 원점에 대하여 대칭이동: $-y=\log_a (-x) \Rightarrow y=\bigcirc \log_a (\bigcirc x)$

• 직선 $y=x$에 대하여 대칭이동: $x=\log_a y \Rightarrow y=\boxed{}^x$

개념모음문제

7 함수 $y=\log_5 x$의 그래프를 대칭이동하여 겹쳐질 수 있는 그래프의 식인 것만을 **보기**에서 있는 대로 고른 것은?

보기

ㄱ. $y=\log_{\frac{1}{5}} x$ ㄴ. $y=\log_5 \dfrac{5}{x}$

ㄷ. $y=\log_5 \dfrac{1}{x}$ ㄹ. $y=\log_{\frac{1}{5}} 5x$

① ㄱ   ② ㄱ, ㄴ   ③ ㄱ, ㄷ

④ ㄱ, ㄴ, ㄹ   ⑤ ㄱ, ㄷ, ㄹ

● 함수 $y=\log_2 x$의 그래프를 이용하여 다음 함수의 그래프를 그리시오.

8 $y=\log_2(-x)+1$

→ $y=\log_2(-x)+1$의 그래프는 $y=\log_2 x$의 그래프를 □축에 대하여 대칭이동한 후, y축의 방향으로 □만큼 평행이동한 것이다.

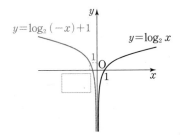

9 $y=\log_2(3-x)+5$

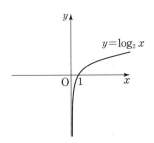

10 $y=\log_2 \dfrac{x}{2}$

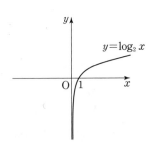

11 $y=-\log_{\frac{1}{2}} \dfrac{2}{x}$

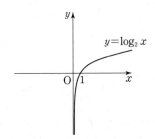

● 함수 $y=\log_{\frac{1}{3}} x$의 그래프를 이용하여 다음 함수의 그래프를 그리시오.

12 $y=\log_{\frac{1}{3}} \dfrac{1}{x}-1$

→ $y=\log_{\frac{1}{3}} \dfrac{1}{x}-1=-\log_{\frac{1}{3}} x-1$의 그래프는 $y=\log_{\frac{1}{3}} x$의 그래프를 □축에 대하여 대칭이동한 후, y축의 방향으로 □만큼 평행이동한 것이다.

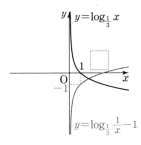

13 $y=\log_{\frac{1}{3}}(-x)+1$

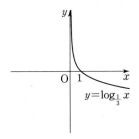

14 $y=-\log_{\frac{1}{3}} 9x$

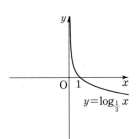

15 $y=\log_{\frac{1}{3}} \dfrac{27}{x}+2$

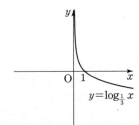

● 다음 함수의 그래프를 그리고 정의역과 점근선의 방정식을 각각 구하시오.

16 $y=-\log_3 x+3$

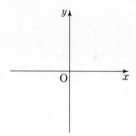

17 $y=\log_{\frac{1}{4}}(3-x)-2$

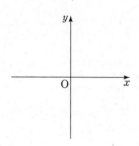

18 $y=-\log_3 9x$

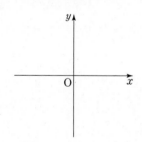

19 $y=\log_{\frac{1}{5}}\dfrac{5}{x}+2$

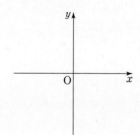

20 $y=-\log(-x)-3$

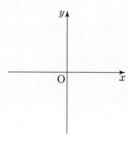

21 $y=-\log_4\left(x-\dfrac{1}{4}\right)$

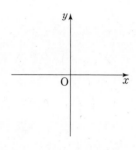

22 $y=\log_{\frac{1}{2}}(4-x)+4$

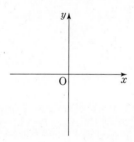

개념모음문제

23 함수 $y=\log_{\frac{1}{5}} x$의 그래프를 x축에 대하여 대칭이동한 후, x축의 방향으로 2만큼, y축의 방향으로 -3만큼 평행이동한 그래프의 식은?

① $y=\log_{\frac{1}{5}}(x-2)+3$

② $y=\log_{\frac{1}{5}}(x+2)-3$

③ $y=\log_5(x-2)+3$

④ $y=\log_5(x-2)-3$

⑤ $y=\log_5(x+2)-3$

01 로그함수

• 양의 실수 전체의 집합을 정의역으로 하는 함수
$y=\log_a x \,(a>0,\ a\neq1)$를 a를 밑으로 하는 로그함수라 한다.
이때 로그함수 $y=\log_a x$는 지수함수 $y=a^x$와 역함수 관계이다.

1 두 함수 $f(x)=\left(\dfrac{1}{4}\right)^x$, $g(x)=\log_2 x$에 대하여
$(f\circ g)\left(\dfrac{1}{2}\right)$의 값은?

① $\dfrac{1}{4}$　　② $\dfrac{1}{2}$　　③ 1

④ 2　　⑤ 4

2 함수 $f(x)=\log_2 x-a$에 대하여 $f(4)=1$일 때,
$f(16)$의 값은? (단, a는 상수이다.)

① 1　　② 2　　③ 3

④ 4　　⑤ 5

02 로그함수의 그래프와 성질

• 로그함수 $y=\log_a x \,(a>0,\ a\neq1)$에 대하여

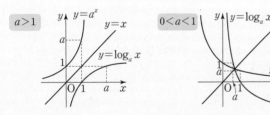

3 함수 $y=\log_{\frac{1}{2}} x$의 그래프가 점 $(a,\ -1)$을 지날 때,
a의 값은?

① $\dfrac{1}{2}$　　② 2　　③ 3

④ 6　　⑤ 8

4 다음 중 함수 $y=\log_a x \,(a>0,\ a\neq1)$에 대한 설명으로 옳지 <u>않은</u> 것은?

① 치역은 실수 전체의 집합이다.
② 그래프는 점 $(a,\ 1)$을 지난다.
③ 그래프의 점근선의 방정식은 $x=0$이다.
④ $a>1$일 때, x의 값이 증가하면 y의 값도 증가한다.
⑤ 그래프는 $y=\log_{\frac{1}{a}} \dfrac{1}{x}$의 그래프와 원점에 대하여 대칭이다.

03 로그함수의 그래프의 평행이동

• 로그함수 $y=\log_a x \,(a>0,\ a\neq1)$의 그래프를
x축의 방향으로 m만큼, y축의 방향으로 n만큼 평행이동한 그래프의 식
➡ $y=\log_a (x-m)+n$

5 함수 $y=\log_{\frac{1}{3}} (x-5)+2$의 그래프가 함수
$y=\log_{\frac{1}{3}} x$의 그래프를 x축의 방향으로 a만큼, y축의
방향으로 b만큼 평행이동한 그래프와 겹쳐질 때,
$a+b$의 값은?

① 1　　② 3　　③ 5

④ 7　　⑤ 11

6 함수 $y=\log_2 (x-3)$의 점근선의 방정식을 $x=k$라
할 때, 상수 k에 대하여 k^2의 값은?

① 0　　② 1　　③ 4

④ 9　　⑤ 16

7 함수 $y=\log_3(x+a)$의 역함수의 그래프가 점 $(2, 3)$을 지날 때, 상수 a의 값은?

① 2   ② 4   ③ 5
④ 6   ⑤ 9

8 함수 $y=\log_3 2x$의 그래프를 x축의 방향으로 m만큼, y축의 방향으로 n만큼 평행이동한 그래프의 식이 $y=\log_3(18x-54)$일 때, $m+n$의 값은?

① 5   ② 8   ③ 12
④ 15   ⑤ 16

9 오른쪽 그림은 함수 $y=\log_2 x$의 그래프를 x축의 방향으로 a만큼, y축의 방향으로 b만큼 평행이동한 것이다. ab의 값은?

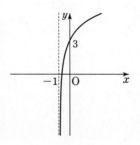

① -3 ② -1
③ 1   ④ 3
⑤ 5

04 로그함수의 그래프의 대칭이동

• 로그함수 $y=\log_a x$ $(a>0, a\neq1)$의 그래프를
① x축에 대하여 대칭이동: $-y=\log_a x$ ➡ $y=-\log_a x$
② y축에 대하여 대칭이동: $y=\log_a(-x)$
③ 원점에 대하여 대칭이동: $-y=\log_a(-x)$ ➡ $y=-\log_a(-x)$
④ 직선 $y=x$에 대하여 대칭이동: $x=\log_a y$ ➡ $y=a^x$

10 함수 $y=\log_m x$의 그래프를 x축에 대하여 대칭이동한 그래프와 함수 $y=\log_n x$의 그래프가 점 $(5, 1)$에서 만날 때, mn의 값은?

① 1   ② 2   ③ 4
④ 8   ⑤ 9

11 함수 $y=\log_3 ax$의 그래프를 y축의 방향으로 -1만큼 평행이동한 후 x축에 대하여 대칭이동한 그래프가 함수 $y=\log_3 \dfrac{3}{2x}$의 그래프와 겹쳐질 때, 상수 a의 값을 구하시오.

12 오른쪽 그림은 함수 $y=\log_5 x$의 그래프를 x축에 대하여 대칭이동한 후 x축의 방향으로 m만큼 평행이동한 것이다. m의 값은?

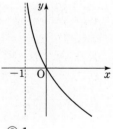

① -2 ② -1 ③ 1
④ 2   ⑤ 3

05

진수에 따라 변하는!

로그함수의 그래프의 좌푯값

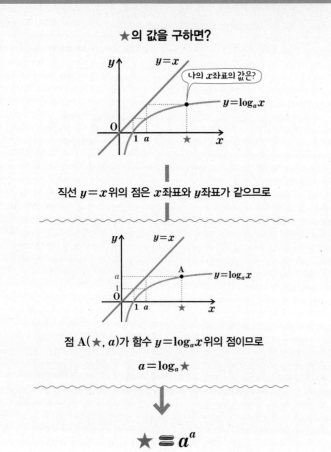

★의 값을 구하면?

나의 x좌표의 값은?

직선 $y=x$ 위의 점은 x좌표와 y좌표가 같으므로

점 $A(★, a)$가 함수 $y=\log_a x$ 위의 점이므로

$$a=\log_a ★$$

$$★ = a^a$$

1st — 로그함수의 그래프에서의 좌푯값

● 주어진 로그함수의 그래프와 직선에 대하여 다음 값을 구하시오.

1

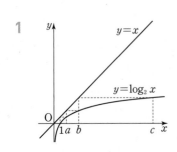

(1) a → $y=\log_2 x$의 그래프는 점 $(a, \boxed{})$을 지나므로

$\boxed{}=\log_2 a$에서 $a=\boxed{}$

(2) b

---

(3) c

2

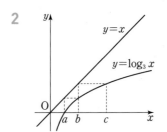

(1) a

(2) b

(3) c

3

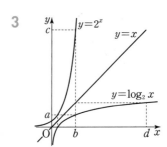

(1) a → $y=2^x$의 그래프는 점 $(\boxed{}, a)$를 지나므로

$a=2^{\boxed{}}$, 즉 $a=\boxed{}$

(2) b

(3) c

(4) d

2nd ─ 로그함수의 그래프에서의 좌푯값의 활용

● 주어진 함수의 그래프에 대하여 다음 값을 구하시오.

4 오른쪽 그림에서 □ABCD는 한 변의 길이가 4인 정사각형이고, 두 점 A, E 는 곡선 $y=\log_2 x$ 위의 점이다.

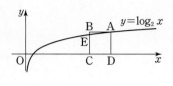

(1) 점 A의 x좌표

→ $\overline{AD}=4$이므로 점 A의 y좌표는 [ ]이다.

$\log_2 x=$ [ ] 에서 $x=2^4=$ [ ] 이므로

점 A의 x좌표는 [ ]이다.

(2) 점 C의 x좌표

(3) 점 E의 y좌표

(4) $\overline{CE}$의 길이

5 오른쪽과 같이 직선 $y=x$ 위의 점 $A(a,\ a)$ $(1<a<10)$ 에서 x축에 내린 수선이 곡선 $y=\log_9 x$와 만나는 점을 P라 하고, 점 A에서 y축에 내린 수선이 곡선 $y=3^x$과 만나는 점을 Q라 할 때, $\overline{AP}-\overline{AQ}$의 값은 자연수이다.

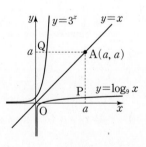

(1) $\overline{AP}$의 길이

(2) $\overline{AQ}$의 길이

(3) a의 값

6 오른쪽 그림은 함수 $y=\log_3 x$의 그래프와 직선 $y=x$이고, 두 그래프 위에 점 A_1, A_2, A_3, $\cdots$, A_6이 있다.

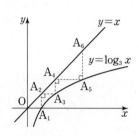

(1) $\overline{A_2 A_3}$의 길이

(2) $\overline{A_5 A_6}$의 길이

(3) $\dfrac{\overline{A_5 A_6}}{\overline{A_2 A_3}}$의 값

7 오른쪽 그림은 함수 $y=\log_2 x$의 그래프와 직선 $y=x$이다. 다음 중 2^{c-a}의 값과 같은 것은?

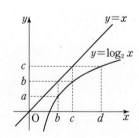

① $\dfrac{c}{a}$　　　② $\dfrac{d}{a}$　　　③ $\dfrac{c}{b}$

④ $\dfrac{d}{b}$　　　⑤ $\dfrac{d}{c}$

06

밑의 범위에 따라 달라지는!

로그함수를 이용한 수의 대소 비교

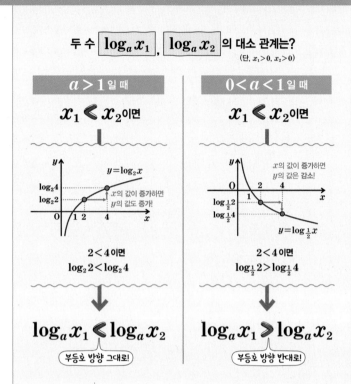

두 수 $\boxed{\log_a x_1}$, $\boxed{\log_a x_2}$ 의 대소 관계는?
(단, $x_1 > 0$, $x_2 > 0$)

$a > 1$일 때	$0 < a < 1$일 때
$x_1 < x_2$이면	$x_1 < x_2$이면

x의 값이 증가하면 y의 값도 증가

x의 값이 증가하면 y의 값은 감소!

$2 < 4$이면
$\log_2 2 < \log_2 4$

$2 < 4$이면
$\log_{\frac{1}{2}} 2 > \log_{\frac{1}{2}} 4$

$\log_a x_1 < \log_a x_2$
부등호 방향 그대로!

$\log_a x_1 > \log_a x_2$
부등호 방향 반대로!

• 로그를 포함한 수의 대소 비교

밑을 먼저 같게 한 후, 다음과 같은 로그함수의 성질을 이용한다.

① $a > 1$일 때

$0 < x_1 < x_2$이면 $\log_a x_1 < \log_a x_2$

② $0 < a < 1$일 때

$0 < x_1 < x_2$이면 $\log_a x_1 > \log_a x_2$

1st — 로그함수를 이용한 두 수의 대소 비교

● 로그함수의 성질을 이용하여 다음 ○ 안에 >, =, < 중 알맞은 것을 써넣으시오.

1 $\log_3 10 \bigcirc \log_3 12$ (밑)>1임을 확인해!

→ 10 < 12이고 밑이 1보다 크므로

$\log_3 10 \bigcirc \log_3 12$

2 $\log_{\frac{1}{5}} 8 \bigcirc \log_{\frac{1}{5}} 6$

0 < (밑) < 1임을 확인해!

3 $\log_4 \dfrac{1}{13} \bigcirc \dfrac{1}{3} \log_4 65$

4 $\log_2 5 \bigcirc \log_4 15$ 로그의 밑을 통일해!

→ $\log_4 15$를 밑이 2인 로그로 나타내면

$\log_4 15 = \log_{2^2} 15 = \dfrac{1}{2} \log_2 15 = \log_2 \sqrt{15}$

$5 = \sqrt{25} \bigcirc \sqrt{15}$이고 밑이 1보다 크므로

$\log_2 5 \bigcirc \log_4 15$

밑이 다르고 **진수가 같은** 로그의 대소 관계

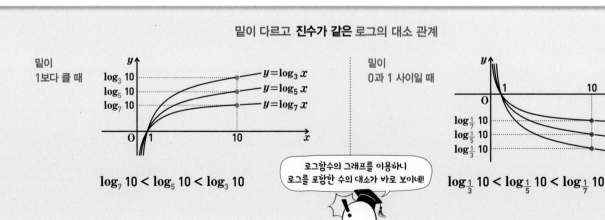

밑이 1보다 클 때

$\log_3 10$ $y = \log_3 x$
$\log_5 10$ $y = \log_5 x$
$\log_7 10$ $y = \log_7 x$

$\log_7 10 < \log_5 10 < \log_3 10$

로그함수의 그래프를 이용하니 로그를 포함한 수의 대소가 바로 보이네!

밑이 0과 1 사이일 때

$\log_{\frac{1}{7}} 10$ $y = \log_{\frac{1}{7}} x$
$\log_{\frac{1}{5}} 10$ $y = \log_{\frac{1}{5}} x$
$\log_{\frac{1}{3}} 10$ $y = \log_{\frac{1}{3}} x$

$\log_{\frac{1}{3}} 10 < \log_{\frac{1}{5}} 10 < \log_{\frac{1}{7}} 10$

5 $3 \bigcirc \log_3 20$

6 $\log_{\frac{1}{5}} 2 \bigcirc \log_{\frac{1}{25}} 3$

2nd — 로그함수를 이용한 세 수의 대소 비교

● 로그함수의 성질을 이용하여 다음 세 수의 대소를 비교하시오.

7 $\log_3 5,\ \log_3 8,\ 2$

→ 2를 밑이 3인 로그로 나타내면

$2 = \log_3 3^2 = \log_3 \boxed{}$

$5 < 8 < \boxed{}$ 이고 밑이 1보다 크므로

$\log_3 5 < \boxed{} < \boxed{}$

8 $\log_{\frac{1}{6}} 3,\ \log_{\frac{1}{6}} \dfrac{6}{5},\ \log_{\frac{1}{6}} \dfrac{1}{9}$

9 $\log_2 3,\ \log_2 8,\ \log_2 \sqrt{10}$

10 $2 \log_4 2,\ 3 \log_4 5,\ \dfrac{1}{2} \log_4 48$

11 $\log_{\frac{1}{3}} \sqrt{5},\ \log_{\frac{1}{3}} 3,\ \dfrac{1}{3} \log_{\frac{1}{3}} 8$

12 $\log_3 6,\ \log_9 15,\ 2$

로그의 밑을 같게 해야 해!

13 $\log_{\frac{1}{4}} 7,\ \log_{\frac{1}{2}} 3,\ -3$

14 $\log_{\frac{1}{5}} 10,\ \log_5 \sqrt{20},\ \log_{25} 19$

☺ **내가 발견한 개념**　　　　　　　로그함수를 이용한 수의 대소 비교는?

로그함수 $y = \log_a x\ (a > 0,\ a \neq 1)$에서

• $a > 1$일 때, $0 < x_1 \bigcirc x_2$이면 $\log_a x_1 \bigcirc \log_a x_2$

• $0 < a < 1$일 때, $0 < x_1 \bigcirc x_2$이면 $\log_a x_1 \bigcirc \log_a x_2$

개념모음문제

15 세 수 $A = \dfrac{1}{2} \log_2 5,\ B = \log_4 25,\ C = 2 \log_4 3$의 대소 관계는?

① $A < B < C$　② $A < C < B$　③ $B < A < C$

④ $B < C < A$　⑤ $C < A < B$

07 밑의 범위에 따라 달라지는!

로그함수의 최대, 최소

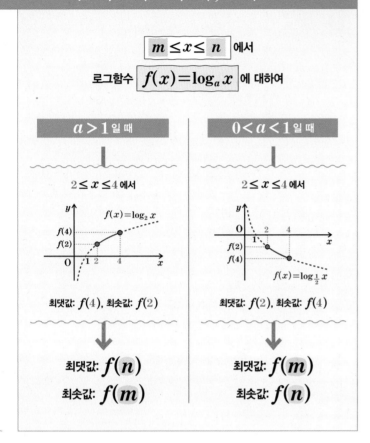

$$\boxed{m \le x \le n} \text{ 에서}$$

로그함수 $\boxed{f(x) = \log_a x}$ 에 대하여

$a > 1$일 때

$2 \le x \le 4$에서

최댓값: $f(4)$, 최솟값: $f(2)$

↓

최댓값: $f(n)$
최솟값: $f(m)$

$0 < a < 1$일 때

$2 \le x \le 4$에서

최댓값: $f(2)$, 최솟값: $f(4)$

↓

최댓값: $f(m)$
최솟값: $f(n)$

1st — 로그함수의 최대, 최소

● 주어진 x의 값의 범위에서 다음 함수의 최댓값과 최솟값을 구하시오.

1 $y = \log_2 x \quad [2 \le x \le 8]$ 밑과 1의 크기를 먼저 비교해!

→ 함수 $y = \log_2 x$에서 밑이 1보다 크므로 x의 값이 증가하면 y의 값도 증가한다.

즉 $x = \boxed{}$일 때 최대이고, 최댓값은 $\log_2 8 = \boxed{}$

$x = \boxed{}$일 때 최소이고, 최솟값은 $\log_2 2 = \boxed{}$

2 $y = \log_{\frac{1}{3}} x \quad \left[\dfrac{1}{9} \le x \le 9\right]$

3 $y = \log x \quad [10 \le x \le 1000]$

4 $y = \log_3 (x-1) \quad [10 \le x \le 28]$

5 $y = \log_{\frac{1}{5}} (2x+3) \quad [-1 \le x \le 11]$

6 $y = \log_2 \left(\dfrac{x}{2}+1\right) - 4 \quad [6 \le x \le 30]$

개념모음문제

7 정의역이 $\{x \mid 1 \le x \le 5\}$인 함수 $y = \log_{\frac{1}{4}} (3x+1) - 2$의 최댓값을 M, 최솟값을 m이라 할 때, $M - m$의 값은?

① 1   ② 2   ③ 3

④ 4   ⑤ 5

2nd — 진수가 이차식일 때의 최대, 최소

● 주어진 x의 값의 범위에서 다음 함수의 최댓값과 최솟값을 구하시오.

8 $y=\log_2(x^2-6x+10)$ [$1\leq x\leq5$]

이차식의 값의 범위에 주의해!

→ $f(x)=x^2-6x+10$이라 하면

$f(x)=(x-\boxed{})^2+\boxed{}$

$1\leq x\leq5$에서

$\boxed{}\leq f(x)\leq\boxed{}$

따라서 $y=\log_2 f(x)$에서 밑이 1보다 크므로 y는

$f(x)=\boxed{}$일 때 최댓값 $\boxed{}$,

$f(x)=\boxed{}$일 때 최솟값 $\boxed{}$을 가진다.

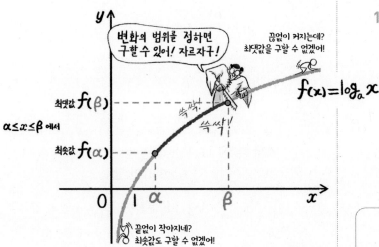

9 $y=\log_5(-x^2+4x)$ [$1\leq x\leq3$]

10 $y=\log_3(-x^2+2x+9)$ [$2\leq x\leq4$]

11 $y=\log_{\frac{1}{3}}(x^2+6x+13)$ [$2\leq x\leq5$]

12 $y=\log_{\frac{1}{3}}(-x^2+2x+5)$ [$-1\leq x\leq3$]

13 $y=\log_2(x^2+6x)$ [$1\leq x\leq3$]

14 $y=\log_3(x^2-4x+13)$ [$0\leq x\leq3$]

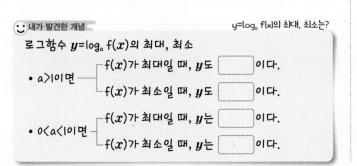

변화의 범위를 정하면 구할 수 있어! 자르자구!

끝없이 커지는데? 최댓값을 구할 수 없겠어!

$\alpha\leq x\leq\beta$ 에서

최댓값 $f(\beta)$

최솟값 $f(\alpha)$

$f(x)=\log_a x$

끝없이 작아지네? 최솟값도 구할 수 없겠어!

😊 내가 발견한 개념

$y=\log_a f(x)$의 최대, 최소는?

로그함수 $y=\log_a f(x)$의 최대, 최소

• $a>$이면 ┌ $f(x)$가 최대일 때, y도 $\boxed{}$이다.

└ $f(x)$가 최소일 때, y도 $\boxed{}$이다.

• $0<a<$이면 ┌ $f(x)$가 최대일 때, y는 $\boxed{}$이다.

└ $f(x)$가 최소일 때, y는 $\boxed{}$이다.

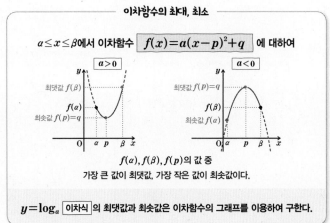

이차함수의 최대, 최소

$\alpha\leq x\leq\beta$에서 이차함수 $\boxed{f(x)=a(x-p)^2+q}$ 에 대하여

$\boxed{a>0}$

최댓값 $f(\beta)$

$f(\alpha)$

최솟값 $f(p)=q$

$\boxed{a<0}$

최댓값 $f(p)=q$

$f(\beta)$

최솟값 $f(\alpha)$

$f(\alpha), f(\beta), f(p)$의 값 중

가장 큰 값이 최댓값, 가장 작은 값이 최솟값이다.

$y=\log_a\boxed{\text{이차식}}$ 의 최댓값과 최솟값은 이차함수의 그래프를 이용하여 구한다.

● 주어진 x의 값의 범위에서 다음 함수의 최댓값과 최솟값을 구하시오.

15 $y=(\log_2 x)^2-2\log_2 x+2$ $[1\leq x\leq 8]$

→ $\log_2 x=t$라 하면

$y=t^2-2t+2=(t-1)^2+\boxed{}$

$1\leq x\leq 8$에서 $0\leq t\leq 3$

즉 $0\leq t\leq 3$에서 함수 $y=(t-1)^2+\boxed{}$ 은

$t=\boxed{}$ 일 때 최대이고 최댓값은 $\boxed{}$,

$t=\boxed{}$ 일 때 최소이고 최솟값은 $\boxed{}$ 이다.

> $\log_a x$가 반복되는 함수의 최대, 최소를 구할 때는 먼저 $\log_a x=t$로 치환한다.

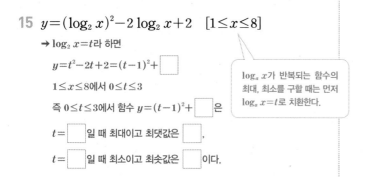

$y=\log_2 x\,(2^\alpha\leq x\leq 2^\beta)$

치환하면 ↓ 정의역이 달라져!

t $(\alpha\leq t\leq \beta)$

나의 범위는 x와 달라!

16 $y=(\log_3 x)^2-\log_3 x^4-2$ $[3\leq x\leq 27]$

17 $y=2(\log_{\frac{1}{2}} x)^2+\log_{\frac{1}{2}} x^2$ $[1\leq x\leq 2]$

18 $y=(\log_{\frac{1}{3}} x)^2-\log_{\frac{1}{3}} x^4+1$ $\left[\dfrac{1}{27}\leq x\leq 3\right]$

● 다음을 구하시오.

19 $y=x^{2+\log_2 x}$의 최솟값

$\log_2 y$의 최솟값을 구해봐!

→ 양변에 밑이 2인 로그를 취하면

$\log_2 y=\log_2 x^{2+\log_2 x}$

$\log_2 y=(2+\log_2 x)\log_2 x$

$\qquad\ =(\log_2 x)^2+2\log_2 x$

$\log_2 x=t$라 하면

$\log_2 y=t^2+2t=(t+1)^2-1$

$\log_2 y$는 $t=\boxed{}$ 일 때 최솟값 $\boxed{}$ 을 가진다.

$\log_2 y=\boxed{}$ 에서 $y=\boxed{}$

따라서 주어진 함수의 최솟값은 $\boxed{}$ 이다.

20 $y=x^{\log_3 x-2}$의 최솟값

21 $y=x^{4-\log_2 x}$의 최댓값

개념모음문제

22 정의역이 $\left\{x\,\middle|\,\dfrac{1}{8}\leq x\leq 2\right\}$인 함수

$y=\log_2\dfrac{x}{4}\times\log_2 2x$의 최댓값과 최솟값의 곱은?

① -15 ② $-\dfrac{35}{2}$ ③ -20

④ $-\dfrac{45}{2}$ ⑤ -25

5th — 산술평균과 기하평균의 관계를 이용한 최대, 최소

● $x>1$일 때, 다음 식의 최솟값을 구하시오.

23 $\log_2 x+\log_x 8$

→ $x>1$일 때 $\log_2 x>0$, $\log_x 8>0$이므로 산술평균과 기하평균의 관계에 의하여

$$\log_2 x+\log_x 8\geq\boxed{}\sqrt{\log_2 x\times\log_x 8}$$

$$\geq\boxed{}\sqrt{\log_2 x\times\dfrac{\boxed{}}{\log_2 x}}$$

$$=\boxed{}$$

(단, 등호는 $\log_2 x=\log_x 8$일 때 성립한다.)

따라서 구하는 최솟값은 $\boxed{}$이다.

24 $\log_3 x+\log_x 81$

25 $\log x+\log_x 10$

26 $\log_5 x+\log_x 25$

● $x>0$, $y>0$일 때, 다음을 구하시오.

27 $\log_2 (x+2y)+\log_2 \left(\dfrac{1}{x}+\dfrac{1}{2y}\right)$의 최솟값

로그를 하나로 만든 뒤 진수의 범위를 생각해 봐

→ $\log_2 (x+2y)+\log_2 \left(\dfrac{1}{x}+\dfrac{1}{2y}\right)$

> 밑이 2로 1보다 크므로 진수가 가장 작을 때 최솟값을 가진다.

$$=\log_2 (x+2y)\left(\dfrac{1}{x}+\dfrac{1}{2y}\right)$$

$$=\log_2 \left(\dfrac{2y}{x}+\dfrac{x}{2y}+\boxed{}\right)$$

$\dfrac{2y}{x}>0$, $\dfrac{x}{2y}>0$이므로 산술평균과 기하평균의 관계에 의하여

$$\dfrac{2y}{x}+\dfrac{x}{2y}+\boxed{}\geq 2\sqrt{\dfrac{2y}{x}\times\dfrac{x}{2y}}+\boxed{}$$

$$=\boxed{}\text{ (단, 등호는 } x=2y\text{일 때 성립한다.)}$$

즉 $\log_2 (x+2y)+\log_2 \left(\dfrac{1}{x}+\dfrac{1}{2y}\right)\geq\log_2\boxed{}=\boxed{}$

따라서 구하는 최솟값은 $\boxed{}$이다.

28 $\log_5 \left(x+\dfrac{1}{y}\right)+\log_5 \left(\dfrac{1}{x}+y\right)$의 최솟값

> 밑이 $\dfrac{1}{2}$로 0과 1 사이이므로 진수가 가장 작을 때 최댓값을 가진다.

29 $\log_{\frac{1}{2}} \left(x+\dfrac{3}{y}\right)+\log_{\frac{1}{2}} \left(\dfrac{1}{x}+3y\right)$의 최댓값

【개념모음문제】
30 $x>1$, $y>1$일 때, $\log_x y+\log_y x$의 최솟값은?

① 1 　　② 2 　　③ 3

④ 4 　　⑤ 5

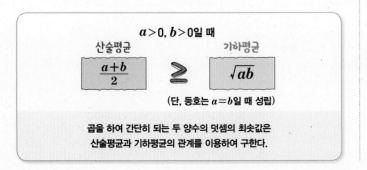

$a>0$, $b>0$일 때

산술평균　　　　　　　가하평균

$$\dfrac{a+b}{2}\geq\sqrt{ab}$$

(단, 등호는 $a=b$일 때 성립)

곱을 하여 간단히 되는 두 양수의 덧셈의 최솟값은
산술평균과 기하평균의 관계를 이용하여 구한다.

08

미지수가 진수 또는 밑에 있는!

로그방정식

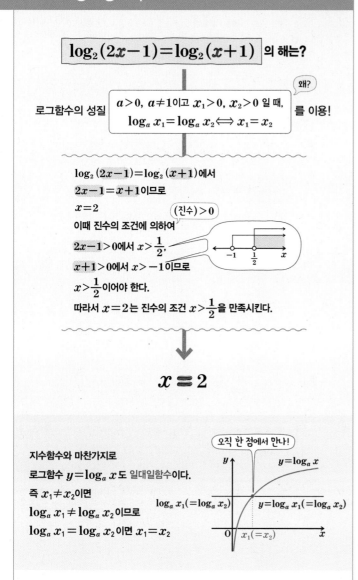

$\log_2(2x-1)=\log_2(x+1)$ 의 해는?

왜?

로그함수의 성질 $a>0,\ a\neq 1$이고 $x_1>0,\ x_2>0$ 일 때,

$\log_a x_1=\log_a x_2 \Longleftrightarrow x_1=x_2$ 를 이용!

$\log_2(2x-1)=\log_2(x+1)$ 에서

$2x-1=x+1$이므로

$x=2$

(진수) >0

이때 진수의 조건에 의하여

$2x-1>0$에서 $x>\dfrac{1}{2}$,

$x+1>0$에서 $x>-1$이므로

$x>\dfrac{1}{2}$이어야 한다.

따라서 $x=2$는 진수의 조건 $x>\dfrac{1}{2}$을 만족시킨다.

$x=2$

지수함수와 마찬가지로

로그함수 $y=\log_a x$도 일대일함수이다.

즉 $x_1\neq x_2$이면

$\log_a x_1\neq \log_a x_2$이므로

$\log_a x_1=\log_a x_2$이면 $x_1=x_2$

오직 한 점에서 만나!

$y=\log_a x$

$\log_a x_1(=\log_a x_2)$ $y=\log_a x_1(=\log_a x_2)$

$x_1(=x_2)$

• **로그방정식**: 로그의 진수 또는 밑에 미지수가 있는 방정식

1st ― 로그방정식; $\log_a f(x)=b$ 꼴인 경우

● 다음 방정식을 푸시오.

1 $\log_3(2x+1)=2$

반드시 진수의 조건을 확인해야 한다.

→ 진수의 조건에서

$2x+1>0$이므로 $x>\boxed{}$ ······ ㉠

$\log_3(2x+1)=2$에서 $2x+1=\boxed{}$이므로

$x=\boxed{}$

$x=\boxed{}$는 ㉠을 만족시키므로 방정식의 해이다.

2 $\log_{\frac{1}{2}}x=3$

3 $\log_2(3x+2)=3$

우리는 둘 다 로그방정식이야!

$\log_a x=b \quad \log_x c=d$

4 $\log_{\frac{1}{2}}(5x-3)=-2$

5 $\log_{\sqrt{2}}(x+4)=2$

6 $\log_{x+1} 9 = 2$

> 밑에 미지수가 있는 로그방정식은 밑의 조건, 즉 1이 아닌 양수임을 확인해야 한다.

→ 밑의 조건에서

$x+1>0, \ x+1 \neq 1$이므로

$x> \boxed{}, \ x \neq 0$ ······ ㉠

$\log_{x+1} 9 = 2$에서 $(x+1)^2 = 9$이므로

$x = \boxed{}$ 또는 $x = \boxed{}$

㉠에 의하여 구하는 해는 $x = \boxed{}$

7 $\log_x 4 = 2$

8 $\log_x 25 = -2$

9 $\log_{2x} 64 = 4$

10 $\log_{x-1} 27 = 3$

2nd ─ 로그방정식; 밑을 같게 할 수 있는 경우

● 다음 방정식을 푸시오.

11 $\log_3 (2x-1) = \log_3 (x+2)$

→ 진수의 조건에서

$2x-1>0, \ x+2>0$이므로

$x> \boxed{}$ ······ ㉠

$\log_3 (2x-1) = \log_3 (x+2)$에서

$2x-1 = x+2$, 즉 $x = \boxed{}$

$x = \boxed{}$은 ㉠을 만족시키므로 방정식의 해이다.

12 $\log_{\frac{1}{3}} (x+1) = \log_{\frac{1}{3}} (4x-2)$

13 $\log_4 (x+6) = \log_4 (8-x)$

14 $\log_2 (3x-2) = \log_2 (2x+3)$

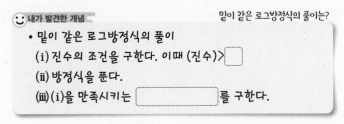

😊 **내가 발견한 개념**   밑이 같은 로그방정식의 풀이는?

● 밑이 같은 로그방정식의 풀이

(i) 진수의 조건을 구한다. 이때 (진수)$> \boxed{}$

(ii) 방정식을 푼다.

(iii) (i)을 만족시키는 $\boxed{}$를 구한다.

로그방정식을 풀 때는 먼저 밑을 확인한 후 밑이 다르면 로그의 성질을 이용하여 밑을 같게 한다.

→ 진수의 조건에서

$x+4>0, 8-x>0$이므로 $\boxed{} < x < \boxed{}$ ⋯⋯ ㉠

$\log_2 (x+4) = -\log_{\frac{1}{2}} (8-x)$에서

$\log_2 (x+4) = \log_2 (8-x)$이므로

$x+4=8-x$, $x = \boxed{}$

$x = \boxed{}$는 ㉠을 만족시키므로 방정식의 해이다.

16 $\log_2 (x-2) = \log_4 x$

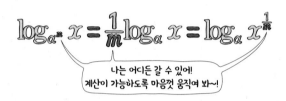

나는 어디든 갈 수 있어!
계산이 가능하도록 마음껏 움직여 봐~!

17 $\log_{\frac{1}{3}} (x+1) = -\log_3 \frac{1}{2}$

18 $\log_{\sqrt{2}} (x+3) = \log_2 (2x+6)$

3rd ― 로그방정식; $\log_a x$ 꼴이 반복되는 경우

● 다음 방정식을 푸시오.

19 $(\log_2 x)^2 - \log_2 x^4 + 3 = 0$

$\log_a x$ 꼴이 반복되는 경우 $\log_a x = t$로 치환한다.

→ $(\log_2 x)^2 - \log_2 x^4 + 3 = 0$에서

$(\log_2 x)^2 - 4\log_2 x + 3 = 0$

$\log_2 x = t$라 하면 $t^2 - 4t + 3 = 0$이므로 $(t-1)(t-3) = 0$

$t = \boxed{}$ 또는 $t = \boxed{}$

즉 $\log_2 x = \boxed{}$ 또는 $\log_2 x = \boxed{}$이므로

$x = \boxed{}$ 또는 $x = \boxed{}$

20 $(\log_3 x)^2 + \log_3 x - 6 = 0$

21 $(\log_{\frac{1}{2}} x)^2 + 8 = \log_{\frac{1}{2}} x^6$

22 $(\log_2 x)^2 = 4\log_2 x + 12$

:) 내가 발견한 개념

$\log_a x$가 반복되는 로그방정식의 풀이는?

• $\log_a x$가 반복되는 로그방정식

(i) $\boxed{} = t$로 치환한다.

(ii) t에 대한 방정식을 푼다.

(iii) 주어진 방정식의 해를 구한다.

23 $\log_4 x - \log_x 64 = 2$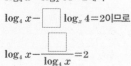

→ 밑과 진수의 조건에서 $x > 0$, $x \neq 1$

$\log_4 x - \log_x 64 = 2$에서

$\log_4 x - \boxed{} \log_x 4 = 2$이므로

$\log_4 x - \dfrac{\boxed{}}{\log_4 x} = 2$

$\log_4 x = t \ (t \neq 0)$라 하면 $t - \dfrac{\boxed{}}{t} = 2$

$t^2 - 2t - \boxed{} = 0$, $(t + 1)(t - \boxed{}) = 0$

$t = \boxed{}$ 또는 $t = \boxed{}$

즉 $\log_4 x = \boxed{}$ 또는 $\log_4 x = \boxed{}$이므로

$x = \boxed{}$ 또는 $x = \boxed{}$

24 $\log_3 x = 3 \log_x 3 + 2$

식이 복잡하고 반복될 때는
치환해 봐!

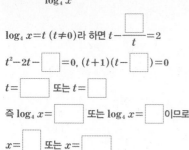

25 $\log_5 x + 6 \log_x 5 - 5 = 0$

26 $\log_2 x + 3 \log_x 2 = 4$

4th — 로그방정식; 진수가 같은 경우

● 다음 방정식을 푸시오.

27 $\log_{x^2+2} 3 = \log_{x+14} 3$ 밑의 조건을 확인해 봐!

→ 밑의 조건에서

$x^2 + 2 > 0$, $x^2 + 2 \neq 1$, $x + 14 > 0$, $x + 14 \neq 1$이므로

$\boxed{} < x < -13$ 또는 $x > \boxed{}$ ……㉠

$\log_{x^2+2} 3 = \log_{x+14} 3$에서 $x^2 + 2 = x + 14$이므로

$x^2 - x - \boxed{} = 0$, $(x + 3)(x - \boxed{}) = 0$

$x = \boxed{}$ 또는 $x = \boxed{}$

㉠에 의하여 구하는 해는

$x = \boxed{}$ 또는 $x = \boxed{}$

28 $\log_{x+4} 5 = \log_{2x-11} 5$

29 $\log_{x^2-9} 2 = \log_{x+3} 2$

30 $\log_{x^2+1} 10 = \log_{2x} 10$

31 $\log_3(x+3)=\log_5(x+3)$

→ 진수의 조건에서

$x+3>0$이므로 $x>\boxed{}$ ⋯⋯ ㉠

$\log_3(x+3)=\log_5(x+3)$에서 밑은 다르고 진수는 같으므로

$x+3=\boxed{}$, 즉 $x=\boxed{}$

$x=\boxed{}$는 ㉠을 만족시키므로 방정식의 해이다.

32 $\log_8 x=\log x$

33 $\log_{x+2}(x+4)=\log_{2x-1}(x+4)$

→ 진수의 조건에서 $x+4>0$, $x>-4$ ⋯⋯ ㉠

밑의 조건에서 $x+2>0$, $x+2\neq1$, $2x-1>0$, $2x-1\neq1$

$\dfrac{1}{2}<x<1$ 또는 $x>1$ ⋯⋯ ㉡

㉠, ㉡에서 $\dfrac{1}{2}<x<1$ 또는 $x>1$

진수가 같은 로그방정식에서

$x+4=\boxed{}$ 또는 $x+\boxed{}=2x-1$이므로

$x=\boxed{}$ 또는 $x=\boxed{}$

따라서 ㉡에 의하여 구하는 해는 $x=\boxed{}$

34 $\log_{4x-4}(3x-4)=\log_{x^2}(3x-4)$

5th ─ 로그방정식; 지수에 로그가 있는 경우

● 다음 방정식을 푸시오.

35 $x^{\log_2 x}=16x^3$

> 지수가 로그에 있는 $x^{\log_a f(x)}=g(x)$ 꼴의 방정식은 양변에 밑이 a인 로그를 취하여 푼다.

→ 양변에 밑이 2인 로그를 취하면

$\log_2 x^{\log_2 x}=\log_2 16x^3$

$(\log_2 x)^2=\boxed{}+3\log_2 x$

$\log_2 x=t$라 하면

$t^2-3t-\boxed{}=0$, $(t+1)(t-\boxed{})=0$

$t=\boxed{}$ 또는 $t=\boxed{}$

즉 $\log_2 x=\boxed{}$ 또는 $\log_2 x=\boxed{}$이므로

$x=\boxed{}$ 또는 $x=\boxed{}$

36 $x^{\log_3 x}=9x$

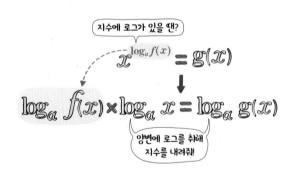

지수에 로그가 있을 땐?

$x^{\log_a f(x)}=g(x)$

$\log_a f(x)\times\log_a x=\log_a g(x)$

양변에 로그를 취해 지수를 내려줘!

37 $x^{\log_5 x}=\dfrac{1}{25}x^3$

38 $x^{\log_2 x}=\dfrac{64}{x}$

6th **— 로그방정식의 응용**

● 다음 방정식을 푸시오.

39 $\begin{cases} \log_4 x - \log_3 y = 2 \\ \log_{16} x + \log_9 y = 2 \end{cases}$

→ 진수의 조건에서 $x > 0, y > 0$ …… ㉠

$\begin{cases} \log_4 x - \log_3 y = 2 \\ \log_{16} x + \log_9 y = 2 \end{cases}$ 에서 $\begin{cases} \log_4 x - \log_3 y = 2 \\ \boxed{} \log_4 x + \boxed{} \log_3 y = 2 \end{cases}$

$\log_4 x = X$, $\log_3 y = Y$라 하면

$\begin{cases} X - Y = 2 \\ \boxed{} X + \boxed{} Y = 2 \end{cases}$ 에서 $\begin{cases} X - Y = 2 \\ X + Y = \boxed{} \end{cases}$

이 연립방정식을 풀면 $X = \boxed{}$, $Y = \boxed{}$

즉 $\log_4 x = \boxed{}$, $\log_3 y = \boxed{}$ 이므로

$x = \boxed{}$, $y = \boxed{}$

$x = \boxed{}$, $y = \boxed{}$ 은 ㉠을 만족시키므로 연립방정식의 해이다.

40 $\begin{cases} \log_3 x + \log_5 y = 5 \\ \log_{\sqrt{3}} x - \log_{\sqrt{5}} y = 2 \end{cases}$

41 $\begin{cases} \log_3 x + \log_2 y = 6 \\ \log_3 x \times \log_2 y = 8 \end{cases}$

> A, B를 서로 바꾸어 대입해도 변하지 않는 식을 대칭식이라 한다.
> 대칭식 $A + B = u$, $AB = v$가 주어질 때 A, B는 이차방정식 $t^2 - ut + v = 0$의 두 근임을 이용하여 구한다.

42 $\begin{cases} \log x + \log y = 3 \\ \log x \times \log y = 2 \end{cases}$

● 다음 방정식의 두 근을 α, β라 할 때, $\alpha\beta$의 값을 구하시오.

43 $\log_3 x - \log_9 x = 2\log_3 x \times \log_9 x - 2$

→ $\log_3 x - \log_9 x = 2\log_3 x \times \log_9 x - 2$에서

$\log_3 x - \boxed{} \log_3 x = 2\log_3 x \times \boxed{} \log_3 x - 2$

$\boxed{} \log_3 x = (\log_3 x)^2 - 2, (\log_3 x)^2 - \boxed{} \log_3 x - 2 = 0$

$\log_3 x = t$라 하면 $t^2 - \boxed{} t - 2 = 0$

$\boxed{} t^2 - t - 4 = 0$

이 이차방정식의 두 근은 $\log_3 \alpha$, $\log_3 \beta$이므로 이차방정식의 근과 계수의 관계에 의하여

$\log_3 \alpha + \log_3 \beta = \boxed{}$

즉 $\log_3 \alpha\beta = \boxed{}$ 이므로

$\alpha\beta = \boxed{}$

44 $\log_5 x - \log_{\frac{1}{5}} x = \log_5 x \times \log_{\frac{1}{5}} x + 3$

45 $\log_{\frac{1}{2}} x \times \log_{\frac{1}{4}} x = \log_{\frac{1}{2}} x + \log_{\frac{1}{4}} x + 1$

46 $\log_2 x + \log_x 8 = 4$

이차방정식의 근과 계수의 관계

이차방정식 $ax^2 + bx + c = 0$의 두 근이 $\boxed{\alpha}$, $\boxed{\beta}$일 때
(단, $a \neq 0$, a, b, c는 실수)

(두 근의 합) $= \boxed{\alpha} + \boxed{\beta} = -\dfrac{b}{a}$

(두 근의 곱) $= \boxed{\alpha} \times \boxed{\beta} = \dfrac{c}{a}$

'이차방정식의 두 근'이 나오면 이차방정식의 근과 계수의 관계를 기억한다!

09

미지수가 진수 또는 밑에 있는!

로그부등식

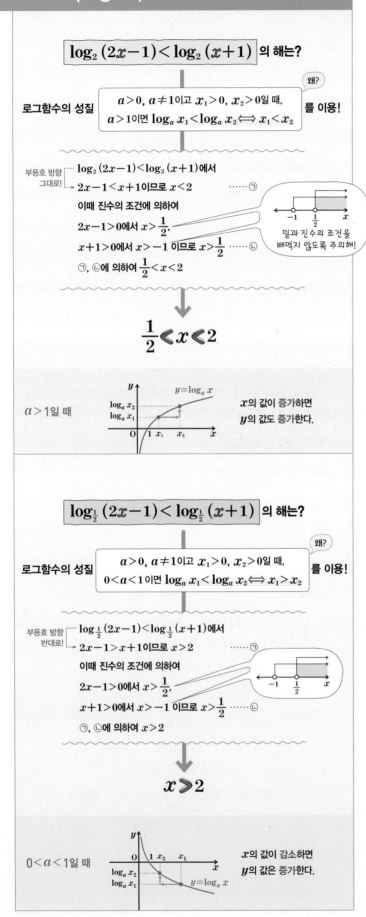

$\boxed{\log_2(2x-1) < \log_2(x+1)}$ 의 해는?

로그함수의 성질 $\begin{array}{c} a>0,\ a\neq1$이고 $x_1>0,\ x_2>0$일 때,\\ a>1$이면 $\log_a x_1 < \log_a x_2 \Longleftrightarrow x_1 < x_2 \end{array}$ 를 이용! **왜?**

부등호 방향
그대로!
$\log_2(2x-1) < \log_2(x+1)$에서
$2x-1 < x+1$이므로 $x<2$ ······ ㉠
이때 진수의 조건에 의하여
$2x-1>0$에서 $x>\dfrac{1}{2}$,
$x+1>0$에서 $x>-1$이므로 $x>\dfrac{1}{2}$ ······ ㉡
㉠, ㉡에 의하여 $\dfrac{1}{2} < x < 2$

밑과 진수의 조건을
빼먹지 않도록 주의해!

$$\dfrac{1}{2} < x < 2$$

$a>1$일 때 x의 값이 증가하면 y의 값도 증가한다.

$y = \log_a x$

$\boxed{\log_{\frac{1}{2}}(2x-1) < \log_{\frac{1}{2}}(x+1)}$ 의 해는?

로그함수의 성질 $\begin{array}{c} a>0,\ a\neq1$이고 $x_1>0,\ x_2>0$일 때,\\ 0<a<1$이면 $\log_a x_1 < \log_a x_2 \Longleftrightarrow x_1 > x_2 \end{array}$ 를 이용! **왜?**

부등호 방향
반대로!
$\log_{\frac{1}{2}}(2x-1) < \log_{\frac{1}{2}}(x+1)$에서
$2x-1 > x+1$이므로 $x>2$ ······ ㉠
이때 진수의 조건에 의하여
$2x-1>0$에서 $x>\dfrac{1}{2}$,
$x+1>0$에서 $x>-1$이므로 $x>\dfrac{1}{2}$ ······ ㉡
㉠, ㉡에 의하여 $x>2$

$$x > 2$$

$0<a<1$일 때 x의 값이 감소하면 y의 값은 증가한다.

$y = \log_a x$

1ˢᵗ ─ 로그부등식; $\log_a f(x) > b$ 꼴인 경우

● 다음 부등식을 푸시오.

1 $\log_2 2x > 1$

→ 진수의 조건에서

$2x>0$이므로 $x>\boxed{}$ ······ ㉠

$\log_2 2x > 1$에서

$\log_2 2x > \log_2 \boxed{}$

밑이 1보다 크므로 $2x > \boxed{}$

$x > \boxed{}$ ······ ㉡

㉠, ㉡에 의하여 $x > \boxed{}$

2 $\log_{\frac{1}{10}} x < 1$

3 $\log_{\frac{1}{2}}(x+2) \geq -2$

4 $\log_3(x+4) < 3$

5 $\log_{\frac{1}{4}}\left(x-\dfrac{1}{2}\right) \geq 2$

2ⁿᵈ — 로그부등식; 밑을 같게 할 수 있는 경우

● 다음 부등식을 푸시오.

6 $\log_2 (x-1) < \log_2 (3x+1)$

→ 진수의 조건에서 $x-1>0$, $3x+1>0$이므로

$x>\boxed{}$ ...... ㉠

$\log_2 (x-1) < \log_2 (3x+1)$에서

밑이 1보다 크므로 $x-1<3x+1$

$x>\boxed{}$ ...... ㉡

㉠, ㉡에 의하여 $x>\boxed{}$

7 $\log (2x-4) < \log (5-x)$

8 $\log_{\frac{1}{2}} (2x-1) \geq \log_{\frac{1}{2}} (3x+1)$

9 $\log_5 2x < \log_5 (5x+1)$

10 $\log_{\frac{1}{3}} (3x-1) \geq \log_{\frac{1}{3}} (x+3)$

11 $\log_2 (x+2) > \log_4 (x^2+6)$

> 밑이 다른 로그부등식을 풀 때는 먼저 로그의 성질을 이용하여 밑을 같게 한다.

→ 진수의 조건에서

$x+2>0$, $x^2+6>0$이므로

$x>\boxed{}$ ...... ㉠

$\log_2 (x+2) > \log_4 (x^2+6)$에서

$\log_4 (x+2)^2 > \log_4 (x^2+6)$

밑이 1보다 크므로 $(x+2)^2 > x^2+6$

$x^2+4x+4 > x^2+6$, $x>\boxed{}$ ...... ㉡

㉠, ㉡에 의하여 $x>\boxed{}$

12 $\log_3 (2x+1) \leq \log_9 (4x+5)$

13 $\log_{\frac{1}{2}} (x+2) \geq \log_{\frac{1}{4}} (x+14)$

14 $\log_{\sqrt{2}} (x+1) < \log_2 (x+3)$

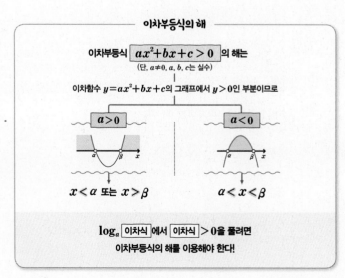

이차부등식의 해

이차부등식 $\boxed{ax^2+bx+c>0}$ 의 해는

(단, $a \neq 0$, a, b, c는 실수)

이차함수 $y=ax^2+bx+c$의 그래프에서 $y>0$인 부분이므로

$\boxed{a>0}$ $\boxed{a<0}$

$x<\alpha$ 또는 $x>\beta$ $\alpha<x<\beta$

$\log_a \boxed{\text{이차식}}$ 에서 $\boxed{\text{이차식}} > 0$을 풀려면

이차부등식의 해를 이용해야 한다!

● 다음 부등식을 푸시오.

15 $(\log_2 x)^2 + 2\log_2 x - 3 \geq 0$

> $\log_a x$ 꼴이 반복되는 경우 $\log_a x = t$로 치환한다.

→ 진수의 조건에서 $x > 0$ ······ ㉠

$(\log_2 x)^2 + 2\log_2 x - 3 \geq 0$에서

$\log_2 x = t$라 하면

$t^2 + 2t - 3 \geq 0$, $(t+3)(t-\boxed{}) \geq 0$

$t \leq \boxed{}$ 또는 $t \geq \boxed{}$

즉 $\log_2 x \leq \boxed{}$ 또는 $\log_2 x \geq \boxed{}$ 이고

밑이 1보다 크므로

$x \leq \boxed{}$ 또는 $x \geq \boxed{}$ ······ ㉡

㉠, ㉡에 의하여

$0 < x \leq \boxed{}$ 또는 $x \geq \boxed{}$

16 $(\log_3 x)^2 + \log_3 x - 2 < 0$

17 $\left(\log_{\frac{1}{2}} x\right)^2 + 3\log_{\frac{1}{2}} x + 2 \geq 0$

18 $\left(\log_{\frac{1}{3}} x\right)^2 - \log_{\frac{1}{3}} x - 6 < 0$

● 다음 부등식을 푸시오.

> 지수에 로그가 있는 $x^{\log_a f(x)} > g(x)$ 꼴의 부등식은 양변에 밑이 a인 로그를 취하여 푼다. 이때 $a > 1$이면 부등호의 방향이 그대로이고, $0 < a < 1$이면 부등호의 방향이 바뀐다.

19 $x^{\log_2 x} < 4x$

→ 진수의 조건에서 $x > 0$ ······ ㉠

$x^{\log_2 x} < 4x$의 양변에 밑이 2인 로그를 취하면

$\log_2 x^{\log_2 x} < \log_2 4x$, $(\log_2 x)^2 < \boxed{} + \log_2 x$

$(\log_2 x)^2 - \log_2 x - \boxed{} < 0$

$\log_2 x = t$라 하면 $t^2 - t - \boxed{} < 0$

$(t+1)(t-\boxed{}) < 0$, $-1 < t < \boxed{}$

즉 $\boxed{} < \log_2 x < \boxed{}$ 에서 $\log_2 \boxed{} < \log_2 x < \log_2 \boxed{}$

밑이 1보다 크므로

$\boxed{} < x < \boxed{}$ ······ ㉡

㉠, ㉡에 의하여 $\boxed{} < x < \boxed{}$

20 $x^{\log_3 x} \leq 81$

21 $x^{\log_{\frac{1}{2}} x} > \frac{1}{64} x$

22 $x^{\log_5 x} \leq 125 x^2$

개념모음문제
23 부등식 $x^{\log x - 1} < 100$을 만족시키는 자연수 x의 개수는?

① 1   ② 9   ③ 10

④ 99   ⑤ 100

5th — 로그부등식; 로그의 진수에 로그가 있는 경우

● 다음 부등식을 푸시오.

24 $\log_2(\log_3 x)<1$

　　$\log_3 x$는 진수이므로 진수의 조건을 생각해!

→ 진수의 조건에서 $x>0$, $\log_3 x>0$

　　$\log_3 x>0$에서 $\log_3 x>\log_3$ □

　　밑이 1보다 크므로 $x>$ □　　…… ㉠

　　$\log_2(\log_3 x)<1$에서 $\log_2(\log_3 x)<\log_2 2$

　　밑이 1보다 크므로 $\log_3 x<2$

　　$\log_3 x<2$에서 $\log_3 x<\log_3$ □

　　밑이 1보다 크므로 $x<$ □　　…… ㉡

　　㉠, ㉡에 의하여 □ $<x<$ □

25 $\log_2\left(\log_{\frac{1}{2}} x\right)\leq 1$

26 $\log_3(\log_2 x-1)<1$

개념모음문제

27 부등식 $\log_2\{\log_2(\log_2 x)\}\leq 1$을 만족시키는 정수 x의 개수는?

　① 13　　　　② 14　　　　③ 15

　④ 16　　　　⑤ 17

6th — 로그부등식의 응용

● 다음 부등식을 푸시오.

28 $\begin{cases} \log_{\frac{1}{2}}(4x+8)<-2 \\ x^{\log_{\frac{1}{2}} x}>4x^3 \end{cases}$

→ 진수의 조건에서 $4x+8>0$, $x>0$이므로 $x>$ □　　…… ㉠

　　$\log_{\frac{1}{2}}(4x+8)<-2$에서

　　$\log_{\frac{1}{2}}(4x+8)<\log_{\frac{1}{2}} 4$이므로

　　$4x+8>4$, $x>$ □　　…… ㉡

　　$x^{\log_{\frac{1}{2}} x}>4x^3$의 양변에 밑이 $\frac{1}{2}$인 로그를 취하면

　　$(\log_{\frac{1}{2}} x)^2<\log_{\frac{1}{2}} 4x^3$

　　$(\log_{\frac{1}{2}} x)^2<-2+3\log_{\frac{1}{2}} x$

　　$\log_{\frac{1}{2}} x=t$라 하면 t^2-3t+ □ <0, $1<t<$ □

　　즉 $\log_{\frac{1}{2}} \frac{1}{2}<\log_{\frac{1}{2}} x<\log_{\frac{1}{2}}$ □ 이므로

　　□ $<x<$ □　　…… ㉢

　　㉠, ㉡, ㉢에 의하여 □ $<x<$ □

29 $\begin{cases} 2\log(x+3)<\log(5x+15) \\ (\log_2 x)^2-\log_2 x-20\geq 0 \end{cases}$

30 $\begin{cases} \log_2(\log_2 x)\leq 1 \\ 2^{x^2-3x}>4^{x-3} \end{cases}$

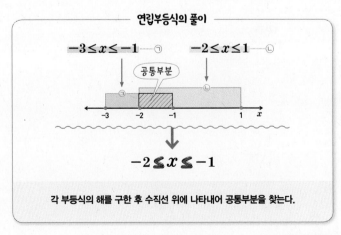

연립부등식의 풀이

$-3\leq x\leq -1$ ㉠　　　$-2\leq x\leq 1$ ㉡

공통부분

$-2\leq x\leq -1$

각 부등식의 해를 구한 후 수직선 위에 나타내어 공통부분을 찾는다.

● 모든 양수 x에 대하여 주어진 부등식이 성립하도록 하는 실수 a의 값의 범위를 구하시오.

31 $(\log_2 x)^2 - 4\log_2 x - \log_2 a > 0$

→ 진수의 조건에서 $x > 0$, $a > 0$ ...... ㉠

$\log_2 x = t$라 하면 $x > 0$에서 t는 모든 실수이고 $t^2 - 4t - \log_2 a > 0$

모든 실수 t에 대하여 부등식이 성립해야 하므로

이차방정식 $t^2 - 4t - \log_2 a = 0$의 판별식을 D라 하면 $D < 0$이어야 한다.

> 항상 성립하려면 그래프가 아래로 볼록하고 t축보다 위쪽에 있어야 한다.
> → (이차항의 계수)>0, $D < 0$

따라서 $\dfrac{D}{4} = 2^2 + \log_2 a < 0$

$\log_2 a < \boxed{}$, $\log_2 a < \log_2 \boxed{}$

밑이 1보다 크므로 $a < \boxed{}$ ...... ㉡

㉠, ㉡에 의하여 $0 < a < \boxed{}$

32 $(\log x)^2 - 3\log x + a > 0$

● 주어진 이차방정식이 실근을 갖도록 하는 실수 a의 값의 범위를 구하시오.

33 $x^2 - 2(1 + \log_2 a)x + 1 = 0$

→ 진수의 조건에서 $a > 0$ ...... ㉠

주어진 이차방정식의 판별식을 D라 하면

$\dfrac{D}{4} = (1 + \log_2 a)^2 - 1 \geq 0$이어야 한다.

$(\log_2 a)^2 + \boxed{}\log_2 a \geq 0$

$\log_2 a = t$라 하면 $t^2 + \boxed{}t \geq 0$, $t(t + \boxed{}) \geq 0$

$t \leq \boxed{}$ 또는 $t \geq \boxed{}$

즉 $\log_2 a \leq \boxed{}$ 또는 $\log_2 a \geq \boxed{}$이므로

$a \leq \boxed{}$ 또는 $a \geq \boxed{}$ ...... ㉡

㉠, ㉡에 의하여 $0 < a \leq \boxed{}$ 또는 $a \geq \boxed{}$

34 $x^2 - 2(\log_2 a - 1)x + 4 - 4\log_2 a = 0$

● 주어진 이차방정식이 실근을 갖지 않도록 하는 실수 a의 값의 범위를 구하시오.

35 $x^2 - 2x\log_2 a + 5\log_2 a - 4 = 0$

36 $x^2 - (\log a + 1)x + \log a + 9 = 0$

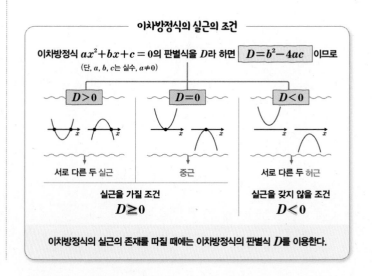

이차방정식의 실근의 조건

이차방정식 $ax^2 + bx + c = 0$의 판별식을 D라 하면 $\boxed{D = b^2 - 4ac}$ 이므로
(단, a, b, c는 실수, $a \neq 0$)

$D > 0$	$D = 0$	$D < 0$
서로 다른 두 실근	중근	서로 다른 두 허근

실근을 가질 조건	실근을 갖지 않을 조건
$D \geq 0$	$D < 0$

이차방정식의 실근의 존재를 따질 때에는 이차방정식의 판별식 D를 이용한다.

• 주어진 이차방정식이 서로 다른 두 양의 실근을 갖도록 하는 실수 a의 값의 범위를 구하시오.

37 $x^2 - 2x \log_3 a + \log_3 a + 2 = 0$

→ 진수의 조건에서 $a > 0$ ······ ㉠

주어진 이차방정식의 판별식을 D라 하면 서로 다른 두 양의 실근을 가져야 하므로

(i) $\dfrac{D}{4} = (\log_3 a)^2 - (\log_3 a + 2) > 0$

$\log_3 a = t$라 하면 $t^2 - t - 2 > 0$

$(t+1)(t-2) > 0$, $t < -1$ 또는 $t > \boxed{}$

즉 $\log_3 a < -1$ 또는 $\log_3 a > 2$이므로

$a < \dfrac{1}{3}$ 또는 $a > \boxed{}$

> 이차방정식의 판별식을 D라 할 때 두 근이 서로 다른 양수이려면
> (i) $D > 0$
> (ii) (두 근의 합) > 0
> (iii) (두 근의 곱) > 0

(ii) 이차방정식의 근과 계수의 관계에 의하여

(두 근의 합) $= 2\log_3 a > 0$, 즉 $a > \boxed{}$

(두 근의 곱) $= \log_3 a + 2 > 0$, $\log_3 a > -2$, 즉 $a > \dfrac{1}{9}$

㉠과 (i), (ii)에서 $a > \boxed{}$

38 $x^2 - 2(1 - \log_2 a)x - 2\log_2 a + 2 = 0$

39 $x^2 - x \log_2 a + 3 - \log_2 a = 0$

7th — 로그방정식과 로그부등식의 실생활에 활용

40 1마리의 박테리아 A는 x시간 후 $a^x\ (a > 0,\ a \neq 1)$ 마리로 분열한다고 한다. 10마리의 박테리아 A가 3시간 후 320마리가 되었다고 할 때, 10마리의 박테리아 A가 30000마리 이상이 되는 것은 현재로부터 몇 시간 후인지 구하시오.

(단, $\log 2 = 0.3$, $\log 3 = 0.5$로 계산한다.)

→ 10마리의 박테리아 A가 3시간 후 320마리가 되므로

$10 \times a^3 = 320$에서 $a = 32^{\frac{1}{3}}$

t시간 후 10마리의 박테리아 A가 30000마리 이상이 된다고 하면

$10 \times a^t \geq 30000$에서 $10 \times 32^{\frac{t}{3}} \geq 30000$

양변에 상용로그를 취하면

$\log\left(10 \times 32^{\frac{t}{3}}\right) \geq \log 30000$

$\boxed{} + \dfrac{t}{3} \times \boxed{} \times \log 2 \geq \log 3 + \boxed{}$

$\boxed{} + \dfrac{t}{3} \times 5 \times 0.3 \geq 0.5 + \boxed{}$

$0.5t \geq \boxed{}$ 이므로 $t \geq \boxed{}$

따라서 $\boxed{}$ 시간 후이다.

41 어떤 자동차의 가격은 매년 20 %씩 떨어진다고 한다. 현재 가격의 50 % 이하가 되는 것은 몇 년 후인지 구하시오.

(단, $\log 2 = 0.3$, $\log 5 = 0.7$로 계산한다.)

42 오염된 물이 정화기를 한 번 거칠 때마다 오염 물질이 20 %씩 감소한다. 오염물질이 50 mg 들어 있는 물을 10 mg 이하로 만들기 위해서는 정화기를 적어도 몇 번 이상 거쳐야 하는지 구하시오.

(단, $\log 2 = 0.3$으로 계산한다.)

05~06 로그함수를 이용한 수의 대소 비교

- 밑을 먼저 같게 한 후, 다음과 같은 로그함수의 성질을 이용한다.

  ① $a>1$일 때, $0<x_1<x_2$이면 $\log_a x_1<\log_a x_2$

  ② $0<a<1$일 때, $0<x_1<x_2$이면 $\log_a x_1>\log_a x_2$

1 다음 중 두 수의 대소 관계가 옳지 <u>않은</u> 것을 있는 대로 모두 고르면? (정답 2개)

① $\log_3 5<\log_3 8$ ② $\log_2 10>3$

③ $\log_{\frac{1}{3}} 3<\log_3 \dfrac{1}{3}$ ④ $\log_{\frac{1}{2}} 5<\log_{\frac{1}{2}} 2$

⑤ $\log_5 4>\log_{\sqrt{5}} 4$

2 세 수 $A=3\log_3 4$, $B=5$, $C=\log_4 1200$의 대소 관계가 옳은 것은?

① $A<B<C$ ② $A<C<B$

③ $B<A<C$ ④ $C<A<B$

⑤ $C<B<A$

3 두 양수 a, b에 대하여 $a<1<b<\dfrac{1}{a}$일 때, 다음 두 수의 대소 관계를 구하시오.

$$\log_a b \qquad \log_b a$$

07 로그함수의 최대, 최소

- 정의역이 $\{x\,|\,m\le x\le n\}$인 로그함수 $y=\log_a x\ (a>0,\ a\ne1)$에 대하여

  ① $a>1$이면 → 최댓값: $\log_a n$, 최솟값: $\log_a m$

  ② $0<a<1$이면 → 최댓값: $\log_a m$, 최솟값: $\log_a n$

4 $7\le x\le19$일 때, 함수 $y=\log_2(x-3)+1$은 최댓값이 a, 최솟값이 b이다. ab의 값은?

① -20 ② -15 ③ 8

④ 15 ⑤ 20

5 함수 $y=\log_3(x^2-4x+31)+2$의 최솟값은?

① 3 ② 4 ③ 5

④ 6 ⑤ 7

6 $\dfrac{1}{27}\le x\le1$일 때, 함수 $y=\left(\log_{\frac{1}{3}} x\right)^2-2\log_{\frac{1}{3}} x+10$의 최댓값을 M, 최솟값을 m이라 하자. $M-m$의 값은?

① 2 ② 4 ③ 5

④ 6 ⑤ 9

08 로그방정식

- 각 항의 밑을 같게 한 후

$$\log_a f(x) = \log_a g(x) \Longleftrightarrow f(x) = g(x)$$
$$(a>0, a \neq 1, f(x)>0, g(x)>0)$$

임을 이용한다.

7 방정식

$$\log_2 x + \log_4 (x+1)^2 = 1$$

을 푸시오.

8 방정식 $(\log_3 x)^2 + 8 = \log_3 x^6$의 두 근의 차는?

① 45　　　　② 54　　　　③ 60

④ 70　　　　⑤ 72

9 방정식 $(\log_7 x)^2 - \log_7 x = 1$의 두 근을 α, β라 할 때, $\alpha\beta$의 값은?

① $\dfrac{1}{7}$　　　② 1　　　　③ 7

④ 14　　　　⑤ 49

09 로그부등식

- 밑을 같게 할 수 있는 로그부등식은 먼저 각 항의 밑을 같게 한 후 다음을 이용하여 푼다.

① $a>1$일 때

$$\log_a f(x) > \log_a g(x) \Longleftrightarrow f(x) > g(x) > 0$$

② $0<a<1$일 때

$$\log_a f(x) > \log_a g(x) \Longleftrightarrow 0 < f(x) < g(x)$$

10 부등식 $\log_{0.1} (x+2) \leq \log_{0.1} 12$를 만족시키는 x의 최솟값은?

① 8　　　　② 9　　　　③ 10

④ 11　　　　⑤ 12

11 부등식 $(\log_3 x - 1)(\log_3 x - 2) < 0$의 해는?

① $x>0$　　　　　　② $0<x<3$

③ $3<x<9$　　　　　④ $6<x<9$

⑤ $x>3$

12 부등식 $(2x)^{\log_2 x} < x^4$을 만족시키는 모든 정수 x의 값의 합은?

① 10　　　　② 17　　　　③ 22

④ 27　　　　⑤ 43

TEST 개념 발전

1 다음 중 함수 $y=-\log{(1-x)}$에 대한 설명으로 옳지 <u>않은</u> 것은?

① 정의역은 $\{x\,|\,x>1\}$이다.
② 그래프의 점근선의 방정식은 $x=1$이다.
③ 그래프는 원점을 지난다.
④ x의 값이 증가할 때, y의 값도 증가한다.
⑤ 그래프는 $y=-\log{(-x)}$의 그래프를 평행이동하면 겹쳐진다.

2 함수 $y=\log_4 x$의 그래프가 다음 그림과 같을 때, $a+b$의 값은?

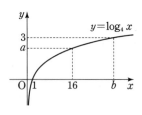

① 45   ② 60   ③ 66
④ 80   ⑤ 88

3 함수 $y=2^x-3$의 점근선의 방정식은 $y=a$이고, 함수 $y=\log_2{(x-2)}$의 점근선의 방정식은 $x=b$일 때, $a+b$의 값은? (단, a, b는 상수이다.)

① -5 ② -1 ③ 1
④ 2 ⑤ 5

4 함수 $y=\log_2{(x-1)}-2$의 역함수를 $y=g(x)$라 할 때, $g(1)$의 값은?

① 8   ② 9   ③ 10
④ 11   ⑤ 12

5 함수 $y=\log_6 x$의 그래프를 x축의 방향으로 a만큼 평행이동한 그래프와 함수 $y=\log_b x$의 그래프가 점 $(6,\,2)$에서 만날 때, ab^2의 값은?
(단, $b>0$, $b\neq1$인 상수이다.)

① -360 ② -180 ③ -90
④ 90 ⑤ 180

6 오른쪽 그림은 함수 $y=\log_2 x$의 그래프와 직선 $y=x$이다. 다음 중 2^{-a+c}의 값과 같은 것은? (단, 점선은 x축 또는 y축에 평행하다.)

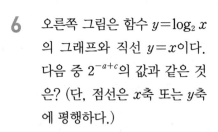
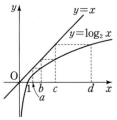

① $\dfrac{b}{a}$ ② $\dfrac{c}{a}$ ③ $\dfrac{a}{b}$
④ $\dfrac{d}{b}$ ⑤ $\dfrac{b}{d}$

7 함수 $y=\log_5(x+a)+b$의 그 래프가 오른쪽 그림과 같을 때, 상수 a, b에 대하여 $a+b$ 의 값을 구하시오.

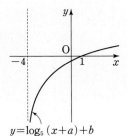

$$y=\log_5(x+a)+b$$

8 $0<a<b<1$일 때, 다음 중 가장 큰 수를 구하시오.

$$\log_a b, \ \log_b a, \ \log_a \frac{b}{a}, \ \log_b \frac{a}{b}$$

9 정의역이 $\{x \mid -1 \leq x \leq 2\}$인 함수 $y=\log_a(-x^2+2x+7)$의 최댓값이 3일 때, 실수 a 의 값은? (단, $a>1$)

① 2   ② 3   ③ 4
④ 7   ⑤ 8

10 정의역이 $\{x \mid 1 \leq x \leq 4\}$인 함수 $y=(\log_2 4x)\left(\log_2 \dfrac{8}{x}\right)$의 최댓값을 M, 최솟값을 m 이라 할 때, Mm의 값은?

① $\dfrac{9}{2}$ ② 5   ③ 10
④ $\dfrac{25}{2}$ ⑤ 25

11 $x>1$일 때, 함수 $y=\log_5 x+\log_x 625$의 최솟값은?

① 3   ② 4   ③ 5
④ 7   ⑤ 9

12 방정식 $4^{\log x} \times x^{\log 4}-4^{\log x}-12=0$의 해는?

① 1   ② 2   ③ 10
④ 100   ⑤ 1000

13 방정식
$$2\log_9(x^2-3x-10)=\log_3(x-1)+1$$
의 해를 구하시오.

14 부등식 $\log_3(\log_2 x)\leq 1$을 만족시키는 정수 x의 개수는?

① 6   ② 7   ③ 8

④ 9   ⑤ 10

15 부등식 $\log_2\sqrt{8(x+1)}<2-\dfrac{1}{2}\log_2(2x-1)$의 해가 $\alpha<x<\beta$일 때, $\beta-\alpha$의 값은?

① $\dfrac{1}{4}$ ② $\dfrac{1}{2}$ ③ 1

④ $\dfrac{5}{4}$ ⑤ $\dfrac{3}{2}$

16 이차방정식 $x^2-2(2-\log_2 a)x+1=0$이 실근을 갖도록 하는 상수 a의 값의 범위를 구하시오.

17 부등식
$$(\log_3 x)^2+\log_3 27x^2-k\geq 0$$
이 모든 양수 x에 대하여 성립하도록 하는 실수 k의 값의 범위는?

① $k\leq 1$ ② $k\geq 2$ ③ $k\leq 2$

④ $k\geq 3$ ⑤ $k\leq 3$

18 빛이 어떤 유리를 한 장 통과할 때마다 통과하기 전 빛의 세기의 $\dfrac{1}{5}$이 된다고 한다. 빛의 세기가 첫 번째 유리를 통과하기 전의 $\dfrac{1}{1000}$ 미만이 되도록 하려면 최소 몇 장의 유리가 필요한가?

(단, $\log 2=0.3$으로 계산한다.)

① 3장   ② 5장   ③ 7장

④ 9장   ⑤ 11장

19 $a>1$일 때, 두 함수 $y=a^x$, $y=\log_a x$의 그래프가 오른쪽 그림과 같다. 다음 중 $\log_a(\log_a(\log_a k))$의 값과 같은 것은? (단, 점선은 x축 또는 y축에 평행하다.)

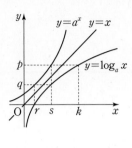

① 1
② p
③ q
④ r
⑤ s

20 두 함수 $y=\log_2 x$, $y=\log_{\frac{9}{2}} x$의 그래프와 직선 $y=1$로 둘러싸인 도형의 내부 또는 경계에 포함된 점 중에서 x좌표와 y좌표가 모두 정수인 점의 개수는?

① 1
② 2
③ 3
④ 4
⑤ 5

21 $1 \le x \le 5$에서 함수 $y=\log_a 2(|x-2|+1)$의 최댓값이 -1일 때, 최솟값을 구하시오. (단, $a>0$, $a \ne 1$)

22 방정식 $(\log_6 x)^2 - k \log_6 x - 5 = 0$에서 두 근의 곱이 36일 때, 상수 k의 값은?

① -2
② -1
③ 0
④ 1
⑤ 2

23 부등식 $\log_a (x+3) - \log_a (1-x) - 1 > 0$의 해가 $-\dfrac{1}{3} < x < 1$일 때, 양수 a의 값을 구하시오.

(단, $a \ne 1$)

24 부등식 $\log_{\frac{1}{5}} (\log_2 x) + 2 \ge 0$을 만족시키는 가장 큰 정수 x는 몇 자리의 수인지 구하시오.

(단, $\log 2 = 0.3$으로 계산한다.)

문제를 보다!

[수능 기출 변형]

1보다 큰 두 상수 a, b에 대하여

좌표평면 위의 두 점 $(a, \log_3 a)$, $(b, \log_3 b)$를 지나는 직선의 y절편과

두 점 $(a, \log_9 a)$, $(b, \log_9 b)$를 지나는 직선의 y절편이 같다.

함수 $f(x)=a^{bx}+b^{ax}$에 대하여 $f(1)=2^5$일 때, $f(2)$의 값은? [4점]

① 2^8　　② 2^9　　③ 2^{10}　　④ 2^{11}　　⑤ 2^{12}

자, 잠깐만! 당황하지 말고
문제를 잘 보면 문제의 구성이 보여!
출제자가 이 문제를 왜 냈는지를 봐야지!

내가 아는 것①

$a>1,\ b>1$

내가 아는 것②

두 직선의 y절편이 같아!

내가 찾은 것❶

($\bigcirc$의 y절편) $=$ ($\bigcirc$의 y절편)

내가 아는 것③

$f(1)=2^5$

내가 찾은 것❷

$a^b+b^a = 2^5$

이 문제는

$f(2)=a^{2b}+b^{2a}$의 값을 구하기 위해서 a^b, b^a의 값을 찾는 문제야!

어떤 식을 세울 수 있을까?

네가 알고 있는 것(주어진 조건)은 뭐야?

연립방정식 $\begin{cases} a^b = b^a \\ a^b + b^a = 2^5 \end{cases}$

구해야 할 것!

미지수 a^b, b^a의 값

내게 더 필요한 것은?

a, b의 식으로
만들어야 해!

(㉠의 y절편) $=$ (㉡의 y절편)

$$a^b + b^a = 2^5$$

연립방정식을 세우는 게 핵심이고
지수와 로그는 수처럼 다루면 되는 거네!

두 점을 지나는 직선의 방정식과 y절편의 의미를 알면
식을 세울 수 있지!

1 직선을 지나는 두 점을 알면 방정식을 구할
수 있지!

두 점 $(a, \log_3 a)$, $(b, \log_3 b)$ 를 지나는

직선의 방정식은

기울기가 $\dfrac{\log_3 b - \log_3 a}{b-a}$ 이고

점 $(a, \log_3 a)$을 지나는 직선이므로

$$y - \log_3 a = \dfrac{\log_3 b - \log_3 a}{b-a}(x-a)$$

2 직선의 y절편은 $x=0$일 때의 y좌표의 값
이야.

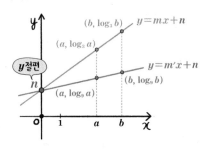

3 $x=0$을 대입하면 y절편 n을
구할 수 있겠어!

$$n - \log_3 a = \dfrac{\log_3 b - \log_3 a}{b-a}(0-a)$$

$$n = \dfrac{-a(\log_3 b - \log_3 a)}{b-a} + \log_3 a$$

4 두 직선의 y절편 n을
서로 같다고 놓고 식을 정리하면 되겠군!

$$n = \dfrac{-a(\log_3 b - \log_3 a)}{b-a} + \log_3 a$$

$$= \dfrac{-a(\log_9 b - \log_9 a)}{b-a} + \log_9 a$$

연립방정식 $\begin{cases} a^b = b^a \\ a^b + b^a = 2^5 \end{cases}$

0 좌표평면에서 원점과 점 $(\log a, \log b)$를 지나는 직선이 직선 $y = -\dfrac{1}{2}x + 1$과 수직이다.

함수 $f(x) = a^{2x} + b^x$에 대하여 $f(1) = 10$일 때, $f(2)$의 값은?

(단, a, b는 양수이다.)

문제를 보라고 했지? 구하려는 것과 주어진 것, 그리고 더 필요한 것은?

① 35 　② 40 　③ 45 　④ 50 　⑤ 55

주기적인 변화!

삼각함수

음? 반복되는
이 진동은?

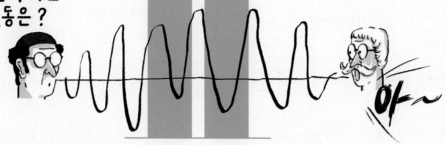

아~

5

물결처럼 반복되는!
삼각함수

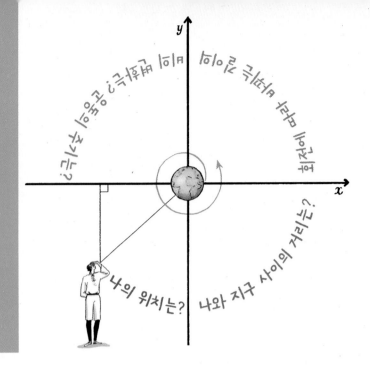

각의 확장!

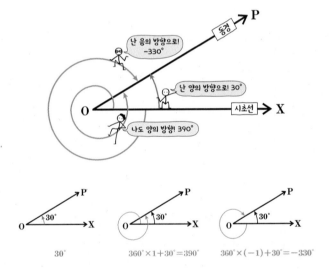

일반적으로 ∠XOP의 크기 중 하나를 $a°$라 할 때, ∠XOP의 크기는
$360° \times n + a°$ (n은 정수)와 같이 나타낼 수 있다.
이것을 동경 OP가 나타내는 **일반각**이라 한다.

일반각

이 단원에서는 각의 크기를 확장해 볼 거야.
평면 위의 두 반직선 OX와 OP에 의하여
∠XOP가 정해질 때, ∠XOP의 크기는 반직선
OP가 고정된 반직선 OX의 위치에서 점 O를
중심으로 반직선 OP의 위치까지 회전한 양을
의미해. 이때 반직선 OX를 ∠XOP의 시초선,
반직선 OP를 ∠XOP의 동경이라 하지. 또 동경
OP가 점 O를 중심으로 회전할 때, 시곗바늘이 도는
방향과 반대 방향을 양의 방향, 시곗바늘이 도는
방향을 음의 방향이라 해!
이렇게 각에 대한 여러 용어들을 새롭게 정의하고
이를 통해 일반각이 무엇인지에 대해 알아보고 각을
확장해 보자.

길이의 비로 나타낸 각의 크기!

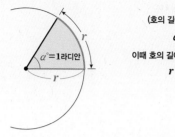

(호의 길이) = (반지름의 길이) = r 면

$$a° = \frac{r}{r} = 1 \text{ 라디안}$$

이때 호의 길이는 중심각의 크기에 정비례하므로

$$r : 2\pi r = a° : 360°$$

$$a° = \frac{180°}{\pi}$$

↓

$$1 \text{ 라디안} = \frac{180°}{\pi} \qquad 1° = \frac{\pi}{180} \text{ 라디안}$$

지금까지는 각의 크기를 나타낼 때 도(°)를 단위로 나타냈어. 이제 새로운 방법을 배워보자. 반지름의 길이가 r인 원 위에 길이가 r인 호를 잡을 때, 이 호에 대한 중심각의 크기는 반지름의 길이 r에 관계없이 일정해. 이때 이것을 단위로 하여 각의 크기를 나타내는 방법을 호도법이라 해!

각에 따라 길이의 비가 변하는!

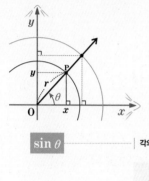

동경 OP가 나타내는 각 θ에 대한 길이의 비 $\frac{y}{r}, \frac{x}{r}, \frac{y}{x} (x \neq 0)$의 값은 r의 값에 관계없이 θ의 크기에 따라 각각 하나씩 정해진다. 이러한 대응 관계는 θ에 대한 함수이고, 이 함수들을 θ에 대한 삼각함수라 한다.

$\sin \theta$ ———— 각의 크기 ——— $\frac{(\text{점 P의 } y \text{좌표})}{(\text{반지름의 길이})}$

$$\theta \longrightarrow \frac{y}{r} \qquad \text{사인함수}$$

$\cos \theta$ ———— 각의 크기 ——— $\frac{(\text{점 P의 } x \text{좌표})}{(\text{반지름의 길이})}$

$$\theta \longrightarrow \frac{x}{r} \qquad \text{코사인함수}$$

$\tan \theta$ ———— 각의 크기 ——— $\frac{(\text{점 P의 } y \text{좌표})}{(\text{점 P의 } x \text{좌표})}$

$$\theta \xrightarrow[(x \neq 0)]{} \frac{y}{x} \qquad \text{탄젠트함수}$$

중학교에서는 삼각비를 0°부터 90°까지의 범위에서 다루었지만, 이제부터는 삼각비의 정의를 일반각으로 확장할 거야.
좌표평면의 원점 O에서 x축의 양의 방향으로 시초선을 잡을 때, 일반각 θ를 나타내는 동경과 원점 O를 중심으로 하고 반지름의 길이가 r인 원의 교점을 P(x, y)라 하면 대응 $\theta \longrightarrow \frac{y}{r}$, $\theta \longrightarrow \frac{x}{r}$, $\theta \longrightarrow \frac{y}{x}$는 모두 θ에 대한 함수이고, 이 함수를 각각 사인함수, 코사인함수, 탄젠트함수라 해. 이와 같이 정의한 함수를 통틀어 θ에 대한 삼각함수라 하지.
각 사분면에서 삼각함수의 값의 부호가 어떻게 결정되는지 알아보자!

각에 따라 길이의 비가 변하는!

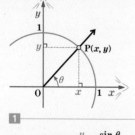

각 θ를 나타내는 동경과 단위원의 교점을 P(x, y)라 할 때

$$\boxed{\sin \theta = y}, \quad \boxed{\cos \theta = x} \text{ 이므로}$$

1

$$\tan \theta = \frac{y}{x} = \frac{\sin \theta}{\cos \theta}$$

2

점 P(x, y)는 원 $x^2 + y^2 = 1$ 위의 점이므로 $x = \cos \theta$, $y = \sin \theta$를 대입하면 $\sin^2 \theta + \cos^2 \theta = 1$

$$\tan \theta = \frac{\sin \theta}{\cos \theta} \qquad \sin^2 \theta + \cos^2 \theta = 1$$

삼각함수 사이에는 다음과 같은 관계가 성립해.

① $\tan \theta = \dfrac{\sin \theta}{\cos \theta}$

② $\sin^2 \theta + \cos^2 \theta = 1$

삼각함수를 포함한 식을 간단히 할 때 위 두 관계를 이용할 수 있어. 굉장히 중요하니까 꼭 기억해!

일반각

별의 위치를 나타내면?

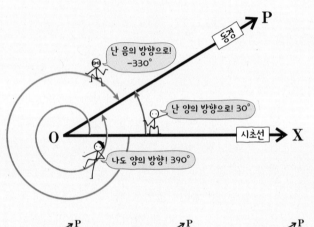

난 음의 방향으로! −330°

난 양의 방향으로! 30°

나도 양의 방향! 390°

동경

시초선

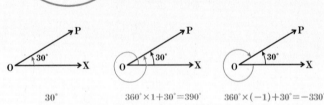

30°

$360° \times 1 + 30° = 390°$

$360° \times (-1) + 30° = -330°$

일반적으로 ∠XOP의 크기 중 하나를 $a°$라 할 때, ∠XOP의 크기는
$360° \times n + a°$ (n은 정수)와 같이 나타낼 수 있다.
이것을 동경 OP가 나타내는 일반각이라 한다.

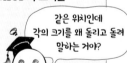

같은 위치인데 각의 크기를 왜 돌리고 돌려 말하는 거야?

- **시초선과 동경**: 평면 위의 두 반직선 OX와 OP에 의하여 ∠XOP
  가 정해질 때, ∠XOP의 크기는 반직선 OP가 고정된 반직선 OX의
  위치에서 점 O를 중심으로 반직선 OP의 위치까지 회전한 양을 의
  미한다. 이때 반직선 OX를 ∠XOP의 시초선, 반직선 OP를
  ∠XOP의 동경이라 한다.
- **양의 방향과 음의 방향**: 동경 OP가 점 O를 중심으로 회전할 때, 시
  곗바늘이 도는 방향과 반대인 방향을 양의 방향, 시곗바늘이 도는 방
  향을 음의 방향이라 한다. 각의 크기는 회전하는 방향이 양의 방향이
  면 양의 부호 +를, 음의 방향이면 음의 부호 −를 붙여서 나타낸다.

  참고 ① 일반각 $360° \times n + a°$로 나타낼 때, $a°$는 보통 $0° \le a° < 360°$인 것
  을 택한다. 이때 정수 n은 동경이 회전한 방향과 횟수를 나타낸다.
  ② 시초선은 처음 시작하는 선이라는 뜻이고, 동경은 움직이는 선이
  라는 뜻이다.

1st — 시초선과 동경

● 시초선이 반직선 OX일 때, 다음 각을 나타내는 동경 OP의 위
치를 그림으로 나타내시오.

1 40°

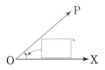

2 100°

O ────────→ X

3 205°

O ────────→ X

4 310°

O ────────→ X

5 −45°

O ────────→ X

6 −220°

O ────────→ X

2nd — 일반각

● 다음 그림에서 시초선이 반직선 OX일 때, 동경 OP가 나타내는
일반각을 $360° \times n + \alpha°$ 꼴로 나타내시오.

(단, n은 정수, $0° \le \alpha° < 360°$)

7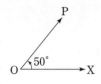

8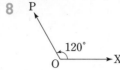

9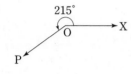

10 O ——→ X, $-60°$, P

● 다음 각의 동경이 나타내는 일반각을 $360° \times n + \alpha°$ 꼴로 나타내
시오. (단, n은 정수, $0° \le \alpha° < 360°$)

11 $410°$

→ $410° = 360° \times 1 + \boxed{}°$ 이므로 $410°$의 동경이 나타내는 일반각은

$360° \times n + \boxed{}°$

12 $1210°$

13 $-175°$

14 $-710°$

● 다음 각과 동경이 일치하는 각만을 보기에서 있는 대로 고르시오.

15 $\boxed{35°}$

보기

ㄱ. $215°$　　　ㄴ. $325°$　　　ㄷ. $395°$

ㄹ. $570°$　　　ㅁ. $755°$　　　ㅂ. $1115°$

16 $\boxed{160°}$

보기

ㄱ. $70°$　　　ㄴ. $340°$　　　ㄷ. $520°$

ㄹ. $880°$　　　ㅁ. $940°$　　　ㅂ. $-210°$

17 $\boxed{420°}$

보기

ㄱ. $60°$　　　ㄴ. $200°$　　　ㄷ. $740°$

ㄹ. $1000°$　　　ㅁ. $-60°$　　　ㅂ. $-300°$

각의 확장으로 물결처럼 반복되는 변화를 만나게 될 거야!

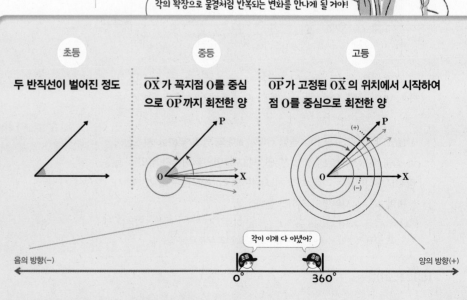

초등	중등	고등
두 반직선이 벌어진 정도	$\overrightarrow{OX}$가 꼭지점 O를 중심으로 $\overrightarrow{OP}$까지 회전한 양	$\overrightarrow{OP}$가 고정된 $\overrightarrow{OX}$의 위치에서 시작하여 점 O를 중심으로 회전한 양

각이 이게 다 아녔어?

음의 방향(−)　　　　　　　　　　　　　　양의 방향(+)

$0°$　　　　$360°$

02

각의 확장!

사분면의 각과 두 동경의 위치 관계

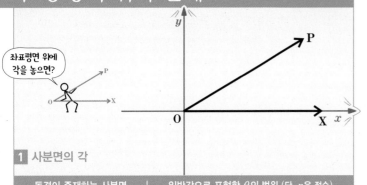

1 사분면의 각

동경이 존재하는 사분면	일반각으로 표현한 θ의 범위 (단, n은 정수)
제1사분면의 각	$360° \times n < \theta < 360° \times n + 90°$
제2사분면의 각	$360° \times n + 90° < \theta < 360° \times n + 180°$
제3사분면의 각	$360° \times n + 180° < \theta < 360° \times n + 270°$
제4사분면의 각	$360° \times n + 270° < \theta < 360° \times n + 360°$

2 두 동경의 위치 관계 (두 동경이 나타내는 각의 크기를 α, β라 하자.)

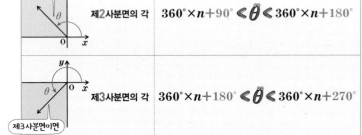

일치할 조건	원점에 대칭일 조건	x축에 대칭일 조건	y축에 대칭일 조건	직선 $y=x$에 대칭일 조건
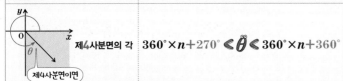				
$\alpha-\beta$ $\parallel$ $360° \times n$	$\alpha-\beta$ $\parallel$ $360° \times n + 180°$	$\alpha+\beta$ $\parallel$ $360° \times n$	$\alpha+\beta$ $\parallel$ $360° \times n + 180°$	$\alpha+\beta$ $\parallel$ $360° \times n + 90°$

- **사분면의 각**: 좌표평면의 원점 O에서 x축의 양의 부분을 시초선으로 잡을 때, 제1사분면, 제2사분면, 제3사분면, 제4사분면에 있는 동경 OP가 나타내는 각을 각각 제1사분면의 각, 제2사분면의 각, 제3사분면의 각, 제4사분면의 각이라 한다.

  참고 ① 동경 OP가 좌표축 위에 있는 각은 어느 사분면에도 속하지 않는다.
  ② 좌표평면에서 시초선은 보통 x축의 양의 부분으로 정한다.

1st — 사분면의 각

● 다음 각은 제몇 사분면의 각인지 말하시오.

1 400°

어떤 각이 제몇 사분면의 각인지 구하려면 $360° \times n + \alpha°$로 나타내었을 때, $\alpha°$의 동경의 위치를 알아봐!

→ $400° = 360° \times 1 + \boxed{}°$

따라서 400°는 제$\boxed{}$사분면의 각이다.

2 815°

3 1360°

4 -480°

5 -915°

6 -1400°

● 다음 물음에 답하시오.

7 θ가 제1사분면의 각일 때, $\dfrac{\theta}{3}$는 제몇 사분면의 각인지 말하시오.

→ θ가 제1사분면의 각이므로 일반각으로 나타내면

$360° \times n + \boxed{}° < \theta < 360° \times n + \boxed{}°$ (n은 정수)

각 변을 3으로 나누어 $\dfrac{\theta}{3}$의 크기의 범위를 구하면

$120° \times n < \dfrac{\theta}{3} < 120° \times n + \boxed{}°$

(i) $n=0$일 때, $0° < \dfrac{\theta}{3} < 30°$이므로

$\dfrac{\theta}{3}$는 제 $\boxed{}$ 사분면의 각이다.

(ii) $n=1$일 때, $120° < \dfrac{\theta}{3} < 150°$이므로

$\dfrac{\theta}{3}$는 제 $\boxed{}$ 사분면의 각이다.

(iii) $n=2$일 때, $240° < \dfrac{\theta}{3} < 270°$이므로

$\dfrac{\theta}{3}$는 제 $\boxed{}$ 사분면의 각이다.

$n=3, 4, 5, \cdots$일 때, 동경의 위치가 제 $\boxed{}$, $\boxed{}$, $\boxed{}$ 사분면의 순서로 반복된다.

따라서 $\dfrac{\theta}{3}$는 제 $\boxed{}$ 사분면 또는 제 $\boxed{}$ 사분면 또는 제 $\boxed{}$ 사분면의 각이다.

8 θ가 제3사분면의 각일 때, $\dfrac{\theta}{2}$는 제몇 사분면의 각인지 말하시오.

9 θ가 제2사분면의 각일 때, $\dfrac{\theta}{3}$는 제몇 사분면의 각인지 말하시오.

10 θ가 제4사분면의 각일 때, $\dfrac{\theta}{2}$는 제몇 사분면의 각인지 말하시오.

2nd — 두 동경의 위치 관계

● 다음을 만족시키는 각 θ의 크기를 구하시오.

11 각 θ를 나타내는 동경과 각 6θ를 나타내는 동경이 일치할 때 (단, $90° < \theta < 180°$)

두 동경의 위치 관계는 동경을 좌표평면에 나타내어 생각해!

→ 각 θ를 나타내는 동경과 각 6θ를 나타내는 동경이 일치하므로

$6\theta - \theta = 360° \times n$ (n은 정수)

$\theta = \boxed{}° \times n$ ……… ㉠

$90° < \theta < 180°$에서 $90° < \boxed{}° \times n < 180°$이므로

$\boxed{} < n < \boxed{}$

n은 정수이므로 $n = \boxed{}$

이것을 ㉠에 대입하면 $\theta = \boxed{}°$

12 각 θ를 나타내는 동경과 각 3θ를 나타내는 동경이 원점에 대하여 대칭일 때 (단, $180° < \theta < 360°$)

13 각 θ를 나타내는 동경과 각 2θ를 나타내는 동경이 x축에 대하여 대칭일 때 (단, $0° < \theta < 180°$)

14 각 θ를 나타내는 동경과 각 3θ를 나타내는 동경이 y축에 대하여 대칭일 때 (단, $180° < \theta < 270°$)

15 각 θ를 나타내는 동경과 각 5θ를 나타내는 동경이 직선 $y=x$에 대하여 대칭일 때 (단, $0° < \theta < 120°$)

03

길이의 비로 나타낸 각의 크기!

호도법

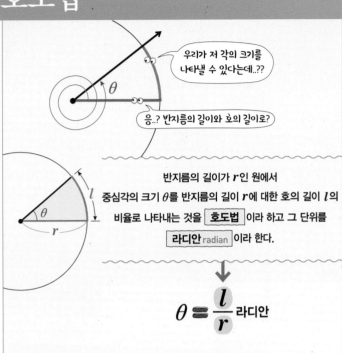

우리가 저 각의 크기를 나타낼 수 있는데..??

응..? 반지름의 길이와 호의 길이로?

반지름의 길이가 r인 원에서 중심각의 크기 θ를 반지름의 길이 r에 대한 호의 길이 l의 비율로 나타내는 것을 <u>호도법</u>이라 하고 그 단위를 <u>라디안</u>radian 이라 한다.

$$\theta = \frac{l}{r} \text{라디안}$$

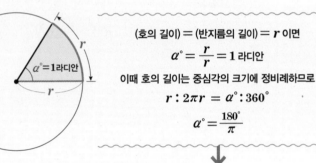

(호의 길이) = (반지름의 길이) = r 이면

$$\alpha° = \frac{r}{r} = 1 \text{라디안}$$

이때 호의 길이는 중심각의 크기에 정비례하므로

$$r : 2\pi r = \alpha° : 360°$$

$$\alpha° = \frac{180°}{\pi}$$

$$1\text{라디안} = \frac{180°}{\pi} \qquad 1° = \frac{\pi}{180} \text{라디안}$$

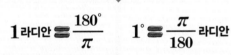

$1° = \dfrac{\pi}{180}$ 라디안이므로

$$60° = 60 \times \frac{\pi}{180} = \frac{\pi}{3} \text{라디안}$$

$$\underset{\text{육십분법}}{60°} = \underset{\text{호도법}}{\frac{\pi}{3}} \text{(라디안)} \boxed{\text{보통 생략함.}}$$

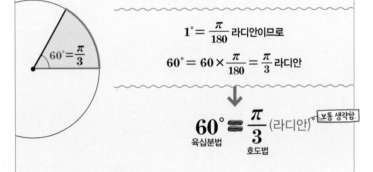

• **육십분법**: 각의 크기를 30°, 90°와 같이 도(°)를 단위로 하여 나타내는 방법. 육십분법은 원의 둘레를 360등분하여 각 호에 대한 중심각의 크기를 1도(°), 1도의 $\frac{1}{60}$을 1분(′), 1분의 $\frac{1}{60}$을 1초(″)로 정의하여 각의 크기를 나타내는 방법이다.

1st — 육십분법과 호도법

● 다음 각을 호도법으로 나타내시오.

1 $36°$

각의 크기를 호도법으로 나타낼 때는 흔히 단위 라디안은 생략해!

$\rightarrow 36° = 36 \times 1°$

$\qquad = 36 \times \boxed{}$

$\qquad = \boxed{}$

2 $90°$

3 $135°$

4 $150°$

5 $210°$

6 $-255°$

7 $-300°$

8 $-480°$

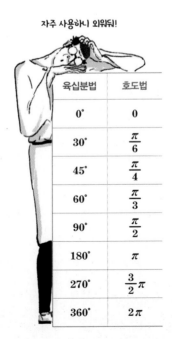

자주 사용하니 외워둬!

육십분법	호도법
$0°$	0
$30°$	$\dfrac{\pi}{6}$
$45°$	$\dfrac{\pi}{4}$
$60°$	$\dfrac{\pi}{3}$
$90°$	$\dfrac{\pi}{2}$
$180°$	π
$270°$	$\dfrac{3}{2}\pi$
$360°$	2π

● 다음 각을 육십분법으로 나타내시오.

9 $\dfrac{2}{5}\pi$

→ $\dfrac{2}{5}\pi=\dfrac{2}{5}\pi\times 1$(라디안)

　　　$=\dfrac{2}{5}\pi\times$ ☐

　　　$=$ ☐ °

10 $\dfrac{\pi}{3}$

11 $\dfrac{7}{6}\pi$

12 $\dfrac{7}{4}\pi$

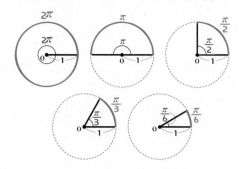

반지름의 길이가 1인 원에서
부채꼴의 중심각의 크기와 호의 길이는 같은 값이다.

13 $-\dfrac{4}{9}\pi$

14 $-\pi$

15 $-\dfrac{13}{10}\pi$

16 -4π

☺ 내가 발견한 개념　　　　　　육십분법과 호도법의 관계는?

• 1라디안= ☐

• 1°= ☐ 라디안

2nd ─ 호도법을 이용한 일반각의 표현

● 다음 각의 동경이 나타내는 일반각을 $2n\pi+\theta$ 꼴로 나타내고 제 몇 사분면의 각인지 말하시오. (단, n은 정수, $0\le\theta<2\pi$)

17 $\dfrac{11}{4}\pi$

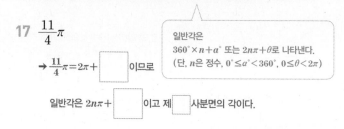

일반각은
$360°\times n+a°$ 또는 $2n\pi+\theta$로 나타낸다.
(단, n은 정수, $0°\le a°<360°$, $0\le\theta<2\pi$)

→ $\dfrac{11}{4}\pi=2\pi+$ ☐ 이므로

일반각은 $2n\pi+$ ☐ 이고 제 ☐ 사분면의 각이다.

18 $\dfrac{25}{6}\pi$

19 $-\dfrac{2}{3}\pi$

20 $-\dfrac{12}{5}\pi$

개념모음문제

21 다음 중 옳지 <u>않은</u> 것을 모두 고르면? (정답 2개)

① $15°=\dfrac{\pi}{12}$ 　　② $54°=\dfrac{3}{10}\pi$ 　　③ $320°=\dfrac{16}{3}\pi$

④ $\dfrac{7}{18}\pi=70°$ 　　⑤ $\dfrac{3}{5}\pi=140°$

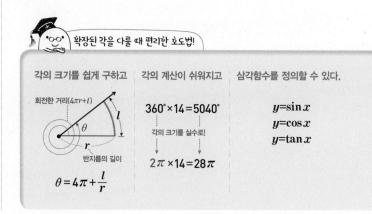

확장된 각을 다룰 때 편리한 호도법!

각의 크기를 쉽게 구하고	각의 계산이 쉬워지고	삼각함수를 정의할 수 있다.

회전한 거리($4\pi r+l$)
θ
l
r
반지름의 길이

$\theta=4\pi+\dfrac{l}{r}$

$360°\times 14=5040°$
각의 크기를 실수로!
$2\pi\times 14=28\pi$

$y=\sin x$
$y=\cos x$
$y=\tan x$

04

길이의 비로 구할 수 있는!

부채꼴의 호의 길이와 넓이

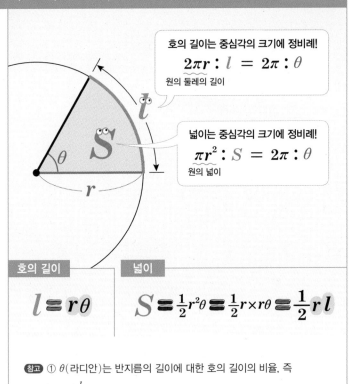

호의 길이는 중심각의 크기에 정비례!
$$2\pi r : l = 2\pi : \theta$$
원의 둘레의 길이

넓이는 중심각의 크기에 정비례!
$$\pi r^2 : S = 2\pi : \theta$$
원의 넓이

호의 길이

$$l = r\theta$$

넓이

$$S = \frac{1}{2}r^2\theta = \frac{1}{2}r \times r\theta = \frac{1}{2}rl$$

참고 ① θ(라디안)는 반지름의 길이에 대한 호의 길이의 비율, 즉
$\theta = \dfrac{l}{r}$이므로 $l = r\theta$
② 부채꼴의 중심각의 크기 θ는 호도법으로 나타낸 각임에 유의한다.
따라서 중심각의 크기가 육십분법으로 주어지면 호도법으로 고친
후 계산한다.

1st 부채꼴의 호의 길이와 넓이

● 다음 부채꼴의 호의 길이 l과 넓이 S를 구하시오.

1 반지름의 길이가 4, 중심각의 크기가 $\dfrac{\pi}{4}$인 부채꼴

→ $l = 4 \times \boxed{} = \boxed{}$

$S = \dfrac{1}{2} \times 4 \times \boxed{} = \boxed{}$

2 반지름의 길이가 12, 중심각의 크기가 $\dfrac{5}{6}\pi$인 부채꼴

---

3 반지름의 길이가 5, 중심각의 크기가 108°인 부채꼴

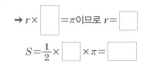

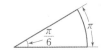

$l = r\theta$를 이용할 때,
중심각의 크기 θ는 호도법
으로 나타내어 적용한다.

● 다음 부채꼴의 반지름의 길이 r와 넓이 S를 구하시오.

4 중심각의 크기가 $\dfrac{\pi}{6}$, 호의 길이가 π인 부채꼴

→ $r \times \boxed{} = \pi$이므로 $r = \boxed{}$

$S = \dfrac{1}{2} \times \boxed{} \times \pi = \boxed{}$

5 중심각의 크기가 $\dfrac{7}{12}\pi$, 호의 길이가 $\dfrac{7}{4}\pi$인 부채꼴

6 중심각의 크기가 135°, 호의 길이가 $\dfrac{3}{2}\pi$인 부채꼴

● 다음 부채꼴의 중심각의 크기 θ와 호의 길이 l을 구하시오.

7 반지름의 길이가 3, 넓이가 4π인 부채꼴

→ $\dfrac{1}{2} \times \boxed{} \times l = 4\pi$이므로 $l = \boxed{}$

$3 \times \theta = \boxed{}$ 이므로 $\theta = \boxed{}$

8 반지름의 길이가 5, 넓이가 10π인 부채꼴

9 반지름의 길이가 9, 넓이가 $\dfrac{27}{2}\pi$인 부채꼴

● 다음 부채꼴의 반지름의 길이 r와 호의 길이 l을 구하시오.

10 중심각의 크기가 $\dfrac{5}{6}\pi$, 넓이가 $\dfrac{5}{3}\pi$인 부채꼴

$\Rightarrow \dfrac{1}{2} \times r^2 \times \boxed{} = \dfrac{5}{3}\pi$이므로 $r^2 = \boxed{}$

$r > 0$이므로 $r = 2$

$l = \boxed{} \times \dfrac{5}{6}\pi = \boxed{}$

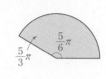

11 중심각의 크기가 $\dfrac{4}{9}\pi$, 넓이가 2π인 부채꼴

12 중심각의 크기가 $270°$, 넓이가 12π인 부채꼴

부채꼴	육십분법	호도법
호의 길이	$2\pi r : l = 360° : x°$ $\Rightarrow l = 2\pi r \times \dfrac{x°}{360°}$	$2\pi r : l = 2\pi : \theta$ $\Rightarrow l = r\theta$
넓이	$\pi r^2 : S = 360° : x°$ $\Rightarrow S = \pi r^2 \times \dfrac{x°}{360°}$	$\pi r^2 : S = 2\pi : \theta$ $\Rightarrow S = \dfrac{1}{2}r^2\theta$

> 호도법을 이용한 식이 더 간단하군!

개념모음문제

13 중심각의 크기가 $\dfrac{5}{6}\pi$이고 호의 길이가 5π인 부채꼴의 반지름의 길이를 a, 넓이를 $b\pi$라 할 때, $b-a$의 값은?

① 5　　　② 6　　　③ 7

④ 8　　　⑤ 9

2nd — 부채꼴의 넓이의 최댓값

● 둘레의 길이가 다음과 같은 부채꼴의 넓이의 최댓값과 그때의 반지름의 길이를 구하시오.

14 8

$\Rightarrow$ 부채꼴의 반지름의 길이를 r, 호의 길이를 l이라 하면

둘레의 길이가 8이므로

$\boxed{} + l = 8$에서 $l = 8 - \boxed{}$

이때 $8 - \boxed{} > 0$, $r > 0$이므로 $0 < r < \boxed{}$

부채꼴의 넓이를 S라 하면

$S = \dfrac{1}{2}rl = \dfrac{1}{2}r(8 - \boxed{}) = -\boxed{} + 4r$

$\quad = -(r - \boxed{})^2 + \boxed{}$

따라서 $r = \boxed{}$, 즉 반지름의 길이가 $\boxed{}$일 때, 부채꼴의 넓이의 최댓값은 $\boxed{}$이다.

15 12

16 18

17 26

이차함수의 최대, 최소

이차함수 $\boxed{y = a(x-p)^2 + q}$ 에 대하여

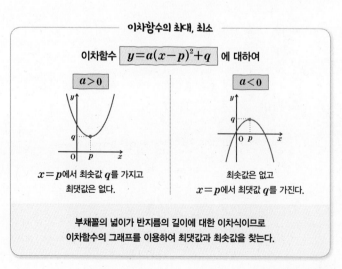

$a > 0$	$a < 0$
$x = p$에서 최솟값 q를 가지고 최댓값은 없다.	최솟값은 없고 $x = p$에서 최댓값 q를 가진다.

부채꼴의 넓이가 반지름의 길이에 대한 이차식이므로 이차함수의 그래프를 이용하여 최댓값과 최솟값을 찾는다.

01 일반각

- ∠XOP의 크기 중 하나를 $a°$라 할 때, 동경 OP가 나타내는 각의 크기는 $360°×n+a°$ (n은 정수)와 같이 나타 낼 수 있다. 이것을 동경 OP가 나타내는 일반각이라 한다.

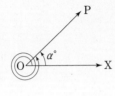

1 다음 각을 나타내는 시초선 OX와 동경 OP의 위치를 그림으로 나타내시오.

(1) $210°$ (2) $-50°$

2 다음 주어진 각의 동경이 나타내는 일반각을 $360°×n+a°$ 꼴로 나타낸 것 중 옳지 <u>않은</u> 것은?

(단, n은 정수, $0°≤a°<360°$)

① $25°$ ⇨ $360°×n+25°$

② $490°$ ⇨ $360°×n+130°$

③ $750°$ ⇨ $360°×n+30°$

④ $-75°$ ⇨ $360°×n+75°$

⑤ $-890°$ ⇨ $360°×n+190°$

3 다음 각을 나타내는 동경의 위치가 나머지 넷과 <u>다른</u> 하나는?

① $-310°$ ② $410°$ ③ $680°$

④ $770°$ ⑤ $1130°$

02 사분면의 각과 두 동경의 위치 관계

- 각 $θ$를 나타내는 동경이 존재하는 사분면에 따라 $θ$의 크기의 범 위를 일반각으로 표현하면 다음과 같다. (단, n은 정수이다.)

① $θ$가 제1사분면의 각: $360°×n<θ<360°×n+90°$

② $θ$가 제2사분면의 각: $360°×n+90°<θ<360°×n+180°$

③ $θ$가 제3사분면의 각: $360°×n+180°<θ<360°×n+270°$

④ $θ$가 제4사분면의 각: $360°×n+270°<θ<360°×n+360°$

4 다음 각은 제몇 사분면의 각인지 구하시오.

(1) $560°$

(2) $1180°$

(3) $-290°$

(4) $-790°$

5 $θ$가 제3사분면의 각일 때, $\dfrac{θ}{3}$를 나타내는 동경이 존 재하는 사분면을 모두 구한 것은?

① 제1, 3사분면   ② 제2, 4사분면

③ 제1, 2, 3사분면   ④ 제1, 3, 4사분면

⑤ 제2, 3, 4사분면

6 각 $θ$를 나타내는 동경과 각 $4θ$를 나타내는 동경이 원 점에 대하여 대칭일 때, 각 $θ$의 크기는?

(단, $180°<θ<360°$)

① $200°$ ② $210°$ ③ $240°$

④ $270°$ ⑤ $300°$

- 1라디안$=\dfrac{180°}{\pi}$, $1°=\dfrac{\pi}{180}$라디안
- 자주 사용하는 특수한 각의 육십분법과 호도법

육십분법	30°	45°	60°	90°	180°	270°	360°
호도법	$\dfrac{\pi}{6}$	$\dfrac{\pi}{4}$	$\dfrac{\pi}{3}$	$\dfrac{\pi}{2}$	π	$\dfrac{3}{2}\pi$	2π

7 다음 중 옳지 <u>않은</u> 것은?

① $10°=\dfrac{\pi}{18}$ ② $75°=\dfrac{5}{12}\pi$

③ $95°=\dfrac{19}{32}\pi$ ④ $108°=\dfrac{3}{5}\pi$

⑤ $165°=\dfrac{11}{12}\pi$

8 $425°$와 θ(라디안)가 같은 사분면의 각일 때, θ의 크기로 알맞은 것은?

① $\dfrac{\pi}{3}$ ② $\dfrac{\pi}{2}$ ③ $\dfrac{3}{4}\pi$

④ $\dfrac{5}{4}\pi$ ⑤ $\dfrac{11}{6}\pi$

반지름의 길이가 r, 중심각의 크기가 θ(라디안)인 부채꼴의 호의 길이를 l, 넓이를 S라 하면

$$l=r\theta,\ S=\dfrac{1}{2}r^2\theta=\dfrac{1}{2}rl$$

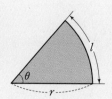

9 호의 길이가 2π, 넓이가 3π인 부채꼴의 반지름의 길이를 r, 중심각의 크기를 θ라 할 때, r와 θ의 값을 구하면?

① $r=2$, $\theta=\pi$ ② $r=2$, $\theta=\dfrac{3}{2}\pi$

③ $r=3$, $\theta=\dfrac{2}{3}\pi$ ④ $r=3$, $\theta=\pi$

⑤ $r=4$, $\theta=\dfrac{\pi}{2}$

10 반지름의 길이가 2인 원의 넓이와 반지름의 길이가 8인 부채꼴의 넓이가 같을 때, 이 부채꼴의 둘레의 길이는?

① $4+\pi$ ② $8+\pi$ ③ $12+\pi$
④ $16+\pi$ ⑤ $18+\pi$

11 반지름의 길이가 5인 부채꼴의 둘레의 길이가 20일 때, 이 부채꼴의 중심각의 크기는?

① $\dfrac{\pi}{6}$ ② 1 ③ $\dfrac{\pi}{3}$

④ 2 ⑤ $\dfrac{3}{4}\pi$

12 둘레의 길이가 14인 부채꼴의 넓이의 최댓값을 M, 그때의 반지름의 길이를 a라 할 때, $M+a$의 값을 구하시오.

직각삼각형에서의 두 변의 길이의 비!

삼각비

∠A에 대한 삼각비

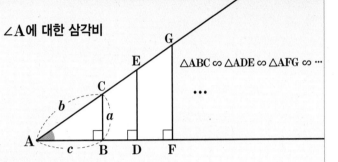

△ABC ∽ △ADE ∽ △AFG ∽ ⋯

sin $\dfrac{(높이)}{(빗변의 길이)}$

$\dfrac{\overline{BC}}{\overline{AC}} = \dfrac{\overline{DE}}{\overline{AE}} = \dfrac{\overline{FG}}{\overline{AG}} = \cdots = \dfrac{a}{b}$ 로
항상 일정하다.

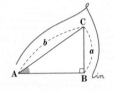

$$\sin A \equiv \dfrac{a}{b}$$

cos $\dfrac{(밑변의 길이)}{(빗변의 길이)}$

$\dfrac{\overline{AB}}{\overline{AC}} = \dfrac{\overline{AD}}{\overline{AE}} = \dfrac{\overline{AF}}{\overline{AG}} = \cdots = \dfrac{c}{b}$ 로
항상 일정하다.

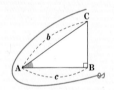

$$\cos A \equiv \dfrac{c}{b}$$

tan $\dfrac{(높이)}{(밑변의 길이)}$

$\dfrac{\overline{BC}}{\overline{AB}} = \dfrac{\overline{DE}}{\overline{AD}} = \dfrac{\overline{FG}}{\overline{AF}} = \cdots = \dfrac{a}{c}$ 로
항상 일정하다.

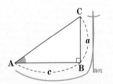

$$\tan A \equiv \dfrac{a}{c}$$

참고 sin, cos, tan는 각각 sine, cosine, tangent의 약자이다.

● 주어진 그림의 직각삼각형 ABC에 대하여 각 삼각비의 값을 구하시오.

1

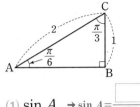

(1) $\sin A$ → $\sin A = \dfrac{\boxed{}}{\overline{AC}} = \boxed{}$

(2) $\cos A$ → $\overline{AB} = \sqrt{2^2 - 1^2} = \sqrt{3}$ 이므로

→ $a^2 + b^2 = c^2$ 이므로
$b^2 = c^2 - a^2$

$\cos A = \dfrac{\boxed{}}{\overline{AC}} = \boxed{}$

(3) $\tan A$ → $\tan A = \dfrac{\boxed{}}{\overline{AB}} = \boxed{}$

(4) $\sin C$ → $\sin C = \dfrac{\boxed{}}{\overline{AC}} = \boxed{}$

(5) $\cos C$ → $\cos C = \dfrac{\boxed{}}{\overline{AC}} = \boxed{}$

(6) $\tan C$ → $\tan C = \dfrac{\boxed{}}{\overline{BC}} = \boxed{}$

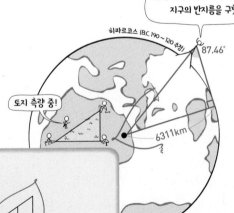

고대 그리스에서 이미 사인을 이용해 지구의 반지름을 구했다네!

히파르코스 (B.C. 190 ~ 120 추정)

87.46°

토지 측량 중!

6311km

직각삼각형의 두 변의 길이의 비가 왜 중요할까?

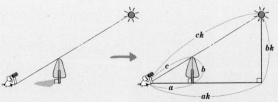

지금 떠 있는 해의 높이는?

해가 만드는 큰 삼각형과
나무가 만드는 작은 삼각형은 닮음이다.
따라서 작은 삼각형과 큰 삼각형의
길이의 비만 알면 해의 높이를 알 수 있다.

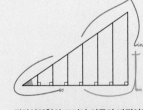

직각삼각형의 크기가 아무리 바뀌어도
각에 따른 변의 길이의 비는
일정하기 때문에 직접 측정하기
어려운 거리도 측정할 수 있다.

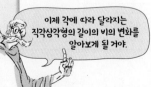

이제 각에 따라 달라지는
직각삼각형의 길이의 비의 변화를
알아보게 될 거야.

2

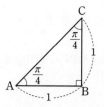

(1) $\sin A$

(2) $\cos A$

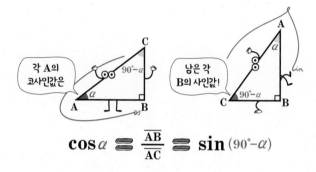

$$\cos \alpha \equiv \frac{\overline{AB}}{\overline{AC}} \equiv \sin (90° - \alpha)$$

(3) $\tan A$

(4) $\sin C$

(5) $\cos C$

(6) $\tan C$

2nd 삼각비의 계산

● 다음을 계산하시오.

3 $\sin \dfrac{\pi}{3} + \cos \dfrac{\pi}{6} + \tan \dfrac{\pi}{3}$

→ $\sin \dfrac{\pi}{3} = \boxed{}$, $\cos \dfrac{\pi}{6} = \boxed{}$, $\tan \dfrac{\pi}{3} = \boxed{}$ 이므로

$\sin \dfrac{\pi}{3} + \cos \dfrac{\pi}{6} + \tan \dfrac{\pi}{3} = \boxed{}$

4 $\sin \dfrac{\pi}{6} - \tan \dfrac{\pi}{6} \times \tan \dfrac{\pi}{3}$

5 $\sin^2 \dfrac{\pi}{4} + \cos^2 \dfrac{\pi}{4}$

$\sin^2 \dfrac{\pi}{4} = \left(\sin \dfrac{\pi}{4} \right)^2$

$\cos^2 \dfrac{\pi}{4} = \left(\cos \dfrac{\pi}{4} \right)^2$

6 $\tan \dfrac{\pi}{4} \times \cos \dfrac{\pi}{3} \div \sin \dfrac{\pi}{4}$

모든 도형은 직각삼각형으로
이루어져 있으니
직각삼각형을 이해하면
모든 도형을
이해하는 거나
마찬가지야!

나만 빼고!

😊 내가 발견한 개념   특수한 각의 삼각비의 값은?

삼각비 \ θ	0	$\dfrac{\pi}{6}$	$\dfrac{\pi}{4}$	$\dfrac{\pi}{3}$	$\dfrac{\pi}{2}$
(1) $\sin \theta$	0		$\dfrac{\sqrt{2}}{2}$		1
(2) $\cos \theta$		$\dfrac{\sqrt{3}}{2}$		$\dfrac{1}{2}$	
(3) $\tan \theta$	0		1		없음

각에 따라 길이의 비가 변하는!

삼각함수

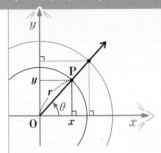

동경 OP가 나타내는 각 θ에 대한 길이의 비 $\dfrac{y}{r}$, $\dfrac{x}{r}$, $\dfrac{y}{x}$ $(x \neq 0)$의 값은 r의 값에 관계없이 θ의 크기에 따라 각각 하나씩 정해진다. 이러한 대응 관계는 θ에 대한 함수이고, 이 함수들을 θ에 대한 **삼각함수**라 한다.

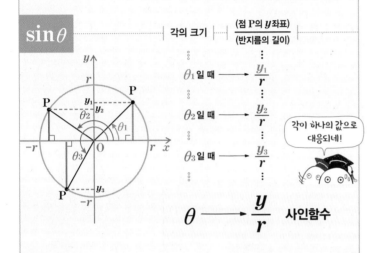

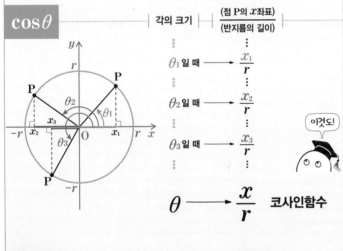

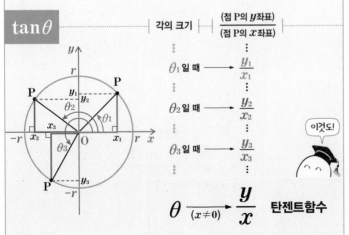

1st 동경의 좌표를 알 때 삼각함수의 값

● 원점 O와 다음 점 P를 지나는 동경 OP가 나타내는 각의 크기를 θ라 할 때, $\sin\theta$, $\cos\theta$, $\tan\theta$의 값을 구하시오.

1 P$(8, -6)$

→ $\overline{\text{OP}} = \sqrt{8^2 + (-6)^2} = 10$이므로

$\sin\theta = \dfrac{\boxed{}}{10} = \boxed{}$

$\cos\theta = \dfrac{\boxed{}}{10} = \boxed{}$

$\tan\theta = \dfrac{\boxed{}}{8} = \boxed{}$

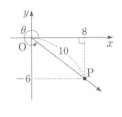

2 P$(-8, 6)$

3 P$(5, 12)$

4 P$(-1, -\sqrt{3})$

반지름의 길이가 1인 단위원 위의 점의 좌표는 삼각함수를 이용해 나타낼 수 있다.

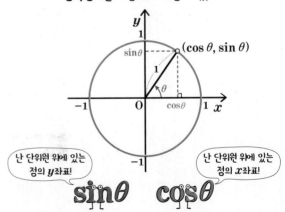

2nd ─ 육십분법으로 주어진 각의 삼각함수의 값

● 다음 값을 구하시오.

5 $\sin 150°$, $\cos 150°$, $\tan 150°$

→ 오른쪽 그림과 같이 $150°$를 나타내는 동경이 반지름의 길이가 1인 원과 만나는 점을 $P(x, y)$라 하자.
점 P에서 x축에 내린 수선의 발을 H라 하면

$\overline{OP} = \boxed{}$, $\angle POH = \boxed{}°$ 이므로

$\overline{OH} = \overline{OP} \cos \boxed{}° = \boxed{}$,

$\overline{PH} = \overline{OP} \sin \boxed{}° = \boxed{}$

따라서 점 P의 좌표는 $\left(\boxed{}, \boxed{} \right)$ 이므로

$\sin 150° = \boxed{}$, $\cos 150° = \boxed{}$, $\tan 150° = \boxed{}$

6 $\sin 330°$, $\cos 330°$, $\tan 330°$

7 $\sin 495°$, $\cos 495°$, $\tan 495°$

8 $\sin(-120°)$, $\cos(-120°)$, $\tan(-120°)$

3rd ─ 호도법으로 주어진 각의 삼각함수의 값

● 다음 값을 구하시오.

9 $\sin \dfrac{13}{6}\pi$, $\cos \dfrac{13}{6}\pi$, $\tan \dfrac{13}{6}\pi$

→ 오른쪽 그림과 같이 $\dfrac{13}{6}\pi = 2\pi \times 1 + \dfrac{\pi}{6}$
를 나타내는 동경이 반지름의 길이가 1인 원과 만나는 점을 $P(x, y)$라 하자.
점 P에서 x축에 내린 수선의 발을 H라 하면

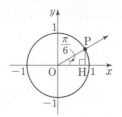

$\overline{OP} = \boxed{}$, $\angle POH = \boxed{}$ 이므로

$\overline{OH} = \overline{OP} \cos \boxed{} = \boxed{}$,

$\overline{PH} = \overline{OP} \sin \boxed{} = \boxed{}$

따라서 점 P의 좌표는 $\left(\boxed{}, \boxed{} \right)$ 이므로

$\sin \dfrac{13}{6}\pi = \boxed{}$, $\cos \dfrac{13}{6}\pi = \boxed{}$, $\tan \dfrac{13}{6}\pi = \boxed{}$

10 $\sin \dfrac{8}{3}\pi$, $\cos \dfrac{8}{3}\pi$, $\tan \dfrac{8}{3}\pi$

11 $\sin\left(-\dfrac{\pi}{4}\right)$, $\cos\left(-\dfrac{\pi}{4}\right)$, $\tan\left(-\dfrac{\pi}{4}\right)$

☺ 내가 발견한 개념 · θ에 대한 삼각함수의 값은?

동경 OP가 나타내는 일반각의 크기를 θ라 하고 $\overline{OP} = r$라 하면

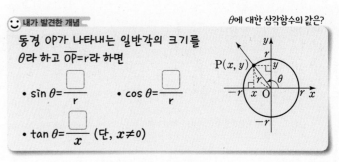

· $\sin \theta = \dfrac{\boxed{}}{r}$ · $\cos \theta = \dfrac{\boxed{}}{r}$

· $\tan \theta = \dfrac{\boxed{}}{x}$ (단, $x \neq 0$)

07

각에 따라 길이의 비가 변하는!

삼각함수의 값의 부호

삼각함수의 값의 부호는 각 θ의 동경이 위치한 사분면에 따라
다음과 같이 정해진다.

	$\sin\theta$	$\cos\theta$	$\tan\theta$
제**1**사분면 $x>0$ $y>0$	$\dfrac{y}{r}>0$	$\dfrac{x}{r}>0$	$\dfrac{y}{x}>0$
제**2**사분면 $x<0$ $y>0$	$\dfrac{y}{r}>0$	$\dfrac{x}{r}<0$	$\dfrac{y}{x}<0$
제**3**사분면 $x<0$ $y<0$	$\dfrac{y}{r}<0$	$\dfrac{x}{r}<0$	$\dfrac{y}{x}>0$
제**4**사분면 $x>0$ $y<0$	$\dfrac{y}{r}<0$	$\dfrac{x}{r}>0$	$\dfrac{y}{x}<0$
	$\sin\theta$의 값의 부호는	$\cos\theta$의 값의 부호는	$\tan\theta$의 값의 부호는

원리확인 $\theta=\dfrac{3}{4}\pi$를 나타내는 동경 위의 $\overline{\text{OP}}=2$인 점 P(x, y)에서 x
축에 내린 수선의 발을 H라 할 때, 빈칸에 알맞은 것을 써
넣으시오.

직각삼각형 OPH에서

$\angle\text{POH}=\dfrac{\pi}{4}$이므로

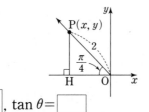

$\overline{\text{OH}}=\boxed{}$, $\overline{\text{PH}}=\boxed{}$

$\sin\theta=\boxed{}$, $\cos\theta=\boxed{}$, $\tan\theta=\boxed{}$

따라서 $\sin\theta$, $\cos\theta$, $\tan\theta$의 값의 부호는

$\sin\theta\bigcirc0$, $\cos\theta\bigcirc0$, $\tan\theta\bigcirc0$

1st — 삼각함수의 값의 부호

● 다음 각 θ에 대하여 $\sin\theta$, $\cos\theta$, $\tan\theta$의 값의 부호를 각각 구
하시오.

1 $\theta=\dfrac{7}{9}\pi$

→ $\theta=\dfrac{7}{9}\pi$는 제 $\boxed{}$ 사분면의 각이므로

$\sin\theta\bigcirc0$, $\cos\theta\bigcirc0$, $\tan\theta\bigcirc0$

2 $\theta=\dfrac{23}{6}\pi$

3 $\theta=-\dfrac{15}{4}\pi$

4 $\theta=565°$

→ $\theta=565°=360°+205°$는 제 $\boxed{}$ 사분면의 각이므로

$\sin\theta\bigcirc0$, $\cos\theta\bigcirc0$, $\tan\theta\bigcirc0$

5 $\theta=770°$

6 $\theta=-560°$

● 다음 조건을 만족시키는 각 θ는 제몇 사분면의 각인지 구하시오.

7 $\sin\theta>0,\ \tan\theta<0$

→ $\sin\theta>0$이면 θ는 제 ☐ 사분면 또는 제 ☐ 사분면의 각이다.

$\tan\theta<0$이면 θ는 제 ☐ 사분면 또는 제 ☐ 사분면의 각이다.

따라서 θ는 제 ☐ 사분면의 각이다.

8 $\sin\theta<0,\ \cos\theta>0$

9 $\cos\theta<0,\ \tan\theta>0$

10 $\sin\theta\cos\theta>0$

① $AB>0$
→ $A>0,\ B>0$ 또는 $A<0,\ B<0$
② $AB<0$
→ $A>0,\ B<0$ 또는 $A<0,\ B>0$

11 $\dfrac{\tan\theta}{\cos\theta}<0$

각 사분면에서 양수인 삼각함수를 외우시오.

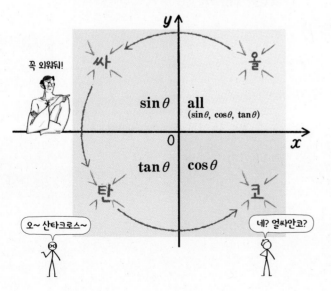

꼭 외워둬!

싸 올

$\sin\theta$ | all $(\sin\theta,\ \cos\theta,\ \tan\theta)$

$\tan\theta$ | $\cos\theta$

탄 코

오~ 산타크로스~

네? 얼싸안코?

2nd ― **삼각함수의 값의 부호를 이용한 식의 계산**

12 $90°<\theta<180°$일 때, 다음 식을 간단히 하여라.

(1) $|\cos\theta|-|\cos\theta+\tan\theta|$

→ θ는 제2사분면의 각이므로

$\cos\theta\ \bigcirc\ 0,\ \tan\theta\ \bigcirc\ 0$

따라서 $\cos\theta+\tan\theta\ \bigcirc\ 0$이므로

$|\cos\theta|-|\cos\theta+\tan\theta|$

$=\boxed{}-\{-(\cos\theta+\tan\theta)\}$

$=\boxed{}$

(2) $\sqrt{\sin^2\theta}-\sqrt{(\sin\theta-\cos\theta)^2}$

13 $180°<\theta<270°$일 때, 다음 식을 간단히 하여라.

(1) $\sqrt{\cos^2\theta}-|\sin\theta+\cos\theta|+\sqrt[3]{\sin^3\theta}$

(2) $\sqrt{(\sin\theta+\cos\theta)^2}-|\tan\theta-\sin\theta|+|\tan\theta|$

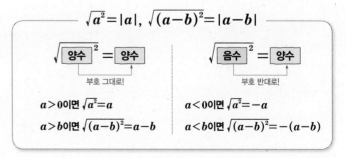

$$\sqrt{a^2}=|a|,\ \sqrt{(a-b)^2}=|a-b|$$

$\sqrt{\boxed{양수}^2}=\boxed{양수}$	$\sqrt{\boxed{음수}^2}=\boxed{양수}$
부호 그대로!	부호 반대로!
$a>0$이면 $\sqrt{a^2}=a$	$a<0$이면 $\sqrt{a^2}=-a$
$a>b$이면 $\sqrt{(a-b)^2}=a-b$	$a<b$이면 $\sqrt{(a-b)^2}=-(a-b)$

각에 따라 길이의 비가 변하는!

삼각함수 사이의 관계

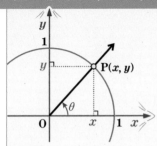

각 θ를 나타내는 동경과 단위원의
교점을 $P(x, y)$라 할 때

$$\boxed{\sin \theta = y}\,,$$

$$\boxed{\cos \theta = x}\ \text{이므로}$$

1

$$\tan \theta = \frac{y}{x} = \frac{\sin \theta}{\cos \theta}$$

$$\tan \theta \equiv \frac{\sin \theta}{\cos \theta}$$

2

점 $P(x, y)$는
원 $x^2 + y^2 = 1$ 위의 점이므로
$x = \cos \theta$, $y = \sin \theta$를 대입하면
$\sin^2 \theta + \cos^2 \theta = 1$

$$\sin^2 \theta + \cos^2 \theta \equiv 1$$

참고 $(\sin \theta)^2$, $(\cos \theta)^2$, $(\tan \theta)^2$을 각각 $\sin^2 \theta$, $\cos^2 \theta$, $\tan^2 \theta$로 나타낸
다. 이때 $(\sin \theta)^2 \neq \sin \theta^2$임에 주의한다.

원리확인 빈칸에 알맞은 것을 써넣으시오.

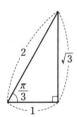

❶ $\sin \dfrac{\pi}{3} = \boxed{}$, $\cos \dfrac{\pi}{3} = \boxed{}$

❷ $\tan \dfrac{\pi}{3} = \boxed{}$ 이고 $\dfrac{\sin \dfrac{\pi}{3}}{\cos \dfrac{\pi}{3}} = \boxed{}$ 이므로

$$\tan \dfrac{\pi}{3} \bigcirc \dfrac{\sin \dfrac{\pi}{3}}{\cos \dfrac{\pi}{3}}$$

❸ $\sin^2 \dfrac{\pi}{3} + \cos^2 \dfrac{\pi}{3} = \left(\boxed{}\right)^2 + \left(\boxed{}\right)^2 = \boxed{}$

1st — 삼각함수의 식의 값

● 다음을 구하시오.

1 θ가 제2사분면의 각이고 $\sin \theta = \dfrac{3}{5}$일 때,
$\cos \theta$, $\tan \theta$의 값

→ $\cos^2 \theta = 1 - \boxed{} = 1 - \boxed{} = \boxed{}$

이때 θ는 제2사분면의 각이므로 $\cos \theta \bigcirc 0$

따라서 $\cos \theta = \boxed{}$, $\tan \theta = \dfrac{\sin \theta}{\cos \theta} = \boxed{}$

2 θ가 제3사분면의 각이고 $\sin \theta = -\dfrac{1}{3}$일 때,
$\cos \theta$, $\tan \theta$의 값

3 $0 < \theta < \dfrac{\pi}{2}$이고 $\cos \theta = \dfrac{1}{2}$일 때, $\sin \theta$, $\tan \theta$의 값

4 $\pi < \theta < \dfrac{3}{2}\pi$이고 $\sin \theta = -\dfrac{3}{4}$일 때,
$\cos \theta$, $\tan \theta$의 값

5 $\dfrac{3}{2}\pi < \theta < 2\pi$이고 $\cos \theta = \dfrac{5}{13}$일 때,
$\sin \theta$, $\tan \theta$의 값

2nd ─ 삼각함수 사이의 관계를 이용한 식의 정리

● 다음 식을 간단히 하시오.

6 $\dfrac{\cos\theta}{1+\sin\theta}+\dfrac{\cos\theta}{1-\sin\theta}$

→ $\dfrac{\cos\theta}{1+\sin\theta}+\dfrac{\cos\theta}{1-\sin\theta}$

$=\dfrac{\cos\theta(\boxed{})+\cos\theta(\boxed{})}{(1+\sin\theta)(1-\sin\theta)}$

$=\dfrac{\cos\theta-\boxed{}+\cos\theta+\boxed{}}{1-\sin^2\theta}$

$=\dfrac{\boxed{}\cos\theta}{\cos^2\theta}$

$=\dfrac{\boxed{}}{\cos\theta}$

7 $(\sin\theta+\cos\theta)^2+(\sin\theta-\cos\theta)^2$

난 전체의 제곱!

$$\sin^2\theta \equiv (\sin\theta)^2$$

난 θ만 제곱!

$$\sin\theta^2 \equiv \sin(\theta)^2$$

8 $\dfrac{\sin\theta}{\cos\theta-1}+\dfrac{\cos\theta}{\sin\theta}$

9 $\dfrac{\sin\theta}{1+\cos\theta}+\dfrac{1+\cos\theta}{\sin\theta}$

10 $\dfrac{\cos^2\theta}{1+\sin\theta}+\cos\theta\tan\theta$

11 $\dfrac{1-\cos^4\theta}{\sin^2\theta}+\sin^2\theta$

12 $(1-\sin^2\theta)(1+\tan^2\theta)$

😊 **내가 발견한 개념** ⌐ 　　　　　　삼각함수 사이의 관계는?

● $\tan\theta=\dfrac{\sin\theta}{\boxed{}}$ 　　　● $\sin^2\theta+\cos^2\theta=\boxed{}$

3rd ― 삼각함수 사이의 관계를 이용한 식의 값

● $\sin\theta+\cos\theta=\dfrac{1}{3}$일 때, 다음 식의 값을 구하시오.

13 $\sin\theta\cos\theta$

→ $\sin\theta+\cos\theta=\dfrac{1}{3}$의 양변을 제곱하면

$\sin^2\theta+2\sin\theta\cos\theta+\cos^2\theta=\dfrac{1}{9}$

$\boxed{}+2\sin\theta\cos\theta=\dfrac{1}{9}$이므로

$\sin\theta\cos\theta=\boxed{}$

> $\sin$과 $\cos$의 합 또는 차가 주어지면 $\sin^2\theta+\cos^2\theta=1$ 임을 이용한다.

14 $\sin\theta-\cos\theta$

15 $\tan\theta+\dfrac{1}{\tan\theta}$

16 $\sin^3\theta+\cos^3\theta$

● 다음 물음에 답하시오.

17 θ가 제2사분면의 각이고 $\sin\theta\cos\theta=-\dfrac{1}{3}$일 때, $\cos\theta-\sin\theta$의 값을 구하시오.

→ $(\cos\theta-\sin\theta)^2=\cos^2\theta-2\cos\theta\sin\theta+\sin^2\theta$

$\qquad=\boxed{}-2\sin\theta\cos\theta$

$\qquad=\boxed{}-2\times\left(-\dfrac{1}{3}\right)$

$\qquad=\boxed{}$

이때 θ는 제2사분면의 각이므로

$\sin\theta\bigcirc0,\ \cos\theta\bigcirc0$

따라서 $\cos\theta-\sin\theta\bigcirc0$이므로

$\cos\theta-\sin\theta=\boxed{}$

18 θ가 제3사분면의 각이고 $\sin\theta\cos\theta=\dfrac{1}{5}$일 때, $\sin\theta+\cos\theta$의 값을 구하시오.

19 θ가 제1사분면의 각이고 $\sin\theta\cos\theta=\dfrac{1}{2}$일 때, $\dfrac{1}{\sin\theta}+\dfrac{1}{\cos\theta}$의 값을 구하시오.

20 θ가 제4사분면의 각이고 $\sin\theta\cos\theta=-\dfrac{1}{2}$일 때, $\sin^3\theta-\cos^3\theta$의 값을 구하시오.

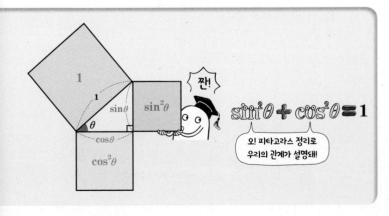

짠!

$\sin^2\theta+\cos^2\theta=1$

오! 피타고라스 정리로 우리의 관계가 설명돼!

4ᵗʰ — 삼각함수와 이차방정식

● 다음 이차방정식의 두 근이 $\sin\theta$, $\cos\theta$일 때, 실수 k의 값을 구하시오.

21 $3x^2 - x - k = 0$

→ 이차방정식 $3x^2 - x - k = 0$의 두 근이 $\sin\theta$, $\cos\theta$이므로 이차방정식 의 근과 계수의 관계에 의하여

$\sin\theta + \cos\theta = \boxed{}$, $\sin\theta\cos\theta = \boxed{}$

$\sin\theta + \cos\theta = \boxed{}$ 의 양변을 제곱하면

$\sin^2\theta + 2\sin\theta\cos\theta + \cos^2\theta = \boxed{}$

$\boxed{\sin^2\theta + \cos^2\theta = 1}$

$1 + 2\sin\theta\cos\theta = \boxed{}$

$1 - \boxed{}k = \boxed{}$

따라서 $k = \boxed{}$

22 $2x^2 + x + k = 0$

23 $4x^2 - x - k = 0$

24 $5x^2 + x - k = 0$

25 $6x^2 + 2x + k = 0$

26 $5x^2 - 2kx + 2 = 0$

이차방정식 근과 계수의 관계

이차방정식 $ax^2 + bx + c = 0$의 두 근이 $\boxed{\sin\theta}$, $\boxed{\cos\theta}$일 때

(두 근의 합)$= \boxed{\sin\theta} + \boxed{\cos\theta} = -\dfrac{b}{a}$

(두 근의 곱)$= \boxed{\sin\theta} \times \boxed{\cos\theta} = \dfrac{c}{a}$

'이차방정식의 두 근'이 나오면 이차방정식의 근과 계수의 관계를 기억한다!

개념모음문제

27 이차방정식 $3x^2 + kx + 1 = 0$의 두 근이 $\sin\theta$, $\cos\theta$일 때, 양수 k의 값은?

① 3 ② $2\sqrt{3}$ ③ $\sqrt{15}$

④ $3\sqrt{2}$ ⑤ $\sqrt{21}$

05 삼각비

- $\angle$C=90°인 직각삼각형 ABC에서 $\angle$B의 삼각비는
$$\sin B=\frac{b}{c}, \cos B=\frac{a}{c}, \tan B=\frac{b}{a}$$
로 정의한다.

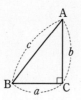

1 오른쪽 그림과 같은 직각삼각형 ABC에서 $\overline{AC}=1$, $\overline{BC}=2$일 때, 다음 중 옳지 <u>않은</u> 것은?

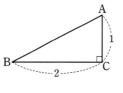

① $\sin A=\dfrac{2\sqrt{5}}{5}$ ② $\cos A=\dfrac{\sqrt{5}}{5}$

③ $\tan A=2$ ④ $\sin B=\dfrac{\sqrt{5}}{5}$

⑤ $\cos B=\dfrac{2}{5}$

2 다음 식의 값을 구하시오.

$$\frac{\cos\dfrac{\pi}{6}}{\sin\dfrac{\pi}{6}+\cos\dfrac{\pi}{4}}+\frac{\sin\dfrac{\pi}{3}}{\cos\dfrac{\pi}{3}-\cos\dfrac{\pi}{4}}$$

3 $\cos 60°=\sin(\alpha-15°)$일 때, α의 크기는?
(단, $15°<\alpha<90°$)

① 30°   ② 35°   ③ 40°

④ 45°   ⑤ 50°

06 삼각함수

- 삼각함수의 정의
좌표평면 위의 점 $P(x, y)$에 대하여 동경 OP가 나타내는 일반각의 크기를 θ, $\overline{OP}=r$라 하면

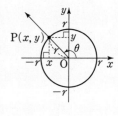

$$\sin\theta=\frac{y}{r}, \cos\theta=\frac{x}{r}, \tan\theta=\frac{y}{x}$$
(단, $x\neq 0$)

4 원점 O와 점 $P(-3, 4)$를 지나는 동경 OP가 나타내는 각의 크기를 θ라 할 때, $(\sin\theta+\cos\theta)\times 3\tan\theta$의 값은?

① $-\dfrac{4}{5}$ ② $-\dfrac{2}{5}$ ③ 0

④ $\dfrac{2}{5}$ ⑤ $\dfrac{4}{5}$

5 $\cos 660°+\sin 660°\times\tan 660°$의 값은?

① -2 ② $-\dfrac{\sqrt{3}}{2}$ ③ $\dfrac{\sqrt{3}}{2}$

④ $\dfrac{1+\sqrt{2}}{2}$ ⑤ 2

6 $\theta=\dfrac{5}{4}\pi$일 때, $\sin\theta\times\cos\theta\times\tan\theta$의 값은?

① $-\dfrac{\sqrt{3}}{2}$ ② $-\dfrac{1}{2}$ ③ $\dfrac{1}{2}$

④ $\dfrac{\sqrt{2}}{2}$ ⑤ $\dfrac{\sqrt{3}}{2}$

• 각 사분면에서 부호가 +인 삼각함수는 다음 그림과 같다.

7 다음 중 부호가 나머지 넷과 <u>다른</u> 하나는?

① $\sin \dfrac{8}{3}\pi$

② $\cos \dfrac{11}{3}\pi$

③ $\cos \dfrac{17}{10}\pi \tan \dfrac{7}{4}\pi$

④ $\sin \dfrac{\pi}{3}+\cos \dfrac{7}{4}\pi$

⑤ $\sin \dfrac{4}{3}\pi \cos \dfrac{4}{5}\pi$

8 $\sin \theta \cos \theta < 0$을 만족시키는 θ가 존재하는 사분면을 모두 고르면? (정답 2개)

① 제1사분면

② 제2사분면

③ 제3사분면

④ 제4사분면

⑤ 알 수 없다.

9 θ가 제3사분면의 각일 때,
$$\sqrt{\sin^2 \theta + 2\sin \theta \cos \theta + \cos^2 \theta} - |\cos \theta|$$
를 간단히 하면?

① $\sin \theta$

② $\cos \theta$

③ $-\sin \theta$

④ $2\sin \theta + \cos \theta$

⑤ $\sin \theta + 2\cos \theta$

• $\tan \theta = \dfrac{\sin \theta}{\cos \theta}$

• $\sin^2 \theta + \cos^2 \theta = 1$

10 $\dfrac{\pi}{2} < \theta < \pi$이고 $\cos \theta = -\dfrac{1}{3}$일 때, $6\sin \theta + \tan \theta$의 값은?

① $\sqrt{2}$

② $2\sqrt{2}$

③ $1+\sqrt{3}$

④ $\dfrac{3+\sqrt{2}}{2}$

⑤ $2\sqrt{3}$

11 $\pi < \theta < 2\pi$이고 $\dfrac{\cos \theta}{1+\sin \theta}+\dfrac{1+\sin \theta}{\cos \theta}=3$일 때, $\sin \theta \times \tan \theta$의 값은?

① $\dfrac{5}{6}$

② $\dfrac{2}{5}$

③ $\dfrac{1}{6}$

④ $-\dfrac{2}{5}$

⑤ $-\dfrac{5}{6}$

12 x에 대한 이차방정식 $5x^2+3x-p=0$의 두 근이 $\sin \theta$, $\cos \theta$일 때, 실수 p의 값을 구하시오.

TEST 개념 발전

1 호도법으로 나타낸 각의 크기를 육십분법으로 표현할 때, 다음 **보기**에서 옳은 것의 개수를 구하시오.

> **보기**
>
> ㄱ. $1 = \dfrac{180°}{\pi}$ ㄴ. $\dfrac{\pi}{3} = 30°$
>
> ㄷ. $\dfrac{1}{4} = \dfrac{90°}{\pi}$ ㄹ. $\dfrac{3}{2}\pi = 210°$
>
> ㅁ. $-\dfrac{7}{9}\pi = -140°$ ㅂ. $2\pi = 180°$

2 다음 각을 나타내는 동경이 존재하는 사분면이 나머지 넷과 다른 하나는?

① $920°$ ② $-520°$ ③ $-\dfrac{5}{6}\pi$

④ $\dfrac{4}{3}\pi$ ⑤ $\dfrac{11}{4}\pi$

3 $\dfrac{\pi}{2} < \theta < \dfrac{4}{3}\pi$이고 각 2θ를 나타내는 동경과 각 8θ를 나타내는 동경이 일치할 때, 각 θ의 크기로 가능한 값을 모두 더한 것은?

① $\dfrac{\pi}{3}$ ② $\dfrac{2}{3}\pi$ ③ $\dfrac{3}{4}\pi$

④ $\dfrac{5}{3}\pi$ ⑤ 2π

4 둘레의 길이가 20인 부채꼴의 넓이가 최대일 때의 중심각의 크기 θ는?

① 1 ② 2 ③ $\dfrac{\pi}{6}$

④ $\dfrac{2}{3}\pi$ ⑤ $\dfrac{3}{4}\pi$

5 원점 O와 점 $P(1, -2\sqrt{2})$를 잇는 반직선 OP를 동경으로 하는 각의 크기를 θ라 할 때, $3\sin\theta + 6\cos\theta - \tan\theta$의 값은?

① $\dfrac{2}{3}$ ② 2 ③ $\dfrac{4\sqrt{2}}{3}$

④ $2\sqrt{2}$ ⑤ $\dfrac{8}{3}$

6 $\sin\theta\cos\theta \neq 0$이고 $\dfrac{\sqrt{\sin\theta}}{\sqrt{\cos\theta}} = -\sqrt{\dfrac{\sin\theta}{\cos\theta}}$를 만족시키는 θ에 대하여

$$\sqrt{\cos^2\theta} - |\cos\theta + \tan\theta| + \sqrt{(\sin\theta - \tan\theta)^2}$$

의 값은?

① $-\sin\theta$ ② $-\cos\theta$ ③ $\sin\theta + \cos\theta$
④ $\cos\theta$ ⑤ $\sin\theta$

7 다음 중 $\sin\theta\cos\theta>0$, $\sin\theta\tan\theta<0$을 만족시키는 θ의 크기가 될 수 있는 것은?

① $\dfrac{\pi}{4}$ ② $\dfrac{4}{5}\pi$ ③ $\dfrac{4}{3}\pi$

④ $\dfrac{3}{2}\pi$ ⑤ $\dfrac{11}{6}\pi$

8 $\sin\theta+\cos\theta=\dfrac{1}{2}$일 때, 각 θ를 나타내는 동경이 존재하는 사분면을 모두 구한 것은?

① 제2사분면

② 제1사분면, 제2사분면

③ 제1사분면, 제4사분면

④ 제2사분면, 제4사분면

⑤ 제1사분면, 제2사분면, 제4사분면

9 이차방정식 $2x^2+ax+1=0$의 두 근이 $\sin\theta+\cos\theta$, $\sin\theta-\cos\theta$일 때, 양수 a의 값은?

① $\dfrac{\sqrt{3}}{2}$ ② $\sqrt{3}$ ③ $2\sqrt{3}$

④ $\dfrac{5\sqrt{3}}{2}$ ⑤ $3\sqrt{3}$

10 오른쪽 그림은 어느 자동차의 와이퍼가 $\dfrac{3}{4}\pi$만큼 회전한 모양을 나타낸 것이다. 이 와이퍼에서 유리창을 닦는 고무판의 길이가 40 cm이고, 고무판이 회전하면서 닦는 부분의 넓이가 1200π cm²일 때, 고무판이 회전하면서 닦는 부분의 둘레의 길이를 구하시오. (단, 고무판이 회전하면서 닦는 부분의 모양은 부채꼴의 일부이다.)

11 오른쪽 그림과 같이 직선 $y=2$가 두 원 $x^2+y^2=5$, $x^2+y^2=9$와 제2사분면에서 만나는 점을 각각 A, B라 하자. 점 $C(3,0)$에 대하여 $\angle COA=\alpha$, $\angle COB=\beta$라 할 때, $\sin\alpha\times\cos\beta$의 값은?

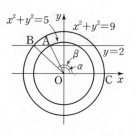

① $-\dfrac{2}{3}$ ② $-\dfrac{5}{12}$ ③ $-\dfrac{1}{6}$

④ $\dfrac{1}{12}$ ⑤ $\dfrac{1}{3}$

12 θ가 제3사분면의 각일 때, 각 $\dfrac{\theta}{3}$를 나타내는 동경이 존재하는 범위를 단위원 안에 나타낼 때, 그 넓이는?

① $\dfrac{\pi}{4}$ ② $\dfrac{\pi}{3}$ ③ $\dfrac{2}{3}\pi$

④ $\dfrac{3}{4}\pi$ ⑤ π

6

물결처럼 반복되는 변화의 이해!
삼각함수의 그래프

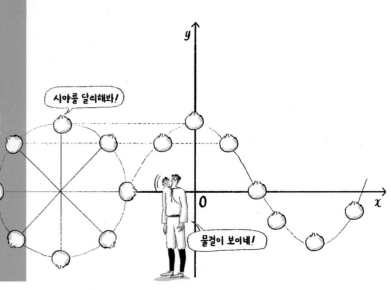

변화의 모양이 반복되는!

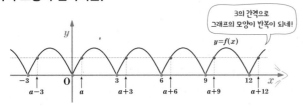

함수 $y=f(x)$의 정의역에 속하는 임의의 x에 대하여
$f(x+p)=f(x)$가 성립하는 0이 아닌 상수 p가 존재할 때,
함수 $y=f(x)$를 주기함수 라 하고
이러한 상수 p 중에서 최소인 양수를 그 함수의 주기라 한다.

각에 따라 변화의 모양이 반복되는!

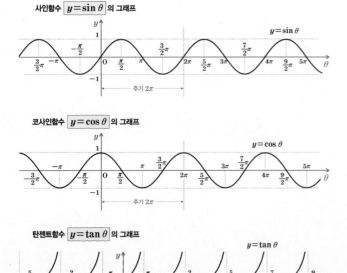

사인함수 $y=\sin\theta$ 의 그래프

코사인함수 $y=\cos\theta$ 의 그래프

탄젠트함수 $y=\tan\theta$ 의 그래프

주기함수

01 주기함수

정의역에 속하는 모든 x에 대해 $f(x+p)=f(x)$를
만족하는 p가 존재하는 함수를 주기함수라 해.
그래프로 표현하면 일정한 모양이 반복되는 것을 볼
수 있어. 이번 단원에서 배울 삼각함수가 대표적인
주기함수야.

삼각함수의 그래프와 성질

02 $y=\sin x$의 그래프와 성질
03 $y=\cos x$의 그래프와 성질
04 $y=\tan x$의 그래프와 성질

삼각함수 $y=\sin x$, $y=\cos x$, $y=\tan x$의 그래프를
그리고 그 성질을 알아볼 거야. 세 삼각함수의
그래프는 단위원을 이용하여 그릴 수 있어.
$y=\cos x$의 그래프는 $y=\sin x$의 그래프를 x축으로
$-\dfrac{\pi}{2}$만큼 이동한 것과 같아. 두 삼각함수는 주기가
2π인 주기함수, $y=\tan x$의 그래프는 주기가 π인
주기함수이지.
세 삼각함수의 그래프를 그리고 관찰하며 정의역,
치역, 주기, 점근선 등 다양한 성질을 알아보자.

반복되는 변화의 이해!

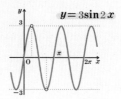

$y=a\sin bx$	
최댓값	$\lvert a \rvert$
최솟값	$-\lvert a \rvert$
주기	$\dfrac{2\pi}{\lvert b \rvert}$

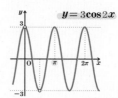

$y=a\cos bx$	
최댓값	$\lvert a \rvert$
최솟값	$-\lvert a \rvert$
주기	$\dfrac{2\pi}{\lvert b \rvert}$

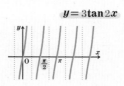

$y=a\tan bx$	
최댓값, 최솟값은 없다.	
주기	$\dfrac{\pi}{\lvert b \rvert}$
점근선의 방정식	$x=\dfrac{1}{b}\left(n\pi+\dfrac{\pi}{2}\right)$ (단, n은 정수)

반복되는 변화에 따른 각의 특징!

• $2n\pi+x$의 삼각함수 (단, n은 정수)

$\sin(2n\pi+x)=\sin x$	$\cos(2n\pi+x)=\cos x$	$\tan(2n\pi+x)=\tan x$

• $-x$의 삼각함수

$\sin(-x)=-\sin x$	$\cos(-x)=\cos x$	$\tan(-x)=-\tan x$

• $\pi\pm x$의 삼각함수

$\sin(\pi+x)=-\sin x$	$\cos(\pi+x)=-\cos x$	$\tan(\pi+x)=\tan x$
$\sin(\pi-x)=\sin x$	$\cos(\pi-x)=-\cos x$	$\tan(\pi-x)=-\tan x$

• $\dfrac{\pi}{2}\pm x$의 삼각함수

$\sin\left(\dfrac{\pi}{2}+x\right)=\cos x$	$\cos\left(\dfrac{\pi}{2}+x\right)=-\sin x$	$\tan\left(\dfrac{\pi}{2}+x\right)=-\dfrac{1}{\tan x}$
$\sin\left(\dfrac{\pi}{2}-x\right)=\cos x$	$\cos\left(\dfrac{\pi}{2}-x\right)=\sin x$	$\tan\left(\dfrac{\pi}{2}-x\right)=\dfrac{1}{\tan x}$

미지수가 각에 있는!

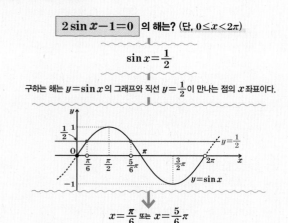

계수가 있는 삼각함수의 그래프

삼각함수 $y=a\sin bx$, $y=a\cos bx$, $y=a\tan bx$와 같이 계수가 있을 때 삼각함수의 그래프의 주기, 치역, 점근선이 어떻게 변화하는지 알아볼 거야.
또 지금까지 배운 삼각함수의 그래프를 평행이동한 그래프와 절댓값 기호를 포함한 삼각함수의 그래프도 그리고 그 성질을 이해해 볼 거야.
삼각함수의 그래프의 성질을 이용하면 조건을 이용해서 삼각함수의 계수를 구할 수 있어.
그 연습도 해보자.

삼각함수의 성질과 삼각함수표

삼각함수의 그래프의 주기성과 대칭성을 이용하면 $2n\pi+x$, $-x$, $\pi\pm x$, $\dfrac{\pi}{2}\pm x$ 의 삼각함수를 x에 대한 삼각함수로 표현할 수 있어.
또 삼각함수표를 읽는 방법도 배울 거야.
삼각함수표는 $0°$에서 $90°$까지의 각에 대한 삼각비의 값을 나타낸 표야. 삼각함수를 변형한 후 삼각함수표를 이용하면 모든 각에 대한 삼각비를 알 수 있어.

삼각함수의 활용

삼각함수의 그래프와 x축에 평행한 직선을 이용하면 삼각함수를 포함한 방정식의 해를 구할 수 있어.
복잡해 보이는 식도 삼각함수 사이의 관계와 삼각함수의 성질을 이용하여 한 가지 삼각함수만 남도록 정리하면 해를 구할 수 있지. 차근차근 연습하면 금방 잘 할 수 있게 될 거야!

변화의 모양이 반복되는!

주기함수

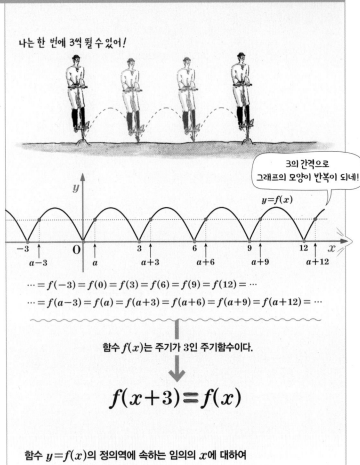

나는 한 번에 3억 뛸 수 있어!

3의 간격으로
그래프의 모양이 반복이 되네!

$y=f(x)$

$$\cdots = f(-3) = f(0) = f(3) = f(6) = f(9) = f(12) = \cdots$$
$$\cdots = f(a-3) = f(a) = f(a+3) = f(a+6) = f(a+9) = f(a+12) = \cdots$$

함수 $f(x)$는 주기가 3인 주기함수이다.

$$f(x+3) = f(x)$$

함수 $y=f(x)$의 정의역에 속하는 임의의 x에 대하여
$f(x+p)=f(x)$가 성립하는 0이 아닌 상수 p가 존재할 때,
함수 $y=f(x)$를 주기함수 라 하고
이러한 상수 p 중에서 최소인 양수를 그 함수의 주기라 한다.

얏호오!

삼각함수를 하는데
갑자기 주기함수는
왜 배워요?

끝없는 파도의 반복? 주기?
삼각함수가
대표적인
주기함수거든

1st — 주기함수의 함숫값

● 다음을 구하시오.

1 함수 $f(x)$의 주기가 2이고 $f(4)=1$일 때, $f(6)$의 값

→ 함수 $f(x)$의 주기가 2이므로

$f(x+\boxed{})=f(x)$

따라서 $f(6)=f(4+\boxed{})=f(\boxed{})=\boxed{}$

2 함수 $f(x)$의 주기가 3이고 $f(1)=2$일 때, $f(4)$의 값

3 함수 $f(x)$의 주기가 4이고 $f(2)=-5$일 때, $f(10)$의 값

4 함수 $f(x)$의 주기가 2이고 $f(8)=3$일 때, $f(2)$의 값

5 함수 $f(x)$의 주기가 3이고 $f(9)=-4$일 때, $f(0)$의 값

😊 내가 발견한 개념　　　　　　　　　주기함수란?

• 주기가 $\boxed{}$인 주기함수 $f(x)$

→ $f(x)=f(x+p)=f(x+2p)=f(x+3p)=\cdots$

● 실수 전체에서 정의된 함수 $f(x)$와 그 주기가 다음과 같을 때,
함수의 그래프를 완성하고 주어진 함숫값을 구하시오.

6 $0 \le x < 2$에서 $f(x) = 2x$, 주기: 2

(1)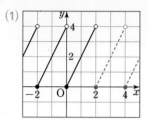

(2) $f(3)$

7 $0 \le x < 4$에서 $f(x) = x+1$, 주기: 4

(1)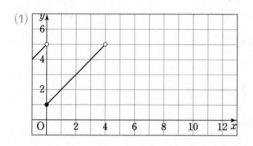

(2) $f(7)$

8 $0 \le x < 5$에서 $f(x) = 2x-1$, 주기: 5

(1)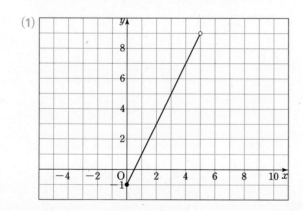

(2) $f(14)$

9 $0 \le x < 2$에서 $f(x) = x^2$, 주기: 2

(1)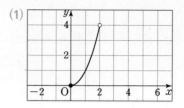

(2) $f(9)$

10 $0 \le x < 3$에서 $f(x) = -x^2+3$, 주기: 3

(1)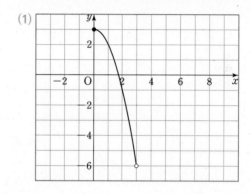

(2) $f(-2)$

11 $0 \le x < 4$에서 $f(x) = \dfrac{1}{2}x^2-1$, 주기: 4

(1)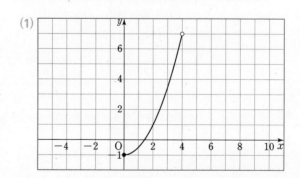

(2) $f(-6)$

02

물결처럼 반복되는 sin θ의 변화!

$y=\sin x$의 그래프와 성질

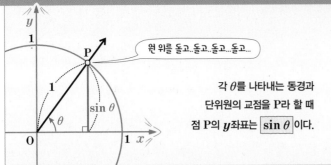

원 위를 돌고 돌고 돌고 돌고...

각 θ를 나타내는 동경과
단위원의 교점을 P라 할 때
점 P의 y좌표는 $\boxed{\sin θ}$ 이다.

θ의 값에 따른 sin θ의 값의 변화는?

점 P가 단위원 위를 양의 방향으로 1바퀴 움직일 때

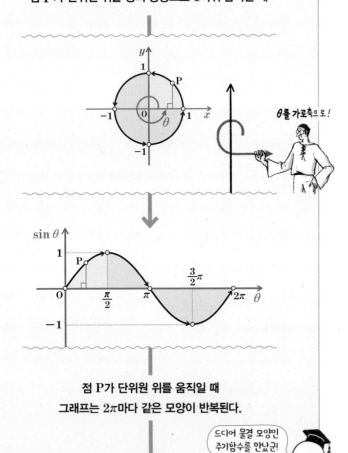

θ를 가로축으로!

**점 P가 단위원 위를 움직일 때
그래프는 2π마다 같은 모양이 반복된다.**

드디어 물결 모양인
주기함수를 만났군!

사인함수 $\boxed{y=\sin θ}$ 의 그래프

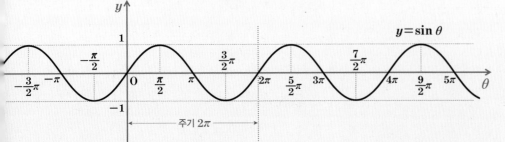

$y=\sin θ$

❶ **정의역:** 실수 전체의 집합
치역: $\{y\,|-1\le y\le 1\}$
❷ **주기가 2π인 주기함수**
$\Rightarrow \sin(θ+2nπ)=\sin θ$ (단, n은 정수)
❸ **그래프는 원점에 대하여 대칭**
$\Rightarrow \sin(-θ)=-\sin θ$

1st — $y=\sin x$의 그래프

● 주어진 그래프의 □ 안에 알맞은 수를 쓰고, 그래프를 이용하여 다음을 구하시오.

1 $\boxed{y=\sin x}$

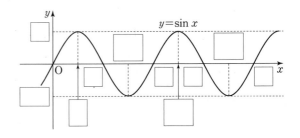

$y=\sin x$

(1) 치역 → $\{y\,|\ \boxed{} \le y \le \boxed{}\ \}$

(2) 최댓값 → $\boxed{}$

(3) 최솟값 → $\boxed{}$

(4) 주기
→ $\sin(x+\boxed{}\times n)=\sin x$ (n은 정수)이므로
주기는 $\boxed{}$ 이다.

---

2 $y=-\sin x$

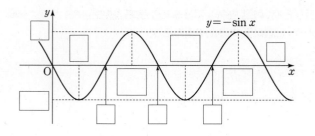

(1) 치역

(2) 최댓값

(3) 최솟값

(4) 주기

원점에 대하여 대칭인 기함수

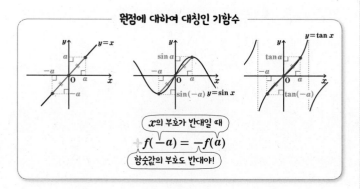

x의 부호가 반대일 때

$f(-a)=-f(a)$

함숫값의 부호도 반대야!

😊 **내가 발견한 개념**　　　함수 y=sin x의 그래프의 대칭성은?

• 함수 $y=\sin x$의 그래프는 (원점, x축, y축)에 대하여 대칭이다.

2nd — $y=\sin x$의 그래프를 이용한 대소 관계

● 다음 세 수의 대소를 비교하시오.

3 $\sin \dfrac{\pi}{3}$, $\sin \dfrac{\pi}{5}$, $\sin \dfrac{\pi}{6}$

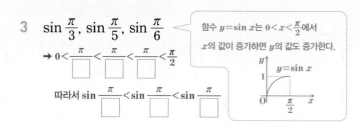

함수 $y=\sin x$는 $0<x<\dfrac{\pi}{2}$에서 x의 값이 증가하면 y의 값도 증가한다.

→ $0<\dfrac{\pi}{\square}<\dfrac{\pi}{\square}<\dfrac{\pi}{\square}<\dfrac{\pi}{2}$

따라서 $\sin \dfrac{\pi}{\square}<\sin \dfrac{\pi}{\square}<\sin \dfrac{\pi}{\square}$

4 $\sin \dfrac{\pi}{8}$, $\sin \dfrac{\pi}{10}$, $\sin \dfrac{\pi}{14}$

5 $\sin \left(-\dfrac{\pi}{4}\right)$, $\sin \left(-\dfrac{\pi}{7}\right)$, $\sin \left(-\dfrac{\pi}{10}\right)$

6 $\sin \left(-\dfrac{4}{3}\pi\right)$, $\sin \left(-\dfrac{5}{4}\pi\right)$, $\sin \left(-\dfrac{7}{5}\pi\right)$

개념모음문제

7 다음 중 함수 $y=\sin x$에 대한 설명으로 옳지 <u>않은</u> 것은?

① 정의역은 실수 전체의 집합이다.

② 치역은 $\{y|-1\leq y\leq 1\}$이다.

③ 주기는 2π이다.

④ 그래프는 y축에 대하여 대칭이다.

⑤ $0\leq x\leq \dfrac{\pi}{2}$에서 x의 값이 증가하면 y의 값도 증가한다.

03

물결처럼 반복되는 $\cos\theta$의 변화!

$y = \cos x$의 그래프와 성질

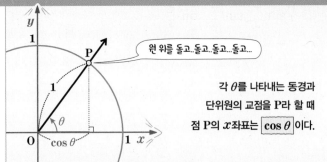

원 위를 돌고..돌고..돌고..돌고..

각 θ를 나타내는 동경과
단위원의 교점을 P라 할 때
점 P의 x좌표는 $\boxed{\cos\theta}$ 이다.

θ의 값에 따른 $\cos\theta$의 값의 변화는?

점 P가 단위원 위를 양의 방향으로 1바퀴 움직일 때

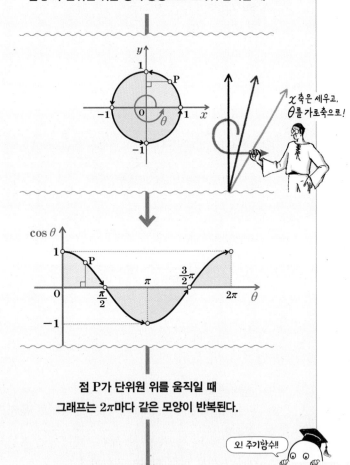

x축은 세우고,
θ를 가로축으로!

**점 P가 단위원 위를 움직일 때
그래프는 2π마다 같은 모양이 반복된다.**

오! 주기함수!!

코사인함수 $\boxed{y = \cos\theta}$ 의 그래프

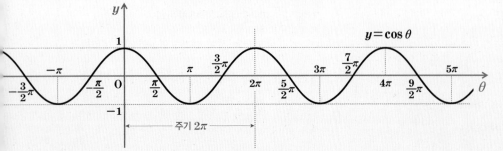

❶ 정의역: 실수 전체의 집합
치역: $\{y \mid -1 \le y \le 1\}$

❷ 주기가 2π인 주기함수
$\Rightarrow \cos(\theta + 2n\pi) = \cos\theta$ (단, n은 정수)

❸ 그래프는 y축에 대하여 대칭
$\Rightarrow \cos(-\theta) = \cos\theta$

$\boxed{1^{st}}$ $y = \cos x$의 그래프

● 주어진 함수의 그래프의 □ 안에 알맞은 수를 쓰고, 그래프를 이
용하여 다음을 구하시오.

1

$y = \cos x$

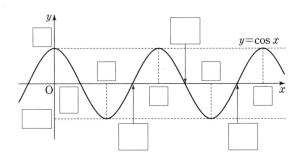

(1) 치역 → $\{y \mid \boxed{} \le y \le \boxed{}\}$

(2) 최댓값 → $\boxed{}$

(3) 최솟값 → $\boxed{}$

(4) 주기

→ $\cos(x + \boxed{} \times n) = \cos x$ (n은 정수)이므로

주기는 $\boxed{}$ 이다.

2 $\boxed{y=-\cos x}$

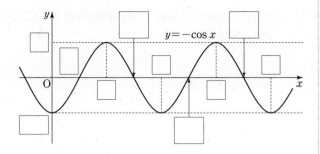

(1) 치역

(2) 최댓값

(3) 최솟값

(4) 주기

2nd — $y=\cos x$의 그래프를 이용한 대소 관계

● 다음 세 수의 대소를 비교하시오.

3 $\cos \dfrac{\pi}{2}$, $\cos \dfrac{\pi}{3}$, $\cos \dfrac{\pi}{4}$ ◁ 함수 $y=\cos x$는 $0<x<\dfrac{\pi}{2}$에서 x의 값이 증가하면 y의 값은 감소한다.

→ $0 < \dfrac{\pi}{\boxed{}} < \dfrac{\pi}{\boxed{}} < \dfrac{\pi}{2}$

따라서 $\cos \dfrac{\pi}{\boxed{}} < \cos \dfrac{\pi}{\boxed{}} < \cos \dfrac{\pi}{\boxed{}}$

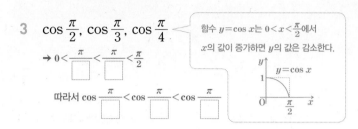

4 $\cos \dfrac{7}{6}\pi$, $\cos \pi$, $\cos \dfrac{9}{8}\pi$

5 $\cos \dfrac{\pi}{6}$, $\cos \dfrac{2}{3}\pi$, $\cos \dfrac{4}{5}\pi$

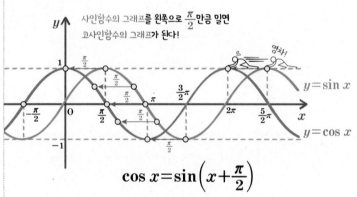

사인함수의 그래프를 왼쪽으로 $\dfrac{\pi}{2}$만큼 밀면 코사인함수의 그래프가 된다!

$\cos x = \sin\left(x+\dfrac{\pi}{2}\right)$

개념모음문제

6 다음 중 함수 $y=\cos x$에 대한 설명으로 옳지 <u>않은</u> 것은?

① 정의역은 실수 전체의 집합이다.

② 치역은 $\{y \,|\, -1 \leq y \leq 1\}$이다.

③ 주기는 π이다.

④ 그래프는 y축에 대하여 대칭이다.

⑤ $0 \leq x \leq \dfrac{\pi}{2}$에서 x의 값이 증가하면 y의 값은 감소한다.

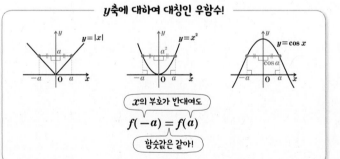

y축에 대하여 대칭인 우함수!

x의 부호가 반대여도

$f(-a) = f(a)$

함숫값은 같아!

😊 **내가 발견한 개념**   함수 $y=\cos x$의 그래프의 대칭성은?

• 함수 $y=\cos x$의 그래프는 (원점, x축, y축)에 대하여 대칭이다.

무한대가 반복되는 tan θ의 변화!

$y=\tan x$의 그래프와 성질

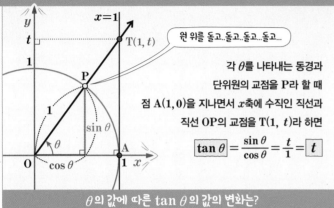

$x=1$

원 위를 돌고...돌고...돌고...

각 θ를 나타내는 동경과
단위원의 교점을 P라 할 때
점 $A(1, 0)$을 지나면서 x축에 수직인 직선과
직선 OP의 교점을 $T(1, t)$라 하면

$$\tan \theta = \frac{\sin \theta}{\cos \theta} = \frac{t}{1} = t$$

θ의 값에 따른 $\tan \theta$의 값의 변화는?

점 P가 단위원 위를 양의 방향으로 1바퀴 움직일 때

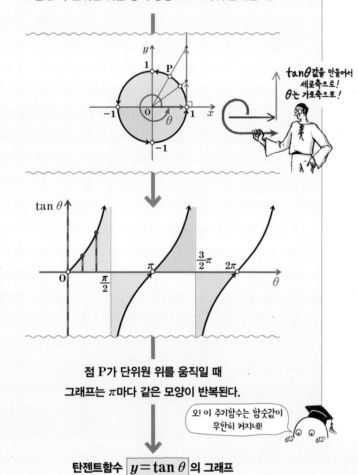

$\tan \theta$값을 만들어서
세로축으로!
θ는 가로축으로!

**점 P가 단위원 위를 움직일 때
그래프는 π마다 같은 모양이 반복된다.**

오! 이 주기함수는 함숫값이
무한히 커지네!

탄젠트함수 $y=\tan \theta$ 의 그래프

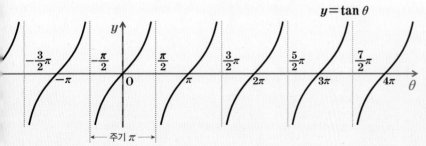

$y=\tan \theta$

주기 π

1st $y=\tan x$의 그래프

● 주어진 그래프의 □ 안에 알맞은 수를 쓰고, 그래프를 이용하여
다음을 구하시오.

1
$y=\tan x$

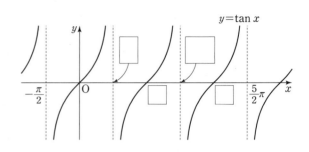

$y=\tan x$

$-\dfrac{\pi}{2}$ $\dfrac{5}{2}\pi$

(1) 치역 → □ 전체의 집합

(2) 주기
→ $\tan (x+n\pi)=\tan x$ (n은 정수)이므로
주기는 □이다.

(3) 점근선의 방정식
→ $x=n\pi+$ □ (단, n은 정수)

❶ 정의역: $\theta=n\pi+\dfrac{\pi}{2}$ 를 제외한 실수 전체의 집합 (단, n은 정수)
치역: 실수 전체의 집합
❷ 주기가 π인 주기함수
⇨ $\tan (\theta+n\pi)=\tan \theta$ (단, n은 정수)
❸ 그래프는 원점에 대하여 대칭
⇨ $\tan (-\theta)=-\tan \theta$
❹ 점근선 ⇨ 직선 $\theta=n\pi+\dfrac{\pi}{2}$ (단, n은 정수)

2 $\boxed{y=-\tan x}$

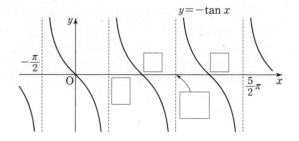

(1) 치역

(2) 주기

(3) 점근선의 방정식

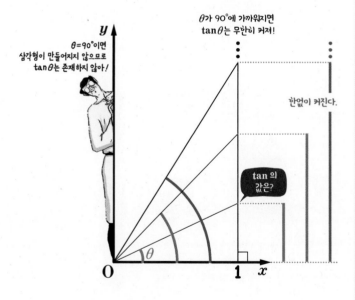

$\theta=90°$이면 삼각형이 만들어지지 않으므로 $\tan\theta$는 존재하지 않아!

θ가 $90°$에 가까워지면 $\tan\theta$는 무한히 커져!

한없이 커진다.

$\tan$의 값은?

😊 **내가 발견한 개념**   함수 $y=\tan x$의 그래프의 대칭성은?

• 함수 $y=\tan x$의 그래프는 (원점, x축, y축)에 대하여 대칭이다.

2nd — $y=\tan x$의 그래프를 이용한 대소 관계

● 다음 세 수의 대소를 비교하시오.

3 $\tan\dfrac{\pi}{7},\ \tan\dfrac{\pi}{4},\ \tan\dfrac{\pi}{3}$

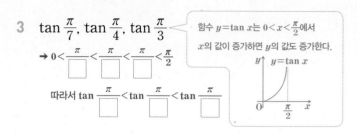

함수 $y=\tan x$는 $0<x<\dfrac{\pi}{2}$에서 x의 값이 증가하면 y의 값도 증가한다.

$\rightarrow 0<\dfrac{\pi}{\boxed{}}<\dfrac{\pi}{\boxed{}}<\dfrac{\pi}{\boxed{}}<\dfrac{\pi}{2}$

따라서 $\tan\dfrac{\pi}{\boxed{}}<\tan\dfrac{\pi}{\boxed{}}<\tan\dfrac{\pi}{\boxed{}}$

4 $\tan\dfrac{3}{4}\pi,\ \tan\pi,\ \tan\dfrac{7}{6}\pi$

5 $\tan\dfrac{9}{5}\pi,\ \tan\dfrac{16}{7}\pi,\ \tan\dfrac{7}{3}\pi$

6 $\tan\left(-\dfrac{\pi}{4}\right),\ \tan 0,\ \tan\dfrac{\pi}{4}$

	$y=\sin x$	VS	$y=\cos x$	VS	$y=\tan x$
그래프					
정의역	실수 전체의 집합		실수 전체의 집합		$\{x\|x\neq n\pi+\dfrac{\pi}{2}$인 모든 실수$\}$ (단, n은 정수)
치역	$\{y\|-1\leq y\leq 1\}$		$\{y\|-1\leq y\leq 1\}$		실수 전체의 집합
최대, 최소	최댓값: 1, 최솟값: -1		최댓값: 1, 최솟값: -1		최댓값과 최솟값이 존재하지 않는다.
대칭성	원점에 대하여 대칭		y축에 대하여 대칭		원점에 대하여 대칭
주기	2π		2π		π

반복되는 변화의 이해!

삼각함수의 그래프에서 계수의 의미

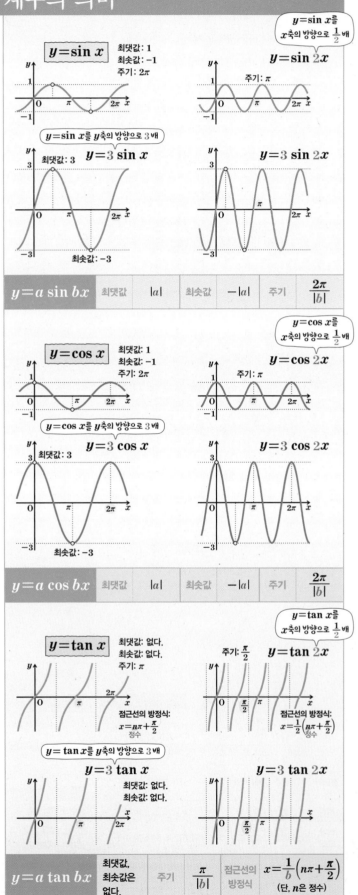

$y=a\sin bx$	최댓값	$|a|$	최솟값	$-|a|$	주기	$\dfrac{2\pi}{|b|}$

$y=a\cos bx$	최댓값	$|a|$	최솟값	$-|a|$	주기	$\dfrac{2\pi}{|b|}$

$y=a\tan bx$	최댓값, 최솟값은 없다.	주기	$\dfrac{\pi}{|b|}$	점근선의 방정식	$x=\dfrac{1}{b}\left(n\pi+\dfrac{\pi}{2}\right)$ (단, n은 정수)

1st — $y=a\sin bx$의 그래프와 성질

● 주어진 함수의 그래프의 □ 안에 알맞은 수를 쓰고, 그래프를 이용하여 다음을 구하시오.

1

$y=2\sin 3x$

→ $y=2\sin 3x$의 그래프는 $y=\sin x$의 그래프를

x축의 방향으로 [　]배, y축의 방향으로 [　]배한 것이다.

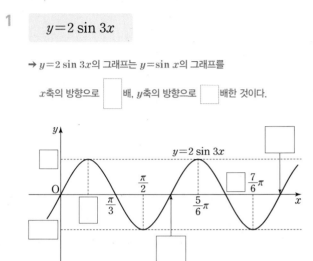

(1) 치역

→ 치역은 $\{y\mid -|\ \square\ |\leq y\leq|\ \square\ |\}$

즉 $\{y\mid\ \square\ \leq y\leq\ \square\ \}$

(2) 최댓값

→ [　]

(3) 최솟값

→ [　]

(4) 주기

→ 주기는 $\dfrac{2\pi}{|\ \square\ |}=\ \square$

난 주기를 결정하고

$y=a\sin bx$

난 최댓값과 최솟값을 결정해!

2 $y=\sin 2x$

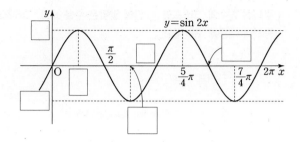

(1) 치역

(2) 최댓값

(3) 최솟값

(4) 주기

3 $y=3\sin\dfrac{1}{2}x$

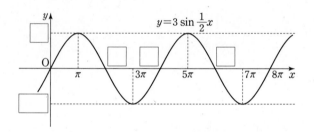

(1) 치역

(2) 최댓값

(3) 최솟값

(4) 주기

2nd — $y=a\cos bx$의 그래프와 성질

● 주어진 함수의 그래프의 □ 안에 알맞은 수를 쓰고, 그래프를 이용하여 다음을 구하시오.

4 $y=3\cos\dfrac{1}{4}x$

→ $y=3\cos\dfrac{1}{4}x$의 그래프는 $y=\cos x$의 그래프를 x축의 방향으로 $\boxed{}$배, y축의 방향으로 $\boxed{}$배한 것이다.

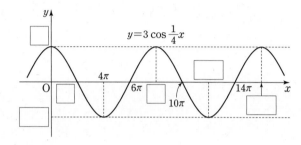

(1) 치역

→ 치역은 $\{y|-|\boxed{}|\leq y\leq|\boxed{}|\}$

즉 $\{y|\boxed{}\leq y\leq\boxed{}\}$

(2) 최댓값

→ $\boxed{}$

(3) 최솟값

→ $\boxed{}$

(4) 주기

→ 주기는 $\dfrac{2\pi}{\boxed{}}=\boxed{}$

난 주기를 결정하고

$y=a\cos bx$

난 최댓값과 최솟값을 결정해!

5

$$y = \cos 4x$$

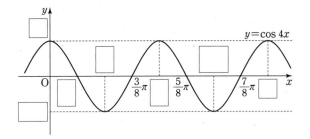

(1) 치역

(2) 최댓값

(3) 최솟값

(4) 주기

6

$$y = -\cos \frac{1}{2}x$$

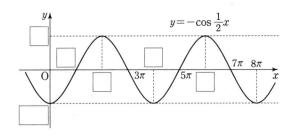

(1) 치역

(2) 최댓값

(3) 최솟값

(4) 주기

3rd — $y = a \tan bx$의 그래프와 성질

● 주어진 함수의 그래프의 □ 안에 알맞은 수를 쓰고, 그래프를 이용하여 다음을 구하시오.

7

$$y = 3 \tan \pi x$$

→ $y = 3\tan \pi x$의 그래프는 $y = \tan x$의 그래프를

　x축의 방향으로 $\boxed{}$ 배, y축의 방향으로 $\boxed{}$ 배한 것이다.

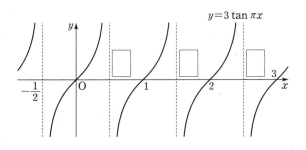

(1) 치역

→ 치역은 $\boxed{}$ 전체의 집합이다.

(2) 주기

→ 주기는 $\dfrac{\pi}{\boxed{}} = \boxed{}$

(3) 점근선의 방정식

→ 점근선의 방정식은 $\boxed{}\,x = n\pi + \dfrac{\pi}{2}$에서

$x = \dfrac{1}{\boxed{}}\left(n\pi + \dfrac{\pi}{2}\right)$, 즉 $x = \boxed{}$ (단, n은 정수)

난 주기를 결정하고

$y = a \tan bx$

내가 있어도 최댓값과 최솟값은 없어!

8 $y=-\tan 2x$

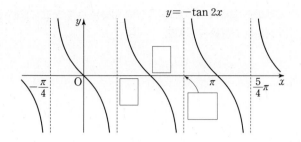

(1) 치역

(2) 주기

(3) 점근선의 방정식

9 $y=3\tan\dfrac{1}{2}x$

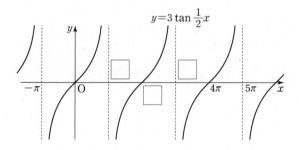

(1) 치역

(2) 주기

(3) 점근선의 방정식

😊 **내가 발견한 개념**　　　　y=a tan bx의 그래프의 특징은?

함수 $y=a\tan bx$의 그래프의 특징 (단, $a>0$, $b>0$)

• 치역: ⬜ 전체의 집합

• 최댓값과 최솟값은 ⬜, 주기: $\dfrac{\pi}{\boxed{}}$

• 점근선의 방정식: $x=\dfrac{1}{\boxed{}}\left(n\pi+\dfrac{\pi}{2}\right)$ (단, n은 정수)

4th 삼각함수의 그래프에서 계수의 의미

● 다음 설명 중 옳은 것은 ○를 옳지 않은 것은 ✕를 ( ) 안에 써넣으시오.

10 $y=\sin\dfrac{1}{4}x$의 주기는 $\dfrac{\pi}{2}$이다. (　　)

11 $y=2\sin 4x$의 치역은 $\{y\,|\,-4\le y\le 4\}$이다. (　　)

12 $y=\cos\dfrac{1}{2}x$의 주기는 4π이다. (　　)

13 $y=-\cos x$의 최댓값은 -1이다. (　　)

14 $y=4\cos 3x$의 최솟값은 -4이다. (　　)

15 $y=-\tan 5x$의 치역은 $\{y\,|\,-1\le y\le 1\}$이다. (　　)

16 $y=3\tan\dfrac{1}{3}x$의 점근선의 방정식은

$x=3n\pi+\dfrac{3}{2}\pi$ (단, n은 정수)이다. (　　)

반복되는 변화의 이해!

삼각함수의 그래프의 평행이동

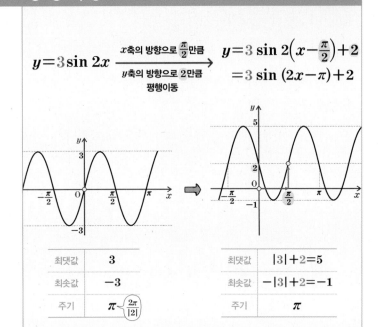

$$y = 3\sin 2x \xrightarrow[\substack{y축의 \ 방향으로 \ 2만큼 \\ 평행이동}]{x축의 \ 방향으로 \ \frac{\pi}{2}만큼} \begin{aligned} y &= 3\sin 2\left(x - \frac{\pi}{2}\right) + 2 \\ &= 3\sin(2x - \pi) + 2 \end{aligned}$$

최댓값	3
최솟값	-3
주기	$\pi \frac{2\pi}{|2|}$

최댓값	$|3| + 2 = 5$
최솟값	$-|3| + 2 = -1$
주기	π

그래프를 그리지 않아도 계수를 보면
삼각함수의 그래프의 성질을 알 수 있어!

삼각함수	최댓값	최솟값	주기
$y = a\sin(bx + c) + d$	$|a| + d$	$-|a| + d$	$\dfrac{2\pi}{|b|}$
$y = a\cos(bx + c) + d$	$|a| + d$	$-|a| + d$	$\dfrac{2\pi}{|b|}$
$y = a\tan(bx + c) + d$	없다.	없다.	$\dfrac{\pi}{|b|}$

참고 삼각함수의 그래프를 x축의 방향으로 평행이동하면 치역과 주기는 모두 변하지 않고, y축의 방향으로 평행이동하면 주기는 변하지 만 치역은 변한다.

함수들아 ~ 우리도 왔어!!

삼각함수의 평행이동

	$x축의 방향으로$ m만큼 평행이동	$y축의 방향으로$ n만큼 평행이동	$x축의 방향으로$ m만큼 평행이동	$y축의 방향으로$ n만큼 평행이동
$y = a\sin bx$	$y = a\sin b(x-m)$	$y - n = a\sin bx$ $\Rightarrow y = a\sin bx + n$	$y = a\sin b(x-m) + n$	
$y = a\cos bx$	$y = a\cos b(x-m)$	$y - n = a\cos bx$ $\Rightarrow y = a\cos bx + n$	$y = a\cos b(x-m) + n$	
$y = a\tan bx$	$y = a\tan b(x-m)$	$y - n = a\tan bx$ $\Rightarrow y = a\tan bx + n$	$y = a\tan b(x-m) + n$	

삼각함수 너희도 우리와 똑같은
방법으로 평행이동하는 거야?

1st — 삼각함수의 그래프의 평행이동

● 주어진 함수의 그래프의 □ 안에 알맞은 수를 쓰고, 그래프를 이용하여 다음을 구하시오.

1

$$y = \sin(x - \pi)$$

→ $y = \sin(x - \pi)$의 그래프는 $y = \sin x$의 그래프를 x축의 방향으로 □ 만큼 평행이동한 것이다.

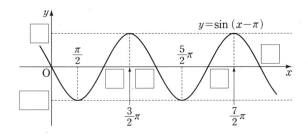

(1) 최댓값 → □

(2) 최솟값 → □

(3) 주기 → □

2

$$y = 2\sin 3x + 1$$

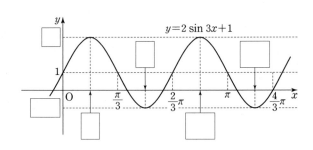

(1) 최댓값

(2) 최솟값

(3) 주기

3 $\boxed{y=\cos(x+\pi)+2}$

→ $y=\cos(x+\pi)+2$의 그래프는 $y=\cos x$의 그래프를 x축의 방향으로 $\boxed{}$ 만큼, y축의 방향으로 $\boxed{}$ 만큼 평행이동한 것이다.

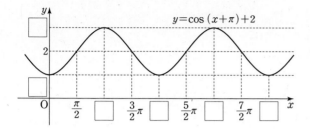

(1) 최댓값 → $|1|+\boxed{}=\boxed{}$

(2) 최솟값 → $-|1|+\boxed{}=\boxed{}$

(3) 주기 → $\boxed{}$

4 $\boxed{y=-\cos\left(\dfrac{1}{2}x-\dfrac{\pi}{2}\right)-1}$

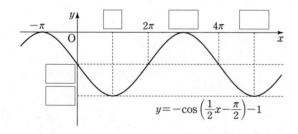

(1) 최댓값

(2) 최솟값

(3) 주기

5 $\boxed{y=\tan\left(x-\dfrac{\pi}{4}\right)+5}$

→ $y=\tan\left(x-\dfrac{\pi}{4}\right)+5$의 그래프는 $y=\tan x$의 그래프를 x축의 방향으로 $\boxed{}$ 만큼, y축의 방향으로 $\boxed{}$ 만큼 평행이동한 것이다.

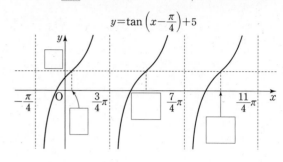

(1) 주기 → $\boxed{}$

(2) 점근선의 방정식

→ $x-\boxed{}=n\pi+\dfrac{\pi}{2}$에서 $x=n\pi+\boxed{}$ (단, n은 정수)

6 $\boxed{y=\dfrac{1}{3}\tan\left(4x+\dfrac{\pi}{2}\right)-2}$

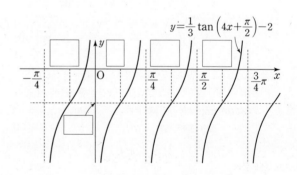

(1) 주기

(2) 점근선의 방정식

07

절댓값 기호를 포함한 삼각함수의 그래프

	$y=|\sin x|$	$y=\sin|x|$
그래프	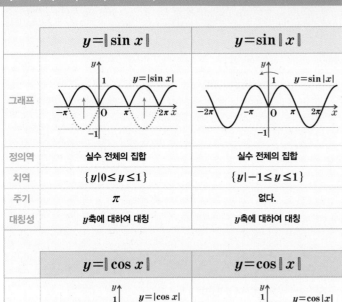	
정의역	실수 전체의 집합	실수 전체의 집합
치역	$\{y\,|\,0\leq y\leq 1\}$	$\{y\,|\,-1\leq y\leq 1\}$
주기	π	없다.
대칭성	y축에 대하여 대칭	y축에 대하여 대칭

	$y=|\cos x|$	$y=\cos|x|$
그래프	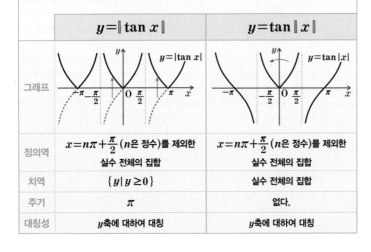	
정의역	실수 전체의 집합	실수 전체의 집합
치역	$\{y\,|\,0\leq y\leq 1\}$	$\{y\,|\,-1\leq y\leq 1\}$
주기	π	2π
대칭성	y축에 대하여 대칭	y축에 대하여 대칭

	$y=|\tan x|$	$y=\tan|x|$
그래프		
정의역	$x=n\pi+\dfrac{\pi}{2}$ (n은 정수)를 제외한 실수 전체의 집합	$x=n\pi+\dfrac{\pi}{2}$ (n은 정수)를 제외한 실수 전체의 집합
치역	$\{y\,|\,y\geq 0\}$	실수 전체의 집합
주기	π	없다.
대칭성	y축에 대하여 대칭	y축에 대하여 대칭

1ˢᵗ — **절댓값 기호를 포함한 삼각함수의 그래프**

● 다음 삼각함수의 그래프를 그리고, 최댓값, 최솟값, 주기를 각각 구하시오.

1 $y=|\sin 2x|$

→

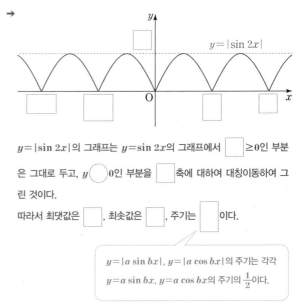

$y=|\sin 2x|$의 그래프는 $y=\sin 2x$의 그래프에서 □≥ 0인 부분은 그대로 두고, $y\bigcirc 0$인 부분을 □축에 대하여 대칭이동하여 그린 것이다.

따라서 최댓값은 □, 최솟값은 □, 주기는 □이다.

> $y=|a\sin bx|$, $y=|a\cos bx|$의 주기는 각각 $y=a\sin bx$, $y=a\cos bx$의 주기의 $\dfrac{1}{2}$이다.

2 $y=|3\sin x|$

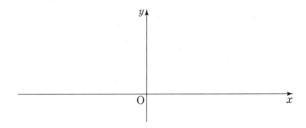

최댓값: , 최솟값: , 주기:

3 $y=2\sin|x|$

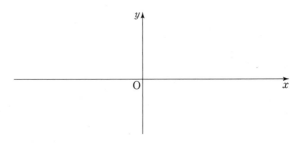

최댓값: , 최솟값: , 주기:

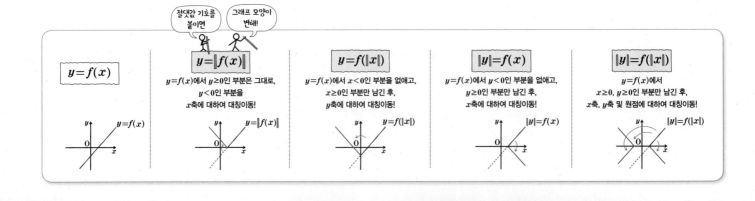

4 $y=\left|\dfrac{1}{2}\cos x\right|$

→

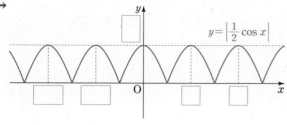

$y=\left|\dfrac{1}{2}\cos x\right|$ 의 그래프는 $y=\dfrac{1}{2}\cos x$의 그래프에서 ☐ ≥ 0인 부분은 그대로 두고, y ◯ 0인 부분을 ☐축에 대하여 대칭이동하여 그린 것이다.

따라서 최댓값은 ☐, 최솟값은 ☐, 주기는 ☐이다.

5 $y=\left|4\cos\dfrac{1}{2}x\right|$

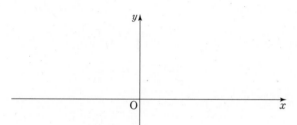

최댓값: , 최솟값: , 주기:

6 $y=\cos|2x|$

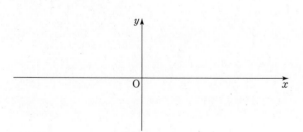

최댓값: , 최솟값: , 주기:

● 다음 삼각함수의 그래프를 그리고, 주기, 점근선의 방정식을 각각 구하시오.

7 $y=|3\tan x|$

→

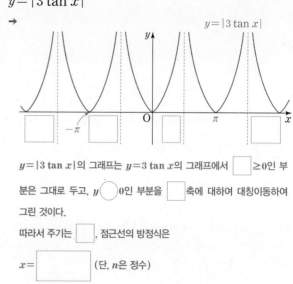

$y=|3\tan x|$의 그래프는 $y=3\tan x$의 그래프에서 ☐ ≥ 0인 부분은 그대로 두고, y ◯ 0인 부분을 ☐축에 대하여 대칭이동하여 그린 것이다.

따라서 주기는 ☐, 점근선의 방정식은

$x=$ ☐ (단, n은 정수)

8 $y=\left|\dfrac{1}{2}\tan 2x\right|$

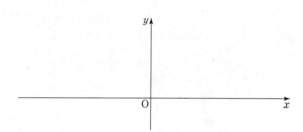

주기:

점근선의 방정식:

9 $y=\tan\left|\dfrac{1}{4}x\right|$

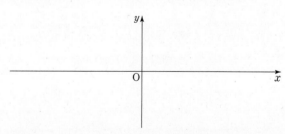

주기:

점근선의 방정식:

반복되는 변화의 이해!

삼각함수의 미정계수

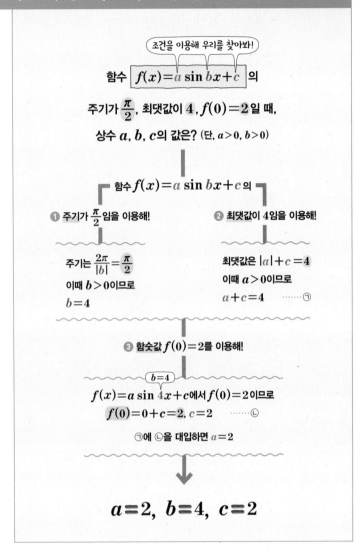

조건을 이용해 우리를 찾아봐!

함수 $f(x) = a\sin bx + c$ 의

주기가 $\dfrac{\pi}{2}$, 최댓값이 4, $f(0) = 2$일 때,

상수 a, b, c의 값은? (단, $a > 0$, $b > 0$)

함수 $f(x) = a\sin bx + c$의

❶ 주기가 $\dfrac{\pi}{2}$임을 이용해!

주기는 $\dfrac{2\pi}{|b|} = \dfrac{\pi}{2}$

이때 $b > 0$이므로

$b = 4$

❷ 최댓값이 4임을 이용해!

최댓값은 $|a| + c = 4$

이때 $a > 0$이므로

$a + c = 4$ ...... ㉠

❸ 함숫값 $f(0) = 2$를 이용해!

$b = 4$

$f(x) = a\sin 4x + c$에서 $f(0) = 2$이므로

$f(0) = 0 + c = 2$, $c = 2$ ...... ㉡

㉠에 ㉡을 대입하면 $a = 2$

$a = 2$, $b = 4$, $c = 2$

1st ― 조건이 주어진 경우

● 주어진 삼각함수 $f(x)$가 다음 조건을 만족시킬 때, 상수 a, b 또는 a, b, c의 값을 구하시오.

1 $f(x) = a\sin bx + c$ (단, $a > 0$, $b > 0$)

주기: $\dfrac{\pi}{2}$, 최댓값: 6, $f(\pi) = 3$

→ 주기가 $\dfrac{\pi}{2}$이므로 $\dfrac{2\pi}{|\boxed{}|} = \boxed{}$ 이고 $b > 0$에서 $b = \boxed{}$

최댓값이 6이므로 $|a| + c = \boxed{}$

이때 $a > 0$이므로 $a + c = \boxed{}$ ...... ㉠

또 $f(x) = a\sin \boxed{} x + c$에서 $f(\pi) = 3$이므로

$f(\pi) = a\sin \boxed{} + c = 3$, $c = \boxed{}$ ...... ㉡

㉠에 ㉡을 대입하면 $a = \boxed{}$

2 $f(x) = a\sin bx + c$ (단, $a < 0$, $b > 0$)

주기: 2π, 최솟값: 1, $f(0) = 5$

3 $f(x) = a\cos bx + c$ (단, $a > 0$, $b > 0$)

주기: $\dfrac{\pi}{4}$, 최솟값: -2, $f(\pi) = 0$

$y = a\cos(-bx)$의 그래프를 평행이동한 형태이다.

4 $f(x) = a\cos\left(\dfrac{2}{3}\pi - bx\right) + c$ (단, $a > 0$, $b > 0$)

주기: 3π, 최댓값: 2, $f\left(\dfrac{\pi}{2}\right) = \dfrac{1}{2}$

5 $f(x) = a\tan bx$ (단, $b > 0$)

주기: $\dfrac{\pi}{2}$, $f\left(\dfrac{\pi}{8}\right) = 2$

6 $f(x) = \tan(ax - b)$ $\left(\text{단, } a > 0,\ 0 < b < \dfrac{\pi}{2}\right)$

주기: 3π, $f(\pi) = 0$

2nd─ 그래프가 주어진 경우

● 주어진 삼각함수 $f(x)$에 대하여 $y=f(x)$의 그래프가 다음과 같을 때, 상수 a, b 또는 a, b, c 또는 a, b, c, d의 값을 구하시오.

7 $f(x)=a\sin(bx-c)+d$

(단, $a>0$, $b>0$, $0<c<\pi$)

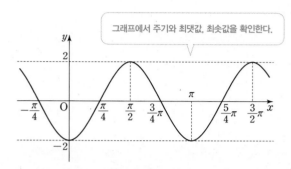

그래프에서 주기와 최댓값, 최솟값을 확인한다.

→ 주기가 $\dfrac{5}{4}\pi-\dfrac{\pi}{4}=\boxed{}$ 이므로 $\dfrac{2\pi}{|b|}=\boxed{}$

이때 $b>0$이므로 $b=\boxed{}$

최댓값이 $\boxed{}$, 최솟값이 $\boxed{}$ 이고 $a>0$이므로

$a+d=\boxed{}$, $-a+d=\boxed{}$

두 식을 연립하여 풀면 $a=\boxed{}$, $d=\boxed{}$

또 $f(x)=\boxed{}\sin(\boxed{}x-c)$에서 $f\left(\dfrac{\pi}{4}\right)=0$이므로

$\boxed{}\sin\left(\boxed{}\times\dfrac{\pi}{4}-c\right)=0$

이때 $0<c<\pi$이므로 $c=\boxed{}$

난 주기를 결정해!

우리는 평행이동을 결정해!

$$y=a\sin b(x+c)+d$$

우리는 최댓값, 최솟값을 결정해!

8 $f(x)=a\sin bx+c$ (단, $a>0$, $b>0$)

9 $f(x)=a\cos bx+c$ (단, $a>0$, $b>0$)

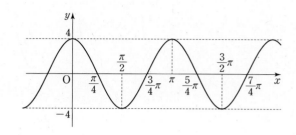

10 $f(x)=a\sin(bx+c)$ (단, $a>0$, $b>0$, $0<c<\pi$)

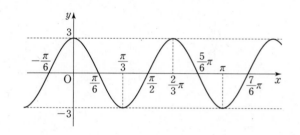

11 $f(x)=a\cos(bx-c)+d$

(단, $a>0$, $b>0$, $0<c<\pi$)

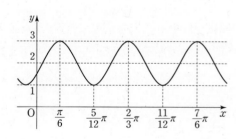

12 $f(x)=\tan(ax-b)$ (단, $a>0$, $0<b<\pi$)

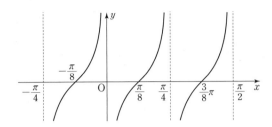

13 $f(x)=\tan(ax+b)-1$ (단, $a>0$, $0<b<\pi$)

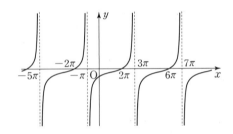

개념모음문제
14 다음 그림은 함수 $f(x)=a\cos(bx-c)$의 그래프
이다. 상수 a, b, c에 대하여 abc의 값은?

(단, $a>0$, $b>0$, $0<c<2\pi$)

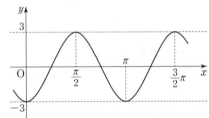

① π ② 2π ③ 4π

④ 6π ⑤ 8π

3rd — 절댓값 기호를 포함한 경우

● 주어진 삼각함수 $f(x)$가 다음 조건을 만족시킬 때, 상수 a, b
또는 a, b, c의 값을 구하시오.

15 $f(x)=a\,|\sin bx|+c$ (단, $a>0$, $b>0$)

주기: 2π, 최댓값: $\dfrac{9}{2}$, $f\!\left(\dfrac{\pi}{3}\right)=2$

→ 주기가 2π이므로 $\dfrac{\boxed{}}{|b|}=2\pi$, 이때 $b>0$이므로 $b=\boxed{}$

최댓값이 $\dfrac{9}{2}$이므로 $|a|+c=\boxed{}$

이때 $a>0$이므로 $a+c=\boxed{}$ ⋯⋯ ㉠

또 $f(x)=a\,\Big|\sin\boxed{}x\Big|+c$에서 $f\!\left(\dfrac{\pi}{3}\right)=2$이므로

$a\,\Big|\sin\boxed{}\Big|+c=2$, 즉 $\boxed{}a+c=2$ ⋯⋯ ㉡

㉠, ㉡을 연립하여 풀면 $a=\boxed{}$, $c=\boxed{}$

16 $f(x)=a\,|\cos bx|-c$ (단, $a>0$, $b>0$)

주기: 4π, 최솟값: 1, $f(4\pi)=5$

17 $f(x)=|a\tan bx|$ (단, $a>0$, $b>0$)

주기: $\dfrac{\pi}{3}$, $f\!\left(\dfrac{\pi}{12}\right)=8$

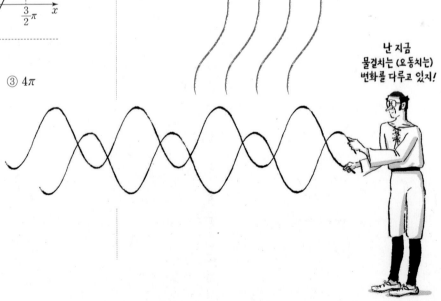

난 지금
물결치는 (요동치는)
변화를 다루고 있지!

01~05 삼각함수의 그래프

• 함수 $y=\sin x$, $y=\cos x$, $y=\tan x$의 그래프

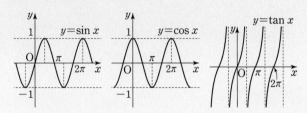

① $y=\sin x$, $y=\cos x$는 주기가 2π인 주기함수이고, 최댓값은 1, 최솟값은 -1이다.

② $y=\tan x$는 주기가 π인 주기함수이고, 점근선의 방정식은 $x=n\pi+\dfrac{\pi}{2}$ (단, n은 정수)이다.

1 다음 중 함수 $y=\sin x$에 대한 설명으로 옳지 <u>않은</u> 것은?

① 정의역은 실수 전체의 집합이다.

② 최댓값은 1이다.

③ 그래프는 y축에 대하여 대칭이다.

④ 주기는 2π이다.

⑤ $\dfrac{\pi}{2}<x<\pi$에서 x의 값이 증가하면 y의 값은 감소한다.

2 함수 $f(x)$가 다음 조건을 모두 만족시킬 때, $f(8)$의 값은?

(가) 모든 실수 x에 대하여 $f(x-4)=f(x)$
(나) $-2 \le x < 2$일 때, $f(x)=\cos \pi x$

① -1 ② $-\dfrac{1}{2}$ ③ 0

④ $\dfrac{1}{2}$ ⑤ 1

3 함수 $y=2\sin 5x$의 주기를 구하시오.

4 함수 $y=3\tan \dfrac{\pi}{2}x$의 그래프에 대하여 주기를 p, 점근선의 방정식이 $x=qn+1$일 때, $p+q$의 값은? (단, n은 정수, q는 상수이다.)

① 1 ② 3 ③ 4

④ 5 ⑤ 7

5 함수 $y=-\tan 2x$에 대하여 다음 중 옳지 <u>않은</u> 것을 있는대로 모두 고르면? (정답 2개)

① 치역은 실수 전체의 집합이다.

② 최솟값은 없다.

③ 그래프는 원점에 대하여 대칭이다.

④ 주기는 π이다.

⑤ 점근선의 방정식은 $x=\dfrac{\pi}{2}n+\dfrac{\pi}{2}$ (단, n은 정수)이다.

6 $0<x<\pi$에서 함수 $y=2\cos 4x$는 $x=a$일 때, 최댓값 b를 갖는다. ab의 값은?

① $\dfrac{\pi}{4}$ ② $\dfrac{\pi}{2}$ ③ π

④ $\dfrac{3}{2}\pi$ ⑤ 2π

$$y=\sin x \left.\begin{array}{l}\\\\\end{array}\right\} \begin{array}{l} x\text{축의 방향으로} \\ m\text{만큼,} \\ y\text{축의 방향으로} \\ n\text{만큼 평행이동} \end{array} \left.\begin{array}{l}\\\\\end{array}\right\} \begin{array}{l} y=\sin(x-m)+n \\ y=\cos(x-m)+n \\ y=\tan(x-m)+n \end{array}$$

7 함수 $y=3\sin(2x-\pi)+1$의 그래프는 $y=3\sin 2x$의 그래프를 x축의 방향으로 p만큼, y축의 방향으로 q만큼 평행이동한 것이다. pq의 값은?

① $-\pi$　　　② $-\dfrac{\pi}{2}$　　　③ $-\dfrac{\pi}{4}$

④ $\dfrac{\pi}{2}$　　　⑤ π

8 함수 $y=\cos \pi x$의 그래프를 x축의 방향으로 $\dfrac{1}{4}$만큼 평행이동하면 점 $\left(\dfrac{1}{2},\ a\right)$를 지날 때, a의 값은?

① $\dfrac{\sqrt{3}}{2}$　　　② $\dfrac{\sqrt{2}}{2}$　　　③ $-\dfrac{\sqrt{2}}{2}$

④ $-\dfrac{\sqrt{3}}{2}$　　　⑤ $-\sqrt{3}$

9 함수 $y=5\sin\left(\pi x+\dfrac{\pi}{3}\right)-2$의 그래프의 최댓값을 M, 최솟값을 m, 주기를 p라 할 때, $M+m+p$의 값은?

① -5　　　② -2　　　③ 2

④ 3　　　⑤ 7

10 함수 $y=2\tan\left(\dfrac{\pi}{4}x-1\right)-3$의 주기는?

① $\dfrac{\pi}{4}$　　　② 2　　　③ π

④ 2π　　　⑤ 4

11 다음 중 함수 $y=-\tan\left(\pi x-\dfrac{\pi}{3}\right)+3$의 그래프에 대한 설명으로 옳은 것은?

① 주기는 π이다.

② 점근선의 방정식은 $x=n+\dfrac{\pi}{2}$ (단, n은 정수)이다.

③ $y=-\tan \pi x$의 그래프를 x축의 방향으로 $\dfrac{1}{3}$만큼, y축의 방향으로 3만큼 평행이동한 것이다.

④ 최댓값은 2이다.

⑤ 정의역은 실수 전체의 집합이다.

12 함수 $y=\cos 3x$의 그래프를 평행이동하여 겹쳐질 수 있는 그래프의 식인 것만을 **보기**에서 있는 대로 고르시오.

┌**보기**┐
ㄱ. $y=\cos(3x-2)$
ㄴ. $y=3\cos(x-\pi)$
ㄷ. $y=\cos\left(3x-\dfrac{\pi}{3}\right)$
ㄹ. $y=3\cos(\pi x-\pi)-3$
└────┘

07 절댓값 기호를 포함한 삼각함수의 그래프

$y=|\sin x|$	$y=|\cos x|$	$y=|\tan x|$
$y=\sin|x|$	$y=\cos|x|$	$y=\tan|x|$

08 삼각함수의 미정계수

• 삼각함수의 미정계수는 최대, 최소, 주기, 함숫값 등을 이용하여 결정한다.

① $y=a\sin(bx+c)+d$, $y=a\cos(bx+c)+d$

→ 최댓값: $|a|+d$, 최솟값: $-|a|+d$, 주기: $\dfrac{2\pi}{|b|}$

② $y=a\tan(bx+c)+d$

→ 최댓값, 최솟값은 없다., 주기: $\dfrac{\pi}{|b|}$

13 다음 중 함수 $y=|\cos x|$의 그래프에 대한 설명으로 옳은 것은?

① 주기는 2π이다.
② 최솟값은 -1이다.
③ 그래프가 점 $(\pi,\ 1)$을 지난다.
④ 그래프는 원점에 대하여 대칭이다.
⑤ 최댓값은 0이다.

14 함수 $y=|\sin x|$의 그래프와 일치하는 그래프의 식인 것만을 **보기**에서 있는 대로 고른 것은?

> **보기**
> ㄱ. $y=\sin|x|$　　　　ㄴ. $y=|\cos x|$
> ㄷ. $y=\left|\cos\left(x-\dfrac{\pi}{2}\right)\right|$　　ㄹ. $y=|\sin \pi x|$

① ㄱ　　　　② ㄴ　　　　③ ㄷ
④ ㄹ　　　　⑤ ㄱ, ㄷ

15 함수 $y=|\tan ax|$의 주기와 함수 $y=2\sin 3x$의 주기가 같을 때, 양수 a의 값을 구하시오.

16 함수 $f(x)=a\sin \pi x-b$의 최댓값은 3이고 $f\left(\dfrac{1}{6}\right)=1$일 때, 상수 a, b에 대하여 $a+b$의 값을 구하시오. (단, $a>0$)

17 함수 $f(x)=\tan(ax-b)$의 그래프가 다음 그림과 같을 때, 상수 a, b의 값은? (단, $a>0$, $0<b<\pi$)

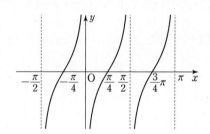

① $a=2$, $b=\dfrac{\pi}{2}$　　② $a=2$, $b=\dfrac{\pi}{4}$

③ $a=2$, $b=\dfrac{\pi}{8}$　　④ $a=1$, $b=\dfrac{\pi}{2}$

⑤ $a=1$, $b=\dfrac{\pi}{4}$

18 함수 $f(x)=a\cos(bx-\pi)+c$의 최댓값은 3, 주기가 π, $f(\pi)=-1$일 때, 상수 a, b, c에 대하여 abc의 값은? (단, $a>0$, $b>0$)

① 5　　　　② 4　　　　③ 3
④ 2　　　　⑤ 1

여러 가지 각에 대한 삼각함수의 성질(1)

1 $2n\pi+x$의 삼각함수 (단, n은 정수)

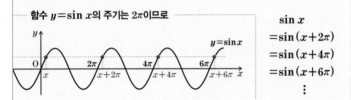

함수 $y=\sin x$의 주기는 2π이므로

$\sin x$
$=\sin(x+2\pi)$
$=\sin(x+4\pi)$
$=\sin(x+6\pi)$
$\vdots$

$$\sin(2n\pi+x)=\sin x$$

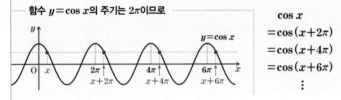

함수 $y=\cos x$의 주기는 2π이므로

$\cos x$
$=\cos(x+2\pi)$
$=\cos(x+4\pi)$
$=\cos(x+6\pi)$
$\vdots$

$$\cos(2n\pi+x)=\cos x$$

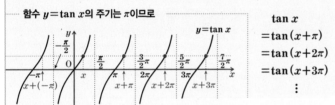

함수 $y=\tan x$의 주기는 π이므로

$\tan x$
$=\tan(x+\pi)$
$=\tan(x+2\pi)$
$=\tan(x+3\pi)$
$\vdots$

$$\tan(2n\pi+x)=\tan x$$

2 $-x$의 삼각함수

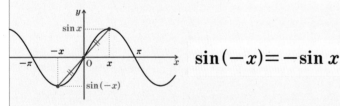

함수 $y=\sin x$의 그래프는 원점에 대하여 대칭이므로

$$\sin(-x)=-\sin x$$

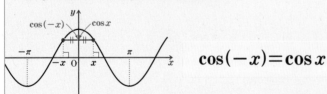

함수 $y=\cos x$의 그래프는 y축에 대하여 대칭이므로

$$\cos(-x)=\cos x$$

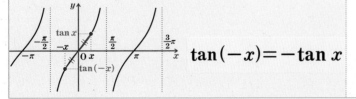

함수 $y=\tan x$의 그래프는 원점에 대하여 대칭이므로

$$\tan(-x)=-\tan x$$

원리확인 다음은 주어진 삼각함수의 값을 구하는 과정이다. □ 안에 알맞은 것을 써넣으시오.

❶ $\cos \dfrac{7}{3}\pi,\ \cos\left(-\dfrac{\pi}{3}\right)$

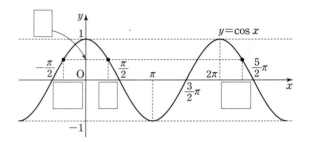

→ 함수 $y=\cos x$의 주기가 $\boxed{}$ 이므로

$$\cos\boxed{}=\cos\left(2\pi+\boxed{}\right)$$

$$=\cos\boxed{}=\boxed{}$$

또 함수 $y=\cos x$의 그래프는 $\boxed{}$에 대하여
$\underset{f(-x)=f(x)}{\underbrace{}}$
대칭이므로

$$\cos\left(-\dfrac{\pi}{3}\right)=\cos\dfrac{\pi}{3}=\boxed{}$$

❷ $\tan \dfrac{13}{6}\pi,\ \tan\left(-\dfrac{\pi}{6}\right)$

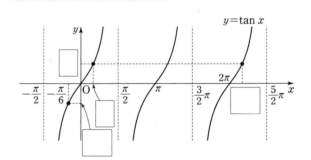

→ 함수 $y=\tan x$의 주기가 $\boxed{}$ 이므로

$$\tan\dfrac{13}{6}\pi=\tan\left(2\pi+\boxed{}\right)$$

$$=\tan\boxed{}=\boxed{}$$

또 함수 $y=\tan x$의 그래프는 $\boxed{}$에 대하여
$\underset{f(-x)=-f(x)}{\underbrace{}}$
대칭이므로

$$\tan\left(-\dfrac{\pi}{6}\right)=-\tan\dfrac{\pi}{6}=\boxed{}$$

1st — $2n\pi + x$ (n은 정수) 꼴의 삼각함수

● 다음 삼각함수의 값을 구하시오.

1 $\sin \dfrac{13}{3}\pi$

$\rightarrow \sin \dfrac{13}{3}\pi = \sin\left(4\pi + \boxed{}\right)$

$\qquad\qquad = \sin \boxed{} = \boxed{}$

2 $\cos \dfrac{9}{4}\pi$

3 $\tan \dfrac{25}{6}\pi$

4 $\sin \dfrac{17}{4}\pi$

5 $\cos 405°$
$\quad\ \ 360° + 45°$

6 $\tan 780°$

2nd — $-x$ 꼴의 삼각함수

● 다음 삼각함수의 값을 구하시오.

7 $\sin\left(-\dfrac{\pi}{4}\right)$

$\rightarrow \sin\left(-\dfrac{\pi}{4}\right) = \bigcirc \sin \dfrac{\pi}{4} = \boxed{}$

8 $\cos\left(-\dfrac{\pi}{6}\right)$

9 $\tan\left(-\dfrac{\pi}{3}\right)$

10 $\sin\left(-\dfrac{13}{3}\pi\right)$

$\rightarrow \sin\left(-\dfrac{13}{3}\pi\right) = \bigcirc \sin \dfrac{13}{3}\pi$

$\qquad\qquad = \bigcirc \sin\left(4\pi + \boxed{}\right)$

$\qquad\qquad = \bigcirc \sin \boxed{}$

$\qquad\qquad = \boxed{}$

11 $\cos\left(-\dfrac{13}{6}\pi\right)$

12 $\tan\left(-\dfrac{9}{4}\pi\right)$

☺ **내가 발견한 개념**   2nπ+x의 삼각함수는?

n은 정수일 때
- $\sin(2n\pi + x) = \boxed{}$
- $\cos(2n\pi + x) = \boxed{}$
- $\tan(2n\pi + x) = \boxed{}$

☺ **내가 발견한 개념**   -x의 삼각함수는?

- $\sin(-x) = \boxed{}$
- $\cos(-x) = \boxed{}$
- $\tan(-x) = \boxed{}$

10

반복되는 변화에 따른 각의 특징!

여러 가지 각에 대한 삼각함수의 성질(2)

1 $\pi \pm x$의 삼각함수

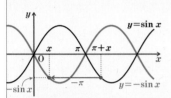

$$\sin(\pi+x)=-\sin x$$
이때 x 대신 $-x$를 대입하면
$$\sin(\pi-x)=-\sin(-x)=\sin x$$

$$\sin(\pi+x)=-\sin x$$
$$\sin(\pi-x)=\sin x$$

x축의 방향으로 $-\pi$만큼 평행이동

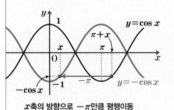

$$\cos(\pi+x)=-\cos x$$
이때 x 대신 $-x$를 대입하면
$$\cos(\pi-x)=-\cos(-x)=-\cos x$$

$$\cos(\pi+x)=-\cos x$$
$$\cos(\pi-x)=-\cos x$$

x축의 방향으로 $-\pi$만큼 평행이동

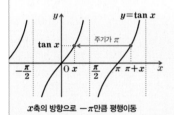

$$\tan(\pi+x)=\tan x$$
이때 x 대신 $-x$를 대입하면
$$\tan(\pi-x)=\tan(-x)=-\tan x$$

$$\tan(\pi+x)=\tan x$$
$$\tan(\pi-x)=-\tan x$$

x축의 방향으로 $-\pi$만큼 평행이동

2 $\frac{\pi}{2} \pm x$의 삼각함수

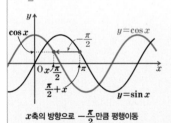

$$\sin\left(\frac{\pi}{2}+x\right)=\cos x$$
이때 x 대신 $-x$를 대입하면
$$\sin\left(\frac{\pi}{2}-x\right)=\cos(-x)=\cos x$$

$$\sin\left(\frac{\pi}{2}+x\right)=\cos x$$
$$\sin\left(\frac{\pi}{2}-x\right)=\cos x$$

x축의 방향으로 $-\frac{\pi}{2}$만큼 평행이동

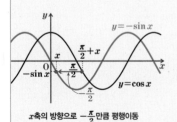

$$\cos\left(\frac{\pi}{2}+x\right)=-\sin x$$
이때 x 대신 $-x$를 대입하면
$$\cos\left(\frac{\pi}{2}-x\right)=-\sin(-x)=\sin x$$

$$\cos\left(\frac{\pi}{2}+x\right)=-\sin x$$
$$\cos\left(\frac{\pi}{2}-x\right)=\sin x$$

x축의 방향으로 $-\frac{\pi}{2}$만큼 평행이동

$$\tan\left(\frac{\pi}{2}+x\right)=\frac{\sin\left(\frac{\pi}{2}+x\right)}{\cos\left(\frac{\pi}{2}+x\right)}=\frac{\cos x}{-\sin x}=-\frac{1}{\tan x}$$

이때 x 대신 $-x$를 대입하면

$$\tan\left(\frac{\pi}{2}-x\right)=-\frac{1}{\tan(-x)}=\frac{1}{\tan x}$$

$$\tan\left(\frac{\pi}{2}+x\right)=-\frac{1}{\tan x}$$
$$\tan\left(\frac{\pi}{2}-x\right)=\frac{1}{\tan x}$$

원리확인 다음은 삼각함수의 값을 구하는 과정이다. 빈칸에 알맞은 것을 써넣으시오.

❶ $\cos\dfrac{5}{4}\pi$

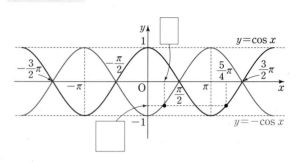

➡ 함수 $y=\cos x$의 그래프를 x축의 방향으로 $-\pi$만큼 평행이동하면 함수 $y=-\cos x$의 그래프와 겹쳐지므로 ┕→ $y=\cos(\pi+x)$

$$\cos\frac{5}{4}\pi=\cos\left(\pi+\boxed{}\right)$$
$$=\bigcirc\cos\boxed{}=\boxed{}$$

❷ $\cos\dfrac{5}{6}\pi$

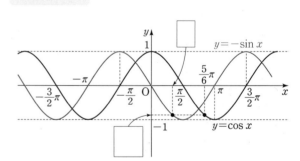

➡ 함수 $y=\cos x$의 그래프를 x축의 방향으로 $-\dfrac{\pi}{2}$만큼 평행이동하면 함수 $y=-\sin x$의 그래프와 겹쳐지므로 ┕→ $y=\cos\left(\dfrac{\pi}{2}+x\right)$

$$\cos\frac{5}{6}\pi=\cos\left(\frac{\pi}{2}+\boxed{}\right)$$
$$=\bigcirc\sin\boxed{}=\boxed{}$$

1st — $\pi \pm x$ 꼴의 삼각함수

● 다음 삼각함수의 값을 구하시오.

1 $\sin \dfrac{5}{4}\pi$

→ $\sin \dfrac{5}{4}\pi = \sin\left(\pi + \boxed{}\right) = \bigcirc \sin \boxed{} = \boxed{}$

2 $\cos \dfrac{4}{3}\pi$

3 $\tan \dfrac{7}{6}\pi$

4 $\sin \dfrac{2}{3}\pi$

→ $\sin \dfrac{2}{3}\pi = \sin\left(\pi - \boxed{}\right) = \sin \boxed{} = \boxed{}$

5 $\cos \dfrac{5}{6}\pi$

6 $\tan 150°$

2nd — $\dfrac{\pi}{2} \pm x$ 꼴의 삼각함수

● 다음 삼각함수의 값을 구하시오.

7 $\sin \dfrac{5}{6}\pi$

→ $\sin \dfrac{5}{6}\pi = \sin\left(\dfrac{\pi}{2} + \boxed{}\right) = \cos \boxed{} = \boxed{}$

8 $\cos \dfrac{3}{4}\pi$

9 $\tan \dfrac{2}{3}\pi$

10 $\sin\left(\dfrac{\pi}{2} - \dfrac{\pi}{6}\right)$

11 $\tan\left(\dfrac{\pi}{2} - \dfrac{\pi}{3}\right)$

12 $\cos 120°$

☺ 내가 발견한 개념　　　　　　$\pi \pm x$의 삼각함수는?

- $\sin(\pi + x) = \boxed{}$, $\sin(\pi - x) = \boxed{}$
- $\cos(\pi + x) = \boxed{}$, $\cos(\pi - x) = \boxed{}$
- $\tan(\pi + x) = \boxed{}$, $\tan(\pi - x) = \boxed{}$

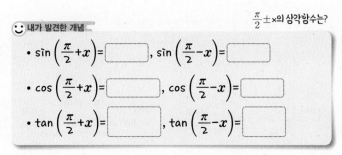

☺ 내가 발견한 개념　　　　　　$\dfrac{\pi}{2} \pm x$의 삼각함수는?

- $\sin\left(\dfrac{\pi}{2} + x\right) = \boxed{}$, $\sin\left(\dfrac{\pi}{2} - x\right) = \boxed{}$
- $\cos\left(\dfrac{\pi}{2} + x\right) = \boxed{}$, $\cos\left(\dfrac{\pi}{2} - x\right) = \boxed{}$
- $\tan\left(\dfrac{\pi}{2} + x\right) = \boxed{}$, $\tan\left(\dfrac{\pi}{2} - x\right) = \boxed{}$

11

반복되는 변화에 따른 각의 특징!

삼각함수의 각의 변형과 삼각함수표

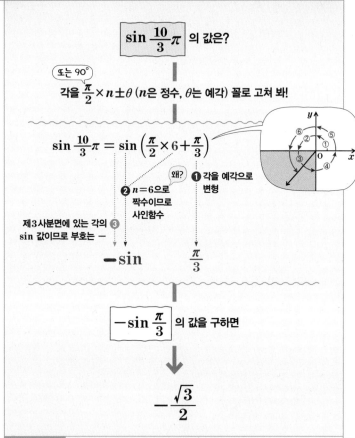

$$\sin \frac{10}{3}\pi \text{ 의 값은?}$$

또는 90°

각을 $\frac{\pi}{2} \times n \pm \theta$ (n은 정수, θ는 예각) 꼴로 고쳐 봐!

$$\sin \frac{10}{3}\pi = \sin\left(\frac{\pi}{2} \times 6 + \frac{\pi}{3}\right)$$

왜?

❶ 각을 예각으로 변형

❷ $n=6$으로 짝수이므로 사인함수

제3사분면에 있는 각의 ❸ sin 값이므로 부호는 −

$$-\sin \qquad \frac{\pi}{3}$$

$$\boxed{-\sin \frac{\pi}{3}} \text{ 의 값을 구하면}$$

$$-\frac{\sqrt{3}}{2}$$

삼각함수표

$0°$에서 $90°$까지 $1°$ 단위로 삼각비의 값을 반올림하여 소수점 아래 넷째 자리까지 나타낸 표를 삼각함수표라 한다. 삼각함수표를 이용하면 일반각에 대한 삼각함수의 값을 구할 수 있다.

각(θ)	$\sin\theta$	$\cos\theta$	$\tan\theta$
38°	0.6157	0.7880	0.7813
39°	0.6293	0.7771	0.8098
40°	0.6428	0.7660	0.8391

$\sin 40° = 0.6428$ $\tan 39° = 0.8098$

$\frac{\pi}{2} \times n \pm \theta \longrightarrow \theta$ (θ는 예각)로 변형할 때, 변형한 각에 따라 삼각함수가 다음과 같이 결정된다.

$\sin\left(\frac{\pi}{2} \times n + \theta\right)$에 대하여

$n=1$일 때, $\sin\left(\frac{\pi}{2} + \theta\right) = \cos\theta$

$n=2$일 때, $\sin(\pi + \theta) = -\sin\theta$

$n=3$일 때, $\sin\left(\frac{3}{2}\pi + \theta\right) = \sin\left(\pi + \frac{\pi}{2} + \theta\right)$
$= -\sin\left(\frac{\pi}{2} + \theta\right)$
$= -\cos\theta$

$n=4$일 때, $\sin(2\pi + \theta) = \sin\theta$
$\vdots$

n이 홀수이면 cos, 짝수이면 sin이 나온다.

우리도 규칙이 있어!

cos tan

n이 홀수이면
$\sin \longrightarrow \cos$
$\cos \longrightarrow \sin$
$\tan \longrightarrow \frac{1}{\tan}$
함수를 바꾼다!

n이 짝수이면
$\sin \longrightarrow \sin$
$\cos \longrightarrow \cos$
$\tan \longrightarrow \tan$
함수를 그대로!

모든 삼각함수의 값은 $\theta\left(0 \leq \theta \leq \frac{\pi}{2}\right)$에 대한 삼각함수의 값을 이용하여 구할 수 있어!

1st — 삼각함수의 각의 변형

● 다음 삼각함수의 값을 구하시오.

1 $\cos\dfrac{8}{3}\pi$

$\rightarrow \cos\dfrac{8}{3}\pi = \cos\left(\dfrac{\pi}{2} \times \boxed{} - \dfrac{\pi}{3}\right)$

$= -\cos\left(-\dfrac{\pi}{3}\right)$

$= -\cos\boxed{} = \boxed{}$

2 $\sin\dfrac{13}{4}\pi$

$\frac{\pi}{2} \times n \pm \theta$ (θ는 예각) 꼴로 고쳐 봐!

3 $\tan\dfrac{10}{3}\pi$

4 $\cos\dfrac{17}{6}\pi$

5 $\sin\dfrac{11}{6}\pi$

6 $\tan\dfrac{11}{4}\pi$

2nd — 복잡한 식의 삼각함수

● 다음 식의 값을 구하시오.

7 $\sin \dfrac{13}{6}\pi + \cos\left(-\dfrac{\pi}{3}\right)\tan\dfrac{5}{4}\pi$

→ $\sin\dfrac{13}{6}\pi = \sin\left(2\pi + \boxed{}\right) = \sin\boxed{} = \boxed{}$

$\cos\left(-\dfrac{\pi}{3}\right) = \cos\boxed{} = \boxed{}$

$\tan\dfrac{5}{4}\pi = \tan\left(\pi + \boxed{}\right) = \tan\boxed{} = \boxed{}$

따라서 (주어진 식) $= \boxed{} + \boxed{} \times \boxed{} = \boxed{}$

8 $\tan\dfrac{\pi}{3}\sin\dfrac{7}{3}\pi - \cos\dfrac{3}{4}\pi$

9 $\sin\dfrac{2}{3}\pi\cos\dfrac{7}{6}\pi + \cos\dfrac{\pi}{6}\tan\left(-\dfrac{\pi}{6}\right)$

10 $\sin\dfrac{17}{6}\pi\cos\left(-\dfrac{4}{3}\pi\right) - \sin\dfrac{5}{4}\pi\cos\dfrac{7}{4}\pi$

11 $\dfrac{\sin\dfrac{10}{3}\pi + \tan\left(-\dfrac{9}{4}\pi\right)}{\cos\left(-\dfrac{\pi}{3}\right)}$

12 $\dfrac{\sin\left(\pi + \dfrac{\pi}{4}\right)\tan\dfrac{\pi}{3}}{\cos\left(\dfrac{\pi}{2} - \dfrac{\pi}{4}\right)}$

13 $\sin\left(-\dfrac{9}{4}\pi\right)\cos\dfrac{3}{4}\pi - \tan\left(-\dfrac{13}{6}\pi\right)$

3rd — 삼각함수의 각의 변형을 이용한 식의 변형

● 다음 식을 간단히 하시오.

14 $\sin(\pi - \theta) - \cos\left(\dfrac{\pi}{2} - \theta\right)$

→ $\sin(\pi - \theta) = \boxed{}$

$\cos\left(\dfrac{\pi}{2} - \theta\right) = \boxed{}$

따라서

$\sin(\pi - \theta) - \cos\left(\dfrac{\pi}{2} - \theta\right) = \boxed{} - \boxed{} = \boxed{}$

15 $\sin\left(\dfrac{\pi}{2} + \theta\right) - \cos(\pi - \theta)$

16 $\sin(\pi+\theta)\cos\left(\dfrac{\pi}{2}+\theta\right)$

17 $\sin\theta\tan\left(\dfrac{\pi}{2}-\theta\right)+\tan\left(\dfrac{\pi}{2}+\theta\right)\cos\left(\dfrac{\pi}{2}-\theta\right)$

18 $\dfrac{\sin(\pi-\theta)\cos(2\pi+\theta)}{\sin\left(\dfrac{\pi}{2}+\theta\right)}$

개념모음문제

19 $\cos\left(\dfrac{\pi}{2}+\theta\right)\sin(\pi-\theta)-\cos\theta\sin\left(\dfrac{\pi}{2}+\theta\right)$ 를 간단히 하면?

① -1 ② $-\sin\theta$ ③ 0

④ $\cos\theta$ ⑤ 1

● **다음 식의 값을 구하시오.**

20 $\sin 10°-\cos 40°+\sin 50°-\cos 80°$

➡ $\sin 50°=\sin(90°-40°)=\boxed{}\,40°$

$\cos 80°=\cos(90°-10°)=\boxed{}\,10°$

따라서

$\sin 10°-\cos 40°+\sin 50°-\cos 80°$

$=\sin 10°-\cos 40°+\boxed{}\,40°-\boxed{}\,10°$

$=\boxed{}$

21 $\sin 35°+\cos 125°+\tan 80°+\tan 100°$

22 $\cos^2 0°+\cos^2 10°+\cos^2 80°+\cos^2 90°$

➡ $\cos(90°-\theta)=\boxed{}$ 이므로

$\cos^2\theta+\cos^2(90°-\theta)=\cos^2\theta+\boxed{}=1$

따라서

$\cos^2 0°+\cos^2 10°+\cos^2 80°+\cos^2 90°$

$=(\cos^2 0°+\cos^2\boxed{}°)+(\cos^2 10°+\cos^2\boxed{}°)$

$=(\cos^2 0°+\sin^2\boxed{}°)+(\cos^2 10°+\sin^2\boxed{}°)$

$=\boxed{}+\boxed{}=\boxed{}$

23 $\sin^2 5°+\sin^2 10°+\cdots+\sin^2 80°+\sin^2 85°$

24 $\tan 5° \times \tan 10° \times \tan 15° \times \cdots \times \tan 80° \times \tan 85°$

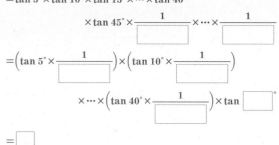

→ $\tan(90°-\theta) = \dfrac{1}{\boxed{}}$ 이므로

$\tan 5° \times \tan 10° \times \tan 15° \times \cdots \times \tan 80° \times \tan 85°$

$= \tan 5° \times \tan 10° \times \tan 15° \times \cdots \times \tan 40°$

　　　　　　　　　　$\times \tan 45° \times \tan 50° \times \cdots \times \tan 85°$

$= \tan 5° \times \tan 10° \times \tan 15° \times \cdots \times \tan 40°$

　　　　　$\times \tan 45° \times \dfrac{1}{\boxed{}} \times \cdots \times \dfrac{1}{\boxed{}}$

$= \left(\tan 5° \times \dfrac{1}{\boxed{}}\right) \times \left(\tan 10° \times \dfrac{1}{\boxed{}}\right)$

　　　　　$\times \cdots \times \left(\tan 40° \times \dfrac{1}{\boxed{}}\right) \times \tan \boxed{}°$

$= \boxed{}$

25 $\tan 2° \times \tan 4° \times \tan 6° \times \cdots \times \tan 86° \times \tan 88°$

개념모음문제

26 다음은

$$\cos^2 0° + \cos^2 10° + \cdots + \cos^2 80° + \cos^2 90°$$

의 값을 구하는 과정이다. ㈎, ㈏에 들어갈 값을 차례로 구하면?

> $\cos(90°-\theta) = \sin\theta$ 이므로
> $\cos^2\theta + \cos^2(90°-\theta) = \boxed{\text{㈎}}$
> 따라서
> (주어진 식)
> $= (\cos^2 0° + \cos^2 90°) + (\cos^2 10° + \cos^2 80°)$
> 　　　　　$+ \cdots + (\cos^2 40° + \cos^2 50°)$
> $= \boxed{\text{㈏}}$

① 0, 1　　　② 0, 5　　　③ 1, 4

④ 1, 5　　　⑤ 1, 10

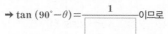 **4**th — 삼각함수표

● 아래 삼각함수표를 이용하여 다음 삼각함수의 값을 구하시오.

θ	$\sin\theta$	$\cos\theta$	$\tan\theta$
4°	0.0698	0.9976	0.0699
5°	0.0872	0.9962	0.0875
6°	0.1045	0.9945	0.1051

27 $\sin 94°$　90°보다 작은 각에 대한 삼각함수로 변형해 봐!

→ $\sin 94° = \sin(90° + \boxed{}°) = \cos\boxed{}° = \boxed{}$

28 $\cos 84°$

29 $\sin 96° + \tan 365°$

● 아래 삼각함수표를 이용하여 다음 삼각함수의 값을 구하시오.

θ	$\sin\theta$	$\cos\theta$	$\tan\theta$
10°	0.1736	0.9848	0.1763
11°	0.1908	0.9816	0.1944
12°	0.2079	0.9781	0.2126

30 $\cos 192°$

31 $\tan 371°$

32 $\sin 80° - \cos 282°$

삼각함수를 포함한 식의 최댓값과 최솟값

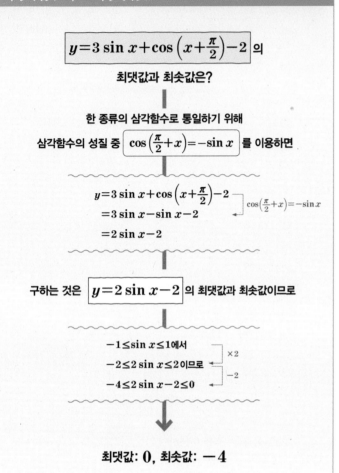

$$y=3\sin x+\cos\left(x+\frac{\pi}{2}\right)-2 의$$

최댓값과 최솟값은?

한 종류의 삼각함수로 통일하기 위해

삼각함수의 성질 중 $\cos\left(\frac{\pi}{2}+x\right)=-\sin x$ 를 이용하면

$$y=3\sin x+\cos\left(x+\frac{\pi}{2}\right)-2$$
$$=3\sin x-\sin x-2 \qquad \cos\left(\frac{\pi}{2}+x\right)=-\sin x$$
$$=2\sin x-2$$

구하는 것은 $y=2\sin x-2$ 의 최댓값과 최솟값이므로

$-1\le\sin x\le1$에서
$-2\le2\sin x\le2$이므로 $\qquad \times 2$
$-4\le2\sin x-2\le0$ $\qquad -2$

↓

최댓값: 0, 최솟값: −4

- **삼각함수를 포함한 식의 최대, 최소**
  (ⅰ) 삼각함수의 성질 등을 이용하여 한 종류의 삼각함수로 통일한다.
  (ⅱ) 식이 복잡한 경우 삼각함수를 t로 놓고, 주어진 함수를 t에 대한 함수로 변형한다.
  (ⅲ) t의 값의 범위를 구한다.
  (ⅳ) 그래프를 이용하여 t의 값의 범위에서 최댓값과 최솟값을 구한다.
  참고 x의 값의 범위에 대한 특별한 언급이 없는 경우, $\sin x=t$ 또는 $\cos x=t$로 치환하면 t의 값의 범위는 $-1\le t\le1$이고, $\tan x=t$로 치환하면 t의 값의 범위는 실수 전체이다.

$x-\dfrac{\pi}{2}$ 의 삼각함수

$$\boxed{\sin\left(x-\frac{\pi}{2}\right)} \qquad\qquad \boxed{\cos\left(x-\frac{\pi}{2}\right)}$$

$\sin\left(x-\frac{\pi}{2}\right)$
$=-\sin\left(\frac{\pi}{2}-x\right)$ ─ 원점에 대하여 대칭 $f(a)=-f(-a)$
$=-\cos x$ ─ $\sin\left(\frac{\pi}{2}-x\right)=\cos x$

$\cos\left(x-\frac{\pi}{2}\right)$
$=\cos\left(\frac{\pi}{2}-x\right)$ ─ y축에 대하여 대칭 $f(a)=f(-a)$
$=\sin x$ ─ $\cos\left(\frac{\pi}{2}-x\right)=\sin x$

괄호 안을 $\dfrac{\pi}{2}\pm x$꼴로 바꿔서 생각한다.

● 다음 함수의 최댓값과 최솟값을 각각 구하시오.

1 $y=\sin\left(x-\frac{\pi}{2}\right)+5\cos x+1$

한 종류의 삼각함수에 대한 식으로 고쳐 봐!

→ $\sin\left(x-\frac{\pi}{2}\right)=\bigcirc\sin\left(\frac{\pi}{2}-x\right)=\boxed{}$이므로

$$y=\sin\left(x-\frac{\pi}{2}\right)+5\cos x+1$$
$$=\boxed{}+5\cos x+1$$
$$=\boxed{}\cos x+1$$

$\sin\left(\frac{\pi}{2}\pm x\right)=\cos x$
$\cos\left(\frac{\pi}{2}\pm x\right)=\mp\sin x$
(복부호 동순)

이때 $-1\le\cos x\le1$이므로

$$\boxed{}\le\boxed{}\cos x+1\le\boxed{}$$

따라서 주어진 함수의 최댓값은 $\boxed{}$, 최솟값은 $\boxed{}$이다.

2 $y=2\sin\left(x+\frac{\pi}{2}\right)-\cos x$

3 $y=\sin x-3\cos\left(x-\frac{\pi}{2}\right)+5$

4 $y=2\sin x-\cos\left(x+\frac{\pi}{2}\right)-4$

5 $y=3\cos x-\sin\left(x-\dfrac{\pi}{2}\right)+2$

6 $y=4\sin x+\cos\left(x+\dfrac{\pi}{2}\right)-1$

2nd 절댓값 기호를 포함한 삼각함수의 최대, 최소

● 다음 함수의 최댓값과 최솟값을 각각 구하시오.

7 $y=2|\cos x-1|+1$

$\cos x$의 값의 범위에 따라 y의 값의 범위가 정해져!

➡ $\boxed{}\leq\cos x\leq\boxed{}$ 이므로

$\boxed{}\leq\cos x-1\leq 0,\ 0\leq|\cos x-1|\leq\boxed{}$

따라서 $0\leq 2|\cos x-1|\leq\boxed{}$ 이므로

$\boxed{}\leq 2|\cos x-1|+1\leq\boxed{}$

즉 주어진 함수의 최댓값은 $\boxed{}$, 최솟값은 $\boxed{}$이다.

8 $y=|4\cos x-1|$

9 $y=|\cos 3x-2|+5$

10 $y=-|\sin 2x+3|-3$

11 $y=3|\sin x+1|-2$

12 $y=2|\sin x-3|-4$

개념모음문제
13 함수 $y=3|\cos x-1|-4$의 최댓값을 M, 최솟값을 m이라 할 때, $M+m$의 값은?

① -4　　　② -2　　　③ 0

④ 8　　　⑤ 12

3rd — 삼각함수를 포함한 함수의 최대, 최소 ; 이차식 꼴

● 다음 함수의 최댓값과 최솟값을 각각 구하시오.

14 $y=\sin^2 x+2\cos x+1$

> $\sin^2 x+\cos^2 x=1$을 이용하면 삼각함수를 한 종류로 통일할 수 있다.

→ $\sin^2 x=\boxed{}-\cos^2 x$이므로

$y=\sin^2 x+2\cos x+1$

$\quad=(\boxed{}-\cos^2 x)+2\cos x+1$

$\quad=-\cos^2 x+2\cos x+\boxed{}$

$\cos x=t$로 치환하면

$y=-t^2+2t+\boxed{}=-(t-\boxed{})^2+\boxed{}$

이때 $-1\le t\le1$이므로
오른쪽 그림에서

$t=1$일 때 최댓값은 $\boxed{}$,

$t=-1$일 때 최솟값은 $\boxed{}$이다.

15 $y=\cos^2 x-4\cos x+5$

$\cos x=t$로 치환해서 t에 대한 이차함수로 바꿔 봐!

16 $y=-2\sin^2 x+4\cos x-3$

17 $y=\cos^2 x-\sin x-2$

18 $y=\sin^2\left(\dfrac{\pi}{2}+x\right)+2\cos x-1$

19 $y=\cos^2\left(\dfrac{\pi}{2}-x\right)-2\sin(-x)+4$

20 $y=-\sin^2\left(\dfrac{3}{2}\pi+x\right)-\cos(2\pi+x)$

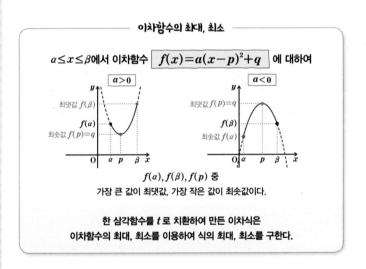

이차함수의 최대, 최소

$\alpha\le x\le\beta$에서 이차함수 $\boxed{f(x)=a(x-p)^2+q}$ 에 대하여

$f(\alpha), f(\beta), f(p)$ 중
가장 큰 값이 최댓값, 가장 작은 값이 최솟값이다.

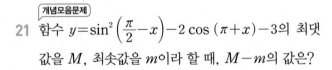

한 삼각함수를 t로 치환하여 만든 이차식은
이차함수의 최대, 최소를 이용하여 식의 최대, 최소를 구한다.

개념모음문제

21 함수 $y=\sin^2\left(\dfrac{\pi}{2}-x\right)-2\cos(\pi+x)-3$의 최댓값을 M, 최솟값을 m이라 할 때, $M-m$의 값은?

① 0   ② 1   ③ 2

④ 3   ⑤ 4

4th — 삼각함수를 포함한 함수의 최대, 최소 ; 분수식 꼴

● 다음 함수의 최댓값과 최솟값을 각각 구하시오.

22 $y=\dfrac{\sin x}{\sin x-2}$

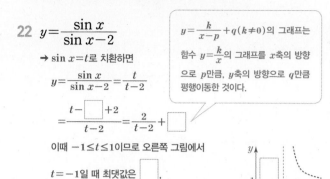

→ $\sin x=t$로 치환하면

$$y=\dfrac{\sin x}{\sin x-2}=\dfrac{t}{t-2}$$

$$=\dfrac{t-\boxed{}+2}{t-2}=\dfrac{2}{t-2}+\boxed{}$$

> $y=\dfrac{k}{x-p}+q\,(k\neq0)$의 그래프는
> 함수 $y=\dfrac{k}{x}$의 그래프를 x축의 방향
> 으로 p만큼, y축의 방향으로 q만큼
> 평행이동한 것이다.

이때 $-1\leq t\leq1$이므로 오른쪽 그림에서

$t=-1$일 때 최댓값은 $\boxed{}$,

$t=1$일 때 최솟값은 $\boxed{}$이다.

23 $y=\dfrac{\cos x-1}{\cos x+3}$

24 $y=\dfrac{2\sin x}{\sin x+2}$

25 $y=\dfrac{\tan x}{\tan x+1}\ \left(단,\ 0\leq x\leq\dfrac{\pi}{4}\right)$

26 $y=\dfrac{3\tan x+1}{\tan x-3}\ \left(단,\ -\dfrac{\pi}{4}\leq x\leq\dfrac{\pi}{4}\right)$

27 $y=\dfrac{\cos\left(\dfrac{\pi}{2}+x\right)}{\sin x+2}$

28 $y=\dfrac{4\sin\left(\dfrac{\pi}{2}-x\right)-10}{\cos x-3}$

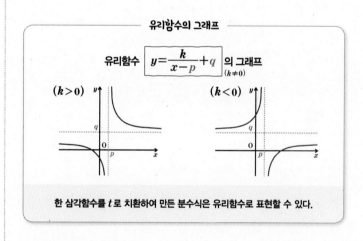

유리함수의 그래프

유리함수 $\boxed{y=\dfrac{k}{x-p}+q}_{(k\neq0)}$ 의 그래프

$(k>0)$

$(k<0)$

한 삼각함수를 t로 치환하여 만든 분수식은 유리함수로 표현할 수 있다.

개념모음문제

29 함수 $y=\dfrac{3\cos x+1}{\cos x-2}$은 $x=a$일 때, 최댓값 b를 갖는다. ab의 값은? (단, $0\leq x<2\pi$)

① 0
② $\dfrac{\pi}{3}$
③ $\dfrac{2}{3}\pi$
④ π
⑤ 2π

13

미지수가 각에 있는!

삼각함수를 포함한 방정식

$\boxed{2\sin x - 1 = 0}$ **의 해는?** (단, $0 \le x < 2\pi$)

$\sin x = k$ 꼴로 만들면

$$\sin x = \frac{1}{2}$$

구하는 해는 $y = \sin x$의 그래프와 직선 $y = \frac{1}{2}$이 만나는 점의 x좌표이다.

주어진 범위 안에서만 생각해!
범위가 없으면
x의 값은 무한개일 수도!

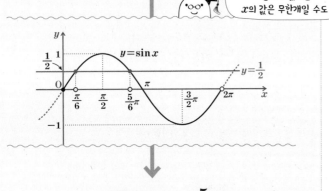

$$x = \frac{\pi}{6} \ \text{또는} \ x = \frac{5}{6}\pi$$

단위원을 이용한 방정식의 풀이 (단, $0 \le x < 2\pi$)

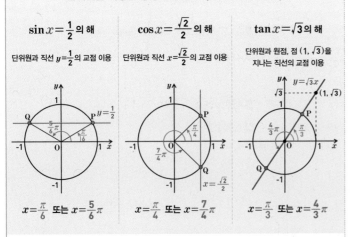

$\sin x = \frac{1}{2}$의 해	$\cos x = \frac{\sqrt{2}}{2}$의 해	$\tan x = \sqrt{3}$의 해
단위원과 직선 $y = \frac{1}{2}$의 교점 이용	단위원과 직선 $x = \frac{\sqrt{2}}{2}$의 교점 이용	단위원과 원점, 점 $(1, \sqrt{3})$을 지나는 직선의 교점 이용

$x = \frac{\pi}{6}$ 또는 $x = \frac{5}{6}\pi$ ／ $x = \frac{\pi}{4}$ 또는 $x = \frac{7}{4}\pi$ ／ $x = \frac{\pi}{3}$ 또는 $x = \frac{4}{3}\pi$

• **삼각방정식**: 각의 크기가 미지수인 삼각함수를 포함하는 방정식

원리확인 다음은 주어진 방정식을 푸는 과정이다. □ 안에 알맞은 수를 써넣으시오.

❶ $\cos x = \dfrac{\sqrt{2}}{2}$ (단, $0 \le x < 2\pi$)

→ $0 \le x < 2\pi$에서 $y = \cos x$의 그래프와 직선 $y = \dfrac{\sqrt{2}}{2}$를 그리면 다음 그림과 같다.

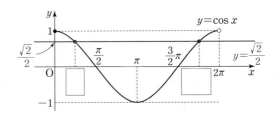

두 그래프의 교점의 x좌표는 $\boxed{}$, $\boxed{}$

따라서 방정식 $\cos x = \dfrac{\sqrt{2}}{2}$의 근은

$x = \boxed{}$ 또는 $x = \boxed{}$

❷ $\tan x = \sqrt{3}$ (단, $0 \le x < 2\pi$)

→ $0 \le x < 2\pi$에서 $y = \tan x$의 그래프와 직선 $y = \sqrt{3}$을 그리면 다음 그림과 같다.

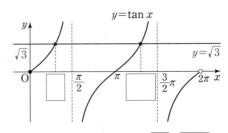

두 그래프의 교점의 x좌표는 $\boxed{}$, $\boxed{}$

따라서 방정식 $\tan x = \sqrt{3}$의 근은

$x = \boxed{}$ 또는 $x = \boxed{}$

1st — 삼각방정식; 일차식 꼴

● 다음 방정식을 푸시오.

1 $\sin 2x = \dfrac{\sqrt{3}}{2}$ (단, $0 \leq x < 2\pi$)

→ $2x = t$로 치환하면 $\sin t = \dfrac{\sqrt{3}}{2}$

이때 $0 \leq x < 2\pi$이므로 $0 \leq t <$ ⬚ ······ ㉠

㉠의 범위에서 $y = \sin t$의 그래프와 직선 $y = \dfrac{\sqrt{3}}{2}$을 그리면 다음 그림과 같다.

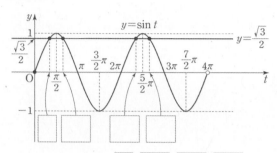

두 그래프의 교점의 t좌표는 ⬚ , ⬚ , ⬚ , ⬚

따라서 $2x =$ ⬚ 또는 $2x =$ ⬚ 또는 $2x =$ ⬚

또는 $2x =$ ⬚ 이므로

$x =$ ⬚ 또는 $x =$ ⬚ 또는 $x =$ ⬚ 또는 $x =$ ⬚

2 $2 \cos 3x - 1 = 0$ (단, $0 \leq x < 2\pi$)

3 $\tan \dfrac{x}{3} + \sqrt{3} = 0$ (단, $0 < x < 3\pi$)

4 $\sin \left(2x - \dfrac{\pi}{4} \right) = -\dfrac{\sqrt{2}}{2}$ (단, $0 \leq x < 2\pi$)

5 $\tan \left(\dfrac{\pi}{2} - 2x \right) = 1$ (단, $0 \leq x < \pi$)

$\sin x = k$ 의 근	$\cos x = k$ 의 근	$\tan x = k$ 의 근
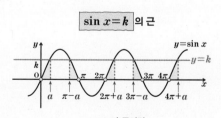	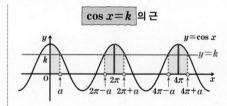	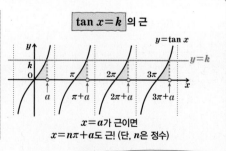
$x = a$가 근이면 $x = (2n-1)\pi - a$, $x = 2n\pi + a$도 근! (단, n은 정수)	$x = a$가 근이면 $x = 2n\pi - a$, $x = 2n\pi + a$도 근! (단, n은 정수)	$x = a$가 근이면 $x = n\pi + a$도 근! (단, n은 정수)

삼각함수를 포함한 방정식은 근이 주기적이군!

● 다음 방정식을 푸시오.

6 $2\sin^2 x - 5\cos x + 1 = 0$ (단, $0 \le x \le \pi$)

→ $\sin^2 x + \cos^2 x = \boxed{}$ 이므로 $\sin^2 x = \boxed{} - \cos^2 x$

$2\sin^2 x - 5\cos x + 1 = 0$ 에서

$2(\boxed{} - \cos^2 x) - 5\cos x + 1 = 0$

$\boxed{}\cos^2 x + 5\cos x - \boxed{} = 0$

> $\sin^2 x + \cos^2 x = 1$
> 을 이용하여
> $\sin^2 x = 1 - \cos^2 x$,
> $\cos^2 x = 1 - \sin^2 x$
> 로 고친다.

$\cos x = t$ 로 치환하면

$\boxed{}t^2 + 5t - \boxed{} = 0$, $(t+3)(\boxed{}t - \boxed{}) = 0$

따라서 $t = -3$ 또는 $t = \boxed{}$

이때 $-1 \le t \le 1$ 이므로 $t = \boxed{}$

즉 $\cos x = \boxed{}$ 이고 $0 \le x \le \pi$ 에서 $x = \boxed{}$

7 $2\sin^2 x + \sin x = 0$ (단, $0 \le x < \pi$)

$\sin x = t$ 로 치환해서 t에 대한 이차방정식으로 바꿔봐!

8 $2\cos^2 x - (2+\sqrt{2})\cos x + \sqrt{2} = 0$ (단, $0 \le x < 2\pi$)

9 $\tan^2 x - (\sqrt{3}+1)\tan x + \sqrt{3} = 0$ $\left(단, 0 \le x < \dfrac{\pi}{2}\right)$

10 $2\cos^2 x - \sin x - 1 = 0$ (단, $0 \le x < 2\pi$)

11 $2\sin^2 x - 3\cos x - 2 = 0$ (단, $0 \le x < 2\pi$)

개념모음문제
12 방정식 $\cos^2 x - 2\sin x + 2 = 0$의 모든 실근의 합은? (단, $-2\pi < x < 2\pi$)

① -2π
② $-\pi$
③ $-\dfrac{\pi}{2}$

④ π
⑤ $\dfrac{3}{2}\pi$

3rd — 삼각방정식의 활용

● 다음 방정식의 실근의 개수를 구하시오.

13 $\sin \pi x = \frac{1}{2}x$

→ $\sin \pi x = \frac{1}{2}x$의 실근의 개수는 $y = \sin \pi x$의 그래프와 직선 $y = \frac{1}{2}x$

의 ⬜ 의 개수와 같다.

이때 $y = \sin \pi x$의 주기는 $\dfrac{2\pi}{\left|\,\boxed{}\,\right|} = \boxed{}$이므로

$y = \sin \pi x$의 그래프와 직선 $y = \frac{1}{2}x$를 그리면 다음 그림과 같다.

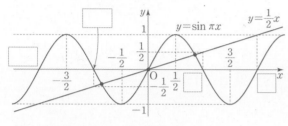

따라서 두 그래프의 교점의 개수는 ⬜ 이므로

방정식 $\sin \pi x = \frac{1}{2}x$의 실근의 개수는 ⬜ 이다.

14 $\cos \dfrac{\pi}{2}x = -\dfrac{1}{5}x$

15 $\sin 3\pi x = |x|$

16 $3\cos \pi x = x$

● 다음 방정식이 실근을 갖도록 하는 실수 k의 값의 범위를 구하시오.

17 $\sin^2 x - 4\sin x + k = 0$

→ $\sin^2 x - 4\sin x + k = 0$에서 $-\sin^2 x + 4\sin x = k$

$-\sin^2 x + 4\sin x = k$가 실근을 가지려면 $y = -\sin^2 x + 4\sin x$의

그래프와 직선 $y = k$가 ⬜ 을 가져야 한다.

$y = -\sin^2 x + 4\sin x$에서 $\sin x = t$로 치환하면

$y = -t^2 + 4t = -\left(t - \boxed{}\right)^2 + \boxed{}$

이때 $-1 \le t \le 1$이므로

오른쪽 그림에서

$t = 1$일 때 최댓값은 ⬜ ,

$t = -1$일 때 최솟값은 ⬜ 이다.

따라서 주어진 방정식이 실근을 가지기 위한 실수 k의 값의 범위는

⬜ $\le k \le$ ⬜

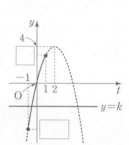

18 $\sin^2 x - 2\cos x - k = 0$

개념모음문제

19 방정식 $\sin^2 x + \cos\left(\dfrac{\pi}{2} + x\right) - k = 0$이 실근을 갖도록 하는 실수 k의 최댓값을 M, 최솟값을 m이라 할 때, Mm의 값은?

① -2 ② $-\dfrac{1}{4}$ ③ $-\dfrac{1}{2}$

④ 0 ⑤ $\dfrac{1}{4}$

14

미지수가 각에 있는!

삼각함수를 포함한 부등식

$2\sin x - \sqrt{3} > 0$ 의 해는? (단, $0 \le x < 2\pi$)

$\sin x > k$ (또는 $\sin x < k$) 꼴로 만들면

$$\sin x > \frac{\sqrt{3}}{2}$$

$y = \sin x$의 그래프가 직선 $y = \frac{\sqrt{3}}{2}$보다
위쪽에 있는 점의 x의 값의 범위이다.

주어진 범위 안에서만 생각해!
범위가 없으면 해의 범위의
개수가 무한개일 수도!

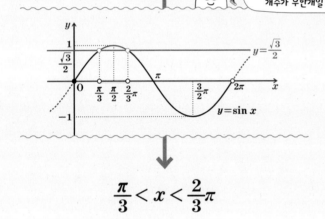

$$\frac{\pi}{3} < x < \frac{2}{3}\pi$$

단위원을 이용한 부등식의 풀이 (단, $0 \le x < 2\pi$)

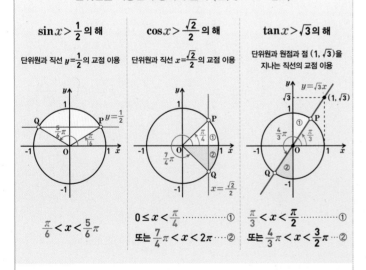

$\sin x > \frac{1}{2}$의 해	$\cos x > \frac{\sqrt{2}}{2}$의 해	$\tan x > \sqrt{3}$의 해
단위원과 직선 $y = \frac{1}{2}$의 교점 이용	단위원과 직선 $x = \frac{\sqrt{2}}{2}$의 교점 이용	단위원과 원점과 점 $(1, \sqrt{3})$을 지나는 직선의 교점 이용

$\frac{\pi}{6} < x < \frac{5}{6}\pi$

$0 \le x < \frac{\pi}{4}$ ·········· ①
또는 $\frac{7}{4}\pi < x < 2\pi$ ···②

$\frac{\pi}{3} < x < \frac{\pi}{2}$ ·········· ①
또는 $\frac{4}{3}\pi < x < \frac{3}{2}\pi$ ···②

• **삼각부등식**: 각의 크기가 미지수인 삼각함수를 포함하는 부등식

원리확인 다음은 주어진 부등식을 푸는 과정이다. □ 안에 알맞은 수를 써넣고 옳은 것에 ○표를 하시오.

①

$$\cos x < -\frac{\sqrt{2}}{2} \ (단, \ 0 \le x < 2\pi)$$

→ $0 \le x < 2\pi$에서 방정식 $\cos x = -\frac{\sqrt{2}}{2}$의 해는

$x = \boxed{}$ 또는 $x = \boxed{}$

따라서 부등식 $\cos x < -\frac{\sqrt{2}}{2}$의 해는 다음 그림에서 $y = \cos x$의 그래프가 직선 $y = -\frac{\sqrt{2}}{2}$보다 (아래 / 위)쪽(경계점 제외)에 있는 부분의 x의 값의 범위이므로 $\boxed{} < x < \boxed{}$

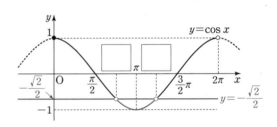

②

$$-1 < \tan x < 1 \left(단, \ -\frac{\pi}{2} < x < \frac{\pi}{2}\right)$$

→ $-\frac{\pi}{2} < x < \frac{\pi}{2}$에서

방정식 $\tan x = -1$의 해는 $x = \boxed{}$,

방정식 $\tan x = 1$의 해는 $x = \boxed{}$

따라서 부등식 $-1 < \tan x < 1$의 해는 다음 그림에서 $y = \tan x$의 그래프가 두 직선 $y = -1$, $y = 1$ 사이(경계점 제외)에 있는 부분의 x의 값의 범위이므로 $\boxed{} < x < \boxed{}$

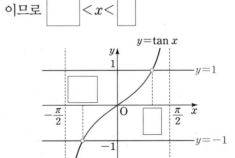

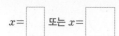 **삼각부등식; 일차식 꼴**

● 다음 부등식을 푸시오.

1 $2\sin x \geq 1$ (단, $0 \leq x < 2\pi$)

→ $0 \leq x < 2\pi$에서 방정식 $2\sin x = 1$, 즉 $\sin x = \dfrac{1}{2}$의 해는

$x = \boxed{}$ 또는 $x = \boxed{}$

따라서 부등식 $2\sin x \geq 1$, 즉 $\sin x \geq \dfrac{1}{2}$의 해는 다음 그림에서

$y = \sin x$의 그래프가 직선 $y = \dfrac{1}{2}$보다 $\boxed{}$쪽(경계점 포함)에 있는

부분의 x의 값의 범위이므로 $\boxed{} \leq x \leq \boxed{}$

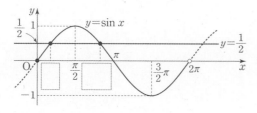

2 $2\cos x + 1 \leq 0$ (단, $0 \leq x < 2\pi$)

3 $-\sqrt{3} \leq 3\tan x \leq \sqrt{3}$ $\left(단,\ -\dfrac{\pi}{2} < x < \dfrac{\pi}{2}\right)$

4 $\sin\left(x - \dfrac{\pi}{4}\right) < \dfrac{\sqrt{2}}{2}$ (단, $0 \leq x < 2\pi$)

→ $x - \dfrac{\pi}{4} = t$로 치환하면 $\sin t < \dfrac{\sqrt{2}}{2}$

이때 $0 \leq x < 2\pi$에서 $-\dfrac{\pi}{4} \leq t < \boxed{}$ ……㉠

한편 ㉠의 범위에서 방정식 $\sin t = \dfrac{\sqrt{2}}{2}$의 해는

$t = \boxed{}$ 또는 $t = \boxed{}$

따라서 부등식 $\sin t < \dfrac{\sqrt{2}}{2}$의 해는 다음 그림에서 $y = \sin t$의 그래프

가 직선 $y = \dfrac{\sqrt{2}}{2}$보다 $\boxed{}$쪽(경계점 제외)에 있는 부분의 t의 값

의 범위이므로

$\boxed{} \leq t < \boxed{}$ 또는 $\boxed{} < t < \boxed{}$

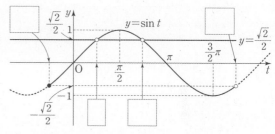

즉 $\boxed{} \leq x - \dfrac{\pi}{4} < \boxed{}$ 또는 $\boxed{} < x - \dfrac{\pi}{4} < \boxed{}$

$\boxed{} \leq x < \boxed{}$ 또는 $\boxed{} < x < \boxed{}$

5 $\cos\left(x + \dfrac{\pi}{6}\right) > -\dfrac{\sqrt{3}}{2}$ (단, $0 \leq x < 2\pi$)

6 $|\tan(x - \pi)| < \sqrt{3}$ $\left(단,\ -\dfrac{\pi}{2} < x < \dfrac{\pi}{2}\right)$

2nd — 삼각부등식; 이차식 꼴

● **다음 부등식을 푸시오.**

7 $2\cos^2 x-3\sin x<0$ (단, $0\le x<2\pi$)

→ $\sin^2 x+\cos^2 x=$ □ 이므로 $\cos^2 x=$ □ $-\sin^2 x$

$2\cos^2 x-3\sin x<0$에서

$2($ □ $-\sin^2 x)-3\sin x<0$

□ $\sin^2 x+3\sin x-$ □ >0

$(\sin x+2)($ □ $\sin x-1)>0$

이때 $\sin x+2>0$이므로 □ $\sin x-1$ ○ 0, 즉 $\sin x$ ○ $\frac{1}{2}$

한편 $0\le x<2\pi$에서 방정식 $\sin x=\frac{1}{2}$의 해는

$x=$ □ 또는 $x=$ □

따라서 부등식 $\sin x$ ○ $\frac{1}{2}$의 해는 다음 그림에서 $y=\sin x$의 그래프가 직선 $y=\frac{1}{2}$보다 □ 쪽(경계점 제외)에 있는 부분의 x의 값의 범위이므로

□ $<x<$ □

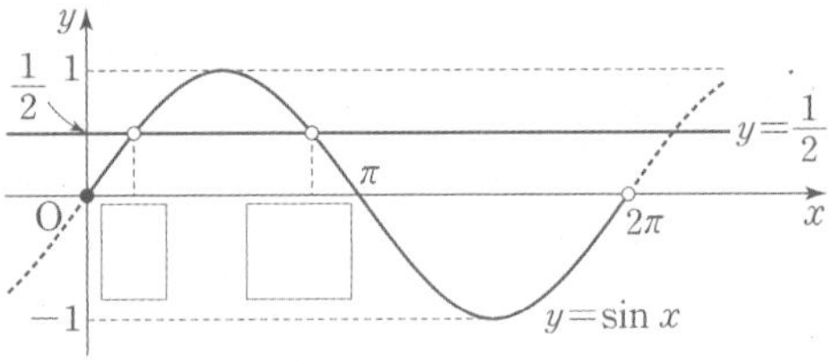

8 $2\cos^2 x+\cos x-1\ge 0$ (단, $0\le x<2\pi$)

9 $\sin^2 x+\cos x-1\le 0$ (단, $0\le x<2\pi$)

10 $2\sin^2 x-3\sin\left(x-\frac{\pi}{2}\right)-3\le 0$ (단, $0\le x<2\pi$)

11 $2\cos^2\left(x+\frac{\pi}{2}\right)-7\sin x-4>0$ (단, $0\le x<2\pi$)

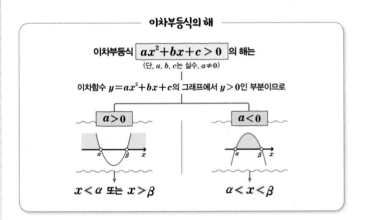

이차부등식의 해

이차부등식 $ax^2+bx+c>0$ 의 해는
(단, a, b, c는 실수, $a\ne 0$)

이차함수 $y=ax^2+bx+c$의 그래프에서 $y>0$인 부분이므로

$a>0$

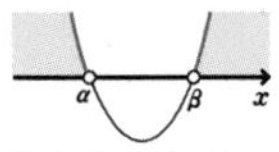

$x<\alpha$ 또는 $x>\beta$

$a<0$

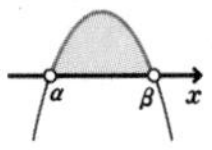

$\alpha<x<\beta$

개념모음문제

12 부등식 $2\sin^2 x+5\cos\left(\frac{\pi}{2}+x\right)<3$의 해가 $0\le x<a$ 또는 $b<x<2\pi$일 때, $b-a$의 값은? (단, $0\le x<2\pi$)

① $\frac{\pi}{6}$ ② $\frac{\pi}{3}$ ③ $\frac{2}{3}\pi$
④ $\frac{4}{3}\pi$ ⑤ $\frac{5}{3}\pi$

3rd — 삼각부등식의 활용

● x에 대한 다음 이차방정식이 실근을 갖도록 하는 θ의 값의 범위를 구하시오.

13 $x^2-2\sqrt{2}x\sin\theta+\sin\theta=0$ (단, $0<\theta<\pi$)

→ 이차방정식 $x^2-2\sqrt{2}x\sin\theta+\sin\theta=0$의 판별식을 D라 하면

$\dfrac{D}{4}=(\boxed{}\sin\theta)^2-\sin\theta\geq0$

$\boxed{}\sin^2\theta-\sin\theta\geq0,\ \sin\theta(\boxed{}\sin\theta-1)\geq0$

이때 $0<\theta<\pi$에서 $\sin\theta>0$이므로

$\boxed{}\sin\theta-1\geq0$, 즉 $\sin\theta\geq\boxed{}$

따라서 다음 그림에서 구하는 θ의 값의 범위는 $\boxed{}\leq\theta\leq\boxed{}$

> 이차방정식 $ax^2+bx+c=0$은 $b^2-4ac\geq0$일 때 실근을 갖는다.

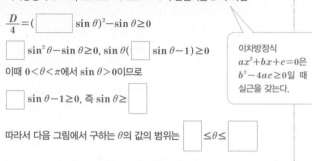

14 $x^2+2\sqrt{2}x\sin\theta+3\cos\theta=0$ (단, $0<\theta<2\pi$)

● 모든 실수 x에 대하여 주어진 부등식이 성립하도록 하는 θ의 값의 범위를 구하시오.

15 $x^2+4x\cos\theta+4\cos\theta>0$ (단, $0<\theta<2\pi$)

> 모든 실수 x에 대하여 부등식이 성립하려면 이차방정식 $x^2+4x\cos\theta+4\cos\theta=0$이 허근을 가져야 한다.

→ 이차방정식 $x^2+4x\cos\theta+4\cos\theta=0$의 판별식을 D라 하면

$\dfrac{D}{4}=(\boxed{}\cos\theta)^2-4\cos\theta<0$

$\boxed{}\cos^2\theta-4\cos\theta<0,\ \boxed{}\cos\theta(\cos\theta-\boxed{})<0$

이때 $0<\theta<2\pi$에서 $\cos\theta-1<0$이므로 $0<\cos\theta<\boxed{}$

따라서 다음 그림에서 구하는 θ의 값의 범위는

$\boxed{}<\theta<\boxed{}$ 또는 $\boxed{}<\theta<\boxed{}$

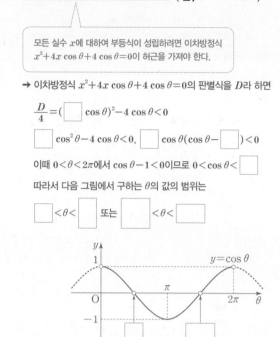

16 $x^2-2(2\sin\theta+1)x+1\geq0$ (단, $0\leq\theta\leq2\pi$)

[개념모음문제]

17 모든 실수 x에 대하여 부등식
$x^2+2\sqrt{2}x\sin\theta+\cos\theta+1>0$이 성립할 때, θ의 값의 범위는? (단, $0\leq\theta<\pi$)

① $0\leq\theta<\dfrac{\pi}{3}$ ② $\dfrac{\pi}{6}<\theta<\dfrac{\pi}{2}$ ③ $\dfrac{\pi}{3}<\theta<\pi$

④ $\dfrac{\pi}{2}\leq\theta<\pi$ ⑤ $\dfrac{2}{3}\pi<\theta<\pi$

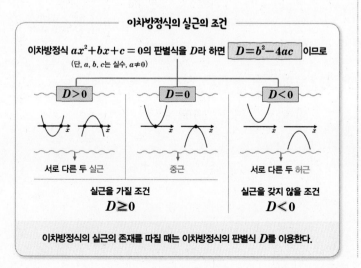

이차방정식의 실근의 조건

이차방정식 $ax^2+bx+c=0$의 판별식을 D라 하면 $\boxed{D=b^2-4ac}$ 이므로
(단, a, b, c는 실수, $a\neq0$)

$D>0$	$D=0$	$D<0$
서로 다른 두 실근	중근	서로 다른 두 허근
실근을 가질 조건 $D\geq0$		실근을 갖지 않을 조건 $D<0$

이차방정식의 실근의 존재를 따질 때는 이차방정식의 판별식 D를 이용한다.

09~11 여러 가지 각에 대한 삼각함수의 성질과 삼각함수표

- $2n\pi+x$의 삼각함수 (단, n은 정수)
  ① $\sin(2n\pi+x)=\sin x$　　② $\cos(2n\pi+x)=\cos x$
  ③ $\tan(2n\pi+x)=\tan x$
- $-x$의 삼각함수
  ① $\sin(-x)=-\sin x$　　② $\cos(-x)=\cos x$
  ③ $\tan(-x)=-\tan x$
- $\pi\pm x$의 삼각함수 (복부호 동순)
  ① $\sin(\pi\pm x)=\mp\sin x$　　② $\cos(\pi\pm x)=-\cos x$
  ③ $\tan(\pi\pm x)=\pm\tan x$
- $\dfrac{\pi}{2}\pm x$의 삼각함수 (복부호 동순)
  ① $\sin\left(\dfrac{\pi}{2}\pm x\right)=\cos x$　　② $\cos\left(\dfrac{\pi}{2}\pm x\right)=\mp\sin x$
  ③ $\tan\left(\dfrac{\pi}{2}\pm x\right)=\mp\dfrac{1}{\tan x}$

1 $\sin\dfrac{13}{6}\pi\cos\dfrac{\pi}{3}-\cos\dfrac{5}{6}\pi\tan\dfrac{9}{4}\pi$의 값은?

① $\dfrac{\sqrt{3}}{4}$　　② $\dfrac{\sqrt{3}}{2}$　　③ $\dfrac{3\sqrt{3}}{4}$

④ $\sqrt{3}$　　⑤ $\dfrac{1}{4}+\dfrac{\sqrt{3}}{2}$

2 다음 삼각함수표를 이용하여
$\sin 370°+\cos 170°$의 값을 구하면?

θ	$\sin\theta$	$\cos\theta$	$\tan\theta$
$10°$	0.1736	0.9848	0.1763
$20°$	0.3420	0.9397	0.3640

① -1.9245　　② -0.8112　　③ 0.0451

④ 1.1584　　⑤ 1.9245

3 $\cos^2 5°+\cos^2 10°+\cdots+\cos^2 80°+\cos^2 85°$의 값은?

① 7　　② $\dfrac{15}{2}$　　③ 8

④ $\dfrac{17}{2}$　　⑤ 9

12 삼각함수를 포함한 식의 최댓값과 최솟값

- **일차식 꼴인 경우**: 삼각함수의 성질을 이용하여 한 종류의 삼각함수로 통일하여 구한다.
  이때 $-1\le\sin x\le1$, $-1\le\cos x\le1$임을 이용한다.
- **이차식 꼴인 경우**: $\sin^2 x+\cos^2 x=1$을 이용하여 한 종류의 삼각함수로 통일한 후, 삼각함수를 t로 치환한다.
  치환하여 구한 이차함수의 그래프를 이용하여 최댓값, 최솟값을 구한다.

4 함수 $y=\sin\left(x+\dfrac{\pi}{2}\right)-2\cos x-3$의 최댓값을 M, 최솟값을 m이라 할 때, $M-m$의 값은?

① $\dfrac{1}{2}$　　② 1　　③ $\dfrac{3}{2}$

④ 2　　⑤ $\dfrac{5}{2}$

5 함수 $y=a|\cos 2x-1|+b$의 최댓값은 2, 최솟값은 -1일 때, 상수 a, b에 대하여 ab의 값은? (단, $a>0$)

① -3　　② $-\dfrac{3}{2}$　　③ -1

④ 1　　⑤ $\dfrac{3}{2}$

6 함수 $y=\sin^2 x+4\cos x+1$은 $x=a$일 때, 최댓값 b를 갖는다. ab의 값은? (단, $0<x\le2\pi$)

① 0　　② $\dfrac{5}{2}\pi$　　③ 5π

④ $\dfrac{15}{2}\pi$　　⑤ 10π

13 삼각함수를 포함한 방정식

- **일차식 꼴인 경우:** 삼각함수의 성질을 이용하여 한 종류의 삼각함수로 통일하여 구한다.
- **이차식 꼴인 경우:** $\sin^2 x + \cos^2 x = 1$을 이용하여 한 종류의 삼각함수로 통일한 후, 삼각함수를 t로 치환한다.
  치환하여 구한 이차방정식의 해를 구한 후, 치환한 식에 대입하여 x의 값을 구한다.

7 다음 중 방정식 $\sin 3x = \dfrac{\sqrt{3}}{2}$의 근이 <u>아닌</u> 것은?

(단, $0 \le x \le 2\pi$)

① $\dfrac{\pi}{9}$ ② $\dfrac{2}{9}\pi$ ③ $\dfrac{5}{9}\pi$

④ $\dfrac{7}{9}\pi$ ⑤ $\dfrac{8}{9}\pi$

8 $0 \le x \le \pi$일 때, 방정식 $\sin x = \dfrac{\sqrt{3}}{3}\cos x$를 풀면?

① 0 ② $\dfrac{\pi}{6}$ ③ $\dfrac{\pi}{4}$

④ $\dfrac{\pi}{3}$ ⑤ π

9 $0 \le x \le 2\pi$일 때, 방정식
$\sin^2 x + 2\cos(\pi - x) + 2 = 0$의 모든 실근의 합은?

① 0 ② π ③ $\dfrac{3}{2}\pi$

④ 2π ⑤ $\dfrac{5}{2}\pi$

14 삼각함수를 포함한 부등식

- **일차식 꼴인 경우:** 삼각함수의 성질을 이용하여 한 종류의 삼각함수로 통일하여 구한다.
- **이차식 꼴인 경우:** $\sin^2 x + \cos^2 x = 1$을 이용하여 한 종류의 삼각함수로 통일한 후, 삼각함수를 t로 치환한다.
  치환하여 구한 이차부등식의 해를 구한 후, 그래프를 이용하여 x의 값의 범위를 구한다.

10 $0 < x \le 2\pi$일 때, 부등식 $\cos\left(x - \dfrac{\pi}{3}\right) \le \dfrac{1}{2}$의 해가 $a \le x \le b$일 때, $a + b$의 값은?

① $\dfrac{\pi}{3}$ ② $\dfrac{2}{3}\pi$ ③ $\dfrac{4}{3}\pi$

④ $\dfrac{8}{3}\pi$ ⑤ $\dfrac{10}{3}\pi$

11 $0 < x < 2\pi$일 때, 부등식
$2\sin^2 x + 3\sin\left(\dfrac{\pi}{2} + x\right) - 3 > 0$의 해는?

① $0 < x < \dfrac{\pi}{3}$ ② $0 < x < \dfrac{\pi}{3}$ 또는 $\dfrac{5}{3}\pi < x < 2\pi$

③ $\dfrac{\pi}{3} < x < \dfrac{5}{3}\pi$ ④ $\dfrac{\pi}{3} < x < \dfrac{\pi}{2}$ 또는 $\dfrac{3}{2}\pi < x < \dfrac{5}{3}\pi$

⑤ $\dfrac{5}{3}\pi < x < 2\pi$

12 x에 대한 이차방정식 $x^2 + 2x\sin\theta - 2\sin\theta = 0$이 중근을 갖도록 하는 모든 θ의 값의 합은?

(단, $0 \le \theta \le 2\pi$)

① 0 ② π ③ $\dfrac{3}{2}\pi$

④ 2π ⑤ 3π

TEST 개념 발전

1 다음 **보기**에서 두 함수 $f(x)=\sin x$, $g(x)=\cos x$ 에 대하여 옳은 것만을 있는 대로 고른 것은?

┌ **보기** ┐
ㄱ. 두 함수의 주기는 2π로 같다.
ㄴ. $g(-x)=g(x)$
ㄷ. $f(x)=g(x-\pi)$
└─────┘

① ㄱ ② ㄴ ③ ㄷ
④ ㄱ, ㄴ ⑤ ㄱ, ㄷ

2 세 함수 $y=2\sin 2x$, $y=\dfrac{1}{2}\cos 3x$, $y=\tan\dfrac{1}{2}x$의 주기를 각각 a, b, c라 할 때, 가장 큰 수와 가장 작은 수를 차례로 구하면?

① a, b ② a, c ③ b, a
④ b, c ⑤ c, b

3 함수 $y=a\sin bx$의 그래프가 다음 그림과 같을 때, 상수 a, b에 대하여 ab의 값은? (단, $a>0$, $b>0$)

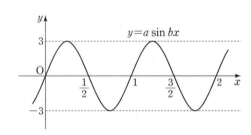

① π ② 2π ③ 3π
④ 6π ⑤ 9π

4 다음 **보기**에서 함수 $f(x)=2\cos\left(3x-\dfrac{\pi}{2}\right)-1$에 대하여 옳은 것만을 있는 대로 고른 것은?

┌ **보기** ┐
ㄱ. 모든 실수 x에 대하여 $f\left(x+\dfrac{2}{3}\pi\right)=f(x)$이다.
ㄴ. 함수 $f(x)$의 최댓값은 1, 최솟값은 -3이다.
ㄷ. 함수 $f(x)$의 그래프는 $y=2\cos 3x$의 그래프를 x축의 방향으로 $\dfrac{\pi}{2}$만큼, y축의 방향으로 -1만큼 평행이동한 것이다.
└─────┘

① ㄱ ② ㄴ ③ ㄱ, ㄴ
④ ㄴ, ㄷ ⑤ ㄱ, ㄴ, ㄷ

5 함수 $y=-\tan\dfrac{\pi}{2}x+1$의 점근선의 방정식이 $x=an+b$ (단, n은 정수)일 때, 상수 a, b에 대하여 $a+b$의 값은? (단, $0\le b<a$)

① 1 ② 3 ③ π
④ $\pi+1$ ⑤ 2π

6 다음 중 주기함수가 <u>아닌</u> 것은?

① $y=|\sin x|$ ② $y=\sin|x|$
③ $y=\cos x$ ④ $y=|\cos(x-\pi)|$
⑤ $y=|\tan x|$

7 함수 $f(x)=a\tan bx+3$의 주기가 $\dfrac{\pi}{2}$이고,

$f\left(\dfrac{\pi}{8}\right)=5$일 때, 상수 a, b에 대하여 $a+b$의 값은?

(단, $a>0$, $b>0$)

① 5   ② 4   ③ 3

④ 2   ⑤ 1

8 함수 $f(x)=a\sin(bx-c)$의 그래프가 다음 그림과 같을 때, 상수 a, b, c에 대하여 abc의 값은?

(단, $a>0$, $b>0$, $0<c<\pi$)

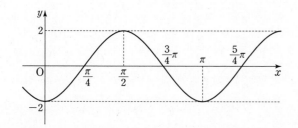

① $\dfrac{\pi}{4}$ ② $\dfrac{\pi}{2}$ ③ π

④ $\dfrac{3}{2}\pi$ ⑤ 2π

9 $\sin\dfrac{7}{3}\pi\cos\dfrac{7}{6}\pi-\cos\left(-\dfrac{13}{3}\pi\right)\tan\dfrac{3}{4}\pi$의 값은?

① $-\dfrac{\sqrt{3}}{2}$ ② $-\dfrac{\sqrt{3}}{4}$ ③ $-\dfrac{1}{4}$

④ $\dfrac{1}{4}$ ⑤ $\dfrac{\sqrt{3}}{4}$

10 $\sin\left(\dfrac{\pi}{2}-\theta\right)\cos(3\pi+\theta)+\cos\left(\dfrac{\pi}{2}-\theta\right)\sin(-\theta)$ 를 간단히 하면?

① -1 ② 0 ③ $\sin\theta$

④ $2\cos\theta$ ⑤ 1

11 함수 $y=|1-2\cos x|+3$의 최댓값을 M, 최솟값을 m이라 할 때, $M+m$의 값은?

① 1 ② 3 ③ 6

④ 8 ⑤ 9

12 함수 $y=a-4\cos x-4\cos^2 x$의 최댓값이 3일 때, 상수 a의 값은?

① 1 ② 2 ③ 3

④ 4 ⑤ 5

13 함수 $y=\sin^2\left(\dfrac{\pi}{2}+x\right)+2\sin(\pi-x)+1$은 $x=a$일 때, 최댓값 b를 갖는다. ab의 값은?

(단, $0\le x<2\pi$)

① $\dfrac{3}{2}\pi$ ② 2π ③ $\dfrac{5}{2}\pi$

④ 3π ⑤ $\dfrac{7}{2}\pi$

14 방정식 $\sin x-3\cos\left(x-\dfrac{\pi}{2}\right)=\sqrt{2}$의 두 실근을 α, β라 할 때, $\tan(\alpha+\beta)$의 값은? (단, $0\le x<2\pi$)

① $-\sqrt{3}$ ② -1 ③ 0

④ $\dfrac{\sqrt{2}}{2}$ ⑤ 1

15 $0\le x<2\pi$일 때, 방정식 $\sin(x-\pi)=\dfrac{\sqrt{3}}{2}$의 해를 모두 고르면? (정답 2개)

① $\dfrac{\pi}{3}$ ② $\dfrac{2}{3}\pi$ ③ π

④ $\dfrac{4}{3}\pi$ ⑤ $\dfrac{5}{3}\pi$

16 방정식 $\tan x-\dfrac{\sqrt{3}}{\tan x}=1-\sqrt{3}$의 실근의 개수는?

$\left(\text{단, }0<x<\dfrac{\pi}{2}\right)$

① 0 ② 1 ③ 2

④ 3 ⑤ 4

17 $0<x<\pi$일 때, 부등식 $-\dfrac{\sqrt{2}}{2}\le\cos x\le\dfrac{1}{2}$의 해는?

① $\dfrac{\pi}{4}\le x\le\dfrac{\pi}{3}$ ② $\dfrac{\pi}{3}\le x\le\dfrac{\pi}{2}$

③ $\dfrac{\pi}{3}\le x\le\dfrac{2}{3}\pi$ ④ $\dfrac{\pi}{3}\le x\le\dfrac{3}{4}\pi$

⑤ $\dfrac{2}{3}\pi\le x\le\dfrac{3}{4}\pi$

18 다음 중 부등식 $2\sin^2 x-1\le\sin x$의 해가 될 수 없는 것은? (단, $0\le x\le2\pi$)

① $\dfrac{\pi}{3}$ ② π ③ $\dfrac{3}{2}\pi$

④ $\dfrac{11}{6}\pi$ ⑤ 2π

19 다음 그림과 같이 함수 $y=\tan x$의 그래프와 x축 및 직선 $y=1$로 둘러싸인 도형의 넓이는?

$$\left(\text{단, } 0 \leq x < \frac{3}{2}\pi\right)$$

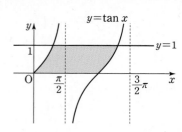

① $\dfrac{\pi}{4}$ ② $\dfrac{\pi}{2}$ ③ π

④ $\dfrac{3}{2}\pi$ ⑤ 2π

20 $\sin x \geq \dfrac{\sqrt{3}}{2}$일 때, $\cos^2 x$의 최댓값은?

① $\dfrac{1}{4}$ ② $\dfrac{3}{4}$ ③ 1

④ $\dfrac{3}{2}$ ⑤ $\dfrac{5}{4}$

21 함수 $y=\dfrac{2\tan x+3}{\tan x+2}$의 치역이 $\{y \mid a \leq y \leq b\}$일 때, ab의 값은? $\left(\text{단, } 0 \leq x \leq \dfrac{\pi}{4}\right)$

① $\dfrac{3}{5}$ ② $\dfrac{3}{2}$ ③ $\dfrac{5}{3}$

④ $\dfrac{5}{2}$ ⑤ 3

22 방정식 $\sin|x| = \left|\dfrac{1}{4}x\right|$의 실근의 개수는?

① 1 ② 2 ③ 3

④ 4 ⑤ 5

23 x에 대한 이차방정식 $x^2+2x\cos\theta-2\cos\theta=0$이 허근을 갖도록 하는 θ의 값의 범위가 $\alpha < \theta < \beta$일 때, $\beta-\alpha$의 값은? (단, $0 \leq \theta < 2\pi$)

① $\dfrac{\pi}{2}$ ② π ③ $\dfrac{3}{2}\pi$

④ 2π ⑤ 3π

24 x에 대한 이차함수 $y=x^2-2x\sin\theta-\cos^2\theta$의 그래프의 꼭짓점이 직선 $y=\sqrt{2}x$ 위에 있을 때, θ의 값을 모두 구하시오. (단, $0 \leq \theta < 2\pi$)

7

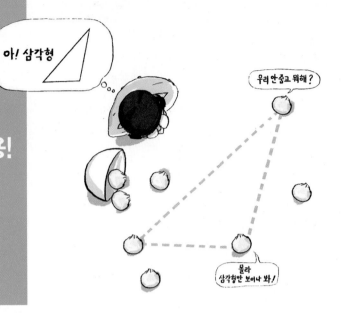

물결처럼 반복되는 변화의 이용!
삼각함수의
활용

사인함수와 코사인함수를 이용한!

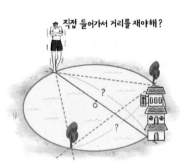

직접 들어가서 거리를 재야해?

먼저 삼각형 ABC의 세 각 $\angle A$, $\angle B$, $\angle C$의 크기를
각각 A, B, C로 나타내고, 이들의 대변의 길이를
각각 a, b, c로 나타내기로 하자.
이 단원에서는 삼각형의 외접원과 사인함수를
이용하여 삼각형의 세 변의 길이와 세 각의 크기
사이의 관계를 알아보면 삼각형 ABC에서 외접원의
반지름의 길이를 R라 할 때

$$\frac{a}{\sin A}=\frac{b}{\sin B}=\frac{c}{\sin C}=2R$$

가 성립하고 이를 사인법칙이라 해.
또 피타고라스 정리와 코사인함수를 이용하여
삼각형의 세 변의 길이와 세 각의 크기 사이의
관계를 알아보면 삼각형 ABC에서
$$a^2=b^2+c^2-2bc\cos A$$
$$b^2=c^2+a^2-2ca\cos B$$
$$c^2=a^2+b^2-2ab\cos C$$
가 성립하고 이를 코사인법칙이라 해.
사인법칙과 코사인법칙은 삼각형으로 나타낼 수
있는 대상의 길이, 넓이, 각도 등의 측정과 관련된
다양한 문제의 해결에 유용하게 활용되고 있어.

---

1 사인법칙

❶ $\dfrac{a}{\sin A}=\dfrac{b}{\sin B}=\dfrac{c}{\sin C}=2R$

❷ $\sin A=\dfrac{a}{2R}$, $\sin B=\dfrac{b}{2R}$, $\sin C=\dfrac{c}{2R}$

❸ $a=2R\sin A$, $b=2R\sin B$, $c=2R\sin C$

❹ $a:b:c=\sin A:\sin B:\sin C$

2 코사인법칙

❶ $a^2=b^2+c^2-2bc\cos A$ ⟶ $\cos A=\dfrac{b^2+c^2-a^2}{2bc}$

❷ $b^2=a^2+c^2-2ac\cos B$ ⟶ $\cos B=\dfrac{c^2+a^2-b^2}{2ca}$

❸ $c^2=a^2+b^2-2ab\cos C$ ⟶ $\cos C=\dfrac{a^2+b^2-c^2}{2ab}$

사인함수를 이용한!

두 변의 길이와 그 끼인각의 크기를 알면
삼각형의 넓이를 구할 수 있어!

삼각형 ABC의 넓이를
S라 하면

$S = \dfrac{1}{2} bc \sin A$
$= \dfrac{1}{2} ca \sin B$
$= \dfrac{1}{2} ab \sin C$

04 삼각형의 넓이

이 단원에서는 삼각형의 두 변의 길이와 그 끼인각의
크기를 알 때, 사인함수를 이용하여 삼각형의 넓이를
구해 볼 거야. 삼각형 ABC의 넓이를 S라 하면

$$S = \frac{1}{2} bc \sin A = \frac{1}{2} ca \sin B = \frac{1}{2} ab \sin C$$

가 성립해. 이를 활용하여 삼각형의 넓이를 다양한
방법으로 구해보자.

사인함수를 이용한!

사각형을 여러 개의 삼각형으로 나눈 다음
삼각형의 넓이의 합으로 구하자!

1 평행사변형의 넓이

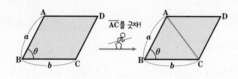

$\overline{AC}$를 긋자!

평행사변형 ABCD의 넓이를
S라 하면

$$S = ab \sin \theta$$

2 사각형의 넓이

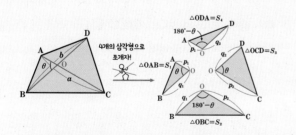

4개의 삼각형으로
쪼개자

사각형 ABCD의 넓이를
S라 하면

$$S = \frac{1}{2} ab \sin \theta$$

05 사각형의 넓이

이제 삼각형의 넓이를 구할 수 있게 되었으니
사각형의 넓이도 구할 수 있어. 일반적으로 사각형의
넓이를 구할 때는 사각형을 삼각형으로 쪼개어 그
합으로 구할 수 있어.
평행사변형의 넓이는 보조선을 그어보면 넓이가
같은 삼각형 2개로 나누어지므로 삼각형 하나의
넓이를 구해서 2를 곱하면 돼. 일반적인 사각형의
넓이는 두 대각선을 그으면 삼각형 4개로
나누어지는데 각각을 구해서 더하면 되지!

01

사인함수를 이용한!

사인법칙

외접원의 반지름의 길이를 이용해서 세 변의 길이와
세 내각의 사인 값 사이의 관계를 알아볼까?

삼각형 ABC의 외접원의 중심을 O,
외접원의 반지름의 길이를 R라 하고
∠A의 크기를 A, 그 대변의 길이를 a라 하면

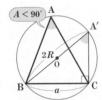

$A < 90°$

∠A가 예각일 때,

$A = A'$이고 ← 한 호에 대한
원주각의 크기는 일정하다.

∠A′CB$= 90°$이므로

$\sin A = \sin A' = \dfrac{\overline{BC}}{\overline{A'B}} = \dfrac{a}{2R}$

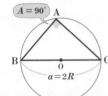

$A = 90°$

∠A가 직각일 때,

$\sin A = \sin 90° = 1$, $a = 2R$이므로

$\sin A = 1 = \dfrac{a}{2R}$

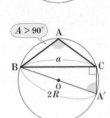

$A > 90°$

∠A가 둔각일 때,

사각형 ABA′C는 원 O에 내접하므로

$A + A' = 180°$에서 $A = 180° - A'$ ←
이때 ∠A′CB$= 90°$이므로

$\sin A = \sin(180° - A') = \sin A'$

원에 내접하는 사각형의
마주 보는 두 내각의
크기의 합은 $180°$이다.

$= \dfrac{\overline{BC}}{\overline{A'B}} = \dfrac{a}{2R}$

∠A의 크기에 관계없이 $\sin A = \dfrac{a}{2R}$, 즉 $\dfrac{a}{\sin A} = 2R$

같은 방법으로 $\dfrac{b}{\sin B} = 2R$, $\dfrac{c}{\sin C} = 2R$도 성립하며

이를 사인법칙 이라 한다.

삼각형 ABC의 외접원의 반지름의 길이를 R라 하면

$$\dfrac{a}{\sin A} = \dfrac{b}{\sin B} = \dfrac{c}{\sin C} = 2R$$

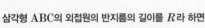

∠A, ∠B, ∠C의 크기를 각각 A, B, C로 나타내고,
이들의 대변의 길이를 각각 a, b, c로 나타내기로 한다!

 사인법칙을 변형한 식들도 알아둬!

각을 변으로!	변을 각으로!	변의 비를 각의 비로!
$\sin A = \dfrac{a}{2R}$	$a = 2R \sin A$	
$\sin B = \dfrac{b}{2R}$	$b = 2R \sin B$	$a : b : c$ $= \sin A : \sin B : \sin C$
$\sin C = \dfrac{c}{2R}$	$c = 2R \sin C$	

원리확인 아래 그림과 같은 직각삼각형 ABC에서 $\overline{AB}=1$, $\overline{BC}=\sqrt{3}$,
$\overline{CA}=2$, $A=\dfrac{\pi}{3}$, $C=\dfrac{\pi}{6}$이고 외접원 O의 반지름의 길이가
1일 때, 다음은 변의 길이와 마주 보는 각에 대한 사인 값의
비를 알아보는 과정이다. □ 안에 알맞은 수를 써넣으시오.

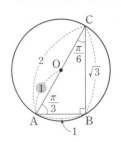

❶ $\dfrac{a}{\sin A} = \dfrac{\sqrt{3}}{\sin \square}$

$= \dfrac{\sqrt{3}}{\square}$

$= \square = 2 \times 1$

❷ $\dfrac{b}{\sin B} = \dfrac{2}{\sin \square}$

$= \square = 2 \times 1$

❸ $\dfrac{c}{\sin C} = \dfrac{1}{\sin \square}$

$= \dfrac{1}{\square}$

$= \square = 2 \times 1$

❹ ❶~❸에 의하여 변의 길이와 그 대각에 대한 사인
값의 비는 $\square \times$(외접원의 반지름의 길이)로 일정
하다.

외접원과 원주각

삼각형의 세 점을 지나는 원을 외접원이라 하고,
호 BC 위에 있지 않은 원 위의 점 A에 대해
∠BAC를 호 BC에 대한 원주각이라 한다.
또한 원주각 ∠BAC의 크기는 항상 중심각
∠BOC의 크기의 $\dfrac{1}{2}$이다.

사인법칙

● 삼각형 ABC에 대하여 다음을 구하시오.

1 $a=4$, $A=30°$, $B=45°$일 때, b의 값

→ 주어진 조건을 그림으로 나타내면 오른쪽
그림과 같다.

사인법칙에 의하여

$$\frac{4}{\sin 30°} = \frac{b}{\boxed{}} \text{이므로}$$

$$4\boxed{} = b \sin 30°$$

$$4 \times \boxed{} = b \times \frac{1}{2}$$

따라서 $b = \boxed{}$

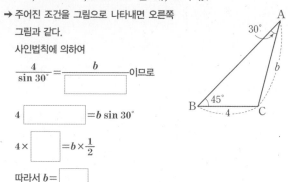

2 $a=2\sqrt{2}$, $A=45°$, $C=60°$일 때, c의 값

3 $b=6$, $B=45°$, $C=75°$일 때, a의 값

삼각형의 세 내각의 크기가 180°임을 이용하여 먼저 A의 크기를 구해 봐!

4 $c=3\sqrt{2}$, $A=30°$, $B=105°$일 때, a의 값

5 $c=8$, $A=105°$, $C=45°$일 때, b의 값

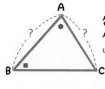

삼각형의 한 변의 길이와 두 내각의 크기를 알면 사인법칙을 이용하여 나머지 두 변의 길이를 구할 수 있다.

6 $a=\sqrt{3}$, $c=\sqrt{2}$, $A=60°$일 때, C의 크기

$\sin\theta = k \ (0° < \theta < 180°)$를 만족시키는 θ의 값이 2개이면 2개가 모두 답이 될 수 있는지 반드시 확인해야 해!

→ 사인법칙에 의하여

$$\frac{\boxed{}}{\sin 60°} = \frac{\sqrt{2}}{\sin C} \text{이므로}$$

$$\boxed{} \sin C = \sqrt{2} \sin 60°$$

$$\boxed{} \sin C = \sqrt{2} \times \boxed{}$$

즉 $\sin C = \boxed{}$

이때 $0° < C < 180°$이므로 $C = \boxed{}$ 또는 $C = 135°$

$C = 135°$이면 $A + C > 180°$이므로 $135°$는 C의 크기가 될 수 없다.

따라서 $C = \boxed{}$

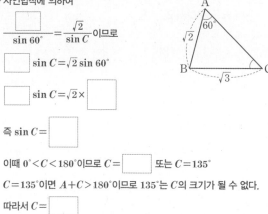

7 $b=2$, $c=\sqrt{6}$, $B=45°$일 때, C의 크기

8 $a=3\sqrt{2}$, $b=3$, $B=30°$일 때, A의 크기

9 $a=2\sqrt{3}$, $c=2$, $A=120°$일 때, B의 크기

사인법칙을 이용해서 C의 크기를 먼저 구해 봐!

10 $b=5$, $c=5\sqrt{2}$, $C=135°$일 때, A의 크기

삼각형의 두 변의 길이와 그 두 변의 끼인각이 아닌 각의 크기를 알면 사인법칙을 이용하여 나머지 두 내각의 크기를 구할 수 있다.

😊 내가 발견한 개념 · 사인법칙이란?

삼각형 ABC의 외접원의 반지름의 길이를 R라 하면

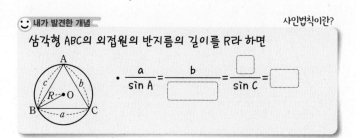

$\cdot \dfrac{a}{\sin A} = \dfrac{b}{\boxed{}} = \dfrac{\boxed{}}{\sin C} = \boxed{}$

2nd ― 사인법칙과 외접원의 반지름

- 다음 조건을 만족시키는 삼각형 ABC의 외접원의 반지름의 길이 R를 구하시오.

11 $a=3$, $A=30°$

→ 사인법칙에 의하여

$$\frac{\boxed{}}{\sin 30°}=2R이므로$$

$$R=\frac{\boxed{}}{2\sin 30°}=\frac{\boxed{}}{2}\times\boxed{}=\boxed{}$$

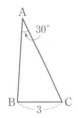

12 $b=6$, $B=45°$

13 $c=12$, $C=120°$

14 $a=2\sqrt{2}$, $B=60°$, $C=75°$

→ 삼각형 ABC에서

$$A=180°-(60°+75°)=\boxed{}$$

사인법칙에 의하여 $\dfrac{2\sqrt{2}}{\sin\boxed{}}=2R이므로$

$$R=\frac{2\sqrt{2}}{2\sin\boxed{}}=\frac{2\sqrt{2}}{2}\times\boxed{}=\boxed{}$$

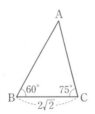

15 $c=8$, $A=45°$, $B=105°$

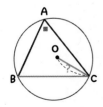

삼각형의 한 변의 길이와 그 변의 대각의 크기를 알면 사인법칙을 이용하여 외접원의 반지름의 길이를 구할 수 있다.

- 다음 조건을 만족시키는 삼각형 ABC의 외접원의 반지름의 길이를 R라 할 때, 다음을 구하시오.

16 $B=45°$, $R=\sqrt{2}$일 때, b의 값

→ 사인법칙에 의하여

$$\frac{b}{\sin\boxed{}}=2\times\boxed{}이므로$$

$$b=2\sqrt{2}\times\sin\boxed{}$$

$$=2\sqrt{2}\times\boxed{}=\boxed{}$$

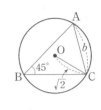

17 $A=60°$, $R=4$일 때, a의 값

18 $A=30°$, $C=120°$, $R=7$일 때, b의 값

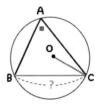

삼각형의 외접원의 반지름의 길이와 한 각의 크기를 알면 사인법칙을 이용하여 그 각의 대변의 길이를 구할 수 있다.

19 $c=2\sqrt{2}$, $R=2\sqrt{2}$일 때, C의 크기

→ 사인법칙에 의하여

$$\frac{\boxed{}}{\sin C}=2\times\boxed{}이므로$$

$$\sin C=\frac{\boxed{}}{\boxed{}}=\boxed{}$$

이때 $0°<C<180°$이므로 $C=\boxed{}$ 또는 $C=\boxed{}$

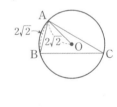

20 $b=\sqrt{6}$, $R=\sqrt{2}$일 때, B의 크기

21 $a=3\sqrt{2}$, $B=45°$, $R=3$일 때, C의 크기

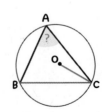

삼각형의 외접원의 반지름의 길이와 한 변의 길이를 알면 사인법칙을 이용하여 그 변의 대각의 크기를 구할 수 있다.

3rd— 사인법칙과 비례식

● 삼각형 ABC에 대하여 다음을 구하시오.

22 $a:b:c=2:3:4$일 때, $\sin A:\sin B:\sin C$

→ 삼각형 ABC의 외접원의 반지름의 길이를 R라 하면
사인법칙에 의하여

$$\sin A:\sin B:\sin C=\frac{a}{2R}:\frac{\boxed{}}{2R}:\frac{\boxed{}}{2R}$$
$$=a:\boxed{}:\boxed{}$$
$$=\boxed{}:\boxed{}:\boxed{}$$

23 $a:b:c=4:3:6$일 때, $\sin A:\sin B:\sin C$

24 $a:b:c=6:5:7$일 때,
$\sin(B+C):\sin(A+C):\sin(A+B)$

삼각형 ABC에서 $A+B+C=\pi$이고 $\sin(\pi-x)=\sin x$임을 이용해!

25 $\sin A:\sin B:\sin C=4:5:6$일 때, $a:b:c$

→ 삼각형 ABC의 외접원의 반지름의 길이를 R라 하면
사인법칙에 의하여

$$a:b:c=2R\boxed{}:2R\boxed{}:2R\sin C$$
$$=\boxed{}:\boxed{}:\sin C$$
$$=\boxed{}:\boxed{}:6$$

26 $\sin A:\sin B:\sin C=7:4:5$일 때, $a:b:c$

27 $\sin(A+B):\sin(B+C):\sin(C+A)=4:5:8$
일 때, $a:b:c$

28 $A:B:C=1:1:2$일 때, $a:b:c$

먼저 삼각형의 세 내각의 크기를 구해 봐!

→ $A:B:C=1:1:2$이므로

$$A=180°\times\frac{1}{4}=45°,\ B=180°\times\boxed{}=\boxed{},$$
$$C=180°\times\frac{\boxed{}}{4}=\boxed{}$$

사인법칙에 의하여

$$a:b:c=\sin A:\sin B:\sin C$$
$$=\sin 45°:\sin\boxed{}:\sin\boxed{}$$
$$=\frac{\sqrt{2}}{2}:\boxed{}:\boxed{}=1:\boxed{}:\boxed{}$$

29 $A:B:C=1:4:1$일 때, $a:b:c$

30 $A:B:C=3:2:1$일 때, $a:b:c$

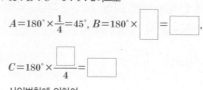

● 삼각형 ABC에 대하여

$\sin A:\boxed{}:\sin C=\boxed{}:b:c$

[개념모음문제]

31 오른쪽 그림과 같은 삼각
형 ABC에서 $\overline{BC}=\sqrt{6}$,
$B=75°$, $C=45°$일 때, 삼각
형 ABC의 외접원의 넓이
는?

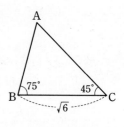

① 2π ② 3π ③ 4π
④ 5π ⑤ 6π

코사인함수를 이용한!

코사인법칙

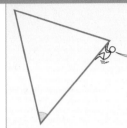

한 각의 코사인 값과 세 변의 길이 사이의 관계를 알아보자!

삼각형 ABC의 꼭짓점 A에서 대변 BC 또는 그 연장선에 내린 수선의 발을 H라 하면

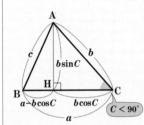

∠C가 예각일 때,

삼각형 ABH는 직각삼각형이므로

$c^2 = \overline{BH}^2 + \overline{AH}^2$ ←····· 피타고라스 정리에 의하여

$= (a - b\cos C)^2 + (b\sin C)^2$

$= a^2 + b^2(\sin^2 C + \cos^2 C) - 2ab\cos C$

$= a^2 + b^2 - 2ab\cos C$

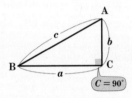

∠C가 직각일 때,

삼각형 ABC는 직각삼각형이고

$\cos C = \cos 90° = 0$ 이므로

$c^2 = a^2 + b^2$

$= a^2 + b^2 - 2ab\cos C$

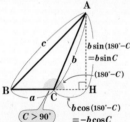

∠C가 둔각일 때,

삼각형 ABH는 직각삼각형이므로

$c^2 = \overline{BH}^2 + \overline{AH}^2$

$= (a - b\cos C)^2 + (b\sin C)^2$

$= a^2 + b^2(\sin^2 C + \cos^2 C) - 2ab\cos C$

$= a^2 + b^2 - 2ab\cos C$

∠C의 크기에 관계없이 $c^2 = a^2 + b^2 - 2ab\cos C$

같은 방법으로 $a^2 = b^2 + c^2 - 2bc\cos A$, $b^2 = c^2 + a^2 - 2ca\cos B$도 성립한다.

이를 코사인법칙 이라 한다.

삼각형 ABC에서 $a^2 = b^2 + c^2 - 2bc\cos A$

$b^2 = c^2 + a^2 - 2ca\cos B$

$c^2 = a^2 + b^2 - 2ab\cos C$

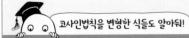

코사인법칙을 변형한 식들도 알아둬!

$\cos A = \dfrac{b^2 + c^2 - a^2}{2bc}$	$\cos B = \dfrac{c^2 + a^2 - b^2}{2ca}$	$\cos C = \dfrac{a^2 + b^2 - c^2}{2ab}$

아래 그림과 같은 직각삼각형 ABC에서 $\overline{AB}=1$, $\overline{BC}=\sqrt{3}$, $\overline{CA}=2$, $A=\dfrac{\pi}{3}$, $C=\dfrac{\pi}{6}$일 때, 다음은 코사인법칙이 성립함을 보이는 과정이다. □ 안에 알맞은 수를 써넣으시오.

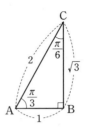

❶ $a^2 = (\sqrt{3})^2 = \boxed{}$

$b^2 + c^2 - 2bc\cos A$

$= \boxed{}^2 + 1^2 - 2 \times 2 \times 1 \times \cos \boxed{}$

$= 4 + 1 - 2 \times 2 \times 1 \times \boxed{}$

$= \boxed{}$

➡ $a^2 = b^2 + c^2 - 2bc\cos A$

❷ $b^2 = 2^2 = \boxed{}$

$c^2 + a^2 - ca\cos B$

$= 1^2 + (\boxed{})^2 - 2 \times 1 \times \sqrt{3} \times \cos \boxed{}$

$= 1 + 3 - 2 \times 1 \times \sqrt{3} \times \boxed{}$

$= \boxed{}$

➡ $b^2 = c^2 + a^2 - 2ca\cos B$

❸ $c^2 = 1^2 = \boxed{}$

$a^2 + b^2 - 2ab\cos C$

$= (\sqrt{3})^2 + \boxed{}^2 - 2 \times \sqrt{3} \times 2 \times \cos \boxed{}$

$= 3 + 4 - 2 \times \sqrt{3} \times 2 \times \boxed{}$

$= \boxed{}$

➡ $c^2 = a^2 + b^2 - 2ab\cos C$

1st — 코사인법칙

● 다음 그림과 같은 삼각형 ABC에서 x의 값을 구하시오.

1

→ 코사인법칙에 의하여

$$x^2 = 4^2 + 3^2 - 2 \times 4 \times 3 \times \boxed{}$$

$$= 16 + 9 - 2 \times 4 \times 3 \times \boxed{} = \boxed{}$$

이때 $x > 0$이므로 $x = \boxed{}$

2

3
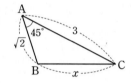

$\cos(\pi - \theta) = -\cos\theta$임을 이용해!

4
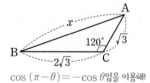

● 삼각형 ABC에 대하여 다음을 구하시오.

5 $a = 2$, $b = \sqrt{3}$, $C = 30°$일 때, c의 값

→ 코사인법칙에 의하여

$$c^2 = 2^2 + (\sqrt{3})^2 - 2 \times 2 \times \sqrt{3} \times \boxed{}$$

$$= 4 + 3 - 2 \times 2 \times \sqrt{3} \times \boxed{} = \boxed{}$$

이때 $c > 0$이므로 $c = \boxed{}$

6 $a = 2\sqrt{2}$, $c = 4$, $B = 45°$일 때, b의 값

7 $b = \sqrt{2}$, $c = \sqrt{5}$, $C = 135°$일 때, a의 값

두 변과 그 끼인각이 아닌 각의 크기가 주어지면 구해야 할 변의 길이에 대한 이차방정식을 세워 풀면 돼!

8 $a = 3\sqrt{2}$, $b = 2\sqrt{3}$, $A = 60°$일 때, c의 값

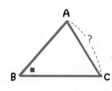

삼각형의 두 변의 길이와 그 끼인각의 크기를 알면 코사인법칙을 이용하여 나머지 한 변의 길이를 구할 수 있다.

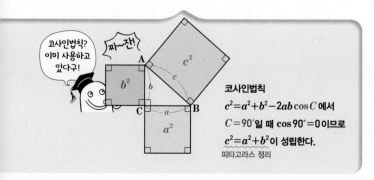

코사인법칙? 이미 사용하고 있다구!

짜~잔!

코사인법칙
$c^2 = a^2 + b^2 - 2ab\cos C$ 에서
$C = 90°$일 때 $\cos 90° = 0$이므로
$c^2 = a^2 + b^2$이 성립한다.
피타고라스 정리

😊 **내가 발견한 개념**　　　　　　코사인법칙이란?

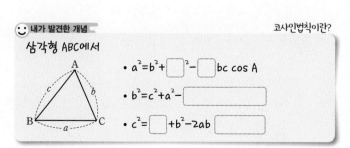

삼각형 ABC에서

• $a^2 = b^2 + \boxed{}^2 - \boxed{} bc\cos A$

• $b^2 = c^2 + a^2 - \boxed{}$

• $c^2 = \boxed{} + b^2 - 2ab \boxed{}$

● 다음 그림과 같은 삼각형 ABC에서 x의 크기를 구하시오.

9

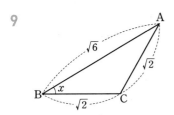

→ 코사인법칙에 의하여

$$\cos x = \frac{(\sqrt{6})^2 + (\sqrt{2})^2 - (\boxed{})^2}{2 \times \sqrt{6} \times \boxed{}} = \frac{\boxed{}}{2}$$

이때 $0° < x < 180°$이므로 $x = \boxed{}$

10

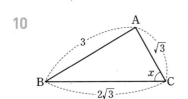

11

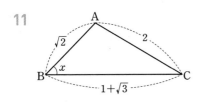

12

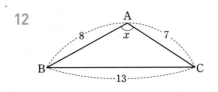

● 삼각형 ABC에 대하여 다음을 구하시오.

13 $a=2$, $b=4$, $c=2\sqrt{3}$일 때, A의 크기

→ 코사인법칙에 의하여

$$\cos A = \frac{4^2 + (2\sqrt{3})^2 - \boxed{}^2}{2 \times 4 \times \boxed{}} = \frac{\boxed{}}{2}$$

이때 $0° < A < 180°$이므로 $A = \boxed{}$

14 $a=3$, $b=7$, $c=8$일 때, B의 크기

15 $a=2$, $b=\sqrt{2}$, $c=\sqrt{3}-1$일 때, A의 크기

16 $a=2\sqrt{3}$, $b=3+\sqrt{3}$, $c=3\sqrt{2}$일 때, C의 크기

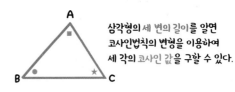

삼각형의 세 변의 길이를 알면
코사인법칙의 변형을 이용하여
세 각의 코사인 값을 구할 수 있다.

😊 내가 발견한 개념   코사인법칙의 변형은?

삼각형 ABC에서

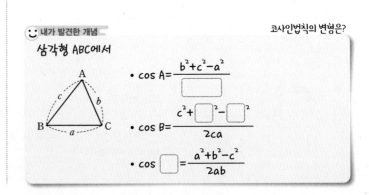

• $\cos A = \dfrac{b^2 + c^2 - a^2}{\boxed{}}$

• $\cos B = \dfrac{c^2 + \boxed{}^2 - \boxed{}^2}{2ca}$

• $\cos \boxed{} = \dfrac{a^2 + b^2 - c^2}{2ab}$

3rd — 삼각형에서 가장 큰 각과 가장 작은 각

● 삼각형 ABC에 대하여 다음을 구하시오.

17 세 변의 길이가 5, 3, 7일 때, 세 내각 중 가장 큰 각의 크기

삼각형의 세 변 중 길이가 가장 긴 변 ➡ 대각의 크기도 가장 커!

➡ 가장 긴 변의 대각의 크기가 가장 크므로 구하는 각의 크기를 θ라 하면 코사인법칙에 의하여

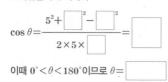

$$\cos\theta = \frac{5^2 + \boxed{}^2 - \boxed{}^2}{2 \times 5 \times \boxed{}} = \boxed{}$$

이때 $0° < \theta < 180°$이므로 $\theta = \boxed{}$

18 세 변의 길이가 1, $\sqrt{13}$, $2\sqrt{2}$일 때, 세 내각 중 가장 큰 각의 크기

19 세 변의 길이가 2, $\sqrt{2}$, $\sqrt{10}$일 때, 세 내각 중 가장 큰 각의 크기

20 세 변의 길이가 8, 15, 17일 때, 세 내각 중 가장 큰 각의 크기

21 세 변의 길이가 $\sqrt{2}$, $2\sqrt{2}$, $\sqrt{6}$일 때, 세 내각 중 가장 작은 각의 크기

22 세 변의 길이가 3, $\sqrt{5}$, $2\sqrt{2}$일 때, 세 내각 중 가장 작은 각의 크기

23 세 변의 길이가 3, 6, $3\sqrt{3}$일 때, 세 내각 중 가장 작은 각의 크기

개념모음문제

24 세 변의 길이가 2, 3, $\sqrt{7}$인 삼각형에서 세 내각 중 가장 큰 각의 크기를 α, 가장 작은 각의 크기를 β라 할 때, $\cos\alpha\cos\beta$의 값은?

① $\frac{1}{14}$ ② $\frac{1}{7}$ ③ $\frac{\sqrt{7}}{14}$

④ $\frac{\sqrt{7}}{7}$ ⑤ $\frac{2\sqrt{7}}{7}$

사인법칙과 코사인법칙의 사용을 정리해 볼까?

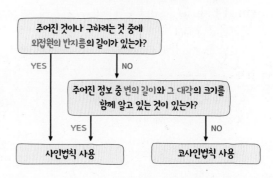

보이지 않는 삼각형을 떠올려!

사인법칙과 코사인법칙의 활용

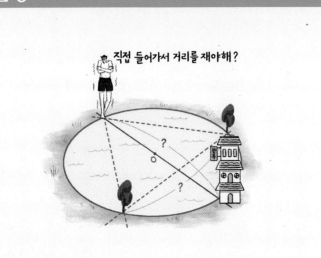

직접 들어가서 거리를 재야해?

1 사인법칙

❶ $\dfrac{a}{\sin A}=\dfrac{b}{\sin B}=\dfrac{c}{\sin C}=2R$

❷ $\sin A=\dfrac{a}{2R}$, $\sin B=\dfrac{b}{2R}$, $\sin C=\dfrac{c}{2R}$

❸ $a=2R\sin A$, $b=2R\sin B$, $c=2R\sin C$

❹ $a:b:c=\sin A:\sin B:\sin C$

2 코사인법칙

❶ $a^2=b^2+c^2-2bc\cos A \longrightarrow \cos A=\dfrac{b^2+c^2-a^2}{2bc}$

❷ $b^2=c^2+a^2-2ca\cos B \longrightarrow \cos B=\dfrac{c^2+a^2-b^2}{2ca}$

❸ $c^2=a^2+b^2-2ab\cos C \longrightarrow \cos C=\dfrac{a^2+b^2-c^2}{2ab}$

1st ― 사인법칙과 코사인법칙

● 삼각형 ABC에 대하여 다음을 구하시오.

1 $\sin A:\sin B:\sin C=1:1:\sqrt{3}$일 때, A의 크기

→ 사인법칙에 의하여

$a:b:c=\sin A:\sin B:\sin C$

$\qquad =1:\boxed{}:\boxed{}$ 이므로

$a=k$, $b=\boxed{}$, $c=\boxed{}$ $(k>0)$

로 놓으면 코사인법칙에 의하여

$\cos A=\dfrac{k^2+(\sqrt{3}k)^2-\boxed{}^2}{2\times k\times \boxed{}}=\boxed{}$

이때 $0°<A<180°$이므로 $A=\boxed{}$

$\sin A:\sin B:\sin C=l:m:n$ 이면 $a:b:c=l:m:n$이므로 $a=lk$, $b=mk$, $c=nk$ $(k>0)$와 같이 세 변의 길이를 모두 k에 대한 식으로 나타낼 수 있다.

2 $\sin A:\sin B:\sin C=5:7:3$일 때, B의 크기

3 $\dfrac{5}{\sin A}=\dfrac{8}{\sin B}=\dfrac{7}{\sin C}$일 때, C의 크기

$\dfrac{l}{\sin A}=\dfrac{m}{\sin B}=\dfrac{n}{\sin C}$이면

$\sin A:\sin B:\sin C=l:m:n$임을 이용해!

2nd ― 삼각형 모양의 결정

● 다음 등식이 성립할 때, 삼각형 ABC는 어떤 삼각형인지 구하시오.

4 $a\sin A=b\sin B$

→ 삼각형 ABC의 외접원의 반지름의 길이를 R라 하면 사인법칙에 의하여

$\sin A=\dfrac{a}{\boxed{}}$, $\sin B=\dfrac{b}{\boxed{}}$

이것을 $a\sin A=b\sin B$에 대입하면

$a\times \dfrac{a}{\boxed{}}=b\times \dfrac{b}{\boxed{}}$

따라서 $a^2=\boxed{}$

이때 $a>0$, $b>0$이므로 $a=\boxed{}$

따라서 삼각형 ABC는 $a=\boxed{}$인 이등변삼각형이다.

5 $\sin^2 A=\sin^2 B+\sin^2 C$

6 $\cos A:\cos C=c:a$

3ʳᵈ — 사인법칙과 코사인법칙의 활용

● 다음 물음에 답하시오.

7 오른쪽 그림과 같이 호수 둘레에 세 매점 A, B, C가 있다. $\angle ABC = 75°$, $\angle ACB = 45°$, $\overline{BC} = 3\ km$ 일 때, 두 매점 A, B 사이의 거리를 구하시오.

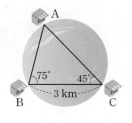

→ 삼각형 ABC에서

$A = 180° - (75° + 45°) = \boxed{}$

사인법칙에 의하여 $\dfrac{3}{\sin \boxed{}} = \dfrac{\overline{AB}}{\sin 45°}$이므로

$\overline{AB} = \dfrac{3}{\sin \boxed{}} \times \sin 45°$

$= 3 \times \boxed{} \times \dfrac{\sqrt{2}}{2} = \boxed{}\ (km)$

따라서 두 매점 A, B 사이의 거리는 $\boxed{}$ km이다.

8 오른쪽 그림과 같이 클레이 사격을 연습하고 있는 두 사람이 20 m 떨어진 두 지점 A, B에서 목표물 C를 올려다본 각의 크기가 각각 60°, 75°일 때, B지점에서 목표물 C까지의 거리를 구하시오.

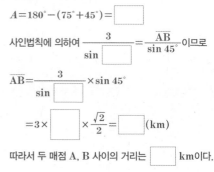

9 오른쪽 그림과 같이 400 m 떨어진 두 지점 A, B에서 C지점에 있는 깃발을 바라보고 각의 크기를 측정하였더니 $\angle ABC = 45°$, $\angle BAC = 105°$이었다. 이때 두 지점 A, C 사이의 거리를 구하시오.

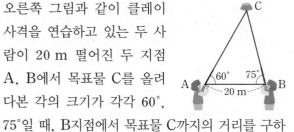

10 오른쪽 그림과 같이 연못 둘레에 서 있는 두 나무 A, B 사이의 거리를 알아보기 위하여 C지점을 잡고 측정하였더니 $\overline{AC} = 30\ m$, $\overline{BC} = 20\ m$, $\angle ACB = 60°$이었다. 두 나무 A, B 사이의 거리를 구하시오.

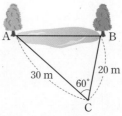

→ 코사인법칙에 의하여

$\overline{AB}^2 = 30^2 + \boxed{}^2 - 2 \times 30 \times \boxed{} \times \cos \boxed{}$

$= 900 + \boxed{} - 2 \times 30 \times \boxed{} \times \boxed{} = \boxed{}$

이때 $\overline{AB} > 0$이므로 $\overline{AB} = \boxed{}$ (m)

따라서 두 나무 A, B 사이의 거리는 $\boxed{}$ m이다.

11 오른쪽 그림과 같이 B마을과 C마을 사이에 있는 산에 터널을 뚫어 두 마을 B, C 사이에 직선 도로를 만들려고 한다. $\overline{AB} = 2\sqrt{2}\ km$, $\overline{AC} = 3\ km$, $\angle BAC = 45°$일 때, 직선 도로로 연결된 두 마을 B, C 사이의 거리를 구하시오.

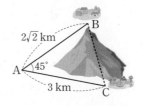

12 오른쪽 그림과 같이 원탁의 반지름의 길이를 구하기 위하여 세 지점을 잡고 측정하였더니 원탁의 한 지점 A와 두 지점 B, C 사이의 거리는 각각 2 m, $\dfrac{5}{2}$ m이었고, $\angle BAC = 60°$이었다. 이 원탁의 반지름의 길이를 구하시오.

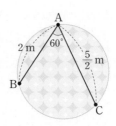

먼저 코사인법칙을 이용하여 $\overline{BC}$의 길이를 구한 후 사인법칙을 이용하여 원탁의 반지름의 길이를 구해 봐!

사인함수를 이용한!

삼각형의 넓이

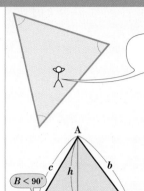

두 변의 길이와 그 끼인각의 크기를 알면 삼각형의 넓이를 구할 수 있어!

삼각형 ABC의 꼭짓점 A에서
변 BC 또는 그 연장선에 내린
수선의 발을 H라 하고 $\overline{AH}=h$,
삼각형 ABC의 넓이를 S라 하면

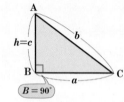

$\angle B$가 예각일 때,
$h=c\sin B$

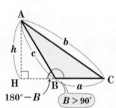

$\angle B$가 직각일 때,
$\sin B=\sin 90°=1$이므로
$h=c=c\sin B$

$\angle B$가 둔각일 때,
$h=c\sin(180°-B)$
$=c\sin B$ — $\sin(180°-B)=\sin B$

$\angle B$의 크기에 관계없이 $h=c\sin B$이므로

$$S=\frac{1}{2}ah=\frac{1}{2}ac\sin B$$

같은 방법으로 $S=\frac{1}{2}bc\sin A=\frac{1}{2}ab\sin C$

삼각형 ABC의 넓이 S는

$$S=\frac{1}{2}bc\sin A$$
$$=\frac{1}{2}ca\sin B$$
$$=\frac{1}{2}ab\sin C$$

1ˢᵗ — 삼각형의 넓이

● 다음 그림과 같은 삼각형 ABC의 넓이 S를 구하시오.

1

$$\rightarrow S=\frac{1}{2}\times 3\times 4\times \sin\boxed{}=\frac{1}{2}\times 3\times 4\times\boxed{}=\boxed{}$$

2

3

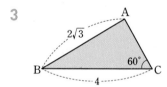

두 변과 그 끼인각이 아닌 한 각의 크기가 주어지면 먼저 코사인법칙을 이용하여 나머지 한 변의 길이를 구해 봐!

$\rightarrow \overline{AC}=b$라 하면 코사인법칙에 의하여

$(\boxed{})^2=4^2+b^2-2\times4\times b\times\cos 60°$이므로

$12=16+b^2-4b$

$b^2-\boxed{}b+4=0,\ (b-\boxed{})^2=0$

즉 $b=\boxed{}$

따라서 $S=\frac{1}{2}\times4\times\boxed{}\times\sin 60°=\boxed{}$

4

● 삼각형 ABC에 대하여 외접원의 반지름의 길이를 R라 할 때, 삼각형 ABC의 넓이 S를 구하시오.

5 $a=4$, $b=6\sqrt{2}$, $c=2\sqrt{10}$, $R=2\sqrt{5}$

→ 사인법칙에 의하여 $\dfrac{2\sqrt{10}}{\sin C}=2\times \boxed{}$ 이므로

$\sin C=\dfrac{2\sqrt{10}}{\boxed{}}=\boxed{}$

따라서 $S=\dfrac{1}{2}ab\sin C=\dfrac{1}{2}\times4\times6\sqrt{2}\times\boxed{}=\boxed{}$

6 $a=5$, $b=7$, $c=8$, $R=\dfrac{7\sqrt{3}}{3}$

7 $A=30°$, $B=120°$, $R=2$

→ 사인법칙에 의하여

$\dfrac{a}{\sin 30°}=\dfrac{b}{\sin 120°}=2\times\boxed{}$ 이므로

$a=4\sin 30°=4\times\dfrac{1}{2}=2$

$b=4\sin\boxed{}=4\times\boxed{}=\boxed{}$

삼각형 ABC에서 $C=180°-(30°+120°)=\boxed{}$ 이므로

$S=\dfrac{1}{2}\times2\times2\sqrt{3}\times\sin\boxed{}$

$=\dfrac{1}{2}\times2\times2\sqrt{3}\times\boxed{}=\boxed{}$

8 $A=\dfrac{\pi}{6}$, $C=\dfrac{\pi}{3}$, $R=6$

● 삼각형 ABC의 세 변의 길이 a, b, c가 다음과 같을 때, 삼각형 ABC의 넓이 S를 $S=\dfrac{1}{2}ab\sin C$를 이용하여 구하시오.

9 $a=5$, $b=6$, $c=7$

→ 코사인법칙에 의하여

$\cos C=\dfrac{5^2+6^2-7^2}{2\times5\times6}=\boxed{}$

이때 $\sin^2 C+\cos^2 C=1$이고 $0°<C<180°$에서 $\sin C>0$이므로

$\sin C=\sqrt{1-\cos^2 C}=\sqrt{1-\left(\boxed{}\right)^2}=\boxed{}$

따라서

$S=\dfrac{1}{2}ab\sin C$

$=\dfrac{1}{2}\times5\times\boxed{}\times\boxed{}=\boxed{}$

> 세 변의 길이가 주어지면 코사인법칙을 이용하여 한 각의 코사인 값을 구한 후 $\sin^2 x+\cos^2 x=1$을 이용하여 사인 값을 구하여 삼각형의 넓이를 구할 수 있다.

10 $a=8$, $b=10$, $c=12$

11 $a=13$, $b=14$, $c=15$

😊 내가 발견한 개념   삼각형의 넓이는?

• 삼각형 ABC의 넓이 S

→ $S=\dfrac{1}{2}bc\boxed{}=\dfrac{1}{2}ca\boxed{}=\dfrac{1}{2}ab\boxed{}$

삼각형의 세 변의 길이가 주어지면 다양한 방법으로 삼각형의 넓이를 구할 수 있어!

❶ 내접원의 반지름의 길이를 알 때

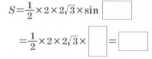

삼각형을 3개의 작은 삼각형으로 나누면

$\triangle ABC=\triangle IAB+\triangle IBC+\triangle ICA$

$=\dfrac{1}{2}rc+\dfrac{1}{2}ra+\dfrac{1}{2}rb=\boxed{\dfrac{1}{2}r(a+b+c)}$

❷ 외접원의 반지름의 길이를 알 때

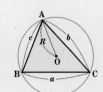

$\sin C=\dfrac{c}{2R}$이므로

$\triangle ABC=\dfrac{1}{2}ab\sin C$

$=\dfrac{1}{2}ab\times\dfrac{c}{2R}=\boxed{\dfrac{abc}{4R}}$

❸ 세 변의 길이만 알 때

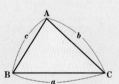

$\triangle ABC=\dfrac{1}{2}ab\sin C$를 $\sin C=\sqrt{1-\cos^2 C}$와

코사인법칙의 변형을 이용해서 세 변의 길이로 표현하면

$\triangle ABC=\boxed{\sqrt{s(s-a)(s-b)(s-c)}}$ (단, $s=\dfrac{a+b+c}{2}$)

사인함수를 이용한!

사각형의 넓이

사각형을 여러 개의 삼각형으로 나눈 다음 삼각형의 넓이의 합으로 구하자!

1 평행사변형의 넓이

이웃하는 두 변의 길이가 a, b이고
그 끼인각의 크기가 θ인 평행사변형의 넓이를 S라 하면

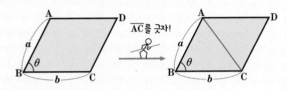

$\overline{AC}$를 긋자!

$\triangle ABC = \dfrac{1}{2}ab\sin\theta = \triangle ACD$이므로

$S = 2 \times \triangle ABC$

$\quad = 2 \times \left(\dfrac{1}{2}ab\sin\theta\right)$

$\quad = ab\sin\theta$

평행사변형 ABCD의 넓이 S는

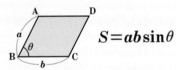

$$S = ab\sin\theta$$

2 사각형의 넓이

두 대각선의 길이가 a, b이고 두 대각선이 이루는 각의 크기가 θ인
사각형의 넓이를 S라 하면

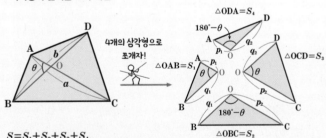

4개의 삼각형으로 조개자!

$\triangle OAB = S_1$, $\triangle OBC = S_2$, $\triangle OCD = S_3$, $\triangle ODA = S_4$

$S = S_1 + S_2 + S_3 + S_4$

$= \dfrac{1}{2}p_1 q_1 \sin\theta + \dfrac{1}{2}p_2 q_1 \sin(180°-\theta)$

$\qquad + \dfrac{1}{2}p_2 q_2 \sin\theta + \dfrac{1}{2}p_1 q_2 \sin(180°-\theta)$

$= \dfrac{1}{2}p_1 q_1 \sin\theta + \dfrac{1}{2}p_2 q_1 \sin\theta + \dfrac{1}{2}p_2 q_2 \sin\theta + \dfrac{1}{2}p_1 q_2 \sin\theta$

$\sin(180°-\theta) = \sin\theta$

$= \dfrac{1}{2}(p_1+p_2)q_1 \sin\theta + \dfrac{1}{2}(p_1+p_2)q_2 \sin\theta$

$= \dfrac{1}{2}\underset{a}{(p_1+p_2)}\underset{b}{(q_1+q_2)}\sin\theta$

$= \dfrac{1}{2}ab\sin\theta$

사각형 ABCD의 넓이 S는

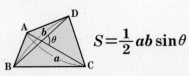

$$S = \dfrac{1}{2}ab\sin\theta$$

1st ─ 사각형의 넓이

● 다음 그림과 같은 사각형 ABCD의 넓이 S를 구하시오.

1

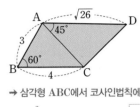

→ 삼각형 ABC에서 코사인법칙에 의하여

$\overline{AC}^2 = 3^2 + 4^2 - 2 \times 3 \times 4 \times \boxed{}$

$\qquad = 9 + 16 - 2 \times 3 \times 4 \times \boxed{} = \boxed{}$

이때 $\overline{AC} > 0$이므로 $\overline{AC} = \boxed{}$

따라서

$S = \triangle ABC + \triangle ACD$

$= \dfrac{1}{2} \times 3 \times 4 \times \sin 60° + \dfrac{1}{2} \times \sqrt{26} \times \boxed{} \times \boxed{}$

$= \dfrac{1}{2} \times 3 \times 4 \times \dfrac{\sqrt{3}}{2} + \dfrac{1}{2} \times \sqrt{26} \times \boxed{} \times \boxed{}$

$= 3\sqrt{3} + \boxed{}$

2

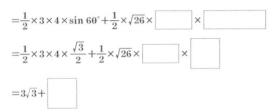

3

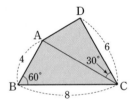

4

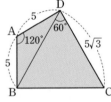

2ⁿᵈ— 평행사변형의 넓이

● 다음 그림과 같은 평행사변형 ABCD의 넓이 S를 구하시오.

5

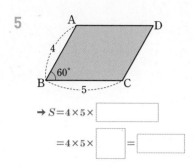

$$\rightarrow S=4\times5\times\boxed{}$$

$$=4\times5\times\boxed{}=\boxed{}$$

6

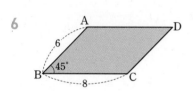

7

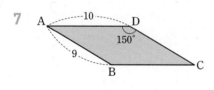

8

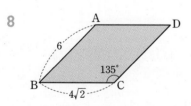

3ʳᵈ— 대각선의 길이를 이용한 사각형의 넓이

● 다음 그림과 같은 사각형 ABCD의 넓이 S를 구하시오.

9

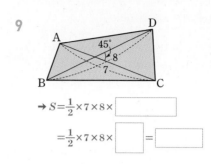

$$\rightarrow S=\frac{1}{2}\times7\times8\times\boxed{}$$

$$=\frac{1}{2}\times7\times8\times\boxed{}=\boxed{}$$

10

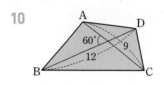

11

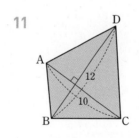

12

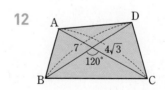

내가 발견한 개념 · · 평행사변형의 넓이는?

• 평행사변형 ABCD의 넓이 S

→ S=ab $\boxed{}$

내가 발견한 개념 · · 사각형의 넓이는?

• 사각형 ABCD의 넓이 S

→ S= $\boxed{}$ sin θ

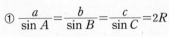

01 사인법칙

- 삼각형 ABC의 외접원의 반지름의 길이를 R라 하면

① $\dfrac{a}{\sin A}=\dfrac{b}{\sin B}=\dfrac{c}{\sin C}=2R$

② $\sin A : \sin B : \sin C = a : b : c$

1 삼각형 ABC에서 $a=6$, $A=60°$, $C=75°$일 때, b의 값은?

① $2\sqrt{2}$ ② $2\sqrt{3}$ ③ $2\sqrt{6}$

④ $3\sqrt{2}$ ⑤ $3\sqrt{3}$

2 삼각형 ABC에서 $c=12$, $A=105°$, $B=45°$일 때, 삼각형 ABC의 외접원의 둘레의 길이는?

① 6π ② 12π ③ 18π

④ 24π ⑤ 30π

3 삼각형 ABC에서 $A : B : C = 2 : 3 : 7$일 때, $\dfrac{b}{a}$의 값을 구하시오.

02 코사인법칙

- 삼각형 ABC에서

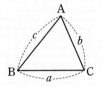

① $a^2=b^2+c^2-2bc \cos A$

② $b^2=c^2+a^2-2ca \cos B$

③ $c^2=a^2+b^2-2ab \cos C$

4 삼각형 ABC에서 $b=4$, $c=6$, $A=60°$일 때, a의 값은?

① $2\sqrt{7}$ ② $\sqrt{30}$ ③ $4\sqrt{2}$

④ $\sqrt{34}$ ⑤ 6

5 삼각형 ABC에서 $a=\sqrt{2}$, $b=\sqrt{6}$, $c=2\sqrt{2}$일 때, B와 C의 크기의 합은?

① $110°$ ② $120°$ ③ $130°$

④ $140°$ ⑤ $150°$

6 세 변의 길이가 7, 8, 13인 삼각형에서 세 내각 중 가장 큰 각의 크기는?

① $110°$ ② $120°$ ③ $130°$

④ $140°$ ⑤ $150°$

03 사인법칙과 코사인법칙의 활용

- 한 변의 길이와 그 대각의 크기를 알면
  → 사인법칙 이용
- 두 변의 길이와 그 끼인각의 크기를 알면
  → 코사인법칙 이용

7 삼각형 ABC에서 $\sin A : \sin B : \sin C = 7 : 8 : 5$ 일 때, A의 크기는?

① 30° ② 45° ③ 60°
④ 120° ⑤ 135°

8 삼각형 ABC에서 $2 \sin A \cos C = \sin B$가 성립할 때, 삼각형 ABC는 어떤 삼각형인지 구하시오.

9 오른쪽 그림과 같이 A아파트 와 B아파트 사이의 거리를 구 하기 위하여 C아파트를 이용 하여 측정하였더니 $\overline{AC} = 7\,\text{km}$, $\overline{BC} = 8\,\text{km}$, $\angle ABC = 60°$이었다. A아파트와 B아파트 사이의 거 리는? (단, A아파트와 B아파트 사이의 거리는 4 km 이하이다.)

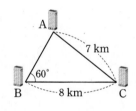

① 2 km ② $\dfrac{5}{2}$ km ③ 3 km
④ $\dfrac{7}{2}$ km ⑤ 4 km

04~05 삼각형과 사각형의 넓이

$\triangle ABC$ $= \dfrac{1}{2}ac \sin B$ | $\square ABCD = ab \sin \theta$ | $\square ABCD = \dfrac{1}{2}ab \sin \theta$

10 오른쪽 그림과 같이 $\overline{AC} = 9$, $\overline{BC} = 12$, $C = 135°$ 인 삼각형 ABC의 넓이는?

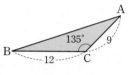

① $27\sqrt{2}$ ② $33\sqrt{2}$ ③ $42\sqrt{2}$
④ $50\sqrt{2}$ ⑤ $54\sqrt{2}$

11 오른쪽 그림과 같이 $\overline{AB} = 2\sqrt{2}$, $\overline{BC} = 6$, $\overline{CD} = 4$, $\angle ABC = 45°$, $\angle ACD = 30°$인 사각형 ABCD의 넓이는?

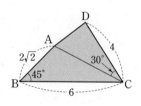

① $6 + 2\sqrt{3}$ ② $6 + 2\sqrt{5}$ ③ $6 + 3\sqrt{5}$
④ $12 + 2\sqrt{3}$ ⑤ $12 + 2\sqrt{5}$

12 오른쪽 그림과 같이 두 대각선 의 길이가 9, 10이고 두 대각선 이 이루는 예각의 크기가 θ인 사각형 ABCD에서 $\cos \theta = \dfrac{1}{3}$ 일 때, 사각형 ABCD의 넓이를 구하시오.

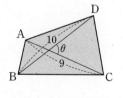

TEST 개념 발전

1 삼각형 ABC에서 $a=3\sqrt{2}$, $b=3$, $A=135°$일 때, C의 크기는?

① 15°   ② 25°   ③ 30°
④ 35°   ⑤ 40°

2 반지름의 길이가 7인 원에 내접하는 삼각형 ABC에서 $\sin A+\sin B+\sin C=\dfrac{3}{2}$일 때, 삼각형 ABC의 둘레의 길이는?

① 21   ② $\dfrac{43}{2}$ ③ 22
④ $\dfrac{45}{2}$ ⑤ 23

3 $\dfrac{a+b}{3}=\dfrac{b+c}{4}=\dfrac{c+a}{5}$일 때, $\sin A : \sin B : \sin C$는?

① $1:2:3$ ② $1:3:2$ ③ $2:1:3$
④ $2:3:4$ ⑤ $3:4:5$

4 삼각형 ABC에서 $a=3$, $b=\sqrt{3}$, $c=2\sqrt{3}$일 때, $\sin B$의 값은?

① $\dfrac{1}{2}$ ② $\dfrac{\sqrt{3}}{3}$ ③ $\dfrac{\sqrt{2}}{2}$
④ $\dfrac{\sqrt{3}}{2}$ ⑤ 1

5 세 변의 길이가 2, $\sqrt{6}$, $\sqrt{3}+1$인 삼각형에서 세 내각 중 가장 큰 각의 크기를 α, 가장 작은 각의 크기를 β라 할 때, $\alpha-\beta$의 크기는?

① 15°   ② 20°   ③ 25°
④ 30°   ⑤ 35°

6 삼각형 ABC에서 $\sin A=\cos A \tan B$가 성립할 때, 삼각형 ABC는 어떤 삼각형인지 구하시오.

7 오른쪽 그림과 같이 네 건물 A, B, C, D 중 세 건물 B, C, D가 일직선 위에 있다. $\overline{AB}=6$ km, $\overline{AC}=5$ km, $\overline{BC}=3$ km, $\overline{CD}=3$ km일 때, 두 건물 A, D 사이의 거리는?

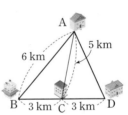

① 4 km   ② $4\sqrt{2}$ km   ③ $4\sqrt{3}$ km
④ $4\sqrt{5}$ km   ⑤ $4\sqrt{6}$ km

8 $a=4$, $b=6$인 삼각형 ABC의 넓이가 $4\sqrt{5}$일 때, c의 값은? (단, $\angle$C는 예각이다.)

① $\sqrt{14}$ ② 4 ③ $3\sqrt{2}$
④ $2\sqrt{5}$ ⑤ $2\sqrt{21}$

정답과 풀이 109쪽

9 오른쪽 그림과 같이 외접원의 반지름의 길이가 2인 원에서 $\overarc{AB} : \overarc{BC} : \overarc{CA} = 3 : 4 : 5$일 때, 삼각형 ABC의 넓이는?

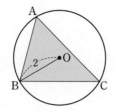

① $3-\sqrt{3}$ ② $2-\sqrt{2}$
③ $2+\sqrt{2}$ ④ $3+\sqrt{3}$
⑤ $3+2\sqrt{3}$

10 오른쪽 그림과 같은 사각형 ABCD에서 $\overline{AB}=3$, $\overline{BC}=8$, $\overline{CD}=4$, $\overline{AC}=7$, $\angle ACD=30°$일 때, 사각형 ABCD의 넓이는?

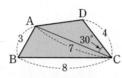

① $6+3\sqrt{3}$ ② $6+4\sqrt{3}$ ③ $7+6\sqrt{3}$
④ $7+7\sqrt{3}$ ⑤ $7+8\sqrt{3}$

11 오른쪽 그림과 같이 $\overline{AB}=3$, $\overline{BD}=3\sqrt{3}$, $C=60°$인 평행사변형 ABCD의 넓이를 구하시오.

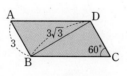

12 삼각형 ABC에서 $\sin(A+B) : \sin(B+C) : \sin(C+A) = 5 : 8 : 7$일 때, $\dfrac{a^2+b^2-c^2}{ab}$의 값을 구하시오.

13 두 대각선의 길이의 합이 12인 사각형 ABCD의 넓이의 최댓값은?

① 15 ② 18 ③ 21
④ 24 ⑤ 27

14 오른쪽 그림과 같이 원에 내접하는 사각형 ABCD가 있다. $\angle A=120°$, $\overline{BD}=8$이고 $\overline{AB}+\overline{AD}=9$, $\overline{BC}+\overline{CD}=14$일 때, 사각형 ABCD의 넓이는?

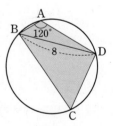

① $\dfrac{53\sqrt{3}}{4}$ ② $\dfrac{55\sqrt{3}}{4}$ ③ $\dfrac{57\sqrt{3}}{4}$
④ $\dfrac{59\sqrt{3}}{4}$ ⑤ $\dfrac{61\sqrt{3}}{4}$

문제를 보다!

그림과 같이 사각형 ABCD가 한 원에 내접하고
$\overline{AB}=3$, $\overline{AC}=2\sqrt{5}$, $\overline{AD}=5$, $\angle BAC=\angle CAD=\theta$일 때,
이 원의 반지름의 길이는? [4점]

[수능 기출 변형]

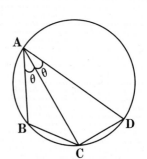

① $\dfrac{3}{2}$ ② 2 ③ $\dfrac{5}{2}$ ④ 3 ⑤ $\dfrac{7}{2}$

자, 잠깐만! 당황하지 말고
문제를 잘 보면 문제의 구성이 보여!
출제자가 이 문제를 왜 냈는지를 봐야지!

내가 아는 것 ①

내가 찾은 것 ❶

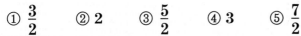

$$\overline{BC}=\overline{CD}$$

내가 찾은 것 ❷

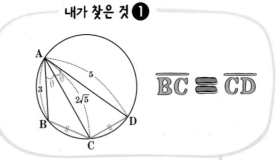

$$\overline{BC}^2=\overline{CD}^2$$

코사인법칙을 이용!

내가 찾은 것 ❸

$\cos\theta$의 값

이 문제는

삼각형을 이용해서 외접원의 반지름의 길이를 구하는 문제야!

반지름의 길이를 구하기 위해 필요한 것은?

네가 알고 있는 것(주어진 조건)은 뭐야?

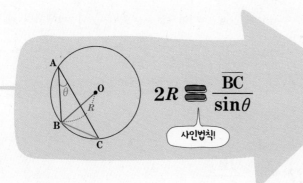

구해야 할 것!

외접원의
반지름의 길이

내게 더 필요한 것은?

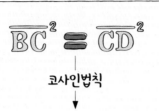

코사인법칙

뭐야? 중학교 때 배운 원주각의 성질에 사인법칙과 코사인법칙만 적용하면 되는 거잖아?

---

1 한 원에서 크기가 같은 원주각에 대한 호의 길이는 서로 같으므로 현의 길이도 같아!

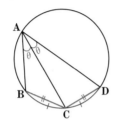

$\overline{BC} = \overline{CD}$ 이므로 $\overline{BC}^2 = \overline{CD}^2$

---

2 코사인법칙을 이용해서 $\overline{BC}^2 = \overline{CD}^2$ 으로 식을 세우면 $\cos\theta$의 값을 구할 수 있어!

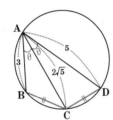

$\overline{BC}^2 = 3^2 + (2\sqrt{5})^2 - 2 \times 3 \times 2\sqrt{5} \times \cos\theta$

$\overline{CD}^2 = (2\sqrt{5})^2 + 5^2 - 2 \times 2\sqrt{5} \times 5 \times \cos\theta$

이고 $\overline{BC}^2 = \overline{CD}^2$ 이므로

$\cos\theta = \dfrac{2\sqrt{5}}{5}$

반지름의 길이를 구하려면?

---

3 $\cos\theta$의 값으로부터 $\overline{BC}$의 길이와 $\sin\theta$의 값을 구할 수 있어!

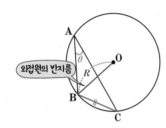

외접원의 반지름

$\overline{BC}^2 = 3^2 + (2\sqrt{5})^2 - 2 \times 3 \times 2\sqrt{5} \times \dfrac{2\sqrt{5}}{5}$ 에서

$\overline{BC} = \sqrt{5}$

$\sin^2\theta + \cos^2\theta = 1$ 이므로 $\sin^2\theta + \left(\dfrac{2\sqrt{5}}{5}\right)^2 = 1$ 에서

$\sin\theta = \dfrac{\sqrt{5}}{5}$

사인법칙

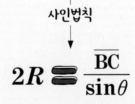

$$2R = \dfrac{\overline{BC}}{\sin\theta}$$

0 그림과 같이 $\overline{AB}=8$, $\overline{AC}=7$, $\overline{AD}=5$,

$\angle BAC = \angle CAD$ 인

사각형 ABCD의 외접원의 넓이는?

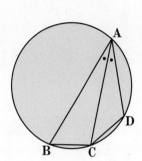

문제를 보라고 했지?
구하려는 것과 주어진 것.
그리고 더 필요한 것은?

① 16π ② $\dfrac{49}{3}\pi$ ③ $\dfrac{50}{3}\pi$ ④ 17π ⑤ $\dfrac{52}{3}\pi$

규칙적인 변화!

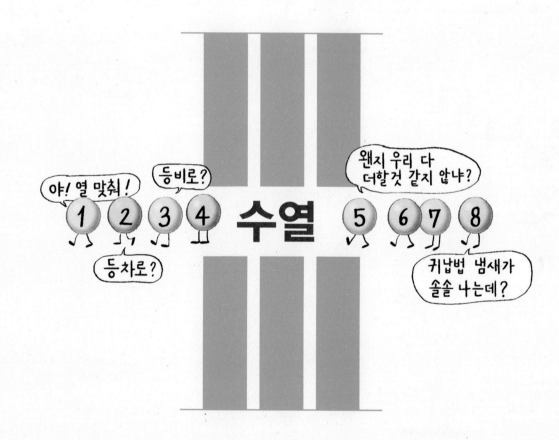

8

일정하게 더해지는!
등차수열

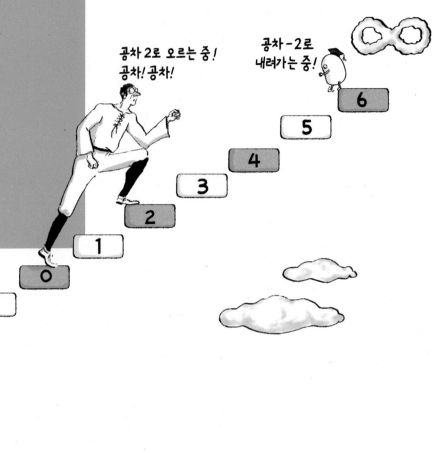

공차 2로 오르는 중!
공차! 공차!

공차 -2로
내려가는 중!

---

01 수열의 뜻

┌─ 수열 ─────────────

수를 차례대로 늘어놓은 것을 수열이라 해.

또 수열을 이루고 있는 수 각각을 항이라 하지.

수열의 항을 표현할 때는 각 항에 번호를 붙여서

a_1, a_2, a_3, $\cdots$, a_n, $\cdots$으로 나타내고, 제n항 a_n을 이

수열의 일반항이라 해.

일반항이 a_n인 수열은 $\{a_n\}$과 같이

간단히 나타낼 수 있어.

수를 차례대로!

수, 차례대로 나열하면?!

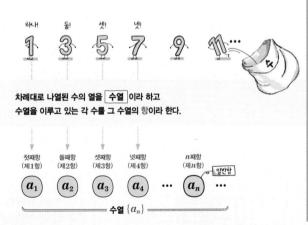

하나! 둘! 셋! 넷!

1 3 5 7 9 11 ...

차례대로 나열된 수의 열을 **수열** 이라 하고
수열을 이루고 있는 각 수를 그 수열의 항이라 한다.

첫째항   둘째항   셋째항   넷째항 n째항
(제1항)   (제2항)   (제3항)   (제4항)   (제n항) 일반항

a_1 a_2 a_3 a_4 $\cdots$ a_n $\cdots$

수열 $\{a_n\}$

일정한 수를 더하는!

차이가 일정한 수들을 차례대로 나열하면?!

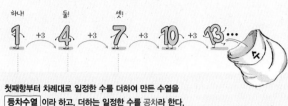

첫째항부터 차례대로 일정한 수를 더하여 만든 수열을 **등차수열** 이라 하고, 더하는 일정한 수를 공차라 한다.

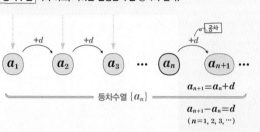

$$a_{n+1}=a_n+d$$
$$a_{n+1}-a_n=d$$
$$(n=1, 2, 3, \cdots)$$

등차수열 $\{a_n\}$

수열 중 첫째항에 차례로 일정한 수를 더하여 만든 수열을 등차수열이라 해. 이때 각 항에 더하는 일정한 수를 공차라 불러. 첫째항이 a, 공차가 d인 등차수열의 일반항은 $a_n = a + (n-1)d$ 가 되지! 또 등차수열을 이루는 세 수 a, b, c 가 있을 때 b를 a와 c의 등차중항이라 불러. 세 수 사이에는 $2b = a + c$인 관계가 항상 성립해! 등차수열의 일반항과 등차중항을 이용해서 등차수열을 다뤄보자!

일정한 수를 더하는!

• 등차수열의 합

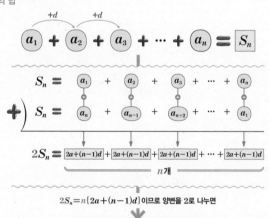

$$2S_n = n\{2a+(n-1)d\}$$이므로 양변을 2로 나누면

등차수열 $\{a_n\}$의 첫째항부터 제n항까지의 합 S_n은

❶ 첫째항이 a, 공차가 d일 때,
$$S_n = \frac{n\{2a+(n-1)d\}}{2}$$

❷ 첫째항이 a, 제n항이 l일 때,
$$S_n = \frac{n(a+l)}{2}$$

이제 등차수열의 첫째항부터 제n항까지의 합을 구해볼 거야. 등차수열의 합을 구할 때는 첫째항과 제n항을 알거나 첫째항과 공차를 알아야 해. 등차수열의 첫째항부터 제n항까지의 합은
$$S_n = \frac{n(a+l)}{2} \quad \text{(단, a는 첫째항, l은 제n항)}$$
$$S_n = \frac{n\{2a+(n-1)d\}}{2} \quad \text{(단, a는 첫째항, d는 공차)}$$
로 구할 수 있어.
반대로 등차수열의 합을 이용해서 일반항을 알아낼 수도 있지!

• 등차수열의 합과 일반항 사이의 관계

수열 $\{a_n\}$의 첫째항부터 제n항까지의 합을 S_n이라 하면

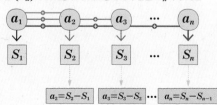

$$a_1 = S_1 \qquad a_n = S_n - S_{n-1} \ \text{(단, $n \geq 2$)}$$

01

수열의 뜻

수, 차례대로 나열하면?!

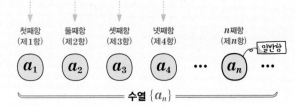

차례대로 나열된 수의 열을 수열 이라 하고
수열을 이루고 있는 각 수를 그 수열의 항이라 한다.

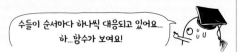

일반적으로 수열을 나타낼 때 각 항에 번호를 붙여 위와 같이 나타내고,
n째항 a_n을 수열의 일반항이라 하며 일반항이 a_n인 수열을
간단히 수열 $\{a_n\}$과 같이 나타낸다.

수들이 순서마다 하나씩 대응되고 있어요...
하...함수가 보여요!

참고 ① 일정한 규칙 없이 수를 나열한 것도 수열이지만 여기서는 규칙이
있는 수열만 다룬다.
② 수열 $\{a_n\}$에서 { }는 집합 기호가 아님에 유의한다.

자연수를 정의역으로 하는 함수, 수열!

자연수 전체의 집합 N을 정의역,
실수 전체의 집합 R를 공역으로 하는 함수 f에 대하여

수열 $\{a_n\}$은
항의 번호 $1, 2, 3, \cdots, n, \cdots$에
각 항 $a_1, a_2, a_3, \cdots, a_n, \cdots$을
하나씩 대응시킨 함수 $f(n)=a_n$
으로 볼 수 있다.

1st ─ 수열의 뜻

● 다음 수열에 대하여 [ ] 안의 항의 값을 구하시오.

1 $1, 3, 5, 7, 9, \cdots$ 수가 나열되는 규칙을 찾아봐! [제6항]

2 $1, \dfrac{1}{2}, \dfrac{1}{3}, \dfrac{1}{4}, \dfrac{1}{5}, \cdots$ [제100항]

3 $3, 13, 23, 33, 43, \cdots$ [제8항]

4 $2, 4, 8, 16, 32, \cdots$ [제10항]

5 $243, 81, 27, 9, 3, \cdots$ [제7항]

6 $1, 0, 1, 0, 1, \cdots$ [제99항]

2nd — 수열의 일반항

● 수열 $\{a_n\}$의 일반항 a_n이 다음과 같을 때, 첫째항과 제5항, 제10항을 각각 구하시오.

7 $a_n = n+3$

→ $a_n = n+3$에

$n = \boxed{}$ 을 대입하면 첫째항은 $a_1 = \boxed{} + 3 = \boxed{}$

$n = \boxed{}$ 를 대입하면 제5항은 $a_5 = \boxed{} + 3 = \boxed{}$

$n = \boxed{}$ 을 대입하면 제10항은 $a_{10} = \boxed{} + 3 = \boxed{}$

난 자연수!

a_n natural number

8 $a_n = 10 - 3n$

9 $a_n = n^2 + n$

10 $a_n = 2^{n-1}$

11 $a_n = \dfrac{1+(-1)^n}{2}$

● 수열 $\{a_n\}$이 다음과 같을 때, 이 수열의 일반항 a_n을 n에 대한 식으로 나타내시오.

12 $\{a_n\}$: 3, 6, 9, 12, …

> a_1은 1, a_2는 2, a_3은 3, …이 보이도록 각 항의 값을 식으로 표현하고 a_n을 n에 대한 식으로 나타낸다.

→ $a_1 = \boxed{} \times 1$, $a_2 = \boxed{} \times 2$,

$a_3 = \boxed{} \times 3$, $a_4 = \boxed{} \times 4$,

⋮

와 같이 계속되므로 이 수열의 일반항 a_n은 $a_n = \boxed{}$

추측한 일반항이 맞는지 $n = 1, 2, 3, \cdots$을 대입해 확인해야 해!

13 $\{a_n\}$: 100, 99, 98, 97, …

14 $\{a_n\}$: 1, 4, 9, 16, …

15 $\{a_n\}$: 1, -2, 4, -8, …

16 $\{a_n\}$: 1×2, 2×4, 3×6, 4×8, …

😊 내가 발견한 개념   수열과 항의 뜻은?

수열   •   • 수열의 n번째 항

항   •   • 수열에서 나열된 각각의 수

일반항   •   • 일정한 규칙에 의하여 차례로 나열된 수의 열

일정한 수를 더하는!

등차수열

차이가 일정한 수들을 차례대로 나열하면?!

하나!　　둘!　　셋!

$1 \xrightarrow{+3} 4 \xrightarrow{+3} 7 \xrightarrow{+3} 10 \xrightarrow{+3} 13 \cdots$

첫째항부터 차례대로 일정한 수를 더하여 만든 수열을
등차수열 이라 하고, 더하는 일정한 수를 공차라 한다.

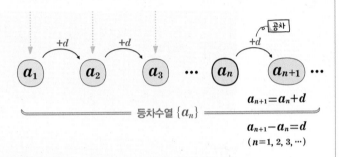

공차

$$a_1 \xrightarrow{+d} a_2 \xrightarrow{+d} a_3 \cdots a_n \xrightarrow{+d} a_{n+1} \cdots$$

$$\underbrace{\qquad\qquad}_{\text{등차수열 } \{a_n\}} \left. \begin{array}{l} a_{n+1}=a_n+d \\[4pt] a_{n+1}-a_n=d \\ (n=1, 2, 3, \cdots) \end{array} \right.$$

참고 공차는 영어로 common difference라 하고 보통 d로 나타낸다.

생활 속의 여러 가지 수열

일요일인 날짜

$4, \; 11, \; 18, \; 25$
$\quad +7 \;\; +7 \;\; +7$

$A_0, A_1, A_2, \cdots$ 용지의 넓이

$1(m^2), \; \dfrac{1}{2}(m^2), \; \dfrac{1}{4}(m^2), \; \dfrac{1}{8}(m^2), \cdots$
$\qquad \times\frac{1}{2} \quad \times\frac{1}{2} \quad \times\frac{1}{2}$

꽃잎의 수

$3+5$
$3, \; 5, \; 8, \; 13, \cdots$
$\qquad 5+8$

소수

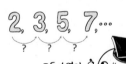

$2, \; 3, \; 5, \; 7, \cdots$
$\quad ? \quad ? \quad ?$

모든 수열이
규칙이 있는 건 아냐!

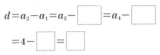

1st 등차수열

● 다음 등차수열의 공차와 제6항을 구하시오.

1 $1, 4, 7, 10, \cdots$

→ 이 등차수열의 공차를 d라 하면

$$d = a_2 - a_1 = a_3 - \boxed{} = a_4 - \boxed{}$$

$$= 4 - \boxed{} = \boxed{}$$

즉 주어진 등차수열의 공차가 $\boxed{}$ 이므로

$$a_5 = a_4 + \boxed{} = 10 + \boxed{} = \boxed{}$$

따라서 $a_6 = a_5 + \boxed{} = \boxed{}$

2 $10, 8, 6, 4, \cdots$

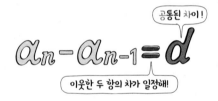

공통된 차이!

$a_n - a_{n-1} = d$

이웃한 두 항의 차가 일정해!

3 $15, 17, 19, 21, \cdots$

4 $3, 0, -3, -6, \cdots$

5 $1, \dfrac{5}{2}, 4, \dfrac{11}{2}, \cdots$

● 다음 수열이 등차수열을 이루도록 □ 안에 알맞은 수를 써넣으시오.

6 1, 3, 5, □, □, 11, … 먼저 공차를 구해!

→ 3 − □ = 5 − 3 = □ 에서 공차가 □ 이므로

주어진 수열은

1, 3, 5, □, □, 11, …

7 5, □, 11, 14, □, 20, …

8 21, □, □, 15, 13, □, …

9 10, □, 2, −2, □, □, …

10 □, −1, 3, □, □, □, …

● 다음 조건을 만족시키는 등차수열의 제4항을 구하시오.

11 첫째항: 1, 공차: 2

→ 첫째항이 1이고 공차가 2인 등차수열은

1, □, 5, □, …

따라서 제4항은 □ 이다.

12 첫째항: −5, 공차: 3

13 첫째항: 11, 공차: −2

14 첫째항: 6, 공차: −4

15 첫째항: 2, 공차: 7

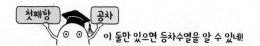
첫째항   공차
이 둘만 있으면 등차수열을 알 수 있네!

03

일정한 수를 더하는!

등차수열의 일반항

등차수열의 일반항 a_n을 식으로 나타내면?

첫째항이 a, 공차가 d인 등차수열의 일반항 a_n은

a_1	a_2	a_3	a_4	$\cdots$	a_n
공차를 0번 더하므로	공차를 1번 더하므로	공차를 2번 더하므로	공차를 3번 더하므로		공차를 $n-1$번 더하므로
$a+0\times d$	$a+1\times d$	$a+2\times d$	$a+3\times d$		$a+(n-1)\times d$

$$a_n = a+(n-1)d \ (n=1,2,3,\cdots)$$

1st 등차수열의 일반항

● 다음과 같이 주어진 등차수열의 일반항 a_n을 구하시오.

1 $2, 5, 8, 11, 14, \cdots$

→ 첫째항은 $a_1=\boxed{}$

공차는 $d=a_2-a_1=5-\boxed{}=\boxed{}$

따라서 이 등차수열의 일반항 a_n은

$a_n=\boxed{}+(n-1)\times\boxed{}$ 이므로

$a_n=\boxed{}$

2 $7, 5, 3, 1, -1, \cdots$

3 $1, \dfrac{7}{2}, 6, \dfrac{17}{2}, 11, \cdots$

첫째항 공차

$$a_n = a+(n-1)d$$

등차수열의 일반항

4 첫째항이 1이고 공차가 -4인 등차수열

→ $a_n=\boxed{}+(n-1)\times(\boxed{})$ 이므로

$a_n=\boxed{}$

5 첫째항이 15이고 공차가 3인 등차수열

6 첫째항이 $\dfrac{1}{3}$이고 공차가 $\dfrac{2}{3}$인 등차수열

😊 **내가 발견한 개념**   일반항과 공차는?

• 공차가 d인 등차수열 $\{a_n\}$에서

→ 공차 $d=\boxed{}-a_n$, 일반항 $a_n=a_1+(\boxed{})\times d$

• 다음 조건을 만족시키는 등차수열의 일반항 a_n을 구하시오.

7 제3항이 3, 제5항이 11 첫째항과 공차를 먼저 구해!

→ 첫째항을 a, 공차를 d라 하면

$a_3 = a + \boxed{} \times d = 3$ …… ㉠

$a_5 = a + \boxed{} \times d = 11$ …… ㉡

㉠, ㉡을 연립하여 풀면

$a = \boxed{}$, $d = \boxed{}$

따라서 이 등차수열의 일반항 a_n은

$a_n = \boxed{} + (n-1) \times \boxed{} = \boxed{}$

8 제2항이 15, 제6항이 3

9 제4항이 8, 제6항이 4

10 $a_5 = 9$, $a_{10} = 19$

11 $a_4 = 6$, $a_7 = 8$

2nd ─ 등차수열의 특정한 항의 값

• 다음과 같이 주어진 등차수열 $\{a_n\}$에 대하여 [ ] 안의 항의 값을 구하시오.

12 1, 5, 9, 13, 17, … $[a_{11}]$

→ 이 등차수열의 첫째항은 $\boxed{}$ 이고 공차는

$d = 5 - \boxed{} = \boxed{}$ 이므로 일반항 a_n은

$a_n = \boxed{} + (n-1) \times \boxed{} = \boxed{}$

따라서 $a_{11} = 4 \times \boxed{} - 3 = \boxed{}$

13 32, 29, 26, 23, 20, … $[a_9]$

14 $\dfrac{3}{4}, \dfrac{7}{4}, \dfrac{11}{4}, \dfrac{15}{4}, \dfrac{19}{4}, \cdots$ $[a_{12}]$

15 첫째항이 1, 공차가 3 $[a_{10}]$

→ 이 등차수열의 일반항 a_n은

$a_n = \boxed{} + (n-1) \times \boxed{} = \boxed{}$

따라서 $a_{10} = 3 \times \boxed{} - 2 = \boxed{}$

16 첫째항이 100, 공차가 -6 $[a_{15}]$

17 첫째항이 $\sqrt{2}$, 공차가 $2\sqrt{2}$ $[a_7]$

18 $a_2=9$, $a_9=30$ [a_5]

→ 첫째항을 a, 공차를 d라 하면

$a_2=a+\boxed{}=9$ …… ㉠

$a_9=a+\boxed{}=30$ …… ㉡

㉠, ㉡을 연립하여 풀면 $a=\boxed{}$, $d=\boxed{}$

이 등차수열의 일반항 a_n은

$a_n=\boxed{}+(n-1)\times\boxed{}=\boxed{}$

따라서 $a_5=\boxed{}\times5+\boxed{}=\boxed{}$

19 $a_3=7$, $a_6=12$ [a_{30}]

20 $a_4=9$, $a_{10}=-3$ [a_8]

일반항이 n에 대한 일차식

$a_n=An+B$ 이면

(단, A, B는 상수)

$\begin{cases} a_1=A+B \\ a_2=2A+B \\ a_3=3A+B \\ a_4=4A+B \end{cases}$ $\begin{matrix} \text{+}A \\ \text{+}A \\ \text{+}A \end{matrix}$

$\vdots$

첫째항이 $A+B$, 공차가 A 인

등차수열 이야!

[개념모음문제]

21 등차수열 $\{a_n\}$에 대하여 $a_4=16$, $a_7=7$일 때, a_{11}의 값은?

① -8 ② -5 ③ -2

④ 1 ⑤ 4

● 다음 조건을 만족시키는 등차수열 $\{a_n\}$에서 [ ] 안의 수가 제 몇 항인지 구하시오.

22 $a_5=14$, $a_{10}=29$ [68]

→ 첫째항을 a, 공차를 d라 하면

$a_5=a+\boxed{}\times d=14$ …… ㉠

$a_{10}=a+\boxed{}\times d=29$ …… ㉡

㉠, ㉡을 연립하여 풀면

$a=\boxed{}$, $d=\boxed{}$

이 등차수열의 일반항 a_n은

$a_n=\boxed{}+(n-1)\times\boxed{}=\boxed{}n-1$

68을 제n항이라 하면 $\boxed{}n-1=68$, $n=\boxed{}$

따라서 68은 제$\boxed{}$항이다.

23 $a_3=19$, $a_8=44$ [89]

24 $a_2=3$, $a_{11}=-24$ [-87]

25 $a_3=-3$, $a_7=13$ [93]

26 $a_7=4$, $a_{15}=8$ [31]

● 다음 조건을 만족시키는 항은 제몇 항인지 구하시오.

27 첫째항이 -14이고 공차가 3인 등차수열 $\{a_n\}$에서 처음으로 양수가 되는 항

> $a_n > 0$을 만족시키는 n의 최솟값을 찾는다.

→ 이 등차수열의 일반항 a_n은

$$a_n = \boxed{} + (n-1) \times \boxed{}$$

$$= \boxed{}$$

제n항의 값이 양수라 하면

$$a_n = \boxed{} > 0 \text{에서 } n > \boxed{}$$

이를 만족시키는 자연수 n의 최솟값은 $\boxed{}$이므로 처음으로 양수가 되는 항은 제 $\boxed{}$항이다.

28 첫째항이 22이고 공차가 -4인 등차수열 $\{a_n\}$에서 처음으로 음수가 되는 항

> $a_n < 0$을 만족시키는 n의 최솟값을 찾는다.

29 첫째항이 100이고 공차가 -3인 등차수열 $\{a_n\}$에서 처음으로 음수가 되는 항

30 제2항이 44, 제9항이 2인 등차수열 $\{a_n\}$에서 처음으로 10보다 작아지는 항

31 $a_4 = 30$, $a_8 = 78$인 등차수열 $\{a_n\}$에서 처음으로 100보다 커지는 항

32 $a_2 = 5$, $a_5 = -7$인 등차수열 $\{a_n\}$에서 처음으로 -50보다 작아지는 항

등차수열의 역사가 깊군!

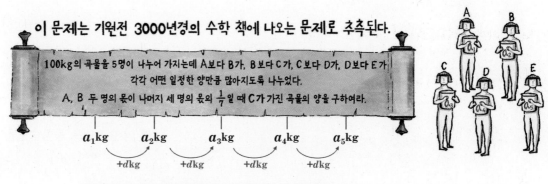

이 문제는 기원전 3000년경의 수학 책에 나오는 문제로 추측된다.

100kg의 곡물을 5명이 나누어 가지는데 A보다 B가, B보다 C가, C보다 D가, D보다 E가 각각 어떤 일정한 양만큼 많아지도록 나누었다.
A, B 두 명의 몫이 나머지 세 명의 몫의 $\frac{1}{7}$일 때 C가 가진 곡물의 양을 구하여라.

$a_1 \text{kg} \quad a_2 \text{kg} \quad a_3 \text{kg} \quad a_4 \text{kg} \quad a_5 \text{kg}$

$+d\text{kg} \quad +d\text{kg} \quad +d\text{kg} \quad +d\text{kg}$

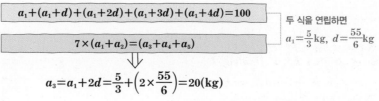

$$a_1 + (a_1 + d) + (a_1 + 2d) + (a_1 + 3d) + (a_1 + 4d) = 100$$

$$7 \times (a_1 + a_2) = (a_3 + a_4 + a_5)$$

두 식을 연립하면
$a_1 = \frac{5}{3}\text{kg}, \ d = \frac{55}{6}\text{kg}$

$$a_3 = a_1 + 2d = \frac{5}{3} + \left(2 \times \frac{55}{6}\right) = 20(\text{kg})$$

04

일정한 수를 더하는!

등차수열의 일반항의 응용

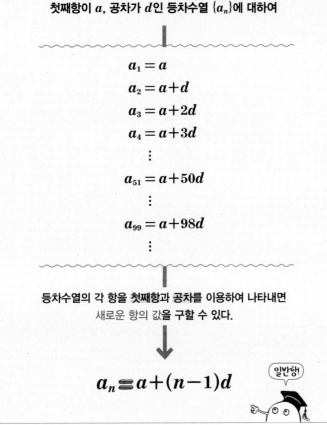

첫째항이 a, 공차가 d인 등차수열 $\{a_n\}$에 대하여

$$a_1 = a$$
$$a_2 = a+d$$
$$a_3 = a+2d$$
$$a_4 = a+3d$$
$$\vdots$$
$$a_{51} = a+50d$$
$$\vdots$$
$$a_{99} = a+98d$$
$$\vdots$$

등차수열의 각 항을 첫째항과 공차를 이용하여 나타내면
새로운 항의 값을 구할 수 있다.

$$a_n = a+(n-1)d$$

일반항!

1st ― 조건을 만족시키는 등차수열

● 주어진 조건을 만족시키는 등차수열 $\{a_n\}$에 대하여 [ ] 안의 항의 값을 구하시오.

1 $a_1 = 4a_5$, $a_3 + a_7 = 8$ $[a_{10}]$

→ 첫째항을 a, 공차를 d라 하면

$a_1 = 4a_5$에서 $a = 4(a + \boxed{})$이므로

$\boxed{} \times a + \boxed{} \times d = 0$ ……㉠

또 $a_3 + a_7 = 8$에서 $(a + \boxed{}) + (a + \boxed{}) = 8$이므로

$a + \boxed{} \times d = 4$ ……㉡

㉠, ㉡을 연립하여 풀면 $a = \boxed{}$, $d = \boxed{}$

따라서 $a_{10} = a + \boxed{} \times d = \boxed{}$

2 $a_2 + a_8 = 8$, $a_9 = 3a_5$ $[a_6]$

3 $a_1 + a_5 = 2$, $4a_4 = a_9$ $[a_7]$

4 $a_1 = 4a_3$, $a_3 + a_7 = -2$ $[a_9]$

● 다음을 구하시오.

5 10과 43 사이에 10개의 수 a_1, a_2, a_3, $\cdots$, a_{10}을 넣어 만든 수열

$$10, a_1, a_2, a_3, \cdots, a_{10}, 43$$

이 이 순서대로 등차수열을 이룰 때, a_6의 값

→ 등차수열 $10, a_1, a_2, a_3, \cdots, a_{10}, 43$의 공차를 d라 하면

첫째항이 10, 제 $\boxed{}$ 항이 43이므로

$43 = 10 + \boxed{} \times d$, 즉 $d = \boxed{}$

이때 a_6은 이 수열의 제 $\boxed{}$ 항이므로

$a_6 = 10 + (\boxed{} - 1) \times \boxed{} = \boxed{}$

6 12와 40 사이에 6개의 수 a_1, a_2, a_3, $\cdots$, a_6을 넣어 만든 수열

$$12, a_1, a_2, a_3, \cdots, a_6, 40$$

이 이 순서대로 등차수열을 이룰 때, a_5의 값

7 18과 50 사이에 15개의 수 a_1, a_2, a_3, $\cdots$, a_{15}를 넣어 만든 수열

$$18, a_1, a_2, a_3, \cdots, a_{15}, 50$$

이 이 순서대로 등차수열을 이룰 때, a_8의 값

개념모음문제

8 -5와 7 사이에 8개의 수 a_1, a_2, a_3, $\cdots$, a_8을 넣어 만든 수열

$$-5, a_1, a_2, a_3, \cdots, a_8, 7$$

이 이 순서대로 등차수열을 이룰 때, $a_3 + a_6$의 값은?

① -1 ② 0 ③ 1

④ 2 ⑤ 3

● 주어진 조건을 만족시키는 등차수열 $\{a_n\}$에 대하여 첫째항과 공차를 구하시오.

9 첫째항과 제4항은 절댓값이 같고 부호가 반대이며, 제5항이 10인 등차수열

→ 첫째항을 a, 공차를 d라 하자.

첫째항과 제4항은 절댓값이 같고 부호가 반대이므로

$a_1 = \boxed{}$ 에서 $a_1 + a_4 = \boxed{}$

즉 $a + (a + \boxed{}) = 0$에서 $2a + \boxed{} = 0$ $\cdots\cdots$ ㉠

또 제5항이 10이므로 $a + \boxed{} = 10$ $\cdots\cdots$ ㉡

㉠, ㉡을 연립하여 풀면 $a = \boxed{}$, $d = \boxed{}$

따라서 등차수열 $\{a_n\}$의 첫째항은 $\boxed{}$이고 공차는 $\boxed{}$이다.

10 제2항과 제7항은 절댓값이 같고 부호가 반대이며, 제8항이 7인 등차수열

11 제5항과 제10항은 절댓값이 같고 부호가 반대이며, 제3항이 18인 등차수열

● 주어진 조건을 만족시키는 등차수열 $\{a_n\}$에 대하여 [ ] 안의 항의 값을 구하시오.

12 $a_3 = 10$, $a_4 : a_8 = 3 : 5$ $[a_7]$

→ 첫째항을 a, 공차를 d라 하자.

$a_3 = 10$이므로

$a + \boxed{} = 10$ $\cdots\cdots$ ㉠

또 $a_4 : a_8 = 3 : 5$에서 $\boxed{} \times a_4 = \boxed{} \times a_8$

즉 $5(a + \boxed{}) = 3(a + \boxed{})$이므로

$2a - \boxed{} = 0$, 즉 $a - 3d = 0$ $\cdots\cdots$ ㉡

㉠, ㉡을 연립하여 풀면 $a = \boxed{}$, $d = \boxed{}$

따라서 $a_7 = a + \boxed{} \times d = \boxed{}$

13 $a_7 = 16$, $a_3 : a_5 = 2 : 5$ $[a_{10}]$

14 $a_4 = 10$, $a_2 : a_6 = 7 : 3$ $[a_8]$

05

양옆으로 차이가 같은!

등차중항

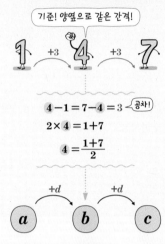

기준! 양옆으로 같은 간격!

$4-1=7-4=3$ 공차!

$2 \times 4 = 1+7$

$4 = \dfrac{1+7}{2}$

$a \xrightarrow{+d} b \xrightarrow{+d} c$

세 수 a, b, c가 이 순서대로 등차수열을 이룰 때,
b를 a와 c의 등차중항 이라 한다.

$$b-a \equiv c-b \quad \bigg| \quad 2b \equiv a+c \quad \bigg| \quad b \equiv \dfrac{a+c}{2}$$

참고 일반적으로 세 수 a, b, c에 대하여 $b = \dfrac{a+c}{2}$이면 b를 a와 c의 산술
평균이라 한다.

등차수열의 다양한 표현

수열 $\{a_n\}$이
$$\begin{cases} a_{n+1} - a_n = d \\ a_n = a + (n-1)d \\ a_n = An + B \\ 2a_{n+1} = a_n + a_{n+2} \quad \text{등차중항을 이용한 표현!} \end{cases}$$
이면 모두 등차수열!

● 다음 세 수가 주어진 순서대로 등차수열을 이루도록 하는 실수 x의 값을 모두 구하시오.

1 $3, x, 11$

→ 이 세 수가 주어진 순서대로 등차수열을 이루므로

x는 3과 11의 [   ]이다.

따라서 [   ] $\times x = 3 +$ [   ] 에서

$x =$ [   ]

2 $2, x, -6$

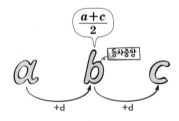

3 $x, 12, 5x$

4 $-x, x^2 - x, 3$

5 $x-1, x^2-1, x+3$

😊 내가 발견한 개념   등차중항이란?

• 세 수 a, b, c가 이 순서대로 등차수열을 이룰 때

→ $b = \dfrac{a+c}{\boxed{}}$

● 다음 수열이 주어진 순서대로 등차수열을 이룰 때, x, y 또는 x, y, z의 값을 구하시오.

6 10, x, 16, y, 22, $\cdots$

→ 세 수 10, x, 16이 이 순서대로 등차수열을 이루므로

x는 10과 16의 ☐☐☐ 이다.

따라서 ☐ $\times x = 10+$ ☐ 에서 $x=$ ☐

또 세 수 16, y, 22가 이 순서대로 등차수열을 이루므로

y는 16과 ☐ 의 등차중항이다.

따라서 ☐ $\times y = 16+$ ☐ 에서 $y=$ ☐

7 2, x, -4, y, -10, $\cdots$

8 13, x, 17, y, z, $\cdots$

9 x, 3, y, 15, z, $\cdots$

개념모음문제

10 두 실수 a, b에 대하여 a, 6, b는 이 순서대로 등차수열을 이루고, a, 4, b는 그 역수가 이 순서대로 등차수열을 이룰 때, ab의 값은?

① 24　　② 26　　③ 28

④ 30　　⑤ 32

2nd ─ 등차중항의 활용

● 등차수열을 이루는 세 수가 다음 조건을 만족시킬 때, 이들 세 수를 구하시오.

11 세 수의 합: 12, 세 수의 곱: 28

> 세 수를 $a-d$, a, $a+d$로 놓고 식을 세운다.

→ 세 수를 $a-d$, a, ☐ 로 놓으면

세 수의 합이 12이므로

$(a-d)+a+($ ☐ $)=12$에서 $a=$ ☐

또 세 수의 곱이 28이므로

$(a-d) \times a \times ($ ☐ $)=28$

이 식에 $a=$ ☐ 를 대입하여 정리하면

$d=$ ☐ 또는 $d=$ ☐

따라서 구하는 세 수는 ☐, ☐, ☐ 이다.

12 세 수의 합: 15, 세 수의 곱: 80

13 세 수의 합: -3, 세 수의 곱: 15

14 세 수의 합: 15, 세 수의 곱: 105

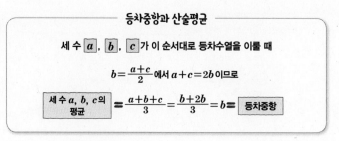

─ 등차중항과 산술평균 ─

세 수 $\boxed{a}$, $\boxed{b}$, $\boxed{c}$ 가 이 순서대로 등차수열을 이룰 때

$b = \dfrac{a+c}{2}$ 에서 $a+c=2b$이므로

$\boxed{\text{세 수 } a, b, c\text{의 평균}} = \dfrac{a+b+c}{3} = \dfrac{b+2b}{3} = b = \boxed{\text{등차중항}}$

15 세 수의 합: 6, 세 수의 곱: -42

16 세 수의 합: -9, 세 수의 곱: 81

> 양수 d에 대하여 네 수를
> $a-3d, a-d, a+d, a+3d$
> 로 놓고 식을 세운다.

● 등차수열을 이루는 네 수가 다음 조건을 만족시킬 때, 이들 네 수의 곱을 구하시오.

17

⑺ 네 수의 합은 16이다.

⑻ 가장 큰 수는 가장 작은 수의 7배이다.

➡ 네 수를 $a-3d$, ☐ , $a+d$, ☐ ($d>0$)로 놓으면

조건 ⑺에 의하여

$(a-3d)+($ ☐ $)+(a+d)+($ ☐ $)=16$

즉 $a=$ ☐

또 조건 ⑻에 의하여

☐ $=7 \times (a-3d)$

이 식에 $a=$ ☐ 를 대입하여 풀면 $d=$ ☐

따라서 구하는 네 수는 ☐ , ☐ , ☐ , ☐ 이므로 네 수의 곱은

☐ 이다.

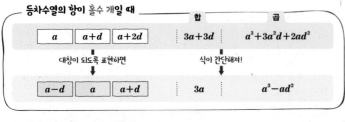

등차수열의 항이 홀수 개일 때

	합	곱
a $a+d$ $a+2d$	$3a+3d$	$a^3+3a^2d+2ad^2$

대칭이 되도록 표현하면 ↓   식이 간단해져! ↓

| $a-d$ a $a+d$ | $3a$ | a^3-ad^2 |

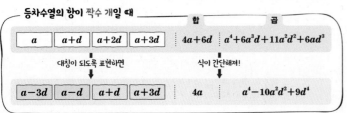

등차수열의 항이 짝수 개일 때

	합	곱
a $a+d$ $a+2d$ $a+3d$	$4a+6d$	$a^4+6a^3d+11a^2d^2+6ad^3$

대칭이 되도록 표현하면 ↓   식이 간단해져! ↓

| $a-3d$ $a-d$ $a+d$ $a+3d$ | $4a$ | $a^4-10a^2d^2+9d^4$ |

18

⑺ 네 수의 합은 20이다.

⑻ 가장 큰 수와 가장 작은 수의 곱과 가운데 두 수의 곱의 비가 2 : 3이다.

19

⑺ 네 수의 합은 2이다.

⑻ 작은 두 수의 곱은 큰 두 수의 곱보다 6만큼 작다.

20

⑺ 네 수의 합은 28이다.

⑻ 가운데 두 수의 합은 가장 큰 수보다 1만큼 크다.

21

⑺ 네 수의 합은 26이다.

⑻ 가운데 두 수의 곱은 가장 큰 수와 가장 작은 수의 곱보다 18만큼 크다.

● 다음 삼차방정식의 세 실근이 등차수열을 이룰 때, 상수 k의 값과 세 실근을 구하시오.

22 $x^3-3x^2+kx+3=0$ <small>삼차방정식의 근과 계수의 관계를 이용해!</small>

→ 등차수열을 이루는 세 실근을 $a-d$, a, $\boxed{}$ 로 놓으면

주어진 삼차방정식에서 근과 계수의 관계에 의하여

$(a-d)+a+(\boxed{})=3$, 즉 $a=\boxed{}$

주어진 삼차방정식의 한 실근이 $\boxed{}$ 이므로

$\boxed{}^3-3\times\boxed{}^2+k\times\boxed{}+3=0$

$k=\boxed{}$

이를 주어진 삼차방정식에 대입하여 풀면

$(x-1)(x+\boxed{})(x-\boxed{})=0$

$x=\boxed{}$ 또는 $x=1$ 또는 $x=\boxed{}$

따라서 $k=\boxed{}$ 이고 세 실근은 $\boxed{}$, 1, $\boxed{}$ 이다.

23 $x^3-3x^2+2x+k=0$

24 $x^3-9x^2+kx-15=0$

● 다음 다항식 $f(x)$를 주어진 세 일차식으로 각각 나누었을 때의 나머지가 일차식이 주어진 순서대로 등차수열을 이룰 때, 상수 k의 값을 구하시오.

25 $f(x)=kx^2+3x+5$

세 일차식: $x-2$, $x-1$, $x+1$ <small>나머지 정리를 이용해!</small>

→ 다항식 $f(x)$를 세 일차식 $x-2$, $x-1$, $x+1$로 나누었을 때의 나머지는 순서대로

$f(\boxed{})=4k+11$

$f(1)=\boxed{}$

$f(-1)=\boxed{}$

즉 $4k+11$, $\boxed{}$, $\boxed{}$ 가 이 순서대로 등차수열을 이루므로

$2(\boxed{})=(4k+11)+(\boxed{})$

따라서 $k=\boxed{}$

26 $f(x)=kx^2-x+6$

세 일차식: $x-1$, $x+1$, $x+2$

27 $f(x)=kx^2+3x+7$

세 일차식: $x-2$, $x+1$, $x+2$

삼차방정식의 근과 계수의 관계

삼차방정식 $\boxed{ax^3+bx^2+cx+d=0}$ 에서 세 근을 $\boxed{\alpha}$, $\boxed{\beta}$, $\boxed{\gamma}$ 라 하면

(세 근의 합) $= \boxed{\alpha} + \boxed{\beta} + \boxed{\gamma} = \boxed{-\dfrac{b}{a}}$

(두 근끼리의 곱의 합) $= \boxed{\alpha\beta} + \boxed{\beta\gamma} + \boxed{\gamma\alpha} = \boxed{\dfrac{c}{a}}$

(세 근의 곱) $= \boxed{\alpha\beta\gamma} = \boxed{-\dfrac{d}{a}}$

삼차방정식의 세 근에 대한 문제는 삼차방정식의 근과 계수의 관계를 이용한다.

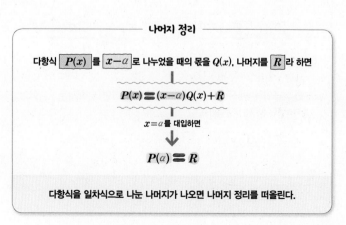

나머지 정리

다항식 $\boxed{P(x)}$ 를 $\boxed{x-\alpha}$ 로 나누었을 때의 몫을 $Q(x)$, 나머지를 $\boxed{R}$ 라 하면

$$P(x) = (x-\alpha)Q(x)+R$$

$x=\alpha$ 를 대입하면

$$P(\alpha) = R$$

다항식을 일차식으로 나눈 나머지가 나오면 나머지 정리를 떠올린다.

06

역수로 바꿔 봐!

조화수열과 조화중항

1 조화수열

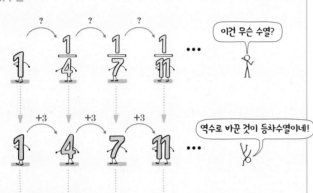

이건 무슨 수열?

역수로 바꾼 것이 등차수열이네!

수열 $\{a_n\}$에서 각 항의 역수의 수열 $\left\{\dfrac{1}{a_n}\right\}$이 등차수열을 이룰 때,
수열 $\{a_n\}$을 **조화수열** 이라 한다.

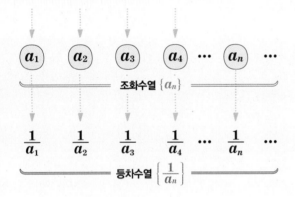

2 조화중항

a   b   c

$+d$ $+d$

$\dfrac{1}{a}$ $\dfrac{1}{b}$ $\dfrac{1}{c}$

0이 아닌 세 수 a, b, c가 이 순서대로 조화수열을 이룰 때,
b를 a와 c의 **조화중항** 이라 하고 $\dfrac{1}{a}$, $\dfrac{1}{b}$, $\dfrac{1}{c}$은 등차수열을 이룬다.

$$\frac{2}{b}=\frac{1}{a}+\frac{1}{c} \qquad\qquad b=\frac{2ac}{a+c}$$

- **조화수열의 관계식**: 수열 $\{a_n\}$이 조화수열이면 연속하는 세 항 a_n, a_{n+1}, a_{n+2} 사이에 다음 관계가 성립한다.

$$\frac{2}{a_{n+1}}=\frac{1}{a_n}+\frac{1}{a_{n+2}} \quad (\text{단, } n=1, 2, 3, \cdots)$$

(참고) 일반적으로 0이 아닌 세 수 a, b, c에 대하여 $b=\dfrac{2ac}{a+c}$이면 b를 a와 c의 조화평균이라 한다.

1st — 조화수열과 조화중항

● 수열 $\{a_n\}$이 다음과 같을 때, 이 수열의 일반항 a_n을 구하시오.

1 $\dfrac{1}{2}$, $\dfrac{1}{5}$, $\dfrac{1}{8}$, $\dfrac{1}{11}$, $\cdots$ 각 항의 역수의 수열을 구해!

→ 각 항의 역수로 이루어진 수열은

$2, 5, 8, 11, \cdots$

즉 수열 $\left\{\dfrac{1}{a_n}\right\}$은 등차수열을 이루며,

첫째항은 $\boxed{}$, 공차는 $\boxed{}$이므로

$\dfrac{1}{a_n} = \boxed{} + (n-1)\times\boxed{} = \boxed{}$

따라서 $a_n = \boxed{}$

2 6, 3, 2, $\dfrac{3}{2}$, $\cdots$

3 $\dfrac{2}{3}$, $\dfrac{1}{2}$, $\dfrac{2}{5}$, $\dfrac{1}{3}$, $\cdots$

4 24, 12, 8, 6, $\cdots$

현의 길이의 비가
조화수열이라 화음이 듣기 좋군!
아름다운 음악에는
수학이 있지!

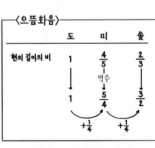

〈으뜸화음〉

	도	미	솔
현의 길이의 비	1	$\dfrac{4}{5}$	$\dfrac{2}{3}$
역수	1	$\dfrac{5}{4}$	$\dfrac{3}{2}$
		$+\dfrac{1}{4}$	$+\dfrac{1}{4}$

아~그냥 음악은 음악으로 듣자구요.

● 다음 세 수가 주어진 순서대로 조화수열을 이루도록 하는 실수 x의 값을 구하시오. (단, $x \neq 0$)

5 $12, x, 6$

→ 이 세 수가 주어진 순서대로 조화수열을 이루므로

각 항의 역수 $\dfrac{1}{12}, \dfrac{1}{x}, \dfrac{1}{6}$은 이 순서대로 □□□□□□을 이룬다.

즉 x는 12와 6의 □□□□□이고

$\dfrac{1}{x}$은 $\dfrac{1}{12}$과 $\dfrac{1}{6}$의 □□□□□이다.

따라서 □$\times \dfrac{1}{x} = \dfrac{1}{12} + $□에서

$\dfrac{1}{x} = $□이므로 $x = $□

> 조화중항의 공식을 이용하여 간단히 계산할 수 도 있으나 등차수열과의 관계를 따져 구하는 습관을 들이면 실수를 줄일 수 있다.

6 $2, x, \dfrac{2}{3}$

7 $x, 3, 2x$

8 $3, x, \dfrac{3}{5}x$

● 주어진 수열이 조화수열을 이룰 때, 세 수 a, b, c에 대하여 다음의 k의 값을 구하시오.

9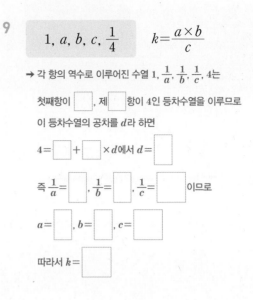

$$1, a, b, c, \dfrac{1}{4} \qquad k = \dfrac{a \times b}{c}$$

→ 각 항의 역수로 이루어진 수열 $1, \dfrac{1}{a}, \dfrac{1}{b}, \dfrac{1}{c}, 4$는

첫째항이 □, 제□항이 4인 등차수열을 이루므로

이 등차수열의 공차를 d라 하면

$4 = $□$ + $□$\times d$에서 $d = $□

즉 $\dfrac{1}{a} = $□$, \dfrac{1}{b} = $□$, \dfrac{1}{c} = $□이므로

$a = $□$, b = $□$, c = $□

따라서 $k = $□

10
$$-1, a, b, c, \dfrac{1}{7} \qquad k = a + b + c$$

11
$$\dfrac{1}{4}, a, b, c, \dfrac{1}{16} \qquad k = \dfrac{a \times b}{c}$$

개념모음문제

12 두 수 $\dfrac{1}{10}$과 $\dfrac{1}{2}$ 사이에 3개의 수 x, y, z를 넣어서 만든 수열 $\dfrac{1}{10}, x, y, z, \dfrac{1}{2}$이 이 순서대로 조화수열을 이룰 때, $\dfrac{yz}{x}$의 값은?

① $\dfrac{1}{3}$ ② $\dfrac{1}{4}$ ③ $\dfrac{1}{5}$

④ $\dfrac{1}{6}$ ⑤ $\dfrac{1}{7}$

😊 **내가 발견한 개념**   조화중항이란?

• 0이 아닌 세 수 a, b, c가 이 순서대로 조화수열을 이룰 때

→ $\dfrac{□}{b} = \dfrac{1}{a} + \dfrac{1}{c}$, $b = \dfrac{□}{a+c}$

일정한 수를 더하는!

등차수열의 합

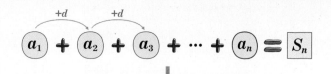

$$a_1 + a_2 + a_3 + \cdots + a_n = S_n$$

첫째항이 a, 공차가 d인 등차수열 $\{a_n\}$의
첫째항부터 제 n항까지의 합을 S_n이라 하면

$$
\begin{array}{cccccccc}
S_n = & a_1 & + & a_2 & + & a_3 & + \cdots + & a_n \\
      & a   &   & a+d &   & a+2d &   & a+(n-1)d \\
S_n = & a_n & + & a_{n-1} & + & a_{n-2} & + \cdots + & a_1 \\
      & a+(n-1)d & & a+(n-2)d & & a+(n-3)d & & a
\end{array}
$$

$$2S_n = \underbrace{2a+(n-1)d + 2a+(n-1)d + 2a+(n-1)d + \cdots + 2a+(n-1)d}_{n\text{개}}$$

$2S_n = n\{2a+(n-1)d\}$이므로 양변을 2로 나누면

$$
S_n = \frac{n\{2a+(n-1)d\}}{2}
$$

$$
= \frac{n(a+l)}{2}
$$

$a_n = l$이라 하면
$2a+(n-1)d = a+l$

등차수열 $\{a_n\}$의 첫째항부터 제 n항까지의 합 S_n은

❶ 첫째항이 a, 공차가 d일 때,

$$S_n = \frac{n\{2a+(n-1)d\}}{2}$$

❷ 첫째항이 a, 제 n항이 l일 때,

$$S_n = \frac{n(a+l)}{2}$$

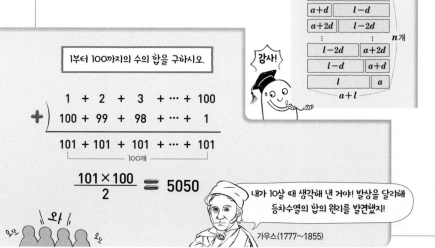

1부터 100까지의 수의 합을 구하시오.

$$
\begin{array}{rcccccc}
  & 1 & + & 2 & + & 3 & + \cdots + & 100 \\
+ & 100 & + & 99 & + & 98 & + \cdots + & 1 \\
\hline
  & 101 & + & 101 & + & 101 & + \cdots + & 101
\end{array}
$$
100개

$$\frac{101 \times 100}{2} = 5050$$

강사!

$$
\begin{array}{|c|c|}
\hline
a & l \\
\hline
a+d & l-d \\
\hline
a+2d & l-2d \\
\hline
\vdots & \vdots \\
\hline
l-2d & a+2d \\
\hline
l-d & a+d \\
\hline
l & a \\
\hline
\end{array}
$$
n개
$a+l$

내가 10살 때 생각해 낸 거야! 발상을 달리해
등차수열의 합의 원리를 발견했지!

가우스(1777~1855)

다음은 첫째항이 8, 공차가 3이고, 제40항이 125인 등차수
열 $\{a_n\}$의 첫째항부터 제40항까지의 합 S를 구하는 과정이
다. □ 안에 알맞은 수를 써넣으시오.

수열 $\{a_n\}$에 대하여 구하는 S는

$8, 8+3, 8+2\times3, \cdots, 125-\boxed{}\times3, 125-\boxed{}, 125$

의 40개의 자연수의 합과 같으므로

$S = 8 + (8+3) + (8+2\times3) + \cdots$
$\qquad + (125 - \boxed{} \times 3) + (125 - \boxed{}) + 125$

그런데 S는

$125, 125-\boxed{}, 125-\boxed{}\times3, \cdots, 8+2\times3, 8+3, 8$

의 40개의 자연수의 합으로도 생각할 수 있으므로

$S = 125 + (125 - \boxed{}) + (125 - \boxed{} \times 3) + \cdots$
$\qquad + (8+2\times3) + (8+3) + 8$

위의 두 식을 다음과 같이 세로셈으로 계산할 수 있다.

$$
\begin{array}{rccccccc}
S = & 8 & + & (8+3) & + \cdots + & (125-3) & + & 125 \\
+)\ S = & 125 & + & (125-3) & + \cdots + & (8+3) & + & 8 \\
\hline
2S = & (8+125) & + & (8+125) & + \cdots + & (8+125) & + & (8+125)
\end{array}
$$
$\boxed{}$개

$$= \boxed{} \times (8+125)$$

따라서 첫째항이 8, 공차가 3이고, 제40항이 125인 등
차수열의 첫째항부터 제40항까지의 합 S는

$$S = \frac{\boxed{} \times (8 + \boxed{})}{2} = \boxed{}$$

등차수열의 일반항

$$
\boxed{a_n} = a + (n-1)d
$$
$$= dn + a - d$$
공차

n에 대한 일차식이고
n의 계수가 공차!

등차수열의 합

$$
\boxed{S_n} = \frac{n\{2a+(n-1)d\}}{2}
$$
$$= \frac{d}{2}n^2 + \left(a - \frac{d}{2}\right)n + 0$$
공차의 반

n에 대한 이차식이고 상수항은 0,
n^2의 계수가 공차의 반!

1st — 등차수열의 합

● 다음 조건을 만족시키는 등차수열 $\{a_n\}$의 첫째항부터 제n항까지의 합을 S_n이라 할 때, [ ] 안의 값을 구하시오.

1 첫째항이 3, 제10항이 39 $[S_{10}]$

➡ S_{10}은 첫째항이 ☐ 이고 끝항이 ☐, 항수가 ☐ 인 등차수열의 첫째항부터 제10항까지의 합이므로

$$S_{10} = \frac{\boxed{} \times (\boxed{} + \boxed{})}{2} = \boxed{}$$

2 첫째항이 -5, 제11항이 25 $[S_{11}]$

3 $a_1 = 10$, $a_{15} = 80$ $[S_{15}]$

4 $a_1 = -6$, $a_8 = 8$ $[S_8]$

5 첫째항이 8, 공차가 2 $[S_{10}]$

➡ S_{10}은 첫째항이 ☐ 이고 공차가 ☐ 인 등차수열의 첫째항부터 제 ☐ 항까지의 합이므로

$$S_{10} = \frac{\boxed{} \times \{2 \times \boxed{} + (10-1) \times \boxed{}\}}{2} = \boxed{}$$

6 첫째항이 57, 공차가 -3 $[S_{20}]$

7 첫째항이 2, 공차가 4 $[S_8]$

8 첫째항이 20, 공차가 -5 $[S_{12}]$

😊 내가 발견한 개념   첫째항과 제n항을 알 때, 등차수열의 합은?

• 첫째항이 a, 제n항이 l인 등차수열의 첫째항부터 제n항까지의 합 S_n

➡ $S_n = \dfrac{\boxed{}(a + \boxed{})}{2}$

😊 내가 발견한 개념   첫째항과 공차를 알 때, 등차수열의 합은?

• 첫째항이 a, 공차가 d인 등차수열의 첫째항부터 제n항까지의 합 S_n

➡ $S_n = \dfrac{\boxed{}\{\boxed{} \times a + (\boxed{}) \times d\}}{2}$

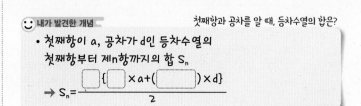

● 다음 등차수열의 합을 구하시오.

9 $1, 5, 9, \cdots, 33$

→ 수열 $1, 5, 9, \cdots, 33$은 첫째항이 $\boxed{}$ 이고 공차가 $\boxed{}$ 인 등차수열이

므로 일반항을 a_n이라 하면

$a_n = \boxed{} + (n-1) \times \boxed{} = \boxed{}$

이때 33을 제k항이라 하면

$33 = \boxed{}$ 에서 $k = \boxed{}$

따라서 구하는 합은 첫째항이 1, 끝항이 $\boxed{}$ 인 등차수열의 첫째항

부터 제 $\boxed{}$ 항까지의 합이므로

$\dfrac{\boxed{} \times (1 + \boxed{})}{2} = \boxed{}$

> 첫째항, 공차, 항수를 이용하여
> $\dfrac{9 \times \{2 \times 1 + (9-1) \times 4\}}{2} = 153$
> 으로 구해도 된다.

10 $4, 7, 10, \cdots, 64$

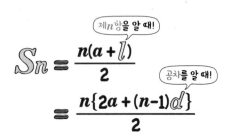

$$S_n = \frac{n(a+l)}{2}$$ ← 제n항을 알 때!

$$= \frac{n\{2a + (n-1)d\}}{2}$$ ← 공차를 알 때!

11 $32, 29, 26, \cdots, 2$

12 $6, 4, 2, \cdots, -16$

● 다음 등차수열 $\{a_n\}$의 첫째항부터 제n항까지의 합을 S_n이라 할 때, $[\ \ ]$ 안의 값을 구하시오.

13 첫째항이 2, 제15항이 44　　　　　　　$[S_{10}]$

→ 공차를 d라 하면

$44 = \boxed{} + (\boxed{} - 1) \times d$이므로

$d = \boxed{}$

따라서 구하는 합은 첫째항이 $\boxed{}$, 공차가 $\boxed{}$ 인 등차수열의 첫째항

부터 제 $\boxed{}$ 항까지의 합이므로

$S_{10} = \dfrac{\boxed{} \times \{2 \times \boxed{} + (10-1) \times \boxed{}\}}{2} = \boxed{}$

14 첫째항이 30, 제12항이 8　　　　　　　$[S_9]$

15 $a_1 = 8$, $a_7 = -10$　　　　　　　　　$[S_8]$

16 $a_1 = -31$, $a_{10} = 5$　　　　　　　　$[S_{20}]$

개념모음문제

17 첫째항이 54, 제m항이 -14인 등차수열 $\{a_n\}$의 첫째항부터 제m항까지의 합이 360일 때, 이 수열의 공차는?

① -10　　　② -8　　　③ -6

④ -4　　　⑤ -2

2nd ─ 부분의 합이 주어진 등차수열

● 등차수열 $\{a_n\}$의 첫째항부터 제n항까지의 합을 S_n이라 할 때, 다음 조건을 만족시키는 수열 $\{a_n\}$의 첫째항과 공차를 구하시오.

18 $a_5=9$, $S_5=25$

→ 첫째항을 a, 공차를 d라 하면

$a_5=9$에서

$a+\boxed{}\times d=9$ ...... ㉠

$S_5=25$에서

$\dfrac{\boxed{}\times(\boxed{}\times a+\boxed{}\times d)}{2}=25$

즉 $a+\boxed{}\times d=5$ ...... ㉡

㉠, ㉡을 연립하여 풀면

$a=\boxed{}$, $d=\boxed{}$

따라서 첫째항은 $\boxed{}$, 공차는 $\boxed{}$이다.

19 $a_{10}=14$, $S_{10}=320$

20 $a_4=10$, $S_8=92$

21 $a_{11}=9$, $S_{12}=189$

22 $S_{10}=120$, $S_{20}=440$

→ 첫째항을 a, 공차를 d라 하면

$S_{10}=120$에서

$\dfrac{\boxed{}\times(\boxed{}\times a+\boxed{}\times d)}{2}=120$

즉 $\boxed{}\times a+\boxed{}\times d=24$ ...... ㉠

$S_{20}=440$에서

$\dfrac{\boxed{}\times(\boxed{}\times a+\boxed{}\times d)}{2}=440$

즉 $\boxed{}\times a+\boxed{}\times d=44$ ...... ㉡

㉠, ㉡을 연립하여 풀면

$a=\boxed{}$, $d=\boxed{}$

따라서 첫째항은 $\boxed{}$, 공차는 $\boxed{}$이다.

23 $S_5=50$, $S_{10}=200$

24 $S_{10}=-25$, $S_{15}=75$

개념모음문제

25 등차수열 $\{a_n\}$에 대하여

$$a_1+a_2+a_3+a_4+a_5=60,$$
$$a_6+a_7+a_8+a_9+a_{10}=135$$

일 때, 이 수열의 첫째항부터 제15항까지의 합은?

① 285   ② 323   ③ 368

④ 405   ⑤ 442

3ʳᵈ — 등차수열의 합의 최대, 최소

● 다음 조건을 만족시키는 등차수열 $\{a_n\}$의 첫째항부터 제n항까지의 합을 S_n이라 할 때, S_n의 값이 최대가 되도록 하는 자연수 n의 값 및 S_n의 최댓값을 구하시오.

26 첫째항: 25, 공차: -2

→ 첫째항이 양수이고 공차가 〔 〕인 등차수열이므로 항수가 커질수록 항의 값이 〔 〕하고, $a_n\bigcirc 0$을 만족시키는 n이 〔 〕일 때까지의 합이 S_n의 최댓값이다.

이때 일반항 a_n은

$a_n = 25 + (\boxed{}) \times (-2) = \boxed{}$

$a_n \bigcirc 0$에서 $n \leq \boxed{}$이므로 이를 만족시키는 n의 최댓값은

〔 〕이고 S_n의 최댓값은

$$S_{\boxed{}} = \frac{\boxed{} \times \{\boxed{} \times 25 + \boxed{} \times (-2)\}}{2} = \boxed{}$$

27 첫째항: 40, 공차: -3

28 첫째항: 10, 공차: $-\dfrac{3}{2}$

● 다음 조건을 만족시키는 등차수열 $\{a_n\}$의 첫째항부터 제n항까지의 합을 S_n이라 할 때, S_n의 값이 최소가 되도록 하는 자연수 n의 값 및 S_n의 최솟값을 구하시오.

29 첫째항: -23, 공차: 3

→ 첫째항이 음수이고 공차가 〔 〕인 등차수열이므로 항수가 커질수록 항의 값이 〔 〕하고, $a_n\bigcirc 0$을 만족시키는 n이 〔 〕일 때까지의 합이 S_n의 최솟값이다.

이때 일반항 a_n은

$a_n = \boxed{} + (n-1)\times 3 = \boxed{}$

$a_n \bigcirc 0$에서 $n \leq \boxed{}$이므로 이를 만족시키는 n의 최댓값은

〔 〕이고 S_n의 최솟값은

$$S_{\boxed{}} = \frac{\boxed{} \times \{2 \times (\boxed{}) + \boxed{} \times 3\}}{2} = \boxed{}$$

30 첫째항: -35, 공차: 6

31 첫째항: -27, 공차: 4

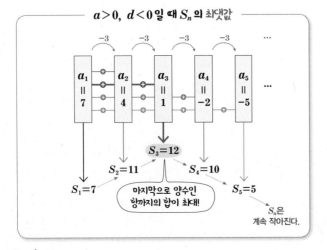

$a>0,\ d<0$일 때 S_n의 최댓값

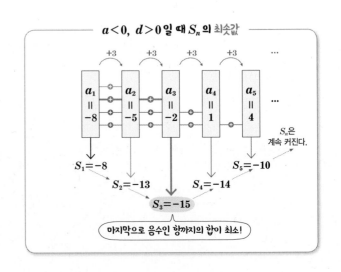

$a<0,\ d>0$일 때 S_n의 최솟값

4th 등차수열의 활용

● **1부터 100까지의 자연수 중에서 다음을 구하시오.**

32 3의 배수의 총합

> 자연수 k의 배수로 이루어진 수열은 공차가 k인 등차수열이다.

→ 1부터 100까지의 자연수 중에서 3의 배수를 작은 것부터 크기순으로 나열하면

$$3, \boxed{}, \boxed{}, 12, \cdots, \boxed{}, 99$$

이 수열은 첫째항이 3, 공차가 $\boxed{}$인 등차수열이고

$$99 = 3 + (\boxed{} - 1) \times \boxed{}$$

따라서 구하는 총합은 첫째항이 3, 끝항이 $\boxed{}$, 항수가 $\boxed{}$인 등차수열의 합이므로

$$\frac{\boxed{} \times (3 + \boxed{})}{2} = \boxed{}$$

33 4의 배수의 총합

> 자연수 k로 나누었을 때의 나머지가 같은 수로 이루어진 수열은 공차가 k인 등차수열이다.

34 4로 나눈 나머지가 3인 수들의 총합

→ 1부터 100까지의 자연수 중에서 4로 나눈 나머지가 3인 수를 작은 것부터 크기순으로 나열하면

$$3, \boxed{}, \boxed{}, 15, \cdots, \boxed{}, 99$$

이 수열은 첫째항이 3, 공차가 $\boxed{}$인 등차수열이고

$$99 = 3 + (\boxed{} - 1) \times \boxed{}$$

따라서 구하는 총합은 첫째항이 3, 끝항이 $\boxed{}$, 항수가 $\boxed{}$인 등차수열의 합이므로

$$\frac{\boxed{} \times (3 + \boxed{})}{2} = \boxed{}$$

35 5로 나눈 나머지가 1인 수들의 총합

● **다음 물음에 답하시오.**

36 첫째항이 1인 두 등차수열 $\{a_n\}$, $\{b_n\}$의 공차가 각각 5, -2일 때, 수열 $\{a_n + b_n\}$에 대하여 다음을 구하시오.

> 공차가 각각 d_1, d_2인 두 등차수열 $\{a_n\}$, $\{b_n\}$에 대하여 수열 $\{a_n + b_n\}$은 공차가 $d_1 + d_2$인 등차수열이다.

(1) 수열 $\{a_n + b_n\}$의 첫째항

$$\rightarrow a_1 + b_1 = \boxed{} + \boxed{} = \boxed{}$$

(2) 수열 $\{a_n + b_n\}$의 일반항

$$\rightarrow a_n = 1 + (n-1) \times \boxed{} = \boxed{}$$

$$b_n = 1 + (n-1) \times (\boxed{}) = \boxed{}$$

따라서 $a_n + b_n = \boxed{}$

(3) 수열 $\{a_n + b_n\}$의 공차

$$\rightarrow a_n + b_n = \boxed{} + (n-1) \times \boxed{}$$

따라서 수열 $\{a_n + b_n\}$의 공차는 $\boxed{}$이다.

(4) 수열 $\{a_n + b_n\}$의 첫째항부터 제10항까지의 합

→ 수열 $\{a_n + b_n\}$은 첫째항이 $\boxed{}$이고 공차가 $\boxed{}$인 등차수열이므로 구하는 합은

$$\frac{\boxed{} \times (2 \times \boxed{} + 9 \times \boxed{})}{2} = \boxed{}$$

37 첫째항이 10인 두 등차수열 $\{a_n\}$, $\{b_n\}$의 공차가 각각 2, -3일 때, 수열 $\{a_n - b_n\}$에 대하여 다음을 구하시오.

(1) 수열 $\{a_n - b_n\}$의 첫째항

(2) 수열 $\{a_n - b_n\}$의 일반항

(3) 수열 $\{a_n - b_n\}$의 공차

(4) 수열 $\{a_n - b_n\}$의 첫째항부터 제10항까지의 합

일정한 수를 더하는!

등차수열의 합과 일반항 사이의 관계

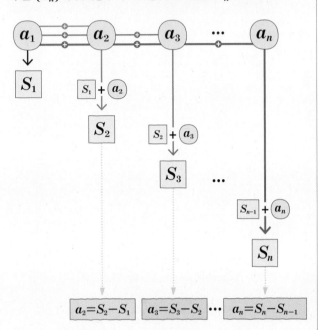

수열 $\{a_n\}$의 첫째항부터 제n항까지의 합을 S_n이라 하면

$a_2=S_2-S_1$　$a_3=S_3-S_2$ $\cdots$ $a_n=S_n-S_{n-1}$

수열 $\{a_n\}$의 첫째항부터 제n항까지의 합을 S_n이라 하면

$$a_1 = S_1 \quad \Big| \quad a_n = S_n - S_{n-1} \text{(단, } n \geq 2)$$
$n-1$이 자연수이어야 하므로

참고 S_n과 a_n 사이의 관계는 등차수열뿐만 아니라 모든 수열에서 성립한다.

등차수열의 합으로 알아보는 일반항의 특징

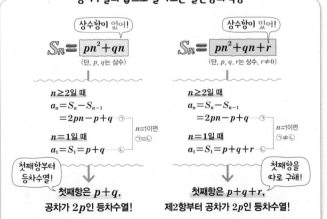

상수항이 없어!
$$S_n = \boxed{pn^2 + qn}$$
(단, p, q는 상수)

$n \geq 2$일 때
$a_n = S_n - S_{n-1}$
$\quad = 2pn - p + q$ ㉠
$n = 1$일 때
$a_1 = S_1 = p + q$ ㉡

$n=1$이면 ㉠=㉡

첫째항부터
등차수열!
↓
첫째항은 $p+q$,
공차가 $2p$인 등차수열!

상수항이 있어!
$$S_n = \boxed{pn^2 + qn + r}$$
(단, p, q, r는 상수, $r \neq 0$)

$n \geq 2$일 때
$a_n = S_n - S_{n-1}$
$\quad = 2pn - p + q$ ㉠
$n = 1$일 때
$a_1 = S_1 = p + q + r$ ㉡

㉠ ≠ ㉡

첫째항을
따로 구해!
↓
첫째항은 $p+q+r$,
제2항부터 공차가 $2p$인 등차수열!

1st 등차수열의 합과 일반항 사이의 관계

● 수열 $\{a_n\}$의 첫째항부터 제n항까지의 합 S_n이 다음과 같을 때, 일반항 a_n을 구하시오.

1　$S_n = n^2 + 2n$

→ (i) $n=1$일 때,

$a_1 = S_1 = \boxed{}$

(ii) $n \geq 2$일 때,

$a_n = S_n - \boxed{}$

$= (n^2 + 2n) - \{(\boxed{})^2 + 2(\boxed{})\}$

$= \boxed{}$ …… ㉠

이때 $a_1 = \boxed{}$ 은 ㉠에 $n = \boxed{}$ 을 대입한 것과 같으므로

$a_n = \boxed{}$

$$\mathcal{a_n} = \mathcal{S_n} - \mathcal{S_{n-1}}$$

단 2 이상의 자연수!

2　$S_n = n^2 - n$

3　$S_n = 2n^2 - n$

4　$S_n = 3n^2 + 2n$

😊 내가 발견한 개념　　　　　　수열의 합과 일반항 사이의 관계는?

● 수열 $\{a_n\}$의 첫째항부터 제n항까지의 합을 S_n이라 하면

→ $a_1 = \boxed{}$, $a_n = S_n - \boxed{}$ $(n \geq 2)$

5 $S_n = n^2 + n + 2$

→ (i) $n=1$일 때,

$a_1 = S_1 = \boxed{}$

(ii) $n \geq 2$일 때,

$a_n = S_n - \boxed{}$

$= (n^2+n+2) - \{(\boxed{})^2 + (\boxed{}) + 2\}$

$= \boxed{}$ ...... ㉠

이때 $a_1 = \boxed{}$는 ㉠에 $n = \boxed{}$을 대입한 것과 같지 않으므로

이 수열의 일반항은

$a_1 = \boxed{}$, $a_n = \boxed{}$ $(n \geq \boxed{})$

6 $S_n = n^2 - n - 4$

7 $S_n = 2n^2 + 3n + 1$

8 $S_n = 3n^2 - 2n + 2$

[개념모음문제]

9 수열 $\{a_n\}$의 첫째항부터 제n항까지의 합 S_n이

$$S_n = n^2 + 4n + 1$$

일 때, $a_1 + a_{10}$의 값은?

① 28   ② 29   ③ 30

④ 31   ⑤ 32

● 두 수열 $\{a_n\}$, $\{b_n\}$의 첫째항부터 제n항까지의 합을 각각 S_n, T_n이라 할 때, 다음 조건을 만족시키는 상수 k의 값을 구하시오.

10 $S_n = n^2 + 3n$, $T_n = n^2 + kn + 1$, $a_4 = b_4$

→ $a_4 = S_{\boxed{}} - S_{\boxed{}} = \boxed{}$

$b_4 = T_{\boxed{}} - T_{\boxed{}} = k + \boxed{}$

이때 $a_4 = b_4$에서 $\boxed{} = k + \boxed{}$이므로

$k = \boxed{}$

11 $S_n = 2n^2 + kn$, $T_n = n^2 + 3n + 3$, $a_5 = b_7$

● 수열 $\{a_n\}$의 첫째항부터 제n항까지의 합을 S_n이라 할 때, 다음 조건을 만족시키는 수열 $\{a_n\}$의 일반항을 구하시오.

(단, k는 상수이다.)

12 $S_n = 2n^2 + kn$이고 수열 $\{a_n\}$의 제2항부터 제7항까지의 합은 120이다.

→ 수열 $\{a_n\}$의 첫째항부터 제7항까지의 합은

$S_{\boxed{}} = \boxed{}$

또 $a_1 = S_{\boxed{}} = \boxed{}$

이때 제2항부터 제7항까지의 합은

$S_{\boxed{}} - S_{\boxed{}} = \boxed{}$

따라서 $\boxed{} = 120$이므로 $k = \boxed{}$

13 $S_n = kn^2 + n$이고 수열 $\{a_n\}$의 제6항부터 제10항까지의 합은 155이다.

- 첫째항이 a, 공차가 d인 등차수열 $\{a_n\}$의 일반항은
  $$a_n = a + (n-1)d$$
- 등차수열 $\{a_n\}$의 공차가 d일 때,
  $$d = a_2 - a_1 = a_3 - a_2 = \cdots = a_n - a_{n-1}$$

1 수열 $\{a_n\}$의 일반항이
$$a_n = 2n + 2^{n-1}$$
일 때, 제2항과 제5항의 합은?

① 20   ② 24   ③ 28

④ 32   ⑤ 36

2 등차수열 -4, 2, 8, $\cdots$에서 80은 제몇 항인가?

① 제11항   ② 제12항   ③ 제13항

④ 제14항   ⑤ 제15항

3 첫째항과 공차가 같은 등차수열 $\{a_n\}$이
$$a_5 + a_8 = 52$$
를 만족시킬 때, a_{10}의 값은?

① 39   ② 40   ③ 41

④ 42   ⑤ 43

4 등차수열 $\{a_n\}$에 대하여
$$a_5 = -5, \quad a_9 = 11$$
일 때, 처음으로 양수가 되는 항은 제몇 항인지 구하시오.

5 두 수 6과 30 사이에 15개의 수 a_1, a_2, a_3, $\cdots$, a_{15}를 넣어 만든 수열
$$6, a_1, a_2, a_3, \cdots, a_{15}, 30$$
이 이 순서대로 등차수열을 이룰 때, 이 수열의 공차는?

① $\dfrac{1}{2}$ ② 1   ③ $\dfrac{3}{2}$

④ 2   ⑤ $\dfrac{5}{2}$

- 세 수 a, b, c가 이 순서대로 등차수열을 이룰 때, b를 a와 c의 등차중항이라 하고
  $$b = \frac{a+c}{2}$$

6 세 수 -3, a, 7이 이 순서대로 등차수열을 이루고 세 수 9, b, -17도 이 순서대로 등차수열을 이룰 때, $a-b$의 값은?

① -2 ② 2   ③ 4

④ 6   ⑤ 8

7 등차수열을 이루는 세 실수의 합이 9, 곱이 -48일 때, 세 실수의 제곱의 합은?

① 77　　　　② 78　　　　③ 79

④ 80　　　　⑤ 81

10 $a_5=7$, $a_{10}=-13$인 등차수열 $\{a_n\}$에서 첫째항부터 제n항까지의 합을 S_n이라 할 때, S_n의 최댓값을 a, 그 때의 n의 값을 b라 하자. $a+b$의 값을 구하시오.

---

07 등차수열의 합

• 첫째항이 a, 공차가 d, 제n항이 l인 등차수열의 첫째항부터 제n항까지의 합을 S_n이라 하면

① 첫째항과 제n항의 값을 알 때 ➡ $S_n=\dfrac{n(a+l)}{2}$

② 첫째항과 공차를 알 때 ➡ $S_n=\dfrac{n\{2a+(n-1)d\}}{2}$

---

08 등차수열의 합과 일반항 사이의 관계

• 수열 $\{a_n\}$의 첫째항부터 제n항까지의 합 S_n이 주어질 때, 일반항 a_n은

(i) $a_1=S_1$

(ii) $n\geq2$일 때, $a_n=S_n-S_{n-1}$

---

8 등차수열 $\{a_n\}$에서

$$a_5=18,\ a_{11}=48$$

일 때, 이 수열의 첫째항부터 제10항까지의 합은?

① 190　　　　② 195　　　　③ 200

④ 205　　　　⑤ 210

11 수열 $\{a_n\}$의 첫째항부터 제n항까지의 합을 S_n이라 하면 $S_n=\dfrac{1}{2}n^2+3n-1$일 때, a_1+a_9의 값은?

① 13　　　　② $\dfrac{27}{2}$　　　　③ 14

④ $\dfrac{29}{2}$　　　　⑤ 15

9 등차수열 $\{a_n\}$의 첫째항부터 제n항까지의 합을 S_n이라 하면 $S_5=-20$, $S_{10}=35$일 때, S_{20}의 값은?

① 370　　　　② 373　　　　③ 376

④ 379　　　　⑤ 382

12 수열 $\{a_n\}$의 첫째항부터 제n항까지의 합 S_n이

$$S_n=2n^2+kn$$

이고 $a_{10}=42$일 때, $a_6+a_7+a_8+a_9+a_{10}$의 값을 구하시오. (단, k는 상수이다.)

TEST 개념 발전

1 등차수열 $\{a_n\}$에서 $a_1=4$, $a_3+a_4=a_8$일 때, $a_k=36$을 만족시키는 k의 값은?

① 16   ② 17   ③ 18

④ 19   ⑤ 20

2 첫째항이 1인 등차수열 $\{a_n\}$에서
$$(a_2+a_6):(a_7+a_{10})=1:2$$
일 때, a_{19}의 값은?

① 11   ② $\dfrac{35}{3}$ ③ $\dfrac{37}{3}$

④ 13   ⑤ $\dfrac{41}{3}$

3 두 수 1과 11 사이에 n개의 수 a_1, a_2, a_3, $\cdots$, a_n을 넣어 만든 수열
$$1,\ a_1,\ a_2,\ a_3,\ \cdots,\ a_n,\ 11$$
이 이 순서대로 공차가 $\dfrac{5}{6}$인 등차수열을 이룰 때, 자연수 n의 값을 구하시오.

4 세 수 $a-2$, $a+2$, a^2이 이 순서대로 등차수열을 이룰 때, 양수 a의 값을 구하시오.

5 첫째항이 -12이고 공차가 3인 등차수열의 첫째항부터 제n항까지의 합이 54일 때, n의 값은?

① 8   ② 9   ③ 10

④ 11   ⑤ 12

6 등차수열 $\{a_n\}$에 대하여
$$a_5=17,\ a_8=8$$
일 때, 첫째항부터 제n항까지의 합이 최대가 되도록 하는 자연수 n의 값은?

① 9   ② 10   ③ 11

④ 12   ⑤ 13

7 두 자리 자연수 중에서 7로 나누었을 때의 나머지가 5인 수의 총합을 구하시오.

8 수열 $\{a_n\}$의 첫째항부터 제n항까지의 합 S_n이
$$S_n=n^2-3n-2$$
일 때, $a_k=14$를 만족시키는 자연수 k의 값은?

① 9   ② 10   ③ 11

④ 12   ⑤ 13

9 어떤 직육면체의 가로의 길이, 세로의 길이, 높이가 이 순서대로 등차수열을 이룬다고 한다. 이 직육면체의 모든 모서리의 길이의 합이 60이고 겉넓이가 132일 때, 이 직육면체의 부피를 구하시오.

10 은지는 여름 방학 동안 매일 공부 시간을 5분씩 늘려 공부하기로 계획하였다. 방학 첫날에 공부한 시간이 30분이었고 방학 마지막 날에 공부한 시간이 2시간 40분이었다고 할 때, 은지가 방학 동안 공부한 시간의 총합은?

① 2525분 ② 2535분 ③ 2545분
④ 2555분 ⑤ 2565분

11 등차수열 $\{a_n\}$의 첫째항부터 제10항까지의 합이 20, 첫째항부터 제30항까지의 합이 660일 때, 이 수열의 첫째항부터 제20항까지의 합을 구하시오.

12 수열 $\{a_n\}$의 첫째항부터 제n항까지의 합 S_n이
$$S_n = n^2 - 5n$$
일 때, $a_n > 50$을 만족시키는 자연수 n의 최솟값은?

① 28 ② 29 ③ 30
④ 31 ⑤ 32

13 첫째항이 5인 등차수열 $\{a_n\}$에 대하여 수열 $\{4a_{n+1} - a_n\}$은 공차가 12인 등차수열일 때, a_{10}의 값은?

① 33 ② 35 ③ 37
④ 39 ⑤ 41

14 등차수열 $\{a_n\}$이 다음 조건을 만족시킬 때, $a_k = 15$를 만족시키는 자연수 k의 값은?

⑺ 첫째항과 제4항은 절댓값이 같고 부호가 반대이다.
⑻ 제7항의 값은 9이다.

① 10 ② 11 ③ 12
④ 13 ⑤ 14

15 자연수 n에 대하여 x에 대한 이차방정식
$$x^2 - 2(n+2)x + n(n+4) = 0$$
이 서로 다른 두 실근 α, β를 갖고, 세 수 α, β, 10이 이 순서대로 등차수열을 이룰 때, n의 값을 구하시오.
(단, $\alpha < \beta$)

9

일정하게 곱해지는!
등비수열

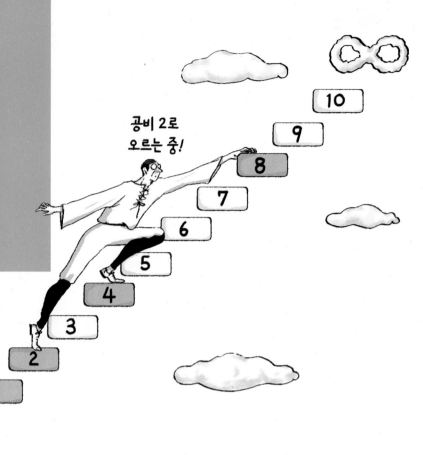

공비 2로
오르는 중!

10
9
8
7
6
5
4
3
2
1

공비 $\frac{1}{2}$로 내려가는 중!
반의 반의 반의... 씩
가도 0에 닿을 수 없어!

0    $\frac{1}{2}$ ...

일정한 수를 곱하는!

비율이 일정한 수들을 차례대로 나열하면?!

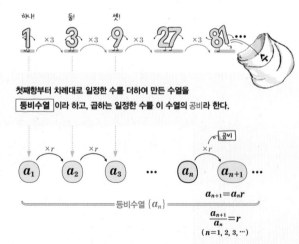

하나! 둘! 셋!
1 ×3 3 ×3 9 ×3 27 ×3 81 ....

첫째항부터 차례대로 일정한 수를 더하여 만든 수열을
[등비수열] 이라 하고, 곱하는 일정한 수를 이 수열의 공비라 한다.

                                            공비
        ×r   ×r   ×r
a_1 a_2 a_3 ... a_n a_{n+1} ...
├──────── 등비수열 $\{a_n\}$ ────────┤
                    $a_{n+1}=a_n r$
                    $\dfrac{a_{n+1}}{a_n}=r$
                    $(n=1, 2, 3, \cdots)$

수열 중 첫째항에 차례로 일정한 수를 곱하여 만든
수열을 등비수열이라 해. 이때 각 항에 곱하는
일정한 수를 공비라 불러. 첫째항이 a, 공비가 r인
등비수열의 일반항은 $a_n=ar^{n-1}$이 되지!
또 등비수열을 이루는 세 수 a, b, c가 있을 때 b를
a와 c의 등비중항이라 불러. 세 수 사이에는
$b^2=ac$인 관계가 항상 성립해!
등비수열의 일반항과 등비중항을 이용해서
등비수열을 다뤄보자!

일정한 수를 곱하는!

· 등비수열의 합

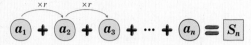

$$a_1 + a_2 + a_3 + \cdots + a_n = S_n$$

❶ $r \neq 1$일 때

$$S_n = a_1 + a_2 + a_3 + \cdots + a_{n-1} + a_n$$
$$-\,)\ rS_n = \qquad\ a_2 + a_3 + a_4 + \cdots + a_n + ra_n$$

$$(1-r)S_n = a - ar^n$$
$$= a(1-r^n)$$

❷ $r = 1$일 때

$$S_n = a_1 + a_2 + a_3 + \cdots + a_n$$

n개

> 첫째항이 a, 공비가 r인 등비수열의 첫째항부터 제n항까지의 합 S_n은
>
> **❶ $r \neq 1$일 때,**
> $$S_n = \frac{a(1-r^n)}{1-r} = \frac{a(r^n-1)}{r-1}$$
>
> **❷ $r = 1$일 때,**
> $$S_n = na$$

· 등비수열의 합과 일반항 사이의 관계

> 수열 $\{a_n\}$의 첫째항부터 제 n항까지의 합을 S_n이라 하면

$$a_1 \quad a_2 \quad a_3 \quad \cdots \quad a_n$$
$$\downarrow \qquad \downarrow \qquad \downarrow \qquad\quad \downarrow$$
$$S_1 \quad S_2 \quad S_3 \quad \cdots \quad S_n$$

$$a_2 = S_2 - S_1 \quad a_3 = S_3 - S_2 \cdots a_n = S_n - S_{n-1}$$

$$a_1 = S_1 \qquad a_n = S_n - S_{n-1}\,(n \geq 2)$$

생활 속으로!

원금 a를 연이율 r로 예금할 때, n년 후의 원리합계

	단리로 예금할 경우	복리로 예금할 경우
1년 후	$a + ar = a(1+r)$	$a + ar = a(1+r)$
2년 후	$a + ar + ar = a(1+2r)$	$a(1+r) + a(1+r)r = a(1+r)^2$
3년 후	$a + ar + ar + ar = a(1+3r)$	$a(1+r)^2 + a(1+r)^2 r = a(1+r)^3$
⋮	⋮	⋮
n년 후	$a + ar + \cdots + ar = a(1+nr)$	$a(1+r)(1+r)\cdots(1+r) = a(1+r)^n$

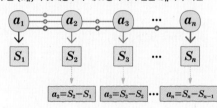

공차가 ar인 **등차수열** | 공비가 $1+r$인 **등비수열**

> 원금 a, 연이율 r에 대하여
> 단리로 계산할 때,
> n년 후의 원리합계 S_n은
> 첫째항이 $a(1+r)$,
> 공차가 ar인 **등차수열**이므로
> $$S_n = a(1+r) + (n-1)ar$$
> $$= a(1+rn)$$

> 원금 a, 연이율 r에 대하여
> 복리로 계산할 때,
> n년 후의 원리합계 S_n은
> 첫째항이 $a(1+r)$,
> 공비가 $1+r$인 **등비수열**이므로
> $$S_n = a(1+r)^n$$

이제 등비수열의 첫째항부터 제n항까지의 합을 구해볼 거야. 등비수열의 합을 구할 때는 첫째항과 공비 r를 알아야 해!
등비수열의 첫째항부터 제n항까지의 합은 $r \neq 1$일 때

$$S_n = \frac{a(1-r^n)}{1-r} = \frac{a(r^n-1)}{r-1}$$

으로 구할 수 있어. r의 값에 따라 계산이 더 편한 식을 골라서 합을 구하면 되지!
반대로 등비수열의 합을 이용해서 등비수열의 일반항을 알아낼 수도 있어!

등비수열을 다루는 연습을 했으니 이제 등비수열을 이용해서 실생활 문제를 해결해 보자!
등비수열을 이용하면 일정 기간이 흐른 후의 원리합계, 일정 횟수를 시행한 후 도형의 길이와 넓이 등을 구할 수 있어.
복잡해 보이는 상황 속에서 등비수열을 찾고 이를 이용해 문제를 해결해 보자!

일정한 수를 곱하는!

등비수열

비율이 일정한 수들을 차례대로 나열하면?!

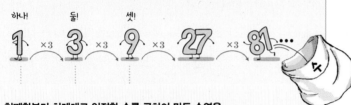

하나! 둘! 셋!

1 ×3 3 ×3 9 ×3 27 ×3 81 ···

첫째항부터 차례대로 일정한 수를 곱하여 만든 수열을 등비수열 이라 하고, 곱하는 일정한 수를 이 수열의 공비라 한다.

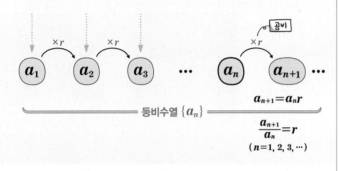

$$a_{n+1} = a_n r$$

$$\frac{a_{n+1}}{a_n} = r$$

$$(n = 1, 2, 3, \cdots)$$

참고 공비는 영어로 common ratio라 하고 보통 r로 나타낸다.

1st ─ 등비수열

● 다음 등비수열의 공비와 제6항을 구하시오.

1 1, 2, 4, 8, ···

→ 이 등비수열의 공비를 r라 하면

$r = \dfrac{a_2}{a_1} = \dfrac{2}{1} = \boxed{}$ 에서 공비가 $\boxed{}$

즉 주어진 수열은 1, 2, 4, 8, $\boxed{}$, $\boxed{}$, ···

따라서 제6항은 $\boxed{}$ 이다.

2 3, −9, 27, −81, ···

3 256, 128, 64, 32, ···

4 $\sqrt{3}$, 3, $3\sqrt{3}$, 9, ···

5 5, −5, 5, −5, ···

● 다음 수열이 등비수열을 이루도록 □ 안에 알맞은 수를 써넣으시오.

6 4, 8, 16, □ , □ , 128, ⋯ 먼저 공비를 구해!

→ $\dfrac{8}{4}=$ □ 에서 공비가 □ 이므로 주어진 수열은

  4, 8, 16, □ , □ , 128, ⋯

7 2, 6, 18, 54, □ , □ , ⋯

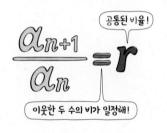

공통된 비율!

$$\dfrac{a_{n+1}}{a_n}=r$$

이웃한 두 수의 비가 일정해!

8 36, −12, □ , □ , $\dfrac{4}{9}$, $-\dfrac{4}{27}$, ⋯

9 3, □ , □ , −3, 3, −3, ⋯

10 □ , □ , 1000, 100, 10, 1, ⋯

● 다음 조건을 만족시키는 등비수열의 제4항을 구하시오.

11 첫째항: 2, 공비: 3

→ 첫째항이 2이고 공비가 3인 등비수열은

  2, □ , 18, □ , ⋯

  따라서 제4항은 □ 이다.

12 첫째항: 9, 공비: −1

13 첫째항: 6, 공비: 2

14 첫째항: 32, 공비: $-\dfrac{1}{2}$

15 첫째항: −2, 공비: $-\dfrac{3}{2}$

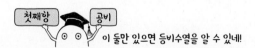

첫째항 공비

이 둘만 있으면 등비수열을 알 수 있네!

02

일정한 수를 곱하는!

등비수열의 일반항

등비수열의 일반항 a_n을 식으로 나타내면?

첫째항이 a, 공비가 $r(r \neq 0)$인 등비수열의 일반항 a_n은

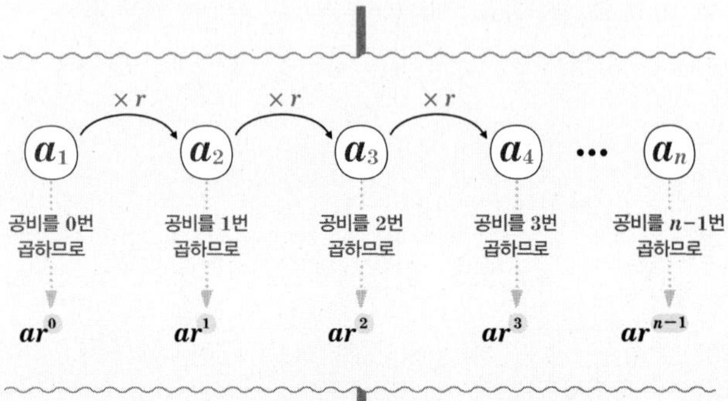

$$a_n = ar^{n-1} \ (n=1, 2, 3, \cdots)$$

1st 등비수열의 일반항

● 다음과 같이 주어진 등비수열 $\{a_n\}$의 일반항 a_n을 구하시오.

1 $1, \sqrt{2}, 2, 2\sqrt{2}, 4, \cdots$

→ 주어진 수열은 첫째항이 $\boxed{}$,

공비가 $\dfrac{\sqrt{2}}{1} = \boxed{}$인 등비수열이므로

$a_n = \boxed{} \times (\boxed{})^{n-1} = \boxed{}$

2 $-3, 6, -12, 24, -48, \cdots$

3 $25, -5, 1, -\dfrac{1}{5}, \dfrac{1}{25}, \cdots$

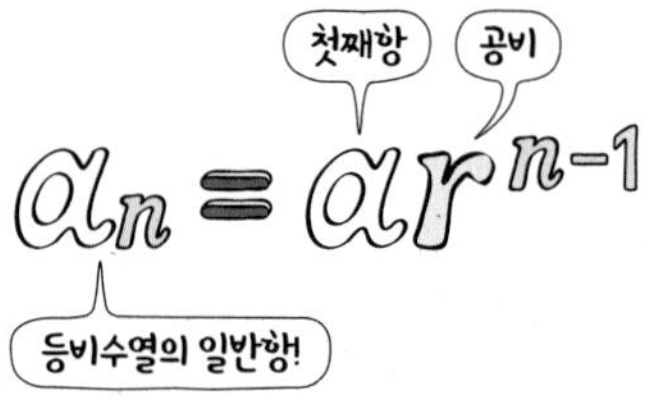

$$a_n = ar^{n-1}$$

첫째항 공비

등비수열의 일반항!

4 첫째항이 4, 공비가 3

→ 첫째항이 $\boxed{}$, 공비가 $\boxed{}$이므로

$a_n = \boxed{} \times \boxed{}^{n-1}$

5 첫째항이 2, 공비가 -2

6 첫째항이 -100, 공비가 $\dfrac{1}{5}$

● 다음 조건을 만족시키는 등비수열의 일반항 a_n을 구하시오.
(단, 모든 항은 실수이다.)

7 제2항이 88, 제5항이 11 <small>첫째항과 공비를 먼저 구해!</small>

→ 첫째항을 a, 공비를 r라 하면

$a_2 = a \times \boxed{} = 88$ ...... ㉠

$a_5 = a \times \boxed{} = 11$ ...... ㉡

㉡÷㉠을 하면 $r^3 = \boxed{}$ 이고, 공비 r는 실수이므로

$r = \boxed{}$

이것을 ㉠에 대입하면 $a \times \boxed{} = 88$, $a = \boxed{}$

따라서 $a_n = \boxed{} \times \left(\boxed{} \right)^{n-1}$

8 제3항이 4, 제6항이 -108

9 $a_5 = 9$, $a_8 = \dfrac{1}{3}$

10 $a_4 = -5$, $a_7 = 40$

2nd ─ 등비수열의 특정한 항의 값

● 다음과 같이 주어진 등비수열 $\{a_n\}$에 대하여 [ ] 안의 항의 값을 구하시오.

11 3, -6, 12, -24, $\cdots$ $[a_8]$

→ 주어진 수열은 첫째항이 $\boxed{}$, 공비가 $\dfrac{-6}{3} = \boxed{}$ 인 등비수열이

므로 $a_n = \boxed{} \times \left(\boxed{} \right)^{n-1}$

따라서 $a_8 = \boxed{}$

12 300, 60, 12, $\dfrac{12}{5}$, $\cdots$ $[a_{10}]$

13 $\dfrac{1}{81}$, $\dfrac{1}{27}$, $\dfrac{1}{9}$, $\dfrac{1}{3}$, $\cdots$ $[a_{11}]$

14 첫째항이 96, 공비가 $\dfrac{1}{3}$ $[a_6]$

→ $a_n = \boxed{} \times \left(\boxed{} \right)^{n-1}$

따라서 $a_6 = \boxed{}$

15 첫째항이 1, 공비가 -3 $[a_7]$

16 첫째항이 $\sqrt{2}$, 공비가 $-\sqrt{2}$ $[a_9]$

:) **내가 발견한 개념**   등비수열의 공비와 일반항은?

● 공비가 r인 등비수열 $\{a_n\}$에서

→ 공비: $r = \dfrac{\boxed{}}{a_n}$, 일반항: $a_n = a_1 \times \boxed{}$

17 $a_4=24$, $a_6=96$ (단, 공비는 양수이다.) $[a_9]$

→ 첫째항을 a, 공비를 r라 하면

$a_4=a\times$ ☐ $=24$ ······ ㉠

$a_6=a\times$ ☐ $=96$ ······ ㉡

㉡÷㉠을 하면 $r^2=$ ☐ 이고, 공비 r는 양수이므로

$r=$ ☐

이것을 ㉠에 대입하면 $a\times$ ☐ $=24$, $a=$ ☐

따라서 $a_n=$ ☐ $\times$ ☐ $^{n-1}$이므로

$a_9=$ ☐

18 $a_3=36$, $a_5=324$ (단, 공비는 음수이다.) $[a_2]$

19 $a_2=16$, $a_6=81$ (단, 공비는 양수이다.) $[a_4]$

개념모음문제

20 등비수열 $\{a_n\}$의 일반항이 $a_n=\dfrac{3\times 2^n}{7}$일 때, 첫째항과 공비의 합은?

① 2   ② $\dfrac{16}{7}$ ③ $\dfrac{18}{7}$

④ $\dfrac{20}{7}$ ⑤ 3

● 다음 조건을 만족시키는 등비수열 $\{a_n\}$에서 [   ] 안의 수가 제 몇 항인지 구하시오. (단, 모든 항은 실수이다.)

21 $a_3=-6$, $a_6=-162$ $[-486]$

→ 첫째항을 a, 공비를 r라 하면

$a_3=a\times$ ☐ $=-6$ ······ ㉠

$a_6=a\times$ ☐ $=-162$ ······ ㉡

㉡÷㉠을 하면 $r^3=$ ☐ 이고, 공비 r는 실수이므로 $r=$ ☐

이것을 ㉠에 대입하면 $a\times$ ☐ $=-6$, $a=$ ☐

즉 $a_n=$ ☐

-486을 제k항이라 하면

☐ $=-486$, $3^{k-1}=$ ☐

$k-1=$ ☐ , 즉 $k=$ ☐

따라서 -486은 제 ☐ 항이다.

22 $a_2=3$, $a_5=-24$ $[192]$

23 $a_3=54$, $a_6=-2$ $[-18]$

24 $a_3=3$, $a_5=3^3$ (단, 공비는 양수이다.) $[3^{10}]$

● 다음 조건을 만족시키는 등비수열 $\{a_n\}$에서 처음으로 1000보다 커지는 항은 제몇 항인지 구하시오.

25 첫째항이 1, 공비가 3

→ 첫째항이 1, 공비가 3인 등비수열이므로

$a_n =$ ☐

$a_n > 1000$에서 ☐ > 1000

이때 $3^6 =$ ☐ , $3^7 =$ ☐ 이므로

$n-1 \geq$ ☐ , 즉 $n \geq$ ☐

따라서 처음으로 1000보다 커지는 항은 제 ☐ 항이다.

26 첫째항이 7, 공비가 5

27 첫째항이 2, 공비가 4

28 첫째항이 $\dfrac{1}{5}$, 공비가 10

3rd — 항 사이의 관계가 주어진 등비수열

● 다음 조건을 만족시키는 등비수열 $\{a_n\}$에서 a_4의 값을 구하시오.
(단, 모든 항은 실수이다.)

29 $a_2 = 6$, $a_6 = 8a_3$

→ 첫째항을 a, 공비를 r라 하면

$a_2 = a \times$ ☐ $= 6$ ······ ㉠

$a_6 = 8a_3$에서 $ar^5 = 8ar^2$, $r^3 = 8$

공비 r는 실수이므로 $r =$ ☐

$r =$ ☐ 를 ㉠에 대입하면 ☐ $\times a = 6$, 즉 $a =$ ☐

따라서 $a_4 = ar^3 =$ ☐ $\times 2^3 =$ ☐

30 $a_3 = -3$, $a_2 : a_5 = 27 : 1$

31 $a_2 a_6 = 16$, $a_4 a_5 = 32$ (단, $a_1 > 0$)

32 $\dfrac{a_3 a_7}{a_6} = 7$

33 $a_2 a_6 = 64$ (단, $a_2 > 0$)

03

일정한 수를 곱하는!

등비수열의 일반항의 응용

첫째항이 a, 공비가 r인 등비수열 $\{a_n\}$에 대하여

$$a_1 = a$$
$$a_2 = ar$$
$$a_3 = ar^2$$
$$a_4 = ar^3$$
$$\vdots$$
$$a_{51} = ar^{50}$$
$$\vdots$$
$$a_{99} = ar^{98}$$
$$\vdots$$

등비수열의 각 항을 첫째항과 공비를 이용하여 나타내면
새로운 항의 값을 구할 수 있다.

$$\downarrow$$

$$a_n \equiv ar^{n-1}$$

일반항

1st — 조건을 만족시키는 등비수열

● 다음 두 수 사이에 네 개의 실수를 넣어서 전체가 등비수열을 이루도록 하려고 한다. 이 네 수를 차례로 나열하시오.

1 3, 96

→ 등비수열의 공비를 r, 일반항을 a_n이라 하면 첫째항이 3이므로

$$a_n = 3 \times r^{n-1}$$

제 ☐ 항이 96이므로 $a_{☐}$=96에서

$3 \times r^{☐}$=96, 즉 $r=$ ☐

따라서 구하는 네 수를 차례로 나열하면

☐ , ☐ , ☐ , ☐

2 $810, \dfrac{10}{3}$

3 2, -64

4 $-5, -45\sqrt{3}$

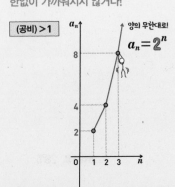

$\lim r^n$
$n \to \infty$

수열의 값이 한없이 가까워지는 것을 수렴, 한없이 가까워지지 않는 것을 발산이라 해. 곧 미적분 I 에서 만나게 될 거야!

공비의 값의 범위에 따라 등비수열의 값이

한없이 가까워지지 않거나!

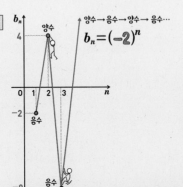

[(공비)>1] 양의 무한대로! $a_n = 2^n$

[(공비)≤−1] 양수→음수→양수→음수… $b_n = (-2)^n$

한없이 가까워지거나!

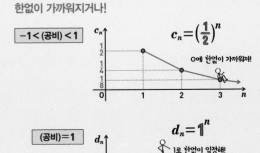

[−1<(공비)<1] $c_n = \left(\dfrac{1}{2}\right)^n$ 0에 한없이 가까워져!

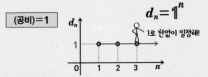

[(공비)=1] $d_n = 1^n$ 1로 한없이 일정해!

● 다음 두 수 사이에 세 개의 실수를 넣어서 전체가 등비수열을 이루도록 하려고 한다. 이 세 수를 차례로 나열하시오.

5 1, 16 　공비가 음수인 경우도 생각해야 해!

→ 등비수열의 공비를 r, 일반항을 a_n이라 하면 첫째항이 1이므로

$a_n = r^{n-1}$

제 $\boxed{}$ 항이 16이므로 $a\boxed{} = 16$에서

$r^{\boxed{}} = 16$, 즉 $r = \boxed{}$

따라서 구하는 세 수를 차례로 나열하면

$\boxed{}$, $\boxed{}$, $\boxed{}$ 또는 $\boxed{}$, $\boxed{}$, $\boxed{}$

6 2500, 4

7 -3, -243

8 24, $\dfrac{8}{3}$

개념모음문제

9 두 수 64와 2 사이에 네 개의 실수 a_1, a_2, a_3, a_4를 넣어서 만든 수열

　64, a_1, a_2, a_3, a_4, 2

가 이 순서대로 등비수열을 이룰 때, $a_1 + a_3$의 값은?

① 40　　　② 42　　　③ 44

④ 46　　　⑤ 48

● 다음 조건을 만족시키는 등비수열의 첫째항과 공비를 구하시오.
(단, 공비는 양수이다.)

10 첫째항과 제2항의 합이 $\dfrac{9}{4}$, 제3항과 제4항의 합이 9인 등비수열

→ 등비수열의 첫째항을 a, 공비를 r, 일반항을 a_n이라 하면

$a_1 + a_2 = \boxed{}$ 이므로 $a + ar = \boxed{}$

즉 $a(1+r) = \boxed{}$　　…… ㉠

$a_3 + a_4 = \boxed{}$ 이므로 $ar^2 + ar^3 = \boxed{}$

즉 $ar^2(1+r) = \boxed{}$　　…… ㉡

㉡ ÷ ㉠을 하면 $r^2 = \boxed{}$ 이고, 공비 r는 양수이므로

$r = \boxed{}$

이것을 ㉠에 대입하면 $3a = \boxed{}$, 즉 $a = \boxed{}$

따라서 주어진 등비수열의 첫째항은 $\boxed{}$, 공비는 $\boxed{}$ 이다.

11 제2항과 제5항의 합이 18, 제4항과 제7항의 합이 72인 등비수열

12 첫째항과 제3항의 합이 $\dfrac{10}{9}$, 제4항과 제6항의 합이 $\dfrac{10}{243}$인 등비수열

04

양옆으로 비율이 같은!

등비중항

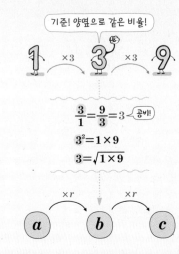

기준! 양옆으로 같은 비율!

$$\frac{3}{1} = \frac{9}{3} = 3$$ 공비!

$$3^2 = 1 \times 9$$

$$3 = \sqrt{1 \times 9}$$

$$a \xrightarrow{\times r} b \xrightarrow{\times r} c$$

0이 아닌 세 수 a, b, c가 이 순서대로 등비수열을 이룰 때,
b를 a와 c의 등비중항 이라 한다.

$$\frac{b}{a} = \frac{c}{b} \quad \Big| \quad b^2 = ac \quad \Big| \quad b = \pm\sqrt{ac}$$
(단, $ac \geq 0$)

참고 양의 등비중항 $b = \sqrt{ac}$에서 b를 a와 c의 기하평균이라 한다.

등비수열의 다양한 표현

수열 $\{a_n\}$이 $\begin{cases} \dfrac{a_{n+1}}{a_n} = r \\ a_n = ar^{n-1} \\ (a_{n+1})^2 = a_n a_{n+2} \end{cases}$ 이면 모두 등비수열!

등비중항을 이용한 표현!

1st — 등비중항

● 다음 세 수가 주어진 순서대로 등비수열을 이룰 때, 실수 x의 값을 모두 구하시오.

1 4, x, 9

→ x는 4와 9의 등비중항이므로

$$\boxed{} = 4 \times 9 = 36$$

따라서 실수 x의 값은 $\boxed{}$ 또는 $\boxed{}$ 이다.

2 6, x, 24

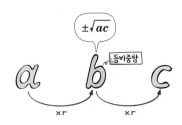

$\pm\sqrt{ac}$

등비중항

$$a \underset{\times r}{\overbrace{}} b \underset{\times r}{\overbrace{}} c$$

3 $\dfrac{5}{3}$, x, $\dfrac{5}{27}$

4 -18, x, -32

5 $5\sqrt{2}$, x, $\sqrt{2}$

😊 내가 발견한 개념   등비중항이란?

● 0이 아닌 세 수 a, b, c가 이 순서대로 등비수열을 이룰 때

→ $b^{\boxed{}} = ac$

● 다음 수열이 주어진 순서대로 등비수열을 이룰 때, 실수 x, y의 값을 모두 구하시오.

6 4, x, 16, y, 64, $\cdots$

→ x는 4와 16의 등비중항이므로

$$\boxed{}=4\times16=64,\ \text{즉}\ x=\boxed{}$$

y는 16과 64의 등비중항이므로

$$\boxed{}=16\times64=1024,\ \text{즉}\ y=\boxed{}$$

따라서 실수 x, y의 값은

$$x=\boxed{}\,,\ y=\boxed{}\quad\text{또는}\quad x=\boxed{}\,,\ y=\boxed{}$$

7 48, x, 12, y, 3, $\cdots$

8 $\dfrac{1}{2}$, x, 6, y, 72, $\cdots$

9 $-\dfrac{5}{4}$, x, -20, y, -320, $\cdots$

개념모음문제

10 네 수 15, a, $\dfrac{5}{3}$, b가 이 순서대로 등비수열을 이룰 때, 양수 a, b에 대하여 $9ab$의 값은?

① 20　　　② 25　　　③ 30
④ 35　　　⑤ 40

2nd — 등비중항의 활용

● 다음 세 수가 주어진 순서대로 등비수열을 이룰 때, 실수 a의 값을 모두 구하시오.

11 $a-1$, $a+5$, $7a-1$

→ $a+5$는 $a-1$과 $7a-1$의 등비중항이므로

$$\boxed{}=(a-1)(7a-1)$$

정리하면 $a^2-\boxed{}a-\boxed{}=0$

$$(a+\boxed{})(a-\boxed{})=0$$

따라서 $a=\boxed{}$ 또는 $a=\boxed{}$

12 $a-1$, $a+3$, $a+8$

13 a, $a+6$, $9a$

14 a, $a+5$, $a+8$

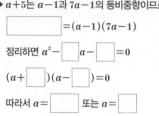

등비중항과 기하평균

세 양수 $\boxed{a}$, $\boxed{b}$, $\boxed{c}$ 가 이 순서대로 등비수열을 이룰 때

$$b^2=ac\,\text{에서}\ b=\sqrt{ac}\ \text{이므로}$$

세 수 a, b, c의 기하평균 $=\sqrt[3]{abc}=\sqrt[3]{b^3}=b=$ 등비중항

15 세 수 8, x, y가 이 순서대로 등차수열을 이루고, 세 수 x, y, 36이 이 순서대로 등비수열을 이룰 때, x, y의 값을 구하시오. (단, $x>0$, $y>0$)

→ 8, x, y가 이 순서대로 등차수열을 이루므로

$$\boxed{}=8+y \quad \cdots\cdots ㉠$$

x, y, 36이 이 순서대로 등비수열을 이루므로

$$y^2=\boxed{} \quad \cdots\cdots ㉡$$

㉠을 ㉡에 대입하면

$$y^2=\boxed{}, \ y^2-\boxed{}y-\boxed{}=0$$

$$(y+\boxed{})(y-\boxed{})=0$$

$y>0$이므로 $y=\boxed{}$

이것을 ㉠에 대입하여 풀면 $x=\boxed{}$

16 세 수 0, x, y가 이 순서대로 등차수열을 이루고, 세 수 x, y, 8이 이 순서대로 등비수열을 이룰 때, x, y의 값을 구하시오. (단, $x>0$)

17 세 수 4, x, y가 이 순서대로 등차수열을 이루고, 세 수 x, y, 4가 이 순서대로 등비수열을 이룰 때, x, y의 값을 구하시오. (단, $x\neq y$)

개념모음문제

18 세 수 x, 2, y가 이 순서대로 등차수열을 이루고, 세 수 x, 1, y가 이 순서대로 등비수열을 이룰 때, x^2+y^2의 값은?

① 10　　　② 12　　　③ 14

④ 16　　　⑤ 18

● 등비수열을 이루는 세 실수가 다음 조건을 만족시킬 때, 세 실수를 구하시오.

19 세 실수의 합: 14, 세 실수의 곱: 64

세 실수를 a, ar, ar^2으로 놓고 풀어 봐!

→ 세 실수를 a, ar, ar^2이라 하면

$a+ar+ar^2=14$에서 $a(1+r+r^2)=14$ $\cdots\cdots ㉠$

$a\times ar\times ar^2=64$에서 $(ar)^3=64$

이때 ar는 실수이므로

$$ar=\boxed{}, \ \ \text{즉} \ a=\dfrac{\boxed{}}{r} \quad \cdots\cdots ㉡$$

㉡을 ㉠에 대입하면

$$\dfrac{\boxed{}}{r}(1+r+r^2)=14$$

양변에 r를 곱하여 정리하면

$$2r^2-\boxed{}r+\boxed{}=0, \ (2r-1)(r-\boxed{})=0$$

즉 $r=\dfrac{1}{2}$ 또는 $r=\boxed{}$

$r=\dfrac{1}{2}$을 ㉡에 대입하면 $a=\boxed{}$

$r=\boxed{}$를 ㉡에 대입하면 $a=\boxed{}$

따라서 세 실수는 2, $\boxed{}$, $\boxed{}$이다.

20 세 실수의 합: 3, 세 실수의 곱: -8

21 세 실수의 합: 7, 세 실수의 곱: -27

22 세 실수의 합: $\dfrac{19}{9}$, 세 실수의 곱: $\dfrac{8}{27}$

● 다음 삼차방정식의 세 실근이 등비수열을 이룰 때, 상수 p의 값을 구하시오.

23 $x^3 - px^2 - 12x + 64 = 0$ <small>삼차방정식의 근과 계수의 관계를 이용해!</small>

→ 주어진 삼차방정식의 세 실근을 a, ar, ar^2이라 하면

삼차방정식의 근과 계수의 관계에 의하여

$a + ar + ar^2 = \boxed{}$ 에서 $a(1 + r + r^2) = \boxed{}$ ...... ㉠

$a^2r + a^2r^2 + a^2r^3 = -12$에서 $a^2r(1 + r + r^2) = -12$ ...... ㉡

$a \times ar \times ar^2 = \boxed{}$ 에서 $(ar)^3 = \boxed{}$

이때 ar는 실수이므로 $ar = \boxed{}$

㉡÷㉠을 하면 $ar = -\dfrac{12}{\boxed{}}$

이때 $ar = \boxed{}$ 이므로

$p = \boxed{}$

24 $x^3 - px^2 - 54x + 216 = 0$

25 $x^3 - 6x^2 - 24x + p = 0$

● 다음 다항식 $f(x)$를 주어진 세 일차식으로 각각 나누었을 때의 나머지가 일차식이 주어진 순서대로 등비수열을 이룰 때, 상수 a의 값을 구하시오.

26 $f(x) = x^2 + 2x + a$

세 일차식: $x+1$, $x-1$, $x-2$ <small>나머지 정리를 이용해!</small>

→ 나머지정리에 의하여 $f(x) = x^2 + 2x + a$를 $x+1$, $x-1$, $x-2$로 나누었을 때의 나머지는 각각

$f(\boxed{}) = a-1$, $f(\boxed{}) = a+3$, $f(\boxed{}) = a+8$

이때 $a-1$, $a+3$, $a+8$이 이 순서대로 등비수열을 이루므로

$(a+3)^2 = (a-1)(a+8)$, $a^2 + 6a + 9 = a^2 + 7a - 8$

따라서 $a = \boxed{}$

27 $f(x) = x^2 + ax + 2$ (단, $a > 0$)

세 일차식: x, $x-1$, $x-2$

28 $f(x) = 3x^2 + 2x + a$

세 일차식: x, $x-1$, $x+2$

삼차방정식의 근과 계수의 관계

삼차방정식 $\boxed{ax^3 + bx^2 + cx + d = 0}$ 에서 세 근을 $\boxed{\alpha}$, $\boxed{\beta}$, $\boxed{\gamma}$ 라 하면

(세 근의 합) $= \boxed{\alpha} + \boxed{\beta} + \boxed{\gamma} = \boxed{-\dfrac{b}{a}}$

(두 근끼리의 곱의 합) $= \boxed{\alpha\beta} + \boxed{\beta\gamma} + \boxed{\gamma\alpha} = \boxed{\dfrac{c}{a}}$

(세 근의 곱) $= \boxed{\alpha\beta\gamma} = \boxed{-\dfrac{d}{a}}$

삼차방정식의 세 근에 대한 문제는 삼차방정식의 근과 계수의 관계를 이용한다.

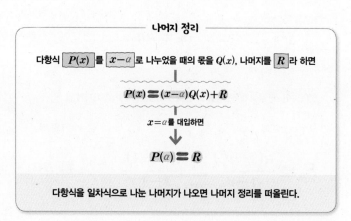

나머지 정리

다항식 $\boxed{P(x)}$ 를 $\boxed{x-a}$ 로 나누었을 때의 몫을 $Q(x)$, 나머지를 $\boxed{R}$ 라 하면

$P(x) \equiv (x-a)Q(x) + R$

$x = a$를 대입하면

$P(a) \equiv R$

다항식을 일차식으로 나눈 나머지가 나오면 나머지 정리를 떠올린다.

05

일정한 수를 곱하는!

등비수열의 합

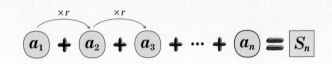

$$
\underset{\times r}{a_1} + \underset{\times r}{a_2} + a_3 + \cdots + a_n = S_n
$$

❶ $r \neq 1$일 때

첫째항이 a, 공비가 $r\,(r \neq 1)$인 등비수열 $\{a_n\}$의
첫째항부터 제n항까지의 합을 S_n이라 하면

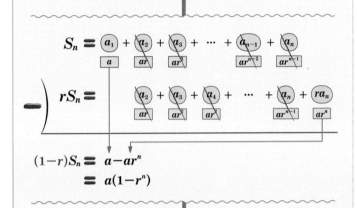

$$
(1-r)S_n = a - ar^n
$$
$$
= a(1-r^n)
$$

이때 $r \neq 1$이므로 양변을 $1-r$로 나누면

$$
S_n = \frac{a(1-r^n)}{1-r} = \frac{a(r^n-1)}{r-1}
$$

❷ $r = 1$일 때

첫째항이 a, 공비가 1인 등비수열 $\{a_n\}$의
첫째항부터 제n항까지의 합을 S_n이라 하면

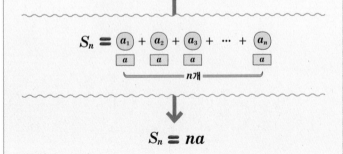

$$
S_n = na
$$

첫째항이 a, 공비가 r인 등비수열의 첫째항부터 제n항까지의 합 S_n은

❶ $r \neq 1$일 때	❷ $r = 1$일 때
$S_n = \dfrac{a(1-r^n)}{1-r} = \dfrac{a(r^n-1)}{r-1}$	$S_n = na$

원리확인 다음은 주어진 등비수열 $\{a_n\}$의 첫째항부터 제5항까지의
합을 구하는 과정이다. □ 안에 알맞은 수를 써넣으시오.

❶ 첫째항이 1, 공비가 2

$a_n = 1 \times 2^{n-1} = 2^{n-1}$

등비수열 $\{a_n\}$의 첫째항부터 제n항까지의 합을 S_n이
라 하면

$S_5 = a_1 + a_2 + a_3 + a_4 + a_5$

$\quad = 1 + 2 + 2^2 + 2^3 + \boxed{}$ $\qquad \cdots\cdots$ ㉠

㉠의 양변에 2를 곱하면

$2S_5 = 2 + 2^2 + 2^3 + 2^4 + \boxed{}$ $\qquad \cdots\cdots$ ㉡

㉠ $-$ ㉡을 하면

$-S_5 = 1 - \boxed{}$

따라서 $S_5 = \boxed{} - 1 = \boxed{}$

❷ 첫째항이 2, 공비가 $\dfrac{1}{3}$

$a_n = 2 \times \left(\dfrac{1}{3}\right)^{n-1} = \dfrac{2}{3^{n-1}}$

등비수열 $\{a_n\}$의 첫째항부터 제n항까지의 합을 S_n이
라 하면

$S_5 = a_1 + a_2 + a_3 + a_4 + a_5$

$\quad = 2 + \dfrac{2}{3} + \dfrac{2}{3^2} + \dfrac{2}{3^3} + \boxed{}$ $\quad \cdots\cdots$ ㉠

㉠의 양변에 $\dfrac{1}{3}$을 곱하면

$\dfrac{1}{3}S_5 = \dfrac{2}{3} + \dfrac{2}{3^2} + \dfrac{2}{3^3} + \dfrac{2}{3^4} + \boxed{}$ $\quad \cdots\cdots$ ㉡

㉠ $-$ ㉡을 하면

$\boxed{}\,S_5 = 2 - \boxed{} = \boxed{}$

따라서 $S_5 = \boxed{}$

등비수열의 일반항	등비수열의 합
$\boxed{a_n} = ar^{n-1}$	$\boxed{S_n} = \dfrac{a(r^n-1)}{r-1}$ $= \dfrac{a}{r-1}r^n - \dfrac{a}{r-1}$
첫째항은 a이고 공비는 r!	공비는 r이고 $\dfrac{a}{r-1} = A$라 하면 $S_n = Ar^n - A$ 꼴!

1st 등비수열의 합

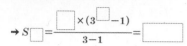

● 다음 조건을 만족시키는 등비수열 $\{a_n\}$의 첫째항부터 제n항까지의 합을 S_n이라 할 때, [ ] 안의 값을 구하시오.
(단, 모든 항은 실수이다.)

1 첫째항이 2, 공비가 3 [S_5]

등비수열의 합을 구할 때는 공비가 1인지 아닌지부터 확인해야 해!

$$\rightarrow S_{\square} = \frac{\square \times (3^{\square} - 1)}{3 - 1} = \boxed{}$$

2 첫째항이 3, 공비가 2 [S_7]

$$S_n = \frac{a(1-r^n)}{1-r} = \frac{a(r^n-1)}{r-1}$$

$r<1$일 때 편리해! $r>1$일 때 편리해!

3 첫째항이 1, 공비가 $-\dfrac{1}{2}$ [S_8]

4 첫째항이 81, 공비가 $\dfrac{1}{3}$ [S_6]

5 첫째항이 2, 제4항이 16 [S_8]

→ 주어진 등비수열의 공비를 r, 일반항을 a_n이라 하면

$$a_n = 2r^{\square}$$

제4항이 16이므로

$$a_4 = 2r^{\square} = 16,\ r^{\square} = 8,\ \text{즉 } r = \boxed{}$$

따라서 $S_{\square} = \dfrac{2(2^{\square} - 1)}{2 - 1} = \boxed{}$

6 첫째항이 1, 제6항이 $9\sqrt{3}$ [S_7]

7 첫째항이 224, 제4항이 28 [S_6]

8 첫째항이 9, 제6항이 -3^7 [S_5]

● 다음 등비수열의 합을 구하시오.

9 $1, -2, 4, -8, \cdots, -512$

→ 주어진 수열은 첫째항이 1, 공비가 -2인 등비수열이므로 일반항을 a_n이라 하면

$a_n = (-2)^{n-1}$

-512를 제k항이라 하면

$(-2)^{k-1} = -512$, $(-2)^{k-1} = (-2)^{\boxed{}}$

$k-1 = \boxed{}$, 즉 $k = \boxed{}$

따라서 구하는 합은

$\dfrac{1-(-2)^{\boxed{}}}{1-(-2)} = \boxed{}$

10 $7, 14, 28, \cdots, 448$

11 $81, 27, 9, \cdots, \dfrac{1}{81}$

12 $\sqrt{5}, 5, 5\sqrt{5}, 25, \cdots, 625$

● 다음 등비수열 $\{a_n\}$의 첫째항부터 제n항까지의 합 S_n을 구하시오.

13 $1, x-1, (x-1)^2, \cdots$ (단, $x \neq 1$)

공비가 1인 경우를 잊으면 안 돼!

→ 주어진 수열은 첫째항이 1, 공비가 $x-1$인 등비수열이다.

(i) 공비가 1일 때 $x-1 = 1$, 즉 $x = 2$일 때

$S_n = 1 + 1 + 1 + \cdots + 1 = \boxed{}$

(ii) 공비가 1이 아닐 때 $x-1 \neq 1$, 즉 $x \neq 2$일 때

$S_n = \dfrac{1 \times \{(x-1)^n - 1\}}{(x-1) - 1} = \boxed{}$

14 $1, x+1, (x+1)^2, \cdots$ (단, $x \neq -1$)

15 $\dfrac{x}{2}, \dfrac{x^2}{4}, \dfrac{x^3}{8}, \cdots$ (단, $x \neq 0$)

16 $x, x(x-1)^2, x(x-1)^4, \cdots$ (단, $x \geq 2$)

😊 **내가 발견한 개념**   공비에 따른 등비수열의 합은?

첫째항이 a, 공비가 r인 등비수열의 첫째항부터 제n항까지의 합 S_n은

• $r \neq 1$일 때, $S_n = \dfrac{a\left(\boxed{}\right)}{1-r} = \dfrac{a\left(\boxed{}\right)}{r-1}$

• $r = 1$일 때, $S_n = \boxed{}$

개념모음문제

17 등비수열 $\log_3 9, \log_3 9^3, \log_3 9^9, \log_3 9^{27}, \cdots$ 의 첫째항부터 제8항까지의 합은?

① $2^7 - 1$ ② $2^8 - 1$ ③ $3^7 - 1$

④ $3^8 - 1$ ⑤ $2 \times 3^8 - 1$

● 다음을 만족시키는 등비수열의 첫째항부터 제n항까지의 합이 처음으로 k보다 크게 되는 자연수 n의 값을 구하시오.

18 첫째항: 4, 공비: 3, $k=800$

→ 첫째항부터 제n항까지의 합을 S_n이라 하면

$$S_n=\frac{4(\boxed{})}{3-1}=\boxed{}$$

$S_n>800$에서 $\boxed{}>800$

$3^n>\boxed{}$

이때 $3^5=\boxed{}$, $3^6=\boxed{}$이므로 $n\geq\boxed{}$

따라서 첫째항부터 제$\boxed{}$항까지의 합이 처음으로 800보다 커지므로 구하는 자연수 n의 값은 $\boxed{}$이다.

19 첫째항: 9, 공비: 4, $k=3000$

20 첫째항: $\dfrac{1}{3}$, 공비: 2, $k=1000$

21 첫째항: $\dfrac{1}{2}$, 공비: $\dfrac{1}{2}$, $k=\dfrac{99}{100}$

2nd — 부분의 합이 주어진 등비수열

● 등비수열 $\{a_n\}$의 첫째항부터 제n항까지의 합을 S_n이라 할 때, 다음을 만족시키는 등비수열 $\{a_n\}$의 첫째항과 공비를 구하시오.

22 $S_5=10$, $S_{10}=330$ $\quad$ S_n과 S_{2n}을 알면 $\dfrac{S_{2n}}{S_n}$을 계산해 봐!

→ 첫째항을 a, 공비를 r $(r\neq1)$라 하면

$S_5=10$에서 $\dfrac{a(r^5-1)}{r-1}=10$ $\quad$ ······ ㉠

$S_{10}=330$에서 $\dfrac{a(r^{10}-1)}{r-1}=330$

즉 $\dfrac{a(r^5-1)(r^{\boxed{}}+1)}{r-1}=330$ $\quad$ ······ ㉡

㉡÷㉠을 하면

$r^{\boxed{}}+1=\boxed{}$, 즉 $r=\boxed{}$

이것을 ㉠에 대입하여 풀면 $a=\boxed{}$

23 $S_3=26$, $S_6=728$ (단, 공비는 실수이다.)

24 $S_4=4$, $S_8=2504$ (단, 공비는 양수이다.)

[개념모음문제]

25 등비수열 $\{a_n\}$의 첫째항부터 제n항까지의 합 S_n에 대하여 $S_n=21$, $S_{2n}=63$일 때, S_{3n}의 값은?

① 138 $\qquad$ ② 141 $\qquad$ ③ 144

④ 147 $\qquad$ ⑤ 150

06

일정한 수를 곱하는!

등비수열의 합과
일반항 사이의 관계

수열 $\{a_n\}$의 첫째항부터 제 n항까지의 합을 S_n이라 하면

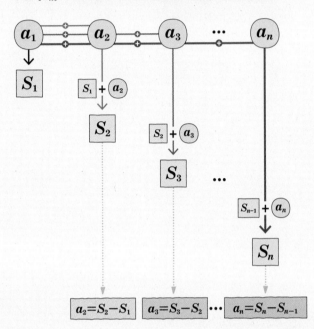

수열 $\{a_n\}$의 첫째항부터 제n항까지의 합을 S_n이라 하면

$$a_1 \equiv S_1 \qquad a_n \equiv S_n - S_{n-1} \text{(단, } n \geq 2)$$
$n-1$이 자연수이어야 하므로

등비수열의 합으로 알아보는 일반항의 특징

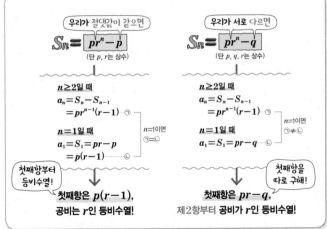

1ˢᵗ — 등비수열의 합과 일반항 사이의 관계

● 수열 $\{a_n\}$의 첫째항부터 제n항까지의 합 S_n이 다음과 같을 때,
일반항 a_n을 구하시오.

1   $S_n = 5^n - 1$

→ (i) $n=1$일 때

　　$a_1 = S_1 = \boxed{}$

(ii) $n \geq 2$일 때

　　$a_n = S_n - S_{n-1} = 5^n - 1 - (5^{n-1} - 1)$

　　　 $= \boxed{} \times 5^{n-1}$　……㉠

이때 $a_1 = \boxed{}$는 ㉠에 $n=1$을 대입한 것과 같으므로

$a_n = \boxed{}$

2   $S_n = \dfrac{1}{2^n} - 1$

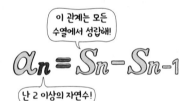

이 관계는 모든 수열에서 성립해!

$$a_n = S_n - S_{n-1}$$

난 2 이상의 자연수!

3   $S_n = 7^{n+1} - 7$

4   $S_n = 3 \times 2^{n+1} - 6$

😊 **내가 발견한 개념**　　　　　수열의 합과 일반항 사이의 관계

• 수열 $\{a_n\}$의 첫째항부터 제n항까지의 합을 S_n이라 하면

→ $a_1 = \boxed{}$, $a_n = S_n - \boxed{}$ $(n \geq 2)$

5 $S_n = 2 \times 3^n - 1$

→ (i) $n=1$일 때

$a_1 = S_1 = \boxed{}$

(ii) $n \geq 2$일 때

$a_n = S_n - S_{n-1} = 2 \times 3^n - 1 - (2 \times 3^{n-1} - 1)$

$= \boxed{} \times 3^{n-1}$ ······ ㉠

이때 $a_1 = \boxed{}$ 는 ㉠에 $n=1$을 대입한 것과 같지 않으므로

$a_1 = \boxed{}$, $a_n = \boxed{}$ $(n \geq 2)$

6 $S_n = 4^n - 3$

7 $S_n = 2^{n+1} + 1$

8 $S_n = 3 \times 5^n$

개념모음문제

9 수열 $\{a_n\}$의 첫째항부터 제n항까지의 합 S_n에 대하여 $S_n = 2^{2n+1} - 4$일 때, $a_1 - a_2 + a_3$의 값은?

① 70 ② 72 ③ 74

④ 76 ⑤ 78

● 수열 $\{a_n\}$의 첫째항부터 제n항까지의 합 S_n이 다음과 같을 때, 수열 $\{a_n\}$이 첫째항부터 등비수열을 이루도록 하는 상수 k의 값을 정하시오.

10 $S_n = 2 \times 5^{n+1} + k$

→ (i) $n=1$일 때

$a_1 = S_1 = \boxed{}$

(ii) $n \geq 2$일 때

$a_n = S_n - S_{n-1} = 2 \times 5^{n+1} + k - (2 \times 5^n + k)$

$= \boxed{} \times 5^n$ ······ ㉠

수열 $\{a_n\}$이 첫째항부터 등비수열을 이루려면 $k+50$이 ㉠에 $n=1$을 대입한 것과 같아야 하므로

$\boxed{} = \boxed{} \times 5$

따라서 $k = \boxed{}$

11 $S_n = 3^n + k$

12 $S_n = 7^{2n+1} + k$

개념모음문제

13 수열 $\{a_n\}$의 첫째항부터 제n항까지의 합을 S_n이라 하자. $\log_3(S_n + k) = n+1$을 만족시키는 수열 $\{a_n\}$이 첫째항부터 등비수열을 이룰 때, 상수 k의 값은?

① 2 ② 3 ③ 4

④ 5 ⑤ 6

07

생활 속으로!

등비수열의 활용

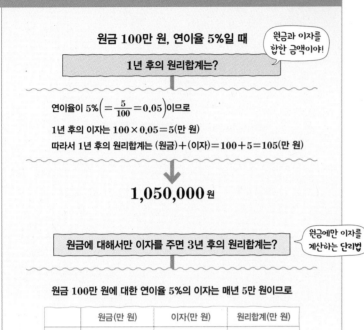

원금 a, 연이율 r에 대하여 단리로 계산할 때, n년 후의 원리합계 S_n은 첫째항이 $a(1+r)$, 공차가 ar인 등차수열이므로

$$S_n = a(1+r)+(n-1)ar = a(1+rn)$$

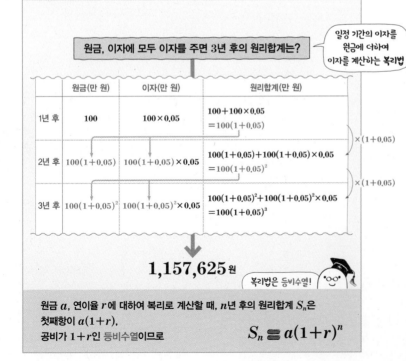

원금 a, 연이율 r에 대하여 복리로 계산할 때, n년 후의 원리합계 S_n은 첫째항이 $a(1+r)$, 공비가 $1+r$인 등비수열이므로

$$S_n = a(1+r)^n$$

1st — 원리합계

● 다음 물음에 답하시오.

1 원금 100만 원을 연이율 3 %의 단리로 예금할 때, 10년 후의 원리합계를 구하시오.

→ 1년 후의 원리합계는

$$100+100\times \boxed{} = 100(1+\boxed{})(\text{만 원})$$

2년 후의 원리합계는

$$100+100\times \boxed{} +100\times \boxed{}$$

$$=100(1+2\times \boxed{})(\text{만 원})$$

3년 후의 원리합계는

$$100+100\times \boxed{} +100\times \boxed{} +100\times \boxed{}$$

$$=100(1+3\times \boxed{})(\text{만 원})$$

$$\vdots$$

따라서 10년 후의 원리합계는

$$100(1+10\times \boxed{})=\boxed{}(\text{만 원})$$

2 원금 30만 원을 연이율 4 %의 단리로 예금할 때, 5년 후의 원리합계를 구하시오.

원금 a를 연이율 r로 예금할 때, n년 후의 원리합계

	단리로 예금할 경우	복리로 예금할 경우
1년 후	$a+ar=a(1+r)$	$a+ar=a(1+r)$
2년 후	$a+ar+ar=a(1+2r)$	$a(1+r)+a(1+r)r=a(1+r)^2$
3년 후	$a+ar+ar+ar=a(1+3r)$	$a(1+r)^2+a(1+r)^2r=a(1+r)^3$
$\vdots$	$\vdots$	$\vdots$
n년 후	$a+ar+\cdots+ar=a(1+rn)$	$a(1+r)(1+r)\cdots(1+r)=a(1+r)^n$
	↓ 공차가 ar인 등차수열	↓ 공비가 $1+r$인 등비수열

① '초'에 넣으면 이자를 한 번 더 받고 '말'에 넣으면 이자는 없다.
② 마지막에 넣은 금액이 첫째항, 공비는 1＋(이율)인 등비수열이다.

정답과 풀이 139쪽

3 연이율 4 %의 복리로 매년 초에 24만 원씩 적립할 때, 5년째 말의 원리합계를 구하시오.

(단, $1.04^5 = 1.2$로 계산한다.)

→ 연이율이 4 %이므로 매년 초에 24만 원씩 5년 동안 적립할 때, 각각의 적립금을 그림으로 나타내면 다음과 같다.

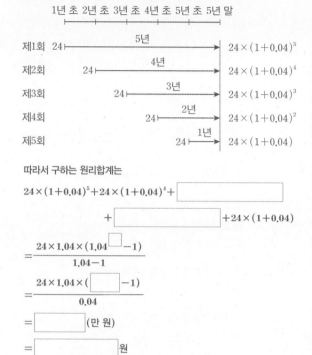

따라서 구하는 원리합계는

$24 \times (1+0.04)^5 + 24 \times (1+0.04)^4 + \boxed{}$

$\boxed{} + 24 \times (1+0.04)$

$= \dfrac{24 \times 1.04 \times (1.04^{\boxed{}} - 1)}{1.04 - 1}$

$= \dfrac{24 \times 1.04 \times (\boxed{} - 1)}{0.04}$

$= \boxed{}$ (만 원)

$= \boxed{}$ 원

4 연이율 3 %의 복리로 매년 초에 100만 원씩 적립할 때, 10년째 말의 원리합계를 구하시오.

(단, $1.03^{10} = 1.3$으로 계산한다.)

5 연이율 6 %의 복리로 매년 말에 150만 원씩 적립할 때, 20년째 말의 원리합계를 구하시오.

(단, $1.06^{20} = 3.2$로 계산한다.)

→ 연이율이 6 %이므로 매년 말에 150만 원씩 20년 동안 적립할 때, 각각의 적립금을 그림으로 나타내면 다음과 같다.

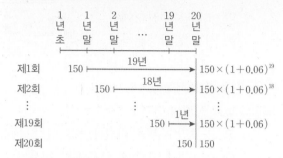

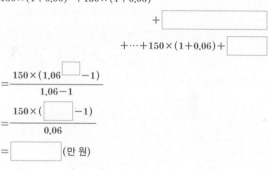

따라서 구하는 원리합계는

$150 \times (1+0.06)^{19} + 150 \times (1+0.06)^{18}$

$+ \boxed{}$

$+ \cdots + 150 \times (1+0.06) + \boxed{}$

$= \dfrac{150 \times (1.06^{\boxed{}} - 1)}{1.06 - 1}$

$= \dfrac{150 \times (\boxed{} - 1)}{0.06}$

$= \boxed{}$ (만 원)

6 연이율 4 %의 복리로 매년 말에 40만 원씩 적립할 때, 10년째 말의 원리합계를 구하시오.

(단, $1.04^{10} = 1.5$로 계산한다.)

😊 **내가 발견한 개념**   단리법과 복리법은?

• 원금 a원을 연이율 r로 n년 동안

단리로 예금할 때의 원리합계는 $\boxed{}$ 원

복리로 예금할 때의 원리합계는 $\boxed{}$ 원

● 다음 물음에 답하시오.

7 길이가 27인 선분이 있다. 첫 번째 시행에서 이 선분을 삼등분하고 그 중간 부분을 버린다. 두 번째 시행에서는 첫

[첫번째]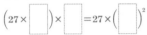
[두번째]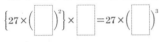

번째 시행의 결과로 남은 두 선분을 각각 삼등분하고 그 중간 부분을 버린다. 이와 같은 과정을 계속할 때, 8번째 시행 후 남은 모든 선분의 길이의 합을 구하시오.

➜ 첫번째 시행 후 남아 있는 모든 선분의 길이의 합은

$27 \times \boxed{}$

두번째 시행 후 남아 있는 모든 선분의 길이의 합은

$\left(27 \times \boxed{}\right) \times \boxed{} = 27 \times \left(\boxed{}\right)^2$

세번째 시행 후 남아 있는 모든 선분의 길이의 합은

$\left\{27 \times \left(\boxed{}\right)^2\right\} \times \boxed{} = 27 \times \left(\boxed{}\right)^3$

n번째 시행 후 남아 있는 모든 선분의 길이의 합은

$27 \times \left(\boxed{}\right)^n$

따라서 8번째 시행 후 남아 있는 모든 선분의 길이의 합은

$27 \times \left(\boxed{}\right)^8 = \boxed{}$

8 다음 그림과 같이 $\overline{AB}=1$, $\overline{BC}=2$이고 $\angle B=90°$인 직각삼각형 ABC에 내접하는 정사각형의 한 변의 길이를 차례로 a_1, a_2, a_3, $\cdots$이라 할 때, a_{10}의 값을 구하시오.

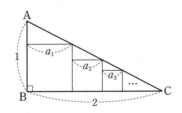

9 한 변의 길이가 4인 정삼각형 모양의 종이가 있다. 다음 그림과 같이 첫 번째 시행에서 정삼각형의 각 변의 중점을 이어서 만든 정삼각형 중에서 중앙의 정삼각형을 잘라 낸다. 두 번째 시행에서는 첫 번째 시행 후 남은 3개의 작은 정삼각형에서 각각 같은 방법으로 정삼각형을 잘라 낸다. 이와 같은 시행을 10번 반복하였을 때, 남아 있는 종이의 넓이를 구하시오.

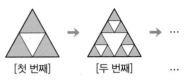
[첫 번째]   [두 번째] $\cdots$

➜ 한 변의 길이가 4인 정삼각형 모양의 종이의 넓이는

$\boxed{} \times 4^2 = \boxed{}$

첫 번째 시행 후 남아 있는 종이의 넓이는

$\boxed{} \times \dfrac{3}{4}$

두 번째 시행 후 남아 있는 종이의 넓이는

$\left(\boxed{} \times \dfrac{3}{4}\right) \times \dfrac{3}{4} = \boxed{} \times \left(\dfrac{3}{4}\right)^2$

세 번째 시행 후 남아 있는 종이의 넓이는

$\left\{\boxed{} \times \left(\dfrac{3}{4}\right)^2\right\} \times \dfrac{3}{4} = \boxed{} \times \left(\dfrac{3}{4}\right)^3$

n번째 시행 후 남아 있는 종이의 넓이는

$\boxed{} \times \left(\dfrac{3}{4}\right)^n$

따라서 10번째 시행 후 남아 있는 종이의 넓이는

$\boxed{} \times \left(\dfrac{3}{4}\right)^{10} = \boxed{}$

10 한 변의 길이가 9인 정사각형 모양의 종이가 있다. 다음 그림과 같이 첫 번째 시행에서 정사각형을 9등분하여 중앙의 정사각형을 잘라 낸다. 두 번째 시행에서는 첫 번째 시행에서 남은 8개의 작은 정사각형에서 각각 같은 방법으로 정사각형을 잘라 낸다. 이와 같은 시행을 8번 반복하였을 때, 남아 있는 종이의 넓이를 구하시오.

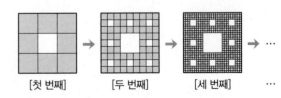
[첫 번째]   [두 번째]   [세 번째] $\cdots$

TEST 개념 확인

01~03 등비수열

- 등비수열: 첫째항부터 차례대로 일정한 수를 곱하여 만든 수열
- 공비: 등비수열에서 곱하는 일정한 수
- 등비수열의 일반항: 첫째항이 a, 공비가 r $(r\neq0)$인 등비수열 $\{a_n\}$의 일반항 a_n은

  $a_n=ar^{n-1}$

1 모든 항이 실수이고, 제2항이 3, 제7항이 -96인 등비수열 $\{a_n\}$의 공비는?

① -8　② -3　③ -2
④ $-\frac{1}{2}$　⑤ $-\frac{1}{3}$

2 등비수열 $\{a_n\}$의 일반항이 $a_n=7\times5^{1-2n}$일 때, 첫째항이 a, 공비가 r이다. $\frac{a}{r}$의 값은?

① 5　② 12　③ 25
④ 32　⑤ 35

3 모든 항이 실수이고, $a_3=\frac{1}{3}$, $a_6=-9$인 등비수열 $\{a_n\}$에서 243은 제몇 항인가?

① 제6항　② 제7항　③ 제8항
④ 제9항　⑤ 제10항

4 첫째항이 3, 공비가 $\frac{1}{2}$인 등비수열은 제n항에서 처음으로 $\frac{1}{100}$보다 작아진다. n의 값은?

① 8　② 9　③ 10
④ 11　⑤ 12

5 두 수 11과 110 사이에 10개의 양수 a_1, a_2, a_3, $\cdots$, a_{10}을 넣어 만든 수열

$11,\ a_1,\ a_2,\ a_3,\ \cdots,\ a_{10},\ 110$

이 이 순서대로 등비수열을 이루도록 할 때, a_1a_{10}의 값을 구하시오.

6 등비수열 $\{a_n\}$에 대하여

$a_2+a_3+a_4=-21,\ a_3+a_4+a_5=63$

일 때, 첫째항과 공비의 합은?

① -2　② -1　③ 0
④ 1　⑤ 2

04 등비중항

- 0이 아닌 세 수 a, b, c가 이 순서대로 등비수열을 이룰 때, b를 a와 c의 등비중항이라 한다.

  ➡ $b^2 = ac$

7 세 수 $\sin\theta$, $\dfrac{1}{4}$, $\cos\theta$가 이 순서대로 등비수열을 이룰 때, $\tan\theta + \dfrac{1}{\tan\theta}$의 값은?

① 1　　　　② 2　　　　③ 4

④ 8　　　　⑤ 16

8 등비수열을 이루는 세 실수의 합이 13이고 곱이 27일 때, 세 수 중 가장 큰 수를 구하시오.

9 다항식 $f(x) = x^2 - ax + 2a$를 일차식 $x-1$, $x-2$, $x-3$으로 나누었을 때의 나머지를 각각 R_1, R_2, R_3이라 할 때, R_1, R_2, R_3이 이 순서대로 등비수열을 이룬다. 모든 상수 a의 값의 합은?

① 6　　　　② 7　　　　③ 8

④ 9　　　　⑤ 10

05 등비수열의 합

- 첫째항이 a, 공비가 r인 등비수열의 첫째항부터 제n항까지의 합을 S_n이라 할 때

  ① $r \neq 1$이면 $S_n = \dfrac{a(r^n - 1)}{r-1} = \dfrac{a(1 - r^n)}{1-r}$

  ② $r = 1$이면 $S_n = na$

10 첫째항이 -512, 공비가 $-\dfrac{1}{2}$, 끝항이 1인 등비수열의 합은?

① -344　　　② -343　　　③ -342

④ -341　　　⑤ -340

11 첫째항이 4, 공비가 -2인 등비수열의 첫째항부터 제n항까지의 합을 S_n이라 할 때, $S_k = -340$을 만족시키는 k의 값은?

① 4　　　　② 5　　　　③ 6

④ 7　　　　⑤ 8

12 첫째항부터 제4항까지의 합이 12, 첫째항부터 제8항까지의 합이 60인 등비수열의 첫째항부터 제12항까지의 합은?

① 244　　　② 248　　　③ 252

④ 256　　　⑤ 260

06 등비수열의 합과 일반항 사이의 관계

• 수열 $\{a_n\}$의 첫째항부터 제n항까지의 합 S_n이 주어질 때, 일반항 a_n은 다음 순서로 구한다.

(i) $n=1$일 때, $a_1=S_1$

(ii) $n \geq 2$일 때, $a_n=S_n-S_{n-1}$

---

13 수열 $\{a_n\}$의 첫째항부터 제n항까지의 합 S_n이 $S_n=2^{2n}-1$이다. 수열 $\{a_n\}$의 일반항이 $a_n=ar^{n-1}$일 때, 상수 a, r에 대하여 $a+r$의 값은?

① 3 ② 5 ③ 7

④ 9 ⑤ 11

---

14 수열 $\{a_n\}$의 첫째항부터 제n항까지의 합 S_n이 $S_n=3^{n+1}-3$일 때, $\dfrac{a_6}{a_1}$의 값은?

① 9 ② 27 ③ 81

④ 243 ⑤ 729

---

15 수열 $\{a_n\}$의 첫째항부터 제n항까지의 합 S_n이 $S_n=5^n+8$일 때, $a_1+a_3+a_5+a_7=\dfrac{5^8-5^2}{p}+q$이다. 자연수 p, q에 대하여 $p+q$의 값을 구하시오.

---

07 등비수열의 활용

• 연이율이 r이고 1년마다 복리로 매년 a원씩 n년 동안 적립할 때, n년째 말의 적립금의 원리합계를 S_n이라 하면

① 매년 초에 적립할 때

$S_n=a(1+r)+a(1+r)^2+a+(1+r)^3+\cdots+a(1+r)^n$(원)

② 매년 말에 적립할 때

$S_n=a+a(1+r)+a(1+r)^2+\cdots+a(1+r)^{n-1}$(원)

---

16 연이율 2.5 %의 복리로 매년 말에 50만 원씩 적립할 때, 8년째 말의 원리합계는?

(단, $1.025^8=1.22$로 계산한다.)

① 440만 원 ② 443만 원 ③ 446만 원

④ 449만 원 ⑤ 452만 원

---

17 2023년 1월 1일부터 매년 초에 연이율 3 %의 복리로 예금하려고 한다. 첫해에는 100만 원을 적립하고 둘째 해부터 적립금을 매년 3 %씩 늘려 간다고 할 때, 2032년 12월 31일까지의 원리합계를 구하시오.

(단, $1.03^{10}=1.34$로 계산한다.)

---

18 오른쪽 그림과 같이 $\angle B=90°$, $\overline{AB}=\overline{BC}=5$인 직각이등변삼각형 ABC가 있다. 첫 번째 시행에서 △ABC에 내접하는 정사각형 S_1을 그린다. 두 번째 시행에서는 첫 번째 시행에서 그린 정사각형 S_1 위쪽의 삼각형에 내접하는 정사각형 S_2를 그린다. 이와 같은 시행을 반복하여 정사각형 S_1, S_2, $\cdots$, S_6을 그릴 때, 정사각형 S_6의 넓이는?

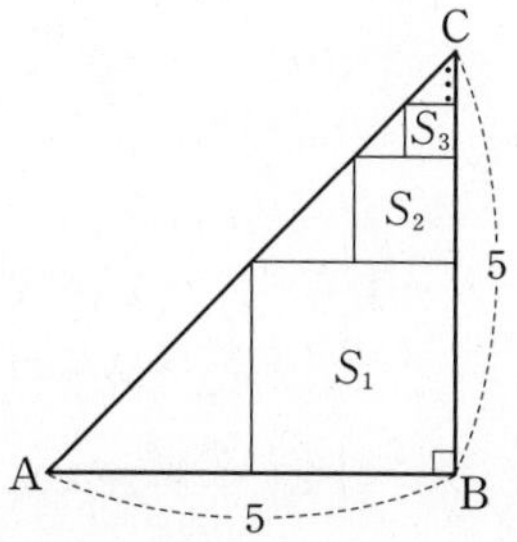

① $\dfrac{5}{2^6}$ ② $\dfrac{5^2}{2^6}$ ③ $\dfrac{5^2}{2^{12}}$

④ $\dfrac{5^3}{2^{12}}$ ⑤ $\dfrac{5^4}{2^{12}}$

TEST 개념 발전

1 등비수열 $32, 8, 2, \dfrac{1}{2}, \dfrac{1}{8}, \cdots$의 공비는?

① $\dfrac{1}{8}$ ② $\dfrac{1}{4}$ ③ $\dfrac{1}{2}$

④ 4   ⑤ 8

2 모든 항이 양수인 등비수열 $\{a_n\}$에 대하여
$$a_7 = 8a_4, \; a_3 + a_4 = 12$$
일 때, a_8의 값은?

① 32   ② 64   ③ 128

④ 256   ⑤ 512

3 첫째항과 공비가 모두 0이 아닌 등비수열 $\{a_n\}$에 대하여
$$\dfrac{a_{11}}{a_1} + \dfrac{a_{12}}{a_2} + \dfrac{a_{13}}{a_3} + \cdots + \dfrac{a_{20}}{a_{10}} = 50$$
일 때, $\dfrac{a_{40}}{a_{20}}$의 값은?

① 5   ② 10   ③ 15

④ 20   ⑤ 25

4 네 양수 $1, x, 16, y$가 이 순서대로 등비수열을 이룰 때, $x + y$의 값은?

① 44   ② 52   ③ 60

④ 68   ⑤ 76

5 곡선 $y = x^3 - 7x^2 - 8$과 직선 $y = kx$가 서로 다른 세 점에서 만나고 그 교점의 x좌표가 등비수열을 이룰 때, 상수 k의 값은?

① -14 ② -8 ③ -2

④ 4   ⑤ 10

6 등비수열 $6, 18, 54, \cdots$의 첫째항부터 제10항까지의 합은?

① $3(3^8 + 1)$ ② $3(3^9 - 1)$ ③ $3(3^9 + 1)$

④ $3(3^{10} - 1)$ ⑤ $3(3^{10} + 1)$

7 첫째항이 $\dfrac{1}{3}$, 공비가 2인 등비수열의 첫째항부터 제n항까지의 합을 S_n이라 할 때, $S_k=21$을 만족시키는 k의 값을 구하시오.

8 등비수열 $\{a_n\}$의 첫째항부터 제10항까지의 합이 8, 제11항부터 제20항까지의 합이 24일 때, 제21항부터 제40항까지의 합은?

① 252 ② 264 ③ 276

④ 288 ⑤ 300

9 수열 $\{a_n\}$의 첫째항부터 제n항까지의 합 S_n이 $S_n=2^{n-1}+5$일 때, 수열 $\{a_{2n}\}$의 공비는?

① $\dfrac{1}{4}$ ② $\dfrac{1}{2}$ ③ 1

④ 2 ⑤ 4

10 0이 아닌 서로 다른 세 수 a, b, c가 이 순서대로 등차수열을 이루고, 세 양수 l, m, n이 이 순서대로 등비수열을 이룬다. 두 이차방정식 $ax^2+2bx+c=0$, $lx^2+mx+n=0$의 서로 다른 실근의 개수를 각각 p, q라 할 때, $p+q$의 값은?

① 0 ② 1 ③ 2

④ 3 ⑤ 4

11 어느 도시의 인구는 매년 일정한 비율로 증가하여 5년 후에는 18만 명, 10년 후에는 24만 명이 될 것으로 예상된다고 한다. 이때 이 도시의 15년 후의 예상 인구는 $m \times 10^4$명이다. m의 값을 구하시오.

12 매년 말에 a만 원씩 적립하여 10년째 말까지 5000만 원을 만들려고 한다. 연이율이 4 %이고 1년마다 복리로 계산할 때, a의 값은?

(단, $1.04^{10}=1.5$로 계산한다.)

① 350 ② 400 ③ 450

④ 500 ⑤ 550

10

나열된 수들의 합!
수열의 합

우리 모두를 한 번에 대신한다고?

내가 어디까지인 줄 알고...

수열의 합을 나타내는!

첫째항부터 제n항까지의 합을 표현하시오.

언제까지 나열할 거야?

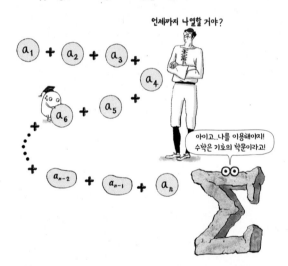

아이고...나를 이용해야지!
수학은 기호의 학문이라고!

수열 $\{a_n\}$의 첫째항부터 제n항까지의 합 $a_1+a_2+a_3+\cdots+a_n$을 기호를 사용하여 $\sum\limits_{k=1}^{n} a_k$와 같이 나타낼 수 있다.

$$a_1+a_2+a_3+\cdots+a_n = \overset{③n}{\underset{②k=1}{\textstyle\sum}} \overset{①}{a_k}$$

① 일반항이 a_k인 수열을
② 제1항부터
③ 제n항까지
④ 차례대로 더한다.

수열의 합을 표현하는 데 있어서 기호 S_n만으로는 부족해. 이 단원에서는 수열의 합을 합의 기호 $\sum$를 이용하여 간단히 나타내는 방법을 배워볼 거야. 수열 $\{a_n\}$의 첫째항부터 제n항까지의 합 $a_1+a_2+a_3+\cdots+a_n$을 합의 기호 $\sum$를 사용하여 $\sum\limits_{k=1}^{n} a_k$로 나타낼 수 있어.

새롭게 배운 합의 기호 $\sum$의 성질에 대해서도 알아볼 거야. 두 수열 $\{a_n\}$, $\{b_n\}$과 상수 c에 대하여 다음이 성립해.

① $\sum\limits_{k=1}^{n} (a_k+b_k) = \sum\limits_{k=1}^{n} a_k + \sum\limits_{k=1}^{n} b_k$

② $\sum\limits_{k=1}^{n} (a_k-b_k) = \sum\limits_{k=1}^{n} a_k - \sum\limits_{k=1}^{n} b_k$

③ $\sum\limits_{k=1}^{n} ca_k = c\sum\limits_{k=1}^{n} a_k$

④ $\sum\limits_{k=1}^{n} c = cn$

이를 활용하여 다양한 수열의 합을 계산해 보자.

수열의 합을 하나의 식으로!

1부터 n까지의 자연수의 합

$$\sum_{k=1}^{n} k = 1+2+3+\cdots+n$$

$$\sum_{k=1}^{n} k = \frac{n(n+1)}{2}$$

1부터 n까지의 자연수의 제곱의 합

$$\sum_{k=1}^{n} k^2 = 1^2+2^2+3^2+\cdots+n^2$$

$$\sum_{k=1}^{n} k^2 = \frac{n(n+1)(2n+1)}{6}$$

1부터 n까지의 자연수의 세제곱의 합

$$\sum_{k=1}^{n} k^3 = 1^3+2^3+3^3+\cdots+n^3$$

$$\sum_{k=1}^{n} k^3 = \left\{ \frac{n(n+1)}{2} \right\}^2$$

이 단원에서는 먼저 자연수의 거듭제곱의 합을 구하는 방법을 알고, 이를 활용하여 분수 꼴의 수열 등 여러 가지 수열의 합을 구해볼 거야. 자연수의 거듭제곱의 합은 다음과 같아.

① $\displaystyle\sum_{k=1}^{n} k = \frac{n(n+1)}{2}$

② $\displaystyle\sum_{k=1}^{n} k^2 = \frac{n(n+1)(2n+1)}{6}$

③ $\displaystyle\sum_{k=1}^{n} k^3 = \left\{ \frac{n(n+1)}{2} \right\}^2$

분수 꼴로 주어진 수열은 부분분수로 변형하여 전개하면 쉽게 계산되는 경우가 많아. 근호가 있는 수열의 합은 분모를 유리화하여 전개하고, 로그가 있는 수열의 합은 로그의 합을 진수의 곱으로 변형하는 등 여러 가지 수열의 합을 구하는 방법을 알아보자!

묶으면 수열이 보여!

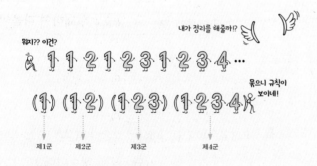

뭐지?? 이건?

내가 정리를 해줄까!?

묶으니 규칙이 보이네!

$(1) \quad (1 \ 2) \quad (1 \ 2 \ 3) \quad (1 \ 2 \ 3 \ 4)$

제1군   제2군   제3군   제4군

수열 중 몇 개항 씩 묶어서 무리지었을 때 규칙성을 가지는 수열을 $\boxed{\text{군수열}}$ 이라 하고, 항을 규칙에 따라 몇 개씩 묶은 것을 군, 각 군을 앞에서부터 차례로 제1군, 제2군, 제3군, … 이라 한다.

수열의 항을 몇 개씩 묶어 규칙성을 갖는 군으로 나눌 수 있는 수열을 군수열이라 해. 각 항이 분수인 수열은 분모 또는 분자가 같은 것끼리 묶거나 분모, 분자의 합이 같은 것끼리 묶어 보면 규칙을 찾는 데 도움이 될 거야. 바둑판 모양으로 주어진 수열의 경우 같은 줄이나 같은 대각선 위에 있는 수끼리 군으로 묶으면 규칙을 찾을 수 있어. 규칙을 찾아 군으로 묶은 후 항의 개수를 파악하여 군수열 문제를 해결해 보자!

수열의 합을 나타내는!

합의 기호 $\sum$의 뜻

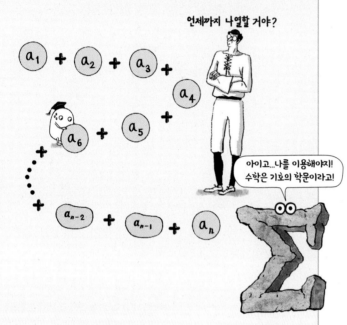

첫째항부터 제n항까지의 합을 표현하시오.

언제까지 나열할 거야?

아이고...나를 이용해야지!
수학은 기호의 학문이라고!

수열 $\{a_n\}$의 첫째항부터 제n항까지의 합 $a_1+a_2+a_3+\cdots+a_n$을 기호를 사용하여 $\displaystyle\sum_{k=1}^{n} a_k$와 같이 나타낼 수 있다.

$$a_1+a_2+a_3+\cdots+a_n = \overset{③\,n}{\underset{②\,k=1}{\textstyle\sum}}{}^{①}a_k$$

① 일반항이 a_k인 수열을
② 제1항부터
③ 제n항까지
④ 차례대로 더한다.

참고 합의 기호 $\sum$는 합을 뜻하는 영어 sum의 머리 글자 s에 해당하는 그리스 문자의 대문자로 '시그마(sigma)'라 읽는다.

원리확인 다음 □ 안에 알맞은 것을 써넣으시오.

❶ $a_1+a_2+a_3+\cdots+a_{\boxed{}} = \displaystyle\sum_{k=\boxed{}}^{20} a_k$

❷ $a_2+a_3+a_4+\cdots+a_{\boxed{}} = \displaystyle\sum_{i=2}^{50} a_{\boxed{}}$

❸ $b_{\boxed{}}+b_{m+1}+b_{m+2}+\cdots+b_n = \displaystyle\sum_{k=m}^{\boxed{}} \boxed{}$ (단, $m \le n$)

● 다음 중 기호 $\sum$를 사용하여 나타낸 것으로 옳은 것은 ○를, 옳지 않은 것은 ×를 ( ) 안에 써넣으시오.

1 $2+4+6+\cdots+40 = \displaystyle\sum_{k=1}^{20} 2k$ ( )

2 $1+3+5+\cdots+39 = \displaystyle\sum_{m=1}^{20} (2m-1)$ ( )

3 $3+3^2+3^3+\cdots+3^n = \displaystyle\sum_{k=1}^{n} 3^{k-1}$ ( )

4 $4+8+12+\cdots+200 = \displaystyle\sum_{k=4}^{100} k$ ( )

$$\sum_{k=1}^{3} a_k = \sum_{i=1}^{3} a_i = \sum_{j=1}^{3} a_j$$

문자가 달라도 우리는 모두 $a_1+a_2+a_3$이야!

5 $\log 2+\log 4+\log 6+\cdots+\log 2N = \displaystyle\sum_{a=1}^{N} \log 2a$
(단, N은 정수이다.) ( )

6 $\dfrac{1}{\sqrt{2}}+\dfrac{1}{\sqrt{3}}+\dfrac{1}{2}+\cdots+\dfrac{1}{\sqrt{15}} = \displaystyle\sum_{j=1}^{15} \dfrac{1}{\sqrt{j}}$ ( )

● 다음을 합의 기호 $\sum$를 사용하여 나타내시오.

7 $3+7+11+\cdots+(4n-1)$

→ 수열 3, 7, 11, …은 첫째항이 3이고 공차가 $\boxed{}$ 인 등차수열이므로
일반항을 a_n이라 하면

$$a_n=3+(n-1)\times\boxed{}=\boxed{}n-1$$

따라서 주어진 식은 수열 $\{a_n\}$의 첫째항부터 제n항까지의 합이므로
합의 기호 $\sum$를 사용하여 나타내면

$$3+7+11+\cdots+(4n-1)=\sum_{k=1}^{n}\left(\boxed{}\right)$$

8 $1+\dfrac{1}{4}+\dfrac{1}{4^2}+\cdots+\dfrac{1}{4^n}$

9 $1^3+2^3+3^3+\cdots+15^3$

10 $(-1)+1+(-1)+\cdots+(-1)^n$

11 $\dfrac{1}{1\times2}+\dfrac{1}{2\times4}+\dfrac{1}{3\times6}+\cdots+\dfrac{1}{10\times20}$

12 $(-1+\sqrt{2})+(-\sqrt{2}+\sqrt{3})+\cdots+(-\sqrt{n}+\sqrt{n+1})$

● 다음을 합의 기호 $\sum$를 사용하지 않은 합의 꼴로 나타내시오.

13 $\displaystyle\sum_{k=1}^{5}(2k-4)$

→ 주어진 식은 일반항 $2k-4$의 k에 1부터 $\boxed{}$까지 대입하여 더한 값이
므로

$$\sum_{k=1}^{5}(2k-4)=\boxed{}+0+2+4+\boxed{}$$

14 $\displaystyle\sum_{k=1}^{6}4^{k-1}$

15 $\displaystyle\sum_{k=1}^{7}i^{k}$

16 $\displaystyle\sum_{j=3}^{7}j(j-2)$

17 $\displaystyle\sum_{l=2}^{5}\left(\dfrac{2}{3}\right)^{l-1}$

개념모음문제

18 다음 중 옳지 <u>않은</u> 것은?

① $2+4+6+\cdots+2n=\displaystyle\sum_{k=1}^{n}2k$

② $3+5+7+\cdots+21=\displaystyle\sum_{k=2}^{11}(2k-1)$

③ $-2+4-8+\cdots-128=\displaystyle\sum_{k=1}^{8}(-2)^{k-1}$

④ $2+6+12+\cdots+56=\displaystyle\sum_{i=1}^{7}i(i+1)$

⑤ $-\dfrac{1}{2}+\dfrac{1}{4}-\dfrac{1}{8}+\cdots+\left(-\dfrac{1}{2}\right)^{n+1}=\displaystyle\sum_{j=1}^{n+1}\left(-\dfrac{1}{2}\right)^{j}$

☺ 내가 발견한 개념 $\sum$를 이용한 표현은?

• 수열 $\{a_n\}$의 첫째항부터 제n항까지의 합

→ $a_1+a_2+a_3+\cdots+a_n=\displaystyle\sum_{k=1}^{\square}a_{\square}$

합의 기호 $\sum$의 성질

수열 $\{a_n\}$, $\{b_n\}$에 대하여

😊 덧셈을 분리할 수 있어!

$$\sum_{k=1}^{n}(a_k+b_k)=\sum_{k=1}^{n}a_k+\sum_{k=1}^{n}b_k$$

$\sum_{k=1}^{3}(a_k+b_k)=(a_1+b_1)+(a_2+b_2)+(a_3+b_3)$
$\qquad\qquad=(a_1+a_2+a_3)+(b_1+b_2+b_3)$
$\qquad\qquad=\sum_{k=1}^{3}a_k+\sum_{k=1}^{3}b_k$

😊 뺄셈을 분리할 수 있어!

$$\sum_{k=1}^{n}(a_k-b_k)=\sum_{k=1}^{n}a_k-\sum_{k=1}^{n}b_k$$

$\sum_{k=1}^{3}(a_k-b_k)=(a_1-b_1)+(a_2-b_2)+(a_3-b_3)$
$\qquad\qquad=(a_1+a_2+a_3)-(b_1+b_2+b_3)$
$\qquad\qquad=\sum_{k=1}^{3}a_k-\sum_{k=1}^{3}b_k$

😊 상수의 곱을 분리할 수 있어!

$$\sum_{k=1}^{n}ca_k=c\sum_{k=1}^{n}a_k \text{ (단, } c\text{는 상수)}$$

$\sum_{k=1}^{3}5a_k=5a_1+5a_2+5a_3$
$\qquad\quad=5(a_1+a_2+a_3)$
$\qquad\quad=5\sum_{k=1}^{3}a_k$

😊 모든 항이 c인 수열이므로 c를 n번 더하는 거야!

$$\sum_{k=1}^{n}c=cn \text{ (단, } c\text{는 상수)}$$

$\sum_{k=1}^{3}5=5+5+5$
$\qquad=5\times3$
$\qquad=15$

원리확인 다음은 주어진 식을 합의 기호 $\sum$를 사용하여 나타내는 과정이다. □ 안에 알맞은 것을 써넣으시오.

❶ $(1+3)+(4+6)+(7+9)$
$=\sum_{k=1}^{3}\{(3k-\boxed{})+3k\}$
$=\sum_{k=1}^{3}(\boxed{})$ ······ ㉠

$(1+3)+(4+6)+(7+9)$
$=(1+4+7)+(3+6+9)$
$=\sum_{k=1}^{3}(3k-\boxed{})+\sum_{k=1}^{3}3k$ ······ ㉡

→ ㉠과 ㉡에 의해서
$\sum_{k=1}^{3}(6k-\boxed{})=\sum_{k=1}^{3}(3k-\boxed{})+\sum_{k=1}^{3}3k$

❷ $(1+2)+(2+4)+(4+8)+(8+16)$
$=(1+2+4+8)+(2+4+8+16)$
$=\sum_{k=1}^{4}2^{k-1}+\sum_{k=1}^{4}2^{\boxed{}}$
$=\sum_{k=1}^{4}(\boxed{}\times2^{k-1})$ ······ ㉠

$(1+2)+(2+4)+(4+8)+(8+16)$
$=3+6+12+24$
$=3(1+2+4+8)$
$=\boxed{}\sum_{k=1}^{4}2^{k-1}$ ······ ㉡

→ ㉠과 ㉡에 의해서
$\sum_{k=1}^{4}(\boxed{}\times2^{k-1})=\boxed{}\sum_{k=1}^{4}2^{k-1}$

❸ $2+2+2+2+2=\sum_{k=1}^{5}\boxed{}$ ······ ㉠
$2+2+2+2+2=2(1+1+1+1+1)$
$\qquad\qquad\qquad\quad=2\times\boxed{}$ ······ ㉡

→ ㉠과 ㉡에 의해서
$\sum_{k=1}^{5}\boxed{}=2\times\boxed{}$

1st 합의 기호 $\sum$의 성질

● 주어진 조건을 이용하여 다음을 구하시오.

1 $\sum\limits_{k=1}^{20} a_k=40$, $\sum\limits_{k=1}^{20} b_k=30$일 때, $\sum\limits_{k=1}^{20} (3a_k+2b_k)$의 값

$\rightarrow \sum\limits_{k=1}^{20} (3a_k+2b_k)=\sum\limits_{k=1}^{20} 3a_k+\sum\limits_{k=1}^{20} 2b_k$

$=3\sum\limits_{k=1}^{20} a_k+2\sum\limits_{k=1}^{20} b_k$

$=3\times\boxed{}+2\times\boxed{}=\boxed{}$

2 $\sum\limits_{k=1}^{20} a_k=40$, $\sum\limits_{k=1}^{20} b_k=30$일 때, $\sum\limits_{k=1}^{20} (-a_k-2b_k)$의 값

3 $\sum\limits_{k=1}^{10} a_k=30$, $\sum\limits_{k=1}^{10} b_k=10$일 때, $\sum\limits_{k=1}^{10} (2a_k-b_k)$의 값

4 $\sum\limits_{k=1}^{20} a_k=20$일 때, $\sum\limits_{k=1}^{20} (a_k-3)$의 값

5 $\sum\limits_{k=1}^{8} (a_k+5)-\sum\limits_{k=1}^{8} (a_k-5)$의 값

6 $\sum\limits_{k=1}^{20} a_k=20$, $\sum\limits_{k=1}^{20} a_k^2=30$일 때, $\sum\limits_{k=1}^{20} (a_k+2)^2$의 값

$\rightarrow \sum\limits_{k=1}^{20} (a_k+2)^2=\sum\limits_{k=1}^{20} (a_k^2+\boxed{}a_k+4)$

$=\sum\limits_{k=1}^{20} a_k^2+\boxed{}\sum\limits_{k=1}^{20} a_k+\sum\limits_{k=1}^{20} 4$

$=30+\boxed{}+\boxed{}=\boxed{}$

7 $\sum\limits_{k=1}^{20} a_k=10$, $\sum\limits_{k=1}^{20} a_k^2=20$일 때, $\sum\limits_{k=1}^{20} (3a_k-1)^2$의 값

8 $\sum\limits_{k=1}^{10} (a_k+b_k)^2=30$, $\sum\limits_{k=1}^{10} a_k b_k=10$일 때,

$\sum\limits_{k=1}^{10} (a_k^2+b_k^2)$의 값

> 곱셈 공식의 변형
> $a^2+b^2=(a+b)^2-2ab$
> $\qquad\quad=(a-b)^2+2ab$
> 를 이용한다.

개념모음문제

9 $\sum\limits_{k=1}^{20} a_k=10$, $\sum\limits_{k=1}^{20} b_k=10$, $\sum\limits_{k=1}^{20} a_k b_k=30$일 때,

$\sum\limits_{k=1}^{20} \{(2a_k-1)(b_k+2)\}$의 값은?

① 50   ② 60   ③ 70

④ 80   ⑤ 90

이런 실수하지 마!

$\sum\limits_{k=1}^{n} (ca_k+b) - \ne c\sum\limits_{k=1}^{n} a_k+b \rightarrow c\sum\limits_{k=1}^{n} a_k+bn$

$\sum\limits_{k=1}^{n} \dfrac{b_k}{a_k} - \ne \dfrac{\sum\limits_{k=1}^{n} b_k}{\sum\limits_{k=1}^{n} a_k} \rightarrow \dfrac{b_1}{a_1}+\dfrac{b_2}{a_2}+\cdots+\dfrac{b_n}{a_n}$

$\sum\limits_{k=1}^{n} (a_k)^2 - \ne \left(\sum\limits_{k=1}^{n} a_k\right)^2 \rightarrow a_1^2+a_2^2+\cdots+a_n^2$

😊 **내가 발견한 개념** $\sum$의 성질은?

수열 $\{a_n\}$, $\{b_n\}$에 대하여

• $\sum\limits_{k=1}^{n} (a_k+b_k)=\sum\limits_{k=1}^{\boxed{}} \boxed{}+\sum\limits_{k=1}^{\boxed{}} \boxed{}$

• $\sum\limits_{k=1}^{n} (a_k-b_k)=\sum\limits_{k=1}^{\boxed{}} \boxed{}-\sum\limits_{k=1}^{\boxed{}} \boxed{}$

• $\sum\limits_{k=1}^{n} ca_k=\boxed{}\sum\limits_{k=1}^{\boxed{}} \boxed{}$ (단, c는 상수)

• $\sum\limits_{k=1}^{n} c=\boxed{}$ (단, c는 상수)

● 다음을 계산하시오.

10 $\displaystyle\sum_{k=1}^{10}(k^2+2)-\sum_{k=1}^{10}(k^2-3)$

→ $\displaystyle\sum_{k=1}^{10}(k^2+2)-\sum_{k=1}^{10}(k^2-3)=\sum_{k=1}^{10}\{(k^2+2)-(k^2-3)\}$

$\qquad\qquad\qquad\qquad\qquad =\displaystyle\sum_{k=1}^{10}\boxed{}=10\times\boxed{}$

$\qquad\qquad\qquad\qquad\qquad =\boxed{}$

11 $\displaystyle\sum_{k=1}^{10}(k^3+2)-\sum_{k=1}^{10}k^3$

12 $\displaystyle\sum_{k=1}^{10}(k^2+3)+\sum_{k=1}^{8}(-k^2+3)$ ◁ $\displaystyle\sum_{k=m}^{n}a_k=\sum_{k=1}^{n}a_k-\sum_{k=1}^{m-1}a_k$ 를 이용한다.

13 $\displaystyle\sum_{k=1}^{10}(k^3+5)-\sum_{k=3}^{10}(k^3+1)$

14 $\displaystyle\sum_{k=1}^{15}(2k^3+1)-\sum_{k=3}^{15}(2k^3+2)$

15 $\displaystyle\sum_{k=1}^{10}(5k+4)-\sum_{k=1}^{8}(5k+2)$

● 주어진 조건을 이용하여 다음을 구하시오.

16 $\displaystyle\sum_{k=1}^{5}a_{2k-1}=10$, $\displaystyle\sum_{k=1}^{5}a_{2k}=10$일 때, $\displaystyle\sum_{k=1}^{10}a_k$의 값

17 $\displaystyle\sum_{k=1}^{16}a_k=16$, $\displaystyle\sum_{k=1}^{8}a_{2k-1}=6$일 때, $\displaystyle\sum_{k=1}^{8}a_{2k}$의 값

[개념모음문제]

18 $\displaystyle\sum_{k=1}^{n}a_{2k-1}=n^2$, $\displaystyle\sum_{k=1}^{n}a_{2k}=n^2+3$일 때, $\displaystyle\sum_{k=1}^{10}a_k$의 값은?

① 50　　　② 53　　　③ 56

④ 59　　　⑤ 62

$\sum$의 다양한 표현

❶ $\displaystyle\sum_{k=m}^{n}a_k=\sum_{k=1}^{n}a_k-\sum_{k=1}^{m-1}a_k$

→ $\displaystyle\sum_{k=3}^{5}a_k=a_3+a_4+a_5$
$\qquad\quad =(a_1+a_2+\cdots+a_5)-(a_1+a_2)$
$\qquad\quad =\displaystyle\sum_{k=1}^{5}a_k-\sum_{k=1}^{2}a_k$

❷ $\displaystyle\sum_{k=1}^{n}a_k=\sum_{k=1}^{m}a_k-\sum_{k=n+1}^{m}a_k$
（단, $n<m$）

→ $\displaystyle\sum_{k=1}^{5}a_k=a_1+a_2+\cdots+a_5$
$\qquad\quad =(a_1+a_2+\cdots+a_9)-(a_6+a_7+a_8+a_9)$
$\qquad\quad =\displaystyle\sum_{k=1}^{9}a_k-\sum_{k=6}^{9}a_k$

❸ $\displaystyle\sum_{k=1}^{n-1}a_{k+1}=\sum_{k=2}^{n}a_k$

→ $\displaystyle\sum_{k=1}^{8}a_{k+1}=a_2+a_3+a_4+\cdots+a_9=\sum_{k=2}^{9}a_k$

$\sum$의 성질을 잘 이용하면 복잡한 식의 값도 구할 수 있어!

TEST 개념 확인

01 합의 기호 $\sum$의 뜻

• 수열 $\{a_n\}$에 대하여 수열의 합 $a_1+a_2+a_3+\cdots+a_n$은 $\sum\limits_{k=1}^{n} a_k$로 표현할 수 있다.

1 수열 $\{a_n\}$에 대하여

$$\sum_{k=1}^{n} (a_{3k-2}+a_{3k-1}+a_{3k})=n^2+6n$$

일 때, $\sum\limits_{k=1}^{24} a_k$의 값은?

① 108 ② 112 ③ 116
④ 120 ⑤ 124

2 자연수 n에 대하여 $f(n)=\sum\limits_{k=1}^{n} 2k(k+3)$일 때, $f(15)-f(13)$의 값은?

① 1004 ② 1008 ③ 1012
④ 1016 ⑤ 1020

3 다음 중 $\sum\limits_{k=20}^{30} (k-4)+\sum\limits_{k=6}^{13} (k+2)+\sum\limits_{k=1}^{7} k$와 값이 같은 것은?

① $\sum\limits_{k=1}^{13} (k+2)$ ② $\sum\limits_{k=1}^{20} k$ ③ $\sum\limits_{k=6}^{30} (k-4)$

④ $\sum\limits_{k=1}^{26} k$ ⑤ $\sum\limits_{k=1}^{30} (3k-2)$

02 합의 기호 $\sum$의 성질

① $\sum\limits_{k=1}^{n} (a_k+b_k)=\sum\limits_{k=1}^{n} a_k+\sum\limits_{k=1}^{n} b_k$

② $\sum\limits_{k=1}^{n} (a_k-b_k)=\sum\limits_{k=1}^{n} a_k-\sum\limits_{k=1}^{n} b_k$

③ $\sum\limits_{k=1}^{n} ca_k=c\sum\limits_{k=1}^{n} a_k$, $\sum\limits_{k=1}^{n} c=cn$ (단, c는 상수)

4 두 수열 $\{a_n\}$, $\{b_n\}$에 대하여 $\sum\limits_{k=1}^{n} a_k=4n$, $\sum\limits_{k=1}^{n} b_k=-\dfrac{1}{2}n^2$일 때, $\sum\limits_{k=1}^{10} (2a_k-4b_k+2)$의 값은?

① 240 ② 270 ③ 300
④ 330 ⑤ 360

5 $\sum\limits_{k=1}^{15} (a_k+2)^2=550$, $\sum\limits_{k=1}^{15} (a_k-2)^2=150$일 때, $\sum\limits_{k=1}^{15} a_k$의 값은?

① 50 ② 60 ③ 70
④ 80 ⑤ 90

6 $a_1=4$인 수열 $\{a_n\}$이 $\sum\limits_{k=1}^{10} 3a_k=60$, $\sum\limits_{k=1}^{10} 2a_{k+1}=120$을 만족시킬 때, a_{11}의 값을 구하시오.

수열의 합을 하나의 식으로!

자연수의 거듭제곱의 합

1부터 n까지의 자연수의 합

$$\sum_{k=1}^{n} k = 1+2+3+\cdots+n$$

$$\sum_{k=1}^{n} k = 1 + 2 + 3 + \cdots + n$$
$$+\left.\right)\ \sum_{k=1}^{n} k = n + (n-1) + (n-2) + \cdots + 1$$
$$2\sum_{k=1}^{n} k = (n+1) + (n+1) + (n+1) + \cdots + (n+1) = n(n+1)$$

n개

$$\sum_{k=1}^{n} k = \frac{n(n+1)}{2}$$

1부터 n까지의 자연수의 제곱의 합

$$\sum_{k=1}^{n} k^2 = 1^2+2^2+3^2+\cdots+n^2$$

항등식 $(k+1)^3 - k^3 = 3k^2 + 3k + 1$의
k에 $1, 2, 3, \cdots, n$을 차례로 대입하여 같은 변끼리 더하면

$$2^3 - 1^3 = 3\times 1^2 + 3\times 1 + 1 \quad \leftarrow k=1$$
$$3^3 - 2^3 = 3\times 2^2 + 3\times 2 + 1 \quad \leftarrow k=2$$
$$4^3 - 3^3 = 3\times 3^2 + 3\times 3 + 1 \quad \leftarrow k=3$$
$$\vdots$$
$$+\left.\right)\ (n+1)^3 - n^3 = 3\times n^2 + 3\times n + 1 \quad \leftarrow k=n$$
$$(n+1)^3 - 1 = 3\sum_{k=1}^{n} k^2 + 3\times \frac{n(n+1)}{2} + 1\times n$$

$$3\sum_{k=1}^{n} k^2 = (n+1)^3 - \frac{3n(n+1)}{2} - (n+1)$$
$$= \frac{(n+1)\{2(n+1)^2 - 3n - 2\}}{2}$$
$$= \frac{(n+1)(2n^2+n)}{2} = \frac{n(n+1)(2n+1)}{2}$$

$$\sum_{k=1}^{n} k^2 = \frac{n(n+1)(2n+1)}{6}$$

1부터 n까지의 자연수의 세제곱의 합

$$\sum_{k=1}^{n} k^3 = 1^3+2^3+3^3+\cdots+n^3$$

항등식 $(k+1)^4 - k^4 = 4k^3 + 6k^2 + 4k + 1$의
k에 $1, 2, 3, \cdots, n$을 차례로 대입하여 같은 변끼리 더하여 정리하면

$$\sum_{k=1}^{n} k^3 = \left\{\frac{n(n+1)}{2}\right\}^2$$

1st — 자연수의 거듭제곱의 합

● 다음 식의 값을 구하시오.

1 $1+2+3+\cdots+15$

$$\rightarrow 1+2+3+\cdots+15 = \sum_{k=1}^{15} \boxed{}$$
$$= \frac{\boxed{} \times \boxed{}}{2}$$
$$= \boxed{}$$

2 $1^2+2^2+3^2+\cdots+10^2$

3 $1+2+3+\cdots+100$

4 $1^3+2^3+3^3+\cdots+8^3$

그림으로 보는 자연수의 합

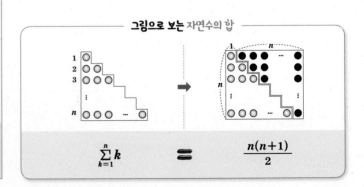

$$\sum_{k=1}^{n} k = \frac{n(n+1)}{2}$$

2nd Σ로 표현된 식의 값의 계산

● 다음 식의 값을 구하시오.

5 $\displaystyle\sum_{k=1}^{10} 2k$

$\rightarrow \displaystyle\sum_{k=1}^{10} 2k = 2\sum_{k=1}^{10} k$

$= 2 \times \dfrac{\boxed{} \times \boxed{}}{2}$

$= \boxed{}$

6 $\displaystyle\sum_{k=1}^{10} (3k-3)$

7 $\displaystyle\sum_{k=1}^{10} 3k^2$

8 $\displaystyle\sum_{k=1}^{10} (k^2+2)$

9 $\displaystyle\sum_{k=1}^{8} (2k^3+1)$

● 다음을 n에 대한 식으로 나타내시오.

10 $\displaystyle\sum_{k=1}^{n} (2k+1)$

$\rightarrow \displaystyle\sum_{k=1}^{n} (2k+1) = 2\sum_{k=1}^{n} k + \sum_{k=1}^{n} 1$

$= 2 \times \dfrac{n(n+1)}{2} + \boxed{}$

$= \boxed{}$

11 $\displaystyle\sum_{k=1}^{n} (6k^2+1)$

12 $\displaystyle\sum_{k=1}^{n} 4k^3$

13 $\displaystyle\sum_{k=1}^{n} k(k+2)$

【일차식일 때】

$\displaystyle\sum_{k=1}^{n} (pk+q)$는 첫째항이 $p+q$, 제 n항이 $pn+q$인

등차수열의 첫째항부터 제 n항까지의 합이므로

【첫째항】 【제 n항】

$\displaystyle\sum_{k=1}^{n} (pk+q) = \dfrac{n\{(p+q)+(pn+q)\}}{2}$

⋯⋯⋯⋯⋯⋯⋯⋯⋯

◎ $\displaystyle\sum_{k=1}^{n} (2k+3)$은 첫째항이 $2+3=5$, 제 n항이 $2n+3$인

등차수열의 첫째항부터 제 n항까지의 합이므로

$\displaystyle\sum_{k=1}^{n} (2k+3) = \dfrac{n\{5+(2n+3)\}}{2} = n^2+4n$

【개념모음문제】

14 수열 $\{a_n\}$이 첫째항이 1, 공차가 3인 등차수열일

때, $\displaystyle\sum_{k=1}^{n-1} a_{2k-1}$을 n에 대한 식으로 나타내면?

① $3n^2-8n+3$ ② $3n^2-8n+5$

③ $3n^2+8n+3$ ④ $3n^2+8n+5$

⑤ $3n^2+8n+7$

그림으로 보는 홀수의 합

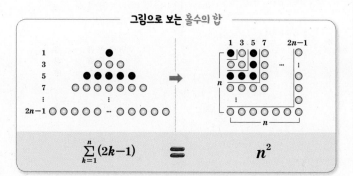

$$\sum_{k=1}^{n} (2k-1) = n^2$$

• 다음 식의 값을 구하시오.

15 $\sum\limits_{k=4}^{10} 2k$ ┤ $\sum\limits_{k=m}^{n} a_k = \sum\limits_{k=1}^{n} a_k - \sum\limits_{k=1}^{m-1} a_k$ 를 이용한다.

$$\rightarrow \sum_{k=4}^{10} 2k = \sum_{k=1}^{10} 2k - \sum_{k=1}^{\boxed{}} 2k$$

$$= 2\sum_{k=1}^{10} k - 2\sum_{k=1}^{\boxed{}} k$$

$$= 2 \times \frac{\boxed{} \times \boxed{}}{2} - 2 \times \frac{\boxed{} \times \boxed{}}{2}$$

$$= \boxed{}$$

16 $\sum\limits_{k=3}^{9} k^2$

17 $\sum\limits_{k=3}^{8} (2k-4)$

18 $\sum\limits_{k=4}^{7} (k^2+1)$

19 $\sum\limits_{k=6}^{10} k(2k+1)$

• 다음을 n에 대한 식으로 나타내시오.

20 $\sum\limits_{k=4}^{n} (2k-4)$ (단, $n>4$)

$$\rightarrow \sum_{k=4}^{n} (2k-4) = \sum_{k=1}^{n} (2k-4) - \sum_{k=1}^{3} (2k-4)$$

$$= 2\sum_{k=1}^{n} k - 4 \times \boxed{} - \{(-2)+0+\boxed{}\}$$

$$= \boxed{}$$

21 $\sum\limits_{k=5}^{n} k^2$ (단, $n>5$)

22 $\sum\limits_{k=3}^{n} 4k^3$ (단, $n>3$)

23 $\sum\limits_{k=3}^{n} 3k(k-1)$ (단, $n>3$)

개념모음문제

24 $\sum\limits_{k=4}^{n} (4k-2) = 224$를 만족시키는 자연수 n의 값은?

① 10   ② 11   ③ 12

④ 13   ⑤ 14

4ᵗʰ — ∑를 이용한 수열의 합

● 다음 수열의 첫째항부터 제n항까지의 합 S_n을 구하시오.

25 $1 \times 3, \ 2 \times 5, \ 3 \times 7, \ 4 \times 9, \ \cdots$

→ 주어진 수열의 제 k항을 a_k라 하면

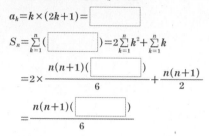

$$a_k = k \times (2k+1) = \boxed{}$$

$$S_n = \sum_{k=1}^{n} \left(\boxed{} \right) = 2\sum_{k=1}^{n} k^2 + \sum_{k=1}^{n} k$$

$$= 2 \times \frac{n(n+1)(\boxed{})}{6} + \frac{n(n+1)}{2}$$

$$= \frac{n(n+1)(\boxed{})}{6}$$

26 $1 \times 2, \ 2 \times 6, \ 3 \times 10, \ 4 \times 14, \ \cdots$

27 $1 \times 2, \ 3 \times 4, \ 5 \times 6, \ 7 \times 8, \ \cdots$

28 $2 \times 1^2, \ 3 \times 2^2, \ 4 \times 3^2, \ 5 \times 4^2, \ \cdots$

29 $2, \ 2+4, \ 2+4+6, \ 2+4+6+8, \ \cdots$

→ 주어진 수열의 제 k항을 a_k라 하면

$$a_k = 2+4+6+\cdots+2k = \sum_{i=1}^{k} 2i = k^2 + \boxed{}$$

$$S_n = \sum_{k=1}^{n} a_k = \sum_{k=1}^{n} (k^2 + \boxed{})$$

$$= \sum_{k=1}^{n} k^2 + \sum_{k=1}^{n} \boxed{}$$

$$= \frac{n(n+1)(\boxed{})}{6} + \frac{n(n+1)}{2}$$

$$= \frac{n(n+1)(\boxed{})}{3}$$

30 $1, \ 1+4, \ 1+4+7, \ 1+4+7+10, \ \cdots$

31 $1, \ 1+3, \ 1+3+5, \ 1+3+5+7, \ \cdots$

:) 내가 발견한 개념   자연수의 거듭제곱의 합은?

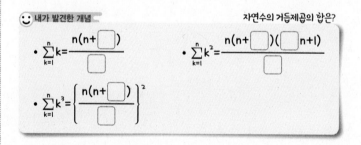

- $\displaystyle\sum_{k=1}^{n} k = \frac{n(n+\boxed{})}{\boxed{}}$

- $\displaystyle\sum_{k=1}^{n} k^2 = \frac{n(n+\boxed{})(\boxed{}n+1)}{\boxed{}}$

- $\displaystyle\sum_{k=1}^{n} k^3 = \left\{ \frac{n(n+\boxed{})}{\boxed{}} \right\}^2$

개념모음문제

32 다음 식의 값은?

$$1 \times 19 + 2 \times 18 + 3 \times 17 + \cdots + 19 \times 1$$

① 1230   ② 1280   ③ 1330

④ 1380   ⑤ 1430

04

수열의 합을 하나의 식으로!

분수 꼴로 주어진 수열의 합

1 분모가 다항식의 곱으로 표현된 수열의 합

$$\sum_{k=1}^{n}\frac{1}{k(k+1)}$$ 의 값은?

부분분수로의 변형 $\dfrac{1}{AB}=\dfrac{1}{B-A}\left(\dfrac{1}{A}-\dfrac{1}{B}\right)$

$\dfrac{1}{k(k+1)}=\dfrac{1}{k}-\dfrac{1}{k+1}$ 이므로

$\sum_{k=1}^{n}\dfrac{1}{k(k+1)}=\sum_{k=1}^{n}\left(\dfrac{1}{k}-\dfrac{1}{k+1}\right)$

　　　　　　　　　k에 1, 2, 3, ⋯, n을 차례로 대입하여 직접 더한다.

$=\left(1-\dfrac{1}{2}\right)+\left(\dfrac{1}{2}-\dfrac{1}{3}\right)+\left(\dfrac{1}{3}-\dfrac{1}{4}\right)+\cdots+\left(\dfrac{1}{n}-\dfrac{1}{n+1}\right)$

$=1-\dfrac{1}{n+1}=\dfrac{n}{n+1}$

$$\dfrac{n}{n+1}$$

2 분모가 무리식인 수열의 합

$$\sum_{k=1}^{n}\frac{1}{\sqrt{k}+\sqrt{k+1}}$$ 의 값은?

분모의 유리화 $\dfrac{1}{\sqrt{a}+\sqrt{b}}=\dfrac{\sqrt{a}-\sqrt{b}}{(\sqrt{a}+\sqrt{b})(\sqrt{a}-\sqrt{b})}=\dfrac{\sqrt{a}-\sqrt{b}}{a-b}$

$\dfrac{1}{\sqrt{k}+\sqrt{k+1}}=\dfrac{\sqrt{k+1}-\sqrt{k}}{(\sqrt{k+1}+\sqrt{k})(\sqrt{k+1}-\sqrt{k})}$

$=\dfrac{\sqrt{k+1}-\sqrt{k}}{(k+1)-k}=\sqrt{k+1}-\sqrt{k}$

$\sum_{k=1}^{n}\dfrac{1}{\sqrt{k}+\sqrt{k+1}}=\sum_{k=1}^{n}(\sqrt{k+1}-\sqrt{k})$

　　　　　　　　　　k에 1, 2, 3, ⋯, n을 차례로 대입하여 직접 더한다.

$=(\sqrt{2}-\sqrt{1})+(\sqrt{3}-\sqrt{2})+(\sqrt{4}-\sqrt{3})+\cdots+(\sqrt{n+1}-\sqrt{n})$

$=\sqrt{n+1}-1$

$$\sqrt{n+1}-1$$

> 연달아 소거된 후에 남은 항은 서로 대칭이 되는 위치에 있네!

$\underbrace{(a_1-a_2)}+(a_2-a_3)+(a_3-a_4)+\cdots$

$\cdots+(a_{n-2}-a_{n-1})+(a_{n-1}-\underbrace{a_n})=a_1-a_n$

내가 괄호 안에서 앞에 남으면　　난 괄호 안에서 뒤에 남고

$\underbrace{(a_2-a_1)}+(a_3-a_2)+(a_4-a_3)+\cdots$

$\cdots+(a_{n-1}-a_{n-2})+(\underbrace{a_n}-a_{n-1})=a_n-a_1$

내가 괄호 안에서 뒤에 남으면　　난 괄호 안에서 앞에 남아!

1st — 분모가 다항식의 곱으로 표현된 수열의 합

● 다음 식의 값을 구하시오.

1. $\sum_{k=1}^{15}\dfrac{4}{k(k+1)}$

→ $\sum_{k=1}^{15}\dfrac{4}{k(k+1)}=4\sum_{k=1}^{15}\left(\dfrac{1}{k}-\dfrac{1}{k+1}\right)$

$=4\times\left\{\left(\boxed{}-\dfrac{1}{2}\right)+\left(\dfrac{1}{2}-\dfrac{1}{3}\right)+\cdots+\left(\dfrac{1}{15}-\boxed{}\right)\right\}$

$=4\times\boxed{}=\boxed{}$

2. $\sum_{k=1}^{10}\dfrac{1}{(k+1)(k+2)}$

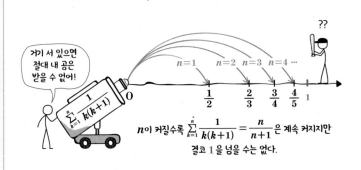

거기 서 있으면 절대 내 공은 받을 수 없어!

$\sum \dfrac{1}{k(k+1)}$

$n=1$　$n=2$　$n=3$　$n=4$ ⋯

$\dfrac{1}{2}$　$\dfrac{2}{3}$　$\dfrac{3}{4}$　$\dfrac{4}{5}$　1

n이 커질수록 $\sum_{k=1}^{n}\dfrac{1}{k(k+1)}=\dfrac{n}{n+1}$ 은 계속 커지지만 결코 1을 넘을 수는 없다.

3. $\sum_{k=1}^{14}\dfrac{1}{k(k+2)}$

→ $\sum_{k=1}^{14}\dfrac{1}{k(k+2)}=\dfrac{1}{2}\sum_{k=1}^{14}\left(\dfrac{1}{k}-\dfrac{1}{k+2}\right)$

$=\dfrac{1}{2}\times\left\{\left(\boxed{}-\dfrac{1}{3}\right)+\left(\boxed{}-\dfrac{1}{4}\right)+\cdots\right.$

$\left.+\left(\dfrac{1}{13}-\boxed{}\right)+\left(\dfrac{1}{14}-\boxed{}\right)\right\}$

$=\dfrac{1}{2}\times\boxed{}=\boxed{}$

> 앞에서 첫번째, 세 번째가 남으면 뒤에서 첫번째, 세 번째가 남는다.

4. $\sum_{k=1}^{7}\dfrac{1}{(k+1)(k+3)}$

● 다음 수열의 첫째항부터 제n항까지의 합 S_n을 구하시오.

5 $\dfrac{1}{1\times3}$, $\dfrac{1}{3\times5}$, $\dfrac{1}{5\times7}$, $\cdots$

→ 주어진 수열의 제k항을 a_k라 하면

$$a_k=\dfrac{1}{(2k-1)(\boxed{})}$$ 이므로

$$S_n=\sum_{k=1}^{n}a_k=\dfrac{1}{2}\sum_{k=1}^{n}\left(\dfrac{1}{2k-1}-\dfrac{1}{\boxed{}}\right)$$

$$=\dfrac{1}{2}\times\left\{\left(1-\dfrac{1}{\cancel{3}}\right)+\left(\dfrac{1}{\cancel{3}}-\dfrac{1}{\cancel{5}}\right)+\cdots+\left(\dfrac{1}{\cancel{2n-1}}-\dfrac{1}{\boxed{}}\right)\right\}$$

$$=\dfrac{1}{2}\times\left(1-\dfrac{1}{\boxed{}}\right)$$

$$=\dfrac{\boxed{}}{2n+1}$$

6 $\dfrac{3}{2\times5}$, $\dfrac{3}{5\times8}$, $\dfrac{3}{8\times11}$, $\cdots$

7 $\dfrac{2}{1\times3}$, $\dfrac{2}{2\times4}$, $\dfrac{2}{3\times5}$, $\cdots$

→ 주어진 수열의 제k항을 a_k라 하면 $a_k=\dfrac{2}{k(\boxed{})}$ 이므로

$$S_n=\sum_{k=1}^{n}\left(\dfrac{1}{k}-\dfrac{1}{\boxed{}}\right)$$

$$=\left(1-\dfrac{1}{\cancel{3}}\right)+\left(\dfrac{1}{2}-\dfrac{1}{\cancel{4}}\right)+\cdots+\left(\dfrac{1}{\cancel{n-1}}-\dfrac{1}{\boxed{}}\right)$$

$$+\left(\dfrac{1}{\cancel{n}}-\dfrac{1}{\boxed{}}\right)$$

$$=1+\dfrac{1}{2}-\dfrac{1}{\boxed{}}-\dfrac{1}{\boxed{}}$$

$$=\dfrac{n(3n+5)}{2(n+1)(\boxed{})}$$

> 앞에서 첫번째, 세 번째가 남으면 뒤에서 첫번째, 세 번째가 남는다.

8 $\dfrac{1}{3^2-1}$, $\dfrac{1}{4^2-1}$, $\dfrac{1}{5^2-1}$, $\cdots$

2nd — 분모가 무리식인 수열의 합

● 다음 식의 값을 구하시오.

9 $\displaystyle\sum_{k=1}^{24}\dfrac{1}{\sqrt{k}+\sqrt{k+1}}$

→ 분모를 유리화하면

$$\sum_{k=1}^{24}\dfrac{1}{\sqrt{k}+\sqrt{k+1}}=\sum_{k=1}^{24}\dfrac{\sqrt{k+1}-\boxed{}}{(\sqrt{k+1}+\sqrt{k})(\sqrt{k+1}-\boxed{})}$$

$$=\sum_{k=1}^{24}(\sqrt{k+1}-\boxed{})$$

$$=(\sqrt{2}-\boxed{})+(\sqrt{3}-\sqrt{2})+\cdots$$

$$+(\sqrt{25}-\sqrt{\boxed{}})$$

$$=-1+\boxed{}=\boxed{}$$

10 $\displaystyle\sum_{k=2}^{33}\dfrac{1}{\sqrt{k+2}+\sqrt{k+3}}$

● 다음 수열의 첫째항부터 제n항까지의 합 S_n을 구하시오.

11 $\dfrac{2}{\sqrt{2}+\sqrt{4}}$, $\dfrac{2}{\sqrt{4}+\sqrt{6}}$, $\dfrac{2}{\sqrt{6}+\sqrt{8}}$, $\cdots$

→ 주어진 수열의 제k항을 a_k라 하면

$$a_k=\dfrac{2}{\boxed{}+\sqrt{2k+2}}$$

주어진 a_k의 분모를 유리화하면 $a_k=\sqrt{2k+2}-\boxed{}$ 이므로

$$S_n=\sum_{k=1}^{n}a_k=\sum_{k=1}^{n}(\sqrt{2k+2}-\boxed{})$$

$$=(\sqrt{4}-\sqrt{\boxed{}})+(\sqrt{6}-\sqrt{4})+\cdots+(\sqrt{2n+2}-\sqrt{\boxed{}})$$

$$=\sqrt{2n+2}-\sqrt{\boxed{}}$$

12 $\dfrac{1}{\sqrt{4}+1}$, $\dfrac{1}{\sqrt{7}+\sqrt{4}}$, $\dfrac{1}{\sqrt{10}+\sqrt{7}}$, $\cdots$

05

여러 가지 수열의 합

1 합의 기호 $\sum$의 성질

수열 $\{a_n\}$, $\{b_n\}$에 대하여

❶ $\displaystyle\sum_{k=1}^{n}(a_k+b_k)=\sum_{k=1}^{n}a_k+\sum_{k=1}^{n}b_k$

❷ $\displaystyle\sum_{k=1}^{n}(a_k-b_k)=\sum_{k=1}^{n}a_k-\sum_{k=1}^{n}b_k$

❸ $\displaystyle\sum_{k=1}^{n}ca_k=c\sum_{k=1}^{n}a_k$ (단, c는 상수)

❹ $\displaystyle\sum_{k=1}^{n}c=cn$ (단, c는 상수)

2 자연수의 거듭제곱의 합

❶ $\displaystyle\sum_{k=1}^{n}k=1+2+3+\cdots+n=\frac{n(n+1)}{2}$

❷ $\displaystyle\sum_{k=1}^{n}k^2=1^2+2^2+3^2+\cdots+n^2=\frac{n(n+1)(2n+1)}{6}$

❸ $\displaystyle\sum_{k=1}^{n}k^3=1^3+2^3+3^3+\cdots+n^3=\left\{\frac{n(n+1)}{2}\right\}^2$

1st — 지수가 포함된 수열의 합 —

수열 $\{ar^{n-1}\}$은 첫째항이 a, 공비가 r인 등비수열이다.

수열 $\{2^n\}$은 첫째항이 2, 공비가 2인 등비수열이므로

$$\sum_{k=1}^{6}2^k=\frac{2(2^6-1)}{2-1}=126$$

● 다음을 계산하시오.

1 $\displaystyle\sum_{k=1}^{8}(2^{k-1}-k)$

$\rightarrow \displaystyle\sum_{k=1}^{8}(2^{k-1}-k)=\sum_{k=1}^{8}2^{k-1}-\sum_{k=1}^{8}k$

$\quad=\dfrac{2^{\boxed{}}-1}{2-1}-\dfrac{8\times9}{2}$

$\quad=2^{\boxed{}}-1-\boxed{}$

$\quad=\boxed{}$

2^{k-1}은 첫째항이 1, 공비가 2인 등비수열의 일반항이다.

2 $\displaystyle\sum_{k=1}^{5}(3^{k-1}+2)$

3 $\displaystyle\sum_{k=1}^{9}(2^k+2k+3)$

만두1인분 4,000

1인분, 2인분, 3인분, 4인분, 5인분 총 5개 각각 포장해 주세요. 얼마예요?

6만원! 6만원!

$4,000\displaystyle\sum_{k=1}^{5}k=4,000\times\dfrac{5\times6}{2}$
$=4,000\times15$
$=60000$

4 $\displaystyle\sum_{k=1}^{4}(4^k+k^2)$

2nd ─ 로그가 포함된 수열의 합

로그가 포함된 수열의 합은 로그의 성질에 의해 진수의 곱으로 변형된다.

$$\sum_{k=1}^{99} \log \frac{k+1}{k} = \log \frac{2}{1} + \log \frac{3}{2} + \log \frac{4}{3} + \cdots + \log \frac{100}{99}$$
$$= \log \left(\frac{2}{1} \times \frac{3}{2} \times \frac{4}{3} \times \cdots \times \frac{100}{99} \right)$$
$$= \log 100 = 2$$

● 다음을 계산하시오.

5 $\displaystyle\sum_{k=1}^{10} \log \left(\frac{1}{k+1} + 1 \right)$

→ $\displaystyle\sum_{k=1}^{10} \log \left(\frac{1}{k+1} + 1 \right)$

$$= \sum_{k=1}^{10} \log \frac{\boxed{}}{k+1}$$

$$= \log \frac{\boxed{}}{2} + \log \frac{\boxed{}}{3} + \cdots + \log \frac{\boxed{}}{11}$$

$$= \log \left(\frac{\boxed{}}{2} \times \frac{\boxed{}}{3} \times \cdots \times \frac{\boxed{}}{11} \right)$$

$$= \log \frac{\boxed{}}{2} = \log \boxed{}$$

6 $\displaystyle\sum_{k=1}^{20} \log \frac{k+2}{k}$

7 $\displaystyle\sum_{k=1}^{24} \log \left(1 + \frac{2}{2k-1} \right)$

8 $\displaystyle\sum_{k=1}^{32} \log \frac{3k+4}{3k+1}$

3rd ─ ∑를 여러 개 포함한 식의 계산

괄호 안부터 차례로 계산한다.
이때 변수를 나타내는 문자 외의 문자는 상수로 생각한다.

$\displaystyle\sum_{k=1}^{5} \left(\sum_{m=1}^{k} km \right)$ 에서

$$\sum_{m=1}^{k} km = k \sum_{m=1}^{k} m = k \times \frac{k(k+1)}{2} = \frac{1}{2}(k^3 + k^2) \text{이므로}$$

변수 상수

$$\sum_{k=1}^{5} \left(\sum_{m=1}^{k} km \right) = \sum_{k=1}^{5} \frac{1}{2}(k^3 + k^2)$$

● 다음을 계산하시오.

9 $\displaystyle\sum_{n=1}^{10} \left\{ \sum_{m=1}^{6} (m+n-1) \right\}$

→ $\displaystyle\sum_{n=1}^{10} \left\{ \sum_{m=1}^{6} (m+n-1) \right\} = \sum_{n=1}^{10} \left\{ \sum_{m=1}^{6} m + \sum_{m=1}^{6} (n-1) \right\}$

$$= \sum_{n=1}^{10} \left\{ \boxed{} + 6(n-1) \right\}$$

$$= \sum_{n=1}^{10} (6n + \boxed{}) = 6 \sum_{n=1}^{10} n + \boxed{}$$

$$= \boxed{}$$

10 $\displaystyle\sum_{n=1}^{20} \left(\sum_{m=1}^{6} m \right)$

11 $\displaystyle\sum_{n=1}^{10} \left(\sum_{m=1}^{10} mn \right)$

12 $\displaystyle\sum_{j=1}^{5} \left\{ \sum_{i=1}^{8} i(j+2) \right\}$

13 $\displaystyle\sum_{i=1}^{6}\left\{\sum_{j=1}^{i}\left(\sum_{k=1}^{j}2\right)\right\}$

→ $\displaystyle\sum_{k=1}^{j}2=2j$ 이고,

$\displaystyle\sum_{j=1}^{i}\left(\sum_{k=1}^{j}2\right)=\sum_{j=1}^{i}2j=2\sum_{j=1}^{i}j=i^2+\boxed{}$ 이므로

$\displaystyle\sum_{i=1}^{6}\left\{\sum_{j=1}^{i}\left(\sum_{k=1}^{j}2\right)\right\}=\sum_{i=1}^{6}(i^2+\boxed{})=\sum_{i=1}^{6}i^2+\sum_{i=1}^{6}\boxed{}$

$\displaystyle=\frac{6\times7\times\boxed{}}{6}+\frac{6\times\boxed{}}{2}$

$=\boxed{}$

14 $\displaystyle\sum_{i=1}^{6}\left\{\sum_{j=1}^{4}\left(\sum_{k=1}^{i}2k\right)\right\}$

15 $\displaystyle\sum_{i=1}^{8}\left\{\sum_{j=1}^{4}\left(\sum_{k=1}^{i}i\right)\right\}$

16 $\displaystyle\sum_{i=1}^{8}\left\{\sum_{j=1}^{i}\left(\sum_{k=1}^{4}3kj\right)\right\}$

4th ── 수열의 합이 주어진 경우 ──

첫째항부터 제 n항까지의 수열의 합을 알면 일반항을 구할 수 있다.

$\displaystyle\sum_{k=1}^{n}a_k=n^2$ 에서

$n\geq2$일 때, $\displaystyle a_n=\sum_{k=1}^{n}a_k-\sum_{k=1}^{n-1}a_k$

$=n^2-(n-1)^2=2n-1$ ······ ㉠ ┐ ㉠에 $n=1$을 대입하면

$n=1$일 때, $a_1=1$이므로   └ ㉠=㉡

$a_n=2n-1$

● 수열 $\{a_n\}$에 대하여 다음을 구하시오.

17 $\displaystyle\sum_{k=1}^{n}a_k=2n^2-4n$일 때, $\displaystyle\sum_{k=1}^{6}a_{2k-1}$의 값

→ $\displaystyle S_n=\sum_{k=1}^{n}a_k=2n^2-4n$이므로

$n\geq2$일 때

$a_n=S_n-S_{n-1}$

$=(2n^2-4n)-\{2(n-1)^2-4(n-1)\}$

$=4n-\boxed{}$ ······ ㉠

$n=1$일 때, $a_1=S_1=\boxed{}$ ······ ㉡

㉠, ㉡에 의하여 $a_n=4n-\boxed{}$이므로

$a_{2k-1}=8k-\boxed{}$

따라서

$\displaystyle\sum_{k=1}^{6}a_{2k-1}=\sum_{k=1}^{6}(8k-\boxed{})=8\sum_{k=1}^{6}k-\sum_{k=1}^{6}\boxed{}$

$\displaystyle=8\times\frac{6\times7}{2}-\boxed{}=\boxed{}$

18 $\displaystyle\sum_{k=1}^{n}a_k=3n^2+6n$일 때, $\displaystyle\sum_{k=1}^{10}a_{2k-1}$의 값

19 $\displaystyle\sum_{k=1}^{n}a_k=2^n-1$일 때, $\displaystyle\sum_{k=1}^{15}a_{2k}$의 값

● 수열 $\{a_n\}$에 대하여 다음을 n에 대한 식으로 나타내시오.

20 $\displaystyle\sum_{k=1}^{n} a_k = 2n^2$일 때, $\displaystyle\sum_{k=1}^{n} \frac{1}{a_k a_{k+1}}$

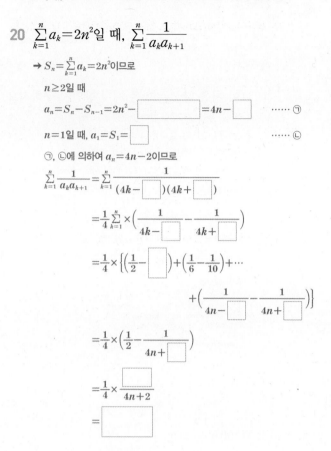

→ $S_n = \displaystyle\sum_{k=1}^{n} a_k = 2n^2$이므로

$n \geq 2$일 때

$a_n = S_n - S_{n-1} = 2n^2 - \boxed{} = 4n - \boxed{}$ …… ㉠

$n=1$일 때, $a_1 = S_1 = \boxed{}$ …… ㉡

㉠, ㉡에 의하여 $a_n = 4n - 2$이므로

$\displaystyle\sum_{k=1}^{n} \frac{1}{a_k a_{k+1}} = \sum_{k=1}^{n} \frac{1}{(4k-\boxed{})(4k+\boxed{})}$

$= \dfrac{1}{4} \displaystyle\sum_{k=1}^{n} \times \left(\frac{1}{4k-\boxed{}} - \frac{1}{4k+\boxed{}} \right)$

$= \dfrac{1}{4} \times \left\{ \left(\frac{1}{2} - \boxed{} \right) + \left(\frac{1}{6} - \frac{1}{10} \right) + \cdots \right.$

$\left. + \left(\frac{1}{4n-\boxed{}} - \frac{1}{4n+\boxed{}} \right) \right\}$

$= \dfrac{1}{4} \times \left(\frac{1}{2} - \frac{1}{4n+\boxed{}} \right)$

$= \dfrac{1}{4} \times \dfrac{\boxed{}}{4n+2}$

$= \boxed{}$

21 $\displaystyle\sum_{k=1}^{n} a_k = \frac{3n^2+n}{2}$일 때, $\displaystyle\sum_{k=1}^{n} \frac{1}{a_k a_{k+1}}$

22 $\displaystyle\sum_{k=1}^{n} a_k = n^2 - 2n$일 때, $\displaystyle\sum_{k=2}^{n} \frac{2}{\sqrt{a_k} + \sqrt{a_{k+1}}}$

5th (등차수열)×(등비수열) 꼴의 수열의 합

등차수열의 각 항과 등비수열의 각 항을 서로 곱하여
만들어진 수열의 합을 구할 때

주어진 수열의 합 S에 등비수열의 공비 r를
곱한 식을 만들어서 두 식을 뺀 식, 즉
$S - rS = (1-r)S$를 이용하여 S의 값을 구한다.

● 다음을 계산하시오.

23 $1 \times 2 + 2 \times 2^2 + 3 \times 2^3 + \cdots + 10 \times 2^{10}$

→ $S = 1 \times 2 + 2 \times 2^2 + 3 \times 2^3 + \cdots + 10 \times 2^{10}$ …… ㉠

이라 하고 ㉠의 양변에 2를 곱하면

$2S = 1 \times 2^2 + 2 \times 2^3 + 3 \times 2^4 + \cdots + 10 \times 2^{\boxed{}}$ …… ㉡

㉠−㉡을 하면

$S - 2S = 2 + 2^2 + 2^3 + \cdots + 2^{10} - 10 \times 2^{\boxed{}}$

$-S = \dfrac{2(2^{\boxed{}}-1)}{2-1} - 10 \times 2^{\boxed{}}$

따라서 $S = \boxed{} \times 2^{11} + 2$

24 $2 \times 2 + 4 \times 2^2 + 6 \times 2^3 + \cdots + 20 \times 2^{10}$

25 $1 \times 3 + 3 \times 3^2 + 5 \times 3^3 + \cdots + 15 \times 3^8$

06

묶으면 수열이 보이는!

군수열

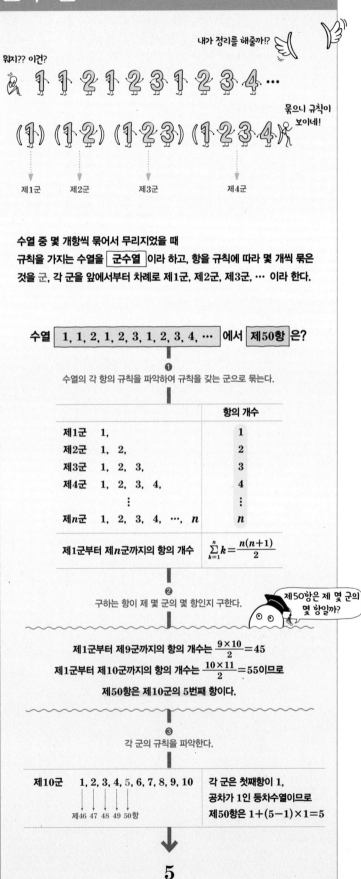

워지?? 이건?

내가 정리를 해줄까!?

1 1 2 1 2 3 1 2 3 4 …

묶으니 규칙이 보이네!

(1) (1 2) (1 2 3) (1 2 3 4)

제1군　　제2군　　　제3군　　　　제4군

수열 중 몇 개항씩 묶어서 무리지었을 때
규칙을 가지는 수열을 군수열 이라 하고, 항을 규칙에 따라 몇 개씩 묶은
것을 군, 각 군을 앞에서부터 차례로 제1군, 제2군, 제3군, … 이라 한다.

수열 1, 1, 2, 1, 2, 3, 1, 2, 3, 4, … 에서 제50항 은?

❶

수열의 각 항의 규칙을 파악하여 규칙을 갖는 군으로 묶는다.

		항의 개수
제1군	1,	1
제2군	1, 2,	2
제3군	1, 2, 3,	3
제4군	1, 2, 3, 4,	4
⋮		⋮
제n군	1, 2, 3, 4, …, n	n

제1군부터 제n군까지의 항의 개수 $\sum\limits_{k=1}^{n} k = \dfrac{n(n+1)}{2}$

❷

구하는 항이 제 몇 군의 몇 항인지 구한다.

제50항은 제 몇 군의 몇 항일까?

제1군부터 제9군까지의 항의 개수는 $\dfrac{9 \times 10}{2} = 45$

제1군부터 제10군까지의 항의 개수는 $\dfrac{10 \times 11}{2} = 55$이므로

제50항은 제10군의 5번째 항이다.

❸

각 군의 규칙을 파악한다.

제10군　1, 2, 3, 4, 5, 6, 7, 8, 9, 10

제46 47 48 49 50항

각 군은 첫째항이 1,
공차가 1인 등차수열이므로
제50항은 $1 + (5-1) \times 1 = 5$

↓

5

---

1 수열 1, 1, 3, 1, 3, 5, 1, 3, 5, 7, …에 대하여 물음에 답하시오.

(1) 41이 처음 나오는 항은 제몇 항인지 구하시오.

→ 주어진 수열을 다음과 같이 군으로 묶으면

(1), (1, 3), (1, 3, 5), (1, 3, 5, 7), …

41이 처음 나오는 군을 제k군이라 하자.

제k군의 마지막 항이 41일 때, 41이 처음 나오는 항이고 제k군의

마지막 항은 ⬜ 이므로

⬜ $= 41$, $k =$ ⬜

즉 제21군의 21번째 항에서 41이 처음 나온다.

이때 제k군의 항의 개수는 ⬜ 이므로 제1군부터 제21군까지의

항의 개수는

$\sum\limits_{k=1}^{21}$ ⬜ $= \dfrac{21 \times \boxed{}}{2} =$ ⬜

따라서 41이 처음 나오는 항은 제 ⬜ 항이다.

(2) 제100항을 구하시오.

→ 제1군부터 제13군까지의 항의 개수는

$\sum\limits_{k=1}^{13} k = \dfrac{13 \times 14}{2} =$ ⬜

즉 주어진 수열의 제100항은 제14군의 ⬜ 번째 항이다.

이때 각 군은 첫째항이 1, 공차가 ⬜ 인 등차수열이므로

주어진 수열의 제100항은

$1 + (9-1) \times$ ⬜ $=$ ⬜

2 수열 1, 2, 2, 3, 3, 3, 4, 4, 4, 4, 5, 5, 5, 5, 5, …에 대하여 물음에 답하시오.

(1) 13이 처음 나오는 항은 제몇 항인지 구하시오.

(2) 제200항을 구하시오.

3 수열 $\dfrac{1}{1}$, $\dfrac{1}{2}$, $\dfrac{2}{2}$, $\dfrac{1}{3}$, $\dfrac{2}{3}$, $\dfrac{3}{3}$, $\dfrac{1}{4}$, $\dfrac{2}{4}$, $\dfrac{3}{4}$, $\dfrac{4}{4}$, …에 대하여 물음에 답하시오. _{분모가 같은 것끼리 묶어 봐!}

(1) $\dfrac{7}{12}$이 처음 나오는 항은 제몇 항인지 구하시오.

→ 주어진 수열을 다음과 같이 군으로 묶으면

$\left(\dfrac{1}{1}\right)$, $\left(\dfrac{1}{2}, \dfrac{2}{2}\right)$, $\left(\dfrac{1}{3}, \dfrac{2}{3}, \dfrac{3}{3}\right)$, …

제 k군에 속한 항들은 분모가 모두 k이고, 분자는 첫째항이 1이고 공차가 ☐인 등차수열이다.

분모가 k인 기약분수는 제 k군에서 처음 나오므로

$\dfrac{7}{12}$은 제12군의 ☐번째 항에서 처음 나온다.

이때 제 k군의 항의 개수는 ☐이므로 제1군에서 제11군까지의 항의 개수는

$$\sum_{k=1}^{11} k = \dfrac{11 \times 12}{2} = \boxed{}$$

따라서 $\dfrac{7}{12}$이 처음 나오는 항은 ☐+7, 즉 제 ☐ 항이다.

(2) 제100항을 구하시오.

→ 제1군에서 제13군까지의 항의 개수는

$$\sum_{k=1}^{13} k = \dfrac{13 \times 14}{2} = \boxed{}$$

따라서 제100항은 제14군의 9번째 항이므로 ☐ 이다.

4 수열 $\dfrac{1}{1}$, $\dfrac{1}{3}$, $\dfrac{3}{1}$, $\dfrac{1}{5}$, $\dfrac{3}{3}$, $\dfrac{5}{1}$, $\dfrac{1}{7}$, $\dfrac{3}{5}$, $\dfrac{5}{3}$, $\dfrac{7}{1}$, …에 대하여 물음에 답하시오. _{분모와 분자의 합이 같은 것끼리 묶어 봐!}

(1) $\dfrac{13}{7}$은 제몇 항인지 구하시오.

(2) 제80항을 구하시오.

2nd — 군수열의 활용

5 자연수를 아래와 같이 규칙적으로 배열할 때, 위에서 7번째 줄의 왼쪽에서 6번째에 있는 수를 구하시오.

1	3	6	10	15	…
2	5	9	14		
4	8	13			
7	12				
11					
…					

→ 위의 배열에서 왼쪽 아래에서 오른쪽 위로 향하는 대각선 위의 수들을 군으로 묶으면

(1), $(2, 3)$, $(4, 5, 6)$, …

위에서 7번째 줄의 왼쪽에서 6번째에 있는 수가 속한 대각선에 속한 수들은 제 ☐군에 속한다.

이때 제 k군의 항의 개수는 ☐이므로 제1부터 제11군까지의 항의

개수는 $\sum_{k=1}^{11} k = \boxed{}$

위에서 7번째 줄의 왼쪽에서 6번째에 있는 수는 제 ☐군의 6번째 수이므로 ☐+6, 즉 ☐이다.

6 아래와 같이 자연수가 규칙적으로 배열되어 있을 때, 위에서 20번째 줄의 왼쪽에서 12번째에 있는 수를 구하시오.

$$2$$
$$4 \quad 6$$
$$8 \quad 10 \quad 12$$
$$14 \quad 16 \quad 18 \quad 20$$
$$22 \quad 24 \quad 26 \quad 28 \quad 30$$
$$\cdots$$

03 자연수의 거듭제곱의 합

① $\displaystyle\sum_{k=1}^{n} k = \frac{n(n+1)}{2}$

② $\displaystyle\sum_{k=1}^{n} k^2 = \frac{n(n+1)(2n+1)}{6}$

③ $\displaystyle\sum_{k=1}^{n} k^3 = \left\{\frac{n(n+1)}{2}\right\}^2$

1 $\displaystyle\sum_{k=1}^{8} \frac{1^2+2^2+3^2+\cdots+k^2}{2k+1}$의 값은?

① 40   ② 42   ③ 44

④ 46   ⑤ 48

2 자연수 n에 대하여 이차방정식 $x^2-nx+2n+1=0$의 두 근을 a_n, b_n이라 할 때, $\displaystyle\sum_{k=1}^{10}(a_k{}^2+b_k{}^2)$의 값은?

① 145   ② 147   ③ 149

④ 151   ⑤ 153

3 $\displaystyle\sum_{n=1}^{8} \sqrt{\sum_{k=1}^{n}(2k-1)}$의 값은?

① 15   ② 21   ③ 28

④ 36   ⑤ 45

04 분수 꼴로 주어진 수열의 합

① $\displaystyle\sum_{k=1}^{n} \frac{1}{k(k+1)} = \sum_{k=1}^{n}\left(\frac{1}{k}-\frac{1}{k+1}\right)$

② $\displaystyle\sum_{k=1}^{n} \frac{1}{\sqrt{k}+\sqrt{k+1}} = \sum_{k=1}^{n}(\sqrt{k+1}-\sqrt{k})$

4 수열 $\{a_n\}$의 일반항이 $a_n=2n+1$일 때, $\displaystyle\sum_{k=1}^{23} \frac{1}{\sqrt{a_{k+1}}+\sqrt{a_k}}$의 값을 구하시오.

5 첫째항 4이고, 공차가 2인 등차수열 $\{a_n\}$에 대하여 $\displaystyle\sum_{k=1}^{n} \frac{1}{a_k a_{k+1}} > \frac{1}{10}$을 만족시키는 자연수 n의 최솟값은?

① 5   ② 6   ③ 7

④ 8   ⑤ 9

6 자연수 n에 대하여 이차방정식 $x^2-(2n+1)x+n(n+1)=0$의 두 근의 합을 a_n이라 할 때, $\displaystyle\sum_{k=1}^{39} \frac{1}{a_k a_{k+1}}$의 값은?

① $\dfrac{1}{9}$ ② $\dfrac{10}{81}$ ③ $\dfrac{11}{81}$

④ $\dfrac{4}{27}$ ⑤ $\dfrac{13}{81}$

05 여러 가지 수열의 합

• 수열 $\{a_n\}$에 대하여 $S_n = \sum_{k=1}^{n} a_k$일 때

$a_n = S_n - S_{n-1}$ ($n \geq 2$), $a_1 = S_1$

7 $\sum_{j=1}^{m} \left\{ \sum_{k=1}^{12} (4k-3j) \right\} = 888$을 만족시키는 자연수 m의 값은?

① 3   ② 4   ③ 5
④ 6   ⑤ 7

8 $\sum_{k=1}^{254} \log_4 \{ \log_{k+1}(k+2) \}$의 값은?

① $\dfrac{1}{2}$ ② 1   ③ $\dfrac{3}{2}$

④ 2   ⑤ $\dfrac{5}{2}$

9 수열 $\{a_n\}$의 첫째항부터 제 n항까지의 합을 S_n이라 할 때, $S_n = 2n^2 + 4n$이다. $\sum_{k=1}^{49} \dfrac{a_1 a_{50}}{a_k a_{k+1}}$의 값은?

① 43   ② 45   ③ 47
④ 49   ⑤ 51

06 군수열

• 어떤 수열을 특정한 규칙에 의하여 몇 개의 항들의 묶음인 군으로 나눌 수 있는 수열을 군수열이라 한다.

10 수열 $\dfrac{1}{1}$, $\dfrac{1}{3}$, $\dfrac{2}{3}$, $\dfrac{3}{3}$, $\dfrac{1}{5}$, $\dfrac{2}{5}$, $\dfrac{3}{5}$, $\dfrac{4}{5}$, $\dfrac{5}{5}$, $\cdots$에서 $\dfrac{13}{27}$은 제 m항에서 처음 나올 때, 자연수 m의 값은?

① 176   ② 178   ③ 180
④ 182   ⑤ 184

11 수열 1, 1, 2, 1, 2, 3, 1, 2, 3, 4, $\cdots$에서 첫째항부터 제 60항까지의 합은?

① 225   ② 230   ③ 235
④ 240   ⑤ 245

12 다음 그림과 같이 수를 배열할 때, 48은 위에서 m번째 줄의 왼쪽에서 n번째에 있는 수라 한다. $m+n$의 값은? (단, m, n은 자연수이다.)

1	2	5	10	$\cdots$
4	3	6	11	
9	8	7	12	
16	15	14	13	
$\cdots$				

① 8   ② 9   ③ 10
④ 11   ⑤ 12

TEST 개념 발전

1 수열 $\{a_n\}$에 대하여

$$\sum_{k=1}^{n} a_k = \frac{n(n-1)(n+1)}{6}$$

일 때, $\sum_{n=1}^{12} n(a_{n+1}-a_n)$의 값은?

① 640   ② 650   ③ 660

④ 670   ⑤ 680

2 3^n의 일의 자리 수를 $f(n)$, 4^n의 일의 자리 수를 $g(n)$이라 할 때, $\sum_{k=1}^{1234} \{f(k)-g(k)\}$의 값은?

① -4 ② -2 ③ 0

④ 2   ⑤ 4

3 수열 $\{a_n\}$에 대하여 $\sum_{k=1}^{10} a_k = 12$, $\sum_{k=1}^{10} a_k^2 = 96$일 때,

$\sum_{k=1}^{10} (a_k-1)(a_k-2)$의 값은?

① 80   ② 84   ③ 88

④ 92   ⑤ 96

4 $\left(\dfrac{n+1}{n}\right)^2 + \left(\dfrac{n+2}{n}\right)^2 + \left(\dfrac{n+3}{n}\right)^2 + \cdots + \left(\dfrac{n+n}{n}\right)^2$을

간단히 나타내면 $an + \dfrac{1}{bn} + c$일 때, 상수 a, b, c에 대하여 abc의 값은?

① 9   ② 15   ③ 21

④ 27   ⑤ 33

5 x에 대한 이차방정식 $x^2+4x-(4n^2-1)=0$의 두 근을 α_n, β_n이라 할 때, $\sum_{n=1}^{37} 75\left(\dfrac{1}{\alpha_n}+\dfrac{1}{\beta_n}\right)$의 값은?

① 144   ② 146   ③ 148

④ 150   ⑤ 152

6 다음 수열의 첫째항부터 제20항까지의 합이 $a+\left(\dfrac{1}{2}\right)^b$일 때, $a+b$의 값은? (단, a, b는 상수이다.)

$$1,\ 1+\frac{1}{2},\ 1+\frac{1}{2}+\frac{1}{4},\ 1+\frac{1}{2}+\frac{1}{4}+\frac{1}{8},\ \cdots$$

① 55   ② 57   ③ 59

④ 63   ⑤ 65

7 수열 $\{a_n\}$이 모든 자연수 n에 대하여 $\sum_{k=1}^{n} a_k = \log_2 n(n+1)$을 만족시킨다. $\sum_{k=1}^{20} a_{2k} = A$일 때, 2^A의 값은?

① 39   ② 40   ③ 41

④ 42   ⑤ 43

8 $f(x)=1+3x+5x^2+7x^3+\cdots+39x^{19}$일 때, $f(2)=a\times 2^{20}+3$이다. 정수 a의 값은?

① 37   ② 38   ③ 39

④ 40   ⑤ 41

9 $\displaystyle\sum_{k=1}^{75}\cos\dfrac{k}{6}\pi$의 값을 구하시오.

10 수열 $\{a_n\}$에 대하여 등식

$2a_1+4a_2+8a_3+\cdots+2^n a_n=5\times2^n$이 성립할 때,

$\displaystyle\sum_{k=1}^{21}a_k$의 값은?

① 55   ② 60   ③ 65

④ 70   ⑤ 75

11 분수를 아래와 같이 규칙적으로 배열할 때, 위에서 14번째 줄의 왼쪽에서 11번째에 있는 수는?

$\frac{1}{1}$	$\frac{2}{2}$	$\frac{3}{3}$	$\frac{4}{4}$	$\cdots$
$\frac{1}{2}$	$\frac{2}{3}$	$\frac{3}{4}$	$\frac{4}{5}$	
$\frac{1}{3}$	$\frac{2}{4}$	$\frac{3}{5}$		
$\frac{1}{4}$	$\frac{2}{5}$			
$\cdots$				

① $\dfrac{10}{24}$ ② $\dfrac{11}{24}$ ③ $\dfrac{12}{24}$

④ $\dfrac{10}{25}$ ⑤ $\dfrac{11}{25}$

12 이차함수 $y=x^2$의 그래프와 직선 $x=n$이 만나는 점을 P_n이라 하고, 일차함수 $y=2x-1$의 그래프와 직선 $x=n$이 만나는 점을 Q_n이라 하자. $\displaystyle\sum_{k=2}^{10}\overline{P_kQ_k}$의 값은?

① 280   ② 285   ③ 290

④ 295   ⑤ 300

13 자연수 n에 대하여 함수 $y=\dfrac{2}{x}\,(x>0)$의 그래프 위의 점 $P_n\!\left(n,\ \dfrac{2}{n}\right)$를 지나고 기울기가 1인 직선이 x축과 만나는 점을 Q_n, $P_n\!\left(n,\ \dfrac{2}{n}\right)$를 지나고 기울기가 -1인 직선이 x축과 만나는 점을 R_n이라 하자. $\triangle P_nQ_nR_n$의 넓이를 S_n이라 할 때, $\displaystyle\sum_{n=1}^{10}\sqrt{S_nS_{n+1}}$의 값은?

① $\dfrac{34}{11}$ ② $\dfrac{36}{11}$ ③ $\dfrac{38}{11}$

④ $\dfrac{40}{11}$ ⑤ $\dfrac{42}{11}$

14 수열 $\{a_n\}$이 첫째항은 1, 공차는 2인 등차수열일 때, $\displaystyle\sum_{k=1}^{40}\dfrac{2}{\sqrt{a_{k+1}}+\sqrt{a_k}}$의 값을 구하시오.

11

나열된 수들의 관계를 증명!
수학적 귀납법

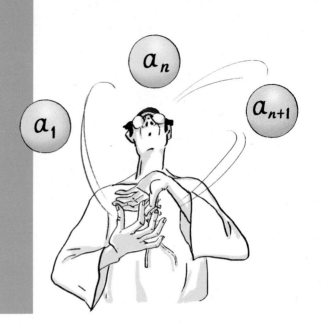

항과 항 사이의 관계로 나타내는!

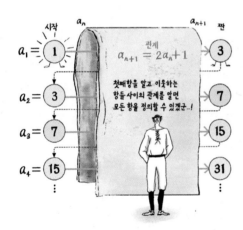

일반적으로 수열 $\{a_n\}$은
(i) 첫째항 a_1의 값
(ii) 두 항 a_n, a_{n+1} 사이의 관계식 ($n=1, 2, 3, \cdots$)
과 같이 정의할 수 있다.
이와 같이 수열을 처음 몇 개의 항과 이웃하는 여러 항 사이의 관계식으로
정의하는 것을 수열의 [귀납적 정의]라 한다.

수열의 귀납적 정의

이 단원에서는 수열을 나타내는 새로운 방법을
배워볼 거야. 수열 $\{a_n\}$에 대하여 일반항이 주어지지
않아도 처음 몇 개의 항과 이웃하는 여러 항 사이의
관계가 주어지면 수열의 모든 항을 알 수 있어. 이와
같이 처음 몇 개의 항과 이웃하는 여러 항 사이의
관계식으로 수열을 정의하는 것을 수열의 귀납적
정의라 해.
첫째항이 a, 공차가 d인 등차수열 $\{a_n\}$의 귀납적
정의는 $a_1=a$, $a_{n+1}=a_n+d$ ($n=1, 2, 3, \cdots$)이고,
첫째항이 a, 공비가 r인 등비수열 $\{a_n\}$의 귀납적
정의는 $a_1=a$, $a_{n+1}=ra_n$ ($n=1, 2, 3, \cdots$)이야.
귀납적으로 정의된 수열을 보고 등차수열인지
등비수열인지 알 수 있어야 해!

항과 항 사이의 관계로 나타내는!

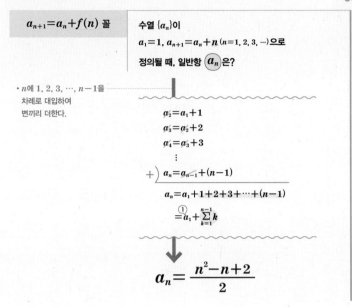

$a_{n+1}=a_n+f(n)$ 꼴

수열 $\{a_n\}$이
$a_1=1,\ a_{n+1}=a_n+n\ (n=1, 2, 3, \cdots)$으로
정의될 때, 일반항 a_n은?

· n에 1, 2, 3, $\cdots$, $n-1$을 차례로 대입하여 변끼리 더한다.

$a_2=a_1+1$
$a_3=a_2+2$
$a_4=a_3+3$
$\vdots$
$+)\ a_n=a_{n-1}+(n-1)$
$a_n=a_1+1+2+3+\cdots+(n-1)$
$=a_1+\sum\limits_{k=1}^{n-1}k$

$$a_n=\dfrac{n^2-n+2}{2}$$

여러 가지 수열의 귀납적 정의

04 여러 가지 수열의 귀납적 정의 (1)
05 여러 가지 수열의 귀납적 정의 (2)

이제 귀납적으로 정의된 여러 가지 수열에 대해
알아보자. 수열의 귀납적 정의가 어떤 꼴로
되어있는지에 따라 푸는 방법은 다양하지만
n에 1, 2, 3, $\cdots$ 을 차례로 대입하여 수열의
첫째항부터 나열해 보면서
그 안에 존재하는 규칙을 발견하는 것이 핵심이야.
귀납적으로 정의된 다양한 수열에 어떤 규칙이
있는지 발견하고 이해해 보자.
또 수열과 관련된 실생활 문제에서
인접한 항 사이의 관계를 파악하고,
귀납적 정의를 이용하여 표현해 볼 거야!

관계의 성립으로 증명하는!

이걸 언제 다 증명해?

일일이 할 필요 없어.
$n=1$일 때 참인지 확인하고, $n=k$일 때 참이라 하고
$n=k+1$일 때도 참임을 보이면 도미노가 차례대로
쓰러지듯이 모든 자연수에 대하여 참이야!

$n=1$
$n=2$
$n=3$
$n=4$
$n=k$ $n=k+1$

명제 $p(n)$이 모든 자연수 n에 대하여
(i) $n=1$일 때 명제 $p(n)$이 성립한다.
(ii) $n=k$일 때 명제 $p(n)$이 성립한다고 가정하면
$n=k+1$일 때도 명제 $p(n)$이 성립한다.
가 모두 참임을 보여 증명하는 방법을 [수학적 귀납법] 이라 한다.

수학적 귀납법

06 수학적 귀납법

자연수 n에 대한 명제 $p(n)$이 성립함을 증명하려면
다음 두 가지를 보이면 돼.

(i) $n=1$일 때, 명제 $p(n)$이 성립한다.
(ii) $n=k$일 때 명제 $p(n)$이 성립한다고 가정하면
$n=k+1$일 때에도 명제 $p(n)$이 성립한다.

이와 같은 증명 방법을 수학적 귀납법이라 하지.
수학적 귀납법은 첫 번째 단계에서는 구체적인 예인
첫 번째 자연수에 대하여 명제가 성립하는지
알아보고, 두 번째 단계에서는 하나의 자연수에
대하여 명제가 성립한다고 가정하면 그다음
자연수에 대하여 성립함을 보이는 과정이야. 수학적
귀납법의 원리를 이해하고 이를 이용하여 다양한
자연수 n에 관한 명제가 성립함을 증명해 보자!

01

항과 항 사이의 관계로 나타내는!

수열의 귀납적 정의

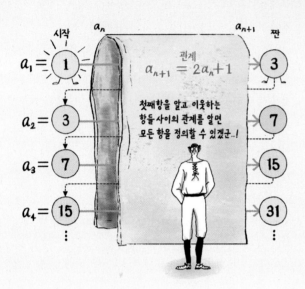

일반적으로 수열 $\{a_n\}$은
(i) 첫째항 a_1의 값
(ii) 두 항 a_n, a_{n+1} 사이의 관계식 ($n=1, 2, 3, \cdots$)
과 같이 정의할 수 있다.
이와 같이 수열을 처음 몇 개의 항과 이웃하는 여러 항 사이의 관계식으로
정의하는 것을 수열의 귀납적 정의 라 한다.

> 귀납이 뭐지?

> 귀납이란 개개의 특수한 사실로부터 일반적인 결론을
> 이끌어 내는 방법으로 수열의 항과 항 사이의 관계로
> 전체 수열을 유추해 내는 것이지!

참고 수열에서 이웃하는 항들 사이의 관계식을 점화식이라 한다.

 수열의 귀납적 정의

● 다음과 같이 정의된 수열 $\{a_n\}$에서 제4항을 구하시오.
(단, $n=1, 2, 3, \cdots$)

1 $a_1=1$, $a_{n+1}=a_n+3$

→ $a_2=a_1+3=\boxed{}$

$a_3=a_2+3=\boxed{}$

$a_4=a_3+\boxed{}=\boxed{}$

2 $a_1=13$, $a_{n+1}=a_n-5$

3 $a_1=\dfrac{1}{4}$, $a_{n+1}=4a_n$

4 $a_1=243$, $a_{n+1}=\dfrac{1}{3}a_n$

5 $a_1=1$, $a_{n+1}=-3a_n+3$

> 세 항 사이의 관계식이 주어진 경우는 a_1, a_2와 같이
> 두 개의 항을 알아야 나머지 항을 구할 수 있다.

6 $a_1=2$, $a_2=4$, $a_{n+1}=\dfrac{a_n+a_{n+2}}{2}$

→ $a_{n+1}=\dfrac{a_n+a_{n+2}}{2}$이면 $2a_{n+1}=a_n+a_{n+2}$이므로

$a_{n+2}=2a_{n+1}-a_n$

$a_3=2a_2-a_1=2\times\boxed{}-\boxed{}=\boxed{}$

$a_4=2a_3-a_2=2\times\boxed{}-\boxed{}=\boxed{}$

7 $a_1=10$, $a_2=6$, $a_{n+2}-2a_{n+1}+a_n=0$

8 $a_1=1$, $a_2=-2$, $a_{n+1}{}^2=a_na_{n+2}$

9 $a_1=5$, $a_2=1$, $\dfrac{a_{n+1}}{a_n}=\dfrac{a_{n+2}}{a_{n+1}}$

10 $a_1=1$, $a_2=2$, $\dfrac{a_{n+2}}{a_{n+1}}=a_n$

● 다음과 같이 정의된 수열 $\{a_n\}$에서 제k항을 구하시오.

(단, $n=1, 2, 3, \cdots$)

11 $a_1=1$, $a_{n+1}=-a_n+\dfrac{1}{2}$ $[k=100]$

$\rightarrow a_2=-a_1+\dfrac{1}{2}=\boxed{}+\dfrac{1}{2}=\boxed{}$

$a_3=-a_2+\dfrac{1}{2}=-\left(\boxed{}\right)+\dfrac{1}{2}=\boxed{}$

$a_4=-a_3+\dfrac{1}{2}=\boxed{}+\dfrac{1}{2}=\boxed{}$

$\vdots$

즉 수열 $\{a_n\}$은 1, $\boxed{}$ 이 반복되므로

$a_n=\begin{cases}\boxed{} & (n\text{은 홀수}) \\ \boxed{} & (n\text{은 짝수})\end{cases}$ $(n=1, 2, 3, \cdots)$

따라서 $a_{100}=\boxed{}$

12 $a_1=5$, $a_{n+1}=-|a_n|+3$ $[k=35]$

13 $a_1=-1$, $a_{n+1}=\dfrac{1}{1-a_n}$ $[k=60]$

14 $a_1=2$, $a_2=3$이고 $a_n+a_{n+1}+a_{n+2}=6$ $[k=80]$

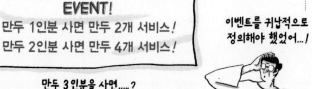

15 $a_1=\dfrac{1}{2}$, $a_{n+1}=\begin{cases}a_n-1 & (a_n>0) \\ 2|a_n|+\dfrac{1}{2} & (a_n\leq0)\end{cases}$ $[k=1234]$

02

항과 항 사이의 관계로 나타내는!

등차수열의 귀납적 정의

우리를 귀납적으로 정의하면?

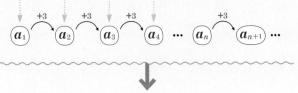

1　4　7　10 …

첫째항 $a_1=1$이고, 앞의 항에 3을 더하면 다음 항이 되는 수열이다.

a_1 $\xrightarrow{+3}$ a_2 $\xrightarrow{+3}$ a_3 $\xrightarrow{+3}$ a_4 … a_n $\xrightarrow{+3}$ a_{n+1} …

⬇

수열 $\{a_n\}$: $a_1=1$, $a_{n+1}=a_n+3$ $(n=1, 2, 3, \cdots)$

첫째항이 a, 공차가 d인 등차수열 $\{a_n\}$의 귀납적 정의는

$$a_1 = a, \quad a_{n+1} = a_n + d \ (n=1, 2, 3, \cdots)$$

공차를 이용한 관계식

a_n $\xrightarrow{+d}$ a_{n+1} $\xrightarrow{-d}$

$a_{n+1} = a_n + d$
⇕
$a_{n+1} - a_n = d$

등차중항을 이용한 관계식

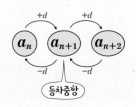

a_n $\xrightarrow{+d}$ a_{n+1} $\xrightarrow{+d}$ a_{n+2}
등차중항

$a_{n+2} - a_{n+1} = a_{n+1} - a_n$
⇕
$2a_{n+1} = a_n + a_{n+2}$

1st **등차수열의 귀납적 정의**

● 다음 수열을 $\{a_n\}$이라 할 때, 수열 $\{a_n\}$을 귀납적으로 정의하시오.

1 첫째항은 1, 공차는 2인 등차수열

→ 수열 $\{a_n\}$은 첫째항 $a_1=1$이고, 공차가 2인 등차수열이므로

$a_2-a_1=a_3-a_2=\cdots=a_{n+1}-a_n=\boxed{}$

따라서 수열 $\{a_n\}$의 귀납적 정의는

$a_1=\boxed{}$, $a_{n+1}=a_n+\boxed{}$ $(n=1, 2, 3, \cdots)$

2 첫째항은 20, 공차는 -2인 등차수열

3 첫째항은 -1, 공차는 $\dfrac{1}{2}$인 등차수열

4 2, 5, 8, 11, 14, $\cdots$

→ 주어진 수열 $\{a_n\}$은 첫째항 $a_1=\boxed{}$이고, 공차가 $\boxed{}$인 등차수열이다.

따라서 수열 $\{a_n\}$의 귀납적 정의는

$a_1=\boxed{}$, $a_{n+1}=a_n+\boxed{}$ $(n=1, 2, 3, \cdots)$

5 15, 11, 7, 3, -1, $\cdots$

6 -5, $-\dfrac{7}{2}$, -2, $-\dfrac{1}{2}$, 1, $\cdots$

정답과 풀이 158쪽

$$\begin{array}{l} \{a_n\}\text{이 등차수열} \Longleftrightarrow a_n=a_{n-1}+d \\ \qquad\qquad\qquad \Longleftrightarrow 2a_{n+1}=a_n+a_{n+2} \\ \qquad\qquad\qquad \Longleftrightarrow a_n=a+(n-1)d \end{array}$$

2nd — 귀납적으로 정의된 등차수열의 일반항

● 다음과 같이 정의된 수열 $\{a_n\}$의 일반항을 구하시오.

(단, $n=1, 2, 3, \cdots$)

7 $a_1=4$, $a_{n+1}-a_n=1$

→ $a_{n+1}-a_n=1$에서 주어진 수열은 공차가 ☐ 인 등차수열이다.

이때 첫째항 $a_1=$ ☐ 이므로

$a_n=$ ☐ $+(n-1)\times$ ☐ $=$ ☐

8 $a_1=15$, $a_{n+1}-a_n=-3$

9 $a_1=2$, $a_{n+1}=a_n+3$

10 $a_1=7$, $a_{n+1}=a_n-1$

11 $a_1=-3$, $a_{n+1}=a_n+\dfrac{1}{2}$

12 $a_1=-3$, $a_2=2$, $a_{n+2}-a_{n+1}=a_{n+1}-a_n$

→ $a_{n+2}-a_{n+1}=a_{n+1}-a_n$에서 주어진 수열은 등차수열이고

$a_1=-3$, $a_2-a_1=2-(-3)=$ ☐ 이므로

a_1, a_2를 이용하여 공차를 구해!

첫째항이 ☐ , 공차가 ☐ 이다.

따라서 $a_n=$ ☐ $+(n-1)\times$ ☐ $=$ ☐

13 $a_1=1$, $a_2=-1$, $a_{n+2}-a_{n+1}=a_{n+1}-a_n$

14 $a_1=0$, $a_2=4$, $2a_{n+1}=a_n+a_{n+2}$

15 $a_1=1$, $a_2=-3$, $2a_{n+1}=a_n+a_{n+2}$

:) **내가 발견한 개념**   등차수열의 일반항은?

• $\begin{cases} a_1=a,\ a_2=b \\ a_{n+2}-a_{n+1}=a_{n+1}-a_n \end{cases}$ 또는 $\begin{cases} a_1=a,\ a_2=b \\ 2a_{n+1}=a_n+a_{n+2} \end{cases}$ 꼴인 경우

(단, $n=1, 2, 3, \cdots$)

→ 수열 $\{a_n\}$: 첫째항이 ☐ , 공차가 ☐ 인 등차수열

→ $a_n=$ ☐ $+(n-1)\times($ ☐ $)$

개념모음문제

16 수열 $\{a_n\}$이

$$a_1=49,\ a_{n+1}=a_n+3\ (n=1, 2, 3, \cdots)$$

과 같이 정의될 때, a_{15}는?

① 88   ② 91   ③ 94

④ 97   ⑤ 100

:) **내가 발견한 개념**   등차수열의 일반항은?

• $\begin{cases} a_1=a \\ a_{n+1}-a_n=d \end{cases}$ 또는 $\begin{cases} a_1=a \\ a_{n+1}=a_n+d \end{cases}$ 꼴인 경우 (단, $n=1, 2, 3, \cdots$)

→ 수열 $\{a_n\}$: 첫째항이 ☐ , 공차가 ☐ 인 등차수열

→ $a_n=$ ☐ $+(n-1)\times$ ☐

항과 항 사이의 관계로 나타내는!

등비수열의 귀납적 정의

우리를 귀납적으로 정의하면?

    ...

1　　3　　9　　27　...

첫째항 $a_1=1$이고, 앞의 항에 3을 곱하면 다음 항이 되는 수열이다.

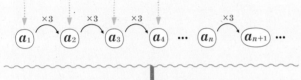

$$\text{수열 } \{a_n\}: a_1=1,\ a_{n+1}=3a_n\ (n=1, 2, 3, \cdots)$$

첫째항이 a, 공비가 r인 등비수열 $\{a_n\}$의 귀납적 정의는

$$a_1 = a,\quad a_{n+1} = ra_n\ (n=1, 2, 3, \cdots)$$

공비를 이용한 관계식	등비중항을 이용한 관계식
	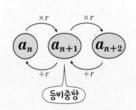
$a_{n+1} = ra_n$	$a_{n+1} \div a_n = a_{n+2} \div a_{n+1}$
$\Updownarrow$	$\Updownarrow$
$a_{n+1} \div a_n = r$	$a_{n+1}{}^2 = a_n a_{n+2}$

● 다음 수열을 $\{a_n\}$이라 할 때, 수열 $\{a_n\}$을 귀납적으로 정의하시오.

1 첫째항은 -1, 공비가 2인 등비수열

➡ 수열 $\{a_n\}$은 첫째항 $a_1=-1$이고, 공비가 2인 등비수열이므로

$$a_2 \div a_1 = a_3 \div a_2 = \cdots = a_{n+1} \div a_n = \boxed{}$$

따라서 수열 $\{a_n\}$의 귀납적 정의는

$$a_1 = \boxed{},\ a_{n+1} = \boxed{} \times a_n\ (n=1, 2, 3, \cdots)$$

2 첫째항은 3, 공비가 -2인 등비수열

3 첫째항은 9, 공비가 $\dfrac{1}{3}$인 등비수열

4 $4,\ 12,\ 36,\ 108,\ 324,\ \cdots$

➡ 주어진 수열 $\{a_n\}$은 첫째항 $a_1=\boxed{}$이고, 공비가 $\boxed{}$인 등비수열이다.

따라서 수열 $\{a_n\}$의 귀납적 정의는

$$a_1 = \boxed{},\ a_{n+1} = \boxed{} \times a_n\ (n=1, 2, 3, \cdots)$$

5 $-1,\ 2,\ -4,\ 8,\ -16,\ \cdots$

6 $125,\ -25,\ 5,\ -1,\ \dfrac{1}{5},\ \cdots$

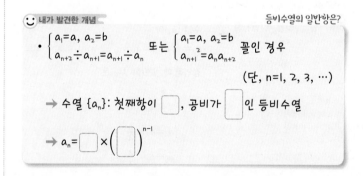

2ⁿᵈ — 귀납적으로 정의된 등비수열의 일반항

● 다음과 같이 정의된 수열 $\{a_n\}$의 일반항을 구하시오.

(단, $n=1, 2, 3, \cdots$)

7 $a_1=4$, $a_{n+1} \div a_n = 2$

→ $a_{n+1} \div a_n = 2$에서 주어진 수열은 공비가 $\boxed{}$ 인 등비수열이다.

이때 첫째항 $a_1 = \boxed{}$ 이므로

$a_n = 4 \times \boxed{}^{n-1} = 2\boxed{}$

8 $a_1=5$, $a_{n+1} \div a_n = -\dfrac{1}{3}$

9 $a_1=2$, $a_{n+1}=3a_n$

10 $a_1=-3$, $a_{n+1}=-2a_n$

11 $a_1=-\dfrac{1}{2}$, $a_{n+1}=-5a_n$

☺ **내가 발견한 개념** 등비수열의 일반항은?

• $\begin{cases} a_1=a \\ a_{n+1} \div a_n = r \end{cases}$ 또는 $\begin{cases} a_1=a \\ a_{n+1}=ra_n \end{cases}$ 꼴인 경우 (단, $n=1, 2, 3, \cdots$)

→ 수열 $\{a_n\}$: 첫째항이 $\boxed{}$, 공비가 $\boxed{}$ 인 등비수열

→ $a_n = \boxed{} \times \boxed{}^{n-1}$

---

12 $a_1=1$, $a_2=2$, $a_{n+2} \div a_{n+1} = a_{n+1} \div a_n$

→ $a_{n+2} \div a_{n+1} = a_{n+1} \div a_n$에서 주어진 수열은 등비수열이고

$a_1=1$, $a_2 \div a_1 = 2 \div 1 = \boxed{}$ 이므로

첫째항이 $\boxed{}$, 공비가 $\boxed{}$ 이다.

따라서 $a_n = 1 \times \boxed{}^{n-1} = \boxed{}$

13 $a_1=3$, $a_2=-6$, $a_{n+2} \div a_{n+1} = a_{n+1} \div a_n$

14 $a_1=2$, $a_2=-6$, $a_{n+1}^2 = a_n a_{n+2}$

15 $a_1=-1$, $a_2=4$, $a_{n+1}^2 = a_n a_{n+2}$

☺ **내가 발견한 개념** 등비수열의 일반항은?

• $\begin{cases} a_1=a,\ a_2=b \\ a_{n+2} \div a_{n+1} = a_{n+1} \div a_n \end{cases}$ 또는 $\begin{cases} a_1=a,\ a_2=b \\ a_{n+1}^2 = a_n a_{n+2} \end{cases}$ 꼴인 경우

(단, $n=1, 2, 3, \cdots$)

→ 수열 $\{a_n\}$: 첫째항이 $\boxed{}$, 공비가 $\boxed{}$ 인 등비수열

→ $a_n = \boxed{} \times \left(\boxed{}\right)^{n-1}$

개념모음문제

16 수열 $\{a_n\}$이

$$a_1=9^5, \quad a_{n+1}=\frac{a_n}{3} \ (n=1, 2, 3, \cdots)$$

과 같이 정의될 때, $a_k < \dfrac{1}{3^6}$ 을 만족시키는 자연수 k 의 최솟값은?

① 16 ② 17 ③ 18
④ 19 ⑤ 20

04

항과 항 사이의 관계로 나타내는!

여러 가지 수열의
귀납적 정의 (1)

1 $a_{n+1}=a_n+f(n)$ 꼴

수열 $\{a_n\}$이
$a_1=1$, $a_{n+1}=a_n+n \, (n=1, 2, 3, \cdots)$으로
정의될 때, 일반항 $\boxed{a_n}$은?

• n에 1, 2, 3, $\cdots$, $n-1$을
차례로 대입하여
변끼리 더한다.

$a_2=a_1+1$
$a_3=a_2+2$
$a_4=a_3+3$
$\vdots$
$+\big)\, a_n=a_{n-1}+(n-1)$
$\overline{}$
$a_n=a_1+1+2+3+\cdots+(n-1)$
$\overset{①}{=}a_1+\sum\limits_{k=1}^{n-1}k$
$=1+\dfrac{n(n-1)}{2}$
$=\dfrac{n^2-n+2}{2}$

⬇

$$a_n=\frac{n^2-n+2}{2}$$

2 $a_{n+1}=a_n f(n)$ 꼴

수열 $\{a_n\}$이
$a_1=1$, $a_{n+1}=a_n\times\dfrac{n}{n+1} \, (n=1, 2, 3, \cdots)$으로
정의될 때, 일반항 $\boxed{a_n}$은?

• n에 1, 2, 3, $\cdots$, $n-1$을
차례로 대입하여
변끼리 곱한다.

$a_2=a_1\times\dfrac{1}{2}$
$a_3=a_2\times\dfrac{2}{3}$
$a_4=a_3\times\dfrac{3}{4}$
$\vdots$
$\times\big)\, a_n=a_{n-1}\times\dfrac{n-1}{n}$
$\overline{}$
$a_n=a_1\times\dfrac{1}{2}\times\dfrac{2}{3}\times\dfrac{3}{4}\times\cdots\times\dfrac{n-1}{n}$
$\overset{①}{=}a_1\times\dfrac{1}{n}$
$=\dfrac{1}{n}$

⬇

$$a_n=\frac{1}{n}$$

참고 ① $a_{n+1}=a_n+f(n)$ 꼴에서 $f(n)=d \,(d$는 상수$)$이면 수열 $\{a_n\}$은
공차가 d인 등차수열이다.

② $a_{n+1}=a_n f(n)$ 꼴에서 $f(n)=r \,(r$는 상수$)$이면 수열 $\{a_n\}$은 공
비가 r인 등비수열이다.

1ˢᵗ ― $a_{n+1}=a_n+f(n)$ 꼴의 귀납적 정의

● 다음과 같이 정의된 수열 $\{a_n\}$의 일반항을 구하시오.

(단, $n=1, 2, 3, \cdots$)

1 $a_1=1$, $a_{n+1}=a_n-n$

> $a_{n+1}=a_n+f(n)$ 꼴은
> $n=1, 2, 3, \cdots, n-1$을
> 차례로 대입한 후, 변끼리
> 더한다.

→ $a_{n+1}=a_n-n$의 n에
1, 2, 3, $\cdots$, $n-1$을 차례로 대입하면

$a_2=a_1-\boxed{}$

$a_3=a_2-\boxed{}$

$a_4=a_3-\boxed{}$

$\vdots$

$a_n=\boxed{}-\big(\boxed{}\big)$

변끼리 더하면

$a_n=\boxed{}-\{1+2+3+\cdots+(\boxed{})\}$

$=1-\sum\limits_{k=1}^{n-1}\boxed{}=1-\boxed{}$

$=\boxed{}$

2 $a_1=-1$, $a_{n+1}=a_n+n+1$

3 $a_1=2$, $a_{n+1}=a_n+2n$

4 $a_1=3$, $a_{n+1}=a_n-4n+2$

5 $a_1=0,\ a_{n+1}=a_n+n^2$

6 $a_1=4,\ a_{n+1}=a_n+2^{n-1}$

9 $a_1=-\dfrac{1}{2},\ a_{n+1}=\dfrac{n}{n+2}a_n$

10 $a_1=\dfrac{1}{2},\ a_{n+1}=2^{n-1}a_n$

2nd — $a_{n+1}=a_nf(n)$ 꼴의 귀납적 정의

● 다음과 같이 정의된 수열 $\{a_n\}$의 일반항을 구하시오.

(단, $n=1,\ 2,\ 3,\ \cdots$)

7 $a_1=1,\ a_{n+1}=\dfrac{n+1}{n}a_n$

> $a_{n+1}=a_nf(n)$ 꼴은 $n=1,\ 2,\ 3,\ \cdots,\ n-1$을 차례로 대입한 후, 변끼리 곱한다.

➜ $a_{n+1}=\dfrac{n+1}{n}a_n$의 n에

$1,\ 2,\ 3,\ \cdots,\ n-1$을 차례로 대입하면

$$a_2=a_1\times\boxed{}$$

$$a_3=a_2\times\boxed{}$$

$$a_4=a_3\times\boxed{}$$

$$\vdots$$

$$a_n=\boxed{}\times\boxed{}$$

변끼리 곱하면

$$a_n=\boxed{}\times\left(2\times\dfrac{3}{2}\times\dfrac{4}{3}\times\cdots\times\boxed{}\right)$$

$$=1\times\boxed{}=\boxed{}$$

8 $a_1=-2,\ a_{n+1}=\dfrac{n+2}{n}a_n$

11 $a_1=-3,\ \sqrt{n+1}\,a_{n+1}=\sqrt{n}\,a_n$

12 $a_1=5,\ a_{n+1}=\dfrac{(n+1)^2}{n(n+2)}a_n$

개념모음문제

13 수열 $\{a_n\}$이

$$a_1=-1,\ a_{n+1}=a_n+3n-1\ (n=1,\ 2,\ 3,\ \cdots)$$

과 같이 정의될 때, $2\displaystyle\sum_{k=1}^{10}a_k$의 값은?

① 860   ② 865   ③ 870

④ 875   ⑤ 880

05

항과 항 사이의 관계로 나타내는!

여러 가지 수열의 귀납적 정의 (2)

1
$$a_{n+1}=pa_n+q$$
$$(p \neq 1,\ pq \neq 0)\ \text{꼴}$$

수열 $\{a_n\}$이
$a_1=2,\ a_{n+1}=2a_n+1\ (n=1, 2, 3, \cdots)$로
정의될 때, 일반항 $\boxed{a_n}$은?

❶ $a_{n+1}+\alpha=p(a_n+\alpha)$ 꼴로
나타낸다.

$a_{n+1}=2a_n+1$을 $a_{n+1}+\alpha=2(a_n+\alpha)$로 놓으면
$a_{n+1}=2a_n+\alpha$이므로 $\alpha=1$
따라서 $a_{n+1}+1=2(a_n+1)$
수열 $\{a_n+1\}$은 첫째항이 $a_1+1=3$, 공비가 2인 등
비수열이므로

❷ 수열 $\{a_n+\alpha\}$가
등비수열임을 이용한다.

$$\downarrow$$

$$a_n=3 \times 2^{n-1}-1$$

2
$$pa_{n+2}+qa_{n+1}+ra_n=0$$
$$(p+q+r=0)\ \text{꼴}$$

수열 $\{a_n\}$이 $a_1=1,\ a_2=2$
$2a_{n+2}-5a_{n+1}+3a_n=0\ (n=1, 2, 3, \cdots)$으로
정의될 때, 일반항 $\boxed{a_n}$은?

❶ $a_{n+2}-a_{n+1}$
$=\dfrac{r}{p}(a_{n+1}-a_n)$ 꼴로
나타낸다.

$2a_{n+2}-5a_{n+1}+3a_n=0$에서
$a_{n+2}-a_{n+1}=\dfrac{3}{2}(a_{n+1}-a_n)$
수열 $\{a_{n+1}-a_n\}$은 첫째항이 $a_2-a_1=1$,
공비가 $\dfrac{3}{2}$인 등비수열이므로
$a_{n+1}-a_n=\left(\dfrac{3}{2}\right)^{n-1}$에서 $a_{n+1}=a_n+\left(\dfrac{3}{2}\right)^{n-1}$

❷ $a_{n+1}=a_n+f(n)$ 꼴의
귀납적 정의를 이용한다.

$$\downarrow$$

$$a_n=2 \times \left(\dfrac{3}{2}\right)^{n-1}-1$$

3
$$a_{n+1}=\dfrac{ra_n}{pa_n+q}\ \text{꼴}$$

수열 $\{a_n\}$이 $a_1=1$,
$a_{n+1}=\dfrac{3a_n}{2a_n+3}\ (n=1, 2, 3, \cdots)$으로 정의
될 때, 일반항 $\boxed{a_n}$은?

❶ 양변의 역수를 취하여
정리한다.

$a_{n+1}=\dfrac{3a_n}{2a_n+3}$의 양변의 역수를 취하면
$\dfrac{1}{a_{n+1}}=\dfrac{2a_n+3}{3a_n}$에서 $\dfrac{1}{a_{n+1}}=\dfrac{2}{3}+\dfrac{1}{a_n}$
수열 $\left\{\dfrac{1}{a_n}\right\}$은 첫째항이 $\dfrac{1}{a_1}=1$, 공차가 $\dfrac{2}{3}$인
등차수열이므로
$\dfrac{1}{a_n}=1+\dfrac{2}{3}(n-1)=\dfrac{2n+1}{3}$

❷ 수열 $\left\{\dfrac{1}{a_n}\right\}$의 일반항을 구한 후
a_n을 구한다.

$$\downarrow$$

$$a_n=\dfrac{3}{2n+1}$$

1st $a_{n+1}=pa_n+q$ 꼴의 귀납적 정의

● 다음과 같이 정의된 수열 $\{a_n\}$의 일반항을 구하시오.
(단, $n=1, 2, 3, \cdots$)

1 $a_1=2,\ a_{n+1}=3a_n+2$

> $a_{n+1}+\alpha=2(a_n+\alpha)$로
> 놓고 α를 찾으면 쉽다.

→ $a_{n+1}=3a_n+2$를
$a_{n+1}+\alpha=3(a_n+\alpha)$로 놓으면
$\alpha=\boxed{}$ 이므로 $a_{n+1}+\boxed{}=3(a_n+\boxed{})$
즉 수열 $\{a_n+\boxed{}\}$은 첫째항이 $a_1+\boxed{}=\boxed{}$,
공비가 $\boxed{}$인 등비수열이므로
$a_n+\boxed{}=3 \times 3^{n-1}$
따라서 $a_n=\boxed{}$

2 $a_1=5,\ a_{n+1}=2a_n-1$

3 $a_1=3,\ a_{n+1}=4a_n+3$

4 $a_1=-2,\ a_{n+1}=4a_n-6$

5 $a_1=-4,\ a_{n+1}=-2a_n-6$

6 $a_1=\dfrac{1}{2}$, $2a_{n+1}=-3a_n+10$

[개념모음문제]

7 수열 $\{a_n\}$이

$$a_1=\frac{2}{3},\ a_{n+1}=\frac{1}{3}(4-a_n)\ (n=1,\ 2,\ 3,\ \cdots)$$

과 같이 정의될 때, a_{30}은?

① $\dfrac{3^{29}-1}{3^{30}}$ ② $\dfrac{3^{29}+1}{3^{30}}$ ③ $\dfrac{3^{30}-1}{3^{30}}$

④ $\dfrac{3^{30}+1}{3^{30}}$ ⑤ $\dfrac{3^{31}-1}{3^{30}}$

> $p+q+r=0$인 경우
> 수열 $\{a_{n+1}-a_n\}$은 등비수열이다.

2nd — $pa_{n+2}+qa_{n+1}+ra_n=0$ 꼴의 귀납적 정의

● 다음과 같이 정의된 수열 $\{a_n\}$의 일반항을 구하시오.
(단, $n=1,\ 2,\ 3,\ \cdots$)

8 $a_1=1$, $a_2=2$, $a_{n+2}-3a_{n+1}+2a_n=0$

→ $a_{n+2}-3a_{n+1}+2a_n=0$에서

$a_{n+1}-a_{n+1}=2(a_{n+1}-a_n)$

이때 수열 $\{a_{n+1}-a_n\}$은 첫째항이 $a_2-a_1=\boxed{}$,

공비가 $\boxed{}$인 등비수열이므로

$a_{n+1}-a_n=\boxed{}$

n에 $1,\ 2,\ 3,\ \cdots,\ n-1$을 차례로 대입하여 변끼리 더하면

$a_n=a_1+\sum\limits_{k=1}^{n-1}\boxed{}=\boxed{}$

9 $a_1=0$, $a_2=4$, $a_{n+2}-5a_{n+1}+4a_n=0$

10 $a_1=1$, $a_2=3$, $2a_{n+2}-7a_{n+1}+5a_n=0$

11 $a_1=0$, $a_2=1$, $3a_{n+2}-4a_{n+1}+a_n=0$

12 $a_1=-1$, $a_2=1$, $a_{n+2}+3a_{n+1}-4a_n=0$

13 $a_1=-2$, $a_2=-1$, $2a_{n+2}+5a_{n+1}-7a_n=0$

자연 속에 숨어 있는 피보나치 수열

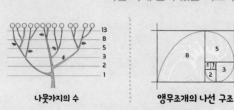

나뭇가지의 수   앵무조개의 나선 구조   해바라기씨의 나선 수

$a_1=0$, $a_2=1$, $a_{n+2}=a_{n+1}+a_n$ (단, $n\geq1$)

첫 번째 항은 0이고 두 번째 항은 1일 때,
이후의 항들은 이전의 두 항을 더한 값으로 이루어지는 수열

> 내가 발견했어!
> 자연, 우주, 인체, 작품 등에
> 빈번히 등장하는 수열이지!
> 놀랍지 않니?

피보나치
(1170?~1250?)

3rd — $a_{n+1}=\dfrac{ra_n}{pa_n+q}$ 꼴의 귀납적 정의

● 다음과 같이 정의된 수열 $\{a_n\}$의 일반항을 구하시오.

(단, $n=1, 2, 3, \cdots$)

14 $a_1=1$, $a_{n+1}=\dfrac{a_n}{2a_n+1}$

➡ $a_{n+1}=\dfrac{a_n}{2a_n+1}$의 양변의 역수를 취하면

$$\dfrac{1}{a_{n+1}}=\dfrac{1}{a_n}+\boxed{}$$

이때 수열 $\left\{\dfrac{1}{a_n}\right\}$은 첫째항이 $\dfrac{1}{a_1}=\boxed{}$, 공차가 $\boxed{}$인 등차수열이

므로

$$\dfrac{1}{a_n}=\boxed{}+(n-1)\times\boxed{}=\boxed{}$$

따라서 $a_n=\boxed{}$

15 $a_1=\dfrac{1}{3}$, $a_{n+1}=\dfrac{a_n}{3a_n+1}$

16 $a_1=\dfrac{2}{3}$, $a_{n+1}=\dfrac{2a_n}{3a_n+2}$

17 $a_1=-2$, $a_{n+1}=\dfrac{2a_n}{5a_n+2}$

18 $a_1=-\dfrac{1}{3}$, $a_{n+1}=\dfrac{a_n}{-3a_n+1}$

19 $a_1=-1$, $a_{n+1}=\dfrac{2a_n}{-3a_n+2}$

4th — S_n이 포함된 수열의 귀납적 정의

20 수열 $\{a_n\}$의 첫째항부터 제n항까지의 합을 S_n이라 할 때,

$$S_1=1, \quad S_{n+1}=2S_n+1 \ (n=1, 2, 3, \cdots)$$

이 성립한다. a_{10}을 구하시오.

➡ $S_{n+1}=2S_n+1$의 양변에 n 대신 $n-1$을 대입하여 두 식을 빼면

$$\begin{array}{r} S_{n+1}=2S_n+1 \\ -)\ S_n=2S_{n-1}+1 \\ \hline a_{n+1}=2\boxed{}\ (n\geq2) \end{array}$$

이때 $S_2=2\times S_1+1=\boxed{}$이므로 $a_2=S_2-S_1=\boxed{}$

즉 수열 $\{a_n\}$은 1, $\boxed{}$, 4, 8, $\cdots$이므로

$$a_n=\boxed{}$$

따라서 $a_{10}=\boxed{}$

21 수열 $\{a_n\}$의 첫째항부터 제n항까지의 합을 S_n이라 할 때,

$$S_1=1, \quad S_{n+1}=5S_n-3 \ (n=1, 2, 3, \cdots)$$

이 성립한다. a_{15}를 구하시오.

22 수열 $\{a_n\}$의 첫째항부터 제n항까지의 합을 S_n이라 할 때,

$$a_1=\frac{1}{2},\ S_n=3a_n-1\ (n=1,\ 2,\ 3,\ \cdots)$$

이 성립한다. a_{16}을 구하시오.

➔ $S_n=3a_n-1$ ...... ㉠

㉠에 n 대신 $n+1$을 대입하면

$S_{n+1}=3a_{n+1}-1$ ...... ㉡

㉡−㉠을 하면

$$\begin{array}{r} S_{n+1}=3a_{n+1}-1 \\ -)\ \underline{\ S_n=3a_n-1\ } \\ a_{n+1}=3(\boxed{}) \end{array}$$

즉 $a_{n+1}=\boxed{}a_n$이므로 수열 $\{a_n\}$은

첫째항이 $a_1=\dfrac{1}{2}$, 공비가 $\boxed{}$인 등비수열이다.

따라서 $a_n=\boxed{}$이므로 $a_{16}=\boxed{}$

23 수열 $\{a_n\}$의 첫째항부터 제n항까지의 합을 S_n이라 할 때,

$$a_1=-1,\ 2S_n=3a_n+1\ (n=1,\ 2,\ 3,\ \cdots)$$

이 성립한다. a_6을 구하시오.

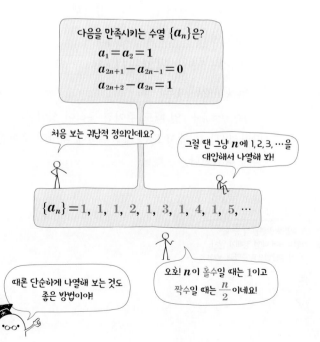

5th ─ 귀납적으로 정의된 수열의 활용

24 20 L의 물이 들어 있는 물통에서 물의 절반을 사용하고 5 L의 물을 다시 채워 넣었다. 이와 같은 과정을 n번 반복한 후 물통에 남아 있는 물의 양을 a_n L라 할 때, 다음을 구하시오.

(1) a_1

➔ a_1 L는 20 L의 절반을 사용하고 다시 $\boxed{}$ L를 넣은 물의 양이므로

$$a_1=20\times\boxed{}+\boxed{}=\boxed{}$$

(2) a_n과 a_{n+1} 사이의 관계식

➔ $(n+1)$번 반복한 후 물통에 남아 있는 물의 양 $\boxed{}$ L는

n번 반복한 후 남아 있는 물의 양 a_n L의 절반을 사용하고 다시

$\boxed{}$ L를 넣은 물의 양이므로

$$a_{n+1}=\boxed{}a_n+\boxed{}\ (단,\ n=1,\ 2,\ 3,\ \cdots)$$

25 어느 실험실에서 100마리의 생물을 분열하는 실험을 한다고 하자. 이 생물들은 1시간이 지날 때마다 30마리가 죽고, 나머지는 각각 2마리로 분열한다. n시간이 지난 후 살아 있는 이 생물의 수를 a_n마리라 할 때, 다음을 구하시오.

(1) a_1

(2) a_n과 a_{n+1} 사이의 관계식

관계의 성립으로 증명하는!

수학적 귀납법

〈자연수 n에 대한 명제〉가 참임을 증명하시오!

이걸 언제 다 증명해?

일일이 할 필요 없어.
$n=1$일 때 참인지 확인하고, $n=k$일 때 참이라 하고
$n=k+1$일 때도 참임을 보이면 도미노가 차례대로
쓰러지듯이 모든 자연수에 대하여 참이야!

명제 $p(n)$이 모든 자연수 n에 대하여

(i) $n=1$일 때 명제 $p(n)$이 성립한다.

(ii) $n=k$일 때 명제 $p(n)$이 성립한다고 가정하면
 $n=k+1$일 때도 명제 $p(n)$이 성립한다.

가 모두 참임을 보여 증명하는 방법을 수학적 귀납법 이라 한다.

참고 $n \geq m$ (m은 2 이상의 자연수)인 모든 자연수 n에 대한 명제 $p(n)$이 성립함을 보이려면 다음 두 가지가 참임을 보이면 된다.

(i) $n=m$일 때 명제 $p(n)$이 성립한다.

(ii) $n=k$ ($k \geq m$)일 때 명제 $p(n)$이 성립한다고 가정하면
 $n=k+1$일 때도 명제 $p(n)$이 성립한다.

여러 가지 증명법

드디어 만났네!

직접증명법	간접증명법		수학적 귀납법

직접증명법
정의, 정리 등을 이용하여 가정으로부터 결론을 직접 이끌어 내는 방법

대우증명법
대우 명제를 이용하여 명제를 증명하는 방법

귀류법
가정 또는 공리가 모순되는 결과를 이용하여 명제를 증명하는 방법

수학적 귀납법
명제가 모든 자연수에 대하여 성립함을 증명하는 방법

(i) $k=1$일 때 성립함을 보인다.

(ii) $k=n$일 때 성립하면 $k=n+1$일 때 성립함을 보인다.

수열과 관련된 식 중에는 자연수 n에 대한 명제가 많지. 수학적 귀납법으로 증명해 보자!

1st ─ 등식의 증명

● 다음은 모든 자연수 n에 대하여 주어진 등식이 성립함을 수학적 귀납법으로 증명하는 과정이다. ☐ 안에 알맞은 것을 써넣으시오.

1 $2+4+6+\cdots+2n=n(n+1)$

$n=1$일 때
좌변을 $2+4+6+2$로 실수하지 않도록 주의한다.

(i) $n=1$일 때

(좌변)$=2$, (우변)$=1\times(1+1)=$ ☐

$n=1$일 때 주어진 등식이 성립한다.

(ii) $n=k$일 때 주어진 등식이 성립한다고 가정하면

$2+4+6+\cdots+$ ☐ $=k(k+1)$

양변에 ☐ 를 더하면

$2+4+6+\cdots+2k+($ ☐ $)$

$=k(k+1)+2k+2$

$=$ ☐

즉 $n=k+1$일 때도 주어진 등식이 성립한다.

따라서 (i), (ii)에서 모든 자연수 n에 대하여 주어진 등식이 성립한다.

---

2 $1+3+5+\cdots+(2n-1)=n^2$

(i) $n=1$일 때

(좌변)$=2\times1-1=$ ☐ , (우변)$=1^2=1$

$n=1$일 때 주어진 등식이 성립한다.

(ii) $n=k$일 때 주어진 등식이 성립한다고 가정하면

$1+3+5+\cdots+($ ☐ $)=k^2$

양변에 ☐ 을 더하면

$1+3+5+\cdots+(2k-1)+($ ☐ $)$

$=k^2+2k+1=$ ☐

즉 $n=k+1$일 때도 주어진 등식이 성립한다.

따라서 (i), (ii)에서 모든 자연수 n에 대하여 주어진 등식이 성립한다.

3 $1+2+2^2+\cdots+2^{n-1}=2^n-1$

(i) $n=1$일 때

(좌변)$=2^{1-1}=\boxed{}$, (우변)$=2-1=1$

$n=1$일 때 주어진 등식이 성립한다.

(ii) $n=k$일 때 주어진 등식이 성립한다고 가정하면

$1+2+2^2+\cdots+\boxed{}=2^k-1$

양변에 $\boxed{}$을 더하면

$1+2+2^2+\cdots+2^{k-1}+\boxed{}$

$=2^k-1+2^k$

$=\boxed{}$

즉 $n=k+1$일 때도 주어진 등식이 성립한다.

따라서 (i), (ii)에서 모든 자연수 n에 대하여 주어진 등식이 성립한다.

2nd 배수의 증명

4 다음은 모든 자연수 n에 대하여 4^n-1은 3의 배수임을 증명한 것이다. $\boxed{}$ 안에 알맞은 것을 써넣으시오.

(i) $n=1$일 때

$4-1=\boxed{}$

$n=1$일 때 4^n-1은 3의 배수이다.

(ii) $n=k$일 때 4^n-1이 3의 배수라 가정하면

$4^k-1=\boxed{}\times N$ (N은 자연수)

$4^k=\boxed{}N+1$

이때 $n=k+1$이면

$4^{k+1}-1=4^k\times4-1$

$\qquad=(\boxed{})\times4-1$

$\qquad=3(\boxed{})$

즉 $n=k+1$일 때도 4^n-1은 3의 배수이다.

따라서 (i), (ii)에서 모든 자연수 n에 대하여 4^n-1은 3의 배수이다.

5 다음은 모든 자연수 n에 대하여 $3^{2n}-1$은 8의 배수임을 증명한 것이다. $\boxed{}$ 안에 알맞은 것을 써넣으시오.

(i) $n=1$일 때

$3^2-1=\boxed{}$

$n=1$일 때 $3^{2n}-1$은 8의 배수이다.

(ii) $n=k$일 때 $3^{2n}-1$이 8의 배수라 가정하면

$3^{2k}-1=\boxed{}\times N$ (N은 자연수)

$3^{2k}=\boxed{}N+1$

이때 $n=k+1$이면

$3^{2k+2}-1=3^{2k}\times9-1$

$\qquad\quad=(\boxed{})\times9-1$

$\qquad\quad=8(\boxed{})$

즉 $n=k+1$일 때도 $3^{2n}-1$은 8의 배수이다.

따라서 (i), (ii)에서 모든 자연수 n에 대하여 $3^{2n}-1$은 8의 배수이다.

6 다음은 모든 자연수 n에 대하여 n^3+3n^2+2n은 6의 배수임을 증명한 것이다. $\boxed{}$ 안에 알맞은 것을 써넣으시오.

(i) $n=1$일 때

$1^3+3\times1^2+2\times1=\boxed{}$

$n=1$일 때 n^3+3n^2+2n은 6의 배수이다.

(ii) $n=k$일 때 n^3+3n^2+2n이 6의 배수라 가정하면

$k^3+3k^2+2k=\boxed{}\times N$ (N은 자연수)

이때 $n=k+1$이면

$(k+1)^3+3(k+1)^2+2(k+1)$

$=\boxed{}+3k^2+9k+6$

$=\boxed{}+3(k+1)(\boxed{})$

연속하는 두 자연수 $k+1$과 $k+2$ 중 하나는

$\boxed{}$이므로

$3(k+1)(k+2)$는 $\boxed{}$의 배수이다.

즉 $n=k+1$일 때도 n^3+3n^2+2n은 6의 배수이다.

따라서 (i), (ii)에서 모든 자연수 n에 대하여 n^3+3n^2+2n은 6의 배수이다.

● 다음은 주어진 부등식이 성립함을 수학적 귀납법으로 증명하는 과정이다. □ 안에 알맞은 것을 써넣으시오.

7 모든 자연수 n에 대하여
$$(a+b)^n \ge a^n + b^n \text{ (단, } a>0,\ b>0)$$

(i) $n=1$일 때
$$(\text{좌변}) = \boxed{a+b} = (\text{우변})$$
$n=1$일 때 주어진 부등식이 성립한다.

(ii) $n=k$일 때 주어진 부등식이 성립한다고 가정하면
$$(a+b)^k \ge a^k + b^k$$
양변에 $\boxed{a+b}$ 를 곱하면
$$(a+b)^{k+1} \ge (a^k+b^k)(a+b)$$
$$= a^{k+1}+b^{k+1}+\boxed{a^k b + ab^k}$$
이때 $a>0,\ b>0$이므로 $\boxed{a^k b + ab^k}>0$이고,
$$(a+b)^{k+1} \ge (a^k+b^k)(a+b)$$
$$> \boxed{a^{k+1}+b^{k+1}}$$
즉 $n=k+1$일 때도 주어진 부등식이 성립한다.
따라서 (i), (ii)에서 모든 자연수 n에 대하여 주어진 부등식이 성립한다.

> 1이 아닌 자연수 k에 대하여 $n \ge k$인 모든 자연수 n에 대하여 부등식이 성립하는 경우 $n=k$일 때부터 보이면 된다.

8 $n \ge 5$인 모든 자연수 n에 대하여
$$2^n > n^2$$

(i) $n=\boxed{5}$일 때
$$(\text{좌변}) = 2^5 > \boxed{25} = (\text{우변})$$
$n=\boxed{5}$일 때 주어진 부등식이 성립한다.

(ii) $n=k\ (k \ge 5)$일 때 주어진 부등식이 성립한다고 가정하면
$$2^k > k^2$$
양변에 $\boxed{2}$를 곱하면 $2^{k+1}>2k^2$이다.
이때 $k \ge 5$에서
$$2k^2-(k+1)^2 = k^2-2k-1$$
$$= \boxed{(k-1)^2}-2>0$$
이므로 $2^{k+1}>2k^2>\boxed{(k+1)^2}$
즉 $n=k+1$일 때도 주어진 부등식이 성립한다.
따라서 (i), (ii)에서 모든 자연수 n에 대하여 주어진 부등식이 성립한다.

9 $n \ge 2$인 모든 자연수 n에 대하여
$$(1+h)^n > 1+nh \text{ (단, } h>0)$$

(i) $n=\boxed{2}$일 때, $h>0$이므로
$$(\text{좌변}) = (1+h)^2$$
$$= \boxed{1+2h}+h^2 > \boxed{1+2h} = (\text{우변})$$
$n=\boxed{2}$일 때 주어진 부등식이 성립한다.

(ii) $n=k\ (k \ge 2)$일 때 주어진 부등식이 성립한다고 가정하면
$$(1+h)^k > 1+kh$$
양변에 $\boxed{1+h}$를 곱하면
$$(1+h)^{k+1} > (1+kh)(1+h)$$
$$= \boxed{1+(k+1)h}+kh^2$$
이때 $k>0,\ h>0$에서 $\boxed{kh^2}>0$이므로
$$(1+h)^{k+1} > (1+kh)(1+h)$$
$$> \boxed{1+(k+1)h}$$
즉 $n=k+1$일 때도 주어진 부등식이 성립한다.
따라서 (i), (ii)에서 모든 자연수 n에 대하여 주어진 부등식이 성립한다.

10 $n \ge 3$인 모든 자연수 n에 대하여
$$1\times2\times3\times\cdots\times n > 2^{n-1}$$

(i) $n=\boxed{3}$일 때
$$(\text{좌변}) = 1\times2\times3 = 6 > \boxed{4} = (\text{우변})$$
$n=\boxed{3}$일 때 주어진 부등식이 성립한다.

(ii) $n=k\ (k \ge 3)$일 때 주어진 부등식이 성립한다고 가정하면
$$1\times2\times3\times\cdots\times k > 2^{k-1}$$
양변에 $\boxed{k+1}$을 곱하면
$$1\times2\times3\times\cdots\times k\times(k+1) > 2^{k-1}\times(k+1)$$
이때 $k+1 \ge 4$이므로
$$1\times2\times3\times\cdots\times(k+1) > 2^{k-1}\times(k+1)$$
$$> \boxed{2^k}$$
즉 $n=k+1$일 때도 주어진 부등식이 성립한다.
따라서 (i), (ii)에서 $n \ge 3$인 모든 자연수 n에 대하여 주어진 부등식이 성립한다.

01 수열의 귀납적 정의

• 수열을 처음 몇 개의 항과 이웃하는 여러 항 사이의 관계식으로 정의하는 것을 수열의 귀납적 정의라 한다.

1 수열 $\{a_n\}$이

$$a_1=-2,\ a_2=6,$$
$$a_n a_{n+1} a_{n+2}=-12\ (n=1,\ 2,\ 3,\ \cdots)$$

와 같이 정의될 때, a_{10}은?

① -6 ② -2 ③ -1
④ 2 ⑤ 6

02 등차수열의 귀납적 정의

• 등차수열은 다음과 같이 귀납적으로 정의할 수 있다.
① $a_{n+1}=a_n+d$ (d는 상수)   ② $a_{n+1}-a_n=d$ (d는 상수)
③ $a_{n+2}-a_{n+1}=a_{n+1}-a_n$ ④ $2a_{n+1}=a_n+a_{n+2}$

2 수열 $\{a_n\}$이

$$a_1=15,\ a_{n+1}-a_n=-3\ (n=1,\ 2,\ 3,\ \cdots)$$

과 같이 정의될 때, a_5는?

① -6 ② -3 ③ 0
④ 3 ⑤ 6

3 수열 $\{a_n\}$이

$$a_1=3,\ a_{n+1}=a_n+4\ (n=1,\ 2,\ 3,\ \cdots)$$

와 같이 정의될 때, a_{20}은?

① 76 ② 77 ③ 78
④ 79 ⑤ 80

4 수열 $\{a_n\}$이

$$a_1=-1,\ a_2=5,$$
$$2a_{n+1}=a_n+a_{n+2}\ (n=1,\ 2,\ 3,\ \cdots)$$

와 같이 정의될 때, a_{30}은?

① 173 ② 175 ③ 179
④ 181 ⑤ 183

5 수열 $\{a_n\}$이

$$a_1=-60,\ a_{n+1}=a_n+7\ (n=1,\ 2,\ 3,\ \cdots)$$

과 같이 정의될 때, $a_k>0$을 만족시키는 자연수 k의 최솟값은?

① 10 ② 11 ③ 12
④ 13 ⑤ 14

03 등비수열의 귀납적 정의

• 등비수열은 다음과 같이 귀납적으로 정의할 수 있다.
① $a_{n+1}=ra_n$ (r는 상수)   ② $a_{n+1}\div a_n=r$ (r는 상수)
③ $a_{n+2}\div a_{n+1}=a_{n+1}\div a_n$ ④ $a_{n+1}{}^2=a_n a_{n+2}$

6 수열 $\{a_n\}$이

$$a_1=\frac{1}{16},\ a_{n+1}=2a_n\ (n=1,\ 2,\ 3,\ \cdots)$$

과 같이 정의될 때, a_{11}은?

① 64 ② 128 ③ 256
④ 512 ⑤ 1024

7 수열 $\{a_n\}$이

$$a_1=-3,\ a_2=6,\ \frac{a_{n+2}}{a_{n+1}}=\frac{a_{n+1}}{a_n}\ (n=1,\ 2,\ 3,\ \cdots)$$

과 같이 정의될 때, a_4는?

① 21   ② 22   ③ 23

④ 24   ⑤ 25

8 수열 $\{a_n\}$이

$$a_1=-1,\ a_2=3,\ a_{n+1}{}^2=a_n a_{n+2}\ (n=1,\ 2,\ 3,\ \cdots)$$

와 같이 정의될 때, a_{100}은?

① -3^{100} ② -3^{99} ③ 3^{98}

④ 3^{99} ⑤ 3^{100}

9 수열 $\{a_n\}$이

$$a_1=-27,\ 3a_{n+1}=-a_n\ (n=1,\ 2,\ 3,\ \cdots)$$

과 같이 정의될 때, $|a_k|<1$을 만족시키는 자연수 k의 최솟값은?

① 5   ② 6   ③ 7

④ 8   ⑤ 9

---

04 여러 가지 수열의 귀납적 정의 (1)

• 식의 n에 1, 2, 3, $\cdots$, $n-1$을 차례로 대입한 후

  ① $a_{n+1}=a_n+f(n)$ 꼴 ➜ 변끼리 더한다.

  ② $a_{n+1}=a_n f(n)$ 꼴 ➜ 변끼리 곱한다.

10 수열 $\{a_n\}$이

$$a_1=1,\ a_{n+1}=a_n-2n+1\ (n=1,\ 2,\ 3,\ \cdots)$$

과 같이 정의될 때, a_{20}은?

① -400 ② -390 ③ -380

④ -370 ⑤ -360

11 수열 $\{a_n\}$이

$$a_1=3,\ a_{n+1}=a_n+2^n\ (n=1,\ 2,\ 3,\ \cdots)$$

과 같이 정의될 때, $\displaystyle\sum_{k=1}^{10}a_k$의 값은?

① 2048   ② 2052   ③ 2056

④ 2060   ⑤ 2064

12 수열 $\{a_n\}$이

$$a_1=2,\ a_n=\left(1-\frac{1}{n^2}\right)a_{n-1}\ (n=2,\ 3,\ 4,\ \cdots)$$

과 같이 정의될 때, a_{30}은?

① $\dfrac{1}{31}$ ② $\dfrac{1}{30}$ ③ $\dfrac{30}{31}$

④ 1   ⑤ $\dfrac{31}{30}$

05 여러 가지 수열의 귀납적 정의 (2)

① 주어진 식의 n에 1, 2, 3, …을 차례로 대입하여 규칙성 파악한다.

② 주어진 관계식을 변형하여 일반항을 추론한다.

13 $a_1=4$, $a_{n+1}=\dfrac{1}{3}a_n+2$ $(n=1, 2, 3, \cdots)$로 정의된 수열 $\{a_n\}$의 일반항이 $a_n=p^{n-1}+q$일 때, 상수 p, q에 대하여 $30p+q$의 값은?

① 11 ② 12 ③ 13
④ 14 ⑤ 15

14 수열 $\{a_n\}$이
$$a_1=1, \quad a_2=4, \quad a_{n+2}=4a_{n+1}-3a_n$$
$$(n=1, 2, 3, \cdots)$$
과 같이 정의될 때, $a_{15}-a_{14}$의 값은?

① 3^{11} ② 3^{12} ③ 3^{13}
④ 3^{14} ⑤ 3^{15}

15 수열 $\{a_n\}$이
$$a_1=1, \quad a_{n+1}=\dfrac{a_n}{1-2a_n} \quad (n=1, 2, 3, \cdots)$$
과 같이 정의될 때, a_{10}은?

① $-\dfrac{1}{16}$ ② $-\dfrac{1}{17}$ ③ $-\dfrac{1}{18}$
④ $-\dfrac{1}{19}$ ⑤ $-\dfrac{1}{20}$

06 수학적 귀납법

• 모든 자연수 n에 대하여 명제가 성립함을 증명하려면 다음 두 가지를 보이면 된다.

(i) $n=1$일 때 명제가 성립함을 보인다.

(ii) $n=k$일 때 명제가 성립한다고 가정하면
$n=k+1$일 때도 명제가 성립함을 보인다.

16 다음은 모든 자연수 n에 대하여 등식
$$1\times2+2\times3+3\times4+\cdots+n(n+1)$$
$$=\dfrac{1}{3}n(n+1)(n+2)$$

가 성립함을 수학적 귀납법으로 증명한 것이다.

┌ 증명 ┌

(i) $n=1$일 때
(좌변)$=1\times2=2$, (우변)$=\dfrac{1}{3}\times1\times2\times3=2$
즉 $n=1$일 때 주어진 등식이 성립한다.

(ii) $n=k$일 때 주어진 등식이 성립한다고 가정하면
$$1\times2+2\times3+3\times4+\cdots+k(k+1)$$
$$=\dfrac{1}{3}k(k+1)(k+2)$$
양변에 $\boxed{(가)}$ 를 더하면
$$1\times2+2\times3+3\times4+\cdots+k(k+1)+\boxed{(가)}$$
$$=\dfrac{1}{3}k(k+1)(k+2)+\boxed{(가)}$$
$$=\boxed{(나)}$$
즉 $n=k+1$일 때도 주어진 등식이 성립한다.

따라서 (i), (ii)에서 모든 자연수 n에 대하여 주어진 등식이 성립한다.

위의 (가), (나)에 알맞은 식을 각각 $f(k)$, $g(k)$라 할 때, $f(3)+g(6)$의 값은?

① 188 ② 190 ③ 192
④ 194 ⑤ 196

TEST 개념 발전

1 수열 $\{a_n\}$이
$$a_1=9,\ a_2=3,\ a_{n+2}=a_{n+1}-a_n\ (n=1,\ 2,\ 3,\ \cdots)$$
과 같이 정의될 때, $a_{60}+a_{61}$의 값은?

① 11　　　　② 12　　　　③ 13
④ 14　　　　⑤ 15

2 수열 $\{a_n\}$이 모든 자연수 n에 대하여
$$a_n+a_{n+1}=2n-1$$
을 만족시킨다. a_1+a_{10}의 값은?

① 8　　　　② 9　　　　③ 10
④ 11　　　　⑤ 12

3 수열 $\{a_n\}$이
$$2a_{n+1}=a_n+a_{n+2}\ (n=1,\ 2,\ 3,\ \cdots)$$
와 같이 정의되고 $a_4=16$, $a_8=24$일 때, a_{21}은?

① 42　　　　② 44　　　　③ 46
④ 48　　　　⑤ 50

4 수열 $\{a_n\}$이
$$a_1=2,\ a_2=6,\ {a_{n+1}}^2=a_na_{n+2}\ (n=1,\ 2,\ 3,\ \cdots)$$
와 같이 정의될 때, $a_k>1000$을 만족시키는 자연수 k의 최솟값은?

① 6　　　　② 7　　　　③ 8
④ 9　　　　⑤ 10

5 수열 $\{a_n\}$이
$$a_1=2,\ a_{n+1}=a_n+\frac{1}{(n+1)(n+2)}$$
$$(n=1,\ 2,\ 3,\ \cdots)$$
과 같이 정의될 때, $10a_9$의 값은?

① 21　　　　② 22　　　　③ 23
④ 24　　　　⑤ 25

6 수열 $\{a_n\}$이
$$a_1=1,\ a_{n+1}=2^na_n\ (n=1,\ 2,\ 3,\ \cdots)$$
과 같이 정의될 때, $\log_2 a_{10}$의 값은?

① 41　　　　② 42　　　　③ 43
④ 44　　　　⑤ 45

정답과 풀이 166쪽

7 수열 $\{a_n\}$이 $a_1=1$이고, 모든 자연수 n에 대하여

$$a_{n+1}=\frac{kn}{n+1}a_n$$

과 같이 정의될 때, $a_6=\dfrac{16}{3}$이 되도록 하는 실수 k의 값은?

① 1   ② 2   ③ 3

④ 4   ⑤ 5

8 수열 $\{a_n\}$이

$$a_1=5,\ a_{n+1}=2a_n-3\ (n=1,\ 2,\ 3,\ \cdots)$$

과 같이 정의될 때, $\displaystyle\sum_{k=1}^{10}a_k$의 값은?

① 2076   ② 2078   ③ 2080

④ 2082   ⑤ 2084

9 수열 $\{a_n\}$이

$$a_1=\frac{1}{2},\ a_{n+1}=\frac{a_n}{2-a_n}\ (n=1,\ 2,\ 3,\ \cdots)$$

과 같이 정의될 때, a_8은?

① $\dfrac{1}{65}$ ② $\dfrac{1}{129}$ ③ $\dfrac{1}{257}$

④ $\dfrac{1}{513}$ ⑤ $\dfrac{1}{1025}$

10 다음 조건을 만족시키는 모든 수열 $\{a_n\}$에 대하여 a_1의 최댓값과 최솟값을 각각 M, m이라 할 때, $M-m$의 값은?

> (가) $a_3=11$
> (나) 모든 자연수 n에 대하여
> $$a_{n+1}=\begin{cases} -2a_n+3 & (a_n<0) \\ a_n-6 & (a_n\ge0) \end{cases}$$

① 30   ② 31   ③ 32

④ 33   ⑤ 34

11 다음은 모든 자연수 n에 대하여 $2^{n+1}+3^{2n-1}$은 7의 배수임을 수학적 귀납법으로 증명한 것이다.

> **증명**
>
> (i) $n=1$일 때
> $2^2+3=7$이므로 $2^{n+1}+3^{2n-1}$은 7의 배수이다.
> (ii) $n=k$일 때 $2^{n+1}+3^{2n-1}$이 7의 배수라 가정하면
> $2^{k+1}+3^{2k-1}=7N$ (N은 자연수)
> 이때 $n=k+1$이면
> $2^{k+2}+3^{2k+1}=2\times2^{k+1}+\boxed{(가)}\times3^{2k-1}$
> $\qquad\qquad=2(2^{k+1}+3^{2k-1})+\boxed{(나)}\times3^{2k-1}$
> $\qquad\qquad=2\times7N+\boxed{(나)}\times3^{2k-1}$
> $\qquad\qquad=7(2N+\boxed{(다)})$
> 즉 $n=k+1$일 때도 $2^{n+1}+3^{2n-1}$은 7의 배수이다.
> 따라서 (i), (ii)에서 모든 자연수 n에 대하여
> $2^{n+1}+3^{2n-1}$은 7의 배수이다.

위의 (가), (나)의 알맞은 수를 각각 p, q라 하고, (다)에 알맞은 식을 $f(k)$라 할 때, $\log_3 f(p+q)$의 값은?

① 31   ② 32   ③ 33

④ 34   ⑤ 35

문제를 보다!

[수능 기출 변형]

수열 $\{a_n\}$이 다음 조건을 만족시킨다.

> (가) $|a_1| = 1$
>
> (나) 모든 자연수 n에 대하여 $|a_{n+1}| = 2|a_n|$이다.
>
> (다) $\sum_{n=1}^{9} a_n = -7$

$a_2 + a_4 + a_6 + a_8$의 값은? [4점]

① 154   ② 158   ③ 162   ④ 166   ⑤ 170

자, 잠깐만! 당황하지 말고
문제를 잘 보면 문제의 구성이 보여!
출제자가 이 문제를 왜 냈는지를 봐야지!

내가 아는 것 ①

$|a_1| = 1$

내가 아는 것 ②

$|a_{n+1}| = 2|a_n|$

내가 아는 것 ③

$a_1 + a_2 + a_3 + a_4 + \cdots + a_9 = -7$

내가 찾은 것 ❶

$|a_1| = 1$
$|a_2| = 2$
$|a_3| = 2^2$
$|a_4| = 2^3$
$\vdots$
$|a_n| = 2^{n-1}$

내가 찾은 것 ❷

$a_9 = -2^8$

이 문제는

수열 $\{a_n\}$에 대하여

제1항부터 제9항까지 중 짝수 항들의 합을 구하는 문제야!

항의 값을 각각 구할 수 있을까?

네가 알고 있는 것(주어진 조건)은 뭐야?

수열 $\{a_n\}$의 각 항은
양수일까? 음수일까?

구해야 할 것!

a_2의 값
a_4의 값
a_6의 값
a_8의 값

내게 더 필요한 것은?

$$|a_n| \equiv 2^{n-1}$$

$$a_9 \equiv -2^8$$

> 항과 항 사이의 관계를 이해해서 수열을 직접 나열하면 되는 거네!

a_8부터 앞의 항의 값을 양수라 생각해 가며

$\sum\limits_{n=1}^{9} a_n = -7$이 나오는 경우를 찾아!

$$a_1 + a_2 + a_3 + a_4 + a_5 + a_6 + a_7 + a_8 + a_9$$

$$-2^0 \quad -2^1 \quad 2^2 \quad 2^3 \quad 2^4 \quad 2^5 \quad 2^6 \quad 2^7 \quad -2^8$$

$$(-1) + (-2) + 4 + 8 + 16 + 32 + 64 + 128 + (-256) = -7$$

$$a_2 + a_4 + a_6 + a_8 \equiv (-2) + 2^3 + 2^5 + 2^7$$

0 수열 $\{a_n\}$이 다음 조건을 만족시킨다.

(가) $|a_1| = 2^9$

(나) 모든 자연수 n에 대하여 $\dfrac{|a_{n+1}|}{|a_n|} = \dfrac{1}{2}$이다.

(다) $\displaystyle\sum_{n=1}^{10} a_n = 11$

문제를 보라고 했지?
구하려는 것과 주어진 것,
그리고 더 필요한 것은?

$a_1 + a_3 + a_5 + a_7 + a_9$의 값은?

① 340   ② 342   ③ 344   ④ 346   ⑤ 348

수	0	1	2	3	4	5	6	7	8	9
1.0	.0000	.0043	.0086	.0128	.0170	.0212	.0253	.0294	.0334	.0374
1.1	.0414	.0453	.0492	.0531	.0569	.0607	.0645	.0682	.0719	.0755
1.2	.0792	.0828	.0864	.0899	.0934	.0969	.1004	.1038	.1072	.1106
1.3	.1139	.1173	.1206	.1239	.1271	.1303	.1335	.1367	.1399	.1430
1.4	.1461	.1492	.1523	.1553	.1584	.1614	.1644	.1673	.1703	.1732
1.5	.1761	.1790	.1818	.1847	.1875	.1903	.1931	.1959	.1987	.2014
1.6	.2041	.2068	.2095	.2122	.2148	.2175	.2201	.2227	.2253	.2279
1.7	.2304	.2330	.2355	.2380	.2405	.2430	.2455	.2480	.2504	.2529
1.8	.2553	.2577	.2601	.2625	.2648	.2672	.2695	.2718	.2742	.2765
1.9	.2788	.2810	.2833	.2856	.2878	.2900	.2923	.2945	.2967	.2989
2.0	.3010	.3032	.3054	.3075	.3096	.3118	.3139	.3160	.3181	.3201
2.1	.3222	.3243	.3263	.3284	.3304	.3324	.3345	.3365	.3385	.3404
2.2	.3424	.3444	.3464	.3483	.3502	.3522	.3541	.3560	.3579	.3598
2.3	.3617	.3636	.3655	.3674	.3692	.3711	.3729	.3747	.3766	.3784
2.4	.3802	.3820	.3838	.3856	.3874	.3892	.3909	.3927	.3945	.3962
2.5	.3979	.3997	.4014	.4031	.4048	.4065	.4082	.4099	.4116	.4133
2.6	.4150	.4166	.4183	.4200	.4216	.4232	.4249	.4265	.4281	.4298
2.7	.4314	.4330	.4346	.4362	.4378	.4393	.4409	.4425	.4440	.4456
2.8	.4472	.4487	.4502	.4518	.4533	.4548	.4564	.4579	.4594	.4609
2.9	.4624	.4639	.4654	.4669	.4683	.4698	.4713	.4728	.4742	.4757
3.0	.4771	.4786	.4800	.4814	.4829	.4843	.4857	.4871	.4886	.4900
3.1	.4914	.4928	.4942	.4955	.4969	.4983	.4997	.5011	.5024	.5038
3.2	.5051	.5065	.5079	.5092	.5105	.5119	.5132	.5145	.5159	.5172
3.3	.5185	.5198	.5211	.5224	.5237	.5250	.5263	.5276	.5289	.5302
3.4	.5315	.5328	.5340	.5353	.5366	.5378	.5391	.5403	.5416	.5428
3.5	.5441	.5453	.5465	.5478	.5490	.5502	.5514	.5527	.5539	.5551
3.6	.5563	.5575	.5587	.5599	.5611	.5623	.5635	.5647	.5658	.5670
3.7	.5682	.5694	.5705	.5717	.5729	.5740	.5752	.5763	.5775	.5786
3.8	.5798	.5809	.5821	.5832	.5843	.5855	.5866	.5877	.5888	.5899
3.9	.5911	.5922	.5933	.5944	.5955	.5966	.5977	.5988	.5999	.6010
4.0	.6021	.6031	.6042	.6053	.6064	.6075	.6085	.6096	.6107	.6117
4.1	.6128	.6138	.6149	.6160	.6170	.6180	.6191	.6201	.6212	.6222
4.2	.6232	.6243	.6253	.6263	.6274	.6284	.6294	.6304	.6314	.6325
4.3	.6335	.6345	.6355	.6365	.6375	.6385	.6395	.6405	.6415	.6425
4.4	.6435	.6444	.6454	.6464	.6474	.6484	.6493	.6503	.6513	.6522
4.5	.6532	.6542	.6551	.6561	.6571	.6580	.6590	.6599	.6609	.6618
4.6	.6628	.6637	.6646	.6656	.6665	.6675	.6684	.6693	.6702	.6712
4.7	.6721	.6730	.6739	.6749	.6758	.6767	.6776	.6785	.6794	.6803
4.8	.6812	.6821	.6830	.6839	.6848	.6857	.6866	.6875	.6884	.6893
4.9	.6902	.6911	.6920	.6928	.6937	.6946	.6955	.6964	.6972	.6981
5.0	.6990	.6998	.7007	.7016	.7024	.7033	.7042	.7050	.7059	.7067
5.1	.7076	.7084	.7093	.7101	.7110	.7118	.7126	.7135	.7143	.7152
5.2	.7160	.7168	.7177	.7185	.7193	.7202	.7210	.7218	.7226	.7235
5.3	.7243	.7251	.7259	.7267	.7275	.7284	.7292	.7300	.7308	.7316
5.4	.7324	.7332	.7340	.7348	.7356	.7364	.7372	.7380	.7388	.7396

÷	0	1	2	3	4	5	6	7	8	9
5.5	.7404	.7412	.7419	.7427	.7435	.7443	.7451	.7459	.7466	.7474
5.6	.7482	.7490	.7497	.7505	.7513	.7520	.7528	.7536	.7543	.7551
5.7	.7559	.7566	.7574	.7582	.7589	.7597	.7604	.7612	.7619	.7627
5.8	.7634	.7642	.7649	.7657	.7664	.7672	.7679	.7686	.7694	.7701
5.9	.7709	.7716	.7723	.7731	.7738	.7745	.7752	.7760	.7767	.7774
6.0	.7782	.7789	.7796	.7803	.7810	.7818	.7825	.7832	.7839	.7846
6.1	.7853	.7860	.7868	.7875	.7882	.7889	.7896	.7903	.7910	.7917
6.2	.7924	.7931	.7938	.7945	.7952	.7959	.7966	.7973	.7980	.7987
6.3	.7993	.8000	.8007	.8014	.8021	.8028	.8035	.8041	.8048	.8055
6.4	.8062	.8069	.8075	.8082	.8089	.8096	.8102	.8109	.8116	.8122
6.5	.8129	.8136	.8142	.8149	.8156	.8162	.8169	.8176	.8182	.8189
6.6	.8195	.8202	.8209	.8215	.8222	.8228	.8235	.8241	.8248	.8254
6.7	.8261	.8267	.8274	.8280	.8287	.8293	.8299	.8306	.8312	.8319
6.8	.8325	.8331	.8338	.8344	.8351	.8357	.8363	.8370	.8376	.8382
6.9	.8388	.8395	.8401	.8407	.8414	.8420	.8426	.8432	.8439	.8445
7.0	.8451	.8457	.8463	.8470	.8476	.8482	.8488	.8494	.8500	.8506
7.1	.8513	.8519	.8525	.8531	.8537	.8543	.8549	.8555	.8561	.8567
7.2	.8573	.8579	.8585	.8591	.8597	.8603	.8609	.8615	.8621	.8627
7.3	.8633	.8639	.8645	.8651	.8657	.8663	.8669	.8675	.8681	.8686
7.4	.8692	.8698	.8704	.8710	.8716	.8722	.8727	.8733	.8739	.8745
7.5	.8751	.8756	.8762	.8768	.8774	.8779	.8785	.8791	.8797	.8802
7.6	.8808	.8814	.8820	.8825	.8831	.8837	.8842	.8848	.8854	.8859
7.7	.8865	.8871	.8876	.8882	.8887	.8893	.8899	.8904	.8910	.8915
7.8	.8921	.8927	.8932	.8938	.8943	.8949	.8954	.8960	.8965	.8971
7.9	.8976	.8982	.8987	.8993	.8998	.9004	.9009	.9015	.9020	.9025
8.0	.9031	.9036	.9042	.9047	.9053	.9058	.9063	.9069	.9074	.9079
8.1	.9085	.9090	.9096	.9101	.9106	.9112	.9117	.9122	.9128	.9133
8.2	.9138	.9143	.9149	.9154	.9159	.9165	.9170	.9175	.9180	.9186
8.3	.9191	.9196	.9201	.9206	.9212	.9217	.9222	.9227	.9232	.9238
8.4	.9243	.9248	.9253	.9258	.9263	.9269	.9274	.9279	.9284	.9289
8.5	.9294	.9299	.9304	.9309	.9315	.9320	.9325	.9330	.9335	.9340
8.6	.9345	.9350	.9355	.9360	.9365	.9370	.9375	.9380	.9385	.9390
8.7	.9395	.9400	.9405	.9410	.9415	.9420	.9425	.9430	.9435	.9440
8.8	.9445	.9450	.9455	.9460	.9465	.9469	.9474	.9479	.9484	.9489
8.9	.9494	.9499	.9504	.9509	.9513	.9518	.9523	.9528	.9533	.9538
9.0	.9542	.9547	.9552	.9557	.9562	.9566	.9571	.9576	.9581	.9586
9.1	.9590	.9595	.9600	.9605	.9609	.9614	.9619	.9624	.9628	.9633
9.2	.9638	.9643	.9647	.9652	.9657	.9661	.9666	.9671	.9675	.9680
9.3	.9685	.9689	.9694	.9699	.9703	.9708	.9713	.9717	.9722	.9727
9.4	.9731	.9736	.9741	.9745	.9750	.9754	.9759	.9763	.9768	.9773
9.5	.9777	.9782	.9786	.9791	.9795	.9800	.9805	.9809	.9814	.9818
9.6	.9823	.9827	.9832	.9836	.9841	.9845	.9850	.9854	.9859	.9863
9.7	.9868	.9872	.9877	.9881	.9886	.9890	.9894	.9899	.9903	.9908
9.8	.9912	.9917	.9921	.9926	.9930	.9934	.9939	.9943	.9948	.9952
9.9	.9956	.9961	.9965	.9969	.9974	.9978	.9983	.9987	.9991	.9996

삼각함수표

각(θ)	θ(rad)	$\sin\theta$	$\cos\theta$	$\tan\theta$
0°	0.0000	0.0000	1.0000	0.0000
1°	0.0175	0.0175	0.9998	0.0175
2°	0.0349	0.0349	0.9994	0.0349
3°	0.0524	0.0523	0.9986	0.0524
4°	0.0698	0.0698	0.9976	0.0699
5°	0.0873	0.0872	0.9962	0.0875
6°	0.1047	0.1045	0.9945	0.1051
7°	0.1222	0.1219	0.9925	0.1228
8°	0.1396	0.1392	0.9903	0.1405
9°	0.1571	0.1564	0.9877	0.1584
10°	0.1745	0.1736	0.9848	0.1763
11°	0.1920	0.1908	0.9816	0.1944
12°	0.2094	0.2079	0.9781	0.2126
13°	0.2269	0.2250	0.9744	0.2309
14°	0.2443	0.2419	0.9703	0.2493
15°	0.2618	0.2588	0.9659	0.2679
16°	0.2793	0.2756	0.9613	0.2867
17°	0.2967	0.2924	0.9563	0.3057
18°	0.3142	0.3090	0.9511	0.3249
19°	0.3316	0.3256	0.9455	0.3443
20°	0.3491	0.3420	0.9397	0.3640
21°	0.3665	0.3584	0.9336	0.3839
22°	0.3840	0.3746	0.9272	0.4040
23°	0.4014	0.3907	0.9205	0.4245
24°	0.4189	0.4067	0.9135	0.4452
25°	0.4363	0.4226	0.9063	0.4663
26°	0.4538	0.4384	0.8988	0.4877
27°	0.4712	0.4540	0.8910	0.5095
28°	0.4887	0.4695	0.8829	0.5317
29°	0.5061	0.4848	0.8746	0.5543
30°	0.5236	0.5000	0.8660	0.5774
31°	0.5411	0.5150	0.8572	0.6009
32°	0.5585	0.5299	0.8480	0.6249
33°	0.5760	0.5446	0.8387	0.6494
34°	0.5934	0.5592	0.8290	0.6745
35°	0.6109	0.5736	0.8192	0.7002
36°	0.6283	0.5878	0.8090	0.7265
37°	0.6458	0.6018	0.7986	0.7536
38°	0.6632	0.6157	0.7880	0.7813
39°	0.6807	0.6293	0.7771	0.8098
40°	0.6981	0.6428	0.7660	0.8391
41°	0.7156	0.6561	0.7547	0.8693
42°	0.7330	0.6691	0.7431	0.9004
43°	0.7505	0.6820	0.7314	0.9325
44°	0.7679	0.6947	0.7193	0.9657
45°	0.7854	0.7071	0.7071	1.0000

각(θ)	θ(rad)	$\sin\theta$	$\cos\theta$	$\tan\theta$
46°	0.8029	0.7193	0.6947	1.0355
47°	0.8203	0.7314	0.6820	1.0724
48°	0.8378	0.7431	0.6691	1.1106
49°	0.8552	0.7547	0.6561	1.1504
50°	0.8727	0.7660	0.6428	1.1918
51°	0.8901	0.7771	0.6293	1.2349
52°	0.9076	0.7880	0.6157	1.2799
53°	0.9250	0.7986	0.6018	1.3270
54°	0.9425	0.8090	0.5878	1.3764
55°	0.9599	0.8192	0.5736	1.4281
56°	0.9774	0.8290	0.5592	1.4826
57°	0.9948	0.8387	0.5446	1.5399
58°	1.0123	0.8480	0.5299	1.6003
59°	1.0297	0.8572	0.5150	1.6643
60°	1.0472	0.8660	0.5000	1.7321
61°	1.0647	0.8746	0.4848	1.8040
62°	1.0821	0.8829	0.4695	1.8807
63°	1.0996	0.8910	0.4540	1.9626
64°	1.1170	0.8988	0.4384	2.0503
65°	1.1345	0.9063	0.4226	2.1445
66°	1.1519	0.9135	0.4067	2.2460
67°	1.1694	0.9205	0.3907	2.3559
68°	1.1868	0.9272	0.3746	2.4751
69°	1.2043	0.9336	0.3584	2.6051
70°	1.2217	0.9397	0.3420	2.7475
71°	1.2392	0.9455	0.3256	2.9042
72°	1.2566	0.9511	0.3090	3.0777
73°	1.2741	0.9563	0.2924	3.2709
74°	1.2915	0.9613	0.2756	3.4874
75°	1.3090	0.9659	0.2588	3.7321
76°	1.3265	0.9703	0.2419	4.0108
77°	1.3439	0.9744	0.2250	4.3315
78°	1.3614	0.9781	0.2079	4.7046
79°	1.3788	0.9816	0.1908	5.1446
80°	1.3963	0.9848	0.1736	5.6713
81°	1.4137	0.9877	0.1564	6.3138
82°	1.4312	0.9903	0.1392	7.1154
83°	1.4486	0.9925	0.1219	8.1443
84°	1.4661	0.9945	0.1045	9.5144
85°	1.4835	0.9962	0.0872	11.4301
86°	1.5010	0.9976	0.0698	14.3007
87°	1.5184	0.9986	0.0523	19.0811
88°	1.5359	0.9994	0.0349	28.6363
89°	1.5533	0.9998	0.0175	57.2900
90°	1.5708	1.0000	0.0000	

다양한 변화를 찾아서!

대수

Ⅰ. 지수함수와 로그함수

Ⅱ. 삼각함수

Ⅲ. 수열

변화를 읽어라!

미적분 Ⅰ

Ⅰ. 함수의 극한과 연속

Ⅱ. 다항함수의 미분법

Ⅲ. 다항함수의 적분법

변화의 가능성을 예측하라!

확률과 통계

Ⅰ. 경우의 수

Ⅱ. 확률

Ⅲ. 통계

이제 뭘하지?

무얼 선택하건 모두 무한으로 가는 길!

03 지수함수의 그래프의 평행이동 70쪽

1 ($\mathscr{l}$ $x-2$, $y-1$, 1, 2, 2, 1)

2 $y=\left(\dfrac{1}{5}\right)^{x+3}+5$ 3 $y=-7^{x+1}-4$

4 (1) ($\mathscr{l}$ 3, 1 / 2, 3) (2) ($\mathscr{l}$ 실수) (3) ($\mathscr{l}$ 1)

   (4) ($\mathscr{l}$ 1)

5 (1) 풀이 참조 (2) $\{x \mid x$는 실수$\}$

   (3) $\{y \mid y > -5\}$ (4) $y=-5$

6 (1) 풀이 참조 (2) $\{x \mid x$는 실수$\}$

   (3) $\{y \mid y > 3\}$ (4) $y=3$

7 (1) $\times$ (2) $\bigcirc$ (3) $\times$ (4) $\bigcirc$ (5) $\bigcirc$

☺ n, m, m, n 8 ③

04 지수함수의 그래프의 대칭이동 72쪽

1 $\left(\mathscr{l}$ $-y$, $-y$, $-\left(\dfrac{1}{5}\right)^x\right)$

2 $y=\left(\dfrac{1}{3}\right)^x$ (또는 $y=3^{-x}$)

3 $y=-\left(\dfrac{1}{7}\right)^x$ (또는 $y=-7^{-x}$)

4 (1) ($\mathscr{l}$ x / -1) (2) ($\mathscr{l}$ 실수) (3) ($\mathscr{l}$ <)

   (4) ($\mathscr{l}$ 0)

5 (1) 풀이 참조

   (2) 실수 전체의 집합 (3) $\{y \mid y < 0\}$ (4) $y=0$

6 (1) 풀이 참조

   (2) 실수 전체의 집합 (3) $\{y \mid y > 0\}$ (4) $y=0$

7 (1) $\bigcirc$ (2) $\bigcirc$ (3) $\times$ (4) $\times$ (5) $\bigcirc$

☺ $-y$, $-a^x$, $-x$, x, $-y$, $-x$, $-\left(\dfrac{1}{a}\right)^x$

8 ①   9 ($\mathscr{l}$ 1, y, 1, 3 / 3)

10 풀이 참조   11 풀이 참조

12 풀이 참조

13 ($\mathscr{l}$ x, 2, -1 / 2, -1)

14 풀이 참조   15 풀이 참조

16 풀이 참조

17 그래프: 풀이 참조, 치역: $\{y \mid y > -1\}$,

   점근선의 방정식: $y=-1$

18 그래프: 풀이 참조, 치역: $\{y \mid y < 0\}$,

   점근선의 방정식: $y=0$

19 그래프: 풀이 참조, 치역: $\{y \mid y < 2\}$,

   점근선의 방정식: $y=2$

20 그래프: 풀이 참조, 치역: $\{y \mid y > 3\}$,

   점근선의 방정식: $y=3$

21 그래프: 풀이 참조, 치역: $\{y \mid y > -3\}$,

   점근선의 방정식: $y=-3$

22 그래프: 풀이 참조, 치역: $\{y \mid y < 4\}$,

   점근선의 방정식: $y=4$

23 그래프: 풀이 참조, 치역: $\{y \mid y < 2\}$,

   점근선의 방정식: $y=2$

24 ③

TEST 개념 확인 76쪽

1 ②   2 ③   3 ⑤   4 ④

5 $a<3$ 또는 $a>4$ 6 ③   7 ①

8 5   9 ①, ⑤   10 ⑤   11 ②

12 ㄴ, ㄹ

05 지수함수를 이용한 수의 대소 비교 78쪽

원리확인 증가, <

1 > ($\mathscr{l}$ 감소, <, >) 2 <   3 >

4 > ($\mathscr{l}$ 2, 8, 3, 6, 증가, >, >)

5 >   6 <

7 $\left(\mathscr{l}$ 2, $\dfrac{2}{3}$, 3, $\dfrac{3}{4}$, 5, $\dfrac{5}{2}$, $9^{\frac{1}{3}}$, $27^{\frac{1}{4}}$, $243^{\frac{1}{2}}\right)$

8 $\sqrt[5]{\dfrac{1}{625}} < \sqrt[4]{\dfrac{1}{125}} < \sqrt[3]{\dfrac{1}{5}}$

9 $1 < \sqrt[4]{7} < \sqrt{49}$ 10 $0.5^{\frac{5}{7}} < \sqrt[3]{2} < \sqrt[5]{8}$

11 $\dfrac{1}{81} < \sqrt[6]{9} < 27^{\frac{3}{4}}$ 12 $\sqrt[3]{0.09} < \sqrt{0.3} < 1$

13 $\sqrt{0.001} < \sqrt[6]{0.01} < \sqrt[3]{0.1}$

☺ <, >   14 ④

06 지수함수의 최대, 최소 80쪽

1 $\left(\mathscr{l}$ 125, $\dfrac{1}{25}\right)$

2 최댓값: 16, 최솟값: 2

3 최댓값: 1000, 최솟값: 1

4 ($\mathscr{l}$ 69, 7)

5 최댓값: 11, 최솟값: $\dfrac{7}{3}$

6 최댓값: 333, 최솟값: -9

7 $\left(\mathscr{l}$ $\dfrac{7}{5}$, $\dfrac{5}{7}\right)$

8 최댓값: $\dfrac{81}{25}$, 최솟값: $\dfrac{5}{9}$

☺ 최대, 최소, 최소, 최대

9 ③   10 ($\mathscr{l}$ 2, 2, 2, 6, 6, 64, 2, 2, 4)

11 최댓값: 3, 최솟값: $\dfrac{1}{27}$

12 최댓값: 8, 최솟값: $\dfrac{1}{2}$

13 최댓값: 4, 최솟값: $\dfrac{1}{64}$

14 ($\mathscr{l}$ 1, 1, 8, 8, 1, 37, 2, 2, 1, 1)

15 최댓값: 36, 최솟값: 0

16 최댓값: $-\dfrac{17}{9}$, 최솟값: -9

17 최댓값: 405, 최솟값: 5

18 최댓값: 4, 최솟값: -192

19 최댓값: -2, 최솟값: -5

20 최댓값: 79, 최솟값: 2   21 ⑤

22 ($\mathscr{l}$ y, 18, 18)   23 10   24 16

25 162   26 ($\mathscr{l}$ 16, 16)   27 18

28 50   29 14   30 ②

07 지수방정식 84쪽

1 ($\mathscr{l}$ -5, -5, -6) 2 $x=5$ 3 $x=4$

4 $x=3$ 5 $x=-\dfrac{7}{2}$

6 $x=1$ 또는 $x=3$ 7 $x=-2$ 또는 $x=3$

8 $x=-2$ 또는 $x=-1$ 9 $x=-4$ 또는 $x=1$

10 $x=2$ 또는 $x=3$ 11 ($\mathscr{l}$ 16, 8, 8)

12 $x=1$ 또는 $x=2$ 13 $x=1$ 또는 $x=5$

14 $x=1$ 또는 $x=3$ 15 $x=1$ 또는 $x=12$

16 ($\mathscr{l}$ 12, 6, 0, 6)   17 $x=6$ 또는 $x=7$

18 $x=2$ 또는 $x=5$ 19 $x=-1$ 또는 $x=4$

☺ 1   20 ($\mathscr{l}$ 0, -12, -4)

21 $x=7$ 22 $x=-3$ 23 $x=2$ 24 $x=5$

25 ($\mathscr{l}$ 6, 1, 0, 1)   26 $x=3$ 또는 $x=5$

27 $x=2$ 또는 $x=4$ 28 $x=0$ 또는 $x=4$

29 $x=\dfrac{7}{2}$ 또는 $x=15$ ☺ 0

30 ($\mathscr{l}$ 5, 6, 1, 1, 1, 0) 31 $x=0$ 또는 $x=3$

32 $x=1$ 33 $x=3$

34 $x=-2$ 또는 $x=-3$

35 ($\mathscr{l}$ 6, 4, 4, 2)   36 $x=1$ 37 $x=2$

38 $x=-1$ 39 ①   40 ($\mathscr{l}$ 3, 4, 2, 2, 1)

41 $x=1$, $y=2$ 42 $x=2$, $y=1$

43 $x=1$, $y=3$ 44 ③

45 ($\mathscr{l}$ 8, 2^{β}, 8, 8, 3) 46 1   47 25

48 2   49 ($\mathscr{l}$ 4, 4, k, 4)   50 $k<-5$

51 $k>2$

08 지수부등식 90쪽

1 ($\mathscr{l}$ >, >)   2 $x<2$

3 $\left(\mathscr{l}$ $2x+4$, 1, $2x+4$, $\dfrac{1}{2}$, $2x+4$, $\dfrac{4}{3}$, $\dfrac{1}{2}$, $\dfrac{4}{3}\right)$

4 $x<-1$ ☺ <, >

5 ($\mathscr{l}$ <, >, >, >, <, 1, 1, >)

6 $1 \le x \le 8$ 7 $0 < x < 1$ 또는 $x > 4$

8 $1 \le x \le 2$ 또는 $x \ge 3$ 9 ($\mathscr{l}$ 32, 8, 8, 3, 3)

10 $x \ge 3$ 11 $x > -2$ 12 $2 \le x \le 3$

13 $\left(\mathscr{l}$ 9, 9, 9, 9, 3, $\dfrac{1}{9}$, 3, -2, 1, -2, 1\right)$

14 $x \ge 3$ 15 $x > 1$ 16 $0 < x < 2$

17 ②   18 ($\mathscr{l}$ 6, 6, 9, 9, 9, 3 / 9, 9)

19 $k < -4$ 20 $k \ge 2$ 21 7, 7, 7, 7, 140

22 25일   23 2^x, 4^x, 2^x, 2, 8, 8, 3, 3, 3

24 5시간

TEST 개념 확인 94쪽

1 ③   2 ②   3 $\left(\dfrac{6}{5}\right)^x$ 4 ①

5 ③   6 ⑤   7 ②   8 ②

9 ①   10 ③   11 ④   12 -3

1 ③, ④	2 ④	3 ②	4 ④
5 ③	6 ④	7 ①	8 ④
9 ③	10 ①	11 ③	12 ③
13 ①	14 ⑤	15 ②	16 ④
17 ①	18 ②	19 ②	20 ③
21 ③	22 ⑤	23 ①	24 11460년

4 로그함수

01 로그함수 102쪽

1 × 2 ○ 3 × 4 ○

5 ○ 6 × ($\mathscr{l}$ x)

7 (1) ($\mathscr{l}$ 2, 1, 0) (2) $\dfrac{1}{2}$ (3) 2

8 (1) $-\dfrac{1}{2}$ (2) 2 (3) -3

9 ($\mathscr{l}$ 0, 일대일대응, 3, 3, 3, x, 0)

10 $y=\log_{\frac{1}{3}} x$ ($x>0$)

11 $y=\log_2 (x-1)$ ($x>1$)

12 ($\mathscr{l}$ 일대일대응, 2, 2, x)

13 $y=\left(\dfrac{1}{5}\right)^{x+1}$

02 로그함수의 그래프와 성질 104쪽

원리확인 ❶ 풀이 참조 ❷ 양의 실수, 실수
❸ 1, 4 ❹ 증가
❺ 1 ❻ y, y

1 ($\mathscr{l}$ 1, 1, 3) 2 풀이 참조

3 풀이 참조 4 풀이 참조

☺ 1, 증가, 감소, x

5 (1) × (2) × (3) ○ (4) ○ (5) ×

6 (1) ○ (2) × (3) ○ (4) ○ (5) ×

03 로그함수의 그래프의 평행이동 106쪽

1 ($\mathscr{l}$ 3, 2, 3, 2) 2 $y=\log_3 (x-1)-1$

3 $y=\log_{\frac{1}{2}} (x+6)+9$

4 (1) ($\mathscr{l}$ -1 / -1) (2) ($\mathscr{l}$ -1) (3) ($\mathscr{l}$ -1)

(4) ($\mathscr{l}$ 실수)

5 (1) 풀이 참조 (2) $x=0$ (3) $\{x\,|\,x>0\}$
(4) 실수 전체의 집합

6 (1) 풀이 참조 (2) $x=5$ (3) $\{x\,|\,x>5\}$
(4) 실수 전체의 집합

7 (1) ○ (2) ○ (3) × (4) × (5) ○

☺ n, m, m, n 8 ②

04 로그함수의 그래프의 대칭이동 108쪽

1 (1) ($\mathscr{l}$ $-y, -y, -$) (2) $y=\log_3 (-x)$

2 (1) ($\mathscr{l}$ $-x, -y, -x, -, -x$) (2) $y=\left(\dfrac{1}{3}\right)^x$

---

3 (1) ($\mathscr{l}$ y / $-6, -1$) (2) ($\mathscr{l}$ 0) (3) ($\mathscr{l}$ 0)

(4) ($\mathscr{l}$ 실수)

4 (1) 풀이 참조 (2) $x=0$ (3) $\{x\,|\,x>0\}$
(4) 실수 전체의 집합

5 (1) 풀이 참조 (2) $x=0$ (3) $\{x\,|\,x<0\}$
(4) 실수 전체의 집합

6 (1) × (2) × (3) ○ (4) × (5) ○

☺ $-, -, -, -, a$ 7 ③

8 ($\mathscr{l}$ $y, 1$ / -1) 9 풀이 참조

10 풀이 참조 11 풀이 참조

12 ($\mathscr{l}$ $x, -1$ / 3) 13 풀이 참조

14 풀이 참조 15 풀이 참조

16 그래프: 풀이 참조, 정의역: $\{x\,|\,x>0\}$,
점근선의 방정식: $x=0$

17 그래프: 풀이 참조, 정의역: $\{x\,|\,x<3\}$,
점근선의 방정식: $x=3$

18 그래프: 풀이 참조, 정의역: $\{x\,|\,x>0\}$,
점근선의 방정식: $x=0$

19 그래프: 풀이 참조, 정의역: $\{x\,|\,x>0\}$,
점근선의 방정식: $x=0$

20 그래프: 풀이 참조, 정의역: $\{x\,|\,x<0\}$,
점근선의 방정식: $x=0$

21 그래프: 풀이 참조, 정의역: $\left\{x\,\middle|\,x>\dfrac{1}{4}\right\}$,
점근선의 방정식: $x=\dfrac{1}{4}$

22 그래프: 풀이 참조, 정의역: $\{x\,|\,x<4\}$,
점근선의 방정식: $x=4$

23 ④

1 ⑤	2 ③	3 ②	4 ⑤
5 ④	6 ④	7 ④	8 ①
9 ①	10 ①	11 2	12 ②

05 로그함수의 그래프의 좌푯값 114쪽

1 (1) ($\mathscr{l}$ 1, 1, 2) (2) 4 (3) 16

2 (1) 1 (2) 3 (3) 27

3 (1) ($\mathscr{l}$ 1, 1, 2) (2) 4 (3) 16 (4) 16

4 (1) ($\mathscr{l}$ 4, 4, 16, 16) (2) 12 (3) $\log_2 12$
(4) $\log_2 12$

5 (1) $a-\log_9 a$ (2) $a-\log_3 a$ (3) 9

6 (1) 2 (2) 24 (3) 12 7 ④

06 로그함수를 이용한 수의 대소 비교 116쪽

1 < ($\mathscr{l}$ <) 2 < 3 <

4 > ($\mathscr{l}$ >, >) 5 > 6 <

7 ($\mathscr{l}$ 9, 9, $\log_3 8$, 2)

8 $\log_{\frac{1}{6}} 3 < \log_{\frac{1}{6}} \dfrac{6}{5} < \log_{\frac{1}{6}} \dfrac{1}{9}$

9 $\log_2 3 < \log_2 \sqrt{10} < \log_2 8$

10 $2\log_4 2 < \dfrac{1}{2}\log_4 48 < 3\log_4 5$

---

11 $\log_{\frac{1}{3}} 3 < \log_{\frac{1}{3}} \sqrt{5} < \dfrac{1}{3}\log_{\frac{1}{3}} 8$

12 $\log_9 15 < \log_3 6 < 2$

13 $-3 < \log_{\frac{1}{2}} 3 < \log_{\frac{1}{4}} 7$

14 $\log_{\frac{1}{5}} 10 < \log_{25} 19 < \log_5 \sqrt{20}$

☺ <, <, <, > 15 ②

07 로그함수의 최대, 최소 118쪽

1 ($\mathscr{l}$ 8, 3, 2, 1)

2 최댓값: 2, 최솟값: -2

3 최댓값: 3, 최솟값: 1

4 최댓값: 3, 최솟값: 2

5 최댓값: 0, 최솟값: -2

6 최댓값: 0, 최솟값: -2

7 ① 8 ($\mathscr{l}$ 3, 1, 1, 5, 5, $\log_2 5$, 1, 0)

9 최댓값: $\log_5 4$, 최솟값: $\log_5 3$

10 최댓값: 2, 최솟값: 0

☺ 최대, 최소, 최소, 최대

11 최댓값: $\log_{\frac{1}{3}} 29$, 최솟값: $\log_{\frac{1}{3}} 68$

12 최댓값: $\log_{\frac{1}{3}} 2$, 최솟값: $\log_{\frac{1}{3}} 6$

13 최댓값: $\log_2 27$, 최솟값: $\log_2 7$

14 최댓값: $\log_3 13$, 최솟값: 2

15 ($\mathscr{l}$ 1, 1, 3, 5, 1, 1)

16 최댓값: -5, 최솟값: -6

17 최댓값: 0, 최솟값: $-\dfrac{1}{2}$

18 최댓값: 6, 최솟값: -3

19 $\left(\mathscr{l}\ -1, -1, -1, \dfrac{1}{2}, \dfrac{1}{2}\right)$ 20 $\dfrac{1}{3}$

21 16 22 ④

23 ($\mathscr{l}$ 2, 2, 3, $2\sqrt{3}$, $2\sqrt{3}$)

24 4 25 2 26 $2\sqrt{2}$

27 ($\mathscr{l}$ 2, 2, 2, 4, 4, 2, 2) 28 $\log_5 4$

29 -4 30 ②

08 로그방정식 122쪽

1 $\left(\mathscr{l}\ -\dfrac{1}{2}, 9, 4, 4\right)$ 2 $x=\dfrac{1}{8}$ 3 $x=2$

4 $x=\dfrac{7}{5}$ 5 $x=-2$ 6 ($\mathscr{l}$ $-1, -4, 2, 2$)

7 $x=2$ 8 $x=\dfrac{1}{5}$ 9 $x=\sqrt{2}$ 10 $x=4$

11 $\left(\mathscr{l}\ \dfrac{1}{2}, 3, 3\right)$ 12 $x=1$ 13 $x=1$

14 $x=5$ ☺ 0, 방정식의 해

15 ($\mathscr{l}$ $-4, 8, 2, 2$) 16 $x=4$ 17 $x=-\dfrac{1}{2}$

18 $x=-1$ 19 ($\mathscr{l}$ 1, 3, 1, 3, 2, 8)

20 $x=\dfrac{1}{27}$ 또는 $x=9$ 21 $x=\dfrac{1}{4}$ 또는 $x=\dfrac{1}{16}$

22 $x=\dfrac{1}{4}$ 또는 $x=64$ ☺ $\log_a x$

23 $\left(\mathscr{l}\ 3, 3, 3, 3, 3, -1, 3, -1, 3, \dfrac{1}{4}, 64\right)$

24 $x=\dfrac{1}{3}$ 또는 $x=27$ 25 $x=25$ 또는 $x=125$

26 $x=2$ 또는 $x=8$

27 ($\varnothing$ -14, -13, 12, 4, -3, 4, -3, 4)

28 $x=15$ **29** $x=4$ **30** $x=1$

31 ($\varnothing$ -3, 1, -2, -2) **32** $x=1$

33 ($\varnothing$ 1, 2, -3, 3, 3) **34** $x=\dfrac{5}{3}$ 또는 $x=2$

☺ 1, $h(x)$

35 ($\varnothing$ 4, 4, 4, -1, 4, -1, 4, $\dfrac{1}{2}$, 16)

36 $x=\dfrac{1}{3}$ 또는 $x=9$ **37** $x=5$ 또는 $x=25$

38 $x=\dfrac{1}{8}$ 또는 $x=4$

39 ($\varnothing$ $\dfrac{1}{2}$, $\dfrac{1}{2}$, $\dfrac{1}{2}$, $\dfrac{1}{2}$, 4, 3, 1, 3, 1, 64, 3, 64, 3)

40 $x=27$, $y=25$

41 $x=9$, $y=16$ 또는 $x=81$, $y=4$

42 $x=10$, $y=100$ 또는 $x=100$, $y=10$

43 ($\varnothing$ $\dfrac{1}{2}$, $\dfrac{1}{2}$, $\dfrac{1}{2}$, $\dfrac{1}{2}$, $\dfrac{1}{2}$, 2, $\dfrac{1}{2}$, $\dfrac{1}{2}$, $\sqrt{3}$)

44 $\dfrac{1}{25}$ **45** $\dfrac{1}{8}$ **46** 16

09 로그부등식 128쪽

1 ($\varnothing$ 0, 2, 2, 1, 1) **2** $x>\dfrac{1}{10}$

3 $-2<x\leq2$ **4** $-4<x<23$

5 $\dfrac{1}{2}<x\leq\dfrac{9}{16}$ **6** ($\varnothing$ 1, -1, 1)

7 $2<x<3$ **8** $x>\dfrac{1}{2}$ **9** $x>0$

10 $\dfrac{1}{3}<x\leq2$ **11** ($\varnothing$ -2, $\dfrac{1}{2}$, $\dfrac{1}{2}$)

12 $-\dfrac{1}{2}<x\leq1$ **13** $-2<x\leq2$ **14** $-1<x<1$

15 ($\varnothing$ 1, -3, 1, -3, 1, $\dfrac{1}{8}$, 2, $\dfrac{1}{8}$, 2)

16 $\dfrac{1}{9}<x<3$ **17** $0<x\leq2$ 또는 $x\geq4$

18 $\dfrac{1}{27}<x<9$

19 ($\varnothing$ 2, 2, 2, 2, 2, -1, 2, $\dfrac{1}{2}$, 4, $\dfrac{1}{2}$, 4, $\dfrac{1}{2}$, 4)

20 $\dfrac{1}{9}\leq x\leq9$ **21** $\dfrac{1}{8}<x<4$

22 $\dfrac{1}{5}\leq x\leq125$ **23** ④

24 ($\varnothing$ 1, 1, 9, 9, 1, 9) **25** $\dfrac{1}{4}\leq x<1$

26 $2<x<16$ **27** ②

28 ($\varnothing$ 0, -1, 2, 2, $\dfrac{1}{4}$, $\dfrac{1}{4}$, $\dfrac{1}{2}$, $\dfrac{1}{4}$, $\dfrac{1}{2}$)

29 $0<x\leq\dfrac{1}{16}$ **30** $1<x<2$ 또는 $3<x\leq4$

31 ($\varnothing$ -4, $\dfrac{1}{16}$, $\dfrac{1}{16}$, $\dfrac{1}{16}$) **32** $a>\dfrac{9}{4}$

33 ($\varnothing$ 2, 2, 2, -2, 0, -2, 0, $\dfrac{1}{4}$, 1, $\dfrac{1}{4}$, 1)

34 $0<a\leq\dfrac{1}{8}$ 또는 $a\geq2$ **35** $2<a<16$

36 $\left(\dfrac{1}{10}\right)^5<a<10^7$ **37** ($\varnothing$ 2, 9, 1, 9)

---

38 $0<a<\dfrac{1}{2}$ **39** $4<a<8$

40 ($\varnothing$ 1, 5, 4, 1, 4, 3.5, 7, 7)

41 3년 후 **42** 7번

TEST 개념 확인 134쪽

1 ③, ⑤ **2** ① **3** $\log_a b>\log_b a$

4 ④ **5** ③ **6** ② **7** $x=1$

8 ⑤ **9** ③ **10** ③ **11** ③

12 ④

TEST 개념 발전 136쪽

1 ① **2** ③ **3** ② **4** ②

5 ② **6** ④ **7** 3 **8** $\log_b a$

9 ① **10** ⑤ **11** ② **12** ③

13 $x=7$ **14** ② **15** ②

16 $0<a\leq2$ 또는 $a\geq8$ **17** ③ **18** ②

19 ③ **20** ④ **21** -3 **22** ⑤

23 2 **24** 8자리

---

5 삼각함수
01 일반각 148쪽

1 ($\varnothing$ 40) **2** 풀이 참조 **3** 풀이 참조

4 풀이 참조 **5** 풀이 참조 **6** 풀이 참조

7 $360°\times n+50°$ **8** $360°\times n+120°$

9 $360°\times n+215°$ **10** $360°\times n+300°$

11 ($\varnothing$ 50, 50) **12** $360°\times n+130°$

13 $360°\times n+185°$ **14** $360°\times n+10°$

15 ㄷ, ㅁ, ㅂ **16** ㄷ, ㄹ **17** ㄱ, ㅂ

02 사분면의 각과 두 동경의 위치 관계 150쪽

1 ($\varnothing$ 40, 1) **2** 제2사분면의 각

3 제4사분면의 각 **4** 제3사분면의 각

5 제2사분면의 각 **6** 제1사분면의 각

7 ($\varnothing$ 0, 90, 30, 1, 2, 3, 1, 2, 3, 1, 2, 3)

8 제2사분면 또는 제4사분면의 각

9 제1사분면 또는 제2사분면 또는 제4사분면의 각

10 제2사분면 또는 제4사분면의 각

11 ($\varnothing$ 72, 72, $\dfrac{5}{4}$, $\dfrac{5}{2}$, 2, 144)

12 $270°$ **13** $120°$ **14** $225°$

15 $15°$ 또는 $75°$

03 호도법 152쪽

1 ($\varnothing$ $\dfrac{\pi}{180}$, $\dfrac{\pi}{5}$) **2** $\dfrac{\pi}{2}$

3 $\dfrac{3}{4}\pi$ **4** $\dfrac{5}{6}\pi$ **5** $\dfrac{7}{6}\pi$

6 $-\dfrac{17}{12}\pi$ **7** $-\dfrac{5}{3}\pi$ **8** $-\dfrac{8}{3}\pi$

---

9 $\left(\dfrac{180°}{\pi}, 72\right)$ **10** $60°$

11 $210°$ **12** $315°$ **13** $-80°$

14 $-180°$ **15** $-234°$ **16** $-720°$

☺ $\dfrac{180°}{\pi}$, $\dfrac{\pi}{180}$ **17** ($\varnothing$ $\dfrac{3}{4}\pi$, $\dfrac{3}{4}\pi$, 2)

18 $2n\pi+\dfrac{\pi}{6}$, 제1사분면의 각

19 $2n\pi+\dfrac{4}{3}\pi$, 제3사분면의 각

20 $2n\pi+\dfrac{8}{5}\pi$, 제4사분면의 각

21 ③, ⑤

04 부채꼴의 호의 길이와 넓이 154쪽

1 ($\varnothing$ $\dfrac{\pi}{4}$, π, π, 2π) **2** $l=10\pi$, $S=60\pi$

3 $l=3\pi$, $S=\dfrac{15}{2}\pi$ **4** ($\varnothing$ $\dfrac{\pi}{6}$, 6, 6, 3π)

5 $r=3$, $S=\dfrac{21}{8}\pi$ **6** $r=2$, $S=\dfrac{3}{2}\pi$

7 ($\varnothing$ 3, $\dfrac{8}{3}\pi$, $\dfrac{8}{3}\pi$, $\dfrac{8}{9}\pi$)

8 $l=4\pi$, $\theta=\dfrac{4}{5}\pi$ **9** $l=3\pi$, $\theta=\dfrac{\pi}{3}$

10 ($\varnothing$ $\dfrac{5}{6}\pi$, 4, 2, $\dfrac{5}{3}\pi$) **11** $r=3$, $l=\dfrac{4}{3}\pi$

12 $r=4$, $l=6\pi$ **13** ⑤

14 ($\varnothing$ $2r$, $2r$, $2r$, 4, $2r$, r^2, 2, 4, 2, 2, 4)

15 최댓값: 9, 반지름의 길이: 3

16 최댓값: $\dfrac{81}{4}$, 반지름의 길이: $\dfrac{9}{2}$

17 최댓값: $\dfrac{169}{4}$, 반지름의 길이: $\dfrac{13}{2}$

TEST 개념 확인 156쪽

1 풀이 참조 **2** ④ **3** ③

4 (1) 제3사분면의 각 (2) 제2사분면의 각

(3) 제1사분면의 각 (4) 제4사분면의 각

5 ④ **6** ⑤ **7** ③ **8** ①

9 ③ **10** ④ **11** ④ **12** $\dfrac{63}{4}$

05 삼각비 158쪽

1 (1) ($\varnothing$ $\overline{BC}$, $\dfrac{1}{2}$) (2) ($\varnothing$ $\overline{AB}$, $\dfrac{\sqrt{3}}{2}$)

(3) ($\varnothing$ $\overline{BC}$, $\dfrac{\sqrt{3}}{3}$) (4) ($\varnothing$ $\overline{AB}$, $\dfrac{\sqrt{3}}{2}$)

(5) ($\varnothing$ $\overline{BC}$, $\dfrac{1}{2}$) (6) ($\varnothing$ $\overline{AB}$, $\sqrt{3}$)

2 (1) $\dfrac{\sqrt{2}}{2}$ (2) $\dfrac{\sqrt{2}}{2}$ (3) 1 (4) $\dfrac{\sqrt{2}}{2}$ (5) $\dfrac{\sqrt{2}}{2}$ (6) 1

☺ (1) $\dfrac{1}{2}$, $\dfrac{\sqrt{3}}{2}$ (2) 1, $\dfrac{\sqrt{2}}{2}$, 0 (3) $\dfrac{\sqrt{3}}{3}$, $\sqrt{3}$

3 ($\varnothing$ $\dfrac{\sqrt{3}}{2}$, $\dfrac{\sqrt{3}}{2}$, $\sqrt{3}$, $2\sqrt{3}$)

4 $-\dfrac{1}{2}$ **5** 1 **6** $\dfrac{\sqrt{2}}{2}$

빠른 정답 대수

1 지수

01 거듭제곱과 지수법칙　10쪽

1 a^4　2 3^6　3 a^2b^4

4 $2^3 \times 3^2 \times 5^2$　5 $\left(\dfrac{1}{7}\right)^5$　6 a^7

7 a^{24}　8 a^8　9 a^4b^8

10 (✎ 4, 2, 6, 3)　11 a^2b^6　12 $\dfrac{b^2}{a}$

13 (✎ 3, 2, 6, 6, 6, 6, 9, 8)

14 a^2b　15 ⑤

02 거듭제곱근　12쪽

1 $-6, 6$

2 $\left(✎ x^2+x+1, 1, \sqrt{3}i, 1, \dfrac{-1+\sqrt{3}i}{2}, \right.$
$\left. \dfrac{-1-\sqrt{3}i}{2}\right)$

3 $-5, \dfrac{5-5\sqrt{3}i}{2}, \dfrac{5+5\sqrt{3}i}{2}$

4 $-3i, 3i, -3, 3$　5 $-5i, 5i, -5, 5$

☺ a, x　6 $-5, 5$　7 없다.　8 3

9 -2　10 $-2, 2$　11 $-\sqrt{7}, \sqrt{7}$

12 없다.　☺ $0, \sqrt[n]{a}, -\sqrt[n]{a}$, 없다.

13 (✎ 7, 7)　14 13　15 2

16 -3　17 -2　18 0.1　19 3

20 -2　21 ③

03 거듭제곱근의 성질　14쪽

1 2　2 7　3 (✎ 4, 4, 6)

4 13　5 (✎ 36, 216, 3, 6)　6 5

7 4　8 $\dfrac{1}{2}$　9 (✎ 2, 8, 3, 2)

10 $\dfrac{1}{2}$　11 3　12 $\dfrac{1}{10}$

13 (✎ 2, 3, 2, 6, 5)　14 $\dfrac{1}{3}$　15 3

16 $\dfrac{1}{2}$　17 (✎ 2, 2, 4, 4, 2)　18 3

19 (✎ 3, 2, 3, 2, 3, 2, 3, 4)　20 $\dfrac{1}{4}$

21 (✎ 8, 10, a)　22 $2\sqrt{2}$　23 1

24 -5　25 ①

TEST 개념 확인　16쪽

1 ③　2 $x=6, y=18$　3 ①

4 ②　5 ④　6 ②　7 ③

8 ④　9 2　10 ⑤　11 ①

12 ①

04 지수가 정수일 때의 지수법칙　18쪽

1 1　2 1　3 1

4 $\left(✎ 3, \dfrac{1}{8}\right)$　5 $\dfrac{1}{25}$　6 16

7 -125　8 $\dfrac{16}{49}$　9 $-\dfrac{8}{27}$　☺ 1, $\dfrac{1}{a^n}$

10 $\left(✎ +, -2, \dfrac{1}{9}\right)$　11 625　12 8

13 a^3　14 a^{-16}　15 a^{10}　16 ab^8

17 ①

05 지수가 유리수일 때의 지수법칙　20쪽

1 $2^{\frac{1}{2}}$　2 $5^{\frac{2}{3}}$　3 $3^{\frac{7}{4}}$　4 $7^{-\frac{3}{5}}$

5 $3^{-\frac{2}{9}}$　6 $2^{-\frac{5}{7}}$　7 $\sqrt[6]{3}$　8 $\sqrt[3]{25}$

9 $\sqrt[5]{64}$　10 $\sqrt[10]{27}$　11 $\sqrt[3]{\dfrac{1}{81}}$　12 $\sqrt[5]{25}$

13 $\left(✎ +, \dfrac{1}{4}\right)$　14 81　15 a^4b^{-3}

16 $3^{\frac{23}{10}}$　17 a　18 $a^{-\frac{1}{6}}b^{\frac{1}{6}}$

19 $\left(✎ 24, \dfrac{1}{24}, \dfrac{1}{24}, \dfrac{17}{24}\right)$　20 $a^{\frac{7}{30}}$

21 $a^{\frac{17}{8}}$　22 $a^{\frac{5}{12}}$　☺ n, m, n

23 ④

06 지수가 실수일 때의 지수법칙　22쪽

1 (✎ +, 2, 16)　2 $7^{\sqrt{3}}$　3 $\dfrac{1}{27}$

4 81　5 $a^{10}b^{5\sqrt{2}}$　6 400

7 $\left(✎ \dfrac{1}{3}, \dfrac{1}{4}, \dfrac{1}{3}, \dfrac{1}{4}, \dfrac{8}{3}, 2\right)$　8 $a^{\frac{10}{3}}b^{\frac{5}{2}}$

9 $a^3b^{\frac{9}{2}}$

10 (✎ 2, 2, 16, 16, 27, 16, 27, >)

11 $\sqrt[3]{4} > \sqrt[4]{5}$　12 $\sqrt{\sqrt{8}} < \sqrt[3]{\sqrt[3]{27}}$

13 (✎ 2, 2, 9, 7, 9, 16, 7, 9, 16, $\sqrt[8]{7}, \sqrt[4]{3}, \sqrt{2}$)

14 $\sqrt{2} < \sqrt[3]{4} < \sqrt[4]{8}$　15 $\sqrt[9]{\sqrt{10}} < \sqrt[3]{\sqrt[3]{5}} < \sqrt[6]{3}$

16 ②

07 지수법칙과 곱셈 공식을 이용한 식의 계산　24쪽

1 $\left(✎ 2, 2, \dfrac{1}{4}, \dfrac{1}{4}, a^{\frac{1}{2}} - b^{\frac{1}{2}}\right)$　2 $a+2+\dfrac{1}{a}$

3 $a-b$　4 (✎ 2, 3, 2)　5 $\dfrac{36}{7}$

6 5

7 (1) (✎ 2, 2, 2, 2, 14)　(2) 12　(3) 52

8 (1) (✎ 2, 2, 2, 2, 34)　(2) $2\sqrt{2}$

9 (1) (✎ a^x, $2x$, $2x$, 3)　(2) $\dfrac{15}{17}$　(3) $\dfrac{3}{2}$

10 (1) (✎ 2^x, 2^x, 2^x, $2x$, $2x$, x, x, 2)　(2) $\dfrac{3}{13}$

11 ②

08 지수로 나타낸 식의 변형　26쪽

1 $\left(✎ -2, -2x, -2, -2, \dfrac{1}{25}\right)$

2 10　3 81　4 $\dfrac{27}{8}$

5 $\left(✎ \dfrac{1}{x}, \dfrac{2}{x}, \dfrac{1}{x}, 6, 36\right)$

6 5　7 $\left(✎ \dfrac{3}{x}, \dfrac{2}{y}, \dfrac{3}{x}, \dfrac{2}{y}, \dfrac{3}{x}, \dfrac{2}{y}, -2\right)$

8 1　9 2　10 -2

11 (✎ +, +, 2, +, +, 2)　12 2

13 3　14 1

TEST 개념 확인　28쪽

1 ④　2 ③　3 ⑤　4 ③

5 ②　6 ⑤　7 ①　8 ⑤

9 ④　10 ①　11 -2　12 ②

TEST 개념 발전　30쪽

1 ④　2 ③　3 ④　4 ②

5 ⑤　6 ⑤　7 ②　8 $-1, -5$

9 ③　10 ⑤　11 ⑤　12 ③

13 $\sqrt[7]{4}$배　14 ④　15 ①

2 로그

01 로그의 정의　34쪽

1 밑: 2, 진수: 9　2 밑: 10, 진수: $\dfrac{1}{3}$

3 밑: $\dfrac{1}{2}$, 진수: 4　4 밑: $\sqrt{7}$, 진수: 49

5 (✎ 3, 8)　6 $\dfrac{1}{2} = \log_4 2$

7 $2 = \log_{0.5} 0.25$　8 $-1 = \log_5 \dfrac{1}{5}$

9 $-3 = \log_{\frac{1}{3}} 27$　10 $3 = \log_{\sqrt{2}} 2\sqrt{2}$

11 (✎ 4)　12 $9^{\frac{1}{2}} = 3$　13 $\left(\dfrac{1}{3}\right)^{-3} = 27$

14 $10^{-2} = 0.01$　15 $2^{-3} = \dfrac{1}{8}$　16 $(\sqrt{5})^4 = 25$

☺ x, N　17 (✎ 32, 5, 5, 5)

18 -4　19 4　20 (✎ 3, 27)

21 2　22 2

02 로그의 밑과 진수의 조건　36쪽

1 (✎ ≠, 2, ≠, 2, 3)

2 $-3 < x < -2$ 또는 $x > -2$

3 $\dfrac{3}{2} < x < 2$ 또는 $x > 2$　4 $x \neq 0, x \neq 1, x \neq 2$

5 $x \neq -2, x \neq -1, x \neq 0$

6 (✎ >, -1)　7 $x > 5$

8 $x > -\dfrac{5}{3}$　9 $x > \dfrac{\sqrt{3}}{3}$

10 $x < -3$ 또는 $x > 5$

11 (✎ >, 1, 2, 2, 2, 0, 3, 3)

12 $-2 < x < -1$ 또는 $-1 < x < 5$

13 $2 < x < 3$ 또는 $3 < x < 5$

☺ >, ≠, >　14 ②

03 로그의 기본 성질　38쪽

원리확인 ❶ $m, n, m+n, m+n$

❷ $m, n, m-n, m-n$

1 0　2 0　3 1　4 1

5 1　6 1　7 (✎ 4, 4, 4)

17 $(\mathscr{D}\, a-d,\ a+3d,\ a-d,\ a+3d,\ 4,\ a+3d,$ $\quad 4,\ 1,\ 1,\ 3,\ 5,\ 7,\ 105)$

18 384 　**19** 40 　**20** 585 　**21** 880

22 $(\mathscr{D}\, a+d,\ a+d,\ 1,\ 1,\ 1,\ 1,\ 1,\ -1,\ 1,\ 3,$ $\quad -1,\ 3,\ -1,\ -1,\ 3)$

23 $k=0,$ 세 실근: 0, 1, 2

24 $k=23,$ 세 실근: 1, 3, 5

25 $(\mathscr{D}\, 2,\ k+8,\ k+2,\ k+8,\ k+2,\ k+8,$ $\quad k+2,\ 1)$

26 $\dfrac{1}{3}$ 　**27** -1

---

06 조화수열과 조화중항　264쪽

1 $\left(\mathscr{D}\, 2,\ 3,\ 2,\ 3,\ 3n-1,\ \dfrac{1}{3n-1}\right)$

2 $a_n=\dfrac{6}{n}$ 　**3** $a_n=\dfrac{2}{n+2}$ 　**4** $a_n=\dfrac{24}{n}$

5 $\left(\mathscr{D}\,$ 등차수열, 조화중항, 등차중항, $2,\ \dfrac{1}{6},\ \dfrac{1}{8},\ 8\right)$

6 1 　**7** $\dfrac{9}{4}$ 　**8** 1

☺ $2,\ 2ac$

9 $\left(\mathscr{D}\, 1,\ 5,\ 1,\ 4,\ \dfrac{3}{4},\ \dfrac{7}{4},\ \dfrac{5}{2},\ \dfrac{13}{4},\ \dfrac{4}{7},\ \dfrac{2}{5},\ \dfrac{4}{13},\right.$ $\left.\quad \dfrac{26}{35}\right)$

10 $\dfrac{23}{15}$ 　**11** $\dfrac{13}{70}$ 　**12** ①

---

07 등차수열의 합　266쪽

원리확인 2, 3, 2, 3, 3, 2, 3, 2, 40, 40, 40, 125, 2660

1 $(\mathscr{D}\, 3,\ 39,\ 10,\ 10,\ 3,\ 39,\ 210)$

2 110 　**3** 675 　**4** 8

☺ $n,\ l$ 　**5** $(\mathscr{D}\, 8,\ 2,\ 10,\ 10,\ 8,\ 2,\ 170)$

6 570 　**7** 128 　**8** -90

☺ $n,\ 2,\ n-1$

9 $(\mathscr{D}\, 1,\ 4,\ 1,\ 4,\ 4n-3,\ 4k-3,\ 9,\ 33,\ 9,\ 9,$ $\quad 33,\ 153)$

10 714 　**11** 187 　**12** -60

13 $(\mathscr{D}\, 2,\ 15,\ 3,\ 2,\ 3,\ 10,\ 10,\ 2,\ 3,\ 155)$

14 198 　**15** -20 　**16** 140

17 ④

18 $(\mathscr{D}\, 4,\ 5,\ 2,\ 4,\ 2,\ 1,\ 2,\ 1,\ 2)$

19 첫째항: 50, 공차: -4

20 첫째항: 1, 공차: 3

21 첫째항: 24, 공차: $-\dfrac{3}{2}$

22 $(\mathscr{D}\, 10,\ 2,\ 9,\ 2,\ 9,\ 20,\ 2,\ 19,\ 2,\ 19,\ 3,\ 2,\ 3,\ 2)$

23 첫째항: 2, 공차: 4

24 첫째항: -16, 공차: 3 　**25** ④

26 $(\mathscr{D}\,$ 음수, 감소, $\geq$, 최대, $n-1,\ -2n+27,$ $\quad \geq,\ \dfrac{27}{2},\ 13,\ 13,\ 13,\ 2,\ 12,\ 169)$

27 $n=14,$ 최댓값: 287

---

28 $n=7,$ 최댓값: $\dfrac{77}{2}$

29 $\left(\mathscr{D}\,$ 양수, 증가, $\leq$, 최대, $-23,\ 3n-26,\ \leq,$ $\left.\quad \dfrac{26}{3},\ 8,\ 8,\ 8,\ -23,\ 7,\ -100\right)$

30 $n=6,$ 최솟값: -120

31 $n=7,$ 최솟값: -105

32 $(\mathscr{D}\, 6,\ 9,\ 96,\ 3,\ 33,\ 3,\ 99,\ 33,\ 33,\ 99,\ 1683)$

33 1300

34 $(\mathscr{D}\, 7,\ 11,\ 95,\ 4,\ 25,\ 4,\ 99,\ 25,\ 25,\ 99,\ 1275)$

35 970

36 (1) $(\mathscr{D}\, 1,\ 1,\ 2)$

　(2) $(\mathscr{D}\, 5,\ 5n-4,\ -2,\ -2n+3,\ 3n-1)$

　(3) $(\mathscr{D}\, 2,\ 3,\ 3)$ 　(4) $(\mathscr{D}\, 2,\ 3,\ 10,\ 2,\ 3,\ 155)$

37 (1) 0 　(2) $5n-5$ 　(3) 5 　(4) 225

---

08 등차수열의 합과 일반항 사이의 관계　272쪽

1 $(\mathscr{D}\, 3,\ S_{n-1},\ n-1,\ n-1,\ 2n+1,\ 3,\ 1,\ 2n+1)$

2 $a_n=2n-2$ 　**3** $a_n=4n-3$

4 $a_n=6n-1$ 　☺ $S_1,\ S_{n-1}$

5 $(\mathscr{D}\, 4,\ S_{n-1},\ n-1,\ n-1,\ 2n,\ 4,\ 1,\ 4,\ 2n,\ 2)$

6 $a_1=-4,\ a_n=2n-2\ (n\geq2)$

7 $a_1=6,\ a_n=4n+1\ (n\geq2)$

8 $a_1=3,\ a_n=6n-5\ (n\geq2)$ 　**9** ②

10 $(\mathscr{D}\, 4,\ 3,\ 10,\ 4,\ 3,\ 7,\ 10,\ 7,\ 3)$ **11** -2

12 $(\mathscr{D}\, 7,\ 98+7k,\ 1,\ 2+k,\ 7,\ 1,\ 96+6k,$ $\quad 96+6k,\ 4)$

13 2

TEST 개념 확인　274쪽

1 ④ 　**2** ⑤ 　**3** ② 　**4** 제7항

5 ③ 　**6** ④ 　**7** ① 　**8** ④

9 ① 　**10** 84 　**11** ③ 　**12** 170

TEST 개념 발전　276쪽

1 ② 　**2** ④ 　**3** 11 　**4** 3

5 ⑤ 　**6** ② 　**7** 702 　**8** ①

9 80 　**10** ⑤ 　**11** 240 　**12** ②

13 ⑤ 　**14** ① 　**15** 2

---

9 등비수열

01 등비수열　280쪽

1 $(\mathscr{D}\, 2,\ 2,\ 16,\ 32,\ 32)$

2 공비: -3, 제6항: -729

3 공비: $\dfrac{1}{2}$, 제6항: 8 　**4** 공비: $\sqrt{3}$, 제6항: 27

5 공비: -1, 제6항: -5

6 32, 64 $(\mathscr{D}\, 2,\ 2,\ 32,\ 64)$

7 162, 486 　**8** $4,\ -\dfrac{4}{3}$ 　**9** $-3,\ 3$

10 100000, 10000 　**11** $(\mathscr{D}\, 6,\ 54,\ 54)$

---

12 -9 　**13** 48 　**14** -4 　**15** $\dfrac{27}{4}$

02 등비수열의 일반항　282쪽

1 $(\mathscr{D}\, 1,\ \sqrt{2},\ 1,\ \sqrt{2},\ (\sqrt{2})^{n-1})$

2 $a_n=-3\times(-2)^{n-1}$ 　**3** $a_n=25\times\left(-\dfrac{1}{5}\right)^{n-1}$

4 $(\mathscr{D}\, 4,\ 3,\ 4,\ 3)$ 　**5** $a_n=2\times(-2)^{n-1}$

6 $a_n=-100\times\left(\dfrac{1}{5}\right)^{n-1}$

7 $\left(\mathscr{D}\, r,\ r^4,\ \dfrac{1}{8},\ \dfrac{1}{2},\ \dfrac{1}{2},\ 176,\ 176,\ \dfrac{1}{2}\right)$

8 $a_n=\dfrac{4}{9}\times(-3)^{n-1}$ 　**9** $a_n=729\times\left(\dfrac{1}{3}\right)^{n-1}$

10 $a_n=\dfrac{5}{8}\times(-2)^{n-1}$ 　☺ $a_{n+1},\ r^{n-1}$

11 $(\mathscr{D}\, 3,\ -2,\ 3,\ -2,\ -384)$ 　**12** $\dfrac{12}{5^7}$

13 729 　**14** $\left(\mathscr{D}\, 96,\ \dfrac{1}{3},\ \dfrac{32}{81}\right)$ 　**15** 729

16 $16\sqrt{2}$ 　**17** $(\mathscr{D}\, r^3,\ r^5,\ 4,\ 2,\ 8,\ 3,\ 2,\ 768)$

18 -12 　**19** 36 　**20** ④

21 $\left(\mathscr{D}\, r^2,\ r^5,\ 27,\ 3,\ 9,\ -\dfrac{2}{3},\ -\dfrac{2}{3}\times3^{n-1},\right.$ $\left.\quad -\dfrac{2}{3}\times3^{k-1},\ 729,\ 6,\ 7,\ 7\right)$

22 제8항 　**23** 제4항 　**24** 제12항

25 $(\mathscr{D}\, 3^{n-1},\ 3^{n-1},\ 729,\ 2187,\ 7,\ 8,\ 8)$

26 제5항 　**27** 제6항 　**28** 제5항

29 $(\mathscr{D}\, r,\ 2,\ 2,\ 2,\ 3,\ 3,\ 24)$ 　**30** -1

31 4 　**32** 7 　**33** 8

03 등비수열의 일반항의 응용　286쪽

1 $(\mathscr{D}\, 6,\ 6,\ 5,\ 2,\ 6,\ 12,\ 24,\ 48)$

2 270, 90, 30, 10 　**3** $-4,\ 8,\ -16,\ 32$

4 $-5\sqrt{3},\ -15,\ -15\sqrt{3},\ -45$

5 $(\mathscr{D}\, 5,\ 5,\ 4,\ \pm2,\ 2,\ 4,\ 8,\ -2,\ 4,\ -8)$

6 500, 100, 20 또는 $-500,\ 100,\ -20$

7 $-9,\ -27,\ -81$ 또는 $9,\ -27,\ 81$

8 $8\sqrt{3},\ 8,\ \dfrac{8\sqrt{3}}{3}$ 또는 $-8\sqrt{3},\ 8,\ -\dfrac{8\sqrt{3}}{3}$

9 ①

10 $\left(\mathscr{D}\, \dfrac{9}{4},\ \dfrac{9}{4},\ \dfrac{9}{4},\ 9,\ 9,\ 9,\ 4,\ 2,\ \dfrac{9}{4},\ \dfrac{3}{4},\ \dfrac{3}{4},\ 2\right)$

11 첫째항: 1, 공비: 2 　**12** 첫째항: 1, 공비: $\dfrac{1}{3}$

04 등비중항　288쪽

1 $(\mathscr{D}\, x^2,\ -6,\ 6)$ 　**2** -12 또는 12

3 $-\dfrac{5}{9}$ 또는 $\dfrac{5}{9}$ 　**4** -24 또는 24

5 $-\sqrt{10}$ 또는 $\sqrt{10}$ 　☺ 2

6 $(\mathscr{D}\, x^2,\ \pm8,\ y^2,\ \pm32,\ -8,\ -32,\ 8,\ 32)$

7 $x=-24,\ y=-6$ 또는 $x=24,\ y=6$

8 $x=-\sqrt{3},\ y=-12\sqrt{3}$ 또는 $x=\sqrt{3},\ y=12\sqrt{3}$

9 $x=-5,\ y=-80$ 또는 $x=5,\ y=80$

10 ②

11 $-2-\sqrt{3}$ **12** $-\sqrt{3}$ **13** $\frac{1}{2}+\frac{\sqrt{3}}{3}$

14 ($\oslash \sin\theta,\ \sin\theta,\ \sin\theta,\ \sin\theta,\ 0$)

15 $2\cos\theta$ **16** $\sin^2\theta$ **17** 0

18 $\sin\theta$ **19** ①

20 ($\oslash \cos,\ \sin,\ \cos,\ \sin,\ 0$) **21** 0

22 ($\oslash \sin\theta,\ \sin^2\theta,\ 90,\ 80,\ 0,\ 10,\ 1,\ 1,\ 2$)

23 $\frac{17}{2}$

24 ($\oslash \tan\theta,\ \tan40°,\ \tan5°,\ \tan5°,\ \tan10°,$
$\qquad \tan40°,\ 45,\ 1$)

25 1 **26** ④

27 ($\oslash 4,\ 4,\ 0.9976$) **28** 0.1045

29 1.082 **30** -0.9781 **31** 0.1944

32 0.7769

12 삼각함수를 포함한 식의 최댓값과 최솟값 204쪽

1 ($\oslash -,\ -\cos x,\ -\cos x,\ 4,\ -3,\ 4,\ 5,\ 5,\ -3$)

2 최댓값: 1, 최솟값: -1

3 최댓값: 7, 최솟값: 3

4 최댓값: -1, 최솟값: -7

5 최댓값: 6, 최솟값: -2

6 최댓값: 2, 최솟값: -4

7 ($\oslash -1,\ 1,\ -2,\ 2,\ 4,\ 1,\ 5,\ 5,\ 1$)

8 최댓값: 5, 최솟값: 0

9 최댓값: 8, 최솟값: 6

10 최댓값: -5, 최솟값: -7

11 최댓값: 4, 최솟값: -2

12 최댓값: 4, 최솟값: 0

13 ②

14 ($\oslash 1,\ 1,\ 2,\ 2,\ 1,\ 3,\ 3,\ -1/3,\ -1$)

15 최댓값: 10, 최솟값: 2

16 최댓값: 1, 최솟값: -7

17 최댓값: $-\frac{3}{4}$, 최솟값: -3

18 최댓값: 2, 최솟값: -2

19 최댓값: 7, 최솟값: 3

20 최댓값: $\frac{1}{4}$, 최솟값: -2 **21** ⑤

22 ($\oslash 2,\ 1,\ \frac{1}{3},\ -1/\frac{1}{3},\ -1$)

23 최댓값: 0, 최솟값: -1

24 최댓값: $\frac{2}{3}$, 최솟값: -2

25 최댓값: $\frac{1}{2}$, 최솟값: 0

26 최댓값: $\frac{1}{2}$, 최솟값: -2

27 최댓값: 1, 최솟값: $-\frac{1}{3}$

28 최댓값: $\frac{7}{2}$, 최솟값: 3

29 ③

13 삼각함수를 포함한 방정식 208쪽

원리확인 ❶ $\frac{\pi}{4},\ \frac{7}{4}\pi / \frac{\pi}{4},\ \frac{7}{4}\pi / \frac{\pi}{4},\ \frac{7}{4}\pi$

❷ $\frac{\pi}{3},\ \frac{4}{3}\pi / \frac{\pi}{3},\ \frac{4}{3}\pi / \frac{\pi}{3},\ \frac{4}{3}\pi$

1 ($\oslash 4\pi / \frac{\pi}{3},\ \frac{2}{3}\pi,\ \frac{7}{3}\pi,\ \frac{8}{3}\pi / \frac{\pi}{3},\ \frac{2}{3}\pi,\ \frac{7}{3}\pi,$
$\frac{8}{3}\pi,\ \frac{\pi}{3},\ \frac{2}{3}\pi,\ \frac{7}{3}\pi,\ \frac{8}{3}\pi,\ \frac{\pi}{6},\ \frac{\pi}{3},\ \frac{7}{6}\pi,\ \frac{4}{3}\pi$)

2 $x=\frac{\pi}{9}$ 또는 $x=\frac{5}{9}\pi$ 또는 $x=\frac{7}{9}\pi$ 또는
$x=\frac{11}{9}\pi$ 또는 $x=\frac{13}{9}\pi$ 또는 $x=\frac{17}{9}\pi$

3 $x=2\pi$

4 $x=0$ 또는 $x=\frac{3}{4}\pi$ 또는 $x=\pi$ 또는 $x=\frac{7}{4}\pi$

5 $x=\frac{\pi}{8}$ 또는 $x=\frac{5}{8}\pi$

6 ($\oslash 1,\ 1,\ 1,\ 2,\ 3,\ 2,\ 3,\ 2,\ 1,\ \frac{1}{2},\ \frac{1}{2},\ \frac{1}{2},\ \frac{\pi}{3}$)

7 $x=0$

8 $x=0$ 또는 $x=\frac{\pi}{4}$ 또는 $x=\frac{7}{4}\pi$

9 $x=\frac{\pi}{4}$ 또는 $x=\frac{\pi}{3}$

10 $x=\frac{\pi}{6}$ 또는 $x=\frac{5}{6}\pi$ 또는 $x=\frac{3}{2}\pi$

11 $x=\frac{\pi}{2}$ 또는 $x=\frac{3}{2}\pi$ **12** ②

13 ($\oslash$ 교점, π, 2 / $-2,\ -1,\ 1,\ 2$ / 3, 3)

14 5 **15** 6 **16** 7

17 ($\oslash$ 교점, 2, 4, 3, $-5,\ -5,\ 3$ / 3, -5)

18 $-2\le k\le 2$ **19** ③

14 삼각함수를 포함한 부등식 212쪽

원리확인 ❶ $\frac{3}{4}\pi,\ \frac{5}{4}\pi$, 아래, $\frac{3}{4}\pi,\ \frac{5}{4}\pi / \frac{3}{4}\pi,\ \frac{5}{4}\pi$

❷ $-\frac{\pi}{4},\ \frac{\pi}{4},\ -\frac{\pi}{4},\ \frac{\pi}{4} / -\frac{\pi}{4},\ \frac{\pi}{4}$

1 ($\oslash \frac{\pi}{6},\ \frac{5}{6}\pi$, 위, $\frac{\pi}{6},\ \frac{5}{6}\pi / \frac{\pi}{6},\ \frac{5}{6}\pi$)

2 $\frac{2}{3}\pi\le x\le\frac{4}{3}\pi$ **3** $-\frac{\pi}{6}\le x\le\frac{\pi}{6}$

4 ($\oslash \frac{7}{4}\pi,\ \frac{\pi}{4},\ \frac{3}{4}\pi$, 아래, $-\frac{\pi}{4},\ \frac{\pi}{4},\ \frac{3}{4}\pi,\ \frac{7}{4}\pi$
$/ -\frac{\pi}{4},\ \frac{\pi}{4},\ \frac{3}{4}\pi,\ \frac{7}{4}\pi / -\frac{\pi}{4},\ \frac{\pi}{4},\ \frac{3}{4}\pi,$
$\frac{7}{4}\pi,\ 0,\ \frac{\pi}{2},\ \pi,\ 2\pi$)

5 $0\le x<\frac{2}{3}\pi$ 또는 $\pi<x<2\pi$

6 $-\frac{\pi}{3}<x<\frac{\pi}{3}$

7 ($\oslash 1,\ 1,\ 1,\ 2,\ 2,\ 2,\ 2,\ >,\ >,\ \frac{\pi}{6},\ \frac{5}{6}\pi,\ >,$
위, $\frac{\pi}{6},\ \frac{5}{6}\pi / \frac{\pi}{6},\ \frac{5}{6}\pi$)

8 $0\le x\le\frac{\pi}{3}$ 또는 $x=\pi$ 또는 $\frac{5}{3}\pi\le x<2\pi$

9 $x=0$ 또는 $\frac{\pi}{2}\le x\le\frac{3}{2}\pi$

10 $x=0$ 또는 $\frac{\pi}{3}\le x\le\frac{5}{3}\pi$

11 $\frac{7}{6}\pi<x<\frac{11}{6}\pi$ **12** ③

13 ($\oslash -\sqrt{2},\ 2,\ 2,\ 2,\ \frac{1}{2},\ \frac{\pi}{6},\ \frac{5}{6}\pi / \frac{\pi}{6},\ \frac{5}{6}\pi$)

14 $\frac{\pi}{3}\le\theta\le\frac{5}{3}\pi$

15 ($\oslash 2,\ 4,\ 4,\ 1,\ 1,\ 0,\ \frac{\pi}{2},\ \frac{3}{2}\pi,\ 2\pi / \frac{\pi}{2},\ \frac{3}{2}\pi$)

16 $\theta=0$ 또는 $\pi\le\theta\le2\pi$ **17** ①

TEST 개념 확인 216쪽

1 ⑤ **2** ② **3** ④ **4** ④

5 ② **6** ⑤ **7** ③ **8** ②

9 ④ **10** ④ **11** ② **12** ⑤

TEST 개념 발전 218쪽

1 ④ **2** ⑤ **3** ④ **4** ③

5 ② **6** ② **7** ② **8** ⑤

9 ③ **10** ④ **11** ⑤ **12** ④

13 ① **14** ③ **15** ④, ⑤ **16** ②

17 ④ **18** ③ **19** ③ **20** ①

21 ④ **22** ③ **23** ②

24 $\theta=\frac{5}{4}\pi$ 또는 $\theta=\frac{7}{4}\pi$

7 삼각함수의 활용
01 사인법칙 224쪽

원리확인 ❶ $\frac{\pi}{3},\ \frac{\sqrt{3}}{2},\ 2$ ❷ $\frac{\pi}{2},\ 2$ ❸ $\frac{\pi}{6},\ \frac{1}{2},\ 2$ ❹ 2

1 ($\oslash \sin45°,\ \sin45°,\ \frac{\sqrt{2}}{2},\ 4\sqrt{2}$)

2 $2\sqrt{3}$ **3** $3\sqrt{6}$ **4** 3 **5** $4\sqrt{2}$

6 ($\oslash \sqrt{3},\ \sqrt{3},\ \sqrt{3},\ \frac{\sqrt{3}}{2},\ \frac{\sqrt{2}}{2},\ 45°,\ 45°$)

7 60° 또는 120° **8** 45° 또는 135°

9 30° **10** 15° ☺ $\sin B,\ c,\ 2R$

11 ($\oslash 3,\ 3,\ 3,\ 2,\ 3$) **12** $3\sqrt{2}$ **13** $4\sqrt{3}$

14 ($\oslash 45°,\ 45°,\ 45°,\ \frac{2}{\sqrt{2}},\ 2$) **15** 8

16 ($\oslash 45°,\ \sqrt{2},\ 45°,\ \frac{\sqrt{2}}{2},\ 2$) **17** $4\sqrt{3}$

18 7

19 ($\oslash 2\sqrt{2},\ 2\sqrt{2},\ 2\sqrt{2},\ 4\sqrt{2},\ \frac{1}{2},\ 30°,\ 150°$)

20 60° 또는 120° **21** 90°

22 ($\oslash b,\ c,\ b,\ c,\ 2,\ 3,\ 4$)

23 $4:3:6$ **24** $6:5:7$

25 ($\oslash \sin A,\ \sin B,\ \sin A,\ \sin B,\ 4,\ 5$)

26 $7:4:5$ **27** $5:8:4$

11 $(\varnothing (a+5)^2, 3, 4, 1, 4, -1, 4)$

12 17 13 $-\dfrac{3}{2}$ 또는 3 14 $-\dfrac{25}{2}$

15 $(\varnothing 2x, 36x, 18(8+y), 18, 144, 6, 24, 24, 16)$

16 $x=2, y=4$ 17 $x=1, y=-2$

18 ③

19 $(\varnothing 4, 4, 4, 5, 2, 2, 2, 8, 2, 2, 4, 8)$

20 $1, -2, 4$ 21 $1, -3, 9$ 22 $1, \dfrac{2}{3}, \dfrac{4}{9}$

23 $(\varnothing p, p, -64, -64, -4, p, -4, 3)$

24 9 25 64

26 $(\varnothing -1, 1, 2, 17)$ 27 1 28 $-\dfrac{25}{2}$

05 등비수열의 합 292쪽

원리확인 ❶ $2^4, 2^5, 2^5, 2^5, 31$

❷ $\dfrac{2}{3^4}, \dfrac{2}{3^5}, \dfrac{2}{3}, \dfrac{2}{3^5}, \dfrac{484}{3^5}, \dfrac{242}{81}$

1 $(\varnothing 5, 2, 5, 242)$ 2 381 3 $\dfrac{85}{128}$

4 $\dfrac{364}{3}$ 5 $(\varnothing n-1, 3, 3, 2, 8, 8, 510)$

6 $40+13\sqrt{3}$ 7 441 8 549

9 $(\varnothing 9, 9, 10, 10, -341)$ 10 889

11 $\dfrac{9841}{81}$ 12 $780+156\sqrt{5}$

13 $\left(\varnothing n, \dfrac{(x-1)^n-1}{x-2}\right)$

14 $x=0$일 때 $S_n=n$,

$x \neq 0$일 때 $S_n=\dfrac{(x+1)^n-1}{x}$

15 $x=2$일 때 $S_n=n$,

$x \neq 2$일 때 $S_n=\dfrac{x\left\{\left(\dfrac{x}{2}\right)^n-1\right\}}{x-2}$

16 $x=2$일 때 $S_n=2n$,

$x \neq 2$일 때 $S_n=\dfrac{(x-1)^{2n}-1}{x-2}$

☺ $1-r^n, r^n-1, na$ 17 ④

18 $(\varnothing 3^n-1, 2(3^n-1), 2(3^n-1), 401, 243,$

$729, 6, 6, 6)$

19 5 20 12 21 7

22 $\left(\varnothing 5, 5, 33, 2, \dfrac{10}{31}\right)$

23 첫째항: 2, 공비: 3

24 첫째항: $\dfrac{1}{39}$, 공비: 5 25 ④

06 등비수열의 합과 일반항 사이의 관계 296쪽

1 $(\varnothing 4, 4, 4, 4 \times 5^{n-1})$ 2 $a_n=-\dfrac{1}{2^n}$

3 $a_n=6 \times 7^n$

4 $a_n=3 \times 2^n$

☺ S_1, S_{n-1} 5 $(\varnothing 5, 4, 5, 5, 4 \times 3^{n-1})$

6 $a_1=1, a_n=3 \times 4^{n-1} \ (n \geq 2)$

7 $a_1=5, a_n=2^n \ (n \geq 2)$

8 $a_1=15, a_n=12 \times 5^{n-1} \ (n \geq 2)$

9 ④

10 $(\varnothing k+50, 8, k+50, 8, -10)$

11 -1 12 -7 13 ②

07 등비수열의 활용 298쪽

1 $(\varnothing 0.03, 0.03, 0.03, 0.03, 0.03, 0.03, 0.03,$

$0.03, 0.03, 0.03, 130)$

2 36만 원

3 $(\varnothing 24 \times (1+0.04)^3, 24 \times (1+0.04)^2, 5, 1.2,$

$124.8, 1248000)$

4 1030만 원

5 $(\varnothing 150 \times (1+0.06)^{17}, 150, 20, 3.2, 5500)$

6 500만 원 ☺ $a(1+rn), a(1+r)^n$

7 $\left(\varnothing \dfrac{2}{3}, \dfrac{2}{3}, \dfrac{2}{3}, \dfrac{2}{3}, \dfrac{2}{3}, \dfrac{2}{3}, \dfrac{2}{3}, \dfrac{2}{3}, \dfrac{256}{243}\right)$

8 $\dfrac{2^{10}}{3^{10}}$

9 $\left(\varnothing \dfrac{\sqrt{3}}{4}, 4\sqrt{3}, 4\sqrt{3}, 4\sqrt{3}, 4\sqrt{3}, 4\sqrt{3},\right.$

$\left. 4\sqrt{3}, 4\sqrt{3}, \dfrac{3^{10}\sqrt{3}}{4^9}\right)$

10 $\dfrac{8^8}{9^6}$

TEST 개념 확인 301쪽

1 ③ 2 ⑤ 3 ④ 4 ③

5 1210 6 ① 7 ⑤ 8 9

9 ③ 10 ④ 11 ⑤ 12 ③

13 ③ 14 ④ 15 19 16 ①

17 1340만 원 18 ③

TEST 개념 발전 304쪽

1 ② 2 ③ 3 ⑤ 4 ④

5 ① 6 ④ 7 6 8 ④

9 ⑤ 10 ③ 11 32 12 ②

10 수열의 합

01 합의 기호 $\sum$의 뜻 308쪽

원리확인 ❶ 20, 1 ❷ 50, i ❸ m, n, b_k

1 ○ 2 ○ 3 × 4 ×

5 ○ 6 × 7 $(\varnothing 4, 4, 4, 4k-1)$

8 $\displaystyle\sum_{k=1}^{n+1} \dfrac{1}{4^{k-1}}$ 9 $\displaystyle\sum_{k=1}^{15} k^3$ 10 $\displaystyle\sum_{k=1}^{n} (-1)^k$

11 $\displaystyle\sum_{k=1}^{10} \dfrac{1}{2k^2}$ 12 $\displaystyle\sum_{k=1}^{n} (-\sqrt{k}+\sqrt{k+1})$

☺ n, k 13 $(\varnothing 5, -2, 6)$

14 $1+4+16+64+256+1024$

15 $i+i^2+i^3+i^4+i^5+i^6+i^7$

16 $3+8+15+24+35$ 17 $\dfrac{2}{3}+\dfrac{4}{9}+\dfrac{8}{27}+\dfrac{16}{81}$

18 ③

02 합의 기호 $\sum$의 성질 310쪽

원리확인 ❶ 2, $6k-2$, 2, 2, 2 ❷ k, 3, 3, 3, 3

❸ 2, 5, 2, 5

1 $(\varnothing 40, 30, 180)$ 2 -100 3 50

4 -40 5 80

6 $(\varnothing 4, 4, 80, 80, 190)$

7 140 8 10 9 ①

☺ $a_k, b_k, a_k, b_k, c, a_k, cn$

10 $(\varnothing 5, 5, 50)$ 11 20 12 235

13 51 14 7 15 119 16 20

17 10 18 ②

TEST 개념 확인 313쪽

1 ② 2 ④ 3 ④ 4 ③

5 ① 6 44

03 자연수의 거듭제곱의 합 314쪽

1 $(\varnothing k, 15, 16, 120)$ 2 385 3 5050

4 1296 5 $(\varnothing 10, 11, 110)$ 6 135

7 1155 8 405 9 2600

10 $(\varnothing n, n^2+2n)$ 11 $n(2n^2+3n+2)$

12 $n^2(n+1)^2$ 13 $\dfrac{n(n+1)(2n+7)}{6}$

14 ② 15 $(\varnothing 3, 3, 10, 11, 3, 4, 98)$

16 280 17 42 18 130 19 700

20 $(\varnothing n, 2, n^2-3n)$

21 $\dfrac{n(n+1)(2n+1)}{6}-30$

22 $\{n(n+1)\}^2-36$ 23 $n(n-1)(n+1)-6$

24 ②

25 $(\varnothing 2k^2+k, 2k^2+k, 2n+1, 4n+5)$

26 $\dfrac{n(n+1)(4n-1)}{3}$ 27 $\dfrac{n(n+1)(4n-1)}{3}$

28 $\dfrac{n(n+1)(n+2)(3n+1)}{12}$

29 $(\varnothing k, k, k, 2n+1, n+2)$

30 $\dfrac{n^2(n+1)}{2}$ 31 $\dfrac{n(n+1)(2n+1)}{6}$

☺ $1, 2, 1, 2, 6, 1, 2$ 32 ③

04 분수 꼴로 주어진 수열의 합 318쪽

1 $\left(\varnothing 1, \dfrac{1}{16}, \dfrac{15}{16}, \dfrac{15}{4}\right)$ 2 $\dfrac{5}{12}$

3 $\left(\varnothing 1, \dfrac{1}{2}, \dfrac{1}{15}, \dfrac{1}{16}, \dfrac{329}{240}, \dfrac{329}{480}\right)$ 4 $\dfrac{14}{45}$

5 $(\varnothing 2k+1, 2k+1, 2n+1, 2n+1, n)$

6 $\dfrac{3n}{6n+4}$

7 $(\varnothing k+2, k+2, n+1, n+2, n+1, n+2, n+2)$

8 $\dfrac{n(5n+13)}{12(n+2)(n+3)}$

9 $(\varnothing \sqrt{k}, \sqrt{k}, \sqrt{k}, 1, 24, 5, 4)$ 10 4

11 $(\varnothing \sqrt{2k}, \sqrt{2k}, \sqrt{2k}, 2, 2n, 2)$

12 $\dfrac{\sqrt{3n+1}-1}{3}$

1 ($\mathscr{\mathit{l}}$ 8, 8, 36, 219)   **2** 131

3 1139   **4** 370

5 ($\mathscr{\mathit{l}}$ $k+2$, 3, 4, 12, 3, 4, 12, 12, 6)

6 log 231   **7** $2 \log 7$ **8** $2 \log 5$

9 ($\mathscr{\mathit{l}}$ 21, 15, 150, 480)   **10** 420

11 3025   **12** 900

13 ($\mathscr{\mathit{l}}$ i, i, i, 13, 7, 112)   **14** 448

15 816   **16** 3600

17 ($\mathscr{\mathit{l}}$ 6, -2, 6, 10, 10, 10, 60, 108)

18 630   **19** $\dfrac{1}{3}(2^{31}-2)$

20 $\left(\mathscr{\mathit{l}}\ 2(n-1)^2,\ 2,\ 2,\ 2,\ 2,\ 2,\ \dfrac{1}{6},\ 2,\ 2,\ 2, \right.$
$\left. 2n,\ \dfrac{n}{8n+4} \right)$ **21** $\dfrac{n}{6n+4}$

22 $\sqrt{2n-1}-1$ **23** ($\mathscr{\mathit{l}}$ 11, 11, 10, 11, 9)

24 $9 \times 2^{12}+4$ **25** $7 \times 3^9+3$

1 (1) ($\mathscr{\mathit{l}}$ $2k-1$, $2k-1$, 21, k, k, 22, 231, 231)

    (2) ($\mathscr{\mathit{l}}$ 91, 9, 2, 2, 17)

2 (1) 제79항   (2) 20

3 (1) ($\mathscr{\mathit{l}}$ 1, 7, k, 66, 66, 73)   (2) $\left(\mathscr{\mathit{l}}\ 91,\ \dfrac{9}{14} \right)$

4 (1) 제52항   (2) $\dfrac{3}{23}$

5 ($\mathscr{\mathit{l}}$ 12, k, 66, 12, 66, 72)   **6** 404

1 ①   **2** ①   **3** ④   **4** $\dfrac{7-\sqrt{3}}{2}$

5 ⑤   **6** ⑤   **7** ②   **8** ③

9 ④   **10** ④   **11** ③   **12** ②

1 ②   **2** ④   **3** ①   **4** ③

5 ③   **6** ②   **7** ③   **8** ①

9 $\dfrac{\sqrt{3}+1}{2}$ **10** ①   **11** ②   **12** ②

13 ④   **14** 8

---

11 수학적 귀납법

1 ($\mathscr{\mathit{l}}$ 4, 7, 3, 10)   **2** -2 **3** 16

4 9   **5** -6 **6** ($\mathscr{\mathit{l}}$ 4, 2, 6, 6, 4, 8)

7 -2 **8** -8 **9** $\dfrac{1}{25}$ **10** 4

11 $\left(\mathscr{\mathit{l}}\ -1,\ -\dfrac{1}{2},\ -\dfrac{1}{2},\ 1,\ -1,\ -\dfrac{1}{2},\ -\dfrac{1}{2},\ 1, \right.$
$\left. -\dfrac{1}{2},\ -\dfrac{1}{2} \right)$

12 1   **13** 2   **14** 3   **15** $\dfrac{1}{2}$

1 ($\mathscr{\mathit{l}}$ 2, 1, 2)

2 $a_1=20$, $a_{n+1}=a_n-2$ ($n=1, 2, 3, \cdots$)

3 $a_1=-1$, $a_{n+1}=a_n+\dfrac{1}{2}$ ($n=1, 2, 3, \cdots$)

4 ($\mathscr{\mathit{l}}$ 2, 3, 2, 3)

5 $a_1=15$, $a_{n+1}=a_n-4$ ($n=1, 2, 3, \cdots$)

6 $a_1=-5$, $a_{n+1}=a_n+\dfrac{3}{2}$ ($n=1, 2, 3, \cdots$)

7 ($\mathscr{\mathit{l}}$ 1, 4, 4, 1, $n+3$)

8 $a_n=-3n+18$ **9** $a_n=3n-1$

10 $a_n=-n+8$ **11** $a_n=\dfrac{1}{2}n-\dfrac{7}{2}$

☺ a, d, a, d

12 ($\mathscr{\mathit{l}}$ 5, -3, 5, -3, 5, $5n-8$)

13 $a_n=-2n+3$ **14** $a_n=4n-4$

15 $a_n=-4n+5$ ☺ a, $b-a$, a, $b-a$

16 ②

1 ($\mathscr{\mathit{l}}$ 2, -1, 2)

2 $a_1=3$, $a_{n+1}=-2a_n$ ($n=1, 2, 3, \cdots$)

3 $a_1=9$, $a_{n+1}=\dfrac{1}{3}a_n$ ($n=1, 2, 3, \cdots$)

4 ($\mathscr{\mathit{l}}$ 4, 3, 4, 3)

5 $a_1=-1$, $a_{n+1}=-2a_n$ ($n=1, 2, 3, \cdots$)

6 $a_1=125$, $a_{n+1}=-\dfrac{1}{5}a_n$ ($n=1, 2, 3, \cdots$)

7 ($\mathscr{\mathit{l}}$ 2, 4, 2, $n+1$)   **8** $a_n=5 \times \left(-\dfrac{1}{3} \right)^{n-1}$

9 $a_n=2 \times 3^{n-1}$ **10** $a_n=-3 \times (-2)^{n-1}$

11 $a_n=-\dfrac{1}{2} \times (-5)^{n-1}$

☺ a, r, a, r **12** ($\mathscr{\mathit{l}}$ 2, 1, 2, 2, 2^{n-1})

13 $a_n=3 \times (-2)^{n-1}$ **14** $a_n=2 \times (-3)^{n-1}$

15 $a_n=-(-4)^{n-1}$ ☺ a, $\dfrac{b}{a}$, a, $\dfrac{b}{a}$

16 ③

1 $\left(\mathscr{\mathit{l}}\ 1,\ 2,\ 3,\ a_{n-1},\ n-1,\ a_1,\ n-1,\ k, \right.$
$\left. \dfrac{n(n-1)}{2},\ \dfrac{-n^2+n+2}{2} \right)$

2 $a_n=\dfrac{n^2+n-4}{2}$ **3** $a_n=n^2-n+2$

4 $a_n=-2n^2+4n+1$ **5** $a_n=\dfrac{2n^3-3n^2+n}{6}$

6 $a_n=2^{n-1}+3$

7 $\left(\mathscr{\mathit{l}}\ 2,\ \dfrac{3}{2},\ \dfrac{4}{3},\ a_{n-1},\ \dfrac{n}{n-1},\ a_1,\ \dfrac{n}{n-1},\ n,\ n \right)$

8 $a_n=-n^2-n$ **9** $a_n=-\dfrac{1}{n(n+1)}$

10 $a_n=2^{\frac{n^2-3n}{2}}$ **11** $a_n=-\dfrac{3}{\sqrt{n}}$

12 $a_n=\dfrac{10n}{n+1}$ **13** ⑤

1 ($\mathscr{\mathit{l}}$ 1, 1, 1, 1, 1, 3, 3, 1, 3^n-1)

2 $a_n=2^{n+1}+1$ **3** $a_n=4^n-1$

4 $a_n=-4^n+2$ **5** $a_n=(-2)^n-2$

6 $a_n=\left(-\dfrac{3}{2} \right)^n+2$ **7** ④

8 ($\mathscr{\mathit{l}}$ 1, 2, 2^{n-1}, 2^{k-1}, 2^{n-1})

9 $a_n=\dfrac{4}{3} \times (4^{n-1}-1)$

10 $a_n=\dfrac{4}{3} \times \left(\dfrac{5}{2} \right)^{n-1}-\dfrac{1}{3}$

11 $a_n=-\dfrac{3}{2} \times \left(\dfrac{1}{3} \right)^{n-1}+\dfrac{3}{2}$

12 $a_n=-\dfrac{2}{5} \times (-4)^{n-1}-\dfrac{3}{5}$

13 $a_n=-\dfrac{2}{9} \times \left(-\dfrac{7}{2} \right)^{n-1}-\dfrac{16}{9}$

14 $\left(\mathscr{\mathit{l}}\ 2,\ 1,\ 2,\ 1,\ 2,\ 2n-1,\ \dfrac{1}{2n-1} \right)$

15 $a_n=\dfrac{1}{3n}$ **16** $a_n=\dfrac{2}{3n}$

17 $a_n=\dfrac{2}{5n-6}$ **18** $a_n=-\dfrac{1}{3n}$

19 $a_n=\dfrac{2}{-3n+1}$

20 ($\mathscr{\mathit{l}}$ a_n, 3, 2, 2, 2^{n-1}, 512)   **21** 5^{13}

22 $\left(\mathscr{\mathit{l}}\ a_{n+1}-a_n,\ \dfrac{3}{2},\ \dfrac{3}{2},\ \dfrac{1}{2} \times \left(\dfrac{3}{2} \right)^{n-1},\ \dfrac{3^{15}}{2^{16}} \right)$

23 -243

24 (1) $\left(\mathscr{\mathit{l}}\ 5,\ \dfrac{1}{2},\ 5,\ 15 \right)$ (2) $\left(\mathscr{\mathit{l}}\ a_{n+1},\ 5,\ \dfrac{1}{2},\ 5 \right)$

25 (1) 140   (2) $a_{n+1}=2(a_n-30)$

1 2, $2k$, $2k+2$, $2k+2$, $(k+1)(k+2)$

2 1, $2k-1$, $2k+1$, $2k+1$, $(k+1)^2$

3 1, 2^{k-1}, 2^k, 2^k, $2^{k+1}-1$

4 3, 3, 3, $3N+1$, $4N+1$

5 8, 8, 8, $8N+1$, $9N+1$

6 6, 6, $6N$, $6N$, $k+2$, 짝수, 6

7 $a+b$, $a+b$, $a^k b+b^k a$, $a^k b+b^k a$, $a^{k+1}+b^{k+1}$

8 5, 5^2, 5, 2, $(k-1)^2$, $(k+1)^2$

9 2, $1+2h$, $1+2h$, 2, $1+h$, $1+(k+1)h$,
kh^2, $1+(k+1)h$

10 3, 4, 3, $k+1$, 2^k

1 ②   **2** ④   **3** ④   **4** ①

5 ①   **6** ①   **7** ④   **8** ④

9 ①   **10** ⑤   **11** ③   **12** ⑤

13 ③   **14** ④   **15** ②   **16** ①

1 ⑤   **2** ②   **3** ⑤   **4** ②

5 ④   **6** ⑤   **7** ②   **8** ①

9 ②   **10** ①   **11** ①

2 $1, -1 / \dfrac{\pi}{4}, \dfrac{3}{4}\pi, \pi, \dfrac{3}{2}\pi$

  (1) $\{y \mid -1 \leq y \leq 1\}$ (2) 1 (3) -1 (4) π

3 $3, -3 / 2\pi, 4\pi, 6\pi$

  (1) $\{y \mid -3 \leq y \leq 3\}$ (2) 3 (3) -3 (4) 4π

☺ $-a, a, a, -a, b$

4 $(\text{✎} 4, 3)$

  $3, -3 / 2\pi, 8\pi, 12\pi, 16\pi$

  (1) $(3, 3, -3, 3)$ (2) $(\text{✎} 3)$

  (3) $(\text{✎} -3)$ (4) $\left(\text{✎} \dfrac{1}{4}, 8\pi\right)$

5 $1, -1 / \dfrac{\pi}{8}, \dfrac{\pi}{4}, \dfrac{\pi}{2}, \dfrac{3}{4}\pi, \pi$

  (1) $\{y \mid -1 \leq y \leq 1\}$ (2) 1 (3) -1 (4) $\dfrac{\pi}{2}$

6 $1, -1 / \pi, 2\pi, 4\pi, 6\pi$

  (1) $\{y \mid -1 \leq y \leq 1\}$ (2) 1 (3) -1 (4) 4π

☺ $-a, a, a, -a, b$

7 $\left(\text{✎} \dfrac{1}{\pi}, 3\right), \dfrac{1}{2}, \dfrac{3}{2}, \dfrac{5}{2}$

  (1) $(\text{✎} 실수)$ (2) $(\text{✎} \pi, 1)$

  (3) $\left(\text{✎} \pi, \pi, n+\dfrac{1}{2}\right)$

8 $\dfrac{\pi}{4}, \dfrac{\pi}{2}, \dfrac{3}{4}\pi$

  (1) 실수 전체의 집합   (2) $\dfrac{\pi}{2}$

  (3) $x=\dfrac{n}{2}\pi+\dfrac{\pi}{4}$ (단, n은 정수)

9 $\pi, 2\pi, 3\pi$

  (1) 실수 전체의 집합   (2) 2π

  (3) $x=2n\pi+\pi$ (단, n은 정수)

☺ 실수, 없다., b, b

| 10 × | 11 × | 12 ○ | 13 × |
| 14 ○ | 15 × | 16 ○ | |

06 삼각함수의 그래프의 평행이동 186쪽

1 $(\text{✎} \pi)$

  $1, -1 / \pi, 2\pi, 3\pi, 4\pi$

  (1) $(\text{✎} 1)$ (2) $(\text{✎} -1)$ (3) $(\text{✎} 2\pi)$

2 $3, -1 / \dfrac{\pi}{6}, \dfrac{\pi}{2}, \dfrac{5}{6}\pi, \dfrac{7}{6}\pi$

  (1) 3 (2) -1 (3) $\dfrac{2}{3}\pi$

3 $(\text{✎} -\pi, 2)$

  $3, 1 / \pi, 2\pi, 3\pi, 4\pi$

  (1) $(\text{✎} 2, 3)$ (2) $(\text{✎} 2, 1)$ (3) $(\text{✎} 2\pi)$

4 $-1, -2 / \pi, 3\pi, 5\pi$

  (1) 0 (2) -2 (3) 4π

5 $\left(\text{✎} \dfrac{\pi}{4}, 5\right)$

  $5, \dfrac{\pi}{4}, \dfrac{5}{4}\pi, \dfrac{9}{4}\pi$

  (1) $(\text{✎} \pi)$ (2) $\left(\text{✎} \dfrac{\pi}{4}, \dfrac{3}{4}\pi\right)$

6 $-\dfrac{\pi}{8}, -2, \dfrac{\pi}{8}, \dfrac{3}{8}\pi, \dfrac{5}{8}\pi$

  (1) $\dfrac{\pi}{4}$ (2) $x=\dfrac{n}{4}\pi$ (단, n은 정수)

가운데 칼럼

07 절댓값 기호를 포함한 삼각함수의 188쪽
그래프

1 $\left(\text{✎} -\pi, -\dfrac{\pi}{2}, 1, \dfrac{\pi}{2}, \pi / y, <, x, 1, 0, \dfrac{\pi}{2}\right)$

2 그래프: 풀이 참조

  $3, 0, \pi$

3 그래프: 풀이 참조

  $2, -2,$ 없다.

4 $\left(\text{✎} -2\pi, -\pi, \dfrac{1}{2}, \pi, 2\pi / y, <, x, \dfrac{1}{2}, 0, \pi\right)$

5 그래프: 풀이 참조

  $4, 0, 2\pi$

6 그래프: 풀이 참조

  $1, -1, \pi$

7 $\left(\text{✎} -\dfrac{3}{2}\pi, -\dfrac{\pi}{2}, \dfrac{\pi}{2}, \dfrac{3}{2}\pi \, / \right.$

    $\left. y, <, x, \pi, n\pi+\dfrac{\pi}{2}\right)$

8 그래프: 풀이 참조

  $\dfrac{\pi}{2}, x=\dfrac{n}{2}\pi+\dfrac{\pi}{4}$ (단, n은 정수)

9 그래프: 풀이 참조

  없다., $x=4n\pi+2\pi$ (단, n은 정수)

08 삼각함수의 미정계수 190쪽

1 $\left(\text{✎} b, \dfrac{\pi}{2}, 4, 6, 6, 4, 4\pi, 3, 3\right)$

2 $a=-4, b=1, c=5$ 3 $a=1, b=8, c=-1$

4 $a=3, b=\dfrac{2}{3}, c=-1$ 5 $a=2, b=2$

6 $a=\dfrac{1}{3}, b=\dfrac{\pi}{3}$

7 $\left(\text{✎} \pi, \pi, 2, 2, -2, 2, -2, 0, 2, 2, 2, 2, \dfrac{\pi}{2}\right)$

8 $a=3, b=\dfrac{1}{4}, c=2$ 9 $a=4, b=2, c=0$

10 $a=3, b=3, c=\dfrac{\pi}{2}$

11 $a=1, b=4, c=\dfrac{2}{3}\pi, d=2$

12 $a=4, b=\dfrac{\pi}{2}$ 13 $a=\dfrac{1}{4}, b=\dfrac{3}{4}\pi$

14 ④

15 $\left(\text{✎} \pi, \dfrac{1}{2}, \dfrac{9}{2}, \dfrac{9}{2}, \dfrac{1}{2}, \dfrac{\pi}{6}, \dfrac{1}{2}, 5, -\dfrac{1}{2}\right)$

16 $a=4, b=\dfrac{1}{4}, c=-1$

17 $a=8, b=3$

TEST 개념 확인 193쪽

1 ③	2 ⑤	3 $\dfrac{2}{5}\pi$	4 ③
5 ④, ⑤	6 ③	7 ④	8 ②
9 ②	10 ⑤	11 ③	12 ㄱ, ㄷ
13 ③	14 ③	15 $\dfrac{3}{2}$	16 5
17 ①	18 ②		

09 여러 가지 각에 대한 196쪽
삼각함수의 성질 (1)

원리확인 ❶ $\dfrac{1}{2}, -\dfrac{\pi}{3}, \dfrac{\pi}{3}, \dfrac{7}{3}\pi \, /$

    $2\pi, \dfrac{7}{3}\pi, \dfrac{\pi}{3}, \dfrac{\pi}{3}, \dfrac{1}{2}, y$축, $\dfrac{1}{2}$

❷ $\dfrac{\sqrt{3}}{3}, -\dfrac{\sqrt{3}}{3}, \dfrac{\pi}{6}, \dfrac{13}{6}\pi \, /$

    $\pi, \dfrac{\pi}{6}, \dfrac{\pi}{6}, \dfrac{\sqrt{3}}{3},$ 원점, $-\dfrac{\sqrt{3}}{3}$

1 $\left(\text{✎} \dfrac{\pi}{3}, \dfrac{\pi}{3}, \dfrac{\sqrt{3}}{2}\right)$ 2 $\dfrac{\sqrt{2}}{2}$

3 $\dfrac{\sqrt{3}}{3}$ 4 $\dfrac{\sqrt{2}}{2}$ 5 $\dfrac{\sqrt{2}}{2}$

6 $\sqrt{3}$ ☺ $\sin x, \cos x, \tan x$

7 $\left(\text{✎} -, -\dfrac{\sqrt{2}}{2}\right)$ 8 $\dfrac{\sqrt{3}}{2}$

9 $-\sqrt{3}$

10 $\left(\text{✎} -, -, \dfrac{\pi}{3}, -, \dfrac{\pi}{3}, -\dfrac{\sqrt{3}}{2}\right)$

11 $\dfrac{\sqrt{3}}{2}$ 12 -1

☺ $-\sin x, \cos x, -\tan x$

10 여러 가지 각에 대한 198쪽
삼각함수의 성질 (2)

원리확인 ❶ $-\dfrac{\sqrt{2}}{2}, \dfrac{\pi}{4} / \dfrac{\pi}{4}, -, \dfrac{\pi}{4}, -\dfrac{\sqrt{2}}{2}$

❷ $-\dfrac{\sqrt{3}}{2}, \dfrac{\pi}{3} / \dfrac{\pi}{3}, -, \dfrac{\pi}{3}, -\dfrac{\sqrt{3}}{2}$

1 $\left(\text{✎} \dfrac{\pi}{4}, -, \dfrac{\pi}{4}, -\dfrac{\sqrt{2}}{2}\right)$ 2 $-\dfrac{1}{2}$

3 $\dfrac{\sqrt{3}}{3}$ 4 $\left(\text{✎} \dfrac{\pi}{3}, \dfrac{\pi}{3}, \dfrac{\sqrt{3}}{2}\right)$ 5 $-\dfrac{\sqrt{3}}{2}$

6 $-\dfrac{\sqrt{3}}{3}$

☺ $-\sin x, \sin x, -\cos x, -\cos x, \tan x,$
    $-\tan x$

7 $\left(\text{✎} \dfrac{\pi}{3}, \dfrac{\pi}{3}, \dfrac{1}{2}\right)$ 8 $-\dfrac{\sqrt{2}}{2}$

9 $-\sqrt{3}$ 10 $\dfrac{\sqrt{3}}{2}$ 11 $\dfrac{\sqrt{3}}{3}$

12 $-\dfrac{1}{2}$

☺ $\cos x, \cos x, -\sin x, \sin x, -\dfrac{1}{\tan x},$
    $\dfrac{1}{\tan x}$

11 삼각함수의 각의 변형과 200쪽
삼각함수표

1 $\left(\text{✎} 6, \dfrac{\pi}{3}, -\dfrac{1}{2}\right)$ 2 $-\dfrac{\sqrt{2}}{2}$

3 $\sqrt{3}$ 4 $-\dfrac{\sqrt{3}}{2}$ 5 $-\dfrac{1}{2}$

6 -1

7 $\left(\text{✎} \dfrac{\pi}{6}, \dfrac{\pi}{6}, \dfrac{1}{2}, \dfrac{\pi}{3}, \dfrac{1}{2}, \dfrac{\pi}{4}, \dfrac{\pi}{4}, 1, \dfrac{1}{2}, \dfrac{1}{2}, 1, 1\right)$

8 $\dfrac{3+\sqrt{2}}{2}$ 9 $-\dfrac{5}{4}$ 10 $\dfrac{1}{4}$

수학은 개념이다!

디딤돌 수학

개념기본

대수	정답과 풀이

디딤돌

수학은 개념이다!

개념기본

대수 | 정답과 풀이

1 지수

거듭제곱과 지수법칙

1 a^4	2 3^6	3 a^2b^4	4 $2^3 \times 3^2 \times 5^2$

5 $\left(\dfrac{1}{7}\right)^5$　　6 a^7　　7 a^{24}　　8 a^8

9 a^4b^8　　10 ($\unicode{x270F}$ 4, 2, 6, 3)　　11 a^2b^6

12 $\dfrac{b^2}{a}$　　13 ($\unicode{x270F}$ 3, 2, 6, 6, 6, 6, 9, 8)

14 a^2b　　15 ⑤

6　$a^5 \times a^2 = a^{5+2} = a^7$

7　$(a^4)^6 = a^{4 \times 6} = a^{24}$

8　$(a^3)^5 \div a^7 = a^{3 \times 5 - 7} = a^8$

9　$(ab^2)^4 = a^4 b^{2 \times 4} = a^4 b^8$

11　$a \times ab^4 \times b^2 = a^{1+1} b^{4+2} = a^2 b^6$

12　$a^2 b^4 \div a^3 b^2 = \dfrac{b^{4-2}}{a^{3-2}} = \dfrac{b^2}{a}$

14　$\left(\dfrac{b}{a}\right)^4 \div \left(\dfrac{b}{a^2}\right)^3 = \dfrac{b^4}{a^4} \div \dfrac{b^3}{a^{2 \times 3}} = \dfrac{b^4}{a^4} \div \dfrac{b^3}{a^6}$

$\qquad = \dfrac{b^4}{a^4} \times \dfrac{a^6}{b^3} = a^{6-4} b^{4-3} = a^2 b$

15　$a^4 b \times ab^3 \div \dfrac{b^2}{a^3} = a^{4+1} b^{1+3} \div \dfrac{b^2}{a^3}$

$\qquad = a^5 b^4 \times \dfrac{a^3}{b^2} = a^{5+3} b^{4-2} = a^8 b^2$

거듭제곱근

1　$-6, 6$

2　$\left(\unicode{x270F}\ x^2 + x + 1,\ 1,\ \sqrt{3}i,\ 1,\ \dfrac{-1+\sqrt{3}i}{2},\ \dfrac{-1-\sqrt{3}i}{2} \right)$

3　$-5,\ \dfrac{5-5\sqrt{3}i}{2},\ \dfrac{5+5\sqrt{3}i}{2}$

2 I. 지수함수와 로그함수

---

4 $-3i, 3i, -3, 3$	5 $-5i, 5i, -5, 5$
☺ a, x　6 $-5, 5$	7 없다.　8 3
9 -2　10 $-2, 2$	11 $-\sqrt{7}, \sqrt{7}$　12 없다.
☺ $0, \sqrt[n]{a}, -\sqrt[n]{a},$ 없다.　13 ($\unicode{x270F}$ 7, 7)　14 13
15 2　16 -3	17 -2　18 0.1
19 3　20 -2	21 ③

1　36의 제곱근을 x라 하면 $x^2 = 36$
$x^2 - 36 = 0,\ (x+6)(x-6) = 0$
즉 $x = -6$ 또는 $x = 6$
따라서 36의 제곱근은 $-6, 6$이다.

3　-125의 세제곱근을 x라 하면 $x^3 = -125$
$x^3 + 125 = 0,\ (x+5)(x^2 - 5x + 25) = 0$
즉 $x = -5$ 또는 $x = \dfrac{5 \pm 5\sqrt{3}i}{2}$
따라서 -125의 세제곱근은 $-5,\ \dfrac{5-5\sqrt{3}i}{2},$
$\dfrac{5+5\sqrt{3}i}{2}$이다.

4　81의 네제곱근을 x라 하면 $x^4 = 81$
$x^4 - 81 = 0,\ (x^2 + 9)(x^2 - 9) = 0$
$(x+3i)(x-3i)(x+3)(x-3) = 0$
즉 $x = -3i$ 또는 $x = 3i$ 또는 $x = -3$ 또는 $x = 3$
따라서 81의 네제곱근은 $-3i, 3i, -3, 3$이다.

5　625의 네제곱근을 x라 하면 $x^4 = 625$
$x^4 - 625 = 0,\ (x^2 + 25)(x^2 - 25) = 0$
$(x+5i)(x-5i)(x+5)(x-5) = 0$
즉 $x = -5i$ 또는 $x = 5i$ 또는 $x = -5$ 또는 $x = 5$
따라서 625의 네제곱근은 $-5i, 5i, -5, 5$이다.

6　25의 제곱근을 x라 하면 $x^2 = 25$
$x^2 - 25 = 0,\ (x+5)(x-5) = 0$
즉 $x = -5$ 또는 $x = 5$
따라서 25의 제곱근 중 실수인 것은 $-5, 5$이다.

7　-4의 제곱근을 x라 하면 $x^2 = -4$
실수 x에 대하여 $x^2 \geq 0$이므로 방정식 $x^2 = -4$의 실근은 없다.
따라서 -4의 제곱근 중 실수인 것은 없다.

8　27의 세제곱근을 x라 하면 $x^3 = 27$
$x^3 - 27 = 0,\ (x-3)(x^2 + 3x + 9) = 0$
즉 $x = 3$ 또는 $x = \dfrac{-3 \pm 3\sqrt{3}i}{2}$
따라서 27의 세제곱근 중 실수인 것은 3이다.

9 -8의 세제곱근을 x라 하면 $x^3=-8$

$x^3+8=0$, $(x+2)(x^2-2x+4)=0$

즉 $x=-2$ 또는 $x=1\pm\sqrt{3}i$

따라서 -8의 세제곱근 중 실수인 것은 -2이다.

10 16의 네제곱근을 x라 하면 $x^4=16$

$x^4-16=0$, $(x^2+4)(x^2-4)=0$

$(x+2i)(x-2i)(x+2)(x-2)=0$

즉 $x=-2i$ 또는 $x=2i$ 또는 $x=-2$ 또는 $x=2$

따라서 16의 네제곱근 중 실수인 것은 -2, 2이다.

11 49의 네제곱근을 x라 하면 $x^4=49$

$x^4-49=0$, $(x^2+7)(x^2-7)=0$

$(x+\sqrt{7}i)(x-\sqrt{7}i)(x+\sqrt{7})(x-\sqrt{7})=0$

즉 $x=-\sqrt{7}i$ 또는 $x=\sqrt{7}i$ 또는 $x=-\sqrt{7}$ 또는 $x=\sqrt{7}$

따라서 49의 네제곱근 중 실수인 것은 $-\sqrt{7}$, $\sqrt{7}$이다.

12 -256의 네제곱근을 x라 하면 $x^4=-256$

실수 x에 대하여 $x^4\geq 0$이므로 방정식 $x^4=-256$의 실근은 없다.

따라서 -256의 네제곱근 중 실수인 것은 없다.

14 $\sqrt{169}=\sqrt{13^2}=13$

15 $\sqrt[3]{8}=\sqrt[3]{2^3}=2$

16 $\sqrt[3]{-27}=\sqrt[3]{(-3)^3}=-3$

17 $-\sqrt[4]{16}=-\sqrt[4]{2^4}=-2$

18 $\sqrt[4]{0.0001}=\sqrt[4]{(0.1)^4}=0.1$

19 $\sqrt[5]{243}=\sqrt[5]{3^5}=3$

20 $-\sqrt[6]{64}=-\sqrt[6]{2^6}=-2$

21 ㄱ. -64의 세제곱근을 x라 하면 $x^3=-64$

$x^3+64=0$, $(x+4)(x-4x+16)=0$

$x=-4$ 또는 $x=2-2\sqrt{3}i$ 또는 $x=2+2\sqrt{3}i$

즉 -64의 세제곱근 중 실수인 것은 -4 하나뿐이다.

ㄴ. -27의 세제곱근을 x라 하면 $x^3=-27$

$x^2+27=0$, $(x+3)(x^2-3x+9)=0$

$x=-3$ 또는 $x=\dfrac{3-3\sqrt{3}i}{2}$ 또는 $x=\dfrac{3+3\sqrt{3}i}{2}$

즉 -27의 세제곱근은 -3, $\dfrac{3-3\sqrt{3}i}{2}$, $\dfrac{3+3\sqrt{3}i}{2}$이다.

ㄷ. 0의 세제곱근 중 실수인 것의 개수는 0의 1이다.

ㄹ. -15의 네제곱근은 복소수의 범위에서 4개이다.

ㅁ. 1의 네제곱근 중 실수인 것은 2개이다.

따라서 옳은 것의 개수는 ㄱ, ㄹ, ㅁ의 3이다.

거듭제곱근의 성질

1 2	**2** 7	**3** (✐ 4, 4, 6)	**4** 13
5 (✐ 36, 216, 3, 6)		**6** 5	**7** 4
8 $\dfrac{1}{2}$	**9** (✐ 2, 8, 3, 2)		**10** $\dfrac{1}{2}$
11 3	**12** $\dfrac{1}{10}$	**13** (✐ 2, 3, 2, 6, 5)	
14 $\dfrac{1}{3}$	**15** 3	**16** $\dfrac{1}{2}$	
17 (✐ 2, 2, 4, 4, 2)		**18** 3	
19 (✐ 3, 2, 3, 2, 3, 2, 3, 2, 4)			**20** $\dfrac{1}{4}$
21 (✐ 8, 10, a)		**22** $2\sqrt{2}$	**23** 1
24 -5	**25** ①		

6 $\sqrt[4]{5}\times\sqrt[4]{125}=\sqrt[4]{5\times125}=\sqrt[4]{625}=\sqrt[4]{5^4}=5$

7 $\sqrt[5]{64}\times\sqrt[5]{16}=\sqrt[5]{64\times16}=\sqrt[5]{4^3\times4^2}=\sqrt[5]{4^5}=4$

8 $\sqrt[6]{\dfrac{1}{16}}\times\sqrt[6]{\dfrac{1}{4}}=\sqrt[6]{\dfrac{1}{16}\times\dfrac{1}{4}}=\sqrt[6]{\dfrac{1}{64}}=\sqrt[6]{\left(\dfrac{1}{2}\right)^6}=\dfrac{1}{2}$

10 $\dfrac{\sqrt[5]{3}}{\sqrt[5]{96}}=\sqrt[5]{\dfrac{3}{96}}=\sqrt[5]{\dfrac{1}{32}}=\sqrt[5]{\left(\dfrac{1}{2}\right)^5}=\dfrac{1}{2}$

11 $\dfrac{\sqrt[4]{405}}{\sqrt[4]{5}}=\sqrt[4]{\dfrac{405}{5}}=\sqrt[4]{81}=\sqrt[4]{3^4}=3$

12 $\dfrac{\sqrt[6]{0.000005}}{\sqrt[6]{5}}=\sqrt[6]{\dfrac{0.000005}{5}}=\sqrt[6]{0.000001}=\sqrt[6]{\left(\dfrac{1}{10}\right)^6}=\dfrac{1}{10}$

14 $\left(\sqrt[18]{\dfrac{1}{27}}\right)^6=\sqrt[18]{\left(\dfrac{1}{27}\right)^6}=\sqrt[18]{\left\{\left(\dfrac{1}{3}\right)^3\right\}^6}=\sqrt[18]{\left(\dfrac{1}{3}\right)^{18}}=\dfrac{1}{3}$

15 $(\sqrt[8]{81})^2=\sqrt[8]{81^2}=\sqrt[8]{(3^4)^2}=\sqrt[8]{3^8}=3$

16 $\left(\sqrt[10]{\dfrac{1}{32}}\right)^2=\sqrt[10]{\left(\dfrac{1}{32}\right)^2}=\sqrt[10]{\left\{\left(\dfrac{1}{2}\right)^5\right\}^2}=\sqrt[10]{\left(\dfrac{1}{2}\right)^{10}}=\dfrac{1}{2}$

18 $\sqrt{\sqrt[3]{729}}=\sqrt[2\times3]{729}=\sqrt[6]{3^6}=3$

20 $\sqrt[10]{\left(\dfrac{1}{32}\right)^4}=\sqrt[2\times5]{\left(\dfrac{1}{32}\right)^{2\times2}}=\sqrt[5]{\left(\dfrac{1}{32}\right)^2}=\sqrt[5]{\left\{\left(\dfrac{1}{2}\right)^5\right\}^2}=\sqrt[5]{\left\{\left(\dfrac{1}{2}\right)^2\right\}^5}$

$=\sqrt[5]{\left(\dfrac{1}{4}\right)^5}=\dfrac{1}{4}$

22
$$3\sqrt[4]{\sqrt{16}}-\sqrt[3]{216}\div\sqrt{18}=3\sqrt[8]{2^4}-\sqrt[3]{6^3}\div3\sqrt{2}$$
$$=3\sqrt{2}-6\div3\sqrt{2}$$
$$=3\sqrt{2}-\frac{2}{\sqrt{2}}$$
$$=3\sqrt{2}-\sqrt{2}=2\sqrt{2}$$

23
$$\sqrt[3]{25}\times\sqrt[3]{5}\div\sqrt{\sqrt{625}}=\sqrt[3]{125}\div\sqrt[4]{625}$$
$$=\sqrt[3]{5^3}\div\sqrt[4]{5^4}$$
$$=5\div5=1$$

24
$$\frac{\sqrt[4]{32}}{\sqrt[4]{2}}+\sqrt[3]{-125}-\sqrt[3]{\sqrt{64}}=\sqrt[4]{\frac{32}{2}}+\sqrt[3]{(-5)^3}-\sqrt[6]{2^6}$$
$$=2+(-5)-2=-5$$

25
$$\sqrt[8]{a^4b^7}\div\sqrt{ab^3}\times\sqrt[4]{a^3b^5}=\sqrt[8]{a^4b^7}\div\sqrt[8]{a^4b^{12}}\times\sqrt[8]{a^6b^{10}}$$
$$=\sqrt[8]{a^4b^7}\div a^4b^{12}\times a^6b^{10}$$
$$=\sqrt[8]{a^{4-4+6}b^{7-12+10}}$$
$$=\sqrt[8]{a^6b^5}=\sqrt[n]{a^pb^q}$$
따라서 $n=8$, $p=6$, $q=5$이므로
$n+p-q=8+6-5=9$

TEST 개념 확인　　　　　　　　　　본문 16쪽

1 ③	2 $x=6,\ y=18$	3 ①
4 ②	5 ④	6 ②	7 ③
8 ④	9 2	10 ⑤	11 ③
12 ①		

1
① $a^2\times a^3=a^{2+3}=a^5$
② $(-2a^2)^5=(-2)^5a^{2\times5}=-32a^{10}$
③ $\left(\dfrac{3b}{a^2}\right)^3=\dfrac{3^3b^3}{a^{2\times3}}=\dfrac{27b^3}{a^6}$
④ $\left(-\dfrac{1}{a}\right)^6=\dfrac{1}{a^6}$
⑤ $(a^6b^3)^2\div(a^3b)^5=(a^{6\times2}b^{3\times2})\div(a^{3\times5}b^5)$
$$=a^{12}b^6\div a^{15}b^5$$
$$=\frac{b^{6-5}}{a^{15-12}}=\frac{b}{a^3}$$
따라서 옳지 않은 것은 ③이다.

2
$\left(\dfrac{a^3}{b}\right)^2=\dfrac{a^{3\times2}}{b^2}=\dfrac{a^6}{b^2}=\dfrac{a^x}{b^2}$이므로 $x=6$

$\left(\dfrac{b^x}{a^5}\right)^3=\dfrac{b^{x\times3}}{a^{5\times3}}=\dfrac{b^{6\times3}}{a^{15}}=\dfrac{b^{18}}{a^{15}}=\dfrac{b^y}{a^{15}}$이므로 $y=18$

3
$$\left(\frac{2x^a}{y}\right)^3=\frac{2^3x^{a\times3}}{y^3}=\frac{8x^{3a}}{y^3}=\frac{bx^9}{y^c}$$
$3a=9$에서 $a=3$
$b=8$, $c=3$
따라서 $a+b+c=3+8+3=14$

4 -1의 세제곱근을 x라 하면 $x^3=-1$
$x^3+1=0$, $(x+1)(x^2-x+1)=0$
즉 $x=-1$ 또는 $x=\dfrac{1\pm\sqrt{3}i}{2}$
한편 $\sqrt[3]{-1}=-1$이므로 구하는 총합은
$-1+\dfrac{1+\sqrt{3}i}{2}+\dfrac{1-\sqrt{3}i}{2}+(-1)=-1$

5 ㄱ. $\sqrt[3]{(-6)^3}=-6$, $\sqrt{(-6)^2}=6$이므로
$\qquad\sqrt[3]{(-6)^3}\neq\sqrt{(-6)^2}$
ㄴ. $x^4=81$에서 $x^4-81=0$, $(x^2-9)(x^2+9)=0$
$\qquad$즉 $x=\pm3$ 또는 $x=\pm3i$
$\qquad$따라서 81의 네제곱근 중에서 실수인 것은 -3, 3이다.
ㄷ. $\sqrt[3]{125}=\sqrt[3]{5^3}=5$
ㄹ. -8이 음수이므로 -8의 실수인 네제곱근은 없다.
따라서 옳은 것은 ㄴ, ㄷ이다.

6 216의 세제곱근을 x라 하면 $x^3=216$
$x^3-216=0$, $(x-6)(x^2+6x+36)=0$
즉 $x=6$ 또는 $x=-3\pm3\sqrt{3}i$
따라서 216의 세제곱근인 것은 $-3+3\sqrt{3}i$이다.

7 $a=\sqrt[3]{64}=\sqrt[3]{4^3}=4$
4의 네제곱근을 x라 하면 $x^4=4$
$x^4-4=0$, $(x^2-2)(x^2+2)=0$
즉 $x=\pm\sqrt{2}$ 또는 $x=\pm\sqrt{2}i$
따라서 4의 네제곱근 중에서 실수인 것은 $-\sqrt{2}$, $\sqrt{2}$이므로
$m^2+n^2=(-\sqrt{2})^2+(\sqrt{2})^2=2+2=4$

8 ① $\sqrt[3]{9}\times\sqrt[3]{3}=\sqrt[3]{9\times3}=\sqrt[3]{3^3}=3$
② $\sqrt[3]{\sqrt{8}}=\sqrt[6]{2^3}=\sqrt{2}$
③ $\dfrac{\sqrt[5]{128}}{\sqrt[5]{4}}=\sqrt[5]{\dfrac{128}{4}}=\sqrt[5]{32}=\sqrt[5]{2^5}=2$
④ $\sqrt{5}\times\sqrt[3]{5}=\sqrt[6]{5^3}\times\sqrt[6]{5^2}=\sqrt[6]{5^3\times5^2}=\sqrt[6]{5^5}$
⑤ $(\sqrt[3]{7})^6=\sqrt[3]{7^6}=\sqrt[3]{(7^2)^3}=49$
따라서 옳지 않은 것은 ④이다.

9 $\sqrt{(-3)^2}+\sqrt[3]{(-5)^3}+\sqrt[4]{(-6)^4}+\sqrt[5]{(-2)^5}$
$=3+(-5)+6+(-2)=2$

10 $\sqrt{\sqrt[3]{a^k}}=\sqrt[6]{a^k}$이고 $\sqrt[3]{\sqrt{a^5}}=\sqrt[6]{a^{5\times2}}=\sqrt[6]{a^{10}}$이므로
$\sqrt[6]{a^k}=\sqrt[6]{a^{10}}$
따라서 $k=10$

11 $\sqrt[4]{\dfrac{81}{16}}\times\dfrac{1}{\sqrt{3}}\times\sqrt{20}=\sqrt[4]{\left(\dfrac{3}{2}\right)^4}\times\sqrt{\dfrac{20}{3}}$

$\qquad\qquad\qquad\qquad =\dfrac{3}{2}\sqrt{\dfrac{20}{3}}=\sqrt{\dfrac{20}{3}\times\left(\dfrac{3}{2}\right)^2}$

$\qquad\qquad\qquad\qquad =\sqrt{\dfrac{20}{3}\times\dfrac{9}{4}}=\sqrt{15}$

따라서 $a=15$

12 $\sqrt[3]{\dfrac{\sqrt[4]{x}}{\sqrt{x}}}\times\sqrt{\dfrac{\sqrt[3]{x}}{\sqrt[8]{x}}}\times\sqrt[4]{\dfrac{\sqrt[4]{x}}{\sqrt[3]{x}}}=\dfrac{\sqrt[3]{\sqrt[4]{x}}}{\sqrt[3]{\sqrt{x}}}\times\dfrac{\sqrt{\sqrt[3]{x}}}{\sqrt{\sqrt[8]{x}}}\times\dfrac{\sqrt[4]{\sqrt[4]{x}}}{\sqrt[4]{\sqrt[3]{x}}}$

$\qquad\qquad\qquad\qquad\qquad =\dfrac{\sqrt[12]{x}}{\sqrt[6]{x}}\times\dfrac{\sqrt[6]{x}}{\sqrt[16]{x}}\times\dfrac{\sqrt[16]{x}}{\sqrt[12]{x}}$

$\qquad\qquad\qquad\qquad\qquad =1$

---

15 $(a^6)^4\div a^5\times(a^{-3})^3=a^{24}\div a^5\times a^{-9}=a^{24-5+(-9)}=a^{10}$

16 $(a^3b^{-2})^{-3}\times(a^5b)^2=a^{-9}b^6\times a^{10}b^2=a^{-9+10}b^{6+2}=ab^8$

17 $2^{-6}\div(2^{-3}\div4^{-4})^{-2}=2^{-6}\div\{2^{-3}\div(2^2)^{-4}\}^{-2}$

$\qquad\qquad\qquad\qquad\quad =2^{-6}\div(2^{-3}\div2^{-8})^{-2}$

$\qquad\qquad\qquad\qquad\quad =2^{-6}\div(2^5)^{-2}$

$\qquad\qquad\qquad\qquad\quad =2^{-6}\div2^{-10}$

$\qquad\qquad\qquad\qquad\quad =2^{-6-(-10)}=2^4$

지수가 유리수일 때의 지수법칙

1 $2^{\frac{1}{2}}$ **2** $5^{\frac{2}{3}}$ **3** $3^{\frac{7}{4}}$ **4** $7^{-\frac{3}{5}}$

5 $3^{-\frac{2}{9}}$ **6** $2^{-\frac{5}{7}}$ **7** $\sqrt[6]{3}$ **8** $\sqrt[3]{25}$

9 $\sqrt[5]{64}$ **10** $\sqrt[10]{27}$ **11** $\sqrt[3]{\dfrac{1}{81}}$ **12** $\sqrt[5]{25}$

13 $\left(\text{✎}\ +,\ \dfrac{1}{4}\right)$ **14** 81 **15** a^4b^{-3}

16 $3^{\frac{23}{10}}$ **17** a **18** $a^{-\frac{1}{6}}b^{\frac{1}{6}}$

19 $\left(\text{✎}\ 24,\ \dfrac{1}{24},\ \dfrac{1}{24},\ \dfrac{17}{24}\right)$ **20** $a^{\frac{7}{30}}$ **21** $a^{\frac{17}{8}}$

22 $a^{\frac{5}{12}}$ ☺ $n,\ m,\ n$ **23** ④

---

8 $5^{\frac{2}{3}}=\sqrt[3]{5^2}=\sqrt[3]{25}$

9 $4^{0.6}=4^{\frac{3}{5}}=\sqrt[5]{4^3}=\sqrt[5]{64}$

10 $3^{0.3}=3^{\frac{3}{10}}=\sqrt[10]{27}$

11 $9^{-\frac{2}{3}}=9^{\frac{-2}{3}}=\sqrt[3]{\dfrac{1}{81}}$

12 $\left(\dfrac{1}{25}\right)^{-\frac{1}{5}}=(5^{-2})^{-\frac{1}{5}}=5^{\frac{2}{5}}=\sqrt[5]{25}$

14 $\{(-3)^6\}^{\frac{2}{3}}=(3^6)^{\frac{2}{3}}=3^{6\times\frac{2}{3}}=3^4=81$

15 $(a^{\frac{1}{3}}b^{-\frac{1}{4}})^{12}=a^{\frac{1}{3}\times12}b^{-\frac{1}{4}\times12}=a^4b^{-3}$

16 $3^{\frac{5}{2}}\times9^{\frac{2}{5}}\div27^{\frac{1}{3}}=3^{\frac{5}{2}}\times(3^2)^{\frac{2}{5}}\div(3^3)^{\frac{1}{3}}$

$\qquad\qquad\qquad\quad =3^{\frac{5}{2}}\times3^{\frac{4}{5}}\div3$

$\qquad\qquad\qquad\quad =3^{\frac{5}{2}+\frac{4}{5}-1}=3^{\frac{23}{10}}$

지수가 정수일 때의 지수법칙

1 1 **2** 1 **3** 1 **4** $\left(\text{✎}\ 3,\ \dfrac{1}{8}\right)$

5 $\dfrac{1}{25}$ **6** 16 **7** -125 **8** $\dfrac{16}{49}$

9 $-\dfrac{8}{27}$ ☺ $1,\ \dfrac{1}{a^n}$ **10** $\left(\text{✎}\ +,\ -2,\ \dfrac{1}{9}\right)$

11 625 **12** 8 **13** a^3 **14** a^{-16}

15 a^{10} **16** ab^8 **17** ①

---

5 $(-5)^{-2}=\dfrac{1}{(-5)^2}=\dfrac{1}{25}$

6 $\left(\dfrac{1}{2}\right)^{-4}=2^4=16$

7 $\left(-\dfrac{1}{5}\right)^{-3}=(-5)^3=-125$

8 $\left(\dfrac{7}{4}\right)^{-2}=\left(\dfrac{4}{7}\right)^2=\dfrac{16}{49}$

9 $\left(-\dfrac{3}{2}\right)^{-3}=\left(-\dfrac{2}{3}\right)^3=-\dfrac{8}{27}$

11 $(-5)^2\div(-5)^{-2}=(-5)^{2-(-2)}=(-5)^4=625$

12 $2^2\div2^5\times2^6=2^{2-5+6}=2^3=8$

13 $(a^2)^{-3}\times a^4\div a^{-5}=a^{-6}\times a^4\div a^{-5}=a^{-6+4-(-5)}=a^3$

14 $(a^{-2})^3\div(a^5)^2=a^{-6}\div a^{10}=a^{-6-10}=a^{-16}$

17 $\sqrt[3]{a^2} \times \sqrt[6]{a^5} \div \sqrt{a} = a^{\frac{2}{3}} \times a^{\frac{5}{6}} \div a^{\frac{1}{2}}$

$\qquad = a^{\frac{2}{3}+\frac{5}{6}-\frac{1}{2}} = a$

18 $\sqrt{a^2b} \div \sqrt[3]{a^4b^3} \times \sqrt[6]{ab^4} = (a^2b)^{\frac{1}{2}} \div (a^4b^3)^{\frac{1}{3}} \times (ab^4)^{\frac{1}{6}}$

$\qquad = ab^{\frac{1}{2}} \div a^{\frac{4}{3}}b \times a^{\frac{1}{6}}b^{\frac{2}{3}}$

$\qquad = a^{1-\frac{4}{3}+\frac{1}{6}}b^{\frac{1}{2}-1+\frac{2}{3}}$

$\qquad = a^{-\frac{1}{6}}b^{\frac{1}{6}}$

20 $\sqrt[5]{\sqrt{a} \times \sqrt[3]{a^2}} = \sqrt[10]{a} \times \sqrt[15]{a^2} = a^{\frac{1}{10}} \times a^{\frac{2}{15}} = a^{\frac{1}{10}+\frac{2}{15}} = a^{\frac{7}{30}}$

21 $\sqrt{a^3\sqrt{a^2\sqrt{a}}} = \sqrt{a^3} \times \sqrt[4]{a^2} \times \sqrt[8]{a} = a^{\frac{3}{2}} \times a^{\frac{1}{2}} \times a^{\frac{1}{8}} = a^{\frac{3}{2}+\frac{1}{2}+\frac{1}{8}} = a^{\frac{17}{8}}$

22 $\sqrt[3]{\sqrt{a} \times \dfrac{a}{\sqrt[4]{a}}} = \sqrt[6]{a} \times \dfrac{\sqrt[3]{a}}{\sqrt[12]{a}} = a^{\frac{1}{6}} \times a^{\frac{1}{3}} \div a^{\frac{1}{12}} = a^{\frac{1}{6}+\frac{1}{3}-\frac{1}{12}} = a^{\frac{5}{12}}$

23 $\sqrt[6]{9\sqrt{3^k}} = (3^2)^{\frac{1}{6}} \times 3^{\frac{k}{12}} = 3^{\frac{1}{3}+\frac{k}{12}}$ 이고

$\sqrt[4]{27} = (3^3)^{\frac{1}{4}} = 3^{\frac{3}{4}}$

따라서 $3^{\frac{1}{3}+\frac{k}{12}} = 3^{\frac{3}{4}}$ 이므로

$\dfrac{1}{3} + \dfrac{k}{12} = \dfrac{3}{4}$

$\dfrac{k}{12} = \dfrac{5}{12}$ 에서 $k=5$

06

본문 22쪽

지수가 실수일 때의 지수법칙

1 (✎ +, 2, 16)　　　　2 $7^{\sqrt{3}}$　　　　3 $\dfrac{1}{27}$

4 81　　　　5 $a^{10}b^{5\sqrt{2}}$　　　　6 400

7 (✎ $\dfrac{1}{3}$, $\dfrac{1}{4}$, $\dfrac{1}{3}$, $\dfrac{1}{4}$, $\dfrac{8}{3}$, 2)　8 $a^{\frac{10}{3}}b^{\frac{5}{2}}$　9 $a^3b^{\frac{9}{2}}$

10 (✎ 2, 2, 16, 16, 27, 16, 27, >)

11 $\sqrt[3]{4} > \sqrt[4]{5}$　　　　12 $\sqrt{\sqrt{8}} < \sqrt[3]{\sqrt{27}}$

13 (✎ 2, 2, 9, 7, 9, 16, 7, 9, 16, $\sqrt[8]{7}$, $\sqrt[3]{3}$, $\sqrt{2}$)

14 $\sqrt{2} < \sqrt[3]{4} < \sqrt[4]{8}$　　　15 $\sqrt[9]{\sqrt{10}} < \sqrt[3]{\sqrt[3]{5}} < \sqrt[6]{3}$

16 ②

2 $7^{\sqrt{12}} \div 7^{\sqrt{3}} = 7^{2\sqrt{3}-\sqrt{3}} = 7^{\sqrt{3}}$

3 $(3^{-\sqrt{18}})^{\frac{1}{\sqrt{2}}} = 3^{-3\sqrt{2} \times \frac{1}{\sqrt{2}}} = 3^{-3} = \dfrac{1}{27}$

4 $(9^{2-\sqrt{2}})^{2+\sqrt{2}} = 9^{(2-\sqrt{2})(2+\sqrt{2})} = 9^2 = 81$

---

5 $(a^{2\sqrt{5}}b^{\sqrt{10}})^{\sqrt{5}} = a^{2\sqrt{5} \times \sqrt{5}}b^{\sqrt{10} \times \sqrt{5}} = a^{10}b^{5\sqrt{2}}$

6 $(2^{2\sqrt{2}} \times 5^{\sqrt{2}})^{\sqrt{2}} = 2^{2\sqrt{2} \times \sqrt{2}} \times 5^{\sqrt{2} \times \sqrt{2}} = 2^4 \times 5^2 = 400$

8 $2^3 = a$ 에서 $2 = a^{\frac{1}{3}}$, $3^4 = b$ 에서 $3 = b^{\frac{1}{4}}$ 이므로

$12^5 = (2^2 \times 3)^5 = 2^{10} \times 3^5 = (a^{\frac{1}{3}})^{10}(b^{\frac{1}{4}})^{10} = a^{\frac{10}{3}}b^{\frac{5}{2}}$

9 $2^3 = a$ 에서 $2 = a^{\frac{1}{3}}$, $3^4 = b$ 에서 $3 = b^{\frac{1}{4}}$ 이므로

$18^9 = (2 \times 3^2)^9 = 2^9 \times 3^{18} = (a^{\frac{1}{3}})^9(b^{\frac{1}{4}})^{18} = a^3b^{\frac{9}{2}}$

11 $\sqrt[3]{4}$, $\sqrt[4]{5}$ 를 지수가 유리수인 꼴로 나타내면

$\sqrt[3]{4} = 4^{\frac{1}{3}}$, $\sqrt[4]{5} = 5^{\frac{1}{4}}$

지수의 분모인 3, 4의 최소공배수가 12이므로

$4^{\frac{1}{3}} = 4^{\frac{4}{12}} = (4^4)^{\frac{1}{12}} = 256^{\frac{1}{12}}$

$5^{\frac{1}{4}} = 5^{\frac{3}{12}} = (5^3)^{\frac{1}{12}} = 125^{\frac{1}{12}}$

이때 $125 < 256$ 이므로 $125^{\frac{1}{12}} < 256^{\frac{1}{12}}$

따라서 $\sqrt[3]{4} > \sqrt[4]{5}$

12 $\sqrt{\sqrt{8}}$, $\sqrt[3]{\sqrt{27}}$ 을 지수가 유리수인 꼴로 나타내면

$\sqrt{\sqrt{8}} = 8^{\frac{1}{4}} = (2^3)^{\frac{1}{4}} = 2^{\frac{3}{4}}$

$\sqrt[3]{\sqrt{27}} = 27^{\frac{1}{6}} = (3^3)^{\frac{1}{6}} = 3^{\frac{1}{2}}$

지수의 분모인 4, 2의 최소공배수가 4이므로

$2^{\frac{3}{4}} = (2^3)^{\frac{1}{4}} = 8^{\frac{1}{4}}$

$3^{\frac{1}{2}} = 3^{\frac{2}{4}} = (3^2)^{\frac{1}{4}} = 9^{\frac{1}{4}}$

이때 $8 < 9$ 이므로 $8^{\frac{1}{4}} < 9^{\frac{1}{4}}$

따라서 $\sqrt{\sqrt{8}} < \sqrt[3]{\sqrt{27}}$

14 $\sqrt{2}$, $\sqrt[3]{4}$, $\sqrt[4]{8}$ 을 지수가 유리수인 꼴로 나타내면

$\sqrt{2} = 2^{\frac{1}{2}}$, $\sqrt[3]{4} = 4^{\frac{1}{3}}$, $\sqrt[4]{8} = 8^{\frac{1}{4}}$

지수의 분모인 2, 3, 4의 최소공배수가 12이므로

$2^{\frac{1}{2}} = 2^{\frac{6}{12}} = (2^6)^{\frac{1}{12}} = 64^{\frac{1}{12}}$

$4^{\frac{1}{3}} = 4^{\frac{4}{12}} = (4^4)^{\frac{1}{12}} = 256^{\frac{1}{12}}$

$8^{\frac{1}{4}} = 8^{\frac{3}{12}} = (2^3)^{\frac{3}{12}} = (2^9)^{\frac{1}{12}} = 512^{\frac{1}{12}}$

이때 $64 < 256 < 512$ 이므로 $64^{\frac{1}{12}} < 256^{\frac{1}{12}} < 512^{\frac{1}{12}}$

따라서 $\sqrt{2} < \sqrt[3]{4} < \sqrt[4]{8}$

15 $\sqrt[6]{3}$, $\sqrt[3]{\sqrt[3]{5}}$, $\sqrt[9]{\sqrt{10}}$ 을 지수가 유리수인 꼴로 나타내면

$\sqrt[6]{3} = 3^{\frac{1}{6}}$, $\sqrt[3]{\sqrt[3]{5}} = 5^{\frac{1}{9}}$, $\sqrt[9]{\sqrt{10}} = 10^{\frac{1}{18}}$

지수의 분모인 6, 9, 18의 최소공배수가 18이므로

$3^{\frac{1}{6}} = 3^{\frac{3}{18}} = (3^3)^{\frac{1}{18}} = 27^{\frac{1}{18}}$

$5^{\frac{1}{9}} = 5^{\frac{2}{18}} = (5^2)^{\frac{1}{18}} = 25^{\frac{1}{18}}$

이때 $10 < 25 < 27$ 이므로 $10^{\frac{1}{18}} < 25^{\frac{1}{18}} < 27^{\frac{1}{18}}$

따라서 $\sqrt[9]{\sqrt{10}} < \sqrt[3]{\sqrt[3]{5}} < \sqrt[6]{3}$

16 $\sqrt[3]{2}$, $\sqrt[4]{6}$, $\sqrt[6]{8}$을 지수가 유리수인 꼴로 나타내면

$\sqrt[3]{2}=2^{\frac{1}{3}}$, $\sqrt[4]{6}=6^{\frac{1}{4}}$, $\sqrt[6]{8}=8^{\frac{1}{6}}$

지수의 분모인 3, 4, 6의 최소공배수가 12이므로

$2^{\frac{1}{3}}=2^{\frac{4}{12}}=(2^4)^{\frac{1}{12}}=16^{\frac{1}{12}}$

$6^{\frac{1}{4}}=6^{\frac{3}{12}}=(6^3)^{\frac{1}{12}}=216^{\frac{1}{12}}$

$8^{\frac{1}{6}}=8^{\frac{2}{12}}=(2^3)^{\frac{2}{12}}=(2^6)^{\frac{1}{12}}=64^{\frac{1}{12}}$

이때 $16<64<216$이므로 $16^{\frac{1}{12}}<64^{\frac{1}{12}}<216^{\frac{1}{12}}$

즉 $\sqrt[3]{2}<\sqrt[6]{8}<\sqrt[4]{6}$이므로 $k=\sqrt[4]{6}$

따라서 $k^8=(\sqrt[4]{6})^8=(6^{\frac{1}{4}})^8=6^2=36$

07

지수법칙과 곱셈 공식을 이용한 식의 계산

1 $\left(\,\mathbb{Z}\,2,\ 2,\ \dfrac{1}{4},\ \dfrac{1}{4},\ a^{\frac{1}{2}}-b^{\frac{1}{2}}\right)$ **2** $a+2+\dfrac{1}{a}$ **3** $a-b$

4 $(\,\mathbb{Z}\,2,\ 3,\ 2)$ **5** $\dfrac{36}{7}$ **6** 5

7 (1) $(\,\mathbb{Z}\,2,\ 2,\ 2,\ 2,\ 14)$ (2) 12 (3) 52

8 (1) $(\,\mathbb{Z}\,2,\ 2,\ 2,\ 2,\ 34)$ (2) $2\sqrt{2}$

9 (1) $(\,\mathbb{Z}\,a^x,\ 2x,\ 2x,\ 3)$ (2) $\dfrac{15}{17}$ (3) $\dfrac{3}{2}$

10 (1) $(\,\mathbb{Z}\,2^x,\ 2^x,\ 2^x,\ 2x,\ 2x,\ x,\ x,\ 2)$ (2) $\dfrac{3}{13}$

11 ②

---

2 $(a^{\frac{1}{2}}+a^{-\frac{1}{2}})^2=(a^{\frac{1}{2}})^2+2a^{\frac{1}{2}}a^{-\frac{1}{2}}+(a^{-\frac{1}{2}})^2$
$=a+2+a^{-1}$
$=a+2+\dfrac{1}{a}$

3 $(a^{\frac{1}{3}}-b^{\frac{1}{3}})(a^{\frac{2}{3}}+a^{\frac{1}{3}}b^{\frac{1}{3}}+b^{\frac{2}{3}})=(a^{\frac{1}{3}})^3-(b^{\frac{1}{3}})^3$
$=a-b$

5 $(7^{\frac{1}{2}}-7^{-\frac{1}{2}})^2=(7^{\frac{1}{2}})^2-2\times7^{\frac{1}{2}}\times7^{-\frac{1}{2}}+(7^{-\frac{1}{2}})^2$
$=7-2+7^{-1}=\dfrac{36}{7}$

6 $(3^{\frac{1}{3}}+2^{\frac{1}{3}})(3^{\frac{2}{3}}-3^{\frac{1}{3}}\times2^{\frac{1}{3}}+2^{\frac{2}{3}})=(3^{\frac{1}{3}})^3+(2^{\frac{1}{3}})^3$
$=3+2=5$

7 (2) $(a^{\frac{1}{2}}-a^{-\frac{1}{2}})^2=(a^{\frac{1}{2}}+a^{-\frac{1}{2}})^2-4a^{\frac{1}{2}}a^{-\frac{1}{2}}$
$=4^2-4=12$

(3) $a^{\frac{3}{2}}+a^{-\frac{3}{2}}=(a^{\frac{1}{2}}+a^{-\frac{1}{2}})(a-a^{\frac{1}{2}}a^{-\frac{1}{2}}+a^{-1})$
$=(a^{\frac{1}{2}}+a^{-\frac{1}{2}})(a+a^{-1}-1)$
$=4\times(14-1)=52$

---

8 (2) $(a+a^{-1})^2=a^2+2+a^{-2}=6+2=8$

이때 $a>0$이므로 $a+a^{-1}=\sqrt{8}=2\sqrt{2}$

9 (2) $\dfrac{a^{4x}-a^{-4x}}{a^{4x}+a^{-4x}}$의 분모, 분자에 a^{4x}을 곱하면

$\dfrac{a^{4x}-a^{-4x}}{a^{4x}+a^{-4x}}=\dfrac{a^{4x}(a^{4x}-a^{-4x})}{a^{4x}(a^{4x}+a^{-4x})}$
$=\dfrac{a^{8x}-1}{a^{8x}+1}=\dfrac{(a^{2x})^4-1}{(a^{2x})^4+1}$
$=\dfrac{2^4-1}{2^4+1}=\dfrac{15}{17}$

(3) $\dfrac{a^{3x}+a^{-3x}}{a^x+a^{-x}}=\dfrac{(a^x+a^{-x})(a^{2x}-1+a^{-2x})}{a^x+a^{-x}}$
$=a^{2x}-1+a^{-2x}$
$=2-1+\dfrac{1}{2}=\dfrac{3}{2}$

10 (2) $\dfrac{2^x-2^{-x}}{8^x-8^{-x}}$의 분모, 분자에 2^x을 곱하면

$\dfrac{2^x-2^{-x}}{8^x-8^{-x}}=\dfrac{2^x(2^x-2^{-x})}{2^x(2^{3x}-2^{-3x})}=\dfrac{2^{2x}-1}{2^{4x}-2^{-2x}}$
$=\dfrac{2^{2x}-1}{(2^{2x})^2-(2^{2x})^{-1}}=\dfrac{4^x-1}{(4^x)^2-(4^x)^{-1}}$
$=\dfrac{3-1}{3^2-3^{-1}}=\dfrac{3}{13}$

11 $(a^{\frac{1}{3}}-a^{-\frac{1}{3}})(a^{\frac{2}{3}}+a^{-\frac{2}{3}}+1)=(a^{\frac{1}{3}})^3-(a^{-\frac{1}{3}})^3$
$=a-a^{-1}$
$=2-\dfrac{1}{2}=\dfrac{3}{2}$

08

지수로 나타낸 식의 변형

1 $\left(\,\mathbb{Z}\,-2,\ -2x,\ -2,\ -2,\ \dfrac{1}{25}\right)$ **2** 10

3 81 **4** $\dfrac{27}{8}$ **5** $\left(\,\mathbb{Z}\,\dfrac{1}{x},\ \dfrac{2}{x},\ \dfrac{1}{x},\ 6,\ 36\right)$

6 5 **7** $\left(\,\mathbb{Z}\,\dfrac{3}{x},\ \dfrac{2}{y},\ \dfrac{3}{x},\ \dfrac{2}{y},\ \dfrac{3}{x},\ \dfrac{2}{y},\ -2\right)$

8 1 **9** 2 **10** -2

11 $(\,\mathbb{Z}\,+,\ +,\ 2,\ +,\ +,\ 2)$ **12** 2

13 3 **14** 1

---

2 $\left(\dfrac{1}{64}\right)^{-\frac{x}{3}}=(4^{-3})^{-\frac{x}{3}}=4^x=10$

3 $2^{x+2}=12$에서 $2^x=3$

따라서 $16^x=(2^4)^x=2^{4x}=(2^x)^4=3^4=81$

4 $3^{x+1}=2$에서 $3^x=\dfrac{2}{3}$

따라서 $\left(\dfrac{1}{27}\right)^x=(3^{-3})^x=3^{-3x}=(3^x)^{-3}=\left(\dfrac{2}{3}\right)^{-3}=\dfrac{27}{8}$

6 $25^x=3$에서 $25=3^{\frac{1}{x}}$

따라서 $9^{\frac{1}{4x}}=(3^2)^{\frac{1}{4x}}=3^{\frac{1}{2x}}=(3^{\frac{1}{x}})^{\frac{1}{2}}=25^{\frac{1}{2}}=(5^2)^{\frac{1}{2}}=5$

8 $3^x=2$에서 $3=2^{\frac{1}{x}}$ ┄┄┄ ㉠

$6^{2y}=8$에서 $6=8^{\frac{1}{2y}}=(2^3)^{\frac{1}{2y}}=2^{\frac{3}{2y}}$ ┄┄┄ ㉡

㉡÷㉠을 하면 $2=2^{\frac{3}{2y}-\frac{1}{x}}$

따라서 $\dfrac{3}{2y}-\dfrac{1}{x}=1$

9 $12^x=216$에서 $12=216^{\frac{1}{x}}=(6^3)^{\frac{1}{x}}=6^{\frac{3}{x}}$ ┄┄┄ ㉠

$3^y=6$에서 $3=6^{\frac{1}{y}}$ ┄┄┄ ㉡

㉠×㉡을 하면 $6^2=6^{\frac{3}{x}+\frac{1}{y}}$

따라서 $\dfrac{3}{x}+\dfrac{1}{y}=2$

10 $5^x=9$에서 $5=9^{\frac{1}{x}}=(3^2)^{\frac{1}{x}}=3^{\frac{2}{x}}$ ┄┄┄ ㉠

$45^y=243$에서 $45=243^{\frac{1}{y}}=(3^5)^{\frac{1}{y}}=3^{\frac{5}{y}}$ ┄┄┄ ㉡

㉠÷㉡을 하면 $\dfrac{1}{9}=3^{\frac{2}{x}-\frac{5}{y}}$, $3^{-2}=3^{\frac{2}{x}-\frac{5}{y}}$

따라서 $\dfrac{2}{x}-\dfrac{5}{y}=-2$

12 $3^x=18$에서 $3=18^{\frac{1}{x}}$ ┄┄┄ ㉠

$4^y=18$에서 $4=18^{\frac{1}{y}}$ ┄┄┄ ㉡

$27^z=18$에서 $27=18^{\frac{1}{z}}$ ┄┄┄ ㉢

㉠×㉡×㉢을 하면

$324=18^{\frac{1}{x}+\frac{1}{y}+\frac{1}{z}}$, $18^2=18^{\frac{1}{x}+\frac{1}{y}+\frac{1}{z}}$

따라서 $\dfrac{1}{x}+\dfrac{1}{y}+\dfrac{1}{z}=2$

13 $10^x=3$에서 $10=3^{\frac{1}{x}}$ ┄┄┄ ㉠

$15^y=3$에서 $15=3^{\frac{1}{y}}$ ┄┄┄ ㉡

$18^z=3$에서 $18=3^{\frac{1}{z}}$ ┄┄┄ ㉢

㉡×㉢÷㉠을 하면

$27=3^{\frac{1}{y}+\frac{1}{z}-\frac{1}{x}}$, $3^3=3^{\frac{1}{y}+\frac{1}{z}-\frac{1}{x}}$

따라서 $\dfrac{1}{y}+\dfrac{1}{z}-\dfrac{1}{x}=3$

14 $3^x=4$에서 $3=4^{\frac{1}{x}}$ ┄┄┄ ㉠

$9^y=4$에서 $9=4^{\frac{1}{y}}$ ┄┄┄ ㉡

$12^z=4$에서 $12=4^{\frac{1}{z}}$ ┄┄┄ ㉢

㉠÷㉡×㉢을 하면 $4=4^{\frac{1}{x}-\frac{1}{y}+\frac{1}{z}}$

따라서 $\dfrac{1}{x}-\dfrac{1}{y}+\dfrac{1}{z}=1$

TEST 개념 확인 본문 28쪽

1 ④		**2** ③		**3** ⑤		**4** ③	
5 ②		**6** ⑤		**7** ①		**8** ⑤	
9 ④		**10** ①		**11** -2		**12** ②	

1 $a=3^{x-1}=3^x\times3^{-1}=\dfrac{1}{3}\times3^x$이므로

$3^x=3a$

따라서 $9^x=(3^2)^x=(3^x)^2=(3a)^2=9a^2$

2 $5\times16^{\frac{1}{4}}=5\times(2^4)^{\frac{1}{4}}=5\times2=10$

3 $\sqrt{a\sqrt{a\sqrt{a\sqrt{a}}}}=\sqrt{a}\times\sqrt[4]{a}\times\sqrt[8]{a}\times\sqrt[16]{a}$

$=a^{\frac{1}{2}}\times a^{\frac{1}{4}}\times a^{\frac{1}{8}}\times a^{\frac{1}{16}}$

$=a^{\frac{1}{2}+\frac{1}{4}+\frac{1}{8}+\frac{1}{16}}$

$=a^{\frac{15}{16}}$

따라서 $r=\dfrac{15}{16}$

4 $\sqrt[15]{15}=15^{\frac{1}{15}}=(3\times5)^{\frac{1}{15}}=3^{\frac{1}{15}}\times5^{\frac{1}{15}}$

$=(3^{\frac{1}{3}})^{\frac{1}{5}}\times(5^{\frac{1}{5}})^{\frac{1}{3}}$

$=(\sqrt[3]{3})^{\frac{1}{5}}\times(\sqrt[5]{5})^{\frac{1}{3}}=a^{\frac{1}{5}}b^{\frac{1}{3}}$

5 $5\sqrt[4]{\sqrt{16^2}}-\sqrt[3]{8^4}\div\sqrt{2^4}=5\sqrt[8]{(2^4)^2}-\sqrt[3]{(2^3)^4}\div\sqrt{2^4}$

$=5\times(2^8)^{\frac{1}{8}}-(2^{12})^{\frac{1}{3}}\div(2^4)^{\frac{1}{2}}$

$=5\times2-2^4\div2^2$

$=10-2^{4-2}=6$

6 A,B,C를 지수가 유리수인 꼴로 나타내면

$A=\sqrt{2}=2^{\frac{1}{2}}$, $B=\sqrt[5]{5}=5^{\frac{1}{5}}$, $C=\sqrt[10]{10}=10^{\frac{1}{10}}$

지수의 분모인 2, 5, 10의 최소공배수가 10이므로

$A=2^{\frac{1}{2}}=2^{\frac{5}{10}}=(2^5)^{\frac{1}{10}}=32^{\frac{1}{10}}$

$B=5^{\frac{1}{5}}=5^{\frac{2}{10}}=(5^2)^{\frac{1}{10}}=25^{\frac{1}{10}}$

$C=10^{\frac{1}{10}}$

이때 $10<25<32$이므로 $10^{\frac{1}{10}}<25^{\frac{1}{10}}<32^{\frac{1}{10}}$

따라서 $C<B<A$

7 $a^{\frac{3}{2}}+a^{-\frac{3}{2}}=(a^{\frac{1}{2}}+a^{-\frac{1}{2}})^3-3a^{\frac{1}{2}}a^{-\frac{1}{2}}(a^{\frac{1}{2}}+a^{-\frac{1}{2}})$

$=2^3-3\times2=2$

8 $(a^{\frac{1}{4}}+a^{-\frac{1}{4}})^2+(a^{\frac{1}{4}}-a^{-\frac{1}{4}})^2$

$=a^{\frac{1}{2}}+2a^{\frac{1}{4}}a^{-\frac{1}{4}}+a^{-\frac{1}{2}}+a^{\frac{1}{2}}-2a^{\frac{1}{4}}a^{-\frac{1}{4}}+a^{-\frac{1}{2}}$

$=2(a^{\frac{1}{2}}+a^{-\frac{1}{2}})=2(16^{\frac{1}{2}}+16^{-\frac{1}{2}})$

$=2\left(4+\dfrac{1}{4}\right)=\dfrac{17}{2}$

9 $\dfrac{3^a+3^{-a}}{3^a-3^{-a}}$의 분모, 분자에 3^a을 곱하면

$\dfrac{3^a+3^{-a}}{3^a-3^{-a}}=\dfrac{3^a(3^a+3^{-a})}{3^a(3^a-3^{-a})}=\dfrac{3^{2a}+1}{3^{2a}-1}$이므로

$\dfrac{3^{2a}+1}{3^{2a}-1}=-3$에서 $3^{2a}+1=-3(3^{2a}-1)$

$4\times3^{2a}=2,\ 3^{2a}=\dfrac{1}{2}$

즉 $9^a=\dfrac{1}{2},\ 9^{-a}=2$

따라서 $9^a+9^{-a}=\dfrac{1}{2}+2=\dfrac{5}{2}$

10 $\left(\dfrac{1}{25}\right)^{\frac{a}{4}}=(5^{-2})^{\frac{a}{4}}=5^{-\frac{a}{2}}=(5^a)^{-\frac{1}{2}}=7^{-\frac{1}{2}}=\dfrac{1}{\sqrt{7}}$

11 $3^x=16$에서 $3=16^{\frac{1}{x}}=(2^4)^{\frac{1}{x}}=2^{\frac{4}{x}}$ ······ ㉠

$12^y=2$에서 $12=2^{\frac{1}{y}}$ ······ ㉡

㉠÷㉡을 하면 $\dfrac{1}{4}=2^{\frac{4}{x}-\frac{1}{y}},\ 2^{-2}=2^{\frac{4}{x}-\frac{1}{y}}$

따라서 $\dfrac{4}{x}-\dfrac{1}{y}=-2$

12 $a^x=27$에서 $a=27^{\frac{1}{x}}$ ······ ㉠

$b^y=27$에서 $b=27^{\frac{1}{y}}$ ······ ㉡

$c^z=27$에서 $c=27^{\frac{1}{z}}$ ······ ㉢

㉠×㉡×㉢을 하면

$abc=27^{\frac{1}{x}+\frac{1}{y}+\frac{1}{z}},\ 3^2=(3^3)^{\frac{1}{x}+\frac{1}{y}+\frac{1}{z}}$

따라서 $2=3\left(\dfrac{1}{x}+\dfrac{1}{y}+\dfrac{1}{z}\right)$이므로

$\dfrac{1}{x}+\dfrac{1}{y}+\dfrac{1}{z}=\dfrac{2}{3}$

TEST 개념 발전

1 ④	**2** ③	**3** ④	**4** ②
5 ⑤	**6** ⑤	**7** ②	**8** $-1,\ -5$
9 ③	**10** ⑤	**11** ⑤	**12** ③
13 $\sqrt[7]{4}$배	**14** ④	**15** ①	

1 ① $(-3)^2=9$이므로 9의 제곱근은 ±3이다.

② 8의 세제곱근을 x라 하면 $x^3=8$

$\quad x^3-8=0,\ (x-2)(x^2+2x+4)=0$

$\quad$ 즉 $x=2$ 또는 $x=-1\pm\sqrt{3}i$

③ n이 짝수일 때, $\sqrt[n]{a^n}=|a|$

④ $\sqrt[3]{-5}$는 음수이므로 네제곱근 중 실수인 것은 없다.

⑤ $\sqrt[3]{(-5)^3}=-5,\ \sqrt{(-5)^2}=5$이므로

$\quad \sqrt[3]{(-5)^3}\neq\sqrt{(-5)^2}$

따라서 옳은 것은 ④이다.

2 $\sqrt[3]{-216}+\sqrt[5]{25}\times\sqrt[5]{125}+\sqrt{\sqrt[3]{64}}$

$=\sqrt[3]{(-6)^3}+\sqrt[5]{5^2\times5^3}+\sqrt{2\times\sqrt[3]{2^6}}$

$=\sqrt[3]{(-6)^3}+\sqrt[5]{5^5}+\sqrt[6]{2^6}$

$=-6+5+2=1$

3 $a=3^{x+2}=3^x\times3^2$이므로 $3^x=\dfrac{a}{3^2}$

따라서 $27^x=(3^3)^x=(3^x)^3=\left(\dfrac{a}{3^2}\right)^3=\dfrac{a^3}{3^6}$

4 $\dfrac{2^x}{32}=\dfrac{2^x}{2^5}=2^{x-5},\ \dfrac{7^y}{49}=\dfrac{7^y}{7^2}=7^{y-2}$

$\dfrac{2^x}{32}=\dfrac{7^y}{49}$이므로 $2^{x-5}=7^{y-2}$

이때 2와 7은 서로소이고 $x,\ y$는 정수이므로

$x-5=0,\ y-2=0$

따라서 $x=5,\ y=2$이므로 $x-y=5-2=3$

5 $3\times4^{\frac{3}{2}}=3\times(2^2)^{\frac{3}{2}}=3\times2^3=24$

6 $\sqrt{2\sqrt{2\sqrt{2}}}=\sqrt{2}\times\sqrt[4]{2}\times\sqrt[8]{2}$

$\qquad\qquad =2^{\frac{1}{2}}\times2^{\frac{1}{4}}\times2^{\frac{1}{8}}$

$\qquad\qquad =2^{\frac{7}{8}}$

$\sqrt[6]{8\sqrt[6]{8}}=\sqrt[6]{2^3}\times\sqrt[36]{2^3}=2^{\frac{3}{6}}\times2^{\frac{3}{36}}=2^{\frac{3}{6}+\frac{3}{36}}=2^{\frac{7}{12}}$

$\dfrac{\sqrt{2\sqrt{2\sqrt{2}}}}{\sqrt[6]{8\sqrt[6]{8}}}=\dfrac{2^{\frac{7}{8}}}{2^{\frac{7}{12}}}=2^{\frac{7}{8}-\frac{7}{12}}=2^{\frac{7}{24}}$

따라서 $k=\dfrac{7}{24}$

7 $\sqrt[3]{3\sqrt{3}}=(3\times3^{\frac{1}{2}})^{\frac{1}{3}}=(3^{\frac{3}{2}})^{\frac{1}{3}}=3^{\frac{1}{2}}=\sqrt{3}$

$1<\sqrt{3}<\sqrt{4}=2$이므로 $\sqrt[3]{3\sqrt{3}}$보다 큰 자연수 중에서 가장 작은 것은 2이다.

8 $\left(\dfrac{1}{32}\right)^{\frac{1}{n}}=(2^{-5})^{\frac{1}{n}}=2^{-\frac{5}{n}}$

$2^{-\frac{5}{n}}$이 자연수가 되려면 $-\dfrac{5}{n}$가 0 또는 자연수가 되어야 하므로

n은 5의 음의 약수이어야 한다.

따라서 구하는 정수 n의 값은 $-1,\ -5$이다.

9 $A,\ B,\ C$를 지수가 유리수인 꼴로 나타내면

$A=\sqrt[3]{\sqrt{18}}=\sqrt[3\times2]{18}=18^{\frac{1}{6}}$

$B=\sqrt[3]{4}=4^{\frac{1}{3}}$

$C=\sqrt{\sqrt[3]{21}}=\sqrt[2\times3]{21}=\sqrt[6]{21}=21^{\frac{1}{6}}$

지수의 분모인 6, 3, 6의 최소공배수가 6이므로

$A=18^{\frac{1}{6}},\ B=4^{\frac{1}{3}}=(4^2)^{\frac{1}{6}}=16^{\frac{1}{6}},\ C=21^{\frac{1}{6}}$

이때 $16<18<21$이므로 $16^{\frac{1}{6}}<18^{\frac{1}{6}}<21^{\frac{1}{6}}$

따라서 $B<A<C$

10 $(a+b+c)^2=a^2+b^2+c^2+2(ab+bc+ca)$이므로

$3^2=7+2(ab+bc+ca)$

즉 $ab+bc+ca=1$

따라서

$3^{a(b+c)} \times 3^{b(c+a)} \times 3^{c(a+b)} = 3^{a(b+c)+b(c+a)+c(a+b)}$

$\qquad\qquad\qquad\qquad\qquad\qquad = 3^{2(ab+bc+ca)}$

$\qquad\qquad\qquad\qquad\qquad\qquad = 3^2 = 9$

11 $\dfrac{a^x+a^{-x}}{a^x-a^{-x}}$의 분모, 분자에 a^x을 곱하면

$\dfrac{a^x+a^{-x}}{a^x-a^{-x}} = \dfrac{a^x(a^x+a^{-x})}{a^x(a^x-a^{-x})} = \dfrac{a^{2x}+1}{a^{2x}-1}$이므로

$\dfrac{a^{2x}+1}{a^{2x}-1} = \dfrac{3}{2}$에서 $2(a^{2x}+1)=3(a^{2x}-1)$

$a^{2x}=5$, $(a^x)^2=5$, 즉 $a^x=\sqrt{5}$

따라서 $a^{3x}=(a^x)^3=(\sqrt{5})^3=5\sqrt{5}$

12 $3^{2x}=7^y=21^z=k$에서

$3=k^{\frac{1}{2x}}$, $7=k^{\frac{1}{y}}$, $21=k^{\frac{1}{z}}$

이때 $3 \times 7 = 21$이므로

$k^{\frac{1}{2x}} \times k^{\frac{1}{y}} = k^{\frac{1}{z}}$, 즉 $k^{\frac{1}{2x}+\frac{1}{y}} = k^{\frac{1}{z}}$

따라서 $\dfrac{1}{2x}+\dfrac{1}{y}=\dfrac{1}{z}$

13 처음 도형의 넓이를 A, 확대 배율을 a배라 하면

7회째 복사본에서 도형의 넓이는 $A \times a^7$이므로

$A \times a^7 = 2A$

이때 $A>0$이므로 $a^7=2$, 즉 $a=\sqrt[7]{2}$

10회째 복사본의 도형의 넓이는 $A \times a^{10}$,

8회째 복사본의 도형의 넓이는 $A \times a^8$이므로

$\dfrac{A \times a^{10}}{A \times a^8} = a^2 = (\sqrt[7]{2})^2 = \sqrt[7]{4}$

따라서 10회째 복사본의 도형의 넓이는 8회째 복사본의 도형의 넓이의 $\sqrt[7]{4}$배이다.

14 $2^{a-2}=2^a \times 2^{-2} = \dfrac{1}{4} \times 2^a = 3$에서 $2^a=12$이므로

$12^b=(2^a)^b=2^{ab}=7$

따라서 $7^{\frac{3}{ab}} = (2^{ab})^{\frac{3}{ab}} = 2^3 = 8$

15 $\sqrt[3]{a}+\sqrt{b}$가 자연수가 되기 위해서는 $a>0$, $b>0$이므로 $\sqrt[3]{a}$와 $\sqrt{b}$ 가 모두 자연수이어야 한다.

$3^3<36 \le a \le 100 < 5^3$이므로

$3<\sqrt[3]{a}<5$, 즉 $a=4^3=64$

$4^2<20 \le b \le 32 < 6^2$이므로

$4<\sqrt{b}<6$, 즉 $b=5^2=25$

따라서 $a+b=64+25=89$

2 로그

로그의 정의

1 밑: 2, 진수: 9 　　　　　**2** 밑: 10, 진수: $\dfrac{1}{3}$

3 밑: $\dfrac{1}{2}$, 진수: 4 　　　**4** 밑: $\sqrt{7}$, 진수: 49

5 (✎ 3, 8) 　　　　　　　**6** $\dfrac{1}{2}=\log_4 2$

7 $2=\log_{0.5} 0.25$ 　　　**8** $-1=\log_5 \dfrac{1}{5}$

9 $-3=\log_{\frac{1}{3}} 27$ 　　　**10** $3=\log_{\sqrt{2}} 2\sqrt{2}$

11 (✎ 4) 　**12** $9^{\frac{1}{2}}=3$ 　**13** $\left(\dfrac{1}{3}\right)^{-3}=27$

14 $10^{-2}=0.01$ 　**15** $2^{-3}=\dfrac{1}{8}$ 　**16** $(\sqrt{5})^4=25$

☺ x, N 　　**17** (✎ 32, 5, 5, 5) 　**18** -4

19 4 　　　　**20** (✎ 3, 27) 　　**21** 2

22 2

18 $\log_3 \dfrac{1}{81}=x$로 놓으면 로그의 정의에 의하여

$3^x=\dfrac{1}{81}$, $3^x=\left(\dfrac{1}{3}\right)^4=3^{-4}$, 즉 $x=-4$

따라서 $\log_3 \dfrac{1}{81}=-4$

19 $\log_{\sqrt{3}} 9=x$로 놓으면 로그의 정의에 의하여

$(\sqrt{3})^x=9$, $3^{\frac{x}{2}}=3^2$, $\dfrac{x}{2}=2$, 즉 $x=4$

따라서 $\log_{\sqrt{3}} 9=4$

21 $\log_{\frac{1}{2}} x=-1$에서 로그의 정의에 의하여

$\left(\dfrac{1}{2}\right)^{-1}=x$

따라서 $x=2$

22 $\log_x 8=3$에서 로그의 정의에 의하여

$x^3=8$, $x^3=2^3$

따라서 $x=2$

로그의 밑과 진수의 조건

1 ($\n!ensuremath{\diagup}$ $\neq$, 2, $\neq$, 2, 3)

2 $-3<x<-2$ 또는 $x>-2$

3 $\dfrac{3}{2}<x<2$ 또는 $x>2$　　4 $x\neq0$, $x\neq1$, $x\neq2$

5 $x\neq-2$, $x\neq-1$, $x\neq0$　　6 ($\diagup$ >, -1)

7 $x>5$　　　8 $x>-\dfrac{5}{3}$　　9 $x>\dfrac{\sqrt{3}}{3}$

10 $x<-3$ 또는 $x>5$　　11 ($\diagup$ >, 1, 2, 2, 2, 0, 3, 3)

12 $-2<x<-1$ 또는 $-1<x<5$

13 $2<x<3$ 또는 $3<x<5$　☺ >, $\neq$, >

14 ②

2 밑의 조건에서 $x+3>0$, $x+3\neq1$이므로
$x>-3$, $x\neq-2$
따라서 $-3<x<-2$ 또는 $x>-2$

3 밑의 조건에서 $2x-3>0$, $2x-3\neq1$이므로
$x>\dfrac{3}{2}$, $x\neq2$
따라서 $\dfrac{3}{2}<x<2$ 또는 $x>2$

4 밑의 조건에서 $|x-1|>0$, $|x-1|\neq1$
$|x-1|>0$에서 $x\neq1$
$|x-1|\neq1$에서 $x\neq0$, $x\neq2$
따라서 $x\neq0$, $x\neq1$, $x\neq2$

5 밑의 조건에서 $x^2+2x+1>0$, $x^2+2x+1\neq1$
$x^2+2x+1>0$에서
$(x+1)^2>0$, 즉 $x\neq-1$
$x^2+2x+1\neq1$에서
$x^2+2x\neq0$, $x(x+2)\neq0$, 즉 $x\neq0$, $x\neq-2$
따라서 $x\neq-2$, $x\neq-1$, $x\neq0$

7 진수의 조건에서 $x-5>0$
따라서 $x>5$

8 진수의 조건에서 $3x+5>0$
따라서 $x>-\dfrac{5}{3}$

9 진수의 조건에서 $\sqrt{3}x-1>0$, $x>\dfrac{1}{\sqrt{3}}$
따라서 $x>\dfrac{\sqrt{3}}{3}$

10 진수의 조건에서 $x^2-2x-15>0$
$(x+3)(x-5)>0$
따라서 $x<-3$ 또는 $x>5$

12 밑의 조건에서 $x+2>0$, $x+2\neq1$이므로
$x>-2$, $x\neq-1$
즉 $-2<x<-1$ 또는 $x>-1$　　……㉠
진수의 조건에서 $-x+5>0$, 즉 $x<5$　　……㉡
㉠, ㉡에서
$-2<x<-1$ 또는 $-1<x<5$

13 밑의 조건에서 $x-2>0$, $x-2\neq1$이므로
$x>2$, $x\neq3$
즉 $2<x<3$ 또는 $x>3$　　……㉠
진수의 조건에서 $-x^2+4x+5>0$
$x^2-4x-5<0$, $(x-5)(x+1)<0$
즉 $-1<x<5$　　……㉡
㉠, ㉡에 의하여
$2<x<3$ 또는 $3<x<5$

14 밑의 조건에서 $x-1>0$, $x-1\neq1$이므로
$x>1$, $x\neq2$
즉 $1<x<2$ 또는 $x>2$　　……㉠
진수의 조건에서 $-x^2+7x-10>0$
$x^2-7x+10<0$, $(x-2)(x-5)<0$
즉 $2<x<5$　　……㉡
㉠, ㉡에 의하여
$2<x<5$
따라서 구하는 자연수 x의 개수는 3, 4의 2이다.

로그의 기본 성질

원리확인

❶ m, n, $m+n$, $m+n$　　❷ m, n, $m-n$, $m-n$

1 0	2 0	3 1	4 1
5 1	6 1	7 ($\diagup$ 4, 4, 4)	
8 3	9 -3	10 2	11 3
☺ 1, 0, n, x		12 ($\diagup$ ×, 36, 2, 2, 2)	

13 1   14 1   15 3   16 4

17 ($\mathscr{l}$ 36, 9, 2, 2, 2)   18 3   19 $\dfrac{1}{2}$

20 $\dfrac{3}{2}$ 21 -1 22 ($\mathscr{l}$ 12, 16, 4, 4, 4)

23 -2 24 -1 ☺ $+,\ -$

25 (1) ($\mathscr{l}$ 2, 2, $\log_{10} 3$, $\log_{10} 3$, b)   (2) $2a-3b$ (3) $\dfrac{1}{2}a+b$

26 (1) ($\mathscr{l}$ 2, $\log_5 3$, b)   (2) $-3a+2b$ (3) $2a+\dfrac{1}{2}b$

---

5 $\log_{20} 20 + \log_9 1 = 1 + 0 = 1$

6 $\log_{\frac{1}{2}} \dfrac{1}{2} - \log_{0.2} 1 = 1 - 0 = 1$

8 $\log_5 125 = \log_5 5^3$
$\qquad = 3 \log_5 5$
$\qquad = 3$

9 $\log_3 \dfrac{1}{27} = \log_3 \left(\dfrac{1}{3}\right)^3 = \log_3 3^{-3}$
$\qquad\qquad = -3 \log_3 3$
$\qquad\qquad = -3$

10 $\log_{0.1} 0.01 = \log_{0.1} (0.1)^2$
$\qquad\qquad = 2 \log_{0.1} 0.1$
$\qquad\qquad = 2$

11 $\log_{\sqrt{2}} 2\sqrt{2} = \log_{\sqrt{2}} (\sqrt{2})^3$
$\qquad\qquad = 3 \log_{\sqrt{2}} \sqrt{2}$
$\qquad\qquad = 3$

13 $\log_5 10 + \log_5 \dfrac{1}{2} = \log_5 \left(10 \times \dfrac{1}{2}\right)$
$\qquad\qquad\qquad = \log_5 5 = 1$

14 $\log_3 \sqrt{18} + \log_3 \dfrac{1}{\sqrt{2}} = \log_3 \left(\sqrt{18} \times \dfrac{1}{\sqrt{2}}\right)$
$\qquad\qquad\qquad = \log_3 \sqrt{9} = \log_3 3 = 1$

15 $\log_5 45 + 2 \log_5 \dfrac{5}{3} = \log_5 45 + \log_5 \left(\dfrac{5}{3}\right)^2$
$\qquad\qquad\qquad = \log_5 45 + \log_5 \dfrac{25}{9}$
$\qquad\qquad\qquad = \log_5 \left(45 \times \dfrac{25}{9}\right)$
$\qquad\qquad\qquad = \log_5 5^3 = 3 \log_5 5 = 3$

16 $\log_2 \dfrac{16}{3} + 2 \log_2 \sqrt{3} = \log_2 \dfrac{16}{3} + \log_2 (\sqrt{3})^2$
$\qquad\qquad\qquad = \log_2 \left(\dfrac{16}{3} \times 3\right)$
$\qquad\qquad\qquad = \log_2 16 = \log_2 2^4$
$\qquad\qquad\qquad = 4 \log_2 2 = 4$

18 $\log_3 18 - \log_3 \dfrac{2}{3} = \log_3 \left(18 \times \dfrac{3}{2}\right) = \log_3 27$
$\qquad\qquad\qquad = \log_3 3^3 = 3 \log_3 3 = 3$

19 $\log_5 \sqrt{15} - \log_5 \sqrt{3} = \log_5 \dfrac{\sqrt{15}}{\sqrt{3}} = \log_5 \sqrt{5}$
$\qquad\qquad\qquad = \log_5 5^{\frac{1}{2}} = \dfrac{1}{2} \log_5 5 = \dfrac{1}{2}$

20 $\log_3 12 - \log_3 \dfrac{4}{\sqrt{3}} = \log_3 \left(12 \times \dfrac{\sqrt{3}}{4}\right)$
$\qquad\qquad\qquad = \log_3 3\sqrt{3} = \log_3 3^{\frac{3}{2}}$
$\qquad\qquad\qquad = \dfrac{3}{2} \log_3 3 = \dfrac{3}{2}$

21 $\log_2 \sqrt{6} - \dfrac{1}{2} \log_2 24 = \log_2 \sqrt{6} - \log_2 \sqrt{24}$
$\qquad\qquad\qquad = \log_2 \dfrac{\sqrt{6}}{\sqrt{24}} = \log_2 \dfrac{1}{2}$
$\qquad\qquad\qquad = \log_2 2^{-1} = -\log_2 2 = -1$

23 $2 \log_6 \dfrac{3}{2} - \log_6 27 + \log_6 \dfrac{1}{3}$
$\qquad = \log_6 \left(\dfrac{3}{2}\right)^2 - \log_6 27 + \log_6 \dfrac{1}{3}$
$\qquad = \log_6 \left\{\left(\dfrac{3}{2}\right)^2 \times \dfrac{1}{27} \times \dfrac{1}{3}\right\}$
$\qquad = \log_6 \dfrac{1}{36} = \log_6 6^{-2}$
$\qquad = -2 \log_6 6 = -2$

24 $\log_2 \dfrac{3}{4} + \log_2 \sqrt{8} - \dfrac{1}{2} \log_2 18$
$\qquad = \log_2 \dfrac{3}{4} + \log_2 \sqrt{8} - \log_2 \sqrt{18}$
$\qquad = \log_2 \left(\dfrac{3}{4} \times \sqrt{8} \times \dfrac{1}{\sqrt{18}}\right)$
$\qquad = \log_2 \left(\dfrac{3}{4} \times 2\sqrt{2} \times \dfrac{1}{3\sqrt{2}}\right) = \log_2 \dfrac{1}{2}$
$\qquad = \log_2 2^{-1} = -\log_2 2 = -1$

25 (2) $\log_{10} \dfrac{4}{27} = \log_{10} 4 - \log_{10} 27$
$\qquad\qquad = \log_{10} 2^2 - \log_{10} 3^3$
$\qquad\qquad = 2 \log_{10} 2 - 3 \log_{10} 3$
$\qquad\qquad = 2a - 3b$
    (3) $\log_{10} \sqrt{18} = \dfrac{1}{2} \log_{10} 18$
$\qquad\qquad = \dfrac{1}{2} \log_{10} (2 \times 3^2)$
$\qquad\qquad = \dfrac{1}{2} (\log_{10} 2 + \log_{10} 3^2)$
$\qquad\qquad = \dfrac{1}{2} (\log_{10} 2 + 2 \log_{10} 3)$
$\qquad\qquad = \dfrac{1}{2} \log_{10} 2 + \log_{10} 3$
$\qquad\qquad = \dfrac{1}{2}a + b$

26 (2) $\log_5 \dfrac{9}{8} = \log_5 9 - \log_5 8$

$\qquad = \log_5 3^2 - \log_5 2^3$

$\qquad = 2\log_5 3 - 3\log_5 2$

$\qquad = -3a + 2b$

(3) $\log_5 \sqrt{48} = \dfrac{1}{2}\log_5 48$

$\qquad = \dfrac{1}{2}\log_5 (2^4 \times 3)$

$\qquad = \dfrac{1}{2}(\log_5 2^4 + \log_5 3)$

$\qquad = \dfrac{1}{2}(4\log_5 2 + \log_5 3)$

$\qquad = 2\log_5 2 + \dfrac{1}{2}\log_5 3$

$\qquad = 2a + \dfrac{1}{2}b$

04

본문 42쪽

로그의 밑의 변환

원리확인

3, $\log_{10} 3$, $\log_{10} 3$, $\log_{10} 3$

---

1 ($\log_2 8$, 2, 3)　　**2** $\dfrac{3}{2}$　　**3** $-\dfrac{2}{3}$

4 $\dfrac{3}{5}$　　**5** $-\dfrac{1}{2}$　　**6** (32, 5, 5, 5)

7 3　　**8** 2　　**9** 4　　**10** 3

11 ($\log_{10} 2$, 1)　　**12** 2　　**13** 1

14 3　　**15** 1　　**16** 2　　**17** 3

18 ($\log_3 9$, $\log_3 9$, $\log_3 9$, 2, 2, 3)　　**19** 2

20 1　　😊 $\log_c b$, a　　**21** ②

22 (1) (6, 3, $\log_{10} 3$, b)　(2) $\dfrac{2a+b}{a+b}$　(3) $\dfrac{a+b}{2b}$

　　(4) ($\log_{10} 2$, $1-a$)　(5) $\dfrac{a+2b}{1-a}$

23 (1) $\dfrac{3a}{b}$　(2) $\dfrac{a+2b}{2a}$　(3) ($\log_6 2$, $1-a$)　(4) $\dfrac{2(1-a)}{2a+b}$

　　(5) $\dfrac{2b}{a+1}$

24 (1) $\left(5, 3, 5, 3, \dfrac{1}{a}, \dfrac{1}{a}, ab \right)$　(2) $\dfrac{ab}{3}$　(3) $\dfrac{2ab}{1+2a}$

　　(4) $\dfrac{2a+ab}{2a+4}$　　😊 $1-a$, $1-b$

---

2 $\log_9 27 = \dfrac{\log_3 27}{\log_3 9} = \dfrac{\log_3 3^3}{\log_3 3^2}$

$\qquad = \dfrac{3\log_3 3}{2\log_3 3} = \dfrac{3}{2}$

---

3 $\log_{125} \dfrac{1}{25} = \dfrac{\log_5 \dfrac{1}{25}}{\log_5 125} = \dfrac{\log_5 5^{-2}}{\log_5 5^3}$

$\qquad = \dfrac{-2\log_5 5}{3\log_5 5} = -\dfrac{2}{3}$

4 $\log_{32} 8 = \dfrac{\log_2 8}{\log_2 32} = \dfrac{\log_2 2^3}{\log_2 2^5}$

$\qquad = \dfrac{3\log_2 2}{5\log_2 2} = \dfrac{3}{5}$

5 $\log_{100} \dfrac{1}{10} = \dfrac{\log_{10} \dfrac{1}{10}}{\log_{10} 100} = \dfrac{\log_{10} 10^{-1}}{\log_{10} 10^2}$

$\qquad = \dfrac{-\log_{10} 10}{2\log_{10} 10} = -\dfrac{1}{2}$

7 $\dfrac{\log_5 27}{\log_5 3} = \log_3 27 = \log_3 3^3$

$\qquad = 3\log_3 3 = 3$

8 $\dfrac{\log_7 0.01}{\log_7 0.1} = \log_{0.1} 0.01 = \log_{0.1} (0.1)^2$

$\qquad = 2\log_{0.1} 0.1 = 2$

9 $\dfrac{1}{\log_{16} 2} = \log_2 16 = \log_2 2^4$

$\qquad = 4\log_2 2 = 4$

10 $\dfrac{1}{\log_{27} 3} = \log_3 27 = \log_3 3^3$

$\qquad = 3\log_3 3 = 3$

12 $\log_3 2 \times \log_2 9 = \dfrac{\log_3 2}{\log_3 3} \times \dfrac{\log_3 9}{\log_3 2}$

$\qquad = \log_3 9 = \log_3 3^2$

$\qquad = 2$

13 $\log_2 3 \times \log_3 5 \times \log_5 2 = \dfrac{\log_{10} 3}{\log_{10} 2} \times \dfrac{\log_{10} 5}{\log_{10} 3} \times \dfrac{\log_{10} 2}{\log_{10} 5}$

$\qquad = 1$

14 $\log_2 5 \times \log_5 6 \times \log_6 8 = \dfrac{\log_{10} 5}{\log_{10} 2} \times \dfrac{\log_{10} 6}{\log_{10} 5} \times \dfrac{\log_{10} 8}{\log_{10} 6}$

$\qquad = \dfrac{\log_{10} 8}{\log_{10} 2} = \dfrac{\log_{10} 2^3}{\log_{10} 2}$

$\qquad = \dfrac{3\log_{10} 2}{\log_{10} 2} = 3$

15 $\dfrac{1}{\log_6 3} + \log_3 \dfrac{1}{2} = \log_3 6 + \log_3 \dfrac{1}{2}$

$\qquad = \log_3 \left(6 \times \dfrac{1}{2} \right)$

$\qquad = \log_3 3 = 1$

16 $\log_4 8 + \dfrac{1}{\log_2 4} = \log_4 8 + \log_4 2$

$\qquad\qquad\qquad\quad = \log_4 (8 \times 2) = \log_4 16$

$\qquad\qquad\qquad\quad = \log_4 4^2 = 2 \log_4 4 = 2$

17 $\log_2 40 - \dfrac{1}{\log_5 2} = \log_2 40 - \log_2 5$

$\qquad\qquad\qquad\quad = \log_2 \dfrac{40}{5}$

$\qquad\qquad\qquad\quad = \log_2 8 = \log_2 2^3$

$\qquad\qquad\qquad\quad = 3 \log_2 2 = 3$

19 $\dfrac{1}{\log_{12} 2} = \log_2 12,$

$\log_4 3 = \dfrac{\log_2 3}{\log_2 4} = \dfrac{\log_2 3}{\log_2 2^2} = \dfrac{\log_2 3}{2 \log_2 2} = \dfrac{1}{2} \log_2 3,$

$\log_2 \sqrt{3} = \log_2 3^{\frac{1}{2}} = \dfrac{1}{2} \log_2 3$이므로

$\dfrac{1}{\log_{12} 2} - \log_4 3 - \log_2 \sqrt{3} = \log_2 12 - \dfrac{1}{2} \log_2 3 - \dfrac{1}{2} \log_2 3$

$\qquad\qquad\qquad\qquad\qquad\qquad\quad = \log_2 12 - \log_2 3 = \log_2 \dfrac{12}{3}$

$\qquad\qquad\qquad\qquad\qquad\qquad\quad = \log_2 4 = \log_2 2^2$

$\qquad\qquad\qquad\qquad\qquad\qquad\quad = 2 \log_2 2 = 2$

20 분모를 간단히 하면

$\log_3 2 + \log_3 6 = \log_3 12$

분자를 간단히 하면

$\log_3 4 \times \log_4 5 \times \log_5 12 = \dfrac{\log_{10} 4}{\log_{10} 3} \times \dfrac{\log_{10} 5}{\log_{10} 4} \times \dfrac{\log_{10} 12}{\log_{10} 5}$

$\qquad\qquad\qquad\qquad\qquad\qquad = \dfrac{\log_{10} 12}{\log_{10} 3} = \log_3 12$

따라서

$\dfrac{\log_3 4 \times \log_4 5 \times \log_5 12}{\log_3 2 + \log_3 6} = \dfrac{\log_3 12}{\log_3 12} = 1$

21 $\dfrac{1}{\log_3 6} + \dfrac{1}{\log_4 6} + \dfrac{1}{\log_{18} 6}$

$= \log_6 3 + \log_6 4 + \log_6 18$

$= \log_6 (3 \times 4 \times 18)$

$= \log_6 216 = \log_6 6^3$

$= 3 \log_6 6$

$= 3$

22 (2) $\log_6 12 = \dfrac{\log_{10} 12}{\log_{10} 6}$

$\qquad\qquad\quad = \dfrac{\log_{10} (2^2 \times 3)}{\log_{10} (2 \times 3)}$

$\qquad\qquad\quad = \dfrac{\log_{10} 2^2 + \log_{10} 3}{\log_{10} 2 + \log_{10} 3}$

$\qquad\qquad\quad = \dfrac{2 \log_{10} 2 + \log_{10} 3}{\log_{10} 2 + \log_{10} 3}$

$\qquad\qquad\quad = \dfrac{2a + b}{a + b}$

(3) $\log_9 6 = \dfrac{\log_{10} 6}{\log_{10} 9} = \dfrac{\log_{10} (2 \times 3)}{\log_{10} 3^2}$

$\qquad\qquad\quad = \dfrac{\log_{10} 2 + \log_{10} 3}{2 \log_{10} 3} = \dfrac{a + b}{2b}$

(5) $\log_5 18 = \dfrac{\log_{10} 18}{\log_{10} 5} = \dfrac{\log_{10} (2 \times 3^2)}{\log_{10} \dfrac{10}{2}}$

$\qquad\qquad\quad = \dfrac{\log_{10} 2 + \log_{10} 3^2}{\log_{10} 10 - \log_{10} 2} = \dfrac{\log_{10} 2 + 2 \log_{10} 3}{\log_{10} 10 - \log_{10} 2}$

$\qquad\qquad\quad = \dfrac{a + 2b}{1 - a}$

23 (1) $\log_5 8 = \dfrac{\log_6 8}{\log_6 5} = \dfrac{\log_6 2^3}{\log_6 5}$

$\qquad\qquad\quad = \dfrac{3 \log_6 2}{\log_6 5} = \dfrac{3a}{b}$

(2) $\log_4 50 = \dfrac{\log_6 50}{\log_6 4} = \dfrac{\log_6 (2 \times 5^2)}{\log_6 2^2}$

$\qquad\qquad\quad = \dfrac{\log_6 2 + \log_6 5^2}{2 \log_6 2} = \dfrac{\log_6 2 + 2 \log_6 5}{2 \log_6 2}$

$\qquad\qquad\quad = \dfrac{a + 2b}{2a}$

(4) $\log_{20} 9 = \dfrac{\log_6 9}{\log_6 20} = \dfrac{\log_6 3^2}{\log_6 (2^2 \times 5)}$

$\qquad\qquad\quad = \dfrac{2 \log_6 3}{\log_6 2^2 + \log_6 5} = \dfrac{2 \log_6 \dfrac{6}{2}}{2 \log_6 2 + \log_6 5}$

$\qquad\qquad\quad = \dfrac{2(\log_6 6 - \log_6 2)}{2 \log_6 2 + \log_6 5} = \dfrac{2(1 - a)}{2a + b}$

(5) $\log_{12} 25 = \dfrac{\log_6 25}{\log_6 12} = \dfrac{\log_6 5^2}{\log_6 (2^2 \times 3)}$

$\qquad\qquad\quad = \dfrac{2 \log_6 5}{\log_6 2^2 + \log_6 3} = \dfrac{2 \log_6 5}{2 \log_6 2 + \log_6 \dfrac{6}{2}}$

$\qquad\qquad\quad = \dfrac{2 \log_6 5}{2 \log_6 2 + \log_6 6 - \log_6 2} = \dfrac{2 \log_6 5}{\log_6 2 + 1}$

$\qquad\qquad\quad = \dfrac{2b}{a + 1}$

24 (2) $\log_8 5 = \dfrac{\log_3 5}{\log_3 8} = \dfrac{\log_3 5}{\log_3 2^3}$

$\qquad\qquad\quad = \dfrac{\log_3 5}{3 \log_3 2} = \dfrac{b}{3} \div a = \dfrac{ab}{3}$

(3) $\log_{18} 25 = \dfrac{\log_3 25}{\log_3 18} = \dfrac{\log_3 5^2}{\log_3 (2 \times 3^2)}$

$\qquad\qquad\quad = \dfrac{2 \log_3 5}{\log_3 2 + \log_3 3^2} = \dfrac{2 \log_3 5}{\log_3 2 + 2 \log_3 3}$

$\qquad\qquad\quad = \dfrac{2b}{\dfrac{1}{a} + 2} = \dfrac{2ab}{1 + 2a}$

(4) $\log_{12}\sqrt{45}=\dfrac{\log_3\sqrt{45}}{\log_3 12}=\dfrac{\log_3(3^2\times5)^{\frac{1}{2}}}{\log_3(2^2\times3)}$

$=\dfrac{\frac{1}{2}(\log_3 3^2+\log_3 5)}{\log_3 2^2+\log_3 3}=\dfrac{1+\frac{1}{2}\log_3 5}{2\log_3 2+1}$

$=\dfrac{1+\frac{b}{2}}{\frac{2}{a}+1}$

$=\dfrac{2a+ab}{2a+4}$

05

본문 46쪽

로그의 여러 가지 성질

1 ($\mathscr{D}$ 2, 2, 2, 2)	2 3	3 $\dfrac{9}{4}$
4 -4	5 1	6 ($\mathscr{D}$ 5, 15, 15, 6, 15)
7 9	8 7	9 4	10 40
☺ 1, n, m, b	11 $\dfrac{17}{2}$	12 2
13 7	14 5	15 ④

2 $\log_3 5\times\log_5 27=\log_3 5\times\log_5 3^3$
$=\log_3 5\times3\log_5 3$
$=3\log_3 5\times\log_5 3$
$=3$

3 $\log_2 3\sqrt{3}\times\log_3 2\sqrt{2}=\log_2 3^{\frac{3}{2}}\times\log_3 2^{\frac{3}{2}}$
$=\dfrac{3}{2}\log_2 3\times\dfrac{3}{2}\log_3 2$
$=\dfrac{3}{2}\times\dfrac{3}{2}\times\log_2 3\times\log_3 2$
$=\dfrac{9}{4}$

4 $\log_2\dfrac{1}{25}\times\log_5 3\times\log_3 4$
$=\log_2 5^{-2}\times\log_5 3\times\log_3 2^2$
$=-2\log_2 5\times\log_5 3\times2\log_3 2$
$=(-2)\times2\times\log_2 5\times\log_5 3\times\log_3 2$
$=-4$

5 $\log_2 9\times\log_3\sqrt{5}\times\log_5 2$
$=\log_2 3^2\times\log_3 5^{\frac{1}{2}}\times\log_5 2$
$=2\log_2 3\times\dfrac{1}{2}\log_3 5\times\log_5 2$
$=2\times\dfrac{1}{2}\times\log_2 3\times\log_3 5\times\log_5 2$
$=1$

7 $5^{\log_5 18-\log_5 2}=5^{\log_5\frac{18}{2}}=5^{\log_5 9}$
$=9^{\log_5 5}=9$

8 $5^{\log_5 3}+9^{\log_5 2}=3^{\log_5 5}+2^{\log_5 9}$
$=3^{\log_5 5}+2^{\log_5 3^2}$
$=3^{\log_5 5}+2^{2\log_5 3}$
$=3+2^2=7$

9 $2^{\log_5 6}-25^{\log_5\sqrt{2}}=6^{\log_5 2}-\sqrt{2}^{\,\log_5 25}$
$=6^{\log_5 2}-\sqrt{2}^{\,\log_5 5^2}$
$=6^{\log_5 2}-\sqrt{2}^{\,2\log_5 5}$
$=6-(\sqrt{2})^2$
$=6-2=4$

10 $27^{\log_3 2}\times2^{\log_2 5}=2^{\log_3 27}\times5^{\log_2 2}$
$=2^{\log_3 3^3}\times5^{\log_2 2}$
$=2^{3\log_3 3}\times5^{\log_2 2}$
$=2^3\times5=40$

11 $(\log_3 4+\log_9 2)(\log_2 27+\log_{32} 9)$
$=(\log_3 2^2+\log_{3^2} 2)(\log_2 3^3+\log_{2^5} 3^2)$
$=\left(2\log_3 2+\dfrac{1}{2}\log_3 2\right)\left(3\log_2 3+\dfrac{2}{5}\log_2 3\right)$
$=\dfrac{5}{2}\log_3 2\times\dfrac{17}{5}\log_2 3$
$=\dfrac{17}{2}\log_3 2\times\log_2 3=\dfrac{17}{2}$

12 $(\log_2 27-\log_8 3)(\log_3 4-\log_{81} 32)$
$=(\log_2 3^3-\log_{2^3} 3)(\log_3 2^2-\log_{3^4} 2^5)$
$=\left(3\log_2 3-\dfrac{1}{3}\log_2 3\right)\left(2\log_3 2-\dfrac{5}{4}\log_3 2\right)$
$=\dfrac{8}{3}\log_2 3\times\dfrac{3}{4}\log_3 2$
$=2\log_2 3\times\log_3 2=2$

13 $(3^{\log_3 6-1})^{\log_2 7}=(3^{\log_3(2\times3)-\log_3 3})^{\log_2 7}=(3^{\log_3 2})^{\log_2 7}$
$=(2^{\log_3 3})^{\log_2 7}=7$
$=2^{\log_2 7}=7^{\log_2 2}=7$

14 $(5^{\log_6 2+\log_6 3})^{\log_6 5}=(5^{\log_6 6})^{\log_6 5}$
$=5^{\log_6 6\times\log_6 5}=5$

15 $\log_4 5\times\log_2 a=\log_2 5$에서
$\log_{2^2} 5\times\log_2 a=\log_2 5$
$\dfrac{1}{2}\log_2 5\times\log_2 a=\log_2 5$
$\dfrac{1}{2}\log_2 a=1$, 즉 $\log_2 a=2$
따라서 $a=4$

06

로그의 성질의 활용

1 (1) $\left(\mathscr{2}, 3, 2, 3, 2, 3, 2, \dfrac{3}{2}a+\dfrac{1}{2}b\right)$ (2) $\dfrac{2}{a+2b}$

(3) $\dfrac{a+1}{b}$ (4) 7^{a+b} (5) 11^{a+b+1}

2 (1) $(\mathscr{} \log_2 a, \log_2 b^2, \log_2 b, 2y)$ (2) $x+2y-z$

(3) $x+\dfrac{2}{3}y+\dfrac{1}{3}z$ (4) $\dfrac{2y+z}{x}$ (5) $\dfrac{y}{2(x+z)}$

3 $(\mathscr{} \log_3 5, \log_3 5, 5, -2, -2)$ 4 1

5 -1 6 3

7 $\left(\mathscr{} a, 0, 4, -\dfrac{4}{5}, 3, -\dfrac{4}{5}, -\dfrac{9}{5}\right)$

8 $-\dfrac{11}{2}$ 9 $\left(\mathscr{} 1, 2, ab, b, 2, \dfrac{2}{3}\right)$ 10 $\dfrac{1}{5}$

11 $\dfrac{3}{17}$ 12 $\left(\mathscr{} \log_2 8, 3, 2, \log_2 5, \log_2 5, \log_2 \dfrac{5}{4}\right)$

13 정수 부분: 1, 소수 부분: $\log_3 \dfrac{7}{3}$

14 정수 부분: 2, 소수 부분: $\log_3 2$

15 정수 부분: 4, 소수 부분: $\log_2 \dfrac{5}{4}$

16 정수 부분: 3, 소수 부분: $\log_3 2$

☺ $n, \log_a N$ 17 ④

18 $(\mathscr{} 5, 3, \beta+1, \alpha+\beta, 3, 9, 3, 2)$

19 4   20 27   21 6   22 16

23 ④

1 (2) $\log_{18} 25 = \dfrac{1}{\log_{25} 18} = \dfrac{1}{\log_{5^2}(2 \times 3^2)}$

$= \dfrac{1}{\log_{5^2} 2 + \log_{5^2} 3^2}$

$= \dfrac{1}{\dfrac{1}{2}\log_5 2 + \dfrac{2}{2}\log_5 3} = \dfrac{2}{a+2b}$

(3) $\log_9 100 = \log_{3^2} 10^2 = \log_3 10$

$= \dfrac{\log_5 10}{\log_5 3} = \dfrac{\log_5(2 \times 5)}{\log_5 3}$

$= \dfrac{\log_5 2 + \log_5 5}{\log_5 3} = \dfrac{a+1}{b}$

(4) $6^{\log_5 7} = 7^{\log_5 6} = 7^{\log_5(2 \times 3)} = 7^{\log_5 2 + \log_5 3} = 7^{a+b}$

(5) $30^{\log_5 11} = 11^{\log_5 30} = 11^{\log_5(2 \times 3 \times 5)}$

$= 11^{\log_5 2 + \log_5 3 + \log_5 5} = 11^{a+b+1}$

2 (2) $\log_2 \dfrac{ab^2}{c} = \log_2 a + \log_2 b^2 - \log_2 c$

$= \log_2 a + 2\log_2 b - \log_2 c$

$= x+2y-z$

(3) $\log_2 a\sqrt[3]{b^2 c} = \log_2 a + \log_2 \sqrt[3]{b^2} + \log_2 \sqrt[3]{c}$

$= \log_2 a + \dfrac{2}{3}\log_2 b + \dfrac{1}{3}\log_2 c$

$= x + \dfrac{2}{3}y + \dfrac{1}{3}z$

(4) $\log_a b^2 c = \dfrac{\log_2 b^2 c}{\log_2 a} = \dfrac{\log_2 b^2 + \log_2 c}{\log_2 a}$

$= \dfrac{2\log_2 b + \log_2 c}{\log_2 a} = \dfrac{2y+z}{x}$

(5) $\log_{ac}\sqrt{b} = \dfrac{\log_2 \sqrt{b}}{\log_2 ac} = \dfrac{\dfrac{1}{2}\log_2 b}{\log_2 a + \log_2 c} = \dfrac{y}{2(x+z)}$

4 $14^x = 16$에서 $x = \log_{14} 16 = \log_{14} 2^4 = 4\log_{14} 2$

즉 $\dfrac{1}{x} = \dfrac{1}{4}\log_2 14$이므로 $\dfrac{4}{x} = \log_2 14$

$7^y = 64$에서 $y = \log_7 64 = \log_7 2^6 = 6\log_7 2$

즉 $\dfrac{1}{y} = \dfrac{1}{6}\log_2 7$이므로 $\dfrac{6}{y} = \log_2 7$

따라서 $\dfrac{4}{x} - \dfrac{6}{y} = \log_2 14 - \log_2 7 = \log_2 \dfrac{14}{7} = \log_2 2 = 1$

5 $3^a = 4$에서 $a = \log_3 4 = \log_3 2^2 = 2\log_3 2$

즉 $\dfrac{1}{a} = \dfrac{1}{2}\log_2 3$이므로 $\dfrac{2}{a} = \log_2 3$

$6^b = 8$에서 $b = \log_6 8 = \log_6 2^3 = 3\log_6 2$

즉 $\dfrac{1}{b} = \dfrac{1}{3}\log_2 6$이므로 $\dfrac{3}{b} = \log_2 6$

따라서 $\dfrac{2}{a} - \dfrac{3}{b} = \log_2 3 - \log_2 6 = \log_2 \dfrac{3}{6} = \log_2 \dfrac{1}{2} = \log_2 2^{-1} = -1$

6 $2^x = 24$에서

$x = \log_2 24 = \log_2(2^3 \times 3)$

$= 3 + \log_2 3$

$3^y = 24$에서

$y = \log_3 24 = \log_3(2^3 \times 3) = 3\log_3 2 + 1$

따라서

$(x-3)(y-1) = (3 + \log_2 3 - 3)(3\log_3 2 + 1 - 1)$

$= \log_2 3 \times 3\log_3 2$

$= 3 \times \log_2 3 \times \log_3 2$

$= 3$

8 $a^3b^2=1$의 양변에 밑이 a인 로그를 취하면

$\log_a a^3b^2=\log_a 1$이므로 $\log_a a^3+\log_a b^2=0$

$3+2\log_a b=0$, 즉 $\log_a b=-\dfrac{3}{2}$

따라서

$\log_a a^2b^5=\log_a a^2+\log_a b^5=2+5\log_a b$

$\qquad\qquad =2+5\times\left(-\dfrac{3}{2}\right)=-\dfrac{11}{2}$

10 $\log_a x=\dfrac{1}{2}$에서 $\log_x a=2$

$\log_b x=\dfrac{1}{3}$에서 $\log_x b=3$

따라서

$\log_{ab} x=\dfrac{1}{\log_x ab}=\dfrac{1}{\log_x a+\log_x b}$

$\qquad\quad =\dfrac{1}{2+3}=\dfrac{1}{5}$

11 $\log_a x=\dfrac{3}{4}$에서 $\log_x a=\dfrac{4}{3}$

$\log_b x=3$에서 $\log_x b=\dfrac{1}{3}$

$\log_c x=\dfrac{1}{4}$에서 $\log_x c=4$

따라서

$\log_{abc} x=\dfrac{1}{\log_x abc}$

$\qquad\quad =\dfrac{1}{\log_x a+\log_x b+\log_x c}$

$\qquad\quad =\dfrac{1}{\dfrac{4}{3}+\dfrac{1}{3}+4}=\dfrac{3}{17}$

13 $3<7<9$이므로 각 변에 밑이 3인 로그를 취하면

$\log_3 3<\log_3 7<\log_3 9$

$1<\log_3 7<2$

따라서 $\log_3 7$의 정수 부분은 1,

$\log_3 7$의 소수 부분은

$\log_3 7-1=\log_3 7-\log_3 3=\log_3\dfrac{7}{3}$

14 $9<18<27$이므로 각 변에 밑이 3인 로그를 취하면

$\log_3 9<\log_3 18<\log_3 27$

$2<\log_3 18<3$

따라서 $\log_3 18$의 정수 부분은 2, $\log_3 18$의 소수 부분은

$\log_3 18-2=\log_3 18-\log_3 3^2$

$\qquad\qquad =\log_3\dfrac{18}{9}=\log_3 2$

15 $16<20<32$이므로 각 변에 밑이 2인 로그를 취하면

$\log_2 16<\log_2 20<\log_2 32$

$4<\log_2 20<5$

따라서 $\log_2 20$의 정수 부분은 4, $\log_2 20$의 소수 부분은

$\log_2 20-4=\log_2 20-\log_2 16$

$\qquad\qquad =\log_2\dfrac{20}{16}=\log_2\dfrac{5}{4}$

16 $27<54<81$이므로 각 변에 밑이 3인 로그를 취하면

$\log_3 27<\log_3 54<\log_3 81$

$3<\log_3 54<4$

따라서 $\log_3 54$의 정수 부분은 3, $\log_3 54$의 소수 부분은

$\log_3 54-3=\log_3 54-\log_3 3^3$

$\qquad\qquad =\log_3\dfrac{54}{27}=\log_3 2$

17 $3<8<9$이므로 각 변에 밑이 3인 로그를 취하면

$\log_3 3<\log_3 8<\log_3 9$

$1<\log_3 8<2$

즉 $\log_3 8$의 정수 부분은 1, $\log_3 8$의 소수 부분은

$\log_3 8-1=\log_3 8-\log_3 3=\log_3\dfrac{8}{3}$이므로

$a=1$, $b=\log_3\dfrac{8}{3}$

따라서

$3^a+3^b=3^1+3^{\log_3\frac{8}{3}}$

$\qquad\quad =3^1+\left(\dfrac{8}{3}\right)^{\log_3 3}$

$\qquad\quad =3+\dfrac{8}{3}=\dfrac{17}{3}$

19 이차방정식의 근과 계수의 관계에 의하여

$\alpha+\beta=4$, $\alpha\beta=2$

따라서

$\log_2(\alpha+\beta)+2\log_2\alpha\beta=\log_2(\alpha+\beta)+\log_2(\alpha\beta)^2$

$\qquad\qquad\qquad\qquad\quad =\log_2 4+\log_2 2^2$

$\qquad\qquad\qquad\qquad\quad =\log_2 2^2+\log_2 2^2$

$\qquad\qquad\qquad\qquad\quad =2+2=4$

20 이차방정식의 근과 계수의 관계에 의하여

$\log_3 a+\log_3 b=3$이므로 $\log_3 ab=3$

따라서 $ab=3^3=27$

21 이차방정식의 근과 계수의 관계에 의하여

$\log_2 a+\log_2 b=4$, $\log_2 a\times\log_2 b=2$

따라서

$\log_a b+\log_b a=\dfrac{\log_2 b}{\log_2 a}+\dfrac{\log_2 a}{\log_2 b}$

$\qquad\qquad\quad =\dfrac{(\log_2 a)^2+(\log_2 b)^2}{\log_2 a\times\log_2 b}$

$\qquad\qquad\quad =\dfrac{(\log_2 a+\log_2 b)^2-2(\log_2 a\times\log_2 b)}{\log_2 a\times\log_2 b}$

$\qquad\qquad\quad =\dfrac{4^2-2\times 2}{2}=6$

22 이차방정식의 근과 계수의 관계에 의하여

$\log_{10} \alpha + \log_{10} \beta = 6$

$\log_{10} \alpha \times \log_{10} \beta = 2$

따라서

$$\log_\alpha \beta + \log_\beta \alpha = \frac{\log_{10} \beta}{\log_{10} \alpha} + \frac{\log_{10} \alpha}{\log_{10} \beta}$$

$$= \frac{(\log_{10} \alpha)^2 + (\log_{10} \beta)^2}{\log_{10} \alpha \times \log_{10} \beta}$$

$$= \frac{(\log_{10} \alpha + \log_{10} \beta)^2 - 2\log_{10} \alpha \times \log_{10} \beta}{\log_{10} \alpha \times \log_{10} \beta}$$

$$= \frac{6^2 - 2 \times 2}{2} = 16$$

23 이차방정식의 근과 계수의 관계에 의하여

$\alpha + \beta = 2\log_3 2, \ \alpha\beta = -1$

따라서

$$3^{\alpha + \beta + \alpha\beta} = 3^{2\log_3 2 - 1} = 3^{\log_3 2^2 - \log_3 3}$$

$$= 3^{\log_3 \frac{4}{3}} = \left(\frac{4}{3}\right)^{\log_3 3} = \frac{4}{3}$$

1 ⑤	2 ③	3 ②	4 ②
5 −5	6 ③	7 ④	8 ①
9 ④	10 $\frac{1}{10}$	11 $\frac{5}{2}$	12 ④

1 $\log_x 27 = 3$에서 로그의 정의에 의하여

$x^3 = 27, \ x^3 = 3^3$, 즉 $x = 3$

$\log_2 y = 4$에서 로그의 정의에 의하여

$2^4 = y$, 즉 $y = 16$

따라서 $x + y = 3 + 16 = 19$

2 $a = \log_3(\sqrt{5} - 2)$에서 로그의 정의에 의하여 $3^a = \sqrt{5} - 2$이므로

$$3^{-a} = \frac{1}{\sqrt{5} - 2} = \frac{\sqrt{5} + 2}{(\sqrt{5} - 2)(\sqrt{5} + 2)}$$

$$= \sqrt{5} + 2$$

따라서

$3^a - 3^{-a} = \sqrt{5} - 2 - (\sqrt{5} + 2) = -4$

3 밑의 조건에서 $x - 2 > 0, \ x - 2 \neq 1$이므로

$x > 2, \ x \neq 3$, 즉 $2 < x < 3$ 또는 $x > 3$ …… ㉠

진수의 조건에서

$-x^2 + 8x - 7 > 0, \ x^2 - 8x + 7 < 0$

$(x - 1)(x - 7) < 0$

즉 $1 < x < 7$ …… ㉡

㉠, ㉡에 의하여 $2 < x < 3$ 또는 $3 < x < 7$

따라서 구하는 자연수 x의 개수는 4, 5, 6의 3이다.

4 $\log_2 6 + \log_2 8 - 2\log_2 \sqrt{3} = \log_2 6 + \log_2 8 - \log_2 3$

$$= \log_2 \frac{6 \times 8}{3} = \log_2 16$$

$$= \log_2 2^4 = 4$$

5 $\log_2\left(1 - \frac{1}{2}\right) + \log_2\left(1 - \frac{1}{3}\right) + \cdots + \log_2\left(1 - \frac{1}{32}\right)$

$$= \log_2 \frac{1}{2} + \log_2 \frac{2}{3} + \cdots + \log_2 \frac{31}{32}$$

$$= \log_2 \left(\frac{1}{2} \times \frac{2}{3} \times \cdots \times \frac{31}{32}\right)$$

$$= \log_2 \frac{1}{32}$$

$$= \log_2 2^{-5} = -5$$

6 $\log_5 108 = \log_5 (2^2 \times 3^3)$

$$= 2\log_5 2 + 3\log_5 3$$

$$= 2a + 3b$$

7 $\log_2 81 \times \log_3 5 \times \log_5 16$

$$= \frac{\log_{10} 81}{\log_{10} 2} \times \frac{\log_{10} 5}{\log_{10} 3} \times \frac{\log_{10} 16}{\log_{10} 5}$$

$$= \frac{\log_{10} 3^4}{\log_{10} 2} \times \frac{\log_{10} 5}{\log_{10} 3} \times \frac{\log_{10} 2^4}{\log_{10} 5}$$

$$= \frac{4\log_{10} 3}{\log_{10} 2} \times \frac{\log_{10} 5}{\log_{10} 3} \times \frac{4\log_{10} 2}{\log_{10} 5}$$

$$= 4 \times 4 = 16$$

8 $\dfrac{1}{\log_3 2} + \dfrac{1}{\log_4 2} + \dfrac{1}{\log_5 2}$

$$= \log_2 3 + \log_2 4 + \log_2 5$$

$$= \log_2 (3 \times 4 \times 5)$$

$$= \log_2 60$$

따라서 $a = 60$

9 $\log_2 12 + \log_4 \sqrt[3]{9} - \frac{2}{3}\log_{\sqrt{2}} 3$

$$= \log_2 (2^2 \times 3) + \log_{2^2} 3^{\frac{2}{3}} - \frac{2}{3}\log_{2^{\frac{1}{2}}} 3$$

$$= \log_2 (2^2 \times 3) + \frac{1}{3}\log_2 3 - \frac{4}{3}\log_2 3$$

$$= 2 + \log_2 3 + \frac{1}{3}\log_2 3 - \frac{4}{3}\log_2 3$$

$$= 2$$

10 $\log_a x = \frac{1}{2}$에서 $\log_x a = 2$

$\log_b x = \frac{1}{5}$에서 $\log_x b = 5$

$\log_c x = \frac{1}{3}$에서 $\log_x c = 3$

따라서

$$\log_{abc} x = \frac{1}{\log_x abc}$$

$$= \frac{1}{\log_x a + \log_x b + \log_x c}$$

$$= \frac{1}{2 + 5 + 3} = \frac{1}{10}$$

11 $\log_4 9 = \log_{2^2} 3^2 = \log_2 3$

이때 $2 < 3 < 4$이므로 각 변에 밑이 2인 로그를 취하면

$\log_2 2 < \log_2 3 < \log_2 4$

$1 < \log_2 3 < 2$

즉 $\log_4 9$의 정수 부분은 1

$\log_4 9$의 소수 부분은 $\log_4 9 - 1 = \log_2 3 - 1 = \log_2 \dfrac{3}{2}$이므로

$a = 1$, $b = \log_2 \dfrac{3}{2}$

따라서 $a + 2^b = 1 + 2^{\log_2 \frac{3}{2}} = 1 + \dfrac{3}{2} = \dfrac{5}{2}$

12 이차방정식의 근과 계수의 관계에 의하여

$\log_3 a + \log_3 b = 5$, $\log_3 a \times \log_3 b = 5$

따라서

$$\log_a b + \log_b a = \frac{\log_3 b}{\log_3 a} + \frac{\log_3 a}{\log_3 b}$$

$$= \frac{(\log_3 a)^2 + (\log_3 b)^2}{\log_3 a \times \log_3 b}$$

$$= \frac{(\log_3 a + \log_3 b)^2 - 2(\log_3 a \times \log_3 b)}{\log_3 a \times \log_3 b}$$

$$= \frac{5^2 - 2 \times 5}{5} = 3$$

07

상용로그와 상용로그표

1 ($\mathscr{D}$ 2, 2, 2)　　　　2 3　　　　3 −2

4 5　　　　5 −4　　　　6 $-\dfrac{1}{2}$

7 ($\mathscr{D}$ 6.0, 0.7789)　　　8 0.7952

9 ($\mathscr{D}$ 6.1, 3, 0.7875, 0.7875, 2, 2.7875)　　10 3.8075

11 ($\mathscr{D}$ 3.2, 4, 0.5105, −1, −1, 0.5105, −1, −0.4895)

12 −1.4750　　13 ($\mathscr{D}$ 3.3, 3, 0.5224, $\dfrac{1}{2}$, $\dfrac{1}{2}$, 0.5224, 0.2612)

14 1.2689

2 $\log 1000 = \log 10^3 = 3 \log 10 = 3$

3 $\log \dfrac{1}{100} = \log 10^{-2} = -2 \log 10 = -2$

4 $\log 10 + \log 10000 = \log 10 + \log 10^4$

$\qquad\qquad\qquad\quad = \log 10 + 4 \log 10$

$\qquad\qquad\qquad\quad = 1 + 4 = 5$

5 $\log \dfrac{1}{10} + \log \dfrac{1}{1000} = \log 10^{-1} + \log 10^{-3}$

$\qquad\qquad\qquad\qquad = -\log 10 - 3 \log 10$

$\qquad\qquad\qquad\qquad = -1 - 3 = -4$

---

6 $\log \sqrt{10} - \log \sqrt{100} = \log 10^{\frac{1}{2}} - \log 10$

$\qquad\qquad\qquad\qquad = \dfrac{1}{2} \log 10 - \log 10$

$\qquad\qquad\qquad\qquad = \dfrac{1}{2} - 1 = -\dfrac{1}{2}$

10 $\log 6420 = \log(6.42 \times 10^3)$

$\qquad\qquad = \log 6.42 + \log 10^3$

$\qquad\qquad = \log 6.42 + 3$

$\qquad\qquad = 0.8075 + 3 = 3.8075$

12 $\log 3.35$의 값은 3.3의 가로줄과 5의 세로줄이 만나는 곳의 수인 0.5250이므로

$\log 0.0335 = \log(3.35 \times 10^{-2})$

$\qquad\qquad = \log 3.35 + \log 10^{-2}$

$\qquad\qquad = \log 3.35 - 2$

$\qquad\qquad = 0.5250 - 2$

$\qquad\qquad = -1.4750$

14 $\log 3.45$의 값은 3.4의 가로줄과 5의 세로줄이 만나는 곳의 수인 0.5378이므로

$\log \sqrt{345} = \log 345^{\frac{1}{2}}$

$\qquad\qquad = \dfrac{1}{2} \log 345$

$\qquad\qquad = \dfrac{1}{2} \log(3.45 \times 10^2)$

$\qquad\qquad = \dfrac{1}{2}(\log 3.45 + \log 10^2)$

$\qquad\qquad = \dfrac{1}{2}(\log 3.45 + 2)$

$\qquad\qquad = \dfrac{1}{2} \times (0.5378 + 2)$

$\qquad\qquad = 1.2689$

08

상용로그의 활용

1 ($\mathscr{D}$ $\log 2$, 0.3010, 0.7781)　　　　2 1.0791

3 0.1761　　4 1.5562　　5 −1.4259

6 (1) ($\mathscr{D}$ 1, 1.4969, 1)

　(2) 정수 부분: 3, 소수 부분: 0.4969

　(3) 정수 부분: −2, 소수 부분: 0.4969

7 (1) 정수 부분: 2, 소수 부분: 0.1931

　(2) 정수 부분: −1, 소수 부분: 0.1931

　(3) 정수 부분: −3, 소수 부분: 0.1931

8 (1) ($\mathscr{D}$ 1, 1, 6.34, 1, 6.34, 63.4, 63.4)　(2) 6340

9 (1) ($\mathscr{D}$ −1, −1, 4.17, −1, 4.17, 0.417, 0.417)

　(2) 0.00417

10 (1) 173　(2) 0.0173

11 ($\varnothing$ 3, log 3, 0.4771, 6, 7)　　**12** 17자리

13 13자리　**14** 26자리　**15** 19자리　**16** ③

17 ($\varnothing$ log 2, 0.3010, -2, -2, 2)　　**18** 3째 자리

19 39째 자리　**20** 3째 자리

21 ($\varnothing$ log 2, 0.3010, log 3, 5, 5, 2×10^5, 2×10^5, 2)

22 1　　**23** 3　　**24** 3

25 ($\varnothing$ 10, 1, 2, 3, 3, $10^{\frac{3}{2}}$)　**26** $10^{\frac{8}{3}}$　**27** $10^{\frac{5}{2}}$

28 $10^{\frac{7}{2}}$　**29** $10^{\frac{3}{2}}$

30 ($\varnothing$ 10, 1, $\frac{7}{3}$, 3, 4, $\frac{9}{7}$, $10^{\frac{9}{7}}$, $10^{\frac{12}{7}}$)　**31** $10^{\frac{12}{5}}$

32 $10^{\frac{9}{4}}$　**33** $10^{\frac{18}{5}}$

34 ($\varnothing$ $\frac{k}{2}$, -2, -2, -2, -2)　　**35** -1

36 -2　　**37** ⑤

2　$\log 12 = \log(2^2 \times 3)$
$= \log 2^2 + \log 3$
$= 2\log 2 + \log 3$
$= 2 \times 0.3010 + 0.4771$
$= 1.0791$

3　$\log 1.5 = \log \dfrac{3}{2}$
$= \log 3 - \log 2$
$= 0.4771 - 0.3010$
$= 0.1761$

4　$\log 4 + \log 9 = \log 2^2 + \log 3^2$
$= 2\log 2 + 2\log 3$
$= 2 \times 0.3010 + 2 \times 0.4771$
$= 1.5562$

5　$\log 0.3 - \log 8 = \log \dfrac{3}{10} - \log 2^3$
$= \log 3 - \log 10 - 3\log 2$
$= 0.4771 - 1 - 3 \times 0.3010$
$= -1.4259$

6　(2) $\log 3140 = \log(3.14 \times 10^3) = \log 3.14 + \log 10^3$
$= 0.4969 + 3 = 3.4969$
따라서 정수 부분은 3, 소수 부분은 0.4969이다.
(3) $\log 0.0314 = \log(3.14 \times 10^{-2}) = \log 3.14 + \log 10^{-2}$
$= 0.4969 - 2 = -2 + 0.4969$
따라서 정수 부분은 -2, 소수 부분은 0.4969이다.

7　(1) $\log 156 = \log(1.56 \times 10^2) = \log 1.56 + \log 10^2$
$= 0.1931 + 2 = 2.1931$
따라서 정수 부분은 2, 소수 부분은 0.1931이다.
(2) $\log 0.156 = \log(1.56 \times 10^{-1}) = \log 1.56 + \log 10^{-1}$
$= 0.1931 - 1 = -1 + 0.1931$
따라서 정수 부분은 -1, 소수 부분은 0.1931이다.
(3) $\log 0.00156 = \log(1.56 \times 10^{-3}) = \log 1.56 + \log 10^{-3}$
$= 0.1931 - 3 = -3 + 0.1931$
따라서 정수 부분은 -3, 소수 부분은 0.1931이다.

8　(2) $\log N = 3.8021$
$= 3 + 0.8021$
$= \log 10^3 + \log 6.34$
$= \log(10^3 \times 6.34)$
$= \log 6340$
따라서 $N = 6340$

9　(2) $\log N = -2.3799 = -2 - 0.3799$
$= -2 - 1 + (-0.3799 + 1) = -3 + 0.6201$
$= -3 + \log 4.17$
$= \log 10^{-3} + \log 4.17$
$= \log(10^{-3} \times 4.17) = \log 0.00417$
따라서 $N = 0.00417$

10　(1) $\log N = 2.2380$
$= 2 + 0.2380$
$= \log 10^2 + \log 1.73$
$= \log(10^2 \times 1.73) = \log 173$
따라서 $N = 173$
(2) $\log N = -1.7620 = -1 - 0.7620$
$= -2 + 0.2380$
$= \log 10^{-2} + \log 1.73$
$= \log(10^{-2} \times 1.73) = \log 0.0173$
따라서 $N = 0.0173$

12　$\log 5^{24} = 24\log 5 = 24\log \dfrac{10}{2}$
$= 24 \times (1 - \log 2)$
$= 24 \times (1 - 0.3010)$
$= 16.776$
따라서 $\log 5^{24}$의 정수 부분이 16이므로 5^{24}은 17자리의 정수이다.

13　$\log 12^{12} = 12\log(2^2 \times 3)$
$= 12(\log 2^2 + \log 3)$
$= 12(2\log 2 + \log 3)$
$= 12 \times (2 \times 0.3010 + 0.4771)$
$= 12.9492$
따라서 $\log 12^{12}$의 정수 부분이 12이므로 12^{12}은 13자리의 정수이다.

14 $\log 18^{20}=20\log(2\times3^2)=20(\log2+\log3^2)$
$\qquad\qquad=20(\log2+2\log3)=20\times(0.3010+2\times0.4771)$
$\qquad\qquad=25.104$
따라서 $\log18^{20}$의 정수 부분이 25이므로 18^{20}은 26자리의 정수이다.

15 $\log(2^{30}\times3^{20})=\log2^{30}+\log3^{20}=30\log2+20\log3$
$\qquad\qquad\qquad=30\times0.3010+20\times0.4771$
$\qquad\qquad\qquad=18.572$
따라서 $\log(2^{30}\times3^{20})$의 정수 부분이 18이므로 $2^{30}\times3^{20}$은 19자리의 정수이다.

16 13^{100}이 114자리 정수이므로 $\log13^{100}$의 정수 부분은 113이다.
즉 $113\le\log13^{100}<114$이므로
$113\le100\log13<114$, $1.13\le\log13<1.14$
이때 $\log13^{20}=20\log13$이므로
$22.6\le20\log13<22.8$
따라서 $\log13^{20}$의 정수 부분이 22이므로 13^{20}은 23자리의 정수이다.

18 $\log\left(\dfrac{3}{4}\right)^{20}=20(\log3-\log2^2)$
$\qquad\qquad\quad=20\times(0.4771-2\times0.3010)$
$\qquad\qquad\quad=-2.498=-3+0.502$
따라서 $\log\left(\dfrac{3}{4}\right)^{20}$의 정수 부분이 -3이므로 $\left(\dfrac{3}{4}\right)^{20}$은 소수점 아래 3째 자리에서 처음으로 0이 아닌 숫자가 나타난다.

19 $\log\left(\dfrac{1}{6}\right)^{50}=\log\left(\dfrac{1}{2\times3}\right)^{50}=50(\log1-\log2-\log3)$
$\qquad\qquad\quad=50\times(0-0.4771-0.3010)$
$\qquad\qquad\quad=-38.905=-39+0.095$
따라서 $\log\left(\dfrac{1}{6}\right)^{50}$의 정수 부분이 -39이므로 $\left(\dfrac{1}{6}\right)^{50}$은 소수점 아래 39째 자리에서 처음으로 0이 아닌 숫자가 나타난다.

20 $\log\left(\dfrac{3}{5}\right)^{12}=\log\left(\dfrac{6}{10}\right)^{12}$
$\qquad\qquad\quad=12(\log2+\log3-1)$
$\qquad\qquad\quad=12\times(0.3010+0.4771-1)$
$\qquad\qquad\quad=12\times(-0.2219)$
$\qquad\qquad\quad=-2.6628$
$\qquad\qquad\quad=-3+0.3372$
따라서 $\log\left(\dfrac{3}{5}\right)^{12}$의 정수 부분이 -3이므로 $\left(\dfrac{3}{5}\right)^{12}$은 소수점 아래 3째 자리에서 처음으로 0이 아닌 숫자가 나타난다.

22 $\log3^9=9\log3=9\times0.4771$
$\qquad\quad=4.2939$
이때 $\log1<0.2939<\log2$이므로
$4+\log1<4.2939<4+\log2$

$\log(1\times10^4)<\log3^9<\log(2\times10^4)$
$1\times10^4<3^9<2\times10^4$
따라서 3^9의 최고 자리의 숫자는 1이다.

23 $\log6^{11}=11\log6$
$\qquad\quad=11(\log2+\log3)$
$\qquad\quad=11\times(0.3010+0.4771)$
$\qquad\quad=8.5591$
이때 $\log4=2\log2=2\times0.3010=0.6020$이므로
$\log3<0.5591<\log4$
$8+\log3<8.5591<8+\log4$
$\log(3\times10^8)<\log6^{11}<\log(4\times10^8)$
$3\times10^8<6^{11}<4\times10^8$
따라서 6^{11}의 최고 자리의 숫자는 3이다.

24 $\log(2^{10}\times3^{20})=\log2^{10}+\log3^{20}$
$\qquad\qquad\qquad=10\log2+20\log3$
$\qquad\qquad\qquad=10\times0.3010+20\times0.4771$
$\qquad\qquad\qquad=12.552$
이때 $\log4=2\log2=2\times0.3010=0.6020$이므로
$\log3<0.552<\log4$
$12+\log3<12.552<12+\log4$
$\log(3\times10^{12})<\log(2^{10}\times3^{20})<\log(4\times10^{12})$
$3\times10^{12}<2^{10}\times3^{20}<4\times10^{12}$
따라서 $2^{10}\times3^{20}$의 최고 자리의 숫자는 3이다.

26 $100<x<1000$이므로
$\log100<\log x<\log1000$
$2<\log x<3$ $\quad\cdots\cdots$ ㉠
$\log x^2$의 소수 부분과 $\log\sqrt{x}$의 소수 부분이 같으므로
$\log x^2-\log\sqrt{x}=2\log x-\dfrac{1}{2}\log x$
$\qquad\qquad\qquad=\dfrac{3}{2}\log x=(정수)$
㉠의 각 변에 $\dfrac{3}{2}$을 곱하면
$3<\dfrac{3}{2}\log x<\dfrac{9}{2}$
따라서 $\dfrac{3}{2}\log x=4$이므로 $\log x=\dfrac{8}{3}$, 즉 $x=10^{\frac{8}{3}}$

27 $100<x<1000$이므로 $\log100<\log x<\log1000$
$2<\log x<3$ $\quad\cdots\cdots$ ㉠
$\log x^2$과 $\log x^4$의 소수 부분이 같으므로
$\log x^4-\log x^2=4\log x-2\log x=2\log x=(정수)$
㉠의 각 변에 2를 곱하면 $4<2\log x<6$
따라서 $2\log x=5$이므로 $\log x=\dfrac{5}{2}$, 즉 $x=10^{\frac{5}{2}}$

28 $1000 < x < 10000$이므로 $\log 1000 < \log x < \log 10000$

$3 < \log x < 4$ ...... ㉠

$\log x$와 $\log \dfrac{1}{x}$의 소수 부분이 같으므로

$\log x - \log \dfrac{1}{x} = \log x + \log x = 2\log x = (\text{정수})$

㉠의 각 변에 2를 곱하면 $6 < 2\log x < 8$

따라서 $2\log x = 7$이므로 $\log x = \dfrac{7}{2}$, 즉 $x = 10^{\frac{7}{2}}$

29 $10 < x < 100$이므로 $\log 10 < \log x < \log 100$

$1 < \log x < 2$ ...... ㉠

$\log \dfrac{1}{x}$과 $\log \dfrac{1}{x^3}$의 소수 부분이 같으므로

$\log \dfrac{1}{x} - \log \dfrac{1}{x^3} = -\log x + 3\log x = 2\log x = (\text{정수})$

㉠의 각 변에 2를 곱하면 $2 < 2\log x < 4$

따라서 $2\log x = 3$이므로 $\log x = \dfrac{3}{2}$, 즉 $x = 10^{\frac{3}{2}}$

31 $100 < x < 1000$이므로

$\log 100 < \log x < \log 1000$

$2 < \log x < 3$ ...... ㉠

$\log \sqrt{x}$의 소수 부분과 $\log \sqrt[4]{x^3}$의 소수 부분의 합이 1이므로

$\log \sqrt{x} + \log \sqrt[4]{x^3} = \dfrac{1}{2}\log x + \dfrac{3}{4}\log x$

$\qquad\qquad\qquad = \dfrac{5}{4}\log x = (\text{정수})$

㉠의 각 변에 $\dfrac{5}{4}$를 곱하면

$\dfrac{5}{2} < \dfrac{5}{4}\log x < \dfrac{15}{4}$, $\dfrac{5}{4}\log x = 3$

따라서 $\log x = \dfrac{12}{5}$이므로 $x = 10^{\frac{12}{5}}$

32 $100 < x < 1000$이므로 $\log 100 < \log x < \log 1000$

$2 < \log x < 3$ ...... ㉠

$\log x$의 소수 부분과 $\log \sqrt[3]{x}$의 소수 부분의 합이 1이므로

$\log x + \log \sqrt[3]{x} = \log x + \dfrac{1}{3}\log x = \dfrac{4}{3}\log x = (\text{정수})$

㉠의 각 변에 $\dfrac{4}{3}$를 곱하면 $\dfrac{8}{3} < \dfrac{4}{3}\log x < 4$

따라서 $\dfrac{4}{3}\log x = 3$이므로 $\log x = \dfrac{9}{4}$, 즉 $x = 10^{\frac{9}{4}}$

33 $1000 < x < 10000$이므로 $\log 1000 < \log x < \log 10000$

$3 < \log x < 4$ ...... ㉠

$\log x^2$의 소수 부분과 $\log \dfrac{1}{\sqrt[3]{x}}$의 소수 부분의 합이 1이므로

$\log x^2 + \log \dfrac{1}{\sqrt[3]{x}} = 2\log x - \dfrac{1}{3}\log x = \dfrac{5}{3}\log x = (\text{정수})$

㉠의 각 변에 $\dfrac{5}{3}$를 곱하면 $5 < \dfrac{5}{3}\log x < \dfrac{20}{3}$

따라서 $\dfrac{5}{3}\log x = 6$이므로 $\log x = \dfrac{18}{5}$, 즉 $x = 10^{\frac{18}{5}}$

35 $\log A = n + \alpha$ (n은 정수, $0 \leq \alpha < 1$)라 하면
이차방정식의 근과 계수의 관계에 의하여

$n + \alpha = -\dfrac{5}{6}$ ...... ㉠

$n\alpha = \dfrac{k}{6}$ ...... ㉡

n은 정수이고, $0 \leq \alpha < 1$이므로 ㉠에서

$n + \alpha = -\dfrac{5}{6} = -1 + \dfrac{1}{6}$

즉 $n = -1$, $\alpha = \dfrac{1}{6}$

이것을 ㉡에 대입하면

$-1 \times \dfrac{1}{6} = \dfrac{k}{6}$, 즉 $k = -1$

36 $\log A = n + \alpha$ (n은 정수, $0 \leq \alpha < 1$)라 하면
이차방정식의 근과 계수의 관계에 의하여

$n + \alpha = -\dfrac{5}{3}$ ...... ㉠

$n\alpha = \dfrac{k}{3}$ ...... ㉡

n은 정수이고, $0 \leq \alpha < 1$이므로 ㉠에서

$n + \alpha = -\dfrac{5}{3} = -2 + \dfrac{1}{3}$

즉 $n = -2$, $\alpha = \dfrac{1}{3}$

이것을 ㉡에 대입하면

$-2 \times \dfrac{1}{3} = \dfrac{k}{3}$, 즉 $k = -2$

37 $\log 3000 = \log(3 \times 10^3) = \log 3 + \log 10^3 = 3 + \log 3$
즉 $\log 3000$의 정수 부분은 3, 소수 부분은 $\log 3$이다.
이차방정식의 근과 계수의 관계에 의하여
$3 + \log 3 = a$, $3\log 3 = b$
따라서
$3a - b = 3(3 + \log 3) - 3\log 3 = 9$

TEST 개념 확인   본문 61쪽

1 0.1172   **2** ⑤   **3** ④   **4** 10

5 ①   **6** ⑤

1 $\log 1.14 + \log\sqrt{1.32} = \log 1.14 + \dfrac{1}{2}\log 1.32$

$\qquad\qquad\qquad\qquad = 0.0569 + \dfrac{1}{2} \times 0.1206$

$\qquad\qquad\qquad\qquad = 0.1172$

2 $\log x = 2 + 0.9410 = 2 + \log 8.73$

$\qquad = \log(10^2 \times 8.73)$

$\qquad = \log 873$

따라서 $x = 873$

3 $\log 36 = \log(2^2 \times 3^2)$

$\qquad = \log 2^2 + \log 3^2$

$\qquad = 2\log 2 + 2\log 3$

$\qquad = 2 \times 0.3010 + 2 \times 0.4771$

$\qquad = 1.5562$

4 $\log 6^{10} = 10\log(2 \times 3)$

$\qquad = 10(\log 2 + \log 3)$

$\qquad = 10 \times (0.3010 + 0.4771)$

$\qquad = 7.781$

따라서 $\log 6^{10}$의 정수 부분이 7이므로 6^{10}은 8자리의 정수이다.

즉 $m = 8$

$\log\left(\dfrac{3}{4}\right)^{10} = 10\log\dfrac{3}{4}$

$\qquad\qquad = 10(\log 3 - \log 2^2)$

$\qquad\qquad = 10(\log 3 - 2\log 2)$

$\qquad\qquad = 10 \times (0.4771 - 2 \times 0.3010)$

$\qquad\qquad = -1.249$

$\qquad\qquad = -2 + 0.751$

따라서 $\log\left(\dfrac{3}{4}\right)^{10}$의 정수 부분이 -2이므로 $\left(\dfrac{3}{4}\right)^{10}$은 소수점 아래 2째 자리에서 처음으로 0이 아닌 숫자가 나타난다.

즉 $n = 2$이므로

$m + n = 8 + 2 = 10$

5 $\log 6^{12} = 12\log 6$

$\qquad = 12(\log 2 + \log 3)$

$\qquad = 12 \times (0.3010 + 0.4771)$

$\qquad = 9.3372$

이때

$\log 2 < 0.3372 < \log 3$이므로

$9 + \log 2 < 9.3372 < 9 + \log 3$

$\log(2 \times 10^9) < \log 6^{12} < \log(3 \times 10^9)$

$2 \times 10^9 < 6^{12} < 3 \times 10^9$

따라서 6^{12}의 최고 자리의 숫자는 2이다.

6 $100 < x < 10000$이므로 $\log 100 < \log x < \log 10000$

$2 < \log x < 4$ $\qquad$ …… ㉠

$\log x$의 소수 부분과 $\log\sqrt{x}$의 소수 부분의 합이 1이므로

$\log x + \log\sqrt{x} = \log x + \dfrac{1}{2}\log x$

$\qquad\qquad\qquad = \dfrac{3}{2}\log x = ($정수$)$

㉠의 각 변에 $\dfrac{3}{2}$을 곱하면

$3 < \dfrac{3}{2}\log x < 6$

$\dfrac{3}{2}\log x = 4$ 또는 $\dfrac{3}{2}\log x = 5$

$\log x = \dfrac{8}{3}$ 또는 $\log x = \dfrac{10}{3}$

$x = 10^{\frac{8}{3}}$ 또는 $x = 10^{\frac{10}{3}}$

따라서 모든 x의 값의 곱은

$10^{\frac{8}{3}} \times 10^{\frac{10}{3}} = 10^{\frac{8}{3} + \frac{10}{3}} = 10^6$

TEST 개념 발전   본문 62쪽

1 ④	2 ③	3 ①	4 ③
5 80	6 ①	7 4.9606	8 ②
9 ③	10 ③	11 ②	12 ②

1 $\log_{\sqrt{2}} a = 2$에서 로그의 정의에 의하여

$a = (\sqrt{2})^2 = 2$

$\log_b \dfrac{1}{16} = -4$에서 로그의 정의에 의하여

$b^{-4} = \dfrac{1}{16}$, $b^{-4} = 2^{-4}$, 즉 $b = 2$

따라서 $a + b = 2 + 2 = 4$

2 밑의 조건에서 $x + 2 > 0$, $x + 2 \neq 1$이므로

$x > -2$, $x \neq -1$

즉 $-2 < x < -1$ 또는 $x > -1$ $\qquad$ …… ㉠

진수의 조건에서

$-x^2 + x + 6 > 0$, $x^2 - x - 6 < 0$

$(x+2)(x-3) < 0$

즉 $-2 < x < 3$ $\qquad$ …… ㉡

㉠, ㉡에 의하여 $-2 < x < -1$ 또는 $-1 < x < 3$

따라서 구하는 정수 x의 개수는 0, 1, 2의 3이다.

3 $\log_2 5 - \log_2 10 + 4\log_2 \sqrt{2}$

$= \log_2 5 - \log_2 10 + \log_2 (\sqrt{2})^4$

$= \log_2 \dfrac{5}{10} + 2 = \log_2 \dfrac{1}{2} + 2$

$= -1 + 2 = 1$

4 $\log_5 24 = \dfrac{\log_{10} 24}{\log_{10} 5}$

$\qquad = \dfrac{\log_{10}(2^3 \times 3)}{\log_{10}\dfrac{10}{2}}$

$\qquad = \dfrac{\log_{10} 2^3 + \log_{10} 3}{\log_{10} 10 - \log_{10} 2}$

$\qquad = \dfrac{3\log_{10} 2 + \log_{10} 3}{1 - \log_{10} 2}$

$\qquad = \dfrac{3a + b}{1 - a}$

5 로그의 밑의 변환 공식에 의하여

$$\frac{1}{\log_2 x}+\frac{1}{\log_5 x}+\frac{1}{\log_8 x}$$

$$=\log_x 2+\log_x 5+\log_x 8$$

$$=\log_x(2\times5\times8)$$

$$=\log_x 80$$

따라서 $a=80$

6 $\log_3(\log_4 5)+\log_3(\log_5 9)+\log_3(\log_9 64)$

$$=\log_3(\log_4 5\times\log_5 9\times\log_9 64)$$

$$=\log_3(\log_4 64)=\log_3(\log_4 4^3)$$

$$=\log_3 3=1$$

7 $\log 2630=\log(2.63\times10^3)$

$$=\log 2.63+\log 10^3$$

$$=0.4200+3$$

$$=3.42$$

$\log 0.0288=\log(2.88\times10^{-2})$

$$=\log 2.88+\log 10^{-2}$$

$$=0.4594-2$$

$$=-1.5406$$

따라서

$\log 2630-\log 0.0288=3.42-(-1.5406)$

$$=4.9606$$

8 $\log 3^{30}=30\log 3=30\times0.48=14.4$

즉 $\log 3^{30}$의 정수 부분이 14이므로

$a=15$

$\log 2<0.4<\log 3$이므로

$14+\log 2<14.4<14+\log 3$

$\log(2\times10^{14})<\log 3^{30}<\log(3\times10^{14})$

$2\times10^{14}<3^{30}<3\times10^{14}$

즉 3^{30}의 최고 자리의 숫자는 2이므로

$b=2$

따라서 $a+b=15+2=17$

9 $100\le x<1000$이므로 $\log 100\le\log x<\log 1000$

$2\le\log x<3$ ...... ㉠

$\log\sqrt{x}$의 소수 부분과 $\log\sqrt[4]{x}$의 소수 부분의 합이 1이므로

$\log\sqrt{x}+\log\sqrt[4]{x}=\dfrac{1}{2}\log x+\dfrac{1}{4}\log x$

$$=\frac{3}{4}\log x=(\text{정수})$$

㉠의 각 변에 $\dfrac{3}{4}$을 곱하면

$\dfrac{3}{2}<\dfrac{3}{4}\log x<\dfrac{9}{4}$

즉 $\dfrac{3}{4}\log x=2$이므로

$\log x=\dfrac{8}{3}$, $x=10^{\frac{8}{3}}$

따라서 $m=3$, $n=8$이므로

$m+n=3+8=11$

10 밑의 조건에서

$a>0$, $a\ne1$ ...... ㉠

진수의 조건에서 모든 실수 x에 대하여 $ax^2-ax+2>0$이 성립

하려면 $a=0$ 또는 $a>0$, $D<0$이어야 한다.

$D<0$에서 $D=a^2-8a<0$

$a(a-8)<0$, $0<a<8$

즉 $0\le a<8$ ...... ㉡

㉠, ㉡에 의하여

$0<a<1$ 또는 $1<a<8$

따라서 구하는 자연수 a의 개수는 2, 3, 4, $\cdots$, 7의 6이다.

11 $1<a<b$이므로 $\log_a 1<\log_a a<\log_a b$에서

$\log_a b>1$

$\log_a b=k$ $(k>1)$라 하면

$\dfrac{3a}{2\log_a b}=\dfrac{b}{3\log_b a}=\dfrac{3a+b}{5}$에서

$\dfrac{3a}{2k}=\dfrac{bk}{3}=\dfrac{3a+b}{5}$

$\dfrac{3a}{2k}=\dfrac{bk}{3}$에서 $9a=2bk^2$ ...... ㉠

$\dfrac{bk}{3}=\dfrac{3a+b}{5}$에서 $5bk=9a+3b$ ...... ㉡

㉠을 ㉡에 대입하면

$5bk=2bk^2+3b$

$b>0$이므로 양변을 b로 나누면

$5k=2k^2+3$, $2k^2-5k+3=0$

$(k-1)(2k-3)=0$, 즉 $k=1$ 또는 $k=\dfrac{3}{2}$

이때 $k>1$이므로

$k=\dfrac{3}{2}$

따라서 $\log_a b=\dfrac{3}{2}$

12 $\log x$의 정수 부분이 4이므로

$4\le\log x<5$ ...... ㉠

$\log x^2$의 소수 부분과 $\log\dfrac{1}{x}$의 소수 부분이 같으므로

$\log x^2-\log\dfrac{1}{x}=2\log x+\log x$

$$=3\log x=(\text{정수})$$

㉠의 각 변에 3을 곱하면

$12\le3\log x<15$

$3\log x=12$ 또는 $3\log x=13$ 또는 $3\log x=14$

$\log x=4$ 또는 $\log x=\dfrac{13}{3}$ 또는 $\log x=\dfrac{14}{3}$

$x=10^4$ 또는 $x=10^{\frac{13}{3}}$ 또는 $x=10^{\frac{14}{3}}$

따라서

$\log\alpha+\log\beta+\log\gamma$

$=\log 10^4+\log 10^{\frac{13}{3}}+\log 10^{\frac{14}{3}}$

$=4+\dfrac{13}{3}+\dfrac{14}{3}$

$=13$

3 지수함수

01

본문 66쪽

지수함수

1 ○   **2** ×   **3** ○   **4** ○

5 ×   **6** ×

7 (1) (✎ 4, 16)   (2) $\frac{1}{4}$ (3) $\sqrt{2}$ (4) 8   (5) 4   (6) 64

8 (1) (✎ 3, $\frac{1}{27}$)   (2) 3   (3) $\frac{1}{9}$ (4) 27   ☺ >, 양수

---

7 (2) $f(-2)=2^{-2}=\frac{1}{2^2}=\frac{1}{4}$

(3) $f\left(\frac{1}{2}\right)=2^{\frac{1}{2}}=\sqrt{2}$

(4) $f(1)f(2)=2\times2^2=2^3=8$

(5) $\dfrac{f(7)}{f(5)}=\dfrac{2^7}{2^5}=2^2=4$

(6) $\dfrac{f(3)}{f(-3)}=\dfrac{2^3}{2^{-3}}=2^6=64$

8 (2) $\dfrac{f(4)}{f(5)}=\dfrac{\left(\frac{1}{3}\right)^4}{\left(\frac{1}{3}\right)^5}=\left(\frac{1}{3}\right)^{-1}=3$

(3) $\left\{f\left(\frac{1}{2}\right)\right\}^4=\left\{\left(\frac{1}{3}\right)^{\frac{1}{2}}\right\}^4=\left(\frac{1}{3}\right)^{\frac{1}{2}\times4}=\left(\frac{1}{3}\right)^2=\frac{1}{9}$

(4) $f(-7)f(4)=\left(\frac{1}{3}\right)^{-7}\times\left(\frac{1}{3}\right)^4=\left(\frac{1}{3}\right)^{-3}=3^3=27$

02

본문 68쪽

지수함수의 그래프와 성질

원리확인

❶ $\frac{1}{9}$, $\frac{1}{3}$, 1, 3, 9, 27

❷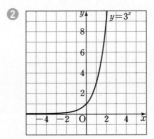

❸ 실수, 양의 실수   ❹ 증가   ❺ 1

❻ x, x

---

1 (✎ 4)

2

3   **4**

☺ 1, a, 증가, 감소, y

5 (1) ○   (2) ×   (3) ○   (4) ○   (5) ○

6 (1) ×   (2) ×   (3) ○   (4) ○   (5) ×

---

5 $y=4^x$의 그래프는 다음과 같다.

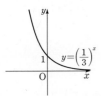

(1) $f(0)=4^0=1$이므로 그래프는 점 $(0, 1)$을 지난다.

(2) 치역은 양의 실수 전체의 집합이므로 임의의 실수 x에 대하여 $f(x)>0$

(3) x의 값이 증가하면 y의 값도 증가한다.

(4) 일대일함수이므로 임의의 실수 x_1, x_2에 대하여 $x_1\neq x_2$이면 $f(x_1)\neq f(x_2)$

(5) 그래프의 점근선은 x축이므로 점근선의 방정식은 $y=0$이다.

6 $y=\left(\frac{1}{3}\right)^x$의 그래프는 다음 그림과 같다.

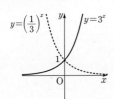

(1) $f(0)=\left(\frac{1}{3}\right)^0=1$이므로 그래프는 점 $(0, 1)$을 지난다.

즉 원점을 지나지 않는다.

(2) 치역은 양의 실수 전체의 집합이다.

(3) x의 값이 증가하면 y의 값은 감소하므로 임의의 실수 x_1, x_2에 대하여 $x_1<x_2$이면 $f(x_1)>f(x_2)$

(4) $y=3^x$의 그래프는 다음과 같다.

따라서 $y=\left(\frac{1}{3}\right)^x$의 그래프는 $y=3^x$의 그래프와 y축에 대하여 대칭이다.

(5) 그래프의 점근선은 x축이므로 점근선의 방정식은 $y=0$이다.

03

지수함수의 그래프의 평행이동

1 (✎ $x-2$, $y-1$, 1, 2, 2, 1)

2 $y=\left(\dfrac{1}{5}\right)^{x+3}+5$ **3** $y=-7^{x+1}-4$

4 (1) (✎ 3, 1 / 2, 3) (2) (✎ 실수) (3) (✎ 1) (4) (✎ 1)

5 (1)

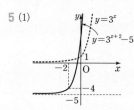

(2) $\{x\,|\,x$는 실수$\}$ (3) $\{y\,|\,y>-5\}$ (4) $y=-5$

6 (1)

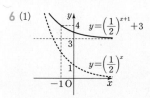

(2) $\{x\,|\,x$는 실수$\}$ (3) $\{y\,|\,y>3\}$ (4) $y=3$

7 (1) × (2) ○ (3) × (4) ○ (5) ○

☺ n, m, m, n **8** ③

---

2 $y=\left(\dfrac{1}{5}\right)^{x}$의 그래프를 x축의 방향으로 -3만큼, y축의 방향으로
5만큼 평행이동한 그래프의 식은 $y=\left(\dfrac{1}{5}\right)^{x}$에 x 대신 $x+3$, y
대신 $y-5$를 대입한 것과 같으므로

$$y-5=\left(\dfrac{1}{5}\right)^{x+3}$$

따라서 구하는 그래프의 식은 $y=\left(\dfrac{1}{5}\right)^{x+3}+5$

3 $y=-7^{x}$의 그래프를 x축의 방향으로 -1만큼, y축의 방향으로
-4만큼 평행이동한 그래프의 식은 $y=-7^{x}$에 x 대신 $x+1$, y
대신 $y+4$를 대입한 것과 같으므로

$y+4=-7^{x+1}$

따라서 구하는 그래프의 식은 $y=-7^{x+1}-4$

5 (1) $y=3^{x+2}-5$의 그래프는 $y=3^{x}$의 그래프를 x축의 방향으로
-2만큼, y축의 방향으로 -5만큼 평행이동한 것이므로 다
음 그림과 같다.

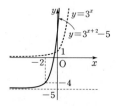

6 (1) $y=\left(\dfrac{1}{2}\right)^{x+1}+3$의 그래프는 $y=\left(\dfrac{1}{2}\right)^{x}$의 그래프를 x축의 방
향으로 -1만큼, y축의 방향으로 3만큼 평행이동한 것이므

로 다음 그림과 같다.

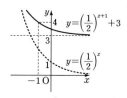

7 $y=2^{x-5}-3$의 그래프는 다음 그림과 같다.

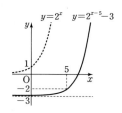

(1) $y=2^{x-5}-3$의 그래프는 $y=2^{x}$의 그래프를 x축의 방향으로 5
만큼, y축의 방향으로 -3만큼 평행이동한 것이다.

(2) x의 값이 증가하면 y의 값도 증가한다.

(3) 치역은 $\{y\,|\,y>-3\}$이다.

(4) 그래프는 제1, 3, 4사분면을 지난다.

(5) $y=2^{x-5}-3$에서 $x=6$이면 $y=2-3=-1$이므로 그래프는
점 $(6,\ -1)$을 지난다.

8 $y=27\times\left(\dfrac{1}{3}\right)^{x}-8=\left(\dfrac{1}{3}\right)^{x-3}-8$

이 함수의 그래프는 $y=\left(\dfrac{1}{3}\right)^{x}$의 그래프를 x축의 방향으로 3만
큼, y축의 방향으로 -8만큼 평행이동한 것이다.
따라서 $m=3$, $n=-8$이므로 $m+n=-5$

04

지수함수의 그래프의 대칭이동

1 $\left(\,✎-y,\ -y,\ -\left(\dfrac{1}{5}\right)^{x}\,\right)$

2 $y=\left(\dfrac{1}{3}\right)^{x}$ (또는 $y=3^{-x}$)

3 $y=-\left(\dfrac{1}{7}\right)^{x}$ (또는 $y=-7^{-x}$)

4 (1) (✎ $x\,/\,-1$) (2) (✎ 실수) (3) (✎ <) (4) (✎ 0)

5 (1)

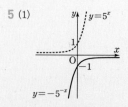

(2) 실수 전체의 집합 (3) $\{y\,|\,y<0\}$ (4) $y=0$

6 (1)
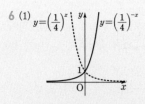

(2) 실수 전체의 집합   (3) $\{y|y>0\}$ (4) $y=0$

7 (1) ○   (2) ○   (3) ×   (4) ×   (5) ○

☺ $-y,\ -a^x,\ -x,\ x,\ -y,\ -x,\ -\left(\dfrac{1}{a}\right)^x$

8 ①   **9** (✏ $1,\ y,\ 1,\ 3\ /\ 3$)

10
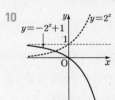

11
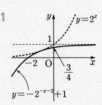

12
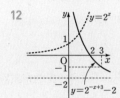

13 (✏ $x,\ 2,\ -1\ /\ 2,\ -1$)

14
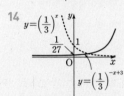

15
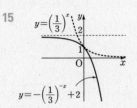

16
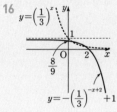

17
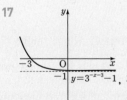
, 치역: $\{y|y>-1\}$,
점근선의 방정식: $y=-1$

18
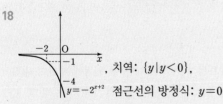
, 치역: $\{y|y<0\}$,
점근선의 방정식: $y=0$

19
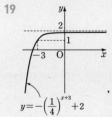
, 치역: $\{y|y<2\}$,
점근선의 방정식: $y=2$

20
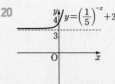
, 치역: $\{y|y>3\}$,
점근선의 방정식: $y=3$

21
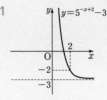
, 치역: $\{y|y>-3\}$,
점근선의 방정식: $y=-3$

22
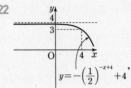
치역: $\{y|y<4\}$,
점근선의 방정식: $y=4$

23
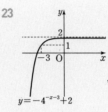
, 치역: $\{y|y<2\}$,
점근선의 방정식: $y=2$

24 ③

2 $y=3^x$의 그래프를 y축에 대하여 대칭이동한 그래프의 식은
$y=3^x$에 x 대신 $-x$를 대입한 것과 같으므로
$y=3^{-x}$, 즉 $y=\left(\dfrac{1}{3}\right)^x$

3 $y=7^x$의 그래프를 원점에 대하여 대칭이동한 그래프의 식은
$y=7^x$에 x 대신 $-x$, y 대신 $-y$를 대입한 것과 같으므로
$-y=7^{-x}$, 즉 $y=-7^{-x}$ 또는 $y=-\left(\dfrac{1}{7}\right)^x$

5 (1) $y=-5^{-x}$의 그래프는 $y=5^x$의 그래프를 원점에 대하여 대칭
이동한 것이다.

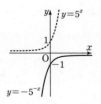

6 (1) $y=\left(\dfrac{1}{4}\right)^{-x}$의 그래프는 $y=\left(\dfrac{1}{4}\right)^x$의 그래프를 y축에 대하여
대칭이동한 것이다.

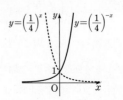

7 (1) $y=\left(\dfrac{1}{2}\right)^x$의 그래프를 x축에 대하여 대칭이동한 그래프의 식은 y 대신 $-y$를 대입한 것과 같으므로

$$-y=\left(\dfrac{1}{2}\right)^x, \ \text{즉} \ y=-\left(\dfrac{1}{2}\right)^x$$

(2) $y=2^x$의 그래프를 원점에 대하여 대칭이동한 식은 x 대신 $-x$, y 대신 $-y$를 대입한 것과 같으므로

$$-y=2^{-x}, \ \text{즉} \ y=-\left(\dfrac{1}{2}\right)^x$$

(3) 그래프는 오른쪽 그림과 같으므로 제3, 4사분면을 지난다.

(4) 치역은 $\{y \,|\, y<0\}$이다.

(5) 점근선은 x축이다.

8 $y=4^x$의 그래프를 y축에 대하여 대칭이동한 그래프의 식은 x 대신 $-x$를 대입한 것과 같으므로

$$y=4^{-x}$$

이 그래프가 점 $(2, k)$를 지나므로

$$k=4^{-2}=\dfrac{1}{16}$$

10 $y=-2^x+1$의 그래프는 $y=2^x$의 그래프를 x축에 대하여 대칭이동한 후 y축의 방향으로 1만큼 평행이동한 것이다.

11 $y=-2^{-x-2}+1=-2^{-(x+2)}+1$

이 함수의 그래프는 $y=2^x$의 그래프를 원점에 대하여 대칭이동한 후 x축의 방향으로 -2만큼, y축의 방향으로 1만큼 평행이동한 것이다.

12 $y=2^{-x+3}-2=2^{-(x-3)}-2$

이 함수의 그래프는 $y=2^x$의 그래프를 y축에 대하여 대칭이동한 후 x축의 방향으로 3만큼, y축의 방향으로 -2만큼 평행이동한 것이다.

14 $y=\left(\dfrac{1}{3}\right)^{-x+3}=\left(\dfrac{1}{3}\right)^{-(x-3)}$

이 함수의 그래프는 $y=\left(\dfrac{1}{3}\right)^x$의 그래프를 y축에 대하여 대칭이동한 후 x축의 방향으로 3만큼 평행이동한 것이다.

15 $y=-\left(\dfrac{1}{3}\right)^{-x}+2$의 그래프는 $y=\left(\dfrac{1}{3}\right)^x$의 그래프를 원점에 대하여 대칭이동한 후 y축의 방향으로 2만큼 평행이동한 것이다.

16 $y=-\left(\dfrac{1}{3}\right)^{-x+2}+1=-\left(\dfrac{1}{3}\right)^{-(x-2)}+1$

이 함수의 그래프는 $y=\left(\dfrac{1}{3}\right)^x$의 그래프를 원점에 대하여 대칭이동한 후 x축의 방향으로 2만큼, y축의 방향으로 1만큼 평행이동한 것이다.

17 $y=3^{-x-3}-1=3^{-(x+3)}-1$

이 함수의 그래프는 $y=3^x$의 그래프를 y축에 대하여 대칭이동한 후 x축의 방향으로 -3만큼, y축의 방향으로 -1만큼 평행이동한 것이다.

따라서 치역은 $\{y \,|\, y>-1\}$이고, 점근선의 방정식은 $y=-1$이다.

18 $y=-2^{x+2}$의 그래프는 $y=2^x$의 그래프를 x축에 대하여 대칭이동한 후 x축의 방향으로 -2만큼 평행이동한 것이다.

따라서 치역은 $\{y \,|\, y<0\}$이고, 점근선의 방정식은 $y=0$이다.

19 $y=-\left(\dfrac{1}{4}\right)^{x+3}+2$의 그래프는 $y=\left(\dfrac{1}{4}\right)^x$의 그래프를 x축에 대하여 대칭이동한 후 x축의 방향으로 -3만큼, y축의 방향으로 2만큼 평행이동한 것이다.

따라서 치역은 $\{y \,|\, y<2\}$이고, 점근선의 방정식은 $y=2$이다.

20 $y=\left(\dfrac{1}{5}\right)^{-x}+3$의 그래프는 $y=\left(\dfrac{1}{5}\right)^x$의 그래프를 y축에 대하여 대칭이동한 후 y축의 방향으로 3만큼 평행이동한 것이다.

따라서 치역은 $\{y \,|\, y>3\}$이고, 점근선의 방정식은 $y=3$이다.

21 $y=5^{-x+2}-3=5^{-(x-2)}-3$

이 함수의 그래프는 $y=5^x$의 그래프를 y축에 대하여 대칭이동한 후 x축의 방향으로 3만큼, y축의 방향으로 -3만큼 평행이동한 것이다.

따라서 치역은 $\{y \,|\, y>-3\}$이고, 점근선의 방정식은 $y=-3$이다.

22 $y=-\left(\dfrac{1}{2}\right)^{-x+4}+4=-\left(\dfrac{1}{2}\right)^{-(x-4)}+4$

이 함수의 그래프는 $y=\left(\dfrac{1}{2}\right)^x$의 그래프를 원점에 대하여 대칭이동한 후 x축의 방향으로 4만큼, y축의 방향으로 4만큼 평행이동한 것이다.

따라서 치역은 $\{y \,|\, y<4\}$이고, 점근선의 방정식은 $y=4$이다.

23 $y=-4^{-x-3}+2=-4^{-(x+3)}+2$

이 함수의 그래프는 $y=4^x$의 그래프를 원점에 대하여 대칭이동한 후 x축의 방향으로 -3만큼, y축의 방향으로 2만큼 평행이동한 것이다.

따라서 치역은 $\{y \,|\, y<2\}$이고, 점근선의 방정식은 $y=2$이다.

24 $y=3^{x-a}+b$의 점근선의 방정식은 $y=b$이고 그래프에서 점근선의 방정식은 $y=-3$이므로 $b=-3$

이때 $y=3^{x-a}-3$의 그래프가 점 $(5, 0)$을 지나므로

$$0=3^{5-a}-3, \ 3^{5-a}=3 \ \text{에서} \ a=4$$

따라서 $a+b=1$

1 ②　　　**2** ③　　　**3** ⑤　　　**4** ④

5 $a<3$ 또는 $a>4$　　　**6** ③　　　**7** ①

8 5　　　**9** ①, ⑤　　　**10** ⑤　　　**11** ②

12 ㄴ, ㄹ

---

1 $y=a^x$ $(a>0,\ a\neq1)$의 꼴을 찾는다.

ㄹ. $y=\left(\dfrac{1}{5}\right)^{3x}=\left\{\left(\dfrac{1}{5}\right)^3\right\}^x$, 즉 $y=\left(\dfrac{1}{125}\right)^x$

2 $f(x)=5^x$이므로

$f(3)f(-1)=5^3\times5^{-1}=5^2=25$

$g(x)=\left(\dfrac{1}{3}\right)^x$이므로

$g(-2)=\left(\dfrac{1}{3}\right)^{-2}=3^2=9$

따라서 $f(3)f(-1)+g(-2)=25+9=34$

3 $f(x)=7^x$이므로

$\dfrac{f(5)}{f(-3)}=\dfrac{7^5}{7^{-3}}=7^{5-(-3)}=7^8$, $f(k)=7^k$

$f(k)=\dfrac{f(5)}{f(-3)}$에서 $7^k=7^8$이므로

$k=8$

4 주어진 조건을 만족시키는 함수는 x의 값이 증가할 때, y의 값은 감소하는 함수이다. 즉 $y=a^x\,(0<a<1)$의 꼴인 함수이다.

이때

① $f(x)=\left(\dfrac{1}{3}\right)^{-x}=3^x$

② $f(x)=0.2^{-x}=\left(\dfrac{1}{5}\right)^{-x}=5^x$

④ $f(x)=5^{-x}=\left(\dfrac{1}{5}\right)^x$

이므로 주어진 조건을 만족시키는 함수는 ④이다.

5 $y=(a^2-7a+13)^x$에서 x의 값이 증가할 때 y의 값도 증가하려면 $a^2-7a+13>1$이어야 하므로

$a^2-7a+12>0$, $(a-3)(a-4)>0$

따라서 $a<3$ 또는 $a>4$

6 ③ $y=a^x$의 치역은 $\{y\,|\,y>0\}$이므로

임의의 실수 x에 대하여 $f(x)>0$

7 $y=\left(\dfrac{1}{2}\right)^x$의 그래프를 x축의 방향으로 5만큼, y축의 방향으로 -7만큼 평행이동한 그래프의 식은

$y=\left(\dfrac{1}{2}\right)^{x-5}-7$

이 그래프가 점 $(2,\ k)$를 지나므로

$k=\left(\dfrac{1}{2}\right)^{2-5}-7=\left(\dfrac{1}{2}\right)^{-3}-7=8-7=1$

8 $y=a^x$의 그래프를 x축의 방향으로 -2만큼, y축의 방향으로 1만큼 평행이동한 그래프의 식은

$y=a^{x+2}+1$

이 함수의 그래프가 점 $(-1,\ 6)$을 지나므로

$6=a^{-1+2}+1$

따라서 $a=5$

9 ① $y=3^{x-4}+6$에서 $x=4$이면 $y=1+6=7$이므로

점 $(4,\ 7)$을 지난다.

⑤ $y=3^x$의 그래프를 x축의 방향으로 4만큼, y축의 방향으로 6만큼 평행이동한 것이다.

10 $y=\left(\dfrac{1}{5}\right)^x$의 그래프를 y축에 대하여 대칭이동한 그래프의 식은

$y=\left(\dfrac{1}{5}\right)^{-x}$, 즉 $y=5^x$

이 그래프가 점 $(k,\ 125)$를 지나므로

$125=5^k$

따라서 $k=3$

11 $y=2^x$의 그래프를 x축에 대하여 대칭이동한 그래프의 식은

$-y=2^x$, 즉 $y=-2^x$

이 함수의 그래프를 x축의 방향으로 m만큼, y축의 방향으로 6만큼 평행이동한 그래프의 식은

$y=-2^{x-m}+6$

이 그래프가 $y=-32\times2^x+n$, 즉 $y=-2^{x+5}+n$의 그래프와 일치하므로

$m=-5,\ n=6$

따라서 $2m+n=-10+6=-4$

12 ㄱ. $y=\sqrt{3^x}=3^{\frac{x}{2}}$

ㄴ. $y=-\sqrt{3}\times3^x=-3^{x+\frac{1}{2}}$이므로 $y=-\sqrt{3}\times3^x$의 그래프는 $y=3^x$의 그래프를 x축에 대하여 대칭이동한 후 x축의 방향으로 $-\dfrac{1}{2}$만큼 평행이동한 것이다.

ㄷ. $y=\dfrac{1}{9^x}=3^{-2x}$

ㄹ. $y=81\times3^x=3^{x+4}$이므로 $y=81\times3^x$의 그래프는 $y=3^x$의 그래프를 x축의 방향으로 -4만큼 평행이동한 것이다.

따라서 $y=3^x$의 그래프를 평행이동 또는 대칭이동하여 겹쳐질 수 있는 그래프의 식은 ㄴ, ㄹ이다.

05 　　　　　　　　　　　　　　　　　　　본문 78쪽

지수함수를 이용한 수의 대소 비교

원리확인

증가, $<$

$\left(\dfrac{1}{5}\right)^{\frac{4}{5}}<\left(\dfrac{1}{5}\right)^{\frac{3}{4}}<\left(\dfrac{1}{5}\right)^{\frac{1}{3}}$, 즉 $\sqrt[5]{\dfrac{1}{625}}<\sqrt[4]{\dfrac{1}{125}}<\sqrt[3]{\dfrac{1}{5}}$

1 $>$ (✎감소, $<$, $>$)   **2** $<$ **3** $>$

4 $>$ (✎2, 8, 3, 6, 증가, $>$, $>$)

5 $>$ **6** $<$

7 $\left(✎\ 2,\ \dfrac{2}{3},\ 3,\ \dfrac{3}{4},\ 5,\ \dfrac{5}{2},\ 9^{\frac{1}{3}},\ 27^{\frac{1}{4}},\ 243^{\frac{1}{2}}\right)$

8 $\sqrt[5]{\dfrac{1}{625}}<\sqrt[4]{\dfrac{1}{125}}<\sqrt[3]{\dfrac{1}{5}}$ **9** $1<\sqrt[4]{7}<\sqrt{49}$

10 $0.5^{\frac{5}{7}}<\sqrt[3]{2}<\sqrt[5]{8}$ **11** $\dfrac{1}{81}<\sqrt[6]{9}<27^{\frac{3}{4}}$

12 $\sqrt[3]{0.09}<\sqrt{0.3}<1$ **13** $\sqrt{0.001}<\sqrt[5]{0.01}<\sqrt[3]{0.1}$

☺ $<$, $>$ **14** ④

2 함수 $y=6^x$은 x의 값이 증가하면 y의 값도 증가한다.

이때 $6<11$이므로

$6^6<6^{11}$

3 함수 $y=\left(\dfrac{1}{7}\right)^x$은 x의 값이 증가하면 y의 값은 감소한다.

이때 $4<9$이므로

$\left(\dfrac{1}{7}\right)^4>\left(\dfrac{1}{7}\right)^9$

5 $\left(\dfrac{1}{9}\right)^4$, $\left(\dfrac{1}{27}\right)^3$을 밑이 $\dfrac{1}{3}$인 거듭제곱의 꼴로 나타내면

$\left(\dfrac{1}{9}\right)^4=\left\{\left(\dfrac{1}{3}\right)^2\right\}^4=\left(\dfrac{1}{3}\right)^8$, $\left(\dfrac{1}{27}\right)^3=\left\{\left(\dfrac{1}{3}\right)^3\right\}^3=\left(\dfrac{1}{3}\right)^9$

이때 $8<9$이고 함수 $y=\left(\dfrac{1}{3}\right)^x$은 x의 값이 증가하면 y의 값은 감소하므로

$\left(\dfrac{1}{3}\right)^8>\left(\dfrac{1}{3}\right)^9$

따라서 $\left(\dfrac{1}{9}\right)^4>\left(\dfrac{1}{27}\right)^3$

6 $\sqrt{2}$, $\sqrt[4]{32}$를 밑이 2인 거듭제곱의 꼴로 나타내면

$\sqrt{2}=2^{\frac{1}{2}}$, $\sqrt[4]{32}=32^{\frac{1}{4}}=(2^5)^{\frac{1}{4}}=2^{\frac{5}{4}}$

이때 $\dfrac{1}{2}<\dfrac{5}{4}$이고 함수 $y=2^x$은 x의 값이 증가하면 y의 값도 증가하므로

$2^{\frac{1}{2}}<2^{\frac{5}{4}}$

따라서 $\sqrt{2}<\sqrt[4]{32}$

8 $\sqrt[3]{\dfrac{1}{5}}$, $\sqrt[4]{\dfrac{1}{125}}$, $\sqrt[5]{\dfrac{1}{625}}$을 밑이 $\dfrac{1}{5}$인 거듭제곱의 꼴로 나타내면

$\sqrt[3]{\dfrac{1}{5}}=\left(\dfrac{1}{5}\right)^{\frac{1}{3}}$

$\sqrt[4]{\dfrac{1}{125}}=\left(\dfrac{1}{125}\right)^{\frac{1}{4}}=\left\{\left(\dfrac{1}{5}\right)^3\right\}^{\frac{1}{4}}=\left(\dfrac{1}{5}\right)^{\frac{3}{4}}$

$\sqrt[5]{\dfrac{1}{625}}=\left(\dfrac{1}{625}\right)^{\frac{1}{5}}=\left\{\left(\dfrac{1}{5}\right)^4\right\}^{\frac{1}{5}}=\left(\dfrac{1}{5}\right)^{\frac{4}{5}}$

이때 $\dfrac{1}{3}<\dfrac{3}{4}<\dfrac{4}{5}$이고 함수 $y=\left(\dfrac{1}{5}\right)^x$은 x의 값이 증가하면 y의 값은 감소하므로

9 $\sqrt[4]{7}$, 1, $\sqrt{49}$를 밑이 7인 거듭제곱의 꼴로 나타내면

$\sqrt[4]{7}=7^{\frac{1}{4}}$, $1=7^0$, $\sqrt{49}=7$

이때 $0<\dfrac{1}{4}<1$이고 함수 $y=7^x$은 x의 값이 증가하면 y의 값도 증가하므로

$7^0<7^{\frac{1}{4}}<7^1$, 즉 $1<\sqrt[4]{7}<\sqrt{49}$

10 $\sqrt[5]{8}$, $0.5^{\frac{5}{7}}$, $\sqrt[3]{2}$를 밑이 2인 거듭제곱의 꼴로 나타내면

$\sqrt[5]{8}=8^{\frac{1}{5}}=(2^3)^{\frac{1}{5}}=2^{\frac{3}{5}}$

$0.5^{\frac{5}{7}}=\left(\dfrac{1}{2}\right)^{\frac{5}{7}}=(2^{-1})^{\frac{5}{7}}=2^{-\frac{5}{7}}$

$\sqrt[3]{2}=2^{\frac{1}{3}}$

이때 $-\dfrac{5}{7}<\dfrac{1}{3}<\dfrac{3}{5}$이고 함수 $y=2^x$은 x의 값이 증가하면 y의 값도 증가하므로

$2^{-\frac{5}{7}}<2^{\frac{1}{3}}<2^{\frac{3}{5}}$, 즉 $0.5^{\frac{5}{7}}<\sqrt[3]{2}<\sqrt[5]{8}$

11 $27^{\frac{3}{4}}$, $\dfrac{1}{81}$, $\sqrt[6]{9}$를 밑이 3인 거듭제곱의 꼴로 나타내면

$27^{\frac{3}{4}}=(3^3)^{\frac{3}{4}}=3^{\frac{9}{4}}$

$\dfrac{1}{81}=\left(\dfrac{1}{3}\right)^4=3^{-4}$

$\sqrt[6]{9}=9^{\frac{1}{6}}=(3^2)^{\frac{1}{6}}=3^{\frac{1}{3}}$

이때 $-4<\dfrac{1}{3}<\dfrac{9}{4}$이고 함수 $y=3^x$은 x의 값이 증가하면 y의 값도 증가하므로

$3^{-4}<3^{\frac{1}{3}}<3^{\frac{9}{4}}$, 즉 $\dfrac{1}{81}<\sqrt[6]{9}<27^{\frac{3}{4}}$

12 $\sqrt{0.3}$, $\sqrt[3]{0.09}$, 1을 밑이 0.3인 거듭제곱의 꼴로 나타내면

$\sqrt{0.3}=0.3^{\frac{1}{2}}$

$\sqrt[3]{0.09}=0.09^{\frac{1}{3}}=\{(0.3)^2\}^{\frac{1}{3}}=0.3^{\frac{2}{3}}$

$1=0.3^0$

이때 $0<\dfrac{1}{2}<\dfrac{2}{3}$이고 함수 $y=0.3^x$은 x의 값이 증가하면 y의 값은 감소하므로

$0.3^{\frac{2}{3}}<0.3^{\frac{1}{2}}<0.3^0$, 즉 $\sqrt[3]{0.09}<\sqrt{0.3}<1$

13 $\sqrt[3]{0.1}$, $\sqrt[5]{0.01}$, $\sqrt{0.001}$을 밑이 0.1인 거듭제곱의 꼴로 나타내면

$\sqrt[3]{0.1}=0.1^{\frac{1}{3}}$

$\sqrt[5]{0.01}=0.01^{\frac{1}{5}}=\{(0.1)^2\}^{\frac{1}{5}}=0.1^{\frac{2}{5}}$

$\sqrt{0.001}=0.001^{\frac{1}{2}}=\{(0.1)^3\}^{\frac{1}{2}}=0.1^{\frac{3}{2}}$

이때 $\dfrac{1}{3}<\dfrac{2}{5}<\dfrac{3}{2}$이고 함수 $y=0.1^x$은 x의 값이 증가하면 y의 값은 감소하므로

$0.1^{\frac{3}{2}}<0.1^{\frac{2}{5}}<0.1^{\frac{1}{3}}$, 즉 $\sqrt{0.001}<\sqrt[5]{0.01}<\sqrt[3]{0.1}$

14 $A=16^{\frac{1}{3}}$, $B=\left(\dfrac{1}{1024}\right)^{-2}$, $C=\sqrt[9]{256}$을 밑이 2인 거듭제곱의 꼴로 나타내면

$A=16^{\frac{1}{3}}=(2^4)^{\frac{1}{3}}=2^{\frac{4}{3}}$

$B=\left(\dfrac{1}{1024}\right)^{-2}=(2^{-10})^{-2}=2^{20}$

$C=\sqrt[9]{256}=256^{\frac{1}{9}}=(2^8)^{\frac{1}{9}}=2^{\frac{8}{9}}$

이때 $\dfrac{8}{9}<\dfrac{4}{3}<20$이고 함수 $y=2^x$은 x의 값이 증가하면 y의 값도 증가하므로

$2^{\frac{8}{9}}<2^{\frac{4}{3}}<2^{20}$, 즉 $C<A<B$

06

지수함수의 최대, 최소

1 $\left(\text{✎ }125,\ \dfrac{1}{25}\right)$ **2** 최댓값: 16, 최솟값: 2

3 최댓값: 1000, 최솟값: 1   **4** $(\text{✎ }69,\ 7)$

5 최댓값: 11, 최솟값: $\dfrac{7}{3}$ **6** 최댓값: 333, 최솟값: -9

7 $\left(\text{✎ }\dfrac{7}{5},\ \dfrac{5}{7}\right)$ **8** 최댓값: $\dfrac{81}{25}$, 최솟값: $\dfrac{5}{9}$

☺ 최대, 최소, 최소, 최대

9 ③   **10** $(\text{✎ }2,\ 2,\ 2,\ 6,\ 6,\ 64,\ 2,\ 2,\ 4)$

11 최댓값: 3, 최솟값: $\dfrac{1}{27}$ **12** 최댓값: 8, 최솟값: $\dfrac{1}{2}$

13 최댓값: 4, 최솟값: $\dfrac{1}{64}$

14 $(\text{✎ }1,\ 1,\ 8,\ 8,\ 1,\ 37,\ 2,\ 2,\ 1,\ 1)$

15 최댓값: 36, 최솟값: 0   **16** 최댓값: $-\dfrac{17}{9}$, 최솟값: -9

17 최댓값: 405, 최솟값: 5   **18** 최댓값: 4, 최솟값: -192

19 최댓값: -2, 최솟값: -5

20 최댓값: 79, 최솟값: 2   **21** ⑤   **22** $(\text{✎ }y,\ 18,\ 18)$

23 10   **24** 16   **25** 162   **26** $(\text{✎ }16,\ 16)$

27 18   **28** 50   **29** 14   **30** ②

2 $y=\left(\dfrac{1}{2}\right)^x$에서 밑이 1보다 작으므로 x의 값이 증가하면 y의 값은 감소한다.

따라서 $x=-4$일 때 최대이고 최댓값은 $\left(\dfrac{1}{2}\right)^{-4}=16$,

$x=-1$일 때 최소이고 최솟값은 $\left(\dfrac{1}{2}\right)^{-1}=2$

3 $y=10^{-x}=\left(\dfrac{1}{10}\right)^x$에서 밑이 1보다 작으므로 x의 값이 증가하면 y의 값은 감소한다.

따라서 $x=-3$일 때 최대이고 최댓값은 $\left(\dfrac{1}{10}\right)^{-3}=1000$,

$x=0$일 때 최소이고 최솟값은 $\left(\dfrac{1}{10}\right)^0=1$

5 $y=\left(\dfrac{1}{3}\right)^{x+1}+2$에서 밑이 1보다 작으므로 x의 값이 증가하면 y의 값은 감소한다.

따라서 $x=-3$일 때 최대이고 최댓값은

$\left(\dfrac{1}{3}\right)^{-3+1}+2=9+2=11$,

$x=0$일 때 최소이고 최솟값은 $\left(\dfrac{1}{3}\right)^{0+1}+2=\dfrac{1}{3}+2=\dfrac{7}{3}$

6 $y=\left(\dfrac{1}{7}\right)^{-x-2}-10=7^{x+2}-10$에서 밑이 1보다 크므로 x의 값이 증가하면 y의 값도 증가한다.

따라서 $x=1$일 때 최대이고 최댓값은

$7^{1+2}-10=343-10=333$,

$x=-2$일 때 최소이고 최솟값은 $7^{-2+2}-10=1-10=-9$

8 $y=3^{-2x}\times5^x=\left(\dfrac{1}{9}\right)^x\times5^x=\left(\dfrac{5}{9}\right)^x$

함수 $y=\left(\dfrac{5}{9}\right)^x$에서 밑이 1보다 작으므로 x의 값이 증가하면 y의 값은 감소한다.

따라서 $x=-2$일 때 최대이고 최댓값은 $\left(\dfrac{5}{9}\right)^{-2}=\left(\dfrac{9}{5}\right)^2=\dfrac{81}{25}$,

$x=1$일 때 최소이고 최솟값은 $\dfrac{5}{9}$

9 $y=2^{-2x}\times6^x=\left(\dfrac{1}{4}\right)^x\times6^x=\left(\dfrac{3}{2}\right)^x$

함수 $y=\left(\dfrac{3}{2}\right)^x$에서 밑이 1보다 크므로 x의 값이 증가하면 y의 값도 증가한다.

$x=-2$일 때 최소이고 최솟값은 $y=\left(\dfrac{3}{2}\right)^{-2}=\left(\dfrac{2}{3}\right)^2=\dfrac{4}{9}$

$x=3$일 때 최대이고 최댓값은 $y=\left(\dfrac{3}{2}\right)^3=\dfrac{27}{8}$

즉 치역은 $\left\{y\ \bigg|\ \dfrac{4}{9}\leq y\leq\dfrac{27}{8}\right\}$

따라서 $a=\dfrac{4}{9}$, $b=\dfrac{27}{8}$이므로

$ab=\dfrac{4}{9}\times\dfrac{27}{8}=\dfrac{3}{2}$

11 $f(x)=-x^2+6x-8$로 놓으면 $f(x)=-(x-3)^2+1$

이때 $f(2)=0$, $f(3)=1$, $f(5)=-3$이므로

$2\leq x\leq5$에서 $-3\leq f(x)\leq1$

$y=3^{-x^2+6x-8}=3^{f(x)}$에서 밑이 1보다 크므로

$f(x)=1$일 때 최대이고 최댓값은 $3^1=3$,

$f(x)=-3$일 때 최소이고 최솟값은 $3^{-3}=\dfrac{1}{27}$

12 $f(x)=x^2-4x+1$로 놓으면

$f(x)=(x-2)^2-3$

이때 $f(1)=-2$, $f(2)=-3$, $f(4)=1$이므로

$1\leq x\leq 4$에서 $-3\leq f(x)\leq 1$

$y=\left(\dfrac{1}{2}\right)^{x^2-4x+1}=\left(\dfrac{1}{2}\right)^{f(x)}$에서 밑이 1보다 작으므로

$f(x)=-3$일 때 최대이고 최댓값은 $\left(\dfrac{1}{2}\right)^{-3}=2^3=8$,

$f(x)=1$일 때 최소이고 최솟값은 $\dfrac{1}{2}$

13 $f(x)=-x^2+2x+2$로 놓으면

$f(x)=-(x-1)^2+3$

이때 $f(0)=2$, $f(1)=3$, $f(3)=-1$이므로

$0\leq x\leq 3$에서 $-1\leq f(x)\leq 3$

$y=\left(\dfrac{1}{4}\right)^{-x^2+2x+2}=\left(\dfrac{1}{4}\right)^{f(x)}$에서 밑이 1보다 작으므로

$f(x)=-1$일 때 최대이고 최댓값은 $\left(\dfrac{1}{4}\right)^{-1}=4$,

$f(x)=3$일 때 최소이고 최솟값은 $\left(\dfrac{1}{4}\right)^{3}=\dfrac{1}{64}$

15 $y=\left(\dfrac{1}{3}\right)^{2x}-6\times\left(\dfrac{1}{3}\right)^{x}+9$에서

$\left(\dfrac{1}{3}\right)^{x}=t\ (t>0)$로 치환하면

$y=t^2-6t+9=(t-3)^2$

이때 $-2\leq x\leq 0$이므로

$\left(\dfrac{1}{3}\right)^{0}\leq\left(\dfrac{1}{3}\right)^{x}\leq\left(\dfrac{1}{3}\right)^{-2}$, 즉 $1\leq t\leq 9$

따라서 $1\leq t\leq 9$에서 함수 $y=(t-3)^2$은

$t=9$일 때 최대이고 최댓값은 36,

$t=3$일 때 최소이고 최솟값은 0

16 $y=9^x-2\times 3^{x+1}=(3^x)^2-6\times 3^x$

$3^x=t\ (t>0)$로 치환하면

$y=t^2-6t=(t-3)^2-9$

이때 $-1\leq x\leq 1$이므로

$3^{-1}\leq 3^x\leq 3^{1}$, 즉 $\dfrac{1}{3}\leq t\leq 3$

따라서 $\dfrac{1}{3}\leq t\leq 3$에서 함수 $y=(t-3)^2-9$는

$t=\dfrac{1}{3}$일 때 최대이고 최댓값은 $\dfrac{64}{9}-9=-\dfrac{17}{9}$,

$t=3$일 때 최소이고 최솟값은 -9

17 $y=\left(\dfrac{1}{25}\right)^{x}-10\times\left(\dfrac{1}{5}\right)^{x}+30=\left(\dfrac{1}{5}\right)^{2x}-10\times\left(\dfrac{1}{5}\right)^{x}+30$

$\left(\dfrac{1}{5}\right)^{x}=t\ (t>0)$로 치환하면

$y=t^2-10t+30=(t-5)^2+5$

이때 $-2\leq x\leq -1$이므로

$\left(\dfrac{1}{5}\right)^{-1}\leq\left(\dfrac{1}{5}\right)^{x}\leq\left(\dfrac{1}{5}\right)^{-2}$, 즉 $5\leq t\leq 25$

따라서 $5\leq t\leq 25$에서 함수 $y=(t-5)^2+5$는

$t=25$일 때 최대이고 최댓값은 405,

$t=5$일 때 최소이고 최솟값은 5

18 $y=4^{x+1}-16^x=-(4^x)^2+4\times 4^x$

$4^x=t\ (t>0)$로 치환하면

$y=-t^2+4t=-(t-2)^2+4$

이때 $-1\leq x\leq 2$이므로

$4^{-1}\leq 4^x\leq 4^2$, 즉 $\dfrac{1}{4}\leq t\leq 16$

따라서 $\dfrac{1}{4}\leq t\leq 16$에서 함수 $y=-(t-2)^2+4$는

$t=2$일 때 최대이고 최댓값은 4,

$t=16$일 때 최소이고 최솟값은 $-196+4=-192$

19 $y=-3\times\left(\dfrac{1}{4}\right)^{x}+6\times\left(\dfrac{1}{2}\right)^{x}-5=-3\times\left(\dfrac{1}{2}\right)^{2x}+6\times\left(\dfrac{1}{2}\right)^{x}-5$

$\left(\dfrac{1}{2}\right)^{x}=t\ (t>0)$로 치환하면

$y=-3t^2+6t-5=-3(t-1)^2-2$

이때 $-1\leq x\leq 2$이므로

$\left(\dfrac{1}{2}\right)^{2}\leq\left(\dfrac{1}{2}\right)^{x}\leq\left(\dfrac{1}{2}\right)^{-1}$, 즉 $\dfrac{1}{4}\leq t\leq 2$

따라서 $\dfrac{1}{4}\leq t\leq 2$에서 함수 $y=-3(t-1)^2-2$는

$t=1$일 때 최대이고 최댓값은 -2,

$t=2$일 때 최소이고 최솟값은 $-3-2=-5$

20 $y=\left(\dfrac{1}{2}\right)^{-2x}+\left(\dfrac{1}{2}\right)^{-x-1}-1$

$\quad=(2^x)^2+2\times 2^x-1$

$2^x=t\ (t>0)$로 치환하면

$y=t^2+2t-1=(t+1)^2-2$

이때 $0\leq x\leq 3$이므로

$2^0\leq 2^x\leq 2^3$, 즉 $1\leq t\leq 8$

따라서 $1\leq t\leq 8$에서 함수 $y=(t+1)^2-2$는

$t=8$일 때 최대이고 최댓값은 $81-2=79$,

$t=1$일 때 최소이고 최솟값은 $4-2=2$

21 $y=25^x-10\times 5^x+10$

$\quad=(5^x)^2-10\times 5^x+10$

$5^x=t\ (t>0)$로 치환하면

$y=t^2-10t+10=(t-5)^2-15$

$t>0$에서 함수 $y=(t-5)^2-15$는

$t=5^x=5$, 즉 $x=1$일 때 최소이고 최솟값은 -15이므로

$a=1$, $b=-15$

따라서 $a-b=16$

23 $5^x>0$, $5^y>0$이므로 산술평균과 기하평균의 관계에 의하여

$5^x+5^y\geq 2\sqrt{5^x\times 5^y}=2\sqrt{5^{x+y}}=2\sqrt{5^2}=10$

(단, 등호는 $5^x=5^y$, 즉 $x=y$일 때 성립한다.)

따라서 5^x+5^y의 최솟값은 10이다.

24 $4^x>0$, $2^y>0$이므로 산술평균과 기하평균의 관계에 의하여
$$4^x+2^y\geq2\sqrt{4^x\times2^y}=2\sqrt{2^{2x+y}}=2\sqrt{2^6}=16$$
(단, 등호는 $4^x=2^y$, 즉 $2x=y$일 때 성립한다.)
따라서 4^x+2^y의 최솟값은 16이다.

25 $27^x>0$, $9^y>0$이므로 산술평균과 기하평균의 관계에 의하여
$$27^x+9^y\geq2\sqrt{27^x\times9^y}=2\sqrt{3^{3x+2y}}=2\sqrt{3^8}=162$$
(단, 등호는 $27^x=9^y$, 즉 $3x=2y$일 때 성립한다.)
따라서 27^x+9^y의 최솟값은 162이다.

27 $3^{2+x}>0$, $3^{2-x}>0$이므로 산술평균과 기하평균의 관계에 의하여
$$3^{2+x}+3^{2-x}\geq2\sqrt{3^{2+x}\times3^{2-x}}=2\sqrt{3^4}=18$$
(단, 등호는 $3^{2+x}=3^{2-x}$, 즉 $x=0$일 때 성립한다.)
따라서 함수 $y=3^{2+x}+3^{2-x}$의 최솟값은 18이다.

28 $5^{3+x}>0$, $5^{1-x}>0$이므로 산술평균과 기하평균의 관계에 의하여
$$5^{3+x}+5^{1-x}\geq2\sqrt{5^{3+x}\times5^{1-x}}=2\sqrt{5^4}=50$$
(단, 등호는 $5^{3+x}=5^{1-x}$, 즉 $x=-1$일 때 성립한다.)
따라서 함수 $y=5^{3+x}+5^{1-x}$의 최솟값은 50이다.

29 $7^{1+x}>0$, $7^{1-x}>0$이므로 산술평균과 기하평균의 관계에 의하여
$$7^{1+x}+7^{1-x}\geq2\sqrt{7^{1+x}\times7^{1-x}}=2\sqrt{7^2}=14$$
(단, 등호는 $7^{1+x}=7^{1-x}$, 즉 $x=0$일 때 성립한다.)
따라서 함수 $y=7^{1+x}+7^{1-x}$의 최솟값은 14이다.

30 $\left(\dfrac{1}{2}\right)^{-x}>0$, $\left(\dfrac{1}{2}\right)^{x+2}>0$이므로 산술평균과 기하평균의 관계에 의하여
$$\begin{aligned}f(x)&=\left(\dfrac{1}{2}\right)^{-x}+\left(\dfrac{1}{2}\right)^{x+2}\\&\geq2\sqrt{\left(\dfrac{1}{2}\right)^{-x}\times\left(\dfrac{1}{2}\right)^{x+2}}\\&=2\sqrt{\left(\dfrac{1}{2}\right)^2}=1\end{aligned}$$
$\left(\text{단, 등호는 }\left(\dfrac{1}{2}\right)^{-x}=\left(\dfrac{1}{2}\right)^{x+2}\text{, 즉 }x=-1\text{일 때 성립한다.}\right)$
즉 함수 $f(x)=\left(\dfrac{1}{2}\right)^{-x}+\left(\dfrac{1}{2}\right)^{x+2}$은 $x=-1$일 때 최솟값이 1이므로
$a=-1$, $b=1$
따라서 $ab=-1$

지수방정식

1　($\mathscr{Q}$ -5, -5, -6)　　2　$x=5$　　3　$x=4$
4　$x=3$　　5　$x=-\dfrac{7}{2}$　　6　$x=1$ 또는 $x=3$
7　$x=-2$ 또는 $x=3$　　8　$x=-2$ 또는 $x=-1$
9　$x=-4$ 또는 $x=1$　　10　$x=2$ 또는 $x=3$
11　($\mathscr{Q}$ 16, 8, 8)　　12　$x=1$ 또는 $x=2$
13　$x=1$ 또는 $x=5$　　14　$x=1$ 또는 $x=3$
15　$x=1$ 또는 $x=12$　　16　($\mathscr{Q}$ 12, 6, 0, 6)
17　$x=6$ 또는 $x=7$　　18　$x=2$ 또는 $x=5$
19　$x=-1$ 또는 $x=4$　　☺ 1
20　($\mathscr{Q}$ 0, -12, -4)　　21　$x=7$　　22　$x=-3$
23　$x=2$　　24　$x=5$　　25　($\mathscr{Q}$ 6, 1, 0, 1)
26　$x=3$ 또는 $x=5$　　27　$x=2$ 또는 $x=4$
28　$x=0$ 또는 $x=4$　　29　$x=\dfrac{7}{2}$ 또는 $x=15$
☺ 0　　30　($\mathscr{Q}$ 5, 6, 1, 1, 1, 0)
31　$x=0$ 또는 $x=3$　　32　$x=1$　　33　$x=3$
34　$x=-2$ 또는 $x=-3$　　35　($\mathscr{Q}$ 6, 4, 4, 2)
36　$x=1$　　37　$x=2$　　38　$x=-1$　　39　①
40　($\mathscr{Q}$ 3, 4, 2, 2, 1)　　41　$x=1$, $y=2$
42　$x=2$, $y=1$　　43　$x=1$, $y=3$
44　③　　45　($\mathscr{Q}$ 8, 2^β, 8, 8, 3)　　46　1
47　25　　48　2　　49　($\mathscr{Q}$ 4, 4, k, 4)
50　$k<-5$　　51　$k>2$

2　$3^x=243$에서 밑을 3으로 같게 하면
$3^x=3^5$이므로 $x=5$

3　$5^{-x}=\dfrac{1}{625}$에서 밑을 5로 같게 하면
$5^{-x}=5^{-4}$이므로 $-x=-4$
따라서 $x=4$

4　$2^{9-x}=8^{x-1}$에서 밑을 2로 같게 하면
$2^{9-x}=(2^3)^{x-1}$, $2^{9-x}=2^{3x-3}$이므로
$9-x=3x-3$
$4x=12$
따라서 $x=3$

5　$\left(\dfrac{1}{3}\right)^{x+2}=3\sqrt{3}$에서 밑을 3으로 같게 하면
$(3^{-1})^{x+2}=3\times3^{\frac{1}{2}}$, $3^{-x-2}=3^{\frac{3}{2}}$이므로

$$-x-2=\frac{3}{2}$$

따라서 $x=-\frac{7}{2}$

6 $3^{x^2+3}=81^x$에서 밑을 3으로 같게 하면

$3^{x^2+3}=3^{4x}$이므로

$x^2+3=4x,\ x^2-4x+3=0,\ (x-1)(x-3)=0$

따라서 $x=1$ 또는 $x=3$

7 $4^{x^2-6}=2^{2x}$에서 밑을 2로 같게 하면

$2^{2x^2-12}=2^{2x}$이므로

$2x^2-12=2x,\ 2x^2-2x-12=0$

$2(x+2)(x-3)=0$

따라서 $x=-2$ 또는 $x=3$

8 $3^{x^2+2x}=\left(\frac{1}{3}\right)^{x+2}$에서 밑을 3으로 같게 하면

$3^{x^2+2x}=3^{-(x+2)}$이므로

$x^2+2x=-(x+2),\ x^2+2x=-x-2$

$x^2+3x+2=0,\ (x+2)(x+1)=0$

따라서 $x=-2$ 또는 $x=-1$

9 $(\sqrt{2})^{2x^2+6x}=16$에서 밑을 2로 같게 하면

$2^{x^2+3x}=2^4$이므로

$x^2+3x=4,\ x^2+3x-4=0,\ (x+4)(x-1)=0$

따라서 $x=-4$ 또는 $x=1$

10 $\left(\frac{2}{3}\right)^{x^2-2x+4}=\left(\frac{3}{2}\right)^{-3x+2}$에서 밑을 $\frac{2}{3}$로 같게 하면

$\left(\frac{2}{3}\right)^{x^2-2x+4}=\left(\frac{2}{3}\right)^{3x-2}$이므로

$x^2-2x+4=3x-2,\ x^2-5x+6=0$

$(x-2)(x-3)=0$

따라서 $x=2$ 또는 $x=3$

12 $x^{3x+1}=x^{11-2x}$에서

(i) 밑이 같으므로 $3x+1=11-2x$

$5x=10$

$x=2$

(ii) 밑 $x=1$이면 주어진 방정식은 $1^4=1^9=1$로 등식이 성립한다.

(i), (ii)에서 $x=1$ 또는 $x=2$

13 $x^{4x-5}=x^{25-2x}$에서

(i) 밑이 같으므로 $4x-5=25-2x$

$6x=30$

$x=5$

(ii) 밑 $x=1$이면 주어진 방정식은 $1^{-1}=1^{23}=1$로 등식이 성립한다.

(i), (ii)에서 $x=1$ 또는 $x=5$

14 $x^{2x}=x^{3(x-1)}$에서

(i) 밑이 같으므로 $2x=3(x-1)$

$2x=3x-3$

$x=3$

(ii) 밑 $x=1$이면 주어진 방정식은 $1^2=1^0=1$로 등식이 성립한다.

(i), (ii)에서 $x=1$ 또는 $x=3$

15 $(x^x)^3=x^x\times x^{24}$에서

$x^{3x}=x^{x+24}$

(i) 밑이 같으므로 $3x=x+24$

$2x=24$

$x=12$

(ii) 밑 $x=1$이면 주어진 방정식은 $1^3=1^{25}=1$로 등식이 성립한다.

(i), (ii)에서 $x=1$ 또는 $x=12$

17 $(x-5)^{-x+23}=(x-5)^{5x-19}$에서

(i) 밑이 같으므로 $-x+23=5x-19$

$6x=42$

$x=7$

(ii) 밑 $x-5=1$, 즉 $x=6$이면 주어진 방정식은 $1^{17}=1^{11}=1$로 등식이 성립한다.

(i), (ii)에서 $x=6$ 또는 $x=7$

18 $(x-1)^{4x+5}=(x-1)^{x^2}$에서

(i) 밑이 같으므로 $4x+5=x^2$

$x^2-4x-5=0,\ (x+1)(x-5)=0$

이때 $x>1$이므로 $x=5$

(ii) 밑 $x-1=1$, 즉 $x=2$이면 주어진 방정식은 $1^{13}=1^4=1$로 등식이 성립한다.

(i), (ii)에서 $x=2$ 또는 $x=5$

19 $(x+2)^{-3(x+2)}=(x+2)^{2x-26}$에서

(i) 밑이 같으므로 $-3(x+2)=2x-26$

$-3x-6=2x-26,\ 5x=20$

$x=4$

(ii) 밑 $x+2=1$, 즉 $x=-1$이면 주어진 방정식은 $1^{-3}=1^{-28}=1$로 등식이 성립한다.

(i), (ii)에서 $x=-1$ 또는 $x=4$

21 $5^{-x+7}=\left(\frac{1}{2}\right)^{x-7}$에서

$5^{-x+7}=(2^{-1})^{x-7}$, 즉 $5^{-x+7}=2^{-x+7}$

이때 밑은 다르고, 지수는 같으므로

$-x+7=0$

따라서 $x=7$

22 $2^{2x+6}=9^{x+3}$에서

$2^{2x+6}=(3^2)^{x+3}$, 즉 $2^{2x+6}=3^{2x+6}$

이때 밑은 다르고, 지수는 같으므로

$2x+6=0$, $2x=-6$

따라서 $x=-3$

23 $12^{3x-6}=\left(\dfrac{1}{13}\right)^{-3x+6}$에서

$12^{3x-6}=(13^{-1})^{-3x+6}$, 즉 $12^{3x-6}=13^{3x-6}$

이때 밑은 다르고, 지수는 같으므로

$3x-6=0$, $3x=6$

따라서 $x=2$

24 $(\sqrt{2})^{2x-10}=7^{x-5}$에서

$(2^{\frac{1}{2}})^{2x-10}=7^{x-5}$, 즉 $2^{x-5}=7^{x-5}$

이때 밑은 다르고, 지수는 같으므로

$x-5=0$

따라서 $x=5$

26 $(x-1)^{x-5}=2^{x-5}$에서

(i) 지수가 같으므로 $x-1=2$

　　$x=3$

(ii) 지수 $x-5=0$, 즉 $x=5$이면 주어진 방정식은 $4^0=2^0=1$로 등식이 성립한다.

(i), (ii)에서 $x=3$ 또는 $x=5$

27 $(3x-2)^{2-x}=10^{2-x}$에서

(i) 지수가 같으므로 $3x-2=10$

　　$3x=12$

　　$x=4$

(ii) 지수 $2-x=0$, 즉 $x=2$이면 주어진 방정식은 $4^0=10^0=1$로 등식이 성립한다.

(i), (ii)에서 $x=2$ 또는 $x=4$

28 $(x+1)^x=5^x$에서

(i) 지수가 같으므로 $x+1=5$

　　$x=4$

(ii) 지수 $x=0$이면 주어진 방정식은 $1^0=5^0=1$로 등식이 성립한다.

(i), (ii)에서 $x=0$ 또는 $x=4$

29 $(x-3)^{2x-7}=12^{2x-7}$에서

(i) 지수가 같으므로 $x-3=12$

　　$x=15$

(ii) 지수 $2x-7=0$, 즉 $x=\dfrac{7}{2}$이면 주어진 방정식은

　　$\left(\dfrac{1}{2}\right)^0=12^0=1$로 등식이 성립한다.

(i), (ii)에서 $x=\dfrac{7}{2}$ 또는 $x=15$

31 $3^{2x}-28\times3^x+27=0$에서

$(3^x)^2-28\times3^x+27=0$

$3^x=t\ (t>0)$로 치환하면

$t^2-28t+27=0$, $(t-1)(t-27)=0$

$t=1$ 또는 $t=27$

따라서 $3^x=1$ 또는 $3^x=27=3^3$이므로

$x=0$ 또는 $x=3$

32 $49^x-2\times7^{x+1}+49=0$에서

$(7^x)^2-14\times7^x+49=0$

$7^x=t\ (t>0)$로 치환하면

$t^2-14t+49=0$, $(t-7)^2=0$

$t=7$

따라서 $7^x=7$이므로 $x=1$

33 $5^{2x}=120\times5^x+5^{x+1}$에서

$(5^x)^2-120\times5^x-5\times5^x=0$

$5^x=t\ (t>0)$로 치환하면

$t^2-120t-5t=0$, $t^2-125t=0$

$t(t-125)=0$

이때 $t>0$이므로 $t=125$

따라서 $5^x=125=5^3$이므로 $x=3$

34 $\left(\dfrac{1}{4}\right)^x-3\times\left(\dfrac{1}{2}\right)^{x-2}+32=0$에서

$\left\{\left(\dfrac{1}{2}\right)^x\right\}^2-12\times\left(\dfrac{1}{2}\right)^x+32=0$

$\left(\dfrac{1}{2}\right)^x=t\ (t>0)$로 치환하면

$t^2-12t+32=0$, $(t-4)(t-8)=0$

$t=4$ 또는 $t=8$

따라서 $\left(\dfrac{1}{2}\right)^x=4=\left(\dfrac{1}{2}\right)^{-2}$ 또는 $\left(\dfrac{1}{2}\right)^x=8=\left(\dfrac{1}{2}\right)^{-3}$이므로

$x=-2$ 또는 $x=-3$

36 $5^x+5^{-x+2}=10$에서 $5^x+\dfrac{25}{5^x}=10$

$5^x=t\ (t>0)$로 치환하면 $t+\dfrac{25}{t}=10$

양변에 t를 곱하면

$t^2-10t+25=0$, $(t-5)^2=0$

$t=5$

따라서 $5^x=5$이므로 $x=1$

37 $3^x-5\times3^{2-x}=4$에서 $3^x-\dfrac{45}{3^x}=4$

$3^x=t\ (t>0)$로 치환하면 $t-\dfrac{45}{t}=4$

양변에 t를 곱하면

$t^2-4t-45=0$

$(t+5)(t-9)=0$

이때 $t>0$이므로 $t=9$

따라서 $3^x=9=3^2$이므로 $x=2$

38 $5^{x+1}-5^{-x}=-4$에서 $5\times5^x-\dfrac{1}{5^x}=-4$

$5^x=t\ (t>0)$로 치환하면 $5t-\dfrac{1}{t}=-4$

양변에 t를 곱하면

$5t^2+4t-1=0$

$(5t-1)(t+1)=0$

이때 $t>0$이므로 $t=\dfrac{1}{5}$

따라서 $5^x=\dfrac{1}{5}=5^{-1}$이므로 $x=-1$

39 $7^{x+1}+7^{-x}=8$에서 $7\times7^x+\dfrac{1}{7^x}=8$

$7^x=t\ (t>0)$로 치환하면 $7t+\dfrac{1}{t}=8$

양변에 t를 곱하면

$7t^2-8t+1=0$

$(7t-1)(t-1)=0$

$t=\dfrac{1}{7}$ 또는 $t=1$

즉 $7^x=\dfrac{1}{7}=7^{-1}$ 또는 $7^x=1$이므로

$x=-1$ 또는 $x=0$

이때 $\alpha<\beta$이므로 $\alpha=-1,\ \beta=0$

따라서 $\alpha-\beta=-1$

41 $3^x=X\ (X>0)$, $2^y=Y\ (Y>0)$로 놓으면 주어진 연립방정식은

$\begin{cases}3X-2Y=1 &\cdots\cdots \ \text{㉠}\\5X-3Y=3 &\cdots\cdots \ \text{㉡}\end{cases}$

㉠, ㉡을 연립하여 풀면 $X=3,\ Y=4$

즉 $3^x=3,\ 2^y=4$이므로 $x=1,\ y=2$

42 $2^x=X\ (X>0)$, $2^y=Y\ (Y>0)$로 놓으면 주어진 연립방정식은

$\begin{cases}2X-3Y=2 &\cdots\cdots \ \text{㉠}\\X-4Y=-4 &\cdots\cdots \ \text{㉡}\end{cases}$

㉠, ㉡을 연립하여 풀면 $X=4,\ Y=2$

즉 $2^x=4,\ 2^y=2$이므로 $x=2,\ y=1$

43 $2^x=X\ (X>0)$, $2^y=Y\ (Y>0)$로 놓으면 주어진 연립방정식은

$\begin{cases}X+Y=10 &\cdots\cdots \ \text{㉠}\\6X-Y=4 &\cdots\cdots \ \text{㉡}\end{cases}$

㉠, ㉡을 연립하여 풀면 $X=2,\ Y=8$

즉 $2^x=2,\ 2^y=8$이므로 $x=1,\ y=3$

44 $2^x=X\ (X>0)$, $2^y=Y\ (Y>0)$로 놓으면 주어진 연립방정식은

$\begin{cases}2X+Y=8 &\cdots\cdots \ \text{㉠}\\3X+\dfrac{1}{2}Y=8 &\cdots\cdots \ \text{㉡}\end{cases}$

㉠, ㉡을 연립하여 풀면 $X=2,\ Y=4$

즉 $2^x=2,\ 2^y=4$이므로 $x=1,\ y=2$

따라서 $\alpha=1,\ \beta=2$이므로 $\alpha+\beta=3$

46 $9^x-3^{x+2}+3=0$에서

$(3^x)^2-9\times3^x+3=0$

$3^x=t\ (t>0)$로 치환하면

$t^2-9t+3=0 \quad\cdots\cdots \ \text{㉠}$

방정식 $9^x-3^{x+2}+3=0$의 두 근이 $\alpha,\ \beta$이므로

㉠의 두 근은 $3^\alpha,\ 3^\beta$이다.

이차방정식의 근과 계수의 관계에 의하여

$3^\alpha\times3^\beta=3$, 즉 $3^{\alpha+\beta}=3$

따라서 $k=\alpha+\beta=1$

47 $16^x-10\times4^x+16=0$에서

$(4^x)^2-10\times4^x+16=0$

$4^x=t\ (t>0)$로 치환하면

$t^2-10t+16=0 \quad\cdots\cdots \ \text{㉠}$

방정식 $16^x-10\times4^x+16=0$의 두 근이 $\alpha,\ \beta$이므로

㉠의 두 근은 $4^\alpha,\ 4^\beta$이다.

이차방정식의 근과 계수의 관계에 의하여

$4^\alpha\times4^\beta=16$, 즉 $4^{\alpha+\beta}=16=4^2$

따라서 $\alpha+\beta=2$이므로

$k=5^{\alpha+\beta}=5^2=25$

48 $3\times25^x-4\times5^{x+1}+15=0$에서

$3\times(5^x)^2-20\times5^x+15=0$

$5^x=t\ (t>0)$로 치환하면

$3t^2-20t+15=0 \quad\cdots\cdots \ \text{㉠}$

방정식 $3\times25^x-4\times5^{x+1}+15=0$의 두 근이 $\alpha,\ \beta$이므로

㉠의 두 근은 $5^\alpha,\ 5^\beta$이다.

이차방정식의 근과 계수의 관계에 의하여

$5^\alpha\times5^\beta=5$, 즉 $5^{\alpha+\beta}=5$

따라서 $\alpha+\beta=1$이므로

$k=2^{\alpha+\beta}=2$

50 $25^x+2k\times5^x+25=0$에서

$(5^x)^2+2k\times5^x+25=0$

$5^x=t\ (t>0)$로 치환하면 $t^2+2kt+25=0$

이 방정식이 서로 다른 두 양의 실근을 가져야 하므로

(ⅰ) 이차방정식의 판별식을 D라 하면

$\dfrac{D}{4}=k^2-25>0$, $(k-5)(k+5)>0$

따라서 $k<-5$ 또는 $k>5$

(ⅱ) 이차방정식의 근과 계수의 관계에 의하여

(두 근의 합)$=-2k>0$, $k<0$

(두 근의 곱)$=25>0$

(ⅰ), (ⅱ)에서 $k<-5$

51 $9^x-2(k-1)\times3^x+k-1=0$에서

$(3^x)^2-2(k-1)\times3^x+k-1=0$

$3^x=t\ (t>0)$로 치환하면 $t^2-2(k-1)t+k-1=0$

이 방정식이 서로 다른 두 양의 실근을 가져야 하므로

(i) 이차방정식의 판별식을 D라 하면

$\dfrac{D}{4}=(k-1)^2-(k-1)>0,\ k^2-3k+2>0$

$(k-1)(k-2)>0$

따라서 $k<1$ 또는 $k>2$

(ii) 이차방정식의 근과 계수의 관계에 의하여

(두 근의 합)$=2(k-1)>0,\ k>1$

(두 근의 곱)$=k-1>0,\ k>1$

(i), (ii)에서 $k>2$

08

지수부등식

1 ($\mathscr{l}$ $>$, $>$)   2 $x<2$

3 $\left(\mathscr{l}\,2x+4,\ 1,\ 2x+4,\ \dfrac{1}{2},\ 2x+4,\ \dfrac{4}{3},\ \dfrac{1}{2},\ \dfrac{4}{3}\right)$

4 $x<-1$ ☺ $<$, $>$

5 ($\mathscr{l}$ $<$, $>$, $>$, $>$, $<$, 1, 1, $>$)

6 $1\leq x\leq 8$ 7 $0<x<1$ 또는 $x>4$

8 $1\leq x\leq 2$ 또는 $x\geq 3$ 9 ($\mathscr{l}$ 32, 8, 8, 3, 3)

10 $x\geq 3$ 11 $x>-2$ 12 $2\leq x\leq 3$

13 $\left(\mathscr{l}\,9,\ 9,\ 9,\ 9,\ 3,\ \dfrac{1}{9},\ 3,\ -2,\ 1,\ -2,\ 1\right)$

14 $x\geq 3$ 15 $x>1$ 16 $0<x<2$

17 ②   18 ($\mathscr{l}$ 6, 6, 9, 9, 9, 3 / 9, 9)

19 $k<-4$ 20 $k\geq 2$ 21 7, 7, 7, 7, 140

22 25일   23 2^x, 4^x, 2^x, 4^x, 2, 8, 8, 3, 3, 3

24 5시간

---

2 $\left(\dfrac{1}{3}\right)^{2x}>\left(\dfrac{1}{3}\right)^{6-x}$ 에서

밑이 1보다 작으므로

$2x<6-x,\ 3x<6$

따라서 $x<2$

4 $2^{x+2}<\left(\dfrac{1}{2}\right)^{2x+1}<\left(\dfrac{1}{4}\right)^{3x}$ 에서

$\left(\dfrac{1}{2}\right)^{-x-2}<\left(\dfrac{1}{2}\right)^{2x+1}<\left(\dfrac{1}{2}\right)^{6x}$

밑이 1보다 작으므로

$6x<2x+1<-x-2$

(i) $6x<2x+1$ 에서 $4x<1$

$x<\dfrac{1}{4}$

(ii) $2x+1<-x-2$ 에서 $3x<-3$

$x<-1$

(i), (ii)에서 $x<-1$

---

6 (i) $x>1$일 때

$2x-3\leq x+5,\ x\leq 8$

이때 $x>1$이므로 $1<x\leq 8$

(ii) $0<x<1$일 때

$2x-3\geq x+5,\ x\geq 8$

이때 $0<x<1$이므로 해가 없다.

(iii) $x=1$일 때, $1^{-1}\leq 1^6$이므로 주어진 부등식은 성립한다.

(i), (ii), (iii)에서

$1\leq x\leq 8$

7 (i) $x>1$일 때

$3x>x+8,\ 2x>8,\ x>4$

이때 $x>1$이므로 $x>4$

(ii) $0<x<1$일 때

$3x<x+8,\ 2x<8,\ x<4$

이때 $0<x<1$이므로 $0<x<1$

(iii) $x=1$일 때, $1^3>1^9$이므로 주어진 부등식이 성립하지 않는다.

(i), (ii), (iii)에서

$0<x<1$ 또는 $x>4$

8 (i) $x>1$일 때

$x^2-3x\geq 2x-6,\ x^2-5x+6\geq 0$

$(x-2)(x-3)\geq 0,\ x\leq 2$ 또는 $x\geq 3$

이때 $x>1$이므로

$1<x\leq 2$ 또는 $x\geq 3$

(ii) $0<x<1$일 때

$x^2-3x\leq 2x-6,\ x^2-5x+6\leq 0$

$(x-2)(x-3)\leq 0,\ 2\leq x\leq 3$

이때 $0<x<1$이므로 해가 없다.

(iii) $x=1$일 때, $1^{-2}\geq 1^{-4}$이므로 주어진 부등식은 성립한다.

(i), (ii), (iii)에서

$1\leq x\leq 2$ 또는 $x\geq 3$

10 $3^{2x}-25\times 3^x-54\geq 0$에서

$(3^x)^2-25\times 3^x-54\geq 0$

$3^x=t\ (t>0)$로 치환하면

$t^2-25t-54\geq 0$

$(t+2)(t-27)\geq 0$

이때 $t>0$이므로 $t\geq 27$

따라서 $3^x\geq 3^3$이므로 $x\geq 3$

11 $\left(\dfrac{1}{25}\right)^x-24\times 5^{-x}-25<0$에서

$\left(\dfrac{1}{5}\right)^{2x}-24\times\left(\dfrac{1}{5}\right)^x-25<0$

$\left(\dfrac{1}{5}\right)^x=t\ (t>0)$로 치환하면

$t^2-24t-25<0$

$(t+1)(t-25)<0$

이때 $t>0$이므로 $0<t<25$

따라서 $\left(\dfrac{1}{5}\right)^x<25$, 즉 $\left(\dfrac{1}{5}\right)^x<\left(\dfrac{1}{5}\right)^{-2}$이므로

$x>-2$

12 $2\times\left(\dfrac{1}{4}\right)^{x-2}-3\times\left(\dfrac{1}{2}\right)^{x-2}+1\le0$에서

$32\times\left(\dfrac{1}{2}\right)^{2x}-12\times\left(\dfrac{1}{2}\right)^{x}+1\le0$

$\left(\dfrac{1}{2}\right)^x=t\ (t>0)$로 치환하면

$32t^2-12t+1\le0$

$(8t-1)(4t-1)\le0$

$\dfrac{1}{8}\le t\le\dfrac{1}{4}$

따라서 $\left(\dfrac{1}{2}\right)^3\le\left(\dfrac{1}{2}\right)^x\le\left(\dfrac{1}{2}\right)^2$이므로

$2\le x\le3$

14 $2^x-5\ge3\times2^{-x+3}$에서

$2^x-5\ge\dfrac{24}{2^x}$

$2^x=t\ (t>0)$로 치환하면 $t-5\ge\dfrac{24}{t}$

$t>0$이므로 양변에 t를 곱하면

$t^2-5t-24\ge0$

$(t+3)(t-8)\ge0$

이때 $t>0$이므로 $t\ge8$

따라서 $2^x\ge2^3$이므로 $x\ge3$

15 $3^x-3^{1-x}>2$에서 $3^x-\dfrac{3}{3^x}>2$

$3^x=t\ (t>0)$로 치환하면 $t-\dfrac{3}{t}>2$

$t>0$이므로 양변에 t를 곱하면

$t^2-2t-3>0$

$(t+1)(t-3)>0$

이때 $t>0$이므로 $t>3$

따라서 $3^x>3$이므로 $x>1$

16 $5^x-26+5^{2-x}<0$에서

$5^x-26+\dfrac{25}{5^x}<0$

$5^x=t\ (t>0)$로 치환하면

$t-26+\dfrac{25}{t}<0$

$t>0$이므로 양변에 t를 곱하면

$t^2-26t+25>0$

$(t-1)(t-25)<0$

$1<t<25$

따라서 $5^0<5^x<5^2$이므로 $0<x<2$

17 $2^x+2^{3-x}>6$에서 $2^x+\dfrac{8}{2^x}>6$

$2^x=t\ (t>0)$로 치환하면 $t+\dfrac{8}{t}>6$

$t>0$이므로 양변에 t를 곱하면

$t^2-6t+8>0$

$(t-2)(t-4)>0$

$t<2$ 또는 $t>4$

즉 $2^x<2$ 또는 $2^x>2^2$이므로

$x<1$ 또는 $x>2$

따라서 $\alpha=1$, $\beta=2$이므로

$\alpha+4^\beta=1+4^2=17$

19 $25^x-4\times5^x-k>0$에서

$(5^x)^2-4\times5^x-k>0$

$5^x=t\ (t>0)$로 치환하면

$t^2-4t-k>0$

즉 $(t-2)^2-k-4>0$

위 부등식이 $t>0$인 모든 실수 t에 대하여 성립하려면

$-k-4>0$, $-k>4$

따라서 $k<-4$

20 $2^{2x}-2^{x+2}+2k\ge0$에서

$(2^x)^2-4\times2^x+2k\ge0$

$2^x=t\ (t>0)$로 치환하면

$t^2-4t+2k\ge0$

즉 $(t-2)^2+2k-4\ge0$

위 부등식이 $t>0$인 모든 실수 t에 대하여 성립하려면

$2k-4\ge0$, $2k\ge4$

따라서 $k\ge2$

22 $5n$일 후의 방사성 물질의 양은 처음의 $\left(\dfrac{1}{4}\right)^n$이므로

$\dfrac{1}{1024}=\left(\dfrac{1}{4}\right)^5$에서 $\left(\dfrac{1}{4}\right)^n=\left(\dfrac{1}{4}\right)^5$

즉 $n=5$

따라서 방사성 물질이 처음 양의 $\dfrac{1}{1024}$이 되는 데

$5\times5=25$(일)이 걸린다.

24 20마리였던 박테리아가 x시간 후에는 20×3^x마리가 되므로

$20\times3^x\ge4860$, $3^x\ge243$

$3^x\ge3^5$, $x\ge5$

따라서 지금으로부터 5시간 후이다.

1 ③	2 ②	3 $\left(\dfrac{6}{5}\right)^x$	4 ①
5 ③	6 ⑤	7 ②	8 ②
9 ①	10 ③	11 ④	12 -3

1 ① $-2<-1$이고 밑이 1보다 작으므로

$$\left(\frac{1}{3}\right)^{-2}>\left(\frac{1}{3}\right)^{-1}$$

② $\sqrt[5]{5^3}=5^{\frac{3}{5}}$, $\sqrt{5}=5^{\frac{1}{2}}$

$\dfrac{3}{5}>\dfrac{1}{2}$이고 밑이 1보다 크므로

$$\sqrt[5]{5^3}>\sqrt{5}$$

③ $7^{0.3}$, $\sqrt[3]{7}=7^{\frac{1}{3}}$

$0.3<\dfrac{1}{3}$이고 밑이 1보다 크므로

$$7^{0.3}<\sqrt[3]{7}$$

④ $\left(\dfrac{1}{2}\right)^{-1}$, $\sqrt{\dfrac{1}{2}}=\left(\dfrac{1}{2}\right)^{\frac{1}{2}}$

$-1<\dfrac{1}{2}$이고 밑이 1보다 작으므로

$$\left(\frac{1}{2}\right)^{-1}>\sqrt{\frac{1}{2}}$$

⑤ $\sqrt[4]{\dfrac{1}{6}}=\left(\dfrac{1}{6}\right)^{\frac{1}{4}}$, $\sqrt{\dfrac{1}{6}}=\left(\dfrac{1}{6}\right)^{\frac{1}{2}}$

$\dfrac{1}{4}<\dfrac{1}{2}$이고 밑이 1보다 작으므로

$$\sqrt[4]{\frac{1}{6}}>\sqrt{\frac{1}{6}}$$

따라서 부등호 방향이 나머지 넷과 다른 하나는 ③이다.

2 $A=\sqrt[4]{27}$, $B=\left(\dfrac{1}{9}\right)^{-2}$, $C=81^{\frac{1}{3}}$을 밑이 3인 거듭제곱의 꼴로 나타내면

$A=\sqrt[4]{27}=\sqrt[4]{3^3}=3^{\frac{3}{4}}$

$B=\left(\dfrac{1}{9}\right)^{-2}=(3^{-2})^{-2}=3^4$

$C=81^{\frac{1}{3}}=(3^4)^{\frac{1}{3}}=3^{\frac{4}{3}}$

이때 $\dfrac{3}{4}<\dfrac{4}{3}<4$이고 함수 $y=3^x$은 x의 값이 증가하면 y의 값도 증가하므로

$3^{\frac{3}{4}}<3^{\frac{4}{3}}<3^4$, 즉 $A<C<B$

3 $0<x<1$일 때 $x^3<x^2<x$이고 밑이 1보다 크므로

$$\left(\frac{6}{5}\right)^{x^3}<\left(\frac{6}{5}\right)^{x^2}<\left(\frac{6}{5}\right)^{x}$$

따라서 가장 큰 수는 $\left(\dfrac{6}{5}\right)^x$이다.

4 $y=5^{x+3}-3$에서 밑이 1보다 크므로

$x=-3$일 때 최소이고 최솟값은

$y=5^{-3+3}-3=1-3=-2$

$x=-1$일 때 최대이고 최댓값은

$y=5^{-1+3}-3=25-3=22$

따라서 $M=22$, $m=-2$이므로

$M+2m=22+(-4)=18$

5 $f(x)=x^2-6x+5$로 놓으면

$f(x)=(x-3)^2-4$

$y=\left(\dfrac{1}{2}\right)^{x^2-6x+5}=\left(\dfrac{1}{2}\right)^{f(x)}$에서 밑이 1보다 작으므로 $f(x)$가 최소일 때 y는 최댓값을 갖는다.

y는 $f(x)=-4$, 즉 $x=3$일 때 최대이고 최댓값은

$\left(\dfrac{1}{2}\right)^{-4}=(2^{-1})^{-4}=2^4=16$

따라서 $a=3$, $b=16$이므로 $a+b=19$

6 $y=9^x-2\times3^{x+2}+90$

$\quad=(3^x)^2-18\times3^x+90$

$3^x=t\ (t>0)$로 치환하면

$y=t^2-18t+90=(t-9)^2+9$

이때 y는 $t=9$, 즉 $x=2$일 때 최소이고 최솟값은 9이다.

따라서 $a=2$, $b=9$이므로 $b-a=7$

7 $\left(\dfrac{4}{3}\right)^{x^2+x-4}=\left(\dfrac{9}{16}\right)^x$에서

$\left(\dfrac{4}{3}\right)^{x^2+x-4}=\left(\dfrac{4}{3}\right)^{-2x}$이므로

$x^2+x-4=-2x$, $x^2+3x-4=0$

$(x+4)(x-1)=0$

$x=-4$ 또는 $x=1$

이때 두 근이 α, β이고 $\alpha<\beta$이므로

$\alpha=-4$, $\beta=1$

따라서 $\alpha+2\beta=-4+2=-2$

8 $(x+1)^{3x}=(x+1)^{x+2}$에서

(i) 밑이 같으므로

　$3x=x+2$

　$2x=2$, $x=1$

(ii) 밑 $x+1=1$, 즉 $x=0$이면 주어진 방정식은 $1^0=1^2=1$로 등식이 성립한다.

(i), (ii)에서 $x=0$ 또는 $x=1$

즉 $a=1$

$(x+5)^{3-x}=4^{3-x}$에서

(iii) 지수가 같으므로 $x+5=4$

　$x=-1$

(iv) 지수 $3-x=0$, 즉 $x=3$이면 주어진 방정식은 $8^0=4^0=1$로 등식이 성립한다.

(iii), (iv)에서 $x=-1$ 또는 $x=3$

즉 $b=-3$

따라서 $ab=-3$

9 $4^x - 11 \times 2^x + 25 = 0$에서

$(2^x)^2 - 11 \times 2^x + 25 = 0$

$2^x = t \ (t > 0)$로 치환하면

$t^2 - 11t + 25 = 0$ ...... ㉠

방정식 $4^x - 11 \times 2^x + 25 = 0$의 두 근이 α, β이므로 ㉠의 두 근은 2^α, 2^β이다.

이차방정식의 근과 계수의 관계에 의하여

$2^\alpha \times 2^\beta = 25$, $2^{\alpha+\beta} = 25$

따라서 $(\sqrt{2})^{\alpha+\beta} = (2^{\alpha+\beta})^{\frac{1}{2}} = 25^{\frac{1}{2}} = (5^2)^{\frac{1}{2}} = 5$

10 $\left(\dfrac{1}{9}\right)^{x^2+2x-6} \geq \left(\dfrac{1}{3}\right)^{x^2}$에서

$\left(\dfrac{1}{3}\right)^{2x^2+4x-12} \geq \left(\dfrac{1}{3}\right)^{x^2}$

밑이 1보다 작으므로

$2x^2 + 4x - 12 \leq x^2$, $x^2 + 4x - 12 \leq 0$

$(x+6)(x-2) \leq 0$

$-6 \leq x \leq 2$

따라서 정수 x의 개수는 $-6, -5, \cdots, 2$의 9이다.

11 $x^{3x+10} > x^{x^2-x-2}$에서 $x > 1$이므로

$3x + 10 > x^2 - x - 2$, $x^2 - 4x - 12 < 0$

$(x+2)(x-6) < 0$

$-2 < x < 6$

이때 $x > 1$이므로 $1 < x < 6$

따라서 $\alpha = 1$, $\beta = 6$이므로 $\alpha + \beta = 7$

12 $4^{-x} - 3 \times 2^{-x+1} - 16 \leq 0$에서

$2^{-x} = t \ (t > 0)$로 치환하면

$t^2 - 6t - 16 \leq 0$, $(t+2)(t-8) \leq 0$

$-2 \leq t \leq 8$

이때 $t > 0$이므로 $0 < t \leq 8$

즉 $2^{-x} \leq 2^3$이므로 $-x \leq 3$

$x \geq -3$

따라서 정수 x의 최솟값은 -3이다.

TEST 개념 발전

1 ③, ④	2 ④	3 ②	4 ④
5 ③	6 ④	7 ①	8 ④
9 ③	10 ①	11 ③	12 ③
13 ①	14 ⑤	15 ②	16 ④
17 ①	18 ②	19 ②	20 ③
21 ③	22 ⑤	23 ①	24 11460년

---

1 지수함수는 $y = a^x \ (a > 0, \ a \neq 1)$의 꼴이다.

① $y = 3^{2x}$에서 $y = 9^x$이므로 지수함수이다.

② $y = 5^{-x}$에서 $y = \left(\dfrac{1}{5}\right)^x$이므로 지수함수이다.

⑤ $y = \left(\dfrac{1}{10}\right)^x$은 지수함수이다.

따라서 지수함수가 아닌 것은 ③, ④이다.

2 함수 $y = \left(\dfrac{1}{3}\right)^x$의 그래프가 점 $(-1, a)$를 지나므로

$a = \left(\dfrac{1}{3}\right)^{-1} = 3$

점 $(b, 27)$을 지나므로

$27 = \left(\dfrac{1}{3}\right)^b$에서 $\left(\dfrac{1}{3}\right)^b = \left(\dfrac{1}{3}\right)^{-3}$

$b = -3$

따라서 $2a + b = 3$

3 ㄱ. 치역은 양의 실수 전체의 집합이다.

ㄹ. 그래프가 $y = 5^x$의 그래프와 y축에 대하여 대칭이다.

따라서 옳은 것은 ㄴ, ㄷ이다.

4 $y = 2^x$의 그래프를 x축의 방향으로 -2만큼, y축의 방향으로 3만큼 평행이동한 그래프의 식은

$y = 2^{x+2} + 3$, 즉 $y = 4 \times 2^x + 3$

따라서 $a = 4$, $b = 3$이므로 $a^b = 4^3 = 64$

5 $y = 2^{x-a} + b$의 그래프에서 점근선의 방정식이 $y = -4$이므로

$b = -4$

이 그래프가 점 $(3, 0)$을 지나므로

$0 = 2^{3-a} - 4$, $2^{3-a} = 2^2$

$3 - a = 2$, $a = 1$

따라서 $a + b = -3$

6 $y = 3^{x+3} - 5$의 그래프는 다음 그림과 같다.

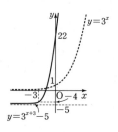

① 치역은 $\{y \mid y > -5\}$이다.

② 그래프는 제1, 2, 3사분면을 지난다.

③ x의 값이 커질수록 y의 값도 커진다.

⑤ 그래프는 함수 $y = 3^x$의 그래프를 x축의 방향으로 -3만큼, y축의 방향으로 -5만큼 평행이동한 것이다.

따라서 옳은 것은 ④이다.

7 $y=3^{2-x}+k$에서

$y=9\times\left(\dfrac{1}{3}\right)^{x}+k$

이때 정의역이 $\{x|-1\leq x\leq 4\}$이므로 $x=-1$일 때 최대이고 최댓값이 6이다.

즉 $6=9\times\left(\dfrac{1}{3}\right)^{-1}+k$이므로 $6=27+k$

따라서 $k=-21$

8 $y=2^{2x}-2^{x+2}+7\ (0\leq x\leq 3)$에서

$2^{x}=t$로 치환하면

$y=t^2-4t+7$

$\quad =(t-2)^2+3$

이때 $0\leq x\leq 3$이므로 $2^0\leq 2^x\leq 2^3$, 즉 $1\leq t\leq 8$

따라서 $1\leq t\leq 8$에서 함수 $y=(t-2)^2+3$은

$t=2$일 때 최소이고 최솟값은 3,

$t=8$일 때 최대이고 최댓값은 39

따라서 구하는 최댓값과 최솟값의 합은

$39+3=42$

9 $\left(\dfrac{1}{3}\right)^{x}>0$, $\left(\dfrac{1}{3}\right)^{-x+6}>0$이므로 산술평균과 기하평균의 관계에 의하여

$f(x)=\left(\dfrac{1}{3}\right)^{x}+\left(\dfrac{1}{3}\right)^{-x+6}$

$\quad\geq 2\sqrt{\left(\dfrac{1}{3}\right)^{x}\times\left(\dfrac{1}{3}\right)^{-x+6}}$

$\quad =2\sqrt{\left(\dfrac{1}{3}\right)^{6}}=2\times\left(\dfrac{1}{3}\right)^{3}=\dfrac{2}{27}$

이때 등호는 $\left(\dfrac{1}{3}\right)^{x}=\left(\dfrac{1}{3}\right)^{-x+6}$, 즉 $x=3$일 때 성립한다.

이 함수는 $x=3$일 때 최솟값이 $\dfrac{2}{27}$이므로

$a=3$, $b=\dfrac{2}{27}$

따라서 $a^3b=27\times\dfrac{2}{27}=2$

10 $27^{x^2}=\left(\dfrac{1}{3}\right)^{-2x+a}$에서

$(3^3)^{x^2}=(3^{-1})^{-2x+a}$

$3^{3x^2}=3^{2x-a}$, $3x^2=2x-a$

이 방정식의 한 근이 2이므로 $x=2$를 대입하면

$12=4-a$

따라서 $a=-8$

11 $x^{11}\times x^x-(x^2)^x=0$에서

$x^{11}\times x^x=(x^2)^x$

$x^{11+x}=x^{2x}$

(i) 밑이 같으므로 $11+x=2x$

$\quad x=11$

(ii) 밑 $x=1$이면 주어진 방정식은 $1^{12}=1^2=1$로 등식이 성립한다.

(i), (ii)에서

$x=1$ 또는 $x=11$

따라서 모든 근의 합은 $1+11=12$

12 $(2x+1)^{4x-1}=25^{4x-1}$에서

(i) 지수가 같으므로 $2x+1=25$

$\quad 2x=24$

$\quad x=12$

(ii) 지수 $4x-1=0$, 즉 $x=\dfrac{1}{4}$이면 주어진 방정식은

$\quad \left(\dfrac{3}{2}\right)^0=25^0=1$로 등식이 성립한다.

(i), (ii)에서 $x=\dfrac{1}{4}$ 또는 $x=12$

따라서 모든 근의 곱은 $\dfrac{1}{4}\times 12=3$

13 $5\times 9^x-32\times 3^x+45=0$에서

$5\times(3^x)^2-32\times 3^x+45=0$

$3^x=t\,(t>0)$로 치환하면

$5t^2-32t+45=0$ $\quad\cdots\cdots$ ㉠

방정식 $5\times 9^x-32\times 3^x+45=0$의 두 근이 α, β이므로 ㉠의 두 근은 3^{α}, 3^{β}이다.

이차방정식의 근과 계수의 관계에 의하여

$3^{\alpha}\times 3^{\beta}=\dfrac{45}{5}$, $3^{\alpha+\beta}=9=3^2$

따라서 $\alpha+\beta=2$

14 $\left(\dfrac{1}{5}\right)^{-2}\times\left(\dfrac{1}{5}\right)^{\frac{x}{3}}<\left(\dfrac{1}{5}\right)^{\frac{x}{2}}$에서

$\left(\dfrac{1}{5}\right)^{-2+\frac{x}{3}}<\left(\dfrac{1}{5}\right)^{\frac{x}{2}}$

밑이 1보다 작으므로

$-2+\dfrac{x}{3}>\dfrac{x}{2}$

$-12+2x>3x$

$x<-12$

즉 정수 x의 최댓값 $a=-13$

$3^{\frac{x}{4}}\geq 3^2\times 3^x$에서

$3^{\frac{x}{4}}\geq 3^{2+x}$

밑이 1보다 크므로

$\dfrac{x}{4}\geq 2+x$

$x\geq 8+4x$, $-3x\geq 8$

$x\leq -\dfrac{8}{3}$

즉 정수 x의 최댓값 $b=-3$

따라서 $a+b=-16$

15 $2^{2x+3}-33\times2^x+4<0$에서

$8\times(2^x)^2-33\times2^x+4<0$

$2^x=t\ (t>0)$로 치환하면

$8t^2-33t+4<0,\ (8t-1)(t-4)<0$

$\dfrac{1}{8}<t<4$

즉 $2^{-3}<2^x<2^2$이므로 $-3<x<2$

따라서 정수 x의 값의 합은

$-2+(-1)+0+1=-2$

16 $(x-2)^{5x-1}\le(x-2)^{x+23}$에서

(i) $x-2>1$, 즉 $x>3$일 때

$5x-1\le x+23,\ 4x\le24$

$x\le6$

이때 $x>3$이므로 $3<x\le6$

(ii) $0<x-2<1$, 즉 $2<x<3$일 때

$5x-1\ge x+23,\ 4x\ge24$

$x\ge6$

이때 $2<x<3$이므로 해가 없다.

(iii) $x-2=1$, 즉 $x=3$일 때

$1^{14}\le1^{26}$이므로 주어진 부등식은 성립한다.

(i), (ii), (iii)에서 $3\le x\le6$

따라서 자연수 x의 개수는 3, 4, 5, 6의 4이다.

17 $49^x-2\times7^{x+1}-5k-1>0$에서

$(7^x)^2-14\times7^x-5k-1>0$

$7^x=t\ (t>0)$로 치환하면

$t^2-14t-5k-1>0$

$(t-7)^2-5k-50>0$

이 부등식이 $t>0$인 모든 실수 t에 대하여 성립하려면

$-5k-50>0,\ -5k>50$

$k<-10$

따라서 정수 k의 최댓값은 -11이다.

18 이 종이를 k번 접을 때 종이의 전체의 두께가 64 mm 이상이 된다고 하면

$0.5\times2^k\ge64$

$2^{k-1}\ge2^6,\ k-1\ge6$

$k\ge7$

따라서 최소한 7번 접어야 한다.

19 $f(x)=3^{-x}$이므로

$f(-2a)f(b)=81$에서

$3^{2a}\times3^{-b}=3^4,\ 3^{2a-b}=3^4$

$2a-b=4$ ······ ㉠

$f(b-a)=3$에서 $3^{-(b-a)}=3$

$3^{a-b}=3$

$a-b=1$ ······ ㉡

㉠, ㉡을 연립하여 풀면

$a=3,\ b=2$

따라서 $a+b=5$

20 $y=2^x+3$의 그래프는 $y=2^x$의 그래프를 y축의 방향으로 3만큼 평행이동한 것이므로 빗금친 두 부분의 넓이는 같다.

따라서 도형 A의 넓이는 색칠한 직사각형의 넓이와 같으므로

$2\times3=6$

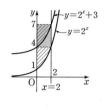

21 $2^x>0,\ 2^{-x}>0$이므로 산술평균과 기하평균의 관계에 의하여

$2^x+2^{-x}\ge2\sqrt{2^x\times2^{-x}}=2$

(단, 등호는 $2^x=2^{-x}$, 즉 $x=0$일 때 성립한다.)

$2^x+2^{-x}=t\ (t\ge2)$로 치환하면

$4^x+4^{-x}=(2^x+2^{-x})^2-2$

$\qquad\qquad\quad=t^2-2$

이므로 주어진 함수는

$y=t^2-2-4t=(t-2)^2-6$

따라서 주어진 함수는 $t=2$, 즉 $x=0$일 때 최솟값이 -6이다.

22 $\left(\dfrac{1}{4}\right)^x-a\times\left(\dfrac{1}{2}\right)^x+b<0$에서

$\left(\dfrac{1}{2}\right)^{2x}-a\times\left(\dfrac{1}{2}\right)^x+b<0$

$\left(\dfrac{1}{2}\right)^x=t\ (t>0)$로 치환하면

$t^2-at+b<0$ ······ ㉠

이때 $-2<x<4$에서

$\left(\dfrac{1}{2}\right)^4<\left(\dfrac{1}{2}\right)^x<\left(\dfrac{1}{2}\right)^{-2}$, 즉 $\dfrac{1}{16}<t<4$

해가 $\dfrac{1}{16}<t<4$이고 t^2의 계수가 1인 이차부등식은

$\left(t-\dfrac{1}{16}\right)(t-4)<0$, 즉 $t^2-\dfrac{65}{16}t+\dfrac{1}{4}<0$

이것이 ㉠과 일치하므로

$a=\dfrac{65}{16},\ b=\dfrac{1}{4}$

따라서 $16(a+b)=65+4=69$

23 $4^x-2k\times2^x+9>0$에서

$2^x=t\ (t>0)$로 치환하면

$t^2-2kt+9>0$

$f(t)=t^2-2kt+9$로 놓으면

$f(t)=(t-k)^2+9-k^2$

$t>0$인 모든 t에 대하여 $f(t)>0$이 성립하려면

(i) $k>0$일 때

$9-k^2>0,\ k^2<9$

$-3<k<3$

이때 $k>0$이므로 $0<k<3$

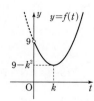

(ii) $k=0$일 때

$f(t)=t^2+9\geq0$이 항상 성립한다.

(iii) $k<0$일 때

$f(0)=9>0$이 항상 성립한다.

(i), (ii), (iii)에서 $k<3$

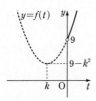

24 처음 ^{14}C의 양이 100 mg일 때 x년 후에 남아 있는 ^{14}C의 양이 25 mg이므로

$$f(x)=100\times\left(\frac{1}{2}\right)^{\frac{x}{5730}}=25$$

$$\left(\frac{1}{2}\right)^{\frac{x}{5730}}=\frac{25}{100}, \ \left(\frac{1}{2}\right)^{\frac{x}{5730}}=\left(\frac{1}{2}\right)^2$$

$\dfrac{x}{5730}=2$, 즉 $x=11460$

따라서 11460년 전의 유물이라 할 수 있다.

4 로그함수

01

본문 102쪽

로그함수

1 ×　　　　2 ○　　　　3 ×　　　　4 ○

5 ○　　　　6 × (✐ x)

7 (1) (✐ 2, 1, 0)　(2) $\dfrac{1}{2}$　(3) 2

8 (1) $-\dfrac{1}{2}$　(2) 2　(3) -3

9 (✐ 0, 일대일대응, 3, 3, 3, x, 0)

10 $y=\log_{\frac{1}{3}} x \ (x>0)$　　　11 $y=\log_2 (x-1) \ (x>1)$

12 (✐ 일대일대응, 2, 2, x)　13 $y=\left(\dfrac{1}{5}\right)^{x+1}$

1 $\log_{10} 7$은 상수이므로 $y=\log_{10} 7$은 상수함수이다.

3 $\log_{10} 5$는 상수이므로 $y=x\log_{10} 5$는 일차함수이다.

7 (2) $f(\sqrt{2})=\log_2 \sqrt{2}=\log_2 2^{\frac{1}{2}}=\dfrac{1}{2}$

(3) $f\left(\dfrac{2}{3}\right)+f(6)=\log_2 \dfrac{2}{3}+\log_2 6$

$\qquad\qquad\qquad\quad=\log_2 \left(\dfrac{2}{3}\times 6\right)$

$\qquad\qquad\qquad\quad=\log_2 4=\log_2 2^2=2$

8 (1) $f(\sqrt{3})=\log_{\frac{1}{3}} \sqrt{3}=\log_{\frac{1}{3}} 3^{\frac{1}{2}}=-\dfrac{1}{2}$

(2) $\left(\dfrac{1}{9}\right)=\log_{\frac{1}{3}} \dfrac{1}{9}=\log_{\frac{1}{3}} \left(\dfrac{1}{3}\right)^2=2$

(3) $f(12)-f\left(\dfrac{4}{9}\right)=\log_{\frac{1}{3}} 12-\log_{\frac{1}{3}} \dfrac{4}{9}$

$\qquad\qquad\qquad\qquad=\log_{\frac{1}{3}} \left(12\div\dfrac{4}{9}\right)$

$\qquad\qquad\qquad\qquad=\log_{\frac{1}{3}} 27=\log_{\frac{1}{3}} 3^3$

$\qquad\qquad\qquad\qquad=-3$

10 주어진 함수는 집합 $\{x|x$는 실수$\}$에서 집합 $\{y|y>0\}$으로의 일대일대응이다.

$y=\left(\dfrac{1}{3}\right)^x$에서 $x=\log_{\frac{1}{3}} y$

x와 y를 서로 바꾸면 구하는 역함수는

$y=\log_{\frac{1}{3}} x \ (x>0)$

11 주어진 함수는 집합 $\{x|x$는 실수$\}$에서 집합 $\{y|y>1\}$로의 일대일대응이다.

$y=2^x+1$에서 $y-1=2^x$이므로

$x=\log_2(y-1)$

x와 y를 서로 바꾸면 구하는 역함수는

$y=\log_2(x-1)\ (x>1)$

13 주어진 함수는 집합 $\{x|x>0\}$에서 집합 $\{y|y$는 실수$\}$로의 일대일대응이다.

$y=\log_{\frac{1}{5}}x-1$에서 $y+1=\log_{\frac{1}{5}}x$이므로

$x=\left(\dfrac{1}{5}\right)^{y+1}$

x와 y를 서로 바꾸면 구하는 역함수는

$y=\left(\dfrac{1}{5}\right)^{x+1}$

02

본문 104쪽

로그함수의 그래프와 성질

원리확인

❶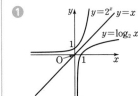

❷ 양의 실수, 실수

❸ 1, 4

❹ 증가

❺ 1

❻ y, y

1 (✎ 1, 1, 3)

2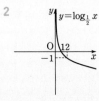

3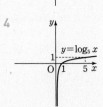

4

😊 1, 증가, 감소, x

5 (1) × (2) × (3) ○ (4) ○ (5) ×

6 (1) ○ (2) × (3) ○ (4) ○ (5) ×

5 (1) 정의역은 양의 실수 전체의 집합이다.

　(2) 그래프는 원점을 지나지 않는다.

　(5) 그래프의 점근선은 y축이므로 점근선의 방정식은 $x=0$

6 (2) 그래프는 점 $(0, 1)$을 지나지 않는다.

　(5) $y=\left(\dfrac{1}{3}\right)^x$과 역함수 관계이다.

03

본문 106쪽

로그함수의 그래프의 평행이동

1 (✎ 3, 2, 3, 2)

2 $y=\log_3(x-1)-1$

3 $y=\log_{\frac{1}{2}}(x+6)+9$

4 (1) (✎ -1 / -1) (2) (✎ -1) (3) (✎ -1) (4) (✎ 실수)

5 (1) (2) $x=0$

　(3) $\{x|x>0\}$

　(4) 실수 전체의 집합

6 (1) (2) $x=5$

　(3) $\{x|x>5\}$

　(4) 실수 전체의 집합

7 (1) ○ (2) ○ (3) × (4) × (5) ○

😊 n, m, m, n

8 ②

7 (3) 정의역은 $\{x|x>4\}$이다.

　(4) 그래프의 점근선의 방정식은 $x=4$이다.

8 주어진 그래프는 $y=\log_{\frac{1}{3}}x$의 그래프를 평행이동한 것이고

점근선의 방정식이 $x=2$이므로 그래프의 식을

$y=\log_{\frac{1}{3}}(x-2)+b\ (b$는 상수$)$로 놓을 수 있다.

그래프가 점 $(3, -1)$을 지나므로

$-1=\log_{\frac{1}{3}}(3-2)+b,\ b=-1$

따라서 그래프의 식은 $y=\log_{\frac{1}{3}}(x-2)-1$

04

본문 108쪽

로그함수의 그래프의 대칭이동

1 (1) (✎ $-y, -y, -$) (2) $y=\log_3(-x)$

2 (1) (✎ $-x, -y, -x, -, -x$) (2) $y=\left(\dfrac{1}{3}\right)^x$

3 (1) (✎ y / $-6, -1$) (2) (✎ 0) (3) (✎ 0) (4) (✎ 실수)

4 (1) (2) $x=0$

　(3) $\{x|x>0\}$

　(4) 실수 전체의 집합

5 (1) $y=-\log_6(-x)$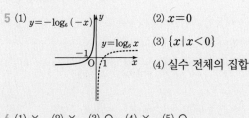

(2) $x=0$

(3) $\{x\,|\,x<0\}$

(4) 실수 전체의 집합

6 (1) × (2) × (3) ○ (4) × (5) ○

☺ $-, -, -, -, a$　　**7** ③

8 (✎ y, $1/-1$)

9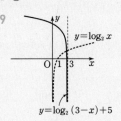

10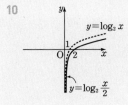

11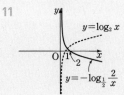

12 (✎ x, $-1/3$)

13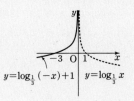

14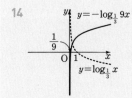

15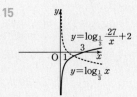

16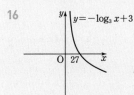
, 정의역: $\{x\,|\,x>0\}$,
점근선의 방정식: $x=0$

17
, 정의역: $\{x\,|\,x<3\}$,
점근선의 방정식: $x=3$
$y=\log_{\frac14}(3-x)-2$

18
, 정의역: $\{x\,|\,x>0\}$,
점근선의 방정식: $x=0$
$y=-\log_3 9x$

19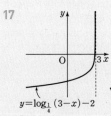
, 정의역: $\{x\,|\,x>0\}$,
점근선의 방정식: $x=0$
$y=\log_{\frac15}\dfrac{5}{x}+2$

20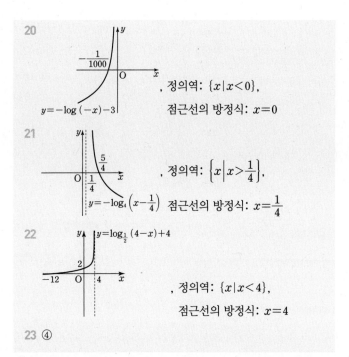
, 정의역: $\{x\,|\,x<0\}$,
점근선의 방정식: $x=0$
$y=-\log(-x)-3$

21
, 정의역: $\left\{x\,\middle|\,x>\dfrac14\right\}$,
점근선의 방정식: $x=\dfrac14$
$y=-\log_4\left(x-\dfrac14\right)$

22 $y=\log_{\frac12}(4-x)+4$
, 정의역: $\{x\,|\,x<4\}$,
점근선의 방정식: $x=4$

23 ④

---

1 (2) $y=\log_3 x$의 그래프를 y축에 대하여 대칭이동한 그래프의 식은 x 대신 $-x$를 대입하면
$$y=\log_3(-x)$$

2 (2) $y=\log_{\frac13}x$의 그래프를 직선 $y=x$에 대하여 대칭이동한 그래프의 식은 x 대신 y, y 대신 x를 대입하면
$$x=\log_{\frac13}y,\ \ \text{즉}\ y=\left(\frac13\right)^x$$

4 (1) $y=-\log_6 x$의 그래프는 $y=\log_6 x$의 그래프를 x축에 대하여 대칭이동한 것이다.

5 (1) $y=-\log_6(-x)$의 그래프는 $y=\log_6 x$의 그래프를 원점에 대하여 대칭이동한 것이다.

6 (1) $y=\log_3 x$의 그래프를 x축에 대하여 대칭이동한 그래프의 식을 구하면
$$-y=\log_3 x\text{에서}\ y=-\log_3 x$$
(2) $y=\log_3 x$의 그래프를 y축에 대하여 대칭이동한 그래프의 식을 구하면
$$y=\log_3(-x)$$
(3) $y=\log_3 x$의 그래프를 원점에 대하여 대칭이동한 그래프의 식을 구하면
$$-y=\log_3(-x)\text{에서}\ y=-\log_3(-x)$$
(4) $y=\log_{\frac13}x$의 그래프를 x축에 대하여 대칭이동한 그래프의 식을 구하면
$$-y=\log_{\frac13}x\text{에서}\ y=\log_3 x$$
(5) $y=-\left(\dfrac13\right)^x$의 그래프를 직선 $y=x$에 대하여 대칭이동한 그래프의 식을 구하면
$$x=-\left(\frac13\right)^y\text{에서}\ -x=\left(\frac13\right)^y\text{이므로}$$
$$y=\log_{\frac13}(-x),\ \text{즉}\ y=-\log_3(-x)$$

7 ㄱ. $y=\log_{\frac{1}{5}} x=-\log_5 x$의 그래프는 $y=\log_5 x$의 그래프를 x축에 대하여 대칭이동한 것이다.

ㄴ. $y=\log_5 \dfrac{5}{x}=1-\log_5 x$이므로 $y=\log_5 x$의 그래프를 대칭이동하여 겹쳐질 수 없다.

ㄷ. $y=\log_5 \dfrac{1}{x}=-\log_5 x$의 그래프는 $y=\log_5 x$의 그래프를 x축에 대하여 대칭이동한 것이다.

ㄹ. $y=\log_{\frac{1}{5}} 5x=-(1+\log_5 x)$

$\qquad =-\log_5 x-1$

이 그래프는 $y=\log_5 x$의 그래프를 대칭이동하여 겹쳐질 수 없다.

따라서 $y=\log_5 x$의 그래프를 대칭이동하여 겹쳐질 수 있는 그래프의 식은 ㄱ, ㄷ이다.

9 $y=\log_2 (3-x)+5$의 그래프는 $y=\log_2 x$의 그래프를 y축에 대하여 대칭이동한 후, x축의 방향으로 3만큼, y축의 방향으로 5만큼 평행이동한 것이다.

10 $y=\log_2 \dfrac{x}{2}=\log_2 x-1$의 그래프는 $y=\log_2 x$의 그래프를 y축의 방향으로 -1만큼 평행이동한 것이다.

11 $y=-\log_{\frac{1}{2}} \dfrac{2}{x}=\log_2 \dfrac{2}{x}=-\log_2 x+1$의 그래프는 $y=\log_2 x$의 그래프를 x축에 대하여 대칭이동한 후, y축의 방향으로 1만큼 평행이동한 것이다.

13 $y=\log_{\frac{1}{3}} (-x)+1$의 그래프는 $y=\log_{\frac{1}{3}} x$의 그래프를 y축에 대하여 대칭이동한 후, y축의 방향으로 1만큼 평행이동한 것이다.

14 $y=-\log_{\frac{1}{3}} 9x=-\log_{\frac{1}{3}} x+2$의 그래프는 $y=\log_{\frac{1}{3}} x$의 그래프를 x축에 대하여 대칭이동한 후, y축의 방향으로 2만큼 평행이동한 것이다.

15 $y=\log_{\frac{1}{3}} \dfrac{27}{x}+2=\log_{\frac{1}{3}} 27-\log_{\frac{1}{3}} x+2$

$\qquad =-\log_{\frac{1}{3}} x-1$

이므로 $y=\log_{\frac{1}{3}} \dfrac{27}{x}+2$의 그래프는 $y=\log_{\frac{1}{3}} x$의 그래프를 x축에 대하여 대칭이동한 후, y축의 방향으로 -1만큼 평행이동한 것이다.

16 $y=-\log_3 x+3$의 그래프는 $y=\log_3 x$의 그래프를 x축에 대하여 대칭이동한 후, y축의 방향으로 3만큼 평행이동한 것이다.
따라서 정의역은 $\{x\,|\,x>0\}$, 점근선의 방정식은 $x=0$이다.

17 $y=\log_{\frac{1}{4}} (3-x)-2$의 그래프는 $y=\log_{\frac{1}{4}} x$의 그래프를 y축에 대하여 대칭이동한 후, x축의 방향으로 3만큼, y축의 방향으로 -2만큼 평행이동한 것이다.
따라서 정의역은 $\{x\,|\,x<3\}$, 점근선의 방정식은 $x=3$이다.

18 $y=-\log_3 9x=-(\log_3 9+\log_3 x)=-\log_3 x-2$
이므로 $y=-\log_3 9x$의 그래프는 $y=\log_3 x$의 그래프를 x축에 대하여 대칭이동한 후, y축의 방향으로 -2만큼 평행이동한 것이다.
따라서 정의역은 $\{x\,|\,x>0\}$이고, 점근선의 방정식은 $x=0$이다.

19 $y=\log_{\frac{1}{5}} \dfrac{5}{x}+2=-\log_5 \dfrac{5}{x}+2$

$\qquad =-(\log_5 5-\log_5 x)+2=\log_5 x+1$

이므로 $y=\log_{\frac{1}{5}} \dfrac{5}{x}+2$의 그래프는 $y=\log_5 x$의 그래프를 y축의 방향으로 1만큼 평행이동한 것이다.
따라서 정의역은 $\{x\,|\,x>0\}$이고, 점근선의 방정식은 $x=0$이다.

20 $y=-\log(-x)-3$의 그래프는 $y=\log x$의 그래프를 원점에 대하여 대칭이동한 후, y축의 방향으로 -3만큼 평행이동한 것이다.
따라서 정의역은 $\{x\,|\,x<0\}$이고, 점근선의 방정식은 $x=0$이다.

21 $y=-\log_4 \left(x-\dfrac{1}{4}\right)$의 그래프는 $y=\log_4 x$의 그래프를 x축에 대하여 대칭이동한 후, x축의 방향으로 $\dfrac{1}{4}$만큼 평행이동한 것이다.
따라서 정의역은 $\left\{x\,\middle|\,x>\dfrac{1}{4}\right\}$이고, 점근선의 방정식은 $x=\dfrac{1}{4}$이다.

22 $y=\log_{\frac{1}{2}} (4-x)+4$의 그래프는 $y=\log_{\frac{1}{2}} x$의 그래프는 y축에 대하여 대칭이동한 후, x축의 방향으로 4만큼, y축의 방향으로 4만큼 평행이동한 것이다.
따라서 정의역은 $\{x\,|\,x<4\}$이고, 점근선의 방정식은 $x=4$이다.

23 $y=\log_{\frac{1}{5}} x$의 그래프를 x축에 대하여 대칭이동한 그래프의 식은
$y=-\log_{\frac{1}{5}} x=\log_5 x$
$y=\log_5 x$의 그래프를 x축의 방향으로 2만큼, y축의 방향으로 -3만큼 평행이동한 그래프의 식은 $y=\log_5 (x-2)-3$

TEST 개념 확인 ・・・・・・・・・・・・・・・・・・・ 본문 112쪽

1 ⑤	2 ③	3 ②	4 ⑤
5 ④	6 ④	7 ④	8 ①
9 ①	10 ①	11 2	12 ②

1 $(f \circ g)\left(\dfrac{1}{2}\right)=f\left(g\left(\dfrac{1}{2}\right)\right)=f\left(\log_2 \dfrac{1}{2}\right)=f(-1)=\left(\dfrac{1}{4}\right)^{-1}=4$

2 $f(4)=\log_2 4-a=1$이므로 $2-a=1$, 즉 $a=1$
따라서 $f(x)=\log_2 x-1$이므로
$f(16)=\log_2 16-1=4-1=3$

3 $y=\log_{\frac{1}{2}} x$의 그래프가 점 $(a, -1)$을 지나므로
$-1=\log_{\frac{1}{2}} a$에서 $a=\left(\dfrac{1}{2}\right)^{-1}=2$

4 ⑤ $y=\log_{\frac{1}{a}} \dfrac{1}{x}=\log_{a^{-1}} x^{-1}=\log_a x$이고 정의역은 $\{x\,|\,x>0\}$으로 같으므로 두 그래프는 서로 일치한다.

5 $a=5$, $b=2$이므로 $a+b=7$

6 $y=\log_2 (x-3)$의 점근선의 방정식은 $x=3$이므로
$k=3$
따라서 $k^2=9$

7 $y=\log_3 (x+a)$의 역함수의 그래프가 점 $(2, 3)$을 지나므로
$y=\log_3 (x+a)$의 그래프는 점 $(3, 2)$를 지난다.
즉 $2=\log_3 (3+a)$에서
$3+a=9$이므로 $a=6$

8 함수 $y=\log_3 2x$의 그래프를 x축의 방향으로 m만큼, y축의 방향으로 n만큼 평행이동한 그래프의 식은
$y=\log_3 2(x-m)+n$ $\qquad$ ……㉠
한편 $y=\log_3 (18x-54)$에서
$y=\log_3 9(2x-6)=\log_3 2(x-3)+2$ $\quad$ ……㉡
따라서 ㉠=㉡이므로 $m=3$, $n=2$
즉 $m+n=5$

9 $y=\log_2 x$의 그래프를 x축의 방향으로 a만큼, y축의 방향으로 b만큼 평행이동한 그래프의 식은
$y=\log_2 (x-a)+b$
주어진 그래프에서 점근선의 방정식이 $x=-1$이므로 $a=-1$
또 $y=\log_2 (x+1)+b$의 그래프가 점 $(0, 3)$을 지나므로
$3=\log_2 (0+1)+b$에서 $b=3$
따라서 $ab=-3$

10 $y=\log_m x$의 그래프를 x축에 대하여 대칭이동한 그래프의 식은
$-y=\log_m x$에서 $y=-\log_m x$
$y=-\log_m x$의 그래프가 점 $(5, 1)$을 지나므로
$1=-\log_m 5$에서 $\log_m 5=-1$
따라서 $5=m^{-1}$이므로 $m=\dfrac{1}{5}$
또 $y=\log_n x$의 그래프가 점 $(5, 1)$을 지나므로
$1=\log_n 5$에서 $n=5$
따라서 $mn=1$

11 $y=\log_3 ax$의 그래프를 y축의 방향으로 -1만큼 평행이동한 그래프의 식은
$y=\log_3 ax-1=\log_3 ax-\log_3 3=\log_3 \dfrac{ax}{3}$
이 그래프를 x축에 대하여 대칭이동한 그래프의 식은
$y=-\log_3 \dfrac{ax}{3}$이므로 $y=\log_3 \dfrac{3}{ax}$
따라서 $y=\log_3 \dfrac{3}{ax}$의 그래프와 $y=\log_3 \dfrac{3}{2x}$의 그래프가 겹쳐지므로 $a=2$

12 $y=\log_5 x$의 그래프를 x축에 대하여 대칭이동한 그래프의 식은
$y=-\log_5 x=\log_{\frac{1}{5}} x$
이 그래프를 x축의 방향으로 m만큼 평행이동한 그래프의 식은
$y=\log_{\frac{1}{5}} (x-m)$
주어진 그래프에서 점근선의 방정식은 $x=-1$이므로
$m=-1$
[다른 풀이]
$y=\log_5 x$의 그래프를 x축에 대하여 대칭이동한 그래프의 식은
$y=-\log_5 x=\log_{\frac{1}{5}} x$
이 그래프를 x축의 방향으로 m만큼 평행이동한 그래프의 식은
$y=\log_{\frac{1}{5}} (x-m)$
이 그래프가 원점 $(0, 0)$을 지나므로
$0=\log_{\frac{1}{5}} (-m)$
따라서 $-m=1$이므로 $m=-1$

---

05 본문 114쪽

로그함수의 그래프의 좌푯값

1 (1) (✏ $1, 1, 2$) (2) 4 (3) 16

2 (1) 1 (2) 3 (3) 27

3 (1) (✏ $1, 1, 2$) (2) 4 (3) 16 (4) 16

4 (1) (✏ $4, 4, 16, 16$) (2) 12 (3) $\log_2 12$ (4) $\log_2 12$

5 (1) $a-\log_9 a$ (2) $a-\log_3 a$ (3) 9

6 (1) 2 (2) 24 (3) 12 $\qquad$ **7** ④

1

(2) $y=\log_2 x$의 그래프는 점 $(b, 2)$를 지나므로
$2=\log_2 b$에서 $b=2^2=4$
(3) $y=\log_2 x$의 그래프는 점 $(c, 4)$를 지나므로
$4=\log_2 c$에서 $c=2^4=16$

2

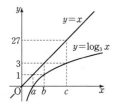

(1) $y=\log_3 x$의 그래프는 점 $(1, 0)$을 지나므로

$a=1$

(2) $y=\log_3 x$의 그래프는 점 $(b, 1)$을 지나므로

$1=\log_3 b$에서 $b=3$

(3) $y=\log_3 x$의 그래프는 점 $(c, 3)$을 지나므로

$3=\log_3 c$에서 $c=3^3=27$

3

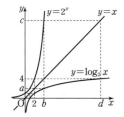

(2) $y=\log_2 x$의 그래프는 점 $(b, 2)$를 지나므로

$2=\log_2 b$에서 $b=2^2=4$

(3) $y=2^x$의 그래프는 점 (b, c)를 지나고

$b=4$이므로 $c=2^4=16$

(4) $y=\log_2 x$의 그래프는 점 $(d, 4)$를 지나므로

$4=\log_2 d$에서 $d=2^4=16$

4

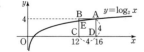

(2) $\overline{\mathrm{CD}}=4$이므로 점 C의 x좌표는 $16-4=12$

(3) 점 E의 x좌표는 점 C의 x좌표와 같으므로 12이다.

따라서 점 E의 y좌표는 $\log_2 12$이다.

(4) $\overline{\mathrm{CE}}$의 길이는 점 E의 y좌표와 같으므로 $\overline{\mathrm{CE}}=\log_2 12$

5 (1) $\mathrm{P}(a, \log_9 a)$이므로 $\overline{\mathrm{AP}}=a-\log_9 a$

(2) 점 Q는 $y=3^x$ 위의 점이므로 $a=3^x$, $x=\log_3 a$ 즉

$\mathrm{Q}(\log_3 a, a)$이므로 $\overline{\mathrm{AQ}}=a-\log_3 a$

(3) $\overline{\mathrm{AP}}-\overline{\mathrm{AQ}}=(a-\log_9 a)-(a-\log_3 a)$

$=\log_3 a-\log_9 a$

$=\log_{3^2} a^2-\log_9 a$

$=2\log_9 a-\log_9 a=\log_9 a$

$\overline{\mathrm{AP}}-\overline{\mathrm{AQ}}$의 값이 자연수이므로 $a=9^n$ 꼴이어야 한다.

이때 $1<a<10$이므로 $a=9$

6 (1) $y=\log_3 x$의 그래프는 점 $(1, 0)$을

지나므로 $\mathrm{A}_1(1, 0)$

점 A_2는 직선 $y=x$ 위에 있으므로

$\mathrm{A}_2(1, 1)$

점 A_3의 y좌표는 1이므로

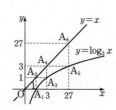

$\log_3 x=1$에서 $x=3$

즉 $\mathrm{A}_3(3, 1)$

따라서 $\overline{\mathrm{A}_2\mathrm{A}_3}=3-1=2$

(2) 점 A_4는 직선 $y=x$ 위에 있으므로 $\mathrm{A}_4(3, 3)$

점 A_5의 y좌표는 3이므로 $\log_3 x=3$에서 $x=3^3=27$

즉 $\mathrm{A}_5(27, 3)$

점 A_6은 직선 $y=x$ 위에 있으므로 $\mathrm{A}_6(27, 27)$

따라서 $\overline{\mathrm{A}_5\mathrm{A}_6}=27-3=24$

(3) $\dfrac{\overline{\mathrm{A}_5\mathrm{A}_6}}{\overline{\mathrm{A}_2\mathrm{A}_3}}=\dfrac{24}{2}=12$

7 주어진 그래프에서

$\log_2 b=a$, $\log_2 c=b$, $\log_2 d=c$이므로

$c-a=\log_2 d-\log_2 b=\log_2 \dfrac{d}{b}$

따라서 $2^{c-a}=\dfrac{d}{b}$

---

06   본문 116쪽

로그함수를 이용한 수의 대소 비교

1 $<$ (✏ $<$)   2 $<$ 3 $<$ 4 $>$ (✏ $>$, $>$)

5 $>$ 6 $<$ 7 (✏ 9, 9, $\log_3 8$, 2)

8 $\log_{\frac{1}{6}} 3<\log_{\frac{1}{6}} \dfrac{6}{5}<\log_{\frac{1}{6}} \dfrac{1}{9}$

9 $\log_2 3<\log_2 \sqrt{10}<\log_2 8$

10 $2\log_4 2<\dfrac{1}{2}\log_4 48<3\log_4 5$

11 $\log_{\frac{1}{3}} 3<\log_{\frac{1}{3}} \sqrt{5}<\dfrac{1}{3}\log_{\frac{1}{3}} 8$

12 $\log_9 15<\log_3 6<2$

13 $-3<\log_{\frac{1}{2}} 3<\log_{\frac{1}{4}} 7$

14 $\log_{\frac{1}{5}} 10<\log_{25} 19<\log_5 \sqrt{20}$

☺ $<$, $<$, $<$, $>$ 15 ②

2 $8>6$이고 $0<$ (밑) <1이므로

$\log_{\frac{1}{5}} 8<\log_{\frac{1}{5}} 6$

3 $\dfrac{1}{3}\log_4 65=\log_4 \sqrt[3]{65}$

$\dfrac{1}{13}<\sqrt[3]{65}$이고 밑이 1보다 크므로

$\log_4 \dfrac{1}{13}<\log_4 \sqrt[3]{65}$

따라서 $\log_4 \dfrac{1}{13}<\dfrac{1}{3}\log_4 65$

5 $3=\log_3 3^3=\log_3 27$

$27>20$이고 밑이 1보다 크므로

$\log_3 27>\log_3 20$

따라서 $3>\log_3 20$

6 $\log_{\frac{1}{25}} 3$을 밑이 $\frac{1}{5}$인 로그로 나타내면

$\log_{\frac{1}{25}} 3 = \log_{\left(\frac{1}{5}\right)^2} 3 = \frac{1}{2} \log_{\frac{1}{5}} 3 = \log_{\frac{1}{5}} \sqrt{3}$

$2 = \sqrt{4} > \sqrt{3}$이고 $0 < (밑) < 1$이므로

$\log_{\frac{1}{5}} 2 < \log_{\frac{1}{5}} \sqrt{3}$

따라서 $\log_{\frac{1}{5}} 2 < \log_{\frac{1}{25}} 3$

8 $\frac{1}{9} < \frac{6}{5} < 3$이고 $0 < (밑) < 1$이므로

$\log_{\frac{1}{6}} 3 < \log_{\frac{1}{6}} \frac{6}{5} < \log_{\frac{1}{6}} \frac{1}{9}$

9 $3 < \sqrt{10} < 8$이고 밑이 1보다 크므로

$\log_2 3 < \log_2 \sqrt{10} < \log_2 8$

10 $2 \log_4 2 = \log_4 4$

$3 \log_4 5 = \log_4 125$

$\frac{1}{2} \log_4 48 = \log_4 \sqrt{48}$

이때 $4 < \sqrt{48} < 125$이고 밑이 1보다 크므로

$\log_4 4 < \log_4 \sqrt{48} < \log_4 125$

따라서 $2 \log_4 2 < \frac{1}{2} \log_4 48 < 3 \log_4 5$

11 $\frac{1}{3} \log_{\frac{1}{3}} 8 = \log_{\frac{1}{3}} 2$

$2 < \sqrt{5} < 3$이고 $0 < (밑) < 1$이므로

$\log_{\frac{1}{3}} 3 < \log_{\frac{1}{3}} \sqrt{5} < \log_{\frac{1}{3}} 2$

따라서 $\log_{\frac{1}{3}} 3 < \log_{\frac{1}{3}} \sqrt{5} < \frac{1}{3} \log_{\frac{1}{3}} 8$

12 밑이 3인 로그로 통일하면

$\log_9 15 = \log_{3^2} 15 = \frac{1}{2} \log_3 15 = \log_3 \sqrt{15}$

$2 = \log_3 3^2 = \log_3 9$

$\sqrt{15} < 6 < 9$이고 밑이 1보다 크므로

$\log_3 \sqrt{15} < \log_3 6 < \log_3 9$

따라서 $\log_9 15 < \log_3 6 < 2$

13 $\log_{\frac{1}{4}} 7 = \log_{\left(\frac{1}{2}\right)^2} 7 = \frac{1}{2} \log_{\frac{1}{2}} 7 = \log_{\frac{1}{2}} \sqrt{7}$

$-3 = \log_{\frac{1}{2}} \left(\frac{1}{2}\right)^{-3} = \log_{\frac{1}{2}} 8$

$\sqrt{7} < 3 < 8$이고 $0 < (밑) < 1$이므로

$\log_{\frac{1}{2}} 8 < \log_{\frac{1}{2}} 3 < \log_{\frac{1}{2}} \sqrt{7}$

따라서 $-3 < \log_{\frac{1}{2}} 3 < \log_{\frac{1}{4}} 7$

14 밑이 5인 로그로 통일하면

$\log_{\frac{1}{5}} 10 = \log_{5^{-1}} 10 = -\log_5 10 = \log_5 \frac{1}{10}$

$\log_{25} 19 = \log_{5^2} 19 = \frac{1}{2} \log 19 = \log_5 \sqrt{19}$

$\frac{1}{10} < \sqrt{19} < \sqrt{20}$이고 밑이 1보다 크므로

$\log_5 \frac{1}{10} < \log_5 \sqrt{19} < \log_5 \sqrt{20}$

따라서 $\log_{\frac{1}{5}} 10 < \log_{25} 19 < \log_5 \sqrt{20}$

15 밑이 2인 로그로 통일하면

$A = \frac{1}{2} \log_2 5 = \log_2 \sqrt{5}$

$B = \log_4 25 = \log_{2^2} 5^2 = \log_2 5$

$C = 2 \log_4 3 = 2 \log_{2^2} 3 = \log_2 3$

$\sqrt{5} < 3 < 5$이고 밑이 1보다 크므로

$\log_2 \sqrt{5} < \log_2 3 < \log_2 5$

$\frac{1}{2} \log_2 5 < 2 \log_4 3 < \log_4 25$

따라서 $A < C < B$

07

본문 118쪽

로그함수의 최대, 최소

1 (✏ 8, 3, 2, 1)　　**2** 최댓값: 2, 최솟값: -2

3 최댓값: 3, 최솟값: 1　　**4** 최댓값: 3, 최솟값: 2

5 최댓값: 0, 최솟값: -2　　**6** 최댓값: 0, 최솟값: -2

7 ①　　　　　　　　**8** (✏ 3, 1, 1, 5, 5, $\log_2 5$, 1, 0)

9 최댓값: $\log_5 4$, 최솟값: $\log_5 3$

10 최댓값: 2, 최솟값: 0　　☺ 최대, 최소, 최소, 최대

11 최댓값: $\log_{\frac{1}{3}} 29$, 최솟값: $\log_{\frac{1}{3}} 68$

12 최댓값: $\log_{\frac{1}{3}} 2$, 최솟값: $\log_{\frac{1}{3}} 6$

13 최댓값: $\log_2 27$, 최솟값: $\log_2 7$

14 최댓값: $\log_3 13$, 최솟값: 2

15 (✏ 1, 1, 3, 5, 1, 1)　　**16** 최댓값: -5, 최솟값: -6

17 최댓값: 0, 최솟값: $-\frac{1}{2}$　　**18** 최댓값: 6, 최솟값: -3

19 $\left(✏ -1, -1, -1, \frac{1}{2}, \frac{1}{2} \right)$　　**20** $\frac{1}{3}$

21 16　　**22** ④　　**23** (✏ 2, 2, 3, $2\sqrt{3}$, $2\sqrt{3}$)

24 4　　**25** 2　　**26** $2\sqrt{2}$

27 (✏ 2, 2, 2, 4, 4, 2, 2)　　**28** $\log_5 4$

29 -4　　**30** ②

2 함수 $y = \log_{\frac{1}{3}} x$에서 밑이 1보다 작으므로 y는

$x = \frac{1}{9}$일 때 최대이고, 최댓값은

$\log_{\frac{1}{3}} \frac{1}{9} = \log_{\frac{1}{3}} \left(\frac{1}{3}\right)^2 = 2$

$x = 9$일 때 최소이고, 최솟값은

$\log_{\frac{1}{3}} 9 = \log_{3^{-1}} 3^2 = -2$

3 함수 $y=\log x$에서 밑이 1보다 크므로 y는

$x=1000$일 때 최대이고, 최댓값은

$\log 1000=\log 10^3=3$

$x=10$일 때 최소이고, 최솟값은

$\log 10=1$

4 함수 $y=\log_3(x-1)$에서 밑이 1보다 크므로 y는

$x=28$일 때 최대이고, 최댓값은

$\log_3(28-1)=\log_3 27=3$

$x=10$일 때 최소이고, 최솟값은

$\log_3(10-1)=\log_3 9=2$

5 함수 $y=\log_{\frac{1}{5}}(2x+3)$에서 밑이 1보다 작으므로 y는

$x=-1$일 때 최대이고, 최댓값은

$\log_{\frac{1}{5}}(-2+3)=\log_{\frac{1}{5}}1=0$

$x=11$일 때 최소이고, 최솟값은

$\log_{\frac{1}{5}}(22+3)=\log_{\frac{1}{5}}25=-2$

6 함수 $y=\log_2\left(\dfrac{x}{2}+1\right)-4$에서 밑이 1보다 크므로 y는

$x=30$일 때 최대이고, 최댓값은

$\log_2\left(\dfrac{30}{2}+1\right)-4=\log_2 16-4=4-4=0$

$x=6$일 때 최소이고, 최솟값은

$\log_2\left(\dfrac{6}{2}+1\right)-4=\log_2 4-4=2-4=-2$

7 함수 $y=\log_{\frac{1}{4}}(3x+1)-2$에서 밑이 1보다 작으므로 y는

$x=1$일 때 최대이고, 최댓값은

$\log_{\frac{1}{4}}(3\times1+1)-2=\log_{\frac{1}{4}}4-2=-1-2=-3$

$x=5$일 때 최소이고, 최솟값은

$\log_{\frac{1}{4}}(3\times5+1)-2=\log_{\frac{1}{4}}16-2=-2-2=-4$

따라서 $M=-3$, $m=-4$이므로

$M-m=1$

9 $f(x)=-x^2+4x$라 하면

$f(x)=-(x-2)^2+4$

$1\le x\le3$에서 $3\le f(x)\le4$

따라서 $y=\log_5 f(x)$에서 밑이 1보다 크므로 y는

$f(x)=4$일 때 최댓값 $\log_5 4$,

$f(x)=3$일 때 최솟값 $\log_5 3$을 가진다.

10 $f(x)=-x^2+2x+9$라 하면

$f(x)=-(x-1)^2+10$

$2\le x\le4$에서 $1\le f(x)\le9$

따라서 $y=\log_3 f(x)$에서 밑이 1보다 크므로 y는

$f(x)=9$일 때 최댓값 $\log_3 9=2$,

$f(x)=1$일 때 최솟값 $\log_3 1=0$을 가진다.

11 $f(x)=x^2+6x+13$이라 하면

$f(x)=(x+3)^2+4$

$2\le x\le5$에서 $29\le f(x)\le68$

따라서 $y=\log_{\frac{1}{3}}f(x)$에서 밑이 1보다 작으므로 y는

$f(x)=29$일 때 최댓값 $\log_{\frac{1}{3}}29$,

$f(x)=68$일 때 최솟값 $\log_{\frac{1}{3}}68$을 가진다.

12 $f(x)=-x^2+2x+5$라 하면

$f(x)=-(x-1)^2+6$

$-1\le x\le3$에서 $2\le f(x)\le6$

따라서 $y=\log_{\frac{1}{3}}f(x)$에서 밑이 1보다 작으므로 y는

$f(x)=2$일 때 최댓값 $\log_{\frac{1}{3}}2$,

$f(x)=6$일 때 최솟값 $\log_{\frac{1}{3}}6$을 가진다.

13 $f(x)=x^2+6x$라 하면

$f(x)=(x+3)^2-9$

$1\le x\le3$에서 $7\le f(x)\le27$

따라서 $y=\log_2 f(x)$에서 밑이 1보다 크므로 y는

$f(x)=27$일 때 최댓값 $\log_2 27$,

$f(x)=7$일 때 최솟값 $\log_2 7$을 가진다.

14 $f(x)=x^2-4x+13$이라 하면

$f(x)=(x-2)^2+9$

$0\le x\le3$에서 $9\le f(x)\le13$

따라서 $y=\log_3 f(x)$에서 밑이 1보다 크므로 y는

$f(x)=13$일 때 최댓값 $\log_3 13$,

$f(x)=9$일 때 최솟값 $\log_3 9=2$를 가진다.

16 $\log_3 x=t$라 하면

$y=t^2-4t-2=(t-2)^2-6$

$3\le x\le27$에서 $1\le t\le3$

즉 $1\le t\le3$에서 함수 $y=(t-2)^2-6$은

$t=1$ 또는 $t=3$일 때 최대이고 최댓값은 -5,

$t=2$일 때 최소이고 최솟값은 -6이다.

17 $\log_{\frac{1}{2}}x=t$라 하면

$y=2t^2+2t=2\left(t+\dfrac{1}{2}\right)^2-\dfrac{1}{2}$

$1\le x\le2$에서 $-1\le t\le0$

즉 $-1\le t\le0$에서 함수 $y=2\left(t+\dfrac{1}{2}\right)^2-\dfrac{1}{2}$은

$t=-1$ 또는 $t=0$일 때 최대이고 최댓값은 0,

$t=-\dfrac{1}{2}$일 때 최소이고 최솟값은 $-\dfrac{1}{2}$이다.

18 $\log_{\frac{1}{3}}x=t$라 하면

$y=t^2-4t+1=(t-2)^2-3$

$\dfrac{1}{27}\le x\le 3$에서 $-1\le t\le 3$

즉 $-1\le t\le 3$에서 함수 $y=(t-2)^2-3$은

$t=-1$일 때 최대이고 최댓값은 6,

$t=2$일 때 최소이고 최솟값은 -3이다.

20 양변에 밑이 3인 로그를 취하면

$$\log_3 y=\log_3 x^{\log_3 x-2}$$
$$=(\log_3 x-2)\log_3 x$$
$$=(\log_3 x)^2-2\log_3 x$$

$\log_3 x=t$라 하면

$$\log_3 y=t^2-2t=(t-1)^2-1$$

$\log_3 y$는 $t=1$일 때 최솟값 -1을 가진다.

$\log_3 y=-1$에서 $y=\dfrac{1}{3}$

따라서 주어진 함수의 최솟값은 $\dfrac{1}{3}$이다.

21 양변에 밑이 2인 로그를 취하면

$$\log_2 y=\log_2 x^{4-\log_2 x}$$
$$=(4-\log_2 x)\log_2 x$$
$$=4\log_2 x-(\log_2 x)^2$$

$\log_2 x=t$라 하면

$$\log_2 y=-t^2+4t=-(t-2)^2+4$$

$\log_2 y$는 $t=2$일 때 최댓값 4를 가진다.

$\log_2 y=4$에서 $y=16$

따라서 주어진 함수의 최댓값은 16이다.

22 $y=\log_2\dfrac{x}{4}\times\log_2 2x$

$$=(\log_2 x-2)(1+\log_2 x)$$

$\log_2 x=t$라 하면

$$y=(t-2)(1+t)$$
$$=t^2-t-2$$
$$=\left(t-\dfrac{1}{2}\right)^2-\dfrac{9}{4}$$

$\dfrac{1}{8}\le x\le 2$에서 $-3\le t\le 1$

$t=-3$일 때 최대이고 최댓값 10,

$t=\dfrac{1}{2}$일 때 최소이고 최솟값은 $-\dfrac{9}{4}$이다.

따라서 최댓값과 최솟값의 곱은

$$10\times\left(-\dfrac{9}{4}\right)=-\dfrac{45}{2}$$

24 $x>1$일 때 $\log_3 x>0$, $\log_x 81>0$이므로

산술평균과 기하평균의 관계에 의하여

$$\log_3 x+\log_x 81\ge 2\sqrt{\log_3 x\times\log_x 81}$$
$$\ge 2\sqrt{\log_3 x\times\dfrac{4}{\log_3 x}}$$
$$=2\sqrt{4}=4$$
$$\text{(단, 등호는 }\log_3 x=\log_x 81\text{일 때 성립한다.)}$$

따라서 구하는 최솟값은 4이다.

25 $x>1$일 때 $\log x>0$, $\log_x 10>0$이므로

산술평균과 기하평균의 관계에 의하여

$$\log x+\log_x 10\ge 2\sqrt{\log x\times\log_x 10}$$
$$\ge 2\sqrt{\log x\times\dfrac{1}{\log x}}$$
$$=2\text{ (단, 등호는 }\log x=\log_x 10\text{일 때 성립한다.)}$$

따라서 구하는 최솟값은 2이다.

26 $x>1$일 때 $\log_5 x>0$, $\log_x 25>0$이므로

산술평균과 기하평균의 관계에 의하여

$$\log_5 x+\log_x 25\ge 2\sqrt{\log_5 x\times\log_x 25}$$
$$\ge 2\sqrt{\log_5 x\times\dfrac{2}{\log_5 x}}$$
$$=2\sqrt{2}$$
$$\text{(단, 등호는 }\log_5 x=\log_x 25\text{일 때 성립한다.)}$$

따라서 구하는 최솟값은 $2\sqrt{2}$이다.

28 $\log_5\left(x+\dfrac{1}{y}\right)+\log_5\left(\dfrac{1}{x}+y\right)$

$$=\log_5\left(x+\dfrac{1}{y}\right)\left(\dfrac{1}{x}+y\right)$$
$$=\log_5\left(xy+\dfrac{1}{xy}+2\right)$$

$xy>0$, $\dfrac{1}{xy}>0$이므로 산술평균과 기하평균의 관계에 의하여

$$xy+\dfrac{1}{xy}+2\ge 2\sqrt{xy\times\dfrac{1}{xy}}+2$$
$$=4\text{ (단, 등호는 }xy=1\text{일 때 성립한다.)}$$

즉 $\log_5\left(x+\dfrac{1}{y}\right)+\log_5\left(\dfrac{1}{x}+y\right)\ge\log_5 4$

따라서 구하는 최솟값은 $\log_5 4$이다.

29 $\log_{\frac{1}{2}}\left(x+\dfrac{3}{y}\right)+\log_{\frac{1}{2}}\left(\dfrac{1}{x}+3y\right)$

$$=\log_{\frac{1}{2}}\left(x+\dfrac{3}{y}\right)\left(\dfrac{1}{x}+3y\right)$$
$$=\log_{\frac{1}{2}}\left(3xy+\dfrac{3}{xy}+10\right)$$

$3xy>0$, $\dfrac{3}{xy}>0$이므로 산술평균과 기하평균의 관계에 의하여

$$3xy+\dfrac{3}{xy}+10\ge 2\sqrt{3xy\times\dfrac{3}{xy}}+10$$
$$=16\text{ (단, 등호는 }xy=1\text{일 때 성립한다.)}$$

$$\log_{\frac{1}{2}}\left(x+\dfrac{3}{y}\right)+\log_{\frac{1}{2}}\left(\dfrac{1}{x}+3y\right)\le\log_{\frac{1}{2}}16=-4$$

따라서 구하는 최댓값은 -4이다.

30 $\log_x y+\log_y x=\log_x y+\dfrac{1}{\log_x y}$

$x>1$, $y>1$일 때 $\log_x y>0$이므로 산술평균과 기하평균의 관계에 의하여

$$\log_x y+\log_y x=\log_x y+\dfrac{1}{\log_x y}$$
$$\ge 2\sqrt{\log_x y\times\dfrac{1}{\log_x y}}$$
$$=2\text{ (단, 등호는 }\log_x y=1\text{일 때 성립한다.)}$$

즉 $\log_x y + \log_y x \geq 2$

따라서 구하는 최솟값은 2이다.

08

본문 122쪽

로그방정식

1 $\left(\oslash -\dfrac{1}{2}, 9, 4, 4 \right)$　　　2 $x=\dfrac{1}{8}$　　　3 $x=2$

4 $x=\dfrac{7}{5}$　　　5 $x=-2$　　　6 $(\oslash -1, -4, 2, 2)$

7 $x=2$　　　8 $x=\dfrac{1}{5}$　　　9 $x=\sqrt{2}$　　　10 $x=4$

11 $\left(\oslash \dfrac{1}{2}, 3, 3 \right)$　　　12 $x=1$　　　13 $x=1$

14 $x=5$　　　☺ 0, 방정식의 해

15 $(\oslash -4, 8, 2, 2)$　　　16 $x=4$　　　17 $x=-\dfrac{1}{2}$

18 $x=-1$　　　19 $(\oslash 1, 3, 1, 3, 2, 8)$

20 $x=\dfrac{1}{27}$ 또는 $x=9$　　　21 $x=\dfrac{1}{4}$ 또는 $x=\dfrac{1}{16}$

22 $x=\dfrac{1}{4}$ 또는 $x=64$　　　☺ $\log_a x$

23 $\left(\oslash 3, 3, 3, 3, 3, -1, 3, -1, 3, \dfrac{1}{4}, 64 \right)$

24 $x=\dfrac{1}{3}$ 또는 $x=27$　　　25 $x=25$ 또는 $x=125$

26 $x=2$ 또는 $x=8$

27 $(\oslash -14, -13, 12, 4, -3, 4, -3, 4)$

28 $x=15$　　　29 $x=4$　　　30 $x=1$

31 $(\oslash -3, 1, -2, -2)$　　　32 $x=1$

33 $(\oslash 1, 2, -3, 3, 3)$　　　34 $x=\dfrac{5}{3}$ 또는 $x=2$

☺ 1, $h(x)$

35 $\left(\oslash 4, 4, 4, -1, 4, -1, 4, \dfrac{1}{2}, 16 \right)$

36 $x=\dfrac{1}{3}$ 또는 $x=9$　　　37 $x=5$ 또는 $x=25$

38 $x=\dfrac{1}{8}$ 또는 $x=4$

39 $\left(\oslash \dfrac{1}{2}, \dfrac{1}{2}, \dfrac{1}{2}, \dfrac{1}{2}, 4, 3, 1, 3, 1, 64, 3, 64, 3 \right)$

40 $x=27$, $y=25$

41 $x=9$, $y=16$ 또는 $x=81$, $y=4$

42 $x=10$, $y=100$ 또는 $x=100$, $y=10$

43 $\left(\oslash \dfrac{1}{2}, \dfrac{1}{2}, \dfrac{1}{2}, \dfrac{1}{2}, \dfrac{1}{2}, 2, \dfrac{1}{2}, \dfrac{1}{2}, \sqrt{3} \right)$

44 $\dfrac{1}{25}$　　　45 $\dfrac{1}{8}$　　　46 16

---

2 진수의 조건에서 $x>0$ ……… ㉠

$\log_{\frac{1}{2}} x=3$에서 $x=\left(\dfrac{1}{2}\right)^3=\dfrac{1}{8}$

$x=\dfrac{1}{8}$은 ㉠을 만족시키므로 방정식의 해이다.

3 진수의 조건에서 $3x+2>0$이므로 $x>-\dfrac{2}{3}$ ……… ㉠

$\log_2 (3x+2)=3$에서 $3x+2=8$이므로

$3x=6$, $x=2$

$x=2$는 ㉠을 만족시키므로 방정식의 해이다.

4 진수의 조건에서 $5x-3>0$이므로 $x>\dfrac{3}{5}$ ……… ㉠

$\log_{\frac{1}{2}} (5x-3)=-2$에서 $5x-3=4$이므로

$5x=7$, $x=\dfrac{7}{5}$

$x=\dfrac{7}{5}$은 ㉠을 만족시키므로 방정식의 해이다.

5 진수의 조건에서 $x+4>0$이므로 $x>-4$ ……… ㉠

$\log_{\sqrt{2}} (x+4)=2$에서 $x+4=2$이므로

$x=-2$

$x=-2$는 ㉠을 만족시키므로 방정식의 해이다.

7 밑의 조건에서 $x>0$, $x\neq 1$ ……… ㉠

$\log_x 4=2$에서 $x^2=4$이므로 $x=\pm 2$

㉠에 의하여 구하는 해는 $x=2$

8 밑의 조건에서 $x>0$, $x\neq 1$ ……… ㉠

$\log_x 25=-2$에서 $x^{-2}=25$이므로

$x^2=\dfrac{1}{25}$, $x=\pm\dfrac{1}{5}$

㉠에 의하여 구하는 해는 $x=\dfrac{1}{5}$

9 밑의 조건에서 $2x>0$, $2x\neq 1$이므로 $x>0$, $x\neq\dfrac{1}{2}$ ……… ㉠

$\log_{2x} 64=4$에서 $(2x)^4=64$이므로

$16x^4=64$, $x^4=4$, $x=\pm\sqrt{2}$

㉠에 의하여 구하는 해는 $x=\sqrt{2}$

10 밑의 조건에서 $x-1>0$, $x-1\neq 1$이므로

$x>1$, $x\neq 2$ ……… ㉠

$\log_{x-1} 27=3$에서 $(x-1)^3=27$이므로

$x-1=3$, $x=4$

$x=4$는 ㉠을 만족시키므로 방정식의 해이다.

12 진수의 조건에서 $x+1>0$, $4x-2>0$이므로

$x>-1$, $x>\dfrac{1}{2}$

즉 $x>\dfrac{1}{2}$ ……… ㉠

$\log_{\frac{1}{3}}(x+1)=\log_{\frac{1}{3}}(4x-2)$에서

$x+1=4x-2$이므로 $3x=3$, $x=1$

$x=1$은 ㉠을 만족시키므로 방정식의 해이다.

13 진수의 조건에서 $x+6>0$, $8-x>0$이므로

$x>-6$, $x<8$

즉 $-6<x<8$ ······ ㉠

$\log_4(x+6)=\log_4(8-x)$에서

$x+6=8-x$이므로 $2x=2$, $x=1$

$x=1$은 ㉠을 만족시키므로 방정식의 해이다.

14 진수의 조건에서 $3x-2>0$, $2x+3>0$이므로

$x>\frac{2}{3}$, $x>-\frac{3}{2}$

즉 $x>\frac{2}{3}$ ······ ㉠

$\log_2(3x-2)=\log_2(2x+3)$에서

$3x-2=2x+3$이므로 $x=5$

$x=5$는 ㉠을 만족시키므로 방정식의 해이다.

16 진수의 조건에서 $x-2>0$, $x>0$이므로

$x>2$ ······ ㉠

$\log_2(x-2)=\log_4 x$에서

$\log_4(x-2)^2=\log_4 x$이므로

$(x-2)^2=x$, $x^2-4x+4=x$

$x^2-5x+4=0$, $(x-1)(x-4)=0$

$x=1$ 또는 $x=4$

㉠에 의하여 구하는 해는 $x=4$

17 진수의 조건에서 $x+1>0$이므로

$x>-1$ ······ ㉠

$\log_{\frac{1}{3}}(x+1)=-\log_3\frac{1}{2}$에서

$\log_{\frac{1}{3}}(x+1)=\log_{\frac{1}{3}}\frac{1}{2}$이므로

$x+1=\frac{1}{2}$, $x=-\frac{1}{2}$

$x=-\frac{1}{2}$은 ㉠을 만족시키므로 방정식의 해이다.

18 진수의 조건에서 $x+3>0$, $2x+6>0$이므로

$x>-3$ ······ ㉠

$\log_{\sqrt{2}}(x+3)=\log_2(2x+6)$에서

$\log_2(x+3)^2=\log_2(2x+6)$이므로

$(x+3)^2=2x+6$, $x^2+6x+9=2x+6$

$x^2+4x+3=0$, $(x+1)(x+3)=0$

$x=-1$ 또는 $x=-3$

㉠에 의하여 구하는 해는 $x=-1$

20 $(\log_3 x)^2+\log_3 x-6=0$에서 $\log_3 x=t$라 하면

$t^2+t-6=0$, $(t+3)(t-2)=0$

$t=-3$ 또는 $t=2$

즉 $\log_3 x=-3$ 또는 $\log_3 x=2$이므로

$x=\frac{1}{27}$ 또는 $x=9$

21 $(\log_{\frac{1}{2}}x)^2+8=\log_{\frac{1}{2}}x^6$에서

$(\log_{\frac{1}{2}}x)^2-6\log_{\frac{1}{2}}x+8=0$

$\log_{\frac{1}{2}}x=t$라 하면

$t^2-6t+8=0$, $(t-2)(t-4)=0$

$t=2$ 또는 $t=4$

즉 $\log_{\frac{1}{2}}x=2$ 또는 $\log_{\frac{1}{2}}x=4$이므로

$x=\frac{1}{4}$ 또는 $x=\frac{1}{16}$

22 $(\log_2 x)^2=4\log_2 x+12$에서

$(\log_2 x)^2-4\log_2 x-12=0$

$\log_2 x=t$라 하면

$t^2-4t-12=0$, $(t+2)(t-6)=0$

$t=-2$ 또는 $t=6$

즉 $\log_2 x=-2$ 또는 $\log_2 x=6$이므로

$x=\frac{1}{4}$ 또는 $x=64$

24 밑과 진수의 조건에서 $x>0$, $x\neq 1$

$\log_3 x=3\log_x 3+2$에서

$\log_3 x=\frac{3}{\log_3 x}+2$

$\log_3 x=t\ (t\neq 0)$라 하면 $t=\frac{3}{t}+2$

$t^2-2t-3=0$, $(t+1)(t-3)=0$

$t=-1$ 또는 $t=3$

즉 $\log_3 x=-1$ 또는 $\log_3 x=3$이므로

$x=\frac{1}{3}$ 또는 $x=27$

25 밑과 진수의 조건에서 $x>0$, $x\neq 1$

$\log_5 x+6\log_x 5-5=0$에서

$\log_5 x+\frac{6}{\log_5 x}-5=0$

$\log_5 x=t\ (t\neq 0)$라 하면 $t+\frac{6}{t}-5=0$

$t^2-5t+6=0$, $(t-2)(t-3)=0$

$t=2$ 또는 $t=3$

즉 $\log_5 x=2$ 또는 $\log_5 x=3$이므로

$x=25$ 또는 $x=125$

26 밑과 진수의 조건에서 $x>0$, $x\neq 1$

$\log_2 x+3\log_x 2=4$에서

$\log_2 x+\frac{3}{\log_2 x}=4$

$\log_2 x=t\ (t\neq 0)$라 하면 $t+\frac{3}{t}=4$

$t^2-4t+3=0,\ (t-1)(t-3)=0$

$t=1$ 또는 $t=3$

즉 $\log_2 x=1$ 또는 $\log_2 x=3$이므로

$x=2$ 또는 $x=8$

28 밑의 조건에서

$x+4>0,\ x+4\neq1,\ 2x-11>0,\ 2x-11\neq1$이므로

$\dfrac{11}{2}<x<6$ 또는 $x>6$ ...... ㉠

$\log_{x+4}5=\log_{2x-11}5$에서

$x+4=2x-11$이므로 $x=15$

$x=15$는 ㉠을 만족시키므로 방정식의 해이다.

29 밑의 조건에서

$x^2-9>0,\ x^2-9\neq1,\ x+3>0,\ x+3\neq1$이므로

$3<x<\sqrt{10}$ 또는 $x>\sqrt{10}$ ...... ㉠

$\log_{x^2-9}2=\log_{x+3}2$에서

$x^2-9=x+3$이므로

$x^2-x-12=0,\ (x+3)(x-4)=0$

$x=-3$ 또는 $x=4$

㉠에 의하여 구하는 해는 $x=4$

30 밑의 조건에서

$x^2+1>0,\ x^2+1\neq1,\ 2x>0,\ 2x\neq1$이므로

$0<x<\dfrac{1}{2}$ 또는 $x>\dfrac{1}{2}$ ...... ㉠

$\log_{x^2+1}10=\log_{2x}10$에서

$x^2+1=2x$이므로 $x^2-2x+1=0$

$(x-1)^2=0,\ x=1$

$x=1$은 ㉠을 만족시키므로 방정식의 해이다.

32 진수의 조건에서 $x>0$ ...... ㉠

$\log_8 x=\log x$에서 밑은 다르고 진수는 같으므로

$x=1$

$x=1$은 ㉠을 만족시키므로 방정식의 해이다.

34 진수의 조건에서 $3x-4>0,\ x>\dfrac{4}{3}$ ...... ㉠

밑의 조건에서

$4x-4>0,\ 4x-4\neq1,\ x^2>0,\ x^2\neq1$

$1<x<\dfrac{5}{4}$ 또는 $x>\dfrac{5}{4}$ ...... ㉡

㉠, ㉡에서 $x>\dfrac{4}{3}$ ...... ㉢

진수가 같은 로그방정식에서

$3x-4=1$ 또는 $4x-4=x^2$

$3x-4=1$에서 $x=\dfrac{5}{3}$

$4x-4=x^2$에서 $x^2-4x+4=0$

$(x-2)^2=0$이므로 $x=2$

㉢에 의하여 구하는 해는 $x=\dfrac{5}{3}$ 또는 $x=2$

36 $x^{\log_3 x}=9x$의 양변에 밑이 3인 로그를 취하면

$\log_3 x^{\log_3 x}=\log_3 9x$

$(\log_3 x)^2=\log_3 9+\log_3 x$

$(\log_3 x)^2=2+\log_3 x$

$\log_3 x=t$라 하면

$t^2-t-2=0,\ (t+1)(t-2)=0$

$t=-1$ 또는 $t=2$

즉 $\log_3 x=-1$ 또는 $\log_3 x=2$이므로

$x=\dfrac{1}{3}$ 또는 $x=9$

37 $x^{\log_5 x}=\dfrac{1}{25}x^3$의 양변에 밑이 5인 로그를 취하면

$\log_5 x^{\log_5 x}=\log_5 \dfrac{1}{25}x^3$

$(\log_5 x)^2=\log_5 \dfrac{1}{25}+\log_5 x^3$

$(\log_5 x)^2=-2+3\log_5 x$

$\log_5 x=t$라 하면

$t^2-3t+2=0,\ (t-1)(t-2)=0$

$t=1$ 또는 $t=2$

즉 $\log_5 x=1$ 또는 $\log_5 x=2$이므로

$x=5$ 또는 $x=25$

38 $x^{\log_2 x}=\dfrac{64}{x}$의 양변에 밑이 2인 로그를 취하면

$\log_2 x^{\log_2 x}=\log_2 \dfrac{64}{x}$

$(\log_2 x)^2=\log_2 64-\log_2 x$

$(\log_2 x)^2=6-\log_2 x$

$\log_2 x=t$라 하면

$t^2+t-6=0,\ (t+3)(t-2)=0$

$t=-3$ 또는 $t=2$

즉 $\log_2 x=-3$ 또는 $\log_2 x=2$이므로

$x=\dfrac{1}{8}$ 또는 $x=4$

40 진수의 조건에서 $x>0,\ y>0$ ...... ㉠

$\begin{cases}\log_3 x+\log_5 y=5\\ \log_{\sqrt{3}} x-\log_{\sqrt{5}} y=2\end{cases}$ 에서 $\begin{cases}\log_3 x+\log_5 y=5\\ 2\log_3 x-2\log_5 y=2\end{cases}$

$\log_3 x=X,\ \log_5 y=Y$라 하면

$\begin{cases}X+Y=5\\ 2X-2Y=2\end{cases}$ 에서 $\begin{cases}X+Y=5\\ X-Y=1\end{cases}$

이 연립방정식을 풀면 $X=3,\ Y=2$

즉 $\log_3 x=3,\ \log_5 y=2$이므로

$x=27,\ y=25$

$x=27,\ y=25$는 ㉠을 만족시키므로 연립방정식의 해이다.

41 진수의 조건에서 $x>0,\ y>0$ ...... ㉠

$\begin{cases}\log_3 x+\log_2 y=6\\ \log_3 x\times\log_2 y=8\end{cases}$ 에서

$\log_3 x=X,\ \log_2 y=Y$라 하면

$\begin{cases}X+Y=6\\ XY=8\end{cases}$

이 연립방정식을 풀면 $X=2$, $Y=4$ 또는 $X=4$, $Y=2$

(i) $X=2$, $Y=4$이면

　$\log_3 x=2$, $\log_2 y=4$이므로

　$x=9$, $y=16$

(ii) $X=4$, $Y=2$이면

　$\log_3 x=4$, $\log_2 y=2$이므로

　$x=81$, $y=4$

(i), (ii), ㉠에 의하여 구하는 해는

$x=9$, $y=16$ 또는 $x=81$, $y=4$

42 진수의 조건에서 $x>0$, $y>0$　……㉠

$\begin{cases} \log x+\log y=3 \\ \log x\times\log y=2 \end{cases}$ 에서

$\log x=X$, $\log y=Y$라 하면

$\begin{cases} X+Y=3 \\ XY=2 \end{cases}$

이 연립방정식을 만족시키는 X, Y는 이차방정식 $t^2-3t+2=0$

의 해이므로 $(t-1)(t-2)$에서

$t=1$ 또는 $t=2$

즉 $X=1$, $Y=2$ 또는 $X=2$, $Y=1$

(i) $X=1$, $Y=2$이면

　$\log x=1$, $\log y=2$이므로

　$x=10$, $y=100$

(ii) $X=2$, $Y=1$이면

　$\log x=2$, $\log y=1$이므로

　$x=100$, $y=10$

(i), (ii), ㉠에 의하여 구하는 해는

$x=10$, $y=100$ 또는 $x=100$, $y=10$

44 $\log_5 x-\log_{\frac{1}{5}} x=\log_5 x\times\log_{\frac{1}{5}} x+3$에서

$\log_5 x+\log_5 x=\log_5 x\times(-\log_5 x)+3$

$2\log_5 x=-(\log_5 x)^2+3$

$(\log_5 x)^2+2\log_5 x-3=0$

$\log_5 x=t$라 하면

$t^2+2t-3=0$

이 이차방정식의 두 근은 $\log_5 \alpha$, $\log_5 \beta$이므로 이차방정식의 근과 계수의 관계에 의하여

$\log_5 \alpha+\log_5 \beta=-2$

즉 $\log_5 \alpha\beta=-2$이므로 $\alpha\beta=\dfrac{1}{25}$

45 $\log_{\frac{1}{2}} x\times\log_{\frac{1}{4}} x=\log_{\frac{1}{2}} x+\log_{\frac{1}{4}} x+1$에서

$\log_{\frac{1}{2}} x\times\dfrac{1}{2}\log_{\frac{1}{2}} x=\log_{\frac{1}{2}} x+\dfrac{1}{2}\log_{\frac{1}{2}} x+1$

$\dfrac{1}{2}(\log_{\frac{1}{2}} x)^2=\dfrac{3}{2}\log_{\frac{1}{2}} x+1$, $(\log_{\frac{1}{2}} x)^2-3\log_{\frac{1}{2}} x-2=0$

$\log_{\frac{1}{2}} x=t$라 하면

$t^2-3t-2=0$

이 이차방정식의 두 근은 $\log_{\frac{1}{2}} \alpha$, $\log_{\frac{1}{2}} \beta$이므로 이차방정식의 근과 계수의 관계에 의하여

$\log_{\frac{1}{2}} \alpha+\log_{\frac{1}{2}} \beta=3$

즉 $\log_{\frac{1}{2}} \alpha\beta=3$이므로 $\alpha\beta=\dfrac{1}{8}$

46 진수와 밑의 조건에서 $x>0$, $x\neq1$

$\log_2 x+\log_x 8=4$에서

$\log_2 x+3\log_x 2=4$

$\log_2 x+\dfrac{3}{\log_2 x}=4$

$\log_2 x=t$ $(t\neq0)$라 하면 $t+\dfrac{3}{t}=4$이므로

$t^2-4t+3=0$

이 이차방정식의 두 근은 $\log_2 \alpha$, $\log_2 \beta$이므로 이차방정식의 근과 계수의 관계에 의하여

$\log_2 \alpha+\log_2 \beta=4$

즉 $\log_2 \alpha\beta=4$이므로 $\alpha\beta=16$

09

본문 128쪽

로그부등식

1 ($\mathscr{C}$ 0, 2, 2, 1, 1)　2 $x>\dfrac{1}{10}$　　3 $-2<x\leq2$

4 $-4<x<23$　　5 $\dfrac{1}{2}<x\leq\dfrac{9}{16}$　　6 ($\mathscr{C}$ 1, -1, 1)

7 $2<x<3$　　8 $x>\dfrac{1}{2}$　　9 $x>0$

10 $\dfrac{1}{3}<x\leq2$　　11 ($\mathscr{C}$ -2, $\dfrac{1}{2}$, $\dfrac{1}{2}$)　12 $-\dfrac{1}{2}<x\leq1$

13 $-2<x\leq2$　　14 $-1<x<1$

15 ($\mathscr{C}$ 1, -3, 1, -3, 1, $\dfrac{1}{8}$, 2, $\dfrac{1}{8}$, 2)　16 $\dfrac{1}{9}<x<3$

17 $0<x\leq2$ 또는 $x\geq4$　　18 $\dfrac{1}{27}<x<9$

19 ($\mathscr{C}$ 2, 2, 2, 2, 2, -1, 2, $\dfrac{1}{2}$, 4, $\dfrac{1}{2}$, 4, $\dfrac{1}{2}$, 4)

20 $\dfrac{1}{9}\leq x\leq9$　　21 $\dfrac{1}{8}<x<4$　　22 $\dfrac{1}{5}\leq x\leq125$

23 ④　　24 ($\mathscr{C}$ 1, 1, 9, 9, 1, 9)　　25 $\dfrac{1}{4}\leq x<1$

26 $2<x<16$　　27 ②

28 ($\mathscr{C}$ 0, -1, 2, 2, $\dfrac{1}{4}$, $\dfrac{1}{4}$, $\dfrac{1}{2}$, $\dfrac{1}{4}$, $\dfrac{1}{2}$)　29 $0<x\leq\dfrac{1}{16}$

30 $1<x<2$ 또는 $3<x\leq4$　　31 ($\mathscr{C}$ -4, $\dfrac{1}{16}$, $\dfrac{1}{16}$, $\dfrac{1}{16}$)

32 $a>\dfrac{9}{4}$　　33 ($\mathscr{C}$ 2, 2, 2, -2, 0, -2, 0, $\dfrac{1}{4}$, 1, $\dfrac{1}{4}$, 1)

2 진수의 조건에서 $x>0$ ⋯⋯ ㉠

$\log_{\frac{1}{10}}x<1$에서 $\log_{\frac{1}{10}}x<\log_{\frac{1}{10}}\dfrac{1}{10}$

밑이 1보다 작으므로 $x>\dfrac{1}{10}$ ⋯⋯ ㉡

㉠, ㉡에 의하여 $x>\dfrac{1}{10}$

3 진수의 조건에서 $x+2>0$이므로

$x>-2$ ⋯⋯ ㉠

$\log_{\frac{1}{2}}(x+2)\geq-2$에서

$\log_{\frac{1}{2}}(x+2)\geq\log_{\frac{1}{2}}4$

밑이 1보다 작으므로 $x+2\leq4$

$x\leq2$ ⋯⋯ ㉡

㉠, ㉡에 의하여 $-2<x\leq2$

4 진수의 조건에서 $x+4>0$이므로

$x>-4$ ⋯⋯ ㉠

$\log_3(x+4)<3$에서

$\log_3(x+4)<\log_3 27$

밑이 1보다 크므로 $x+4<27$

$x<23$ ⋯⋯ ㉡

㉠, ㉡에 의하여 $-4<x<23$

5 진수의 조건에서 $x-\dfrac{1}{2}>0$이므로

$x>\dfrac{1}{2}$ ⋯⋯ ㉠

$\log_{\frac{1}{4}}\left(x-\dfrac{1}{2}\right)\geq2$에서

$\log_{\frac{1}{4}}\left(x-\dfrac{1}{2}\right)\geq\log_{\frac{1}{4}}\dfrac{1}{16}$

밑이 1보다 작으므로 $x-\dfrac{1}{2}\leq\dfrac{1}{16}$

$x\leq\dfrac{9}{16}$ ⋯⋯ ㉡

㉠, ㉡에 의하여 $\dfrac{1}{2}<x\leq\dfrac{9}{16}$

7 진수의 조건에서 $2x-4>0$, $5-x>0$이므로

$2<x<5$ ⋯⋯ ㉠

$\log(2x-4)<\log(5-x)$에서

밑이 1보다 크므로 $2x-4<5-x$

$3x<9$, $x<3$ ⋯⋯ ㉡

㉠, ㉡에 의하여 $2<x<3$

8 진수의 조건에서 $2x-1>0$, $3x+1>0$이므로

$x>\dfrac{1}{2}$ ⋯⋯ ㉠

$\log_{\frac{1}{2}}(2x-1)\geq\log_{\frac{1}{2}}(3x+1)$에서

밑이 1보다 작으므로 $2x-1\leq3x+1$

$x\geq-2$ ⋯⋯ ㉡

㉠, ㉡에 의하여 $x>\dfrac{1}{2}$

9 진수의 조건에서 $2x>0$, $5x+1>0$이므로

$x>0$ ⋯⋯ ㉠

$\log_5 2x<\log_5(5x+1)$에서

밑이 1보다 크므로 $2x<5x+1$

$3x>-1$, $x>-\dfrac{1}{3}$ ⋯⋯ ㉡

㉠, ㉡에 의하여 $x>0$

10 진수의 조건에서 $3x-1>0$, $x+3>0$이므로

$x>\dfrac{1}{3}$ ⋯⋯ ㉠

$\log_{\frac{1}{3}}(3x-1)\geq\log_{\frac{1}{3}}(x+3)$에서

밑이 1보다 작으므로 $3x-1\leq x+3$

$2x\leq4$, $x\leq2$ ⋯⋯ ㉡

㉠, ㉡에 의하여 $\dfrac{1}{3}<x\leq2$

12 진수의 조건에서 $2x+1>0$, $4x+5>0$이므로

$x>-\dfrac{1}{2}$ ⋯⋯ ㉠

$\log_3(2x+1)\leq\log_9(4x+5)$에서

$\log_9(2x+1)^2\leq\log_9(4x+5)$

밑이 1보다 크므로 $(2x+1)^2\leq4x+5$

$4x^2+4x+1\leq4x+5$, $4x^2-4\leq0$

$x^2-1\leq0$, $(x+1)(x-1)\leq0$

$-1\leq x\leq1$ ⋯⋯ ㉡

㉠, ㉡에 의하여 $-\dfrac{1}{2}<x\leq1$

13 진수의 조건에서 $x+2>0$, $x+14>0$이므로

$x>-2$ ⋯⋯ ㉠

$\log_{\frac{1}{2}}(x+2)\geq\log_{\frac{1}{4}}(x+14)$에서

$\log_{\frac{1}{4}}(x+2)^2\geq\log_{\frac{1}{4}}(x+14)$

밑이 1보다 작으므로 $(x+2)^2\leq x+14$

$x^2+4x+4\leq x+14$, $x^2+3x-10\leq0$, $(x+5)(x-2)\leq0$

$-5\leq x\leq2$ ⋯⋯ ㉡

㉠, ㉡에 의하여 $-2<x\leq2$

14 진수의 조건에서 $x+1>0$, $x+3>0$이므로

$x>-1$ ⋯⋯ ㉠

$\log_{\sqrt{2}}(x+1)<\log_2(x+3)$에서

$\log_2(x+1)^2<\log_2(x+3)$

밑이 1보다 크므로 $(x+1)^2 < x+3$
$x^2+2x+1 < x+3$, $x^2+x-2 < 0$
$(x+2)(x-1) < 0$, $-2 < x < 1$ ...... ㉡
㉠, ㉡에 의하여 $-1 < x < 1$

16 진수의 조건에서 $x > 0$ ...... ㉠
$(\log_3 x)^2 + \log_3 x - 2 < 0$에서
$\log_3 x = t$라 하면 $t^2 + t - 2 < 0$
$(t+2)(t-1) < 0$, $-2 < t < 1$
즉 $-2 < \log_3 x < 1$이므로
$\log_3 \dfrac{1}{9} < \log_3 x < \log_3 3$
밑이 1보다 크므로
$\dfrac{1}{9} < x < 3$ ...... ㉡
㉠, ㉡에 의하여 $\dfrac{1}{9} < x < 3$

17 진수의 조건에서 $x > 0$ ...... ㉠
$(\log_{\frac{1}{2}} x)^2 + 3\log_{\frac{1}{2}} x + 2 \geq 0$에서
$\log_{\frac{1}{2}} x = t$라 하면
$t^2 + 3t + 2 \geq 0$, $(t+2)(t+1) \geq 0$
$t \leq -2$ 또는 $t \geq -1$
즉 $\log_{\frac{1}{2}} x \leq -2$ 또는 $\log_{\frac{1}{2}} x \geq -1$이므로
$\log_{\frac{1}{2}} x \leq \log_{\frac{1}{2}} 4$ 또는 $\log_{\frac{1}{2}} x \geq \log_{\frac{1}{2}} 2$
밑이 1보다 작으므로
$x \leq 2$ 또는 $x \geq 4$ ...... ㉡
㉠, ㉡에 의하여 $0 < x \leq 2$ 또는 $x \geq 4$

18 진수의 조건에서 $x > 0$ ...... ㉠
$(\log_{\frac{1}{3}} x)^2 - \log_{\frac{1}{3}} x - 6 < 0$에서
$\log_{\frac{1}{3}} x = t$라 하면 $t^2 - t - 6 < 0$
$(t+2)(t-3) < 0$, $-2 < t < 3$
즉 $-2 < \log_{\frac{1}{3}} x < 3$이므로
$\log_{\frac{1}{3}} 9 < \log_{\frac{1}{3}} x < \log_{\frac{1}{3}} \dfrac{1}{27}$
밑이 1보다 작으므로
$\dfrac{1}{27} < x < 9$ ...... ㉡
㉠, ㉡에 의하여 $\dfrac{1}{27} < x < 9$

20 진수의 조건에서 $x > 0$ ...... ㉠
$x^{\log_3 x} \leq 81$의 양변에 밑이 3인 로그를 취하면
$\log_3 x^{\log_3 x} \leq \log_3 81$
$(\log_3 x)^2 \leq 4$, $(\log_3 x)^2 - 4 \leq 0$
$\log_3 x = t$라 하면 $t^2 - 4 \leq 0$
$(t+2)(t-2) \leq 0$, $-2 \leq t \leq 2$
즉 $-2 \leq \log_3 x \leq 2$이므로
$\log_3 \dfrac{1}{9} \leq \log_3 x \leq \log_3 9$

밑이 1보다 크므로
$\dfrac{1}{9} \leq x \leq 9$ ...... ㉡
㉠, ㉡에 의하여 $\dfrac{1}{9} \leq x \leq 9$

21 진수의 조건에서 $x > 0$ ...... ㉠
$x^{\log_{\frac{1}{2}} x} > \dfrac{1}{64} x$의 양변에 밑이 $\dfrac{1}{2}$인 로그를 취하면
$\log_{\frac{1}{2}} x^{\log_{\frac{1}{2}} x} < \log_{\frac{1}{2}} \dfrac{1}{64} x$
$(\log_{\frac{1}{2}} x)^2 < 6 + \log_{\frac{1}{2}} x$
$(\log_{\frac{1}{2}} x)^2 - \log_{\frac{1}{2}} x - 6 < 0$
$\log_{\frac{1}{2}} x = t$라 하면 $t^2 - t - 6 < 0$
$(t+2)(t-3) < 0$, $-2 < t < 3$
즉 $-2 < \log_{\frac{1}{2}} x < 3$이므로
$\log_{\frac{1}{2}} 4 < \log_{\frac{1}{2}} x < \log_{\frac{1}{2}} \dfrac{1}{8}$
밑이 1보다 작으므로
$\dfrac{1}{8} < x < 4$ ...... ㉡
㉠, ㉡에 의하여 $\dfrac{1}{8} < x < 4$

22 진수의 조건에서 $x > 0$ ...... ㉠
$x^{\log_5 x} \leq 125 x^2$의 양변에 밑이 5인 로그를 취하면
$\log_5 x^{\log_5 x} \leq \log_5 125 x^2$
$(\log_5 x)^2 \leq 3 + 2\log_5 x$
$(\log_5 x)^2 - 2\log_5 x - 3 \leq 0$
$\log_5 x = t$라 하면 $t^2 - 2t - 3 \leq 0$
$(t+1)(t-3) \leq 0$, $-1 \leq t \leq 3$
즉 $-1 \leq \log_5 x \leq 3$이므로
$\log_5 \dfrac{1}{5} \leq \log_5 x \leq \log_5 125$
밑이 1보다 크므로
$\dfrac{1}{5} \leq x \leq 125$ ...... ㉡
㉠, ㉡에 의하여 $\dfrac{1}{5} \leq x \leq 125$

23 진수의 조건에서 $x > 0$ ...... ㉠
$x^{\log x - 1} < 100$의 양변에 상용로그를 취하면
$\log x^{\log x - 1} < \log 100$
$(\log x - 1)\log x < 2$
$(\log x)^2 - \log x - 2 < 0$
$\log x = t$라 하면 $t^2 - t - 2 < 0$
$(t+1)(t-2) < 0$, $-1 < t < 2$
즉 $-1 < \log x < 2$이므로
$\log \dfrac{1}{10} < \log x < \log 100$
밑이 1보다 크므로
$\dfrac{1}{10} < x < 100$ ...... ㉡

㉠, ㉡에 의하여 $\dfrac{1}{10} < x < 100$

따라서 구하는 자연수 x의 개수는 1, 2, $\cdots$, 99의 99이다.

25 진수의 조건에서 $x > 0$, $\log_{\frac{1}{2}} x > 0$

$\log_{\frac{1}{2}} x > 0$에서 $\log_{\frac{1}{2}} x > \log_{\frac{1}{2}} 1$

밑이 1보다 작으므로 $x < 1$

따라서 $0 < x < 1$ $\qquad$ …… ㉠

$\log_2 (\log_{\frac{1}{2}} x) \leq 1$에서 $\log_2 (\log_{\frac{1}{2}} x) \leq \log_2 2$

밑이 1보다 크므로 $\log_{\frac{1}{2}} x \leq 2$

$\log_{\frac{1}{2}} x \leq 2$에서 $\log_{\frac{1}{2}} x \leq \log_{\frac{1}{2}} \dfrac{1}{4}$

밑이 1보다 작으므로 $x \geq \dfrac{1}{4}$ $\qquad$ …… ㉡

㉠, ㉡에 의하여 $\dfrac{1}{4} \leq x < 1$

26 진수의 조건에서 $x > 0$, $\log_2 x - 1 > 0$

$\log_2 x - 1 > 0$에서 $\log_2 x > 1$, $\log_2 x > \log_2 2$

밑이 1보다 크므로 $x > 2$ $\qquad$ …… ㉠

$\log_3 (\log_2 x - 1) < 1$에서 $\log_3 (\log_2 x - 1) < \log_3 3$

밑이 1보다 크므로 $\log_2 x - 1 < 3$

$\log_2 x - 1 < 3$에서 $\log_2 x < 4$, $\log_2 x < \log_2 16$

밑이 1보다 크므로 $x < 16$ $\qquad$ …… ㉡

㉠, ㉡에 의하여 $2 < x < 16$

27 진수의 조건에서

$x > 0$, $\log_2 x > 0$, $\log_2 (\log_2 x) > 0$

$\log_2 x > 0$에서 $\log_2 x > \log_2 1$

밑이 1보다 크므로 $x > 1$

$\log_2 (\log_2 x) > 0$에서 $\log_2 (\log_2 x) > \log_2 1$

밑이 1보다 크므로 $\log_2 x > 1$

$\log_2 x > 1$에서 $\log_2 x > \log_2 2$

밑이 1보다 크므로 $x > 2$

따라서 $x > 2$ $\qquad$ …… ㉠

$\log_2 \{\log_2 (\log_2 x)\} \leq 1$에서

$\log_2 \{\log_2 (\log_2 x)\} \leq \log_2 2$

밑이 1보다 크므로 $\log_2 (\log_2 x) \leq 2$

$\log_2 (\log_2 x) \leq 2$에서 $\log_2 (\log_2 x) \leq \log_2 4$

밑이 1보다 크므로 $\log_2 x \leq 4$

$\log_2 x \leq 4$에서 $\log_2 x \leq \log_2 16$

밑이 1보다 크므로 $x \leq 16$ $\qquad$ …… ㉡

㉠, ㉡에 의하여 $2 < x \leq 16$

따라서 주어진 부등식을 만족시키는 정수의 개수는 3, 4, 5, $\cdots$, 16의 14이다.

29 진수의 조건에서

$x + 3 > 0$, $5x + 15 > 0$, $x > 0$이므로

$x > 0$ $\qquad$ …… ㉠

$2 \log (x+3) < \log (5x+15)$에서

$\log (x+3)^2 < \log (5x+15)$이므로

$(x+3)^2 < 5x + 15$, $x^2 + 6x + 9 < 5x + 15$

$x^2 + x - 6 < 0$, $(x+3)(x-2) < 0$

$-3 < x < 2$ $\qquad$ …… ㉡

$(\log_2 x)^2 - \log_2 x - 20 \geq 0$에서

$\log_2 x = t$라 하면 $t^2 - t - 20 \geq 0$, $(t+4)(t-5) \geq 0$

$t \leq -4$ 또는 $t \geq 5$

즉 $\log_2 x \leq \log_2 \dfrac{1}{16}$ 또는 $\log_2 x \geq \log_2 32$이므로

$x \leq \dfrac{1}{16}$ 또는 $x \geq 32$ $\qquad$ …… ㉢

㉠, ㉡, ㉢에 의하여 $0 < x \leq \dfrac{1}{16}$

30 진수의 조건에서 $x > 0$, $\log_2 x > 0$

$\log_2 x > 0$에서 $\log_2 x > \log_2 1$

밑이 1보다 크므로 $x > 1$ $\qquad$ …… ㉠

$\log_2 (\log_2 x) \leq 1$에서 $\log_2 (\log_2 x) \leq \log_2 2$

밑이 1보다 크므로 $\log_2 x \leq 2$

$\log_2 x \leq 2$에서 $\log_2 x \leq \log_2 4$

밑이 1보다 크므로 $x \leq 4$ $\qquad$ …… ㉡

$2^{x^2 - 3x} > 4^{x-3}$에서 $2^{x^2 - 3x} > 2^{2x-6}$

밑이 1보다 크므로 $x^2 - 3x > 2x - 6$

$x^2 - 5x + 6 > 0$, $(x-2)(x-3) > 0$

따라서 $x < 2$ 또는 $x > 3$ $\qquad$ …… ㉢

㉠, ㉡, ㉢에 의하여 $1 < x < 2$ 또는 $3 < x \leq 4$

32 진수의 조건에서 $x > 0$

$\log x = t$라 하면 $x > 0$에서 t는 모든 실수이고

$t^2 - 3t + a > 0$

모든 실수 t에 대하여 부등식이 성립해야 하므로 이차방정식

$t^2 - 3t + a = 0$의 판별식을 D라 하면 $D < 0$이어야 한다.

즉 $D = 3^2 - 4a < 0$, $4a > 9$

따라서 $a > \dfrac{9}{4}$

34 진수의 조건에서 $a > 0$ $\qquad$ …… ㉠

주어진 이차방정식의 판별식을 D라 하면

$\dfrac{D}{4} = (\log_2 a - 1)^2 - (4 - 4\log_2 a) \geq 0$이어야 한다.

$(\log_2 a)^2 + 2\log_2 a - 3 \geq 0$

$\log_2 a = t$라 하면 $t^2 + 2t - 3 \geq 0$, $(t+3)(t-1) \geq 0$

$t \leq -3$ 또는 $t \geq 1$

즉 $\log_2 a \leq -3$ 또는 $\log_2 a \geq 1$이므로

$a \leq \dfrac{1}{8}$ 또는 $a \geq 2$ $\qquad$ …… ㉡

㉠, ㉡에 의하여 $0 < a \leq \dfrac{1}{8}$ 또는 $a \geq 2$

35 진수의 조건에서 $a > 0$ $\qquad$ …… ㉠

주어진 이차방정식의 판별식을 D라 하면

$\dfrac{D}{4}=(\log_2 a)^2-(5\log_2 a-4)<0$이어야 한다.

$(\log_2 a)^2-5\log_2 a+4<0$

$\log_2 a=t$라 하면 $t^2-5t+4<0$, $(t-1)(t-4)<0$

$1<t<4$

즉 $1<\log_2 a<4$이므로

$2<a<16$ ...... ㉡

㉠, ㉡에 의하여 $2<a<16$

36 진수의 조건에서 $a>0$ ...... ㉠

주어진 이차방정식의 판별식을 D라 하면

$D=(\log a+1)^2-4(\log a+9)<0$이어야 한다.

$(\log a)^2-2\log a-35<0$

$\log a=t$라 하면 $t^2-2t-35<0$, $(t+5)(t-7)<0$

$-5<t<7$

즉 $-5<\log a<7$이므로

$\left(\dfrac{1}{10}\right)^5<a<10^7$ ...... ㉡

㉠, ㉡에 의하여 $\left(\dfrac{1}{10}\right)^5<a<10^7$

38 진수의 조건에서 $a>0$ ...... ㉠

주어진 이차방정식의 판별식을 D라 하면 서로 다른 두 양의 실근을 가져야 하므로

(i) $\dfrac{D}{4}=(1-\log_2 a)^2-(-2\log_2 a+2)$

$\qquad =(\log_2 a)^2-1>0$

$\log_2 a=t$라 하면 $t^2-1>0$

$(t+1)(t-1)>0$, $t<-1$ 또는 $t>1$

즉 $\log_2 a<-1$ 또는 $\log_2 a>1$이므로

$a<\dfrac{1}{2}$ 또는 $a>2$

(ii) 이차방정식의 근과 계수의 관계에 의하여

(두 근의 합)$=1-\log_2 a>0$, $\log_2 a<1$, 즉 $a<2$

(두 근의 곱)$=-2\log_2 a+2>0$, $\log_2 a<1$, 즉 $a<2$

㉠과 (i), (ii)에서 $0<a<\dfrac{1}{2}$

39 진수의 조건에서 $a>0$ ...... ㉠

주어진 이차방정식의 판별식을 D라 하면 서로 다른 두 양의 실근을 가져야 하므로

(i) $D=(\log_2 a)^2-4(3-\log_2 a)$

$\qquad =(\log_2 a)^2+4\log_2 a-12>0$

$\log_2 a=t$라 하면 $t^2+4t-12>0$

$(t+6)(t-2)>0$, $t<-6$ 또는 $t>2$

즉 $\log_2 a<-6$ 또는 $\log_2 a>2$이므로

$a<\dfrac{1}{64}$ 또는 $a>4$

(ii) 이차방정식의 근과 계수의 관계에 의하여

(두 근의 합)$=\log_2 a>0$, 즉 $a>1$

(두 근의 곱)$=3-\log_2 a>0$, $\log_2 a<3$, 즉 $a<8$

㉠과 (i), (ii)에서 $4<a<8$

41 현재 자동차의 가격을 a원이라 하고 t년 후에 자동차의 가격이 현재 가격의 50 % 이하가 된다고 하면

$a(1-0.2)^t\le 0.5a$

$0.8^t\le 0.5$

양변에 상용로그를 취하면

$t\log 0.8\le \log 0.5$

이때 $\log 0.8=\log 8-1=3\log 2-1=0.9-1=-0.1$,

$\log 0.5=\log 5-1=0.7-1=-0.3$이므로

$-0.1t\le -0.3$에서 $t\ge 3$

따라서 자동차 가격이 현재 가격의 50 % 이하가 되는 것은 3년 후이다.

42 오염 물질이 50 mg 들어 있고 정화기를 한 번 거칠 때마다 오염 물질이 20 %씩 감소하므로 정화기를 t번 거친 후 오염 물질의 양이 10 mg 이하가 된다고 하면

$50\times(1-0.2)^t\le 10$에서 $50\times 0.8^t\le 10$

즉 $0.8^t\le \dfrac{1}{5}$

양변에 상용로그를 취하면

$\log 0.8^t\le \log\dfrac{1}{5}$, $t\log\dfrac{8}{10}\le \log\dfrac{2}{10}$

$t(3\log 2-1)\le \log 2-1$

$t(3\times 0.3-1)\le 0.3-1$

$-0.1t\le -0.7$, 즉 $t\ge 7$

따라서 오염 물질의 양이 10 mg 이하가 되려면 정화기를 적어도 7번 거쳐야 한다.

TEST 개념 확인 본문 134쪽

1 ③, ⑤	2 ①	3 $\log_a b>\log_b a$	
4 ④	5 ③	6 ②	7 $x=1$
8 ⑤	9 ③	10 ③	11 ③
12 ④			

1 ② $3=\log_2 8$이고 $\log_2 10>\log_2 8$이므로

$\log_2 10>3$

③ $\log_{\frac{1}{3}} 3=\log_3 \dfrac{1}{3}=-1$

⑤ $\log_{\sqrt 5} 4=\log_5 16$이므로 $\log_5 4<\log_{\sqrt 5} 4$

따라서 대소 관계가 옳지 않은 것은 ③, ⑤이다.

2 $A=\log_3 64$, $B=5=\log_3 243$이므로

$A<B$

$B=5=\log_4 1024$, $C=\log_4 1200$이므로

$B<C$

따라서 $A<B<C$

3 $a<1<b<\dfrac{1}{a}$의 각 변에 상용로그를 취하면

$\log a<0<\log b<-\log a$

$\log b<-\log a$에서 $\log b+\log a<0$

$\log a<\log b$에서 $\log b-\log a>0$

따라서 $(\log b+\log a)(\log b-\log a)<0$,

또 $\log a<0$, $\log b>0$이므로 $\log a\log b<0$

$\log_a b-\log_b a=\dfrac{\log b}{\log a}-\dfrac{\log a}{\log b}$

$\qquad\qquad\qquad=\dfrac{(\log b)^2-(\log a)^2}{\log a\log b}$

$\qquad\qquad\qquad=\dfrac{(\log b+\log a)(\log b-\log a)}{\log a\log b}>0$

따라서 $\log_a b>\log_b a$

[다른 풀이]

$a=\dfrac{1}{4}$, $b=2$라 하면

$a<1<b<\dfrac{1}{a}$을 만족시킨다.

이때 $\log_a b=\log_{\frac{1}{4}}2=\log_{2^{-2}}2=-\dfrac{1}{2}$,

$\log_b a=\log_2\dfrac{1}{4}=\log_2 2^{-2}=-2$이므로

$\log_b a<\log_a b$

4 밑이 1보다 크므로

$x=19$일 때 최대이고, 최댓값은

$a=\log_2 16+1=4+1=5$

$x=7$일 때 최소이고, 최솟값은

$b=\log_2 4+1=2+1=3$

따라서 $ab=15$

5 $f(x)=x^2-4x+31$이라 하면

$f(x)=(x-2)^2+27$

이때 $f(x)\geq 27$이므로

$y=\log_3 f(x)+2$에서 $f(x)=27$일 때 최소이고

최솟값은 $\log_3 27+2=3+2=5$

6 $y=\left(\log_{\frac{1}{3}}x\right)^2-2\log_{\frac{1}{3}}x+10$에서

$\log_{\frac{1}{3}}x=t$라 하면

$y=t^2-2t+10$

$\quad=(t-1)^2+9$

이때 $\dfrac{1}{27}\leq x\leq 1$이므로 $0\leq t\leq 3$

따라서 y는 $t=3$일 때 최댓값 $M=13$,

$t=1$일 때 최솟값 $m=9$를 가지므로

$M-m=13-9=4$

7 진수의 조건에서 $x>0$, $(x+1)^2>0$이므로

$x>0$ $\quad$ …… ㉠

$\log_2 x+\log_4(x+1)^2=1$에서

$\log_2 x+\log_2(x+1)=1$

$\log_2 x(x+1)=\log_2 2$

즉 $x^2+x=2$이므로

$x^2+x-2=0$, $(x+2)(x-1)=0$

$x=-2$ 또는 $x=1$

㉠에서 구하는 해는 $x=1$

8 진수의 조건에서 $x>0$, $x^6>0$이므로

$x>0$ $\quad$ …… ㉠

$(\log_3 x)^2+8=\log_3 x^6$에서

$(\log_3 x)^2-6\log_3 x+8=0$

$\log_3 x=t$라 하면

$t^2-6t+8=0$, $(t-2)(t-4)=0$

$t=2$ 또는 $t=4$

즉 $\log_3 x=2$ 또는 $\log_3 x=4$이므로

$x=9$ 또는 $x=81$

㉠에 의하여 방정식의 두 근은 9, 81이므로 두 근의 차는

$81-9=72$

9 $(\log_7 x)^2-\log_7 x=1$에서

$(\log_7 x)^2-\log_7 x-1=0$

$\log_7 x=t$라 하면

$t^2-t-1=0$

이 이차방정식의 두 근은 $\log_7 \alpha$, $\log_7 \beta$이므로 이차방정식의 근

과 계수의 관계에 의하여

$\log_7 \alpha+\log_7 \beta=1$

즉 $\log_7 \alpha\beta=1$이므로 $\alpha\beta=7$

10 진수의 조건에서 $x+2>0$이므로

$x>-2$ $\quad$ …… ㉠

$\log_{0.1}(x+2)\leq\log_{0.1}12$에서

밑이 1보다 작으므로

$x+2\geq 12$, $x\geq 10$ $\quad$ …… ㉡

㉠, ㉡에 의하여 $x\geq 10$

따라서 x의 최솟값은 10이다.

11 진수의 조건에서 $x>0$ $\quad$ …… ㉠

$(\log_3 x-1)(\log_3 x-2)<0$에서

$\log_3 x=t$라 하면

$(t-1)(t-2)<0$, $1<t<2$

즉 $1<\log_3 x<2$이므로 $\log_3 3<\log_3 x<\log_3 9$

밑이 1보다 크므로

$3<x<9$ $\quad$ …… ㉡

㉠, ㉡에 의하여 $3<x<9$

12 진수의 조건에서 $x>0$ $\quad$ …… ㉠

$(2x)^{\log_2 x}<x^4$의 양변에 밑이 2인 로그를 취하면

$\log_2(2x)^{\log_2 x}<\log_2 x^4$

$\log_2 x(\log_2 2x) < 4\log_2 x$

$\log_2 x(1+\log_2 x) < 4\log_2 x$

$(\log_2 x)^2 + \log_2 x < 4\log_2 x$

$(\log_2 x)^2 - 3\log_2 x < 0$

$\log_2 x = t$라 하면

$t^2 - 3t < 0$에서 $t(t-3) < 0$

$0 < t < 3$

즉 $0 < \log_2 x < 3$이므로 $\log_2 1 < \log_2 x < \log_2 8$

밑이 1보다 크므로

$1 < x < 8$ ...... ㉡

㉠, ㉡에 의하여 $1 < x < 8$

따라서 구하는 모든 정수 x의 값의 합은

$2+3+4+5+6+7=27$

TEST 개념 발전

본문 136쪽

1 ①	**2** ③	**3** ②	**4** ②
5 ②	**6** ④	**7** 3	**8** $\log_b a$
9 ①	**10** ⑤	**11** ②	**12** ③
13 $x=7$	**14** ②	**15** ②	
16 $0<a\le 2$ 또는 $a\ge 8$	**17** ③	**18** ②
19 ③	**20** ④	**21** -3	**22** ⑤
23 2	**24** 8자리		

1 $y=-\log(1-x)=-\log\{-(x-1)\}$

이 함수의 그래프는 $y=\log x$의 그래프를 원점에 대하여 대칭이동한 후, x축의 방향으로 1만큼 평행이동한 것이므로 다음 그림과 같다.

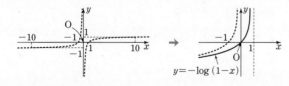

① 정의역은 $\{x\,|\,x<1\}$이다.

2 $y=\log_4 x$의 그래프는

점 $(16, a)$를 지나므로 $a=\log_4 16$에서 $a=2$

또 점 $(b, 3)$을 지나므로 $3=\log_4 b$에서 $b=4^3=64$

따라서 $a+b=66$

3 $y=2^x-3$의 그래프는 $y=2^x$의 그래프를 y축의 방향으로 -3만큼 평행이동한 것이므로 오른쪽 그림과 같다.

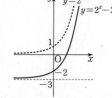

이때 점근선의 방정식은 $y=-3$이므로

$a=-3$

$y=\log_2(x-2)$의 그래프는 $y=\log_2 x$의 그래프를 x축의 방향으로 2만큼 평행이동한 것이므로 오른쪽 그림과 같다.

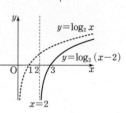

이때 점근선의 방정식은 $x=2$이므로 $b=2$

따라서 $a+b=(-3)+2=-1$

4 $f(x)=\log_2(x-1)-2$라 하면 $y=f(x)$의 역함수는 $y=g(x)$

$g(1)=k$라 하면 $f(k)=1$이므로

$\log_2(k-1)-2=1$에서 $\log_2(k-1)=3$

$k-1=8$, $k=9$

따라서 $g(1)=9$

[다른 풀이]

$y=\log_2(x-1)-2$의 역함수 $g(x)$를 구하자.

$x=\log_2(y-1)-2$에서 $\log_2(y-1)=x+2$

$y-1=2^{x+2}$, $y=2^{x+2}+1$

따라서 $g(x)=2^{x+2}+1$이므로

$g(1)=2^3+1=8+1=9$

5 $y=\log_6 x$의 그래프를 x축의 방향으로 a만큼 평행이동한 그래프의 식은 $y=\log_6(x-a)$

$y=\log_6(x-a)$의 그래프가 점 $(6, 2)$를 지나므로

$2=\log_6(6-a)$, $6-a=36$ $a=-30$

또 $y=\log_b x$의 그래프도 점 $(6, 2)$를 지나므로

$2=\log_b 6$

$b^2=6$

따라서 $ab^2=-30\times 6=-180$

6 오른쪽 그림에서 $a=\log_2 b$, $c=\log_2 d$이므로

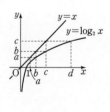

$-a+c=-\log_2 b+\log_2 d$

$\qquad =\log_2\dfrac{d}{b}$

따라서 $2^{-a+c}=2^{\log_2\frac{d}{b}}=\dfrac{d}{b}$

7 함수 $y=\log_5(x+a)+b$의 그래프의 점근선의 방정식이 $x=-4$이므로

$a=4$

또 $y=\log_5(x+4)+b$의 그래프가 점 $(1, 0)$을 지나므로

$0=\log_5(1+4)+b$에서 $0=1+b$

$b=-1$

따라서 $a+b=4+(-1)=3$

8 $a<b<1$의 각 변에 밑이 a인 로그를 취하면

$\log_a 1<\log_a b<\log_a a$이므로

$0<\log_a b<1$ ······ ㉠

$a<b<1$의 각 변에 밑이 b인 로그를 취하면

$\log_b 1<\log_b b<\log_b a$이므로

$0<1<\log_b a$ ······ ㉡

㉠, ㉡에 의하여 $0<\log_a b<1<\log_b a$

이때 $\log_a \dfrac{b}{a}=\log_a b-1$이고 ㉠에 의하여

$-1<\log_a b-1<0$, 즉 $-1<\log_a \dfrac{b}{a}<0$

또 $\log_b \dfrac{a}{b}=\log_b a-1$이고 ㉡에 의하여

$0<\log_b a-1<\log_b a$, 즉 $0<\log_b \dfrac{a}{b}<\log_b a$

따라서 가장 큰 수는 $\log_b a$이다.

[다른 풀이]

$0<a<b<1$이므로 $a=\dfrac{1}{4}$, $b=\dfrac{1}{2}$이라 하면

$\log_a b=\log_{\frac{1}{4}} \dfrac{1}{2}=\log_{2^{-2}} 2^{-1}=\dfrac{1}{2}$

$\log_b a=\log_{\frac{1}{2}} \dfrac{1}{4}=\log_{2^{-1}} 2^{-2}=2$

$\log_a \dfrac{b}{a}=\log_{\frac{1}{4}} \dfrac{\frac{1}{2}}{\frac{1}{4}}=\log_{\frac{1}{4}} 2$

$=\log_{2^{-2}} 2=-\dfrac{1}{2}$

$\log_b \dfrac{a}{b}=\log_{\frac{1}{2}} \dfrac{\frac{1}{4}}{\frac{1}{2}}=\log_{\frac{1}{2}} \dfrac{1}{2}=1$

따라서 가장 큰 수는 $\log_b a$이다.

9 $f(x)=-x^2+2x+7$이라 하면

$f(x)=-(x-1)^2+8$

$f(-1)=4$, $f(1)=8$, $f(2)=7$이므로

$-1\le x\le 2$에서 $4\le f(x)\le 8$

$y=\log_a f(x)$에서 $a>1$이므로 $f(x)=8$일 때, y의 최댓값이 3이다.

즉 $\log_a 8=3$에서 $a^3=8$

a는 실수이므로 $a=2$

10 $y=(\log_2 4x)\Big(\log_2 \dfrac{8}{x}\Big)$

$=(2+\log_2 x)(3-\log_2 x)$

$=-(\log_2 x)^2+\log_2 x+6$

$\log_2 x=t$라 하면

$y=-t^2+t+6=-\Big(t-\dfrac{1}{2}\Big)^2+\dfrac{25}{4}$

$1\le x\le 4$에서 $0\le t\le 2$

$t=\dfrac{1}{2}$일 때 최대이고 최댓값 $M=\dfrac{25}{4}$,

$t=2$일 때 최소이고 최솟값 $m=4$

따라서 $Mm=25$

11 $y=\log_5 x+\log_x 625$

$=\log_5 x+\dfrac{4}{\log_5 x}$

$x>1$이면 $\log_5 x>0$, $\dfrac{4}{\log_5 x}>0$이므로 산술평균과 기하평균의 관계에 의하여

$\log_5 x+\dfrac{4}{\log_5 x}\ge 2\sqrt{\log_5 x\times \dfrac{4}{\log_5 x}}=4$

$\Big($단, 등호는 $\log_5 x=\dfrac{4}{\log_5 x}$, 즉 $x=25$일 때 성립한다.$\Big)$

따라서 주어진 함수의 최솟값은 4이다.

12 $4^{\log x}=x^{\log 4}$이므로 $4^{\log x}\times x^{\log 4}-4^{\log x}-12=0$에서

$(4^{\log x})^2-4^{\log x}-12=0$

$4^{\log x}=t$라 하면

$t^2-t-12=0$, $(t+3)(t-4)=0$

$t=-3$ 또는 $t=4$

이때 $t>0$이므로 $t=4$

즉 $4^{\log x}=4$이므로

$\log x=1$

따라서 $x=10$

13 진수의 조건에서

$x^2-3x-10>0$, $x-1>0$이므로

$x<-2$ 또는 $x>5$, $x>1$

즉 $x>5$ ······ ㉠

$2\log_9 (x^2-3x-10)=\log_3 (x-1)+1$에서

$\log_3 (x^2-3x-10)=\log_3 3(x-1)$이므로

$x^2-3x-10=3x-3$

$x^2-6x-7=0$, $(x+1)(x-7)=0$

$x=-1$ 또는 $x=7$

㉠에 의하여 구하는 해는 $x=7$

14 진수의 조건에서 $x>0$, $\log_2 x>0$이므로

$x>0$, $x>1$

즉 $x>1$ ······ ㉠

$\log_3 (\log_2 x)\le 1$에서

$\log_3 (\log_2 x)\le \log_3 3$

밑이 1보다 크므로

$\log_2 x\le 3$, $\log_2 x\le \log_2 8$

밑이 1보다 크므로

$x\le 8$ ······ ㉡

㉠, ㉡에 의하여 $1<x\le 8$

따라서 정수 x의 개수는 2, 3, 4, 5, 6, 7, 8의 7이다.

15 진수의 조건에서

$x+1>0$, $2x-1>0$이므로

$x>-1$, $x>\dfrac{1}{2}$

즉 $x>\dfrac{1}{2}$ ······ ㉠

$\log_2 \sqrt{8(x+1)} < 2 - \frac{1}{2}\log_2(2x-1)$에서

$\frac{1}{2}\log_2 8(x+1) + \frac{1}{2}\log_2(2x-1) < 2$

$\log_2 8(x+1) + \log_2(2x-1) < 4$

$3 + \log_2(x+1) + \log_2(2x-1) < 4$

$\log_2\{(x+1)(2x-1)\} < 1$

밑이 1보다 크므로

$(x+1)(2x-1) < 2$

$2x^2 + x - 3 < 0$, $(2x+3)(x-1) < 0$

$-\frac{3}{2} < x < 1$ ...... ㉡

㉠, ㉡에 의하여 구하는 해는

$\frac{1}{2} < x < 1$

따라서 $a = \frac{1}{2}$, $\beta = 1$이므로

$\beta - a = \frac{1}{2}$

16 진수의 조건에서 $a > 0$ ...... ㉠

이차방정식 $x^2 - 2(2 - \log_2 a)x + 1 = 0$이 실근을 가지므로 이
이차방정식의 판별식을 D라 하면

$\frac{D}{4} = (2 - \log_2 a)^2 - 1 \geq 0$이어야 한다.

$(\log_2 a)^2 - 4\log_2 a + 3 \geq 0$

$\log_2 a = t$라 하면

$t^2 - 4t + 3 \geq 0$, $(t-1)(t-3) \geq 0$

$t \leq 1$ 또는 $t \geq 3$

즉 $\log_2 a \leq 1$ 또는 $\log_2 a \geq 3$이므로

$a \leq 2$ 또는 $a \geq 8$ ...... ㉡

㉠, ㉡에 의하여

$0 < a \leq 2$ 또는 $a \geq 8$

17 $(\log_3 x)^2 + \log_3 27x^2 - k \geq 0$에서

$(\log_3 x)^2 + 2\log_3 x + 3 - k \geq 0$

$\log_3 x = t$라 하면

$t^2 + 2t + 3 - k \geq 0$

이때 모든 양수 x, 즉 모든 실수 t에 대하여 부등식

$t^2 + 2t + 3 - k \geq 0$이 성립해야 하므로 이차방정식

$t^2 + 2t + 3 - k = 0$의 판별식을 D라 하면

$\frac{D}{4} = 1 - (3-k) \leq 0$, 즉 $k - 2 \leq 0$

따라서 $k \leq 2$

18 첫 번째 유리를 통과하기 전 빛의 세기를 A라 하면

n장의 유리를 통과한 후 빛의 세기는 $A\left(\frac{1}{5}\right)^n$이다.

이때 n장의 유리를 통과한 후 빛의 세기가 첫 번째 유리를 통과

하기 전의 $\frac{1}{1000}$ 미만이 된다고 하면

$A\left(\frac{1}{5}\right)^n < \frac{1}{1000}A$, 즉 $\left(\frac{1}{5}\right)^n < \frac{1}{1000}$

양변에 상용로그를 취하면

$\log\left(\frac{1}{5}\right)^n < \log\frac{1}{1000}$

$n\log\frac{1}{5} < \log 10^{-3}$

$n(\log 2 - 1) < -3$

$n(0.3 - 1) < -3$

$n > \frac{30}{7} = 4.\times\times\times\cdots$

따라서 최소 5장의 유리가 필요하다.

19 오른쪽 그림에서

$\log_a(\log_a(\log_a k))$

$= \log_a(\log_a p)$

$= \log_a s$

$= q$

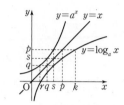

20 두 함수 $y = \log_2 x$, $y = \log_{\frac{9}{2}} x$의

그래프와 직선 $y = 1$로 둘러싸인 도

형의 내부 또는 경계에 포함된 점

중에서 x좌표와 y좌표가 모두 정수

인 점의 개수는 오른쪽 그림에서

$(1, 0)$, $(2, 1)$, $(3, 1)$, $(4, 1)$

의 4이다.

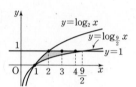

21 $y = \log_a 2(|x-2|+1)$에서 $2(|x-2|+1) = t$라 하면

$1 \leq x \leq 5$에서 $0 \leq |x-2| \leq 3$,

$1 \leq |x-2|+1 \leq 4$, $2 \leq 2(|x-2|+1) \leq 8$

즉 $2 \leq t \leq 8$

$y = \log_a t$에서

(i) $0 < a < 1$일 때

$t = 2$일 때, 최대이므로

$\log_a 2 = -1$에서 $a = \frac{1}{2}$

(ii) $a > 1$일 때

$t = 8$일 때, 최대이므로

$\log_a 8 = -1$에서 $a = \frac{1}{8}$

$a > 1$이므로 조건에 맞지 않는다.

(i), (ii)에서 $a = \frac{1}{2}$

따라서 $y = \log_{\frac{1}{2}} t$는 $t = 8$일 때 최소이고 최솟값은

$\log_{\frac{1}{2}} 8 = \log_{2^{-1}} 2^3 = -3$

22 방정식 $(\log_6 x)^2 - k\log_6 x - 5 = 0$의 두 근을 a, β라 하면

$a\beta = 36$

$\log_6 x = t$라 하면 주어진 방정식은

$t^2 - kt - 5 = 0$

이 이차방정식의 두 근은 $\log_6 a$, $\log_6 \beta$이므로 이차방정식의 근

과 계수의 관계에 의하여

$\log_6 \alpha + \log_6 \beta = k$

따라서 $k = \log_6 \alpha\beta = \log_6 36 = 2$

23 진수의 조건에서 $x+3 > 0$, $1-x > 0$이므로

$-3 < x < 1$ ⋯⋯ ㉠

$\log_a (x+3) - \log_a (1-x) - 1 > 0$에서

$\log_a \dfrac{x+3}{1-x} > 1$, 즉 $\log_a \dfrac{x+3}{1-x} > \log_a a$

(i) $0 < a < 1$일 때

$\dfrac{x+3}{1-x} < a$이므로 $x+3 < a-ax$, $(a+1)x < a-3$

$x < \dfrac{a-3}{a+1}$ ⋯⋯ ㉡

㉠, ㉡에 의하여 해가 $-\dfrac{1}{3} < x < 1$이 될 수 없다.

(ii) $a > 1$일 때

$\dfrac{x+3}{1-x} > a$이므로 $x > \dfrac{a-3}{a+1}$ ⋯⋯ ㉢

㉠, ㉢에 의하여 해가 $-\dfrac{1}{3} < x < 1$이려면

$\dfrac{a-3}{a+1} = -\dfrac{1}{3}$이어야 하므로 $3a-9 = -a-1$, $4a = 8$

따라서 $a = 2$

24 진수의 조건에서 $\log_2 x > 0$이므로

$x > 1$ ⋯⋯ ㉠

$\log_{\frac{1}{5}} (\log_2 x) + 2 \ge 0$에서 $\log_{\frac{1}{5}} (\log_2 x) \ge -2$

$\log_2 x \le 25$

$x \le 2^{25}$ ⋯⋯ ㉡

㉠, ㉡에 의하여 $1 < x \le 2^{25}$

따라서 가장 큰 정수 x는 2^{25}이고

$\log 2^{25} = 25 \log 2 = 7.5$이므로

2^{25}은 8자리의 수이다.

5 삼각함수

01 본문 148쪽

일반각

1 (✎ 40)   **2** 풀이 참조   **3** 풀이 참조

4 풀이 참조   **5** 풀이 참조   **6** 풀이 참조

7 $360° \times n + 50°$ **8** $360° \times n + 120°$

9 $360° \times n + 215°$ **10** $360° \times n + 300°$

11 (✎ 50, 50)   **12** $360° \times n + 130°$

13 $360° \times n + 185°$ **14** $360° \times n + 10°$

15 ㄷ, ㅁ, ㅂ   **16** ㄷ, ㄹ   **17** ㄱ, ㅂ

2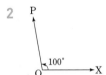

3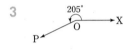

4 **5**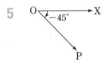

6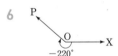

12 $1210° = 360° \times 3 + 130°$이므로 일반각은

$360° \times n + 130°$

13 $-175° = 360° \times (-1) + 185°$이므로 일반각은

$360° \times n + 185°$

14 $-710° = 360° \times (-2) + 10°$이므로 일반각은

$360° \times n + 10°$

15 ㄷ. $395° = 360° + 35°$

ㄹ. $570° = 360° + 210°$

ㅁ. $755° = 360° \times 2 + 35°$

ㅂ. $1115° = 360° \times 3 + 35°$

따라서 $35°$와 동경이 일치하는 것은 ㄷ, ㅁ, ㅂ이다.

16 ㄷ. $520° = 360° + 160°$

ㄹ. $880° = 360° \times 2 + 160°$

ㅁ. $940° = 360° × 2 + 220°$

ㅂ. $-210° = 360° × (-1) + 150°$

따라서 160°와 동경이 일치하는 것은 ㄷ, ㄹ이다.

17 $420° = 360° + 60°$

ㄷ. $740° = 360° × 2 + 20°$

ㄹ. $1000° = 360° × 2 + 280°$

ㅁ. $-60° = 360° × (-1) + 300°$

ㅂ. $-300° = 360° × (-1) + 60°$

따라서 420°와 동경이 일치하는 것은 ㄱ, ㅂ이다.

본문 150쪽

02
사분면의 각과 두 동경의 위치 관계

1 (✎ 40, 1)   2 제2사분면의 각

3 제4사분면의 각   4 제3사분면의 각

5 제2사분면의 각   6 제1사분면의 각

7 (✎ 0, 90, 30, 1, 2, 3, 1, 2, 3, 1, 2, 3)

8 제2사분면 또는 제4사분면의 각

9 제1사분면 또는 제2사분면 또는 제4사분면의 각

10 제2사분면 또는 제4사분면의 각

11 $\left(✎\ 72,\ 72,\ \dfrac{5}{4},\ \dfrac{5}{2},\ 2,\ 144 \right)$

12 270°   13 120°   14 225°

15 15° 또는 75°

2 $815° = 360° × 2 + 95°$

따라서 815°는 제2사분면의 각이다.

3 $1360° = 360° × 3 + 280°$

따라서 1360°는 제4사분면의 각이다.

4 $-480° = 360° × (-2) + 240°$

따라서 $-480°$는 제3사분면의 각이다.

5 $-915° = 360° × (-3) + 165°$

따라서 $-915°$는 제2사분면의 각이다.

6 $-1400° = 360° × (-4) + 40°$

따라서 $-1400°$는 제1사분면의 각이다.

8 θ가 제3사분면의 각이므로 일반각으로 나타내면

$360° × n + 180° < \theta < 360° × n + 270°$ (n은 정수)

각 변을 2로 나누어 $\dfrac{\theta}{2}$의 크기의 범위를 구하면

$180° × n + 90° < \dfrac{\theta}{2} < 180° × n + 135°$

(i) $n = 0$일 때, $90° < \dfrac{\theta}{2} < 135°$이므로

$\dfrac{\theta}{2}$는 제2사분면의 각이다.

(ii) $n = 1$일 때, $270° < \dfrac{\theta}{2} < 315°$이므로

$\dfrac{\theta}{2}$는 제4사분면의 각이다.

$n = 2, 3, 4, \cdots$일 때, 동경의 위치가 제2, 4사분면의 순서로 반복된다.

따라서 $\dfrac{\theta}{2}$는 제2사분면 또는 제4사분면의 각이다.

9 θ가 제2사분면의 각이므로 일반각으로 나타내면

$360° × n + 90° < \theta < 360° × n + 180°$ (n은 정수)

각 변을 3으로 나누어 $\dfrac{\theta}{3}$의 크기의 범위를 구하면

$120° × n + 30° < \dfrac{\theta}{3} < 120° × n + 60°$

(i) $n = 0$일 때, $30° < \dfrac{\theta}{3} < 60°$이므로

$\dfrac{\theta}{3}$는 제1사분면의 각이다.

(ii) $n = 1$일 때, $150° < \dfrac{\theta}{3} < 180°$이므로

$\dfrac{\theta}{3}$는 제2사분면의 각이다.

(iii) $n = 2$일 때, $270° < \dfrac{\theta}{3} < 300°$이므로

$\dfrac{\theta}{3}$는 제4사분면의 각이다.

$n = 3, 4, 5, \cdots$일 때, 동경의 위치가 제1, 2, 4사분면의 순서로 반복된다.

따라서 $\dfrac{\theta}{3}$는 제1사분면 또는 제2사분면 또는 제4사분면의 각이다.

10 θ가 제4사분면의 각이므로 일반각으로 나타내면

$360° × n + 270° < \theta < 360° × n + 360°$ (n은 정수)

각 변을 2로 나누어 $\dfrac{\theta}{2}$의 크기의 범위를 구하면

$180° × n + 135° < \dfrac{\theta}{2} < 180° × n + 180°$

(i) $n = 0$일 때, $135° < \dfrac{\theta}{2} < 180°$이므로

$\dfrac{\theta}{2}$는 제2사분면의 각이다.

(ii) $n = 1$일 때, $315° < \dfrac{\theta}{2} < 360°$이므로

$\dfrac{\theta}{2}$는 제4사분면의 각이다.

$n = 2, 3, 4, \cdots$일 때, 동경의 위치가 제2, 4사분면의 순서로 반복된다.

따라서 $\dfrac{\theta}{2}$는 제2사분면 또는 제4사분면의 각이다.

12 각 θ를 나타내는 동경과 각 3θ를 나타내는 동경이 원점에 대하여 대칭이므로

$3\theta - \theta = 360° \times n + 180°$ (n은 정수)

$\theta = 180° \times n + 90°$ ······ ㉠

$180° < \theta < 360°$에서 $180° < 180° \times n + 90° < 360°$이므로

$\dfrac{1}{2} < n < \dfrac{3}{2}$

n은 정수이므로 $n = 1$

이것을 ㉠에 대입하면 $\theta = 270°$

13 각 θ를 나타내는 동경과 각 2θ를 나타내는 동경이 x축에 대하여
대칭이므로

$\theta + 2\theta = 360° \times n$ (n은 정수)

$\theta = 120° \times n$ ······ ㉠

$0° < \theta < 180°$에서 $0° < 120° \times n < 180°$이므로

$0 < n < \dfrac{3}{2}$

n은 정수이므로 $n = 1$

이것을 ㉠에 대입하면 $\theta = 120°$

14 각 θ를 나타내는 동경과 각 3θ를 나타내는 동경이 y축에 대하여
대칭이므로

$\theta + 3\theta = 360° \times n + 180°$ (n은 정수)

$\theta = 90° \times n + 45°$ ······ ㉠

$180° < \theta < 270°$에서 $180° < 90° \times n + 45° < 270°$이므로

$\dfrac{3}{2} < n < \dfrac{5}{2}$

n은 정수이므로 $n = 2$

이것을 ㉠에 대입하면 $\theta = 225°$

15 각 θ를 나타내는 동경과 각 5θ를 나타내는 동경이 직선 $y = x$에
대하여 대칭이므로

$5\theta + \theta = 360° \times n + 90°$ (n은 정수)

$\theta = 60° \times n + 15°$ ······ ㉠

$0° < \theta < 120°$에서 $0° < 60° \times n + 15° < 120°$이므로

$-\dfrac{1}{4} < n < \dfrac{7}{4}$

n은 정수이므로 $n = 0, 1$

이것을 ㉠에 대입하면 $\theta = 15°$ 또는 $\theta = 75°$

03 본문 152쪽

호도법

1 $\left(\mathscr{\mathscr{P}}\ \dfrac{\pi}{180}, \dfrac{\pi}{5} \right)$ **2** $\dfrac{\pi}{2}$ **3** $\dfrac{3}{4}\pi$

4 $\dfrac{5}{6}\pi$ **5** $\dfrac{7}{6}\pi$ **6** $-\dfrac{17}{12}\pi$

7 $-\dfrac{5}{3}\pi$ **8** $-\dfrac{8}{3}\pi$ **9** $\left(\mathscr{P}\ \dfrac{180°}{\pi}, 72 \right)$

10 $60°$ **11** $210°$ **12** $315°$

13 $-80°$ **14** $-180°$ **15** $-234°$

16 $-720°$ **☺** $\dfrac{180°}{\pi}, \dfrac{\pi}{180}$

17 $\left(\mathscr{P}\ \dfrac{3}{4}\pi, \dfrac{3}{4}\pi, 2 \right)$

18 $2n\pi + \dfrac{\pi}{6}$, 제1사분면의 각

19 $2n\pi + \dfrac{4}{3}\pi$, 제3사분면의 각

20 $2n\pi + \dfrac{8}{5}\pi$, 제4사분면의 각

21 ③, ⑤

2 $90° = 90 \times 1° = 90 \times \dfrac{\pi}{180} = \dfrac{\pi}{2}$

3 $135° = 135 \times 1° = 135 \times \dfrac{\pi}{180} = \dfrac{3}{4}\pi$

4 $150° = 150 \times 1° = 150 \times \dfrac{\pi}{180} = \dfrac{5}{6}\pi$

5 $210° = 210 \times 1° = 210 \times \dfrac{\pi}{180} = \dfrac{7}{6}\pi$

6 $-255° = -255 \times 1° = -255 \times \dfrac{\pi}{180} = -\dfrac{17}{12}\pi$

7 $-300° = -300 \times 1° = -300 \times \dfrac{\pi}{180} = -\dfrac{5}{3}\pi$

8 $-480° = -480 \times 1° = -480 \times \dfrac{\pi}{180} = -\dfrac{8}{3}\pi$

10 $\dfrac{\pi}{3} = \dfrac{\pi}{3} \times 1(\text{라디안}) = \dfrac{\pi}{3} \times \dfrac{180°}{\pi} = 60°$

11 $\dfrac{7}{6}\pi = \dfrac{7}{6}\pi \times 1(\text{라디안}) = \dfrac{7}{6}\pi \times \dfrac{180°}{\pi} = 210°$

12 $\dfrac{7}{4}\pi = \dfrac{7}{4}\pi \times 1(\text{라디안}) = \dfrac{7}{4}\pi \times \dfrac{180°}{\pi} = 315°$

13 $-\dfrac{4}{9}\pi = -\dfrac{4}{9}\pi \times 1(\text{라디안}) = -\dfrac{4}{9}\pi \times \dfrac{180°}{\pi} = -80°$

14 $-\pi = -\pi \times 1(\text{라디안}) = -\pi \times \dfrac{180°}{\pi} = -180°$

15 $-\dfrac{13}{10}\pi = -\dfrac{13}{10}\pi \times 1(\text{라디안}) = -\dfrac{13}{10}\pi \times \dfrac{180°}{\pi} = -234°$

16 $-4\pi = -4\pi \times 1(\text{라디안}) = -4\pi \times \dfrac{180°}{\pi} = -720°$

18 $\dfrac{25}{6}\pi = 2\pi \times 2 + \dfrac{\pi}{6}$이므로

일반각은 $2n\pi + \dfrac{\pi}{6}$이고 제1사분면의 각이다.

19 $-\dfrac{2}{3}\pi=2\pi\times(-1)+\dfrac{4}{3}\pi$이므로

일반각은 $2n\pi+\dfrac{4}{3}\pi$이고 제3사분면의 각이다.

20 $-\dfrac{12}{5}\pi=2\pi\times(-2)+\dfrac{8}{5}\pi$이므로

일반각은 $2n\pi+\dfrac{8}{5}\pi$이고 제4사분면의 각이다.

21 ① $15°=15\times1°=15\times\dfrac{\pi}{180}=\dfrac{\pi}{12}$

② $54°=54\times1°=54\times\dfrac{\pi}{180}=\dfrac{3}{10}\pi$

③ $320°=320\times1°=320\times\dfrac{\pi}{180}=\dfrac{16}{9}\pi$

④ $\dfrac{7}{18}\pi=\dfrac{7}{18}\pi\times1(라디안)=\dfrac{7}{18}\pi\times\dfrac{180°}{\pi}=70°$

⑤ $\dfrac{3}{5}\pi=\dfrac{3}{5}\pi\times1(라디안)=\dfrac{3}{5}\pi\times\dfrac{180°}{\pi}=108°$

따라서 옳지 않은 것은 ③, ⑤이다.

04

본문 154쪽

부채꼴의 호의 길이와 넓이

1 $\left(\,\mathscr{\varnothing}\,\dfrac{\pi}{4},\ \pi,\ \pi,\ 2\pi\right)$ **2** $l=10\pi,\ S=60\pi$

3 $l=3\pi,\ S=\dfrac{15}{2}\pi$ **4** $\left(\,\mathscr{\varnothing}\,\dfrac{\pi}{6},\ 6,\ 6,\ 3\pi\right)$

5 $r=3,\ S=\dfrac{21}{8}\pi$ **6** $r=2,\ S=\dfrac{3}{2}\pi$

7 $\left(\,\mathscr{\varnothing}\,3,\ \dfrac{8}{3}\pi,\ \dfrac{8}{3}\pi,\ \dfrac{8}{9}\pi\right)$ **8** $l=4\pi,\ \theta=\dfrac{4}{5}\pi$

9 $l=3\pi,\ \theta=\dfrac{\pi}{3}$ **10** $\left(\,\mathscr{\varnothing}\,\dfrac{5}{6}\pi,\ 4,\ 2,\ \dfrac{5}{3}\pi\right)$

11 $r=3,\ l=\dfrac{4}{3}\pi$ **12** $r=4,\ l=6\pi$

13 ⑤

14 ($\mathscr{\varnothing}\,2r,\ 2r,\ 2r,\ 4,\ 2r,\ r^2,\ 2,\ 4,\ 2,\ 2,\ 4$)

15 최댓값: 9, 반지름의 길이: 3

16 최댓값: $\dfrac{81}{4}$, 반지름의 길이: $\dfrac{9}{2}$

17 최댓값: $\dfrac{169}{4}$, 반지름의 길이: $\dfrac{13}{2}$

---

2 $l=12\times\dfrac{5}{6}\pi=10\pi$

$S=\dfrac{1}{2}\times12\times10\pi=60\pi$

3 $108°=108\times1°=108\times\dfrac{\pi}{180}=\dfrac{3}{5}\pi$이므로

$l=5\times\dfrac{3}{5}\pi=3\pi$

$S=\dfrac{1}{2}\times5\times3\pi=\dfrac{15}{2}\pi$

---

5 $r\times\dfrac{7}{12}\pi=\dfrac{7}{4}\pi$이므로 $r=3$

$S=\dfrac{1}{2}\times3\times\dfrac{7}{4}\pi=\dfrac{21}{8}\pi$

6 $135°=135\times1°=135\times\dfrac{\pi}{180}=\dfrac{3}{4}\pi$

$r\times\dfrac{3}{4}\pi=\dfrac{3}{2}\pi$이므로 $r=2$

$S=\dfrac{1}{2}\times2\times\dfrac{3}{2}\pi=\dfrac{3}{2}\pi$

8 $\dfrac{1}{2}\times5\times l=10\pi$이므로 $l=4\pi$

$5\times\theta=4\pi$이므로 $\theta=\dfrac{4}{5}\pi$

9 $\dfrac{1}{2}\times9\times l=\dfrac{27}{2}\pi$이므로 $l=3\pi$

$9\times\theta=3\pi$이므로 $\theta=\dfrac{\pi}{3}$

11 $\dfrac{1}{2}\times r^2\times\dfrac{4}{9}\pi=2\pi$이므로 $r^2=9$

$r>0$이므로 $r=3$

$l=3\times\dfrac{4}{9}\pi=\dfrac{4}{3}\pi$

12 $270°=270\times1°=270\times\dfrac{\pi}{180}=\dfrac{3}{2}\pi$

$\dfrac{1}{2}\times r^2\times\dfrac{3}{2}\pi=12\pi$이므로 $r^2=16$

$r>0$이므로 $r=4$

$l=4\times\dfrac{3}{2}\pi=6\pi$

13 부채꼴의 호의 길이가 5π이므로

$a\times\dfrac{5}{6}\pi=5\pi,\ a=6$

부채꼴의 넓이는 $\dfrac{1}{2}\times6\times5\pi=15\pi$

따라서 $a=6,\ b=15$이므로 $b-a=9$

15 부채꼴의 반지름의 길이를 r, 호의 길이를 l이라 하면 둘레의 길이가 12이므로

$2r+l=12$에서 $l=12-2r$

이때 $12-2r>0,\ r>0$이므로 $0<r<6$

부채꼴의 넓이를 S라 하면

$S=\dfrac{1}{2}rl=\dfrac{1}{2}r(12-2r)=-r^2+6r$

$\ \ =-(r-3)^2+9$

따라서 $r=3$, 즉 반지름의 길이가 3일 때, 부채꼴의 넓이의 최댓값은 9이다.

16 부채꼴의 반지름의 길이를 r, 호의 길이를 l이라 하면 둘레의 길이가 18이므로

$2r+l=18$에서 $l=18-2r$

이때 $18-2r>0$, $r>0$이므로 $0<r<9$

부채꼴의 넓이를 S라 하면

$S=\dfrac{1}{2}rl=\dfrac{1}{2}r(18-2r)=-r^2+9r$

$=-\left(r-\dfrac{9}{2}\right)^2+\dfrac{81}{4}$

따라서 $r=\dfrac{9}{2}$, 즉 반지름의 길이가 $\dfrac{9}{2}$일 때, 부채꼴의 넓이의

최댓값은 $\dfrac{81}{4}$이다.

17 부채꼴의 반지름의 길이를 r, 호의 길이를 l이라 하면 둘레의 길이가 26이므로

$2r+l=26$에서 $l=26-2r$

이때 $26-2r>0$, $r>0$이므로 $0<r<13$

부채꼴의 넓이를 S라 하면

$S=\dfrac{1}{2}rl=\dfrac{1}{2}r(26-2r)=-r^2+13r$

$=-\left(r-\dfrac{13}{2}\right)^2+\dfrac{169}{4}$

따라서 $r=\dfrac{13}{2}$, 즉 반지름의 길이가 $\dfrac{13}{2}$일 때 부채꼴의 넓이의

최댓값은 $\dfrac{169}{4}$이다.

TEST 개념 확인

본문 156쪽

1 풀이 참조   2 ④   3 ③

4 (1) 제3사분면의 각   (2) 제2사분면의 각

  (3) 제1사분면의 각   (4) 제4사분면의 각

5 ④   6 ⑤   7 ③   8 ①

9 ③   10 ④   11 ④   12 $\dfrac{63}{4}$

1 (1)
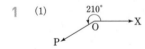
(2)

2 ④ $-75°=360°\times(-1)+285°$이므로

$-75° \Rightarrow 360°\times n+285°$

3 ① $-310°=360°\times(-1)+50°$

② $410°=360°\times1+50°$

③ $680°=360°\times1+320°$

④ $770°=360°\times2+50°$

⑤ $1130°=360°\times3+50°$

따라서 동경의 위치가 나머지 넷과 다른 것은 ③이다.

4 (1) $560°=360°\times1+200°$이므로 $560°$는 제3사분면의 각이다.

(2) $1180°=360°\times3+100°$이므로 $1180°$는 제2사분면의 각이다.

(3) $-290°=360°\times(-1)+70°$이므로 $-290°$는 제1사분면의 각이다.

(4) $-790°=360°\times(-3)+290°$이므로 $-790°$는 제4사분면의 각이다.

5 θ가 제3사분면의 각이므로

$360°\times n+180°<\theta<360°\times n+270°$ (n은 정수)

$120°\times n+60°<\dfrac{\theta}{3}<120°\times n+90°$

(i) $n=0$일 때, $60°<\dfrac{\theta}{3}<90°$이므로

$\dfrac{\theta}{3}$는 제1사분면의 각이다.

(ii) $n=1$일 때, $180°<\dfrac{\theta}{3}<210°$이므로

$\dfrac{\theta}{3}$는 제3사분면의 각이다.

(iii) $n=2$일 때, $300°<\dfrac{\theta}{3}<330°$이므로

$\dfrac{\theta}{3}$는 제4사분면의 각이다.

$n=3, 4, 5, \cdots$일 때, 동경의 위치는 제1, 3, 4사분면의 순서로 반복된다.

따라서 $\dfrac{\theta}{3}$를 나타내는 동경은 제1사분면 또는 제3사분면 또는 제4사분면에 존재한다.

6 각 θ를 나타내는 동경과 각 4θ를 나타내는 동경이 원점에 대하여 대칭이므로

$4\theta-\theta=360°\times n+180°$ (n은 정수)

$\theta=120°\times n+60°$ ……㉠

$180°<\theta<360°$에서 $180°<120°\times n+60°<360°$이므로

$1<n<\dfrac{5}{2}$, 즉 $n=2$

이것을 ㉠에 대입하면 $\theta=300°$

7 ③ $95°=95\times\dfrac{\pi}{180}=\dfrac{19}{36}\pi$

8 $425°=360°\times1+65°$이므로 $425°$는 제1사분면의 각이다.

따라서 보기에서 제1사분면의 각인 것은 ①이다.

9 $\dfrac{1}{2}\times r\times2\pi=3\pi$이므로 $r=3$

$3\theta=2\pi$이므로 $\theta=\dfrac{2}{3}\pi$

10 부채꼴의 호의 길이를 l이라 하면 반지름의 길이가 2인 원의 넓이와 반지름의 길이가 8인 부채꼴의 넓이가 같으므로

$\pi\times2^2=\dfrac{1}{2}\times8\times l$, $l=\pi$

따라서 부채꼴의 둘레의 길이는 $2\times8+\pi=16+\pi$

11 부채꼴의 중심각의 크기를 θ라 하면 둘레의 길이가 20이므로

$2 \times 5 + 5\theta = 20$, $5\theta = 10$

따라서 $\theta = 2$

12 부채꼴의 반지름의 길이를 r, 호의 길이를 l이라 하면 둘레의 길이가 14이므로

$2r + l = 14$에서 $l = 14 - 2r$

이때 $14 - 2r > 0$, $r > 0$이므로 $0 < r < 7$

부채꼴의 넓이를 S라 하면

$S = \dfrac{1}{2}rl = \dfrac{1}{2}r(14 - 2r) = -r^2 + 7r = -\left(r - \dfrac{7}{2}\right)^2 + \dfrac{49}{4}$

따라서 $r = \dfrac{7}{2}$, 즉 반지름의 길이가 $\dfrac{7}{2}$일 때 부채꼴의 넓이의 최댓값은 $\dfrac{49}{4}$이다.

그러므로 $M = \dfrac{49}{4}$, $a = \dfrac{7}{2}$이므로

$M + a = \dfrac{49}{4} + \dfrac{7}{2} = \dfrac{63}{4}$

05

본문 158쪽

삼각비

1 (1) $\left(\mathbf{\mathscr{D}}\,\overline{\text{BC}}, \dfrac{1}{2}\right)$ (2) $\left(\mathbf{\mathscr{D}}\,\overline{\text{AB}}, \dfrac{\sqrt{3}}{2}\right)$ (3) $\left(\mathbf{\mathscr{D}}\,\overline{\text{BC}}, \dfrac{\sqrt{3}}{3}\right)$

(4) $\left(\mathbf{\mathscr{D}}\,\overline{\text{AB}}, \dfrac{\sqrt{3}}{2}\right)$ (5) $\left(\mathbf{\mathscr{D}}\,\overline{\text{BC}}, \dfrac{1}{2}\right)$ (6) $\left(\mathbf{\mathscr{D}}\,\overline{\text{AB}}, \sqrt{3}\right)$

2 (1) $\dfrac{\sqrt{2}}{2}$ (2) $\dfrac{\sqrt{2}}{2}$ (3) 1 (4) $\dfrac{\sqrt{2}}{2}$ (5) $\dfrac{\sqrt{2}}{2}$ (6) 1

☺ (1) $\dfrac{1}{2}$, $\dfrac{\sqrt{3}}{2}$ (2) 1, $\dfrac{\sqrt{2}}{2}$, 0 (3) $\dfrac{\sqrt{3}}{3}$, $\sqrt{3}$

3 $\left(\mathbf{\mathscr{D}}\,\dfrac{\sqrt{3}}{2}, \dfrac{\sqrt{3}}{2}, \sqrt{3}, 2\sqrt{3}\right)$

4 $-\dfrac{1}{2}$ **5** 1 **6** $\dfrac{\sqrt{2}}{2}$

2 $\overline{\text{AC}} = \sqrt{1^2 + 1^2} = \sqrt{2}$

(1) $\sin A = \dfrac{1}{\sqrt{2}} = \dfrac{\sqrt{2}}{2}$ (2) $\cos A = \dfrac{1}{\sqrt{2}} = \dfrac{\sqrt{2}}{2}$

(3) $\tan A = \dfrac{1}{1} = 1$ (4) $\sin C = \dfrac{1}{\sqrt{2}} = \dfrac{\sqrt{2}}{2}$

(5) $\cos C = \dfrac{1}{\sqrt{2}} = \dfrac{\sqrt{2}}{2}$ (6) $\tan C = \dfrac{1}{1} = 1$

4 $\sin \dfrac{\pi}{6} - \tan \dfrac{\pi}{6} \times \tan \dfrac{\pi}{3} = \dfrac{1}{2} - \dfrac{\sqrt{3}}{3} \times \sqrt{3} = -\dfrac{1}{2}$

5 $\sin^2 \dfrac{\pi}{4} + \cos^2 \dfrac{\pi}{4} = \left(\dfrac{\sqrt{2}}{2}\right)^2 + \left(\dfrac{\sqrt{2}}{2}\right)^2 = 1$

6 $\tan \dfrac{\pi}{4} \times \cos \dfrac{\pi}{3} \div \sin \dfrac{\pi}{4} = 1 \times \dfrac{1}{2} \div \dfrac{\sqrt{2}}{2} = \dfrac{\sqrt{2}}{2}$

06

본문 160쪽

삼각함수

1 $\left(\mathbf{\mathscr{D}}\,-6, -\dfrac{3}{5}, 8, \dfrac{4}{5}, -6, -\dfrac{3}{4}\right)$

2 $\sin \theta = \dfrac{3}{5}$, $\cos \theta = -\dfrac{4}{5}$, $\tan \theta = -\dfrac{3}{4}$

3 $\sin \theta = \dfrac{12}{13}$, $\cos \theta = \dfrac{5}{13}$, $\tan \theta = \dfrac{12}{5}$

4 $\sin \theta = -\dfrac{\sqrt{3}}{2}$, $\cos \theta = -\dfrac{1}{2}$, $\tan \theta = \sqrt{3}$

5 $\left(\mathbf{\mathscr{D}}\,1, 30, 30, \dfrac{\sqrt{3}}{2}, 30, \dfrac{1}{2}, -\dfrac{\sqrt{3}}{2}, \dfrac{1}{2}, \dfrac{1}{2}, -\dfrac{\sqrt{3}}{2}, -\dfrac{\sqrt{3}}{3}\right)$

6 $\sin 330° = -\dfrac{1}{2}$, $\cos 330° = \dfrac{\sqrt{3}}{2}$, $\tan 330° = -\dfrac{\sqrt{3}}{3}$

7 $\sin 495° = \dfrac{\sqrt{2}}{2}$, $\cos 495° = -\dfrac{\sqrt{2}}{2}$, $\tan 495° = -1$

8 $\sin(-120°) = -\dfrac{\sqrt{3}}{2}$, $\cos(-120°) = -\dfrac{1}{2}$,

$\tan(-120°) = \sqrt{3}$

9 $\left(\mathbf{\mathscr{D}}\,1, \dfrac{\pi}{6}, \dfrac{\pi}{6}, \dfrac{\sqrt{3}}{2}, \dfrac{\pi}{6}, \dfrac{1}{2}, \dfrac{\sqrt{3}}{2}, \dfrac{1}{2}, \dfrac{1}{2}, \dfrac{\sqrt{3}}{2}, \dfrac{\sqrt{3}}{3}\right)$

10 $\sin \dfrac{8}{3}\pi = \dfrac{\sqrt{3}}{2}$, $\cos \dfrac{8}{3}\pi = -\dfrac{1}{2}$, $\tan \dfrac{8}{3}\pi = -\sqrt{3}$

11 $\sin\left(-\dfrac{\pi}{4}\right) = -\dfrac{\sqrt{2}}{2}$, $\cos\left(-\dfrac{\pi}{4}\right) = \dfrac{\sqrt{2}}{2}$, $\tan\left(-\dfrac{\pi}{4}\right) = -1$

☺ y, x, y

2 $\overline{\text{OP}} = \sqrt{(-8)^2 + 6^2} = 10$이므로

$\sin \theta = \dfrac{6}{10} = \dfrac{3}{5}$, $\cos \theta = \dfrac{-8}{10} = -\dfrac{4}{5}$, $\tan \theta = \dfrac{6}{-8} = -\dfrac{3}{4}$

3 $\overline{\text{OP}} = \sqrt{5^2 + 12^2} = 13$이므로

$\sin \theta = \dfrac{12}{13}$, $\cos \theta = \dfrac{5}{13}$, $\tan \theta = \dfrac{12}{5}$

4 $\overline{\text{OP}} = \sqrt{(-1)^2 + (-\sqrt{3})^2} = 2$이므로

$\sin \theta = \dfrac{-\sqrt{3}}{2} = -\dfrac{\sqrt{3}}{2}$, $\cos \theta = \dfrac{-1}{2} = -\dfrac{1}{2}$,

$\tan \theta = \dfrac{-\sqrt{3}}{-1} = \sqrt{3}$

6 오른쪽 그림과 같이 330°를 나타내는 동경이 반지름의 길이가 1인 원과 만나는 점을 $\text{P}(x, y)$라 하자.

점 P에서 x축에 내린 수선의 발을 H라 하면

$\overline{\text{OP}} = 1$, $\angle\text{POH} = 30°$이므로

$\overline{\text{OH}} = \overline{\text{OP}}\cos 30° = \dfrac{\sqrt{3}}{2}$, $\overline{\text{PH}} = \overline{\text{OP}}\sin 30° = \dfrac{1}{2}$

따라서 점 P의 좌표는 $\left(\dfrac{\sqrt{3}}{2}, -\dfrac{1}{2}\right)$이므로

$\sin 330° = -\dfrac{1}{2}$, $\cos 330° = \dfrac{\sqrt{3}}{2}$, $\tan 330° = -\dfrac{\sqrt{3}}{3}$

7 오른쪽 그림과 같이 $495°=360°+135°$를 나타내는 동경이 반지름의 길이가 1인 원과 만나는 점을 $P(x, y)$라 하자.

점 P에서 x축에 내린 수선의 발을 H라 하면
$\overline{OP}=1$, $\angle POH=45°$이므로

$\overline{OH}=\overline{OP}\cos 45°=\dfrac{\sqrt{2}}{2}$, $\overline{PH}=\overline{OP}\sin 45°=\dfrac{\sqrt{2}}{2}$

따라서 점 P의 좌표는 $\left(-\dfrac{\sqrt{2}}{2}, \dfrac{\sqrt{2}}{2}\right)$이므로

$\sin 495°=\dfrac{\sqrt{2}}{2}$, $\cos 495°=-\dfrac{\sqrt{2}}{2}$, $\tan 495°=-1$

8 오른쪽 그림과 같이 $-120°$를 나타내는 동경이 반지름의 길이가 1인 원과 만나는 점을 $P(x, y)$라 하자.

점 P에서 x축에 내린 수선의 발을 H라 하면
$\overline{OP}=1$, $\angle POH=60°$이므로

$\overline{OH}=\overline{OP}\cos 60°=\dfrac{1}{2}$, $\overline{PH}=\overline{OP}\sin 60°=\dfrac{\sqrt{3}}{2}$

따라서 점 P의 좌표는 $\left(-\dfrac{1}{2}, -\dfrac{\sqrt{3}}{2}\right)$이므로

$\sin(-120°)=-\dfrac{\sqrt{3}}{2}$, $\cos(-120°)=-\dfrac{1}{2}$,
$\tan(-120°)=\sqrt{3}$

10 오른쪽 그림과 같이 $\dfrac{8}{3}\pi=2\pi\times1+\dfrac{2}{3}\pi$를 나타내는 동경이 반지름의 길이가 1인 원과 만나는 점을 $P(x, y)$라 하자.

점 P에서 x축에 내린 수선의 발을 H라 하면
$\overline{OP}=1$, $\angle POH=\dfrac{\pi}{3}$이므로

$\overline{OH}=\overline{OP}\cos\dfrac{\pi}{3}=\dfrac{1}{2}$, $\overline{PH}=\overline{OP}\sin\dfrac{\pi}{3}=\dfrac{\sqrt{3}}{2}$

따라서 점 P의 좌표는 $\left(-\dfrac{1}{2}, \dfrac{\sqrt{3}}{2}\right)$이므로

$\sin\dfrac{8}{3}\pi=\dfrac{\sqrt{3}}{2}$, $\cos\dfrac{8}{3}\pi=-\dfrac{1}{2}$, $\tan\dfrac{8}{3}\pi=-\sqrt{3}$

11 오른쪽 그림과 같이 $-\dfrac{\pi}{4}$를 나타내는 동경이 반지름의 길이가 1인 원과 만나는 점을 $P(x, y)$라 하자.

점 P에서 x축에 내린 수선의 발을 H라 하면
$\overline{OP}=1$, $\angle POH=\dfrac{\pi}{4}$이므로

$\overline{OH}=\overline{OP}\cos\dfrac{\pi}{4}=\dfrac{\sqrt{2}}{2}$, $\overline{PH}=\overline{OP}\sin\dfrac{\pi}{4}=\dfrac{\sqrt{2}}{2}$

따라서 점 P의 좌표는 $\left(\dfrac{\sqrt{2}}{2}, -\dfrac{\sqrt{2}}{2}\right)$이므로

$\sin\left(-\dfrac{\pi}{4}\right)=-\dfrac{\sqrt{2}}{2}$, $\cos\left(-\dfrac{\pi}{4}\right)=\dfrac{\sqrt{2}}{2}$, $\tan\left(-\dfrac{\pi}{4}\right)=-1$

07

삼각함수의 값의 부호

원리확인

$\sqrt{2}$, $\sqrt{2}$, $\dfrac{\sqrt{2}}{2}$, $-\dfrac{\sqrt{2}}{2}$, -1, $>$, $<$, $<$

1 (✎ 2, $>$, $<$, $<$)

2 $\sin\theta<0$, $\cos\theta>0$, $\tan\theta<0$

3 $\sin\theta>0$, $\cos\theta>0$, $\tan\theta>0$

4 (✎ 3, $<$, $<$, $>$)

5 $\sin\theta>0$, $\cos\theta>0$, $\tan\theta>0$

6 $\sin\theta>0$, $\cos\theta<0$, $\tan\theta<0$

7 (✎ 1, 2, 2, 4, 2)

8 제4사분면의 각   **9** 제3사분면의 각

10 제1사분면 또는 제3사분면의 각

11 제3사분면 또는 제4사분면의 각

12 (1) (✎ $<$, $<$, $<$, $-\cos\theta$, $\tan\theta$)   (2) $\cos\theta$

13 (1) $2\sin\theta$ (2) $-\cos\theta$

2 $\theta=\dfrac{23}{6}\pi=2\pi\times1+\dfrac{11}{6}\pi$는 제4사분면의 각이므로
$\sin\theta<0$, $\cos\theta>0$, $\tan\theta<0$

3 $\theta=-\dfrac{15}{4}\pi=2\pi\times(-2)+\dfrac{\pi}{4}$는 제1사분면의 각이므로
$\sin\theta>0$, $\cos\theta>0$, $\tan\theta>0$

5 $\theta=770°=360°\times2+50°$는 제1사분면의 각이므로
$\sin\theta>0$, $\cos\theta>0$, $\tan\theta>0$

6 $\theta=-560°=360°\times(-2)+160°$는 제2사분면의 각이므로
$\sin\theta>0$, $\cos\theta<0$, $\tan\theta<0$

8 $\sin\theta<0$이면 θ는 제3사분면 또는 제4사분면의 각이다.
$\cos\theta>0$이면 θ는 제1사분면 또는 제4사분면의 각이다.
따라서 θ는 제4사분면의 각이다.

9 $\cos\theta<0$이면 θ는 제2사분면 또는 제3사분면의 각이다.
$\tan\theta>0$이면 θ는 제1사분면 또는 제3사분면의 각이다.
따라서 θ는 제3사분면의 각이다.

10 $\sin\theta\cos\theta>0$이면 $\sin\theta>0$, $\cos\theta>0$ 또는 $\sin\theta<0$, $\cos\theta<0$
(ⅰ) $\sin\theta>0$, $\cos\theta>0$이면 θ는 제1사분면의 각이다.
(ⅱ) $\sin\theta<0$, $\cos\theta<0$이면 θ는 제3사분면의 각이다.
(ⅰ), (ⅱ)에서 θ는 제1사분면 또는 제3사분면의 각이다.

11 $\dfrac{\tan \theta}{\cos \theta}<0$이면 $\tan \theta>0$, $\cos \theta<0$ 또는 $\tan \theta<0$, $\cos \theta>0$

(i) $\tan \theta>0$, $\cos \theta<0$이면 θ는 제3사분면의 각이다.

(ii) $\tan \theta<0$, $\cos \theta>0$이면 θ는 제4사분면의 각이다.

(i), (ii)에서 θ는 제3사분면 또는 제4사분면의 각이다.

12 (2) θ는 제2사분면의 각이므로

$\sin \theta>0$, $\cos \theta<0$

따라서 $\sin \theta-\cos \theta>0$이므로

$\sqrt{\sin^2 \theta}-\sqrt{(\sin \theta-\cos \theta)^2}$

$=|\sin \theta|-|\sin \theta-\cos \theta|$

$=\sin \theta-(\sin \theta-\cos \theta)$

$=\cos \theta$

13 θ는 제3사분면의 각이므로

$\sin \theta<0$, $\cos \theta<0$, $\tan \theta>0$

(1) $\sin \theta+\cos \theta<0$이므로

$\sqrt{\cos^2 \theta}-|\sin \theta+\cos \theta|+\sqrt[3]{\sin^3 \theta}$

$=|\cos \theta|-|\sin \theta+\cos \theta|+\sin \theta$

$=-\cos \theta+(\sin \theta+\cos \theta)+\sin \theta$

$=2\sin \theta$

(2) $\sin \theta+\cos \theta<0$, $\tan \theta-\sin \theta>0$이므로

$\sqrt{(\sin \theta+\cos \theta)^2}-|\tan \theta-\sin \theta|+|\tan \theta|$

$=|\sin \theta+\cos \theta|-|\tan \theta-\sin \theta|+|\tan \theta|$

$=-(\sin \theta+\cos \theta)-(\tan \theta-\sin \theta)+\tan \theta$

$=-\sin \theta-\cos \theta-\tan \theta+\sin \theta+\tan \theta$

$=-\cos \theta$

08

삼각함수 사이의 관계

원리확인

❶ $\dfrac{\sqrt{3}}{2}$, $\dfrac{1}{2}$ ❷ $\sqrt{3}$, $\sqrt{3}$, $=$ ❸ $\dfrac{\sqrt{3}}{2}$, $\dfrac{1}{2}$, 1

1 $\left(\emptyset \sin^2 \theta, \dfrac{9}{25}, \dfrac{16}{25}, <, -\dfrac{4}{5}, -\dfrac{3}{4} \right)$

2 $\cos \theta=-\dfrac{2\sqrt{2}}{3}$, $\tan \theta=\dfrac{\sqrt{2}}{4}$

3 $\sin \theta=\dfrac{\sqrt{3}}{2}$, $\tan \theta=\sqrt{3}$

4 $\cos \theta=-\dfrac{\sqrt{7}}{4}$, $\tan \theta=\dfrac{3\sqrt{7}}{7}$

5 $\sin \theta=-\dfrac{12}{13}$, $\tan \theta=-\dfrac{12}{5}$

6 $(\emptyset 1-\sin \theta, 1+\sin \theta, \cos \theta \sin \theta, \cos \theta \sin \theta, 2, 2)$

7 2 **8** $-\dfrac{1}{\sin \theta}$ **9** $\dfrac{2}{\sin \theta}$

10 1 **11** 2 **12** 1

☺ $\cos \theta$, 1

13 $\left(\emptyset 1, -\dfrac{4}{9} \right)$ **14** $\pm\dfrac{\sqrt{17}}{3}$

15 $-\dfrac{9}{4}$ **16** $\dfrac{13}{27}$

17 $\left(\emptyset 1, 1, \dfrac{5}{3}, >, <, <, -\dfrac{\sqrt{15}}{3} \right)$

18 $-\dfrac{\sqrt{35}}{5}$ **19** $2\sqrt{2}$ **20** $-\dfrac{\sqrt{2}}{2}$

21 $\left(\emptyset \dfrac{1}{3}, -\dfrac{k}{3}, \dfrac{1}{3}, \dfrac{1}{9}, \dfrac{1}{9}, \dfrac{2}{3}, \dfrac{1}{9}, \dfrac{4}{3} \right)$

22 $-\dfrac{3}{4}$ **23** $\dfrac{15}{8}$ **24** $\dfrac{12}{5}$

25 $-\dfrac{8}{3}$ **26** $\pm\dfrac{3\sqrt{5}}{2}$ **27** ③

2 $\cos^2 \theta=1-\sin^2 \theta=1-\left(-\dfrac{1}{3}\right)^2=\dfrac{8}{9}$

이때 θ는 제3사분면의 각이므로 $\cos \theta<0$

따라서 $\cos \theta=-\sqrt{\dfrac{8}{9}}=-\dfrac{2\sqrt{2}}{3}$,

$\tan \theta=\dfrac{\sin \theta}{\cos \theta}=\dfrac{-\dfrac{1}{3}}{-\dfrac{2\sqrt{2}}{3}}=\dfrac{\sqrt{2}}{4}$

3 $\sin^2 \theta=1-\cos^2 \theta=1-\left(\dfrac{1}{2}\right)^2=\dfrac{3}{4}$

이때 θ가 제1사분면의 각이므로 $\sin \theta>0$

따라서 $\sin \theta=\dfrac{\sqrt{3}}{2}$,

$\tan \theta=\dfrac{\sin \theta}{\cos \theta}=\dfrac{\dfrac{\sqrt{3}}{2}}{\dfrac{1}{2}}=\sqrt{3}$

4 $\cos^2 \theta=1-\sin^2 \theta=1-\left(-\dfrac{3}{4}\right)^2=\dfrac{7}{16}$

이때 θ는 제3사분면의 각이므로 $\cos \theta<0$

따라서 $\cos \theta=-\dfrac{\sqrt{7}}{4}$,

$\tan \theta=\dfrac{\sin \theta}{\cos \theta}=\dfrac{-\dfrac{3}{4}}{-\dfrac{\sqrt{7}}{4}}=\dfrac{3\sqrt{7}}{7}$

5 $\sin^2 \theta=1-\cos^2 \theta=1-\left(\dfrac{5}{13}\right)^2=\dfrac{144}{169}$

이때 θ가 제4사분면의 각이므로 $\sin \theta<0$

따라서 $\sin \theta=-\dfrac{12}{13}$,

$\tan \theta=\dfrac{\sin \theta}{\cos \theta}=\dfrac{-\dfrac{12}{13}}{\dfrac{5}{13}}=-\dfrac{12}{5}$

5. 삼각함수 **71**

7 $(\sin\theta+\cos\theta)^2+(\sin\theta-\cos\theta)^2$

$=(\sin^2\theta+2\sin\theta\cos\theta+\cos^2\theta)$
$$+(\sin^2\theta-2\sin\theta\cos\theta+\cos^2\theta)$$
$=1+1=2$

8 $\dfrac{\sin\theta}{\cos\theta-1}+\dfrac{\cos\theta}{\sin\theta}$

$=\dfrac{\sin\theta\sin\theta+\cos\theta(\cos\theta-1)}{(\cos\theta-1)\sin\theta}$

$=\dfrac{\sin^2\theta+\cos^2\theta-\cos\theta}{(\cos\theta-1)\sin\theta}$

$=\dfrac{-(\cos\theta-1)}{(\cos\theta-1)\sin\theta}$

$=-\dfrac{1}{\sin\theta}$

9 $\dfrac{\sin\theta}{1+\cos\theta}+\dfrac{1+\cos\theta}{\sin\theta}$

$=\dfrac{\sin^2\theta+(1+\cos\theta)^2}{(1+\cos\theta)\sin\theta}$

$=\dfrac{\sin^2\theta+(1+2\cos\theta+\cos^2\theta)}{(1+\cos\theta)\sin\theta}$

$=\dfrac{2(1+\cos\theta)}{(1+\cos\theta)\sin\theta}$

$=\dfrac{2}{\sin\theta}$

10 $\dfrac{\cos^2\theta}{1+\sin\theta}+\cos\theta\tan\theta$

$=\dfrac{\cos^2\theta}{1+\sin\theta}+\cos\theta\times\dfrac{\sin\theta}{\cos\theta}$

$=\dfrac{\cos^2\theta}{1+\sin\theta}+\sin\theta$

$=\dfrac{\cos^2\theta+\sin\theta(1+\sin\theta)}{1+\sin\theta}$

$=\dfrac{\cos^2\theta+\sin^2\theta+\sin\theta}{1+\sin\theta}=\dfrac{1+\sin\theta}{1+\sin\theta}=1$

11 $\dfrac{1-\cos^4\theta}{\sin^2\theta}+\sin^2\theta$

$=\dfrac{(1+\cos^2\theta)(1-\cos^2\theta)}{1-\cos^2\theta}+\sin^2\theta$

$=1+\cos^2\theta+\sin^2\theta$

$=1+1=2$

[다른 풀이]

$\dfrac{1-\cos^4\theta}{\sin^2\theta}+\sin^2\theta$

$=\dfrac{1-\cos^4\theta+\sin^4\theta}{\sin^2\theta}$

$=\dfrac{1-(\cos^2\theta+\sin^2\theta)(\cos^2\theta-\sin^2\theta)}{\sin^2\theta}$

$=\dfrac{1-\cos^2\theta+\sin^2\theta}{\sin^2\theta}$

$=\dfrac{\sin^2\theta+\sin^2\theta}{\sin^2\theta}=2$

12 $(1-\sin^2\theta)(1+\tan^2\theta)=\cos^2\theta\Big(1+\dfrac{\sin^2\theta}{\cos^2\theta}\Big)$

$=\cos^2\theta+\sin^2\theta$
$=1$

14 $(\sin\theta-\cos\theta)^2=\sin^2\theta-2\sin\theta\cos\theta+\cos^2\theta$

$=1-2\sin\theta\cos\theta$

$=1-2\times\Big(-\dfrac{4}{9}\Big)$

$=1+\dfrac{8}{9}=\dfrac{17}{9}$

따라서 $\sin\theta-\cos\theta=\pm\dfrac{\sqrt{17}}{3}$

15 $\tan\theta+\dfrac{1}{\tan\theta}=\dfrac{\sin\theta}{\cos\theta}+\dfrac{\cos\theta}{\sin\theta}$

$=\dfrac{\sin^2\theta+\cos^2\theta}{\cos\theta\sin\theta}$

$=\dfrac{1}{\cos\theta\sin\theta}$

$=\dfrac{1}{-\dfrac{4}{9}}=-\dfrac{9}{4}$

16 $\sin^3\theta+\cos^3\theta$

$=(\sin\theta+\cos\theta)^3-3\sin\theta\cos\theta(\sin\theta+\cos\theta)$

$=\Big(\dfrac{1}{3}\Big)^3-3\times\Big(-\dfrac{4}{9}\Big)\times\dfrac{1}{3}$

$=\dfrac{1}{27}+\dfrac{12}{27}=\dfrac{13}{27}$

[다른 풀이]

$\sin^3\theta+\cos^3\theta$

$=(\sin\theta+\cos\theta)(\sin^2\theta-\sin\theta\cos\theta+\cos^2\theta)$

$=(\sin\theta+\cos\theta)(1-\sin\theta\cos\theta)$

$=\dfrac{1}{3}\times\Big\{1-\Big(-\dfrac{4}{9}\Big)\Big\}$

$=\dfrac{1}{3}\times\dfrac{13}{9}=\dfrac{13}{27}$

18 $(\sin\theta+\cos\theta)^2=\sin^2\theta+2\sin\theta\cos\theta+\cos^2\theta$

$=1+2\sin\theta\cos\theta$

$=1+2\times\dfrac{1}{5}=\dfrac{7}{5}$

이때 θ가 제3사분면의 각이므로 $\sin\theta<0$, $\cos\theta<0$, 즉
$\sin\theta+\cos\theta<0$

따라서 $\sin\theta+\cos\theta=-\sqrt{\dfrac{7}{5}}=-\dfrac{\sqrt{35}}{5}$

19 $(\sin\theta+\cos\theta)^2=\sin^2\theta+2\sin\theta\cos\theta+\cos^2\theta$

$=1+2\sin\theta\cos\theta$

$=1+2\times\dfrac{1}{2}=2$

이때 θ가 제1사분면의 각이므로 $\sin\theta>0$, $\cos\theta>0$, 즉
$\sin\theta+\cos\theta>0$

따라서 $\sin\theta+\cos\theta=\sqrt{2}$이므로

$\dfrac{1}{\sin\theta}+\dfrac{1}{\cos\theta}=\dfrac{\cos\theta+\sin\theta}{\sin\theta\cos\theta}=\dfrac{\sqrt{2}}{\dfrac{1}{2}}=2\sqrt{2}$

20 $(\sin\theta-\cos\theta)^2=\sin^2\theta-2\sin\theta\cos\theta+\cos^2\theta$

$\qquad\qquad\qquad\quad=1-2\sin\theta\cos\theta$

$\qquad\qquad\qquad\quad=1-2\times\left(-\dfrac{1}{2}\right)=2$

이때 θ가 제4사분면의 각이므로 $\sin\theta<0$, $\cos\theta>0$, 즉

$\sin\theta-\cos\theta<0$

따라서 $\sin\theta-\cos\theta=-\sqrt{2}$이므로

$\sin^3\theta-\cos^3\theta$

$=(\sin\theta-\cos\theta)^3+3\sin\theta\cos\theta(\sin\theta-\cos\theta)$

$=(-\sqrt{2})^3+3\times\left(-\dfrac{1}{2}\right)\times(-\sqrt{2})$

$=-2\sqrt{2}+\dfrac{3\sqrt{2}}{2}=-\dfrac{\sqrt{2}}{2}$

22 이차방정식 $2x^2+x+k=0$의 두 근이 $\sin\theta$, $\cos\theta$이므로 이차방정식의 근과 계수의 관계에 의하여

$\sin\theta+\cos\theta=-\dfrac{1}{2}$, $\sin\theta\cos\theta=\dfrac{k}{2}$

$\sin\theta+\cos\theta=-\dfrac{1}{2}$의 양변을 제곱하면

$\sin^2\theta+2\sin\theta\cos\theta+\cos^2\theta=\dfrac{1}{4}$

$1+k=\dfrac{1}{4}$

따라서 $k=-\dfrac{3}{4}$

23 이차방정식 $4x^2-x-k=0$의 두 근이 $\sin\theta$, $\cos\theta$이므로 이차방정식의 근과 계수의 관계에 의하여

$\sin\theta+\cos\theta=\dfrac{1}{4}$, $\sin\theta\cos\theta=-\dfrac{k}{4}$

$\sin\theta+\cos\theta=\dfrac{1}{4}$의 양변을 제곱하면

$\sin^2\theta+2\sin\theta\cos\theta+\cos^2\theta=\dfrac{1}{16}$

$1-\dfrac{1}{2}k=\dfrac{1}{16}$

따라서 $k=\dfrac{15}{8}$

24 이차방정식 $5x^2+x-k=0$의 두 근이 $\sin\theta$, $\cos\theta$이므로 이차방정식의 근과 계수의 관계에 의하여

$\sin\theta+\cos\theta=-\dfrac{1}{5}$, $\sin\theta\cos\theta=-\dfrac{k}{5}$

$\sin\theta+\cos\theta=-\dfrac{1}{5}$의 양변을 제곱하면

$\sin^2\theta+2\sin\theta\cos\theta+\cos^2\theta=\dfrac{1}{25}$

$1-\dfrac{2}{5}k=\dfrac{1}{25}$

따라서 $k=\dfrac{12}{5}$

25 이차방정식 $6x^2+2x+k=0$의 두 근이 $\sin\theta$, $\cos\theta$이므로 이차방정식의 근과 계수의 관계에 의하여

$\sin\theta+\cos\theta=-\dfrac{1}{3}$, $\sin\theta\cos\theta=\dfrac{k}{6}$

$\sin\theta+\cos\theta=-\dfrac{1}{3}$의 양변을 제곱하면

$\sin^2\theta+2\sin\theta\cos\theta+\cos^2\theta=\dfrac{1}{9}$

$1+\dfrac{1}{3}k=\dfrac{1}{9}$

따라서 $k=-\dfrac{8}{3}$

26 이차방정식 $5x^2-2kx+2=0$의 두 근이 $\sin\theta$, $\cos\theta$이므로 이차방정식의 근과 계수의 관계에 의하여

$\sin\theta+\cos\theta=\dfrac{2}{5}k$, $\sin\theta\cos\theta=\dfrac{2}{5}$

$\sin\theta+\cos\theta=\dfrac{2}{5}k$의 양변을 제곱하면

$\sin^2\theta+2\sin\theta\cos\theta+\cos^2\theta=\dfrac{4}{25}k^2$

$1+\dfrac{4}{5}=\dfrac{4}{25}k^2$, $k^2=\dfrac{45}{4}$

따라서 $k=\pm\dfrac{3\sqrt{5}}{2}$

27 이차방정식 $3x^2+kx+1=0$의 두 근이 $\sin\theta$, $\cos\theta$이므로 이차방정식의 근과 계수의 관계에 의하여

$\sin\theta+\cos\theta=-\dfrac{k}{3}$, $\sin\theta\cos\theta=\dfrac{1}{3}$

$\sin\theta+\cos\theta=-\dfrac{k}{3}$의 양변을 제곱하면

$\sin^2\theta+2\sin\theta\cos\theta+\cos^2\theta=\dfrac{k^2}{9}$

$1+\dfrac{2}{3}=\dfrac{k^2}{9}$, $k^2=15$

$k>0$이므로 $k=\sqrt{15}$

TEST 개념 확인

본문 168쪽

1 ⑤	**2** $-2\sqrt{3}$	**3** ④	**4** ①
5 ⑤	**6** ③	**7** ③	**8** ②, ④
9 ③	**10** ②	**11** ①	**12** $\dfrac{8}{5}$

1 $\overline{AB}=\sqrt{2^2+1^2}=\sqrt{5}$

$\quad$ ⑤ $\cos B=\dfrac{2}{\sqrt{5}}=\dfrac{2\sqrt{5}}{5}$

2 $\dfrac{\cos\dfrac{\pi}{6}}{\sin\dfrac{\pi}{6}+\cos\dfrac{\pi}{4}}+\dfrac{\sin\dfrac{\pi}{3}}{\cos\dfrac{\pi}{3}-\cos\dfrac{\pi}{4}}$

$\quad=\dfrac{\dfrac{\sqrt{3}}{2}}{\dfrac{1}{2}+\dfrac{\sqrt{2}}{2}}+\dfrac{\dfrac{\sqrt{3}}{2}}{\dfrac{1}{2}-\dfrac{\sqrt{2}}{2}}$

$$= \frac{\frac{\sqrt{3}}{2}\left(\frac{1}{2}-\frac{\sqrt{2}}{2}\right)+\frac{\sqrt{3}}{2}\left(\frac{1}{2}+\frac{\sqrt{2}}{2}\right)}{\left(\frac{1}{2}+\frac{\sqrt{2}}{2}\right)\left(\frac{1}{2}-\frac{\sqrt{2}}{2}\right)}$$

$$= \frac{\frac{\sqrt{3}}{4}-\frac{\sqrt{6}}{4}+\frac{\sqrt{3}}{4}+\frac{\sqrt{6}}{4}}{\frac{1}{4}-\frac{1}{2}}$$

$$= \frac{\frac{\sqrt{3}}{2}}{-\frac{1}{4}}=-2\sqrt{3}$$

3 $\cos 60°=\frac{1}{2}$이므로 $\sin(\alpha-15°)=\frac{1}{2}$

$15°<\alpha<90°$이므로 $\alpha-15°=30°$

따라서 $\alpha=45°$

4 $\overline{\text{OP}}=\sqrt{(-3)^2+4^2}=5$이므로

$\sin\theta=\frac{4}{5}$, $\cos\theta=-\frac{3}{5}$, $\tan\theta=-\frac{4}{3}$

따라서

$$(\sin\theta+\cos\theta)\times 3\tan\theta=\left(\frac{4}{5}-\frac{3}{5}\right)\times 3\times\left(-\frac{4}{3}\right)$$

$$=-\frac{4}{5}$$

5 $660°=360°\times 1+300°$

오른쪽 그림과 같이 $660°$를 나타내는 동경이
반지름의 길이가 1인 원과 만나는 점을
$\text{P}(x, y)$라 하자.

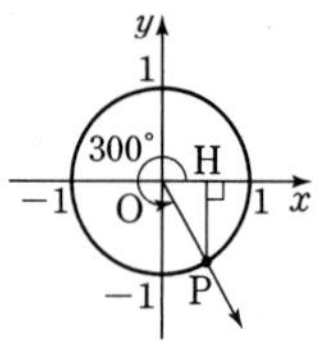

점 P에서 x축에 내린 수선의 발을 H라 하면

$\overline{\text{OP}}=1$, $\angle\text{POH}=60°$이므로

$\overline{\text{OH}}=\overline{\text{OP}}\cos 60°=\frac{1}{2}$, $\overline{\text{PH}}=\overline{\text{OP}}\sin 60°=\frac{\sqrt{3}}{2}$

따라서 점 P의 좌표는 $\left(\frac{1}{2}, -\frac{\sqrt{3}}{2}\right)$이므로

$\sin 660°=-\frac{\sqrt{3}}{2}$, $\cos 660°=\frac{1}{2}$, $\tan 660°=-\sqrt{3}$

그러므로

$\cos 660°+\sin 660°\times\tan 660°=\frac{1}{2}+\left(-\frac{\sqrt{3}}{2}\right)\times(-\sqrt{3})=2$

6 오른쪽 그림과 같이 $\theta=\frac{5}{4}\pi$를 나타내는 동
경이 반지름의 길이가 1인 원과 만나는 점을
P라 하자.

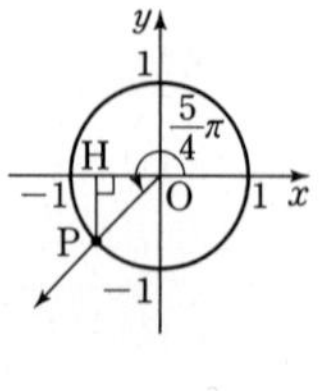

점 P에서 x축에 내린 수선의 발을 H라 하면

$\overline{\text{OP}}=1$, $\angle\text{POH}=\frac{\pi}{4}$이므로

$\overline{\text{OH}}=\overline{\text{OP}}\cos\frac{\pi}{4}=\frac{\sqrt{2}}{2}$, $\overline{\text{PH}}=\overline{\text{OP}}\sin\frac{\pi}{4}=\frac{\sqrt{2}}{2}$

따라서 점 P의 좌표는 $\left(-\frac{\sqrt{2}}{2}, -\frac{\sqrt{2}}{2}\right)$이므로

$\sin\theta=-\frac{\sqrt{2}}{2}$, $\cos\theta=-\frac{\sqrt{2}}{2}$, $\tan\theta=1$

그러므로

$\sin\theta\times\cos\theta\times\tan\theta=\left(-\frac{\sqrt{2}}{2}\right)\times\left(-\frac{\sqrt{2}}{2}\right)\times 1=\frac{1}{2}$

7 ① $\frac{8}{3}\pi$는 제2사분면의 각이므로 $\sin\frac{8}{3}\pi>0$

② $\frac{11}{3}\pi$는 제4사분면의 각이므로 $\cos\frac{11}{3}\pi>0$

③ $\frac{17}{10}\pi$, $\frac{7}{4}\pi$는 모두 제4사분면의 각이므로

　　$\cos\frac{17}{10}\pi\tan\frac{7}{4}\pi<0$

④ $\frac{\pi}{3}$는 제1사분면, $\frac{7}{4}\pi$는 제4사분면의 각이므로

　　$\sin\frac{\pi}{3}+\cos\frac{7}{4}\pi>0$

⑤ $\frac{4}{3}\pi$는 제3사분면, $\frac{4}{5}\pi$는 제2사분면의 각이므로

　　$\sin\frac{4}{3}\pi\cos\frac{4}{5}\pi>0$

따라서 부호가 나머지 넷과 다른 것은 ③이다.

8 $\sin\theta\cos\theta<0$이면

$\sin\theta>0$, $\cos\theta<0$ 또는 $\sin\theta<0$, $\cos\theta>0$

(i) $\sin\theta>0$, $\cos\theta<0$이면 θ는 제2사분면의 각이다.

(ii) $\sin\theta<0$, $\cos\theta>0$이면 θ는 제4사분면의 각이다.

(i), (ii)에서 θ는 제2사분면 또는 제4사분면의 각이다.

9 θ는 제3사분면의 각이므로

$\sin\theta<0$, $\cos\theta<0$, 즉 $\sin\theta+\cos\theta<0$

따라서

$\sqrt{\sin^2\theta+2\sin\theta\cos\theta+\cos^2\theta}-|\cos\theta|$

$=\sqrt{(\sin\theta+\cos\theta)^2}-|\cos\theta|$

$=|\sin\theta+\cos\theta|-|\cos\theta|$

$=-(\sin\theta+\cos\theta)-(-\cos\theta)$

$=-\sin\theta$

10 $\sin^2\theta=1-\cos^2\theta=1-\left(-\frac{1}{3}\right)^2=\frac{8}{9}$

이때 θ가 제2사분면의 각이므로 $\sin\theta>0$

$\sin\theta=\sqrt{\frac{8}{9}}=\frac{2\sqrt{2}}{3}$,

$\tan\theta=\frac{\sin\theta}{\cos\theta}=\frac{2\sqrt{2}}{3}\div\left(-\frac{1}{3}\right)=-2\sqrt{2}$

따라서

$6\sin\theta+\tan\theta=6\times\frac{2\sqrt{2}}{3}-2\sqrt{2}=2\sqrt{2}$

11 $\frac{\cos\theta}{1+\sin\theta}+\frac{1+\sin\theta}{\cos\theta}$

$=\frac{\cos^2\theta+(1+\sin\theta)^2}{(1+\sin\theta)\cos\theta}$

$=\frac{\cos^2\theta+\sin^2\theta+2\sin\theta+1}{(1+\sin\theta)\cos\theta}$

$=\frac{2(1+\sin\theta)}{(1+\sin\theta)\cos\theta}$

$=\frac{2}{\cos\theta}$

이때 $\frac{2}{\cos\theta}=3$이므로 $\cos\theta=\frac{2}{3}$

$\sin^2\theta=1-\cos^2\theta=1-\left(\dfrac{2}{3}\right)^2=\dfrac{5}{9}$

한편 $\pi<\theta<2\pi$이고 $\cos\theta=\dfrac{2}{3}$이므로 θ는 제4사분면의 각이다.

따라서 $\sin\theta=-\dfrac{\sqrt{5}}{3}$,

$\tan\theta=\dfrac{\sin\theta}{\cos\theta}=-\dfrac{\sqrt{5}}{3}\div\dfrac{2}{3}=-\dfrac{\sqrt{5}}{2}$이므로

$\sin\theta\times\tan\theta=-\dfrac{\sqrt{5}}{3}\times\left(-\dfrac{\sqrt{5}}{2}\right)=\dfrac{5}{6}$

12 이차방정식 $5x^2+3x-p=0$의 두 근이 $\sin\theta$, $\cos\theta$이므로 이차
방정식의 근과 계수의 관계에 의하여

$\sin\theta+\cos\theta=-\dfrac{3}{5}$, $\sin\theta\cos\theta=-\dfrac{p}{5}$

$\sin\theta+\cos\theta=-\dfrac{3}{5}$의 양변을 제곱하면

$\sin^2\theta+2\sin\theta\cos\theta+\cos^2\theta=\dfrac{9}{25}$

$1-\dfrac{2}{5}p=\dfrac{9}{25}$

따라서 $p=\dfrac{8}{5}$

TEST 개념 발전

본문 170쪽

1 2	**2** ⑤	**3** ④	**4** ②
5 ②	**6** ⑤	**7** ③	**8** ④
9 ③	**10** $(80+60\pi)$ cm		**11** ①
12 ①			

1 ㄴ. $\dfrac{\pi}{3}=\dfrac{\pi}{3}\times\dfrac{180°}{\pi}=60°$

ㄷ. $\dfrac{1}{4}=\dfrac{1}{4}\times\dfrac{180°}{\pi}=\dfrac{45°}{\pi}$

ㄹ. $\dfrac{3}{2}\pi=\dfrac{3}{2}\pi\times\dfrac{180°}{\pi}=270°$

ㅂ. $2\pi=360°$

따라서 옳은 것의 개수는 ㄱ, ㅁ의 2이다.

2 ① $920°=360°\times2+200°$이므로 제3사분면의 각이다.

② $-520°=360°\times(-2)+200°$이므로 제3사분면의 각이다.

③ $-\dfrac{5}{6}\pi=2\pi\times(-1)+\dfrac{7}{6}\pi$이므로 제3사분면의 각 이다.

④ $\dfrac{4}{3}\pi$는 제3사분면의 각이다.

⑤ $\dfrac{11}{4}\pi=2\pi\times1+\dfrac{3}{4}\pi$이므로 제2사분면의 각이다.

따라서 동경이 존재하는 사분면이 나머지 넷과 다른 것은 ⑤이다.

3 각 2θ를 나타내는 동경과 각 8θ를 나타내는 동경이 일치하므로

$8\theta-2\theta=2\pi\times n$ (n은 정수)

$\theta=\dfrac{\pi}{3}\times n$ ……… ㉠

$\dfrac{\pi}{2}<\theta<\dfrac{4}{3}\pi$에서 $\dfrac{\pi}{2}<\dfrac{\pi}{3}\times n<\dfrac{4}{3}\pi$이므로

$\dfrac{3}{2}<n<4$, 즉 $n=2$, 3

$n=2$, 3을 각각 ㉠에 대입하면 $\theta=\dfrac{2}{3}\pi$, π

따라서 각 θ의 크기로 가능한 값을 모두 더하면

$\dfrac{2}{3}\pi+\pi=\dfrac{5}{3}\pi$

4 부채꼴의 반지름의 길이를 r, 호의 길이를 l이라 하면

$2r+l=20$에서 $l=20-2r$

이때 $20-2r>0$, $r>0$이므로 $0<r<10$

부채꼴의 넓이를 S라 하면

$S=\dfrac{1}{2}rl=\dfrac{1}{2}r(20-2r)$

$\quad=-r^2+10r=-(r-5)^2+25$

즉 $r=5$일 때 S가 최대이고 이때 $l=10$

따라서 $\theta=\dfrac{l}{r}=\dfrac{10}{5}=2$

5 $\overline{OP}=\sqrt{1^2+(-2\sqrt{2})^2}=3$이므로

$\sin\theta=-\dfrac{2\sqrt{2}}{3}$, $\cos\theta=\dfrac{1}{3}$, $\tan\theta=-2\sqrt{2}$

따라서

$3\sin\theta+6\cos\theta-\tan\theta$

$=3\times\left(-\dfrac{2\sqrt{2}}{3}\right)+6\times\dfrac{1}{3}-(-2\sqrt{2})$

$=2$

6 $\dfrac{\sqrt{\sin\theta}}{\sqrt{\cos\theta}}=-\sqrt{\dfrac{\sin\theta}{\cos\theta}}$에서 $\sin\theta>0$, $\cos\theta<0$

즉 θ는 제2사분면의 각이므로

$\cos\theta<0$, $\cos\theta+\tan\theta<0$, $\sin\theta-\tan\theta>0$

따라서

$\sqrt{\cos^2\theta}-|\cos\theta+\tan\theta|+\sqrt{(\sin\theta-\tan\theta)^2}$

$=|\cos\theta|-|\cos\theta+\tan\theta|+|\sin\theta-\tan\theta|$

$=-\cos\theta-\{-(\cos\theta+\tan\theta)\}+(\sin\theta-\tan\theta)$

$=\sin\theta$

7 (i) $\sin\theta\cos\theta>0$에서 $\sin\theta>0$, $\cos\theta>0$이면 θ는 제1사분면
의 각이고, $\sin\theta<0$, $\cos\theta<0$이면 θ는 제3사분면의 각이다.

(ii) $\sin\theta\tan\theta<0$에서 $\sin\theta>0$, $\tan\theta<0$이면 θ는 제2사분면
의 각이고, $\sin\theta<0$, $\tan\theta>0$이면 θ는 제3사분면의 각이다.

따라서 θ는 제3사분면의 각이므로 θ의 크기가 될 수 있는 것은
③이다.

8 $\sin\theta+\cos\theta=\dfrac{1}{2}$의 양변을 제곱하면

$\sin^2\theta+2\sin\theta\cos\theta+\cos^2\theta=\dfrac{1}{4}$

$\sin\theta\cos\theta=-\dfrac{3}{8}$

이때 $\sin\theta\cos\theta<0$이므로

$\sin\theta>0$, $\cos\theta<0$ 또는 $\sin\theta<0$, $\cos\theta>0$

(ⅰ) $\sin\theta>0$, $\cos\theta<0$에서 θ는 제2사분면의 각이다.

(ⅱ) $\sin\theta<0$, $\cos\theta>0$에서 θ는 제4사분면의 각이다.

(ⅰ), (ⅱ)에서 θ는 제2사분면 또는 제4사분면의 각이다.

9 이차방정식의 근과 계수의 관계에 의하여

$(\sin\theta+\cos\theta)+(\sin\theta-\cos\theta)=-\dfrac{a}{2}$ $\quad$ …… ㉠

$(\sin\theta+\cos\theta)(\sin\theta-\cos\theta)=\dfrac{1}{2}$ $\quad$ …… ㉡

㉠에서 $2\sin\theta=-\dfrac{a}{2}$이므로 $\sin\theta=-\dfrac{a}{4}$ $\quad$ …… ㉢

㉡에서 $\sin^2\theta-\cos^2\theta=\dfrac{1}{2}$

$\sin^2\theta-(1-\sin^2\theta)=\dfrac{1}{2}$

$2\sin^2\theta=\dfrac{3}{2}$, $\sin^2\theta=\dfrac{3}{4}$

㉢에 의하여 $\left(-\dfrac{a}{4}\right)^2=\dfrac{3}{4}$, $a^2=12$

이때 $a>0$이므로 $a=2\sqrt{3}$

10 와이퍼 전체의 길이를 a cm라 하면 와이퍼의 고무판이 회전하면서 닦는 부분의 넓이가 1200π cm²이므로

$\dfrac{1}{2}\times a^2\times\dfrac{3}{4}\pi-\dfrac{1}{2}\times(a-40)^2\times\dfrac{3}{4}\pi=1200\pi$

$a^2-(a-40)^2=3200$, $80a=4800$, $a=60$

따라서 구하는 둘레의 길이는

$40+40+60\times\dfrac{3}{4}\pi+20\times\dfrac{3}{4}\pi=80+60\pi\,(\text{cm})$

11 직선 $y=2$가 원 $x^2+y^2=5$와 제2사분면에서 만나는 점 A의 좌표를 구하면

$x^2+2^2=5$, $x^2=1$, $x=-1\,(x<0)$

에서 A$(-1,\,2)$

$\overline{\text{OA}}=\sqrt{(-1)^2+2^2}=\sqrt{5}$이므로

$\sin\alpha=\dfrac{2}{\sqrt{5}}$

직선 $y=2$가 원 $x^2+y^2=9$와 제2사분면에서 만나는 점 B의 좌표를 구하면

$x^2+2^2=9$, $x^2=5$, $x=-\sqrt{5}\,(x<0)$에서 B$(-\sqrt{5},\,2)$

$\overline{\text{OB}}=\sqrt{(-\sqrt{5})^2+2^2}=3$이므로 $\cos\beta=-\dfrac{\sqrt{5}}{3}$

따라서 $\sin\alpha\times\cos\beta=\dfrac{2}{\sqrt{5}}\times\left(-\dfrac{\sqrt{5}}{3}\right)=-\dfrac{2}{3}$

12 θ가 제3사분면의 각이므로

$2n\pi+\pi<\theta<2n\pi+\dfrac{3}{2}\pi$ (n은 정수)

따라서 $\dfrac{2n\pi}{3}+\dfrac{\pi}{3}<\dfrac{\theta}{3}<\dfrac{2n\pi}{3}+\dfrac{\pi}{2}$

(ⅰ) $n=3k$ (k는 정수)일 때

$2k\pi+\dfrac{\pi}{3}<\dfrac{\theta}{3}<2k\pi+\dfrac{\pi}{2}$

즉 $\dfrac{\theta}{3}$는 제1사분면의 각이다.

(ⅱ) $n=3k+1$ (k는 정수)일 때

$2k\pi+\pi<\dfrac{\theta}{3}<2k\pi+\dfrac{7}{6}\pi$

즉 $\dfrac{\theta}{3}$는 제3사분면의 각이다.

(ⅲ) $n=3k+2$ (k는 정수)일 때

$2k\pi+\dfrac{5}{3}\pi<\dfrac{\theta}{3}<2k\pi+\dfrac{11}{6}\pi$

즉 $\dfrac{\theta}{3}$는 제4사분면의 각이다.

(ⅰ), (ⅱ), (ⅲ)에서 $\dfrac{\theta}{3}$는 제1사분면, 제3사분면, 제4사분면의 각이고 $\dfrac{\theta}{3}$를 나타내는 동경이 존재하는 범위를 단위원에 나타내면 오른쪽 그림과 같고, 그 넓이는

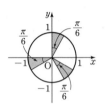

$3\times\left(\dfrac{1}{2}\times1^2\times\dfrac{\pi}{6}\right)=\dfrac{\pi}{4}$

6 삼각함수의 그래프

01

본문 174쪽

주기함수

1 ($\mathscr{l}$ 2, 2, 4, 1)   2 2   3 -5

4 3   5 -4 ☺ p

6 (1) 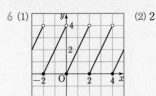 (2) 2

7 (1) 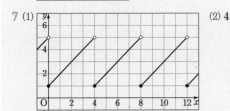 (2) 4

8 (1) 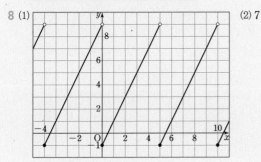 (2) 7

9 (1) 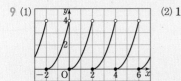 (2) 1

10 (1) 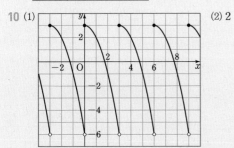 (2) 2

11 (1) 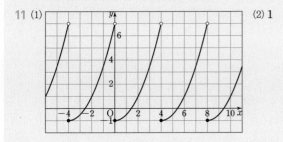 (2) 1

---

2 함수 $f(x)$의 주기가 3이므로
$$f(x+3)=f(x)$$
따라서 $f(4)=f(1)=2$

3 함수 $f(x)$의 주기가 4이므로
$$f(x+4)=f(x)$$
따라서 $f(10)=f(6)=f(2)=-5$

4 함수 $f(x)$의 주기가 2이므로
$$f(x+2)=f(x)$$
따라서 $f(2)=f(4)=f(6)=f(8)=3$

5 함수 $f(x)$의 주기가 3이므로
$$f(x+3)=f(x)$$
따라서 $f(0)=f(3)=f(6)=f(9)=-4$

6 (2) 함수 $f(x)$의 주기가 2이므로
$$f(x+2)=f(x)$$
따라서 $f(3)=f(1)=2\times1=2$

7 (2) 함수 $f(x)$의 주기가 4이므로
$$f(x+4)=f(x)$$
따라서 $f(7)=f(3)=3+1=4$

8 (2) 함수 $f(x)$의 주기가 5이므로
$$f(x+5)=f(x)$$
따라서 $f(14)=f(9)=f(4)=2\times4-1=7$

9 (2) 함수 $f(x)$의 주기가 2이므로
$$f(x+2)=f(x)$$
따라서 $f(9)=f(7)=f(5)=f(3)=f(1)=1^2=1$

10 (2) 함수 $f(x)$의 주기가 3이므로
$$f(x+3)=f(x)$$
따라서 $f(-2)=f(1)=-1^2+3=2$

11 (2) 함수 $f(x)$의 주기가 4이므로
$$f(x+4)=f(x)$$
따라서 $f(-6)=f(-2)=f(2)=\dfrac{1}{2}\times2^2-1=1$

02

본문 176쪽

$y=\sin x$의 그래프와 성질

1

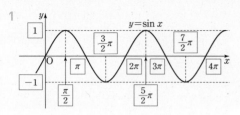

(1) (✏ $-1,\ 1$)　(2) (✏ 1)　(3) (✏ -1)　(4) (✏ $2\pi,\ 2\pi$)

2

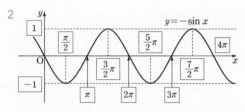

(1) $\{y\,|\,-1\le y\le1\}$　(2) 1　(3) -1　(4) 2π

😊 원점

3 (✏ $6,\ 5,\ 3,\ 6,\ 5,\ 3$)

4 $\sin\dfrac{\pi}{14}<\sin\dfrac{\pi}{10}<\sin\dfrac{\pi}{8}$

5 $\sin\left(-\dfrac{\pi}{4}\right)<\sin\left(-\dfrac{\pi}{7}\right)<\sin\left(-\dfrac{\pi}{10}\right)$

6 $\sin\left(-\dfrac{5}{4}\pi\right)<\sin\left(-\dfrac{4}{3}\pi\right)<\sin\left(-\dfrac{7}{5}\pi\right)$

7 ④

---

2 (4) $-\sin(x+2\pi\times n)=-\sin x$ (n은 정수)이므로 주기는 2π이다.

4 $0<\dfrac{\pi}{14}<\dfrac{\pi}{10}<\dfrac{\pi}{8}<\dfrac{\pi}{2}$

이때 $y=\sin x$는 $0<x<\dfrac{\pi}{2}$에서 x의 값이 증가하면 y의 값도 증가한다.

따라서 $\sin\dfrac{\pi}{14}<\sin\dfrac{\pi}{10}<\sin\dfrac{\pi}{8}$

5 $-\dfrac{\pi}{2}<-\dfrac{\pi}{4}<-\dfrac{\pi}{7}<-\dfrac{\pi}{10}<0$

이때 $y=\sin x$는 $-\dfrac{\pi}{2}<x<0$에서 x의 값이 증가하면 y의 값도 증가한다.

따라서 $\sin\left(-\dfrac{\pi}{4}\right)<\sin\left(-\dfrac{\pi}{7}\right)<\sin\left(-\dfrac{\pi}{10}\right)$

6 $-\dfrac{3}{2}\pi<-\dfrac{7}{5}\pi<-\dfrac{4}{3}\pi<-\dfrac{5}{4}\pi<-\pi$

이때 $y=\sin x$는 $-\dfrac{3}{2}\pi<x<-\pi$에서 x의 값이 증가하면 y의 값은 감소한다.

따라서 $\sin\left(-\dfrac{5}{4}\pi\right)<\sin\left(-\dfrac{4}{3}\pi\right)<\sin\left(-\dfrac{7}{5}\pi\right)$

---

7 ④ 함수 $y=\sin x$의 그래프는 원점에 대하여 대칭이다.

03

본문 178쪽

$y=\cos x$의 그래프와 성질

1

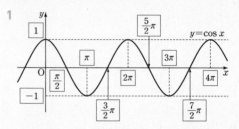

(1) (✏ $-1,\ 1$)　(2) (✏ 1)　(3) (✏ -1)　(4) (✏ $2\pi,\ 2\pi$)

2

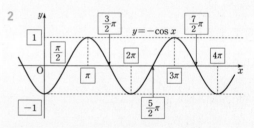

(1) $\{y\,|\,-1\le y\le1\}$　(2) 1　(3) -1　(4) 2π

😊 y축　　　**3** (✏ $4,\ 3,\ 2,\ 3,\ 4$)

4 $\cos\pi<\cos\dfrac{9}{8}\pi<\cos\dfrac{7}{6}\pi$

5 $\cos\dfrac{4}{5}\pi<\cos\dfrac{2}{3}\pi<\cos\dfrac{\pi}{6}$

6 ③

---

2 (4) $-\cos(x+2\pi\times n)=-\cos x$ (n은 정수)이므로 주기는 2π이다.

4 $\pi<\dfrac{9}{8}\pi<\dfrac{7}{6}\pi<\dfrac{3}{2}\pi$

이때 $y=\cos x$는 $\pi<x<\dfrac{3}{2}\pi$에서 x의 값이 증가하면 y의 값도 증가한다.

따라서 $\cos\pi<\cos\dfrac{9}{8}\pi<\cos\dfrac{7}{6}\pi$

5 $0<\dfrac{\pi}{6}<\dfrac{2}{3}\pi<\dfrac{4}{5}\pi<\pi$

이때 $y=\cos x$는 $0<x<\pi$에서 x의 값이 증가하면 y의 값은 감소한다.

따라서 $\cos\dfrac{4}{5}\pi<\cos\dfrac{2}{3}\pi<\cos\dfrac{\pi}{6}$

6 ③ $y=\cos x$의 주기는 2π이다.

$y=\tan x$의 그래프와 성질

1

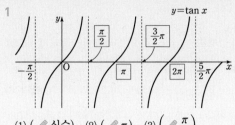

(1) (✎ 실수) (2) (✎ π) (3) $\left(✎ \dfrac{\pi}{2}\right)$

2

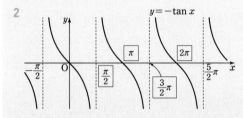

(1) 실수 전체의 집합 (2) π (3) $x=n\pi+\dfrac{\pi}{2}$ (단, n은 정수)

☺ 원점

3 (✎ 7, 4, 3, 7, 4, 3)

4 $\tan \dfrac{3}{4}\pi < \tan \pi < \tan \dfrac{7}{6}\pi$

5 $\tan \dfrac{9}{5}\pi < \tan \dfrac{16}{7}\pi < \tan \dfrac{7}{3}\pi$

6 $\tan \left(-\dfrac{\pi}{4}\right) < \tan 0 < \tan \dfrac{\pi}{4}$

---

2 (2) $-\tan (x+\pi \times n)=-\tan x$ (n은 정수)이므로 주기는 π이다.

4 $\dfrac{\pi}{2} < \dfrac{3}{4}\pi < \pi < \dfrac{7}{6}\pi < \dfrac{3}{2}\pi$

이때 $y=\tan x$는 $\dfrac{\pi}{2} < x < \dfrac{3}{2}\pi$에서 x의 값이 증가하면 y의 값도 증가한다.

따라서 $\tan \dfrac{3}{4}\pi < \tan \pi < \tan \dfrac{7}{6}\pi$

5 $\dfrac{3}{2}\pi < \dfrac{9}{5}\pi < \dfrac{16}{7}\pi < \dfrac{7}{3}\pi < \dfrac{5}{2}\pi$

이때 $y=\tan x$는 $\dfrac{3}{2}\pi < x < \dfrac{5}{2}\pi$에서 x의 값이 증가하면 y의 값도 증가한다.

따라서 $\tan \dfrac{9}{5}\pi < \tan \dfrac{16}{7}\pi < \tan \dfrac{7}{3}\pi$

6 $-\dfrac{\pi}{2} < -\dfrac{\pi}{4} < 0 < \dfrac{\pi}{4} < \dfrac{\pi}{2}$

이때 $y=\tan x$는 $-\dfrac{\pi}{2} < x < \dfrac{\pi}{2}$에서 x의 값이 증가하면 y의 값도 증가한다.

따라서 $\tan \left(-\dfrac{\pi}{4}\right) < \tan 0 < \tan \dfrac{\pi}{4}$

삼각함수의 그래프에서 계수의 의미

1 $\left(✎ \dfrac{1}{3}, 2\right)$

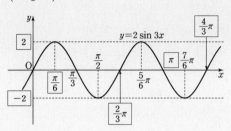

(1) (✎ 2, 2, −2, 2) (2) (✎ 2)

(3) (✎ −2) (4) $\left(✎ 3, \dfrac{2}{3}\pi\right)$

2

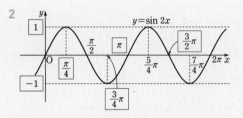

(1) $\{y|-1 \le y \le 1\}$ (2) 1 (3) −1 (4) π

3

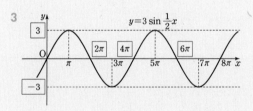

(1) $\{y|-3 \le y \le 3\}$ (2) 3 (3) −3 (4) 4π

☺ $-a, a, a, -a, b$

4 (✎ 4, 3)

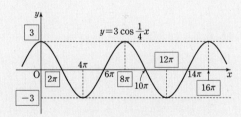

(1) (✎ 3, 3, −3, 3) (2) (✎ 3)

(3) (✎ −3) (4) $\left(✎ \dfrac{1}{4}, 8\pi\right)$

5

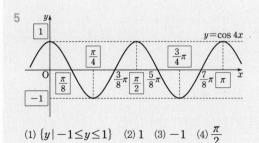

(1) $\{y|-1 \le y \le 1\}$ (2) 1 (3) −1 (4) $\dfrac{\pi}{2}$

6

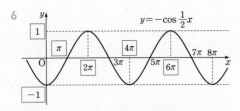

$y=-\cos\dfrac{1}{2}x$

(1) $\{y\,|-1\le y\le1\}$ (2) 1   (3) -1 (4) 4π

☺ $-a,\ a,\ a,\ -a,\ b$

7 $\left(\ \dfrac{1}{\pi},\ 3\right)$

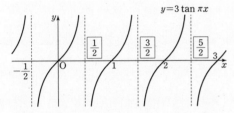

$y=3\tan\pi x$

(1) (✐ 실수)   (2) (✐ π, 1)   (3) (✐ $\pi,\ \pi,\ n+\dfrac{1}{2}$)

8

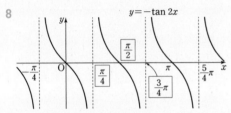

$y=-\tan2x$

(1) 실수 전체의 집합   (2) $\dfrac{\pi}{2}$

(3) $x=\dfrac{n}{2}\pi+\dfrac{\pi}{4}$ (단, n은 정수)

9

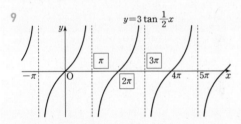

$y=3\tan\dfrac{1}{2}x$

(1) 실수 전체의 집합   (2) 2π (3) $x=2n\pi+\pi$ (단, n은 정수)

☺ 실수, 없다., $b,\ b$

10 ×	11 ×	12 ○	13 ×
14 ○	15 ×	16 ○	

2 $y=\sin2x$의 그래프는 $y=\sin x$의 그래프를 x축의 방향으로 $\dfrac{1}{2}$ 배한 것이다.

(1) 치역은 $\{y\,|-1\le y\le1\}$

(2) 최댓값은 1이다.

(3) 최솟값은 -1이다.

(4) 주기는 $\dfrac{2\pi}{|2|}=\pi$

3 $y=3\sin\dfrac{1}{2}x$의 그래프는 $y=\sin x$의 그래프를 x축의 방향으로 2배, y축의 방향으로 3배한 것이다.

(1) 치역은 $\{y\,|-3\le y\le3\}$

(2) 최댓값은 3이다.

(3) 최솟값은 -3이다.

(4) 주기는 $\dfrac{2\pi}{\left|\dfrac{1}{2}\right|}=4\pi$

5 $y=\cos4x$의 그래프는 $y=\cos x$의 그래프를 x축의 방향으로 $\dfrac{1}{4}$배한 것이다.

(1) 치역은 $\{y\,|-1\le y\le1\}$

(2) 최댓값은 1이다.

(3) 최솟값은 -1이다.

(4) 주기는 $\dfrac{2\pi}{|4|}=\dfrac{\pi}{2}$

6 $y=-\cos\dfrac{1}{2}x$의 그래프는 $y=-\cos x$의 그래프를 x축의 방향으로 2배한 것이다.

(1) 치역은 $\{y\,|-|-1|\le y\le|-1|\}$, 즉 $\{y\,|-1\le y\le1\}$

(2) 최댓값은 $|-1|=1$

(3) 최솟값은 $-|-1|=-1$

(4) 주기는 $\dfrac{2\pi}{\left|\dfrac{1}{2}\right|}=4\pi$

8 $y=-\tan2x$의 그래프는 $y=-\tan x$의 그래프를 x축의 방향으로 $\dfrac{1}{2}$배한 것이다.

(1) 치역은 실수 전체의 집합이다.

(2) 주기는 $\dfrac{\pi}{|2|}=\dfrac{\pi}{2}$

(3) 점근선의 방정식은

$2x=n\pi+\dfrac{\pi}{2}$에서 $x=\dfrac{1}{2}\left(n\pi+\dfrac{\pi}{2}\right)$

즉 $x=\dfrac{n}{2}\pi+\dfrac{\pi}{4}$ (단, n은 정수)

9 $y=3\tan\dfrac{1}{2}x$의 그래프는 $y=\tan x$의 그래프를 x축의 방향으로 2배, y축의 방향으로 3배한 것이다.

(1) 치역은 실수 전체의 집합이다.

(2) 주기는 $\dfrac{\pi}{\left|\dfrac{1}{2}\right|}=2\pi$

(3) 점근선의 방정식은

$\dfrac{1}{2}x=n\pi+\dfrac{\pi}{2}$에서 $x=2\left(n\pi+\dfrac{\pi}{2}\right)$

즉 $x=2n\pi+\pi$ (단, n은 정수)

10 $y=\sin\dfrac{1}{4}x$의 주기는 $\dfrac{2\pi}{\left|\dfrac{1}{4}\right|}=8\pi$

11 $y=2\sin4x$의 치역은 $\{y\,|-2\le y\le2\}$이다.

12 $y=\cos\dfrac{1}{2}x$의 주기는 $\dfrac{2\pi}{\left|\dfrac{1}{2}\right|}=4\pi$

13 $y=-\cos x$의 최댓값은 $|-1|=1$

14 $y=4\cos 3x$의 최솟값은 $-|4|=-4$

15 $y=-\tan 5x$의 치역은 실수 전체의 집합이다.

16 $y=3\tan\dfrac{1}{3}x$의 점근선의 방정식은

$\dfrac{1}{3}x=n\pi+\dfrac{\pi}{2}$에서 $x=3\left(n\pi+\dfrac{\pi}{2}\right)$

즉 $x=3n\pi+\dfrac{3}{2}\pi$ (단, n은 정수)

---

06 본문 186쪽

삼각함수의 그래프의 평행이동

1 (✏ π)

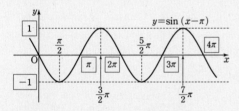

(1) (✏ 1)　(2) (✏ -1)　(3) (✏ 2π)

2

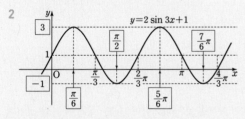

(1) 3　(2) -1　(3) $\dfrac{2}{3}\pi$

3 (✏ $-\pi$, 2)

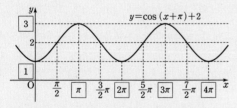

(1) (✏ 2, 3)　(2) (✏ 2, 1)　(3) (✏ 2π)

4

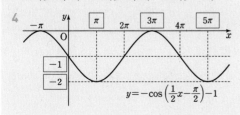

(1) 0　(2) -2　(3) 4π

---

5 (✏ $\dfrac{\pi}{4}$, 5)

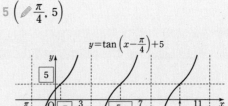

(1) (✏ π)　(2) (✏ $\dfrac{\pi}{4}$, $\dfrac{3}{4}\pi$)

6

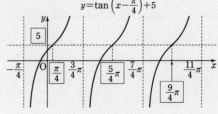

(1) $\dfrac{\pi}{4}$　(2) $x=\dfrac{n}{4}\pi$ (단, n은 정수)

2 $y=2\sin 3x+1$의 그래프는 $y=2\sin 3x$의 그래프를 y축의 방향으로 1만큼 평행이동한 것이다.

(1) 최댓값은 $|2|+1=3$

(2) 최솟값은 $-|2|+1=-1$

(3) 주기는 $\dfrac{2\pi}{|3|}=\dfrac{2}{3}\pi$

4 $y=-\cos\left(\dfrac{1}{2}x-\dfrac{\pi}{2}\right)-1$

$\quad=-\cos\dfrac{1}{2}(x-\pi)-1$

즉 이 함수의 그래프는 $y=-\cos\dfrac{1}{2}x$의 그래프를 x축의 방향으로 π만큼, y축의 방향으로 -1만큼 평행이동한 것이다.

(1) 최댓값은 $|-1|-1=0$

(2) 최솟값은 $-|-1|-1=-2$

(3) 주기는 $\dfrac{2\pi}{\left|\dfrac{1}{2}\right|}=4\pi$

6 $y=\dfrac{1}{3}\tan\left(4x+\dfrac{\pi}{2}\right)-2$

$\quad=\dfrac{1}{3}\tan 4\left(x+\dfrac{\pi}{8}\right)-2$

즉 이 함수의 그래프는 $y=\dfrac{1}{3}\tan 4x$의 그래프를 x축의 방향으로 $-\dfrac{\pi}{8}$만큼, y축의 방향으로 -2만큼 평행이동한 것이다.

(1) 주기는 $\dfrac{\pi}{|4|}=\dfrac{\pi}{4}$

(2) 점근선의 방정식은 $4x+\dfrac{\pi}{2}=n\pi+\dfrac{\pi}{2}$에서

$\quad x=\dfrac{n}{4}\pi$ (단, n은 정수)

07

절댓값 기호를 포함한 삼각함수의 그래프

1

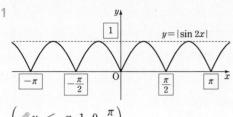

$\left(\text{✏️}\ y,\ <,\ x,\ 1,\ 0,\ \dfrac{\pi}{2} \right)$

2

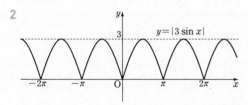

$3,\ 0,\ \pi$

3

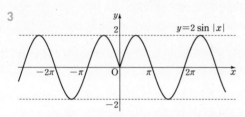

$2,\ -2,$ 없다.

4

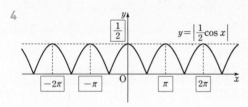

$\left(\text{✏️}\ y,\ <,\ x,\ \dfrac{1}{2},\ 0,\ \pi \right)$

5

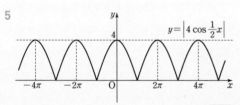

$4,\ 0,\ 2\pi$

6

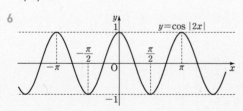

$1,\ -1,\ \pi$

7

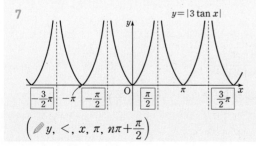

$\left(\text{✏️}\ y,\ <,\ x,\ \pi,\ n\pi+\dfrac{\pi}{2} \right)$

8

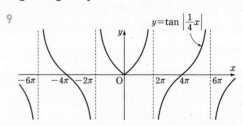

$\dfrac{\pi}{2},\ x=\dfrac{n}{2}\pi+\dfrac{\pi}{4}$ (단, n은 정수)

9

$y=\tan\left|\dfrac{1}{4}x\right|$의 그래프 (축: $-6\pi,\ -4\pi,\ -2\pi,\ O,\ 2\pi,\ 4\pi,\ 6\pi$)

없다., $x=4n\pi+2\pi$ (단, n은 정수)

---

2 $y=|3\sin x|$의 그래프는 $y=3\sin x$의 그래프에서 $y\geq0$인 부분은 그대로 두고 $y<0$인 부분을 x축에 대하여 대칭이동하여 그린 것이다.
따라서 최댓값은 3, 최솟값은 0, 주기는 π이다.

3 $y=2\sin|x|$의 그래프는 $y=2\sin x$의 그래프를 $x\geq0$인 부분만 남긴 후 이 부분을 y축에 대하여 대칭이동하여 그린 것이다.
따라서 최댓값은 2, 최솟값은 -2, 주기는 없다.

5 $y=\left|4\cos\dfrac{1}{2}x\right|$의 그래프는 $y=4\cos\dfrac{1}{2}x$의 그래프에서 $y\geq0$인 부분은 그대로 두고 $y<0$인 부분을 x축에 대하여 대칭이동하여 그린 것이다.
따라서 최댓값은 4, 최솟값은 0, 주기는 2π이다.

6 $y=\cos|2x|$의 그래프는 $y=\cos2x$의 그래프를 $x\geq0$인 부분만 남긴 후 이 부분을 y축에 대하여 대칭이동하여 그린 것이다.
따라서 최댓값은 1, 최솟값은 -1, 주기는 π이다.

8 $y=\left|\dfrac{1}{2}\tan2x\right|$의 그래프는 $y=\dfrac{1}{2}\tan2x$의 그래프에서 $y\geq0$인 부분은 그대로 두고 $y<0$인 부분을 x축에 대하여 대칭이동하여 그린 것이다.
따라서 주기는 $\dfrac{\pi}{2}$이고 점근선의 방정식은
$2x=n\pi+\dfrac{\pi}{2}$, 즉 $x=\dfrac{n}{2}\pi+\dfrac{\pi}{4}$ (단, n은 정수)

9 $y=\tan\left|\dfrac{1}{4}x\right|$의 그래프는 $y=\tan\dfrac{1}{4}x$의 그래프를 $x\geq0$인 부분만 남긴 후 이 부분을 y축에 대하여 대칭이동하여 그린 것이다.
따라서 주기는 없고, 점근선의 방정식은
$\dfrac{1}{4}x=n\pi+\dfrac{\pi}{2}$, 즉 $x=4n\pi+2\pi$ (단, n은 정수)

삼각함수의 미정계수

1 $\left(\mathscr{D}\,b,\ \dfrac{\pi}{2},\ 4,\ 6,\ 6,\ 4,\ 4\pi,\ 3,\ 3\right)$

2 $a=-4,\ b=1,\ c=5$ 3 $a=1,\ b=8,\ c=-1$

4 $a=3,\ b=\dfrac{2}{3},\ c=-1$ 5 $a=2,\ b=2$

6 $a=\dfrac{1}{3},\ b=\dfrac{\pi}{3}$

7 $\left(\mathscr{D}\,\pi,\ \pi,\ 2,\ 2,\ -2,\ 2,\ -2,\ 2,\ 0,\ 2,\ 2,\ 2,\ 2,\ \dfrac{\pi}{2}\right)$

8 $a=3,\ b=\dfrac{1}{4},\ c=2$ 9 $a=4,\ b=2,\ c=0$

10 $a=3,\ b=3,\ c=\dfrac{\pi}{2}$ 11 $a=1,\ b=4,\ c=\dfrac{2}{3}\pi,\ d=2$

12 $a=4,\ b=\dfrac{\pi}{2}$ 13 $a=\dfrac{1}{4},\ b=\dfrac{3}{4}\pi$

14 ④   15 $\left(\mathscr{D}\,\pi,\ \dfrac{1}{2},\ \dfrac{9}{2},\ \dfrac{9}{2},\ \dfrac{1}{2},\ \dfrac{\pi}{6},\ \dfrac{1}{2},\ 5,\ -\dfrac{1}{2}\right)$

16 $a=4,\ b=\dfrac{1}{4},\ c=-1$ 17 $a=8,\ b=3$

---

2 주기가 2π이므로 $\dfrac{2\pi}{|b|}=2\pi$

이때 $b>0$이므로 $b=1$

최솟값이 1이므로 $-|a|+c=1$

이때 $a<0$이므로 $a+c=1$ $\cdots\cdots$ ㉠

또 $f(x)=a\sin x+c$에서 $f(0)=5$이므로

$f(0)=a\sin 0+c=5,\ c=5$ $\cdots\cdots$ ㉡

㉠에 ㉡을 대입하면 $a=-4$

3 주기가 $\dfrac{\pi}{4}$이므로 $\dfrac{2\pi}{|b|}=\dfrac{\pi}{4}$

이때 $b>0$이므로 $b=8$

최솟값이 -2이므로 $-|a|+c=-2$

이때 $a>0$이므로 $-a+c=-2$ $\cdots\cdots$ ㉠

또 $f(x)=a\cos 8x+c$에서 $f(\pi)=0$이므로

$f(\pi)=a\cos 8\pi+c=0,\ a+c=0$ $\cdots\cdots$ ㉡

㉠, ㉡을 연립하여 풀면

$a=1,\ c=-1$

4 주기가 3π이므로 $\dfrac{2\pi}{|-b|}=3\pi$

이때 $b>0$이므로 $b=\dfrac{2}{3}$

최댓값이 2이므로 $|a|+c=2$

이때 $a>0$이므로 $a+c=2$ $\cdots\cdots$ ㉠

또 $f(x)=a\cos\left(\dfrac{2}{3}\pi-\dfrac{2}{3}x\right)+c$에서 $f\left(\dfrac{\pi}{2}\right)=\dfrac{1}{2}$이므로

$f\left(\dfrac{\pi}{2}\right)=a\cos\left(\dfrac{2}{3}\pi-\dfrac{\pi}{3}\right)+c=\dfrac{1}{2}$

$a\cos\dfrac{\pi}{3}+c=\dfrac{1}{2},\ \dfrac{1}{2}a+c=\dfrac{1}{2}$ $\cdots\cdots$ ㉡

㉠, ㉡을 연립하여 풀면

$a=3,\ c=-1$

5 주기가 $\dfrac{\pi}{2}$이므로 $\dfrac{\pi}{|b|}=\dfrac{\pi}{2}$

이때 $b>0$이므로 $b=2$

또 $f(x)=a\tan 2x$에서 $f\left(\dfrac{\pi}{8}\right)=2$이므로

$f\left(\dfrac{\pi}{8}\right)=a\tan\dfrac{\pi}{4}=2,\ a=2$

6 주기가 3π이므로 $\dfrac{\pi}{|a|}=3\pi$

이때 $a>0$이므로 $a=\dfrac{1}{3}$

또 $f(x)=\tan\left(\dfrac{1}{3}x-b\right)$에서 $f(\pi)=0$이므로

$f(\pi)=\tan\left(\dfrac{\pi}{3}-b\right)=0$

이때 $0<b<\dfrac{\pi}{2}$이므로 $b=\dfrac{\pi}{3}$

8 주기가 8π이므로 $\dfrac{2\pi}{|b|}=8\pi$

이때 $b>0$이므로 $b=\dfrac{1}{4}$

최댓값이 5, 최솟값이 -1이고 $a>0$이므로

$a+c=5,\ -a+c=-1$

두 식을 연립하여 풀면 $a=3,\ c=2$

9 주기가 $\dfrac{3}{2}\pi-\dfrac{\pi}{2}=\pi$이므로 $\dfrac{2\pi}{|b|}=\pi$

이때 $b>0$이므로 $b=2$

최댓값 4, 최솟값이 -4이고 $a>0$이므로

$a+c=4,\ -a+c=-4$

두 식을 연립하여 풀면 $a=4,\ c=0$

10 주기가 $\dfrac{2}{3}\pi-0=\dfrac{2}{3}\pi$이므로 $\dfrac{2\pi}{|b|}=\dfrac{2}{3}\pi$

이때 $b>0$이므로 $b=3$

최댓값 3, 최솟값이 -3이고 $a>0$이므로

$a=3$

또 $f(x)=3\sin(3x+c)$에서 $f\left(\dfrac{\pi}{6}\right)=0$이므로

$f\left(\dfrac{\pi}{6}\right)=3\sin\left(\dfrac{\pi}{2}+c\right)=0$

$\sin\left(\dfrac{\pi}{2}+c\right)=0$

이때 $0<c<\pi$이므로 $c=\dfrac{\pi}{2}$

11 주기가 $\dfrac{2}{3}\pi-\dfrac{\pi}{6}=\dfrac{\pi}{2}$이므로 $\dfrac{2\pi}{|b|}=\dfrac{\pi}{2}$

이때 $b>0$이므로 $b=4$

최댓값이 3, 최솟값이 1이고, $a>0$이므로

$a+d=3,\ -a+d=1$

두 식을 연립하여 풀면 $a=1,\ d=2$

또 $f(x)=\cos(4x-c)+2$에서 $f\left(\dfrac{\pi}{6}\right)=3$이므로

$f\left(\dfrac{\pi}{6}\right)=\cos\left(\dfrac{2}{3}\pi-c\right)+2=3$

$\cos\left(\dfrac{2}{3}\pi-c\right)=1$

이때 $0<c<\pi$이므로 $c=\dfrac{2}{3}\pi$

12 주기가 $\dfrac{\pi}{8}-\left(-\dfrac{\pi}{8}\right)=\dfrac{\pi}{4}$이므로 $\dfrac{\pi}{|a|}=\dfrac{\pi}{4}$

이때 $a>0$이므로 $a=4$

또 $f(x)=\tan(4x-b)$에서 $f\left(\dfrac{\pi}{8}\right)=0$이므로

$f\left(\dfrac{\pi}{8}\right)=\tan\left(\dfrac{\pi}{2}-b\right)=0$

이때 $0<b<\pi$이므로 $b=\dfrac{\pi}{2}$

13 주기가 $7\pi-3\pi=4\pi$이므로 $\dfrac{\pi}{|a|}=4\pi$

이때 $a>0$이므로 $a=\dfrac{1}{4}$

또 $f(x)=\tan\left(\dfrac{1}{4}x+b\right)-1$에서 $f(2\pi)=0$이므로

$f(2\pi)=\tan\left(\dfrac{\pi}{2}+b\right)-1=0$

$\tan\left(\dfrac{\pi}{2}+b\right)=1$

이때 $0<b<\pi$이므로 $b=\dfrac{3}{4}\pi$

14 주기가 $\dfrac{3}{2}\pi-\dfrac{\pi}{2}=\pi$이므로 $\dfrac{2\pi}{|b|}=\pi$

이때 $b>0$이므로 $b=2$

최댓값이 3, 최솟값이 -3이고 $a>0$이므로

$a=3$

또 $f(x)=3\cos(2x-c)$에서 $f\left(\dfrac{\pi}{2}\right)=3$이므로

$f\left(\dfrac{\pi}{2}\right)=3\cos(\pi-c)=3$

$\cos(\pi-c)=1$

이때 $0<c<2\pi$이므로 $c=\pi$

따라서 $abc=6\pi$

16 주기가 4π이므로 $\dfrac{\pi}{|b|}=4\pi$

이때 $b>0$이므로 $b=\dfrac{1}{4}$

최솟값이 1이므로 $-c=1$, 즉 $c=-1$

또 $f(x)=a\left|\cos\dfrac{1}{4}x\right|+1$에서 $f(4\pi)=5$이므로

$f(4\pi)=a|\cos\pi|+1=5$, $a+1=5$

따라서 $a=4$

17 주기가 $\dfrac{\pi}{3}$이므로 $\dfrac{\pi}{|b|}=\dfrac{\pi}{3}$

이때 $b>0$이므로 $b=3$

또 $f(x)=|a\tan 3x|$에서 $f\left(\dfrac{\pi}{12}\right)=8$이므로

$f\left(\dfrac{\pi}{12}\right)=\left|a\tan\dfrac{\pi}{4}\right|=8$, $|a|=8$

이때 $a>0$이므로 $a=8$

본문 193쪽

TEST 개념 확인

1 ③	**2** ⑤	**3** $\dfrac{2}{5}\pi$	**4** ③
5 ④, ⑤	**6** ③	**7** ④	**8** ②
9 ②	**10** ⑤	**11** ③	**12** ㄱ, ㄷ
13 ③	**14** ③	**15** $\dfrac{3}{2}$	**16** 5
17 ①	**18** ②		

1 ③ $y=\sin x$의 그래프는 원점에 대하여 대칭이다.

2 조건 ㈎에서 함수 $f(x)$의 주기는 4이다.

조건 ㈏에서 $-2\le x<2$일 때, $f(x)=\cos\pi x$이므로

$f(8)=f(4)=f(0)=\cos 0=1$

3 $y=2\sin 5x$의 주기는 $\dfrac{2\pi}{|5|}=\dfrac{2}{5}\pi$

4 $y=3\tan\dfrac{\pi}{2}x$의 주기는 $\dfrac{\pi}{\left|\dfrac{\pi}{2}\right|}=2$이므로 $p=2$

점근선의 방정식은 $\dfrac{\pi}{2}x=n\pi+\dfrac{\pi}{2}$에서

$x=\dfrac{2}{\pi}\left(n\pi+\dfrac{\pi}{2}\right)$, 즉 $x=2n+1$ (단, n은 정수)이므로 $q=2$

따라서 $p+q=2+2=4$

5 ④ 주기는 $\dfrac{\pi}{|2|}=\dfrac{\pi}{2}$

⑤ 점근선의 방정식은 $2x=n\pi+\dfrac{\pi}{2}$에서

$x=\dfrac{1}{2}\left(n\pi+\dfrac{\pi}{2}\right)$, 즉 $x=\dfrac{n}{2}\pi+\dfrac{\pi}{4}$ (단, n은 정수)

6 $y=2\cos 4x$의 그래프의 주기는 $\dfrac{2\pi}{|4|}=\dfrac{\pi}{2}$이고 최댓값은 2, 최솟값은 -2이므로 $0<x<\pi$에서 $y=2\cos 4x$의 그래프를 그리면 다음 그림과 같다.

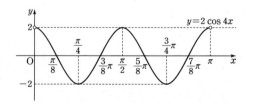

따라서 $y=2\cos 4x$의 그래프는 $4x=2\pi$, 즉 $x=\dfrac{\pi}{2}$일 때 최댓값 2를 갖는다.

즉 $a=\dfrac{\pi}{2}$, $b=2$이므로 $ab=\pi$

7 $y=3\sin(2x-\pi)+1=3\sin 2\left(x-\dfrac{\pi}{2}\right)+1$

즉 이 함수의 그래프는 $y=3\sin 2x$의 그래프를 x축의 방향으로 $\dfrac{\pi}{2}$만큼, y축의 방향으로 1만큼 평행이동한 것이므로

$p=\dfrac{\pi}{2}$, $q=1$

따라서 $pq=\dfrac{\pi}{2}$

8 함수 $y=\cos\pi x$의 그래프를 x축의 방향으로 $\dfrac{1}{4}$만큼 평행이동한 그래프의 식은 $y=\cos\pi\left(x-\dfrac{1}{4}\right)$

이 함수의 그래프가 점 $\left(\dfrac{1}{2},\,a\right)$를 지나므로

$a=\cos\pi\left(\dfrac{1}{2}-\dfrac{1}{4}\right)=\cos\dfrac{\pi}{4}=\dfrac{\sqrt{2}}{2}$

9 함수 $y=5\sin\left(\pi x+\dfrac{\pi}{3}\right)-2$의 그래프에서

최댓값은 $|5|-2=3$, 최솟값은 $-|5|-2=-7$,

주기는 $\dfrac{2\pi}{|\pi|}=2$

따라서 $M=3$, $m=-7$, $p=2$이므로

$M+m+p=3+(-7)+2=-2$

10 함수 $y=2\tan\left(\dfrac{\pi}{4}x-1\right)-3$의 주기는

$\dfrac{\pi}{\left|\dfrac{\pi}{4}\right|}=4$

11 ① 주기는 $\dfrac{\pi}{|\pi|}=1$

② 점근선의 방정식은 $\pi x-\dfrac{\pi}{3}=n\pi+\dfrac{\pi}{2}$에서

$\quad x=\dfrac{1}{\pi}\left(n\pi+\dfrac{5}{6}\pi\right)$, 즉 $x=n+\dfrac{5}{6}$ (단, n은 정수)

③ $y=-\tan\left(\pi x-\dfrac{\pi}{3}\right)+3=-\tan\pi\left(x-\dfrac{1}{3}\right)+3$

$\quad$이므로 $y=-\tan\pi x$의 그래프를 x축의 방향으로 $\dfrac{1}{3}$만큼, y축의 방향으로 3만큼 평행이동한 것이다.

④ 최댓값은 없다.

⑤ 정의역은 $x=n+\dfrac{5}{6}$ (단, n은 정수)를 제외한 모든 실수이다.

따라서 옳은 것은 ③이다.

12 ㄱ. $y=\cos(3x-2)=\cos 3\left(x-\dfrac{2}{3}\right)$

ㄷ. $y=\cos\left(3x-\dfrac{\pi}{3}\right)=\cos 3\left(x-\dfrac{\pi}{9}\right)$

ㄹ. $y=3\cos(\pi x-\pi)-3=3\cos\pi(x-1)-3$

따라서 $y=\cos 3x$의 그래프를 평행이동하여 겹쳐질 수 있는 것은 ㄱ, ㄷ이다.

13 함수 $y=|\cos x|$의 그래프는 오른쪽 그림과 같다.

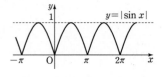

① 주기는 π이다.

② 최솟값은 0이다.

④ 그래프는 y축에 대하여 대칭이다.

⑤ 최댓값은 1이다.

따라서 옳은 것은 ③이다.

14 $y=|\sin x|$의 그래프는 오른쪽 그림과 같고 보기의 함수의 그래프를 그리면 각각 다음과 같다.

ㄱ. $y=\sin|x|$　　　　ㄴ. $y=|\cos x|$

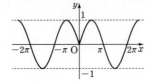　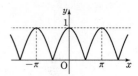

ㄷ. $y=\left|\cos\left(x-\dfrac{\pi}{2}\right)\right|$　　ㄹ. $y=|\sin\pi x|$

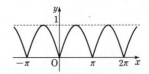　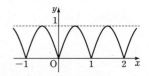

따라서 $y=|\sin x|$의 그래프와 일치하는 것은 ㄷ뿐이다.

15 $y=|\tan ax|$의 주기는 $\dfrac{\pi}{|a|}$이고, $y=2\sin 3x$의 주기는 $\dfrac{2}{3}\pi$

이므로 $\dfrac{\pi}{|a|}=\dfrac{2}{3}\pi$

따라서 $|a|=\dfrac{3}{2}$이므로 양수 a의 값은 $\dfrac{3}{2}$이다.

16 $f(x)=a\sin\pi x-b$의 최댓값은 3이고 $a>0$이므로

$a-b=3$ $\qquad\qquad$ …… ㉠

$f\left(\dfrac{1}{6}\right)=1$이므로

$f\left(\dfrac{1}{6}\right)=a\sin\dfrac{\pi}{6}-b=1$, $\dfrac{1}{2}a-b=1$ …… ㉡

㉠, ㉡을 연립하여 풀면 $a=4$, $b=1$

따라서 $a+b=5$

17 주어진 함수의 주기가 $\dfrac{\pi}{2}$이므로 $\dfrac{\pi}{|a|}=\dfrac{\pi}{2}$

이때 $a>0$이므로 $a=2$

또 $f(x)=\tan(2x-b)$의 그래프가 점 $\left(\dfrac{\pi}{4},\,0\right)$을 지나므로

$f\left(\dfrac{\pi}{4}\right)=\tan\left(\dfrac{\pi}{2}-b\right)=0$

이때 $0<b<\pi$이므로 $b=\dfrac{\pi}{2}$

18 주기가 π이므로 $\dfrac{2\pi}{|b|}=\pi$

이때 $b>0$이므로 $b=2$

최댓값은 3이므로 $|a|+c=3$

이때 $a>0$이므로 $a+c=3$ ...... ㉠

또 $f(x)=a\cos(2x-\pi)+c$에서 $f(\pi)=-1$이므로

$f(\pi)=a\cos\pi+c=-1,\ -a+c=-1$ ...... ㉡

㉠, ㉡을 연립하여 풀면 $a=2,\ c=1$

따라서 $abc=4$

09

본문 196쪽

여러 가지 각에 대한 삼각함수의 성질 (1)

원리확인

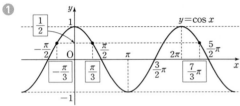

❶

$2\pi,\ \dfrac{7}{3}\pi,\ \dfrac{\pi}{3},\ \dfrac{\pi}{3},\ \dfrac{1}{2},\ y축,\ \dfrac{1}{2}$

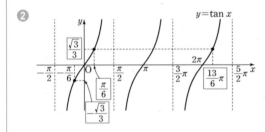

❷

$\pi,\ \dfrac{\pi}{6},\ \dfrac{\pi}{6},\ \dfrac{\sqrt{3}}{3},\ 원점,\ -\dfrac{\sqrt{3}}{3}$

---

1 $\left(\dfrac{\pi}{3},\ \dfrac{\pi}{3},\ \dfrac{\sqrt{3}}{2}\right)$ 2 $\dfrac{\sqrt{2}}{2}$ 3 $\dfrac{\sqrt{3}}{3}$

4 $\dfrac{\sqrt{2}}{2}$ 5 $\dfrac{\sqrt{2}}{2}$ 6 $\sqrt{3}$

☺ $\sin x,\ \cos x,\ \tan x$

7 $\left(-,\ -\dfrac{\sqrt{2}}{2}\right)$ 8 $\dfrac{\sqrt{3}}{2}$ 9 $-\sqrt{3}$

10 $\left(-,\ -,\ \dfrac{\pi}{3},\ -,\ \dfrac{\pi}{3},\ -\dfrac{\sqrt{3}}{2}\right)$ 11 $\dfrac{\sqrt{3}}{2}$

12 -1 ☺ $-\sin x,\ \cos x,\ -\tan x$

---

2 $\cos\dfrac{9}{4}\pi=\cos\left(2\pi+\dfrac{\pi}{4}\right)=\cos\dfrac{\pi}{4}=\dfrac{\sqrt{2}}{2}$

3 $\tan\dfrac{25}{6}\pi=\tan\left(4\pi+\dfrac{\pi}{6}\right)=\tan\dfrac{\pi}{6}=\dfrac{\sqrt{3}}{3}$

4 $\sin\dfrac{17}{4}\pi=\sin\left(4\pi+\dfrac{\pi}{4}\right)=\sin\dfrac{\pi}{4}=\dfrac{\sqrt{2}}{2}$

---

5 $\cos405°=\cos(360°+45°)=\cos45°=\dfrac{\sqrt{2}}{2}$

6 $\tan780°=\tan(360°\times2+60°)=\tan60°=\sqrt{3}$

8 $\cos\left(-\dfrac{\pi}{6}\right)=\cos\dfrac{\pi}{6}=\dfrac{\sqrt{3}}{2}$

9 $\tan\left(-\dfrac{\pi}{3}\right)=-\tan\dfrac{\pi}{3}=-\sqrt{3}$

11 $\cos\left(-\dfrac{13}{6}\pi\right)=\cos\dfrac{13}{6}\pi=\cos\left(2\pi+\dfrac{\pi}{6}\right)$

$=\cos\dfrac{\pi}{6}=\dfrac{\sqrt{3}}{2}$

12 $\tan\left(-\dfrac{9}{4}\pi\right)=-\tan\dfrac{9}{4}\pi$

$=-\tan\left(2\pi+\dfrac{\pi}{4}\right)$

$=-\tan\dfrac{\pi}{4}=-1$

10

본문 198쪽

여러 가지 각에 대한 삼각함수의 성질 (2)

원리확인

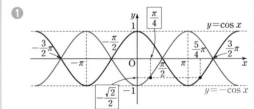

❶

$\dfrac{\pi}{4},\ -,\ \dfrac{\pi}{4},\ -\dfrac{\sqrt{2}}{2}$

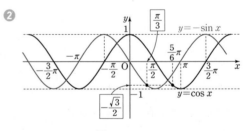

❷

$\dfrac{\pi}{3},\ -,\ \dfrac{\pi}{3},\ -\dfrac{\sqrt{3}}{2}$

---

1 $\left(\dfrac{\pi}{4},\ -,\ \dfrac{\pi}{4},\ -\dfrac{\sqrt{2}}{2}\right)$ 2 $-\dfrac{1}{2}$ 3 $\dfrac{\sqrt{3}}{3}$

4 $\left(\dfrac{\pi}{3},\ \dfrac{\pi}{3},\ \dfrac{\sqrt{3}}{2}\right)$ 5 $-\dfrac{\sqrt{3}}{2}$ 6 $-\dfrac{\sqrt{3}}{3}$

☺ $-\sin x,\ \sin x,\ -\cos x,\ -\cos x,\ \tan x,\ -\tan x$

7 $\left(\dfrac{\pi}{3},\ \dfrac{\pi}{3},\ \dfrac{1}{2}\right)$ 8 $-\dfrac{\sqrt{2}}{2}$ 9 $-\sqrt{3}$

---

10 $\dfrac{\sqrt{3}}{2}$　　　　11 $\dfrac{\sqrt{3}}{3}$　　　　12 $-\dfrac{1}{2}$

☺ $\cos x,\ \cos x,\ -\sin x,\ \sin x,\ -\dfrac{1}{\tan x},\ \dfrac{1}{\tan x}$

2　$\cos \dfrac{4}{3}\pi = \cos\left(\pi + \dfrac{\pi}{3}\right) = -\cos \dfrac{\pi}{3} = -\dfrac{1}{2}$

3　$\tan \dfrac{7}{6}\pi = \tan\left(\pi + \dfrac{\pi}{6}\right) = \tan \dfrac{\pi}{6} = \dfrac{\sqrt{3}}{3}$

5　$\cos \dfrac{5}{6}\pi = \cos\left(\pi - \dfrac{\pi}{6}\right) = -\cos \dfrac{\pi}{6} = -\dfrac{\sqrt{3}}{2}$

6　$\tan 150° = \tan(180° - 30°) = -\tan 30° = -\dfrac{\sqrt{3}}{3}$

8　$\cos \dfrac{3}{4}\pi = \cos\left(\dfrac{\pi}{2} + \dfrac{\pi}{4}\right) = -\sin \dfrac{\pi}{4} = -\dfrac{\sqrt{2}}{2}$

9　$\tan \dfrac{2}{3}\pi = \tan\left(\dfrac{\pi}{2} + \dfrac{\pi}{6}\right) = -\dfrac{1}{\tan \dfrac{\pi}{6}} = -\sqrt{3}$

10　$\sin\left(\dfrac{\pi}{2} - \dfrac{\pi}{6}\right) = \cos \dfrac{\pi}{6} = \dfrac{\sqrt{3}}{2}$

[다른 풀이]

$\dfrac{\pi}{2} - \dfrac{\pi}{6} = \dfrac{\pi}{3}$이므로 $\sin\left(\dfrac{\pi}{2} - \dfrac{\pi}{6}\right) = \sin \dfrac{\pi}{3} = \dfrac{\sqrt{3}}{2}$

11　$\tan\left(\dfrac{\pi}{2} - \dfrac{\pi}{3}\right) = \dfrac{1}{\tan \dfrac{\pi}{3}} = \dfrac{\sqrt{3}}{3}$

[다른 풀이]

$\dfrac{\pi}{2} - \dfrac{\pi}{3} = \dfrac{\pi}{6}$이므로 $\tan\left(\dfrac{\pi}{2} - \dfrac{\pi}{3}\right) = \tan \dfrac{\pi}{6} = \dfrac{\sqrt{3}}{3}$

12　$\cos 120° = \cos(90° + 30°) = -\sin 30° = -\dfrac{1}{2}$

11

본문 200쪽

삼각함수의 각의 변형과 삼각함수표

1 (✎ $6,\ \dfrac{\pi}{3},\ -\dfrac{1}{2}$)　　2 $-\dfrac{\sqrt{2}}{2}$　　　3 $\sqrt{3}$

4 $-\dfrac{\sqrt{3}}{2}$　　　　5 $-\dfrac{1}{2}$　　　　6 -1

7 (✎ $\dfrac{\pi}{6},\ \dfrac{\pi}{6},\ \dfrac{1}{2},\ \dfrac{\pi}{3},\ \dfrac{1}{2},\ \dfrac{\pi}{4},\ \dfrac{\pi}{4},\ 1,\ \dfrac{1}{2},\ \dfrac{1}{2},\ 1,\ 1$)

8 $\dfrac{3+\sqrt{2}}{2}$　　　9 $-\dfrac{5}{4}$　　　　10 $\dfrac{1}{4}$

11 $-2-\sqrt{3}$　　　12 $-\sqrt{3}$　　　13 $\dfrac{1}{2}+\dfrac{\sqrt{3}}{3}$

14 (✎ $\sin\theta,\ \sin\theta,\ \sin\theta,\ \sin\theta,\ 0$)

15 $2\cos\theta$　　　　16 $\sin^2\theta$　　　17 0

18 $\sin\theta$　　　　　19 ①

20 (✎ $\cos,\ \sin,\ \cos,\ \sin,\ 0$)　　21 0

22 (✎ $\sin\theta,\ \sin^2\theta,\ 90,\ 80,\ 0,\ 10,\ 1,\ 1,\ 2$)

23 $\dfrac{17}{2}$

24 (✎ $\tan\theta,\ \tan 40°,\ \tan 5°,\ \tan 5°,\ \tan 10°,\ \tan 40°,\ 45,\ 1$)

25 1　　　　　　26 ④

27 (✎ $4,\ 4,\ 0.9976$)　　　28 0.1045

29 1.082　　　30 -0.9781　　　31 0.1944

32 0.7769

2　$\sin \dfrac{13}{4}\pi = \sin\left(\dfrac{\pi}{2} \times 6 + \dfrac{\pi}{4}\right) = -\sin \dfrac{\pi}{4} = -\dfrac{\sqrt{2}}{2}$

3　$\tan \dfrac{10}{3}\pi = \tan\left(\dfrac{\pi}{2} \times 6 + \dfrac{\pi}{3}\right) = \tan \dfrac{\pi}{3} = \sqrt{3}$

4　$\cos \dfrac{17}{6}\pi = \cos\left(\dfrac{\pi}{2} \times 6 - \dfrac{\pi}{6}\right) = -\cos \dfrac{\pi}{6} = -\dfrac{\sqrt{3}}{2}$

5　$\sin \dfrac{11}{6}\pi = \sin\left(\dfrac{\pi}{2} \times 3 + \dfrac{\pi}{3}\right) = -\cos \dfrac{\pi}{3} = -\dfrac{1}{2}$

6　$\tan \dfrac{11}{4}\pi = \tan\left(\dfrac{\pi}{2} \times 5 + \dfrac{\pi}{4}\right) = -\dfrac{1}{\tan \dfrac{\pi}{4}} = -1$

8　$\sin \dfrac{7}{3}\pi = \sin\left(2\pi + \dfrac{\pi}{3}\right) = \sin \dfrac{\pi}{3} = \dfrac{\sqrt{3}}{2}$

$\cos \dfrac{3}{4}\pi = \cos\left(\pi - \dfrac{\pi}{4}\right) = -\cos \dfrac{\pi}{4} = -\dfrac{\sqrt{2}}{2}$

따라서

(주어진 식) $= \sqrt{3} \times \dfrac{\sqrt{3}}{2} - \left(-\dfrac{\sqrt{2}}{2}\right) = \dfrac{3+\sqrt{2}}{2}$

9　$\sin \dfrac{2}{3}\pi = \sin\left(\pi - \dfrac{\pi}{3}\right) = \sin \dfrac{\pi}{3} = \dfrac{\sqrt{3}}{2}$

$\cos \dfrac{7}{6}\pi = \cos\left(\pi + \dfrac{\pi}{6}\right) = -\cos \dfrac{\pi}{6} = -\dfrac{\sqrt{3}}{2}$

$\tan\left(-\dfrac{\pi}{6}\right) = -\tan \dfrac{\pi}{6} = -\dfrac{\sqrt{3}}{3}$

따라서

(주어진 식) $= \dfrac{\sqrt{3}}{2} \times \left(-\dfrac{\sqrt{3}}{2}\right) + \dfrac{\sqrt{3}}{2} \times \left(-\dfrac{\sqrt{3}}{3}\right)$

$\qquad = -\dfrac{3}{4} + \left(-\dfrac{1}{2}\right) = -\dfrac{5}{4}$

10

$$\sin\frac{17}{6}\pi=\sin\left(\frac{\pi}{2}\times6-\frac{\pi}{6}\right)=\sin\frac{\pi}{6}=\frac{1}{2}$$

$$\cos\left(-\frac{4}{3}\pi\right)=\cos\frac{4}{3}\pi=\cos\left(\pi+\frac{\pi}{3}\right)$$

$$=-\cos\frac{\pi}{3}=-\frac{1}{2}$$

$$\sin\frac{5}{4}\pi=\sin\left(\pi+\frac{\pi}{4}\right)=-\sin\frac{\pi}{4}=-\frac{\sqrt{2}}{2}$$

$$\cos\frac{7}{4}\pi=\cos\left(2\pi-\frac{\pi}{4}\right)=\cos\frac{\pi}{4}=\frac{\sqrt{2}}{2}$$

따라서

$$(\text{주어진 식})=\frac{1}{2}\times\left(-\frac{1}{2}\right)-\left(-\frac{\sqrt{2}}{2}\right)\times\frac{\sqrt{2}}{2}$$

$$=-\frac{1}{4}+\frac{1}{2}=\frac{1}{4}$$

11

$$\sin\frac{10}{3}\pi=\sin\left(\frac{\pi}{2}\times6+\frac{\pi}{3}\right)=-\sin\frac{\pi}{3}=-\frac{\sqrt{3}}{2}$$

$$\tan\left(-\frac{9}{4}\pi\right)=-\tan\frac{9}{4}\pi=-\tan\left(2\pi+\frac{\pi}{4}\right)$$

$$=-\tan\frac{\pi}{4}=-1$$

$$\cos\left(-\frac{\pi}{3}\right)=\cos\frac{\pi}{3}=\frac{1}{2}$$

따라서

$$(\text{주어진 식})=\frac{-\frac{\sqrt{3}}{2}-1}{\frac{1}{2}}=-2-\sqrt{3}$$

12

$$\sin\left(\pi+\frac{\pi}{4}\right)=-\sin\frac{\pi}{4}=-\frac{\sqrt{2}}{2}$$

$$\cos\left(\frac{\pi}{2}-\frac{\pi}{4}\right)=\sin\frac{\pi}{4}=\frac{\sqrt{2}}{2}$$

따라서

$$(\text{주어진 식})=\frac{-\frac{\sqrt{2}}{2}\times\sqrt{3}}{\frac{\sqrt{2}}{2}}=-\sqrt{3}$$

13

$$\sin\left(-\frac{9}{4}\pi\right)=-\sin\frac{9}{4}\pi=-\sin\left(2\pi+\frac{\pi}{4}\right)$$

$$=-\sin\frac{\pi}{4}=-\frac{\sqrt{2}}{2}$$

$$\cos\frac{3}{4}\pi=\cos\left(\pi-\frac{\pi}{4}\right)=-\cos\frac{\pi}{4}=-\frac{\sqrt{2}}{2}$$

$$\tan\left(-\frac{13}{6}\pi\right)=-\tan\frac{13}{6}\pi=-\tan\left(2\pi+\frac{\pi}{6}\right)$$

$$=-\tan\frac{\pi}{6}=-\frac{\sqrt{3}}{3}$$

따라서

$$(\text{주어진 식})=-\frac{\sqrt{2}}{2}\times\left(-\frac{\sqrt{2}}{2}\right)-\left(-\frac{\sqrt{3}}{3}\right)$$

$$=\frac{1}{2}+\frac{\sqrt{3}}{3}$$

15

$$\sin\left(\frac{\pi}{2}+\theta\right)=\cos\theta,\ \cos(\pi-\theta)=-\cos\theta$$

따라서

$$\sin\left(\frac{\pi}{2}+\theta\right)-\cos(\pi-\theta)=\cos\theta+\cos\theta$$

$$=2\cos\theta$$

16

$$\sin(\pi+\theta)=-\sin\theta,\ \cos\left(\frac{\pi}{2}+\theta\right)=-\sin\theta$$

따라서

$$\sin(\pi+\theta)\cos\left(\frac{\pi}{2}+\theta\right)=-\sin\theta\times(-\sin\theta)$$

$$=\sin^2\theta$$

17

$$\tan\left(\frac{\pi}{2}-\theta\right)=\frac{1}{\tan\theta},\ \tan\left(\frac{\pi}{2}+\theta\right)=-\frac{1}{\tan\theta}\text{이고}$$

$$\cos\left(\frac{\pi}{2}-\theta\right)=\sin\theta$$

따라서

$$\sin\theta\tan\left(\frac{\pi}{2}-\theta\right)+\tan\left(\frac{\pi}{2}+\theta\right)\cos\left(\frac{\pi}{2}-\theta\right)$$

$$=\frac{\sin\theta}{\tan\theta}-\frac{\sin\theta}{\tan\theta}=0$$

18

$$\sin(\pi-\theta)=\sin\theta,\ \cos(2\pi+\theta)=\cos\theta\text{이고}$$

$$\sin\left(\frac{\pi}{2}+\theta\right)=\cos\theta$$

따라서

$$\frac{\sin(\pi-\theta)\cos(2\pi+\theta)}{\sin\left(\frac{\pi}{2}+\theta\right)}=\frac{\sin\theta\cos\theta}{\cos\theta}=\sin\theta$$

19

$$\cos\left(\frac{\pi}{2}+\theta\right)=-\sin\theta,\ \sin(\pi-\theta)=\sin\theta\text{이고}$$

$$\sin\left(\frac{\pi}{2}+\theta\right)=\cos\theta$$

따라서

$$\cos\left(\frac{\pi}{2}+\theta\right)\sin(\pi-\theta)-\cos\theta\sin\left(\frac{\pi}{2}+\theta\right)$$

$$=-\sin\theta\sin\theta-\cos\theta\cos\theta$$

$$=-\sin^2\theta-\cos^2\theta$$

$$=-(\sin^2\theta+\cos^2\theta)=-1$$

21

$$\cos125°=\cos(90°+35°)=-\sin35°$$

$$\tan80°=\tan(90°-10°)=\frac{1}{\tan10°}$$

$$\tan100°=\tan(90°+10°)=-\frac{1}{\tan10°}$$

따라서

$$\sin35°+\cos125°+\tan80°+\tan100°$$

$$=\sin35°+(-\sin35°)+\frac{1}{\tan10°}+\left(-\frac{1}{\tan10°}\right)$$

$$=0$$

23

$$\sin(90°-\theta)=\cos\theta\text{이므로}$$

$$\sin^2\theta+\sin^2(90°-\theta)=\sin^2\theta+\cos^2\theta=1$$

따라서

$$\sin^2 5°+\sin^2 10°+\cdots+\sin^2 80°+\sin^2 85°$$

$$=(\sin^2 5°+\sin^2 85°)+(\sin^2 10°+\sin^2 80°)$$

$$+\cdots+(\sin^2 40°+\sin^2 50°)+\sin^2 45°$$

$$=(\sin^2 5°+\cos^2 5°)+(\sin^2 10°+\cos^2 10°)$$

$$+\cdots+(\sin^2 40°+\cos^2 40°)+\sin^2 45°$$

$$=\underbrace{1+1+\cdots+1}_{8\text{개}}+\left(\frac{\sqrt{2}}{2}\right)^2=8+\frac{1}{2}=\frac{17}{2}$$

25 $\tan(90°-\theta)=\dfrac{1}{\tan\theta}$ 이므로

$\tan 88°=\tan(90°-2°)=\dfrac{1}{\tan 2°}$

$\tan 86°=\tan(90°-4°)=\dfrac{1}{\tan 4°}$

$\vdots$

$\tan 46°=\tan(90°-44°)=\dfrac{1}{\tan 44°}$

따라서

$\tan 2°\times\tan 4°\times\tan 6°\times\cdots\times\tan 86°\times\tan 88°$

$=\tan 2°\times\tan 4°\times\cdots\times\dfrac{1}{\tan 4°}\times\dfrac{1}{\tan 2°}$

$=\left(\tan 2°\times\dfrac{1}{\tan 2°}\right)\times\left(\tan 4°\times\dfrac{1}{\tan 4°}\right)$

$\qquad\qquad\qquad\times\cdots\times\left(\tan 44°\times\dfrac{1}{\tan 44°}\right)$

$=1$

26 $\cos^2\theta+\cos^2(90-\theta)=\cos^2\theta+\sin^2\theta=1$ 이므로

(가)$=1$

따라서

(주어진 식)$=(\cos^2 0°+\cos^2 90°)+(\cos^2 10°+\cos^2 80°)$

$\qquad\qquad\qquad\qquad+\cdots+(\cos^2 40°+\cos^2 50°)$

$\qquad\qquad=1+1+1+1+1=5$

이므로 (나)$=5$

28 $\cos 84°=\cos(90°-6°)=\sin 6°=0.1045$

29 $\sin 96°=\sin(90°+6°)=\cos 6°=0.9945$

$\tan 365°=\tan(360°+5°)=\tan 5°=0.0875$

따라서

$\sin 96°+\tan 365°=0.9945+0.0875=1.082$

30 $\cos 192°=\cos(180°+12°)=-\cos 12°=-0.9781$

31 $\tan 371°=\tan(360°+11°)=\tan 11°=0.1944$

32 $\sin 80°=\sin(90°-10°)=\cos 10°=0.9848$

$\cos 282°=\cos(90°\times 3+12°)=\sin 12°=0.2079$

따라서

$\sin 80°-\cos 282°=0.9848-0.2079$

$\qquad\qquad\qquad=0.7769$

12

본문 204쪽

삼각함수를 포함한 식의 최댓값과 최솟값

1 (✏ $-$, $-\cos x$, $-\cos x$, 4, -3, 4, 5, 5, -3)

2 최댓값: 1, 최솟값: -1　　**3** 최댓값: 7, 최솟값: 3

4 최댓값: -1, 최솟값: -7　**5** 최댓값: 6, 최솟값: -2

6 최댓값: 2, 최솟값: -4

7 (✏ -1, 1, -2, 2, 4, 1, 5, 5, 1)

8 최댓값: 5, 최솟값: 0　　　**9** 최댓값: 8, 최솟값: 6

10 최댓값: -5, 최솟값: -7

11 최댓값: 4, 최솟값: -2　**12** 최댓값: 4, 최솟값: 0

13 ②　　　　**14** (✏ 1, 1, 2, 2, 1, 3, 3, -1 / 3, -1)

15 최댓값: 10, 최솟값: 2　　**16** 최댓값: 1, 최솟값: -7

17 최댓값: $-\dfrac{3}{4}$, 최솟값: -3

18 최댓값: 2, 최솟값: -2　**19** 최댓값: 7, 최솟값: 3

20 최댓값: $\dfrac{1}{4}$, 최솟값: -2　　　　**21** ⑤

22 (✏ 2, 1, $\dfrac{1}{3}$, -1 / $\dfrac{1}{3}$, -1)

23 최댓값: 0, 최솟값: -1　**24** 최댓값: $\dfrac{2}{3}$, 최솟값: -2

25 최댓값: $\dfrac{1}{2}$, 최솟값: 0　**26** 최댓값: $\dfrac{1}{2}$, 최솟값: -2

27 최댓값: 1, 최솟값: $-\dfrac{1}{3}$　**28** 최댓값: $\dfrac{7}{2}$, 최솟값: 3

29 ③

2 $\sin\left(x+\dfrac{\pi}{2}\right)=\cos x$ 이므로

$y=2\sin\left(x+\dfrac{\pi}{2}\right)-\cos x$

$\quad=2\cos x-\cos x$

$\quad=\cos x$

이때 $-1\le\cos x\le 1$ 이므로 주어진 함수의 최댓값은 1, 최솟값은 -1이다.

3 $\cos\left(x-\dfrac{\pi}{2}\right)=\cos\left(\dfrac{\pi}{2}-x\right)=\sin x$ 이므로

$y=\sin x-3\cos\left(x-\dfrac{\pi}{2}\right)+5$

$\quad=\sin x-3\sin x+5$

$\quad=-2\sin x+5$

이때 $-1\le\sin x\le 1$ 이므로

$-2\le-2\sin x\le 2$, $3\le-2\sin x+5\le 7$

따라서 주어진 함수의 최댓값은 7, 최솟값은 3이다.

4 $\cos\left(x+\dfrac{\pi}{2}\right)=-\sin x$ 이므로

$y=2\sin x-\cos\left(x+\dfrac{\pi}{2}\right)-4$

$\quad=2\sin x+\sin x-4$

$\quad=3\sin x-4$

이때 $-1\le\sin x\le 1$ 이므로

$-3\le 3\sin x\le 3$, $-7\le 3\sin x-4\le-1$

따라서 주어진 함수의 최댓값은 -1, 최솟값은 -7이다.

5 $\sin\left(x-\dfrac{\pi}{2}\right)=-\sin\left(\dfrac{\pi}{2}-x\right)=-\cos x$이므로

$\quad y=3\cos x-\sin\left(x-\dfrac{\pi}{2}\right)+2$

$\qquad =3\cos x+\cos x+2$

$\qquad =4\cos x+2$

이때 $-1\le\cos x\le1$이므로

$-4\le4\cos x\le4,\ -2\le4\cos x+2\le6$

따라서 주어진 함수의 최댓값은 6, 최솟값은 -2이다.

6 $\cos\left(x+\dfrac{\pi}{2}\right)=-\sin x$이므로

$\quad y=4\sin x+\cos\left(x+\dfrac{\pi}{2}\right)-1$

$\qquad =4\sin x-\sin x-1$

$\qquad =3\sin x-1$

이때 $-1\le\sin x\le1$이므로

$-3\le3\sin x\le3,\ -4\le3\sin x-1\le2$

따라서 주어진 함수의 최댓값은 2, 최솟값은 -4이다.

8 $-1\le\cos x\le1$이므로

$-4\le4\cos x\le4,\ -5\le4\cos x-1\le3$

따라서 $0\le|4\cos x-1|\le5$이므로 주어진 함수의

최댓값은 5, 최솟값은 0이다.

9 $-1\le\cos3x\le1$이므로

$-3\le\cos3x-2\le-1,\ 1\le|\cos3x-2|\le3$

따라서 $6\le|\cos3x-2|+5\le8$이므로 주어진 함수의

최댓값은 8, 최솟값은 6이다.

10 $-1\le\sin2x\le1$이므로

$2\le\sin2x+3\le4,\ -4\le-|\sin2x+3|\le-2$

따라서 $-7\le-|\sin2x+3|-3\le-5$이므로 주어진 함수의

최댓값은 -5, 최솟값은 -7이다.

11 $-1\le\sin x\le1$이므로

$0\le\sin x+1\le2,\ 0\le|\sin x+1|\le2$

따라서 $0\le3|\sin x+1|\le6$이므로

$-2\le3|\sin x+1|-2\le4$

즉 주어진 함수의 최댓값은 4, 최솟값은 -2이다.

12 $-1\le\sin x\le1$이므로

$-4\le\sin x-3\le-2,\ 2\le|\sin x-3|\le4$

따라서 $4\le2|\sin x-3|\le8$이므로

$0\le2|\sin x-3|-4\le4$

즉 주어진 함수의 최댓값은 4, 최솟값은 0이다.

13 $-1\le\cos x\le1$이므로

$-2\le\cos x-1\le0,\ 0\le|\cos x-1|\le2$

따라서 $0\le3|\cos x-1|\le6$에서

$-4\le3|\cos x-1|-4\le2$이므로

주어진 함수의 최댓값은 2, 최솟값은 -4이다.

즉 $M=2,\ m=-4$이므로

$M+m=2+(-4)=-2$

15 $y=\cos^2x-4\cos x+5$에서 $\cos x=t$로 치환하면

$\quad y=t^2-4t+5=(t-2)^2+1$

이때 $-1\le t\le1$이므로

오른쪽 그림에서

$t=-1$일 때 최댓값은 10,

$t=1$일 때 최솟값은 2이다.

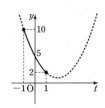

16 $\sin^2x+\cos^2x=1$에서 $\sin^2x=1-\cos^2x$이므로

$\quad y=-2\sin^2x+4\cos x-3$

$\qquad =-2(1-\cos^2x)+4\cos x-3$

$\qquad =2\cos^2x+4\cos x-5$

$\cos x=t$로 치환하면

$y=2t^2+4t-5=2(t+1)^2-7$

이때 $-1\le t\le1$이므로

오른쪽 그림에서

$t=1$일 때 최댓값은 1,

$t=-1$일 때 최솟값은 -7이다.

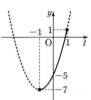

17 $\sin^2x+\cos^2x=1$에서 $\cos^2x=1-\sin^2x$이므로

$\quad y=\cos^2x-\sin x-2$

$\qquad =(1-\sin^2x)-\sin x-2$

$\qquad =-\sin^2x-\sin x-1$

$\sin x=t$로 치환하면

$y=-t^2-t-1=-\left(t+\dfrac{1}{2}\right)^2-\dfrac{3}{4}$

이때 $-1\le t\le1$이므로

오른쪽 그림에서

$t=-\dfrac{1}{2}$일 때 최댓값은 $-\dfrac{3}{4}$,

$t=1$일 때 최솟값은 -3이다.

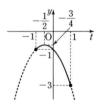

18 $\sin\left(\dfrac{\pi}{2}+x\right)=\cos x$이므로

$\quad y=\sin^2\left(\dfrac{\pi}{2}+x\right)+2\cos x-1$

$\qquad =\cos^2x+2\cos x-1$

$\cos x=t$로 치환하면

$y=t^2+2t-1=(t+1)^2-2$

이때 $-1\le t\le1$이므로

오른쪽 그림에서

$t=1$일 때 최댓값은 2,

$t=-1$일 때 최솟값은 -2이다.

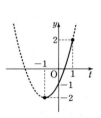

19 $\cos\left(\dfrac{\pi}{2}-x\right)=\sin x,\ \sin(-x)=-\sin x$이므로

$\quad y=\cos^2\left(\dfrac{\pi}{2}-x\right)-2\sin(-x)+4$

$\qquad =\sin^2x+2\sin x+4$

sin $x=t$로 치환하면

$y=t^2+2t+4=(t+1)^2+3$

이때 $-1 \leq t \leq 1$이므로

오른쪽 그림에서

$t=1$일 때 최댓값은 7,

$t=-1$일 때 최솟값은 3이다.

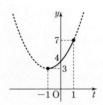

20 $\sin\left(\dfrac{3}{2}\pi+x\right)=-\cos x$, $\cos(2\pi+x)=\cos x$이므로

$y=-\sin^2\left(\dfrac{3}{2}\pi+x\right)-\cos(2\pi+x)$

$\quad=-\cos^2 x-\cos x$

$\cos x=t$로 치환하면

$y=-t^2-t=-\left(t+\dfrac{1}{2}\right)^2+\dfrac{1}{4}$

이때 $-1 \leq t \leq 1$이므로

오른쪽 그림에서

$t=-\dfrac{1}{2}$일 때 최댓값은 $\dfrac{1}{4}$,

$t=1$일 때 최솟값은 -2이다.

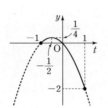

21 $\sin\left(\dfrac{\pi}{2}-x\right)=\cos x$, $\cos(\pi+x)=-\cos x$이므로

$y=\sin^2\left(\dfrac{\pi}{2}-x\right)-2\cos(\pi+x)-3$

$\quad=\cos^2 x+2\cos x-3$

$\cos x=t$로 치환하면

$y=t^2+2t-3=(t+1)^2-4$

이때 $-1 \leq t \leq 1$이므로

$t=1$일 때 최댓값은 0,

$t=-1$일 때 최솟값은 -4이다.

따라서 $M=0$, $m=-4$이므로

$M-m=0-(-4)=4$

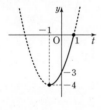

23 $y=\dfrac{\cos x-1}{\cos x+3}$에서 $\cos x=t$로 치환하면

$y=\dfrac{\cos x-1}{\cos x+3}=\dfrac{t-1}{t+3}=\dfrac{t+3-4}{t+3}=-\dfrac{4}{t+3}+1$

이때 $-1 \leq t \leq 1$이므로

오른쪽 그림에서

$t=1$일 때 최댓값은 0,

$t=-1$일 때 최솟값은 -1이다.

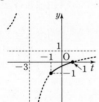

24 $y=\dfrac{2\sin x}{\sin x+2}$에서 $\sin x=t$로 치환하면

$y=\dfrac{2\sin x}{\sin x+2}=\dfrac{2t}{t+2}=\dfrac{2(t+2)-4}{t+2}=-\dfrac{4}{t+2}+2$

이때 $-1 \leq t \leq 1$이므로

오른쪽 그림에서

$t=1$일 때 최댓값은 $\dfrac{2}{3}$,

$t=-1$일 때 최솟값은 -2이다.

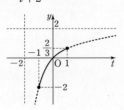

25 $y=\dfrac{\tan x}{\tan x+1}$에서 $\tan x=t$로 치환하면

$y=\dfrac{\tan x}{\tan x+1}=\dfrac{t}{t+1}=\dfrac{t+1-1}{t+1}=-\dfrac{1}{t+1}+1$

이때 $0 \leq x \leq \dfrac{\pi}{4}$에서 $0 \leq \tan x \leq 1$

즉 $0 \leq t \leq 1$이므로

오른쪽 그림에서

$t=1$일 때 최댓값은 $\dfrac{1}{2}$,

$t=0$일 때 최솟값은 0이다.

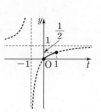

26 $y=\dfrac{3\tan x+1}{\tan x-3}$에서 $\tan x=t$로 치환하면

$y=\dfrac{3\tan x+1}{\tan x-3}=\dfrac{3t+1}{t-3}=\dfrac{3(t-3)+10}{t-3}=\dfrac{10}{t-3}+3$

이때 $-\dfrac{\pi}{4} \leq x \leq \dfrac{\pi}{4}$에서 $-1 \leq \tan x \leq 1$

즉 $-1 \leq t \leq 1$이므로

오른쪽 그림에서

$t=-1$일 때 최댓값은 $\dfrac{1}{2}$,

$t=1$일 때 최솟값은 -2이다.

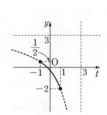

27 $\cos\left(\dfrac{\pi}{2}+x\right)=-\sin x$이므로

$y=\dfrac{\cos\left(\dfrac{\pi}{2}+x\right)}{\sin x+2}=\dfrac{-\sin x}{\sin x+2}$

$\sin x=t$로 치환하면

$y=\dfrac{-\sin x}{\sin x+2}=\dfrac{-t}{t+2}=\dfrac{-(t+2)+2}{t+2}=\dfrac{2}{t+2}-1$

이때 $-1 \leq t \leq 1$이므로

오른쪽 그림에서

$t=-1$일 때 최댓값은 1,

$t=1$일 때 최솟값은 $-\dfrac{1}{3}$이다.

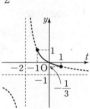

28 $\sin\left(\dfrac{\pi}{2}-x\right)=\cos x$이므로

$y=\dfrac{4\sin\left(\dfrac{\pi}{2}-x\right)-10}{\cos x-3}=\dfrac{4\cos x-10}{\cos x-3}$

$\cos x=t$로 치환하면

$y=\dfrac{4\cos x-10}{\cos x-3}=\dfrac{4t-10}{t-3}=\dfrac{4(t-3)+2}{t-3}=\dfrac{2}{t-3}+4$

이때 $-1 \leq t \leq 1$이므로

오른쪽 그림에서

$t=-1$일 때 최댓값은 $\dfrac{7}{2}$,

$t=1$일 때 최솟값은 3이다.

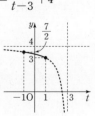

29 $\cos x=t$로 치환하면

$y=\dfrac{3\cos x+1}{\cos x-2}=\dfrac{3t+1}{t-2}=\dfrac{3(t-2)+7}{t-2}=\dfrac{7}{t-2}+3$

이때 $-1 \le t \le 1$이므로 오른쪽 그림에서

$t=-1$일 때 최댓값은 $\dfrac{2}{3}$이다.

$0 \le x < 2\pi$에서 $\cos x = -1$이면

$x=\pi$이므로

$a=\pi$, $b=\dfrac{2}{3}$

따라서 $ab=\dfrac{2}{3}\pi$

13

본문 208쪽

삼각함수를 포함한 방정식

원리확인

❶ $\dfrac{\pi}{4}$, $\dfrac{7}{4}\pi$ / $\dfrac{\pi}{4}$, $\dfrac{7}{4}\pi$, $\dfrac{\pi}{4}$, $\dfrac{7}{4}\pi$

❷ $\dfrac{\pi}{3}$, $\dfrac{4}{3}\pi$ / $\dfrac{\pi}{3}$, $\dfrac{4}{3}\pi$, $\dfrac{\pi}{3}$, $\dfrac{4}{3}\pi$

1 (✏ 4π / $\dfrac{\pi}{3}$, $\dfrac{2}{3}\pi$, $\dfrac{7}{3}\pi$, $\dfrac{8}{3}\pi$ / $\dfrac{\pi}{3}$, $\dfrac{2}{3}\pi$, $\dfrac{7}{3}\pi$, $\dfrac{8}{3}\pi$, $\dfrac{\pi}{3}$, $\dfrac{2}{3}\pi$,

   $\dfrac{7}{3}\pi$, $\dfrac{8}{3}\pi$, $\dfrac{\pi}{6}$, $\dfrac{\pi}{3}$, $\dfrac{7}{6}\pi$, $\dfrac{4}{3}\pi$)

2 $x=\dfrac{\pi}{9}$ 또는 $x=\dfrac{5}{9}\pi$ 또는 $x=\dfrac{7}{9}\pi$ 또는 $x=\dfrac{11}{9}\pi$ 또는

   $x=\dfrac{13}{9}\pi$ 또는 $x=\dfrac{17}{9}\pi$

3 $x=2\pi$

4 $x=0$ 또는 $x=\dfrac{3}{4}\pi$ 또는 $x=\pi$ 또는 $x=\dfrac{7}{4}\pi$

5 $x=\dfrac{\pi}{8}$ 또는 $x=\dfrac{5}{8}\pi$

6 (✏ 1, 1, 1, 2, 3, 2, 3, 2, 1, $\dfrac{1}{2}$, $\dfrac{1}{2}$, $\dfrac{1}{2}$, $\dfrac{\pi}{3}$)

7 $x=0$

8 $x=0$ 또는 $x=\dfrac{\pi}{4}$ 또는 $x=\dfrac{7}{4}\pi$

9 $x=\dfrac{\pi}{4}$ 또는 $x=\dfrac{\pi}{3}$

10 $x=\dfrac{\pi}{6}$ 또는 $x=\dfrac{5}{6}\pi$ 또는 $x=\dfrac{3}{2}\pi$

11 $x=\dfrac{\pi}{2}$ 또는 $x=\dfrac{3}{2}\pi$ 12 ②

13 (✏ 교점, π, 2 / -2, -1, 1, 2 / 3, 3)

14 5   15 6   16 7

17 (✏ 교점, 2, 4, 3, -5, -5, 3 / 3, -5)

18 $-2 \le k \le 2$ 19 ③

2 $2\cos 3x - 1 = 0$에서 $\cos 3x = \dfrac{1}{2}$

$3x=t$로 치환하면 $\cos t = \dfrac{1}{2}$

이때 $0 \le x < 2\pi$이므로 $0 \le t < 6\pi$ ····· ㉠

㉠의 범위에서 $y=\cos t$의 그래프와 직선 $y=\dfrac{1}{2}$을 그리면 다음 그림과 같다.

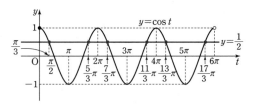

두 그래프의 교점의 t좌표는

$\dfrac{\pi}{3}$, $\dfrac{5}{3}\pi$, $\dfrac{7}{3}\pi$, $\dfrac{11}{3}\pi$, $\dfrac{13}{3}\pi$, $\dfrac{17}{3}\pi$

따라서 $3x=\dfrac{\pi}{3}$ 또는 $3x=\dfrac{5}{3}\pi$ 또는 $3x=\dfrac{7}{3}\pi$ 또는 $3x=\dfrac{11}{3}\pi$

또는 $3x=\dfrac{13}{3}\pi$ 또는 $3x=\dfrac{17}{3}\pi$이므로 방정식의 해는

$x=\dfrac{\pi}{9}$ 또는 $x=\dfrac{5}{9}\pi$ 또는 $x=\dfrac{7}{9}\pi$ 또는 $x=\dfrac{11}{9}\pi$ 또는 $x=\dfrac{13}{9}\pi$

또는 $x=\dfrac{17}{9}\pi$

3 $\tan \dfrac{x}{3} + \sqrt{3} = 0$에서 $\tan \dfrac{x}{3} = -\sqrt{3}$

$\dfrac{x}{3}=t$로 치환하면 $\tan t = -\sqrt{3}$

이때 $0 < x < 3\pi$이므로 $0 < t < \pi$ ····· ㉠

㉠의 범위에서 $y=\tan t$의 그래프와 직선 $y=-\sqrt{3}$을 그리면 다음 그림과 같다.

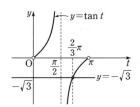

두 그래프의 교점의 t좌표는 $\dfrac{2}{3}\pi$

따라서 $\dfrac{x}{3} = \dfrac{2}{3}\pi$이므로 방정식의 해는

$x=2\pi$

4 $\sin\left(2x - \dfrac{\pi}{4}\right)$에서 $2x - \dfrac{\pi}{4} = t$로 치환하면

$\sin t = -\dfrac{\sqrt{2}}{2}$

이때 $0 \le x < 2\pi$이므로

$-\dfrac{\pi}{4} \le t < \dfrac{15}{4}\pi$ ····· ㉠

㉠의 범위에서 $y=\sin t$의 그래프와 직선 $y=-\dfrac{\sqrt{2}}{2}$를 그리면 다음 그림과 같다.

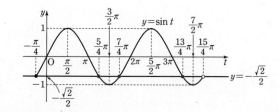

두 그래프의 교점의 t좌표는

$-\dfrac{\pi}{4},\ \dfrac{5}{4}\pi,\ \dfrac{7}{4}\pi,\ \dfrac{13}{4}\pi$

따라서 $2x-\dfrac{\pi}{4}=-\dfrac{\pi}{4}$ 또는 $2x-\dfrac{\pi}{4}=\dfrac{5}{4}\pi$ 또는

$2x-\dfrac{\pi}{4}=\dfrac{7}{4}\pi$ 또는 $2x-\dfrac{\pi}{4}=\dfrac{13}{4}\pi$이므로 방정식의 해는

$x=0$ 또는 $x=\dfrac{3}{4}\pi$ 또는 $x=\pi$ 또는 $x=\dfrac{7}{4}\pi$

5 $\tan\left(\dfrac{\pi}{2}-2x\right)=1$에서 $\dfrac{\pi}{2}-2x=t$로 치환하면

$\tan t=1$

이때 $0\leq x<\pi$이므로

$-\dfrac{3}{2}\pi<t\leq\dfrac{\pi}{2}$ ······ ㉠

㉠의 범위에서 $y=\tan t$의 그래프와 직선 $y=1$을 그리면 다음 그림과 같다.

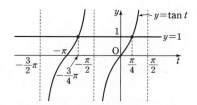

두 그래프의 교점의 t좌표는 $-\dfrac{3}{4}\pi,\ \dfrac{\pi}{4}$

따라서 $\dfrac{\pi}{2}-2x=-\dfrac{3}{4}\pi$ 또는 $\dfrac{\pi}{2}-2x=\dfrac{\pi}{4}$이므로 방정식의 해는

$x=\dfrac{5}{8}\pi$ 또는 $x=\dfrac{\pi}{8}$

7 $2\sin^2 x+\sin x=0$에서

$\sin x=t$로 치환하면 $2t^2+t=0,\ t(2t+1)=0$

따라서 $t=-\dfrac{1}{2}$ 또는 $t=0$

(i) $t=-\dfrac{1}{2}$일 때

$\sin x=-\dfrac{1}{2}$이므로 $0\leq x<\pi$에서 x의 값은 없다.

(ii) $t=0$일 때

$\sin x=0$이므로 $0\leq x<\pi$에서 $x=0$

(i), (ii)에서 방정식의 해는

$x=0$

8 $2\cos^2 x-(2+\sqrt{2})\cos x+\sqrt{2}=0$에서

$\cos x=t$로 치환하면 $2t^2-(2+\sqrt{2})t+\sqrt{2}=0$

$(t-1)(2t-\sqrt{2})=0$

따라서 $t=1$ 또는 $t=\dfrac{\sqrt{2}}{2}$

(i) $t=1$일 때

$\cos x=1$이므로 $0\leq x<2\pi$에서 $x=0$

(ii) $t=\dfrac{\sqrt{2}}{2}$일 때

$\cos x=\dfrac{\sqrt{2}}{2}$이므로 $0\leq x<2\pi$에서

$x=\dfrac{\pi}{4}$ 또는 $x=\dfrac{7}{4}\pi$

(i), (ii)에서 방정식의 해는

$x=0$ 또는 $x=\dfrac{\pi}{4}$ 또는 $x=\dfrac{7}{4}\pi$

9 $\tan^2 x-(\sqrt{3}+1)\tan x+\sqrt{3}=0$에서

$\tan x=t$로 치환하면 $t^2-(\sqrt{3}+1)t+\sqrt{3}=0$

$(t-1)(t-\sqrt{3})=0$

따라서 $t=1$ 또는 $t=\sqrt{3}$

(i) $t=1$일 때

$\tan x=1$이므로 $0\leq x<\dfrac{\pi}{2}$에서 $x=\dfrac{\pi}{4}$

(ii) $t=\sqrt{3}$일 때

$\tan x=\sqrt{3}$이므로 $0\leq x<\dfrac{\pi}{2}$에서 $x=\dfrac{\pi}{3}$

(i), (ii)에서 방정식의 해는

$x=\dfrac{\pi}{4}$ 또는 $x=\dfrac{\pi}{3}$

10 $\sin^2 x+\cos^2 x=1$이므로 $\cos^2 x=1-\sin^2 x$

$2\cos^2 x-\sin x-1=0$에서

$2(1-\sin^2 x)-\sin x-1=0,\ 2\sin^2 x+\sin x-1=0$

$\sin x=t$로 치환하면 $2t^2+t-1=0$

$(t+1)(2t-1)=0$

따라서 $t=-1$ 또는 $t=\dfrac{1}{2}$

(i) $t=-1$일 때

$\sin x=-1$이므로 $0\leq x<2\pi$에서 $x=\dfrac{3}{2}\pi$

(ii) $t=\dfrac{1}{2}$일 때

$\sin x=\dfrac{1}{2}$이므로 $0\leq x<2\pi$에서

$x=\dfrac{\pi}{6}$ 또는 $x=\dfrac{5}{6}\pi$

(i), (ii)에서 방정식의 해는

$x=\dfrac{\pi}{6}$ 또는 $x=\dfrac{5}{6}\pi$ 또는 $x=\dfrac{3}{2}\pi$

11 $\sin^2 x+\cos^2 x=1$이므로 $\sin^2 x=1-\cos^2 x$

$2\sin^2 x-3\cos x-2=0$에서

$2(1-\cos^2 x)-3\cos x-2=0,\ 2\cos^2 x+3\cos x=0$

$\cos x=t$로 치환하면 $2t^2+3t=0$

$t(2t+3)=0$

따라서 $t=0$ 또는 $t=-\dfrac{3}{2}$

그런데 $-1\leq t\leq 1$이므로 $t=0$

따라서 $\cos x=0$이므로 $0\leq x<2\pi$에서 방정식의 해는

$x=\dfrac{\pi}{2}$ 또는 $x=\dfrac{3}{2}\pi$

12 $\sin^2 x + \cos^2 x = 1$이므로 $\cos^2 x = 1 - \sin^2 x$

$\cos^2 x - 2\sin x + 2 = 0$에서

$(1 - \sin^2 x) - 2\sin x + 2 = 0$, $\sin^2 x + 2\sin x - 3 = 0$

$\sin x = t$로 치환하면 $t^2 + 2t - 3 = 0$

$(t+3)(t-1) = 0$

따라서 $t = -3$ 또는 $t = 1$

이때 $-1 \le t \le 1$이므로 $t = 1$

즉 $\sin x = 1$이므로 $-2\pi < x < 2\pi$에서 방정식의 해는

$x = -\dfrac{3}{2}\pi$ 또는 $x = \dfrac{\pi}{2}$

따라서 모든 실근의 합은

$-\dfrac{3}{2}\pi + \dfrac{\pi}{2} = -\pi$

14 $\cos\dfrac{\pi}{2}x = -\dfrac{1}{5}x$의 실근의 개수는 $y = \cos\dfrac{\pi}{2}x$의 그래프와 직선

$y = -\dfrac{1}{5}x$의 교점의 개수와 같다.

이때 $y = \cos\dfrac{\pi}{2}x$의 주기는 $\dfrac{2\pi}{\left|\dfrac{\pi}{2}\right|} = 4$이므로 $y = \cos\dfrac{\pi}{2}x$의 그

래프와 직선 $y = -\dfrac{1}{5}x$를 그리면 다음 그림과 같다.

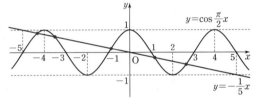

따라서 두 그래프의 교점의 개수는 5이므로 방정식

$\cos\dfrac{\pi}{2}x = -\dfrac{1}{5}x$의 실근의 개수는 5이다.

15 $\sin 3\pi x = |x|$의 실근의 개수는 $y = \sin 3\pi x$의 그래프와

$y = |x|$의 그래프의 교점의 개수와 같다.

이때 $y = \sin 3\pi x$의 주기는 $\dfrac{2\pi}{|3\pi|} = \dfrac{2}{3}$이므로

$y = \sin 3\pi x$의 그래프와 $y = |x|$의 그래프를 그리면 다음 그림

과 같다.

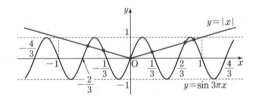

따라서 두 그래프의 교점의 개수는 6이므로 방정식

$\sin 3\pi x = |x|$의 실근의 개수는 6이다.

16 $3\cos\pi x = x$에서 $\cos\pi x = \dfrac{1}{3}x$의 실근의 개수는 $y = \cos\pi x$의

그래프와 직선 $y = \dfrac{1}{3}x$의 교점의 개수와 같다.

이때 $y = \cos\pi x$의 주기는 $\dfrac{2\pi}{|\pi|} = 2$이므로

$y = \cos\pi x$의 그래프와 직선 $y = \dfrac{1}{3}x$를 그리면 다음 그림과 같다.

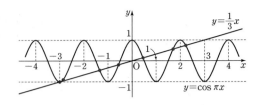

따라서 두 그래프의 교점의 개수는 7이므로 방정식

$3\cos\pi x = x$의 실근의 개수는 7이다.

18 $\sin^2 x + \cos^2 x = 1$에서 $\sin^2 x = 1 - \cos^2 x$

$\sin^2 x - 2\cos x - k = 0$에서

$(1 - \cos^2 x) - 2\cos x - k = 0$

$-\cos^2 x - 2\cos x + 1 = k$

$-\cos^2 x - 2\cos x + 1 = k$가 실근을 가지려면

$y = -\cos^2 x - 2\cos x + 1$의 그래프와 직선 $y = k$가 교점을 가

져야 한다.

$\cos x = t$로 치환하면

$y = -t^2 - 2t + 1 = -(t+1)^2 + 2$

이때 $-1 \le t \le 1$이므로

오른쪽 그림에서

$t = -1$일 때 최댓값은 2,

$t = 1$일 때 최솟값은 -2이다.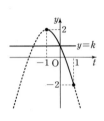

따라서 주어진 방정식이 실근을 가지기 위

한 실수 k의 값의 범위는 $-2 \le k \le 2$

19 $\cos\left(\dfrac{\pi}{2} + x\right) = -\sin x$이므로

$\sin^2 x + \cos\left(\dfrac{\pi}{2} + x\right) - k = 0$에서

$\sin^2 x - \sin x - k = 0$, $\sin^2 x - \sin x = k$

$\sin^2 x - \sin x = k$가 실근을 가지려면 $y = \sin^2 x - \sin x$의 그래

프와 직선 $y = k$가 교점을 가져야 한다.

$\sin x = t$로 치환하면

$y = t^2 - t = \left(t - \dfrac{1}{2}\right)^2 - \dfrac{1}{4}$

이때 $-1 \le t \le 1$이므로

오른쪽 그림에서

$t = -1$일 때 최댓값은 2,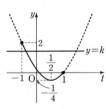

$t = \dfrac{1}{2}$일 때 최솟값은 $-\dfrac{1}{4}$이다.

따라서 주어진 방정식이 실근을 가지기

위한 실수 k의 값의 범위는 $-\dfrac{1}{4} \le k \le 2$이므로

$M = 2$, $m = -\dfrac{1}{4}$

즉 $Mm = -\dfrac{1}{2}$

14

삼각함수를 포함한 부등식

원리확인

❶ $\dfrac{3}{4}\pi$, $\dfrac{5}{4}\pi$, 아래, $\dfrac{3}{4}\pi$, $\dfrac{5}{4}\pi$ / $\dfrac{3}{4}\pi$, $\dfrac{5}{4}\pi$

❷ $-\dfrac{\pi}{4}$, $\dfrac{\pi}{4}$, $-\dfrac{\pi}{4}$, $\dfrac{\pi}{4}$ / $-\dfrac{\pi}{4}$, $\dfrac{\pi}{4}$

1 $\left(\ \dfrac{\pi}{6}, \dfrac{5}{6}\pi, \ \text{위}, \ \dfrac{\pi}{6}, \dfrac{5}{6}\pi \ / \ \dfrac{\pi}{6}, \dfrac{5}{6}\pi \right)$

2 $\dfrac{2}{3}\pi \leq x \leq \dfrac{4}{3}\pi$ 3 $-\dfrac{\pi}{6} \leq x \leq \dfrac{\pi}{6}$

4 $\left(\ \dfrac{7}{4}\pi, \dfrac{\pi}{4}, \dfrac{3}{4}\pi, \ \text{아래}, \ -\dfrac{\pi}{4}, \dfrac{\pi}{4}, \dfrac{3}{4}\pi, \dfrac{7}{4}\pi \ / \ -\dfrac{\pi}{4}, \dfrac{\pi}{4}, \right.$

     $\left. \dfrac{3}{4}\pi, \dfrac{7}{4}\pi \ / \ -\dfrac{\pi}{4}, \dfrac{\pi}{4}, \dfrac{3}{4}\pi, \dfrac{7}{4}\pi, 0, \dfrac{\pi}{2}, \pi, 2\pi \right)$

5 $0 \leq x < \dfrac{2}{3}\pi$ 또는 $\pi < x < 2\pi$

6 $-\dfrac{\pi}{3} < x < \dfrac{\pi}{3}$

7 $\left(\ 1, 1, 1, 2, 2, 2, 2, >, >, \dfrac{\pi}{6}, \dfrac{5}{6}\pi, >, \ \text{위}, \ \dfrac{\pi}{6}, \dfrac{5}{6}\pi \ / \right.$

     $\left. \dfrac{\pi}{6}, \dfrac{5}{6}\pi \right)$

8 $0 \leq x \leq \dfrac{\pi}{3}$ 또는 $x = \pi$ 또는 $\dfrac{5}{3}\pi \leq x < 2\pi$

9 $x = 0$ 또는 $\dfrac{\pi}{2} \leq x \leq \dfrac{3}{2}\pi$ 10 $x = 0$ 또는 $\dfrac{\pi}{3} \leq x \leq \dfrac{5}{3}\pi$

11 $\dfrac{7}{6}\pi < x < \dfrac{11}{6}\pi$ 12 ③

13 $\left(\ -\sqrt{2}, 2, 2, 2, \dfrac{1}{2}, \dfrac{\pi}{6}, \dfrac{5}{6}\pi \ / \ \dfrac{\pi}{6}, \dfrac{5}{6}\pi \right)$

14 $\dfrac{\pi}{3} \leq \theta \leq \dfrac{5}{3}\pi$

15 $\left(\ 2, 4, 4, 1, 1, 0, \dfrac{\pi}{2}, \dfrac{3}{2}\pi, 2\pi \ / \ \dfrac{\pi}{2}, \dfrac{3}{2}\pi \right)$

16 $\theta = 0$ 또는 $\pi \leq \theta \leq 2\pi$ 17 ①

---

2 $0 \leq x < 2\pi$에서 방정식 $2\cos x + 1 = 0$, 즉 $\cos x = -\dfrac{1}{2}$의 해는

$x = \dfrac{2}{3}\pi$ 또는 $x = \dfrac{4}{3}\pi$

따라서 부등식 $2\cos x + 1 \leq 0$, 즉 $\cos x \leq -\dfrac{1}{2}$의 해는 다음 그림에서 $y = \cos x$의 그래프가 직선 $y = -\dfrac{1}{2}$보다 아래쪽(경계점 포함)에 있는 부분의 x의 값의 범위이므로

$\dfrac{2}{3}\pi \leq x \leq \dfrac{4}{3}\pi$

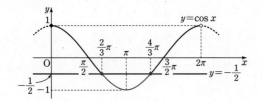

---

3 $-\sqrt{3} \leq 3\tan x \leq \sqrt{3}$에서 $-\dfrac{\sqrt{3}}{3} \leq \tan x \leq \dfrac{\sqrt{3}}{3}$

$-\dfrac{\pi}{2} < x < \dfrac{\pi}{2}$에서

방정식 $\tan x = -\dfrac{\sqrt{3}}{3}$의 해는 $x = -\dfrac{\pi}{6}$

방정식 $\tan x = \dfrac{\sqrt{3}}{3}$의 해는 $x = \dfrac{\pi}{6}$

따라서 부등식 $-\dfrac{\sqrt{3}}{3} \leq \tan x \leq \dfrac{\sqrt{3}}{3}$의 해는 다음 그림에서 $y = \tan x$의 그래프가 두 직선 $y = -\dfrac{\sqrt{3}}{3}$, $y = \dfrac{\sqrt{3}}{3}$ 사이(경계점 포함)에 있는 부분의 x의 값의 범위이므로

$-\dfrac{\pi}{6} \leq x \leq \dfrac{\pi}{6}$

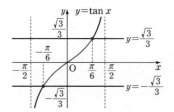

5 $\cos\left(x + \dfrac{\pi}{6}\right) > -\dfrac{\sqrt{3}}{2}$에서 $x + \dfrac{\pi}{6} = t$로 치환하면

$\cos t > -\dfrac{\sqrt{3}}{2}$

이때 $0 \leq x < 2\pi$에서 $\dfrac{\pi}{6} \leq t < \dfrac{13}{6}\pi$ …… ㉠

한편 ㉠의 범위에서 방정식 $\cos t = -\dfrac{\sqrt{3}}{2}$의 해는

$t = \dfrac{5}{6}\pi$ 또는 $t = \dfrac{7}{6}\pi$

따라서 부등식 $\cos t > -\dfrac{\sqrt{3}}{2}$의 해는 다음 그림에서 $y = \cos t$의 그래프가 직선 $y = -\dfrac{\sqrt{3}}{2}$보다 위쪽(경계점 제외)에 있는 부분의 t의 값의 범위이므로

$\dfrac{\pi}{6} \leq t < \dfrac{5}{6}\pi$ 또는 $\dfrac{7}{6}\pi < t < \dfrac{13}{6}\pi$

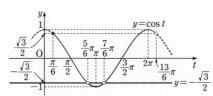

즉 $\dfrac{\pi}{6} \leq x + \dfrac{\pi}{6} < \dfrac{5}{6}\pi$ 또는 $\dfrac{7}{6}\pi < x + \dfrac{\pi}{6} < \dfrac{13}{6}\pi$에서 구하는 부등식의 해는

$0 \leq x < \dfrac{2}{3}\pi$ 또는 $\pi < x < 2\pi$

6 $|\tan(x - \pi)| < \sqrt{3}$에서 $-\sqrt{3} < \tan(x - \pi) < \sqrt{3}$

$x - \pi = t$로 치환하면 $-\sqrt{3} < \tan t < \sqrt{3}$

이때 $-\dfrac{\pi}{2} < x < \dfrac{\pi}{2}$에서 $-\dfrac{3}{2}\pi < t < -\dfrac{\pi}{2}$ …… ㉠

한편 ㉠의 범위에서

방정식 $\tan t = -\sqrt{3}$의 해는 $t = -\dfrac{4}{3}\pi$

방정식 $\tan t=\sqrt{3}$의 해는 $t=-\dfrac{2}{3}\pi$

따라서 부등식 $-\sqrt{3}<\tan t<\sqrt{3}$의 해는 다음 그림에서 $y=\tan t$의 그래프가 두 직선 $y=-\sqrt{3}$, $y=\sqrt{3}$ 사이(경계점 제외)에 있는 부분의 t의 값의 범위이므로

$-\dfrac{4}{3}\pi<t<-\dfrac{2}{3}\pi$

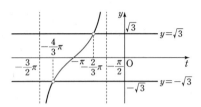

즉 $-\dfrac{4}{3}\pi<x-\pi<-\dfrac{2}{3}\pi$에서 구하는 부등식의 해는

$-\dfrac{\pi}{3}<x<\dfrac{\pi}{3}$

[다른 풀이]

$\tan(x-\pi)=\tan x$이므로

$|\tan(x-\pi)|=|\tan x|<\sqrt{3}$에서

$-\sqrt{3}<\tan x<\sqrt{3}$이므로

$-\dfrac{\pi}{3}<x<\dfrac{\pi}{3}$

8 $2\cos^2 x+\cos x-1\geq0$에서

$(2\cos x-1)(\cos x+1)\geq0$

즉 $\cos x\leq-1$ 또는 $\cos x\geq\dfrac{1}{2}$

$0\leq x\leq2\pi$에서 방정식 $\cos x=-1$의 해는 $x=\pi$

방정식 $\cos x=\dfrac{1}{2}$의 해는 $x=\dfrac{\pi}{3}$ 또는 $x=\dfrac{5}{3}\pi$

또 부등식 $\cos x\geq\dfrac{1}{2}$의 해는 다음 그림에서 $y=\cos x$의 그래프가 직선 $y=\dfrac{1}{2}$보다 위쪽(경계점 포함)에 있는 부분의 x의 값의 범위이므로 주어진 부등식의 해는

$0\leq x\leq\dfrac{\pi}{3}$ 또는 $x=\pi$ 또는 $\dfrac{5}{3}\pi\leq x<2\pi$

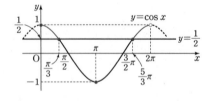

9 $\sin^2 x+\cos^2 x=1$이므로 $\sin^2 x=1-\cos^2 x$

$\sin^2 x+\cos x-1\leq0$에서

$(1-\cos^2 x)+\cos x-1\leq0$

$\cos^2 x-\cos x\geq0$, $\cos x(\cos x-1)\geq0$

즉 $\cos x\leq0$ 또는 $\cos x\geq1$

한편 $0\leq x<2\pi$에서

방정식 $\cos x=0$의 해는 $x=\dfrac{\pi}{2}$ 또는 $x=\dfrac{3}{2}\pi$

방정식 $\cos x=1$의 해는 $x=0$

또 부등식 $\cos x\leq0$의 해는 다음 그림에서 $y=\cos x$의 그래프가 직선 $y=0$보다 아래쪽(경계점 포함)에 있는 부분의 x의 값

의 범위이므로 주어진 부등식의 해는

$x=0$ 또는 $\dfrac{\pi}{2}\leq x\leq\dfrac{3}{2}\pi$

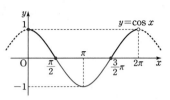

10 $\sin\left(x-\dfrac{\pi}{2}\right)=-\sin\left(\dfrac{\pi}{2}-x\right)=-\cos x$이고

$\sin^2 x+\cos^2 x=1$에서 $\sin^2 x=1-\cos^2 x$이므로

$2\sin^2 x-3\sin\left(x-\dfrac{\pi}{2}\right)-3\leq0$에서

$2(1-\cos^2 x)+3\cos x-3\leq0$

$2\cos^2 x-3\cos x+1\geq0$

$(\cos x-1)(2\cos x-1)\geq0$

즉 $2\cos x-1\leq0$ 또는 $\cos x\geq1$이므로

$\cos x\leq\dfrac{1}{2}$ 또는 $\cos x\geq1$

한편 $0\leq x<2\pi$에서

방정식 $\cos x=\dfrac{1}{2}$의 해는 $x=\dfrac{\pi}{3}$ 또는 $x=\dfrac{5}{3}\pi$

방정식 $\cos x=1$의 해는 $x=0$

또 부등식 $\cos x\leq\dfrac{1}{2}$의 해는 다음 그림에서 $y=\cos x$의 그래프가 직선 $y=\dfrac{1}{2}$보다 아래쪽(경계점 포함)에 있는 부분의 x의 값의 범위이므로 주어진 부등식의 해는

$x=0$ 또는 $\dfrac{\pi}{3}\leq x\leq\dfrac{5}{3}\pi$

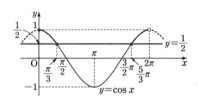

11 $\cos\left(x+\dfrac{\pi}{2}\right)=-\sin x$이므로

$2\cos^2\left(x+\dfrac{\pi}{2}\right)-7\sin x-4>0$에서

$2(-\sin x)^2-7\sin x-4>0$

$2\sin^2 x-7\sin x-4>0$

$(\sin x-4)(2\sin x+1)>0$

이때 $\sin x-4<0$이므로

$2\sin x+1<0$, 즉 $\sin x<-\dfrac{1}{2}$

한편 $0\leq x<2\pi$에서 방정식 $\sin x=-\dfrac{1}{2}$의 해는

$x=\dfrac{7}{6}\pi$ 또는 $x=\dfrac{11}{6}\pi$

따라서 주어진 부등식의 해는 다음 그림에서 $y=\sin x$의 그래프가 직선 $y=-\dfrac{1}{2}$보다 아래쪽(경계점 제외)에 있는 부분의 x의 값의 범위이므로

$\dfrac{7}{6}\pi < x < \dfrac{11}{6}\pi$

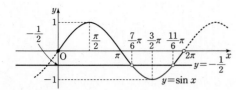

12 $\cos\left(\dfrac{\pi}{2}+x\right)=-\sin x$이므로

$2\sin^2 x+5\cos\left(\dfrac{\pi}{2}+x\right)<3$에서

$2\sin^2 x-5\sin x-3<0$

$(\sin x-3)(2\sin x+1)<0$

이때 $\sin x-3<0$이므로

$2\sin x+1>0$, 즉 $\sin x>-\dfrac{1}{2}$

한편 $0\le x<2\pi$에서 방정식 $\sin x=-\dfrac{1}{2}$의 해는

$x=\dfrac{7}{6}\pi$ 또는 $x=\dfrac{11}{6}\pi$

따라서 부등식 $\sin x>-\dfrac{1}{2}$의 해는 다음 그림에서 $y=\sin x$의

그래프가 직선 $y=-\dfrac{1}{2}$보다 위쪽(경계점 제외)에 있는 부분의

x의 값의 범위이므로

$0\le x<\dfrac{7}{6}\pi$ 또는 $\dfrac{11}{6}\pi<x<2\pi$

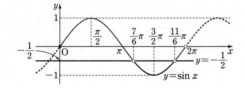

즉 $a=\dfrac{7}{6}\pi$, $b=\dfrac{11}{6}\pi$이므로 $b-a=\dfrac{2}{3}\pi$

14 이차방정식 $x^2+2\sqrt{2}x\sin\theta+3\cos\theta=0$의 판별식을 D라 하면

$\dfrac{D}{4}=(\sqrt{2}\sin\theta)^2-3\cos\theta\ge0$

$2\sin^2\theta-3\cos\theta\ge0$, $2(1-\cos^2\theta)-3\cos\theta\ge0$

$2\cos^2\theta+3\cos\theta-2\le0$

$(2\cos\theta-1)(\cos\theta+2)\le0$

이때 $0<\theta<2\pi$에서 $\cos\theta+2>0$이므로

$2\cos\theta-1\le0$, 즉 $\cos\theta\le\dfrac{1}{2}$

따라서 다음 그림에서 구하는 θ의 값의 범위는

$\dfrac{\pi}{3}\le\theta\le\dfrac{5}{3}\pi$

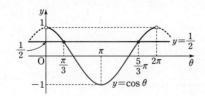

16 이차방정식 $x^2-2(2\sin\theta+1)x+1=0$의 판별식을 D라 하면

$\dfrac{D}{4}=(-2\sin\theta-1)^2-1\le0$

$4\sin^2\theta+4\sin\theta\le0$, $4\sin\theta(\sin\theta+1)\le0$

즉 $-1\le\sin\theta\le0$

따라서 다음 그림에서 구하는 θ의 값의 범위는

$\theta=0$ 또는 $\pi\le\theta\le2\pi$

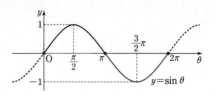

17 이차방정식 $x^2+2\sqrt{2}x\sin\theta+\cos\theta+1=0$의 판별식을 D라 하면

$\dfrac{D}{4}=(\sqrt{2}\sin\theta)^2-(\cos\theta+1)<0$

$2\sin^2\theta-\cos\theta-1<0$

$2(1-\cos^2\theta)-\cos\theta-1<0$

$2\cos^2\theta+\cos\theta-1>0$

$(\cos\theta+1)(2\cos\theta-1)>0$

이때 $0\le\theta<\pi$에서 $\cos\theta+1>0$이므로

$2\cos\theta-1>0$, 즉 $\cos\theta>\dfrac{1}{2}$

따라서 다음 그림에서 구하는 θ의 값의 범위는

$0\le\theta<\dfrac{\pi}{3}$

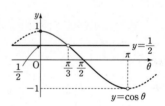

TEST **개념 확인** 본문 216쪽

1 ⑤	2 ②	3 ④	4 ④
5 ②	6 ⑤	7 ③	8 ②
9 ④	10 ④	11 ②	12 ⑤

1 $\sin\dfrac{13}{6}\pi=\sin\left(2\pi+\dfrac{\pi}{6}\right)=\sin\dfrac{\pi}{6}=\dfrac{1}{2}$

$\cos\dfrac{5}{6}\pi=\cos\left(\pi-\dfrac{\pi}{6}\right)=-\cos\dfrac{\pi}{6}=-\dfrac{\sqrt{3}}{2}$

$\tan\dfrac{9}{4}\pi=\tan\left(2\pi+\dfrac{\pi}{4}\right)=\tan\dfrac{\pi}{4}=1$

따라서

$\sin\dfrac{13}{6}\pi\cos\dfrac{\pi}{3}-\cos\dfrac{5}{6}\pi\tan\dfrac{9}{4}\pi$

$=\dfrac{1}{2}\times\dfrac{1}{2}-\left(-\dfrac{\sqrt{3}}{2}\right)\times1=\dfrac{1}{4}+\dfrac{\sqrt{3}}{2}$

2
$\sin 370° = \sin(360° + 10°) = \sin 10°$
$\cos 170° = \cos(180° - 10°) = -\cos 10°$
따라서
$\sin 370° + \cos 170° = \sin 10° - \cos 10°$
$= 0.1736 - 0.9848$
$= -0.8112$

3
$\cos(90° - \theta) = \sin \theta$이므로
$\cos^2 \theta + \cos^2(90° - \theta) = \cos^2 \theta + \sin^2 \theta = 1$
따라서
$\cos^2 5° + \cos^2 10° + \cdots + \cos^2 80° + \cos^2 85°$
$= (\cos^2 5° + \cos^2 85°) + (\cos^2 10° + \cos^2 80°)$
$\qquad\qquad + \cdots + (\cos^2 40° + \cos^2 50°) + \cos^2 45°$
$= (\cos^2 5° + \sin^2 5°) + (\cos^2 10° + \sin^2 10°)$
$\qquad\qquad + \cdots + (\cos^2 40° + \sin^2 40°) + \cos^2 45°$
$= \underbrace{1 + 1 + \cdots + 1}_{8개} + \dfrac{1}{2} = \dfrac{17}{2}$

4
$\sin\left(x + \dfrac{\pi}{2}\right) = \cos x$이므로
$y = \sin\left(x + \dfrac{\pi}{2}\right) - 2\cos x - 3$
$= \cos x - 2\cos x - 3$
$= -\cos x - 3$
이때 $-1 \le \cos x \le 1$이므로
$-4 \le -\cos x - 3 \le -2$
따라서 주어진 함수의 최댓값은 -2, 최솟값은 -4이므로
$M = -2,\ m = -4$
즉 $M - m = 2$

5
$-1 \le \cos 2x \le 1$에서 $-2 \le \cos 2x - 1 \le 0$이므로
$0 \le |\cos 2x - 1| \le 2$
이때 $a > 0$이므로 $b \le a|\cos 2x - 1| + b \le 2a + b$
한편 주어진 함수의 최댓값은 2, 최솟값은 -1이므로
$2a + b = 2,\ b = -1$
따라서 $a = \dfrac{3}{2},\ b = -1$이므로 $ab = -\dfrac{3}{2}$

6
$\sin^2 x + \cos^2 x = 1$에서 $\sin^2 x = 1 - \cos^2 x$이므로
$y = \sin^2 x + 4\cos x + 1$
$= (1 - \cos^2 x) + 4\cos x + 1$
$= -\cos^2 x + 4\cos x + 2$
이때 $\cos x = t$로 치환하면
$y = -t^2 + 4t + 2 = -(t - 2)^2 + 6$
$-1 \le t \le 1$이므로 오른쪽 그림에서
$t = 1$일 때, 최댓값 5를 갖는다.
즉 $\cos x = 1$이므로 $0 < x \le 2\pi$에서
$x = 2\pi$
따라서 $a = 2\pi,\ b = 5$이므로
$ab = 10\pi$

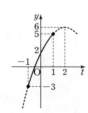

7
$\sin 3x = \dfrac{\sqrt{3}}{2}$에서 $3x = t$로 치환하면
$\sin t = \dfrac{\sqrt{3}}{2}$
이때 $0 \le x \le 2\pi$이므로 $0 \le t \le 6\pi$ ······ ㉠
㉠의 범위에서 $y = \sin t$의 그래프와 직선 $y = \dfrac{\sqrt{3}}{2}$을 그리면 다음 그림과 같다.

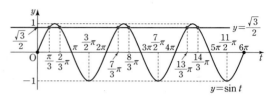

두 그래프의 교점의 t좌표는
$\dfrac{\pi}{3},\ \dfrac{2}{3}\pi,\ \dfrac{7}{3}\pi,\ \dfrac{8}{3}\pi,\ \dfrac{13}{3}\pi,\ \dfrac{14}{3}\pi$
따라서 $3x = \dfrac{\pi}{3}$ 또는 $3x = \dfrac{2}{3}\pi$ 또는 $3x = \dfrac{7}{3}\pi$ 또는
$3x = \dfrac{8}{3}\pi$ 또는 $3x = \dfrac{13}{3}\pi$ 또는 $3x = \dfrac{14}{3}\pi$이므로
주어진 방정식의 해는
$x = \dfrac{\pi}{9}$ 또는 $x = \dfrac{2}{9}\pi$ 또는 $x = \dfrac{7}{9}\pi$ 또는 $x = \dfrac{8}{9}\pi$ 또는
$x = \dfrac{13}{9}\pi$ 또는 $x = \dfrac{14}{9}\pi$

8
$\cos x = 0$일 때 $\sin x \ne 0$이므로 $\sin x = \dfrac{\sqrt{3}}{3}\cos x$에서
$\sin x \ne \dfrac{\sqrt{3}}{3}\cos x$
따라서 $\cos x \ne 0$이므로 $\sin x = \dfrac{\sqrt{3}}{3}\cos x$의 양변을 $\cos x$로 나누면
$\dfrac{\sin x}{\cos x} = \dfrac{\sqrt{3}}{3}$에서 $\tan x = \dfrac{\sqrt{3}}{3}$
오른쪽 그림과 같이 $0 \le x \le \pi$에서 함수 $y = \tan x$의 그래프와 직선 $y = \dfrac{\sqrt{3}}{3}$의 교점의 x좌표는 $\dfrac{\pi}{6}$이므로
$x = \dfrac{\pi}{6}$

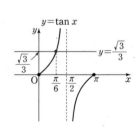

9
$\sin^2 x + \cos^2 x = 1$에서 $\sin^2 x = 1 - \cos^2 x$이고
$\cos(\pi - x) = -\cos x$이므로
$\sin^2 x + 2\cos(\pi - x) + 2 = 0$에서
$(1 - \cos^2 x) - 2\cos x + 2 = 0$
$\cos^2 x + 2\cos x - 3 = 0$
$\cos x = t$로 치환하면
$t^2 + 2t - 3 = 0,\ (t + 3)(t - 1) = 0$
이때 $0 \le x \le 2\pi$에서 $-1 \le t \le 1$이므로
$t = 1$
즉 $\cos x = 1$이므로 $0 \le x \le 2\pi$에서
$x = 0$ 또는 $x = 2\pi$
따라서 모든 실근의 합은 2π이다.

10 $\cos\left(x-\dfrac{\pi}{3}\right)\leq\dfrac{1}{2}$에서 $x-\dfrac{\pi}{3}=t$로 치환하면

$\cos t\leq\dfrac{1}{2}$

이때 $0<x\leq 2\pi$에서 $-\dfrac{\pi}{3}<t\leq\dfrac{5}{3}\pi$ ...... ㉠

한편 ㉠의 범위에서 방정식 $\cos t=\dfrac{1}{2}$의 해는

$t=\dfrac{\pi}{3}$ 또는 $t=\dfrac{5}{3}\pi$

부등식 $\cos t\leq\dfrac{1}{2}$의 해는 다음 그림에서 $y=\cos t$의 그래프가

직선 $y=\dfrac{1}{2}$보다 아래쪽(경계점 포함)에 있는 부분의 t의 값의

범위이므로

$\dfrac{\pi}{3}\leq t\leq\dfrac{5}{3}\pi$

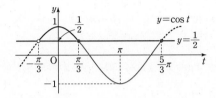

즉 $\dfrac{\pi}{3}\leq x-\dfrac{\pi}{3}\leq\dfrac{5}{3}\pi$에서 주어진 부등식의 해는

$\dfrac{2}{3}\pi\leq x\leq 2\pi$

따라서 $a=\dfrac{2}{3}\pi$, $b=2\pi$이므로

$a+b=\dfrac{2}{3}\pi+2\pi=\dfrac{8}{3}\pi$

11 $\sin\left(\dfrac{\pi}{2}+x\right)=\cos x$이고

$\sin^2 x+\cos^2 x=1$에서 $\sin^2 x=1-\cos^2 x$이므로

$2\sin^2 x+3\sin\left(\dfrac{\pi}{2}+x\right)-3>0$에서

$2(1-\cos^2 x)+3\cos x-3>0$

$2\cos^2 x-3\cos x+1<0$

$(2\cos x-1)(\cos x-1)<0$

이때 $0<x<2\pi$에서 $\cos x-1<0$이므로

$2\cos x-1>0$, 즉 $\cos x>\dfrac{1}{2}$

따라서 구하는 부등식의 해는 다음 그림에서 $y=\cos x$의 그래

프가 직선 $y=\dfrac{1}{2}$보다 위쪽(경계점 제외)에 있는 부분의 x의 값

의 범위이므로

$0<x<\dfrac{\pi}{3}$ 또는 $\dfrac{5}{3}\pi<x<2\pi$

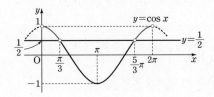

12 이차방정식 $x^2+2x\sin\theta-2\sin\theta=0$의 판별식을 D라 하면

$\dfrac{D}{4}=\sin^2\theta+2\sin\theta=0$

$\sin\theta(\sin\theta+2)=0$

이때 $0\leq\theta\leq 2\pi$에서 $\sin\theta+2>0$이므로

$\sin\theta=0$

따라서 $0\leq\theta\leq 2\pi$에서 $\theta=0$ 또는 $\theta=\pi$ 또는 $\theta=2\pi$이므로

구하는 합은

$0+\pi+2\pi=3\pi$

본문 218쪽

TEST 개념 발전   6. 삼각함수의 그래프

1 ④	2 ⑤	3 ④	4 ③
5 ②	6 ②	7 ②	8 ⑤
9 ③	10 ①	11 ⑤	12 ②
13 ①	14 ③	15 ④, ⑤	16 ②
17 ④	18 ③	19 ③	20 ①
21 ④	22 ③	23 ②	

24 $\theta=\dfrac{5}{4}\pi$ 또는 $\theta=\dfrac{7}{4}\pi$

1 ㄷ. $g(x-\pi)=\cos(x-\pi)=\cos(\pi-x)=-\cos x$
$\qquad\qquad\qquad =-g(x)$

　즉 $f(x)\neq g(x-\pi)$

따라서 옳은 것은 ㄱ, ㄴ이다.

2 $y=2\sin 2x$의 주기는 $\dfrac{2\pi}{|2|}=\pi$이므로 $a=\pi$

$y=\dfrac{1}{2}\cos 3x$의 주기는 $\dfrac{2\pi}{|3|}=\dfrac{2}{3}\pi$이므로 $b=\dfrac{2}{3}\pi$

$y=\tan\dfrac{1}{2}x$의 주기는 $\dfrac{\pi}{\left|\dfrac{1}{2}\right|}=2\pi$이므로 $c=2\pi$

따라서 가장 큰 수는 c, 가장 작은 수는 b이다.

3 주어진 그래프에서 주기는 1이고, $b>0$이므로

$\dfrac{2\pi}{b}=1$, $b=2\pi$

또 최댓값이 3, 최솟값이 -3이고 $a>0$이므로 $a=3$

따라서 $ab=6\pi$

4 $f(x)=2\cos\left(3x-\dfrac{\pi}{2}\right)-1=2\cos 3\left(x-\dfrac{\pi}{6}\right)-1$

ㄱ. 함수 $f(x)$의 주기는 $\dfrac{2\pi}{|3|}=\dfrac{2}{3}\pi$이므로 모든 실수 x에 대하여

$\qquad f\left(x+\dfrac{2}{3}\pi\right)=f(x)$

ㄴ. 최댓값은 $|2|-1=1$, 최솟값은 $-|2|-1=-3$

ㄷ. 함수 $f(x)$의 그래프는 $y=2\cos 3x$의 그래프를 x축의 방향으로 $\dfrac{\pi}{6}$만큼, y축의 방향으로 -1만큼 평행이동한 것이다.

따라서 옳은 것은 ㄱ, ㄴ이다.

5 $y=-\tan\dfrac{\pi}{2}x+1$의 점근선의 방정식은 $\dfrac{\pi}{2}x=n\pi+\dfrac{\pi}{2}$에서

$x=\dfrac{2}{\pi}\left(n\pi+\dfrac{\pi}{2}\right)$, 즉 $x=2n+1$ (단, n은 정수)

이때 $0\le b\le a$이므로 $a=2$, $b=1$이고 $a+b=3$

6 ② $y=\sin|x|$의 그래프는 오른쪽 그림과 같으므로 주기함수가 아니다.

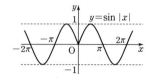

7 $f(x)=a\tan bx+3$의 주기가 $\dfrac{\pi}{2}$이고 $b>0$이므로

$\dfrac{\pi}{b}=\dfrac{\pi}{2}$, $b=2$

$f(x)=a\tan 2x+3$에서 $f\left(\dfrac{\pi}{8}\right)=5$이므로

$f\left(\dfrac{\pi}{8}\right)=a\tan\dfrac{\pi}{4}+3=a+3=5$

즉 $a=2$

따라서 $a+b=4$

8 주어진 함수의 그래프에서 최댓값이 2, 최솟값이 -2이고 $a>0$이므로

$a=2$

주기가 $\dfrac{5}{4}\pi-\dfrac{\pi}{4}=\pi$이고 $b>0$이므로 $\dfrac{2\pi}{b}=\pi$, $b=2$

한편 주어진 그래프는 $y=2\sin 2x$의 그래프를 x축의 방향으로 $\dfrac{\pi}{4}$만큼 평행이동한 것이므로

$y=2\sin 2\left(x-\dfrac{\pi}{4}\right)=2\sin\left(2x-\dfrac{\pi}{2}\right)$

이때 $0<c<\pi$에서 $c=\dfrac{\pi}{2}$이므로

$abc=2\pi$

9 $\sin\dfrac{7}{3}\pi=\sin\left(2\pi+\dfrac{\pi}{3}\right)=\sin\dfrac{\pi}{3}=\dfrac{\sqrt{3}}{2}$

$\cos\dfrac{7}{6}\pi=\cos\left(\pi+\dfrac{\pi}{6}\right)=-\cos\dfrac{\pi}{6}=-\dfrac{\sqrt{3}}{2}$

$\cos\left(-\dfrac{13}{3}\pi\right)=\cos\dfrac{13}{3}\pi=\cos\left(4\pi+\dfrac{\pi}{3}\right)=\cos\dfrac{\pi}{3}=\dfrac{1}{2}$

$\tan\dfrac{3}{4}\pi=\tan\left(\pi-\dfrac{\pi}{4}\right)=-\tan\dfrac{\pi}{4}=-1$

따라서

$\sin\dfrac{7}{3}\pi\cos\dfrac{7}{6}\pi-\cos\left(-\dfrac{13}{3}\pi\right)\tan\dfrac{3}{4}\pi$

$=\dfrac{\sqrt{3}}{2}\times\left(-\dfrac{\sqrt{3}}{2}\right)-\dfrac{1}{2}\times(-1)$

$=-\dfrac{3}{4}+\dfrac{1}{2}=-\dfrac{1}{4}$

10 $\sin\left(\dfrac{\pi}{2}-\theta\right)=\cos\theta$, $\cos(3\pi+\theta)=-\cos\theta$,

$\cos\left(\dfrac{\pi}{2}-\theta\right)=\sin\theta$, $\sin(-\theta)=-\sin\theta$

따라서

$\sin\left(\dfrac{\pi}{2}-\theta\right)\cos(3\pi+\theta)+\cos\left(\dfrac{\pi}{2}-\theta\right)\sin(-\theta)$

$=\cos\theta(-\cos\theta)+\sin\theta(-\sin\theta)$

$=-\cos^2\theta-\sin^2\theta$

$=-(\sin^2\theta+\cos^2\theta)=-1$

11 $-1\le\cos x\le 1$이므로 $-1\le 1-2\cos x\le 3$

$0\le|1-2\cos x|\le 3$

따라서 $3\le|1-2\cos x|+3\le 6$이므로 주어진 함수의 최댓값은 6, 최솟값은 3이다.

즉 $M=6$, $m=3$이므로 $M+m=9$

12 $y=a-4\cos x-4\cos^2 x$에서 $\cos x=t$로 치환하면

$y=-4t^2-4t+a$

$=-4(t^2+t)+a$

$=-4\left(t+\dfrac{1}{2}\right)^2+1+a$

이때 $-1\le t\le 1$이므로 $t=-\dfrac{1}{2}$일 때 최댓값 3을 갖는다.

따라서 $1+a=3$이므로 $a=2$

13 $\sin\left(\dfrac{\pi}{2}+x\right)=\cos x$, $\sin(\pi-x)=\sin x$이므로

$y=\sin^2\left(\dfrac{\pi}{2}+x\right)+2\sin(\pi-x)+1$

$=\cos^2 x+2\sin x+1$

$=(1-\sin^2 x)+2\sin x+1$

$=-\sin^2 x+2\sin x+2$

이때 $\sin x=t$로 치환하면

$y=-t^2+2t+2=-(t-1)^2+3$

$-1\le t\le 1$이므로 오른쪽 그림에서 $t=1$일 때 최댓값은 3이다.

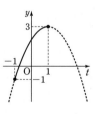

따라서 $\sin x=1$이므로

$0\le x<2\pi$에서 $x=\dfrac{\pi}{2}$

즉 $a=\dfrac{\pi}{2}$, $b=3$이므로 $ab=\dfrac{3}{2}\pi$

14 $\cos\left(x-\dfrac{\pi}{2}\right)=\cos\left(\dfrac{\pi}{2}-x\right)=\sin x$이므로

$\sin x-3\cos\left(x-\dfrac{\pi}{2}\right)=\sqrt{2}$에서

$\sin x-3\sin x=\sqrt{2}$, $-2\sin x=\sqrt{2}$

$\sin x=-\dfrac{\sqrt{2}}{2}$

$0\le x<2\pi$에서 $x=\dfrac{5}{4}\pi$ 또는 $x=\dfrac{7}{4}\pi$

따라서 $\tan\left(\dfrac{5}{4}\pi+\dfrac{7}{4}\pi\right)=\tan 3\pi=0$

15 $\sin(x-\pi)=-\sin(\pi-x)=-\sin x$이므로

$\sin(x-\pi)=\dfrac{\sqrt{3}}{2}$에서 $-\sin x=\dfrac{\sqrt{3}}{2}$

$\sin x=-\dfrac{\sqrt{3}}{2}$

따라서 $0\le x<2\pi$에서 $x=\dfrac{4}{3}\pi$ 또는 $x=\dfrac{5}{3}\pi$

16 $0<x<\dfrac{\pi}{2}$에서 $\tan x\ne 0$이므로

$\tan x-\dfrac{\sqrt{3}}{\tan x}=1-\sqrt{3}$의 양변에 $\tan x$를 곱하면

$\tan^2 x-\sqrt{3}=(1-\sqrt{3})\tan x$

$\tan^2 x-(1-\sqrt{3})\tan x-\sqrt{3}=0$

$\tan x=t$로 치환하면

$t^2-(1-\sqrt{3})t-\sqrt{3}=0$

$(t-1)(t+\sqrt{3})=0$

이때 $0<x<\dfrac{\pi}{2}$에서 $t+\sqrt{3}>0$이므로

$t-1=0,\ t=1$

즉 $\tan x=1$이므로 $x=\dfrac{\pi}{4}$

따라서 실근의 개수는 1이다.

17 $0<x<\pi$에서

방정식 $\cos x=\dfrac{1}{2}$의 해는 $x=\dfrac{\pi}{3}$

방정식 $\cos x=-\dfrac{\sqrt{2}}{2}$의 해는 $x=\dfrac{3}{4}\pi$

따라서 부등식 $-\dfrac{\sqrt{2}}{2}\le\cos x\le\dfrac{1}{2}$의 해는 다음 그림에서

$y=\cos x$의 그래프가 두 직선 $y=-\dfrac{\sqrt{2}}{2}$, $y=\dfrac{1}{2}$ 사이(경계점 포함)에 있는 부분의 x의 값의 범위이므로

$\dfrac{\pi}{3}\le x\le\dfrac{3}{4}\pi$

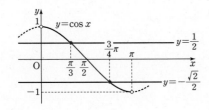

18 $2\sin^2 x-1\le\sin x$에서 $2\sin^2 x-\sin x-1\le 0$

$\sin x=t$로 치환하면

$2t^2-t-1\le 0,\ (t-1)(2t+1)\le 0$

$-\dfrac{1}{2}\le t\le 1$

즉 $0\le x\le 2\pi$에서 부등식 $-\dfrac{1}{2}\le\sin x\le 1$을 만족시키는 x의 값의 범위는

$0\le x\le\dfrac{7}{6}\pi$ 또는 $\dfrac{11}{6}\pi\le x\le 2\pi$

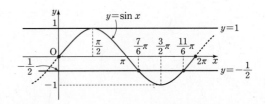

따라서 부등식 $2\sin^2 x-1\le\sin x$의 해가 될 수 없는 것은 ③이다.

19 다음 그림에서 빗금 친 두 부분의 넓이가 서로 같으므로 구하는 도형의 넓이는

$1\times\left(\dfrac{3}{2}\pi-\dfrac{\pi}{2}\right)=\pi$

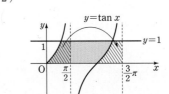

20 $\sin x\ge\dfrac{\sqrt{3}}{2}$이므로 $\dfrac{3}{4}\le\sin^2 x\le 1$

이때 $\sin^2 x=1-\cos^2 x$이므로

$\dfrac{3}{4}\le 1-\cos^2 x\le 1$에서

$0\le\cos^2 x\le\dfrac{1}{4}$

따라서 $\cos^2 x$의 최댓값은 $\dfrac{1}{4}$이다.

21 $y=\dfrac{2\tan x+3}{\tan x+2}$에서 $\tan x=t$로 치환하면

$y=\dfrac{2t+3}{t+2}=\dfrac{2(t+2)-1}{t+2}=-\dfrac{1}{t+2}+2$

이때 $0\le x\le\dfrac{\pi}{4}$에서 $0\le t\le 1$이므로

오른쪽 그림에서

$t=1$일 때 최댓값은 $\dfrac{5}{3}$이고

$t=0$일 때 최솟값은 $\dfrac{3}{2}$이다.

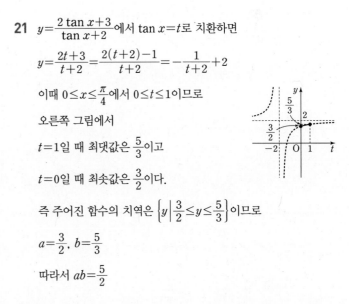

즉 주어진 함수의 치역은 $\left\{y\,\middle|\,\dfrac{3}{2}\le y\le\dfrac{5}{3}\right\}$이므로

$a=\dfrac{3}{2},\ b=\dfrac{5}{3}$

따라서 $ab=\dfrac{5}{2}$

22 방정식 $\sin|x|=\left|\dfrac{1}{4}x\right|$의 실근의 개수는 함수 $y=\sin|x|$의 그래프와 $y=\left|\dfrac{1}{4}x\right|$의 그래프의 교점의 개수와 같다.

이때 $y=\sin|x|$의 그래프와 $y=\left|\dfrac{1}{4}x\right|$의 그래프를 그리면 다음과 같다.

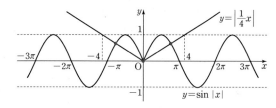

따라서 두 그래프의 교점의 개수는 3이므로 방정식 $\sin|x|=\left|\dfrac{1}{4}x\right|$의 실근의 개수는 3이다.

23 이차방정식 $x^2+2x\cos\theta-2\cos\theta=0$의 판별식을 D라 하면

$$\dfrac{D}{4}=\cos^2\theta+2\cos\theta<0$$

$$\cos\theta(\cos\theta+2)<0$$

이때 $0\le\theta<2\pi$에서 $\cos\theta+2>0$이므로

$$\cos\theta<0$$

따라서 오른쪽 그림에서
부등식 $\cos\theta<0$의 해는

$$\dfrac{\pi}{2}<\theta<\dfrac{3}{2}\pi$$

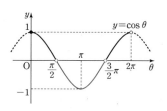

즉 $\alpha=\dfrac{\pi}{2}$, $\beta=\dfrac{3}{2}\pi$이므로

$$\beta-\alpha=\pi$$

24 $y=x^2-2x\sin\theta-\cos^2\theta$

$\qquad=(x^2-2x\sin\theta+\sin^2\theta)-\sin^2\theta-\cos^2\theta$

$\qquad=(x-\sin\theta)^2-(\sin^2\theta+\cos^2\theta)$

$\qquad=(x-\sin\theta)^2-1$

이므로 이차함수의 그래프의 꼭짓점의 좌표는

$(\sin\theta,\ -1)$

이때 꼭짓점이 직선 $y=\sqrt{2}x$ 위에 있으므로

$$-1=\sqrt{2}\sin\theta,\ \sin\theta=-\dfrac{\sqrt{2}}{2}$$

따라서 $0\le\theta<2\pi$에서 $\theta=\dfrac{5}{4}\pi$ 또는 $\theta=\dfrac{7}{4}\pi$

7 삼각함수의 활용

01

본문 224쪽

사인법칙

원리확인

❶ $\dfrac{\pi}{3}$, $\dfrac{\sqrt{3}}{2}$, 2 ❷ $\dfrac{\pi}{2}$, 2 ❸ $\dfrac{\pi}{6}$, $\dfrac{1}{2}$, 2 ❹ 2

1 ($\mathscr{l}\ \sin 45°$, $\sin 45°$, $\dfrac{\sqrt{2}}{2}$, $4\sqrt{2}$)

2 $2\sqrt{3}$　　**3** $3\sqrt{6}$　　**4** 3　　**5** $4\sqrt{2}$

6 ($\mathscr{l}\ \sqrt{3}$, $\sqrt{3}$, $\sqrt{3}$, $\dfrac{\sqrt{3}}{2}$, $\dfrac{\sqrt{2}}{2}$, $45°$, $45°$)

7 $60°$ 또는 $120°$　　　　**8** $45°$ 또는 $135°$

9 $30°$　　　**10** $15°$　　　☺ $\sin B$, c, $2R$

11 ($\mathscr{l}\ 3$, 3, 3, 2, 3)　　**12** $3\sqrt{2}$　　**13** $4\sqrt{3}$

14 ($\mathscr{l}\ 45°$, $45°$, $45°$, $\dfrac{2}{\sqrt{2}}$, 2)　　**15** 8

16 ($\mathscr{l}\ 45°$, $\sqrt{2}$, $45°$, $\dfrac{\sqrt{2}}{2}$, 2)　　**17** $4\sqrt{3}$

18 7　　**19** ($\mathscr{l}\ 2\sqrt{2}$, $2\sqrt{2}$, $2\sqrt{2}$, $4\sqrt{2}$, $\dfrac{1}{2}$, $30°$, $150°$)

20 $60°$ 또는 $120°$　　　　**21** $90°$

22 ($\mathscr{l}\ b$, c, b, c, 2, 3, 4)　　**23** $4:3:6$　　**24** $6:5:7$

25 ($\mathscr{l}\ \sin A$, $\sin B$, $\sin A$, $\sin B$, 4, 5)

26 $7:4:5$　　　　　**27** $5:8:4$

28 ($\mathscr{l}\ \dfrac{1}{4}$, $45°$, 2, $90°$, $45°$, $90°$, $\dfrac{\sqrt{2}}{2}$, 1, 1, $\sqrt{2}$)

29 $1:\sqrt{3}:1$　**30** $2:\sqrt{3}:1$　☺ $\sin B$, a　**31** ①

2 사인법칙에 의하여 $\dfrac{2\sqrt{2}}{\sin 45°}=\dfrac{c}{\sin 60°}$이므로

　　$2\sqrt{2}\sin 60°=c\sin 45°$, $2\sqrt{2}\times\dfrac{\sqrt{3}}{2}=c\times\dfrac{\sqrt{2}}{2}$

　　따라서 $c=2\sqrt{3}$

3 삼각형 ABC에서

　　$A=180°-(45°+75°)=60°$

　　사인법칙에 의하여 $\dfrac{a}{\sin 60°}=\dfrac{6}{\sin 45°}$이므로

　　$a\sin 45°=6\sin 60°$, $a\times\dfrac{\sqrt{2}}{2}=6\times\dfrac{\sqrt{3}}{2}$

　　따라서 $a=3\sqrt{6}$

4 삼각형 ABC에서

　　$C=180°-(30°+105°)=45°$

사인법칙에 의하여 $\dfrac{a}{\sin 30°}=\dfrac{3\sqrt{2}}{\sin 45°}$이므로

$a\sin 45°=3\sqrt{2}\sin 30°$, $a\times\dfrac{\sqrt{2}}{2}=3\sqrt{2}\times\dfrac{1}{2}$

따라서 $a=3$

5 삼각형 ABC에서

$B=180°-(105°+45°)=30°$

사인법칙에 의하여 $\dfrac{b}{\sin 30°}=\dfrac{8}{\sin 45°}$이므로

$b\sin 45°=8\sin 30°$, $b\times\dfrac{\sqrt{2}}{2}=8\times\dfrac{1}{2}$

따라서 $b=4\sqrt{2}$

7 사인법칙에 의하여 $\dfrac{2}{\sin 45°}=\dfrac{\sqrt{6}}{\sin C}$이므로

$2\sin C=\sqrt{6}\sin 45°$, $2\sin C=\sqrt{6}\times\dfrac{\sqrt{2}}{2}$

즉 $\sin C=\dfrac{\sqrt{3}}{2}$

이때 $0°<C<180°$이므로

$C=60°$ 또는 $C=120°$

8 사인법칙에 의하여 $\dfrac{3\sqrt{2}}{\sin A}=\dfrac{3}{\sin 30°}$이므로

$3\sqrt{2}\sin 30°=3\sin A$, $3\sqrt{2}\times\dfrac{1}{2}=3\sin A$

즉 $\sin A=\dfrac{\sqrt{2}}{2}$

이때 $0°<A<180°$이므로

$A=45°$ 또는 $A=135°$

9 사인법칙에 의하여 $\dfrac{2\sqrt{3}}{\sin 120°}=\dfrac{2}{\sin C}$이므로

$2\sqrt{3}\sin C=2\sin 120°$, $2\sqrt{3}\sin C=2\times\dfrac{\sqrt{3}}{2}$

즉 $\sin C=\dfrac{1}{2}$

이때 $0°<C<180°$이므로

$C=30°$ 또는 $C=150°$

$C=150°$이면 $A+C>180°$이므로 $150°$는 C의 크기가 될 수 없다.

따라서 $C=30°$이므로 삼각형 ABC에서

$B=180°-(120°+30°)=30°$

10 사인법칙에 의하여 $\dfrac{5}{\sin B}=\dfrac{5\sqrt{2}}{\sin 135°}$이므로

$5\sin 135°=5\sqrt{2}\sin B$, $5\times\dfrac{\sqrt{2}}{2}=5\sqrt{2}\sin B$

즉 $\sin B=\dfrac{1}{2}$

이때 $0°<B<180°$이므로

$B=30°$ 또는 $B=150°$

$B=150°$이면 $B+C>180°$이므로 $150°$는 B의 크기가 될 수 없다.

따라서 $B=30°$이므로 삼각형 ABC에서

$A=180°-(30°+135°)=15°$

12 사인법칙에 의하여 $\dfrac{6}{\sin 45°}=2R$이므로

$R=\dfrac{6}{2\sin 45°}=\dfrac{6}{2}\times\dfrac{2}{\sqrt{2}}=3\sqrt{2}$

13 사인법칙에 의하여 $\dfrac{12}{\sin 120°}=2R$이므로

$R=\dfrac{12}{2\sin 120°}=\dfrac{12}{2}\times\dfrac{2}{\sqrt{3}}=4\sqrt{3}$

15 삼각형 ABC에서

$C=180°-(45°+105°)=30°$

사인법칙에 의하여 $\dfrac{8}{\sin 30°}=2R$이므로

$R=\dfrac{8}{2\sin 30°}=\dfrac{8}{2}\times 2=8$

17 사인법칙에 의하여 $\dfrac{a}{\sin 60°}=2\times 4$이므로

$a=2\times 4\times\sin 60°=2\times 4\times\dfrac{\sqrt{3}}{2}=4\sqrt{3}$

18 삼각형 ABC에서

$B=180°-(30°+120°)=30°$

사인법칙에 의하여 $\dfrac{b}{\sin 30°}=2\times 7$이므로

$b=2\times 7\times\sin 30°=2\times 7\times\dfrac{1}{2}=7$

20 사인법칙에 의하여 $\dfrac{\sqrt{6}}{\sin B}=2\times\sqrt{2}$이므로

$\sin B=\dfrac{\sqrt{6}}{2\sqrt{2}}=\dfrac{\sqrt{3}}{2}$

이때 $0°<B<180°$이므로

$B=60°$ 또는 $B=120°$

21 사인법칙에 의하여 $\dfrac{3\sqrt{2}}{\sin A}=2\times 3$이므로

$\sin A=\dfrac{3\sqrt{2}}{6}=\dfrac{\sqrt{2}}{2}$

이때 $0°<A<180°$이므로

$A=45°$ 또는 $A=135°$

$A=135°$이면 $A+B>180°$이므로 A의 크기가 될 수 없다.

따라서 $A=45°$이므로 삼각형 ABC에서

$C=180°-(45°+45°)=90°$

23 삼각형 ABC의 외접원의 반지름의 길이를 R라 하면
사인법칙에 의하여
$$\sin A : \sin B : \sin C = \frac{a}{2R} : \frac{b}{2R} : \frac{c}{2R}$$
$$= a : b : c = 4 : 3 : 6$$

24 삼각형 ABC에서 $A+B+C=\pi$이므로
$$\sin (B+C) : \sin (A+C) : \sin (A+B)$$
$$= \sin (\pi-A) : \sin (\pi-B) : \sin (\pi-C)$$
$$= \sin A : \sin B : \sin C$$
삼각형 ABC의 외접원의 반지름의 길이를 R라 하면
사인법칙에 의하여
$$\sin A : \sin B : \sin C = \frac{a}{2R} : \frac{b}{2R} : \frac{c}{2R}$$
$$= a : b : c = 6 : 5 : 7$$

26 삼각형 ABC의 외접원의 반지름의 길이를 R라 하면
사인법칙에 의하여
$$a : b : c = 2R \sin A : 2R \sin B : 2R \sin C$$
$$= \sin A : \sin B : \sin C = 7 : 4 : 5$$

27 삼각형 ABC에서 $A+B+C=\pi$이므로
$$\sin (A+B) : \sin (B+C) : \sin (C+A)$$
$$= \sin (\pi-C) : \sin (\pi-A) : \sin (\pi-B)$$
$$= \sin C : \sin A : \sin B = 4 : 5 : 8$$
삼각형 ABC의 외접원의 반지름의 길이를 R라 하면
사인법칙에 의하여
$$a : b : c = 2R \sin A : 2R \sin B : 2R \sin C$$
$$= \sin A : \sin B : \sin C = 5 : 8 : 4$$

29 $A : B : C = 1 : 4 : 1$이므로
$$A = 180° \times \frac{1}{6} = 30°$$
$$B = 180° \times \frac{4}{6} = 120°$$
$$C = 180° \times \frac{1}{6} = 30°$$
사인법칙에 의하여
$$a : b : c = \sin A : \sin B : \sin C$$
$$= \sin 30° : \sin 120° : \sin 30°$$
$$= \frac{1}{2} : \frac{\sqrt{3}}{2} : \frac{1}{2} = 1 : \sqrt{3} : 1$$

30 $A : B : C = 3 : 2 : 1$이므로
$$A = 180° \times \frac{3}{6} = 90°$$
$$B = 180° \times \frac{2}{6} = 60°$$
$$C = 180° \times \frac{1}{6} = 30°$$
사인법칙에 의하여

$$a : b : c = \sin A : \sin B : \sin C$$
$$= \sin 90° : \sin 60° : \sin 30°$$
$$= 1 : \frac{\sqrt{3}}{2} : \frac{1}{2} = 2 : \sqrt{3} : 1$$

31 삼각형 ABC에서
$$A = 180° - (75° + 45°) = 60°$$
삼각형 ABC의 외접원의 반지름의 길이를 R라 하면
사인법칙에 의하여 $\dfrac{\sqrt{6}}{\sin 60°} = 2R$이므로
$$R = \frac{\sqrt{6}}{2 \sin 60°} = \frac{\sqrt{6}}{2} \times \frac{2}{\sqrt{3}} = \sqrt{2}$$
따라서 삼각형 ABC의 외접원의 넓이는
$$\pi \times (\sqrt{2})^2 = 2\pi$$

02

본문 228쪽

코사인법칙

원리확인

❶ $3, 2, \dfrac{\pi}{3}, \dfrac{1}{2}, 3$ ❷ $4, \sqrt{3}, \dfrac{\pi}{2}, 0, 4$ ❸ $1, 2, \dfrac{\pi}{6}, \dfrac{\sqrt{3}}{2}, 1$

1 $\left(✎\cos 60°, \dfrac{1}{2}, 13, \sqrt{13}\right)$

2 $\sqrt{5}$ 3 $\sqrt{21}$ 4 $\sqrt{6}$

5 $\left(✎\cos 30°, \dfrac{\sqrt{3}}{2}, 1, 1\right)$ 6 $2\sqrt{2}$ 7 1

8 $3+\sqrt{3}$ ☺ $c, 2, 2ca\cos B, a^2, \cos C$

9 $(✎\sqrt{2}, \sqrt{2}, \sqrt{3}, 30°)$ 10 $60°$ 11 $45°$

12 $120°$ 13 $(✎2, 2\sqrt{3}, \sqrt{3}, 30°)$ 14 $60°$

15 $135°$ 16 $60°$ ☺ $2bc, a, b, C$

17 $\left(✎3, 7, 3, -\dfrac{1}{2}, 120°\right)$ 18 $135°$

19 $135°$ 20 $90°$ 21 $30°$ 22 $45°$

23 $30°$ 24 ②

2 코사인법칙에 의하여
$$x^2 = (\sqrt{2})^2 + 3^2 - 2 \times \sqrt{2} \times 3 \times \cos 45°$$
$$= 2 + 9 - 2 \times \sqrt{2} \times 3 \times \frac{\sqrt{2}}{2} = 5$$
이때 $x > 0$이므로 $x = \sqrt{5}$

3 코사인법칙에 의하여
$$x^2 = (2\sqrt{3})^2 + (\sqrt{3})^2 - 2 \times 2\sqrt{3} \times \sqrt{3} \times \cos 120°$$
$$= 12 + 3 - 2 \times 2\sqrt{3} \times \sqrt{3} \times \left(-\frac{1}{2}\right) = 21$$
이때 $x > 0$이므로 $x = \sqrt{21}$

4 코사인법칙에 의하여
$$x^2=(1+\sqrt{3})^2+2^2-2\times(1+\sqrt{3})\times2\times\cos60°$$
$$=4+2\sqrt{3}+4-2\times(1+\sqrt{3})\times2\times\frac{1}{2}=6$$
이때 $x>0$이므로 $x=\sqrt{6}$

6 코사인법칙에 의하여
$$b^2=4^2+(2\sqrt{2})^2-2\times4\times2\sqrt{2}\times\cos45°$$
$$=16+8-2\times4\times2\sqrt{2}\times\frac{\sqrt{2}}{2}=8$$
이때 $b>0$이므로 $b=2\sqrt{2}$

7 코사인법칙에 의하여
$$(\sqrt{5})^2=a^2+(\sqrt{2})^2-2\times a\times\sqrt{2}\times\cos135°$$
$$5=a^2+2-2\times a\times\sqrt{2}\times\left(-\frac{\sqrt{2}}{2}\right)$$
$$5=a^2+2+2a,\ a^2+2a-3=0$$
$$(a+3)(a-1)=0$$
이때 $a>0$이므로 $a=1$

8 코사인법칙에 의하여
$$(3\sqrt{2})^2=(2\sqrt{3})^2+c^2-2\times2\sqrt{3}\times c\times\cos60°$$
$$18=12+c^2-2\times2\sqrt{3}\times c\times\frac{1}{2}$$
$$18=12+c^2-2\sqrt{3}c,\ c^2-2\sqrt{3}c-6=0$$
$$c=\frac{-(-\sqrt{3})\pm\sqrt{(-\sqrt{3})^2-1\times(-6)}}{1}=\sqrt{3}\pm3$$
이때 $c>0$이므로 $c=3+\sqrt{3}$

10 코사인법칙에 의하여
$$\cos x=\frac{(2\sqrt{3})^2+(\sqrt{3})^2-3^2}{2\times2\sqrt{3}\times\sqrt{3}}=\frac{1}{2}$$
이때 $0°<x<180°$이므로 $x=60°$

11 코사인법칙에 의하여
$$\cos x=\frac{(\sqrt{2})^2+(1+\sqrt{3})^2-2^2}{2\times\sqrt{2}\times(1+\sqrt{3})}=\frac{\sqrt{2}}{2}$$
이때 $0°<x<180°$이므로 $x=45°$

12 코사인법칙에 의하여
$$\cos x=\frac{8^2+7^2-13^2}{2\times8\times7}=-\frac{1}{2}$$
이때 $0°<x<180°$이므로 $x=120°$

14 코사인법칙에 의하여
$$\cos B=\frac{8^2+3^2-7^2}{2\times8\times3}=\frac{1}{2}$$
이때 $0°<B<180°$이므로 $B=60°$

15 코사인법칙에 의하여
$$\cos A=\frac{(\sqrt{2})^2+(\sqrt{3}-1)^2-2^2}{2\times\sqrt{2}\times(\sqrt{3}-1)}=-\frac{\sqrt{2}}{2}$$
이때 $0°<A<180°$이므로 $A=135°$

16 코사인법칙에 의하여
$$\cos C=\frac{(2\sqrt{3})^2+(3+\sqrt{3})^2-(3\sqrt{2})^2}{2\times2\sqrt{3}\times(3+\sqrt{3})}=\frac{1}{2}$$
이때 $0°<C<180°$이므로 $C=60°$

18 가장 긴 변의 대각의 크기가 가장 크므로 구하는 각의 크기를 θ라 하면 코사인법칙에 의하여
$$\cos\theta=\frac{1^2+(2\sqrt{2})^2-(\sqrt{13})^2}{2\times1\times2\sqrt{2}}=-\frac{\sqrt{2}}{2}$$
이때 $0°<\theta<180°$이므로 $\theta=135°$

19 가장 긴 변의 대각의 크기가 가장 크므로 구하는 각의 크기를 θ라 하면 코사인법칙에 의하여
$$\cos\theta=\frac{2^2+(\sqrt{2})^2-(\sqrt{10})^2}{2\times2\times\sqrt{2}}=-\frac{\sqrt{2}}{2}$$
이때 $0°<\theta<180°$이므로 $\theta=135°$

20 가장 긴 변의 대각의 크기가 가장 크므로 구하는 각의 크기를 θ라 하면 코사인법칙에 의하여
$$\cos\theta=\frac{8^2+15^2-17^2}{2\times8\times15}=0$$
이때 $0°<\theta<180°$이므로 $\theta=90°$

21 가장 짧은 변의 대각의 크기가 가장 작으므로 구하는 각의 크기를 θ라 하면 코사인법칙에 의하여
$$\cos\theta=\frac{(2\sqrt{2})^2+(\sqrt{6})^2-(\sqrt{2})^2}{2\times2\sqrt{2}\times\sqrt{6}}=\frac{\sqrt{3}}{2}$$
이때 $0°<\theta<180°$이므로 $\theta=30°$

22 가장 짧은 변의 대각의 크기가 가장 작으므로 구하는 각의 크기를 θ라 하면 코사인법칙에 의하여
$$\cos\theta=\frac{3^2+(2\sqrt{2})^2-(\sqrt{5})^2}{2\times3\times2\sqrt{2}}=\frac{\sqrt{2}}{2}$$
이때 $0°<\theta<180°$이므로 $\theta=45°$

23 가장 짧은 변의 대각의 크기가 가장 작으므로 구하는 각의 크기를 θ라 하면 코사인법칙에 의하여
$$\cos\theta=\frac{6^2+(3\sqrt{3})^2-3^2}{2\times6\times3\sqrt{3}}=\frac{\sqrt{3}}{2}$$
이때 $0°<\theta<180°$이므로 $\theta=30°$

24 가장 긴 변의 대각의 크기가 가장 크고 가장 짧은 변의 대각의 크기가 가장 작으므로 코사인법칙에 의하여
$$\cos\alpha=\frac{2^2+(\sqrt{7})^2-3^2}{2\times2\times\sqrt{7}}=\frac{\sqrt{7}}{14}$$
$$\cos\beta=\frac{3^2+(\sqrt{7})^2-2^2}{2\times3\times\sqrt{7}}=\frac{2\sqrt{7}}{7}$$
따라서 $\cos\alpha\cos\beta=\frac{\sqrt{7}}{14}\times\frac{2\sqrt{7}}{7}=\frac{1}{7}$

사인법칙과 코사인법칙의 활용

1 $\left(\text{✎} 1, \sqrt{3}, k, \sqrt{3}k, k, \sqrt{3}k, \dfrac{\sqrt{3}}{2}, 30° \right)$

2 $120°$ 3 $60°$

4 $(\text{✎} 2R, 2R, 2R, 2R, b^2, b, b)$

5 $A=90°$인 직각삼각형

6 $a=c$인 이등변삼각형 또는 $B=90°$인 직각삼각형

7 $\left(\text{✎} 60°, 60°, 60°, \dfrac{2}{\sqrt{3}}, \sqrt{6}, \sqrt{6} \right)$

8 $10\sqrt{6}$ m   9 $400\sqrt{2}$ m

10 $\left(\text{✎} 20, 20, 60°, 400, 20, \dfrac{1}{2}, 700, 10\sqrt{7}, 10\sqrt{7} \right)$

11 $\sqrt{5}$ km   12 $\dfrac{\sqrt{7}}{2}$ m

2 사인법칙에 의하여

$a : b : c = \sin A : \sin B : \sin C = 5 : 7 : 3$이므로

$a=5k$, $b=7k$, $c=3k\,(k>0)$로 놓으면

코사인법칙에 의하여

$$\cos B = \frac{(5k)^2+(3k)^2-(7k)^2}{2\times 5k \times 3k} = -\frac{1}{2}$$

이때 $0°<B<180°$이므로 $B=120°$

3 $\dfrac{5}{\sin A} = \dfrac{8}{\sin B} = \dfrac{7}{\sin C}$에서

$\sin A : \sin B : \sin C = 5 : 8 : 7$이므로 사인법칙에 의하여

$a : b : c = 5 : 8 : 7$

즉 $a=5k$, $b=8k$, $c=7k\,(k>0)$로 놓으면

코사인법칙에 의하여

$$\cos C = \frac{(5k)^2+(8k)^2-(7k)^2}{2\times 5k \times 8k} = \frac{1}{2}$$

이때 $0°<C<180°$이므로 $C=60°$

5 삼각형 ABC의 외접원의 반지름의 길이를 R라 하면

사인법칙에 의하여

$$\sin A = \frac{a}{2R}, \ \sin B = \frac{b}{2R}, \ \sin C = \frac{c}{2R}$$

이것을 $\sin^2 A = \sin^2 B + \sin^2 C$에 대입하면

$$\frac{a^2}{4R^2} = \frac{b^2}{4R^2} + \frac{c^2}{4R^2}$$

따라서 $a^2 = b^2 + c^2$

즉 삼각형 ABC는 $A=90°$인 직각삼각형이다.

6 $\cos A : \cos C = c : a$에서

$a \cos A = c \cos C$ ······ ㉠

코사인법칙에 의하여

$$\cos A = \frac{b^2+c^2-a^2}{2bc}, \ \cos C = \frac{a^2+b^2-c^2}{2ab}$$

이것을 ㉠에 대입하면

$$a \times \frac{b^2+c^2-a^2}{2bc} = c \times \frac{a^2+b^2-c^2}{2ab}$$

양변에 $2abc$를 곱하면

$$a^2(b^2+c^2-a^2) = c^2(a^2+b^2-c^2)$$

$$a^4 - c^4 - a^2 b^2 + b^2 c^2 = 0$$

$$(a^2+c^2)(a^2-c^2) - b^2(a^2-c^2) = 0$$

$$(a^2-c^2)(a^2+c^2-b^2) = 0$$

$$(a+c)(a-c)(a^2+c^2-b^2) = 0$$

이때 $a>0$, $c>0$이므로 $a=c$ 또는 $b^2=a^2+c^2$

따라서 삼각형 ABC는 $a=c$인 이등변삼각형 또는 $B=90°$인 직각삼각형이다.

8 삼각형 ABC에서

$C = 180° - (60° + 75°) = 45°$

사인법칙에 의하여 $\dfrac{\overline{BC}}{\sin 60°} = \dfrac{20}{\sin 45°}$이므로

$$\overline{BC} = \frac{20}{\sin 45°} \times \sin 60°$$

$$= 20 \times \frac{2}{\sqrt{2}} \times \frac{\sqrt{3}}{2} = 10\sqrt{6}\,(m)$$

따라서 B지점에서 목표물 C까지의 거리는 $10\sqrt{6}$ m이다.

9 삼각형 ABC에서

$C = 180° - (105° + 45°) = 30°$

사인법칙에 의하여 $\dfrac{\overline{AC}}{\sin 45°} = \dfrac{400}{\sin 30°}$이므로

$$\overline{AC} = \frac{400}{\sin 30°} \times \sin 45°$$

$$= 400 \times 2 \times \frac{\sqrt{2}}{2} = 400\sqrt{2}\,(m)$$

따라서 두 지점 A, C 사이의 거리는 $400\sqrt{2}$ m이다.

11 삼각형 ACB에서 코사인법칙에 의하여

$$\overline{BC}^2 = (2\sqrt{2})^2 + 3^2 - 2 \times 2\sqrt{2} \times 3 \times \cos 45°$$

$$= 8 + 9 - 2 \times 2\sqrt{2} \times 3 \times \frac{\sqrt{2}}{2} = 5$$

이때 $\overline{BC} > 0$이므로 $\overline{BC} = \sqrt{5}$ km

따라서 두 마을 B, C 사이의 거리는 $\sqrt{5}$ km이다.

12 삼각형 ABC에서 코사인법칙에 의하여

$$\overline{BC}^2 = 2^2 + \left(\frac{5}{2}\right)^2 - 2 \times 2 \times \frac{5}{2} \times \cos 60°$$

$$= 4 + \frac{25}{4} - 2 \times 2 \times \frac{5}{2} \times \frac{1}{2} = \frac{21}{4}$$

이때 $\overline{BC} > 0$이므로 $\overline{BC} = \dfrac{\sqrt{21}}{2}$ m

삼각형 ABC의 외접원의 반지름의 길이를 R라 하면

사인법칙에 의하여 $\dfrac{\overline{BC}}{\sin 60°} = 2R$이므로

$$R = \frac{\overline{BC}}{2\sin 60°} = \frac{\sqrt{21}}{2} \times \frac{1}{2} \times \frac{2}{\sqrt{3}} = \frac{\sqrt{7}}{2}\,(m)$$

따라서 원탁의 반지름의 길이는 $\dfrac{\sqrt{7}}{2}$ m이다.

삼각형의 넓이

본문 234쪽

1 $\left(\mathscr{\ } 30°, \frac{1}{2}, 3 \right)$　　　　**2** 6

3 $\left(\mathscr{\ } 2\sqrt{3}, 4, 2, 2, 2, 2\sqrt{3} \right)$　　　**4** $3\sqrt{3}$

5 $\left(\mathscr{\ } 2\sqrt{5}, 4\sqrt{5}, \frac{\sqrt{2}}{2}, \frac{\sqrt{2}}{2}, 12 \right)$　　**6** $10\sqrt{3}$

7 $\left(\mathscr{\ } 2, 120°, \frac{\sqrt{3}}{2}, 2\sqrt{3}, 30°, 30°, \frac{1}{2}, \sqrt{3} \right)$

8 $18\sqrt{3}$　　　**9** $\left(\mathscr{\ } \frac{1}{5}, \frac{1}{5}, \frac{2\sqrt{6}}{5}, 6, \frac{2\sqrt{6}}{5}, 6\sqrt{6} \right)$

10 $15\sqrt{7}$　　　**11** 84

☺ $\sin A, \sin B, \sin C$

2 $S = \frac{1}{2} \times 4 \times 3\sqrt{2} \times \sin 45°$

$\quad = \frac{1}{2} \times 4 \times 3\sqrt{2} \times \frac{\sqrt{2}}{2} = 6$

4 $\overline{BC} = a$라 하면 코사인법칙에 의하여

$(2\sqrt{21})^2 = a^2 + 6^2 - 2 \times a \times 6 \times \cos 150°$

$84 = a^2 + 36 + 6\sqrt{3}a, \ a^2 + 6\sqrt{3}a - 48 = 0$

$a = \frac{-3\sqrt{3} \pm \sqrt{(3\sqrt{3})^2 - 1 \times (-48)}}{1} = -3\sqrt{3} \pm 5\sqrt{3}$

즉 $a = 2\sqrt{3}$ 또는 $a = -8\sqrt{3}$

이때 $a > 0$이므로 $a = 2\sqrt{3}$

따라서

$S = \frac{1}{2} \times 2\sqrt{3} \times 6 \times \sin 150°$

$\quad = \frac{1}{2} \times 2\sqrt{3} \times 6 \times \frac{1}{2} = 3\sqrt{3}$

6 사인법칙에 의하여 $\frac{8}{\sin C} = 2 \times \frac{7\sqrt{3}}{3}$이므로

$\sin C = 8 \times \frac{3}{14\sqrt{3}} = \frac{4\sqrt{3}}{7}$

따라서 $S = \frac{1}{2}ab \sin C = \frac{1}{2} \times 5 \times 7 \times \frac{4\sqrt{3}}{7} = 10\sqrt{3}$

8 사인법칙에 의하여 $\dfrac{a}{\sin \frac{\pi}{6}} = \dfrac{c}{\sin \frac{\pi}{3}} = 2 \times 6$이므로

$a = 12 \sin \frac{\pi}{6} = 12 \times \frac{1}{2} = 6$

$c = 12 \sin \frac{\pi}{3} = 12 \times \frac{\sqrt{3}}{2} = 6\sqrt{3}$

삼각형 ABC에서 $B = \pi - \left(\frac{\pi}{6} + \frac{\pi}{3} \right) = \frac{\pi}{2}$이므로

$S = \frac{1}{2}ca \sin B = \frac{1}{2} \times 6 \times 6\sqrt{3} \times \sin \frac{\pi}{2}$

$\quad = \frac{1}{2} \times 6 \times 6\sqrt{3} \times 1 = 18\sqrt{3}$

10 코사인법칙에 의하여

$\cos C = \frac{8^2 + 10^2 - 12^2}{2 \times 8 \times 10} = \frac{1}{8}$

이때 $\sin^2 C + \cos^2 C = 1$이고, $0° < C < 180°$에서

$\sin C > 0$이므로

$\sin C = \sqrt{1 - \cos^2 C} = \sqrt{1 - \left(\frac{1}{8} \right)^2} = \frac{3\sqrt{7}}{8}$

따라서

$S = \frac{1}{2}ab \sin C$

$\quad = \frac{1}{2} \times 8 \times 10 \times \frac{3\sqrt{7}}{8} = 15\sqrt{7}$

11 코사인법칙에 의하여

$\cos C = \frac{13^2 + 14^2 - 15^2}{2 \times 13 \times 14} = \frac{5}{13}$

이때 $\sin^2 C + \cos^2 C = 1$이고, $0° < C < 180°$에서

$\sin C > 0$이므로

$\sin C = \sqrt{1 - \cos^2 C} = \sqrt{1 - \left(\frac{5}{13} \right)^2} = \frac{12}{13}$

따라서

$S = \frac{1}{2}ab \sin C$

$\quad = \frac{1}{2} \times 13 \times 14 \times \frac{12}{13} = 84$

사각형의 넓이

본문 236쪽

1 $\left(\mathscr{\ } \cos 60°, \frac{1}{2}, 13, \sqrt{13}, \sqrt{13}, \sin 45°, \sqrt{13}, \frac{\sqrt{2}}{2}, \frac{13}{2} \right)$

2 $14\sqrt{3}$　　　**3** $25\sqrt{3}$　　　**4** $\frac{9\sqrt{3}}{4} + 9\sqrt{7}$

5 $\left(\mathscr{\ } \sin 60°, \frac{\sqrt{3}}{2}, 10\sqrt{3} \right)$　　**6** $24\sqrt{2}$

7 45　　　**8** 24　　　☺ $\sin \theta$

9 $\left(\mathscr{\ } \sin 45°, \frac{\sqrt{2}}{2}, 14\sqrt{2} \right)$　　**10** $27\sqrt{3}$

11 60　　　**12** 21　　　☺ $\frac{1}{2}ab$

2 삼각형 ABC에서 코사인법칙에 의하여

$\overline{AC}^2 = 4^2 + 8^2 - 2 \times 4 \times 8 \times \cos 60°$

$\quad = 16 + 64 - 2 \times 4 \times 8 \times \frac{1}{2} = 48$

이때 $\overline{AC} > 0$이므로 $\overline{AC} = 4\sqrt{3}$

따라서

$S = \triangle ABC + \triangle ACD$

$\quad = \frac{1}{2} \times 4 \times 8 \times \sin 60° + \frac{1}{2} \times 4\sqrt{3} \times 6 \times \sin 30°$

$\quad = \frac{1}{2} \times 4 \times 8 \times \frac{\sqrt{3}}{2} + \frac{1}{2} \times 4\sqrt{3} \times 6 \times \frac{1}{2}$

$\quad = 8\sqrt{3} + 6\sqrt{3} = 14\sqrt{3}$

3 삼각형 ABD에서 코사인법칙에 의하여

$$\overline{\mathrm{BD}}^2 = 5^2 + 5^2 - 2 \times 5 \times 5 \times \cos 120°$$
$$= 25 + 25 - 2 \times 5 \times 5 \times \left(-\frac{1}{2}\right) = 75$$

이때 $\overline{\mathrm{BD}} > 0$이므로 $\overline{\mathrm{BD}} = 5\sqrt{3}$

따라서

$$S = \triangle \mathrm{ABD} + \triangle \mathrm{BCD}$$
$$= \frac{1}{2} \times 5 \times 5 \times \sin 120° + \frac{1}{2} \times 5\sqrt{3} \times 5\sqrt{3} \times \sin 60°$$
$$= \frac{1}{2} \times 5 \times 5 \times \frac{\sqrt{3}}{2} + \frac{1}{2} \times 5\sqrt{3} \times 5\sqrt{3} \times \frac{\sqrt{3}}{2}$$
$$= \frac{25\sqrt{3}}{4} + \frac{75\sqrt{3}}{4} = 25\sqrt{3}$$

4 삼각형 ABD에서 코사인법칙에 의하여

$$\overline{\mathrm{BD}}^2 = (3\sqrt{3})^2 + 3^2 - 2 \times 3\sqrt{3} \times 3 \times \cos 150°$$
$$= 27 + 9 - 2 \times 3\sqrt{3} \times 3 \times \left(-\frac{\sqrt{3}}{2}\right) = 63$$

이때 $\overline{\mathrm{BD}} > 0$이므로 $\overline{\mathrm{BD}} = 3\sqrt{7}$

따라서

$$S = \triangle \mathrm{ABD} + \triangle \mathrm{BCD}$$
$$= \frac{1}{2} \times 3\sqrt{3} \times 3 \times \sin 150° + \frac{1}{2} \times 3\sqrt{7} \times 6\sqrt{2} \times \sin 45°$$
$$= \frac{1}{2} \times 3\sqrt{3} \times 3 \times \frac{1}{2} + \frac{1}{2} \times 3\sqrt{7} \times 6\sqrt{2} \times \frac{\sqrt{2}}{2}$$
$$= \frac{9\sqrt{3}}{4} + 9\sqrt{7}$$

6 $S = 6 \times 8 \times \sin 45°$
$$= 6 \times 8 \times \frac{\sqrt{2}}{2} = 24\sqrt{2}$$

7 평행사변형 ABCD에서
$A = 180° - D = 180° - 150° = 30°$
이므로
$$S = 10 \times 9 \times \sin 30°$$
$$= 10 \times 9 \times \frac{1}{2} = 45$$

8 평행사변형 ABCD에서
$B = 180° - C = 180° - 135° = 45°$
이므로
$$S = 6 \times 4\sqrt{2} \times \sin 45°$$
$$= 6 \times 4\sqrt{2} \times \frac{\sqrt{2}}{2} = 24$$

10 $S = \frac{1}{2} \times 9 \times 12 \times \sin 60°$
$$= \frac{1}{2} \times 9 \times 12 \times \frac{\sqrt{3}}{2} = 27\sqrt{3}$$

11 $S = \frac{1}{2} \times 10 \times 12 \times \sin 90°$
$$= \frac{1}{2} \times 10 \times 12 \times 1 = 60$$

12 $S = \frac{1}{2} \times 7 \times 4\sqrt{3} \times \sin 120°$
$$= \frac{1}{2} \times 7 \times 4\sqrt{3} \times \frac{\sqrt{3}}{2} = 21$$

TEST **개념 확인**　　　　　　　　　본문 238쪽

1 ③	2 ④	3 $\sqrt{2}$	4 ①
5 ⑤	6 ②	7 ③	

8 $a = c$인 이등변삼각형　　　9 ③　　　10 ①

11 ②　　　12 $30\sqrt{2}$

1 삼각형 ABC에서
$B = 180° - (60° + 75°) = 45°$
사인법칙에 의하여 $\dfrac{6}{\sin 60°} = \dfrac{b}{\sin 45°}$이므로
$6 \sin 45° = b \sin 60°$, $6 \times \dfrac{\sqrt{2}}{2} = b \times \dfrac{\sqrt{3}}{2}$
따라서 $b = 2\sqrt{6}$

2 삼각형 ABC에서
$C = 180° - (105° + 45°) = 30°$
삼각형 ABC의 외접원의 반지름의 길이를 R라 하면
사인법칙에 의하여 $\dfrac{12}{\sin 30°} = 2R$
즉 $R = \dfrac{12}{2 \sin 30°} = \dfrac{12}{2} \times 2 = 12$
따라서 삼각형 ABC의 외접원의 둘레의 길이는
$2\pi \times 12 = 24\pi$

3 삼각형의 내각의 크기의 합은 $180°$이고,
$A : B : C = 2 : 3 : 7$이므로
$$A = 180° \times \frac{2}{2+3+7} = 180° \times \frac{2}{12} = 30°$$
$$B = 180° \times \frac{3}{2+3+7} = 180° \times \frac{3}{12} = 45°$$
$$C = 180° \times \frac{7}{2+3+7} = 180° \times \frac{7}{12} = 105°$$
사인법칙에 의하여 $\dfrac{a}{\sin 30°} = \dfrac{b}{\sin 45°}$이므로
$$\frac{b}{a} = \frac{\sin 45°}{\sin 30°} = \frac{\sqrt{2}}{2} \times 2 = \sqrt{2}$$

4 코사인법칙에 의하여
$$a^2 = 4^2 + 6^2 - 2 \times 4 \times 6 \times \cos 60°$$
$$= 16 + 36 - 2 \times 4 \times 6 \times \frac{1}{2} = 28$$
이때 $a > 0$이므로 $a = 2\sqrt{7}$

5 코사인법칙에 의하여

$$\cos A = \frac{(\sqrt{6})^2 + (2\sqrt{2})^2 - (\sqrt{2})^2}{2 \times \sqrt{6} \times 2\sqrt{2}} = \frac{\sqrt{3}}{2}$$

이때 $0° < A < 180°$이므로 $A = 30°$
따라서 삼각형 ABC에서
$B + C = 180° - 30° = 150°$

6 가장 긴 변의 대각의 크기가 가장 크므로 구하는 각의 크기를 θ
라 하면 코사인법칙에 의하여

$$\cos \theta = \frac{7^2 + 8^2 - 13^2}{2 \times 7 \times 8} = -\frac{1}{2}$$

이때 $0° < \theta < 180°$이므로 $\theta = 120°$

7 사인법칙에 의하여
$a : b : c = \sin A : \sin B : \sin C = 7 : 8 : 5$이므로
$a = 7k$, $b = 8k$, $c = 5k$ $(k > 0)$로 놓으면
코사인법칙에 의하여

$$\cos A = \frac{(8k)^2 + (5k)^2 - (7k)^2}{2 \times 8k \times 5k} = \frac{1}{2}$$

이때 $0° < A < 180°$이므로 $A = 60°$

8 삼각형 ABC의 외접원의 반지름의 길이를 R라 하면
사인법칙에 의하여

$$\sin A = \frac{a}{2R},\ \sin B = \frac{b}{2R}$$

코사인법칙에 의하여

$$\cos C = \frac{a^2 + b^2 - c^2}{2ab}$$

이것을 $2 \sin A \cos C = \sin B$에 대입하면

$$2 \times \frac{a}{2R} \times \frac{a^2 + b^2 - c^2}{2ab} = \frac{b}{2R},\ a^2 + b^2 - c^2 = b^2$$

즉 $a^2 = c^2$
이때 $a > 0$, $c > 0$이므로 $a = c$
따라서 삼각형 ABC는 $a = c$인 이등변삼각형이다.

9 $\overline{AB} = x$ km라 하면 코사인법칙에 의하여
$7^2 = x^2 + 8^2 - 2 \times x \times 8 \times \cos 60°$

$49 = x^2 + 64 - 2 \times x \times 8 \times \dfrac{1}{2}$

$x^2 - 8x + 15 = 0$, $(x-3)(x-5) = 0$
이때 $x \le 4$이므로 $x = 3$
따라서 A아파트와 B아파트 사이의 거리는 3 km이다.

10 $\triangle ABC = \dfrac{1}{2} \times 12 \times 9 \times \sin 135°$

$$= \frac{1}{2} \times 12 \times 9 \times \frac{\sqrt{2}}{2} = 27\sqrt{2}$$

11 삼각형 ABC에서 코사인법칙에 의하여
$\overline{AC}^2 = (2\sqrt{2})^2 + 6^2 - 2 \times 2\sqrt{2} \times 6 \times \cos 45°$

$$= 8 + 36 - 2 \times 2\sqrt{2} \times 6 \times \frac{\sqrt{2}}{2} = 20$$

이때 $\overline{AC} > 0$이므로 $\overline{AC} = 2\sqrt{5}$

따라서 사각형 ABCD의 넓이를 S라 하면
$S = \triangle ABC + \triangle ACD$

$$= \frac{1}{2} \times 2\sqrt{2} \times 6 \times \sin 45° + \frac{1}{2} \times 2\sqrt{5} \times 4 \times \sin 30°$$

$$= \frac{1}{2} \times 2\sqrt{2} \times 6 \times \frac{\sqrt{2}}{2} + \frac{1}{2} \times 2\sqrt{5} \times 4 \times \frac{1}{2}$$

$$= 6 + 2\sqrt{5}$$

12 $\sin^2 \theta + \cos^2 \theta = 1$에서 $0° < \theta < 90°$에서 $\sin \theta > 0$이므로

$$\sin \theta = \sqrt{1 - \cos^2 \theta} = \sqrt{1 - \left(\frac{1}{3}\right)^2} = \frac{2\sqrt{2}}{3}$$

따라서 사각형 ABCD의 넓이는

$$\frac{1}{2} \times 9 \times 10 \times \frac{2\sqrt{2}}{3} = 30\sqrt{2}$$

TEST 개념 발전
7. 삼각함수의 활용
본문 240쪽

1 ①	2 ①	3 ③	4 ①
5 ④	6 $a=b$인 이등변삼각형		7 ②
8 ④	9 ④	10 ③	11 $9\sqrt{3}$
12 $\dfrac{11}{7}$	13 ②	14 ⑤	

1 사인법칙에 의하여 $\dfrac{3\sqrt{2}}{\sin 135°} = \dfrac{3}{\sin B}$이므로

$3\sqrt{2} \sin B = 3 \sin 135°$, $3\sqrt{2} \sin B = 3 \times \dfrac{\sqrt{2}}{2}$

즉 $\sin B = \dfrac{1}{2}$

이때 $0° < B < 180°$이므로
$B = 30°$ 또는 $B = 150°$
$B = 150°$이면 $A + B > 180°$이므로 B의 값이 될 수 없다.
따라서 $B = 30°$이므로 삼각형 ABC에서
$C = 180° - (135° + 30°) = 15°$

2 삼각형 ABC의 외접원의 반지름의 길이를 R라 하면
사인법칙에 의하여
$a = 2R \sin A$, $b = 2R \sin B$, $c = 2R \sin C$
따라서 삼각형 ABC의 둘레의 길이는
$a + b + c = 2R \sin A + 2R \sin B + 2R \sin C$

$$= 2R(\sin A + \sin B + \sin C)$$

$$= 2 \times 7 \times \frac{3}{2} = 21$$

3 $\dfrac{a+b}{3}=\dfrac{b+c}{4}=\dfrac{c+a}{5}$이므로

$(a+b):(b+c):(c+a)=3:4:5$

$a+b=3k$, $b+c=4k$, $c+a=5k$ $(k>0)$로 놓자.

세 식을 변끼리 더하면

$2(a+b+c)=12k$, $a+b+c=6k$ $\qquad$ …… ㉠

㉠에 $a+b=3k$를 대입하면 $3k+c=6k$, $c=3k$

㉠에 $b+c=4k$를 대입하면 $a+4k=6k$, $a=2k$

㉠에 $c+a=5k$를 대입하면 $5k+b=6k$, $b=k$

따라서

$\sin A:\sin B:\sin C=a:b:c$
$\qquad\qquad\qquad\quad =2k:k:3k$
$\qquad\qquad\qquad\quad =2:1:3$

4 코사인법칙에 의하여

$\cos B=\dfrac{(2\sqrt{3})^2+3^2-(\sqrt{3})^2}{2\times2\sqrt{3}\times3}=\dfrac{\sqrt{3}}{2}$

이때 $\sin^2 B+\cos^2 B=1$이고, $0°<C<180°$에서

$\sin B>0$이므로

$\sin B=\sqrt{1-\cos^2 B}=\sqrt{1-\left(\dfrac{\sqrt{3}}{2}\right)^2}=\dfrac{1}{2}$

5 $a=2$, $b=\sqrt{6}$, $c=\sqrt{3}+1$이라 하면

코사인법칙에 의하여

$\cos A=\dfrac{(\sqrt{6})^2+(\sqrt{3}+1)^2-2^2}{2\times\sqrt{6}\times(\sqrt{3}+1)}=\dfrac{\sqrt{2}}{2}$

이때 $0°<A<180°$이므로 $A=45°$

$\cos B=\dfrac{(\sqrt{3}+1)^2+2^2-(\sqrt{6})^2}{2\times(\sqrt{3}+1)\times2}=\dfrac{1}{2}$

이때 $0°<B<180°$이므로 $B=60°$

삼각형 ABC에서

$C=180°-(45°+60°)=75°$

따라서 $\alpha=75°$, $\beta=45°$이므로

$\alpha-\beta=75°-45°=30°$

6 $\sin A=\cos A\tan B$에서 $\tan B=\dfrac{\sin B}{\cos B}$이므로

$\sin A=\cos A\times\dfrac{\sin B}{\cos B}$

즉 $\sin A\cos B=\cos A\sin B$ $\qquad$ …… ㉠

삼각형 ABC의 외접원의 반지름의 길이를 R라 하면

사인법칙에 의하여

$\sin A=\dfrac{a}{2R}$, $\sin B=\dfrac{b}{2R}$

코사인법칙에 의하여

$\cos B=\dfrac{a^2+c^2-b^2}{2ac}$, $\cos A=\dfrac{b^2+c^2-a^2}{2bc}$

이것을 ㉠에 대입하면

$\dfrac{a}{2R}\times\dfrac{a^2+c^2-b^2}{2ac}=\dfrac{b^2+c^2-a^2}{2bc}\times\dfrac{b}{2R}$

양변에 $4Rc$를 곱하면

$a^2+c^2-b^2=b^2+c^2-a^2$

$2a^2=2b^2$, $a^2=b^2$

이때 $a>0$, $b>0$이므로 $a=b$

따라서 삼각형 ABC는 $a=b$인 이등변삼각형이다.

7 삼각형 ABC에서 코사인법칙에 의하여

$\cos B=\dfrac{6^2+3^2-5^2}{2\times6\times3}=\dfrac{5}{9}$

삼각형 ABD에서 코사인법칙에 의하여

$\overline{AD}^2=6^2+6^2-2\times6\times6\times\cos B$
$\qquad\ =36+36-2\times6\times6\times\dfrac{5}{9}=32$

이때 $\overline{AD}>0$이므로 $\overline{AD}=4\sqrt{2}$ (km)

따라서 두 건물 A, D 사이의 거리는 $4\sqrt{2}$ km이다.

8 삼각형 ABC의 넓이가 $4\sqrt{5}$이므로

$\dfrac{1}{2}\times4\times6\times\sin C=4\sqrt{5}$

즉 $\sin C=\dfrac{\sqrt{5}}{3}$

이때 $\sin^2 C+\cos^2 C=1$이고, $\angle$C는 예각이므로 $\cos C>0$

따라서 $\cos C=\sqrt{1-\left(\dfrac{\sqrt{5}}{3}\right)^2}=\dfrac{2}{3}$이므로

코사인법칙에 의하여

$c^2=4^2+6^2-2\times4\times6\times\cos C$
$\quad=16+36-2\times4\times6\times\dfrac{2}{3}=20$

이때 $c>0$이므로 $c=2\sqrt{5}$

9 $\overset{\frown}{AB}:\overset{\frown}{BC}:\overset{\frown}{CA}=\angle AOB:\angle BOC:\angle COA=3:4:5$이므로

$\angle AOB=360°\times\dfrac{3}{3+4+5}=360°\times\dfrac{3}{12}=90°$

$\angle BOC=360°\times\dfrac{4}{3+4+5}=360°\times\dfrac{4}{12}=120°$

$\angle COA=360°\times\dfrac{5}{3+4+5}=360°\times\dfrac{5}{12}=150°$

따라서 삼각형 ABC의 넓이를 S라 하면

$S=\triangle OAB+\triangle OBC+\triangle OCA$

$\quad=\dfrac{1}{2}\times2\times2\times\sin90°+\dfrac{1}{2}\times2\times2\times\sin120°$

$\qquad\qquad\qquad\qquad\quad+\dfrac{1}{2}\times2\times2\times\sin150°$

$\quad=\dfrac{1}{2}\times2\times2\times1+\dfrac{1}{2}\times2\times2\times\dfrac{\sqrt{3}}{2}+\dfrac{1}{2}\times2\times2\times\dfrac{1}{2}$

$\quad=3+\sqrt{3}$

10 삼각형 ABC에서 코사인법칙에 의하여

$\cos B=\dfrac{3^2+8^2-7^2}{2\times3\times8}=\dfrac{1}{2}$

이때 $\sin^2 B+\cos^2 B=1$이고, $0°<C<180°$에서 $\sin B>0$이므로

$\sin B=\sqrt{1-\cos^2 B}=\sqrt{1-\left(\dfrac{1}{2}\right)^2}=\dfrac{\sqrt{3}}{2}$

따라서 사각형 ABCD의 넓이를 S라 하면

$S=\triangle ABC+\triangle ACD$

$\quad=\dfrac{1}{2}\times8\times3\times\sin B+\dfrac{1}{2}\times4\times7\times\sin30°$

$\quad=\dfrac{1}{2}\times8\times3\times\dfrac{\sqrt{3}}{2}+\dfrac{1}{2}\times4\times7\times\dfrac{1}{2}$

$\quad=7+6\sqrt{3}$

11 평행사변형 ABCD에서 $A=C=60°$
삼각형 ABD에서 코사인법칙에 의하여
$$(3\sqrt{3})^2=3^2+\overline{AD}^2-2\times3\times\overline{AD}\times\cos60°$$
$$27=9+\overline{AD}^2-2\times3\times\overline{AD}\times\frac{1}{2}$$
$$\overline{AD}^2-3\overline{AD}-18=0,\ (\overline{AD}+3)(\overline{AD}-6)=0$$
이때 $\overline{AD}>0$이므로 $\overline{AD}=6$
따라서 평행사변형 ABCD의 넓이는
$$3\times6\times\sin60°=3\times6\times\frac{\sqrt{3}}{2}=9\sqrt{3}$$

12 삼각형 ABC에서 $A+B+C=\pi$이므로
$$\sin(A+B):\sin(B+C):\sin(C+A)$$
$$=\sin(\pi-C):\sin(\pi-A):\sin(\pi-B)$$
$$=\sin C:\sin A:\sin B=5:8:7$$
사인법칙에 의하여
$$a:b:c=\sin A:\sin B:\sin C$$
$$\qquad=8:7:5$$
따라서 $a=8k,\ b=7k,\ c=5k\ (k>0)$로 놓으면
$$\frac{a^2+b^2-c^2}{ab}=\frac{(8k)^2+(7k)^2-(5k)^2}{8k\times7k}$$
$$=\frac{88k^2}{56k^2}=\frac{11}{7}$$

13 사각형 ABCD의 두 대각선의 길이를 각각 a, b라 하면
$$a+b=12$$
이때 $a>0$, $b>0$이므로 산술평균과 기하평균의 관계에 의하여
$$12\geq2\sqrt{ab}$$
즉 $ab\leq36$ (단, 등호는 $a=b=6$일 때 성립한다.)
한편 사각형 ABCD의 두 대각선이 이루는 각의 크기를 θ, 넓이를 S라 하면 $\sin\theta\leq1$이므로
$$S=\frac{1}{2}ab\sin\theta\leq\frac{1}{2}\times36\times1=18$$
따라서 사각형 ABCD의 넓이 S는 $a=b=6$이고, $\sin\theta=1$, 즉 $\theta=90°$일 때, 최댓값 18을 갖는다.

14 $\overline{AB}=a$, $\overline{BC}=b$, $\overline{CD}=c$, $\overline{DA}=d$라 하면
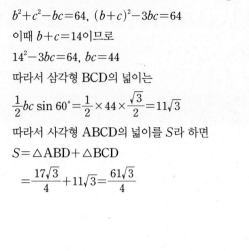
$$a+d=9,\ b+c=14$$
삼각형 ABD에서 코사인법칙에 의하여
$$8^2=a^2+d^2-2ad\cos120°,$$
$$8^2=a^2+d^2-2ad\times\left(-\frac{1}{2}\right)$$
$$a^2+d^2+ad=64,\ (a+d)^2-ad=64$$
이때 $a+d=9$이므로
$$9^2-ad=64,\ ad=17$$
따라서 삼각형 ABD의 넓이는
$$\frac{1}{2}ad\sin120°=\frac{1}{2}\times17\times\frac{\sqrt{3}}{2}=\frac{17\sqrt{3}}{4}$$
사각형 ABCD가 원에 내접하므로
$$C=180°-A=180°-120°=60°$$
삼각형 BCD에서 코사인법칙에 의하여

$$8^2=b^2+c^2-2bc\cos60°,\ 8^2=b^2+c^2-2bc\times\frac{1}{2}$$
$$b^2+c^2-bc=64,\ (b+c)^2-3bc=64$$
이때 $b+c=14$이므로
$$14^2-3bc=64,\ bc=44$$
따라서 삼각형 BCD의 넓이는
$$\frac{1}{2}bc\sin60°=\frac{1}{2}\times44\times\frac{\sqrt{3}}{2}=11\sqrt{3}$$
따라서 사각형 ABCD의 넓이를 S라 하면
$$S=\triangle ABD+\triangle BCD$$
$$=\frac{17\sqrt{3}}{4}+11\sqrt{3}=\frac{61\sqrt{3}}{4}$$

8 등차수열

01

본문 250쪽

수열의 뜻

1 11 **2** $\dfrac{1}{100}$ **3** 73 **4** 1024

5 $\dfrac{1}{3}$ **6** 1

7 (✐ 1, 1, 4, 5, 5, 8, 10, 10, 13)

8 $a_1=7$, $a_5=-5$, $a_{10}=-20$

9 $a_1=2$, $a_5=30$, $a_{10}=110$

10 $a_1=1$, $a_5=16$, $a_{10}=512$

11 $a_1=0$, $a_5=0$, $a_{10}=1$

☺

12 (✐ 3, 3, 3, 3, 3n)

13 $a_n=101-n$ **14** $a_n=n^2$

15 $a_n=(-2)^{n-1}$ **16** $a_n=2n^2$

---

1 수열 1, 3, 5, 7, 9, …에서 제6항은 앞에서부터 여섯 번째 항이
므로 그 값은 11이다.

2 수열 1, $\dfrac{1}{2}$, $\dfrac{1}{3}$, $\dfrac{1}{4}$, $\dfrac{1}{5}$, …에서 제100항은 앞에서부터 100번째

항이므로 그 값은 $\dfrac{1}{100}$이다.

3 수열 3, 13, 23, 33, 43, …에서 제8항은 앞에서부터 8번째 항이
므로 그 값은 73이다.

4 수열 2, 4, 8, 16, 32, …는 수열 2^1, 2^2, 2^3, 2^4, 2^5, …이고
제10항은 앞에서부터 10번째 항이므로 그 값은 $2^{10}=1024$

5 수열 243, 81, 27, 9, 3, …은 수열 3^5, 3^4, 3^3, 3^2, 3^1, 3^0, 3^{-1}, …

이고 제7항은 앞에서부터 7번째 항이므로 그 값은 $3^{-1}=\dfrac{1}{3}$

6 수열 1, 0, 1, 0, 1, …은 홀수 번째 항에 1, 짝수 번째 항에 0이
나오는 수열이므로 제99항은 1이다.

8 $a_n=10-3n$에
$n=1$을 대입하면 첫째항은 $a_1=10-3=7$
$n=5$를 대입하면 제5항은 $a_5=10-3\times5=-5$
$n=10$을 대입하면 제10항은 $a_{10}=10-3\times10=-20$

9 $a_n=n^2+n$에
$n=1$을 대입하면 첫째항은 $a_1=1^2+1=2$
$n=5$를 대입하면 제5항은 $a_5=5^2+5=30$
$n=10$을 대입하면 제10항은 $a_{10}=10^2+10=110$

10 $a_n=2^{n-1}$에
$n=1$을 대입하면 첫째항은 $a_1=2^{1-1}=1$
$n=5$를 대입하면 제5항은 $a_5=2^{5-1}=16$
$n=10$을 대입하면 제10항은 $a_{10}=2^{10-1}=512$

11 $a_n=\dfrac{1+(-1)^n}{2}$에

$n=1$을 대입하면 첫째항은 $a_1=\dfrac{1+(-1)}{2}=0$

$n=5$를 대입하면 제5항은 $a_5=\dfrac{1+(-1)^5}{2}=0$

$n=10$을 대입하면 제10항은 $a_{10}=\dfrac{1+(-1)^{10}}{2}=1$

13 $\{a_n\}$: 100, 99, 98, 97, …에서
$a_1=101-1$
$a_2=101-2$
$a_3=101-3$
$a_4=101-4$
$\vdots$
와 같이 계속되므로 이 수열의 일반항 a_n은
$a_n=101-n$

14 $\{a_n\}$: 1, 4, 9, 16, …에서
$a_1=1^2$
$a_2=2^2$
$a_3=3^2$
$a_4=4^2$
$\vdots$
과 같이 계속되므로 이 수열의 일반항 a_n은
$a_n=n^2$

15 $\{a_n\}$: 1, -2, 4, -8, …에서
$a_1=(-2)^{1-1}$
$a_2=(-2)^{2-1}$
$a_3=(-2)^{3-1}$
$a_4=(-2)^{4-1}$
$\vdots$
과 같이 계속되므로 이 수열의 일반항 a_n은
$a_n=(-2)^{n-1}$

16 $\{a_n\}$: 1×2, 2×4, 3×6, 4×8, …에서
$a_1=1\times(2\times1)$
$a_2=2\times(2\times2)$
$a_3=3\times(2\times3)$

$a_4 = 4 \times (2 \times 4)$

$\vdots$

와 같이 계속되므로 이 수열의 일반항 a_n은

$a_n = n \times 2n = 2n^2$

본문 252쪽

02

등차수열

1 (✏ a_2, a_3, 1, 3, 3, 3, 3, 13, 3, 16)

2 공차: -2, 제6항: 0   3 공차: 2, 제6항: 25

4 공차: -3, 제6항: -12 5 공차: $\dfrac{3}{2}$, 제6항: $\dfrac{17}{2}$

6 7, 9 (✏ 1, 2, 2, 7, 9)   7 8, 17

8 19, 17, 11   9 6, -6, -10

10 -5, 7, 11, 15   11 (✏ 3, 7, 7)

12 4   13 5   14 -10 15 23

2 등차수열 10, 8, 6, 4, $\cdots$의 공차를 d라 하면

$d = a_2 - a_1 = a_3 - a_2 = a_4 - a_3$

$\quad = 8 - 10 = -2$

즉 주어진 등차수열의 공차가 -2이므로

$a_5 = a_4 + (-2) = 4 + (-2) = 2$

따라서 $a_6 = a_5 + (-2) = 2 + (-2) = 0$

3 등차수열 15, 17, 19, 21, $\cdots$의 공차를 d라 하면

$d = a_2 - a_1 = a_3 - a_2 = a_4 - a_3$

$\quad = 17 - 15 = 2$

즉 주어진 등차수열의 공차가 2이므로

$a_5 = a_4 + 2 = 21 + 2 = 23$

따라서 $a_6 = a_5 + 2 = 23 + 2 = 25$

4 등차수열 3, 0, -3, -6, $\cdots$의 공차를 d라 하면

$d = a_2 - a_1 = a_3 - a_2 = a_4 - a_3$

$\quad = 0 - 3 = -3$

즉 주어진 등차수열의 공차가 -3이므로

$a_5 = a_4 + (-3) = -6 + (-3) = -9$

따라서 $a_6 = a_5 + (-3) = -9 + (-3) = -12$

5 등차수열 1, $\dfrac{5}{2}$, 4, $\dfrac{11}{2}$, $\cdots$의 공차를 d라 하면

$d = a_2 - a_1 = a_3 - a_2 = a_4 - a_3$

$\quad = \dfrac{5}{2} - 1 = \dfrac{3}{2}$

즉 주어진 등차수열의 공차가 $\dfrac{3}{2}$이므로

$a_5 = a_4 + \dfrac{3}{2} = \dfrac{11}{2} + \dfrac{3}{2} = 7$

따라서 $a_6 = a_5 + \dfrac{3}{2} = 7 + \dfrac{3}{2} = \dfrac{17}{2}$

7 수열 5, □, 11, 14, □, 20, $\cdots$에서 11, 14가 이웃한 두 항이므로

$14 - 11 = 3$

즉 이 등차수열의 공차는 3이므로 주어진 수열은

5, $\boxed{8}$, 11, 14, $\boxed{17}$, 20, $\cdots$

8 수열 21, □, □, 15, 13, □, $\cdots$에서 15, 13이 이웃한 두 항이므로

$13 - 15 = -2$

즉 이 등차수열의 공차는 -2이므로 주어진 수열은

21, $\boxed{19}$, $\boxed{17}$, 15, 13, $\boxed{11}$, $\cdots$

9 수열 10, □, 2, -2, □, □, $\cdots$에서 2, -2가 이웃한 두 항이므로

$-2 - 2 = -4$

즉 이 등차수열의 공차는 -4이므로 주어진 수열은

10, $\boxed{6}$, 2, -2, $\boxed{-6}$, $\boxed{-10}$, $\cdots$

10 수열 □, -1, 3, □, □, □, $\cdots$에서 -1, 3이 이웃한 두 항이므로

$3 - (-1) = 4$

즉 이 등차수열의 공차는 4이므로 주어진 수열은

$\boxed{-5}$, -1, 3, $\boxed{7}$, $\boxed{11}$, $\boxed{15}$, $\cdots$

12 첫째항이 -5이고 공차가 3인 등차수열은

-5, -2, 1, 4, $\cdots$

따라서 제4항은 4이다.

13 첫째항이 11이고 공차가 -2인 등차수열은

11, 9, 7, 5, $\cdots$

따라서 제4항은 5이다.

14 첫째항이 6이고 공차가 -4인 등차수열은

6, -2, -6, -10, $\cdots$

따라서 제4항은 -10이다.

15 첫째항이 2이고 공차가 7인 등차수열은

2, 9, 16, 23, $\cdots$

따라서 제4항은 23이다.

등차수열의 일반항

1 (✎ 2, 2, 3, 2, 3, $3n-1$) 2 $a_n=-2n+9$

3 $a_n=\dfrac{5}{2}n-\dfrac{3}{2}$ 4 (✎ 1, -4, $-4n+5$)

5 $a_n=3n+12$ 6 $a_n=\dfrac{2}{3}n-\dfrac{1}{3}$

☺ a_{n+1}, $n-1$

7 (✎ 2, 4, -5, 4, -5, 4, $4n-9$)

8 $a_n=-3n+21$ 9 $a_n=-2n+16$

10 $a_n=2n-1$ 11 $a_n=\dfrac{2}{3}n+\dfrac{10}{3}$

12 (✎ 1, 1, 4, 1, 4, $4n-3$, 11, 41) 13 8

14 $\dfrac{47}{4}$ 15 (✎ 1, 3, $3n-2$, 10, 28)

16 16 17 $13\sqrt{2}$

18 (✎ d, $8d$, 6, 3, 6, 3, $3n+3$, 3, 3, 18)

19 52 20 1 21 ②

22 (✎ 4, 9, 2, 3, 2, 3, 3, 3, 23, 23) 23 제17항

24 제32항 25 제27항 26 제61항

27 (✎ -14, 3, $3n-17$, $3n-17$, $\dfrac{17}{3}$, 6, 6)

28 제7항 29 제35항 30 제8항 31 제10항

32 제16항

---

2 등차수열 7, 5, 3, 1, -1, ⋯의
첫째항은 $a_1=7$
공차는 $d=a_2-a_1=5-7=-2$
따라서 이 등차수열의 일반항 a_n은
$a_n=7+(n-1)\times(-2)=-2n+9$

3 등차수열 1, $\dfrac{7}{2}$, 6, $\dfrac{17}{2}$, 11, ⋯의
첫째항은 $a_1=1$
공차는 $d=a_2-a_1=\dfrac{7}{2}-1=\dfrac{5}{2}$
따라서 이 등차수열의 일반항 a_n은
$a_n=1+(n-1)\times\dfrac{5}{2}=\dfrac{5}{2}n-\dfrac{3}{2}$

5 $a_n=15+(n-1)\times3$이므로
$a_n=3n+12$

6 $a_n=\dfrac{1}{3}+(n-1)\times\dfrac{2}{3}$이므로
$a_n=\dfrac{2}{3}n-\dfrac{1}{3}$

---

8 제2항이 15, 제6항이 3인 등차수열의 첫째항을 a, 공차를 d라
하면
$a_2=a+d=15$ ⋯⋯ ㉠
$a_6=a+5d=3$ ⋯⋯ ㉡
㉠, ㉡을 연립하여 풀면
$a=18$, $d=-3$
따라서 이 등차수열의 일반항 a_n은
$a_n=18+(n-1)\times(-3)=-3n+21$

9 제4항이 8, 제6항이 4인 등차수열의 첫째항을 a, 공차를 d라 하
면
$a_4=a+3d=8$ ⋯⋯ ㉠
$a_6=a+5d=4$ ⋯⋯ ㉡
㉠, ㉡을 연립하여 풀면
$a=14$, $d=-2$
따라서 이 등차수열의 일반항 a_n은
$a_n=14+(n-1)\times(-2)=-2n+16$

10 $a_5=9$, $a_{10}=19$인 등차수열의 첫째항을 a, 공차를 d라 하면
$a_5=a+4d=9$ ⋯⋯ ㉠
$a_{10}=a+9d=19$ ⋯⋯ ㉡
㉠, ㉡을 연립하여 풀면
$a=1$, $d=2$
따라서 이 등차수열의 일반항 a_n은
$a_n=1+(n-1)\times2=2n-1$

11 $a_4=6$, $a_7=8$인 등차수열의 첫째항을 a, 공차를 d라 하면
$a_4=a+3d=6$ ⋯⋯ ㉠
$a_7=a+6d=8$ ⋯⋯ ㉡
㉠, ㉡을 연립하여 풀면
$a=4$, $d=\dfrac{2}{3}$
따라서 이 등차수열의 일반항 a_n은
$a_n=4+(n-1)\times\dfrac{2}{3}=\dfrac{2}{3}n+\dfrac{10}{3}$

13 등차수열 32, 29, 26, 23, 20, ⋯의 첫째항은 32이고 공차는
$d=29-32=-3$이므로 일반항 a_n은
$a_n=32+(n-1)\times(-3)=-3n+35$
따라서 $a_9=-3\times9+35=8$

14 등차수열 $\dfrac{3}{4}$, $\dfrac{7}{4}$, $\dfrac{11}{4}$, $\dfrac{15}{4}$, $\dfrac{19}{4}$, ⋯의 첫째항은 $\dfrac{3}{4}$이고 공차는
$d=\dfrac{7}{4}-\dfrac{3}{4}=1$이므로 일반항 a_n은
$a_n=\dfrac{3}{4}+(n-1)\times1=n-\dfrac{1}{4}$
따라서 $a_{12}=12-\dfrac{1}{4}=\dfrac{47}{4}$

16 첫째항이 100이고 공차가 -6인 등차수열 $\{a_n\}$의 일반항 a_n은

$a_n = 100 + (n-1) \times (-6) = -6n + 106$

따라서 $a_{15} = -6 \times 15 + 106 = 16$

17 첫째항이 $\sqrt{2}$이고 공차가 $2\sqrt{2}$인 등차수열 $\{a_n\}$의 일반항 a_n은

$a_n = \sqrt{2} + (n-1) \times 2\sqrt{2} = 2\sqrt{2}n - \sqrt{2}$

따라서 $a_7 = 2\sqrt{2} \times 7 - \sqrt{2} = 13\sqrt{2}$

19 $a_3 = 7$, $a_6 = 12$인 등차수열 $\{a_n\}$의 첫째항을 a, 공차를 d라 하면

$a_3 = a + 2d = 7$ ...... ㉠

$a_6 = a + 5d = 12$ ...... ㉡

㉠, ㉡을 연립하여 풀면 $a = \dfrac{11}{3}$, $d = \dfrac{5}{3}$

이 등차수열의 일반항 a_n은

$a_n = \dfrac{11}{3} + (n-1) \times \dfrac{5}{3} = \dfrac{5}{3}n + 2$

따라서 $a_{30} = \dfrac{5}{3} \times 30 + 2 = 52$

20 $a_4 = 9$, $a_{10} = -3$인 등차수열 $\{a_n\}$의 첫째항을 a, 공차를 d라 하면

$a_4 = a + 3d = 9$ ...... ㉠

$a_{10} = a + 9d = -3$ ...... ㉡

㉠, ㉡을 연립하여 풀면 $a = 15$, $d = -2$

이 등차수열의 일반항 a_n은

$a_n = 15 + (n-1) \times (-2) = -2n + 17$

따라서 $a_8 = -2 \times 8 + 17 = 1$

21 $a_4 = 16$, $a_7 = 7$인 등차수열 $\{a_n\}$의 첫째항을 a, 공차를 d라 하면

$a_4 = a + 3d = 16$ ...... ㉠

$a_7 = a + 6d = 7$ ...... ㉡

㉠, ㉡을 연립하여 풀면 $a = 25$, $d = -3$

이 등차수열의 일반항 a_n은

$a_n = 25 + (n-1) \times (-3) = -3n + 28$

따라서 $a_{11} = -3 \times 11 + 28 = -5$

23 첫째항을 a, 공차를 d라 하면

$a_3 = a + 2d = 19$ ...... ㉠

$a_8 = a + 7d = 44$ ...... ㉡

㉠, ㉡을 연립하여 풀면

$a = 9$, $d = 5$

이 등차수열의 일반항 a_n은

$a_n = 9 + (n-1) \times 5 = 5n + 4$

89를 제n항이라 하면 $5n + 4 = 89$, $n = 17$

따라서 89는 제17항이다.

24 첫째항을 a, 공차를 d라 하면

$a_2 = a + d = 3$ ...... ㉠

$a_{11} = a + 10d = -24$ ...... ㉡

㉠, ㉡을 연립하여 풀면

$a = 6$, $d = -3$

이 등차수열의 일반항 a_n은

$a_n = 6 + (n-1) \times (-3) = -3n + 9$

-87을 제n항이라 하면 $-3n + 9 = -87$, $n = 32$

따라서 -87은 제32항이다.

25 첫째항을 a, 공차를 d라 하면

$a_3 = a + 2d = -3$ ...... ㉠

$a_7 = a + 6d = 13$ ...... ㉡

㉠, ㉡을 연립하여 풀면

$a = -11$, $d = 4$

이 등차수열의 일반항 a_n은

$a_n = -11 + (n-1) \times 4 = 4n - 15$

93을 제n항이라 하면 $4n - 15 = 93$, $n = 27$

따라서 93은 제27항이다.

26 첫째항을 a, 공차를 d라 하면

$a_7 = a + 6d = 4$ ...... ㉠

$a_{15} = a + 14d = 8$ ...... ㉡

㉠, ㉡을 연립하여 풀면

$a = 1$, $d = \dfrac{1}{2}$

이 등차수열의 일반항 a_n은

$a_n = 1 + (n-1) \times \dfrac{1}{2} = \dfrac{1}{2}n + \dfrac{1}{2}$

31을 제n항이라 하면 $\dfrac{1}{2}n + \dfrac{1}{2} = 31$, $n = 61$

따라서 31은 제61항이다.

28 주어진 등차수열의 일반항 a_n은

$a_n = 22 + (n-1) \times (-4) = -4n + 26$

제n항의 값이 음수라 하면

$a_n = -4n + 26 < 0$에서

$n > \dfrac{13}{2} = 6.5$

이를 만족시키는 자연수 n의 최솟값은 7이므로 처음으로 음수가 되는 항은 제7항이다.

29 주어진 등차수열의 일반항 a_n은

$a_n = 100 + (n-1) \times (-3)$

$\quad = -3n + 103$

제n항의 값이 음수라 하면

$a_n = -3n + 103 < 0$에서

$n > \dfrac{103}{3} = 34.3333\cdots$

이를 만족시키는 자연수 n의 최솟값은 35이므로 처음으로 음수가 되는 항은 제35항이다.

30 첫째항을 a, 공차를 d라 하면

$a_2 = a + d = 44$ ...... ㉠

$a_9 = a + 8d = 2$ ...... ㉡

$\bigcirc$, $\bigcirc$을 연립하여 풀면 $a=50$, $d=-6$

따라서 이 등차수열의 일반항 a_n은

$a_n=50+(n-1)\times(-6)=-6n+56$

제n항의 값이 10보다 작다고 하면

$a_n=-6n+56<10$에서

$n>\dfrac{23}{3}=7.666\cdots$

이를 만족시키는 자연수 n의 최솟값은 8이므로 처음으로 10보다 작아지는 항은 제8항이다.

31 첫째항을 a, 공차를 d라 하면

$a_4=a+3d=30$ ······ $\bigcirc$

$a_8=a+7d=78$ ······ $\bigcirc$

$\bigcirc$, $\bigcirc$을 연립하여 풀면 $a=-6$, $d=12$

따라서 이 등차수열의 일반항 a_n은

$a_n=-6+(n-1)\times12=12n-18$

제n항의 값이 100보다 크다고 하면

$a_n=12n-18>100$에서

$n>\dfrac{59}{6}=9.8333\cdots$

이를 만족시키는 자연수 n의 최솟값은 10이므로 처음으로 100보다 커지는 항은 제10항이다.

32 첫째항을 a, 공차를 d라 하면

$a_2=a+d=5$ ······ $\bigcirc$

$a_5=a+4d=-7$ ······ $\bigcirc$

$\bigcirc$, $\bigcirc$을 연립하여 풀면

$a=9$, $d=-4$

따라서 이 등차수열의 일반항 a_n은

$a_n=9+(n-1)\times(-4)=-4n+13$

제n항의 값이 -50보다 작다고 하면

$a_n=-4n+13<-50$에서

$n>\dfrac{63}{4}=15.75$

이를 만족시키는 자연수 n의 최솟값은 16이므로 처음으로 -50보다 작아지는 항은 제16항이다.

04 본문 258쪽

등차수열의 일반항의 응용

1 (✎ $4d$, 3, 16, $2d$, $6d$, 4, 16, -3, 9, -11)

2 6 **3** 7 **4** -4

5 (✎ 12, 11, 3, 7, 7, 3, 28) **6** 32

7 34 **8** ④

9 (✎ $-a_4$, 0, $3d$, $3d$, $4d$, -6, 4, -6, 4)

10 첫째항: -7, 공차: 2 **11** 첫째항: 26, 공차: -4

12 (✎ $2d$, 5, 3, $3d$, $7d$, $6d$, 6, 2, 6, 18)

13 25 **14** 2

2 등차수열 $\{a_n\}$의 첫째항을 a, 공차를 d라 하면

$a_2+a_8=8$에서 $(a+d)+(a+7d)=8$이므로

$a+4d=4$ ······ $\bigcirc$

또 $a_9=3a_5$에서 $a+8d=3(a+4d)$이므로

$a+2d=0$ ······ $\bigcirc$

$\bigcirc$, $\bigcirc$을 연립하여 풀면 $a=-4$, $d=2$

따라서 $a_6=a+5d=-4+5\times2=6$

3 등차수열 $\{a_n\}$의 첫째항을 a, 공차를 d라 하면

$a_1+a_5=2$에서 $a+(a+4d)=2$이므로

$a+2d=1$ ······ $\bigcirc$

또 $4a_4=a_9$에서 $4(a+3d)=a+8d$이므로

$3a+4d=0$ ······ $\bigcirc$

$\bigcirc$, $\bigcirc$을 연립하여 풀면 $a=-2$, $d=\dfrac{3}{2}$

따라서 $a_7=a+6d=-2+6\times\dfrac{3}{2}=7$

4 등차수열 $\{a_n\}$의 첫째항을 a, 공차를 d라 하면

$a_1=4a_3$에서 $a=4(a+2d)$이므로

$3a+8d=0$ ······ $\bigcirc$

또 $a_3+a_7=-2$에서 $(a+2d)+(a+6d)=-2$이므로

$a+4d=-1$ ······ $\bigcirc$

$\bigcirc$, $\bigcirc$을 연립하여 풀면 $a=2$, $d=-\dfrac{3}{4}$

따라서 $a_9=a+8d=2+8\times\left(-\dfrac{3}{4}\right)=-4$

6 등차수열 12, a_1, a_2, a_3, $\cdots$, a_6, 40의 공차를 d라 하면 첫째항이 12, 제8항이 40이므로

$40=12+(8-1)\times d$, $7d=28$, 즉 $d=4$

이때 a_5는 이 수열의 제6항이므로

$a_5=12+(6-1)\times4=32$

[다른 풀이]

등차수열 12, a_1, a_2, a_3, $\cdots$, a_6, 40의 공차를 d라 하면 $d=4$이므로

$a_6=40-4=36$

따라서 $a_5=a_6-4=36-4=32$

7 등차수열 18, a_1, a_2, a_3, $\cdots$, a_{15}, 50의 공차를 d라 하면 첫째항이 18, 제17항이 50이므로

$50=18+(17-1)\times d$, $16d=32$, 즉 $d=2$

이때 a_8은 이 수열의 제9항이므로

$a_8=18+(9-1)\times2=34$

8 등차수열 -5, a_1, a_2, a_3, $\cdots$, a_8, 7의 공차를 d라 하면 첫째항이 -5, 제10항이 7이므로

$7=-5+(10-1)\times d$, $9d=12$, 즉 $d=\dfrac{4}{3}$

이때 a_3은 이 수열의 제4항이므로

$a_3 = -5 + (4-1) \times \dfrac{4}{3} = -1$

또 a_6은 이 수열의 제7항이므로

$a_6 = -5 + (7-1) \times \dfrac{4}{3} = 3$

따라서 $a_3 + a_6 = -1 + 3 = 2$

10 등차수열 $\{a_n\}$의 첫째항을 a, 공차를 d라 하자.

제2항과 제7항은 절댓값이 같고 부호가 반대이므로 $a_2 = -a_7$에서 $a_2 + a_7 = 0$

즉 $(a+d) + (a+6d) = 0$에서

$2a + 7d = 0$ ...... ㉠

또 제8항이 7이므로

$a_8 = a + 7d = 7$ ...... ㉡

㉠, ㉡을 연립하여 풀면 $a = -7$, $d = 2$

따라서 등차수열 $\{a_n\}$의 첫째항은 -7이고 공차는 2이다.

11 등차수열 $\{a_n\}$의 첫째항을 a, 공차를 d라 하자.

제5항과 제10항은 절댓값이 같고 부호가 반대이므로 $a_5 = -a_{10}$에서 $a_5 + a_{10} = 0$

즉 $(a+4d) + (a+9d) = 0$에서

$2a + 13d = 0$ ...... ㉠

또 제3항이 18이므로

$a_3 = a + 2d = 18$ ...... ㉡

㉠, ㉡을 연립하여 풀면 $a = 26$, $d = -4$

따라서 등차수열 $\{a_n\}$의 첫째항은 26이고 공차는 -4이다.

13 등차수열 $\{a_n\}$의 첫째항을 a, 공차를 d라 하자.

$a_7 = 16$에서

$a + 6d = 16$ ...... ㉠

또 $a_3 : a_5 = 2 : 5$에서 $5a_3 = 2a_5$

즉 $5(a+2d) = 2(a+4d)$이므로

$3a + 2d = 0$ ...... ㉡

㉠, ㉡을 연립하여 풀면 $a = -2$, $d = 3$

따라서 $a_{10} = a + 9d = -2 + 9 \times 3 = 25$

14 등차수열 $\{a_n\}$의 첫째항을 a, 공차를 d라 하자.

$a_4 = 10$에서

$a + 3d = 10$ ...... ㉠

또 $a_2 : a_6 = 7 : 3$에서 $3a_2 = 7a_6$

즉 $3(a+d) = 7(a+5d)$이므로

$a + 8d = 0$ ...... ㉡

㉠, ㉡을 연립하여 풀면 $a = 16$, $d = -2$

따라서 $a_8 = a + 7d = 16 + 7 \times (-2) = 2$

05

본문 260쪽

등차중항

1 (✎등차중항, 2, 11, 7)   2 -2

3 4   4 -1 또는 $\dfrac{3}{2}$ 5 -1 또는 2

☺ 2

6 (✎등차중항, 2, 16, 13, 22, 2, 22, 19)

7 $x = -1$, $y = -7$ 8 $x = 15$, $y = 19$, $z = 21$

9 $x = -3$, $y = 9$, $z = 21$ 10 ①

11 (✎$a+d$, $a+d$, 4, $a+d$, 4, 3, -3, 1, 4, 7)

12 2, 5, 8   13 -5, -1, 3

14 3, 5, 7   15 -3, 2, 7

16 -9, -3, 3

17 (✎$a-d$, $a+3d$, $a-d$, $a+3d$, 4, $a+3d$, 4, 1, 1, 3, 5, 7, 105)

18 384   19 40   20 585   21 880

22 (✎$a+d$, $a+d$, 1, 1, 1, 1, 1, -1, 1, 3, -1, 3, -1, -1, 3)

23 $k = 0$, 세 실근: 0, 1, 2

24 $k = 23$, 세 실근: 1, 3, 5

25 (✎2, $k+8$, $k+2$, $k+8$, $k+2$, $k+8$, $k+2$, 1)

26 $\dfrac{1}{3}$ 27 -1

---

2 세 수 2, x, -6이 이 순서대로 등차수열을 이루므로 x는 2와 -6의 등차중항이다.

따라서 $2x = 2 + (-6)$, 즉 $2x = -4$에서

$x = -2$

3 세 수 x, 12, $5x$가 이 순서대로 등차수열을 이루므로 12는 x와 $5x$의 등차중항이다.

따라서 $2 \times 12 = x + 5x$, 즉 $6x = 24$에서

$x = 4$

4 세 수 $-x$, $x^2 - x$, 3이 이 순서대로 등차수열을 이루므로 $x^2 - x$는 $-x$와 3의 등차중항이다.

즉 $2(x^2 - x) = -x + 3$, $2x^2 - x - 3 = 0$

$(x+1)(2x-3) = 0$

따라서 $x = -1$ 또는 $x = \dfrac{3}{2}$

5 세 수 $x-1$, $x^2 - 1$, $x+3$이 이 순서대로 등차수열을 이루므로 $x^2 - 1$은 $x-1$과 $x+3$의 등차중항이다.

즉 $2(x^2 - 1) = x - 1 + x + 3$, $2x^2 - 2x - 4 = 0$

$x^2 - x - 2 = 0$, $(x+1)(x-2) = 0$

따라서 $x = -1$ 또는 $x = 2$

7 수열 2, x, -4, y, -10, $\cdots$에서 세 수 2, x, -4가 이 순서대로 등차수열을 이루므로 x는 2와 -4의 등차중항이다.

따라서 $2x=2+(-4)$, 즉 $2x=-2$에서 $x=-1$

또 세 수 -4, y, -10도 이 순서대로 등차수열을 이루므로 y는 -4와 -10의 등차중항이다.

따라서 $2y=-4+(-10)$, 즉 $2y=-14$에서 $y=-7$

[다른 풀이]

수열 2, x, -4, y, -10, $\cdots$에서 x는 2와 -4의 등차중항이므로 $x=-1$

즉 주어진 수열은 2, -1, -4, y, -10, $\cdots$이므로 공차는 $-1-2=-3$

따라서 $y=-4+(-3)=-7$

8 수열 13, x, 17, y, z, $\cdots$에서 세 수 13, x, 17이 이 순서대로 등차수열을 이루므로 x는 13과 17의 등차중항이다.

따라서 $2x=13+17$, 즉 $2x=30$에서 $x=15$

또 세 수 x, 17, y, 즉 15, 17, y가 이 순서대로 등차수열을 이루므로 17은 15와 y의 등차중항이다.

따라서 $2\times17=15+y$에서 $y=34-15=19$

세 수 17, y, z, 즉 17, 19, z가 이 순서대로 등차수열을 이루므로 19는 17과 z의 등차중항이다.

따라서 $2\times19=17+z$에서 $z=38-17=21$

[다른 풀이]

수열 13, x, 17, y, z, $\cdots$에서 x는 13과 17의 등차중항이므로 $x=15$

즉 주어진 수열은 13, 15, 17, y, z, $\cdots$이므로 공차는 $15-13=2$

따라서 $y=17+2=19$, $z=y+2=19+2=21$

9 수열 x, 3, y, 15, z, $\cdots$에서 세 수 3, y, 15가 이 순서대로 등차수열을 이루므로 y는 3과 15의 등차중항이다.

따라서 $2y=3+15$, 즉 $2y=18$에서 $y=9$

또 세 수 x, 3, y, 즉 x, 3, 9가 이 순서대로 등차수열을 이루므로 3은 x와 9의 등차중항이다.

따라서 $2\times3=x+9$에서 $x=-3$

세 수 y, 15, z, 즉 9, 15, z가 이 순서대로 등차수열을 이루므로 15는 9와 z의 등차중항이다.

따라서 $2\times15=9+z$에서 $z=21$

[다른 풀이]

수열 x, 3, y, 15, z, $\cdots$에서 y는 3과 15의 등차중항이므로 $y=9$

즉 주어진 수열은 x, 3, 9, 15, z, $\cdots$이므로 공차는 $9-3=6$

따라서 $x+6=3$에서 $x=-3$, $z=15+6=21$

10 a, 6, b가 이 순서대로 등차수열을 이루므로

$\dfrac{a+b}{2}=6$, $a+b=12$ $\quad\cdots\cdots$ ㉠

또 $\dfrac{1}{a}$, $\dfrac{1}{4}$, $\dfrac{1}{b}$이 이 순서대로 등차수열을 이루므로

$\dfrac{1}{a}+\dfrac{1}{b}=\dfrac{2}{4}=\dfrac{1}{2}$, $\dfrac{a+b}{ab}=\dfrac{1}{2}$ $\quad\cdots\cdots$ ㉡

㉠을 ㉡에 대입하면

$\dfrac{12}{ab}=\dfrac{1}{2}$, $ab=24$

12 합이 15, 곱이 80이고 등차수열을 이루는 세 수를 $a-d$, a, $a+d$라 하자.

세 수의 합이 15이므로

$(a-d)+a+(a+d)=15$

$3a=15$, $a=5$

또 세 수의 곱이 80이므로

$(a-d)\times a\times(a+d)=80$

위의 식에 $a=5$를 대입하면

$(5-d)\times5\times(5+d)=80$

$25-d^2=16$, $d^2=25-16=9$

즉 $d=3$ 또는 $d=-3$

따라서 구하는 세 수는 2, 5, 8이다.

13 합이 -3, 곱이 15이고 등차수열을 이루는 세 수를 $a-d$, a, $a+d$라 하자.

세 수의 합이 -3이므로

$(a-d)+a+(a+d)=-3$

$3a=-3$, $a=-1$

또 세 수의 곱이 15이므로

$(a-d)\times a\times(a+d)=15$

위의 식에 $a=-1$을 대입하면

$(-1-d)\times(-1)\times(-1+d)=15$

양변을 -1로 나누면 $(-1)^2-d^2=-15$이므로

$d^2=16$, 즉 $d=4$ 또는 $d=-4$

따라서 구하는 세 수는 -5, -1, 3이다.

14 합이 15, 곱이 105이고 등차수열을 이루는 세 수를 $a-d$, a, $a+d$라 하자.

세 수의 합이 15이므로

$(a-d)+a+(a+d)=15$

$3a=15$, $a=5$

또 세 수의 곱이 105이므로

$(a-d)\times a\times(a+d)=105$

위의 식에 $a=5$를 대입하면

$(5-d)\times5\times(5+d)=105$

$25-d^2=21$, $d^2=4$

즉 $d=2$ 또는 $d=-2$

따라서 구하는 세 수는 3, 5, 7이다.

15 합이 6, 곱이 -42이고 등차수열을 이루는 세 수를 $a-d$, a, $a+d$라 하자.

세 수의 합이 6이므로

$(a-d)+a+(a+d)=6$

$3a=6,\ a=2$

또 세 수의 곱이 -42이므로

$(a-d)\times a\times(a+d)=-42$

위의 식에 $a=2$를 대입하면

$(2-d)\times2\times(2+d)=-42$

$4-d^2=-21,\ d^2=25$

즉 $d=5$ 또는 $d=-5$

따라서 구하는 세 수는 $-3,\ 2,\ 7$이다.

16 합이 -9, 곱이 81이고 등차수열을 이루는 세 수를 $a-d,\ a,$ $a+d$라 하자.

세 수의 합이 -9이므로

$(a-d)+a+(a+d)=-9$

$3a=-9,\ a=-3$

또 세 수의 곱이 81이므로

$(a-d)\times a\times(a+d)=81$

위의 식에 $a=-3$을 대입하면

$(-3-d)\times(-3)\times(-3+d)=81$

$9-d^2=-27,\ d^2=36$

즉 $d=6$ 또는 $d=-6$

따라서 구하는 세 수는 $-9,\ -3,\ 3$이다.

18 네 수를 $a-3d,\ a-d,\ a+d,\ a+3d\ (d>0)$로 놓으면

조건 ㈎에 의하여

$(a-3d)+(a-d)+(a+d)+(a+3d)=20$

$4a=20,\ a=5$

또 조건 ㈏에 의하여

$(a-3d)(a+3d):(a-d)(a+d)=2:3$

$3(a-3d)(a+3d)=2(a-d)(a+d)$

$3a^2-27d^2=2a^2-2d^2,\ a^2=25d^2$

이 식에 $a=5$를 대입하면

$5^2=25d^2,\ d^2=1$

이때 $d>0$이므로 $d=1$

따라서 구하는 네 수는 $2,\ 4,\ 6,\ 8$이므로 네 수의 곱은

$2\times4\times6\times8=384$

19 네 수를 $a-3d,\ a-d,\ a+d,\ a+3d\ (d>0)$로 놓으면

조건 ㈎에 의하여

$(a-3d)+(a-d)+(a+d)+(a+3d)=2$

$4a=2,\ a=\dfrac{1}{2}$

또 조건 ㈏에 의하여

$(a-3d)(a-d)=(a+d)(a+3d)-6$

$a^2-4ad+3d^2=a^2+4ad+3d^2-6$

$8ad=6$

이 식에 $a=\dfrac{1}{2}$을 대입하면

$4d=6,\ d=\dfrac{3}{2}$

따라서 구하는 네 수는 $-4,\ -1,\ 2,\ 5$이므로 네 수의 곱은

$(-4)\times(-1)\times2\times5=40$

20 네 수를 $a-3d,\ a-d,\ a+d,\ a+3d\ (d>0)$로 놓으면

조건 ㈎에 의하여

$(a-3d)+(a-d)+(a+d)+(a+3d)=28$

$4a=28,\ a=7$

또 조건 ㈏에 의하여

$(a-d)+(a+d)=(a+3d)+1$

$a-3d=1$

이 식에 $a=7$을 대입하면

$3d=6,\ d=2$

따라서 구하는 네 수는 $1,\ 5,\ 9,\ 13$이므로 네 수의 곱은

$1\times5\times9\times13=585$

21 네 수를 $a-3d,\ a-d,\ a+d,\ a+3d\ (d>0)$로 놓으면

조건 ㈎에 의하여

$(a-3d)+(a-d)+(a+d)+(a+3d)=26$

$4a=26,\ a=\dfrac{13}{2}$

또 조건 ㈏에 의하여

$(a-d)(a+d)=(a+3d)(a-3d)+18$

$a^2-d^2=a^2-9d^2+18$

$d^2=\dfrac{9}{4}$

이때 $d>0$이므로 $d=\dfrac{3}{2}$

따라서 구하는 네 수는 $2,\ 5,\ 8,\ 11$이므로 네 수의 곱은

$2\times5\times8\times11=880$

23 등차수열을 이루는 세 실근을 $a-d,\ a,\ a+d$로 놓으면 삼차방정식 $x^3-3x^2+2x+k=0$에서 삼차방정식의 근과 계수의 관계에 의하여

$(a-d)+a+(a+d)=3$

$3a=3,\ a=1$

삼차방정식의 한 실근이 1이므로 $x=1$을 주어진 방정식에 대입하면

$1^3-3\times1^2+2\times1+k=0,\ k=0$

이때 주어진 삼차방정식은

$x^3-3x^2+2x=0$

$x(x^2-3x+2)=0,\ x(x-1)(x-2)=0$

$x=0$ 또는 $x=1$ 또는 $x=2$

따라서 $k=0$이고 세 실근은 $0,\ 1,\ 2$이다.

24 등차수열을 이루는 세 실근을 $a-d,\ a,\ a+d$로 놓으면 삼차방정식 $x^3-9x^2+kx-15=0$에서 삼차방정식의 근과 계수의 관계에 의하여

$(a-d)+a+(a+d)=9$

$3a=9, a=3$

삼차방정식의 한 실근이 3이므로 $x=3$을 주어진 방정식에 대입

하면

$3^3-9\times3^2+k\times3-15=0, k=23$

이때 주어진 삼차방정식은

$x^3-9x^2+23x-15=0$

$(x-3)(x^2-6x+5)=0$

$(x-3)(x-1)(x-5)=0$

$x=1$ 또는 $x=3$ 또는 $x=5$

따라서 $k=23$이고 세 실근은 1, 3, 5이다.

$$
\begin{array}{r|rrrr}
3 & 1 & -9 & 23 & -15 \\
  &   & 3 & -18 & 15 \\
\hline
  & 1 & -6 & 5 & 0
\end{array}
$$

26 다항식 $f(x)=kx^2-x+6$을 세 일차식 $x-1$, $x+1$, $x+2$로

나누었을 때의 나머지는 순서대로

$f(1)=k\times1^2-1+6=k+5$

$f(-1)=k\times(-1)^2-(-1)+6=k+7$

$f(-2)=k\times(-2)^2-(-2)+6=4k+8$

즉 $k+5$, $k+7$, $4k+8$이 이 순서대로 등차수열을 이루므로

$2(k+7)=(k+5)+(4k+8)$

$2k+14=5k+13, 3k=1$

따라서 $k=\dfrac{1}{3}$

27 다항식 $f(x)=kx^2+3x+7$을 세 일차식 $x-2$, $x+1$, $x+2$로

나누었을 때의 나머지는 순서대로

$f(2)=k\times2^2+3\times2+7=4k+13$

$f(-1)=k\times(-1)^2+3\times(-1)+7=k+4$

$f(-2)=k\times(-2)^2+3\times(-2)+7=4k+1$

즉 $4k+13$, $k+4$, $4k+1$이 이 순서대로 등차수열을 이루므로

$2(k+4)=(4k+13)+(4k+1)$

$2k+8=8k+14, 6k=-6$

따라서 $k=-1$

06

본문 264쪽

조화수열과 조화중항

1 $\left(\mathscr{D}\,2, 3, 2, 3, 3n-1, \dfrac{1}{3n-1} \right)$

2 $a_n=\dfrac{6}{n}$ 3 $a_n=\dfrac{2}{n+2}$ 4 $a_n=\dfrac{24}{n}$

5 $\left(\mathscr{D}\,$등차수열, 조화중항, 등차중항, $2, \dfrac{1}{6}, \dfrac{1}{8}, 8 \right)$

6 1   7 $\dfrac{9}{4}$ 8 1

☺ $2, 2ac$

9 $\left(\mathscr{D}\,1, 5, 1, 4, \dfrac{3}{4}, \dfrac{7}{4}, \dfrac{5}{2}, \dfrac{13}{4}, \dfrac{4}{7}, \dfrac{2}{5}, \dfrac{4}{13}, \dfrac{26}{35} \right)$

10 $\dfrac{23}{15}$ 11 $\dfrac{13}{70}$ 12 ①

2 수열 6, 3, 2, $\dfrac{3}{2}$, $\cdots$의 각 항의 역수로 이루어진 수열은

$\dfrac{1}{6}, \dfrac{1}{3}, \dfrac{1}{2}, \dfrac{2}{3}, \cdots$

즉 수열 $\left\{ \dfrac{1}{a_n} \right\}$은 등차수열을 이루며,

첫째항은 $\dfrac{1}{6}$, 공차는 $\dfrac{1}{3}-\dfrac{1}{6}=\dfrac{1}{6}$

따라서 $\dfrac{1}{a_n}=\dfrac{1}{6}+(n-1)\times\dfrac{1}{6}=\dfrac{n}{6}$이므로

$a_n=\dfrac{6}{n}$

3 수열 $\dfrac{2}{3}, \dfrac{1}{2}, \dfrac{2}{5}, \dfrac{1}{3}, \cdots$의 각 항의 역수로 이루어진 수열은

$\dfrac{3}{2}, 2, \dfrac{5}{2}, 3, \cdots$

즉 수열 $\left\{ \dfrac{1}{a_n} \right\}$은 등차수열을 이루며,

첫째항은 $\dfrac{3}{2}$, 공차는 $2-\dfrac{3}{2}=\dfrac{1}{2}$

따라서 $\dfrac{1}{a_n}=\dfrac{3}{2}+(n-1)\times\dfrac{1}{2}=\dfrac{n+2}{2}$이므로

$a_n=\dfrac{2}{n+2}$

4 수열 24, 12, 8, 6, $\cdots$의 각 항의 역수로 이루어진 수열은

$\dfrac{1}{24}, \dfrac{1}{12}, \dfrac{1}{8}, \dfrac{1}{6}, \cdots$

즉 수열 $\left\{ \dfrac{1}{a_n} \right\}$은 등차수열을 이루며,

첫째항은 $\dfrac{1}{24}$, 공차는 $\dfrac{1}{12}-\dfrac{1}{24}=\dfrac{1}{24}$

따라서 $\dfrac{1}{a_n}=\dfrac{1}{24}+(n-1)\times\dfrac{1}{24}=\dfrac{n}{24}$이므로

$a_n=\dfrac{24}{n}$

6 세 수 2, x, $\dfrac{2}{3}$가 이 순서대로 조화수열을 이루므로 각 항의 역

수 $\dfrac{1}{2}, \dfrac{1}{x}, \dfrac{3}{2}$은 이 순서대로 등차수열을 이룬다.

즉 $\dfrac{1}{x}$은 $\dfrac{1}{2}$과 $\dfrac{3}{2}$의 등차중항이므로

$2\times\dfrac{1}{x}=\dfrac{1}{2}+\dfrac{3}{2}, \dfrac{2}{x}=2$

따라서 $x=1$

[다른 풀이]

세 수 2, x, $\dfrac{2}{3}$가 이 순서대로 조화수열을 이루므로 x는 2와 $\dfrac{2}{3}$

의 조화중항이다.

따라서 조화중항을 구하는 공식에 의하여

$x=\dfrac{2\times2\times\dfrac{2}{3}}{2+\dfrac{2}{3}}=\dfrac{\dfrac{8}{3}}{\dfrac{8}{3}}=1$

7 세 수 x, 3, $2x$가 이 순서대로 조화수열을 이루므로 각 항의 역수 $\frac{1}{x}$, $\frac{1}{3}$, $\frac{1}{2x}$은 이 순서대로 등차수열을 이룬다.

즉 $\frac{1}{3}$은 $\frac{1}{x}$과 $\frac{1}{2x}$의 등차중항이므로

$$2 \times \frac{1}{3} = \frac{1}{x} + \frac{1}{2x}, \ \frac{2}{3} = \frac{3}{2x}, \ 4x = 9$$

따라서 $x = \frac{9}{4}$

[다른 풀이]

세 수 x, 3, $2x$가 이 순서대로 조화수열을 이루므로 3은 x와 $2x$의 조화중항이다.

따라서 조화중항을 구하는 공식에 의하여

$$3 = \frac{2 \times x \times 2x}{x + 2x}, \ 3 = \frac{4}{3}x$$이므로

$$x = 3 \times \frac{3}{4} = \frac{9}{4}$$

8 세 수 3, x, $\frac{3}{5}x$가 이 순서대로 조화수열을 이루므로 각 항의 역수 $\frac{1}{3}$, $\frac{1}{x}$, $\frac{5}{3x}$는 이 순서대로 등차수열을 이룬다.

즉 $\frac{1}{x}$은 $\frac{1}{3}$과 $\frac{5}{3x}$의 등차중항이므로

$$2 \times \frac{1}{x} = \frac{1}{3} + \frac{5}{3x}, \ \frac{2}{x} = \frac{x+5}{3x}, \ 6 = x+5$$

따라서 $x = 1$

[다른 풀이]

세 수 3, x, $\frac{3}{5}x$가 이 순서대로 조화수열을 이루므로 x는 3과 $\frac{3}{5}x$의 조화중항이다.

따라서 조화중항을 구하는 공식에 의하여

$$x = \frac{2 \times 3 \times \frac{3}{5}x}{3 + \frac{3}{5}x} = \frac{\frac{18x}{5}}{\frac{3x+15}{5}} = \frac{6x}{x+5}$$이므로

$$\frac{6}{x+5} = 1$$에서 $x = 1$

10 수열 -1, a, b, c, $\frac{1}{7}$의 각 항의 역수로 이루어진 수열

-1, $\frac{1}{a}$, $\frac{1}{b}$, $\frac{1}{c}$, 7은 첫째항이 -1, 제5항이 7인 등차수열을 이루므로 이 등차수열의 공차를 d라 하면

$$7 = -1 + (5-1) \times d, \ 4d = 8$$

즉 $d = 2$이므로

$$\frac{1}{a} = -1 + 2 = 1$$

$$\frac{1}{b} = \frac{1}{a} + 2 = 1 + 2 = 3$$

$$\frac{1}{c} = \frac{1}{b} + 2 = 3 + 2 = 5$$

따라서 $a = 1$, $b = \frac{1}{3}$, $c = \frac{1}{5}$이므로

$$k = a + b + c = 1 + \frac{1}{3} + \frac{1}{5} = \frac{23}{15}$$

11 수열 $\frac{1}{4}$, a, b, c, $\frac{1}{16}$의 각 항의 역수로 이루어진 수열

4, $\frac{1}{a}$, $\frac{1}{b}$, $\frac{1}{c}$, 16은 첫째항이 4, 제5항이 16인 등차수열을 이루므로 이 등차수열의 공차를 d라 하면

$$16 = 4 + (5-1) \times d, \ 4d = 12$$

즉 $d = 3$이므로

$$\frac{1}{a} = 4 + 3 = 7$$

$$\frac{1}{b} = \frac{1}{a} + 3 = 7 + 3 = 10$$

$$\frac{1}{c} = \frac{1}{b} + 3 = 10 + 3 = 13$$

따라서 $a = \frac{1}{7}$, $b = \frac{1}{10}$, $c = \frac{1}{13}$이므로

$$k = \frac{a \times b}{c} = \frac{\frac{1}{7} \times \frac{1}{10}}{\frac{1}{13}} = \frac{13}{70}$$

12 수열 $\frac{1}{10}$, x, y, z, $\frac{1}{2}$의 각 항의 역수로 이루어진 수열

10, $\frac{1}{x}$, $\frac{1}{y}$, $\frac{1}{z}$, 2는 첫째항이 10, 제5항이 2인 등차수열을 이루므로 이 등차수열의 공차를 d라 하면

$$2 = 10 + (5-1) \times d, \ 4d = -8$$

즉 $d = -2$이므로

$$\frac{1}{x} = 10 + (-2) = 8$$

$$\frac{1}{y} = \frac{1}{x} + (-2) = 8 + (-2) = 6$$

$$\frac{1}{z} = \frac{1}{y} + (-2) = 6 + (-2) = 4$$

따라서 $x = \frac{1}{8}$, $y = \frac{1}{6}$, $z = \frac{1}{4}$이므로

$$\frac{yz}{x} = \frac{\frac{1}{6} \times \frac{1}{4}}{\frac{1}{8}} = \frac{8}{24} = \frac{1}{3}$$

07 등차수열의 합

본문 266쪽

원리확인

2, 3, 2, 3, 3, 2, 3, 2, 40, 40, 40, 125, 2660

1 (✎ 3, 39, 10, 10, 3, 39, 210)

2 110   **3** 675   **4** 8

☺ n, l

5 (✎ 8, 2, 10, 10, 8, 2, 170)

6 570   **7** 128   **8** -90

☺ n, 2, $n-1$

9 (✎ 1, 4, 1, 4, $4n-3$, $4k-3$, 9, 33, 9, 9, 33, 153)

10 714 **11** 187 **12** −60

13 (✏ 2, 15, 3, 2, 3, 10, 10, 2, 3, 155)

14 198 **15** −20 **16** 140

17 ④ **18** (✏ 4, 5, 2, 4, 2, 1, 2, 1, 2)

19 첫째항: 50, 공차: −4

20 첫째항: 1, 공차: 3

21 첫째항: 24, 공차: $-\dfrac{3}{2}$

22 (✏ 10, 2, 9, 2, 9, 20, 2, 19, 2, 19, 3, 2, 3, 2)

23 첫째항: 2, 공차: 4

24 첫째항: −16, 공차: 3 **25** ④

26 (✏ 음수, 감소, ≥, 최대, $n-1$, $-2n+27$, ≥, $\dfrac{27}{2}$, 13, 13, 13, 2, 12, 169)

27 $n=14$, 최댓값: 287 **28** $n=7$, 최댓값: $\dfrac{77}{2}$

29 (✏ 양수, 증가, ≤, 최대, −23, $3n-26$, ≤, $\dfrac{26}{3}$, 8, 8, 8, −23, 7, −100)

30 $n=6$, 최솟값: −120 **31** $n=7$, 최솟값: −105

32 (✏ 6, 9, 96, 3, 33, 3, 99, 33, 33, 99, 1683)

33 1300

34 (✏ 7, 11, 95, 4, 25, 4, 99, 25, 25, 99, 1275)

35 970

36 (1) (✏ 1, 1, 2) (2) (✏ 5, $5n-4$, −2, $-2n+3$, $3n-1$)

(3) (✏ 2, 3, 3) (4) (✏ 2, 3, 10, 2, 3, 155)

37 (1) 0 (2) $5n-5$ (3) 5 (4) 225

2 S_{11}은 첫째항이 −5이고 끝항이 25, 항수가 11인 등차수열의 첫째항부터 제11항까지의 합이므로

$$S_{11}=\frac{11\times\{(-5)+25\}}{2}=110$$

3 S_{15}는 첫째항이 10이고 끝항이 80, 항수가 15인 등차수열의 첫째항부터 제15항까지의 합이므로

$$S_{15}=\frac{15\times(10+80)}{2}=675$$

4 S_8은 첫째항이 −6이고 끝항이 8, 항수가 8인 등차수열의 첫째항부터 제8항까지의 합이므로

$$S_8=\frac{8\times\{(-6)+8\}}{2}=8$$

6 S_{20}은 첫째항이 57, 공차가 −3인 등차수열의 첫째항부터 제20항까지의 합이므로

$$S_{20}=\frac{20\times\{2\times57+(20-1)\times(-3)\}}{2}=570$$

7 S_8은 첫째항이 2, 공차가 4인 등차수열의 첫째항부터 제8항까지의 합이므로

$$S_8=\frac{8\times\{2\times2+(8-1)\times4\}}{2}=128$$

8 S_{12}는 첫째항이 20, 공차가 −5인 등차수열의 첫째항부터 제12항까지의 합이므로

$$S_{12}=\frac{12\times\{2\times20+(12-1)\times(-5)\}}{2}=-90$$

10 수열 4, 7, 10, ⋯, 64는 첫째항이 4이고 공차가 $7-4=3$인 등차수열이므로 일반항을 a_n이라 하면

$$a_n=4+(n-1)\times3=3n+1$$

이때 64를 제k항이라 하면

$64=3k+1$에서 $k=21$

따라서 구하는 합은 첫째항이 4, 끝항이 64인 등차수열의 첫째항부터 제21항까지의 합이므로

$$4+7+10+\cdots+64=\frac{21\times(4+64)}{2}=714$$

11 수열 32, 29, 26, ⋯, 2는 첫째항이 32이고 공차가 $29-32=-3$인 등차수열이므로 일반항을 a_n이라 하면

$$a_n=32+(n-1)\times(-3)=-3n+35$$

이때 2를 제k항이라 하면

$2=-3k+35$에서 $k=11$

따라서 구하는 합은 첫째항이 32, 끝항이 2인 등차수열의 첫째항부터 제11항까지의 합이므로

$$32+29+26+\cdots+2=\frac{11\times(32+2)}{2}=187$$

12 수열 6, 4, 2, ⋯, −16은 첫째항이 6이고 공차가 $4-6=-2$인 등차수열이므로 일반항을 a_n이라 하면

$$a_n=6+(n-1)\times(-2)=-2n+8$$

이때 −16을 제k항이라 하면

$-16=-2k+8$에서 $k=12$

따라서 구하는 합은 첫째항이 6, 끝항이 −16인 등차수열의 첫째항부터 제12항까지의 합이므로

$$6+4+2+\cdots+(-16)=\frac{12\times\{6+(-16)\}}{2}=-60$$

14 첫째항이 30, 제12항이 8인 등차수열 $\{a_n\}$의 공차를 d라 하면

$8=30+(12-1)\times d$이므로

$$d=-2$$

따라서 구하는 합은 첫째항이 30, 공차가 −2인 등차수열의 첫째항부터 제9항까지의 합이므로

$$S_9=\frac{9\times\{2\times30+(9-1)\times(-2)\}}{2}=198$$

15 첫째항이 8, 제7항이 -10인 등차수열 $\{a_n\}$의 공차를 d라 하면
$a_7=8+(7-1)\times d=-10$이므로
$d=-3$
따라서 구하는 합은 첫째항이 8, 공차가 -3인 등차수열의 첫째항부터 제8항까지의 합이므로
$$S_8=\frac{8\times\{2\times8+(8-1)\times(-3)\}}{2}=-20$$

16 첫째항이 -31, 제10항이 5인 등차수열 $\{a_n\}$의 공차를 d라 하면 $a_{10}=-31+(10-1)\times d=5$이므로
$d=4$
따라서 구하는 합은 첫째항이 -31, 공차가 4인 등차수열의 첫째항부터 제20항까지의 합이므로
$$S_{20}=\frac{20\times\{2\times(-31)+(20-1)\times4\}}{2}=140$$

17 등차수열 $\{a_n\}$의 첫째항부터 제n항까지의 합을 S_n이라 하면 S_m은 첫째항이 54이고 끝항, 즉 제m항이 -14인 등차수열의 첫째항부터 제m항까지의 합이고 그 합이 360이므로
$$\frac{m\times\{54+(-14)\}}{2}=360$$
$20m=360$, 즉 $m=18$
따라서 등차수열 $\{a_n\}$의 공차를 d라 하면 첫째항이 54, 제18항이 -14이므로
$-14=54+(18-1)\times d$
$-14=54+17d$, $17d=-68$, 즉 $d=-4$

19 첫째항을 a, 공차를 d라 하면
$a_{10}=14$에서 $a+9d=14$ ······ ㉠
$S_{10}=320$에서 $\dfrac{10\times(2a+9d)}{2}=320$
즉 $2a+9d=64$ ······ ㉡
㉠, ㉡을 연립하여 풀면
$a=50$, $d=-4$
따라서 첫째항은 50, 공차는 -4이다.

20 첫째항을 a, 공차를 d라 하면
$a_4=10$에서 $a+3d=10$ ······ ㉠
$S_8=92$에서 $\dfrac{8\times(2a+7d)}{2}=92$
즉 $2a+7d=23$ ······ ㉡
㉠, ㉡을 연립하여 풀면
$a=1$, $d=3$
따라서 첫째항은 1, 공차는 3이다.

21 첫째항을 a, 공차를 d라 하면
$a_{11}=9$에서 $a+10d=9$ ······ ㉠
$S_{12}=189$에서 $\dfrac{12\times(2a+11d)}{2}=189$

즉 $2a+11d=\dfrac{63}{2}$ ······ ㉡
㉠, ㉡을 연립하여 풀면
$a=24$, $d=-\dfrac{3}{2}$
따라서 첫째항은 24, 공차는 $-\dfrac{3}{2}$이다.

23 첫째항을 a, 공차를 d라 하면
$S_5=50$에서 $\dfrac{5\times(2a+4d)}{2}=50$
즉 $a+2d=10$ ······ ㉠
$S_{10}=200$에서 $\dfrac{10\times(2a+9d)}{2}=200$
즉 $2a+9d=40$ ······ ㉡
㉠, ㉡을 연립하여 풀면
$a=2$, $d=4$
따라서 첫째항은 2, 공차는 4이다.

24 첫째항을 a, 공차를 d라 하면
$S_{10}=-25$에서 $\dfrac{10\times(2a+9d)}{2}=-25$
즉 $2a+9d=-5$ ······ ㉠
$S_{15}=75$에서 $\dfrac{15\times(2a+14d)}{2}=75$
즉 $a+7d=5$ ······ ㉡
㉠, ㉡을 연립하여 풀면
$a=-16$, $d=3$
따라서 첫째항은 -16, 공차는 3이다.

25 등차수열 $\{a_n\}$의 첫째항을 a, 공차를 d라 하고, 첫째항부터 제n항까지의 합을 S_n이라 하면
$a_1+a_2+a_3+a_4+a_5=60$에서 $S_5=60$이므로
$\dfrac{5\times(2a+4d)}{2}=60$, 즉 $a+2d=12$ ······ ㉠
또 $a_6+a_7+a_8+a_9+a_{10}=135$에서 $S_{10}-S_5=135$이므로
$S_{10}=60+135=195$
$\dfrac{10\times(2a+9d)}{2}=195$, 즉 $2a+9d=39$ ······ ㉡
㉠, ㉡을 연립하여 풀면
$a=6$, $d=3$
따라서 이 수열의 첫째항부터 제15항까지의 합은
$$S_{15}=\frac{15\times(2\times6+14\times3)}{2}=405$$

27 첫째항이 40이고 공차가 -3으로 음수인 등차수열이므로 항수가 커질수록 항의 값이 감소하고, $a_n\geq0$을 만족시키는 n이 최대일 때까지의 합이 S_n의 최댓값이다.
이때 일반항 a_n은
$a_n=40+(n-1)\times(-3)=-3n+43$
$a_n\geq0$에서 $-3n+43\geq0$
$3n\leq43$, 즉 $n\leq\dfrac{43}{3}=14.333\cdots$

따라서 이를 만족시키는 n의 최댓값은 14이고 S_n의 최댓값은

$$S_{14}=\frac{14\times\{2\times40+13\times(-3)\}}{2}=287$$

28 첫째항이 10이고 공차가 $-\dfrac{3}{2}$으로 음수인 등차수열이므로 항수가 커질수록 항의 값이 감소하고, $a_n\geq0$을 만족시키는 n이 최대일 때까지의 합이 S_n의 최댓값이다.

이때 일반항 a_n은

$$a_n=10+(n-1)\times\left(-\frac{3}{2}\right)=-\frac{3}{2}n+\frac{23}{2}$$

$a_n\geq0$에서 $-\dfrac{3}{2}n+\dfrac{23}{2}\geq0$

$\dfrac{3}{2}n\leq\dfrac{23}{2}$, 즉 $n\leq\dfrac{23}{3}=7.666\cdots$

따라서 이를 만족시키는 n의 최댓값은 7이고 S_n의 최댓값은

$$S_7=\frac{7\times\left\{2\times10+6\times\left(-\frac{3}{2}\right)\right\}}{2}=\frac{77}{2}$$

30 첫째항이 -35이고 공차가 6으로 양수인 등차수열이므로 항수가 커질수록 항의 값이 증가하고, $a_n\leq0$을 만족시키는 n이 최대일 때까지의 합이 S_n의 최솟값이다.

이때 일반항 a_n은

$$a_n=-35+(n-1)\times6=6n-41$$

$a_n\leq0$에서

$6n-41\leq0$, 즉 $n\leq\dfrac{41}{6}=6.8333\cdots$

따라서 이를 만족시키는 n의 최댓값은 6이고 S_n의 최솟값은

$$S_6=\frac{6\times\{2\times(-35)+5\times6\}}{2}=-120$$

31 첫째항이 -27이고 공차가 4로 양수인 등차수열이므로 항수가 커질수록 항의 값이 증가하고, $a_n\leq0$을 만족시키는 n이 최대일 때까지의 합이 S_n의 최솟값이다.

이때 일반항 a_n은

$$a_n=-27+(n-1)\times4=4n-31$$

$a_n\leq0$에서

$4n-31\leq0$, 즉 $n\leq\dfrac{31}{4}=7.75$

따라서 이를 만족시키는 n의 최댓값은 7이고 S_n의 최솟값은

$$S_7=\frac{7\times\{2\times(-27)+6\times4\}}{2}=-105$$

33 1부터 100까지의 자연수 중에서 4의 배수를 작은 것부터 크기순으로 나열하면

$4,\ 8,\ 12,\ \cdots,\ 96,\ 100$

이 수열은 첫째항이 4, 공차가 4인 등차수열이고

$100=4+(25-1)\times4$

따라서 구하는 총합은 첫째항이 4, 끝항이 100, 항수가 25인 등차수열의 합이므로

$$\frac{25\times(4+100)}{2}=1300$$

35 1부터 100까지의 자연수 중에서 5로 나눈 나머지가 1인 수를 작은 것부터 크기순으로 나열하면

$1,\ 6,\ 11,\ \cdots,\ 91,\ 96$

이 수열은 첫째항이 1, 공차가 5인 등차수열이고

$96=1+(20-1)\times5$

따라서 구하는 총합은 첫째항이 1, 끝항이 96, 항수가 20인 등차수열의 합이므로

$$\frac{20\times(1+96)}{2}=970$$

37 (1) 두 등차수열 $\{a_n\}$, $\{b_n\}$의 첫째항이 모두 10이므로

$a_1=10,\ b_1=10$

따라서 수열 $\{a_n-b_n\}$의 첫째항은

$a_1-b_1=10-10=0$

(2) 수열 $\{a_n\}$은 첫째항이 10이고 공차가 2인 등차수열이므로

$a_n=10+(n-1)\times2=2n+8$

또 수열 $\{b_n\}$은 첫째항이 10이고 공차가 -3인 등차수열이므로

$b_n=10+(n-1)\times(-3)=-3n+13$

따라서 수열 $\{a_n-b_n\}$의 일반항은

$a_n-b_n=(2n+8)-(-3n+13)$
$\qquad\quad=5n-5$

(3) $a_n-b_n=5n-5=0+(n-1)\times5$

따라서 수열 $\{a_n-b_n\}$의 공차는 5이다.

(4) 수열 $\{a_n-b_n\}$은 첫째항이 0이고 공차가 5인 등차수열이므로 첫째항부터 제10항까지의 합은

$$\frac{10\times(2\times0+9\times5)}{2}=225$$

---

08 본문 272쪽

등차수열의 합과 일반항 사이의 관계

1 (✎ $3,\ S_{n-1},\ n-1,\ n-1,\ 2n+1,\ 3,\ 1,\ 2n+1$)

2 $a_n=2n-2$ **3** $a_n=4n-3$

4 $a_n=6n-1$ ☺ $S_1,\ S_{n-1}$

5 (✎ $4,\ S_{n-1},\ n-1,\ n-1,\ 2n,\ 4,\ 1,\ 4,\ 2n,\ 2$)

6 $a_1=-4,\ a_n=2n-2\ (n\geq2)$

7 $a_1=6,\ a_n=4n+1\ (n\geq2)$

8 $a_1=3,\ a_n=6n-5\ (n\geq2)$ **9** ②

10 (✎ $4,\ 3,\ 10,\ 4,\ 3,\ 7,\ 10,\ 7,\ 3$)   **11** -2

12 (✎ $7,\ 98+7k,\ 1,\ 2+k,\ 7,\ 1,\ 96+6k,\ 96+6k,\ 4$)

13 2

2 $S_n = n^2 - n$이므로

(i) $n = 1$일 때,

$\quad a_1 = S_1 = 1^2 - 1 = 0$

(ii) $n \geq 2$일 때,

$\quad a_n = S_n - S_{n-1}$

$\quad\quad = (n^2 - n) - \{(n-1)^2 - (n-1)\}$

$\quad\quad = 2n - 2 \quad \cdots\cdots \ \bigcirc$

이때 $a_1 = 0$은 $\bigcirc$에 $n = 1$을 대입한 것과 같으므로

$a_n = 2n - 2$

3 $S_n = 2n^2 - n$이므로

(i) $n = 1$일 때,

$\quad a_1 = S_1 = 2 \times 1^2 - 1 = 1$

(ii) $n \geq 2$일 때,

$\quad a_n = S_n - S_{n-1}$

$\quad\quad = (2n^2 - n) - \{2(n-1)^2 - (n-1)\}$

$\quad\quad = 4n - 3 \quad \cdots\cdots \ \bigcirc$

이때 $a_1 = 1$은 $\bigcirc$에 $n = 1$을 대입한 것과 같으므로

$a_n = 4n - 3$

4 $S_n = 3n^2 + 2n$이므로

(i) $n = 1$일 때,

$\quad a_1 = S_1 = 3 \times 1^2 + 2 \times 1 = 5$

(ii) $n \geq 2$일 때,

$\quad a_n = S_n - S_{n-1}$

$\quad\quad = (3n^2 + 2n) - \{3(n-1)^2 + 2(n-1)\}$

$\quad\quad = 6n - 1 \quad \cdots\cdots \ \bigcirc$

이때 $a_1 = 5$는 $\bigcirc$에 $n = 1$을 대입한 것과 같으므로

$a_n = 6n - 1$

6 $S_n = n^2 - n - 4$이므로

(i) $n = 1$일 때,

$\quad a_1 = S_1 = 1^2 - 1 - 4 = -4$

(ii) $n \geq 2$일 때,

$\quad a_n = S_n - S_{n-1}$

$\quad\quad = (n^2 - n - 4) - \{(n-1)^2 - (n-1) - 4\}$

$\quad\quad = 2n - 2 \quad \cdots\cdots \ \bigcirc$

이때 $a_1 = -4$는 $\bigcirc$에 $n = 1$을 대입한 것과 같지 않으므로 이 수열의 일반항은

$a_1 = -4, \ a_n = 2n - 2 \ (n \geq 2)$

7 $S_n = 2n^2 + 3n + 1$이므로

(i) $n = 1$일 때,

$\quad a_1 = S_1 = 2 \times 1^2 + 3 \times 1 + 1 = 6$

(ii) $n \geq 2$일 때,

$\quad a_n = S_n - S_{n-1}$

$\quad\quad = (2n^2 + 3n + 1) - \{2(n-1)^2 + 3(n-1) + 1\}$

$\quad\quad = 4n + 1 \quad \cdots\cdots \ \bigcirc$

이때 $a_1 = 6$은 $\bigcirc$에 $n = 1$을 대입한 것과 같지 않으므로 이 수열의 일반항은

$a_1 = 6, \ a_n = 4n + 1 \ (n \geq 2)$

8 $S_n = 3n^2 - 2n + 2$이므로

(i) $n = 1$일 때,

$\quad a_1 = S_1 = 3 \times 1^2 - 2 \times 1 + 2 = 3$

(ii) $n \geq 2$일 때,

$\quad a_n = S_n - S_{n-1}$

$\quad\quad = (3n^2 - 2n + 2) - \{3(n-1)^2 - 2(n-1) + 2\}$

$\quad\quad = 6n - 5 \quad \cdots\cdots \ \bigcirc$

이때 $a_1 = 3$은 $\bigcirc$에 $n = 1$을 대입한 것과 같지 않으므로 이 수열의 일반항은

$a_1 = 3, \ a_n = 6n - 5 \ (n \geq 2)$

9 $S_n = n^2 + 4n + 1$이므로

(i) $n = 1$일 때,

$\quad a_1 = S_1 = 1^2 + 4 \times 1 + 1 = 6$

(ii) $n \geq 2$일 때,

$\quad a_n = S_n - S_{n-1}$

$\quad\quad = (n^2 + 4n + 1) - \{(n-1)^2 + 4(n-1) + 1\}$

$\quad\quad = 2n + 3 \quad \cdots\cdots \ \bigcirc$

이때 $a_1 = 6$은 $\bigcirc$에 $n = 1$을 대입한 것과 같지 않으므로 이 수열의 일반항은

$a_1 = 6, \ a_n = 2n + 3 \ (n \geq 2)$

따라서 $a_{10} = 2 \times 10 + 3 = 23$이므로

$a_1 + a_{10} = 6 + 23 = 29$

[다른 풀이]

$S_n = n^2 + 4n + 1$이므로

$a_1 = S_1 = 1^2 + 4 \times 1 + 1 = 6$

$a_{10} = S_{10} - S_9$

$\quad = (10^2 + 4 \times 10 + 1) - (9^2 + 4 \times 9 + 1)$

$\quad = 141 - 118 = 23$

따라서 $a_1 + a_{10} = 6 + 23 = 29$

11 $S_n = 2n^2 + kn$이므로

$a_5 = S_5 - S_4$

$\quad = (2 \times 5^2 + k \times 5) - (2 \times 4^2 + k \times 4)$

$\quad = (5k + 50) - (4k + 32) = k + 18$

또 $T_n = n^2 + 3n + 3$이므로

$b_7 = T_7 - T_6$

$\quad = (7^2 + 3 \times 7 + 3) - (6^2 + 3 \times 6 + 3)$

$\quad = 73 - 57 = 16$

이때 $a_5 = b_7$에서 $k + 18 = 16$이므로

$k = -2$

13 $S_n = kn^2 + n$이므로

수열 $\{a_n\}$의 첫째항부터 제10항까지의 합은

$S_{10} = k \times 10^2 + 10 = 100k + 10$

또 수열 $\{a_n\}$의 첫째항부터 제5항까지의 합은

$S_5 = k \times 5^2 + 5 = 25k + 5$

이때 수열 $\{a_n\}$의 제6항부터 제10항까지의 합은

$S_{10} - S_5 = (100k + 10) - (25k + 5) = 75k + 5$

따라서 $75k + 5 = 155$에서 $75k = 150$이므로

$k = 2$

TEST 개념 확인   본문 274쪽

1 ④	2 ⑤	3 ②	4 제7항
5 ③	6 ④	7 ①	8 ④
9 ①	10 84	11 ③	12 170

1 수열 $\{a_n\}$의 일반항이 $a_n = 2n + 2^{n-1}$이므로

제2항은 $a_2 = 2 \times 2 + 2^{2-1} = 4 + 2 = 6$

제5항은 $a_5 = 2 \times 5 + 2^{5-1} = 10 + 16 = 26$

따라서 제2항과 제5항의 합은

$6 + 26 = 32$

2 등차수열 -4, 2, 8, $\cdots$을 수열 $\{a_n\}$이라 하면 첫째항은

$a_1 = -4$이고 공차는 $2 - (-4) = 6$

즉 등차수열 $\{a_n\}$의 일반항 a_n은

$a_n = -4 + (n-1) \times 6 = 6n - 10$

이때 80을 제k항이라 하면 $a_k = 80$에서

$6k - 10 = 80$, $6k = 90$, 즉 $k = 15$

따라서 80은 제15항이다.

3 첫째항과 공차가 같은 등차수열 $\{a_n\}$의 첫째항과 공차를 모두 a라 하면 일반항 a_n은

$a_n = a + (n-1) \times a = an$

즉 $a_5 = 5a$, $a_8 = 8a$이므로 $a_5 + a_8 = 52$에서

$5a + 8a = 52$, $13a = 52$

따라서 $a = 4$이므로 $a_{10} = 10a = 40$

4 등차수열 $\{a_n\}$의 첫째항을 a, 공차를 d라 하면

$a_5 = a + 4d = -5$ ...... ㉠

$a_9 = a + 8d = 11$ ...... ㉡

㉠, ㉡을 연립하여 풀면

$a = -21$, $d = 4$

즉 등차수열 $\{a_n\}$의 일반항 a_n은

$a_n = -21 + (n-1) \times 4 = 4n - 25$

이때 $a_n > 0$에서 $4n - 25 > 0$

$4n > 25$에서 $n > \dfrac{25}{4} = 6.25$이므로 이를 만족시키는 n의 최솟값은 7이다.

따라서 처음으로 양수가 되는 항은 제7항이다.

5 등차수열 6, a_1, a_2, a_3, $\cdots$, a_{15}, 30의 공차를 d라 하면 첫째항이 6, 제17항이 30이므로

$30 = 6 + (17-1) \times d$

$16d + 6 = 30$, $16d = 24$

따라서 $d = \dfrac{3}{2}$

6 세 수 -3, a, 7이 이 순서대로 등차수열을 이루므로

$2a = -3 + 7$, 즉 $a = 2$

또 세 수 9, b, -17도 이 순서대로 등차수열을 이루므로

$2b = 9 + (-17)$, 즉 $b = -4$

따라서 $a - b = 2 - (-4) = 6$

7 등차수열을 이루는 세 실수를 $a-d$, a, $a+d$라 하면

세 실수의 합이 9이므로

$(a-d) + a + (a+d) = 9$

$3a = 9$, 즉 $a = 3$

또 세 실수의 곱이 -48이므로

$(a-d) \times a \times (a+d) = -48$

위의 식에 $a = 3$을 대입하면

$(3-d) \times 3 \times (3+d) = -48$

$9 - d^2 = -16$, $d^2 = 9 + 16 = 25$

따라서 $d = 5$ 또는 $d = -5$이므로 구하는 세 실수는

-2, 3, 8이고 이들 세 실수의 제곱의 합은

$(-2)^2 + 3^2 + 8^2 = 4 + 9 + 64 = 77$

8 등차수열 $\{a_n\}$의 첫째항을 a, 공차를 d라 하면

$a_5 = a + 4d = 18$ ...... ㉠

$a_{11} = a + 10d = 48$ ...... ㉡

㉠, ㉡을 연립하여 풀면

$a = -2$, $d = 5$

따라서 이 수열의 첫째항부터 제10항까지의 합은

$\dfrac{10 \times \{2 \times (-2) + 9 \times 5\}}{2} = 205$

9 등차수열 $\{a_n\}$의 첫째항을 a, 공차를 d라 하면

$S_5 = -20$에서 $\dfrac{5 \times (2a+4d)}{2} = -20$이므로

$a + 2d = -4$ ...... ㉠

또 $S_{10} = 35$에서 $\dfrac{10 \times (2a+9d)}{2} = 35$이므로

$2a + 9d = 7$ ...... ㉡

㉠, ㉡을 연립하여 풀면

$a = -10$, $d = 3$

따라서 $S_{20} = \dfrac{20 \times \{2 \times (-10) + 19 \times 3\}}{2} = 370$

10 등차수열 $\{a_n\}$의 첫째항을 a, 공차를 d라 하면

$a_5 = a + 4d = 7$ ······ ㉠

$a_{10} = a + 9d = -13$ ······ ㉡

㉠, ㉡을 연립하여 풀면

$a = 23$, $d = -4$

즉 첫째항이 23이고 공차가 -4로 음수인 등차수열이므로 항수가 커질수록 항의 값이 감소하고 $a_n \geq 0$을 만족시키는 n이 최대일 때까지의 합이 S_n의 최댓값이다.

이때 일반항 a_n은

$a_n = 23 + (n-1) \times (-4) = -4n + 27$

$a_n \geq 0$에서 $-4n + 27 \geq 0$

$4n \leq 27$, 즉 $n \leq \dfrac{27}{4} = 6.75$

즉 $b = 6$이고, S_n의 최댓값은 S_6이므로

$a = S_6 = \dfrac{6 \times \{2 \times 23 + 5 \times (-4)\}}{2} = 78$

따라서 $a + b = 78 + 6 = 84$

11 수열 $\{a_n\}$의 첫째항부터 제n항까지의 합 S_n이

$S_n = \dfrac{1}{2}n^2 + 3n - 1$이므로

(i) $n = 1$일 때,

$a_1 = S_1 = \dfrac{1}{2} \times 1^2 + 3 \times 1 - 1 = \dfrac{5}{2}$

(ii) $n \geq 2$일 때,

$a_n = S_n - S_{n-1}$

$= \left(\dfrac{1}{2}n^2 + 3n - 1\right) - \left\{\dfrac{1}{2}(n-1)^2 + 3(n-1) - 1\right\}$

$= n + \dfrac{5}{2}$ ······ ㉠

이때 $a_1 = \dfrac{5}{2}$는 ㉠에 $n = 1$을 대입한 것과 같지 않으므로 이 수열의 일반항은

$a_1 = \dfrac{5}{2}$, $a_n = n + \dfrac{5}{2}$ $(n \geq 2)$

따라서 $a_9 = 9 + \dfrac{5}{2} = \dfrac{23}{2}$이므로

$a_1 + a_9 = \dfrac{5}{2} + \dfrac{23}{2} = 14$

[다른 풀이]

$S_n = \dfrac{1}{2}n^2 + 3n - 1$이므로

$a_1 = S_1 = \dfrac{1}{2} \times 1^2 + 3 \times 1 - 1 = \dfrac{5}{2}$

$a_9 = S_9 - S_8$

$= \left(\dfrac{1}{2} \times 9^2 + 3 \times 9 - 1\right) - \left(\dfrac{1}{2} \times 8^2 + 3 \times 8 - 1\right)$

$= \dfrac{133}{2} - 55 = \dfrac{23}{2}$

따라서 $a_1 + a_9 = \dfrac{5}{2} + \dfrac{23}{2} = 14$

12 $S_n = 2n^2 + kn$이므로

$a_{10} = S_{10} - S_9$

$= (2 \times 10^2 + 10k) - (2 \times 9^2 + 9k)$

$= k + 38$

즉 $k + 38 = 42$에서 $k = 4$이므로

$S_n = 2n^2 + 4n$

따라서

$a_6 + a_7 + a_8 + a_9 + a_{10} = S_{10} - S_5$

$= (2 \times 10^2 + 4 \times 10) - (2 \times 5^2 + 4 \times 5)$

$= 240 - 70 = 170$

TEST 개념 발전

본문 276쪽

8. 등차수열

1 ②	2 ④	3 11	4 3
5 ⑤	6 ②	7 702	8 ①
9 80	10 ⑤	11 240	12 ②
13 ⑤	14 ①	15 2	

1 등차수열 $\{a_n\}$의 공차를 d라 하면

$a_3 + a_4 = a_8$에서

$(a_1 + 2d) + (a_1 + 3d) = a_1 + 7d$

이때 $a_1 = 4$이므로

$8 + 5d = 4 + 7d$, $2d = 4$, $d = 2$

즉 수열 $\{a_n\}$의 일반항 a_n은

$a_n = 4 + (n-1) \times 2 = 2n + 2$

따라서 $a_k = 36$에서 $2k + 2 = 36$이므로

$k = 17$

2 첫째항이 1인 등차수열 $\{a_n\}$의 공차를 d라 하면

$a_2 + a_6 = (1 + d) + (1 + 5d) = 2 + 6d$

$a_7 + a_{10} = (1 + 6d) + (1 + 9d) = 2 + 15d$

이때 $(a_2 + a_6) : (a_7 + a_{10}) = 1 : 2$이므로

$(2 + 6d) : (2 + 15d) = 1 : 2$

$2 + 15d = 2(2 + 6d)$, $2 + 15d = 4 + 12d$

$3d = 2$, 즉 $d = \dfrac{2}{3}$

따라서 수열 $\{a_n\}$의 일반항 a_n은

$a_n = 1 + (n-1) \times \dfrac{2}{3} = \dfrac{2}{3}n + \dfrac{1}{3}$이므로

$a_{19} = \dfrac{2}{3} \times 19 + \dfrac{1}{3} = 13$

3 등차수열 $1, a_1, a_2, a_3, \cdots, a_n, 11$의 첫째항은 1, 공차는 $\dfrac{5}{6}$이고 제$(n+2)$항이 11이므로

$11 = 1 + \{(n+2) - 1\} \times \dfrac{5}{6}$

$\dfrac{5}{6}(n+1) = 10$, $n + 1 = 12$

따라서 $n = 11$

4 세 수 $a-2$, $a+2$, a^2이 이 순서대로 등차수열을 이루므로
$$2(a+2)=(a-2)+a^2$$
$$a^2-a-6=0$$
$$(a-3)(a+2)=0, \text{ 즉 } a=3 \text{ 또는 } a=-2$$
따라서 양수 a의 값은 3이다.

5 첫째항이 -12이고 공차가 3인 등차수열의 첫째항부터 제n항까지의 합이 54이므로
$$\frac{n\{2\times(-12)+(n-1)\times 3\}}{2}=54$$
$$n(3n-27)=108$$
$$3n^2-27n-108=0,\ n^2-9n-36=0$$
$$(n-12)(n+3)=0, \text{ 즉 } n=12 \text{ 또는 } n=-3$$
이때 n은 자연수이므로 $n=12$

6 등차수열 $\{a_n\}$의 첫째항을 a, 공차를 d라 하면
$$a_5=a+4d=17 \quad \cdots\cdots \ \text{㉠}$$
$$a_8=a+7d=8 \quad \cdots\cdots \ \text{㉡}$$
㉠, ㉡을 연립하여 풀면
$$a=29,\ d=-3$$
즉 첫째항이 29이고 공차가 -3으로 음수인 등차수열이므로 항수가 커질수록 항의 값이 감소한다.

첫째항부터 제n항까지의 합이 최대가 되려면 $a_n \geq 0$을 만족시키는 n이 최대일 때까지의 항을 더해야 한다.

이때 일반항 a_n은
$$a_n=29+(n-1)\times(-3)=-3n+32$$
$$a_n \geq 0 \text{에서 } -3n+32 \geq 0$$
$$3n \leq 32, \text{ 즉 } n \leq \frac{32}{3}=10.666\cdots$$
따라서 $a_{10} \geq 0$, $a_{11} < 0$이므로 첫째항부터 제n항까지의 합이 최대가 되도록 하는 자연수 n의 값은 10이다.

7 두 자리 자연수 중에서 7로 나누었을 때의 나머지가 5인 수를 작은 것부터 크기순으로 나열하면
$$12,\ 19,\ 26,\ \cdots,\ 96$$
이 수열은 첫째항이 12, 공차가 7인 등차수열이고
$$96=12+(13-1)\times 7$$
따라서 구하는 총합은 첫째항이 12, 끝항이 96이고 항수가 13인 등차수열의 합이므로
$$\frac{13\times(12+96)}{2}=702$$

8 $S_n=n^2-3n-2$에서
$$a_1=S_1=1^2-3\times 1-2=-4$$
즉 $k \neq 1$
$k \geq 2$일 때,
$$a_k=S_k-S_{k-1}$$
$$=(k^2-3k-2)-\{(k-1)^2-3(k-1)-2\}$$
$$=2k-4$$

따라서 $a_k=14$에서 $2k-4=14$이므로
$$k=9$$

9 직육면체의 가로의 길이, 세로의 길이, 높이를 각각
$a-d$, a, $a+d$로 놓으면
모든 모서리의 길이의 합이 60이므로
$$4\{(a-d)+a+(a+d)\}=60$$
$$3a=15, \text{ 즉 } a=5$$
또 겉넓이가 132이므로
$$2\{a(a-d)+a(a+d)+(a-d)(a+d)\}=132$$
$$3a^2-d^2=66$$
위의 식에 $a=5$를 대입하면
$$3\times 5^2-d^2=66,\ d^2=75-66=9$$
즉 $d=3$ 또는 $d=-3$
따라서 직육면체의 가로의 길이, 세로의 길이, 높이는 각각 2, 5, 8 또는 8, 5, 2이므로 구하는 부피는
$$2\times 5\times 8=80$$

10 방학 n일째에 공부한 시간을 a_n분이라 하면 매일 공부 시간을 5분씩 늘리므로 공부한 시간의 수열 $\{a_n\}$은 첫째항 $a_1=30$이고 공차가 5인 등차수열을 이룬다.
즉 $a_n=30+(n-1)\times 5=5n+25$
공부한 시간이 2시간 40분, 즉 160분인 날이 방학 n일째라 하면
$$5n+25=160,\ 5n=135$$
즉 $n=27$
따라서 은지의 여름 방학은 총 27일이고 은지가 방학 동안 공부한 시간의 총합은 첫째항이 30, 끝항이 160, 항수가 27인 등차수열의 합과 같으므로
$$\frac{27\times(30+160)}{2}=2565\text{(분)}$$

11 등차수열 $\{a_n\}$의 첫째항을 a, 공차를 d, 첫째항부터 제n항까지의 합을 S_n이라 하면
첫째항부터 제10항까지의 합이 20이므로
$$S_{10}=\frac{10\times\{2a+(10-1)\times d\}}{2}=20$$
즉 $2a+9d=4 \quad \cdots\cdots \ \text{㉠}$
또 첫째항부터 제30항까지의 합이 660이므로
$$S_{30}=\frac{30\times\{2a+(30-1)\times d\}}{2}=660$$
즉 $2a+29d=44 \quad \cdots\cdots \ \text{㉡}$
㉠, ㉡을 연립하여 풀면
$$a=-7,\ d=2$$
따라서 등차수열 $\{a_n\}$의 첫째항부터 제20항까지의 합은
$$S_{20}=\frac{20\times\{2\times(-7)+(20-1)\times 2\}}{2}=240$$

12 수열 $\{a_n\}$의 첫째항부터 제n항까지의 합 S_n이
$S_n=n^2-5n$이므로

(ⅰ) $n=1$일 때,

$$a_1=S_1=1^2-5\times1=-4$$

(ⅱ) $n\geq2$일 때,

$$a_n=S_n-S_{n-1}$$
$$=(n^2-5n)-\{(n-1)^2-5(n-1)\}$$
$$=2n-6 \quad\cdots\cdots\ \text{㉠}$$

이때 $a_1=-4$는 ㉠에 $n=1$을 대입한 것과 같으므로

$$a_n=2n-6$$

$a_n>50$에서 $2n-6>50$

$2n>56$, 즉 $n>28$

따라서 구하는 자연수 n의 최솟값은 29이다.

13 등차수열 $\{a_n\}$의 공차를 d라 하면

$$a_n=5+(n-1)d$$

즉 $a_{n+1}=5+nd$이므로

$$4a_{n+1}-a_n=4(5+nd)-\{5+(n-1)d\}$$
$$=20+4nd-5-nd+d$$
$$=15+3nd+d$$
$$=15+d+(3nd-3d)+3d$$
$$=15+4d+(n-1)\times3d$$

이때 수열 $\{4a_{n+1}-a_n\}$은 공차가 12인 등차수열이므로

$3d=12$에서 $d=4$

따라서 $a_n=5+(n-1)\times4=4n+1$이므로

$$a_{10}=4\times10+1=41$$

14 등차수열 $\{a_n\}$의 첫째항을 a, 공차를 d라 하면

조건 ㈎에 의하여 $a_1=-a_4$, 즉 $a_1+a_4=0$이므로

$$a+(a+3d)=0$$
$$2a+3d=0 \quad\cdots\cdots\ \text{㉠}$$

또 조건 ㈏에 의하여 $a_7=9$이므로

$$a+6d=9 \quad\cdots\cdots\ \text{㉡}$$

㉠, ㉡을 연립하여 풀면 $a=-3$, $d=2$

이때 등차수열 $\{a_n\}$의 일반항 a_n은

$$a_n=-3+(n-1)\times2=2n-5$$

따라서 $a_k=15$에서 $2k-5=15$이므로

$$k=10$$

15 이차방정식 $x^2-2(n+2)x+n(n+4)=0$에서

$$x^2-(2n+4)x+n(n+4)=0$$
$$x^2-\{n+(n+4)\}x+n\times(n+4)=0$$
$$(x-n)\{x-(n+4)\}=0$$

즉 $x=n$ 또는 $x=n+4$

이때 $\alpha<\beta$이므로 $\alpha=n$, $\beta=n+4$

세 수 α, β, 10, 즉 n, $n+4$, 10이 이 순서대로 등차수열을 이루므로

$$2(n+4)=n+10$$
$$2n+8=n+10$$

따라서 $n=2$

9 등비수열

01

등비수열

1 (✎ 2, 2, 16, 32, 32)	2 공비: -3, 제6항: -729
3 공비: $\dfrac{1}{2}$, 제6항: 8	4 공비: $\sqrt{3}$, 제6항: 27
5 공비: -1, 제6항: -5	6 32, 64 (✎ 2, 2, 32, 64)
7 162, 486	8 4, $-\dfrac{4}{3}$
9 -3, 3	10 100000, 10000
11 (✎ 6, 54, 54)	12 -9　　13 48
14 -4　　15 $\dfrac{27}{4}$	

2 공비를 r라 하면 $r=\dfrac{a_2}{a_1}=\dfrac{-9}{3}=-3$에서 공비가 -3

즉 주어진 수열은 3, -9, 27, -81, 243, -729, $\cdots$

따라서 제6항은 -729이다.

3 공비를 r라 하면 $r=\dfrac{a_2}{a_1}=\dfrac{128}{256}=\dfrac{1}{2}$에서 공비가 $\dfrac{1}{2}$

즉 주어진 수열은 256, 128, 64, 32, 16, 8, $\cdots$

따라서 제6항은 8이다.

4 공비를 r라 하면 $r=\dfrac{a_2}{a_1}=\dfrac{3}{\sqrt{3}}=\sqrt{3}$에서 공비가 $\sqrt{3}$

즉 주어진 수열은 $\sqrt{3}$, 3, $3\sqrt{3}$, 9, $9\sqrt{3}$, 27, $\cdots$

따라서 제6항은 27이다.

5 공비를 r라 하면 $r=\dfrac{a_2}{a_1}=\dfrac{-5}{5}=-1$에서 공비가 -1

즉 주어진 수열은 5, -5, 5, -5, 5, -5, $\cdots$

따라서 제6항은 -5이다.

7 $\dfrac{6}{2}=3$에서 공비가 3이므로 주어진 수열은

2, 6, 18, 54, $\boxed{162}$, $\boxed{486}$, $\cdots$

8 $\dfrac{-12}{36}=-\dfrac{1}{3}$에서 공비가 $-\dfrac{1}{3}$이므로 주어진 수열은

36, -12, $\boxed{4}$, $\boxed{-\dfrac{4}{3}}$, $\dfrac{4}{9}$, $-\dfrac{4}{27}$, $\cdots$

9 $\dfrac{-3}{3}=-1$에서 공비가 -1이므로 주어진 수열은

3, $\boxed{-3}$, $\boxed{3}$, -3, 3, -3, $\cdots$

10 $\dfrac{100}{1000}=\dfrac{1}{10}$에서 공비가 $\dfrac{1}{10}$이므로 주어진 수열은

$\boxed{100000}$, $\boxed{10000}$, 1000, 100, 10, 1, $\cdots$

12 첫째항이 9이고 공비가 -1인 등비수열은

9, -9, 9, -9, $\cdots$

따라서 제4항은 -9이다.

13 첫째항이 6이고 공비가 2인 등비수열은

6, 12, 24, 48, $\cdots$

따라서 제4항은 48이다.

14 첫째항이 32이고 공비가 $-\dfrac{1}{2}$인 등비수열은

32, -16, 8, -4, $\cdots$

따라서 제4항은 -4이다.

15 첫째항이 -2이고 공비가 $-\dfrac{3}{2}$인 등비수열은

-2, 3, $-\dfrac{9}{2}$, $\dfrac{27}{4}$, $\cdots$

따라서 제4항은 $\dfrac{27}{4}$이다.

02

본문 282쪽

등비수열의 일반항

1 (✏️ 1, $\sqrt{2}$, 1, $\sqrt{2}$, $(\sqrt{2})^{n-1}$)

2 $a_n=-3\times(-2)^{n-1}$

3 $a_n=25\times\left(-\dfrac{1}{5}\right)^{n-1}$

4 (✏️ 4, 3, 4, 3)

5 $a_n=2\times(-2)^{n-1}$

6 $a_n=-100\times\left(\dfrac{1}{5}\right)^{n-1}$

7 $\left(\text{✏️ } r,\ r^4,\ \dfrac{1}{8},\ \dfrac{1}{2},\ \dfrac{1}{2},\ 176,\ 176,\ \dfrac{1}{2}\right)$

8 $a_n=\dfrac{4}{9}\times(-3)^{n-1}$ 　　**9** $a_n=729\times\left(\dfrac{1}{3}\right)^{n-1}$

10 $a_n=\dfrac{5}{8}\times(-2)^{n-1}$ 　　😊 a_{n+1}, r^{n-1}

11 (✏️ 3, -2, 3, -2, -384)

12 $\dfrac{12}{5^7}$ 　　　　　　　　**13** 729

14 $\left(\text{✏️ } 96,\ \dfrac{1}{3},\ \dfrac{32}{81}\right)$ 　　**15** 729 　　　**16** $16\sqrt{2}$

17 (✏️ r^3, r^5, 4, 2, 8, 3, 3, 2, 768)

18 -12 　　**19** 36 　　　**20** ④

21 (✏️ r^2, r^5, 27, 3, 9, $-\dfrac{2}{3}$, $-\dfrac{2}{3}\times3^{n-1}$, $-\dfrac{2}{3}\times3^{k-1}$, 729,

　　　　6, 7, 7)

---

22 제8항 　　**23** 제4항 　　**24** 제12항

25 (✏️ 3^{n-1}, 3^{n-1}, 729, 2187, 7, 8, 8)

26 제5항 　　**27** 제6항 　　**28** 제5항

29 (✏️ r, 2, 2, 2, 3, 3, 24) 　　**30** -1 　　　**31** 4

32 7 　　　　**33** 8

2 주어진 수열은 첫째항이 -3, 공비가 $\dfrac{6}{-3}=-2$인 등비수열이

므로

$a_n=-3\times(-2)^{n-1}$

3 주어진 수열은 첫째항이 25, 공비가 $\dfrac{-5}{25}=-\dfrac{1}{5}$인 등비수열이

므로

$a_n=25\times\left(-\dfrac{1}{5}\right)^{n-1}$

5 첫째항이 2, 공비가 -2이므로

$a_n=2\times(-2)^{n-1}$

6 첫째항이 -100, 공비가 $\dfrac{1}{5}$이므로

$a_n=-100\times\left(\dfrac{1}{5}\right)^{n-1}$

8 첫째항을 a, 공비를 r라 하면

$a_3=ar^2=4$ 　　　　……… ㉠

$a_6=ar^5=-108$ 　　…… ㉡

㉡÷㉠을 하면 $r^3=-27$이고, 공비 r는 실수이므로

$r=-3$

이것을 ㉠에 대입하면 $9a=4$, $a=\dfrac{4}{9}$

따라서 $a_n=\dfrac{4}{9}\times(-3)^{n-1}$

9 첫째항을 a, 공비를 r라 하면

$a_5=ar^4=9$ 　　　　……… ㉠

$a_8=ar^7=\dfrac{1}{3}$ 　　…… ㉡

㉡÷㉠을 하면 $r^3=\dfrac{1}{27}$이고, 공비 r는 실수이므로

$r=\dfrac{1}{3}$

이것을 ㉠에 대입하면 $\dfrac{1}{81}a=9$, $a=729$

따라서 $a_n=729\times\left(\dfrac{1}{3}\right)^{n-1}$

10 첫째항을 a, 공비를 r라 하면

$a_4=ar^3=-5$ 　　　……… ㉠

$a_7=ar^6=40$ 　　　…… ㉡

$\textcircled{L}\div\textcircled{\neg}$을 하면 $r^3=-8$이고, 공비 r는 실수이므로

$r=-2$

이것을 $\textcircled{\neg}$에 대입하면 $-8a=-5$, $a=\dfrac{5}{8}$

따라서 $a_n=\dfrac{5}{8}\times(-2)^{n-1}$

12 주어진 수열은 첫째항이 300, 공비가 $\dfrac{60}{300}=\dfrac{1}{5}$인 등비수열이므로

$a_n=300\times\left(\dfrac{1}{5}\right)^{n-1}$

따라서 $a_{10}=300\times\left(\dfrac{1}{5}\right)^9=\dfrac{12}{5^7}$

13 주어진 수열은 첫째항이 $\dfrac{1}{81}$, 공비가 $\dfrac{1}{27}\div\dfrac{1}{81}=3$인 등비수열이므로

$a_n=\dfrac{1}{81}\times3^{n-1}$

따라서 $a_{11}=\dfrac{1}{81}\times3^{10}=3^6=729$

15 $a_n=(-3)^{n-1}$

따라서 $a_7=(-3)^6=729$

16 $a_n=\sqrt{2}\times(-\sqrt{2})^{n-1}$

따라서 $a_9=\sqrt{2}\times(-\sqrt{2})^8=16\sqrt{2}$

18 첫째항을 a, 공비를 r라 하면

$a_3=ar^2=36$ ······ $\textcircled{\neg}$

$a_5=ar^4=324$ ······ $\textcircled{L}$

$\textcircled{L}\div\textcircled{\neg}$을 하면 $r^2=9$이고, 공비 r는 음수이므로

$r=-3$

이것을 $\textcircled{\neg}$에 대입하면 $9a=36$, $a=4$

따라서 $a_n=4\times(-3)^{n-1}$이므로

$a_2=4\times(-3)=-12$

19 첫째항을 a, 공비를 r라 하면

$a_2=ar=16$ ······ $\textcircled{\neg}$

$a_6=ar^5=81$ ······ $\textcircled{L}$

$\textcircled{L}\div\textcircled{\neg}$을 하면 $r^4=\dfrac{81}{16}$이고, 공비 r는 양수이므로

$r=\dfrac{3}{2}$

이것을 $\textcircled{\neg}$에 대입하면 $\dfrac{3}{2}a=16$, $a=\dfrac{32}{3}$

따라서 $a_n=\dfrac{32}{3}\times\left(\dfrac{3}{2}\right)^{n-1}$이므로

$a_4=\dfrac{32}{3}\times\left(\dfrac{3}{2}\right)^3=36$

20 $a_1=\dfrac{3\times2}{7}=\dfrac{6}{7}$, $a_2=\dfrac{3\times2^2}{7}=\dfrac{12}{7}$이므로 공비는

$\dfrac{a_2}{a_1}=\dfrac{\frac{12}{7}}{\frac{6}{7}}=2$

따라서 첫째항과 공비의 합은

$\dfrac{6}{7}+2=\dfrac{20}{7}$

22 첫째항을 a, 공비를 r라 하면

$a_2=ar=3$ ······ $\textcircled{\neg}$

$a_5=ar^4=-24$ ······ $\textcircled{L}$

$\textcircled{L}\div\textcircled{\neg}$을 하면 $r^3=-8$이고, 공비 r는 실수이므로

$r=-2$

이것을 $\textcircled{\neg}$에 대입하면 $-2a=3$, $a=-\dfrac{3}{2}$

즉 $a_n=-\dfrac{3}{2}\times(-2)^{n-1}$

192를 제k항이라 하면 $-\dfrac{3}{2}\times(-2)^{k-1}=192$

$(-2)^{k-1}=-128=(-2)^7$

$k-1=7$, 즉 $k=8$

따라서 192는 제8항이다.

23 첫째항을 a, 공비를 r라 하면

$a_3=ar^2=54$ ······ $\textcircled{\neg}$

$a_6=ar^5=-2$ ······ $\textcircled{L}$

$\textcircled{L}\div\textcircled{\neg}$을 하면 $r^3=-\dfrac{1}{27}$이고, 공비 r는 실수이므로

$r=-\dfrac{1}{3}$

이것을 $\textcircled{\neg}$에 대입하면 $\dfrac{1}{9}a=54$, $a=486$

즉 $a_n=486\times\left(-\dfrac{1}{3}\right)^{n-1}$

-18을 제k항이라 하면 $486\times\left(-\dfrac{1}{3}\right)^{k-1}=-18$

$\left(-\dfrac{1}{3}\right)^{k-1}=-\dfrac{1}{27}=\left(-\dfrac{1}{3}\right)^3$

$k-1=3$, 즉 $k=4$

따라서 -18은 제4항이다.

24 첫째항을 a, 공비를 r라 하면

$a_3=ar^2=3$ ······ $\textcircled{\neg}$

$a_5=ar^4=3^3$ ······ $\textcircled{L}$

$\textcircled{L}\div\textcircled{\neg}$을 하면 $r^2=3^2$이고, 공비 r는 양수이므로

$r=3$

이것을 $\textcircled{\neg}$에 대입하면 $9a=3$, $a=\dfrac{1}{3}$

즉 $a_n=\dfrac{1}{3}\times3^{n-1}$

3^{10}을 제k항이라 하면 $\dfrac{1}{3}\times3^{k-1}=3^{10}$, $3^{k-1}=3^{11}$

$k-1=11$, 즉 $k=12$

따라서 3^{10}은 제12항이다.

26 첫째항이 7, 공비가 5인 등비수열이므로

$a_n = 7 \times 5^{n-1}$

$a_n > 1000$에서 $7 \times 5^{n-1} > 1000$

즉 $5^{n-1} > \dfrac{1000}{7} = 142.\times\times\times$

이때 $5^3 = 125$, $5^4 = 625$이므로

$n - 1 \geq 4$, 즉 $n \geq 5$

따라서 처음으로 1000보다 커지는 항은 제5항이다.

27 첫째항이 2, 공비가 4인 등비수열이므로

$a_n = 2 \times 4^{n-1}$

$a_n > 1000$에서 $2 \times 4^{n-1} > 1000$

즉 $4^{n-1} > 500$

이때 $4^4 = 256$, $4^5 = 1024$이므로

$n - 1 \geq 5$, 즉 $n \geq 6$

따라서 처음으로 1000보다 커지는 항은 제6항이다.

28 첫째항이 $\dfrac{1}{5}$, 공비가 10인 등비수열이므로

$a_n = \dfrac{1}{5} \times 10^{n-1}$

$a_n > 1000$에서 $\dfrac{1}{5} \times 10^{n-1} > 1000$

즉 $10^{n-1} > 5000$

이때 $10^3 = 1000$, $10^4 = 10000$이므로

$n - 1 \geq 4$, 즉 $n \geq 5$

따라서 처음으로 1000보다 커지는 항은 제5항이다.

30 첫째항을 a, 공비를 r라 하면

$a_3 = ar^2 = -3$ ……㉠

$a_2 : a_5 = ar : ar^4 = 1 : r^3 = 27 : 1$, $r^3 = \dfrac{1}{27}$

r는 실수이므로 $r = \dfrac{1}{3}$

$r = \dfrac{1}{3}$을 ㉠에 대입하면 $\dfrac{1}{9}a = -3$, 즉 $a = -27$

따라서 $a_4 = ar^3 = (-27) \times \left(\dfrac{1}{3}\right)^3 = -1$

31 첫째항을 a, 공비를 r라 하면

$a_2 a_6 = ar \times ar^5 = a^2 r^6 = 16$ ……㉠

$a_4 a_5 = ar^3 \times ar^4 = a^2 r^7 = 32$ ……㉡

㉡÷㉠을 하면 $r = 2$

$r = 2$를 ㉠에 대입하면 $64a^2 = 16$, 즉 $a^2 = \dfrac{1}{4}$

이때 $a_1 > 0$이므로 $a = \dfrac{1}{2}$

따라서 $a_4 = ar^3 = \dfrac{1}{2} \times 2^3 = 4$

32 첫째항을 a, 공비를 r라 하면

$\dfrac{a_3 a_7}{a_6} = \dfrac{ar^2 ar^6}{ar^5} = ar^3 = 7$

따라서 $a_4 = ar^3 = 7$

33 첫째항을 a, 공비를 r라 하면

$a_2 a_6 = ar \times ar^5 = a^2 r^6 = (ar^3)^2 = 64$

이때 $a_2 > 0$, 즉 $ar > 0$이므로

$ar^3 = 8$

따라서 $a_4 = ar^3 = 8$

본문 286쪽

등비수열의 일반항의 응용

1 (✎ 6, 6, 5, 2, 6, 12, 24, 48)

2 270, 90, 30, 10   **3** -4, 8, -16, 32

4 $-5\sqrt{3}$, -15, $-15\sqrt{3}$, -45

5 (✎ 5, 5, 4, ± 2, 2, 4, 8, -2, 4, -8)

6 500, 100, 20 또는 -500, 100, -20

7 -9, -27, -81 또는 9, -27, 81

8 $8\sqrt{3}$, 8, $\dfrac{8\sqrt{3}}{3}$ 또는 $-8\sqrt{3}$, 8, $-\dfrac{8\sqrt{3}}{3}$ **9** ①

10 (✎ $\dfrac{9}{4}$, $\dfrac{9}{4}$, $\dfrac{9}{4}$, 9, 9, 9, 4, 2, $\dfrac{9}{4}$, $\dfrac{3}{4}$, $\dfrac{3}{4}$, 2)

11 첫째항: 1, 공비: 2   **12** 첫째항: 1, 공비: $\dfrac{1}{3}$

2 등비수열의 공비를 r, 일반항을 a_n이라 하면 첫째항이 810이므로

$a_n = 810 \times r^{n-1}$

제6항이 $\dfrac{10}{3}$이므로 $a_6 = \dfrac{10}{3}$에서

$810 \times r^5 = \dfrac{10}{3}$

$r^5 = \dfrac{1}{243} = \left(\dfrac{1}{3}\right)^5$, 즉 $r = \dfrac{1}{3}$

따라서 구하는 네 수를 차례로 나열하면

270, 90, 30, 10

3 등비수열의 공비를 r, 일반항을 a_n이라 하면 첫째항이 2이므로

$a_n = 2 \times r^{n-1}$

제6항이 -64이므로 $a_6 = -64$에서

$2 \times r^5 = -64$

$r^5 = -32 = (-2)^5$, 즉 $r = -2$

따라서 구하는 네 수를 차례로 나열하면

-4, 8, -16, 32

4 등비수열의 공비를 r, 일반항을 a_n이라 하면 첫째항이 -5이므로

$a_n = -5 \times r^{n-1}$

제6항이 $-45\sqrt{3}$이므로 $a_6 = -45\sqrt{3}$에서

$-5 \times r^5 = -45\sqrt{3}$

$r^5 = 9\sqrt{3} = (\sqrt{3})^5$, 즉 $r = \sqrt{3}$

따라서 구하는 네 수를 차례로 나열하면

$-5\sqrt{3}$, -15, $-15\sqrt{3}$, -45

6 등비수열의 공비를 r, 일반항을 a_n이라 하면 첫째항이 2500이므로
$$a_n=2500\times r^{n-1}$$
제5항이 4이므로 $a_5=4$에서
$$2500\times r^4=4$$
$$r^4=\frac{1}{625}, \ \text{즉} \ r=\pm\frac{1}{5}$$
따라서 구하는 세 수를 차례로 나열하면
$r=\frac{1}{5}$일 때, 500, 100, 20
$r=-\frac{1}{5}$일 때, -500, 100, -20

7 등비수열의 공비를 r, 일반항을 a_n이라 하면 첫째항이 -3이므로
$$a_n=-3\times r^{n-1}$$
제5항이 -243이므로 $a_5=-243$에서
$$-3\times r^4=-243$$
$$r^4=81, \ \text{즉} \ r=\pm3$$
따라서 구하는 세 수를 차례로 나열하면
$r=3$일 때, -9, -27, -81
$r=-3$일 때, 9, -27, 81

8 등비수열의 공비를 r, 일반항을 a_n이라 하면 첫째항이 24이므로
$$a_n=24\times r^{n-1}$$
제5항이 $\frac{8}{3}$이므로 $a_5=\frac{8}{3}$에서
$$24\times r^4=\frac{8}{3}$$
$$r^4=\frac{1}{9}, \ \text{즉} \ r=\pm\frac{\sqrt{3}}{3}$$
따라서 구하는 세 수를 차례로 나열하면
$r=\frac{\sqrt{3}}{3}$일 때, $8\sqrt{3}$, 8, $\frac{8\sqrt{3}}{3}$
$r=-\frac{\sqrt{3}}{3}$일 때, $-8\sqrt{3}$, 8, $-\frac{8\sqrt{3}}{3}$

9 등비수열의 공비를 r, 일반항을 b_n이라 하면 첫째항이 64이므로
$$b_n=64\times r^{n-1}$$
제6항이 2이므로 $b_6=2$에서
$$64\times r^5=2$$
$$r^5=\frac{1}{32}=\left(\frac{1}{2}\right)^5, \ \text{즉} \ r=\frac{1}{2}$$
따라서 $a_1=32$, $a_2=16$, $a_3=8$, $a_4=4$이므로
$$a_1+a_3=32+8=40$$

11 등비수열의 첫째항을 a, 공비를 r, 일반항을 a_n이라 하면
$a_2+a_5=18$이므로 $ar+ar^4=18$
즉 $ar(1+r^3)=18$ ...... ㉠
$a_4+a_7=72$이므로 $ar^3+ar^6=72$
즉 $ar^3(1+r^3)=72$ ...... ㉡
㉡÷㉠을 하면 $r^2=4$이고, 공비 r는 양수이므로
$$r=2$$
이것을 ㉠에 대입하면 $18a=18$, 즉 $a=1$
따라서 주어진 등비수열의 첫째항은 1, 공비는 2이다.

12 등비수열의 첫째항을 a, 공비를 r, 일반항을 a_n이라 하면
$a_1+a_3=\frac{10}{9}$이므로 $a+ar^2=\frac{10}{9}$
즉 $a(1+r^2)=\frac{10}{9}$ ...... ㉠
$a_4+a_6=\frac{10}{243}$이므로 $ar^3+ar^5=\frac{10}{243}$
즉 $ar^3(1+r^2)=\frac{10}{243}$ ...... ㉡
㉡÷㉠을 하면 $r^3=\frac{1}{27}$, 즉 $r=\frac{1}{3}$
이것을 ㉠에 대입하면 $\frac{10}{9}a=\frac{10}{9}$, 즉 $a=1$
따라서 주어진 등비수열의 첫째항은 1, 공비는 $\frac{1}{3}$이다.

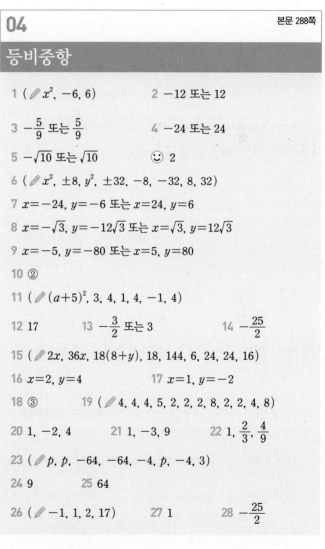

04

등비중항

1 ($\mathscr{D}\ x^2$, -6, 6)   **2** -12 또는 12

3 $-\frac{5}{9}$ 또는 $\frac{5}{9}$ **4** -24 또는 24

5 $-\sqrt{10}$ 또는 $\sqrt{10}$ ☺ 2

6 ($\mathscr{D}\ x^2$, ±8, y^2, ±32, -8, -32, 8, 32)

7 $x=-24$, $y=-6$ 또는 $x=24$, $y=6$

8 $x=-\sqrt{3}$, $y=-12\sqrt{3}$ 또는 $x=\sqrt{3}$, $y=12\sqrt{3}$

9 $x=-5$, $y=-80$ 또는 $x=5$, $y=80$

10 ②

11 ($\mathscr{D}\ (a+5)^2$, 3, 4, 1, 4, -1, 4)

12 17   **13** $-\frac{3}{2}$ 또는 3   **14** $-\frac{25}{2}$

15 ($\mathscr{D}\ 2x$, $36x$, $18(8+y)$, 18, 144, 6, 24, 24, 16)

16 $x=2$, $y=4$ **17** $x=1$, $y=-2$

18 ③   **19** ($\mathscr{D}\ 4$, 4, 4, 5, 2, 2, 2, 8, 2, 2, 4, 8)

20 1, -2, 4   **21** 1, -3, 9   **22** 1, $\frac{2}{3}$, $\frac{4}{9}$

23 ($\mathscr{D}\ p$, p, -64, -64, -4, p, -4, 3)

24 9   **25** 64

26 ($\mathscr{D}\ -1$, 1, 2, 17)   **27** 1   **28** $-\frac{25}{2}$

2 x는 6과 24의 등비중항이므로
$$x^2=6\times24=144$$
따라서 실수 x의 값은 -12 또는 12이다.

3 x는 $\frac{5}{3}$와 $\frac{5}{27}$의 등비중항이므로
$$x^2=\frac{5}{3}\times\frac{5}{27}=\frac{25}{81}$$
따라서 실수 x의 값은 $-\frac{5}{9}$ 또는 $\frac{5}{9}$이다.

4 x는 -18과 -32의 등비중항이므로

$x^2=(-18)\times(-32)=576$

따라서 실수 x의 값은 -24 또는 24이다.

5 x는 $5\sqrt{2}$와 $\sqrt{2}$의 등비중항이므로

$x^2=5\sqrt{2}\times\sqrt{2}=10$

따라서 실수 x의 값은 $-\sqrt{10}$ 또는 $\sqrt{10}$이다.

7 x는 48과 12의 등비중항이므로

$x^2=48\times12=576$, 즉 $x=\pm24$

y는 12와 3의 등비중항이므로

$y^2=12\times3=36$, 즉 $y=\pm6$

따라서 실수 x, y의 값은

$x=-24$, $y=-6$ 또는 $x=24$, $y=6$

8 x는 $\dfrac{1}{2}$과 6의 등비중항이므로

$x^2=\dfrac{1}{2}\times6=3$, 즉 $x=\pm\sqrt{3}$

y는 6과 72의 등비중항이므로

$y^2=6\times72=432$, 즉 $y=\pm12\sqrt{3}$

따라서 실수 x, y의 값은

$x=-\sqrt{3}$, $y=-12\sqrt{3}$ 또는 $x=\sqrt{3}$, $y=12\sqrt{3}$

9 x는 $-\dfrac{5}{4}$와 -20의 등비중항이므로

$x^2=\left(-\dfrac{5}{4}\right)\times(-20)=25$, 즉 $x=\pm5$

y는 -20과 -320의 등비중항이므로

$y^2=(-20)\times(-320)=6400$, 즉 $y=\pm80$

따라서 실수 x, y의 값은

$x=-5$, $y=-80$ 또는 $x=5$, $y=80$

10 a는 15와 $\dfrac{5}{3}$의 등비중항이므로

$a^2=15\times\dfrac{5}{3}=25$, 즉 $a=\pm5$

$a>0$이므로 $a=5$

$\dfrac{5}{3}$는 5와 b의 등비중항이므로 $\left(\dfrac{5}{3}\right)^2=5\times b$, $b=\dfrac{5}{9}$

따라서 $9ab=9\times5\times\dfrac{5}{9}=25$

12 $a+3$은 $a-1$과 $a+8$의 등비중항이므로

$(a+3)^2=(a-1)(a+8)$, $a^2+6a+9=a^2+7a-8$

따라서 $a=17$

13 $a+6$은 a와 $9a$의 등비중항이므로

$(a+6)^2=a\times9a$, $a^2+12a+36=9a^2$

$8a^2-12a-36=0$, $2a^2-3a-9=0$

$(2a+3)(a-3)=0$

따라서 $a=-\dfrac{3}{2}$ 또는 $a=3$

14 $a+5$는 a와 $a+8$의 등비중항이므로

$(a+5)^2=a(a+8)$, $a^2+10a+25=a^2+8a$, $2a=-25$

따라서 $a=-\dfrac{25}{2}$

16 0, x, y가 이 순서대로 등차수열을 이루므로

$2x=y$ ······ ㉠

x, y, 8이 이 순서대로 등비수열을 이루므로

$y^2=8x$ ······ ㉡

㉠을 ㉡에 대입하면

$4x^2=8x$, $4x^2-8x=0$, $4x(x-2)=0$

이때 $x>0$이므로 $x=2$

이것을 ㉠에 대입하면 $y=4$

17 4, x, y가 이 순서대로 등차수열을 이루므로

$2x=4+y$ ······ ㉠

x, y, 4가 이 순서대로 등비수열을 이루므로

$y^2=4x$ ······ ㉡

㉠을 ㉡에 대입하면

$y^2=2(4+y)$, $y^2-2y-8=0$

$(y+2)(y-4)=0$, 즉 $y=-2$ 또는 $y=4$

$y=-2$를 ㉠에 대입하면 $2x=2$, 즉 $x=1$

$y=4$를 ㉠에 대입하면 $2x=8$, 즉 $x=4$

이때 $x\neq y$이므로 $x=1$, $y=-2$

18 x, 2, y가 이 순서대로 등차수열을 이루므로

$2\times2=x+y$

즉 $x+y=4$

x, 1, y가 이 순서대로 등비수열을 이루므로

$1^2=xy$

즉 $xy=1$

따라서

$x^2+y^2=(x+y)^2-2xy=4^2-2\times1=14$

20 세 실수를 a, ar, ar^2이라 하면

$a+ar+ar^2=3$에서 $a(1+r+r^2)=3$ ······ ㉠

$a\times ar\times ar^2=-8$에서 $(ar)^3=-8$

이때 ar는 실수이므로

$ar=-2$, 즉 $a=-\dfrac{2}{r}$ ······ ㉡

㉡을 ㉠에 대입하면

$-\dfrac{2}{r}(1+r+r^2)=3$

양변에 r를 곱하여 정리하면

$2r^2+5r+2=0$, $(r+2)(2r+1)=0$

즉 $r=-2$ 또는 $r=-\dfrac{1}{2}$

$r=-2$를 ㉡에 대입하면 $a=1$

$r=-\dfrac{1}{2}$을 ㉡에 대입하면 $a=4$

따라서 세 실수는 1, -2, 4이다.

21 세 실수를 a, ar, ar^2이라 하면

$a+ar+ar^2=7$에서 $a(1+r+r^2)=7$ ······ ㉠

$a\times ar\times ar^2=-27$에서 $(ar)^3=-27$

이때 ar는 실수이므로

$ar=-3$, 즉 $a=-\dfrac{3}{r}$ ······ ㉡

㉡을 ㉠에 대입하면

$-\dfrac{3}{r}(1+r+r^2)=7$

양변에 r를 곱하여 정리하면

$3r^2+10r+3=0$, $(3r+1)(r+3)=0$

즉 $r=-\dfrac{1}{3}$ 또는 $r=-3$

$r=-\dfrac{1}{3}$을 ㉡에 대입하면 $a=9$

$r=-3$을 ㉡에 대입하면 $a=1$

따라서 세 실수는 1, -3, 9이다.

22 세 실수를 a, ar, ar^2이라 하면

$a+ar+ar^2=\dfrac{19}{9}$에서 $a(1+r+r^2)=\dfrac{19}{9}$ ······ ㉠

$a\times ar\times ar^2=\dfrac{8}{27}$에서 $(ar)^3=\dfrac{8}{27}$

이때 ar는 실수이므로

$ar=\dfrac{2}{3}$, 즉 $a=\dfrac{2}{3r}$ ······ ㉡

㉡을 ㉠에 대입하면

$\dfrac{2}{3r}(1+r+r^2)=\dfrac{19}{9}$

양변에 $9r$를 곱하여 정리하면

$6r^2-13r+6=0$, $(3r-2)(2r-3)=0$

즉 $r=\dfrac{2}{3}$ 또는 $r=\dfrac{3}{2}$

$r=\dfrac{2}{3}$를 ㉡에 대입하면 $a=1$

$r=\dfrac{3}{2}$을 ㉡에 대입하면 $a=\dfrac{4}{9}$

따라서 세 실수는 1, $\dfrac{2}{3}$, $\dfrac{4}{9}$이다.

24 주어진 삼차방정식의 세 실근을 a, ar, ar^2이라 하면 삼차방정식의 근과 계수의 관계에 의하여

$a+ar+ar^2=p$에서 $a(1+r+r^2)=p$ ······ ㉠

$a^2r+a^2r^2+a^2r^3=-54$에서 $a^2r(1+r+r^2)=-54$ ······ ㉡

$a\times ar\times ar^2=-216$에서 $(ar)^3=-216$

이때 ar는 실수이므로

$ar=-6$

㉡÷㉠을 하면 $ar=-\dfrac{54}{p}$

이때 $ar=-6$이므로

$-\dfrac{54}{p}=-6$

따라서 $p=9$

25 주어진 삼차방정식의 세 실근을 a, ar, ar^2이라 하면 삼차방정식의 근과 계수의 관계에 의하여

$a+ar+ar^2=6$에서 $a(1+r+r^2)=6$ ······ ㉠

$a^2r+a^2r^2+a^2r^3=-24$에서 $a^2r(1+r+r^2)=-24$ ······ ㉡

$a\times ar\times ar^2=-p$에서 $a^3r^3=-p$, 즉 $(ar)^3=-p$ ······ ㉢

㉡÷㉠을 하면 $ar=-4$

$ar=-4$를 ㉢에 대입하면

$(-4)^3=-p$

따라서 $p=64$

27 나머지정리에 의하여 $f(x)=x^2+ax+2$를 x, $x-1$, $x-2$로 나누었을 때의 나머지는 각각

$f(0)=2$

$f(1)=1+a+2=a+3$

$f(2)=4+2a+2=2a+6$

따라서 2, $a+3$, $2a+6$이 이 순서대로 등비수열을 이루므로

$(a+3)^2=2(2a+6)$

$a^2+2a-3=0$, $(a+3)(a-1)=0$

즉 $a=-3$ 또는 $a=1$

이때 $a>0$이므로 $a=1$

28 나머지정리에 의하여 $f(x)=3x^2+2x+a$를 x, $x-1$, $x+2$로 나누었을 때의 나머지는 각각

$f(0)=a$

$f(1)=3+2+a=a+5$

$f(-2)=12-4+a=a+8$

이때 a, $a+5$, $a+8$이 이 순서대로 등비수열을 이루므로

$(a+5)^2=a(a+8)$, $a^2+10a+25=a^2+8a$

따라서 $a=-\dfrac{25}{2}$

05

본문 292쪽

등비수열의 합

원리확인

❶ 2^4, 2^5, 2^5, 2^5, 31

❷ $\dfrac{2}{3^4}$, $\dfrac{2}{3^5}$, $\dfrac{2}{3}$, $\dfrac{2}{3^5}$, $\dfrac{484}{3^5}$, $\dfrac{242}{81}$

1 (✎ 5, 2, 5, 242)	2 381	3 $\dfrac{85}{128}$
4 $\dfrac{364}{3}$	5 (✎ $n-1$, 3, 3, 2, 8, 8, 510)	
6 $40+13\sqrt{3}$	7 441	8 549
9 (✎ 9, 9, 10, 10, -341)		10 889
11 $\dfrac{9841}{81}$	12 $780+156\sqrt{5}$	

$13\ \left(\mathscr{O}\ n,\ \dfrac{(x-1)^n-1}{x-2}\right)$

$14\ x=0$일 때 $S_n=n$, $x\neq0$일 때 $S_n=\dfrac{(x+1)^n-1}{x}$

$15\ x=2$일 때 $S_n=n$, $x\neq2$일 때 $S_n=\dfrac{x\left\{\left(\dfrac{x}{2}\right)^n-1\right\}}{x-2}$

$16\ x=2$일 때 $S_n=2n$, $x\neq2$일 때 $S_n=\dfrac{(x-1)^{2n}-1}{x-2}$

☺ $1-r^n$, r^n-1, na　　　　$17\ ④$

$18\ (\mathscr{O}\ 3^n-1,\ 2(3^n-1),\ 2(3^n-1),\ 401,\ 243,\ 729,\ 6,\ 6,\ 6)$

$19\ 5$　　　　　$20\ 12$　　　　　$21\ 7$

$22\ \left(\mathscr{O}\ 5,\ 5,\ 33,\ 2,\ \dfrac{10}{31}\right)$　　23 첫째항: 2, 공비: 3

24 첫째항: $\dfrac{1}{39}$, 공비: 5　　$25\ ④$

$2\quad S_7=\dfrac{3(2^7-1)}{2-1}=381$

$3\quad S_8=\dfrac{1-\left(-\dfrac{1}{2}\right)^8}{1-\left(-\dfrac{1}{2}\right)}=\dfrac{85}{128}$

$4\quad S_6=\dfrac{81\left\{1-\left(\dfrac{1}{3}\right)^6\right\}}{1-\dfrac{1}{3}}=\dfrac{364}{3}$

$6\quad$주어진 등비수열의 공비를 r, 일반항을 a_n이라 하면
$a_n=r^{n-1}$
제6항이 $9\sqrt3$이므로
$a_6=r^5=9\sqrt3$, $r^5=(\sqrt3)^5$, 즉 $r=\sqrt3$
따라서
$S_7=\dfrac{1\times\{(\sqrt3)^7-1\}}{\sqrt3-1}=\dfrac{27\sqrt3-1}{\sqrt3-1}=\dfrac{(27\sqrt3-1)(\sqrt3+1)}{(\sqrt3-1)(\sqrt3+1)}$
$=\dfrac{80+26\sqrt3}{2}=40+13\sqrt3$

$7\quad$주어진 등비수열의 공비를 r, 일반항을 a_n이라 하면
$a_n=224r^{n-1}$
제4항이 28이므로
$a_4=224r^3=28$, $r^3=\left(\dfrac{1}{2}\right)^3$, 즉 $r=\dfrac{1}{2}$
따라서
$S_6=\dfrac{224\left\{1-\left(\dfrac{1}{2}\right)^6\right\}}{1-\dfrac{1}{2}}=441$

$8\quad$주어진 등비수열의 공비를 r, 일반항을 a_n이라 하면
$a_n=9r^{n-1}$
제6항이 -3^7이므로

$a_6=9r^5=-3^7$, $r^5=-3^5=(-3)^5$, 즉 $r=-3$
따라서
$S_5=\dfrac{9\{1-(-3)^5\}}{1-(-3)}=549$

$10\quad$주어진 수열은 첫째항이 7, 공비가 2인 등비수열이므로 일반항을 a_n이라 하면
$a_n=7\times2^{n-1}$
448을 제k항이라 하면 $7\times2^{k-1}=448$
$2^{k-1}=64=2^6$
$k-1=6$, 즉 $k=7$
따라서 구하는 합은
$\dfrac{7(2^7-1)}{2-1}=889$

$11\quad$주어진 수열은 첫째항이 81, 공비가 $\dfrac{1}{3}$인 등비수열이므로 일반항을 a_n이라 하면
$a_n=81\times\left(\dfrac{1}{3}\right)^{n-1}$
$\dfrac{1}{81}$을 제k항이라 하면 $81\times\left(\dfrac{1}{3}\right)^{k-1}=\dfrac{1}{81}$
$\left(\dfrac{1}{3}\right)^{k-1}=\left(\dfrac{1}{81}\right)^2=\left(\dfrac{1}{3}\right)^8$
$k-1=8$, 즉 $k=9$
따라서 구하는 합은
$\dfrac{81\left\{1-\left(\dfrac{1}{3}\right)^9\right\}}{1-\dfrac{1}{3}}=\dfrac{9841}{81}$

$12\quad$주어진 수열은 첫째항이 $\sqrt5$, 공비가 $\sqrt5$인 등비수열이므로 일반항을 a_n이라 하면
$a_n=\sqrt5\times(\sqrt5)^{n-1}=(\sqrt5)^n$
625를 제k항이라 하면 $(\sqrt5)^k=625=(\sqrt5)^8$
$k=8$
따라서 구하는 합은
$\dfrac{\sqrt5\{(\sqrt5)^8-1\}}{\sqrt5-1}=780+156\sqrt5$

$14\quad$주어진 수열은 첫째항이 1, 공비가 $x+1$인 등비수열이다.
(ⅰ) 공비가 1일 때 $x+1=1$, 즉 $x=0$일 때
$S_n=1+1+1+\cdots+1=n$
(ⅱ) 공비가 1이 아닐 때 $x+1\neq1$, 즉 $x\neq0$일 때
$S_n=\dfrac{1\times\{(x+1)^n-1\}}{(x+1)-1}=\dfrac{(x+1)^n-1}{x}$

$15\quad$주어진 수열은 첫째항이 $\dfrac{x}{2}$, 공비가 $\dfrac{x}{2}$인 등비수열이다.
(ⅰ) 공비가 1일 때 $\dfrac{x}{2}=1$, 즉 $x=2$일 때
$S_n=1+1+1+\cdots+1=n$

(ii) 공비가 1이 아닐 때 $\frac{x}{2} \neq 1$, 즉 $x \neq 2$일 때

$$S_n = \frac{\frac{x}{2}\left\{\left(\frac{x}{2}\right)^n - 1\right\}}{\frac{x}{2} - 1} = \frac{x\left\{\left(\frac{x}{2}\right)^n - 1\right\}}{x - 2}$$

16 주어진 수열은 첫째항이 x, 공비가 $(x-1)^2$인 등비수열이다.

(i) 공비가 1일 때 $(x-1)^2 = 1$, 즉 $x = 2$일 때

$$S_n = 2 + 2 + 2 + \cdots + 2 = 2n$$

(ii) 공비가 1이 아닐 때 $(x-1)^2 \neq 1$, 즉 $x \neq 2$일 때

$$S_n = \frac{x[\{(x-1)^2\}^n - 1]}{(x-1)^2 - 1}$$

$$= \frac{x\{(x-1)^{2n} - 1\}}{x^2 - 2x}$$

$$= \frac{(x-1)^{2n} - 1}{x - 2}$$

17 $\log_3 9 = \log_3 3^2 = 2$, $\log_3 9^3 = \log_3 3^6 = 6$,

$\log_3 9^9 = \log_3 3^{18} = 18$, $\log_3 9^{27} = \log_3 3^{54} = 54$, $\cdots$

이므로 주어진 수열은 첫째항이 2, 공비가 3인 등비수열이다.

따라서 구하는 합은

$$\frac{2(3^8 - 1)}{3 - 1} = 3^8 - 1$$

19 첫째항부터 제n항까지의 합을 S_n이라 하면

$$S_n = \frac{9(4^n - 1)}{4 - 1} = 3(4^n - 1)$$

$S_n > 3000$에서 $3(4^n - 1) > 3000$

$4^n - 1 > 1000$, 즉 $4^n > 1001$

이때 $4^4 = 256$, $4^5 = 1024$이므로 $n \geq 5$

따라서 첫째항부터 제5항까지의 합이 처음으로 3000보다 커지므로 구하는 자연수 n의 값은 5이다.

20 첫째항부터 제n항까지의 합을 S_n이라 하면

$$S_n = \frac{\frac{1}{3}(2^n - 1)}{2 - 1} = \frac{1}{3}(2^n - 1)$$

$S_n > 1000$에서 $\frac{1}{3}(2^n - 1) > 1000$

$2^n - 1 > 3000$, 즉 $2^n > 3001$

이때 $2^{11} = 2048$, $2^{12} = 4096$이므로 $n \geq 12$

따라서 첫째항부터 제12항까지의 합이 처음으로 1000보다 커지므로 구하는 자연수 n의 값은 12이다.

21 첫째항부터 제n항까지의 합을 S_n이라 하면

$$S_n = \frac{\frac{1}{2}\left\{1 - \left(\frac{1}{2}\right)^n\right\}}{1 - \frac{1}{2}} = 1 - \left(\frac{1}{2}\right)^n$$

$S_n > \frac{99}{100}$에서 $1 - \left(\frac{1}{2}\right)^n > \frac{99}{100}$

$\left(\frac{1}{2}\right)^n < \frac{1}{100}$, 즉 $2^n > 100$

이때 $2^6 = 64$, $2^7 = 128$이므로 $n \geq 7$

따라서 첫째항부터 제7항까지의 합이 처음으로 $\frac{99}{100}$보다 커지므로 구하는 자연수 n의 값은 7이다.

23 첫째항을 a, 공비를 r $(r \neq 1)$이라 하면

$S_3 = 26$에서 $S_3 = \frac{a(r^3 - 1)}{r - 1} = 26$ $\quad$ ...... ㉠

$S_6 = 728$에서 $S_6 = \frac{a(r^6 - 1)}{r - 1} = 728$

즉 $\frac{a(r^3 - 1)(r^3 + 1)}{r - 1} = 728$ $\quad$ ...... ㉡

㉡$\div$㉠을 하면

$r^3 + 1 = 28$, $r^3 = 27$

이때 공비 r는 실수이므로 $r = 3$

이것을 ㉠에 대입하면 $13a = 26$

따라서 $a = 2$

24 첫째항을 a, 공비를 r $(r \neq 1)$이라 하면

$S_4 = 4$에서 $\frac{a(r^4 - 1)}{r - 1} = 4$ $\quad$ ...... ㉠

$S_8 = 2504$에서 $\frac{a(r^8 - 1)}{r - 1} = 2504$

즉 $\frac{a(r^4 - 1)(r^4 + 1)}{r - 1} = 2504$ $\quad$ ...... ㉡

㉡$\div$㉠을 하면

$r^4 + 1 = 626$, $r^4 = 625$

이때 공비 r는 양수이므로 $r = 5$

이것을 ㉠에 대입하면 $156a = 4$

따라서 $a = \frac{1}{39}$

25 첫째항을 a, 공비를 r $(r \neq 1)$이라 하면

$S_n = 21$에서 $S_n = \frac{a(r^n - 1)}{r - 1} = 21$ $\quad$ ...... ㉠

$S_{2n} = 63$에서 $S_{2n} = \frac{a(r^{2n} - 1)}{r - 1} = 63$

즉 $\frac{a(r^n - 1)(r^n + 1)}{r - 1} = 63$ $\quad$ ...... ㉡

㉡$\div$㉠을 하면 $r^n + 1 = 3$, $r^n = 2$

따라서

$$S_{3n} = \frac{a(r^{3n} - 1)}{r - 1} = \frac{a(r^n - 1)(r^{2n} + r^n + 1)}{r - 1}$$

$$= 21 \times (2^2 + 2 + 1) = 147$$

06

등비수열의 합과 일반항 사이의 관계

1 (✎ 4, 4, 4, $4 \times 5^{n-1}$) 2 $a_n = -\dfrac{1}{2^n}$

3 $a_n = 6 \times 7^n$ 4 $a_n = 3 \times 2^n$

☺ S_1, S_{n-1} 5 (✎ 5, 4, 5, 5, $4 \times 3^{n-1}$)

6 $a_1 = 1, a_n = 3 \times 4^{n-1} (n \geq 2)$

7 $a_1 = 5, a_n = 2^n (n \geq 2)$

8 $a_1 = 15, a_n = 12 \times 5^{n-1} (n \geq 2)$ 9 ④

10 (✎ $k+50$, 8, $k+50$, 8, -10)

11 -1 12 -7 13 ②

2 (i) $n=1$일 때
$$a_1 = S_1 = \frac{1}{2} - 1 = -\frac{1}{2}$$
(ii) $n \geq 2$일 때
$$a_n = S_n - S_{n-1} = \frac{1}{2^n} - 1 - \left(\frac{1}{2^{n-1}} - 1\right)$$
$$= \frac{1}{2^n} - \frac{1}{2^{n-1}} = \frac{1}{2^{n-1}}\left(\frac{1}{2} - 1\right) = -\frac{1}{2^n} \quad \cdots\cdots \,\text{㉠}$$
이때 $a_1 = -\dfrac{1}{2}$은 ㉠에 $n=1$을 대입한 것과 같으므로
$$a_n = -\frac{1}{2^n}$$

3 (i) $n=1$일 때
$$a_1 = S_1 = 7^2 - 7 = 42$$
(ii) $n \geq 2$일 때
$$a_n = S_n - S_{n-1} = 7^{n+1} - 7 - (7^n - 7)$$
$$= 7^{n+1} - 7^n = 7^n(7-1) = 6 \times 7^n \quad \cdots\cdots \,\text{㉠}$$
이때 $a_1 = 42$는 ㉠에 $n=1$을 대입한 것과 같으므로
$$a_n = 6 \times 7^n$$

4 (i) $n=1$일 때
$$a_1 = S_1 = 3 \times 2^2 - 6 = 6$$
(ii) $n \geq 2$일 때
$$a_n = S_n - S_{n-1} = 3 \times 2^{n+1} - 6 - (3 \times 2^n - 6)$$
$$= 3 \times 2^{n+1} - 3 \times 2^n = 3 \times 2^n \quad \cdots\cdots \,\text{㉠}$$
이때 $a_1 = 6$은 ㉠에 $n=1$을 대입한 것과 같으므로
$$a_n = 3 \times 2^n$$

6 (i) $n=1$일 때
$$a_1 = S_1 = 4 - 3 = 1$$
(ii) $n \geq 2$일 때
$$a_n = S_n - S_{n-1} = 4^n - 3 - (4^{n-1} - 3)$$
$$= 4^n - 4^{n-1} = 3 \times 4^{n-1} \quad \cdots\cdots \,\text{㉠}$$
이때 $a_1 = 1$은 ㉠에 $n=1$을 대입한 것과 같지 않으므로
$$a_1 = 1, a_n = 3 \times 4^{n-1} (n \geq 2)$$

7 (i) $n=1$일 때
$$a_1 = S_1 = 2^2 + 1 = 5$$
(ii) $n \geq 2$일 때
$$a_n = S_n - S_{n-1} = 2^{n+1} + 1 - (2^n + 1)$$
$$= 2^{n+1} - 2^n = 2^n \quad \cdots\cdots \,\text{㉠}$$
이때 $a_1 = 5$는 ㉠에 $n=1$을 대입한 것과 같지 않으므로
$$a_1 = 5, a_n = 2^n (n \geq 2)$$

8 (i) $n=1$일 때
$$a_1 = S_1 = 3 \times 5 = 15$$
(ii) $n \geq 2$일 때
$$a_n = S_n - S_{n-1} = 3 \times 5^n - 3 \times 5^{n-1}$$
$$= 12 \times 5^{n-1} \quad \cdots\cdots \,\text{㉠}$$
이때 $a_1 = 15$는 ㉠에 $n=1$을 대입한 것과 같지 않으므로
$$a_1 = 15, a_n = 12 \times 5^{n-1} (n \geq 2)$$

9 (i) $n=1$일 때
$$a_1 = S_1 = 2^3 - 4 = 4$$
(ii) $n \geq 2$일 때
$$a_n = S_n - S_{n-1} = 2^{2n+1} - 4 - (2^{2n-1} - 4)$$
$$= 2^{2n+1} - 2^{2n-1} = 2^{2n-1}(2^2 - 1)$$
$$= 3 \times 2^{2n-1} \quad \cdots\cdots \,\text{㉠}$$
이때 $a_1 = 4$는 ㉠에 $n=1$을 대입한 것과 같지 않으므로
$$a_1 = 4, a_n = 3 \times 2^{2n-1} (n \geq 2)$$
따라서
$$a_1 - a_2 + a_3 = 4 - 3 \times 2^3 + 3 \times 2^5$$
$$= 4 - 24 + 96 = 76$$

11 (i) $n=1$일 때
$$a_1 = S_1 = 3 + k$$
(ii) $n \geq 2$일 때
$$a_n = S_n - S_{n-1} = 3^n + k - (3^{n-1} + k)$$
$$= 3^n - 3^{n-1} = 2 \times 3^{n-1} \quad \cdots\cdots \,\text{㉠}$$
수열 $\{a_n\}$이 첫째항부터 등비수열을 이루려면 $3+k$가 ㉠에
$n=1$을 대입한 것과 같아야 하므로
$$3 + k = 2$$
따라서 $k = -1$

12 (i) $n=1$일 때
$$a_1 = S_1 = 343 + k$$
(ii) $n \geq 2$일 때
$$a_n = S_n - S_{n-1} = 7^{2n+1} + k - (7^{2n-1} + k)$$
$$= 7^{2n+1} - 7^{2n-1} = 48 \times 7^{2n-1} \quad \cdots\cdots \,\text{㉠}$$
수열 $\{a_n\}$이 첫째항부터 등비수열을 이루려면 $343+k$가 ㉠에
$n=1$을 대입한 것과 같아야 하므로
$$343 + k = 336$$
따라서 $k = -7$

13 $\log_3(S_n+k)=n+1$에서

$S_n+k=3^{n+1}$, $S_n=3^{n+1}-k$

(i) $n=1$일 때

$a_1=S_1=9-k$

(ii) $n \geq 2$일 때

$a_n=S_n-S_{n-1}=3^{n+1}-k-(3^n-k)$

$=3^{n+1}-3^n=2 \times 3^n$ ...... ㉠

수열 $\{a_n\}$이 첫째항부터 등비수열을 이루려면 $9-k$가 ㉠에

$n=1$을 대입한 것과 같아야 하므로

$9-k=6$

따라서 $k=3$

---

07 등비수열의 활용

본문 298쪽

1 (✎ 0.03, 0.03, 0.03, 0.03, 0.03, 0.03, 0.03, 0.03, 0.03, 0.03, 130)

2 36만 원

3 (✎ $24 \times (1+0.04)^3$, $24 \times (1+0.04)^2$, 5, 1.2, 124.8, 1248000)

4 1030만 원

5 (✎ $150 \times (1+0.06)^{17}$, 150, 20, 3.2, 5500)

6 500만 원   ☺ $a(1+rn)$, $a(1+r)^n$

7 (✎ $\frac{2}{3}$, $\frac{2}{3}$, $\frac{2}{3}$, $\frac{2}{3}$, $\frac{2}{3}$, $\frac{2}{3}$, $\frac{2}{3}$, $\frac{2}{3}$, $\frac{2}{3}$, $\frac{256}{243}$)

8 $\dfrac{2^{10}}{3^{10}}$

9 (✎ $\frac{\sqrt{3}}{4}$, $4\sqrt{3}$, $4\sqrt{3}$, $4\sqrt{3}$, $4\sqrt{3}$, $4\sqrt{3}$, $4\sqrt{3}$, $4\sqrt{3}$, $4\sqrt{3}$, $\frac{3^{10}\sqrt{3}}{4^9}$)

10 $\dfrac{8^8}{9^6}$

2 1년 후의 원리합계는

$30+30 \times 0.04=30(1+0.04)$(만 원)

2년 후의 원리합계는

$30+30 \times 0.04+30 \times 0.04=30(1+2 \times 0.04)$(만 원)

3년 후의 원리합계는

$30+30 \times 0.04+30 \times 0.04+30 \times 0.04$

$=30(1+3 \times 0.04)$(만 원)

4년 후의 원리합계는

$30+30 \times 0.04+30 \times 0.04+30 \times 0.04+30 \times 0.04$

$=30(1+4 \times 0.04)$(만 원)

따라서 5년 후의 원리합계는

$30(1+5 \times 0.04)=30 \times 1.2=36$(만 원)

---

4 연이율이 3 %이므로 매년 초에 100만 원씩 10년 동안 적립할 때, 각각의 적립금을 그림으로 나타내면 다음과 같다.

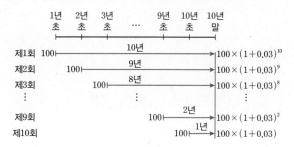

따라서 구하는 원리합계는

$100 \times (1+0.03)+100 \times (1+0.03)^2+100 \times (1+0.03)^3+\cdots$

$+100 \times (1+0.03)^9+100 \times (1+0.30)^{10}$

$=\dfrac{100 \times (1+0.03) \times (1.03^{10}-1)}{1.03-1}$

$=\dfrac{100 \times 1.03 \times (1.3-1)}{0.03}$

$=1030$(만 원)

6 연이율이 4 %이므로 매년 말에 40만 원씩 10년 동안 적립할 때, 각각의 적립금을 그림으로 나타내면 다음과 같다.

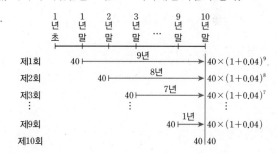

따라서 구하는 원리합계는

$40+40 \times (1+0.04)+40 \times (1+0.04)^2+\cdots$

$+40 \times (1+0.04)^8+40 \times (1+0.04)^9$

$=\dfrac{40 \times (1.04^{10}-1)}{1.04-1}=\dfrac{40 \times (1.5-1)}{0.04}=500$(만 원)

8

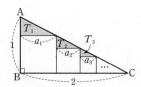

그림의 색칠한 삼각형 T_1과 삼각형 ABC는 닮음(AA 닮음)이므로

$(1-a_1) : a_1=1 : 2$에서 $2-2a_1=a_1$

즉 $a_1=\dfrac{2}{3}$

색칠한 삼각형 T_2와 삼각형 ABC는 닮음(AA 닮음)이므로

$(a_1-a_2) : a_2=1 : 2$에서 $2a_1-2a_2=a_2$

즉 $a_2=\dfrac{2}{3}a_1=\dfrac{2}{3} \times \dfrac{2}{3}=\left(\dfrac{2}{3}\right)^2$

색칠한 삼각형 T_3과 삼각형 ABC는 닮음(AA 닮음)이므로

$(a_2-a_3) : a_3=1 : 2$에서 $2a_2-2a_3=a_3$

즉 $a_3=\dfrac{2}{3}a_2=\dfrac{2}{3} \times \left(\dfrac{2}{3}\right)^2=\left(\dfrac{2}{3}\right)^3$

이와 같이 계속되므로 $a_n = \left(\dfrac{2}{3}\right)^n$

따라서 $a_{10} = \left(\dfrac{2}{3}\right)^{10} = \dfrac{2^{10}}{3^{10}}$

10 한 변의 길이가 9인 정사각형 모양의 종이의 넓이는
$9^2 = 81$

첫 번째 시행 후 남아 있는 종이의 넓이는
$81 \times \dfrac{8}{9}$

두 번째 시행 후 남아 있는 종이의 넓이는
$\left(81 \times \dfrac{8}{9}\right) \times \dfrac{8}{9} = 81 \times \left(\dfrac{8}{9}\right)^2$

세 번째 시행 후 남아 있는 종이의 넓이는
$81 \times \left(\dfrac{8}{9}\right)^2 \times \dfrac{8}{9} = 81 \times \left(\dfrac{8}{9}\right)^3$
$\vdots$

n번째 시행 후 남아 있는 종이의 넓이는
$81 \times \left(\dfrac{8}{9}\right)^n$

따라서 8번째 시행 후 남아 있는 종이의 넓이는
$81 \times \left(\dfrac{8}{9}\right)^8 = \dfrac{8^8}{9^6}$

TEST 개념 확인 본문 301쪽

1 ③	2 ⑤	3 ④	4 ③
5 1210	6 ①	7 ⑤	8 9
9 ③	10 ④	11 ⑤	12 ③
13 ③	14 ④	15 19	16 ①
17 1340만 원		18 ③	

1 주어진 등비수열의 첫째항을 a, 공비를 r라 하면
$a_2 = 3$에서 $ar = 3$ ...... ㉠
$a_7 = -96$에서 $ar^6 = -96$ ...... ㉡
㉡÷㉠을 하면 $r^5 = -32$
이때 r는 실수이므로
$r = -2$
따라서 주어진 등비수열 $\{a_n\}$의 공비는 -2이다.

2 $a_n = 7 \times 5^{1-2n}$에서
$a_1 = 7 \times 5^{-1} = \dfrac{7}{5}$
$a_2 = 7 \times 5^{-3} = \dfrac{7}{125}$
이므로
$r = \dfrac{a_2}{a_1} = \dfrac{\dfrac{7}{125}}{\dfrac{7}{5}} = \dfrac{1}{25}$

따라서 주어진 등비수열의 첫째항은 $a = \dfrac{7}{5}$, 공비는 $r = \dfrac{1}{25}$이므로

$\dfrac{a}{r} = \dfrac{\dfrac{7}{5}}{\dfrac{1}{25}} = 35$

3 주어진 등비수열의 첫째항을 a, 공비를 r라 하면
$a_3 = \dfrac{1}{3}$에서 $ar^2 = \dfrac{1}{3}$ ...... ㉠
$a_6 = -9$에서 $ar^5 = -9$ ...... ㉡
㉡÷㉠을 하면 $r^3 = -27$
이때 r는 실수이므로
$r = -3$
이것을 ㉠에 대입하면
$9a = \dfrac{1}{3}$, 즉 $a = \dfrac{1}{27}$
즉 $a_n = \dfrac{1}{27} \times (-3)^{n-1}$
243을 제k항이라 하면
$\dfrac{1}{27} \times (-3)^{k-1} = 243$
$(-3)^{k-1} = 3^8 = (-3)^8$
$k-1 = 8$, 즉 $k = 9$
따라서 243은 제9항이다.

4 주어진 등비수열의 일반항을 a_n이라 하면
$a_n = 3 \times \left(\dfrac{1}{2}\right)^{n-1}$
$3 \times \left(\dfrac{1}{2}\right)^{n-1} < \dfrac{1}{100}$에서 $\left(\dfrac{1}{2}\right)^{n-1} < \dfrac{1}{300}$
$2^{n-1} > 300$
이때 $2^8 = 256$, $2^9 = 512$이므로
$n-1 \geq 9$, 즉 $n \geq 10$
따라서 처음으로 $\dfrac{1}{100}$보다 작아지는 항은 제10항이므로
$n = 10$

5 주어진 등비수열의 공비를 r $(r > 0)$라 하면
첫째항이 11이고 제12항이 110이므로
$11r^{11} = 110$, 즉 $r^{11} = 10$
이때 a_1, a_{10}은 각각 제2항, 제11항이므로
$a_1 = 11r$, $a_{10} = 11r^{10}$
따라서 $a_1 a_{10} = 11r \times 11r^{10} = 121r^{11} = 121 \times 10 = 1210$

6 주어진 등비수열의 첫째항을 a, 공비를 r라 하면

$a_2+a_3+a_4=-21$이므로 $ar+ar^2+ar^3=-21$

즉 $ar(1+r+r^2)=-21$ ...... ㉠

$a_3+a_4+a_5=63$이므로 $ar^2+ar^3+ar^4=63$

즉 $ar^2(1+r+r^2)=63$ ...... ㉡

㉡÷㉠을 하면 $r=-3$

이것을 ㉠에 대입하면

$-3a\times7=-21$, 즉 $a=1$

따라서 첫째항과 공비의 합은

$1+(-3)=-2$

7 $\dfrac{1}{4}$은 $\sin\theta$와 $\cos\theta$의 등비중항이므로

$\sin\theta\cos\theta=\left(\dfrac{1}{4}\right)^2=\dfrac{1}{16}$

따라서

$\tan\theta+\dfrac{1}{\tan\theta}=\dfrac{\sin\theta}{\cos\theta}+\dfrac{\cos\theta}{\sin\theta}$

$=\dfrac{\sin^2\theta+\cos^2\theta}{\sin\theta\cos\theta}$

$=\dfrac{1}{\dfrac{1}{16}}=16$

8 세 실수를 a, ar, ar^2이라 하면

$a+ar+ar^2=13$에서 $a(1+r+r^2)=13$ ...... ㉠

$a\times ar\times ar^2=27$에서 $(ar)^3=27$

이때 ar는 실수이므로

$ar=3$, 즉 $a=\dfrac{3}{r}$ ...... ㉡

㉡을 ㉠에 대입하면

$\dfrac{3}{r}(1+r+r^2)=13$

양변에 r를 곱하여 정리하면

$3r^2-10r+3=0$, $(3r-1)(r-3)=0$

즉 $r=\dfrac{1}{3}$ 또는 $r=3$

$r=\dfrac{1}{3}$을 ㉡에 대입하면 $a=9$

$r=3$을 ㉡에 대입하면 $a=1$

따라서 세 수는 1, 3, 9이므로 이 중 가장 큰 수는 9이다.

9 $R_1=f(1)=1-a+2a=a+1$

$R_2=f(2)=4-2a+2a=4$

$R_3=f(3)=9-3a+2a=-a+9$

이때 $a+1$, 4, $-a+9$가 이 순서대로 등비수열을 이루므로

$4^2=(a+1)(-a+9)$, $16=-a^2+8a+9$

$a^2-8a+7=0$, $(a-1)(a-7)=0$

즉 $a=1$ 또는 $a=7$

따라서 모든 상수 a의 값의 합은

$1+7=8$

10 주어진 등비수열의 일반항을 a_n이라 하면

$a_n=-512\times\left(-\dfrac{1}{2}\right)^{n-1}$

1을 제k항이라 하면

$-512\times\left(-\dfrac{1}{2}\right)^{k-1}=1$, $\left(-\dfrac{1}{2}\right)^{k-1}=\left(-\dfrac{1}{2}\right)^9$

$k-1=9$, 즉 $k=10$

따라서 구하는 합은

$\dfrac{-512\left\{1-\left(-\dfrac{1}{2}\right)^{10}\right\}}{1-\left(-\dfrac{1}{2}\right)}=-341$

11 $S_n=\dfrac{4\{1-(-2)^n\}}{1-(-2)}=\dfrac{4\{1-(-2)^n\}}{3}$

$S_k=-340$에서 $\dfrac{4\{1-(-2)^k\}}{3}=-340$

$1-(-2)^k=-255$, $(-2)^k=256=(-2)^8$

따라서 $k=8$

12 주어진 등비수열의 첫째항을 a, 공비를 r $(r\neq1)$라 하고, 첫째항부터 제n항까지의 합을 S_n이라 하면

$S_4=12$에서 $S_4=\dfrac{a(1-r^4)}{1-r}=12$ ...... ㉠

$S_8=60$에서 $S_8=\dfrac{a(1-r^8)}{1-r}=60$

즉 $\dfrac{a(1-r^4)(1+r^4)}{1-r}=60$ ...... ㉡

㉡÷㉠을 하면

$1+r^4=5$, 즉 $r^4=4$

따라서

$S_{12}=\dfrac{a(1-r^{12})}{1-r}=\dfrac{a(1-r^4)(1+r^4+r^8)}{1-r}$

$=12\times(1+4+4^2)=252$

13 $S_n=2^{2n}-1=4^n-1$

(i) $n=1$일 때

$a_1=S_1=4^1-1=3$

(ii) $n\geq2$일 때

$a_n=S_n-S_{n-1}=4^n-1-(4^{n-1}-1)$

$=3\times4^{n-1}$ ...... ㉠

이때 $a_1=3$은 ㉠에 $n=1$을 대입한 것과 같으므로

$a_n=3\times4^{n-1}$

따라서 $a=3$, $r=4$이므로

$a+r=7$

14 (i) $n=1$일 때

$a_1=S_1=3^2-3=6$

(ii) $n\geq2$일 때

$a_n=S_n-S_{n-1}=3^{n+1}-3-(3^n-3)$

$=3^{n+1}-3^n=2\times3^n$ ...... ㉠

이때 $a_1=6$은 ㉠에 $n=1$을 대입한 것과 같으므로

$$a_n = 2 \times 3^n$$
따라서 $\dfrac{a_6}{a_1} = \dfrac{2 \times 3^6}{6} = 3^5 = 243$

15 (i) $n = 1$일 때
$$a_1 = S_1 = 5 + 8 = 13$$
(ii) $n \geq 2$일 때
$$\begin{aligned} a_n &= S_n - S_{n-1} = 5^n + 8 - (5^{n-1} + 8) \\ &= 5^n - 5^{n-1} = 4 \times 5^{n-1} \quad \cdots\cdots \bigcirc \end{aligned}$$
이때 $a_1 = 13$은 $\bigcirc$에 $n = 1$을 대입한 것과 같지 않으므로
$a_1 = 13$, $a_n = 4 \times 5^{n-1}$ $(n \geq 2)$
즉
$$\begin{aligned} & a_1 + a_3 + a_5 + a_7 \\ &= 13 + 4 \times 5^2 + 4 \times 5^4 + 4 \times 5^6 \\ &= 13 + \frac{4 \times 5^2 \times \{(5^2)^3 - 1\}}{5^2 - 1} \\ &= \frac{5^8 - 5^2}{6} + 13 \end{aligned}$$
따라서 $p = 6$, $q = 13$이므로
$p + q = 19$

16 구하는 원리합계는
$$\begin{aligned} & 50 + 50 \times (1 + 0.025) + 50 \times (1 + 0.025)^2 + \cdots \\ & \qquad\qquad\qquad\qquad\qquad + 50 \times (1 + 0.025)^7 \\ &= \frac{50 \times (1.025^8 - 1)}{1.025 - 1} = \frac{50 \times (1.22 - 1)}{0.025} \\ &= 440 (만 원) \end{aligned}$$

17 2023년 1월 1일의 적립금 100만 원에 대한 2032년 12월 31일까지의 원리합계는
100×1.03^{10}(만 원)
2024년 1월 1일의 적립금 (100×1.03)만 원에 대한 2032년 12월 31일까지의 원리합계는
$(100 \times 1.03) \times 1.03^9 = 100 \times 1.03^{10}$(만 원)
2025년 1월 1일의 적립금 (100×1.03^2)만 원에 대한 2032년 12월 31일까지의 원리합계는
$(100 \times 1.03^2) \times 1.03^8 = 100 \times 1.03^{10}$(만 원)
$$\vdots$$
2032년 1월 1일의 적립금 (100×1.03^9)만 원에 대한 2032년 12월 31일까지의 원리합계는
$(100 \times 1.03^9) \times 1.03 = 100 \times 1.03^{10}$(만 원)
따라서 구하는 적립금의 원리합계는
$10 \times 100 \times 1.03^{10} = 10 \times 100 \times 1.34 = 1340$(만 원)

18 정사각형 S_n의 한 변의 길이를 a_n이라 하면 정사각형 S_1의 한 변의 길이는 선분 BC의 길이의 $\dfrac{1}{2}$이므로
$$a_1 = 5 \times \frac{1}{2} = \frac{5}{2}$$

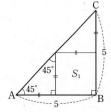

정사각형 S_2의 한 변의 길이는 정사각형 S_1의 한 변의 길이의 $\dfrac{1}{2}$이므로
$$a_2 = \frac{5}{2} \times \frac{1}{2} = \frac{5}{4} = \frac{5}{2^2}$$
정사각형 S_3의 한 변의 길이는 정사각형 S_2의 한 변의 길이의 $\dfrac{1}{2}$이므로
$$a_3 = \frac{5}{4} \times \frac{1}{2} = \frac{5}{2^3}$$
$$\vdots$$
정사각형 S_n의 한 변의 길이는
$$a_n = \frac{5}{2^n}$$
따라서 정사각형 S_6의 넓이는
$$(a_6)^2 = \left(\frac{5}{2^6}\right)^2 = \frac{5^2}{2^{12}}$$

 TEST 개념 발전

9. 등비수열
본문 304쪽

1 ②	**2** ③	**3** ⑤	**4** ④
5 ①	**6** ④	**7** 6	**8** ④
9 ⑤	**10** ③	**11** 32	**12** ②

1 주어진 등비수열의 공비는
$$\frac{8}{32} = \frac{1}{4}$$

2 등비수열 $\{a_n\}$의 첫째항을 a, 공비를 r라 하면
$a_7 = 8a_4$에서 $ar^6 = 8ar^3$
$a > 0$이므로 $r^3 = 8$
r는 실수이므로 $r = 2$
이때 $a_3 + a_4 = 12$에서 $ar^2 + ar^3 = 12$
$4a + 8a = 12$, 즉 $a = 1$
따라서 $a_8 = ar^7 = 2^7 = 128$

3 주어진 등비수열의 공비를 r라 하면
$$\frac{a_{11}}{a_1} = \frac{a_{12}}{a_2} = \frac{a_{13}}{a_3} = \cdots = \frac{a_{20}}{a_{10}} = r^{10}$$
이므로
$$\underbrace{r^{10} + r^{10} + r^{10} + \cdots + r^{10}}_{10개} = 50$$
$10r^{10} = 50$, 즉 $r^{10} = 5$
따라서 $\dfrac{a_{40}}{a_{20}} = r^{20} = (r^{10})^2 = 5^2 = 25$

4 x는 1과 16의 등비중항이므로

$x^2=1\times16=16$

이때 $x>0$이므로 $x=4$

16은 x와 y의 등비중항이므로

$16^2=xy=4y$, 즉 $y=64$

따라서 $x+y=68$

5 곡선 $y=x^3-7x^2-8$과 직선 $y=kx$의 교점의 x좌표는 방정식

$x^3-7x^2-8=kx$, 즉 $x^3-7x^2-kx-8=0$의 실근과 같다.

세 실근을 a, ar, ar^2이라 하면 삼차방정식의 근과 계수의 관계

에 의하여

$a+ar+ar^2=7$에서 $a(1+r+r^2)=7$ ...... ㉠

$a^2r+a^2r^2+a^2r^3=-k$에서 $a^2r(1+r+r^2)=-k$ ...... ㉡

$a\times ar\times ar^2=8$에서 $(ar)^3=8$

이때 ar는 실수이므로 $ar=2$ ...... ㉢

㉠, ㉢을 ㉡에 대입하면

$7\times2=-k$

따라서 $k=-14$

6 등비수열의 첫째항부터 제n항까지의 합을 S_n이라 하면 첫째항

이 6, 공비가 3이므로

$$S_{10}=\frac{6(3^{10}-1)}{3-1}=3(3^{10}-1)$$

7 첫째항이 $\frac{1}{3}$, 공비가 2이므로

$$S_n=\frac{\frac{1}{3}(2^n-1)}{2-1}=\frac{1}{3}(2^n-1)$$

$S_k=21$에서

$\frac{1}{3}(2^k-1)=21$, $2^k=64=2^6$

따라서 $k=6$

8 등비수열 $\{a_n\}$의 첫째항을 a, 공비를 r라 하고, 첫째항부터 제n항

까지의 합을 S_n이라 하면

$$S_{10}=\frac{a(r^{10}-1)}{r-1}=8$$ ...... ㉠

$a_{11}+a_{12}+\cdots+a_{20}=S_{20}-S_{10}=24$이므로

$S_{20}-8=24$, 즉 $S_{20}=32$

이때

$$S_{20}=\frac{a(r^{20}-1)}{r-1}$$

$$=\frac{a(r^{10}-1)(r^{10}+1)}{r-1}=32$$ ...... ㉡

㉡÷㉠을 하면

$r^{10}+1=4$, 즉 $r^{10}=3$

따라서

$$a_{21}+a_{22}+\cdots+a_{40}=S_{40}-S_{20}$$

$$=\frac{a(r^{40}-1)}{r-1}-32$$

$$=\frac{a(r^{20}-1)(r^{20}+1)}{r-1}-32$$

$$=32\times(3^2+1)-32$$

$$=288$$

9 (i) $n=1$일 때

$a_1=S_1=2^0+5=6$

(ii) $n\geq2$일 때

$a_n=S_n-S_{n-1}$

$=(2^{n-1}+5)-(2^{n-2}+5)$

$=2^{n-2}$ ...... ㉠

이때 $a_1=6$은 ㉠에 $n=1$을 대입한 것과 같지 않으므로

$a_1=6$, $a_n=2^{n-2}$ $(n\geq2)$

따라서 수열 $\{a_n\}$은 둘째항부터 공비가 2인 등비수열을 이루므

로 수열 $\{a_{2n}\}$은 첫째항이 $a_2=2^{2-2}=1$, 공비가 $2^2=4$인 등비수

열이다.

10 0이 아닌 서로 다른 세 수 a, b, c가 이 순서대로 등차수열을 이

루므로

$2b=a+c$ ...... ㉠

세 양수 l, m, n이 이 순서대로 등비수열을 이루므로

$m^2=ln$ ...... ㉡

이차방정식 $ax^2+2bx+c=0$의 판별식을 D_1이라 하면

$D_1=(2b)^2-4ac=(a+c)^2-4ac$ (㉠에 의하여)

$=(a-c)^2>0$

즉 이차방정식 $ax^2+2bx+c=0$은 서로 다른 두 실근을 가지므

로

$p=2$

이차방정식 $lx^2+mx+n=0$의 판별식을 D_2라 하면

$D_2=m^2-4ln=ln-4ln$ (㉡에 의하여)

$=-3ln$

이때 $l>0$, $n>0$이므로 $D_2<0$

즉 이차방정식 $lx^2+mx+n=0$은 실근을 갖지 않으므로

$q=0$

따라서 $p+q=2$

11 올해 인구를 a명, 인구의 증가율을 r라 하면

1년 후의 인구는

$a(1+r)$(명)

2년 후의 인구는

$a(1+r)\times(1+r)=a(1+r)^2$(명)

3년 후의 인구는

$a(1+r)^2\times(1+r)=a(1+r)^3$(명)

$\vdots$

n년 후의 인구는

$a(1+r)^n$ (명)

이때 5년 후의 인구가 18만 명이므로

$a(1+r)^5=18\times10^4$ …… ㉠

또 10년 후의 인구가 24만 명이므로

$a(1+r)^{10}=24\times10^4$ …… ㉡

㉡÷㉠을 하면

$(1+r)^5=\dfrac{4}{3}$

따라서 15년 후의 예상 인구는

$a(1+r)^{15}=a(1+r)^{10}\times(1+r)^5$

$\qquad\qquad=24\times10^4\times\dfrac{4}{3}=32\times10^4$ (명)

이므로 $m=32$

12 매년 말에 a만 원씩 적립한다고 하면 10년째 말까지의 원리합계는

$a+a\times(1+0.04)+a\times(1+0.04)^2+\cdots+a\times(1+0.04)^9$

$=\dfrac{a(1.04^{10}-1)}{1.04-1}$

$=\dfrac{a(1.5-1)}{0.04}$

$=\dfrac{25}{2}a$ (만 원)

이때 5000만 원을 만들어야 하므로

$\dfrac{25}{2}a=5000$, 즉 $a=400$

10 수열의 합

합의 기호 $\sum$의 뜻

원리확인

❶ 20, 1　　❷ 50, i　　❸ m, n, b_k

1 ○　　2 ○　　3 ×　　4 ×

5 ○　　6 ×　　7 ($\mathscr{N}$ 4, 4, 4, $4k-1$)

8 $\displaystyle\sum_{k=1}^{n+1}\dfrac{1}{4^{k-1}}$　　9 $\displaystyle\sum_{k=1}^{15}k^3$　　10 $\displaystyle\sum_{k=1}^{n}(-1)^k$

11 $\displaystyle\sum_{k=1}^{10}\dfrac{1}{2k^2}$　　12 $\displaystyle\sum_{k=1}^{n}(-\sqrt{k}+\sqrt{k+1})$

☺ n, k　　13 ($\mathscr{N}$ 5, -2, 6)

14 $1+4+16+64+256+1024$

15 $i+i^2+i^3+i^4+i^5+i^6+i^7$

16 $3+8+15+24+35$　　17 $\dfrac{2}{3}+\dfrac{4}{9}+\dfrac{8}{27}+\dfrac{16}{81}$

18 ③

1 수열 2, 4, 6, …의 일반항을 a_n이라 하면 $a_n=2n$

주어진 식은 수열 $\{a_n\}$의 첫째항부터 제20항까지의 합이므로

$2+4+6+\cdots+40=\displaystyle\sum_{k=1}^{20}2k$

2 수열 1, 3, 5, …의 일반항을 a_n이라 하면 $a_n=2n-1$

주어진 식은 수열 $\{a_n\}$의 첫째항부터 제20항까지의 합이므로

$1+3+5+\cdots+39=\displaystyle\sum_{m=1}^{20}(2m-1)$

3 수열 3, 3^2, 3^3, …의 일반항을 a_n이라 하면 $a_n=3^n$

주어진 식은 수열 $\{a_n\}$의 첫째항부터 제n항까지의 합이므로

$3+3^2+3^3+\cdots+3^n=\displaystyle\sum_{k=1}^{n}3^k$

4 수열 4, 8, 12, …의 일반항을 a_n이라 하면 $a_n=4n$

주어진 식은 수열 $\{a_n\}$의 첫째항부터 제50항까지의 합이므로

$4+8+12+\cdots+200=\displaystyle\sum_{k=1}^{50}4k$

5 수열 $\log 2$, $\log 4$, $\log 6$, …의 일반항을 a_n이라 하면

$a_n=\log 2n$

주어진 식은 수열 $\{a_n\}$의 첫째항부터 제N항까지의 합이므로

$\log 2+\log 4+\log 6+\cdots+\log 2N=\displaystyle\sum_{a=1}^{N}\log 2a$

6 수열 $\dfrac{1}{\sqrt{2}}$, $\dfrac{1}{\sqrt{3}}$, $\dfrac{1}{2}=\dfrac{1}{\sqrt{4}}$, $\cdots$의 일반항을 a_n이라 하면

$a_n=\dfrac{1}{\sqrt{n+1}}$

주어진 식은 수열 $\{a_n\}$의 첫째항부터 제14항까지의 합이므로

$\dfrac{1}{\sqrt{2}}+\dfrac{1}{\sqrt{3}}+\dfrac{1}{2}+\cdots+\dfrac{1}{\sqrt{15}}=\displaystyle\sum_{j=1}^{14}\dfrac{1}{\sqrt{j+1}}$

8 수열 1, $\dfrac{1}{4}$, $\dfrac{1}{4^2}$, $\cdots$은 첫째항이 1이고 공비가 $\dfrac{1}{4}$인 등비수열이

므로 일반항을 a_n이라 하면 $a_n=1\times\left(\dfrac{1}{4}\right)^{n-1}=\dfrac{1}{4^{n-1}}$

따라서 주어진 식은 수열 $\{a_n\}$의 첫째항부터 제$(n+1)$항까지

의 합이므로 합의 기호 $\sum$를 사용하여 나타내면

$1+\dfrac{1}{4}+\dfrac{1}{4^2}+\cdots+\dfrac{1}{4^n}=\displaystyle\sum_{k=1}^{n+1}\dfrac{1}{4^{k-1}}$

9 수열 1^3, 2^3, 3^3, $\cdots$의 일반항을 a_n이라 하면 $a_n=n^3$

따라서 주어진 식은 수열 $\{a_n\}$의 첫째항부터 제15항까지의 합

이므로 합의 기호 $\sum$를 사용하여 나타내면

$1^3+2^3+3^3+\cdots+15^3=\displaystyle\sum_{k=1}^{15}k^3$

10 수열 -1, 1, -1, $\cdots$의 일반항을 a_n이라 하면 $a_n=(-1)^n$

따라서 주어진 식은 수열 $\{a_n\}$의 첫째항부터 제n항까지의 합이

므로 합의 기호 $\sum$를 사용하여 나타내면

$(-1)+1+(-1)+\cdots+(-1)^n=\displaystyle\sum_{k=1}^{n}(-1)^k$

11 수열 $\dfrac{1}{1\times2}$, $\dfrac{1}{2\times4}$, $\dfrac{1}{3\times6}$, $\cdots$의 일반항을 a_n이라 하면

$a_n=\dfrac{1}{n\times2n}=\dfrac{1}{2n^2}$

따라서 주어진 식은 수열 $\{a_n\}$의 첫째항부터 제10항까지의 합

이므로 합의 기호 $\sum$를 사용하여 나타내면

$\dfrac{1}{1\times2}+\dfrac{1}{2\times4}+\dfrac{1}{3\times6}+\cdots+\dfrac{1}{10\times20}=\displaystyle\sum_{k=1}^{10}\dfrac{1}{2k^2}$

12 수열 $(-1+\sqrt{2})$, $(-\sqrt{2}+\sqrt{3})$, $\cdots$의 일반항을 a_n이라 하면

$a_n=-\sqrt{n}+\sqrt{n+1}$

따라서 주어진 식은 수열 $\{a_n\}$의 첫째항부터 제n항까지의 합이

므로 합의 기호 $\sum$를 사용하여 나타내면

$(-1+\sqrt{2})+(-\sqrt{2}+\sqrt{3})+\cdots+(-\sqrt{n}+\sqrt{n+1})$

$=\displaystyle\sum_{k=1}^{n}(-\sqrt{k}+\sqrt{k+1})$

14 주어진 식은 일반항 4^{k-1}의 k에 1부터 6까지 대입하여 더한 값

이므로

$\displaystyle\sum_{k=1}^{6}4^{k-1}=1+4+4^2+4^3+4^4+4^5$

$=1+4+16+64+256+1024$

15 주어진 식은 일반항 i^k의 k에 1부터 7까지 대입하여 더한 값이

므로

$\displaystyle\sum_{k=1}^{7}i^k=i+i^2+i^3+i^4+i^5+i^6+i^7$

16 주어진 식은 일반항 $j(j-2)$의 j에 3부터 7까지 대입하여 더한

값이므로

$\displaystyle\sum_{j=3}^{7}j(j-2)=3\times1+4\times2+5\times3+6\times4+7\times5$

$=3+8+15+24+35$

17 주어진 식은 일반항 $\left(\dfrac{2}{3}\right)^{l-1}$의 l에 2부터 5까지 대입하여 더한

값이므로

$\displaystyle\sum_{l=2}^{5}\left(\dfrac{2}{3}\right)^{l-1}=\dfrac{2}{3}+\left(\dfrac{2}{3}\right)^2+\left(\dfrac{2}{3}\right)^3+\left(\dfrac{2}{3}\right)^4$

$=\dfrac{2}{3}+\dfrac{4}{9}+\dfrac{8}{27}+\dfrac{16}{81}$

18 ③ 수열 -2, 4, -8, $\cdots$은 첫째항이 -2이고 공비가 -2인 등

비수열이므로 일반항을 a_n이라 하면

$a_n=(-2)\times(-2)^{n-1}=(-2)^n$

따라서 주어진 식은 수열 $\{a_n\}$의 첫째항부터 제7항까지의 합

이므로

$-2+4-8+\cdots-128=\displaystyle\sum_{k=1}^{7}(-2)^k$

02

합의 기호 $\sum$의 성질

원리확인

❶ 2, $6k-2$, 2, 2, 2 ❷ k, 3, 3, 3, 3

❸ 2, 5, 2, 5

1 (✎ 40, 30, 180)	2 -100	3 50
4 -40	5 80	6 (✎ 4, 4, 80, 80, 190)
7 140	8 10	9 ①
☺ a_k, b_k, a_k, b_k, c, a_k, cn		
10 (✎ 5, 5, 50)	11 20	12 235
13 51	14 7	15 119	16 20
17 10	18 ②	

2 $\displaystyle\sum_{k=1}^{20}(-a_k-2b_k)=\displaystyle\sum_{k=1}^{20}(-a_k)-\displaystyle\sum_{k=1}^{20}2b_k$

$\qquad\qquad\qquad\quad=-\displaystyle\sum_{k=1}^{20}a_k-2\displaystyle\sum_{k=1}^{20}b_k$

$\qquad\qquad\qquad\quad=-40-2\times30=-100$

3 $\displaystyle\sum_{k=1}^{10}(2a_k-b_k)=\displaystyle\sum_{k=1}^{10}2a_k-\displaystyle\sum_{k=1}^{10}b_k$

$\qquad\qquad\qquad\quad=2\displaystyle\sum_{k=1}^{10}a_k-\displaystyle\sum_{k=1}^{10}b_k$

$\qquad\qquad\qquad\quad=2\times30-10=50$

4
$$\sum_{k=1}^{20}(a_k-3)=\sum_{k=1}^{20}a_k-\sum_{k=1}^{20}3$$
$$=20-3\times20=-40$$

5
$$\sum_{k=1}^{8}(a_k+5)-\sum_{k=1}^{8}(a_k-5)$$
$$=\sum_{k=1}^{8}\{(a_k+5)-(a_k-5)\}$$
$$=\sum_{k=1}^{8}10=10\times8=80$$

7
$$\sum_{k=1}^{20}(3a_k-1)^2=\sum_{k=1}^{20}(9a_k{}^2-6a_k+1)$$
$$=9\sum_{k=1}^{20}a_k{}^2-6\sum_{k=1}^{20}a_k+\sum_{k=1}^{20}1$$
$$=9\times20-6\times10+1\times20$$
$$=180-60+20=140$$

8
$$\sum_{k=1}^{10}(a_k{}^2+b_k{}^2)=\sum_{k=1}^{10}\{(a_k+b_k)^2-2a_kb_k\}$$
$$=\sum_{k=1}^{10}(a_k+b_k)^2-2\sum_{k=1}^{10}a_kb_k$$
$$=30-2\times10=30-20=10$$

9
$$\sum_{k=1}^{20}\{(2a_k-1)(b_k+2)\}=\sum_{k=1}^{20}(2a_kb_k+4a_k-b_k-2)$$
$$=2\sum_{k=1}^{20}a_kb_k+4\sum_{k=1}^{20}a_k-\sum_{k=1}^{20}b_k-\sum_{k=1}^{20}2$$
$$=2\times30+4\times10-10-2\times20$$
$$=60+40-10-40=50$$

11
$$\sum_{k=1}^{10}(k^3+2)-\sum_{k=1}^{10}k^3=\sum_{k=1}^{10}\{(k^3+2)-k^3\}$$
$$=\sum_{k=1}^{10}2=2\times10=20$$

12
$$\sum_{k=1}^{10}(k^2+3)+\sum_{k=1}^{8}(-k^2+3)$$
$$=\sum_{k=1}^{10}(k^2+3)+\sum_{k=1}^{10}(-k^2+3)-\sum_{k=9}^{10}(-k^2+3)$$
$$=\sum_{k=1}^{10}\{(k^2+3)+(-k^2+3)\}-\{(-81+3)+(-100+3)\}$$
$$=\sum_{k=1}^{10}6-(-78-97)$$
$$=6\times10+175=235$$

13
$$\sum_{k=1}^{10}(k^3+5)-\sum_{k=3}^{10}(k^3+1)$$
$$=\sum_{k=1}^{10}(k^3+5)-\sum_{k=1}^{10}(k^3+1)+\sum_{k=1}^{2}(k^3+1)$$
$$=\sum_{k=1}^{10}\{(k^3+5)-(k^3+1)\}+\{(1+1)+(8+1)\}$$
$$=\sum_{k=1}^{10}4+(2+9)$$
$$=4\times10+11=51$$

14
$$\sum_{k=1}^{15}(2k^3+1)-\sum_{k=3}^{15}(2k^3+2)$$
$$=\sum_{k=1}^{15}(2k^3+1)-\sum_{k=1}^{15}(2k^3+2)+\sum_{k=1}^{2}(2k^3+2)$$
$$=\sum_{k=1}^{15}\{(2k^3+1)-(2k^3+2)\}+\{(2+2)+(16+2)\}$$
$$=\sum_{k=1}^{15}(-1)+(4+18)$$
$$=(-1)\times15+22=7$$

15
$$\sum_{k=1}^{10}(5k+4)-\sum_{k=1}^{8}(5k+2)$$
$$=\sum_{k=1}^{10}(5k+4)-\sum_{k=1}^{10}(5k+2)+\sum_{k=9}^{10}(5k+2)$$
$$=\sum_{k=1}^{10}\{(5k+4)-(5k+2)\}+\{(45+2)+(50+2)\}$$
$$=\sum_{k=1}^{10}2+(47+52)$$
$$=2\times10+99=119$$

16
$$\sum_{k=1}^{10}a_k=\sum_{k=1}^{5}a_{2k-1}+\sum_{k=1}^{5}a_{2k}=10+10=20$$

17
$$\sum_{k=1}^{16}a_k=\sum_{k=1}^{8}a_{2k-1}+\sum_{k=1}^{8}a_{2k}\text{이므로}$$
$$\sum_{k=1}^{8}a_{2k}=\sum_{k=1}^{16}a_k-\sum_{k=1}^{8}a_{2k-1}=16-6=10$$

18
$$\sum_{k=1}^{2n}a_k=\sum_{k=1}^{n}a_{2k-1}+\sum_{k=1}^{n}a_{2k}\text{이므로}$$
$$\sum_{k=1}^{10}a_k=\sum_{k=1}^{5}a_{2k-1}+\sum_{k=1}^{5}a_{2k}=5^2+(5^2+3)=53$$

TEST 개념 확인   본문 313쪽

1 ②   2 ④   3 ④   4 ③
5 ①   6 44

1
$$\sum_{k=1}^{n}(a_{3k-2}+a_{3k-1}+a_{3k})$$
$$=(a_1+a_2+a_3)+(a_4+a_5+a_6)+\cdots+(a_{3n-2}+a_{3n-1}+a_{3n})$$
$$=\sum_{k=1}^{3n}a_k$$
이므로 $\displaystyle\sum_{k=1}^{3n}a_k=n^2+6n$
위의 식의 양변에 $n=8$을 대입하면
$$\sum_{k=1}^{24}a_k=8^2+6\times8=112$$

2 $f(15)-f(13)=\sum_{k=1}^{15}2k(k+3)-\sum_{k=1}^{13}2k(k+3)$

$\qquad\qquad\qquad=\sum_{k=14}^{15}2k(k+3)$

$\qquad\qquad\qquad=2\times14\times17+2\times15\times18=1016$

3 $\sum_{k=20}^{30}(k-4)+\sum_{k=6}^{13}(k+2)+\sum_{k=1}^{7}k$

$\quad=(16+17+18+\cdots+26)+(8+9+10+\cdots+15)$

$\qquad\qquad\qquad\qquad\qquad\qquad+(1+2+3+\cdots+7)$

$\quad=\sum_{k=1}^{26}k$

4 $\sum_{k=1}^{n}(2a_k-4b_k+2)=2\sum_{k=1}^{n}a_k-4\sum_{k=1}^{n}b_k+\sum_{k=1}^{n}2$

$\qquad\qquad\qquad\qquad=2\times4n-4\times\left(-\dfrac{1}{2}n^2\right)+2n$

$\qquad\qquad\qquad\qquad=2n^2+10n$

이므로

$\sum_{k=1}^{10}(2a_k-4b_k+2)=2\times10^2+10\times10=300$

[다른 풀이]

$\sum_{k=1}^{10}a_k=4\times10=40,\ \sum_{k=1}^{10}b_k=-\dfrac{1}{2}\times10^2=-50$이므로

$\sum_{k=1}^{10}(2a_k-4b_k+2)=2\sum_{k=1}^{10}a_k-4\sum_{k=1}^{10}b_k+\sum_{k=1}^{10}2$

$\qquad\qquad\qquad\qquad=2\times40-4\times(-50)+10\times2$

$\qquad\qquad\qquad\qquad=300$

5 $\sum_{k=1}^{15}(a_k+2)^2-\sum_{k=1}^{15}(a_k-2)^2=\sum_{k=1}^{15}\{(a_k+2)^2-(a_k-2)^2\}$

$\qquad\qquad\qquad\qquad\qquad\qquad=\sum_{k=1}^{15}8a_k$

즉 $8\sum_{k=1}^{15}a_k=550-150=400$이므로

$\sum_{k=1}^{15}a_k=50$

6 $\sum_{k=1}^{10}3a_k=60$에서 $3\sum_{k=1}^{10}a_k=60$이므로

$\sum_{k=1}^{10}a_k=20$, 즉 $a_1+a_2+\cdots+a_{10}=20$ $\qquad$ …… ㉠

$\sum_{k=1}^{10}2a_{k+1}=120$에서 $2\sum_{k=1}^{10}a_{k+1}=120$이므로

$\sum_{k=1}^{10}a_{k+1}=60$, 즉 $a_2+a_3+\cdots+a_{11}=60$ $\qquad$ …… ㉡

㉠$-$㉡을 하면

$a_1-a_{11}=-40$

이때 $a_1=4$이므로

$4-a_{11}=-40$

따라서 $a_{11}=44$

자연수의 거듭제곱의 합

1 ($\mathscr{l}$ k, 15, 16, 120)	**2** 385	**3** 5050
4 1296	**5** ($\mathscr{l}$ 10, 11, 110)	**6** 135
7 1155	**8** 405	**9** 2600
10 ($\mathscr{l}$ n, n^2+2n)	**11** $n(2n^2+3n+2)$	
12 $n^2(n+1)^2$	**13** $\dfrac{n(n+1)(2n+7)}{6}$	
14 ②	**15** ($\mathscr{l}$ 3, 3, 10, 11, 3, 4, 98)	
16 280	**17** 42	**18** 130	**19** 700
20 ($\mathscr{l}$ n, 2, n^2-3n)	**21** $\dfrac{n(n+1)(2n+1)}{6}-30$	
22 $\{n(n+1)\}^2-36$	**23** $n(n-1)(n+1)-6$	
24 ②	**25** ($\mathscr{l}$ $2k^2+k$, $2k^2+k$, $2n+1$, $4n+5$)	
26 $\dfrac{n(n+1)(4n-1)}{3}$	**27** $\dfrac{n(n+1)(4n-1)}{3}$	
28 $\dfrac{n(n+1)(n+2)(3n+1)}{12}$		
29 ($\mathscr{l}$ k, k, k, $2n+1$, $n+2$)		
30 $\dfrac{n^2(n+1)}{2}$	**31** $\dfrac{n(n+1)(2n+1)}{6}$	
☺ 1, 2, 1, 2, 6, 1, 2	**32** ③	

2 $1^2+2^2+3^2+\cdots+10^2=\sum_{k=1}^{10}k^2$

$\qquad\qquad\qquad\qquad\quad=\dfrac{10\times11\times21}{6}=385$

3 $1+2+3+\cdots+100=\sum_{k=1}^{100}k$

$\qquad\qquad\qquad\qquad=\dfrac{100\times101}{2}=5050$

4 $1^3+2^3+3^3+\cdots+8^3=\sum_{k=1}^{8}k^3$

$\qquad\qquad\qquad\qquad\quad=\left(\dfrac{8\times9}{2}\right)^2=1296$

6 $\sum_{k=1}^{10}(3k-3)=3\sum_{k=1}^{10}k-\sum_{k=1}^{10}3$

$\qquad\qquad\qquad=3\times\dfrac{10\times11}{2}-3\times10=135$

7 $\sum_{k=1}^{10}3k^2=3\sum_{k=1}^{10}k^2$

$\qquad\qquad=3\times\dfrac{10\times11\times21}{6}=1155$

8 $\sum_{k=1}^{10}(k^2+2)=\sum_{k=1}^{10}k^2+\sum_{k=1}^{10}2$

$\qquad\qquad\qquad=\dfrac{10\times11\times21}{6}+2\times10=405$

9 $\displaystyle\sum_{k=1}^{8}(2k^3+1)=2\sum_{k=1}^{8}k^3+\sum_{k=1}^{8}1$

$\qquad\qquad\qquad=2\times\left(\dfrac{8\times9}{2}\right)^2+8=2600$

11 $\displaystyle\sum_{k=1}^{n}(6k^2+1)=6\sum_{k=1}^{n}k^2+\sum_{k=1}^{n}1$

$\qquad\qquad\qquad=6\times\dfrac{n(n+1)(2n+1)}{6}+n$

$\qquad\qquad\qquad=n(n+1)(2n+1)+n$

$\qquad\qquad\qquad=n(2n^2+3n+2)$

12 $\displaystyle\sum_{k=1}^{n}4k^3=4\sum_{k=1}^{n}k^3=4\times\left\{\dfrac{n(n+1)}{2}\right\}^2=n^2(n+1)^2$

13 $\displaystyle\sum_{k=1}^{n}k(k+2)=\sum_{k=1}^{n}(k^2+2k)=\sum_{k=1}^{n}k^2+2\sum_{k=1}^{n}k$

$\qquad\qquad\qquad=\dfrac{n(n+1)(2n+1)}{6}+n(n+1)$

$\qquad\qquad\qquad=\dfrac{n(n+1)(2n+1)}{6}+\dfrac{6n(n+1)}{6}$

$\qquad\qquad\qquad=\dfrac{n(n+1)(2n+7)}{6}$

14 수열 $\{a_n\}$은 첫째항이 1, 공차가 3인 등차수열이므로 일반항 a_n
은

$a_n=1+(n-1)\times3=3n-2$

이때 $a_{2k-1}=3(2k-1)-2=6k-5$이므로

$\displaystyle\sum_{k=1}^{n-1}a_{2k-1}=\sum_{k=1}^{n-1}(6k-5)$

$\qquad\qquad\quad=6\sum_{k=1}^{n-1}k-\sum_{k=1}^{n-1}5$

$\qquad\qquad\quad=6\times\dfrac{(n-1)n}{2}-5(n-1)$

$\qquad\qquad\quad=3n^2-8n+5$

16 $\displaystyle\sum_{k=3}^{9}k^2=\sum_{k=1}^{9}k^2-\sum_{k=1}^{2}k^2$

$\qquad\quad=\dfrac{9\times10\times19}{6}-\dfrac{2\times3\times5}{6}$

$\qquad\quad=285-5=280$

17 $\displaystyle\sum_{k=3}^{8}(2k-4)=\sum_{k=1}^{8}(2k-4)-\sum_{k=1}^{2}(2k-4)$

$\qquad\qquad\qquad=2\sum_{k=1}^{8}k-\sum_{k=1}^{8}4-\{(-2)+0\}$

$\qquad\qquad\qquad=2\times\dfrac{8\times9}{2}-4\times8+2=42$

18 $\displaystyle\sum_{k=4}^{7}(k^2+1)=\sum_{k=1}^{7}(k^2+1)-\sum_{k=1}^{3}(k^2+1)$

$\qquad\qquad\qquad=\sum_{k=1}^{7}k^2+\sum_{k=1}^{7}1-\left(\sum_{k=1}^{3}k^2+\sum_{k=1}^{3}1\right)$

$\qquad\qquad\qquad=\dfrac{7\times8\times15}{6}+7-\left(\dfrac{3\times4\times7}{6}+3\right)$

$\qquad\qquad\qquad=140+7-14-3=130$

19 $\displaystyle\sum_{k=6}^{10}k(2k+1)$

$\qquad=\sum_{k=1}^{10}(2k^2+k)-\sum_{k=1}^{5}(2k^2+k)$

$\qquad=2\sum_{k=1}^{10}k^2+\sum_{k=1}^{10}k-\left(2\sum_{k=1}^{5}k^2+\sum_{k=1}^{5}k\right)$

$\qquad=2\times\dfrac{10\times11\times21}{6}+\dfrac{10\times11}{2}-\left(2\times\dfrac{5\times6\times11}{6}+\dfrac{5\times6}{2}\right)$

$\qquad=770+55-110-15=700$

21 $\displaystyle\sum_{k=5}^{n}k^2=\sum_{k=1}^{n}k^2-\sum_{k=1}^{4}k^2$

$\qquad\quad=\dfrac{n(n+1)(2n+1)}{6}-(1+4+9+16)$

$\qquad\quad=\dfrac{n(n+1)(2n+1)}{6}-30$

22 $\displaystyle\sum_{k=3}^{n}4k^3=\sum_{k=1}^{n}4k^3-\sum_{k=1}^{2}4k^3$

$\qquad\quad=4\sum_{k=1}^{n}k^3-(4+32)$

$\qquad\quad=4\times\left\{\dfrac{n(n+1)}{2}\right\}^2-36=\{n(n+1)\}^2-36$

23 $\displaystyle\sum_{k=3}^{n}3k(k-1)$

$\qquad=\sum_{k=1}^{n}(3k^2-3k)-\sum_{k=1}^{2}(3k^2-3k)$

$\qquad=3\sum_{k=1}^{n}k^2-3\sum_{k=1}^{n}k-(0+6)$

$\qquad=3\times\dfrac{n(n+1)(2n+1)}{6}-3\times\dfrac{n(n+1)}{2}-6$

$\qquad=\dfrac{n(n+1)(2n+1)}{2}-\dfrac{3n(n+1)}{2}-6$

$\qquad=n(n-1)(n+1)-6$

24 $\displaystyle\sum_{k=4}^{n}(4k-2)=224$에서

$\displaystyle\sum_{k=1}^{n}(4k-2)-\sum_{k=1}^{3}(4k-2)=224$

$4\sum_{k=1}^{n}k-2n-(2+6+10)=224$

$2n(n+1)-2n-18=224$

$2n^2=242,\ n^2=121$

이때 n은 자연수이므로 $n=11$

26 수열 $1\times2,\ 2\times6,\ 3\times10,\ 4\times14,\ \cdots$의 제$k$항을 a_k라 하면

$a_k=k(4k-2)=4k^2-2k$이므로

$S_n=\sum_{k=1}^{n}a_k=\sum_{k=1}^{n}(4k^2-2k)=4\sum_{k=1}^{n}k^2-2\sum_{k=1}^{n}k$

$\qquad=4\times\dfrac{n(n+1)(2n+1)}{6}-2\times\dfrac{n(n+1)}{2}$

$\qquad=\dfrac{n(n+1)(4n-1)}{3}$

27 수열 1×2, 3×4, 5×6, 7×8, $\cdots$의 제k항을 a_k라 하면

$a_k=(2k-1)\times2k=4k^2-2k$이므로

$$S_n=\sum_{k=1}^{n}a_k=\sum_{k=1}^{n}(4k^2-2k)=4\sum_{k=1}^{n}k^2-2\sum_{k=1}^{n}k$$

$$=4\times\frac{n(n+1)(2n+1)}{6}-2\times\frac{n(n+1)}{2}$$

$$=\frac{n(n+1)(4n-1)}{3}$$

28 수열 2×1^2, 3×2^2, 4×3^2, 5×4^2, $\cdots$의 제k항을 a_k라 하면

$a_k=(k+1)\times k^2=k^3+k^2$이므로

$$S_n=\sum_{k=1}^{n}a_k=\sum_{k=1}^{n}(k^3+k^2)=\sum_{k=1}^{n}k^3+\sum_{k=1}^{n}k^2$$

$$=\left\{\frac{n(n+1)}{2}\right\}^2+\frac{n(n+1)(2n+1)}{6}$$

$$=\frac{n^2(n+1)^2}{4}+\frac{n(n+1)(2n+1)}{6}$$

$$=\frac{n(n+1)(n+2)(3n+1)}{12}$$

30 수열 1, $1+4$, $1+4+7$, $1+4+7+10$, $\cdots$의 제k항을 a_k라 하면

$a_k=1+4+7+\cdots+(3k-2)$

$$=\sum_{i=1}^{k}(3i-2)=3\sum_{i=1}^{k}i-\sum_{i=1}^{k}2$$

$$=3\times\frac{k(k+1)}{2}-2k=\frac{k(3k-1)}{2}=\frac{3k^2-k}{2}$$

이므로

$$S_n=\sum_{k=1}^{n}a_k=\sum_{k=1}^{n}\frac{3k^2-k}{2}$$

$$=\frac{3}{2}\sum_{k=1}^{n}k^2-\frac{1}{2}\sum_{k=1}^{n}k$$

$$=\frac{3}{2}\times\frac{n(n+1)(2n+1)}{6}-\frac{1}{2}\times\frac{n(n+1)}{2}$$

$$=\frac{n^2(n+1)}{2}$$

31 수열 1, $1+3$, $1+3+5$, $1+3+5+7$, $\cdots$의 제k항을 a_k라 하면

$a_k=1+3+5+\cdots+(2k-1)$

$$=\sum_{i=1}^{k}(2i-1)=2\sum_{i=1}^{k}i-\sum_{i=1}^{k}1$$

$$=2\times\frac{k(k+1)}{2}-k=k^2$$

이므로

$$S_n=\sum_{k=1}^{n}a_k=\sum_{k=1}^{n}k^2=\frac{n(n+1)(2n+1)}{6}$$

32 수열 1×19, 2×18, 3×17, $\cdots$의 제k항을 a_k라 하면

$a_k=k\times(20-k)=-k^2+20k$이므로

$1\times19+2\times18+3\times17+\cdots+19\times1$

$$=\sum_{k=1}^{19}a_k=\sum_{k=1}^{19}(-k^2+20k)$$

$$=-\sum_{k=1}^{19}k^2+20\sum_{k=1}^{19}k$$

$$=-\frac{19\times20\times39}{6}+20\times\frac{19\times20}{2}$$

$$=-2470+3800=1330$$

분수 꼴로 주어진 수열의 합

1 (✏ 1, $\dfrac{1}{16}$, $\dfrac{15}{16}$, $\dfrac{15}{4}$) **2** $\dfrac{5}{12}$

3 (✏ 1, $\dfrac{1}{2}$, $\dfrac{1}{15}$, $\dfrac{1}{16}$, $\dfrac{329}{240}$, $\dfrac{329}{480}$) **4** $\dfrac{14}{45}$

5 (✏ $2k+1$, $2k+1$, $2n+1$, $2n+1$, n)

6 $\dfrac{3n}{6n+4}$

7 (✏ $k+2$, $k+2$, $n+1$, $n+2$, $n+1$, $n+2$, $n+2$)

8 $\dfrac{n(5n+13)}{12(n+2)(n+3)}$

9 (✏ $\sqrt{k}$, $\sqrt{k}$, $\sqrt{k}$, 1, 24, 5, 4)

10 4

11 (✏ $\sqrt{2k}$, $\sqrt{2k}$, $\sqrt{2k}$, 2, $2n$, 2)

12 $\dfrac{\sqrt{3n+1}-1}{3}$

2
$$\sum_{k=1}^{10}\frac{1}{(k+1)(k+2)}=\sum_{k=1}^{10}\left(\frac{1}{k+1}-\frac{1}{k+2}\right)$$

$$=\left(\frac{1}{2}-\frac{1}{3}\right)+\left(\frac{1}{3}-\frac{1}{4}\right)+\cdots+\left(\frac{1}{11}-\frac{1}{12}\right)$$

$$=\frac{1}{2}-\frac{1}{12}=\frac{5}{12}$$

4
$$\sum_{k=1}^{7}\frac{1}{(k+1)(k+3)}$$

$$=\frac{1}{2}\sum_{k=1}^{7}\left(\frac{1}{k+1}-\frac{1}{k+3}\right)$$

$$=\frac{1}{2}\times\left\{\left(\frac{1}{2}-\frac{1}{4}\right)+\left(\frac{1}{3}-\frac{1}{5}\right)+\cdots+\left(\frac{1}{7}-\frac{1}{9}\right)+\left(\frac{1}{8}-\frac{1}{10}\right)\right\}$$

$$=\frac{1}{2}\times\left(\frac{1}{2}+\frac{1}{3}-\frac{1}{9}-\frac{1}{10}\right)$$

$$=\frac{14}{45}$$

6 수열 $\dfrac{3}{2\times5}$, $\dfrac{3}{5\times8}$, $\dfrac{3}{8\times11}$, $\cdots$의 제k항을 a_k라 하면

$a_k=\dfrac{3}{(3k-1)(3k+2)}$이므로

$$S_n=\sum_{k=1}^{n}a_k=\sum_{k=1}^{n}\frac{3}{(3k-1)(3k+2)}$$

$$=\sum_{k=1}^{n}\left(\frac{1}{3k-1}-\frac{1}{3k+2}\right)$$

$$=\left(\frac{1}{2}-\frac{1}{5}\right)+\left(\frac{1}{5}-\frac{1}{8}\right)+\cdots+\left(\frac{1}{3n-1}-\frac{1}{3n+2}\right)$$

$$=\frac{1}{2}-\frac{1}{3n+2}$$

$$=\frac{3n}{6n+4}$$

8 수열 $\dfrac{1}{3^2-1}$, $\dfrac{1}{4^2-1}$, $\dfrac{1}{5^2-1}$, $\cdots$의 제k항을 a_k라 하면

$a_k=\dfrac{1}{(k+2)^2-1}=\dfrac{1}{(k+1)(k+3)}$이므로

$S_n=\displaystyle\sum_{k=1}^{n}a_k=\dfrac{1}{2}\sum_{k=1}^{n}\left(\dfrac{1}{k+1}-\dfrac{1}{k+3}\right)$

$\qquad=\dfrac{1}{2}\times\left\{\left(\dfrac{1}{2}-\dfrac{1}{4}\right)+\left(\dfrac{1}{3}-\dfrac{1}{5}\right)+\cdots\right.$

$\qquad\qquad\left.+\left(\dfrac{1}{n}-\dfrac{1}{n+2}\right)+\left(\dfrac{1}{n+1}-\dfrac{1}{n+3}\right)\right\}$

$\qquad=\dfrac{1}{2}\times\left(\dfrac{1}{2}+\dfrac{1}{3}-\dfrac{1}{n+2}-\dfrac{1}{n+3}\right)$

$\qquad=\dfrac{1}{2}\times\dfrac{5n^2+13n}{6(n+2)(n+3)}=\dfrac{n(5n+13)}{12(n+2)(n+3)}$

10 분모를 유리화하면

$\displaystyle\sum_{k=2}^{33}\dfrac{1}{\sqrt{k+2}+\sqrt{k+3}}$

$=\displaystyle\sum_{k=2}^{33}\dfrac{\sqrt{k+3}-\sqrt{k+2}}{(\sqrt{k+3}+\sqrt{k+2})(\sqrt{k+3}-\sqrt{k+2})}$

$=\displaystyle\sum_{k=2}^{33}(\sqrt{k+3}-\sqrt{k+2})$

$=(\sqrt{5}-\sqrt{4})+(\sqrt{6}-\sqrt{5})+\cdots+(\sqrt{36}-\sqrt{35})$

$=-2+6=4$

12 수열 $\dfrac{1}{\sqrt{4}+1}$, $\dfrac{1}{\sqrt{7}+\sqrt{4}}$, $\dfrac{1}{\sqrt{10}+\sqrt{7}}$, $\cdots$의 제k항을 a_k라 하면

$a_k=\dfrac{1}{\sqrt{3k+1}+\sqrt{3k-2}}$

$\quad=\dfrac{\sqrt{3k+1}-\sqrt{3k-2}}{(\sqrt{3k+1}+\sqrt{3k-2})(\sqrt{3k+1}-\sqrt{3k-2})}$

$\quad=\dfrac{\sqrt{3k+1}-\sqrt{3k-2}}{3}$

이므로

$S_n=\displaystyle\sum_{k=1}^{n}a_k=\sum_{k=1}^{n}\dfrac{\sqrt{3k+1}-\sqrt{3k-2}}{3}$

$\qquad=\dfrac{(\sqrt{4}-1)+(\sqrt{7}-\sqrt{4})+\cdots+(\sqrt{3n+1}-\sqrt{3n-2})}{3}$

$\qquad=\dfrac{\sqrt{3n+1}-1}{3}$

05

여러 가지 수열의 합

1 (✐ 8, 8, 36, 219)　　　**2** 131

3 1139　　　　　　　　　　**4** 370

5 (✐ $k+2$, 3, 4, 12, 3, 4, 12, 12, 6)

6 log 231　　**7** 2 log 7　　**8** 2 log 5

9 (✐ 21, 15, 150, 480)　**10** 420　　**11** 3025

12 900　　**13** (✐ i, i, i, 13, 7, 112)　**14** 448

15 816　　**16** 3600

17 (✐ 6, −2, 6, 10, 10, 10, 60, 108)

18 630　　　　**19** $\dfrac{1}{3}(2^{31}-2)$

20 $\left(\text{✐}\,2(n-1)^2,\ 2,\ 2,\ 2,\ 2,\ 2,\ \dfrac{1}{6},\ 2,\ 2,\ 2,\ 2n,\ \dfrac{n}{8n+4}\right)$

21 $\dfrac{n}{6n+4}$　　　　　　**22** $\sqrt{2n-1}-1$

23 (✐ 11, 11, 10, 11, 9)　**24** $9\times2^{12}+4$　**25** $7\times3^9+3$

2 $\displaystyle\sum_{k=1}^{5}(3^{k-1}+2)=\sum_{k=1}^{5}3^{k-1}+\sum_{k=1}^{5}2$

$\qquad\qquad\qquad=\dfrac{3^5-1}{3-1}+2\times5$

$\qquad\qquad\qquad=121+10=131$

3 $\displaystyle\sum_{k=1}^{9}(2^k+2k+3)=\sum_{k=1}^{9}2^k+2\sum_{k=1}^{9}k+\sum_{k=1}^{9}3$

$\qquad\qquad\qquad\quad=\dfrac{2(2^9-1)}{2-1}+2\times\dfrac{9\times10}{2}+3\times9$

$\qquad\qquad\qquad\quad=2^{10}-2+90+27=1139$

4 $\displaystyle\sum_{k=1}^{4}(4^k+k^2)=\sum_{k=1}^{4}4^k+\sum_{k=1}^{4}k^2$

$\qquad\qquad\qquad=\dfrac{4(4^4-1)}{4-1}+\dfrac{4\times5\times9}{6}$

$\qquad\qquad\qquad=340+30=370$

6 $\displaystyle\sum_{k=1}^{20}\log\dfrac{k+2}{k}$

$=\log\dfrac{3}{1}+\log\dfrac{4}{2}+\log\dfrac{5}{3}+\cdots+\log\dfrac{21}{19}+\log\dfrac{22}{20}$

$=\log\left(\dfrac{3}{1}\times\dfrac{4}{2}\times\dfrac{5}{3}\times\cdots\times\dfrac{21}{19}\times\dfrac{22}{20}\right)$

$=\log\dfrac{21\times22}{1\times2}=\log231$

7 $\displaystyle\sum_{k=1}^{24}\log\left(1+\dfrac{2}{2k-1}\right)=\sum_{k=1}^{24}\log\dfrac{2k+1}{2k-1}$

$\qquad\qquad\qquad\qquad=\log\dfrac{3}{1}+\log\dfrac{5}{3}+\cdots+\log\dfrac{49}{47}$

$\qquad\qquad\qquad\qquad=\log\left(\dfrac{3}{1}\times\dfrac{5}{3}\times\cdots\times\dfrac{49}{47}\right)$

$\qquad\qquad\qquad\qquad=\log49=2\log7$

8 $\displaystyle\sum_{k=1}^{32}\log\dfrac{3k+4}{3k+1}=\log\dfrac{7}{4}+\log\dfrac{10}{7}+\cdots+\log\dfrac{100}{97}$

$\qquad\qquad\qquad\quad=\log\left(\dfrac{7}{4}\times\dfrac{10}{7}\times\cdots\times\dfrac{100}{97}\right)$

$\qquad\qquad\qquad\quad=\log25=2\log5$

10 $\displaystyle\sum_{n=1}^{20}\left(\sum_{m=1}^{6}m\right)=\sum_{n=1}^{20}\dfrac{6\times7}{2}=\sum_{n=1}^{20}21=21\times20=420$

11 $\displaystyle\sum_{n=1}^{10}\left(\sum_{m=1}^{10}mn\right)=\sum_{n=1}^{10}\left(n\sum_{m=1}^{10}m\right)$

$\qquad\qquad\qquad=\displaystyle\sum_{n=1}^{10}\left(n\times\dfrac{10\times11}{2}\right)=55\sum_{n=1}^{10}n$

$\qquad\qquad\qquad=55\times\dfrac{10\times11}{2}=3025$

12
$$\sum_{j=1}^{5}\left\{\sum_{i=1}^{8}i(j+2)\right\}=\sum_{j=1}^{5}\left\{(j+2)\sum_{i=1}^{8}i\right\}=\sum_{j=1}^{5}\left\{(j+2)\times\frac{8\times9}{2}\right\}$$
$$=36\sum_{j=1}^{5}(j+2)=36\left(\sum_{j=1}^{5}j+\sum_{j=1}^{5}2\right)$$
$$=36\left(\frac{5\times6}{2}+10\right)=900$$

14
$$\sum_{k=1}^{i}2k=2\sum_{k=1}^{i}k=2\times\frac{i(i+1)}{2}=i^2+i$$이고,
$$\sum_{j=1}^{4}\left(\sum_{k=1}^{i}2k\right)=\sum_{j=1}^{4}(i^2+i)=4i^2+4i$$이므로
$$\sum_{i=1}^{6}\left\{\sum_{j=1}^{4}\left(\sum_{k=1}^{i}2k\right)\right\}=\sum_{i=1}^{6}(4i^2+4i)=4\sum_{i=1}^{6}i^2+4\sum_{i=1}^{6}i$$
$$=4\times\frac{6\times7\times13}{6}+4\times\frac{6\times7}{2}$$
$$=364+84=448$$

15
$$\sum_{k=1}^{i}i=i^2$$이고, $$\sum_{j=1}^{4}\left(\sum_{k=1}^{i}i\right)=\sum_{j=1}^{4}i^2=4i^2$$이므로
$$\sum_{i=1}^{8}\left\{\sum_{j=1}^{4}\left(\sum_{k=1}^{i}i\right)\right\}=\sum_{i=1}^{8}4i^2=4\sum_{i=1}^{8}i^2$$
$$=4\times\frac{8\times9\times17}{6}=816$$

16
$$\sum_{k=1}^{4}3kj=3j\sum_{k=1}^{4}k=3j\times\frac{4\times5}{2}=30j$$이고,
$$\sum_{j=1}^{i}\left(\sum_{k=1}^{4}3kj\right)=\sum_{j=1}^{i}30j=30\sum_{j=1}^{i}j=30\times\frac{i(i+1)}{2}=15i^2+15i$$
이므로
$$\sum_{i=1}^{8}\left\{\sum_{j=1}^{i}\left(\sum_{k=1}^{4}3kj\right)\right\}=\sum_{i=1}^{8}(15i^2+15i)=15\sum_{i=1}^{8}i^2+15\sum_{i=1}^{8}i$$
$$=15\times\frac{8\times9\times17}{6}+15\times\frac{8\times9}{2}$$
$$=3060+540=3600$$

18
$$S_n=\sum_{k=1}^{n}a_k=3n^2+6n$$이므로
$n\geq2$일 때
$$a_n=S_n-S_{n-1}$$
$$=(3n^2+6n)-\{3(n-1)^2+6(n-1)\}$$
$$=6n+3 \qquad\cdots\cdots\ ㉠$$
$n=1$일 때, $a_1=S_1=9$ $\qquad\cdots\cdots\ ㉡$
㉠, ㉡에 의하여 $a_n=6n+3$이므로
$$a_{2k-1}=6(2k-1)+3=12k-3$$
따라서
$$\sum_{k=1}^{10}a_{2k-1}=\sum_{k=1}^{10}(12k-3)=12\sum_{k=1}^{10}k-\sum_{k=1}^{10}3$$
$$=12\times\frac{10\times11}{2}-30=630$$

19
$$S_n=\sum_{k=1}^{n}a_k=2^n-1$$이므로
$n\geq2$일 때
$$a_n=S_n-S_{n-1}$$
$$=(2^n-1)-(2^{n-1}-1)$$
$$=2^n-2^{n-1}$$
$$=2^{n-1} \qquad\cdots\cdots\ ㉠$$

$n=1$일 때, $a_1=S_1=1$ $\qquad\cdots\cdots\ ㉡$
㉠, ㉡에 의하여 $a_n=2^{n-1}$이므로
$$a_{2k}=2^{2k-1}=2\times4^{k-1}$$
따라서
$$\sum_{k=1}^{15}a_{2k}=\sum_{k=1}^{15}2\times4^{k-1}=\frac{2(4^{15}-1)}{4-1}$$
$$=\frac{1}{3}(2^{31}-2)$$

21
$$S_n=\sum_{k=1}^{n}a_k=\frac{3n^2+n}{2}$$이므로
$n\geq2$일 때
$$a_n=S_n-S_{n-1}=\frac{3n^2+n}{2}-\frac{3(n-1)^2+(n-1)}{2}$$
$$=3n-1 \qquad\cdots\cdots\ ㉠$$
$n=1$일 때, $a_1=S_1=2$ $\qquad\cdots\cdots\ ㉡$
㉠, ㉡에 의하여 $a_n=3n-1$이므로
$$\sum_{k=1}^{n}\frac{1}{a_ka_{k+1}}=\sum_{k=1}^{n}\frac{1}{(3k-1)(3k+2)}$$
$$=\frac{1}{3}\sum_{k=1}^{n}\left(\frac{1}{3k-1}-\frac{1}{3k+2}\right)$$
$$=\frac{1}{3}\times\left\{\left(\frac{1}{2}-\frac{1}{5}\right)+\left(\frac{1}{5}-\frac{1}{8}\right)+\cdots\right.$$
$$\left.+\left(\frac{1}{3n-1}-\frac{1}{3n+2}\right)\right\}$$
$$=\frac{1}{3}\times\left(\frac{1}{2}-\frac{1}{3n+2}\right)$$
$$=\frac{1}{3}\times\frac{3n}{6n+4}=\frac{n}{6n+4}$$

22
$$S_n=\sum_{k=1}^{n}a_k=n^2-2n$$이므로
$n\geq2$일 때
$$a_n=S_n-S_{n-1}=(n^2-2n)-\{(n-1)^2-2(n-1)\}$$
$$=2n-3 \qquad\cdots\cdots\ ㉠$$
$n=1$일 때, $a_1=S_1=-1$ $\qquad\cdots\cdots\ ㉡$
㉠, ㉡에 의하여 $a_n=2n-3$이므로
$$\sum_{k=2}^{n}\frac{2}{\sqrt{a_k}+\sqrt{a_{k+1}}}$$
$$=\sum_{k=2}^{n}\frac{2}{\sqrt{2k-3}+\sqrt{2k-1}}$$
$$=-\sum_{k=2}^{n}(\sqrt{2k-3}-\sqrt{2k-1})$$
$$=-\{(1-\sqrt{3})+(\sqrt{3}-\sqrt{5})+\cdots+(\sqrt{2n-3}-\sqrt{2n-1})\}$$
$$=-(1-\sqrt{2n-1})$$
$$=\sqrt{2n-1}-1$$

24
$$S=2\times2+4\times2^2+6\times2^3+\cdots+20\times2^{10} \qquad\cdots\cdots\ ㉠$$
이라 하고 양변에 2를 곱하면
$$2S=2\times2^2+4\times2^3+6\times2^4+\cdots+20\times2^{11} \qquad\cdots\cdots\ ㉡$$
㉠－㉡을 하면
$$-S=2\times2+2\times2^2+2\times2^3+\cdots+2\times2^{10}-20\times2^{11}$$
$$=\frac{4(2^{10}-1)}{2-1}-20\times2^{11}$$
$$=2^{12}-4-10\times2^{12}$$
$$=-9\times2^{12}-4$$
따라서 $S=9\times2^{12}+4$

25 $S=1\times3+3\times3^2+5\times3^3+\cdots+15\times3^8$ ······ ㉠

이라 하고 양변에 3을 곱하면

$3S=1\times3^2+3\times3^3+5\times3^4+\cdots+15\times3^9$ ······ ㉡

㉠－㉡을 하면

$-2S=1\times3+2\times3^2+2\times3^3+\cdots+2\times3^8-15\times3^9$

$=(2\times3+2\times3^2+2\times3^3+\cdots+2\times3^8-3)-15\times3^9$

$=\dfrac{6(3^8-1)}{3-1}-3-15\times3^9$

$=3^9-3-3-15\times3^9$

$=-14\times3^9-6$

따라서 $S=7\times3^9+3$

06

본문 324쪽

군수열

1 (1) (✏ $2k-1$, $2k-1$, 21, k, k, 22, 231, 231)

　(2) (✏ 91, 9, 2, 2, 17)

2 (1) 제79항　(2) 20

3 (1) (✏ 1, 7, k, 66, 66, 73)　(2) $\left(✏ 91, \dfrac{9}{14}\right)$

4 (1) 제52항　(2) $\dfrac{3}{23}$

5 (✏ 12, k, 66, 12, 66, 72)　　　　**6** 404

---

2 (1) 주어진 수열을 다음과 같이 군으로 묶으면

(1), (2, 2), (3, 3, 3), (4, 4, 4, 4), (5, 5, 5, 5, 5), ···

제k군의 모든 항은 k이므로 13이 처음 나오는 항은 제13군
의 첫째항이다.

제k군의 항의 개수는 k이므로

제1군에서 제12군까지의 항의 개수는

$$\sum_{k=1}^{12}k=\dfrac{12\times13}{2}=78$$

따라서 13이 처음 나오는 항은 제13군의 첫째항이므로
78+1, 즉 제79항이다.

(2) 제1군에서 제19군까지의 항의 개수는

$$\sum_{k=1}^{19}k=\dfrac{19\times20}{2}=190$$

따라서 제200항은 제20군의 10번째 항이므로 20이다.

4 (1) 주어진 수열을 다음과 같이 군으로 묶으면

$\left(\dfrac{1}{1}\right)$, $\left(\dfrac{1}{3}, \dfrac{3}{1}\right)$, $\left(\dfrac{1}{5}, \dfrac{3}{3}, \dfrac{5}{1}\right)$, ···

제k군의 항들은 분자와 분모의 합이 $2k$이고, 분자는 첫째항
이 1, 공차가 2인 등차수열이다.

즉 $\dfrac{13}{7}$은 제10군의 7번째 항이다.

이때 제k군의 항의 개수는 k이므로 제1군에서 제9군까지의
항의 개수는

$$\sum_{k=1}^{9}k=\dfrac{9\times10}{2}=45$$

따라서 $\dfrac{7}{12}$은 45+7, 즉 제52항이다.

(2) 제1군에서 제12군까지의 항의 개수는

$$\sum_{k=1}^{12}k=\dfrac{12\times13}{2}=78$$

따라서 제80항은 제13군의 2번째 항이므로 $\dfrac{3}{23}$이다.

6 주어진 수열을 다음과 같이 군으로 묶으면

(2), (4, 6), (8, 10, 12), ···

위에서 20번째 줄의 왼쪽에서 12번째에 있는 수는 제20군의 12
번째 항이다.

이때 제k군의 항의 개수는 k이므로 제1군에서 제19군까지의 항
의 개수는

$$\sum_{k=1}^{19}k=\dfrac{19\times20}{2}=190$$

따라서 위에서 20번째 줄의 왼쪽에서 12번째에 있는 수는
190+12, 즉 제202항이므로

$2\times202=404$

TEST 개념 확인

본문 326쪽

1 ①	2 ①	3 ④	4 $\dfrac{7-\sqrt{3}}{2}$
5 ⑤	6 ⑤	7 ②	8 ③
9 ④	10 ④	11 ③	12 ②

1 $1^2+2^2+3^2+\cdots+k^2=\sum_{i=1}^{k}i^2=\dfrac{k(k+1)(2k+1)}{6}$

이므로

$\displaystyle\sum_{k=1}^{8}\dfrac{1^2+2^2+3^2+\cdots+k^2}{2k+1}$

$=\displaystyle\sum_{k=1}^{8}\dfrac{\dfrac{k(k+1)(2k+1)}{6}}{2k+1}$

$=\displaystyle\sum_{k=1}^{8}\dfrac{k(k+1)}{6}=\dfrac{1}{6}\sum_{k=1}^{8}k^2+\dfrac{1}{6}\sum_{k=1}^{8}k$

$=\dfrac{1}{6}\times\dfrac{8\times9\times17}{6}+\dfrac{1}{6}\times\dfrac{8\times9}{2}$

$=34+6=40$

2 이차방정식 $x^2-nx+2n+1=0$의 두 근이 a_n, b_n이므로 이차방
정식의 근과 계수의 관계에 의하여

$a_n+b_n=n$, $a_nb_n=2n+1$

따라서
$$\sum_{k=1}^{10}(a_k^{\,2}+b_k^{\,2})=\sum_{k=1}^{10}\{(a_k+b_k)^2-2a_kb_k\}$$
$$=\sum_{k=1}^{10}\{k^2-2(2k+1)\}=\sum_{k=1}^{10}(k^2-4k-2)$$
$$=\sum_{k=1}^{10}k^2-4\sum_{k=1}^{10}k-\sum_{k=1}^{10}2$$
$$=\frac{10\times11\times21}{6}-4\times\frac{10\times11}{2}-20$$
$$=385-220-20=145$$

3 $\displaystyle\sum_{k=1}^{n}(2k-1)=2\times\frac{n(n+1)}{2}-n=n^2$

이므로
$$\sum_{n=1}^{8}\sqrt{\sum_{k=1}^{n}(2k-1)}=\sum_{n=1}^{8}\sqrt{n^2}$$
$$=\sum_{n=1}^{8}n=\frac{8\times9}{2}=36$$

4 $\displaystyle\sum_{k=1}^{23}\frac{1}{\sqrt{a_{k+1}}+\sqrt{a_k}}$

$$=\sum_{k=1}^{23}\frac{1}{\sqrt{2k+3}+\sqrt{2k+1}}$$
$$=\sum_{k=1}^{23}\frac{\sqrt{2k+3}-\sqrt{2k+1}}{(\sqrt{2k+3}+\sqrt{2k+1})(\sqrt{2k+3}-\sqrt{2k+1})}$$
$$=\frac{1}{2}\sum_{k=1}^{23}(\sqrt{2k+3}-\sqrt{2k+1})$$
$$=\frac{1}{2}\times\{(\sqrt{5}-\sqrt{3})+(\sqrt{7}-\sqrt{5})+\cdots+(\sqrt{49}-\sqrt{47})\}$$
$$=\frac{7-\sqrt{3}}{2}$$

5 첫째항 4이고, 공차가 2인 등차수열 $\{a_n\}$의 일반항 a_n은

$a_n=4+(n-1)\times2=2n+2$이므로
$$\sum_{k=1}^{n}\frac{1}{a_ka_{k+1}}=\sum_{k=1}^{n}\frac{1}{(2k+2)(2k+4)}$$
$$=\frac{1}{2}\sum_{k=1}^{n}\left(\frac{1}{2k+2}-\frac{1}{2k+4}\right)$$
$$=\frac{1}{2}\times\left\{\left(\frac{1}{4}-\frac{1}{6}\right)+\left(\frac{1}{6}-\frac{1}{8}\right)+\cdots\right.$$
$$\left.+\left(\frac{1}{2n+2}-\frac{1}{2n+4}\right)\right\}$$
$$=\frac{1}{2}\times\left(\frac{1}{4}-\frac{1}{2n+4}\right)=\frac{n}{8n+16}$$
$\displaystyle\sum_{k=1}^{n}\frac{1}{a_ka_{k+1}}>\frac{1}{10}$에서 $\dfrac{n}{8n+16}>\dfrac{1}{10}$

$10n>8n+16,\ 2n>16,\ n>8$

따라서 자연수 n의 최솟값은 9이다.

6 이차방정식 $x^2-(2n+1)x+n(n+1)=0$의 두 근의 합이 a_n이 므로 이차방정식의 근과 계수의 관계에 의하여

$a_n=2n+1$
$$\sum_{k=1}^{39}\frac{1}{a_ka_{k+1}}=\sum_{k=1}^{39}\frac{1}{(2k+1)(2k+3)}$$
$$=\frac{1}{2}\sum_{k=1}^{39}\left(\frac{1}{2k+1}-\frac{1}{2k+3}\right)$$
$$=\frac{1}{2}\times\left\{\left(\frac{1}{3}-\frac{1}{5}\right)+\left(\frac{1}{5}-\frac{1}{7}\right)+\cdots+\left(\frac{1}{79}-\frac{1}{81}\right)\right\}$$
$$=\frac{1}{2}\times\left(\frac{1}{3}-\frac{1}{81}\right)=\frac{1}{2}\times\frac{26}{81}=\frac{13}{81}$$

7 $\displaystyle\sum_{k=1}^{12}(4k-3j)=4\sum_{k=1}^{12}k-\sum_{k=1}^{12}3j$
$$=4\times\frac{12\times13}{2}-36j$$
$$=312-36j$$

이므로
$$\sum_{j=1}^{m}\left\{\sum_{k=1}^{12}(4k-3j)\right\}=\sum_{j=1}^{m}(312-36j)=\sum_{j=1}^{m}312-36\sum_{j=1}^{m}j$$
$$=312m-36\times\frac{m(m+1)}{2}$$
$$=312m-18m(m+1)$$
$$=-18m^2+294m$$
즉 $-18m^2+294m=888$이므로

$3m^2-49m+148=0$

$(m-4)(3m-37)=0$

이때 m은 자연수이므로 $m=4$

8 $\displaystyle\sum_{k=1}^{254}\log_4\{\log_{k+1}(k+2)\}$
$$=\log_4(\log_2 3)+\log_4(\log_3 4)+\cdots+\log_4(\log_{255}256)$$
$$=\log_4(\log_2 3\times\log_3 4\times\cdots\times\log_{255}256)$$
$$=\log_4\left(\frac{\log 3}{\log 2}\times\frac{\log 4}{\log 3}\times\cdots\times\frac{\log 256}{\log 255}\right)$$
$$=\log_4(\log_2 256)$$
$$=\log_4(\log_2 2^8)=\log_4 8$$
$$=\log_{2^2}2^3=\frac{3}{2}$$

9 $S_n=2n^2+4n$이므로

$n\geq2$일 때
$$a_n=S_n-S_{n-1}$$
$$=(2n^2+4n)-\{2(n-1)^2+4(n-1)\}$$
$$=4n+2 \qquad\cdots\cdots\text{㉠}$$
$n=1$일 때, $a_1=S_1=6 \qquad\cdots\cdots\text{㉡}$

㉠, ㉡에 의하여 $a_n=4n+2$
$$\sum_{k=1}^{49}\frac{a_1a_{50}}{a_ka_{k+1}}=\sum_{k=1}^{49}\frac{a_1a_{50}}{a_{k+1}-a_k}\left(\frac{1}{a_k}-\frac{1}{a_{k+1}}\right)$$이고,

모든 자연수 k에 대하여 $a_{k+1}-a_k=4$이므로
$$\sum_{k=1}^{49}\frac{a_1a_{50}}{a_ka_{k+1}}$$
$$=\frac{a_1a_{50}}{4}\times\left\{\left(\frac{1}{a_1}-\frac{1}{a_2}\right)+\left(\frac{1}{a_2}-\frac{1}{a_3}\right)+\cdots+\left(\frac{1}{a_{49}}-\frac{1}{a_{50}}\right)\right\}$$
$$=\frac{a_1a_{50}}{4}\times\left(\frac{1}{a_1}-\frac{1}{a_{50}}\right)=\frac{a_{50}-a_1}{4}$$
$$=\frac{202-6}{4}=49$$

10 주어진 수열을 다음과 같이 군으로 묶으면
$$\left(\frac{1}{1}\right),\ \left(\frac{1}{3},\ \frac{2}{3},\ \frac{3}{3}\right),\ \left(\frac{1}{5},\ \frac{2}{5},\ \frac{3}{5},\ \frac{4}{5},\ \frac{5}{5}\right),\ \cdots$$
제k군의 항들은 분모가 $2k-1$, 분자는 첫째항이 1이고 공차가 1인 등차수열을 이룬다.

$2k-1=27$에서 $k=14$이므로 $\dfrac{13}{27}$은 제14군의 13번째 항에서 처음 나온다.

이때 제k군의 항의 개수는 $2k-1$이므로 제1군에서 제13군까지의 항의 개수는

$$\sum_{k=1}^{13}(2k-1)=2\sum_{k=1}^{13}k-\sum_{k=1}^{13}1$$
$$=2\times\frac{13\times14}{2}-13$$
$$=182-13=169$$

따라서 $\frac{13}{27}$은 $169+13$, 즉 제182항에서 처음 나오므로

$$m=182$$

11 주어진 수열을 다음과 같이 군으로 묶으면

(1), $(1, 2)$, $(1, 2, 3)$, $(1, 2, 3, 4)$, $\cdots$

제k군의 항의 개수는 k이고, 각 항들은 첫째항이 1이고 공차가 1인 등차수열을 이룬다.

제1군에서 제10군까지의 항의 개수는

$$\sum_{k=1}^{10}k=\frac{10\times11}{2}=55$$

즉 제60항은 제11군의 5번째 항이다.

이때 제k군의 항들의 합은

$$1+2+3+\cdots+k=\frac{k(k+1)}{2}$$

따라서 주어진 수열의 첫째항부터 제60항까지의 합은 제1군부터 제10군까지의 항들의 합과 제11군의 첫째항부터 5번째 항까지의 합을 더한 값이므로

$$\sum_{k=1}^{10}\frac{k(k+1)}{2}+(1+2+3+4+5)$$
$$=\frac{1}{2}\sum_{k=1}^{10}k^2+\frac{1}{2}\sum_{k=1}^{10}k+15$$
$$=\frac{1}{2}\times\frac{10\times11\times21}{6}+\frac{1}{2}\times\frac{10\times11}{2}+15$$
$$=\frac{385}{2}+\frac{55}{2}+15=235$$

12 각 줄의 첫 번째 수는 차례대로

1^2, 2^2, 3^2, 4^2, $\cdots$이고

위에서 k번째 줄은 첫 번째에 있는 수부터 k번째에 있는 수까지 1씩 줄어든다.

$48=7^2-1$이므로 48은 위에서 7번째 줄의 왼쪽에서 2번째에 있는 수이다.

따라서 $m=7$, $n=2$이므로 $m+n=9$

TEST 개념 발전

10. 수열의 합

본문 328쪽

1 ②	2 ④	3 ①	4 ③
5 ③	6 ②	7 ③	8 ①
9 $\frac{\sqrt{3}+1}{2}$	10 ①	11 ②	12 ②
13 ④	14 8		

1 $n\ge2$일 때

$$a_n=\sum_{k=1}^{n}a_k-\sum_{k=1}^{n-1}a_k$$
$$=\frac{n(n-1)(n+1)}{6}-\frac{n(n-1)(n-2)}{6}$$
$$=\frac{n^3-n}{6}-\frac{n^3-3n^2+2n}{6}$$
$$=\frac{n^2-n}{2}\qquad\cdots\cdots\text{㉠}$$

$n=1$일 때 $a_1=\sum_{k=1}^{1}a_k=0$ $\cdots\cdots$ ㉡

㉠, ㉡에 의하여 $a_n=\frac{n^2-n}{2}$

$$a_{n+1}-a_n=\frac{(n+1)^2-(n+1)}{2}-\frac{n^2-n}{2}$$
$$=\frac{n^2+n}{2}-\frac{n^2-n}{2}=n$$

따라서

$$\sum_{n=1}^{12}n(a_{n+1}-a_n)=\sum_{n=1}^{12}n^2=\frac{12\times13\times25}{6}=650$$

2 3^n의 일의 자리 수가 $f(n)$이므로

$f(1)=3$, $f(2)=9$, $f(3)=7$, $f(4)=1$, $\cdots$

즉 $f(n)$은 3, 9, 7, 1이 이 순서대로 반복된다.

또 4^n의 일의 자리 수가 $g(n)$이므로

$g(1)=4$, $g(2)=6$, $g(3)=4$, $g(4)=6$, $\cdots$

즉 $g(n)$은 4, 6이 이 순서대로 반복된다.

이때 $f(1)-g(1)=3-4=-1$,

$f(2)-g(2)=9-6=3$,

$f(3)-g(3)=7-4=3$,

$f(4)-g(4)=1-6=-5$, $\cdots$

즉 $f(n)-g(n)$은 -1, 3, 3, -5가 이 순서대로 반복되고,

$\sum_{k=1}^{4}\{f(k)-g(k)\}=0$이므로

$$\sum_{k=1}^{1232}\{f(k)-g(k)\}=0$$

따라서

$$\sum_{k=1}^{1234}\{f(k)-g(k)\}$$
$$=\{f(1233)-g(1233)\}+\{f(1234)-g(1234)\}$$
$$=\{f(1)-g(1)\}+\{f(2)-g(2)\}$$
$$=(-1)+3=2$$

3 $\sum_{k=1}^{10}(a_k-1)(a_k-2)=\sum_{k=1}^{10}(a_k^2-3a_k+2)$
$$=\sum_{k=1}^{10}a_k^2-3\sum_{k=1}^{10}a_k+\sum_{k=1}^{10}2$$
$$=96-3\times12+2\times10$$
$$=80$$

4

$$\left(\frac{n+1}{n}\right)^2+\left(\frac{n+2}{n}\right)^2+\left(\frac{n+3}{n}\right)^2+\cdots+\left(\frac{n+n}{n}\right)^2$$

$$=\sum_{k=1}^{n}\left(\frac{n+k}{n}\right)^2=\sum_{k=1}^{n}\left(1+\frac{k}{n}\right)^2$$

$$=\sum_{k=1}^{n}\left(1+\frac{2k}{n}+\frac{k^2}{n^2}\right)$$

$$=\sum_{k=1}^{n}1+\frac{2}{n}\sum_{k=1}^{n}k+\frac{1}{n^2}\sum_{k=1}^{n}k^2$$

$$=n+\frac{2}{n}\times\frac{n(n+1)}{2}+\frac{1}{n^2}\times\frac{n(n+1)(2n+1)}{6}$$

$$=n+(n+1)+\left(\frac{n}{3}+\frac{1}{2}+\frac{1}{6n}\right)$$

$$=\frac{7}{3}n+\frac{1}{6n}+\frac{3}{2}$$

따라서 $a=\frac{7}{3}$, $b=6$, $c=\frac{3}{2}$이므로

$$abc=\frac{7}{3}\times6\times\frac{3}{2}=21$$

5 x에 대한 이차방정식 $x^2+4x-(4n^2-1)=0$의 두 근이 α_n, β_n
이므로 이차방정식의 근과 계수의 관계에 의하여

$\alpha_n+\beta_n=-4$, $\alpha_n\beta_n=-(4n^2-1)$

따라서

$$\sum_{n=1}^{37}75\left(\frac{1}{\alpha_n}+\frac{1}{\beta_n}\right)$$

$$=75\sum_{n=1}^{37}\frac{\alpha_n+\beta_n}{\alpha_n\beta_n}$$

$$=75\sum_{n=1}^{37}\frac{4}{4n^2-1}=75\sum_{n=1}^{37}\frac{4}{(2n-1)(2n+1)}$$

$$=150\sum_{n=1}^{37}\left(\frac{1}{2n-1}-\frac{1}{2n+1}\right)$$

$$=150\times\left\{\left(\frac{1}{1}-\frac{1}{3}\right)+\left(\frac{1}{3}-\frac{1}{5}\right)+\cdots+\left(\frac{1}{73}-\frac{1}{75}\right)\right\}$$

$$=150\times\left(1-\frac{1}{75}\right)$$

$$=148$$

6 수열 1, $1+\frac{1}{2}$, $1+\frac{1}{2}+\frac{1}{4}$, $1+\frac{1}{2}+\frac{1}{4}+\frac{1}{8}$, $\cdots$의 일반항을 a_n
이라 하면

$$a_n=1+\frac{1}{2}+\frac{1}{4}+\cdots+\left(\frac{1}{2}\right)^{n-1}$$

$$=\sum_{k=1}^{n}\left(\frac{1}{2}\right)^{k-1}=\frac{1-\left(\frac{1}{2}\right)^n}{1-\frac{1}{2}}=2-\left(\frac{1}{2}\right)^{n-1}$$

따라서

$$\sum_{n=1}^{20}a_n=\sum_{n=1}^{20}\left\{2-\left(\frac{1}{2}\right)^{n-1}\right\}=\sum_{n=1}^{20}2-\sum_{n=1}^{20}\left(\frac{1}{2}\right)^{n-1}$$

$$=20\times2-\frac{1-\left(\frac{1}{2}\right)^{20}}{1-\frac{1}{2}}$$

$$=40-\left\{2-\left(\frac{1}{2}\right)^{19}\right\}$$

$$=38+\left(\frac{1}{2}\right)^{19}$$

$a=38$, $b=19$이므로 $a+b=57$

7 $S_n=\sum_{k=1}^{n}a_k=\log_2 n(n+1)$이므로

$n\geq2$일 때

$a_n=S_n-S_{n-1}$

$\quad=\log_2 n(n+1)-\log_2 n(n-1)$

$\quad=\log_2\dfrac{n(n+1)}{n(n-1)}$

$\quad=\log_2\dfrac{n+1}{n-1}$ $\quad\cdots\cdots$ ㉠

$n=1$일 때, $a_1=S_1=\log_2 2=1$

이때 ㉠은 $n=1$이 될 수 없으므로

$a_n=\log_2\dfrac{n+1}{n-1}$ $(n\geq2)$, $a_1=1$

따라서 모든 자연수 n에 대하여

$a_{2n}=\log_2\dfrac{2n+1}{2n-1}$

따라서

$$\sum_{n=1}^{20}a_{2n}=\sum_{n=1}^{20}\log_2\frac{2n+1}{2n-1}$$

$$=\log_2\frac{3}{1}+\log_2\frac{5}{3}+\cdots+\log_2\frac{39}{37}+\log_2\frac{41}{39}$$

$$=\log_2\left(\frac{3}{1}\times\frac{5}{3}\times\cdots\times\frac{39}{37}\times\frac{41}{39}\right)$$

$$=\log_2 41$$

$A=\log_2 41$이므로 $2^A=2^{\log_2 41}=41$

8 $f(x)=1+3x+5x^2+7x^3+\cdots+39x^{19}$이므로

$f(2)=1+3\times2+5\times2^2+7\times2^3+\cdots+39\times2^{19}$ $\quad\cdots\cdots$ ㉠

㉠의 양변에 2를 곱하면

$2f(2)=1\times2+3\times2^2+5\times2^3+7\times2^4+\cdots+39\times2^{20}$ $\quad\cdots\cdots$ ㉡

㉠$-$㉡을 하면

$-f(2)=1+2^2+2^3+2^4+\cdots+2^{20}-39\times2^{20}$

$\quad\quad=(2+2^2+2^3+2^4+\cdots+2^{20}-1)-39\times2^{20}$

$\quad\quad=\dfrac{2(2^{20}-1)}{2-1}-1-39\times2^{20}=-37\times2^{20}-3$

따라서 $f(2)=37\times2^{20}+3$이므로

$a=37$

9 $\cos\dfrac{k}{6}\pi=\cos\left(\dfrac{k}{6}\pi+2\pi\right)=\cos\dfrac{k+12}{6}\pi$

이므로 수열 $\left\{\cos\dfrac{n}{6}\pi\right\}$는 12개의 항이 반복된다.

이때 $\cos\dfrac{1}{6}\pi+\cos\dfrac{2}{6}\pi+\cdots+\cos\dfrac{12}{6}\pi=0$이므로

$$\sum_{k=1}^{75}\cos\frac{k}{6}\pi=6\sum_{k=1}^{12}\cos\frac{k}{6}\pi+\sum_{k=73}^{75}\cos\frac{k}{6}\pi$$

$$=0+\sum_{k=1}^{3}\cos\frac{k}{6}\pi$$

$$=\cos\frac{1}{6}\pi+\cos\frac{2}{6}\pi+\cos\frac{3}{6}\pi$$

$$=\frac{\sqrt{3}}{2}+\frac{1}{2}+0=\frac{\sqrt{3}+1}{2}$$

10 $2a_1+4a_2+8a_3+\cdots+2^na_n=5\times2^n$이므로

$$S_n=\sum_{k=1}^{n}2^ka_k=5\times2^n$$

$n\geq2$일 때

$$\begin{aligned}2^na_n&=S_n-S_{n-1}\\&=5\times2^n-5\times2^{n-1}\\&=5\times2^{n-1}\end{aligned}$$

이므로 $a_n=\dfrac{5}{2}$ $\qquad\qquad\cdots\cdots$ ㉠

$n=1$일 때, $2a_1=5\times2=10$이므로 $a_1=5$ $\quad\cdots\cdots$ ㉡

㉠에 $n=1$을 대입한 것이 ㉡과 같지 않으므로

$$a_1=5,\ a_n=\frac{5}{2}\ (n\geq2)$$

따라서

$$\sum_{k=1}^{21}a_k=a_1+\sum_{k=2}^{21}a_k=5+\sum_{k=2}^{21}\frac{5}{2}=5+\frac{5}{2}\times20=55$$

11 주어진 배열에서 왼쪽 아래에서 오른쪽 위로 향하는 대각선 위의 항들을 군으로 묶으면

$$\left(\frac{1}{1}\right),\ \left(\frac{1}{2},\frac{2}{2}\right),\ \left(\frac{1}{3},\frac{2}{3},\frac{3}{3}\right),\ \left(\frac{1}{4},\frac{2}{4},\frac{3}{4},\frac{4}{4}\right),\ \cdots$$

위에서 14번째 줄의 왼쪽에서 11번째에 있는 수가 속한 대각선에 속한 수들은 제24군에 속한다.

이때 제k군의 항들의 분모는 k, 왼쪽에서 l번째에 있는 수들의 분자는 l이므로 위에서 14번째 줄의 왼쪽에서 11번째에 있는 수는 $\dfrac{11}{24}$이다.

12 이차함수 $y=x^2$의 그래프와 직선 $x=n$이 만나는 점은 $P_n(n,\ n^2)$이고, 일차함수 $y=2x-1$의 그래프와 직선 $x=n$이 만나는 점은 $Q_n(n,\ 2n-1)$이므로

$$\overline{P_nQ_n}=n^2-(2n-1)=n^2-2n+1=(n-1)^2$$

따라서

$$\sum_{k=2}^{10}\overline{P_kQ_k}=\sum_{k=2}^{10}(k-1)^2=\sum_{k=1}^{9}k^2=\frac{9\times10\times19}{6}=285$$

13 점 $P_n\left(n,\ \dfrac{2}{n}\right)$를 지나고 기울기가 1인 직선의 방정식은

$$y-\frac{2}{n}=x-n$$에서 $$y=x-n+\frac{2}{n}$$

즉 $Q_n\left(n-\dfrac{2}{n},\ 0\right)$이고 점 R_n과 점 Q_n은 $x=n$에 대하여 대칭이므로 $R_n\left(n+\dfrac{2}{n},\ 0\right)$

$\triangle P_nQ_nR_n$의 밑변의 길이는 $\overline{Q_nR_n}=\dfrac{4}{n}$이고 높이는 $\dfrac{2}{n}$이므로 $\triangle P_nQ_nR_n$의 넓이 S_n은

$$S_n=\frac{1}{2}\times\frac{4}{n}\times\frac{2}{n}=\frac{4}{n^2}$$

따라서

$$\begin{aligned}\sum_{n=1}^{10}\sqrt{S_nS_{n+1}}&=\sum_{n=1}^{10}\frac{4}{n(n+1)}=4\sum_{n=1}^{10}\left(\frac{1}{n}-\frac{1}{n+1}\right)\\&=4\times\left\{\left(1-\frac{1}{2}\right)+\left(\frac{1}{2}-\frac{1}{3}\right)+\cdots+\left(\frac{1}{10}-\frac{1}{11}\right)\right\}\\&=4\times\left(1-\frac{1}{11}\right)=\frac{40}{11}\end{aligned}$$

14 $a_n=1+(n-1)\times2=2n-1$이므로

$$\begin{aligned}\frac{2}{\sqrt{a_{k+1}}+\sqrt{a_k}}&=\frac{2}{\sqrt{2k+1}+\sqrt{2k-1}}\\&=\frac{2\times(\sqrt{2k+1}-\sqrt{2k-1})}{(\sqrt{2k+1}+\sqrt{2k-1})(\sqrt{2k+1}-\sqrt{2k-1})}\\&=\sqrt{2k+1}-\sqrt{2k-1}\end{aligned}$$

따라서

$$\begin{aligned}&\sum_{k=1}^{40}\frac{2}{\sqrt{a_{k+1}}+\sqrt{a_k}}\\&=\sum_{k=1}^{40}(\sqrt{2k+1}-\sqrt{2k-1})\\&=(\sqrt{3}-\sqrt{1})+(\sqrt{5}-\sqrt{3})+\cdots+(\sqrt{79}-\sqrt{77})+(\sqrt{81}-\sqrt{79})\\&=-\sqrt{1}+\sqrt{81}=8\end{aligned}$$

11 수학적 귀납법

본문 332쪽

01

수열의 귀납적 정의

1 (✐ 4, 7, 3, 10)　　**2** -2　　**3** 16

4 9　　**5** -6　　**6** (✐ 4, 2, 6, 6, 4, 8)

7 -2　　**8** -8　　**9** $\dfrac{1}{25}$　　**10** 4

11 (✐ -1, $-\dfrac{1}{2}$, $-\dfrac{1}{2}$, 1, -1, $-\dfrac{1}{2}$, $-\dfrac{1}{2}$, 1, $-\dfrac{1}{2}$, $-\dfrac{1}{2}$)

12 1　　**13** 2　　**14** 3　　**15** $\dfrac{1}{2}$

---

2 $a_{n+1}=a_n-5$에서 $a_1=13$이므로

$a_2=a_1-5=13-5=8$

$a_3=a_2-5=8-5=3$

$a_4=a_3-5=3-5=-2$

3 $a_{n+1}=4a_n$에서 $a_1=\dfrac{1}{4}$이므로

$a_2=4a_1=4\times\dfrac{1}{4}=1$

$a_3=4a_2=4\times1=4$

$a_4=4a_3=4\times4=16$

4 $a_{n+1}=\dfrac{1}{3}a_n$에서 $a_1=243$이므로

$a_2=\dfrac{1}{3}a_1=\dfrac{1}{3}\times243=81$

$a_3=\dfrac{1}{3}a_2=\dfrac{1}{3}\times81=27$

$a_4=\dfrac{1}{3}a_3=\dfrac{1}{3}\times27=9$

5 $a_{n+1}=-3a_n+3$에서 $a_1=1$이므로

$a_2=-3\times a_1+3=-3\times1+3=0$

$a_3=-3\times a_2+3=-3\times0+3=3$

$a_4=-3\times a_3+3=-3\times3+3=-6$

7 $a_{n+2}-2a_{n+1}+a_n=0$에서 $a_{n+2}=2a_{n+1}-a_n$이고

$a_1=10$, $a_2=6$이므로

$a_3=2a_2-a_1=2\times6-10=2$

$a_4=2a_3-a_2=2\times2-6=-2$

8 $a_{n+1}{}^2=a_na_{n+2}$에서 $a_{n+2}=\dfrac{a_{n+1}{}^2}{a_n}$이고

$a_1=1$, $a_2=-2$이므로

$a_3=\dfrac{a_2{}^2}{a_1}=\dfrac{(-2)^2}{1}=4$

$a_4=\dfrac{a_3{}^2}{a_2}=\dfrac{4^2}{-2}=-8$

9 $\dfrac{a_{n+1}}{a_n}=\dfrac{a_{n+2}}{a_{n+1}}$에서 $a_{n+2}=\dfrac{a_{n+1}{}^2}{a_n}$이고

$a_1=5$, $a_2=1$이므로

$a_3=\dfrac{a_2{}^2}{a_1}=\dfrac{1^2}{5}=\dfrac{1}{5}$

$a_4=\dfrac{a_3{}^2}{a_2}=\dfrac{\left(\dfrac{1}{5}\right)^2}{1}=\dfrac{1}{25}$

10 $\dfrac{a_{n+2}}{a_{n+1}}=a_n$에서 $a_{n+2}=a_na_{n+1}$이고

$a_1=1$, $a_2=2$이므로

$a_3=a_1a_2=1\times2=2$

$a_4=a_2a_3=2\times2=4$

12 $a_{n+1}=-|a_n|+3$에서 $a_1=5$이므로

$a_2=-|a_1|+3=-|5|+3=-2$

$a_3=-|a_2|+3=-|-2|+3=1$

$a_4=-|a_3|+3=-|1|+3=2$

$a_5=-|a_4|+3=-|2|+3=1$

$a_6=-|a_5|+3=-|1|+3=2$

⋮

즉 수열 $\{a_n\}$은 3보다 크거나 같은 자연수 n에 대하여 1, 2가 반복되는 수열이고

$a_1=5$, $a_2=-2$, $a_n=\begin{cases}1\ (n\text{은 홀수})\\2\ (n\text{은 짝수})\end{cases}(n\geq3)$

따라서 $a_{35}=1$

13 $a_{n+1}=\dfrac{1}{1-a_n}$에서 $a_1=-1$이므로

$a_2=\dfrac{1}{1-a_1}=\dfrac{1}{1-(-1)}=\dfrac{1}{2}$

$a_3=\dfrac{1}{1-a_2}=\dfrac{1}{1-\dfrac{1}{2}}=2$

$a_4=\dfrac{1}{1-a_3}=\dfrac{1}{1-2}=-1$

⋮

따라서 수열 $\{a_n\}$은 -1, $\dfrac{1}{2}$, 2가 반복되는 수열이고,

$60=3\times20$이므로 $a_{60}=2$

14 $a_n+a_{n+1}+a_{n+2}=6$에서 $a_{n+2}=6-a_n-a_{n+1}$이고

$a_1=2$, $a_2=3$이므로

$a_3=6-a_1-a_2=6-2-3=1$

$a_4=6-a_2-a_3=6-3-1=2$

$a_5=6-a_3-a_4=6-1-2=3$

⋮

따라서 수열 $\{a_n\}$은 2, 3, 1이 반복되는 수열이고,

$80=3\times26+2$이므로 $a_{80}=3$

15 $a_{n+1}=\begin{cases}a_n-1 & (a_n>0)\\2|a_n|+\dfrac{1}{2} & (a_n\leq0)\end{cases}$에서

$a_1=\frac{1}{2}>0$이므로 $a_2=a_1-1=\frac{1}{2}-1=-\frac{1}{2}$

$a_2=-\frac{1}{2}<0$이므로

$a_3=2|a_2|+\frac{1}{2}=2\times\left|-\frac{1}{2}\right|+\frac{1}{2}=\frac{3}{2}$

$a_3=\frac{3}{2}>0$이므로 $a_4=a_3-1=\frac{3}{2}-1=\frac{1}{2}$

$\vdots$

따라서 수열 $\{a_n\}$은 $\frac{1}{2}$, $-\frac{1}{2}$, $\frac{3}{2}$이 반복되는 수열이고,

$1234=3\times411+1$이므로 $a_{1234}=\frac{1}{2}$

02

등차수열의 귀납적 정의

1 (✏ 2, 1, 2)

2 $a_1=20$, $a_{n+1}=a_n-2$ $(n=1, 2, 3, \cdots)$

3 $a_1=-1$, $a_{n+1}=a_n+\frac{1}{2}$ $(n=1, 2, 3, \cdots)$

4 (✏ 2, 3, 2, 3)

5 $a_1=15$, $a_{n+1}=a_n-4$ $(n=1, 2, 3, \cdots)$

6 $a_1=-5$, $a_{n+1}=a_n+\frac{3}{2}$ $(n=1, 2, 3, \cdots)$

7 (✏ 1, 4, 4, 1, $n+1$)　　8 $a_n=-3n+18$

9 $a_n=3n-1$　　　　　　　10 $a_n=-n+8$

11 $a_n=\frac{1}{2}n-\frac{7}{2}$　　　　　☺ a, d, a, d

12 (✏ 5, -3, 5, -3, 5, $5n-8$)

13 $a_n=-2n+3$　　　　　14 $a_n=4n-4$

15 $a_n=-4n+5$　　　　　☺ $a, b-a, a, b-a$

16 ②

2 수열 $\{a_n\}$은 첫째항 $a_1=20$이고, 공차가 -2인 등차수열이므로

$a_2-a_1=a_3-a_2=\cdots=a_{n+1}-a_n=-2$

따라서 수열 $\{a_n\}$의 귀납적 정의는

$a_1=20$, $a_{n+1}=a_n-2$ $(n=1, 2, 3, \cdots)$

3 수열 $\{a_n\}$은 첫째항 $a_1=-1$이고, 공차가 $\frac{1}{2}$인 등차수열이므로

$a_2-a_1=a_3-a_2=\cdots=a_{n+1}-a_n=\frac{1}{2}$

따라서 수열 $\{a_n\}$의 귀납적 정의는

$a_1=-1$, $a_{n+1}=a_n+\frac{1}{2}$ $(n=1, 2, 3, \cdots)$

5 주어진 수열 $\{a_n\}$은 첫째항 $a_1=15$이고, 공차가 -4인 등차수열이다.

따라서 수열 $\{a_n\}$의 귀납적 정의는

$a_1=15$, $a_{n+1}=a_n-4$ $(n=1, 2, 3, \cdots)$

6 주어진 수열 $\{a_n\}$은 첫째항 $a_1=-5$이고, 공차가 $\frac{3}{2}$인 등차수열이다.

따라서 수열 $\{a_n\}$의 귀납적 정의는

$a_1=-5$, $a_{n+1}=a_n+\frac{3}{2}$ $(n=1, 2, 3, \cdots)$

8 $a_{n+1}-a_n=-3$에서 주어진 수열은 공차가 -3인 등차수열이다.

이때 첫째항 $a_1=15$이므로

$a_n=15+(n-1)\times(-3)=-3n+18$

9 $a_{n+1}=a_n+3$에서 주어진 수열은 공차가 3인 등차수열이다.

이때 첫째항 $a_1=2$이므로

$a_n=2+(n-1)\times3=3n-1$

10 $a_{n+1}=a_n-1$에서 주어진 수열은 공차가 -1인 등차수열이다.

이때 첫째항 $a_1=7$이므로

$a_n=7+(n-1)\times(-1)=-n+8$

11 $a_{n+1}=a_n+\frac{1}{2}$에서 주어진 수열은 공차가 $\frac{1}{2}$인 등차수열이다.

이때 첫째항 $a_1=-3$이므로

$a_n=-3+(n-1)\times\frac{1}{2}=\frac{1}{2}n-\frac{7}{2}$

13 $a_{n+2}-a_{n+1}=a_{n+1}-a_n$에서 주어진 수열은 등차수열이고

$a_1=1$, $a_2-a_1=-1-1=-2$이므로

첫째항이 1, 공차가 -2이다.

따라서 $a_n=1+(n-1)\times(-2)=-2n+3$

14 $2a_{n+1}=a_n+a_{n+2}$에서 주어진 수열은 등차수열이고

$a_1=0$, $a_2-a_1=4-0=4$이므로

첫째항이 0, 공차가 4이다.

따라서 $a_n=0+(n-1)\times4=4n-4$

15 $2a_{n+1}=a_n+a_{n+2}$에서 주어진 수열은 등차수열이고

$a_1=1$, $a_2-a_1=-3-1=-4$이므로

첫째항이 1, 공차가 -4이다.

따라서 $a_n=1+(n-1)\times(-4)=-4n+5$

16 $a_{n+1}=a_n+3$에서 주어진 수열은 공차가 3인 등차수열이고

첫째항 $a_1=49$이므로

$a_n=49+(n-1)\times3=3n+46$

따라서 $a_{15}=3\times15+46=91$

03

등비수열의 귀납적 정의

1 (✒ 2, -1, 2)

2 $a_1=3$, $a_{n+1}=-2a_n$ $(n=1, 2, 3, \cdots)$

3 $a_1=9$, $a_{n+1}=\dfrac{1}{3}a_n$ $(n=1, 2, 3, \cdots)$

4 (✒ 4, 3, 4, 3)

5 $a_1=-1$, $a_{n+1}=-2a_n$ $(n=1, 2, 3, \cdots)$

6 $a_1=125$, $a_{n+1}=-\dfrac{1}{5}a_n$ $(n=1, 2, 3, \cdots)$

7 (✒ 2, 4, 2, $n+1$)   8 $a_n=5\times\left(-\dfrac{1}{3}\right)^{n-1}$

9 $a_n=2\times3^{n-1}$ 10 $a_n=-3\times(-2)^{n-1}$

11 $a_n=-\dfrac{1}{2}\times(-5)^{n-1}$ ☺ a, r, a, r

12 (✒ 2, 1, 2, 2, 2^{n-1}) 13 $a_n=3\times(-2)^{n-1}$

14 $a_n=2\times(-3)^{n-1}$ 15 $a_n=-(-4)^{n-1}$

☺ $a, \dfrac{b}{a}, a, \dfrac{b}{a}$ 16 ③

2 수열 $\{a_n\}$은 첫째항 $a_1=3$이고, 공비가 -2인 등비수열이므로
$a_2\div a_1=a_3\div a_2=\cdots=a_{n+1}\div a_n=-2$
따라서 수열 $\{a_n\}$의 귀납적 정의는
$a_1=3$, $a_{n+1}=-2a_n$ $(n=1, 2, 3, \cdots)$

3 수열 $\{a_n\}$은 첫째항 $a_1=9$이고, 공비가 $\dfrac{1}{3}$인 등비수열이므로
$a_2\div a_1=a_3\div a_2=\cdots=a_{n+1}\div a_n=\dfrac{1}{3}$
따라서 수열 $\{a_n\}$의 귀납적 정의는
$a_1=9$, $a_{n+1}=\dfrac{1}{3}a_n$ $(n=1, 2, 3, \cdots)$

5 주어진 수열 $\{a_n\}$은 첫째항 $a_1=-1$이고, 공비가 -2인 등비수열이다.
따라서 수열 $\{a_n\}$의 귀납적 정의는
$a_1=-1$, $a_{n+1}=-2a_n$ $(n=1, 2, 3, \cdots)$

6 주어진 수열 $\{a_n\}$은 첫째항 $a_1=125$이고, 공비가 $-\dfrac{1}{5}$인 등비수열이다.
따라서 수열 $\{a_n\}$의 귀납적 정의는
$a_1=125$, $a_{n+1}=-\dfrac{1}{5}a_n$ $(n=1, 2, 3, \cdots)$

8 $a_{n+1}\div a_n=-\dfrac{1}{3}$에서 주어진 수열은 공비가 $-\dfrac{1}{3}$인 등비수열이다.
이때 첫째항 $a_1=5$이므로
$a_n=5\times\left(-\dfrac{1}{3}\right)^{n-1}$

9 $a_{n+1}=3a_n$에서 주어진 수열은 공비가 3인 등비수열이다.
이때 첫째항 $a_1=2$이므로
$a_n=2\times3^{n-1}$

10 $a_{n+1}=-2a_n$에서 주어진 수열은 공비가 -2인 등비수열이다.
이때 첫째항 $a_1=-3$이므로
$a_n=-3\times(-2)^{n-1}$

11 $a_{n+1}=-5a_n$에서 주어진 수열은 공비가 -5인 등비수열이다.
이때 첫째항 $a_1=-\dfrac{1}{2}$이므로
$a_n=-\dfrac{1}{2}\times(-5)^{n-1}$

13 $a_{n+2}\div a_{n+1}=a_{n+1}\div a_n$에서 주어진 수열은 등비수열이고
$a_1=3$, $a_2\div a_1=(-6)\div3=-2$이므로
첫째항이 3, 공비가 -2이다.
따라서 $a_n=3\times(-2)^{n-1}$

14 $a_{n+1}^2=a_n a_{n+2}$에서 주어진 수열은 등비수열이고
$a_1=2$, $a_2\div a_1=-6\div2=-3$이므로
첫째항이 2, 공비가 -3이다.
따라서 $a_n=2\times(-3)^{n-1}$

15 $a_{n+1}^2=a_n a_{n+2}$에서 주어진 수열은 등비수열이고
$a_1=-1$, $a_2\div a_1=4\div(-1)=-4$이므로
첫째항이 -1, 공비가 -4이다.
따라서 $a_n=-(-4)^{n-1}$

16 $a_{n+1}=\dfrac{a_n}{3}$에서 주어진 수열은 공비가 $\dfrac{1}{3}$인 등비수열이고
첫째항 $a_1=9^5=3^{10}$이므로
$a_n=3^{10}\times\left(\dfrac{1}{3}\right)^{n-1}=3^{10}\times3^{-n+1}=3^{11-n}$
$a_k<\dfrac{1}{3^6}$에서 $3^{11-k}<3^{-6}$
$11-k<-6$, $k>17$
따라서 주어진 조건을 만족시키는 자연수 k의 최솟값은 18이다.

04

여러 가지 수열의 귀납적 정의 (1)

1 (✒ 1, 2, 3, a_{n-1}, $n-1$, a_1, $n-1$, k, $\dfrac{n(n-1)}{2}$, $\dfrac{-n^2+n+2}{2}$)

2 $a_n=\dfrac{n^2+n-4}{2}$ 3 $a_n=n^2-n+2$

4 $a_n=-2n^2+4n+1$ 5 $a_n=\dfrac{2n^3-3n^2+n}{6}$

2 $a_{n+1} = a_n + n + 1$의 n에 1, 2, 3, ⋯, $n-1$을 차례로 대입하면

$a_2 = a_1 + 2$

$a_3 = a_2 + 3$

$a_4 = a_3 + 4$

⋮

$a_n = a_{n-1} + n$

변끼리 더하면

$a_n = a_1 + (2 + 3 + 4 + \cdots + n)$

$\quad = -1 + \displaystyle\sum_{k=1}^{n-1}(k-1)$

$\quad = -1 + \left\{ \dfrac{n(n-1)}{2} + (n-1) \right\}$

$\quad = -1 + \dfrac{n^2 + n - 2}{2}$

$\quad = \dfrac{n^2 + n - 4}{2}$

3 $a_{n+1} = a_n + 2n$의 n에 1, 2, 3, ⋯, $n-1$을 차례로 대입하면

$a_2 = a_1 + 2$

$a_3 = a_2 + 4$

$a_4 = a_3 + 6$

⋮

$a_n = a_{n-1} + 2(n-1)$

변끼리 더하면

$a_n = a_1 + \{2 + 4 + 6 + \cdots + 2(n-1)\}$

$\quad = 2 + \displaystyle\sum_{k=1}^{n-1} 2k$

$\quad = 2 + 2 \times \dfrac{n(n-1)}{2} = n^2 - n + 2$

4 $a_{n+1} = a_n - 4n + 2$의 n에 1, 2, 3, ⋯, $n-1$을 차례로 대입하면

$a_2 = a_1 - 2$

$a_3 = a_2 - 6$

$a_4 = a_3 - 10$

⋮

$a_n = a_{n-1} - 4n + 6$

변끼리 더하면

$a_n = a_1 - 2\{1 + 3 + 5 + \cdots + (2n-3)\}$

$\quad = 3 - 2\displaystyle\sum_{k=1}^{n-1}(2k-1)$

$\quad = 3 - 2 \times \left\{ 2 \times \dfrac{n(n-1)}{2} - (n-1) \right\}$

$\quad = 3 - 2 \times (n^2 - 2n + 1) = -2n^2 + 4n + 1$

5 $a_{n+1} = a_n + n^2$의 n에 1, 2, 3, ⋯, $n-1$을 차례로 대입하면

$a_2 = a_1 + 1^2$

$a_3 = a_2 + 2^2$

$a_4 = a_3 + 3^2$

⋮

$a_n = a_{n-1} + (n-1)^2$

변끼리 더하면

$a_n = a_1 + \{1^2 + 2^2 + 3^2 + \cdots + (n-1)^2\}$

$\quad = 0 + \displaystyle\sum_{k=1}^{n-1} k^2 = \dfrac{(n-1)n(2n-1)}{6}$

$\quad = \dfrac{2n^3 - 3n^2 + n}{6}$

6 $a_{n+1} = a_n + 2^{n-1}$의 n에 1, 2, 3, ⋯, $n-1$을 차례로 대입하면

$a_2 = a_1 + 1$

$a_3 = a_2 + 2$

$a_4 = a_3 + 2^2$

⋮

$a_n = a_{n-1} + 2^{n-2}$

변끼리 더하면

$a_n = a_1 + (1 + 2 + 2^2 + \cdots + 2^{n-2})$

$\quad = 4 + \dfrac{1 \times (2^{n-1} - 1)}{2 - 1} = 2^{n-1} + 3$

8 $a_{n+1} = \dfrac{n+2}{n} a_n$의 n에 1, 2, 3, ⋯, $n-1$을 차례로 대입하면

$a_2 = a_1 \times \dfrac{3}{1}$

$a_3 = a_2 \times \dfrac{4}{2}$

$a_4 = a_3 \times \dfrac{5}{3}$

⋮

$a_n = a_{n-1} \times \dfrac{n+1}{n-1}$

변끼리 곱하면

$a_n = a_1 \times \left(\dfrac{3}{1} \times \dfrac{4}{2} \times \dfrac{5}{3} \times \cdots \times \dfrac{n}{n-2} \times \dfrac{n+1}{n-1} \right)$

$\quad = -2 \times \dfrac{n(n+1)}{2}$

$\quad = -n^2 - n$

9 $a_{n+1} = \dfrac{n}{n+2} a_n$의 n에 1, 2, 3, ⋯, $n-1$을 차례로 대입하면

$a_2 = a_1 \times \dfrac{1}{3}$

$a_3 = a_2 \times \dfrac{2}{4}$

$a_4 = a_3 \times \dfrac{3}{5}$

⋮

$a_n = a_{n-1} \times \dfrac{n-1}{n+1}$

변끼리 곱하면

$a_n = a_1 \times \left(\dfrac{1}{3} \times \dfrac{2}{4} \times \dfrac{3}{5} \times \cdots \times \dfrac{n-2}{n} \times \dfrac{n-1}{n+1} \right)$

$$=-\frac{1}{2}\times\frac{2}{n(n+1)}$$

$$=-\frac{1}{n(n+1)}$$

10 $a_{n+1}=2^{n-1}a_n$의 n에 $1, 2, 3, \cdots, n-1$을 차례로 대입하면

$a_2=a_1\times1$

$a_3=a_2\times2$

$a_4=a_3\times2^2$

$\vdots$

$a_n=a_{n-1}\times2^{n-2}$

변끼리 곱하면

$a_n=a_1\times(1\times2\times2^2\times\cdots\times2^{n-2})$

$$=\frac{1}{2}\times2^{1+2+\cdots+(n-3)+(n-2)}$$

$$=\frac{1}{2}\times2^{\frac{(n-2)(n-1)}{2}}$$

$$=2^{\frac{n^2-3n}{2}}$$

11 $\sqrt{n+1}a_{n+1}=\sqrt{n}a_n$, 즉 $a_{n+1}=\frac{\sqrt{n}}{\sqrt{n+1}}a_n$의 n에

$1, 2, 3, \cdots, n-1$을 차례로 대입하면

$a_2=a_1\times\frac{1}{\sqrt{2}}$

$a_3=a_2\times\frac{\sqrt{2}}{\sqrt{3}}$

$a_4=a_3\times\frac{\sqrt{3}}{\sqrt{4}}$

$\vdots$

$a_n=a_{n-1}\times\frac{\sqrt{n-1}}{\sqrt{n}}$

변끼리 곱하면

$a_n=a_1\times\left(\frac{1}{\sqrt{2}}\times\frac{\sqrt{2}}{\sqrt{3}}\times\frac{\sqrt{3}}{\sqrt{4}}\times\cdots\times\frac{\sqrt{n-1}}{\sqrt{n}}\right)$

$$=-3\times\frac{1}{\sqrt{n}}$$

$$=-\frac{3}{\sqrt{n}}$$

12 $a_{n+1}=\frac{(n+1)^2}{n(n+2)}a_n$, 즉 $a_{n+1}=\left(\frac{n+1}{n}\times\frac{n+1}{n+2}\right)a_n$의 n에 $1, 2,$

$3, \cdots, n-1$을 차례로 대입하면

$a_2=a_1\times\left(\frac{2}{1}\times\frac{2}{3}\right)$

$a_3=a_2\times\left(\frac{3}{2}\times\frac{3}{4}\right)$

$a_4=a_3\times\left(\frac{4}{3}\times\frac{4}{5}\right)$

$\vdots$

$a_n=a_{n-1}\times\left(\frac{n}{n-1}\times\frac{n}{n+1}\right)$

변끼리 곱하면

$a_n=a_1\times\left\{\left(\frac{2}{1}\times\frac{2}{3}\right)\times\left(\frac{3}{2}\times\frac{3}{4}\right)\times\left(\frac{4}{3}\times\frac{4}{5}\right)\times\cdots\right.$

$$\left.\times\left(\frac{n}{n-1}\times\frac{n}{n+1}\right)\right\}$$

$$=5\times\frac{2n}{n+1}$$

$$=\frac{10n}{n+1}$$

13 $a_{n+1}=a_n+3n-1$의 n에 $1, 2, 3, \cdots, n-1$을 차례로 대입하면

$a_2=a_1+2$

$a_3=a_2+5$

$a_4=a_3+8$

$\vdots$

$a_n=a_{n-1}+3n-4$

변끼리 더하면

$a_n=a_1+\sum\limits_{k=1}^{n-1}(3k-1)$

$$=-1+3\times\frac{n(n-1)}{2}-(n-1)=\frac{3n^2-5n}{2}$$

따라서

$2\sum\limits_{k=1}^{10}a_k=\sum\limits_{k=1}^{10}(3k^2-5k)=3\times\frac{10\times11\times21}{6}-5\times\frac{10\times11}{2}$

$$=1155-275=880$$

05

본문 340쪽

여러 가지 수열의 귀납적 정의 (2)

1 ($\mathscr{D}$ $1, 1, 1, 1, 1, 3, 3, 1, 3^n-1$)

2 $a_n=2^{n+1}+1$ **3** $a_n=4^n-1$

4 $a_n=-4^n+2$ **5** $a_n=(-2)^n-2$

6 $a_n=\left(-\frac{3}{2}\right)^n+2$ **7** ④

8 ($\mathscr{D}$ $1, 2, 2^{n-1}, 2^{k-1}, 2^{n-1}$)

9 $a_n=\frac{4}{3}\times(4^{n-1}-1)$ **10** $a_n=\frac{4}{3}\times\left(\frac{5}{2}\right)^{n-1}-\frac{1}{3}$

11 $a_n=-\frac{3}{2}\times\left(\frac{1}{3}\right)^{n-1}+\frac{3}{2}$ **12** $a_n=-\frac{2}{5}\times(-4)^{n-1}-\frac{3}{5}$

13 $a_n=-\frac{2}{9}\times\left(-\frac{7}{2}\right)^{n-1}-\frac{16}{9}$

14 $\left(\mathscr{D}\ 2, 1, 2, 1, 2, 2n-1, \frac{1}{2n-1}\right)$

15 $a_n=\frac{1}{3n}$ **16** $a_n=\frac{2}{3n}$

17 $a_n=\frac{2}{5n-6}$ **18** $a_n=-\frac{1}{3n}$

19 $a_n=\frac{2}{-3n+1}$ **20** ($\mathscr{D}$ $a_n, 3, 2, 2, 2^{n-1}, 512$)

21 5^{13}

22 $\left(\mathscr{D}\ a_{n+1}-a_n, \frac{3}{2}, \frac{3}{2}, \frac{1}{2}\times\left(\frac{3}{2}\right)^{n-1}, \frac{3^{15}}{2^{16}}\right)$

23 -243

24 (1) $\left(\mathscr{D}\ 5, \frac{1}{2}, 5, 15\right)$ (2) $\left(\mathscr{D}\ a_{n+1}, 5, \frac{1}{2}, 5\right)$

25 (1) 140 (2) $a_{n+1}=2(a_n-30)$

2 $a_{n+1}=2a_n-1$을 $a_{n+1}+\alpha=2(a_n+\alpha)$로 놓으면

$a_{n+1}=2a_n+\alpha$에서 $\alpha=-1$이므로

$a_{n+1}-1=2(a_n-1)$

즉 수열 $\{a_n-1\}$은 첫째항이 $a_1-1=4$, 공비가 2인 등비수열이므로

$a_n-1=4\times2^{n-1}$

따라서 $a_n=2^{n+1}+1$

3 $a_{n+1}=4a_n+3$을 $a_{n+1}+\alpha=4(a_n+\alpha)$로 놓으면

$a_{n+1}=4a_n+3\alpha$에서 $3\alpha=3$, $\alpha=1$이므로

$a_{n+1}+1=4(a_n+1)$

즉 수열 $\{a_n+1\}$은 첫째항이 $a_1+1=4$, 공비가 4인 등비수열이므로

$a_n+1=4\times4^{n-1}$

따라서 $a_n=4^n-1$

4 $a_{n+1}=4a_n-6$을 $a_{n+1}+\alpha=4(a_n+\alpha)$로 놓으면

$a_{n+1}=4a_n+3\alpha$에서 $3\alpha=-6$, $\alpha=-2$이므로

$a_{n+1}-2=4(a_n-2)$

즉 수열 $\{a_n-2\}$는 첫째항이 $a_1-2=-4$, 공비가 4인 등비수열이므로

$a_n-2=-4\times4^{n-1}$

따라서 $a_n=-4^n+2$

5 $a_{n+1}=-2a_n-6$을 $a_{n+1}+\alpha=-2(a_n+\alpha)$로 놓으면

$a_{n+1}=-2a_n-3\alpha$에서 $-3\alpha=-6$, $\alpha=2$이므로

$a_{n+1}+2=-2(a_n+2)$

즉 수열 $\{a_n+2\}$는 첫째항이 $a_1+2=-2$, 공비가 -2인 등비수열이므로

$a_n+2=-2\times(-2)^{n-1}$

따라서 $a_n=(-2)^n-2$

6 $2a_{n+1}=-3a_n+10$에서 $a_{n+1}=-\dfrac{3}{2}a_n+5$

$a_{n+1}+\alpha=-\dfrac{3}{2}(a_n+\alpha)$로 놓으면

$a_{n+1}=-\dfrac{3}{2}a_n-\dfrac{5}{2}\alpha$이므로

$-\dfrac{5}{2}\alpha=5$, $\alpha=-2$

즉 $a_{n+1}-2=-\dfrac{3}{2}(a_n-2)$

수열 $\{a_n-2\}$는 첫째항이 $a_1-2=-\dfrac{3}{2}$, 공비가 $-\dfrac{3}{2}$인 등비수열이므로

$a_n-2=-\dfrac{3}{2}\times\left(-\dfrac{3}{2}\right)^{n-1}$

따라서 $a_n=\left(-\dfrac{3}{2}\right)^n+2$

7 $a_{n+1}=\dfrac{1}{3}(4-a_n)$에서

$a_{n+1}=-\dfrac{1}{3}a_n+\dfrac{4}{3}$

$a_{n+1}+\alpha=-\dfrac{1}{3}(a_n+\alpha)$로 놓으면

$a_{n+1}=-\dfrac{1}{3}a_n-\dfrac{4}{3}\alpha$이므로 $-\dfrac{4}{3}\alpha=\dfrac{4}{3}$, $\alpha=-1$

즉 $a_{n+1}-1=-\dfrac{1}{3}(a_n-1)$

수열 $\{a_n-1\}$은 첫째항이 $a_1-1=-\dfrac{1}{3}$이고, 공비가 $-\dfrac{1}{3}$인 등비수열이므로 $a_n=\left(-\dfrac{1}{3}\right)^n+1$

따라서 $a_{30}=\dfrac{1}{3^{30}}+1=\dfrac{3^{30}+1}{3^{30}}$

9 $a_{n+2}-5a_{n+1}+4a_n=0$에서

$a_{n+2}-a_{n+1}=4(a_{n+1}-a_n)$

이때 수열 $\{a_{n+1}-a_n\}$은 첫째항이 $a_2-a_1=4$, 공비가 4인 등비수열이므로

$a_{n+1}-a_n=4^n$, 즉 $a_{n+1}=a_n+4^n$

위 식의 n에 $1, 2, 3, \cdots, n-1$을 차례로 대입하면

$a_2=a_1+4$

$a_3=a_2+4^2$

$a_4=a_3+4^3$

$\vdots$

$a_n=a_{n-1}+4^{n-1}$

변끼리 더하면

$a_n=a_1+\sum\limits_{k=1}^{n-1}4^k=\dfrac{4}{3}\times(4^{n-1}-1)$

10 $2a_{n+2}-7a_{n+1}+5a_n=0$에서

$2a_{n+2}-2a_{n+1}=5a_{n+1}-5a_n$

$2(a_{n+2}-a_{n+1})=5(a_{n+1}-a_n)$

$a_{n+2}-a_{n+1}=\dfrac{5}{2}(a_{n+1}-a_n)$

이때 수열 $\{a_{n+1}-a_n\}$은 첫째항이 $a_2-a_1=2$, 공비가 $\dfrac{5}{2}$인 등비수열이므로

$a_{n+1}-a_n=2\times\left(\dfrac{5}{2}\right)^{n-1}$, 즉 $a_{n+1}=a_n+2\times\left(\dfrac{5}{2}\right)^{n-1}$

위 식의 n에 $1, 2, 3, \cdots, n-1$을 차례로 대입하면

$a_2=a_1+2\times1$

$a_3=a_2+2\times\dfrac{5}{2}$

$a_4=a_3+2\times\left(\dfrac{5}{2}\right)^2$

$\vdots$

$a_n=a_{n-1}+2\times\left(\dfrac{5}{2}\right)^{n-2}$

변끼리 더하면

$a_n=a_1+\sum\limits_{k=1}^{n-1}\left\{2\times\left(\dfrac{5}{2}\right)^{k-1}\right\}$

$=1+\dfrac{2\times\left\{\left(\dfrac{5}{2}\right)^{n-1}-1\right\}}{\dfrac{5}{2}-1}$

$=\dfrac{4}{3}\times\left(\dfrac{5}{2}\right)^{n-1}-\dfrac{1}{3}$

11 $3a_{n+2}-4a_{n+1}+a_n=0$에서

$3a_{n+2}-3a_{n+1}=a_{n+1}-a_n$

$a_{n+2}-a_{n+1}=\dfrac{1}{3}(a_{n+1}-a_n)$

이때 수열 $\{a_{n+1}-a_n\}$은 첫째항이 $a_2-a_1=1$, 공비가 $\dfrac{1}{3}$인 등비수열이므로

$a_{n+1}-a_n=\left(\dfrac{1}{3}\right)^{n-1}$, 즉 $a_{n+1}=a_n+\left(\dfrac{1}{3}\right)^{n-1}$

위 식의 n에 $1,\ 2,\ 3,\ \cdots,\ n-1$을 차례로 대입하면

$a_2=a_1+1$

$a_3=a_2+\dfrac{1}{3}$

$a_4=a_3+\left(\dfrac{1}{3}\right)^2$

$\vdots$

$a_n=a_{n-1}+\left(\dfrac{1}{3}\right)^{n-2}$

변끼리 더하면

$a_n=a_1+\sum\limits_{k=1}^{n-1}\left(\dfrac{1}{3}\right)^{k-1}$

$=\dfrac{1-\left(\dfrac{1}{3}\right)^{n-1}}{1-\dfrac{1}{3}}=-\dfrac{3}{2}\times\left(\dfrac{1}{3}\right)^{n-1}+\dfrac{3}{2}$

12 $a_{n+2}+3a_{n+1}-4a_n=0$에서

$a_{n+2}-a_{n+1}=-4a_{n+1}+4a_n$

$a_{n+2}-a_{n+1}=-4(a_{n+1}-a_n)$

이때 수열 $\{a_{n+1}-a_n\}$은 첫째항이 $a_2-a_1=2$, 공비가 -4인 등비수열이므로

$a_{n+1}-a_n=2\times(-4)^{n-1}$, 즉 $a_{n+1}=a_n+2\times(-4)^{n-1}$

위 식의 n에 $1,\ 2,\ 3,\ \cdots,\ n-1$을 차례로 대입하면

$a_2=a_1+2$

$a_3=a_2+2\times(-4)$

$a_4=a_3+2\times(-4)^2$

$\vdots$

$a_n=a_{n-1}+2\times(-4)^{n-2}$

변끼리 더하면

$a_n=a_1+\sum\limits_{k=1}^{n-1}\{2\times(-4)^{k-1}\}$

$=-1+\dfrac{2\times\{1-(-4)^{n-1}\}}{1-(-4)}=-\dfrac{2}{5}\times(-4)^{n-1}-\dfrac{3}{5}$

13 $2a_{n+2}+5a_{n+1}-7a_n=0$에서

$2a_{n+2}-2a_{n+1}=-7a_{n+1}+7a_n$

$a_{n+2}-a_{n+1}=-\dfrac{7}{2}(a_{n+1}-a_n)$

이때 수열 $\{a_{n+1}-a_n\}$은 첫째항이 $a_2-a_1=1$, 공비가 $-\dfrac{7}{2}$인 등비수열이므로

$a_{n+1}-a_n=\left(-\dfrac{7}{2}\right)^{n-1}$, 즉 $a_{n+1}=a_n+\left(-\dfrac{7}{2}\right)^{n-1}$

위 식의 n에 $1,\ 2,\ 3,\ \cdots,\ n-1$을 차례로 대입하면

$a_2=a_1+1$

$a_3=a_2+\left(-\dfrac{7}{2}\right)$

$a_4=a_3+\left(-\dfrac{7}{2}\right)^2$

$\vdots$

$a_n=a_{n-1}+\left(-\dfrac{7}{2}\right)^{n-2}$

변끼리 더하면

$a_n=a_1+\sum\limits_{k=1}^{n-1}\left(-\dfrac{7}{2}\right)^{k-1}$

$=-2+\dfrac{1-\left(-\dfrac{7}{2}\right)^{n-1}}{1-\left(-\dfrac{7}{2}\right)}=-\dfrac{2}{9}\times\left(-\dfrac{7}{2}\right)^{n-1}-\dfrac{16}{9}$

15 $a_{n+1}=\dfrac{a_n}{3a_n+1}$의 양변의 역수를 취하면

$\dfrac{1}{a_{n+1}}=\dfrac{1}{a_n}+3$

이때 수열 $\left\{\dfrac{1}{a_n}\right\}$은 첫째항이 $\dfrac{1}{a_1}=3$, 공차가 3인 등차수열이므로

$\dfrac{1}{a_n}=3+(n-1)\times3=3n$

따라서 $a_n=\dfrac{1}{3n}$

16 $a_{n+1}=\dfrac{2a_n}{3a_n+2}$의 양변의 역수를 취하면

$\dfrac{1}{a_{n+1}}=\dfrac{1}{a_n}+\dfrac{3}{2}$

이때 수열 $\left\{\dfrac{1}{a_n}\right\}$은 첫째항이 $\dfrac{1}{a_1}=\dfrac{3}{2}$, 공차가 $\dfrac{3}{2}$인 등차수열이므로

$\dfrac{1}{a_n}=\dfrac{3}{2}+(n-1)\times\dfrac{3}{2}=\dfrac{3n}{2}$

따라서 $a_n=\dfrac{2}{3n}$

17 $a_{n+1}=\dfrac{2a_n}{5a_n+2}$의 양변의 역수를 취하면

$\dfrac{1}{a_{n+1}}=\dfrac{1}{a_n}+\dfrac{5}{2}$

이때 수열 $\left\{\dfrac{1}{a_n}\right\}$은 첫째항이 $\dfrac{1}{a_1}=-\dfrac{1}{2}$, 공차가 $\dfrac{5}{2}$인 등차수열이므로

$\dfrac{1}{a_n}=-\dfrac{1}{2}+(n-1)\times\dfrac{5}{2}=\dfrac{5n-6}{2}$

따라서 $a_n=\dfrac{2}{5n-6}$

18 $a_{n+1}=\dfrac{a_n}{-3a_n+1}$의 양변의 역수를 취하면

$\dfrac{1}{a_{n+1}}=\dfrac{1}{a_n}-3$

이때 수열 $\left\{\dfrac{1}{a_n}\right\}$은 첫째항이 $\dfrac{1}{a_1}=-3$, 공차가 -3인 등차수열이므로

$\dfrac{1}{a_n}=-3+(n-1)\times(-3)=-3n$

따라서 $a_n=-\dfrac{1}{3n}$

19 $a_{n+1}=\dfrac{2a_n}{-3a_n+2}$의 양변의 역수를 취하면

$$\dfrac{1}{a_{n+1}}=\dfrac{1}{a_n}-\dfrac{3}{2}$$

이때 수열 $\left\{\dfrac{1}{a_n}\right\}$은 첫째항이 $\dfrac{1}{a_1}=-1$, 공차가 $-\dfrac{3}{2}$인 등차수열이므로

$$\dfrac{1}{a_n}=-1+(n-1)\times\left(-\dfrac{3}{2}\right)=\dfrac{-3n+1}{2}$$

따라서 $a_n=\dfrac{2}{-3n+1}$

21 $S_{n+1}=5S_n-3$의 양변에 n 대신 $n-1$을 대입하여 두 식을 빼면

$$\begin{array}{r} S_{n+1}=5S_n-3 \\ -)\ \ S_n=5S_{n-1}-3 \\ \hline a_{n+1}=5a_n\ (n\geq2) \end{array}$$

이때 $S_2=5\times S_1-3=2$이므로

$$a_2=S_2-S_1=1$$

즉 수열 $\{a_n\}$은 $1,\ 1,\ 5,\ 25,\ \cdots$이므로

$a_1=1,\ a_n=5^{n-2}\ (n\geq2)$

따라서 $a_{15}=5^{13}$

23 $2S_n=3a_n+1$　　……㉠

㉠에 n 대신 $n+1$을 대입하면

$2S_{n+1}=3a_{n+1}+1$　　……㉡

㉡-㉠을 하면

$$2a_{n+1}=3(a_{n+1}-a_n)$$

즉 $a_{n+1}=3a_n$이므로 수열 $\{a_n\}$은 첫째항이 $a_1=-1$, 공비가 3 인 등비수열이다.

따라서 $a_n=-3^{n-1}$이므로

$$a_6=-3^5=-243$$

25 (1) $a_1=(100-30)\times2=140$

(2) a_{n+1}은 n시간 후 살아 있는 생물의 수 a_n에서 30마리가 죽고, 나머지는 각각 2마리로 분열한 생물의 수이므로

$$a_{n+1}=2(a_n-30)$$

06

본문 344쪽

수학적 귀납법

1 $2,\ 2k,\ 2k+2,\ 2k+2,\ (k+1)(k+2)$

2 $1,\ 2k-1,\ 2k+1,\ 2k+1,\ (k+1)^2$

3 $1,\ 2^{k-1},\ 2^k,\ 2^k,\ 2^{k+1}-1$

4 $3,\ 3,\ 3,\ 3N+1,\ 4N+1$

5 $8,\ 8,\ 8,\ 8N+1,\ 9N+1$

6 $6,\ 6,\ 6N,\ 6N,\ k+2,\ 짝수,\ 6$

7 $a+b,\ a+b,\ a^kb+b^ka,\ a^kb+b^ka,\ a^{k+1}+b^{k+1}$

8 $5,\ 5^2,\ 5,\ 2,\ (k-1)^2,\ (k+1)^2$

9 $2,\ 1+2h,\ 1+2h,\ 2,\ 1+h,\ 1+(k+1)h,\ kh^2,\ 1+(k+1)h$

10 $3,\ 4,\ 3,\ k+1,\ 2^k$

본문 347쪽

TEST 개념 확인

1 ②	2 ④	3 ④	4 ①
5 ①	6 ①	7 ④	8 ④
9 ①	10 ⑤	11 ③	12 ⑤
13 ③	14 ④	15 ②	16 ①

1 $a_na_{n+1}a_{n+2}=-12$에서 $a_{n+2}=-\dfrac{12}{a_na_{n+1}}$이고,

$a_1=-2,\ a_2=6$이므로

$$a_3=-\dfrac{12}{a_1a_2}=-\dfrac{12}{-2\times6}=1$$

$$a_4=-\dfrac{12}{a_2a_3}=-\dfrac{12}{6\times1}=-2$$

$$a_5=-\dfrac{12}{a_3a_4}=-\dfrac{12}{1\times(-2)}=6$$

$\vdots$

즉 수열 $\{a_n\}$은 $-2,\ 6,\ 1$이 반복되므로

$$a_{10}=a_1=-2$$

2 $a_{n+1}-a_n=-3$에서 수열 $\{a_n\}$은 공차가 -3인 등차수열이다.

이때 첫째항 $a_1=15$이므로

$$a_n=15+(n-1)\times(-3)=-3n+18$$

따라서 $a_5=-3\times5+18=3$

3 $a_{n+1}=a_n+4$에서 수열 $\{a_n\}$은 공차가 4인 등차수열이다.

이때 첫째항 $a_1=3$이므로

$$a_n=3+(n-1)\times4=4n-1$$

따라서 $a_{20}=4\times20-1=79$

4 $2a_{n+1}=a_n+a_{n+2}$에서 수열 $\{a_n\}$은 등차수열이다.

이때 첫째항 $a_1=-1$, 공차는 $a_2-a_1=6$이므로

$$a_n=-1+(n-1)\times6=6n-7$$

따라서 $a_{30}=6\times30-7=173$

5 $a_{n+1}=a_n+7$에서 수열 $\{a_n\}$은 공차가 7인 등차수열이다.

이때 첫째항 $a_1=-60$이므로

$$a_n=-60+(n-1)\times7=7n-67$$

이때 $a_k>0$에서 $7k-67>0,\ k>\dfrac{67}{7}$

따라서 조건을 만족시키는 자연수 k의 최솟값은 10이다.

6 $a_{n+1}=2a_n$에서 수열 $\{a_n\}$은 공비가 2인 등비수열이다.

이때 첫째항 $a_1=\dfrac{1}{16}$이므로

$a_n=\dfrac{1}{16}\times 2^{n-1}=2^{n-5}$

따라서 $a_{11}=2^6=64$

7 $\dfrac{a_{n+2}}{a_{n+1}}=\dfrac{a_{n+1}}{a_n}$에서 수열 $\{a_n\}$은 등비수열이다.

이때 첫째항 $a_1=-3$, 공비가 $\dfrac{a_2}{a_1}=\dfrac{6}{-3}=-2$이므로

$a_n=-3\times(-2)^{n-1}$

따라서 $a_4=-3\times(-2)^3=24$

8 $a_{n+1}{}^2=a_n a_{n+2}$에서 수열 $\{a_n\}$은 등비수열이다.

이때 첫째항 $a_1=-1$, 공비가 $\dfrac{a_2}{a_1}=\dfrac{3}{-1}=-3$이므로

$a_n=-1\times(-3)^{n-1}$

따라서 $a_{100}=-(-3)^{99}=3^{99}$

9 $3a_{n+1}=-a_n$에서 $a_{n+1}=-\dfrac{1}{3}a_n$이므로 수열 $\{a_n\}$은 공비가 $-\dfrac{1}{3}$

인 등비수열이다.

이때 첫째항 $a_1=-27$이므로

$a_n=-27\times\left(-\dfrac{1}{3}\right)^{n-1}$

이때 $|a_k|=3^3\times(3^{-1})^{k-1}=3^{4-k}$이므로

$|a_k|<1$에서 $3^{4-k}<3^0$, $4-k<0$, $k>4$

따라서 주어진 조건을 자연수 k의 최솟값은 5이다.

10 $a_{n+1}=a_n-2n+1$의 n에 1, 2, 3, $\cdots$, $n-1$을 차례로 대입하면

$a_2=a_1-2\times1+1$

$a_3=a_2-2\times2+1$

$a_4=a_3-2\times3+1$

$\vdots$

$a_n=a_{n-1}-2\times(n-1)+1$

변끼리 더하면

$a_n=a_1+\displaystyle\sum_{k=1}^{n-1}(-2k+1)$

$=1-2\times\dfrac{(n-1)n}{2}+(n-1)$

$=-n^2+2n$

따라서 $a_{20}=-20^2+2\times20=-360$

11 $a_{n+1}=a_n+2^n$의 n에 1, 2, 3, $\cdots$, $n-1$을 차례로 대입하면

$a_2=a_1+2$

$a_3=a_2+2^2$

$a_4=a_3+2^3$

$\vdots$

$a_n=a_{n-1}+2^{n-1}$

변끼리 더하면

$a_n=a_1+\displaystyle\sum_{k=1}^{n-1}2^k=3+\dfrac{2(2^{n-1}-1)}{2-1}=2^n+1$

따라서 $\displaystyle\sum_{k=1}^{10}(2^k+1)=2(2^{10}-1)+10=2056$

12 $a_n=\left(1-\dfrac{1}{n^2}\right)a_{n-1}$, $a_n=\dfrac{(n-1)(n+1)}{n\times n}a_{n-1}$의 n에 2, 3, $\cdots$,

n을 차례로 대입하면

$a_2=a_1\times\dfrac{1\times3}{2\times2}$

$a_3=a_2\times\dfrac{2\times4}{3\times3}$

$a_4=a_3\times\dfrac{3\times5}{4\times4}$

$\vdots$

$a_n=a_{n-1}\times\dfrac{(n-1)(n+1)}{n\times n}$

변끼리 곱하면

$a_n=a_1\times\left\{\dfrac{1\times3}{2\times2}\times\dfrac{2\times4}{3\times3}\times\dfrac{3\times5}{4\times4}\times\cdots\times\dfrac{(n-1)(n+1)}{n\times n}\right\}$

$=2\times\dfrac{1}{2}\times\dfrac{n+1}{n}=\dfrac{n+1}{n}\ (n\geq2)$

따라서 $a_{30}=\dfrac{31}{30}$

13 $a_{n+1}=\dfrac{1}{3}a_n+2$를 $a_{n+1}+\alpha=\dfrac{1}{3}(a_n+\alpha)$로 놓으면

$a_{n+1}=\dfrac{1}{3}a_n-\dfrac{2}{3}\alpha$에서 $-\dfrac{2}{3}\alpha=2$, $\alpha=-3$이므로

$a_{n+1}-3=\dfrac{1}{3}(a_n-3)$

즉 수열 $\{a_n-3\}$은 첫째항이 $a_1-3=1$, 공비가 $\dfrac{1}{3}$인 등비수열이

므로

$a_n-3=1\times\left(\dfrac{1}{3}\right)^{n-1}$, $a_n=\left(\dfrac{1}{3}\right)^{n-1}+3$

따라서 $p=\dfrac{1}{3}$, $q=3$이므로

$30p+q=13$

14 $a_{n+2}=4a_{n+1}-3a_n$에서

$a_{n+2}-a_{n+1}=3(a_{n+1}-a_n)$

이때 수열 $\{a_{n+1}-a_n\}$은 첫째항이 $a_2-a_1=3$, 공비가 3인 등비

수열이므로

$a_{n+1}-a_n=3\times3^{n-1}=3^n$

따라서 $a_{15}-a_{14}=3^{14}$

15 $a_{n+1}=\dfrac{a_n}{1-2a_n}$의 양변의 역수를 취하면

$\dfrac{1}{a_{n+1}}=\dfrac{1}{a_n}-2$

이때 수열 $\left\{\dfrac{1}{a_n}\right\}$은 첫째항이 $\dfrac{1}{a_1}=1$, 공차가 -2인 등차수열이

므로

$\dfrac{1}{a_n}=1+(n-1)\times(-2)=-2n+3$

따라서 $a_n=\dfrac{1}{-2n+3}$이므로 $a_{10}=-\dfrac{1}{17}$

16 (i) $n=1$일 때

(좌변)$=1\times2=2$, (우변)$=\dfrac{1}{3}\times1\times2\times3=2$

즉 $n=1$일 때 주어진 등식이 성립한다.

(ii) $n=k$일 때 주어진 등식이 성립한다고 가정하면

$$1 \times 2 + 2 \times 3 + 3 \times 4 + \cdots + k(k+1)$$
$$= \frac{1}{3} k(k+1)(k+2)$$

양변에 $\boxed{(k+1)(k+2)}$를 더하면

$$1 \times 2 + 2 \times 3 + 3 \times 4 + \cdots + k(k+1) + (k+1)(k+2)$$
$$= \frac{1}{3} k(k+1)(k+2) + (k+1)(k+2)$$
$$= (k+1)(k+2)\left(\frac{1}{3}k+1\right)$$
$$= \boxed{\frac{1}{3}(k+1)(k+2)(k+3)}$$

즉 $n=k+1$일 때도 주어진 등식이 성립한다.

따라서 (i), (ii)에서 모든 자연수 n에 대하여 주어진 등식이 성립한다.

이때 $f(k)=(k+1)(k+2)$이므로 $f(3)=4 \times 5=20$

$g(k)=\frac{1}{3}(k+1)(k+2)(k+3)$이므로

$g(6)=\frac{1}{3} \times 7 \times 8 \times 9=168$

따라서 $f(3)+g(6)=20+168=188$

TEST 개념 발전

1 ⑤	2 ②	3 ⑤	4 ②
5 ④	6 ⑤	7 ②	8 ①
9 ②	10 ①	11 ①	

1 $a_{n+2}=a_{n+1}-a_n$에서 $a_1=9$, $a_2=3$이므로

$a_3=a_2-a_1=3-9=-6$
$a_4=a_3-a_2=-6-3=-9$
$a_5=a_4-a_3=-9-(-6)=-3$
$a_6=a_5-a_4=-3-(-9)=6$
$a_7=a_6-a_5=6-(-3)=9$
$\vdots$

즉 수열 $\{a_n\}$은 9, 3, -6, -9, -3, 6이 이 순서대로 반복된다.

따라서 $a_{60}+a_{61}=a_6+a_1=6+9=15$

2 $a_n+a_{n+1}=2n-1$의 n에 1, 3, 5, 7, 9를 차례로 대입하여 변끼리 더하면

$a_1+a_2+a_3+\cdots+a_9+a_{10}=1+5+9+13+17=45$ ...... ㉠

또 $a_n+a_{n+1}=2n-1$의 n에 2, 4, 6, 8을 차례로 대입하여 변끼리 더하면

$a_2+a_3+\cdots+a_9=3+7+11+15=36$ ...... ㉡

㉠-㉡을 하면 $a_1+a_{10}=9$

3 $2a_{n+1}=a_n+a_{n+2}$에서 수열 $\{a_n\}$은 등차수열이므로 공차를 d라 하면

$a_4=16$에서 $a_1+3d=16$ ...... ㉠
$a_8=24$에서 $a_1+7d=24$ ...... ㉡

㉠, ㉡을 연립하여 풀면

$a_1=10$, $d=2$

따라서 $a_n=10+(n-1) \times 2=2n+8$이므로

$a_{21}=2 \times 21+8=50$

4 $a_{n+1}^2=a_n a_{n+2}$에서 수열 $\{a_n\}$은 등비수열이다.

이때 첫째항 $a_1=2$, 공비는 $\frac{a_2}{a_1}=\frac{6}{2}=3$이므로

$a_n=2 \times 3^{n-1}$

$a_k>1000$에서

$2 \times 3^{k-1}>1000$, $3^{k-1}>500$

$3^5=243$, $3^6=729$이므로 자연수 k의 최솟값은 7이다.

5 $a_{n+1}=a_n+\frac{1}{(n+1)(n+2)}$의 n에 1, 2, 3, $\cdots$, $n-1$을 차례로 대입하면

$a_2=a_1+\frac{1}{2 \times 3}$
$a_3=a_2+\frac{1}{3 \times 4}$
$a_4=a_3+\frac{1}{4 \times 5}$
$\vdots$
$a_n=a_{n-1}+\frac{1}{n(n+1)}$

변끼리 더하면

$a_n=a_1+\sum_{k=1}^{n-1}\frac{1}{(k+1)(k+2)}=a_1+\sum_{k=1}^{n-1}\left(\frac{1}{k+1}-\frac{1}{k+2}\right)$

$=2+\left\{\left(\frac{1}{2}-\frac{1}{3}\right)+\left(\frac{1}{3}-\frac{1}{4}\right)+\cdots+\left(\frac{1}{n}-\frac{1}{n+1}\right)\right\}$

$=2+\frac{1}{2}-\frac{1}{n+1}$

$=\frac{5}{2}-\frac{1}{n+1}$

따라서 $10a_9=10 \times \left(\frac{5}{2}-\frac{1}{10}\right)=24$

6 $a_{n+1}=2^n a_n$의 n에 1, 2, 3, $\cdots$, $n-1$을 차례로 대입하면

$a_2=a_1 \times 2$
$a_3=a_2 \times 2^2$
$a_4=a_3 \times 2^3$
$\vdots$
$a_n=a_{n-1} \times 2^{n-1}$

변끼리 곱하면

$a_n=a_1 \times (2 \times 2^2 \times 2^3 \times \cdots \times 2^{n-1})$
$=1 \times 2^{1+2+3+\cdots+(n-1)}$
$=2^{\frac{(n-1)n}{2}}$

따라서 $\log_2 a_{10}=\log_2 2^{45}=45$

7 $a_{n+1}=\dfrac{kn}{n+1}a_n$의 n에 $1, 2, 3, \cdots, n-1$을 차례로 대입하면

$$a_2=a_1\times\dfrac{k}{2}$$

$$a_3=a_2\times\dfrac{2k}{3}$$

$$a_4=a_3\times\dfrac{3k}{4}$$

$$\vdots$$

$$a_n=a_{n-1}\times\dfrac{k(n-1)}{n}$$

변끼리 곱하면

$$a_n=a_1\times k^{n-1}\left(\dfrac{1}{2}\times\dfrac{2}{3}\times\cdots\times\dfrac{n-1}{n}\right)=\dfrac{k^{n-1}}{n}$$

이때 $a_6=\dfrac{k^5}{6}=\dfrac{16}{3}$이므로 $k^5=32$

따라서 $k=2$

8 $a_{n+1}=2a_n-3$을 $a_{n+1}+\alpha=2(a_n+\alpha)$로 놓으면

$a_{n+1}=2a_n+\alpha$에서 $\alpha=-3$이므로

$$a_{n+1}-3=2(a_n-3)$$

즉 수열 $\{a_n-3\}$은 첫째항이 $a_1-3=2$, 공비가 2인 등비수열이므로

$$a_n-3=2\times2^{n-1},\ a_n=2^n+3$$

따라서 $\displaystyle\sum_{k=1}^{10}a_k=\sum_{k=1}^{10}(2^k+3)=2(2^{10}-1)+30=2076$

9 $a_{n+1}=\dfrac{a_n}{2-a_n}$의 양변의 역수를 취하면

$$\dfrac{1}{a_{n+1}}=\dfrac{2}{a_n}-1$$

$\dfrac{1}{a_{n+1}}+\alpha=2\left(\dfrac{1}{a_n}+\alpha\right)$로 놓으면 $\dfrac{1}{a_{n+1}}=\dfrac{2}{a_n}+\alpha$에서

$\alpha=-1$이므로

$$\dfrac{1}{a_{n+1}}-1=2\left(\dfrac{1}{a_n}-1\right)$$

즉 수열 $\left\{\dfrac{1}{a_n}-1\right\}$은 첫째항이 $\dfrac{1}{a_1}-1=1$, 공비가 2인 등비수열이므로

$$\dfrac{1}{a_n}-1=1\times2^{n-1},\ \dfrac{1}{a_n}=2^{n-1}+1$$

따라서 $a_n=\dfrac{1}{2^{n-1}+1}$이므로

$$a_8=\dfrac{1}{2^7+1}=\dfrac{1}{129}$$

10 a_2, a_1을 차례로 구해 보자.

(i) $a_2<0$이면 $-2a_2+3=a_3=11$이므로

　$a_2=-4$

　① $a_1<0$이면 $-2a_1+3=a_2=-4$이므로

　　$a_1=\dfrac{7}{2}$ (모순)

　② $a_1>0$이면 $a_1-6=a_2=-4$이므로

　　$a_1=2$

(ii) $a_2>0$이면 $a_2-6=a_3=11$이므로

　$a_2=17$

　① $a_1<0$이면 $-2a_1+3=a_2=17$이므로

　　$a_1=-7$

　② $a_1>0$이면 $a_1-6=a_2=17$이므로

　　$a_1=23$

따라서 $M=23,\ m=-7$이므로

$M-m=30$

11 (i) $n=1$일 때

　$2^2+3^1=7$이므로 $2^{n+1}+3^{2n-1}$은 7의 배수이다.

(ii) $n=k$일 때 $2^{n+1}+3^{2n-1}$이 7의 배수라 가정하면

　$2^{k+1}+3^{2k-1}=7N$ (N은 자연수)

　이때 $n=k+1$이면

$$2^{k+2}+3^{2k+1}=2\times2^{k+1}+\boxed{9}\times3^{2k-1}$$
$$=2(2^{k+1}+3^{2k-1})+\boxed{7}\times3^{2k-1}$$
$$=2\times7N+\boxed{7}\times3^{2k-1}$$
$$=7(2N+\boxed{3^{2k-1}})$$

　즉 $n=k+1$일 때도 $2^{n+1}+3^{2n-1}$은 7의 배수이다.

따라서 (i), (ii)에서 모든 자연수 n에 대하여 $2^{n+1}+3^{2n-1}$은 7의 배수이다.

이때 $p=9,\ q=7$이고, $f(k)=3^{2k-1}$이므로

$$f(p+q)=f(16)=3^{31}$$

따라서 $\log_3 f(p+q)=\log_3 3^{31}=31$

문제를 보다!

지수함수와 로그함수

본문 140쪽

[수능 기출 변형] ②　　　　　**0** ④

[수능 기출 변형]

두 점 $(a, \log_3 a)$, $(b, \log_3 b)$를 지나는 직선의 방정식은

$y - \log_3 a = \dfrac{\log_3 b - \log_3 a}{b - a}(x - a)$에서

$y = \dfrac{\log_3 b - \log_3 a}{b - a}(x - a) + \log_3 a$

이므로 이 직선의 y절편은

$y = \dfrac{\log_3 b - \log_3 a}{b - a}(0 - a) + \log_3 a$

$\quad = -\dfrac{a(\log_3 b - \log_3 a)}{b - a} + \log_3 a \quad\quad \cdots\cdots ㉠$

또한 두 점 $(a, \log_9 a)$, $(b, \log_9 b)$를 지나는 직선의 방정식은

$y - \log_9 a = \dfrac{\log_9 b - \log_9 a}{b - a}(x - a)$에서

$y = \dfrac{\log_9 b - \log_9 a}{b - a}(x - a) + \log_9 a$

이므로 이 직선의 y절편은

$y = \dfrac{\log_9 b - \log_9 a}{b - a}(0 - a) + \log_9 a$

$\quad = -\dfrac{a(\log_9 b - \log_9 a)}{b - a} + \log_9 a$

$\quad = -\dfrac{a(\log_{3^2} b - \log_{3^2} a)}{b - a} + \log_{3^2} a$

$\quad = -\dfrac{1}{2} \times \dfrac{a(\log_3 b - \log_3 a)}{b - a} + \dfrac{1}{2}\log_3 a \quad\quad \cdots\cdots ㉡$

㉠과 ㉡이 같으므로

$-\dfrac{a(\log_3 b - \log_3 a)}{b - a} + \log_3 a$

$= -\dfrac{1}{2} \times \dfrac{a(\log_3 b - \log_3 a)}{b - a} + \dfrac{1}{2}\log_3 a$

이 식을 정리하면

$\dfrac{1}{2} \times \dfrac{a(\log_3 b - \log_3 a)}{b - a} = \dfrac{1}{2} \times \log_3 a$

$\dfrac{a(\log_3 b - \log_3 a)}{b - a} = \log_3 a$

$a \log_3 \dfrac{b}{a} = (b - a)\log_3 a$

$\log_3 a^{b-a} = \log_3 \left(\dfrac{b}{a}\right)^a$

$a^{b-a} = \dfrac{b^a}{a^a}$

$a^b = b^a \quad\quad \cdots\cdots ㉢$

한편 $f(x) = a^{bx} + b^{ax}$이고

$f(1) = 2^5$이므로 $a^b + b^a = 2^5$

위의 식에 ㉢을 대입하면 $a^b + a^b = 2^5$, 즉 $a^b = 2^4$

따라서 $b^a = 2^4$이므로

$f(2) = a^{2b} + b^{2a} = (a^b)^2 + (b^a)^2$

$\quad\quad = (2^4)^2 + (2^4)^2$

$\quad\quad = 2^8 + 2^8 = 2^9$

---

0 원점과 점 $(\log a, \log b)$을 지나는 직선과 직선 $y = -\dfrac{1}{2}x + 1$

이 수직이므로 두 직선의 기울기의 곱은 -1이다.

원점과 점 $(\log a, \log b)$을 지나는 직선의 기울기는

$\dfrac{\log b - 0}{\log a - 0} = \dfrac{\log b}{\log a}$이고

직선 $y = -\dfrac{1}{2}x + 1$의 기울기는 $-\dfrac{1}{2}$이므로

$\dfrac{\log b}{\log a} \times \left(-\dfrac{1}{2}\right) = -1$에서

$\dfrac{\log b}{\log a} = 2$, $\log b = 2\log a$

즉 $b = a^2 \quad\quad \cdots\cdots ㉠$

또한 $f(1) = a^2 + b = 10 \quad\quad \cdots\cdots ㉡$

㉠과 ㉡을 연립하여 풀면

$a^2 = b = 5 \quad\quad \cdots\cdots ㉢$

따라서 $f(2) = (a^2)^2 + b^2$에 ㉢을 대입하면

$f(2) = (a^2)^2 + b^2$

$\quad\quad = 5^2 + 5^2$

$\quad\quad = 50$

> **두 직선이 서로 수직일 조건**　　　　　[고1 직선의 방정식]
> 두 직선 $y = mx + n$, $y = m'x + n'$이 서로 수직이면 $mm' = 1$

삼각함수

본문 242쪽

[수능 기출 변형] ③　　　　　**0** ②

[수능 기출 변형]

$\angle BAC = \angle CAD$이므로 원주각의 성질에 의하여

$\overline{BC} = \overline{CD} \quad\quad \cdots\cdots ㉠$

$\angle BAC = \angle CAD = \theta$라 하면

삼각형 ABC에서 코사인법칙에 의하여

$\overline{BC}^2 = 3^2 + (2\sqrt{5})^2 - 2 \times 3 \times 2\sqrt{5} \times \cos\theta$

$\quad\quad = 9 + 20 - 12\sqrt{5}\cos\theta$

$\quad\quad = 29 - 12\sqrt{5}\cos\theta$

삼각형 ACD에서 코사인법칙에 의하여

$\overline{CD}^2 = (2\sqrt{5})^2 + 5^2 - 2 \times 2\sqrt{5} \times 5 \times \cos\theta$

$\quad\quad = 20 + 25 - 20\sqrt{5}\cos\theta$

$\quad\quad = 45 - 20\sqrt{5}\cos\theta$

이때 ㉠에 의하여 $\overline{BC}^2 = \overline{CD}^2$이므로

$29 - 12\sqrt{5}\cos\theta = 45 - 20\sqrt{5}\cos\theta$

$8\sqrt{5}\cos\theta = 16$

$\cos\theta = \dfrac{2\sqrt{5}}{5}$

따라서 $\overline{BC}^2 = 29 - 12\sqrt{5} \times \dfrac{2\sqrt{5}}{5} = 5$이므로

$\overline{BC} = \sqrt{5}$

또한 $\sin\theta = \sqrt{1 - \left(\dfrac{2\sqrt{5}}{5}\right)^2} = \sqrt{1 - \dfrac{4}{5}} = \dfrac{\sqrt{5}}{5}$

삼각형 ABC의 외접원의 반지름의 길이를 R라 하면 사인법칙에 의하여

$$2R = \frac{\overline{BC}}{\sin \theta} = \frac{\sqrt{5}}{\frac{\sqrt{5}}{5}} = 5$$

따라서 $R = \dfrac{5}{2}$

0 ∠BAC=∠CAD이므로 원주각의 성질에 의하여

$$\overline{BC} = \overline{CD} \quad \cdots\cdots \, ㉠$$

∠BAC=∠CAD=θ라 하면

삼각형 ABC에서 코사인법칙에 의하여

$$\overline{BC}^2 = 8^2 + 7^2 - 2 \times 8 \times 7 \times \cos \theta$$
$$= 113 - 112 \cos \theta$$

삼각형 ACD에서 코사인법칙에 의하여

$$\overline{CD}^2 = 7^2 + 5^2 - 2 \times 7 \times 5 \times \cos \theta$$
$$= 74 - 70 \cos \theta$$

이때 ㉠에 의하여 $\overline{BC}^2 = \overline{CD}^2$이므로

$$113 - 112 \cos \theta = 74 - 70 \cos \theta$$
$$42 \cos \theta = 39$$
$$\cos \theta = \frac{13}{14}$$

따라서

$$\overline{BC}^2 = 113 - 112 \times \frac{13}{14} = 113 - 104 = 9$$이므로

$$\overline{BC} = 3$$

또 $\sin \theta = \sqrt{1 - \left(\dfrac{13}{14}\right)^2} = \sqrt{1 - \dfrac{169}{196}} = \dfrac{3\sqrt{3}}{14}$

삼각형 ABC의 외접원의 반지름의 길이를 R라 하면 사인법칙에 의하여

$$2R = \frac{\overline{BC}}{\sin \theta} = \frac{3}{\frac{3\sqrt{3}}{14}} = \frac{14\sqrt{3}}{3}$$

$$R = \frac{7\sqrt{3}}{3}$$

따라서 사각형 ABCD의 외접원의 넓이는

$$\left(\frac{7\sqrt{3}}{3}\right)^2 \pi = \frac{49}{3}\pi$$

원주각의 성질   [중3 원주각]

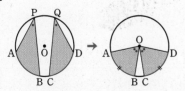

∠APB=∠CQD이면 $\overparen{AB} = \overparen{CD}$
한 원에서 크기가 같은 원주각에 대한 호의 길이는 같다.

[수능 기출 변형] ④   **0** ②

수능 기출 변형 $|a_1| = 1$, $|a_{n+1}| = 2|a_n|$이므로 $|a_n| = 2^{n-1}$

$a_9 = 256$이면 $a_1, a_2, \cdots, a_8$이 모두 음수이어도 $\displaystyle\sum_{n=1}^{9} a_n$의 값이 0보다 크다.

즉 $\displaystyle\sum_{n=1}^{9} a_n < 0$이므로 $a_9 = -256$

$a_1 = 1$, $a_2 = 2$, $\cdots$, $a_8 = 128$이라 하면 $\displaystyle\sum_{n=1}^{9} a_n = -1$이므로

$a_n = -2^{n-1}$인 a_n이 a_9 이외에도 더 존재한다.

더한 값이 $\displaystyle\sum_{n=1}^{9} a_n$의 값인 -7보다 커질 때까지 -256에 2^7, 2^6, 2^5, $\cdots$ 순으로 더해 보면

$$-256 + 2^7 + 2^6 + 2^5 + 2^4 + 2^3 + 2^2 = -4$$

$\displaystyle\sum_{n=1}^{9} a_n = -7$이 되려면 $a_2 + a_1 = -3$이어야 하므로 절댓값이 2와 $2^0 = 1$인 a_2와 a_1은 음수가 되어야 한다.

즉 $a_2 = -2$, $a_4 = 8$, $a_6 = 32$, $a_8 = 128$

따라서

$$a_2 + a_4 + a_6 + a_8 = -2 + 8 + 32 + 128 = 166$$

0 $|a_1| = 2^9$, $\dfrac{|a_{n+1}|}{|a_n|} = \dfrac{1}{2}$이므로 $|a_n| = 2^{10-n}$

$a_1 = -512$이면 $a_2, a_3, \cdots, a_{10}$이 양수이어도 $\displaystyle\sum_{n=1}^{10} a_n$의 값이 0보다 작다.

즉 $\displaystyle\sum_{n=1}^{10} a_n > 0$이므로 $a_1 = 512$

$a_2 = -256$, $a_3 = -128$, $a_4 = -64$, $\cdots$, $a_{10} = -1$이라 하면

$\displaystyle\sum_{n=1}^{10} a_n = 1$이므로 $a_n = 2^{10-n}$인 a_n이 a_1 이외에도 더 존재한다.

더한 값이 $\displaystyle\sum_{n=1}^{10} a_n$의 값인 11보다 작아질 때까지 512에 -2^8, -2^7, -2^6, $\cdots$ 순으로 더해 보면

$$512 + (-2^8) + (-2^7) + (-2^6) + (-2^5) + (-2^4) + (-2^3) = 8$$

$\displaystyle\sum_{n=1}^{10} a_n = 11$이 되려면 $a_8 + a_9 + a_{10} = 3$이어야 하므로 $a_8 = 4$,

$a_9 = -2$, $a_{10} = 1$

따라서

$$a_1 + a_3 + a_5 + a_7 + a_9$$
$$= 512 + (-128) + (-32) + (-8) + (-2)$$
$$= 342$$